Visitez le *COMPAGNON WEB* :

www.erpi.com/seguin.cw

Il contient des outils en ligne qui vous p[...]
de tirer pleinement partie de cet ouvr[...]

D0851651

GISEL : Le guide d'indices séquentiels en ligne

G!SEL — Windows Internet Explorer

G!SEL

**1.8.4 : Un impact spectaculaire
partie (a)**

Indice 1 :

Utilisez l'équation $v_x(x)$ **pour un MUA**
pour calculer v_{x_1}, la vitesse de la voiture
à la fin du palier **1.**

Aviez-vous vraiment besoin de cet indice pour résoudre le problème ?
Ne prenez pas l'habitude de consulter les indices avant de vous attaquer
sérieusement aux problèmes : G!SEL ne sera pas là pour vous aider aux examens.

Prochain écran : indice

Vous n'arrivez pas à résoudre un exercice ?
Vous obtenez la mauvaise réponse ?

GISEL vous propose une série d'**indices** qui
pourront vous guider dans la rédaction de
votre propre solution, et, lorsque c'est pertinent, certains **résultats numériques intermédiaires** qui pourront vous aider à repérer vos
erreurs de calcul.

✔ Le *Compagnon Web* contient des
compléments qui vous permettront
d'approfondir vos connaissances :
des **exercices de révision** portant sur
les concepts mathématiques utilisés
dans cet ouvrage, des **sections supplémentaires**, etc.

✔ Le *Compagnon Web* offre également, en
format PDF, certaines des **annexes** que
l'on trouve à la fin du livre : la liste complète
des **équations principales**, des tableaux
de **valeurs numériques** utiles, la liste des
principales **formules mathématiques** utilisées dans l'ouvrage, etc. Le lecteur qui
désire les imprimer pourra s'en servir sans
avoir constamment à se reporter à la fin
du livre.

Comment accéder
au Compagnon Web de votre manuel ?

Étape 1 : Allez à l'adresse **www.erpi.com/seguin.cw**
Étape 2 : Lorsqu'ils seront demandés, entrez le nom d'usager et le mot de passe ci-dessous :

Nom d'usager

Mot de passe

Étape 3 : Suivez les instructions à l'écran
Assistance technique : tech@erpi.com

SOULEVEZ ICI

20536W

physique

XXI

TOME **C**

ONDES et PHYSIQUE MODERNE

Marc Séguin

Julie Descheneau
Benjamin Tardif

ERPi éducation ▸ innovation ▸ passion

5757, rue Cypihot, Saint-Laurent (Québec) H4S 1R3 ▸ **erpi.com**
TÉLÉPHONE : 514 334-2690 TÉLÉCOPIEUR : 514 334-4720 ▸ erpidlm@erpi.com

Développement de produits :	Sylvain Giroux
Supervision éditoriale :	Sylvain Bournival
Révision linguistique :	Nicolas Calvé
Correction des épreuves :	Marie-Claude Rochon (Scribe Atout)
Recherche iconographique et index :	Marc Séguin
Infographie, illustrations techniques et conception de la couverture :	Marc Séguin
Réalisation de la couverture :	Martin Tremblay

COUVERTURE : Image de synthèse. (Source : ISTOCKPHOTO)

Dépôt légal – Bibliothèque et Archives nationales du Québec, 2010
Dépôt légal – Bibliothèque et Archives Canada, 2010
Imprimé au Canada

ISBN 978-2-7613-3032-9

Premier tirage
1234567890   NB   14 13 12 11 10
20536   ABCD   SM9

À Susan, qui rend tout possible.

M. S.

À Alexis, qui m'a encouragée et supportée dans cette aventure comme toujours...
À Loïc, qui veut comprendre pourquoi tout.

J. D.

À mon père Yves, qui m'a transmis son intérêt pour la science.

B. T.

Marc Séguin est diplômé en sciences de la nature du Collège de Bois-de-Boulogne. Il possède un baccalauréat en physique de l'Université de Montréal ainsi que deux maîtrises (astrophysique et histoire des sciences) de l'Université Harvard. Il a participé, à titre d'adaptateur, aux quatre éditions de la collection *Physique* de Harris Benson. Il est co-auteur, avec Benoît Villeneuve, d'*Astronomie et astrophysique : cinq grandes idées pour explorer et comprendre l'Univers*. Il a été concepteur et narrateur de deux séries d'émissions de vulgarisation scientifique à la radio de Radio-Canada : *La logique de l'Univers* (physique moderne et cosmologie) et *Treize leviers pour soulever le monde* (histoire des sciences). Il a enseigné au Cégep de Saint-Laurent, au Collège Vanier, à l'Université McGill, au Collège Montmorency, au Cégep du Vieux Montréal, au Collège André-Grasset, à l'Université de Montréal et au Collège Jean-de-Brébeuf. Il est professeur de physique au Collège de Maisonneuve.

Julie Descheneau est diplômée en sciences de la nature du Cégep de Rimouski. Elle possède un baccalauréat bidisciplinaire en mathématiques-physique et une maîtrise en physique théorique (cosmologie) de l'Université McGill. Elle est professeure de physique au Collège de Maisonneuve.

Benjamin Tardif est diplômé en sciences de la nature du Collège de Maisonneuve. Il possède un baccalauréat en physique et une maîtrise en physique de la matière condensée de l'Université de Montréal. Il est professeur de physique au Collège de Maisonneuve.

Contenu et niveau mathématique

Les trois tomes de la collection **Physique XXI**, dont celui-ci est le dernier, couvrent toutes les branches principales de la physique, à l'exception de la thermodynamique et de la mécanique des fluides (tableau ci-dessous). Du point de vue des mathématiques, on fait appel aux dérivées et aux intégrales dans les trois tomes de la collection ; toutefois, dans le **tome A**, cela se produit dans des sections qui peuvent être omises sans perte de continuité. Cela permet à la collection d'être utilisée dans un programme où les élèves suivent un cours de calcul différentiel avant le cours de mécanique, ou en même temps que lui, et suivent un cours de calcul intégral avant le cours d'électricité et de magnétisme, ou en même temps que lui.

	Contenu
Tome A Mécanique	• Cinématique de la particule • Lois du mouvement de Newton • Loi de la gravitation universelle • Principe de conservation de l'énergie • Principe de conservation de la quantité de mouvement • Cinématique et dynamique de rotation • Équilibre statique • Principe de conservation du moment cinétique
Tome B Électricité et magnétisme	• Loi de Coulomb • Champ électrique • Théorème de Gauss • Potentiel électrique • Condensateurs • Circuits électriques • Champ magnétique • Loi de Biot-Savart • Théorème d'Ampère • Loi de Faraday • Inductance • Réactance et impédance • Équations de Maxwell
Tome C Ondes et physique moderne	• Mouvement harmonique simple • Ondes sinusoïdales • Ondes stationnaires • Effet Doppler • Battements • Décibels • Optique géométrique • Optique ondulatoire • Relativité • Physique quantique • Physique nucléaire

Une structure modulaire

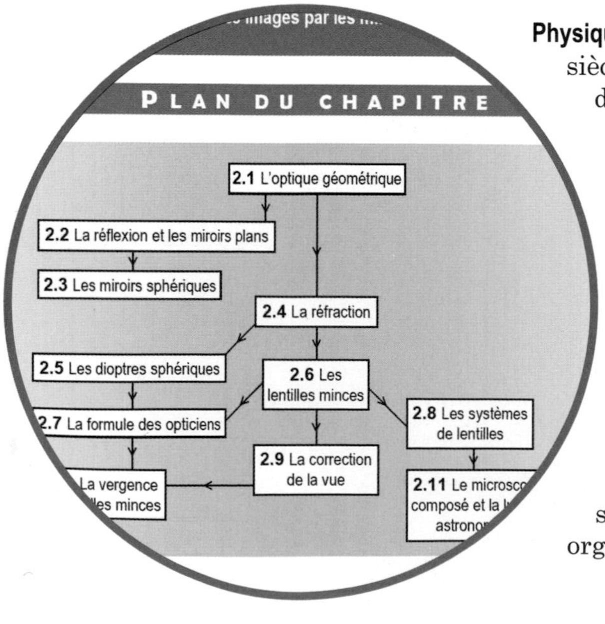

Physique XXI se propose de réinventer le manuel de physique pour le XXIe siècle. Sa structure est à la fois simple et modulaire : chaque tome est divisé en quatre ou cinq chapitres qui contiennent chacun une douzaine de sections. À la fin de chaque section, qui correspond grosso modo à une heure de cours, on trouve les questions et exercices qui s'y rapportent, ainsi qu'un glossaire. Afin de faciliter la tâche du professeur (ou du lecteur autodidacte) qui désire omettre certaines sections ou couvrir la matière selon un ordre différent, le **plan du chapitre** (voir bulle ci-contre), un organigramme qui figure au début de chaque chapitre, montre les liens logiques entre les sections et indique celles qui peuvent être omises sans perte de continuité. Les sections essentielles se trouvent au centre de l'organigramme et sont reliées par des flèches verticales. Les flèches diagonales et horizontales mènent vers des sections plus « marginales », situées de part et d'autre de la série centrale. À l'occasion, les organigrammes suggèrent d'autres options de parcours.

Le fait que les exercices se trouvent à la fin de chaque section encourage le lecteur à y répondre au fur et à mesure, plutôt que d'attendre à la fin du chapitre. Cela donne également au professeur une plus grande latitude pour couvrir la matière dans l'ordre qu'il préfère.

Un ouvrage qui facilite les lectures préparatoires

Plusieurs professeurs conseillent à leurs élèves de lire les sections appropriées du livre de référence avant chaque cours : le fait que chaque section corresponde à peu près à une heure de cours simplifie l'élaboration d'un calendrier de lecture. De plus, l'ouvrage a été conçu pour rendre les lectures préparatoires plus faciles. En dessous du titre de chaque section, on indique clairement l'**objectif principal** de la section (voir bulle ci-contre), puis on présente un **aperçu** qui contient, entre autres, les **termes importants** de la section (que l'on retrouve dans le glossaire à la fin de la section) et les équations principales . Si nous avons opté pour un aperçu au lieu du traditionnel résumé de fin de section ou de chapitre, c'est pour permettre au lecteur d'avoir une vue d'ensemble de la section *avant* de lire l'exposé détaillé. L'aperçu permet également, quand vient le temps de réviser la matière, d'avoir une vue d'ensemble rapide de la section. À la fin de celle-ci, le **glossaire** et une série de **questions** permettent à l'élève qui désire se préparer adéquatement avant un cours d'avoir une vue d'ensemble des termes et des notions les plus importants (voir bulle ci-contre). Le professeur qui désire amorcer ses cours par des tests de lecture peut les baser sur le glossaire et les questions.

2.2
La réflexion et les miroirs plans

Après l'étude de cette section, le lecteur pourra déterminer la trajectoire d'un rayon lumineux réfléchi par un miroir plan et calculer la position de l'image d'un objet formée par un ou plusieurs miroirs plans.

APERÇU

lumineux est miroir plan e rayon inci- fléchi et la per- rface sont dans le même plan. D'après n, l'**angle de réflexion** θ' est égal à :

Loi de la réflexion

$$\theta' = \theta$$

cidence et de réflexion sont diculaire à la surface du le miroir).

Lorsqu'un rayon dévie plusieurs fois, s est la somme des déviations individu Lorsqu'on calcule la somme, il faut ass déviations horaires et le signe contra antihoraires.

L'image d'un objet dans un miro distance du miroir (ou de son pro mais de l'autre côté du miroi virtuelle. L'image produite p servir d'objet à un second

A : objet réel

GLOSSAIRE

ntraction des longueurs : un des aspects de la relativ restreinte ; dans un référentiel où un objet se déplace dan le sens de sa longueur, cette dernière est plus petite que la longueur propre de l'objet ; les dimensions de l'objet perpen- diculaires à la vitesse ne sont pas modifiées.

longueur propre : (symbole : L_0) longueur d'un objet dans un référentiel inertiel où il est au repos ; il s'agit de la plus grande longueur possible de l'objet.

QUESTIONS

Q1. Vrai ou faux ? D'après un référentiel qui se déplace dans la direction de la longueur d'un objet, la longueur en ques- tion est plus grande que la longueur propre.

Q2. Vrai ou faux ? D'après un référentiel qui se déplace dan direction de la longueur d'un objet, les dimensions perpendiculaires à la longueur en question dem s peu importe la vitesse du référentiel.

4.2, nous avons vu q

Des exposés construits autour de l'analyse de mises en situation concrètes

Au cœur de chaque section, on trouve un exposé bâti autour de l'analyse détaillée de situations concrètes (voir bulle ci-contre). Dans bien des cas, on introduit explicitement une situation *avant* de présenter la théorie nécessaire pour l'analyser : ce faisant, on s'assure que le lecteur a toujours une idée claire des raisons qui motivent l'introduction des nouveaux éléments de théorie.

Les situations jouent le rôle des traditionnels « exemples réso- lus » que l'on trouve dans la plupart des manuels d'introduction à la physique. Toutefois, elles sont véritablement intégrées dans le texte de la section et permettent également de faire progresser l'exposé théorique.

te fréquence et augmentons-la graduelle corde s'agite de manière plus ou moins régulie re petite : en effet, lorsque les impulsions réfléchie avec les nouvelles impulsions générées par l'oscillate les annulations se produisent de manière aléatoire tout le long

fréquence de l'oscillateur atteint 50 Hz, nous ue la corde se met à osciller avec une amplitude (schéma ci-contre) : nous avons atteint le premier sonance.

nce dépasse 50 Hz, l'oscillation recommence à être et de petite amplitude. Lorsque l'oscillateur atteint nce de 100 Hz, l'oscillation recommence à être l y a un **nœud** (un point où l'amplitude de l'oscil- ulle) au centre de la corde (schéma ci-contre). Nous deuxième mode de résonance.

dépasse 100 Hz, l'oscillation recommence à et de petite amplitude. Lorsque l'oscillateur nce de 150 Hz, l'oscillation redevient régu- nœuds au tiers et aux deux tiers de la chéma ci-contre). Nous sommes au troi- Si la fréquence dépasse 150 Hz, tre irrégulière et de petite

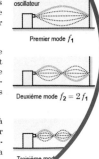

oscillateur

Premier mode f_1

Deuxième mode $f_2 = 2f_1$

Troisième mod

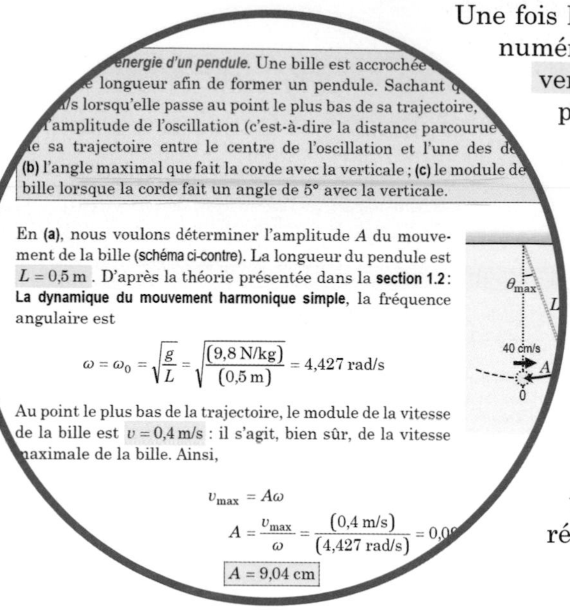

Une fois la situation énoncée, le texte de l'exposé continue. Les données numériques que l'on peut tirer de l'énoncé sont présentées sur fond vert , ce qui met en évidence la première étape de l'analyse d'un problème, celle du *décodage*. Les énoncés des situations comportent toujours une ou plusieurs questions auxquelles il faut répondre : au terme de l'analyse, ces réponses sont encadrées sur fond vert (voir bulle ci-contre), ce qui permet de repérer la « fin » de l'analyse.

L'exposé d'une section typique est construit autour de deux ou trois situations. Il arrive régulièrement que des termes importants et des équations principales soient introduits *pendant* l'analyse d'une situation : contrairement à un manuel traditionnel, le volet théorique et le volet pratique ne sont pas dissociés. Le lecteur qui désire trouver rapidement les points théoriques principaux d'une section peut, en tout temps, se référer à l'aperçu.

Contenu de la première bulle

énergie d'un pendule. Une bille est accrochée longueur afin de former un pendule. Sachant /s lorsqu'elle passe au point le plus bas de sa trajectoire, l'amplitude de l'oscillation (c'est-à-dire la distance parcourue sa trajectoire entre le centre de l'oscillation et l'une des **(b)** l'angle maximal que fait la corde avec la verticale ; **(c)** le module de bille lorsque la corde fait un angle de 5° avec la verticale.

En **(a)**, nous voulons déterminer l'amplitude A du mouvement de la bille (schéma ci-contre). La longueur du pendule est $L = 0{,}5$ m. D'après la théorie présentée dans la **section 1.2 : La dynamique du mouvement harmonique simple**, la fréquence angulaire est

$$\omega = \omega_0 = \sqrt{\frac{g}{L}} = \sqrt{\frac{(9{,}8 \text{ N/kg})}{(0{,}5 \text{ m})}} = 4{,}427 \text{ rad/s}$$

Au point le plus bas de la trajectoire, le module de la vitesse de la bille est $v = 0{,}4$ m/s : il s'agit, bien sûr, de la vitesse maximale de la bille. Ainsi,

$$v_{max} = A\omega$$
$$A = \frac{v_{max}}{\omega} = \frac{(0{,}4 \text{ m/s})}{(4{,}427 \text{ rad/s})} = 0{,}09$$

$$\boxed{A = 9{,}04 \text{ cm}}$$

Une structure linéaire qui intègre étroitement les schémas et les photos

Physique XXI se démarque de la plupart des manuels par l'absence de numérotation des schémas, des photos et des équations. Ce qui peut paraître, au premier coup d'œil, comme un simple oubli ou un manque de rigueur éditorial est, en fait, une caractéristique importante de la « philosophie » pédagogique de l'ouvrage. Au cours des dernières années, la mise en page de la plupart des manuels s'est grandement complexifiée : il y a différents niveaux de texte avec une multiplicité de polices, des rubriques en plusieurs colonnes, des encadrés, des légendes de figures parfois plus longues que le texte principal qui y fait référence... Tout cela est accrocheur sur le plan visuel, mais un lecteur qui entame un chapitre et qui essaie véritablement de le *lire* est souvent distrait par tous ces artifices pédagogiques : par le fait même, il peut avoir de la difficulté à suivre la « trame narrative » initialement prévue par l'auteur.

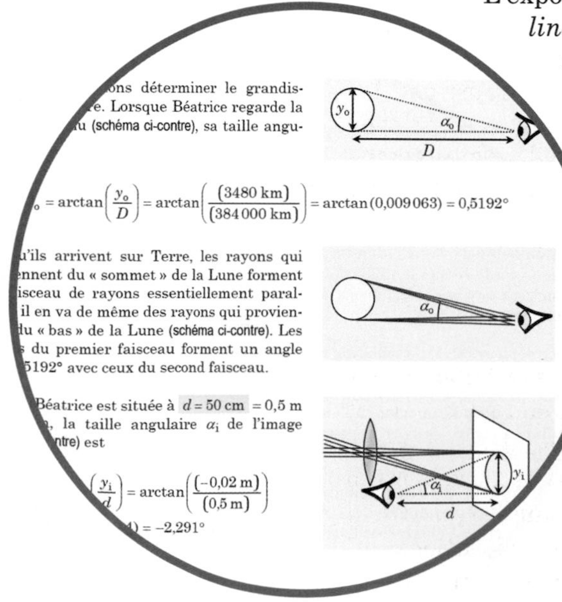

L'exposé de chaque section de **Physique XXI** a été conçu pour être le plus *linéaire* possible. La mise en page ayant été réalisée par l'auteur lui-même, les schémas (également faits par l'auteur) apparaissent toujours vis-à-vis du texte qui y fait référence. À l'endroit où il est suggéré d'arrêter momentanément de lire le texte et d'examiner le schéma apparaît la mention schéma ci-contre (en caractères rouges faciles à repérer) ou l'équivalent. Sauf exception, les schémas n'ont pas de légende : comme ils sont une partie intégrante du paragraphe, celui-ci tient lieu de légende. Si un exposé théorique ou l'analyse d'une situation est particulièrement complexe, on n'hésite pas à présenter *plusieurs* schémas qui illustrent chacune des étapes (voir bulle ci-contre). S'il avait fallu se contraindre à employer la « convention » des figures numérotées et des légendes de figures, l'intégration étroite des schémas et du texte aurait été plus difficile, et la mise en page considérablement alourdie.

Contenu de la seconde bulle

ons déterminer le grandis-. Lorsque Béatrice regarde la u (schéma ci-contre), sa taille angu-

$$_o = \arctan\left(\frac{y_o}{D}\right) = \arctan\left(\frac{(3480 \text{ km})}{(384\,000 \text{ km})}\right) = \arctan(0{,}009\,063) = 0{,}5192°$$

u'ils arrivent sur Terre, les rayons qui ennent du « sommet » de la Lune forment isceau de rayons essentiellement paral-il en va de même des rayons qui provien-du « bas » de la Lune (schéma ci-contre). Les du premier faisceau forment un angle 5192° avec ceux du second faisceau.

Béatrice est située à $d = 50$ cm $= 0{,}5$ m , la taille angulaire α_i de l'image ntre) est

$$\left(\frac{y_i}{d}\right) = \arctan\left(\frac{(-0{,}02 \text{ m})}{(0{,}5 \text{ m})}\right)$$
$$) = -2{,}291°$$

De même, les équations principales de l'ouvrage ne sont pas numérotées ; en revanche, elles ont chacune un *titre* explicite. S'il est nécessaire de faire référence à un schéma ou à une équation qui apparaît plus tôt dans le livre, on réécrit simplement l'équation ou on reproduit de nouveau le schéma. Ainsi, le lecteur peut poursuivre sa lecture sans devoir partir à la recherche de « l'équation 2.14 » ou de « la figure 3.27 »... Là où l'on fait un véritable **renvoi** (en caractères gras faciles à repérer), c'est uniquement pour indiquer où se trouve la théorie des sections antérieures (ou subséquentes) qui se rapporte à ce dont il est question. S'il s'agit d'un renvoi vers un numéro de section, on prend toujours soin de mentionner le titre de la section. Par le fait même, on évite au lecteur d'avoir à se référer à la table des matières pour connaître le sujet du renvoi.

Les photos ont été choisies par l'auteur, qui les a intégrées *pendant* le processus principal d'écriture. Dans bien des cas, elles constituent une composante *essentielle* de l'exposé (voir bulle ci-contre).

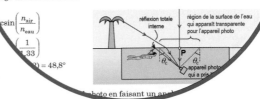

Des analyses détaillées qui n'omettent pas les étapes intermédiaires

Les analyses *détaillées*, *systématiques* et *complètes* des situations présentées dans les sections sont un des aspects les plus appréciés des élèves qui ont expérimenté les versions préliminaires de l'ouvrage. Chaque solution comporte un schéma (distinct de celui de l'énoncé, si ce dernier en comporte un), un décodage explicite de l'énoncé afin de bien identifier les paramètres connus et ceux que l'on cherche, les équations pertinentes écrites de manière explicite ainsi que *toutes* les étapes logiques et algébriques qui mènent à la réponse (voir bulle ci-contre). De plus, le style des schémas privilégie la simplicité et la clarté plutôt que les artifices inutiles, afin de pouvoir servir de modèle aux élèves quand vient le temps pour eux de dessiner des schémas dans leurs propres solutions.

Des exercices pouvant être résolus sans calculatrice ni algèbre complexe

L'analyse de la majorité des situations et des exercices de cet ouvrage fait appel à des calculs relativement complexes, qui requièrent plusieurs manipulations algébriques et dont la résolution numérique nécessite une calculatrice. Toutefois, il ne faut pas perdre de vue qu'une bonne maîtrise de la physique implique également la capacité de répondre à des questions conceptuelles, de résoudre des problèmes simples par calcul mental et — ce qui est encore plus important — de reconnaître les situations qui peuvent être abordées de manière suffisamment simple pour éviter le recours à une calculatrice.

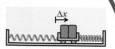
Certains des exercices se trouvant à la fin des sections sont signalés par le symbole ○, ce qui signifie qu'il est possible (et fortement suggéré !) de les résoudre sans calculatrice (voir bulle ci-contre). Les exercices purement conceptuels tombent évidemment dans cette catégorie, mais on y trouve également des exercices dont on peut obtenir la solution en considérant les relations de proportionnalité entre les paramètres, ou encore en exploitant la symétrie de la situation. Bien sûr, si un exercice est purement algébrique (on ne donne pas de valeurs numériques et on demande la réponse en fonction des paramètres), la calculatrice est inutile. Toutefois, si l'analyse d'un exercice algébrique nécessite de l'algèbre relativement complexe, il *n'est pas* désigné par le symbole ○. Ainsi, ce symbole indique *les exercices qui peuvent être résolus sans calculatrice ni algèbre complexe.*

Trois séries d'exercices : réchauffement, série principale et série supplémentaire

Chaque tome de **Physique XXI** contient environ 50 sections qui comportent en moyenne une dizaine d'exercices chacune. Un élève qui suit un cours de 75 heures basé sur un tome n'aura vraisemblablement pas le temps de résoudre tous les exercices. Voilà pourquoi ils sont répartis en trois séries : **réchauffement**, **série principale** et **série supplémentaire**. La série principale est constituée d'exercices de niveau moyen qui ont été sélectionnés pour couvrir adéquatement les aspects principaux de chacune des sections. Les exercices de réchauffement sont, en général, plus faciles que ceux de la série principale. (Parfois, un exercice de niveau moyen est placé en réchauffement parce qu'il est identique ou presque à une des situations analysées dans la section.) L'élève qui pense avoir bien compris la théorie d'une section peut s'attaquer directement à la série principale : s'il trouve la tâche trop ardue, il peut alors se rabattre sur les exercices de réchauffement, qui vont lui permettre de s'approprier les notions fondamentales de la section.

En général, les exercices de la série supplémentaire ne sont pas plus difficiles que ceux de la série principale : on y rencontre des variations, parfois plus « originales », des exercices de la série principale. Dans certaines sections, les derniers exercices de la série supplémentaire sont plus difficiles, demandant de la part de l'élève un effort particulier de synthèse ou de déduction.

Tous les exercices comportent des titres explicites. Un effort particulier a été consacré pour traiter de situations concrètes, et certains font même référence à une photo (voir bulle ci-contre).

Des outils de révision et de synthèse

La dernière section de chaque chapitre permet à l'élève de réviser l'ensemble de la matière du chapitre. Elle comporte des **fiches de synthèse** qui exposent de manière schématique et très visuelle les concepts principaux du chapitre et les liens qui les unissent (voir bulle ci-contre). Une série variée d'**exercices de synthèse** permet à l'élève de vérifier sa compréhension globale de la matière du chapitre et de se préparer adéquatement pour les examens. Les exercices de révision et de synthèse sont essentiellement du même niveau que ceux qui se trouvent dans les séries principales des sections, mais ils sont présentés dans le « désordre » par rapport à l'ordre des sections du chapitre; de plus, bon nombre d'entre eux font référence à la matière présentée dans plusieurs sections du chapitre, ou dans les chapitres (et même les tomes) antérieurs. Dans la section de synthèse, on trouve également une liste de l'ensemble des **termes importants** du chapitre (en ordre alphabétique), conçue pour permettre à l'élève de vérifier sa maîtrise du vocabulaire du chapitre (voir bulle ci-contre).

Effet Doppler sonore

$$f' = \left(\frac{v_{sR}}{v_{sE}}\right) f$$

v_{sR} : vitesse relative des fronts d'onde par rapport au récepteur
v_{sE} : vitesse relative des fronts d'onde par rapport à l'émetteur

augmente f' v_R E v_R E   diminue f'

$$f' = \left(\frac{v_s \pm v_R}{v_s \pm v_E}\right) f$$

augmente f' v_E E   E v diminue f'

Pour déterminer les signes, il faut considérer *séparément* les effets du mouvement de l'émetteur et du mouvement du r...

TERMES IMPORTANTS

5.7	becquerel	5.6	nombre de masse
5.7	constante de désintégration	5.5	nombre quantique principal
5.1	constante de Planck	5.6	noyau
5.3	corps noir	5.6	nucléon
5.7	datation radioactive	5.6	numéro atomique
5.6	défaut de masse	5.4	onde de probabilité
5.6	défaut de masse relatif	5.6	particule α
5.6	désintégration radioactive	5.6	pic du fer
5.2	effet Compton	5.6	positron
5.1	effet photoélectrique	5.1	potentiel d'arrêt
5.6	énergie de liaison	5.4	principe d'incertitude de Heisenberg
5.6	fission nucléaire		
5.1	fréquence de seuil	5.6	processus α
5.6	fusion nucléaire	5.6	processus β⁻
5.6	interaction nucléaire forte	5.6	processus β⁺
	isotope	5.5	rayon de Bohr
	loi de Planck	5.6	réaction nucléaire
	de Stefan-Boltzmann	5.7	taux de désintég...
	Wien	5.7	temps de de...
	nde de seuil	5.1	travail d...

Le *Guide d'indices séquentiels en ligne* (GISEL)

Les réponses de tous les exercices figurent à la fin de chaque tome. De plus, dans le Compagnon Web de la collection (**www.erpi.com/seguin.cw**), on retrouve **GISEL**, le *Guide d'indices séquentiels en ligne*. GISEL *n'est pas* un solutionnaire traditionnel : sa mission est de fournir le genre d'indices et de résultats partiels qu'un élève obtiendrait s'il allait au bureau de son professeur ou au centre d'aide de son collège ou de son université. GISEL ne donne qu'un indice à la fois, en espérant que ce soit suffisant pour que l'élève puisse compléter la solution par lui-même. En plus d'une série d'indices, GISEL fournit, si c'est pertinent, certains résultats numériques intermédiaires qui peuvent aider à repérer les erreurs de calcul. En revanche, GISEL ne présente jamais une solution statique complète qu'un élève pourrait être tenté d'apprendre par cœur, ce qui désamorcerait par le fait même son processus d'apprentissage.

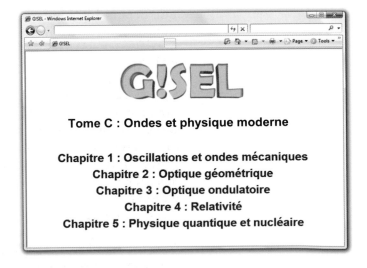

GISEL - Windows Internet Explorer

GISEL

Tome C : Ondes et physique moderne

Chapitre 1 : Oscillations et ondes mécaniques
Chapitre 2 : Optique géométrique
Chapitre 3 : Optique ondulatoire
Chapitre 4 : Relativité
Chapitre 5 : Physique quantique et nucléaire

REMERCIEMENTS

Je voudrais tout d'abord remercier les Éditions du Renouveau Pédagogique, plus particulièrement **Normand Cléroux**, **Jean-Pierre Albert**, **Sylvain Giroux** et **Sylvain Bournival**, pour m'avoir soutenu tout au long du projet et m'avoir accordé leur pleine confiance lorsque je leur ai proposé d'assurer moi-même la réalisation des illustrations et la mise en pages de l'ouvrage. C'est toujours un plaisir de travailler avec un éditeur qui considère les auteurs comme de véritables partenaires. Je voudrais aussi remercier ma femme, **Susan Plante**, pour son soutien et ses encouragements à toutes les étapes du projet — et pour un coup de main très apprécié à la réalisation des auxiliaires pédagogiques dans le sprint final ayant précédé la publication.

La physique a beau être une science « exacte », les physiciens et les professeurs de physique forment une communauté qui a ses coutumes et ses traditions. **Physique XXI** s'inscrit dans une longue lignée d'ouvrages généraux qui remonte aux premières éditions de *University Physics* de Sears et Zemansky, dans les années 1950. J'ai appris la physique dans les livres du PSSC (Physical Science Study Committee) et d'Halliday et Resnick (édité en français par ERPI en 1980). Mes professeurs de physique de la polyvalente Curé-Antoine-Labelle, du Collège de Bois-de-Boulogne, de l'Université de Montréal et de l'Université Harvard m'ont chacun influencé par leur approche pédagogique. Depuis que j'enseigne la physique au niveau collégial, les manuels de Raymond Serway (que j'ai utilisés pendant cinq ans) et de Harris Benson (que j'ai utilisés pendant dix ans et sur lesquels j'ai travaillé à titre d'adaptateur) ont indéniablement orienté mon approche pédagogique. Toutes ces influences, et plus encore, se trouvent dans **Physique XXI**.

Je voudrais remercier mes nombreux collègues au fil des ans, pour le partage d'idées et de matériel pédagogique, mais aussi pour les innombrables conversations de corridor et de salle à café : **Danielle Benoît**, **Camille Boisvert**, **Jean-Marie Boisvert**, **René Cossette**, **Jeanine Dansereau**, **Stéphane Durand**, **Pierre Fourneaux**, **Normand Legault**, **Roger Lanthier**, **Olivier Major**, **Bernard Marcheterre**, **Roch Mercier**, **Dominique Peschard**, **Martin Riopel**, **Roland Simard**, **Benoît Villeneuve** et **Jean Wilson**.

Je tiens à remercier plus particulièrement mes collègues du Collège de Maisonneuve qui, depuis 2004, ont « testé » les versions préliminaires de l'ouvrage, pour m'avoir fait confiance et avoir composé avec les modifications que j'y apportais d'un trimestre à l'autre : **Éric Asselin**, **Claude Beaucaire**, **Pascal Pelletier-Boudreau**, **César Igor Castillo**, **Camil Cyr**, **Nancy Delagrave**, **Marie-Ève Doucet**, **Jean-François Glowe**, **Nicole Lefebvre**, **Paul Moffet**, **Pierre Ouellette**, **Moussa Yaya Ousmanou**, **Laurence St-Pierre** et **Simon Vézina**. Leurs commentaires et leurs suggestions ont été grandement appréciés. Je voudrais aussi remercier les 3000 élèves qui leur ont servi de « cobayes », pour leur réception très positive de l'ouvrage, mais surtout pour les erreurs de calcul et les fautes de frappe qu'ils ont repérées avant même que ne débute le processus d'édition. À ce chapitre, je voudrais également mentionner l'excellent travail de **Nicolas Calvé** à la révision linguistique et de **Marie-Claude Rochon** à la relecture des épreuves.

Il ne me reste plus qu'à rendre hommage au travail extraordinaire de mes fidèles collaborateurs et collègues au département de physique du Collège de Maisonneuve, **Julie Descheneau** et **Benjamin Tardif**. Au fil du projet, ils ont été appelés à jouer le rôle de conseillers, d'expérimentateurs, de réviseurs, de critiques et d'éditeurs — dans le sens le plus vrai du terme.

Julie, par son esprit de synthèse et son sens pédagogique hors du commun, a été d'une aide inestimable dans l'optimisation de la structure de l'ouvrage — que ce soit dans l'agencement des sections au sein des chapitres, dans l'enchaînement des étapes de l'analyse des situations ou dans la répartition des exercices à la fin des sections. Les longues conversations que nous avons eues pendant les six années qu'a duré la « gestation » de l'ouvrage ont eu une influence déterminante sur son évolution. Tel le miroir souple d'un dispositif d'optique adaptative, Julie a su jongler avec mes textes embryonnaires et mes idées brutes et me les retourner de manière plus cohérente et plus claire. En particulier, elle a été responsable de la conception des fiches de synthèse qui figurent à la fin des chapitres.

Benjamin, avec son sens presque surhumain de l'ordre et de la précision, a hérité de la tâche redoutable de veiller à la rigueur et à la cohérence de la collection. Sans son appui indéfectible durant les dernières années du projet, et les centaines d'heures passées sur MSN à échanger les fragments de l'ouvrage à différentes étapes de la révision, **Physique XXI** n'aurait jamais vu le jour à temps pour l'arrivée dans les cégeps des élèves issus de la réforme de l'enseignement au secondaire. Il s'est aussi chargé de la programmation HTML du *Guide d'indices séquentiels en ligne* (GISEL).

Sans la collaboration précieuse de Benjamin et de Julie, l'ouvrage que vous avez entre les mains ne serait pas ce qu'il est. Deux mille deux cents jours et mille huit cents pages plus tard, cela demeure un plaisir — et un privilège — de travailler avec eux.

Marc Séguin

p h y s i q u e XXI

DREAMSTIME

Chapitre 2

OPTIQUE GÉOMÉTRIQUE 169

DREAMSTIME

DREAMSTIME

ISTOCKPHOTO

Chapitre 3

OPTIQUE ONDULATOIRE 291

MARC SÉGUIN

Chapitre 4

RELATIVITÉ
379

Chapitre 5

PHYSIQUE QUANTIQUE ET NUCLÉAIRE
457

physique XXI

TOME C

ONDES et PHYSIQUE MODERNE

INTRODUCTION

Les ondes constituent le thème principal de ce troisième et dernier tome de la collection. C'est grâce aux ondes sonores que nous entendons, et nous ne verrions rien sans les ondes lumineuses, qui jouent également un rôle de premier plan dans la plupart des technologies de télécommunication (antennes radio et micro-ondes, transmission de données par fibres optiques, etc.). Dans le **chapitre 1 : Oscillations et ondes mécaniques**, nous étudierons les ondes qui se propagent sur les cordes et les ondes sonores ; dans le **chapitre 3 : Optique ondulatoire**, nous nous intéresserons aux propriétés ondulatoires de la lumière (après avoir étudié, dans le **chapitre 2 : Optique géométrique**, la manière dont la lumière se propage) ; dans le **chapitre 5 : Physique quantique et nucléaire**, nous verrons que les particules élémentaires sont des *quantas*, entités aux propriétés étranges s'apparentant à la fois aux ondes et aux particules. La physique quantique est l'une des deux branches principales de la *physique moderne* ; l'autre branche, la *relativité*, fera l'objet du **chapitre 4**.

Dans le **chapitre 1**, nous commencerons par présenter la physique des oscillations, puis nous introduirons les propriétés générales des ondes mécaniques en étudiant les ondes sonores et celles qui se propagent sur des cordes. Nous verrons qu'une onde mécanique transporte de l'énergie sans qu'il y ait déplacement net de matière (photos ci-dessous). Nous expliquerons ce qui se produit lorsque plusieurs ondes se superposent et nous étudierons l'effet Doppler et les ondes stationnaires.

DREAMSTIME

Paramètres du chapitre 1 :
Oscillations et ondes mécaniques

	Symbole	Unité SI
amplitude	A	m
fréquence angulaire	ω (oméga)	rad/s
constante de phase	ϕ (phi)	rad
constante d'amortissement	b	kg/s
longueur d'onde	λ (lambda)	m
nombre d'onde	k	rad/m
masse linéique	μ (mu)	kg/m
intensité	I	W/m^2
nombre de décibels	β (bêta)	dB (décibel)*

* Le nombre de décibels correspondant à un exposant, l'échelle des décibels n'est pas une véritable unité physique.

DREAMSTIME

Les **chapitres 2** et **3** traitent de l'optique, l'étude de la lumière. Dans le **chapitre 2 : Optique géométrique**, nous nous intéresserons à la manière dont la lumière se propage dans un milieu homogène transparent et nous verrons ce qui se passe lorsqu'elle rencontre un miroir ou une lentille. Cela nous permettra de comprendre, entre autres, la formation des images. Nous décrirons les principaux défauts de l'œil et nous verrons comment les corriger à l'aide de lentilles. Nous expliquerons également le phénomène de l'arc-en-ciel en analysant la réfraction et la réflexion de la lumière du Soleil par les gouttelettes d'eau en suspension dans l'air.

Paramètres du chapitre 2 : Optique géométrique	Symbole	Unité SI
distance focale	f	
rayon de courbure	R	
distance objet-déviateur	p	
distance image-déviateur	q	m
distance objet-axe optique	y_o	
distance image-axe optique	y_i	
indice de réfraction	n	sans unité
grandissement linéaire	g	sans unité
grandissement angulaire (grossissement)	G	sans unité
vergence (puissance optique)	V	
amplitude d'accommodation	A_{acc}	$D \text{ (dioptries)} = m^{-1}$

ISTOCKPHOTO

L'optique géométrique, basée sur l'analyse du parcours des rayons lumineux, permet de comprendre un grand nombre de phénomènes. Toutefois, pour analyser l'interférence et la diffraction, qui sont responsables, entre autres, des couleurs qu'on observe sur les bulles de savon et les disques compacts (photo ci-dessous), il faut tenir compte explicitement du fait que la lumière est une onde : c'est ce que nous ferons dans le **chapitre 3 : Optique ondulatoire**. Nous verrons que deux faisceaux de lumière qui se superposent peuvent se renforcer (interférence constructive) ou se « nuire » (interférence destructive), tout en respectant le principe de conservation de l'énergie. Nous expliquerons comment un *réseau* (masque comportant un grand nombre de fentes parallèles) permet de séparer les différentes couleurs d'un faisceau de lumière blanche, et nous étudierons les filtres polarisants, qui laissent passer de manière préférentielle la lumière dont le champ électrique oscille selon une certaine direction.

ISTOCKPHOTO

Goutte d'eau sur un disque compact. Les couleurs sont surtout attribuables à l'interférence de la lumière réfléchie par les minuscules sillons gravés sur le disque, mais la goutte ajoute à l'effet en réfractant différemment les diverses couleurs.

Paramètres chapitre 3 :

Optique ondulatoire	Symbole	Unité SI
différence de marche	δ (delta)	
distance entre deux fentes	d	
largeur d'une fente	a	m
diamètre d'une ouverture	D	
limite de résolution	θ_{lim} (thêta indice « lim »)	rad

Les deux derniers chapitres traitent de la physique moderne. Dans le **chapitre 4 : Relativité**, nous explorerons les liens étroits qui ont été découverts par Albert Einstein entre l'espace, le temps, la masse et l'énergie. Nous verrons, entre autres, que le rythme de l'écoulement du temps varie en fonction de la vitesse de l'observateur. Nous aurons également l'occasion de présenter l'équation la plus célèbre de toute l'histoire de la physique, $E = mc^2$.

Paramètres du chapitre 4 :

Relativité	Symbole	Unité SI
facteur de Lorentz	γ (gamma)	sans unité
énergie relativiste	E	
énergie au repos	E_0	J

Dans le **chapitre 5 : Physique quantique et nucléaire**, nous nous intéresserons encore une fois à la lumière en considérant plusieurs phénomènes (l'effet photoélectrique, l'effet Compton et l'émission de la lumière par un corps chaud) qui montrent qu'elle est composée de « paquets d'énergie » appelés *photons*. Nous verrons que les photons, ainsi que toutes les particules élémentaires, sont des *quantas*, des entités qui possèdent à la fois des propriétés de type « particule » et de type « onde ». Nous utiliserons les principes de base de la physique quantique pour construire un modèle de l'atome d'hydrogène (modèle de Bohr).

En physique quantique, plusieurs phénomènes (comme le comportement d'un photon individuel dans une expérience d'interférence ou la désintégration d'un noyau radio-actif) ne peuvent être décrits que de manière *probabiliste* : nous verrons que cet aspect fondamental de la physique quantique implique un certain « flou » en ce qui a trait aux propriétés des quantas (*principe d'incertitude de Heisenberg*), et mène à leur description en fonction d'*ondes de probabilité*. Nous terminerons le chapitre par l'étude des phénomènes qui se produisent dans les noyaux des atomes (physique nucléaire) : nous traiterons de la fusion et de la fission nucléaires, ainsi que de la radioactivité et des méthodes de datation qu'elle rend possibles.

Paramètres du chapitre 5 : Physique quantique et nucléaire	Symbole	Unité SI
travail d'extraction	ϕ (phi)	J
énergie de liaison	E_L	J
constante de désintégration	λ (lambda)	s^{-1}
taux de désintégration	R	Bq (becquerel) = s^{-1}
demi-vie	$T_{1/2}$	s

ATLAS (*A Toroidal LHC Apparatus*) est l'un des six détecteurs du plus puissant accélérateur de particules au monde, le Grand collisionneur de hadrons (LHC, pour *Large Hadron Collider*), situé à la frontière entre la Suisse et la France. Sur la photo, prise pendant sa construction, on peut voir ses parties externes. L'ouvrier au premier plan permet de constater sa taille énorme : 44 mètres de longueur et 25 mètres de diamètre, pour une masse de 7000 tonnes. Des protons accélérés par le LHC à 99,999 999 % de la vitesse de la lumière entrent en collision au centre du détecteur avec une énergie cinétique qui correspond à 7500 fois leur énergie au repos. Cela crée des particules exotiques et éphémères qui sont détectées et analysées par les instruments placés en couches concentriques autour du point d'impact.

CERN

Chapitre 1

OSCILLATIONS ET ONDES MÉCANIQUES

Après l'étude de ce chapitre, le lecteur pourra utiliser les principes
de la mécanique afin d'analyser les oscillations et les ondes : ondes progressives,
ondes stationnaires, battements, effet Doppler, puissance et intensité.

PLAN DU CHAPITRE

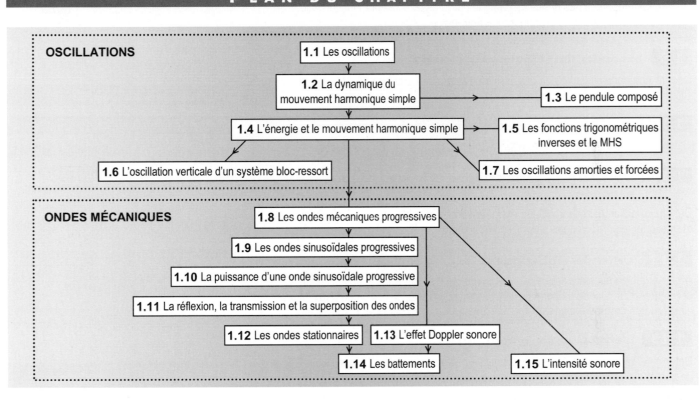

OSCILLATIONS

1.1 Les oscillations

1.2 La dynamique du mouvement harmonique simple

1.3 Le pendule composé

1.4 L'énergie et le mouvement harmonique simple

1.5 Les fonctions trigonométriques inverses et le MHS

1.6 L'oscillation verticale d'un système bloc-ressort

1.7 Les oscillations amorties et forcées

ONDES MÉCANIQUES

1.8 Les ondes mécaniques progressives

1.9 Les ondes sinusoïdales progressives

1.10 La puissance d'une onde sinusoïdale progressive

1.11 La réflexion, la transmission et la superposition des ondes

1.12 Les ondes stationnaires

1.13 L'effet Doppler sonore

1.14 Les battements

1.15 L'intensité sonore

$$x = A \sin(\omega t + \phi) \qquad \omega = \frac{2\pi}{T}$$
$$v_{max} = A\omega \qquad a_{max} = A\omega^2 \qquad a_x = -\omega^2 x$$

$$\omega_0 = \sqrt{\frac{k}{m}} \qquad \omega_0 = \sqrt{\frac{g}{L}}$$

$$\theta = \theta_{max} \sin(\omega t + \phi) \qquad \omega_0 = \sqrt{\frac{mgh}{I}}$$
$$I = mh^2 + I_{CM}$$

$$U = \tfrac{1}{2} m\omega^2 x^2$$
$$E = \tfrac{1}{2} m\omega^2 A^2$$

Les oscillations

Après l'étude de cette section, le lecteur pourra déterminer la position, la vitesse et l'accélération d'un objet qui oscille selon un mouvement harmonique simple.

APERÇU

Lorsqu'une onde mécanique (par exemple, une vague ou une onde sonore) se déplace dans un milieu, les particules qui le composent effectuent un mouvement d'**oscillation** : leur position varie de manière périodique autour d'une position centrale. Ainsi, pour comprendre la physique des ondes, il faut d'abord étudier la physique des oscillations.

Lorsqu'un bloc est accroché à l'extrémité d'un ressort idéal dont l'autre extrémité est fixe et qu'il oscille sur une surface horizontale sans frottement (schéma ci-contre), il effectue un **mouvement harmonique simple (MHS)**. Cela signifie que sa position en fonction du temps peut être décrite à l'aide d'une fonction sinusoïdale :

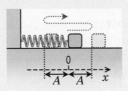

$$x = A\sin(\omega t + \phi)$$

Équation $x(t)$ pour un mouvement harmonique simple

Un **pendule simple** (petite bille suspendue à une corde ou une tige rigide de masse négligeable) qui oscille avec une amplitude relativement faible (en pratique, l'angle entre la corde et la verticale doit demeurer inférieur à 15°) effectue également un MHS (schéma ci-contre).

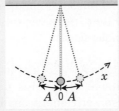

Dans l'équation du MHS, A représente l'**amplitude** de l'oscillation. La **phase** est l'argument de la fonction sinus (ici, $\omega t + \phi$) ; il est d'usage de l'exprimer en radians. Le paramètre ω (la lettre grecque oméga) est la **fréquence angulaire** : comme la phase est en radians et que le temps est en secondes, ω est en radians par seconde.

Le paramètre ϕ (la lettre grecque phi) est la **constante de phase** (en radians). Si, à $t = 0$, l'objet est à l'origine ($x = 0$) et se déplace dans le sens des x positifs, alors $\phi = 0$ (schéma ci-contre). En donnant une valeur appropriée à ϕ, il est possible

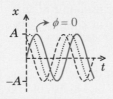

de décrire le MHS d'un objet qui débute son mouvement à n'importe quel endroit dans le cycle d'oscillation.

Les concepts de *période* et de *fréquence*, définis dans le **tome A** afin de décrire la rotation, servent également à décrire les oscillations. La période T est la durée d'un cycle d'oscillation : dans le SI, elle s'exprime en secondes.

La fréquence f est égale à l'inverse de la période :

$$f = \frac{1}{T}$$

La fréquence s'exprime, dans le système international (SI), en hertz : 1 Hz = 1 s^{-1}. (Un hertz correspond à une oscillation par seconde.) La fréquence angulaire ω est égale à la fréquence « ordinaire » f multipliée par 2π :

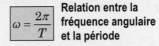

$$\omega = 2\pi f$$

Comme $f = 1/T$,

$$\omega = \frac{2\pi}{T}$$ Relation entre la fréquence angulaire et la période

Plus la fréquence angulaire est grande, plus la période est petite (schéma ci-contre).

Lorsqu'un objet possède un MHS dont l'équation est

$$x = A\sin(\omega t + \phi)$$

les composantes selon x de sa vitesse et de son accélération sont

$$v_x = \frac{dx}{dt} = A\omega\cos(\omega t + \phi)$$

et

$$a_x = \frac{dv_x}{dt} = -A\omega^2\sin(\omega t + \phi)$$

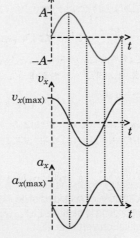

(schémas ci-contre). Chaque fois que l'objet passe par la position centrale de l'oscillation ($x = 0$), le module de sa vitesse est maximal :

$$v_{max} = A\omega$$ Module maximal de la vitesse dans un MHS

Chaque fois que l'objet se trouve à une extrémité de son oscillation ($x = \pm A$), le module de son accélération est maximal :

$$a_{max} = A\omega^2$$ Module maximal de l'accélération dans un MHS

En comparant les équations pour x et a_x, on obtient une relation importante qui caractérise tout MHS :

$$a_x = -\omega^2 x$$ Relation entre l'accélération et la position dans un MHS

La lumière *n'est pas* une onde mécanique : son comportement ondulatoire découle des propriétés des *photons*, les quantas qui la composent. Par conséquent, elle peut se propager dans le vide de l'espace interplanétaire (contrairement aux ondes mécaniques, comme le son).

Pour plus de détails sur la fonction sinusoïdale, consultez la **section M5 : Les fonctions trigonométriques** de l'annexe mathématique.

Dans le présent chapitre, nous allons amorcer l'étude des ondes en considérant des ondes *mécaniques* — des ondes qui ont besoin d'un milieu de propagation pour exister. Les vagues à la surface de l'eau, les ondes sonores et les ondes sur les cordes tendues sont des ondes mécaniques. Lorsqu'une onde mécanique se déplace dans un milieu, les particules qui constituent ce dernier subissent un mouvement d'**oscillation** : leur position varie de manière périodique autour d'une position centrale. Ainsi, avant d'aborder la physique des ondes, nous allons étudier les oscillations.

Nous allons surtout nous intéresser au mouvement d'oscillation le plus simple, pour lequel la position en fonction du temps peut être décrite par une fonction sinusoïdale : il s'agit du **mouvement harmonique simple (MHS)**. Dans la présente section, nous nous limiterons à *décrire* le MHS : nous allons faire de la cinématique. Nous analyserons le MHS du point de vue des forces et de l'énergie dans les sections subséquentes, avant d'aborder l'étude des ondes à proprement parler dans la **section 1.8 : Les ondes mécaniques progressives**.

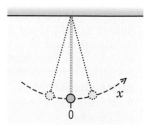

Le mouvement d'un **pendule simple** (une petite « bille » oscillant au bout d'une corde ou d'une tige rigide de masse négligeable) est un exemple bien connu d'oscillation. Comme nous l'avons mentionné dans le **tome A**, c'est en observant l'oscillation d'un lustre dans la cathédrale de Pise que Galilée, alors qu'il était encore étudiant, s'est mis à s'intéresser à la physique. Pour étudier l'oscillation d'un pendule, on peut définir un axe x courbe qui suit la trajectoire de la bille et dont l'origine correspond au point le plus bas de l'oscillation (schéma ci-dessus). La position de la bille en fonction du temps *ne correspond pas* tout à fait à une fonction sinusoïdale. Toutefois, lorsque l'angle maximal entre la corde et la verticale ne dépasse pas 15°, une fonction sinusoïdale peut être utilisée pour obtenir une très bonne approximation du mouvement : nous verrons pourquoi à la fin de la **section 1.2 : La dynamique du mouvement harmonique simple**.

Nous verrons comment analyser le système bloc-ressort vertical du point de vue des forces et de l'énergie dans la **section 1.6 : L'oscillation verticale d'un système bloc-ressort**.

Dans la **section 1.2 : La dynamique du mouvement harmonique simple**, nous démontrerons qu'un objet est animé d'un MHS lorsqu'il subit une force qui a tendance à le ramener vers une position d'équilibre et que le module de la force est proportionnel à la distance qui le sépare de la position d'équilibre (comme c'est le cas pour un système bloc-ressort).

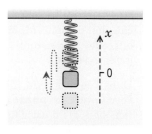

Dans le **chapitre 2 : Dynamique** du **tome A**, nous avons vu qu'un ressort idéal obéit à la loi de Hooke : le module de la force qu'il exerce est proportionnel à son étirement par rapport à sa longueur naturelle. Lorsqu'un bloc attaché à un ressort idéal dont l'autre extrémité est fixe oscille verticalement (schéma ci-contre), sa position en fonction du temps peut être décrite *parfaitement* par une fonction sinusoïdale : l'oscillation verticale d'un système bloc-ressort est un mouvement harmonique simple. Pour décrire la position du bloc, on peut définir un axe x vertical dont l'origine correspond au centre de l'oscillation, c'est-à-dire l'endroit où le bloc peut demeurer en équilibre statique. Malheureusement, le système bloc-ressort vertical est relativement difficile à analyser du point de vue des forces et de l'énergie, car la force résultante que subit le bloc est la somme de son poids et de la force exercée par le ressort.

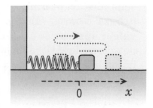

Le système le plus simple à analyser qui possède un mouvement harmonique simple consiste en un bloc accroché à un ressort oscillant à l'horizontale sur une surface sans frottement (schéma ci-contre) : c'est celui que nous allons utiliser pour présenter les caractéristiques générales du MHS. Selon la direction verticale, la force normale exercée par la surface contrebalance le poids du bloc : ainsi, la force résultante subie par le bloc correspond directement à la force exercée par le ressort.

Lorsqu'un système bloc-ressort oscille à la verticale, il arrive souvent que le poids du bloc fasse en sorte que le ressort soit plus long que sa longueur naturelle pendant toute l'oscillation. En revanche, lorsque l'oscillation est horizontale, le ressort est plus court que sa longueur naturelle (c'est-à-dire comprimé) pendant la moitié de l'oscillation. Or, en pratique, les ressorts qui obéissent à la loi de Hooke en compression sont rares. Pour étudier, en laboratoire, un système bloc-ressort en oscillation horizontale, il est préférable de placer le bloc entre *deux* ressorts étirés (schéma ci-contre, en haut): il est possible de montrer que ceux-ci se comportent comme un ressort unique dont la constante de rappel est égale à la somme de leurs constantes de rappel (schéma ci-contre, en bas).

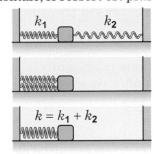

L'amplitude et la fréquence angulaire

Sur le schéma ci-contre, nous avons représenté l'oscillation d'un système bloc-ressort sur une surface horizontale sans frottement. Nous avons défini un axe x parallèle au mouvement dont l'origine coïncide avec la position centrale de l'oscillation. Lorsque $x = 0$, le ressort est à sa longueur naturelle, c'est-à-dire qu'il n'est ni étiré ni comprimé. La force exercée par le ressort sur le bloc a tendance à le ramener vers $x = 0$. Si on donne un élan au bloc et qu'on le laisse aller, il va osciller indéfiniment, car il n'y a pas de frottement.

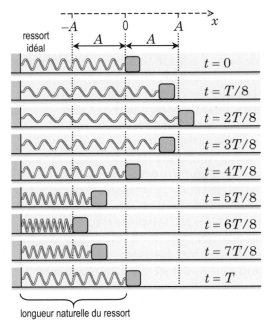

Dans le **tome A**, nous avons utilisé les concepts de *période* et de *fréquence* pour décrire le mouvement d'une particule le long d'une trajectoire circulaire et le mouvement de rotation d'un objet sur lui-même. Ils peuvent également servir à décrire les oscillations et les ondes.

La période (symbole: T) correspond à la durée d'un cycle d'oscillation: dans le SI (système international), elle s'exprime en secondes. La fréquence (symbole: f) est l'inverse de la période:

$$f = \frac{1}{T}$$

Dans le SI, la fréquence s'exprime en hertz: $1\ \text{Hz} = 1\ \text{s}^{-1}$. Un objet qui oscille à la fréquence de N Hz effectue N oscillations par seconde.

Le schéma ci-dessus couvre une période complète de l'oscillation: entre deux images successives, il s'écoule un huitième de période. Les positions extrêmes de l'oscillation sont $x = A$ et $x = -A$. On donne le nom d'**amplitude** au paramètre A: l'amplitude d'une oscillation est la distance entre les positions extrêmes et la position centrale.

Sur le schéma ci-contre, nous avons tracé le graphique de la position en fonction du temps qui représente l'oscillation du système bloc-ressort et nous avons indiqué trois façons équivalentes de mesurer la période T.

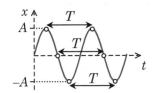

Comme le graphique $x(t)$ a la même forme que le graphique de la fonction sinus (schéma ci-contre), nous sommes bien en présence d'un mouvement harmonique simple.

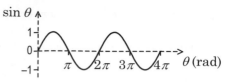

Quelle est l'équation qui décrit le graphique $x(t)$? Comme la valeur de la fonction sinus oscille entre 1 et −1 et que nous voulons que x oscille entre A et −A, il faut multiplier le sinus par A:

$$x = A\sin(\omega t)$$

On donne le nom de **phase** à l'*argument* de la fonction sinus (c'est-à-dire tout ce qui se trouve à l'intérieur de la parenthèse). La phase d'une fonction sinus doit correspondre à un angle: en physique des oscillations et des ondes, il est d'usage de l'exprimer en radians. C'est pour cela que la phase doit comporter une constante ω (la lettre grecque oméga): comme t est en secondes (dans le SI), ω est en radians par seconde (rad/s). Dans le **tome A**, à la **section 4.1: La cinématique de rotation**, nous avons déjà rencontré un paramètre ω qui s'exprime en radians par seconde: la *vitesse angulaire*. Dans le contexte du MHS, ω s'appelle la **fréquence angulaire**.

Il existe une correspondance étroite entre la vitesse angulaire et la fréquence angulaire: la projection le long d'un axe d'un mouvement circulaire uniforme (MCU) dont la *vitesse angulaire* est ω correspond à un MHS dont la *fréquence angulaire* est ω. Considérons un objet animé d'un MCU (schéma ci-contre): il tourne sur un cercle de rayon A avec une vitesse angulaire constante ω. Si l'objet est à la position angulaire $\theta = 0$ à $t = 0$, l'angle θ en fonction du temps est

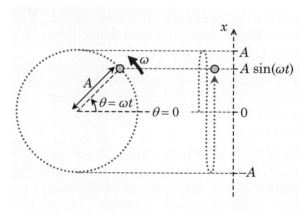

$$\theta = \omega t$$

La *projection* du mouvement le long de l'axe vertical correspond à $A\sin(\omega t)$: il s'agit d'un MHS. La *vitesse angulaire* du mouvement de rotation est égale à la *fréquence angulaire* du mouvement harmonique simple.

Dans plusieurs machines (par exemple, les scies sauteuses — photo ci-contre), il existe des dispositifs qui transforment le mouvement circulaire généré par un moteur en mouvement harmonique simple. Le schéma ci-contre illustre un dispositif de ce type: chaque fois que la pièce circulaire **A** fait un tour, la pièce **B**, en forme de clef, effectue un cycle d'oscillation. La vitesse angulaire de rotation de **A** est égale à la fréquence angulaire d'oscillation de **B**.

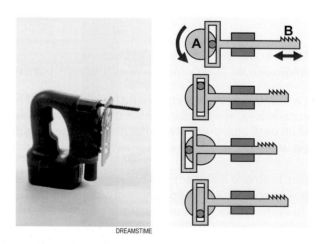

DREAMSTIME

La relation entre la fréquence angulaire et la période

Il existe une relation simple entre la fréquence angulaire ω et la période T d'un MHS. Pour la découvrir, nous allons examiner le graphique de la fonction $x = A \sin(\omega t)$, reproduit sur le schéma ci-dessous. (On suppose que A et ω représentent des valeurs positives.)

À $t = 0$, nous avons

$$x = A \sin(0) = 0$$

Lorsque la phase ωt est égale à $\frac{\pi}{2}$ rad,

$$x = A \sin\left(\frac{\pi}{2}\right) = A \times 1 = A$$

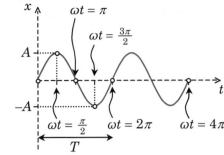

Pour d'autres valeurs de la phase, nous obtenons

$$\omega t = \pi \qquad \Rightarrow \qquad x = A \sin(\pi) = A \times 0 = 0$$
$$\omega t = \frac{3\pi}{2} \qquad \Rightarrow \qquad x = A \sin\left(\frac{3\pi}{2}\right) = A \times -1 = -A$$
$$\omega t = 2\pi \qquad \Rightarrow \qquad x = A \sin(2\pi) = A \times 0 = 0$$

Une période T après $t = 0$, lorsque $t = T$, la phase ωt est égale à 2π. Par conséquent,

$$\omega T = 2\pi$$

d'où

$$\boxed{\omega = \frac{2\pi}{T}}$$ **Relation entre la fréquence angulaire et la période**

La fréquence angulaire est inversement proportionnelle à la période : plus la période est grande, plus la fréquence angulaire est petite (schéma ci-contre).

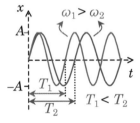

Si on compare l'équation $\omega = 2\pi/T$ avec la définition de la fréquence « ordinaire »,

$$f = \frac{1}{T}$$

on constate que la fréquence angulaire ω correspond à la fréquence f multipliée par 2π rad :

$$\omega = 2\pi f$$

Situation 1 : *Du graphique à l'équation.* Dans un système bloc-ressort, la position du bloc est donnée par le graphique ci-contre. On désire déterminer la valeur des paramètres qui permettent de décrire le mouvement du bloc à l'aide de la fonction $x = A \sin(\omega t)$.

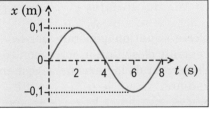

Sur le graphique, nous pouvons lire directement $A = 0{,}1\,\text{m}$ et $T = 8\,\text{s}$, d'où

$$\omega = \frac{2\pi}{T} = \frac{2\pi}{(8\,\text{s})} = \frac{\pi}{4}\,\text{rad/s} = 0{,}7854\,\text{rad/s}$$

L'équation du mouvement est

$$x = (0{,}1\ \text{m}) \sin\left((\frac{\pi}{4}\ \text{rad/s})t\right)$$

Écrite sous cette forme, avec les unités physiques indiquées explicitement, l'équation est relativement lourde. Dans cet ouvrage, nous allons préférer écrire les équations du MHS sans unités physiques, quitte à préciser les unités dans une phrase accompagnant l'équation. Par exemple, ici, nous pouvons écrire

$$x = 0{,}1 \sin\left(\frac{\pi}{4}t\right)$$

et préciser « où x est en mètres, t est en secondes et la phase est en radians ».

Vérifions que l'équation est correcte : à $t = 2$ s,

$$x = 0{,}1 \sin\left(\frac{\pi}{4} \times 2\right) = 0{,}1 \sin\left(\frac{\pi}{2}\right) = 0{,}1 \times 1 = 0{,}1\ \text{m}$$

ce qui correspond bien à ce qu'on peut lire sur le graphique.

La constante de phase

À $t = 0$, un objet dont la position est donnée par

$$x = A \sin(\omega t)$$

est situé en $x = 0$ et il se déplace dans le sens positif de l'axe x (schéma ci-contre). Comment décrire le mouvement lorsque *ce n'est pas* le cas ?

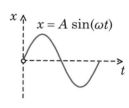

Considérons, par exemple, la situation qui correspond au graphique $x(t)$ représenté sur le schéma ci-contre : à $t = 0$, l'objet est à mi-chemin entre $x = 0$ et sa position positive maximale, et il se déplace dans le sens négatif de l'axe x. Quelle est la fonction qui décrit ce mouvement ?

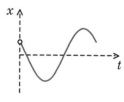

Une approche possible consiste à modifier le choix de l'instant $t = 0$ afin de le faire correspondre à l'instant où l'objet est à $x = 0$ et où il se déplace dans le sens positif de l'axe x : cela fait disparaître le problème ! Toutefois, en physique des ondes, on désire parfois décrire simultanément plusieurs oscillations non synchronisées. Dans ce cas, on n'a pas le choix : on doit être en mesure de décrire une oscillation qui commence à n'importe quelle phase dans le cycle de la fonction sinus. Pour ce faire, il faut introduire une **constante de phase** (symbole : ϕ) à l'intérieur de la phase :

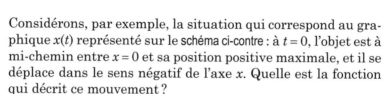

$$x = A \sin(\omega t + \phi)$$ **Équation $x(t)$ pour un mouvement harmonique simple**

Cette équation générale permet de décrire *n'importe quel* MHS dont la position centrale d'oscillation correspond à $x = 0$. Comme la phase du sinus (ce qui se trouve à l'intérieur de la parenthèse) est en radians, la constante de phase ϕ est également en radians.

Afin de comprendre la signification de la constante de phase, nous allons considérer quatre situations : $\phi = 0$, $\phi = \pi/2$ rad, $\phi = \pi$ rad et $\phi = 3\pi/2$ rad. Lorsque $\phi = 0$, le graphique $x(t)$ est un « sinus non déphasé » (schéma ci-contre).

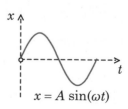

Lorsque $\phi = \pi/2$ rad, la position de l'objet à $t = 0$ est positive et maximale (schéma ci-contre) :

$$x = A\sin\left(\omega t + \frac{\pi}{2}\right) = A\sin\left(\omega \times 0 + \frac{\pi}{2}\right)$$

$$= A\sin\left(\frac{\pi}{2}\right) = A \times 1 = A$$

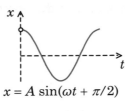

$x = A\sin(\omega t + \pi/2)$

Ce graphique a la même forme que la fonction $\cos\theta$ (schéma ci-dessous). En effet, les équations

$$x = A\sin\left(\omega t + \frac{\pi}{2}\right)$$

et

$$x = A\cos(\omega t)$$

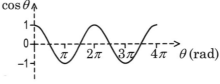

sont équivalentes.

Lorsque $\phi = \pi$ rad, l'objet est en $x = 0$ à $t = 0$, *mais il se déplace dans le sens négatif de l'axe* (schéma ci-contre). Le graphique a la même forme que la fonction $-\sin\theta$: les équations

$$x = A\sin(\omega t + \pi) \qquad \text{et} \qquad x = -A\sin(\omega t)$$

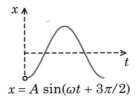

$x = A\sin(\omega t + \pi)$

sont équivalentes.

Lorsque $\phi = 3\pi/2$ rad, la position de l'objet à $t = 0$ est négative et maximale en valeur absolue (schéma ci-contre) :

$$x = A\sin\left(\omega t + \frac{3\pi}{2}\right) = A\sin\left(\omega \times 0 + \frac{3\pi}{2}\right)$$

$$= A\sin\left(\frac{3\pi}{2}\right) = A \times -1 = -A$$

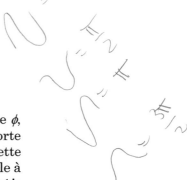

$x = A\sin(\omega t + 3\pi/2)$

Le graphique a la même forme que la fonction $-\cos\theta$. Les équations

$$x = A\sin\left(\omega t + \frac{3\pi}{2}\right) \qquad \text{et} \qquad x = -A\cos(\omega t)$$

sont équivalentes.

Comme nous pouvons le constater, en ajustant la valeur de la constante de phase ϕ, il est possible de décrire une oscillation qui commence (instant $t = 0$) à n'importe quelle phase de l'oscillation de la fonction sinus « de base » (non déphasée). Dans cette section, nous allons nous limiter à des situations où la constante de phase est égale à 0, $\pi/2$ rad, π rad ou $3\pi/2$ rad. À la **section 1.5 : Les fonctions trigonométriques inverses et le MHS**, nous étudierons des situations où ϕ peut prendre une valeur quelconque.

Situation 2 : *De l'équation au graphique*. La position d'un objet en fonction du temps est donnée par l'équation

$$x = 0{,}5\sin\left(0{,}982\,t + \frac{3\pi}{2}\right)$$

où x est en mètres, t est en secondes et la phase est en radians. On désire tracer le graphique $x(t)$ pour $0 \leq t \leq 10$ s.

Pour obtenir le graphique, on pourrait utiliser la « méthode brute » qui consiste à calculer x pour une série de valeurs de t également espacées (par exemple, pour t à chaque demi-seconde) et à tracer le graphique à partir de ces valeurs. Or, il est bien plus rapide d'utiliser une approche basée sur la théorie que nous venons de voir.

Par simple examen de la fonction, nous savons que $A = 0{,}5\ \text{m}$ et $\omega = 0{,}982\ \text{rad/s}$. Sur le graphique, les valeurs extrêmes de x seront 0,5 m et −0,5 m. La période de l'oscillation est

$$\omega = \frac{2\pi}{T} \quad \Rightarrow \quad T = \frac{2\pi}{\omega} = \frac{2\pi}{(0{,}982\ \text{rad/s})} = 6{,}4\ \text{s}$$

À $t = 0$,

$$x = 0{,}5 \sin\left(0{,}982 \times 0 + \frac{3\pi}{2}\right) = 0{,}5 \sin\left(\frac{3\pi}{2}\right) = 0{,}5 \times -1 = -0{,}5\ \text{m}$$

Par conséquent, l'oscillation commence (instant $t = 0$) à la position *négative* maximale (en valeur absolue). Pour tracer le graphique ci-contre, nous avons d'abord placé des points de repère tous les quarts de période. Ici, $T/4 = 1{,}6\ \text{s}$; entre $t = 0$ et $t = 10\ \text{s}$, les multiples de 1,6 s sont 3,2 s ; 4,8 s ; 6,4 s ; 8 s et 9,6 s.

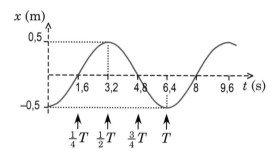

La vitesse et l'accélération dans un mouvement harmonique simple

Considérons un objet animé d'un MHS décrit par la fonction

$$x(t) = A \sin(\omega t + \phi)$$

Comme nous l'avons vu dans le **chapitre 1 : Cinématique** du **tome A**, on obtient le graphique $v_x(t)$ en calculant *la pente de la tangente* en chaque point du graphique $x(t)$. De même, le graphique $a_x(t)$ s'obtient en calculant la pente de la tangente en chaque point du graphique $v_x(t)$. Sur le schéma ci-contre, nous avons représenté le graphique de la fonction $x(t) = A \sin(\omega t + \phi)$ dans le cas particulier où $\phi = 0$, ainsi que les graphiques $v_x(t)$ et $a_x(t)$ correspondants. À l'instant **A**, la pente de la tangente du graphique $x(t)$ est nulle, ce qui correspond à $v_x = 0$; à l'instant **B**, la pente de la tangente du graphique $v_x(t)$ est positive et maximale, ce qui correspond à une valeur positive et maximale de a_x. Nous constatons que pour un graphique $x(t)$ qui correspond à une fonction *sinus* non déphasée, le graphique $v_x(t)$ est une fonction *cosinus* et le graphique $a_x(t)$ est une fonction *moins sinus* (sinus « inversé »).

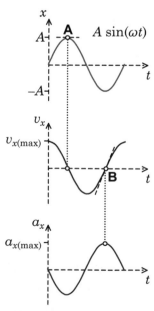

Nous pouvons arriver à la même conclusion en utilisant les définitions de la vitesse et de l'accélération qui font appel à la notion de dérivée. La composante selon x de la vitesse d'un objet qui se déplace le long de l'axe x correspond à la dérivée de la position x par rapport au temps :

$$v_x = \frac{\mathrm{d}x}{\mathrm{d}t}$$
$$= \frac{\mathrm{d}}{\mathrm{d}t}[A\sin(\omega t + \phi)]$$
$$= A\omega\cos(\omega t + \phi)$$

Pour obtenir le résultat ci-contre, nous avons utilisé **(i)** le fait que la dérivée d'une constante multipliée par une fonction est égale à la constante multipliée par la dérivée, et **(ii)** la règle de dérivation $\frac{\mathrm{d}}{\mathrm{d}t}\sin(\omega t) = \omega\cos(\omega t)$, où ω est une constante (voir **section M10 : La dérivée** de l'annexe mathématique).

Lorsque le cosinus est égal à ±1, l'objet est animé d'une vitesse dont le module est maximal :

$$\boxed{v_{\max} = A\omega}$$ **Module maximal de la vitesse dans un MHS**

L'objet est animé d'une vitesse maximale chaque fois qu'il passe par $x = 0$, position centrale de l'oscillation (schémas ci-dessous). En effet, quand le cosinus est égal à ±1, le sinus est égal à 0, d'où $x = A\sin(\omega t + \phi) = 0$.

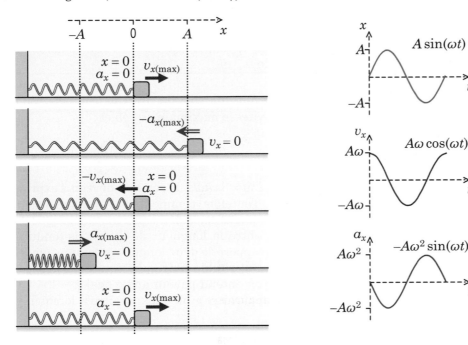

La composante selon x de l'accélération d'un objet qui se déplace le long de l'axe x correspond à la dérivée de la vitesse v_x par rapport au temps :

$$a_x = \frac{\mathrm{d}v_x}{\mathrm{d}t}$$
$$= \frac{\mathrm{d}}{\mathrm{d}t}[A\omega\cos(\omega t + \phi)]$$
$$= A\omega\frac{\mathrm{d}}{\mathrm{d}t}[\cos(\omega t + \phi)]$$
$$= A\omega[-\omega\sin(\omega t + \phi)]$$
$$= -A\omega^2\sin(\omega t + \phi)$$

Pour obtenir le résultat ci-contre, nous avons utilisé la règle de dérivation $\frac{\mathrm{d}}{\mathrm{d}t}\cos(\omega t) = -\omega\sin(\omega t)$.

Lorsque le sinus est égal à ±1, le module de l'accélération de l'objet est maximal :

$$\boxed{a_{\max} = A\omega^2}$$ **Module maximal de l'accélération dans un MHS**

Lorsque $\sin(\omega t + \phi) = 1$, la position x est *positive* et maximale, et l'accélération a_x est *négative* et maximale. Lorsque $\sin(\omega t + \phi) = -1$, la position x est *négative* et maximale, et l'accélération a_x est *positive* et maximale, comme on peut le constater sur les schémas ci-dessus.

En comparant les équations

$$x = A \sin(\omega t + \phi) \qquad \text{et} \qquad a_x = -A\omega^2 \sin(\omega t + \phi)$$

nous constatons que

$$\boxed{a_x = -\omega^2 x}$$ **Relation entre l'accélération et la position dans un MHS**

Cette équation caractérise tout mouvement harmonique simple. Nous allons nous en servir dans la section suivante pour analyser la dynamique du MHS.

Situation 3 : *La vitesse et l'accélération dans un MHS*. La position d'un objet en fonction du temps est donnée par l'équation

$$x = 0{,}2 \sin(3t + 5)$$

où x est en mètres, t est en secondes et la phase est en radians. On désire déterminer **(a)** le module de la vitesse maximale ; **(b)** le module de l'accélération maximale ; **(c)** l'accélération lorsque la position est de 0,1 m.

Par simple examen de l'équation, nous savons que $A = 0{,}2$ m et $\omega = 3$ rad/s. En **(a)**, nous voulons déterminer le module de la vitesse maximale de l'objet :

$$v_{\max} = A\omega = (0{,}2\,\text{m})(3\,\text{rad/s}) \qquad \Rightarrow \qquad \boxed{v_{\max} = 0{,}6\,\text{m/s}}$$

Pour plus de détails concernant la définition du radian, consultez la **sous-section M4.1 : Les angles** de l'annexe mathématique.

Comme nous avons effectué l'opération 0,2 m × 3 rad/s, la réponse devrait s'exprimer en radians-mètres par seconde : rad·m/s. Toutefois, comme nous l'avons mentionné dans le **tome A**, à la **section 4.1 : La cinématique de rotation**, la définition mathématique d'un angle en radians correspond au rapport entre la longueur de l'arc sous-tendu par l'angle et le rayon de courbure de l'arc : ce rapport de deux longueurs est une quantité sans unité. Ainsi, le radian n'est pas une véritable unité physique : il correspond plutôt à une « échelle » qui indique ce qu'on entend par un angle égal à « 1 ». C'est pour cela que le radian peut parfois « apparaître » ou « disparaître » lorsqu'il est combiné à d'autres unités physiques.

En **(b)**, nous voulons déterminer le module de l'accélération maximale de l'objet :

$$a_{\max} = A\omega^2 = (0{,}2\,\text{m})(3\,\text{rad/s})^2 \qquad \Rightarrow \qquad \boxed{a_{\max} = 1{,}8\,\text{m/s}^2}$$

En **(c)**, nous voulons déterminer l'accélération lorsque $x = 0{,}1$ m :

$$a_x = -\omega^2 x = -(3\,\text{rad/s})^2(0{,}1\,\text{m}) \qquad \Rightarrow \qquad \boxed{a_x = -0{,}9\,\text{m/s}^2}$$

Comme a_x est négatif, l'accélération est orientée dans le sens négatif de l'axe x (schéma ci-contre). Par conséquent, lorsque l'objet passe par $x = 0{,}1$ m en se déplaçant dans le sens positif de l'axe, il *ralentit* ; lorsqu'il passe par $x = 0{,}1$ m en se déplaçant dans le sens négatif de l'axe, il va *de plus en plus vite*.

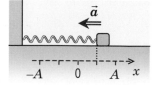

Situation 4 : *La vitesse et l'accélération dans un MHS, prise 2*. La position d'un objet en fonction du temps est donnée par l'équation

$$x = 0{,}2 \cos(3t + 5)$$

où x est en mètres, t est en secondes et la phase est en radians. On désire déterminer la position, la vitesse et l'accélération de l'objet à $t = 5$ s.

D'après l'énoncé, la position en fonction du temps est

$$x = 0,2 \cos(3t + 5)$$

La vitesse en fonction du temps est

$$v_x = \frac{dx}{dt} = 0,2 \frac{d}{dt} \cos(3t + 5) = 0,2 \times -3 \sin(3t + 5) = -0,6 \sin(3t + 5)$$

L'accélération en fonction du temps est

$$a_x = \frac{dv_x}{dt} = -0,6 \frac{d}{dt} \sin(3t + 5) = -0,6 \times 3 \cos(3t + 5) = -1,8 \cos(3t + 5)$$

En remplaçant $t = 5$ s dans ces équations, nous obtenons

$$x = 0,2 \cos[(3 \times 5) + 5] = 0,2 \cos(20) = 0,2 \times 0,408 \quad \Rightarrow \quad \boxed{x = 0,0816 \text{ m}}$$

$$v_x = -0,6 \sin(20) = -0,6 \times 0,913 \quad \Rightarrow \quad \boxed{v_x = -0,548 \text{ m/s}}$$

$$a_x = -1,8 \cos(20) = -1,8 \times 0,408 \quad \Rightarrow \quad \boxed{a_x = -0,734 \text{ m/s}^2}$$

Il ne faut pas oublier de régler la calculatrice en mode *radians* !

Évidemment, nous pouvons obtenir la même accélération par l'équation $a_x = -\omega^2 x$:

$$a_x = -(3 \text{ rad/s})^2 (0,0816 \text{ m}) = -0,734 \text{ m/s}^2$$

Nous avons représenté la situation sur le schéma ci-contre : la position x est positive et la composante selon x de l'accélération est négative.

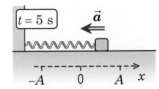

Pour terminer cette section, nous allons analyser le MHS du poids fixé à la tige d'un métronome. Pendant l'oscillation, le poids se déplace le long d'un arc de cercle. En définissant un axe x courbe qui suit cet arc, il est possible d'utiliser l'équation $x = A \sin(\omega t + \phi)$ — ainsi que le reste de la théorie de cette section — pour analyser l'oscillation.

Situation 5 : *Le métronome.* Un métronome (photo ci-contre) est un appareil servant à marquer le rythme qui est très utile pour les apprentis musiciens. Il produit un *clic* chaque fois que la tige atteint une des extrémités de son oscillation : en réglant la position du poids **P**, on peut ajuster la fréquence des clics. Sachant que le métronome produit 120 clics par *minute* et que l'inclinaison maximale de la tige par rapport à la verticale est de 35°, on désire déterminer le module de la vitesse du poids **P**, situé à 10 cm du pivot, lorsque la tige passe à la verticale. (On suppose que le poids **P** effectue un MHS le long de l'axe courbe qui suit sa trajectoire.)

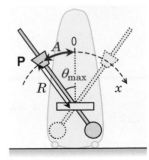

ISTOCKPHOTO

Nous avons représenté la situation sur le schéma ci-contre. L'axe courbe x qui suit la trajectoire du poids **P** est un arc de cercle de rayon $R = 10$ cm.

Lorsque la tige est verticale, le poids **P** passe par le centre de l'oscillation et le module de sa vitesse est maximal :

$$v = v_{\max} = A\omega$$

Nous savons qu'aux extrémités de l'oscillation, l'angle entre la tige du métronome et la verticale est $\theta_{max} = 35°$. Pour déterminer l'amplitude A de l'oscillation, nous pouvons utiliser le fait que la valeur d'un angle, exprimée en radians, correspond, par définition, à la longueur de l'arc de cercle sous-tendu par l'angle divisé par le rayon du cercle :

$$\theta_{max} = \frac{A}{R}$$

En radians, l'angle maximal est

$$\theta_{max} = 35° \times \frac{2\pi \text{ rad}}{360°} = 0,6109 \text{ rad}$$

Ainsi,

$$A = R\theta_{max} = (0,1 \text{ m})(0,6109 \text{ rad}) = 0,06109 \text{ m}$$

D'après l'énoncé, le métronome génère 120 clics en 60 s. Ainsi, l'intervalle de temps entre deux clics est $(60 \text{ s})/120 = 0,5 \text{ s}$. Comme un clic est généré chaque fois que la tige est à une des extrémités de son oscillation, la période complète de l'oscillation est deux fois plus grande :

$$T = 2 \times (0,5 \text{ s}) = 1 \text{ s}$$

La fréquence angulaire est

$$\omega = \frac{2\pi}{T} = \frac{2\pi}{(1 \text{ s})} = 2\pi \text{ rad/s}$$

et le module de la vitesse du poids **P** lorsque la tige est verticale est

$$v = v_{max} = A\omega = (0,06109 \text{ m})(2\pi \text{ rad/s}) \qquad \Rightarrow \qquad \boxed{v = 0,384 \text{ m/s}}$$

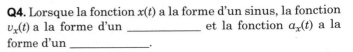

GLOSSAIRE

Le glossaire présente les définitions des **termes en gras** introduits dans la section.

amplitude : (symbole : *A*) différence entre la valeur maximale et la valeur centrale d'une oscillation.

constante de phase : (symbole : ϕ, la lettre grecque phi) paramètre que l'on retrouve dans la phase de la fonction du mouvement harmonique simple et qui permet de décrire une oscillation qui commence (instant $t = 0$) à n'importe quelle phase ; unité SI : rad.

fréquence angulaire : (symbole : ω, la lettre grecque oméga) paramètre qui exprime la rapidité d'une oscillation ; plus la fréquence angulaire est élevée, plus la période est courte ; la fréquence angulaire est égale à la fréquence « ordinaire » *f* multipliée par 2π rad ; unité SI : rad/s.

mouvement harmonique simple (MHS) : mouvement d'oscillation pour lequel la position en fonction du temps peut être décrite à l'aide d'une fonction sinusoïdale.

oscillation : variation répétitive de la valeur d'une certaine propriété autour d'une valeur centrale.

pendule simple : bille de taille négligeable suspendue à une corde ou à une tige rigide de masse négligeable dont l'autre extrémité est fixe.

phase : argument d'une fonction trigonométrique (ce qui se trouve à l'intérieur de la parenthèse) ; exprimée en radians.

QUESTIONS

Les questions sont conçues pour permettre au lecteur de réviser la matière présentée dans la section et de s'assurer de bien la maîtriser avant de se lancer dans la résolution des exercices. Les réponses aux questions *ne sont pas* fournies en annexe, car on peut les trouver facilement en lisant le texte de la section.

Q1. (a) Quel paramètre de la cinématique de rotation s'exprime à l'aide des mêmes unités que la fréquence angulaire ? **(b)** Expliquez, à l'aide d'un dessin, le parallèle qui existe entre le mouvement circulaire uniforme et le mouvement harmonique simple.

Q2. Donnez la relation entre **(a)** la fréquence angulaire et la période ; **(b)** la fréquence et la période ; **(c)** la fréquence angulaire et la fréquence.

Q3. Associez chacun des schémas ci-dessous à une des fonctions suivantes : $x = A \sin(\omega t)$, $x = -A \sin(\omega t)$, $x = A \cos(\omega t)$ et $x = -A \cos(\omega t)$. (Les paramètres *A* et ω représentent des quantités positives.)

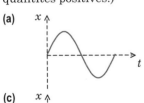

Q4. Lorsque la fonction $x(t)$ a la forme d'un sinus, la fonction $v_x(t)$ a la forme d'un _____ et la fonction $a_x(t)$ a la forme d'un _____.

Q5. La dérivée par rapport au temps de la position correspond à _____ ; la dérivée par rapport au temps de la vitesse correspond à _____.

Q6. (a) Un objet animé d'un MHS possède une vitesse de module maximal à quel(s) endroit(s) de son oscillation ? **(b)** Même question pour le module de l'*accélération* maximale.

Q7. Pour un MHS d'amplitude *A* et de fréquence angulaire ω, le module de la vitesse maximale est égal à _____ et le module de l'accélération maximale est égal à _____.

Q8. Vrai ou faux ? Dans un MHS, le signe de l'accélération a_x est toujours l'opposé du signe de la position *x*.

Q9. Vrai ou faux ? Comme la bille d'un pendule ou le poids d'un métronome se déplacent selon des trajectoires en forme d'arc de cercle, il est impossible de décrire leur oscillation à l'aide de l'équation $x(t)$ du mouvement harmonique simple.

DÉMONSTRATIONS

D1. À partir de l'équation qui décrit la position en fonction du temps pour un MHS, démontrez les relations $v_{\max} = A\omega$ et $a_{\max} = A\omega^2$.

D2. À partir de l'équation qui décrit la position en fonction du temps pour un MHS, montrez que la position, l'accélération et la fréquence angulaire obéissent à la relation

$$a_x = -\omega^2 x$$

EXERCICES

Les réponses aux exercices se trouvent en annexe à la fin du volume.

○ Exercice dont la solution ne requiert ni calculatrice, ni algèbre complexe.

Dans les exercices, lorsqu'on spécifie l'équation $x(t)$ d'un MHS à l'aide de valeurs numériques, *x* est en mètres, *t* est en secondes et la phase est en radians.

RÉCHAUFFEMENT

○ 1.1.1 *Trouvez la différence.* Sur chacun des schémas ci-dessous, on a représenté deux mouvements harmoniques simples. Dans chaque cas, trouvez quel paramètre du MHS diffère entre les deux courbes, et dites pour quelle courbe (en trait plein ou en pointillés) ce paramètre est plus grand.

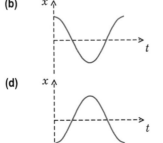

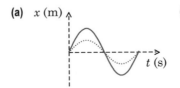

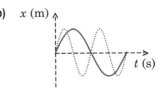

1.1.2 *Des graphiques aux équations.* Pour chacun des graphiques ci-dessous, écrivez l'équation du MHS sous la forme $x = A\sin(\omega t + \phi)$, avec x en mètres, t en secondes, $A > 0$, $\omega > 0$ et $0 \le \phi < 2\pi$ rad.

(a)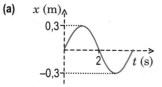

(b)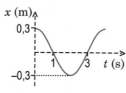

(c)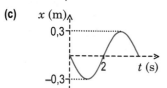

(d)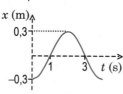

1.1.3 *La forme usuelle.* Exprimez les équations suivantes sous la forme usuelle $x = A\sin(\omega t + \phi)$, avec $0 \le \phi \le 2\pi$ rad : **(a)** $x = -A\sin(\omega t)$; **(b)** $x = A\cos(\omega t)$; **(c)** $x = -A\cos(\omega t)$.

1.1.4 *La vitesse et l'accélération dans un MHS.* La position en fonction du temps d'un objet est

$$x = 0,1\sin(4t)$$

Calculez **(a)** le module de la vitesse maximale ; **(b)** le module de l'accélération maximale ; **(c)** l'accélération a_x lorsque la position x est de 0,08 m ; **(d)** la vitesse v_x à $t = 3$ s ; **(e)** l'accélération a_x à $t = 3$ s.

1.1.5 *La comparaison des vitesses.* Les particules **A** et **B** possèdent toutes deux un MHS : celui de **B** a une amplitude deux fois plus grande et une période deux fois plus petite que celui de **A**. Si la particule **A** se déplace à 1 m/s à la position centrale de son oscillation, quel est le module de la vitesse de **B** à la position centrale de son oscillation ?

SÉRIE PRINCIPALE

1.1.6 *MHS ou pas ?* Dites si chacune des oscillations suivantes est un mouvement harmonique simple. **(a)** Un soldat fait le va-et-vient devant l'entrée de sa base : la durée de chaque demi-tour est négligeable et il marche à vitesse constante. **(b)** Une « super-balle » rebondit plusieurs fois sur le plancher, revenant chaque fois à sa hauteur initiale. **(c)** Un enfant saute sur un trampoline et cesse d'être en contact avec celui-ci pendant une partie de chaque oscillation.

1.1.7 *De la position maximale à la position centrale.* À $t = 0$, un bloc qui oscille à l'extrémité d'un ressort passe à sa position positive maximale. À $t = 2$ s, il passe pour la première fois à la position centrale de l'oscillation. Déterminez **(a)** la période ; **(b)** la fréquence ; **(c)** la fréquence angulaire.

1.1.8 *La période d'un MHS.* Un objet est animé d'un MHS dont l'amplitude est de 30 cm. Lorsqu'il passe à la position centrale de l'oscillation, le module de sa vitesse est de 2 m/s. Combien de temps prend-il pour effectuer un cycle d'oscillation ?

1.1.9 *De l'équation au graphique.* La position d'un objet en fonction du temps est

$$x = 0,4\sin\left(1,2t + \frac{\pi}{2}\right)$$

Tracez le graphique $x(t)$ pour $0 \le t \le 10$ s en indiquant la valeur de t chaque fois que la courbe coupe l'axe t.

1.1.10 *Un MHS déphasé.* Le MHS d'un bloc est décrit par

$$x = 0,1\sin(5t + \phi)$$

À $t = 0$, il est situé entre $x = 0$ et $x = 0,1$ m, et il se déplace dans le sens négatif de l'axe (schéma ci-contre). Choisissez la bonne réponse :

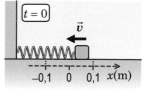

A. ϕ est compris entre 0 et $\pi/2$ rad.
B. ϕ est compris entre $\pi/2$ rad et π rad.
C. ϕ est compris entre π rad et $3\pi/2$ rad.
D. ϕ est compris entre $3\pi/2$ rad et 2π rad.

1.1.11 *Le graphique et l'équation d'un MHS.* Un bloc accroché à un ressort oscille sur une surface horizontale avec une période de 5 s. La distance entre les positions extrêmes de l'oscillation est de 50 cm. À $t = 0$, le ressort est à sa compression maximale. **(a)** Tracez au moins deux cycles du graphique $x(t)$ représentant ce mouvement, en graduant les axes afin d'indiquer clairement l'échelle du graphique. (On suppose que x est négatif lorsque le ressort est comprimé et que x est positif lorsque le ressort est étiré.) **(b)** Écrivez l'équation $x(t)$ du mouvement.

1.1.12 *Sept instantanés d'un MHS.* Sur le schéma ci-contre, nous avons  représenté sept positions successives d'une particule qui possède un MHS. Chaque carré mesure 10 cm de côté et l'intervalle de temps entre deux images successives est de 0,1 s. La particule est momentanément arrêtée aux positions extrêmes **A** et **G**. Quel est le module de sa vitesse instantanée au point **D** ?

1.1.13 *La tour infernale.* Par une journée de grand vent, un gratte-ciel de 400 m de hauteur oscille de manière appréciable. Un accéléromètre placé en haut de la tour indique que le module de l'accélération causée par l'oscillation atteint une valeur maximale de 0,345 m/s² à intervalles réguliers de 5,94 s. Déterminez **(a)** l'amplitude de l'oscillation du sommet de la tour et **(b)** l'angle d'inclinaison de la tour par rapport à la verticale aux extrémités de l'oscillation, en supposant de manière irréaliste qu'elle oscille sans plier (c'est-à-dire qu'elle demeure rectiligne de sa base à son sommet).

SÉRIE SUPPLÉMENTAIRE

1.1.14 *La vitesse et l'accélération dans un MHS, prise 2.* Reprenez l'**exercice 1.1.4** en considérant cette fois que la position de l'objet est $x = -0,5\cos(2t + 5)$.

1.1.15 *L'oscillation d'un haut-parleur.*
Un haut-parleur (image ci-contre) est branché à un générateur de fonctions qui l'alimente avec un signal sinusoïdal. Le centre du haut-parleur oscille selon un MHS avec une vitesse maximale de 6 cm/s et une accélération maximale de 360 m/s². **(a)** Quelle est l'amplitude de l'oscillation du centre du haut-parleur ? **(b)** Quelle est la fréquence du son émis par le haut-parleur ?

ISTOCKPHOTO

1.1.16 *Une pomme secouée.* Une pomme est déposée sur un piston qui oscille verticalement selon un MHS dont l'amplitude est de 20 cm (schéma ci-contre). On augmente graduellement la fréquence angulaire de l'oscillation : à partir d'une certaine fréquence angulaire critique, on observe que la pomme cesse d'être en contact avec le piston au point le plus haut de l'oscillation. **(a)** Dans les phases du mouvement pour lesquelles l'accélération de la pomme est orientée vers le bas, quel est le module maximal qu'elle peut posséder ? (*Indice* : lorsque l'accélération est orientée vers le bas, elle est causée par le poids de la pomme, puisque celle-ci n'est pas collée au piston.) **(b)** Calculez la fréquence angulaire critique à partir de laquelle la pomme cesse d'être en contact avec le piston.

1.1.17 *Le jerk d'un MHS.* Considérez un objet dont la position en fonction du temps est

$$x = 0,4 \cos(3t + 2)$$

(a) Le *jerk* est défini comme la dérivée de l'accélération par rapport au temps ; quelles sont ses unités SI ? **(b)** Calculez le jerk de l'objet à $t = 0$.

1.1.18 *Le retour du coefficient de frottement statique.* Afin de déterminer le coefficient de frottement statique μ_s entre un bloc de bois de masse m et une planche de bois, on place le bloc sur la planche et on fait osciller la planche horizontalement selon un MHS de période T. On observe que le bloc se met à glisser lorsque l'amplitude dépasse une valeur A. Trouvez une expression qui permet de calculer μ_s en fonction des paramètres de l'énoncé. (Vous pouvez inclure, au besoin, le module g du champ gravitationnel.)

ISTOCKPHOTO

La dynamique du mouvement harmonique simple

Après l'étude de cette section, le lecteur pourra démontrer qu'un objet oscille selon un MHS
en considérant les forces qui agissent sur lui, et calculer la fréquence angulaire naturelle de l'oscillation.

APERÇU

Dans la **section 1.1 : Les oscillations**, nous avons vu que l'accélération d'un objet animé d'un mouvement harmonique simple (MHS) est reliée à sa position par l'équation

$$a_x = -\omega^2 x$$

En combinant cette équation avec la deuxième loi de Newton, $\sum F_x = ma_x$, nous obtenons

$$\sum F_x = -m\omega^2 x$$

Le facteur $m\omega^2$ est une constante positive. Ainsi, tout objet qui subit une force résultante égale à *moins* une constante positive fois sa position oscille selon un MHS. Comme $x = 0$ correspond à la position centrale de l'oscillation (position d'équilibre), cela revient à dire que l'objet subit une force résultante qui a tendance à le ramener vers la position d'équilibre et dont le module est proportionnel à la distance qui le sépare du point d'équilibre.

Dans un système bloc-ressort qui oscille à l'horizontale sur une surface sans frottement, la force résultante qui agit sur le bloc correspond à la force du ressort. D'après la loi de Hooke,

$$\sum F_x = -kx$$

Ainsi, le bloc possède un MHS pour lequel $m\omega^2 = k$.

La **fréquence angulaire naturelle** (symbole : ω_0) est la fréquence angulaire d'un système oscillant auquel on a donné une « poussée » et qu'on a laissé aller. Pour un système bloc-ressort en oscillation horizontale, $m\omega_0{}^2 = k$, d'où

$$\omega_0 = \sqrt{\frac{k}{m}}$$ **Fréquence angulaire naturelle d'un système bloc-ressort**

La fréquence angulaire naturelle est indépendante de l'amplitude, une propriété que l'on nomme **isochronisme**.

Lorsqu'un pendule simple oscille avec une amplitude qui est petite par rapport à la longueur de la corde, la bille subit une force résultante

$$\sum F_x = -\frac{mg}{L}x$$

où m est la masse de la bille et L est la longueur de la corde. Ainsi, la bille possède un MHS pour lequel $m\omega^2 = mg/L$, ou encore $\omega^2 = g/L$. La fréquence angulaire naturelle du pendule est

 $\omega_0 = \sqrt{\frac{g}{L}}$ **Fréquence angulaire naturelle d'un pendule simple (faible amplitude)**

La fréquence angulaire naturelle dépend de la longueur L de la corde et du module g du champ gravitationnel, mais *ne dépend pas* de la masse du pendule.

En présence de forces d'amortissement (frottement, résistance de l'air), l'oscillation d'un système est *amortie* (son amplitude diminue avec le temps), à moins que l'on exerce sur lui une force externe oscillante (on « tire » et on « pousse » sur le système de manière périodique) afin de créer une oscillation *forcée*. Si l'on maintient l'amplitude de la force externe constante et que l'on fait varier sa fréquence, on observe que l'amplitude de l'oscillation forcée est maximale pour une certaine fréquence : le système est alors en **résonance**. Lorsque les forces d'amortissement sont relativement faibles, la résonance se produit lorsque la fréquence de la force externe est égale à la fréquence naturelle d'oscillation du système.

EXPOSÉ

Dans la **section 1.1 : Les oscillations**, nous avons vu comment décrire le mouvement harmonique simple (MHS) : nous avons fait de la cinématique. Dans cette section, nous allons analyser le MHS en utilisant la deuxième loi du mouvement de Newton, $\sum \vec{F} = m\vec{a}$: nous allons faire de la dynamique. Nous allons commencer par démontrer que les oscillations d'un système bloc-ressort et d'un pendule simple de faible amplitude sont des MHS. Puis, nous allons montrer qu'il est possible de *prévoir* la fréquence angulaire d'un MHS à partir des caractéristiques physiques du système telles que la masse, la constante de rappel du ressort ou la longueur de la corde du pendule.

La définition dynamique du MHS

Considérons un objet de masse m animé d'un MHS. Dans la **section 1.1 : Les oscillations**, nous avons vu que l'accélération de l'objet est reliée à sa position par l'équation

$$a_x = -\omega^2 x$$

En combinant cette équation avec la deuxième loi de Newton,

$$\sum F_x = ma_x$$

nous obtenons

$$\sum F_x = -m\omega^2 x$$

Comme la masse est toujours positive, le facteur $m\omega^2$ est une constante positive.

Cette équation constitue une définition dynamique du MHS : tout objet qui subit une force résultante égale à *moins* une constante positive fois sa position oscille selon un MHS.

Dans la **section 1.1**, nous avons défini l'axe x de manière à ce que l'origine $x = 0$ corresponde à la position centrale de l'oscillation, c'est-à-dire la position d'équilibre (schéma ci-contre). Par conséquent, il est possible d'exprimer la définition dynamique du MHS de la manière suivante :

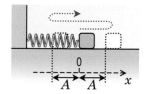

Un objet oscille selon un MHS lorsqu'il subit une force résultante qui a tendance à le ramener vers la position d'équilibre et dont le module est proportionnel à la distance qui le sépare du point d'équilibre.

Dans les deux situations qui suivent, nous allons utiliser la définition dynamique du MHS afin de montrer que l'oscillation horizontale d'un système bloc-ressort et l'oscillation d'un pendule simple de faible amplitude sont des MHS.

Situation 1 : *L'oscillation horizontale d'un système bloc-ressort*. On désire prouver, à l'aide de la définition dynamique du MHS, que l'oscillation horizontale d'un système bloc-ressort sans frottement est un MHS.

D'après la loi de Hooke, le module de la force exercée par un ressort idéal est $F = k|e|$, où e est l'étirement du ressort par rapport à sa longueur naturelle. Ici, l'origine de l'axe x coïncide avec la position pour laquelle $e = 0$, ce qui permet d'obtenir l'équation ci-contre ; il y a un signe négatif car la force est orientée dans le sens *négatif* lorsque x est *positif*, et vice versa.

La situation est représentée sur le schéma ci-contre. Comme nous l'avons vu au **tome A**, dans la **section 3.2 : L'énergie poten-tielle élastique d'un ressort idéal**, la composante selon x de la force exercée par le ressort sur le bloc est donnée par la loi de Hooke :

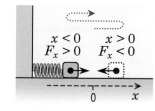

$$F_x = -kx$$

Selon la direction verticale, la force normale contrebalance le poids. Comme il n'y a pas de frottement, la force résultante qui agit sur le bloc correspond à la force du ressort :

$$\sum F_x = -kx$$

Dans la **section 1.6 : L'oscillation verticale d'un système bloc-ressort**, nous verrons qu'un bloc attaché à un ressort idéal vertical oscille également selon un MHS, et ce, malgré le fait que la force résultante qui agit sur le bloc soit égale à la somme de son poids et de la force exercée par le ressort.

Cette équation est conforme à la définition dynamique du MHS,

$$\sum F_x = -m\omega^2 x$$

Cela constitue la preuve qu'un système bloc-ressort sans frottement qui oscille à l'horizontale est un MHS. Dans cette situation, la constante positive $m\omega^2$ est égale à k, la constante de rappel du ressort.

Dans la **section 1.1**, nous avons mentionné que l'oscillation d'un pendule simple peut être considérée comme un MHS, pourvu que son amplitude demeure faible (en pratique, il ne faut pas que l'inclinaison de la corde par rapport à la verticale dépasse 15°). La définition dynamique du MHS va nous permettre de comprendre pourquoi.

Sur le schéma ci-contre, nous avons représenté un pendule à un instant quelconque de son oscillation. Afin de décrire l'oscillation de la bille, nous avons défini un axe x courbe qui suit la trajectoire de la bille et dont l'origine correspond à la position d'équilibre (le point le plus bas de l'oscillation).

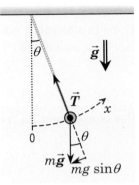

La bille subit deux forces : son poids orienté vers le bas et la tension dans la corde. Selon la direction de l'axe x, la seule force que la bille subit est la composante de son poids. Ainsi,

$$\sum F_x = -mg\sin\theta$$

où m est la masse de la bille : il faut mettre un signe négatif, car la composante est dans le sens contraire de l'axe. Or, par la définition de l'angle θ en radians,

$$\theta = \frac{x}{L}$$

où L est la longueur de la corde. Ainsi,

$$\sum F_x = -mg\sin\left(\frac{x}{L}\right)$$

Pour plus de détails sur la définition du radian, consultez la **sous-section M4.1 : Les angles** de l'annexe mathématique.

Lorsque l'amplitude est petite par rapport à la longueur de la corde, le rapport x/L est beaucoup plus petit que 1 :

$$\frac{x}{L} \ll 1$$

Dans ce cas,

$$\sin\left(\frac{x}{L}\right) \approx \frac{x}{L}$$

(car l'argument du sinus est en radians) et nous obtenons

$$\sum F_x = -\frac{mg}{L}x$$

La démonstration que le sinus d'un petit angle est approximativement égal à l'angle lui-même, exprimé en radians, se trouve dans la **sous-section M6.2 : Les approximations du petit angle** de l'annexe mathématique.

Comme cette équation est conforme à la définition dynamique du MHS,

$$\sum F_x = -m\omega^2 x$$

nous venons de *prouver* que l'oscillation d'un pendule est un MHS pour lequel

$$m\omega^2 = \frac{mg}{L}$$

La fréquence angulaire naturelle

Nous étudierons les oscillations forcées dans la **section 1.7 : Les oscillations amorties et forcées**.

Il est possible de *forcer* un système bloc-ressort ou un pendule à osciller en lui faisant subir une force externe oscillante : dans ce cas, la fréquence angulaire correspond à la fréquence angulaire de la force externe. En revanche, lorsque le système bloc-ressort ou le pendule oscille *de lui-même* selon un MHS, sa fréquence angulaire possède une valeur bien déterminée que l'on nomme **fréquence angulaire naturelle** (symbole : ω_0, la lettre grecque oméga suivie de l'indice zéro). La fréquence angulaire naturelle est la fréquence angulaire que le système acquiert lorsqu'on l'éloigne de sa position d'équilibre et qu'on le lâche (ou qu'on lui donne une « poussée » et qu'on le laisse aller).

Dans la **situation 1**, nous avons vu que, pour un système bloc-ressort sans frottement, $m\omega^2 = k$, ou encore

$$\omega^2 = \frac{k}{m}$$

Par conséquent, la fréquence angulaire naturelle est

Dans la **section 1.6**, nous verrons que l'équation ci-contre s'applique également à l'oscillation verticale d'un système bloc-ressort. C'est pour cela qu'il n'est pas nécessaire de préciser que l'oscillation est horizontale dans le titre de l'équation.

$$\omega_0 = \sqrt{\frac{k}{m}}$$ **Fréquence angulaire naturelle d'un système bloc-ressort**

où k est la constante de rappel du ressort, et m est la masse du bloc.

Vérifions que cette équation est cohérente du point de vue des unités : dans le SI, la constante de rappel k s'exprime en newtons par mètre (N/m). Ainsi, les unités de $\sqrt{k/m}$ sont

$$\sqrt{\frac{N/m}{kg}} = \sqrt{\frac{(kg \cdot m/s^2)/m}{kg}} = \sqrt{\frac{kg/s^2}{kg}} = \sqrt{\frac{1}{s^2}} = \frac{1}{s}$$

Comme le radian n'est pas une véritable unité physique, cela est conforme au fait que la fréquence angulaire s'exprime en radians par seconde.

Il est intéressant de remarquer que la fréquence angulaire naturelle *ne dépend pas* de l'amplitude. Si l'on dispose de deux systèmes bloc-ressort identiques, que l'on donne un étirement initial deux fois plus grand au ressort du système **A** qu'à celui du système **B** et qu'on lâche les blocs, le bloc **A** oscille avec une amplitude deux fois plus grande que le bloc **B**, *mais sa vitesse moyenne est deux fois plus grande*, ce qui fait en sorte que les deux blocs prennent le même temps pour faire un aller-retour. On nomme **isochronisme** la propriété d'une oscillation d'avoir une période indépendante de son amplitude. (Si la période T est indépendante de l'amplitude, la fréquence f et la fréquence angulaire ω le sont également.)

Les systèmes bloc-ressort ne sont pas les seuls à faire preuve d'isochronisme ; en général, c'est le cas de tout système mécanique qui oscille naturellement selon un MHS. C'est Galilée qui, vers 1600, a découvert l'isochronisme alors qu'il observait l'oscillation d'un lustre dans une église pendant la messe : tant que l'angle d'oscillation n'est pas trop grand, un lustre (comme tout pendule) oscille avec une période indépendante de l'angle maximal de l'oscillation.

À la **situation 2**, nous avons vu que, pour un pendule simple de faible amplitude,

$$m\omega^2 = \frac{mg}{L} \qquad \Rightarrow \qquad \omega^2 = \frac{g}{L}$$

Par conséquent, la fréquence angulaire naturelle d'un pendule simple de faible amplitude est

$$\omega_0 = \sqrt{\frac{g}{L}}$$

Fréquence angulaire naturelle d'un pendule simple (faible amplitude)

où g est le module du champ gravitationnel et L est la longueur de la corde. Il est intéressant de remarquer que la fréquence angulaire ne dépend pas de la masse de la bille. En effet, c'est la force gravitationnelle qui est responsable de l'oscillation du pendule. Si la masse de la bille est deux fois plus grande, elle subit une force gravitationnelle deux fois plus grande, mais son inertie est également deux fois plus grande : par conséquent, le résultat est le même. (C'est pour la même raison que l'accélération de chute libre est indépendante de la masse de l'objet qui tombe.)

Pour terminer cette section, nous allons examiner deux situations qui illustrent l'utilité du concept de fréquence angulaire naturelle.

Situation 3 : *Un pèse-astronaute.* Une navette spatiale en orbite est en chute libre : la gravité *apparente* à l'intérieur de la navette est nulle. Par conséquent, les balances ordinaires sont inopérantes. Pour suivre l'évolution de leur masse pendant la mission, les astronautes s'assoient dans un dispositif qui contient un ressort dont la constante de rappel est connue, se donnent une poussée, se laissent osciller et mesurent la période naturelle d'oscillation (photo ci-contre). Assise dans un dispositif dont la constante de rappel est de 500 N/m, une astronaute prend 2,31 s pour effectuer une oscillation complète : on désire déterminer sa masse, sachant que le dispositif lui-même a une masse de 10 kg.

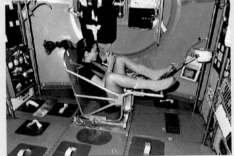

TAMARA E. JERNIGAN, MISSION STS-040, NASA

La période naturelle d'oscillation est $T_0 = 2{,}31\text{ s}$, d'où

$$\omega_0 = \frac{2\pi}{T_0} = \frac{2\pi}{(2{,}31\text{ s})} = 2{,}720 \text{ rad/s}$$

Ainsi,

$$\omega_0 = \sqrt{\frac{k}{m}}$$

$$\omega_0{}^2 = \frac{k}{m}$$

$$m = \frac{k}{\omega_0{}^2} = \frac{(500\text{ N/m})}{(2{,}720\text{ rad/s})^2} = 67{,}6\text{ kg}$$

Ici, m correspond, bien sûr, à la masse totale de l'astronaute et du dispositif. Comme la masse de ce dernier est de 10 kg, celle de l'astronaute est de $\boxed{57{,}6\text{ kg}}$.

C'est parce que la période ne dépend pas de l'amplitude (oscillation isochrone) que le pèse-astronaute constitue une manière simple et fiable de déterminer la masse de l'astronaute.

Situation 4 : *Un pendule pour compter les secondes.* On désire déterminer la longueur de la corde d'un pendule pour que la période naturelle d'oscillation (près de la surface de la Terre) soit de 1 s. (On suppose que l'amplitude d'oscillation est petite.)

Nous voulons obtenir une période naturelle $T_0 = 1$ s, ce qui correspond à une fréquence angulaire naturelle

$$\omega_0 = \frac{2\pi}{T_0} = \frac{2\pi}{(1\,\text{s})} = 6{,}283 \text{ rad/s}$$

Or,

$$\omega_0 = \sqrt{\frac{g}{L}} \quad \Rightarrow \quad \omega_0^2 = \frac{g}{L} \quad \Rightarrow \quad L = \frac{g}{\omega_0^2}$$

Près de la surface de la Terre, $g = 9{,}8$ m/s², d'où

$$L = \frac{(9{,}8\,\text{m/s}^2)}{(6{,}283\,\text{rad/s})^2} \quad \Rightarrow \quad \boxed{L = 0{,}248 \text{ m}}$$

Comme nous l'avons mentionné dans la **section 1.1 : Les oscillations**, l'oscillation d'un pendule simple n'est pas un MHS parfait : elle correspond à un MHS uniquement dans la limite où l'angle maximal que fait la corde avec la verticale est beaucoup plus petit que 1 radian (1 rad = 57,3°).

Considérons, par exemple, le pendule de la **situation 4**, dont la longueur est $L = 0{,}248$ m : d'après l'équation $\omega_0 = \sqrt{g/L}$, sa période naturelle est de 1 s. Si on déplace le pendule d'un angle θ_{max}, qu'on le lâche et qu'on mesure la période d'oscillation avec précision, on obtient les résultats du tableau ci-contre.

En analysant l'oscillation d'un pendule à l'aide de techniques qui dépassent le niveau de cet ouvrage, il est possible d'obtenir une série qui permet de calculer la période naturelle d'un pendule simple. Les premiers termes de la série sont

Période d'un pendule simple pour différentes valeurs de l'amplitude d'oscillation (la période pour une très petite oscillation est de 1 s)

θ_{max}	T (s)
5°	1,0005
10°	1,002
15°	1,004
20°	1,008
30°	1,02
45°	1,04
60°	1,07

$$T_0 = \frac{2\pi}{\omega_0} = \frac{2\pi}{\sqrt{g/L}}\left(1 + \tfrac{1}{4}\sin^2\left(\frac{\theta_{\text{max}}}{2}\right) + \tfrac{9}{64}\sin^4\left(\frac{\theta_{\text{max}}}{2}\right) + \ldots\right)$$

Dans les limites usuelles de précision des calculs (trois chiffres significatifs), nous pouvons considérer que l'oscillation est un MHS et utiliser l'équation $\omega_0 = \sqrt{g/L}$ tant que l'amplitude de l'oscillation ne dépasse pas 15°.

Fréquence naturelle et résonance

Par définition, l'amplitude d'un MHS est constante (schéma ci-contre, en haut). Ainsi, pour pouvoir appliquer la théorie que nous venons de présenter, il faut supposer que le système bloc-ressort ou le pendule ne subit aucune force d'*amortissement* (par exemple, le frottement contre la surface d'appui ou la résistance de l'air). Lorsqu'on fait osciller un vrai système bloc-ressort ou un vrai pendule, on observe que l'amplitude diminue graduellement : on est en présence d'une *oscillation amortie* (schéma ci-contre, en bas). Le rythme auquel l'amplitude décroît dépend de la force d'amortissement : plus cette dernière est grande, plus l'amplitude décroît rapidement.

Mouvement harmonique simple

x

t

Oscillation amortie

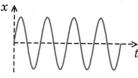

x

t

Il est possible de faire osciller un système amorti selon un MHS, mais seulement si on contrebalance l'effet de la force d'amortissement à l'aide d'une force externe qui oscille elle-même en fonction du temps (on « tire » et on « pousse » sur le système de manière périodique) : dans ce cas, on est en présence d'une *oscillation forcée*.

La notion de fréquence naturelle, que nous avons introduite dans la présente section, est importante pour comprendre les oscillations forcées. Lorsqu'on donne une poussée à un système oscillant et qu'on le laisse aller, il oscille à sa fréquence naturelle. En revanche, lorsqu'on applique une force externe suffisamment grande à un système oscillant, on parvient à le faire osciller *à la fréquence de la force externe* (schémas ci-dessous). Si l'on maintient l'amplitude de la force externe constante et qu'on fait varier sa fréquence, on observe que l'amplitude de l'oscillation forcée est maximale pour une certaine fréquence : le système est alors en **résonance**. Lorsque les forces d'amortissement sont relativement faibles, la fréquence de résonance est voisine de la fréquence naturelle d'oscillation du système.

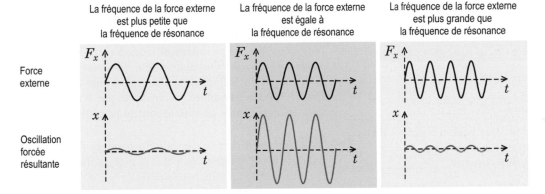

Il est très facile d'observer le phénomène de résonance lorsqu'on se balance sur une balançoire (photo ci-contre). Même si on ne touche pas au sol, il est possible de créer et d'entretenir l'oscillation en levant les jambes et en les rabaissant de manière périodique (cela transfère de l'énergie à l'oscillation selon un processus complexe qui fait intervenir la modification de la position du centre de masse du corps). Si on balance les jambes très lentement ou très rapidement, cela n'a presque aucun effet sur l'oscillation. En revanche, si on lève les jambes et qu'on les rabaisse à la fréquence naturelle d'oscillation de la balançoire (que l'on peut calculer de manière approximative en la considérant comme un pendule simple), on observe que l'amplitude de l'oscillation augmente graduellement. L'amplitude finale est atteinte lorsque la puissance qu'on fournit au système en balançant les jambes est compensée par la puissance perdue en raison des forces d'amortissement (résistance de l'air et frottement aux points d'attache entre la balançoire et le cadre).

Un système oscillant composé de plusieurs particules (comme une corde de guitare ou l'air dans une flûte) possède *plusieurs* fréquences de résonance. Nous étudierons ce phénomène, qui est à la base du mode de fonctionnement de la plupart des instruments de musique, dans la **section 1.12 : Les ondes stationnaires**. Dans certains cas, l'amplitude de l'oscillation d'un système en résonance peut devenir si grande que l'intégrité de ce dernier se trouve menacée. En 1940, un pont suspendu de 850 m de longueur traversant le détroit de Tacoma (État de Washington, États-Unis) s'est écroulé : le vent créait des remous autour du tablier du pont dont la fréquence était voisine d'une de ses fréquences de résonance, ce qui a contribué à la catastrophe. Nous en reparlerons dans la **section 1.12**.

Marge de droite :

Dans la **section 1.7 : Les oscillations amorties et forcées**, nous analyserons ces phénomènes de manière plus détaillée.

Si la fréquence angulaire naturelle d'un système oscillant est ω_0, sa fréquence naturelle est $f_0 = \omega_0 / (2\pi)$.

En général, dans une oscillation forcée, la position x de l'objet n'oscille pas en phase avec la force externe F_x (les deux paramètres ne passent pas par leurs valeurs maximales en même temps). Nous *n'avons pas* représenté ce phénomène sur les schémas ci-contre.

Dans le **tome B**, à la **section 5.10 : Les circuits *RLC* alimentés par une tension alternative**, nous avons étudié la résonance dans un circuit composé d'un résisteur, d'un inducteur et d'un condensateur. Dans ce cas, c'est l'amplitude du *courant* dans le circuit qui est maximale lorsque la fréquence d'oscillation de l'électromotance de la source correspond à la fréquence de résonance du circuit.

GLOSSAIRE

fréquence angulaire naturelle : (symbole : ω_0) fréquence angulaire d'un système oscillant isochrone (dont la période est indépendante de l'amplitude) auquel on a donné une « poussée » et qu'on a laissé aller.

isochronisme : propriété d'une oscillation d'avoir une période indépendante de son amplitude ; un système bloc-ressort est isochrone ; dans la limite où l'amplitude d'oscillation demeure petite, un pendule est isochrone.

résonance : tendance que possède un système à osciller avec une amplitude maximale lorsqu'il est soumis à une force externe qui oscille avec une certaine fréquence (la fréquence de résonance) : lorsque les forces d'amortissement qui agissent sur le système sont relativement faibles, la fréquence de résonance est égale à la fréquence naturelle du système.

QUESTIONS

Q1. L'oscillation d'un objet est un MHS lorsqu'il subit une force résultante qui a tendance à _____ et dont le module est proportionnel à _____.

Q2. Considérez un objet animé d'un MHS selon x autour de l'origine $x = 0$. Lorsque sa position x est positive, la force résultante qu'il subit est orientée dans le sens _____.

Q3. D'après la loi de _____, le module de la force exercée par un ressort idéal est égal à ___, la constante de _____ du ressort multipliée par e, _____ du ressort par rapport à sa _____.

Q4. Vrai ou faux ? Si l'on augmente la masse de la bille d'un pendule sans changer la longueur de la corde, le pendule effectuera plus d'oscillations par seconde que s'il oscille à sa fréquence naturelle.

Q5. Comment un astronaute dans une navette spatiale en orbite peut-il déterminer sa masse ?

Q6. L'oscillation d'un pendule simple correspond-elle toujours à un MHS ? Sinon, quelle condition doit être respectée ?

Q7. En utilisant le concept de résonance, expliquez ce qu'il faut faire pour se balancer sur une balançoire avec la plus grande amplitude possible.

DÉMONSTRATION

D1. Considérez un axe x qui suit la trajectoire de la bille d'un pendule et dont l'origine coïncide avec la position d'équilibre de la bille. Démontrez que la composante selon x de la force résultante qui agit sur la bille est donnée par

$$\sum F_x = -\frac{mg}{L}x$$

où m est la masse de la bille, L est la longueur de la corde et g est le module du champ gravitationnel. Indiquez clairement l'étape de la démonstration qui n'est vraie que si l'angle que fait la corde du pendule par rapport à la verticale est beaucoup plus petit que 1 radian.

EXERCICES

○ Exercice dont la solution ne requiert ni calculatrice ni algèbre complexe.

Dans les exercices, à moins d'avis contraire, on suppose que les pendules oscillent près de la surface de la Terre ($g = 9,8$ N/kg).

RÉCHAUFFEMENT

○ **1.2.1** *La période d'un système bloc-ressort.* On place un chariot qui contient deux briques entre deux ressorts (schéma ci-contre), on déplace le chariot de Δx par 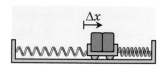 rapport à sa position d'équilibre, puis on le lâche (vitesse initiale nulle). On reprend l'expérience en faisant certaines modifications. Par rapport à la situation initiale, quel sera l'effet des modifications suivants sur la période d'oscillation (augmentation, diminution ou aucun changement) ? **(a)** On augmente Δx. **(b)** On donne une poussée au chariot au moment où on le lâche. **(c)** On enlève une des briques du chariot. **(d)** On remplace les ressorts par d'autres ressorts dont les constantes de rappel sont plus grandes.

○ **1.2.2** *Deux pendules.* La période du pendule **A** est de 8 s. Le pendule **B** est quatre fois plus long et sa masse est quatre fois plus petite : quelle est sa période ?

○ **1.2.3** *Deux balançoires.* Xavier se balance avec une période de 3 s (photo ci-dessous). À côté, Zoé se balance sur une balançoire identique, mais son amplitude est deux fois plus petite. À un certain moment, ils sont côte à côte au point le plus bas de l'oscillation, et se déplacent dans le même sens. Au bout de combien de temps seront-ils de nouveau côte à côte ?

ISTOCKPHOTO

1.2.4 *L'oscillation d'un système bloc-ressort.* Une masse de 4 kg oscille avec une amplitude de 20 cm à l'extrémité d'un ressort dont la constante de rappel est de 200 N/m. Déterminez **(a)** la fréquence angulaire, **(b)** la fréquence et **(c)** la période. **(d)** Que deviennent les réponses des parties (a), (b) et (c) si l'amplitude est de 40 cm ?

1.2.5 *Trouvez la masse.* À $t = 0$, un bloc qui oscille à l'extrémité d'un ressort dont la constante de rappel est de 50 N/m passe à la position centrale de l'oscillation en se déplaçant dans le sens négatif de l'axe. À $t = 2$ s, il repasse pour la première fois à la position centrale de l'oscillation en se déplaçant dans le sens positif de l'axe. Quelle est la masse du bloc ?

1.2.6 *Un pendule extraterrestre.* Quel doit être le module du champ gravitationnel à la surface d'une planète pour que les pendules oscillent deux fois plus rapidement que sur Terre ?

SÉRIE PRINCIPALE

1.2.7 *La longueur de la corde.* La bille d'un pendule simple prend 0,2 s pour passer de sa position la plus haute à sa position la plus basse. Quelle est la longueur de la corde ?

1.2.8 *Deux oscillations horizontales côte à côte.* Deux blocs de 0,5 kg oscillent horizontalement sur une surface sans frottement au bout de deux ressorts identiques ($k = 200$ N/m) placés côte à côte, parallèlement à l'axe x. On tire sur chaque bloc afin d'étirer son ressort de 10 cm, puis on les lâche (vitesse initiale nulle) : le second bloc est lâché 1 s après le premier. **(a)** Déterminez la position et la vitesse selon x de chacun des blocs, 1 s après le départ du *second* bloc. (On suppose que x est positif quand le ressort est étiré, et négatif quand il est comprimé.) **(b)** À cet instant, dites si les blocs se rapprochent ou s'éloignent l'un de l'autre et calculez le module de leur vitesse relative.

1.2.9 *Sur une autre planète.* Sur Terre, un système bloc-ressort et un pendule ont la même période. On déménage les deux systèmes sur une autre planète et on observe que le pendule fait 17 oscillations complètes pendant que le système bloc-ressort fait 13 oscillations complètes. Quel est le module du champ gravitationnel à la surface de la planète ?

1.2.10 *Un pendule de longueur variable.* Considérez un pendule dont on peut faire varier la longueur de la corde. Pour chaque essai, on le lâche (vitesse initiale nulle) alors que la corde fait un angle de 5° avec la verticale. **(a)** Lorsqu'on augmente la longueur de la corde, la vitesse du pendule lorsqu'il passe au point le plus bas de sa trajectoire augmente-t-elle, diminue-t-elle ou demeure-t-elle inchangée ? **(b)** Calculez la vitesse en question pour $m = 2$ kg, $L = 3$ m (essai 1) et $L = 4$ m (essai 2).

SÉRIE SUPPLÉMENTAIRE

○ **1.2.11** *Quels sont les MHS ?* Une particule se déplace le long de l'axe x sous l'effet d'une force F_x. Pour chacune des expressions suivantes, dites si la particule possède un MHS (A et B sont des constantes positives) : **(a)** $F_x = -AB$; **(b)** $F_x = -(A + B)x$; **(c)** $F_x = Ax$; **(d)** $F_x = -Ax/B$; **(e)** $F_x = -Bx^2$.

1.2.12 *Un pour cent plus lent.* Quel doit être le pourcentage d'augmentation de la longueur de la corde d'un pendule pour que la période augmente de 1 % ?

1.2.13 *Un très long pendule.* À 170 m du sol, entre les deux tours Petronas, à Kuala Lumpur, en Malaisie, se trouve une passerelle (photo ci-dessous). Imaginons qu'on y a accroché un pendule de 100 kg qui peut osciller en rasant le sol. **(a)** Quel est le module de la force horizontale requise pour maintenir le pendule en équilibre avec la corde inclinée à 1° par rapport à la verticale ? **(b)** Si on lâche le pendule (vitesse initiale nulle) dans la situation décrite en (a), quelle sera sa vitesse au centre de l'oscillation ? **(c)** Quelle est la période d'oscillation du pendule ?

1.2.14 *Un arrêt en douceur.* Une brique de 500 g est posée dans un chariot de 300 g (schéma ci-contre). Il y a un coefficient de frottement statique de 0,8 entre la brique et le chariot. On  lance le chariot à 1,5 m/s vers un ressort horizontal. (Le frottement entre la surface horizontale et le chariot est négligeable.) **(a)** Quel est le module maximal de l'accélération que le chariot peut subir sans que la brique glisse ? **(b)** Quelle doit être la constante de rappel du ressort pour que le chariot arrête le plus rapidement possible sans que la brique glisse ?

1.2.15 *L'oscillation de l'eau dans un tube en U.* Un tuyau de section A constante est replié en forme de U (schéma ci-contre) : la longueur du tuyau rempli d'eau est égale à L et la masse de l'eau est $m = \rho AL$, où ρ est la masse volumique 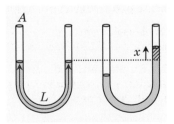 de l'eau. En aspirant du côté droit, on fait monter la surface de l'eau d'une hauteur x par rapport à sa hauteur à l'équilibre. **(a)** Quelle est la masse de l'eau dans la zone hachurée sur le schéma ? **(b)** Quelle est la force *totale* qui a tendance à ramener l'eau dans le tube à la configuration d'équilibre initiale ? **(c)** Si on cesse l'aspiration, l'eau va se mettre à osciller : montrez qu'il s'agit d'un mouvement harmonique simple et calculez sa fréquence angulaire naturelle.

Le pendule composé

Après l'étude de cette section, le lecteur pourra analyser l'oscillation
d'un pendule composé en tenant compte de son moment d'inertie.

A P E R Ç U

Dans la **section 1.1 : Les oscillations**, nous avons décrit l'oscillation d'un pendule simple en mesurant la position de la bille par rapport à un axe x courbe qui suit son mouvement (schéma ci-contre). On peut également décrire l'oscillation du pendule en utilisant l'angle θ que fait la corde par rapport à la verticale. Si θ oscille entre les valeurs maximales $-\theta_{max}$ et θ_{max}, on peut écrire

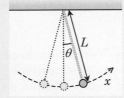

$$\theta = \theta_{max} \sin(\omega t + \phi)$$

Équation $\theta(t)$ d'un pendule (faible amplitude)

L'oscillation est adéquatement décrite par cette fonction sinusoïdale uniquement lorsque l'amplitude est faible : en pratique, θ_{max} doit être inférieur à 15°.

Lorsqu'on fait osciller un corps qui *ne peut pas* être considéré comme une particule, on est en présence d'un **pendule composé** (schéma ci-contre). Il n'est pas pratique de décrire le mouvement du pendule composé à l'aide d'une équation $x(t)$, car chacun des points du corps ne subit pas le même déplacement. En revanche, pendant l'oscillation, tous les points du corps

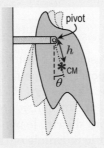

se déplacent du même angle : ainsi, on peut se servir de l'équation $\theta(t)$ ci-dessus (lorsque l'amplitude est faible). L'angle θ représente l'inclinaison (par rapport à la position d'équilibre verticale) de la droite qui relie le pivot et le centre de masse du corps.

La fréquence angulaire naturelle de l'oscillation d'un pendule composé dépend du moment d'inertie I du corps par rapport à l'axe de rotation qui passe par le pivot. Pour une oscillation de faible amplitude,

$$\omega_0 = \sqrt{\frac{mgh}{I}}$$

Fréquence angulaire naturelle d'un pendule composé (faible amplitude)

où m est la masse du corps et h est la distance entre le pivot et le centre de masse du corps.

Pour calculer le moment d'inertie d'un pendule composé, il faut parfois utiliser le **théorème des axes parallèles** (**section 4.6** du **tome A**) : le moment d'inertie d'un corps de masse m par rapport à un axe **A** parallèle à un axe **C** passant par son centre de masse et situé à une distance h de ce dernier (schéma ci-contre) est

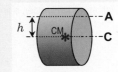

$$I = mh^2 + I_{CM}$$

Théorème des axes parallèles

où I_{CM} le moment d'inertie par rapport à l'axe **C**.

Pour un pendule simple de masse m oscillant au bout d'une corde de longueur L, $h = L$ et $I = mh^2$. Ainsi,

$$\omega_0 = \sqrt{\frac{mgh}{mh^2}} = \sqrt{\frac{g}{L}}$$

ce qui est conforme au résultat obtenu dans la **section 1.2 : La dynamique du mouvement harmonique simple.**

E X P O S É

Comme nous l'avons mentionné dans la **section 1.1 : Les oscillations**, un pendule simple (schéma ci-contre) constitue un des exemples les plus connus de système oscillant. La bille qui est attachée au bout de la corde peut être considérée comme une particule. Ainsi, on peut décrire sa position en fonction du temps à l'aide de l'équation $x(t)$ du MHS,

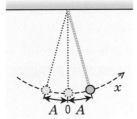

$$x = A \sin(\omega t + \phi)$$

(tant que l'angle entre la corde et la verticale demeure petit — en pratique, inférieur à 15°). Bien sûr, pour pouvoir utiliser cette équation, il faut définir un axe x courbe qui suit le mouvement de la bille.

Dans cette section, nous allons nous intéresser aux **pendules composés** — des pendules pour lesquels l'objet qui oscille *ne peut pas* être considéré comme une particule. Un pendule simple est un modèle théorique utile, mais, dans la réalité, la plupart des pendules sont composés. En particulier, lorsqu'on analyse le mouvement du corps humain (par exemple, le mouvement des jambes d'un marcheur), il faut se servir de la théorie que nous allons introduire dans la présente section.

DREAMSTIME

On peut créer un pendule composé en faisant osciller un corps accroché à une tige rigide dont la longueur n'est pas beaucoup plus grande que la taille du corps (photo ci-contre). On peut également faire osciller un corps autour d'un axe qui passe *au travers* (schéma ci-dessous).

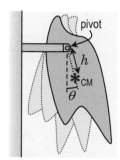

Pour décrire l'oscillation du pendule composé, l'équation $x(t)$ du MHS n'est pas très pratique. En effet, entre deux instants de l'oscillation, tous les points du corps ne subissent pas le même déplacement : plus un point est situé loin de l'axe (pivot), plus son déplacement est grand. En revanche, pendant l'oscillation, *tous les points du corps pivotent du même angle*. Nous avons déjà rencontré des situations similaires dans le **chapitre 4 : Mécanique des corps** du **tome A**, quand nous nous sommes intéressés au mouvement de rotation des corps.

Afin de décrire l'oscillation du pendule composé, nous allons utiliser l'angle θ indiqué sur le schéma ci-dessus : il s'agit de l'angle entre la verticale (position d'équilibre du pendule) et la droite qui relie le pivot et le centre de masse du corps. Si l'angle θ oscille entre les valeurs maximales $-\theta_{max}$ et θ_{max}, on peut écrire

$$\theta = \theta_{max} \sin(\omega t + \phi)$$ **Équation $\theta(t)$ d'un pendule (faible amplitude)**

Tant que l'amplitude θ_{max} de l'oscillation est inférieure à 15°, cette équation décrit adéquatement le pendule composé. Elle peut également être utilisée pour décrire l'oscillation d'un pendule simple, car il s'agit d'un cas particulier de pendule composé pour lequel le corps qui oscille peut être considéré comme une particule. Si nous avons préféré utiliser l'équation $x(t)$ pour décrire le pendule simple dans les **sections 1.1** et **1.2**, c'était pour mieux faire ressortir le parallèle entre l'oscillation d'un pendule simple et l'oscillation d'un système bloc-ressort.

La fréquence angulaire naturelle d'un pendule composé

Si l'on donne une poussée à un pendule composé et qu'on le laisse osciller, quelle est sa fréquence angulaire naturelle ? Dans la **section 4.3 : Le centre de masse** du **tome A**, nous avons vu qu'il est parfois possible de considérer un corps comme une particule dont toute la masse est concentrée en son centre de masse. Malheureusement, on *ne peut pas* déterminer la fréquence angulaire naturelle d'un pendule composé en supposant que toute sa masse est concentrée en son centre de masse et en utilisant l'équation $\omega_0 = \sqrt{g/L}$ du pendule simple.

Sur le schéma ci-dessus, nous avons désigné par h la distance entre le centre de masse du pendule composé et le pivot. La fréquence angulaire naturelle du pendule composé *n'est pas* $\omega_0 = \sqrt{g/h}$, mais plutôt

$$\omega_0 = \sqrt{\frac{mgh}{I}}$$ **Fréquence angulaire naturelle d'un pendule composé (faible amplitude)**

où I est le *moment d'inertie* du corps par rapport à l'axe de rotation qui passe par le pivot.

Rappelons que le moment d'inertie est une mesure de l'inertie de rotation d'un objet (sa tendance à s'opposer à un changement de son mouvement de rotation). Le tableau ci-dessous présente les équations permettant de calculer le moment d'inertie d'une particule ainsi que de différents corps autour d'axes passant par leurs centres de masse (rangée du haut) et par leurs « extrémités » (rangée du bas). Comme le moment d'inertie correspond à une masse multipliée par une distance au carré, il s'exprime, dans le SI, en kilogrammes-mètres carrés ($kg \cdot m^2$).

Le moment d'inertie a été introduit dans le **tome A**, à la **section 4.4 : Le moment d'inertie et l'énergie cinétique de rotation**.

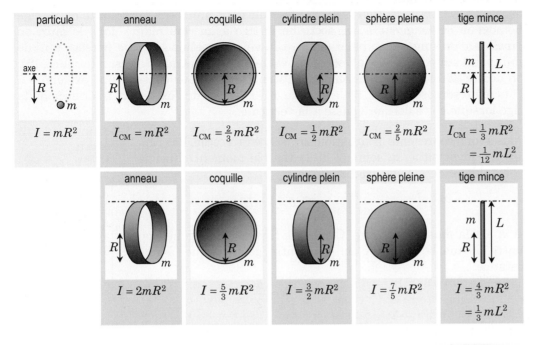

particule	anneau	coquille	cylindre plein	sphère pleine	tige mince
$I = mR^2$	$I_{CM} = mR^2$	$I_{CM} = \frac{2}{3} mR^2$	$I_{CM} = \frac{1}{2} mR^2$	$I_{CM} = \frac{2}{5} mR^2$	$I_{CM} = \frac{1}{3} mR^2$ $= \frac{1}{12} mL^2$

anneau	coquille	cylindre plein	sphère pleine	tige mince
$I = 2mR^2$	$I = \frac{5}{3} mR^2$	$I = \frac{3}{2} mR^2$	$I = \frac{7}{5} mR^2$	$I = \frac{4}{3} mR^2$ $= \frac{1}{3} mL^2$

Pour une masse m donnée, plus les particules qui composent le corps sont situées, en moyenne, près de l'axe, plus le moment d'inertie est petit. C'est pour cela que le moment d'inertie diminue de gauche à droite dans le tableau.

Lorsque l'axe passe par le centre de masse du corps, on a ajouté l'indice CM au symbole I.

D'après le **théorème des axes parallèles** (que nous avons démontré dans la **section 4.6** du **tome A**), le moment d'inertie d'un corps de masse m par rapport à un axe **A** parallèle à un axe **C** passant par son centre de masse et situé à une distance h de ce dernier (schéma ci-contre) est

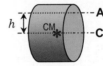

$$I = mh^2 + I_{CM}$$ **Théorème des axes parallèles**

où I_{CM} est le moment d'inertie par rapport à l'axe **C**. C'est pour cela que les moments d'inertie dans la rangée du bas du tableau sont supérieurs de mR^2 aux moments d'inertie correspondants dans la rangée du haut.

Nous allons démontrer l'équation

$$\omega_0 = \sqrt{\frac{mgh}{I}}$$

à la fin de cette section. Pour l'instant, nous allons nous contenter de vérifier qu'elle redonne bien $\omega_0 = \sqrt{g/L}$ pour un pendule simple (schéma ci-contre). Dans ce cas, la distance h entre le centre de masse et le pivot correspond à la longueur L de la corde :

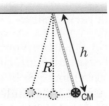

$$h = L$$

La bille du pendule simple peut être considérée comme une particule. Le rayon R qui sert à calculer son moment d'inertie correspond à la longueur L de la corde : d'après le tableau des moments d'inertie,

$$I = mR^2 = mL^2$$

Par conséquent,

$$\omega_0 = \sqrt{\frac{mgh}{I}} = \sqrt{\frac{mgL}{mL^2}} = \sqrt{\frac{g}{L}}$$

ce que nous voulions démontrer.

Situation 1 : *L'oscillation d'une tige.* On visse un petit anneau à l'extrémité d'une tige homogène de longueur L, on accroche la tige à un clou planté dans le mur, on l'incline d'un angle $\theta_{\max}$ par rapport à la verticale et on la lâche (vitesse initiale nulle). En supposant que le frottement est négligeable et que $\theta_{\max}$ est inférieur à 15°, on désire déterminer **(a)** le temps que prend la tige pour passer d'une extrémité à l'autre de son oscillation ; **(b)** le module de la vitesse de l'extrémité inférieure de la tige lorsque cette dernière passe à la verticale.

Nous avons représenté la situation sur le schéma ci-contre. Par rapport au pivot situé au sommet de la tige, le moment d'inertie (voir tableau de la page précédente) est

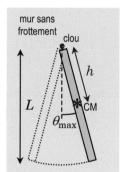

$$I = \tfrac{1}{3}mL^2$$

où m est la masse de la tige. Comme la tige est homogène, son centre de masse est situé en son centre géométrique, à une distance

$$h = \frac{L}{2}$$

du pivot. Par conséquent, la fréquence angulaire naturelle de l'oscillation est

$$\omega_0 = \sqrt{\frac{mgh}{I}} = \sqrt{\frac{mg(L/2)}{\tfrac{1}{3}mL^2}} = \sqrt{\frac{3g}{2L}}$$

et la période est

$$T = \frac{2\pi}{\omega_0} = 2\pi\sqrt{\frac{2L}{3g}}$$

En **(a)**, nous voulons déterminer le temps que prend la tige pour passer d'une extrémité à l'autre de son oscillation. En une période T, le pendule oscille d'une extrémité à l'autre *et revient à son point de départ*. Ainsi, l'intervalle de temps que nous cherchons correspond à $T/2$:

Rappelons que, dans un problème sans valeurs numériques (comme c'est le cas ici), il est important de vérifier que la réponse finale est exprimée en fonction des paramètres de l'énoncé (et de constantes générales, s'il y a lieu). Ici, les paramètres de l'énoncé sont L et $\theta_{\max}$, et g est une constante générale.

$$\Delta t = \frac{T}{2} \qquad \Rightarrow \qquad \boxed{\Delta t = \pi\sqrt{\frac{2L}{3g}}}$$

Dans le SI, L est en mètres et g est en mètres par seconde carrée : ainsi, le rapport L/g est en secondes carrées, et on obtient bien un temps en secondes lorsqu'on extrait la racine carrée.

En **(b)**, nous voulons déterminer la vitesse d'un point situé à l'extrémité inférieure de la tige (identifié par **P** sur le schéma ci-contre) lorsque la tige passe à la verticale. Comme il s'agit de la vitesse maximale du point en question, nous pouvons utiliser l'équation de la **section 1.1**, qui s'applique à tout MHS :

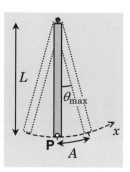

$$v_{\max} = A\omega$$

On peut décrire le MHS du point **P** à l'aide d'un axe x courbe qui suit son mouvement. Le long de cet axe, l'amplitude du mouvement d'oscillation est

$$A = L\theta_{max}$$

(Cette équation découle directement de la définition d'un angle en radians.) Ainsi, la vitesse du point **P** au point le plus bas de l'oscillation est

$$v_{max} = L\theta_{max}\omega = L\theta_{max}\sqrt{\frac{3g}{2L}} \qquad \Rightarrow \qquad \boxed{v_{max} = \theta_{max}\sqrt{\frac{3gL}{2}}}$$

Dans le SI, L est en mètres et g est en mètres par seconde carrée : ainsi, le produit gL est en mètres carrés par seconde carrée, et on obtient bien une vitesse en mètres par seconde lorsqu'on extrait la racine carrée. (Le paramètre θ_{max} est en radians, mais comme le radian n'est pas une véritable unité physique, il ne contribue pas aux unités de la réponse.)

Attention : comme on a utilisé la définition d'un angle en radians pour obtenir l'équation ci-contre, il faudrait absolument exprimer θ_{max} en radians si l'on disposait de valeurs numériques.

> **Situation 2 :** *Une sphère oscille au bout d'une tige.* Une sphère pleine de 10 cm de rayon est fixée au bout d'une tige rigide dont la masse est négligeable et dont la longueur est de 20 cm. On fixe l'autre bout de la tige à un pivot et on désire déterminer la période de l'oscillation.

Nous avons représenté le pendule composé sur le schéma ci-contre. Comme la tige rigide a une masse négligeable, elle ne contribue pas au moment d'inertie. Par rapport à un axe qui passe par son centre de masse, le moment d'inertie de la sphère pleine est

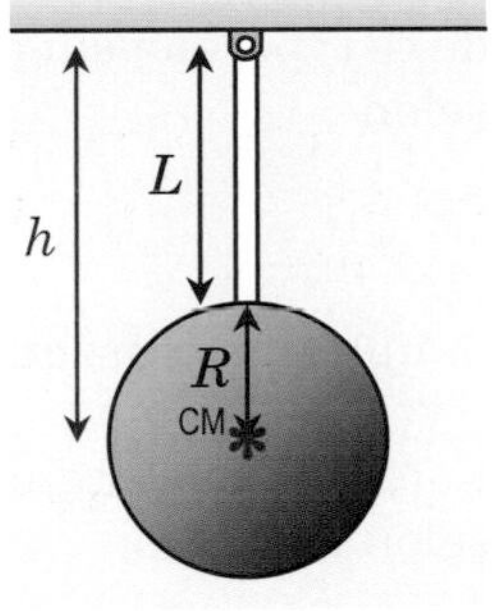

$$I_{CM} = \tfrac{2}{5}mR^2$$

où m est la masse de la sphère (et, par conséquent, du pendule). Le centre de masse de la sphère est à une distance h du pivot. Ainsi, d'après le théorème des axes parallèles, le moment d'inertie de la sphère par rapport au pivot est

$$I = mh^2 + I_{CM} = mh^2 + \tfrac{2}{5}mR^2 - m(h^2 + \tfrac{2}{5}R^2)$$

La fréquence angulaire du pendule est

$$\omega_0 = \sqrt{\frac{mgh}{I}} = \sqrt{\frac{mgh}{m(h^2 + \tfrac{2}{5}R^2)}} = \sqrt{\frac{gh}{h^2 + \tfrac{2}{5}R^2}}$$

et la période est

$$T = \frac{2\pi}{\omega_0} = 2\pi\sqrt{\frac{h^2 + \tfrac{2}{5}R^2}{gh}}$$

Ici, $R = 10\ \text{cm} = 0{,}1\ \text{m}$, $L = 20\ \text{cm} = 0{,}2\ \text{m}$ et $h = L + R = 0{,}3\ \text{m}$. Ainsi,

$$T = \frac{2\pi}{\omega_0} = 2\pi\sqrt{\frac{(0{,}3\ \text{m})^2 + \tfrac{2}{5}(0{,}1\ \text{m})^2}{(9{,}8\ \text{m/s}^2)(0{,}3\ \text{m})}} \qquad \Rightarrow \qquad \boxed{T = 1{,}12\ \text{s}}$$

La démonstration de l'équation de la fréquence angulaire naturelle du pendule composé

Dans la **section 1.1 : Les oscillations**, nous avons vu que l'accélération et la position d'une particule animée d'un mouvement harmonique simple sont reliées entre elles par l'équation

$$a_x = -\omega^2 x$$

QI 1 Quelle est la période d'un pendule simple de 30 cm de longueur ?

Les réponses aux questions instantanées (QI) se trouvent dans la marge à la fin de l'exposé de la section.

L'accélération obéit à l'équation ci-contre lorsque la particule subit une force qui a tendance à la ramener vers la position centrale de l'oscillation et dont le module est proportionnel à la distance qui sépare la particule de la position centrale.

Or, l'accélération est égale à la dérivée seconde par rapport au temps de la position :

$$a_x = \frac{\mathrm{d}v_x}{\mathrm{d}t} = \frac{\mathrm{d}}{\mathrm{d}t}\left(\frac{\mathrm{d}x}{\mathrm{d}t}\right) = \frac{\mathrm{d}^2x}{\mathrm{d}t^2}$$

Ainsi, on peut écrire

$$\frac{\mathrm{d}^2x}{\mathrm{d}t^2} = -\omega^2 x$$

ou encore

$$\frac{\mathrm{d}^2x}{\mathrm{d}t^2} + \omega^2 x = 0$$

Une équation différentielle est une équation qui fait intervenir à la fois une variable et ses dérivées d'ordre 1 ou supérieur.

L'équation que nous venons d'obtenir est une *équation différentielle* qui caractérise tout paramètre x qui varie dans le temps de manière sinusoïdale. Le paramètre x peut représenter la position d'une particule, mais peut également correspondre à tout autre paramètre physique qui varie de manière sinusoïdale en fonction du temps, comme l'inclinaison θ d'un pendule ou la différence de potentiel ΔV aux bornes d'une source de courant alternatif. Si l'on peut démontrer qu'un paramètre x obéit à une équation de ce type, on peut conclure que le paramètre en question oscille en fonction du temps selon

$$x = x_{\max}\sin(\omega t + \phi)$$

Dans les **sections 1.1** et **1.2**, x représentait la position d'une particule : dans ce cas, on utilise le paramètre A plutôt que $x_{\max}$ pour représenter l'amplitude.

et que, par conséquent, la fréquence angulaire de son oscillation est ω.

Pour démontrer que l'inclinaison θ d'un pendule composé oscille en fonction du temps selon l'équation

$$\theta = \theta_{\max}\sin(\omega t + \phi)$$

On peut vérifier aisément que l'équation $x = x_{\max}\sin(\omega t + \phi)$ est une solution de l'équation différentielle $\mathrm{d}^2x/\mathrm{d}t^2 + \omega^2 x = 0$, et ce, peu importe la valeur de $x_{\max}$ ou de ϕ. En effet,
$\frac{\mathrm{d}}{\mathrm{d}t}x_{\max}\sin(\omega t + \phi)$
$= \omega x_{\max}\cos(\omega t + \phi)$
et $\frac{\mathrm{d}}{\mathrm{d}t}\omega x_{\max}\cos(\omega t + \phi)$
$= -\omega^2 x_{\max}\sin(\omega t + \phi) = -\omega^2 x.$

avec une fréquence angulaire $\omega = \sqrt{mgh/I}$, nous allons prendre comme point de départ l'équation qui donne le moment de force résultant $\sum \tau$ qui s'exerce sur le pendule.

La force exercée par le pivot sur le corps ne génère pas de moment de force, car la distance entre son point d'application et l'axe (qui se trouve à la position du pivot) est nulle.

Le poids du corps s'applique au centre de masse, à une distance $r = h$ de l'axe. Le moment de force généré par le poids est

$$\tau = -rF\sin\theta = -h\,mg\sin\theta$$

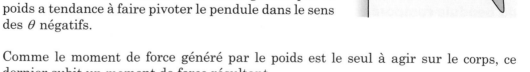

Le signe négatif dans l'équation indique que le moment de force a tendance à faire tourner le pendule dans le sens contraire de la position angulaire : par exemple, lorsque la position angulaire θ est positive (comme sur le schéma ci-contre), le moment de force généré par le poids a tendance à faire pivoter le pendule dans le sens des θ négatifs.

Pour plus de détails, référez-vous à la **section 4.2 : Le moment de force et l'équilibre statique** du **tome A**.

Comme le moment de force généré par le poids est le seul à agir sur le corps, ce dernier subit un moment de force résultant

$$\sum \tau = -mgh\sin\theta$$

Supposons que l'amplitude de l'oscillation est petite : dans ce cas,

$$\sin\theta \approx \theta$$

(l'angle θ est exprimé en radians) et on peut écrire

$$\sum \tau = -mgh\theta$$

L'analogue en rotation de la deuxième loi de Newton est

$$\sum \tau = I\alpha$$

L'analogue de la deuxième loi de Newton en rotation a été présenté dans la **section 4.7 : La dynamique de rotation** du **tome A**.

Par définition, l'accélération angulaire α est égale à la dérivée par rapport au temps de la vitesse angulaire ω, qui est elle-même égale à la dérivée par rapport au temps de la position angulaire θ. Ainsi,

$$\alpha = \frac{d\omega}{dt} = \frac{d}{dt}\left(\frac{d\theta}{dt}\right) = \frac{d^2\theta}{dt^2}$$

Le paramètre ω dans l'équation ci-contre représente la vitesse angulaire du corps, et non la fréquence angulaire de l'oscillation !

En combinant les trois équations centrées qui précèdent, nous pouvons écrire

$$-mgh\theta = I\frac{d^2\theta}{dt^2} \qquad \Rightarrow \qquad -\frac{mgh}{I}\theta = \frac{d^2\theta}{dt^2}$$

ou encore

$$\frac{d^2\theta}{dt^2} + \frac{mgh}{I}\theta = 0$$

Comme cette équation est de même forme que l'équation différentielle

$$\frac{d^2x}{dt^2} + \omega^2 x = 0$$

nous pouvons conclure que l'angle d'inclinaison θ oscille en fonction du temps selon l'équation

$$\theta = \theta_{max}\sin(\omega t + \phi)$$

et que la fréquence angulaire de l'oscillation est donnée par

$$\omega^2 = \frac{mgh}{I} \qquad \Rightarrow \qquad \omega = \sqrt{\frac{mgh}{I}}$$

ce que nous voulions démontrer.

Réponse à la question instantanée

QI **1** $T = 1,10$ s

pendule composé : pendule constitué d'un corps qui ne peut pas être considéré comme une particule.

théorème des axes parallèles : équation qui permet de déterminer le moment d'inertie d'un corps par rapport à un axe quelconque à partir de son moment d'inertie par rapport à un axe parallèle passant par son centre de masse.

QUESTIONS

Q1. Vrai ou faux ? Un pendule composé est constitué d'au moins deux corps qui oscillent de manière différente.

Q2. Pourquoi n'est-il pas pratique d'utiliser l'équation $x(t)$ du MHS pour décrire l'oscillation d'un pendule composé ?

Q3. Vrai ou faux ? Pour calculer la fréquence angulaire naturelle d'oscillation d'un pendule composé, on peut supposer que toute sa masse est concentrée en son centre de masse et utiliser l'équation de la fréquence angulaire naturelle du pendule simple.

Q4. Le moment d'inertie est une mesure de la tendance d'un corps à s'opposer _____.
Dans le SI, il s'exprime en _____.

Q5. Vrai ou faux ? Pour un corps de masse donnée, plus les particules qui composent le corps sont situées, en moyenne, près de l'axe, plus le moment d'inertie du corps par rapport à l'axe est petit.

Q6. Pourquoi la force exercée par le pivot qui soutient un pendule composé n'exerce-t-elle pas de moment de force ? Quelle est la force qui génère un moment de force sur le pendule ?

DÉMONSTRATIONS

D1. Montrez que, en appliquant l'équation de la fréquence angulaire naturelle d'un pendule composé, $\omega_0 = \sqrt{mgh/I}$, à un pendule simple, on retrouve l'équation de la fréquence angulaire naturelle du pendule simple, $\omega_0 = \sqrt{g/L}$.

D2. En appliquant l'analogue en rotation de la deuxième loi de Newton,

$$\sum \tau = I\alpha$$

à un pendule composé, obtenez une équation de même forme que l'équation différentielle qui caractérise une oscillation, et déduisez-en l'équation de la fréquence angulaire naturelle d'un pendule composé,

$$\omega_0 = \sqrt{\frac{mgh}{I}}$$

Dans les exercices, on suppose que les corps sont homogènes et que l'amplitude d'oscillation des pendules ne dépasse jamais 15°. Vous pouvez utiliser au besoin les moments d'inertie du tableau ci-dessous.

Corps homogène de masse m	Moment d'inertie
Cylindre plein de rayon R tournant autour de son axe de symétrie	$\frac{1}{2}mR^2$
Sphère pleine de rayon R tournant autour d'un axe passant par son centre	$\frac{2}{5}mR^2$
Coquille sphérique mince de rayon R tournant autour d'un axe passant par son centre	$\frac{2}{3}mR^2$
Tige mince de longueur L tournant autour d'un axe perpendiculaire à elle-même passant par son centre	$\frac{1}{12}mL^2$
Tige mince de longueur L tournant autour d'un axe perpendiculaire à elle-même passant par une extrémité	$\frac{1}{3}mL^2$

RÉCHAUFFEMENT

1.3.1 *Un cerceau suspendu au bout du doigt.*
Béatrice suspend un cerceau de 45 cm de rayon au bout de son doigt et lui donne une poussée afin de le faire osciller selon son plan (schéma ci-contre). La masse du cerceau est de 0,6 kg et son inclinaison maximale par rapport à sa position d'équilibre ($\theta_{\max}$) est de 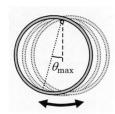 10°. **(a)** Quel est le moment d'inertie du cerceau par rapport à l'axe passant par le doigt de Béatrice ? **(b)** Quelle est la période de l'oscillation ? **(c)** Quelle est la distance parcourue par le point du cerceau le plus éloigné du doigt de Béatrice pendant un cycle complet d'oscillation ? **(d)** Quel est le module maximal de la vitesse du point du cerceau le plus éloigné du doigt de Béatrice ?

SÉRIE PRINCIPALE

1.3.2 *Un cerceau suspendu au bout du doigt, prise 2.* Béatrice reprend l'expérience de l'**exercice 1.3.1**, mais avec un autre cerceau : ce dernier prend 0,35 s pour passer d'une des extrémités de son oscillation à sa position centrale. Quel est son rayon ?

1.3.3 *Une tige lourde oscillant au bout d'une tige légère.*
Une tige en plomb de masse m et de longueur D est suspendue au plafond par une mince tige en bois de longueur d dont la masse est négligeable (schéma ci-contre). **(a)** Montrez que la fréquence angulaire naturelle d'oscillation est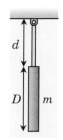

$$\omega_0 = \sqrt{\frac{6g(2d+D)}{3(2d+D)^2 + D^2}}$$

(b) Dans la limite où la tige lourde est très courte ($D \ll d$), montrez que l'on obtient l'équation de la fréquence angulaire naturelle d'un pendule simple. **(c)** Dans la limite où la tige légère est très courte ($d \ll D$), montrez que l'on obtient $\omega_0 = \sqrt{3g/(2D)}$, ce qui correspond à la fréquence angulaire naturelle d'une tige oscillant autour de son extrémité supérieure (comme dans la **situation 1** de la présente section).

1.3.4 *Une tige lourde oscillant au bout d'une tige légère, prise 2.* Dans le montage de l'**exercice 1.3.3**, les tiges de bois et de plomb ont toutes les deux une longueur de 70 cm. **(a)** Quelle est la période d'oscillation ? **(b)** Quelle longueur de la tige de plomb doit-on scier pour que la période soit de 2 s ? **(c)** Si la tige de plomb conserve sa longueur de 70 cm et que l'on préfère raccourcir la tige de bois, quelle longueur doit-on scier pour obtenir une période de 2 s ?

1.3.5 *L'oscillation d'une tige autour d'un point quelconque.* Une tige de longueur L peut osciller autour d'un axe qui passe par un point situé à une distance r de son centre (schéma ci-contre). **(a)** Montrez que la fréquence angulaire naturelle de l'oscillation est

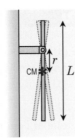

$$\omega_0 = \sqrt{\frac{12gr}{12r^2 + L^2}}$$

(b) Déterminez la fréquence angulaire naturelle lorsque r prend sa valeur maximale ($r = L/2$). **(c)** Déterminez la fréquence angulaire naturelle pour $r = 0$ et expliquez la signification du résultat. **(d)** Pour quelle valeur du rapport r/L la fréquence angulaire naturelle est-elle maximale ? (*Indice :* utilisez le calcul différentiel.) **(e)** Quelle est la fréquence angulaire naturelle pour le rapport r/L trouvé en (d) ?

1.3.6 *Une horloge imprécise.* Albert a fabriqué le pendule d'une horloge grand-père (schéma ci-contre) en utilisant une mince tige en bois et un disque en laiton (masse de 0,825 kg, rayon de 10 cm). À l'aide de la théorie du pendule composé, il a calculé la longueur de la tige pour avoir une période d'oscillation d'exactement 1 s, en *supposant que la masse de la tige est négligeable.* **(a)** Quelle est la longueur L de la tige ? **(b)** En réalité, la masse de la tige est de 55 g ; dites si l'horloge d'Albert « avance » ou « recule » par rapport à une horloge idéale, et de combien elle est désynchronisée au bout d'une heure.

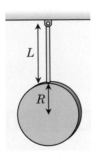

1.3.7 *Le pendule de torsion.* Lorsqu'on suspend un corps par un fil et qu'on le fait tourner selon l'axe du fil d'un angle ϕ (schéma ci-contre), on « tord » le fil. Lorsqu'on lâche le corps, le fil se « détord » en exerçant sur le corps un moment de force

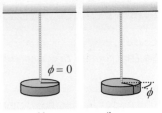

Vues en perspective

$$\tau = -\kappa \cdot \phi$$

où κ (la lettre grecque kappa) est la *constante de torsion* du fil : le signe négatif signifie que le moment de force a tendance à ramener le corps vers son orientation d'origine, $\phi = 0$, pour laquelle le fil n'est pas tordu. Sous l'effet de ce moment de force, l'angle ϕ oscille en fonction du temps de part et d'autre de la position d'équilibre $\phi = 0$. **(a)** Montrez que la fréquence angulaire naturelle de l'oscillation est

$$\omega_0 = \sqrt{\frac{\kappa}{I}}$$

où I est le moment d'inertie du corps par rapport à l'axe confondu avec le fil. **(b)** Si la constante de torsion est de 0,0015 N·m/rad et que le corps est un disque homogène (comme sur le schéma ci-dessus) dont la masse est de 0,6 kg et le rayon est de 8 cm, calculez le nombre d'oscillations par minute.

1.3.8 *La détermination du moment d'inertie d'un corps à l'aide d'un pendule de torsion.* Au bout d'un fil, on suspend une sphère dont le moment d'inertie (par rapport à un axe passant par son centre) est de 1 kg·m², on la fait osciller comme un pendule de torsion (voir **exercice 1.3.7**), et on observe que la période des oscillations est de 32,3 s. On remplace la sphère par un corps de forme irrégulière, on le fait osciller comme un pendule de torsion, et on observe que la période des oscillations est de 17,7 s : quel est le moment d'inertie du corps par rapport à l'axe vertical passant par son point d'attache ?

L'énergie et le mouvement harmonique simple

**Après l'étude de cette section, le lecteur pourra analyser
un mouvement harmonique simple à l'aide du principe de conservation de l'énergie.**

APERÇU

Considérons un objet de masse m qui oscille selon un MHS d'amplitude A avec une fréquence angulaire ω (comme c'est le cas sur chacun des schémas ci-dessous).

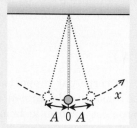 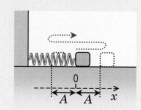

Il est pratique de poser que l'énergie potentielle U est égale à zéro au centre de l'oscillation. Dans ce cas,

$$U = \tfrac{1}{2}m\omega^2 x^2$$ **Énergie potentielle pour un MHS**

où x est la position de l'objet par rapport au centre de l'oscillation.

Aux extrémités de l'oscillation, lorsque $x = \pm A$, l'objet est momentanément immobile : l'énergie cinétique

$$K = \tfrac{1}{2}mv^2$$

est nulle et l'énergie mécanique

$$E = K + U$$

est entièrement sous forme potentielle. Par conséquent, l'énergie mécanique est

$$E = \tfrac{1}{2}m\omega^2 A^2$$ **Énergie mécanique pour un MHS**

Dans le cas particulier d'un système bloc-ressort, nous avons vu à la **section 1.2 : La dynamique du mouvement harmonique simple** que $m\omega^2$ est égal à k, la constante de rappel du ressort. Ainsi, pour un système bloc-ressort,

$$U = \tfrac{1}{2}kx^2 \qquad \text{et} \qquad E = \tfrac{1}{2}kA^2$$

EXPOSÉ

Dans le **tome A**, au **chapitre 3 : Principes de conservation**, nous avons défini l'énergie cinétique, l'énergie potentielle du ressort, l'énergie potentielle gravitationnelle et l'énergie mécanique (tableau ci-contre). Dans cette section, nous allons utiliser le concept d'énergie pour analyser le mouvement harmonique simple.

énergie cinétique	$K = \tfrac{1}{2}mv^2$
énergie potentielle du ressort	$U_r = \tfrac{1}{2}ke^2$
énergie potentielle gravitationnelle	$U_g = mgy$
énergie mécanique	$E = K + U$

Dans la **section 1.2 : La dynamique du mouvement harmonique simple**, nous avons vu que la même équation générale,

$$\sum F_x = -m\omega^2 x$$

permet d'analyser aussi bien la dynamique d'un système bloc-ressort que celle d'un pendule. Du point de vue de l'énergie, il existe également des équations générales qui permettent de calculer l'énergie pour n'importe quel système possédant un MHS.

La première de ces équations est

$$U = \tfrac{1}{2}m\omega^2 x^2$$ **Énergie potentielle pour un MHS**

où m est la masse de l'objet qui oscille, ω est la fréquence angulaire naturelle de l'oscillation et x est la position de l'objet le long d'un axe qui suit sa trajectoire, mesurée par rapport au *centre* de l'oscillation. D'après cette équation, l'énergie potentielle est nulle au centre de l'oscillation : $U = 0$ quand $x = 0$.

Pour un système bloc-ressort oscillant à l'horizontale, il est facile de montrer que l'équation $U = \frac{1}{2}m\omega^2 x^2$ s'applique : en effet, la fréquence naturelle de l'oscillation est $\omega = \sqrt{k/m}$, d'où

$$U = \tfrac{1}{2}m\omega^2 x^2 = \tfrac{1}{2}m\left(\frac{k}{m}\right)x^2 = \tfrac{1}{2}kx^2$$

Or, dans cette situation, $x = e$: on retrouve ainsi l'équation $U = \frac{1}{2}ke^2$ qui donne l'énergie potentielle d'un ressort.

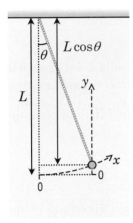

Pour un pendule (schéma ci-contre), l'énergie potentielle est gravitationnelle : $U = mgy$. Lorsque la corde de longueur L fait un angle θ avec la verticale, la hauteur y de la bille par rapport à sa hauteur lorsqu'elle est au centre de l'oscillation est

$$y = L - L\cos\theta = L(1 - \cos\theta)$$

Pour que le pendule oscille selon un MHS, l'angle θ doit demeurer petit par rapport à 1 rad, ce qui permet d'utiliser l'approximation

$$\cos\theta \approx 1 - \tfrac{1}{2}\theta^2$$

pour obtenir

$$y = L\left(1 - (1 - \tfrac{1}{2}\theta^2)\right) = \tfrac{1}{2}L\theta^2$$

L'approximation ci-contre est démontrée dans la **sous-section M6.2 : Les approximations du petit angle** de l'annexe mathématique.

(l'approximation est vraie à condition que l'angle θ soit exprimé en radians). D'après la définition d'un angle en radians, la position x de la bille le long de l'axe x courbe qui suit sa trajectoire est

$$x = L\theta$$

d'où

$$\theta = \frac{x}{L}$$

et

$$y = \tfrac{1}{2}L\left(\frac{x}{L}\right)^2 = \tfrac{1}{2}\frac{x^2}{L}$$

L'énergie potentielle gravitationnelle est

$$U = mgy = mg\left(\tfrac{1}{2}\frac{x^2}{L}\right) = \tfrac{1}{2}m\frac{g}{L}x^2$$

Comme la fréquence angulaire naturelle du pendule est $\omega = \sqrt{g/L}$, on obtient, encore une fois,

$$U = \tfrac{1}{2}m\omega^2 x^2$$

On peut démontrer de manière plus générale que l'équation $U = \frac{1}{2}m\omega^2 x^2$ s'applique à tout MHS en prenant comme point de départ la définition dynamique du MHS, $\sum F_x = -m\omega^2 x$, et en utilisant le fait que la relation entre la force et l'énergie potentielle est

$$F_x = -\frac{dU}{dx}$$

(voir la **section 3.5 : Les forces conservatives** du **tome A**). Ainsi, la fonction $U(x)$ qui décrit l'énergie potentielle d'un MHS est telle que

$$-\frac{dU}{dx} = -m\omega^2 x \qquad \Rightarrow \qquad \frac{dU}{dx} = m\omega^2 x$$

Comme $\frac{d}{dx}x^2 = 2x$, la fonction en question est

$$U = \frac{1}{2}m\omega^2 x^2 + C$$

où C est une constante arbitraire. Si l'on pose que l'énergie potentielle U est égale à 0 au centre de l'oscillation, la constante C est égale à 0 et on obtient $U = \frac{1}{2}m\omega^2 x^2$.

La seconde équation générale qui permet de décrire n'importe quel MHS du point de vue de l'énergie est

$$\boxed{E = \frac{1}{2}m\omega^2 A^2}$$ **Énergie mécanique pour un MHS**

Par définition, l'énergie mécanique E est la somme de l'énergie cinétique et de l'énergie potentielle :

$$E = K + U$$

Aux extrémités de l'oscillation, lorsque $x = \pm A$, l'énergie potentielle est

$$U = \frac{1}{2}m\omega^2 A^2$$

Comme l'objet est momentanément immobile, son énergie cinétique est nulle, et l'énergie mécanique est égale à l'énergie potentielle, ce qui permet de conclure que $E = \frac{1}{2}m\omega^2 A^2$. On peut arriver à la même conclusion d'une autre manière en notant que l'énergie potentielle est nulle au centre de l'oscillation, ce qui fait en sorte que l'énergie mécanique est égale à l'énergie cinétique

$$K = \frac{1}{2}mv^2$$

Or, dans la **section 1.1 : Les oscillations**, nous avons vu que le module de la vitesse de l'objet possède sa valeur maximale au centre de l'oscillation :

$$v = v_{\max} = A\omega$$

Ainsi, l'énergie cinétique au centre de l'oscillation est

$$K = \frac{1}{2}m(A\omega)^2 = \frac{1}{2}m\omega^2 A^2$$

ce qui permet de conclure, encore une fois, que l'énergie mécanique est

$$E = \frac{1}{2}m\omega^2 A^2$$

Il est important de ne pas confondre l'énergie cinétique (K majuscule) et la constante de rappel du ressort (k minuscule).

En raison du principe de conservation de l'énergie, l'énergie mécanique E possède la même valeur en tout point de l'oscillation (tableau ci-dessous).

	x	v_x	$K = \frac{1}{2}mv^2$	$U = \frac{1}{2}m\omega^2 x^2$	$E = K + U$
centre de l'oscillation	0	$\pm A\omega$	$\frac{1}{2}m(A\omega)^2$	0	$\frac{1}{2}m\omega^2 A^2$
extrémités de l'oscillation	$\pm A$	0	0	$\frac{1}{2}m\omega^2 A^2$	$\frac{1}{2}m\omega^2 A^2$

> **Situation 1 : _L'énergie d'un pendule._** Une bille est accrochée à l'extrémité d'une corde de 50 cm de longueur afin de former un pendule. Sachant que la bille se déplace à 40 cm/s lorsqu'elle passe au point le plus bas de sa trajectoire, on désire déterminer **(a)** l'amplitude de l'oscillation (c'est-à-dire la distance parcourue par la bille le long de sa trajectoire entre le centre de l'oscillation et l'une des deux extrémités) ; **(b)** l'angle maximal que fait la corde avec la verticale ; **(c)** le module de la vitesse de la bille lorsque la corde fait un angle de 5° avec la verticale.

En **(a)**, nous voulons déterminer l'amplitude A du mouvement de la bille (schéma ci-contre). La longueur du pendule est $L = 0{,}5\ \text{m}$. D'après la théorie présentée dans la **section 1.2 : La dynamique du mouvement harmonique simple**, la fréquence angulaire est

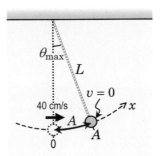

$$\omega = \omega_0 = \sqrt{\frac{g}{L}} = \sqrt{\frac{(9{,}8\ \text{N/kg})}{(0{,}5\ \text{m})}} = 4{,}427\ \text{rad/s}$$

Au point le plus bas de la trajectoire, le module de la vitesse de la bille est $v = 0{,}4\ \text{m/s}$: il s'agit, bien sûr, de la vitesse maximale de la bille. Ainsi,

$$v_{\text{max}} = A\omega$$

$$A = \frac{v_{\text{max}}}{\omega} = \frac{(0{,}4\ \text{m/s})}{(4{,}427\ \text{rad/s})} = 0{,}09035\ \text{m}$$

$$\boxed{A = 9{,}04\ \text{cm}}$$

En **(b)**, nous voulons déterminer l'angle θ_{max} entre la corde et la verticale au point le plus élevé de l'oscillation. Nous pouvons appliquer directement la définition d'un angle en radians :

$$\theta_{\text{max}} = \frac{A}{L} = \frac{(0{,}09035\ \text{m})}{(0{,}5\ \text{m})} = 0{,}1807\ \text{rad}$$

ce qui correspond, en degrés, à

$$\theta_{\text{max}} = 0{,}1807\ \text{rad} \times \frac{360°}{2\pi\ \text{rad}} \qquad \Rightarrow \qquad \boxed{\theta_{\text{max}} = 10{,}4°}$$

Comme il s'agit d'un angle inférieur à 15°, il était justifié d'utiliser la théorie du MHS pour analyser l'oscillation.

Il est possible d'analyser cette situation en utilisant les techniques que nous avons présentées dans le **tome A**, à la **section 3.4 : Le principe de conservation de l'énergie** : en effet, l'énergie potentielle gravitationnelle au point le plus haut de la trajectoire est égale à l'énergie cinétique au point le plus bas, ce qui permet de calculer Δy, la variation de la hauteur de la bille, puis, par géométrie, l'amplitude A. Toutefois, la théorie du MHS permet d'obtenir l'amplitude beaucoup plus rapide ment.

En **(c)**, nous voulons déterminer le module de la vitesse de la bille lorsque l'angle entre la corde et la verticale est $\theta = 5°$ (schéma ci-contre), ce qui correspond, en radians, à

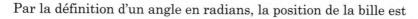

$$\theta = 5° \times \frac{2\pi \text{ rad}}{360°} = 0{,}08727 \text{ rad}$$

Par la définition d'un angle en radians, la position de la bille est

$$\theta = \frac{x}{L} \quad \Rightarrow \quad x = L\theta = (0{,}5 \text{ m})(0{,}08727 \text{ rad}) = 0{,}04364 \text{ m}$$

Lorsqu'on analyse un MHS à l'aide de l'énergie, il est habituellement utile de commencer par écrire l'équation $E = K + U$, puis de remplacer chacune des énergies par son expression équivalente :

$$E = K + U$$
$$\tfrac{1}{2}m\omega^2 A^2 = \tfrac{1}{2}mv^2 + \tfrac{1}{2}m\omega^2 x^2$$

En divisant tous les termes par $\tfrac{1}{2}m$, nous obtenons

On remarque que la masse disparaît de l'équation, ce qui est une bonne chose, car elle n'était pas spécifiée dans l'énoncé.

d'où

$$\omega^2 A^2 = v^2 + \omega^2 x^2$$

$$v^2 = \omega^2 A^2 - \omega^2 x^2$$
$$= \omega^2(A^2 - x^2)$$

et

Comme le module v de la vitesse est nécessairement positif, nous avons omis le signe $\pm$ devant la racine carrée.

$$v = \sqrt{\omega^2(A^2 - x^2)}$$
$$= \omega\sqrt{(A^2 - x^2)}$$
$$= (4{,}427 \text{ rad/s})\sqrt{(0{,}09035 \text{ m})^2 - (0{,}04364 \text{ m})^2}$$
$$= 0{,}3502 \text{ m/s}$$

ou encore

$$\boxed{v = 35{,}0 \text{ cm/s}}$$

L'énergie mécanique d'un système bloc-ressort

Dans la **section 1.2 : La dynamique du mouvement harmonique simple**, nous avons vu que, dans le cas particulier d'un système bloc-ressort sans frottement oscillant à l'horizontale,

$$\omega = \sqrt{\frac{k}{m}} \qquad \Leftrightarrow \qquad k = m\omega^2$$

À la **section 1.6 : L'oscillation verticale d'un système bloc-ressort**, nous verrons que ces équations s'appliquent également lorsque le système bloc-ressort oscille à la verticale, à condition de poser que l'énergie potentielle du système est nulle à la position centrale de l'oscillation.

Ainsi, les équations générales

$$U = \tfrac{1}{2}m\omega^2 x^2 \qquad \text{et} \qquad E = \tfrac{1}{2}m\omega^2 A^2$$

qui s'appliquent à tout MHS, deviennent

$$U = \tfrac{1}{2}kx^2 \qquad \text{et} \qquad E = \tfrac{1}{2}kA^2$$

Situation 2: *L'énergie d'un système bloc-ressort oscillant à l'horizontale.* Un système bloc-ressort oscille à l'horizontale : la masse du bloc est de 1,5 kg, et la constante de rappel du ressort est de 500 N/m. À un instant donné, le ressort est étiré de 20 cm et le bloc se déplace à 2 m/s. On désire déterminer **(a)** l'amplitude de l'oscillation ; **(b)** l'étirement du ressort lorsque l'énergie potentielle est égale à la moitié de l'énergie cinétique ; **(c)** le module de la vitesse du bloc lorsque l'énergie cinétique est égale à trois fois l'énergie potentielle.

En **(a)**, nous voulons déterminer l'amplitude de l'oscillation. Nous avons $m = 1,5\,\text{kg}$, $k = 500\,\text{N/m}$, $x = 20\,\text{cm} = 0,2\,\text{m}$ et $v = 2\,\text{m/s}$. Comme pour la **situation 1**, nous allons commencer par écrire l'équation $E = K + U$, puis remplacer chacune des énergies par son expression équivalente :

$$E = K + U$$
$$\tfrac{1}{2}kA^2 = \tfrac{1}{2}mv^2 + \tfrac{1}{2}kx^2$$
$$A^2 = \frac{\tfrac{1}{2}mv^2 + \tfrac{1}{2}kx^2}{\tfrac{1}{2}k} = \frac{mv^2}{k} + x^2$$

d'où

$$A = \sqrt{\frac{mv^2}{k} + x^2} = \sqrt{\frac{(1,5\,\text{kg})(2\,\text{m/s})^2}{(500\,\text{N/m})} + (0,2\,\text{m})^2} = 0,2280\,\text{m} \qquad \Rightarrow \qquad \boxed{A = 22,8\,\text{cm}}$$

En **(b)**, nous voulons déterminer l'étirement e du ressort, qui est égal à la position x du bloc, puisqu'il s'agit d'une oscillation horizontale. Nous savons que l'énergie potentielle est égale à la moitié de l'énergie cinétique, ce qui s'écrit

$$U = \tfrac{1}{2}K \qquad \text{ou} \qquad K = 2U$$

Comme nous voulons déterminer x et que ce paramètre apparaît dans l'expression pour U, il est utile de garder U et de remplacer K en fonction de U :

$$E = K + U = 2U + U = 3U$$
$$\tfrac{1}{2}kA^2 = 3 \times \tfrac{1}{2}kx^2$$
$$A^2 = 3x^2$$
$$x = \pm\sqrt{\frac{A^2}{3}} = \pm\frac{A}{\sqrt{3}} = \pm\frac{(0,2280\,\text{m})}{1,732} = \pm 0,1316\,\text{m}$$

Ainsi,

$$\boxed{e = \pm 13,2\,\text{cm}}$$

Le signe $\pm$ signifie que l'énergie potentielle est égale à la moitié de l'énergie cinétique lorsque le ressort est *allongé* de 13,2 cm, mais aussi lorsqu'il est *comprimé* de 13,2 cm.

En **(c)**, l'énergie cinétique est égale à trois fois l'énergie potentielle, ce qui s'écrit

$$K = 3U \qquad \text{ou} \qquad U = \tfrac{1}{3}K$$

Il est possible de répondre à la question **(a)** sans passer par l'énergie, mais cela est relativement ardu : il faut d'abord réaliser que la réponse ne peut dépendre de la constante de phase, ce qui permet d'écrire $x = A\sin(\omega t)$; il faut ensuite dériver pour trouver l'équation correspondante pour v_x, remplacer ω par $\sqrt{k/m}$ dans les équations pour x et v_x, puis finalement résoudre un système de deux équations à deux inconnues (A et t). Par l'énergie, la solution est beaucoup plus simple.

Comme l'amplitude est, par définition, un paramètre positif, nous avons omis le signe $\pm$ devant la racine carrée.

Comme nous cherchons le module v de la vitesse du bloc et que ce paramètre apparaît dans l'expression pour K, il est utile de garder K et de remplacer U en fonction de K :

$$E = K + U = K + \tfrac{1}{3}K = \tfrac{4}{3}K$$

$$\tfrac{1}{2}kA^2 = \tfrac{4}{3} \times \tfrac{1}{2}mv^2$$

$$kA^2 = \tfrac{4}{3}mv^2$$

$$v = \sqrt{\frac{3kA^2}{4m}} = \sqrt{\frac{3 \times (500 \text{ N/m})(0{,}2280 \text{ m})^2}{4 \times (1{,}5 \text{ kg})}}$$

$$\boxed{v = 3{,}60 \text{ m/s}}$$

Comme le module v de la vitesse est nécessairement positif, nous avons omis le signe $\pm$ devant la racine carrée.

Q1. Au centre de l'oscillation, l'énergie mécanique d'un système bloc-ressort est entièrement constituée d'énergie _____ ; aux extrémités de l'oscillation, elle est entièrement constituée d'énergie _____.

DÉMONSTRATION

D1. Un bloc de masse m oscille avec une amplitude A à l'extrémité d'un ressort dont la constante de rappel est égale à k. Démontrez que les deux équations permettant de calculer l'énergie mécanique,

$$E = \tfrac{1}{2}m\omega^2 A^2 \qquad \text{et} \qquad E = \tfrac{1}{2}kA^2$$

sont équivalentes.

EXERCICES

○ Exercice dont la solution ne requiert ni calculatrice ni algèbre complexe.

Dans les exercices, on suppose que, au centre de l'oscillation, la position x et l'énergie potentielle sont nulles. Lorsqu'on spécifie l'équation $x(t)$ d'un MHS à l'aide de valeurs numériques, x est en mètres, t est en secondes et la phase est en radians.

RÉCHAUFFEMENT

○ **1.4.1** *La conservation de l'énergie.* Considérons un système bloc-ressort en oscillation horizontale sur une surface sans frottement. À $t = 0$, l'énergie cinétique du bloc est de 4 J et l'énergie potentielle du ressort est de 5 J. **(a)** Quelle est l'énergie cinétique du bloc lorsqu'il passe à la position centrale de l'oscillation ? **(b)** Quelle est l'énergie potentielle du ressort lorsque le bloc est à la plus grande distance du centre de l'oscillation ?

○ **1.4.2** *Les graphiques de l'énergie.* Un système bloc-ressort horizontal oscille selon un MHS : la position du bloc en fonction du temps est représentée sur le schéma ci-contre. Tracez qualitativement, l'un en dessous de l'autre, les graphiques de l'énergie cinétique du bloc, de l'énergie potentielle du ressort et de l'énergie mécanique du système en fonction du temps.

1.4.3 *L'énergie d'un système bloc-ressort.* Dans un système bloc-ressort en oscillation horizontale, la constante de rappel du ressort est de 200 N/m, et l'amplitude de l'oscillation est de 30 cm. Déterminez **(a)** l'énergie mécanique du système ; **(b)** l'énergie potentielle lorsque $x = -20$ cm ; **(c)** l'énergie cinétique lorsque $x = 10$ cm.

1.4.4 *L'énergie d'un système bloc-ressort, prise 2.* Dans un système bloc-ressort en oscillation horizontale, la constante de rappel du ressort est de 50 N/m et la fréquence est de 2 Hz. À un instant donné, l'énergie cinétique est de 0,2 J et l'énergie potentielle de 0,6 J. Déterminez **(a)** la position x du bloc lorsque l'énergie potentielle est égale à l'énergie cinétique ; **(b)** l'amplitude de l'oscillation ; **(c)** la masse du bloc.

1.4.5 *L'énergie d'un pendule.* La vitesse de la bille d'un pendule de 90 cm de longueur est de 30 cm/s lorsque la corde est inclinée à 6° par rapport à la verticale. Déterminez **(a)** le module de la vitesse de la bille lorsque la corde est inclinée de 8° par rapport à la verticale et **(b)** l'angle maximal que fait la corde avec la verticale pendant l'oscillation.

SÉRIE PRINCIPALE

1.4.6 *L'énergie d'un système bloc-ressort, prise 3.* Dans un système bloc-ressort en oscillation horizontale, la masse du bloc est de 200 g et la période est de 1,5 s. Lorsque le bloc est à la position $x = -0{,}5$ m, l'énergie cinétique est égale à la moitié de l'énergie potentielle. Déterminez **(a)** l'énergie mécanique du système ; **(b)** l'amplitude de l'oscillation ; **(c)** la position x du bloc lorsque le module de la vitesse est de 2 m/s.

1.4.7 *L'énergie d'un système bloc-ressort, prise 4.* Un système bloc-ressort oscille horizontalement selon un axe x. Le ressort a une constante de rappel de 2 N/m et le bloc a une masse de 250 g. À un instant donné, le ressort est comprimé de 15 cm et le bloc se déplace à 20 cm/s. Déterminez **(a)** l'étirement du ressort lorsque l'énergie potentielle est égale à deux fois l'énergie cinétique ; **(b)** la composante selon x de la vitesse du bloc lorsque l'énergie cinétique est égale au tiers de l'énergie potentielle.

1.4.8 *La vitesse à une certaine position.* Un bloc a une masse de 300 g et sa position en fonction du temps est

$$x = 0{,}2 \sin(1{,}5t + 3)$$

Déterminez la composante selon x de sa vitesse lorsqu'il se trouve à la position $x = 0{,}14$ m.

1.4.9 *La vitesse d'un pendule.* On incline la corde d'un pendule de 0,15 rad (par rapport à la verticale) et on le lâche (vitesse initiale nulle). Lorsque la corde est inclinée à 0,1 rad par rapport à la verticale, la bille du pendule se déplace à 12 cm/s. **(a)** Quelle est la longueur de la corde ? **(b)** Quel est le module de la vitesse de la bille lorsque la corde est inclinée à 0,05 rad par rapport à la verticale ?

1.4.10 *Béatrice et la plate-forme harmonique simple.* Une plate-forme à roulettes de 50 kg est accrochée à un ressort horizontal dont la constante de rappel est de 18 N/m : l'autre extrémité du ressort 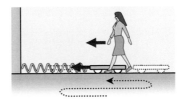 est fixée au mur. Le frottement entre la plate-forme et le plancher est négligeable. On éloigne la plate-forme du mur afin d'allonger le ressort de 2 m, puis on la lâche (vitesse initiale nulle). Béatrice, dont la masse est de 70 kg, marche à côté de la plate-forme en s'efforçant d'aller à la même vitesse ; quand la plate-forme est au centre de l'oscillation, elle monte dessus (schéma ci-dessus). **(a)** Déterminez l'amplitude et la période d'oscillation une fois que Béatrice est sur la plate-forme. **(b)** Calculez l'énergie mécanique de Béatrice et de la plate-forme avant qu'elle n'y monte et une fois qu'elle y est montée. Si l'énergie mécanique totale n'est pas conservée, expliquez pourquoi.

1.4.11 *Béatrice et la plate-forme harmonique simple, prise 2.* Répondez de nouveau aux questions de l'**exercice 1.4.10**, mais en supposant, cette fois, que Béatrice attend, immobile, à côté de l'endroit où la plateforme se trouve lorsque la longueur du ressort est maximale (schéma ci-contre) ; quand la plate-forme passe par cet endroit, elle y monte.

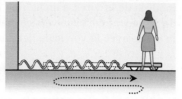

SÉRIE SUPPLÉMENTAIRE

1.4.12 *La position pour une certaine vitesse.* Un bloc oscille à l'extrémité d'un ressort dont la constante de rappel est de 32 N/m ; sa position en fonction du temps est

$$x = 0{,}2\cos\left(2\pi t + \frac{\pi}{2}\right)$$

Déterminez la position x lorsque $v_x = -0{,}3$ m/s.

1.4.13 *Béatrice et la plate-forme harmonique simple, prise 3.* Répondez de nouveau aux questions de l'**exercice 1.4.10**, mais en supposant, cette fois, que Béatrice attend, immobile, à côté de l'endroit où la plateforme se trouve lorsqu'elle passe par la position centrale de l'oscillation (schéma ci-contre) ; quand la plateforme passe par cet endroit, elle y monte.

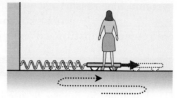

1.4.14 *Le retour du pendule balistique.* Un pendule constitué d'une corde de 2 m de longueur et d'un cube de bois de 5 kg est immobile. Une balle de fusil de 10 g voyageant horizontalement à 400 m/s pénètre dans le bloc et s'y incruste. En supposant que le temps que prend la balle pour s'immobiliser dans le bloc est négligeable, calculez l'intervalle de temps entre l'impact de la balle et le premier instant où le pendule est au point le plus élevé de sa trajectoire.

Les fonctions trigonométriques inverses et le MHS

Après l'étude de cette section, le lecteur pourra déterminer la constante de phase d'un MHS
et le temps qui correspond à une situation particulière en résolvant des équations
qui comportent des fonctions trigonométriques inverses (arcsinus, arccosinus et arctangente).

APERÇU

Lorsqu'on analyse un MHS, il arrive que l'on doive isoler un angle θ dans des équations qui font intervenir le sinus, le cosinus ou la tangente de θ. En général, il y a un nombre infini de valeurs de θ qui peuvent satisfaire l'équation. Une de ces valeurs est obtenue directement à partir de la fonction trigonométrique inverse (arcsinus, arccosinus ou arctangente) :

$$\text{si } \sin\theta = y \text{ alors } \theta = \arcsin y$$
$$\text{si } \cos\theta = x \text{ alors } \theta = \arccos x$$
$$\text{si } \tan\theta = z \text{ alors } \theta = \arctan z$$

Pour trouver les autres valeurs de θ, il faut considérer le cercle trigonométrique (schéma ci-dessous) :

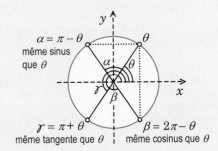

$\alpha = \pi - \theta$ possède le même sinus que θ

$\beta = 2\pi - \theta$ possède le même cosinus que θ

$\gamma = \pi + \theta$ possède la même tangente que θ

À chacune des valeurs de θ obtenues, on peut ajouter un multiple entier positif ou négatif de 2π rad, car cela ne change pas la position du point correspondant sur le cercle trigonométrique.

Lorsqu'on combine des équations qui contiennent des sinus et des cosinus, les relations

$$\frac{\sin\theta}{\cos\theta} = \tan\theta$$

et

$$\sin^2\theta + \cos^2\theta = 1$$

peuvent être utiles.

Il est pratique de mémoriser les valeurs du sinus et du cosinus pour les angles 0, $\pi/6$ rad (30°), $\pi/4$ rad (45°), $\pi/3$ rad (60°) et $\pi/2$ rad (90°). Ces valeurs sont indiquées dans le tableau ci-dessous.

θ	$\sin\theta$	$\cos\theta$
0	0	1
$30° = \dfrac{\pi}{6}$ rad	$\dfrac{1}{2}$	$\dfrac{\sqrt{3}}{2} = 0,8660...$
$45° = \dfrac{\pi}{4}$ rad	$\dfrac{\sqrt{2}}{2} = 0,7071...$	$\dfrac{\sqrt{2}}{2} = 0,7071...$
$60° = \dfrac{\pi}{3}$ rad	$\dfrac{\sqrt{3}}{2} = 0,8660...$	$\dfrac{1}{2}$
$90° = \dfrac{\pi}{2}$ rad	1	0

EXPOSÉ

Dans la **section 1.1 : Les oscillations**, lorsque nous avons étudié la fonction générale qui décrit un MHS, $x = A\sin(\omega t + \phi)$, nous avons considéré uniquement des situations où la constante de phase ϕ prenait les valeurs 0, $\pi/2$, π ou $3\pi/2$ rad. Dans cette section, nous allons analyser le MHS pour des valeurs quelconques de ϕ, en utilisant au besoin les notions de cinématique, de dynamique et d'énergie des **sections 1.2 : La dynamique du mouvement harmonique simple** et **1.4 : L'énergie et le mouvement harmonique simple**.

Jusqu'à présent, nous n'avons pas rencontré de situations dont la résolution nécessitait l'emploi des fonctions trigonométriques inverses (arcsinus, arccosinus et arctangente). Dans cette section, nous allons apprendre à travailler avec ces fonctions ; en particulier, nous allons voir comment tenir compte des solutions multiples qui sont associées à leur utilisation.

> **Situation 1 : *La constante de phase d'un MHS.*** La position en fonction du temps d'un objet est donnée par
>
> $$x = A\sin(\omega t + \phi)$$
>
> avec $A = 0{,}4$ m et $\omega = 2$ rad/s. À $t = 0$, l'objet est situé en $x = 0{,}2$ m et il se déplace dans le sens négatif de l'axe x (schéma ci-contre). On désire déterminer la valeur de ϕ ($0 \le \phi < 2\pi$ rad).

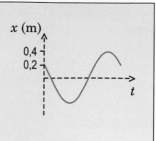

En divisant l'équation de part et d'autre du signe d'égalité par A,

$$\frac{x}{A} = \sin(\omega t + \phi)$$

puis en remplaçant les valeurs numériques $A = 0{,}4\,\text{m}$, $\omega = 2\,\text{rad/s}$ et $t = 0$, nous obtenons

$$\frac{(0{,}2\,\text{m})}{(0{,}4\,\text{m})} = \sin(0 + \phi) \quad \Rightarrow \quad \sin\phi = 0{,}5$$

Nous voulons déterminer la valeur de l'angle ϕ dont le sinus est de 0,5. Pour ce faire, nous allons utiliser *l'arcsinus*, la fonction inverse du sinus (sur la plupart des calculatrices, l'arcsinus correspond à la touche $\boxed{\sin^{-1}}$). En n'oubliant pas de régler la calculatrice en mode « radians », nous obtenons

$$\text{arcsin}(0{,}5) = 0{,}5236 \text{ rad}$$

Pour plus de détails, consultez la **sous-section M5.5 : Les fonctions trigonométriques inverses** de l'annexe mathématique.

Le tableau ci-contre présente les valeurs particulières de sinus et de cosinus qu'il est utile de mémoriser. Dans le cas qui nous intéresse, nous pouvons écrire

$$\text{arcsin}(0{,}5) = \frac{\pi}{6} \text{ rad}$$

sans faire appel à la calculatrice.

Pour plus de détails, consultez la **sous-section M5.2 : Valeurs particulières du sinus et du cosinus** de l'annexe mathématique.

θ	$\sin\theta$	$\cos\theta$
0	0	1
$30° = \dfrac{\pi}{6}$ rad	$\dfrac{1}{2}$	$\dfrac{\sqrt{3}}{2} = 0{,}8660\ldots$
$45° = \dfrac{\pi}{4}$ rad	$\dfrac{\sqrt{2}}{2} = 0{,}7071\ldots$	$\dfrac{\sqrt{2}}{2} = 0{,}7071\ldots$
$60° = \dfrac{\pi}{3}$ rad	$\dfrac{\sqrt{3}}{2} = 0{,}8660\ldots$	$\dfrac{1}{2}$
$90° = \dfrac{\pi}{2}$ rad	1	0

Nous savons que $\phi = \pi/6$ rad est une solution de l'équation $\sin\phi = 0{,}5$. Toutefois, il faut faire attention, car *ce n'est pas la seule* ; de plus, dans cette situation, *ce n'est pas la bonne* ! En effet, comme la fonction sinus est une fonction périodique, il existe *un nombre infini* de valeurs de ϕ dont le sinus est de 0,5. Pour trouver les autres valeurs, il faut considérer le *cercle trigonométrique*, un cercle de rayon 1 centré sur un système d'axes xy qui sert à définir les fonctions trigonométriques.

Pour plus de détails concernant le cercle trigonométrique, consultez la **sous-section M5.1 : La définition du sinus et du cosinus** de l'annexe mathématique.

Considérons un point du cercle trigonométrique situé à la position angulaire θ mesurée dans le sens antihoraire à partir de l'axe des x positifs (schéma ci-contre). Par définition, la coordonnée x de ce point correspond à $\cos\theta$ et la coordonnée y correspond à $\sin\theta$. Le schéma permet de constater que l'angle $\alpha = \pi - \theta$ possède le même sinus que l'angle θ.

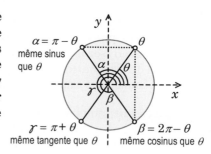

Dans le cas particulier qui nous intéresse, nous savons que

$$\phi = \frac{\pi}{6}\,\text{rad}$$

est une solution. Par conséquent,

$$\phi = \left(\pi - \frac{\pi}{6}\right)\text{rad} = \frac{5\pi}{6}\,\text{rad}$$

est également une solution (schéma ci-contre).

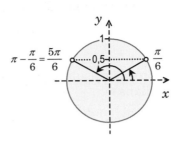

De plus, comme un tour du cercle trigonométrique correspond à 2π rad, ajouter un multiple entier positif ou négatif de 2π rad ne change rien à la position sur le cercle trigonométrique. Il y a donc *deux* séries infinies de solutions :

$$\phi = \begin{cases} \dfrac{\pi}{6} + 2n\pi = \ldots \overbrace{\dfrac{-11\pi}{6}}^{n=-1}; \overbrace{\dfrac{\pi}{6}}^{n=0}; \overbrace{\dfrac{13\pi}{6}}^{n=1} \ldots \\[2em] \dfrac{5\pi}{6} + 2n\pi = \ldots \dfrac{-7\pi}{6}; \dfrac{5\pi}{6}; \dfrac{17\pi}{6} \ldots \end{cases}$$

Le paramètre n peut prendre n'importe quelle valeur entière, qu'elle soit positive ou négative : $n = \ldots -2, -1, 0, 1, 2 \ldots$

D'après l'énoncé de la situation, nous cherchons une constante de phase ϕ entre 0 et 2π rad. Ainsi, il y a deux possibilités :

$$\phi = \frac{\pi}{6}\,\text{rad} \qquad \text{et} \qquad \phi = \frac{5\pi}{6}\,\text{rad}$$

Pour déterminer la bonne, il faut tenir compte du fait qu'à $t = 0$, l'objet se déplace dans le sens négatif de l'axe x : c'est indiqué dans l'énoncé, mais on peut également le constater par simple examen du graphique $x(t)$.

Ici, la vitesse de l'objet est

$$v_x = \frac{\mathrm{d}x}{\mathrm{d}t} = \frac{\mathrm{d}}{\mathrm{d}t}\big[A\sin(\omega t + \phi)\big] = A\frac{\mathrm{d}}{\mathrm{d}t}\big[\sin(\omega t + \phi)\big] = A\omega\cos(\omega t + \phi)$$

Pour $A = 0{,}4$ m, $\omega = 2$ rad/s, $t = 0$ et $\phi = \pi/6$ rad, nous obtenons une vitesse positive, ce qui est incorrect :

$$v_x = \big(0{,}4\,\text{m}\big)\big(2\,\text{rad/s}\big)\cos\left(0 + \frac{\pi}{6}\right) = 0{,}693\,\text{m/s}$$

En revanche, pour $\phi = 5\pi/6$ rad, la vitesse est négative :

$$v_x = \big(0{,}4\,\text{m}\big)\big(2\,\text{rad/s}\big)\cos\left(0 + \frac{5\pi}{6}\right) = -0{,}693\,\text{m/s}$$

Par conséquent, la constante de phase de ce MHS est

$$\boxed{\phi = \frac{5\pi}{6}\,\text{rad} = 2{,}62\,\text{rad}}$$

Situation 2 : *Trois instants à la même position.* La position en fonction du temps d'un objet est donnée par

$$x = 0{,}5\sin(3t + 4{,}5)$$

où x est en mètres et t est en secondes. On désire déterminer les trois premiers instants après $t = 0$ où l'objet est situé en $x = -0{,}4$ m.

Isolons le sinus et remplaçons x par $-0,4\,\text{m}$:

$$\sin(3t + 4,5) = \frac{x}{0,5} = \frac{-0,4}{0,5} = -0,8$$

D'après la calculatrice (correctement réglée en mode « radians »),

$$\arcsin(-0,8) = -0,927\ \text{rad}$$

D'après le cercle trigonométrique (schéma ci-contre),

$$\pi - (-0,927\ \text{rad}) = 4,069\ \text{rad}$$

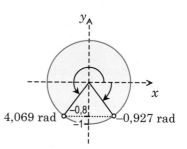

possède également un sinus de $-0,8$. En ajoutant à ces valeurs des multiples entiers de 2π, nous obtenons deux séries infinies de solutions :

$$3t + 4,5 = \begin{cases} -0,927 + 2n\pi = \ldots \overbrace{-7,210}^{n=-1}\,;\ \overbrace{-0,927}^{n=0}\,;\ \overbrace{5,356}^{n=1}\,;\ \overbrace{11,639}^{n=2}\ldots \\ 4,069 + 2n\pi = \ldots -2,214\,;\quad 4,069\,;\quad 10,352\,;\quad 16,635\ldots \end{cases}$$

Les trois plus petites valeurs positives de t correspondent aux trois solutions soulignées :

$$t_1 = \frac{5,356 - 4,5}{3} \qquad \Rightarrow \qquad \boxed{t_1 = 0,285\ \text{s}}$$

$$t_2 = \frac{10,352 - 4,5}{3} \qquad \Rightarrow \qquad \boxed{t_2 = 1,95\ \text{s}}$$

$$t_3 = \frac{11,639 - 4,5}{3} \qquad \Rightarrow \qquad \boxed{t_3 = 2,38\ \text{s}}$$

Sur le graphique ci-contre, nous avons représenté la fonction

$$x = 0,5 \sin(3t + 4,5)$$

ainsi que les trois valeurs de t que nous avons obtenues.

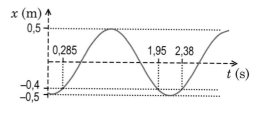

Situation 3 : *L'amplitude et la constante de phase à partir de la position, de la vitesse et de la fréquence angulaire.* La position en fonction du temps d'un objet est donnée par

$$x = A \sin(\omega t + \phi)$$

avec $\omega = 3$ rad/s. À $t = 2$ s, la position de l'objet est $x = -0,4$ m et la composante selon x de sa vitesse est $v_x = -0,6$ m/s. On désire déterminer les valeurs de A et de ϕ. (On veut $A > 0$ et $0 \leq \phi < 2\pi$ rad.)

Nous pouvons écrire deux équations :

$$x = A\sin(\omega t + \phi) \qquad \text{et} \qquad v_x = \frac{\mathrm{d}x}{\mathrm{d}t} = A\omega\cos(\omega t + \phi)$$

Remplaçons les données dans chacune des équations :

$$-0,4 = A\sin(3 \times 2 + \phi) \qquad\qquad -0,6 = 3A\cos(3 \times 2 + \phi)$$
$$-0,4 = A\sin(6 + \phi) \quad \textbf{(i)} \qquad\qquad -0,2 = A\cos(6 + \phi) \quad \textbf{(ii)}$$

Nous obtenons un système de deux équations à deux inconnues : A et ϕ. Pour le résoudre, il y a deux approches possibles, basées sur les relations

$$\frac{\sin\theta}{\cos\theta} = \tan\theta \qquad\qquad \text{ou} \qquad\qquad \sin^2\theta + \cos^2\theta = 1$$

Nous allons utiliser la première approche (nous utiliserons la seconde approche dans la **situation 4**). En divisant l'équation **(i)** par l'équation **(ii)**,

$$\frac{-0,4}{-0,2} = \frac{A\sin(6 + \phi)}{A\cos(6 + \phi)}$$

nous obtenons

$$\tan(6 + \phi) = 2$$

D'après la calculatrice (correctement réglée en mode radians),

$$\arctan(2) = 1,107 \text{ rad}$$

D'après le cercle trigonométrique (schéma ci-contre),

$$\pi + 1,107 = 4,249 \text{ rad}$$

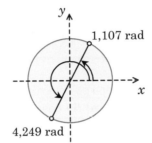

possède également une tangente de 2. En ajoutant à ces valeurs des multiples entiers de 2π, nous obtenons deux séries infinies de solutions :

$$6 + \phi = \begin{cases} 1,107 + 2n\pi = \ldots \overbrace{-5,176}^{n=-1} ; \overbrace{1,107}^{n=0} ; \overbrace{7,390}^{n=1} ; \overbrace{13,673}^{n=2} \ldots \\ 4,249 + 2n\pi = \ldots -2,034 ; 4,249 ; 10,532 ; 16,815 \ldots \end{cases}$$

Pour que ϕ soit compris entre 0 et 2π rad, il y a deux possibilités, correspondant aux deux solutions soulignées :

$$\phi = 7,390 - 6 = 1,390 \text{ rad} \qquad \text{et} \qquad \phi = 10,532 - 6 = 4,532 \text{ rad}$$

En insérant la première possibilité dans l'équation **(i)**, nous obtenons

$$-0,4 = A\sin(6 + 1,390)$$
$$A = \frac{-0,4}{\sin(7,390)} = \frac{-0,4}{0,8943} = -0,447 \text{ m}$$

Comme il est d'usage d'exprimer l'équation du MHS avec une amplitude positive (ce qui est d'ailleurs explicitement demandé dans l'énoncé), nous devons *rejeter* cette possibilité.

En insérant la seconde possibilité dans l'équation **(i)**, nous obtenons

$$-0,4 = A\sin(6 + 4,532)$$
$$A = \frac{-0,4}{\sin(10,532)} = \frac{-0,4}{-0,8945} = 0,447 \text{ m}$$

Ainsi, les réponses cherchées sont

$$\boxed{\phi = 4,53 \text{ rad}} \qquad \text{et} \qquad \boxed{A = 0,447 \text{ m}}$$

Lorsqu'on ajoute π rad à un angle, on inverse le signe de son sinus et de son cosinus, mais comme $\tan\theta = \sin\theta / \cos\theta$, cela ne change pas la valeur de la tangente. Pour plus de détails, consultez la **sous-section M5.5 : Les fonctions trigonométriques inverses** de l'annexe mathématique.

Vérifions l'exactitude de ces réponses en les remplaçant dans les équations d'origine :

$$x = A\sin(\omega t + \phi) = 0{,}447\sin((3 \times 2) + 4{,}53) = 0{,}447\sin(10{,}53) = -0{,}4 \text{ m}$$
$$v_x = A\omega\cos(\omega t + \phi) = 0{,}447 \times 3\cos((3 \times 2) + 4{,}53) = 1{,}341\cos(10{,}53) = -0{,}6 \text{ m/s}$$

Nous retrouvons bien les données de départ.

> **Situation 4 :** *L'amplitude et la constante de phase à partir de la position, de la vitesse et de la fréquence angulaire, prise 2.* On désire reprendre l'analyse de la **situation 3**, mais en utilisant cette fois l'identité trigonométrique $\sin^2\theta + \cos^2\theta = 1$.

Afin d'utiliser l'identité trigonométrique spécifiée dans l'énoncé, nous devons élever au carré les équations **(i)** et **(ii)** de l'analyse de la **situation 3** :

$$0{,}16 = A^2\sin^2(6 + \phi) \quad \textbf{(i}^2\textbf{)}$$
$$0{,}04 = A^2\cos^2(6 + \phi) \quad \textbf{(ii}^2\textbf{)}$$

En additionnant les équations **(i²)** et **(ii²)**, nous obtenons

$$0{,}16 + 0{,}04 = A^2\left[\sin^2(6 + \phi) + \cos^2(6 + \phi)\right]$$

Pour plus de détails, consultez la **sous-section M5.6 : Les identités trigonométriques** de l'annexe mathématique.

Comme $\sin^2\theta + \cos^2\theta = 1$, cela donne

$$0{,}2 = A^2 \qquad \Rightarrow \qquad A = \pm\sqrt{0{,}2} = \pm 0{,}4472 \text{ m}$$

Comme on désire que l'amplitude soit positive, $\boxed{A = 0{,}447 \text{ m}}$. Insérons cette valeur dans l'équation **(i)** :

$$-0{,}4 = A\sin(6 + \phi)$$
$$-0{,}4 = 0{,}4472\sin(6 + \phi)$$
$$\sin(6 + \phi) = -0{,}8945$$

D'après la calculatrice,

$$\arcsin(-0{,}8945) = -1{,}107 \text{ rad}$$

D'après le cercle trigonométrique (schéma ci-contre),

$$\pi - (-1{,}107) = 4{,}249 \text{ rad}$$

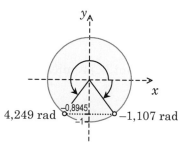

possède également un sinus de $-0{,}8945$. En ajoutant à ces valeurs des multiples entiers de 2π, nous obtenons deux séries infinies de solutions :

$$6 + \phi = \begin{cases} -1{,}107 + 2n\pi = \dots \overbrace{-7{,}390}^{n=-1}; \ \overbrace{-1{,}107}^{n=0}; \ \overbrace{5{,}176}^{n=1}; \ \overbrace{11{,}459}^{n=2} \dots \\ 4{,}249 + 2n\pi = \dots -2{,}034; \ 4{,}249; \ 10{,}532; \ 16{,}815 \dots \end{cases}$$

Pour que ϕ soit compris entre 0 et 2π rad, il y a deux possibilités, correspondant aux deux solutions soulignées :

$$\phi = 11{,}459 - 6 = 5{,}459 \text{ rad} \qquad \text{et} \qquad \phi = 10{,}532 - 6 = 4{,}532 \text{ rad}$$

En insérant la première possibilité dans l'équation **(ii)**, nous obtenons une contradiction :

$$-0,2 = A\cos(6+\phi)$$
$$-0,2 = 0,4472\cos(6+5,459)$$
$$-0,2 = 0,4472\cos(11,459)$$
$$-0,2 = 0,2$$

Ainsi, il faut éliminer cette possibilité. En insérant la seconde possibilité dans l'équation **(ii)**, nous obtenons une égalité :

$$-0,2 = 0,4472\cos(6+4,532)$$
$$-0,2 = 0,4472\cos(10,532)$$
$$-0,2 = -0,2$$

Ainsi, la constante de phase est

$$\boxed{\phi = 4,53 \text{ rad}}$$

Nous obtenons, bien sûr, les mêmes réponses que dans la **situation 3**.

Que l'on choisisse de résoudre la situation à partir de

$$\frac{\sin\theta}{\cos\theta} = \tan\theta \qquad \text{ou} \qquad \sin^2\theta + \cos^2\theta = 1$$

une chose est certaine : la présence de solutions multiples chaque fois que l'on calcule une fonction trigonométrique inverse rend le problème assez difficile. Il ne faut pas accepter aveuglément la première réponse donnée par la calculatrice. De plus, il est fortement conseillé de vérifier que la solution finale est conforme aux équations d'origine.

Q1. L'angle $\pi - \theta$ possède le même _____ que l'angle θ ; l'angle $2\pi - \theta$ possède le même _____ que l'angle θ. (Les angles sont exprimés en radians.)

Q2. Illustrez les deux énoncés de la **question Q1** à l'aide du cercle trigonométrique.

Q3. L'angle $\theta + \pi$ possède la même _____ que l'angle θ. (Les angles sont exprimés en radians.)

EXERCICES

Dans les exercices, lorsqu'on demande l'équation qui décrit un MHS, on désire qu'elle soit exprimée sous la forme $x = A \sin(\omega t + \phi)$, avec x en mètres, t en secondes, $A > 0$, $\omega > 0$ et $0 \leq \phi < 2\pi$ rad.

Lorsqu'on spécifie l'équation $x(t)$ d'un MHS à l'aide de valeurs numériques, x est en mètres, t est en secondes et la phase est en radians.

RÉCHAUFFEMENT

1.5.1 *De multiples solutions.* Déterminez tous les angles entre -10 rad et $+10$ rad dont **(a)** le sinus est de $0,3$; **(b)** le sinus est de $-0,3$; **(c)** le cosinus est de $0,3$; **(d)** le cosinus est de $-0,3$; **(e)** la tangente est de $0,3$; **(f)** la tangente est de $-0,3$.

1.5.2 *La constante de phase à partir du graphique.* Les graphiques ci-dessous représentent des mouvements harmoniques simples $x = A \sin(\omega t + \phi)$. Pour chaque graphique, déterminez la valeur de ϕ ($0 \leq \phi < 2\pi$ rad). L'amplitude A est une quantité positive.

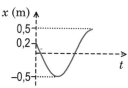

1.5.3 *L'équation à partir du graphique.* Pour le MHS représenté sur le graphique ci-contre, déterminez **(a)** la période et **(b)** l'équation qui décrit le graphique.

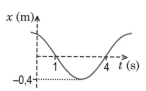

1.5.4 *L'équation à partir du graphique, prise 2.* Reprenez l'**exercice 1.5.3** pour le MHS représenté sur le graphique ci-contre.

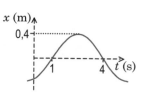

1.5.5 *L'équation à partir de la position et de la vitesse au même instant.* Un bloc dont la masse est de 200 g oscille selon un MHS à l'extrémité d'un ressort dont la constante de rappel est de 5 N/m. À $t = 1,2$ s, le bloc est à la position $x = -0,206$ m et il se déplace à 2,28 m/s dans le sens positif. Déterminez l'équation $x(t)$ qui décrit le MHS du bloc.

1.5.6 *Quand l'énergie cinétique est égale au double de l'énergie potentielle.* **(a)** Dans un système bloc-ressort qui oscille, combien de fois par période l'énergie cinétique est-elle égale au double de l'énergie potentielle ? Pour un objet qui oscille selon

$$x = 0,2 \sin\left(\frac{\pi}{2}t + 5\right)$$

déterminez **(b)** les quatre premiers instants plus grands que zéro pour lesquels l'énergie cinétique est égale au double de l'énergie potentielle, et **(c)** les quatre instants suivants.

1.5.7 *L'instant qui correspond à une vitesse et à une position données.* La position en fonction du temps d'un objet est

$$x = 0,6 \sin(1,5t + 1)$$

Déterminez le premier instant positif où $x = -0,423$ m et $v_x = 0,638$ m/s.

1.5.8 *Un pendule revient à la verticale.* On incline la corde d'un pendule et on lâche ce dernier (vitesse initiale nulle) ; cela prend 0,2 s pour que l'inclinaison entre la corde et la verticale soit réduite de moitié. Combien de temps supplémentaire doit-on attendre pour que le pendule passe pour la première fois à la verticale ?

1.5.9 *Une scie sauteuse.* La lame d'une scie sauteuse possède un MHS vertical dont l'amplitude est de 2,5 cm. Lorsqu'elle est à sa position la plus basse, elle dépasse de 1 cm sous la planche (schéma ci-contre). Sachant que la lame oscille à 100 Hz, déterminez l'intervalle de temps où la lame dépasse la planche pendant chaque cycle d'oscillation.

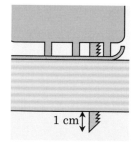

1.5.10 *Lorsque la conservation de l'énergie n'est d'aucun secours.* Reprenez l'**exercice 1.4.8 : La vitesse à une certaine position** en supposant que l'on *ne connaît pas* la masse du bloc. (*Indice* : au lieu de procéder par l'énergie, vous aurez besoin de résoudre une équation qui contient une fonction trigonométrique inverse.)

SÉRIE SUPPLÉMENTAIRE

1.5.11 *Sous la forme conventionnelle.* Exprimez chacune des équations suivantes sous la forme conventionnelle (avec un sinus et une constante de phase entre 0 et 2π) : **(a)** $x = 0,3 \sin(2t - 3\pi/8)$; **(b)** $x = 0,4 \cos(1,5t + 7\pi/8)$; **(c)** $x = -0,2 \cos(0,5t + 5\pi/8)$.

1.5.12 *Trouvez les équations.* Déterminez l'équation de chacun des graphiques ci-dessous. (Suggestion : estimez d'abord, « à l'œil », la valeur approximative de la période.)

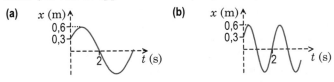

(a) x (m)

(b) x (m)

1.5.13 *L'équation à partir de la vitesse et de l'accélération au même instant.* Un bloc dont la masse est de 500 g oscille selon un MHS à l'extrémité d'un ressort dont la constante de rappel est de 8 N/m. À $t = 2$ s, le bloc se déplace à 0,507 m/s dans le sens négatif, et son accélération est $a_x = -1{,}28$ m/s². Déterminez l'équation $x(t)$ qui décrit le MHS du bloc.

1.5.14 *Lorsque la conservation de l'énergie n'est d'aucun secours, prise 2.* Reprenez l'**exercice 1.4.12** : *La position pour une certaine vitesse* en supposant que l'on *ne connaît pas* la constante de rappel du ressort. (*Indice* : au lieu de procéder par l'énergie, vous aurez besoin de résoudre une équation qui contient une fonction trigonométrique inverse.)

1.5.15 *Les trois premiers instants.* La position en fonction du temps d'un objet est

$$x = 0{,}5\sin\left(\frac{\pi}{3}t + \frac{\pi}{4}\right)$$

Déterminez les *trois* premiers instants ($t \geq 0$) où **(a)** la position est nulle ; **(b)** la vitesse est positive et maximale ; **(c)** l'accélération est négative et maximale (en valeur absolue) ; **(d)** la position est négative et maximale (en valeur absolue) ; **(e)** la vitesse est positive et de module égal à la moitié du module maximal de la vitesse ; **(f)** l'accélération est négative et de module égal à la moitié du module maximal de l'accélération ; **(g)** l'énergie potentielle est égale à la moitié de l'énergie mécanique ; **(h)** l'énergie cinétique est égale au quart de l'énergie mécanique.

1.5.16 *Les trois premiers instants, prise 2.* Reprenez l'**exercice 1.5.15** pour un objet dont la position en fonction du temps est

$$x = 0{,}4\cos(2t)$$

L'oscillation verticale d'un système bloc-ressort

Après l'étude de cette section, le lecteur pourra analyser l'oscillation verticale d'un système bloc-ressort à l'aide de la deuxième loi de Newton et du principe de conservation de l'énergie.

APERÇU

Lorsqu'un système bloc-ressort oscille à la verticale (schéma ci-contre), le bloc subit son poids (de module mg), orienté vers le bas, et la force du ressort (de module ke), orientée vers le haut. Le centre de l'oscillation correspond à l'endroit où le bloc pourrait demeurer au repos, en équilibre : ainsi, on peut écrire

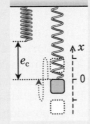

$$ke_c = mg$$

où e_c est l'étirement du ressort à la position centrale.

Il est pratique de décrire l'oscillation du bloc à l'aide d'un axe x vertical dont l'origine correspond à la position centrale de l'oscillation (voir schéma ci-dessus). On peut montrer que la force résultante qui agit sur le bloc (la somme de son poids et de la force du ressort) est

$$\sum F_x = -kx$$

ce qui est *exactement* la même équation que pour un système bloc-ressort qui oscille à l'horizontale. Par conséquent, la fréquence angulaire naturelle de l'oscillation verticale est la même que celle de l'oscillation horizontale :

$$\omega_0 = \sqrt{\frac{k}{m}}$$

Comme l'énergie potentielle gravitationnelle du bloc ($U_g = mgy$) est arbitraire (on peut placer l'origine $y = 0$ où l'on veut), l'énergie potentielle du système (la somme de l'énergie potentielle gravitationnelle du bloc et de l'énergie potentielle du ressort) l'est également. Un choix pratique consiste à *poser* que l'énergie potentielle est nulle à la position centrale de l'oscillation. (Pour ce faire, il faut choisir le zéro de l'énergie potentielle gravitationnelle de manière judicieuse afin de contrebalancer le fait que le ressort possède un certain étirement lorsque le bloc est au centre de l'oscillation.) Avec ce choix de zéro, l'énergie potentielle du système ($U_g + U_r$) est donnée par la même équation que pour le système bloc-ressort qui oscille à l'horizontale :

$$U = \frac{1}{2}kx^2$$

où x est la position du bloc par rapport au centre de l'oscillation. Toujours avec ce choix de zéro, l'énergie mécanique du système est

$$E = \frac{1}{2}m\omega^2 A^2 = \frac{1}{2}kA^2$$

où A est l'amplitude de l'oscillation. En fin de compte, la différence principale entre l'oscillation verticale et l'oscillation horizontale est que, pour l'oscillation verticale, x *n'est pas* égal à l'étirement e du ressort par rapport à sa position naturelle.

EXPOSÉ

Dans les sections qui précèdent, nous avons étudié le MHS de deux systèmes : le système bloc-ressort en oscillation horizontale, pour lequel l'énergie potentielle est élastique, et le pendule simple, pour lequel l'énergie potentielle est gravitationnelle. Dans cette section, nous allons nous intéresser à l'oscillation verticale d'un système bloc-ressort (schéma ci-contre) : il s'agit d'une situation plus complexe, car l'énergie potentielle du système est la somme de l'énergie potentielle élastique du ressort et de l'énergie potentielle gravitationnelle du bloc. (Dans un système bloc-ressort en oscillation horizontale, la hauteur du bloc ne change pas et on n'a pas besoin de tenir compte de son énergie potentielle gravitationnelle.) Nous allons découvrir que les équations qui permettent de décrire l'oscillation horizontale du système bloc-ressort s'appliquent également à l'oscillation verticale, à condition de toujours mesurer la position du bloc par rapport à la position centrale de l'oscillation.

Le bloc subit deux forces (schéma ci-contre) : son poids (de module mg), orienté vers le bas, et la force du ressort (de module ke), orientée vers le haut. Dans la limite où l'amplitude de l'oscillation tend vers zéro, le bloc demeure immobile, en équilibre statique. Ainsi, la position centrale de l'oscillation est l'endroit où la force exercée par le ressort sur le bloc contrebalance le poids du bloc : nous pouvons écrire

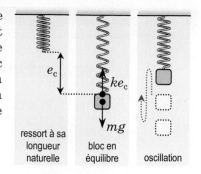

$$ke_c = mg$$

où e_c est l'étirement du ressort (par rapport à sa longueur naturelle) lorsque le bloc est au centre de l'oscillation.

Pour décrire l'oscillation du bloc, nous allons définir un axe x vertical dont le sens positif est orienté vers le haut et dont l'origine correspond à la position centrale de l'oscillation (schéma ci-contre). Considérons un instant quelconque de l'oscillation (à l'extrême droite du schéma), pour lequel le bloc est à la position x. Par rapport à l'axe que nous venons de définir, la force résultante que subit le bloc est

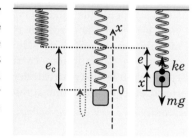

$$\sum F_x = ke - mg$$

D'après le schéma, l'étirement du ressort à cet instant quelconque est

$$e = e_c - x$$

Ainsi,

$$\sum F_x = k(e_c - x) - mg = ke_c - kx - mg$$

Or, comme nous l'avons vu plus haut, $ke_c = mg$. Par conséquent, le bloc subit une force résultante

$$\sum F_x = -kx$$

ce qui est *exactement* la même équation que celle que nous avons obtenue dans la **section 1.2 : La dynamique du mouvement harmonique simple** pour un système bloc-ressort qui oscille à l'horizontale (schéma ci-contre). En comparant l'équation avec la définition dynamique du MHS,

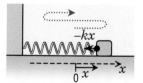

$$\sum F_x = -m\omega^2 x$$

nous pouvons conclure que la fréquence angulaire naturelle de l'oscillation d'un système bloc-ressort est

$$\omega_0 = \sqrt{\frac{k}{m}}$$

et ce, que l'oscillation soit verticale ou horizontale.

Dans une oscillation horizontale, le centre de l'oscillation correspond à l'endroit où le ressort est à sa longueur naturelle, ce qui n'est pas le cas pour une oscillation verticale. La force gravitationnelle qui agit sur un système bloc-ressort en oscillation verticale a pour effet de modifier la position centrale de l'oscillation, mais elle n'influence pas sa période.

Comme la pierre effectue 36 oscillations en 60 s , la fréquence naturelle est

$$f_0 = \frac{(36 \text{ oscillations})}{(60 \text{ s})} = 0.6 \text{ s}^{-1} = 0.6 \text{ Hz}$$

et la fréquence angulaire naturelle est

$$\omega_0 = 2\pi f_0 = 2\pi (0.6 \text{ Hz}) = 3.770 \text{ rad/s}$$

Nous connaissons également l'étirement du ressort à la position d'équilibre, ce qui correspond à l'étirement à la position centrale de l'oscillation :

$$e_c = 0.5 \text{ m}$$

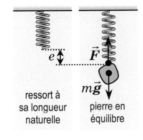

ressort à sa longueur naturelle | pierre en équilibre

À la position d'équilibre (schéma ci-contre), la pierre subit un poids mg orienté vers le bas, où m est sa masse et g est le module du champ gravitationnel sur la planète. Elle subit également la force du ressort, de module ke, orientée vers le haut. Comme la pierre est en équilibre statique,

$$F = mg \qquad \Rightarrow \qquad ke = mg \qquad \Rightarrow \qquad k = \frac{mg}{e}$$

La fréquence angulaire naturelle de l'oscillation est

$$\omega_0 = \sqrt{\frac{k}{m}} = \sqrt{\frac{mg/e}{m}} = \sqrt{\frac{g}{e}}$$

d'où

$$\omega_0^2 = \frac{g}{e} \qquad \Rightarrow \qquad g = e\,\omega_0^2 = (0.5 \text{ m})(3.770 \text{ rad/s})^2 \qquad \Rightarrow \qquad \boxed{g = 7.11 \text{ m/s}^2 = 7.11 \text{ N/kg}}$$

ce qui correspond à 73 % du champ gravitationnel à la surface de la Terre.

L'énergie d'un système bloc-ressort en oscillation verticale

Nous venons de voir que l'équation qui exprime la dynamique d'un système bloc-ressort est la même, que l'oscillation soit verticale ou horizontale : $\sum F_x = -kx$. En est-il également ainsi pour les équations qui expriment l'énergie ? La réponse est oui — à condition de choisir judicieusement la position du zéro de l'énergie potentielle gravitationnelle.

Nous savons que l'énergie potentielle d'un système bloc-ressort qui oscille à l'horizontale (schéma ci-contre) est

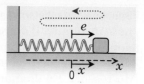

$$U = \tfrac{1}{2}kx^2$$

(Comme le ressort est à sa longueur naturelle au centre de l'oscillation, la position x du bloc correspond à e, l'étirement du ressort; comme le bloc ne change pas de hauteur, il est inutile de tenir compte de son énergie potentielle gravitationnelle.)

Dans un système bloc-ressort en oscillation verticale, l'énergie potentielle est la somme de l'énergie potentielle élastique du ressort et de l'énergie potentielle gravitationnelle du bloc :

$$U = U_{\mathrm{r}} + U_{\mathrm{g}} = \tfrac{1}{2}ke^2 + mgy$$

où e est l'étirement du ressort (par rapport à sa longueur naturelle), et y est la hauteur du bloc par rapport à une origine arbitraire (voir **tome A**, **section 3.3 : L'énergie potentielle gravitationnelle**). Or, comme nous l'avons vu dans la **situation 1**,

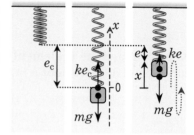

$$e = e_{\mathrm{c}} - x$$

(schéma ci-contre). Ainsi,

$$
\begin{aligned}
U &= \tfrac{1}{2}k(e_{\mathrm{c}} - x)^2 + mgy \\
&= \tfrac{1}{2}k(e_{\mathrm{c}}^2 - 2xe_{\mathrm{c}} + x^2) + mgy \\
&= \tfrac{1}{2}ke_{\mathrm{c}}^2 - kxe_{\mathrm{c}} + \tfrac{1}{2}kx^2 + mgy \\
&= \tfrac{1}{2}kx^2 + \left[\tfrac{1}{2}ke_{\mathrm{c}}^2 - kxe_{\mathrm{c}} + mgy\right]
\end{aligned}
$$

Pour que cette équation soit équivalente à $U = \tfrac{1}{2}kx^2$, il faut choisir l'origine de l'axe y afin que la somme des trois termes entre crochets soit nulle :

$$
\begin{aligned}
\tfrac{1}{2}ke_{\mathrm{c}}^2 - kxe_{\mathrm{c}} + mgy &= 0 \\
mgy &= kxe_{\mathrm{c}} - \tfrac{1}{2}ke_{\mathrm{c}}^2 \\
y &= \frac{kxe_{\mathrm{c}} - \tfrac{1}{2}ke_{\mathrm{c}}^2}{mg} = \frac{ke_{\mathrm{c}}(x - \tfrac{1}{2}e_{\mathrm{c}})}{mg}
\end{aligned}
$$

Or, nous savons également que

$$ke_{\mathrm{c}} = mg$$

d'où

$$y = \frac{mg(x - \tfrac{1}{2}e_{\mathrm{c}})}{mg} = x - \frac{e_{\mathrm{c}}}{2}$$

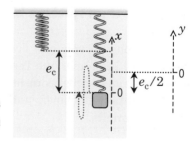

Quand $y = 0$, $x = e_{\mathrm{c}}/2$: cela signifie que nous devons placer l'origine de l'axe y à la position $x = e_{\mathrm{c}}/2$ (schéma ci-contre).

Avec ce choix d'axes, *l'énergie potentielle du système est nulle lorsque l'objet passe par le centre de l'oscillation*. En effet, à cet instant, l'objet est *sous* l'origine de l'axe y et il possède une énergie potentielle gravitationnelle négative :

$$U_g = mgy = mg\left(\frac{-e_c}{2}\right) = -\tfrac{1}{2}mge_c$$

Le ressort, quant à lui, possède un étirement e_c et une énergie potentielle élastique positive :

$$U_r = \tfrac{1}{2}ke_c{}^2$$

L'énergie potentielle du système est

$$U = U_r + U_g = \tfrac{1}{2}ke_c{}^2 - \tfrac{1}{2}mge_c$$

Or, comme $mg = ke_c$, nous obtenons bien $U = 0$.

Lorsqu'on applique le principe de conservation de l'énergie à un système, seules les *variations* d'énergie potentielle ont une signification physique : c'est pour cela qu'on peut placer le zéro de l'énergie potentielle gravitationnelle où l'on veut. Maintenant que nous avons montré qu'un des choix permet de calculer l'énergie potentielle du système en utilisant la même équation que pour l'oscillation horizontale du système bloc-ressort,

$$U = \tfrac{1}{2}kx^2$$

nous n'avons plus besoin de calculer l'énergie potentielle gravitationnelle ni de définir un axe y. Il suffit de définir un axe x dont l'origine correspond au centre de l'oscillation et d'utiliser les mêmes équations que pour le système bloc-ressort en oscillation horizontale. En particulier, nous pouvons utiliser l'équation

$$E = \tfrac{1}{2}kA^2$$

(où A est l'amplitude de l'oscillation) pour calculer l'énergie mécanique totale du système. (Rappelons que cette équation découle du fait qu'aux extrémités de l'oscillation, en $x = \pm A$, l'énergie mécanique est égale à l'énergie potentielle, puisque le bloc est momentanément arrêté.)

Situation 2 : *Une chute sur un ressort*. Un ressort idéal de 40 cm de longueur, dont la constante de rappel est de 25 N/m, est placé dans un tube vertical sans frottement dont le rôle est de le maintenir en position verticale (schéma ci-contre). On laisse tomber un bloc de 0,25 kg dans le tube : au moment où il entre en contact avec le ressort, il se déplace à 1 m/s. On a appliqué un peu de colle sous le bloc : par conséquent, il demeure collé au ressort et oscille verticalement. On désire déterminer la longueur du ressort au point le plus haut et au point le plus bas de l'oscillation.

Dans cette situation, le bloc est *sur* le ressort au lieu d'être fixé en dessous. Toutefois, la théorie que nous venons de présenter s'applique encore : tant que l'on définit un axe x dont l'origine correspond à la position centrale de l'oscillation, on peut utiliser les équations présentées dans les **sections 1.2** et **1.4**.

Pour calculer la longueur du ressort au point le plus haut et au point le plus bas de l'oscillation, nous allons d'abord déterminer la position centrale de l'oscillation, puis calculer l'amplitude A de l'oscillation à partir de l'énergie mécanique E du système. Au centre de l'oscillation, le module de la force du ressort est égal au module du poids :

$$-ke_c = mg$$

La constante de rappel du ressort est $k = 25\,\text{N/m}$ et la masse du bloc est $m = 0{,}25\,\text{kg}$ (comme d'habitude, nous pouvons considérer que la masse du ressort est négligeable). Ainsi, l'étirement du ressort est

Comme le ressort est comprimé au centre de l'oscillation, e_c est négatif et il faut mettre un signe négatif dans l'équation pour que le module de la force du ressort soit positif.

$$e_c = -\frac{mg}{k} = -\frac{(0{,}25\,\text{kg})(9{,}8\,\text{N/kg})}{(25\,\text{N/m})} = -0{,}098\,\text{m} = -9{,}8\,\text{cm}$$

le signe négatif indiquant qu'il s'agit d'une compression.

La longueur naturelle du ressort est $L_{\text{nat}} = 40\,\text{cm}$; ainsi, au centre de l'oscillation, sa longueur est

$$L_c = L_{\text{nat}} + e_c = (40\,\text{cm}) + (-9{,}8\,\text{cm}) = 30{,}2\,\text{cm}$$

Définissons un axe x dont l'origine est au centre de l'oscillation (schéma ci-contre). Lorsque le bloc entre en contact avec le ressort, sa position est $x = 0{,}098\,\text{m}$. Ainsi, l'énergie potentielle du système bloc-ressort est

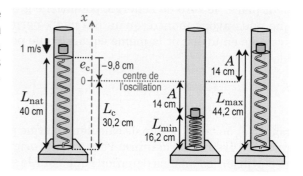

$$
\begin{aligned}
U &= \tfrac{1}{2}kx^2 \\
&= \tfrac{1}{2}(25\,\text{N/m})(0{,}098\,\text{m})^2 \\
&= 0{,}120\,\text{J}
\end{aligned}
$$

Comme nous l'avons démontré plus haut, l'équation ci-contre permet de calculer l'énergie potentielle *totale* du système : elle tient compte à la fois de l'énergie potentielle gravitationnelle du bloc et de l'énergie potentielle élastique du ressort.

Comme le module de la vitesse du bloc à cet instant est $v = 1\,\text{m/s}$, son énergie cinétique est

$$K = \tfrac{1}{2}mv^2 = \tfrac{1}{2}(0{,}25\,\text{kg})(1\,\text{m/s})^2 = 0{,}125\,\text{J}$$

Ainsi, l'énergie mécanique du système est

$$E = K + U = (0{,}125\,\text{J}) + (0{,}120\,\text{J}) = 0{,}245\,\text{J}$$

Comme

$$E = \tfrac{1}{2}kA^2$$

l'amplitude de l'oscillation est

$$A = \sqrt{\frac{2E}{k}} = \sqrt{\frac{2 \times (0{,}245\,\text{J})}{(25\,\text{N/m})}} = 0{,}14\,\text{m} = 14\,\text{cm}$$

Comme l'amplitude est, par définition, un paramètre positif, nous avons omis le signe $\pm$ devant la racine carrée.

Au point le plus bas, la longueur du ressort est

$$L_{\text{min}} = L_c - A = (30{,}2\,\text{cm}) - (14\,\text{cm}) \qquad \Rightarrow \qquad \boxed{L_{\text{min}} = 16{,}2\,\text{cm}}$$

Au point le plus haut, la longueur du ressort est

$$L_{\text{max}} = L_{\text{c}} + A = (30,2\,\text{cm}) + (14\,\text{cm}) \qquad \Rightarrow \qquad \boxed{L_{\text{max}} = 44,2\,\text{cm}}$$

Cette valeur est plus grande que la longueur naturelle du ressort, ce qui est normal : comme le bloc demeure collé au ressort, lors de sa remontée, il entraîne le ressort plus haut que l'endroit où le contact initial s'est produit.

Si nous n'avions pas d'abord formulé la théorie qui permet d'utiliser l'équation $E = \frac{1}{2}kA^2$ dans le contexte de l'oscillation verticale d'un système bloc-ressort, nous aurions pu quand même résoudre le problème. C'est ce que nous allons faire à présent.

> **Situation 3 : *Une chute sur un ressort, prise 2.*** Dans la **situation 2**, on désire calculer l'amplitude de l'oscillation sans passer par l'énergie.

Nous savons que le bloc oscille autour de la position centrale selon un MHS d'équation

$$x = A\sin(\omega t + \phi)$$

Comme $k = 25\,\text{N/m}$ et $m = 0{,}25\,\text{kg}$, la fréquence angulaire de l'oscillation est

$$\omega = \omega_0 = \sqrt{\frac{k}{m}} = \sqrt{\frac{(25\,\text{N/m})}{(0{,}25\,\text{kg})}} = 10\,\text{rad/s}$$

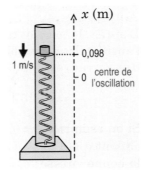

Posons $t = 0$ à l'instant où le bloc entre en contact avec le ressort. À cet instant (schéma ci-contre), nous connaissons à la fois la position du bloc (par l'analyse de la **situation 2**) et la vitesse du bloc (énoncé de la **situation 2**) :

$$x = 0{,}098\ \text{m} \qquad \text{et} \qquad v_x = -1\ \text{m/s}$$

(comme le bloc se déplace vers le bas, la composante selon x de sa vitesse est négative). Ainsi, nous pouvons écrire

$$x = A\sin(\omega t + \phi)$$
$$(0{,}098\,\text{m}) = A\sin\big((10\,\text{rad/s}) \times 0 + \phi\big)$$
$$A\sin\phi = (0{,}098\,\text{m})$$

et

$$v_x = \frac{\mathrm{d}x}{\mathrm{d}t} = A\omega\cos(\omega t + \phi)$$
$$(-1\,\text{m/s}) = (10\,\text{rad/s})\,A\cos\big((10\,\text{rad/s}) \times 0 + \phi\big)$$
$$A\cos\phi = \frac{(-1\,\text{m/s})}{(10\,\text{rad/s})} = (-0{,}1\,\text{m})$$

Or,

$$(A\sin\phi)^2 + (A\cos\phi)^2 = A^2(\sin^2\phi + \cos^2\phi) = A^2$$

d'où

$$A = \sqrt{(A\sin\phi)^2 + (A\cos\phi)^2} = \sqrt{(0{,}098\,\text{m})^2 + (-0{,}1\,\text{m})^2} \qquad \Rightarrow \qquad \boxed{A = 0{,}140\,\text{m} = 14{,}0\,\text{cm}}$$

Comme l'amplitude est, par définition, un paramètre positif, nous avons omis le signe $\pm$ devant la racine carrée.

Pour analyser cette situation, nous allons utiliser la méthode présentée dans la **section 1.5 : Les fonctions trigonométriques inverses et le MHS.**

Situation 4 : *Une chute sur un ressort, prise 3.* Dans la **situation 2**, on désire calculer la longueur du ressort 2 s après l'instant où le bloc est entré en contact avec lui.

Nous voulons savoir ce qui se passe à un instant précis. Comme le temps n'apparaît pas dans les équations de l'énergie, il faut utiliser l'équation qui décrit la position en fonction du temps,

$$x = A \sin(\omega t + \phi)$$

Afin de calculer la longueur du ressort à $t = 2\,\text{s}$, nous devons déterminer la position x du bloc. Nous avons déjà $A = 14{,}0\,\text{cm} = 0{,}14\,\text{m}$ et $\omega = 10\,\text{rad/s}$. Il ne reste plus qu'à trouver la constante de phase ϕ.

Dans la **situation 3**, nous avons obtenu l'équation

$$A \sin \phi = (0{,}098\,\text{m})$$

d'où

$$\sin \phi = \frac{(0{,}098\,\text{m})}{A} = \frac{(0{,}098\,\text{m})}{(0{,}14\,\text{m})} = 0{,}7$$

D'après la calculatrice, une valeur possible de ϕ est

$$\arcsin(0{,}7) = 0{,}775\,\text{rad}$$

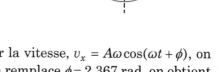

D'après le cercle trigonométrique (schéma ci-contre), l'autre valeur possible pour ϕ (dans l'intervalle entre 0 et 2π rad) est

$$\pi - 0{,}775 = 2{,}367\,\text{rad}$$

Si on remplace $\phi = 0{,}775\,\text{rad}$ dans l'équation pour la vitesse, $v_x = A\omega \cos(\omega t + \phi)$, on obtient $v_x = 1\,\text{m/s}$ à $t = 0$, ce qui est incorrect. Si on remplace $\phi = 2{,}367\,\text{rad}$, on obtient la bonne vitesse : $v_x = -1\,\text{m/s}$. Ainsi, l'équation qui décrit le MHS du bloc est

$$x = 0{,}14 \sin(10t + 2{,}367)$$

où x est en mètres, t est en secondes et la phase est exprimée en radians. À $t = 2$ s,

$$x = 0{,}14 \sin\big((10 \times 2) + 2{,}367\big) = -0{,}0514\,\text{m}$$

Dans la **situation 2**, nous avons déterminé que la longueur du ressort à la position d'équilibre est $L_c = 30{,}2\,\text{cm}$ (schéma ci-contre). Ainsi, la longueur du ressort lorsque le bloc est en $x = -5{,}14\,\text{cm}$ est

$$L = L_c + x = (30{,}2\,\text{cm}) + (-5{,}14\,\text{cm}) \quad \Rightarrow \quad \boxed{L = 25{,}1\,\text{cm}}$$

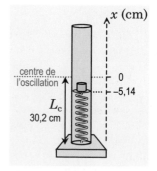

Q1. Expliquez comment déterminer la position centrale de l'oscillation verticale d'un système bloc-ressort si l'on connaît la masse du bloc et la constante de rappel du ressort.

Q2. Vrai ou faux ? Un système bloc-ressort possède une certaine fréquence angulaire lorsqu'il oscille à l'horizontale ; s'il oscille à la verticale, la force de gravité fait en sorte que la fréquence angulaire augmente.

DÉMONSTRATIONS

D1. Considérez un axe x vertical dont l'origine coïncide avec la position d'équilibre d'un système bloc-ressort vertical. Démontrez que la composante selon x de la force résultante qui agit sur le bloc est donnée par

$$\sum F_x = -kx$$

où k est la constante de rappel du ressort.

D2. Démontrez que l'énergie potentielle totale d'un système bloc-ressort en oscillation verticale est nulle au centre de l'oscillation à condition que le zéro de l'énergie potentielle gravitationnelle du bloc soit situé à mi-chemin entre la position d'équilibre du bloc et la position de l'extrémité du ressort quand il est à sa longueur naturelle.

EXERCICES

○ Exercice dont la solution ne requiert ni calculatrice ni algèbre complexe.

RÉCHAUFFEMENT

1.6.1 *Trouvez la constante de rappel.* Au laboratoire, une pomme de 0,05 kg accrochée à un ressort vertical effectue une oscillation verticale toutes les 3 s. Quelle est la constante de rappel du ressort ?

1.6.2 *Trouvez le module du champ gravitationnel.* Sur une planète inconnue, une pomme immobile accrochée à un ressort vertical l'étire de 10 cm par rapport à sa longueur naturelle. Lorsqu'on donne un élan à la pomme, elle effectue deux oscillations verticales par seconde. Quel est le module du champ gravitationnel à la surface de la planète ?

SÉRIE PRINCIPALE

1.6.3 *Une chute sur un ressort.* On lâche un bloc de 5 kg initialement immobile : il tombe d'une hauteur de 1,5 m et entre en contact avec l'extrémité supérieure d'un ressort vertical dont la longueur naturelle est de 2,5 m et dont la constante de rappel est de 120 N/m. (L'extrémité inférieure du ressort est fixée au sol.) On a appliqué un peu de colle sous le bloc : par conséquent, il demeure collé au ressort et il oscille verticalement. Calculez **(a)** le module de la vitesse du bloc lorsqu'il entre en contact avec le ressort ; **(b)** la période de l'oscillation ; **(c)** la longueur du ressort lorsque le bloc passe à la position centrale de l'oscillation ; **(d)** l'amplitude de l'oscillation ; **(e)** les longueurs minimale et maximale du ressort lorsque le bloc oscille.

1.6.4 *En revenant de Mars.* Sur Mars ($g = 3{,}72$ N/kg), une pomme accrochée à un ressort vertical oscille verticalement avec une période de 0,35 s. Quelle sera la fréquence angulaire de l'oscillation si on déménage le montage sur Terre ($g = 9{,}8$ N/kg) ?

1.6.5 *Yolande au gymnase.* Un ressort est suspendu au plafond du gymnase : à l'extrémité inférieure du ressort se trouve un anneau de masse négligeable qui permet de s'y agripper. Lorsque personne n'est accroché au ressort, l'anneau est à 4 m du plafond. Yolande ($m = 80$ kg) se pend à l'anneau et oscille verticalement : au point le plus élevé de l'oscillation, l'anneau est à 5,5 m du plafond ; au point le plus bas, il est à 6,5 m du plafond. Alors que Yolande est momentanément immobile au point le plus bas de l'oscillation, sa petite nièce Zelda ($m = 15$ kg) s'accroche à ses jambes. Calculez **(a)** la nouvelle période de l'oscillation et **(b)** la nouvelle distance entre l'anneau et le plafond au point le plus élevé de l'oscillation.

1.6.6 *Yolande au gymnase, prise 2.* Répondez à la question **(b)** de l'exercice 1.6.5 en supposant que c'est la sœur de Zelda, Zoé ($m = 20$ kg), qui s'accroche aux jambes de Yolande.

○ **1.6.7** *Le pèse-pomme.* Un ressort idéal de 50 cm est placé dans un tube vertical sans frottement dont le rôle est de le maintenir en position verticale (schéma ci-dessous). On installe un plateau de 0,18 kg sur le ressort et on observe qu'il demeure immobile, en équilibre, lorsque la longueur du ressort est de 30 cm. On place une pomme sur le plateau et on lui donne une poussée : pendant l'oscillation, la longueur du ressort oscille entre 15 cm et 25 cm. Quelle est la masse de la pomme ?

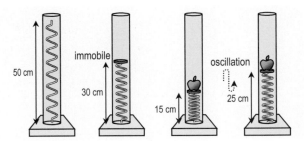

SÉRIE SUPPLÉMENTAIRE

Pour résoudre les **exercices** 1.6.8 à 1.6.10, la théorie présentée dans la **section 1.5 : Les fonctions trigonométriques inverses et le MHS** est utile.

1.6.8 *Albert et le laser.* Albert ($m = 90$ kg) est debout sur une plate-forme de 10 kg fixée à l'extrémité supérieure d'un ressort dont la constante de rappel est de 400 N/m. La distance entre la plate-forme et le plancher oscille entre 0,8 m et 3,2 m. Lorsque la plate-forme est au plus haut de son oscillation, qu'Albert se met sur la pointe des pieds et qu'il étire les bras vers le haut, le sommet de ses doigts est à 5,5 m au-dessus du plancher. À 5 m au-dessus du plancher, un rayon laser horizontal traverse la pièce en passant au-dessus de la plate-forme. À chaque oscillation, pendant combien de temps Albert est-il capable de toucher au rayon ?

1.6.9 *Un ressort-trampoline.* Un ressort vertical dont la constante de rappel est de 2000 N/m est placé sur le plancher du gymnase. En grimpant à une corde, Béatrice ($m = 70$ kg) se positionne, immobile, au-dessus du ressort : ses pieds sont à 80 cm du sommet du ressort. Elle lâche la corde (vitesse initiale nulle), rebondit sur le ressort et revient à sa hauteur initiale ; comme le ressort est idéal, il n'y a aucune perte d'énergie. **(a)** Quel est le module de la vitesse de Béatrice lorsqu'elle entre en contact avec le ressort ? (On considère Béatrice comme une particule.) **(b)** Tracez, à l'échelle, les graphiques $x(t)$ et $v_x(t)$ de Béatrice pour la portion de son mouvement où elle est en contact avec le ressort, en graduant les axes pour indiquer clairement l'échelle du graphique. **(c)** Combien de temps s'écoule-t-il entre l'instant où Béatrice lâche la corde et celui où elle revient à sa hauteur initiale ?

1.6.10 *Une union temporaire.* Un ressort idéal dont la longueur naturelle est de 2,6 m est pendu au plafond. On accroche un bloc **B** de 10 kg au ressort, et on observe que la longueur du ressort est de 4 m lorsque le bloc est immobile, en équilibre. Par en dessous, on lance un bloc **C** de 5 kg enduit de colle : immédiatement avant de frapper le bloc **B**, le bloc **C** se déplace à 6 m/s vers le haut. La collision est parfaitement inélastique : le bloc **C** demeure collé au bloc **B**. **(a)** Quelle distance les blocs parcourent-ils avant de momentanément s'arrêter ? **(b)** Pendant combien de temps les blocs se déplacent-ils avant de momentanément s'arrêter ? **(c)** À quel endroit de l'oscillation le bloc **C** a-t-il le plus tendance à décoller du bloc **B** ? Pourquoi ? **(d)** Si le bloc **C** se décolle à l'endroit déterminé en (c), de quelle distance le bloc **B** remonte-t-il avant de momentanément s'arrêter ?

Les oscillations amorties et forcées

Après l'étude de cette section, le lecteur pourra décrire l'oscillation d'un système bloc-ressort en présence d'une force d'amortissement proportionnelle à la vitesse du bloc (oscillation amortie), et expliquer ce qui se produit si une force qui varie de manière périodique agit sur le bloc (oscillation forcée).

APERÇU

Considérons un système bloc-ressort qui subit une **force d'amortissement** (symbole : $\vec{F}_{am}$) s'opposant à son mouvement (par exemple, une force de résistance exercée par un fluide). Si l'on donne un élan au bloc afin de le mettre en oscillation, on observe que l'oscillation possède une fréquence angulaire plus petite (donc une période plus grande) que s'il n'y avait pas d'amortissement. De plus, l'amplitude de l'oscillation diminue graduellement.

Supposons que le module de la force d'amortissement est proportionnel à la vitesse du bloc :

$$\boxed{\vec{F}_{am} = -b\,\vec{v}}$$ Force d'amortissement agissant sur un système bloc-ressort

(La force d'amortissement est dans le sens contraire de la vitesse du bloc, d'où le signe négatif.) Dans le SI, la **constante d'amortissement** (symbole : b) s'exprime en newtons-secondes par mètre (N·s/m), ce qui est équivalent à des kilogrammes par seconde (kg/s).

Dans ce cas, la fréquence angulaire naturelle de l'**oscillation amortie** (l'oscillation en présence de la force d'amortissement) est

$$\boxed{\omega' = \sqrt{\frac{k}{m} - \left(\frac{b}{2m}\right)^2}}$$ Fréquence angulaire de l'oscillation amortie d'un système bloc-ressort

(Rappelons que la fréquence angulaire en l'absence d'amortissement est $\omega_0 = \sqrt{k/m}$.) L'équation qui décrit l'oscillation amortie est

$$\boxed{x = A_0 e^{-\frac{b}{2m}t} \sin(\omega' t + \phi)}$$ Équation $x(t)$ pour une oscillation amortie

où A_0 est l'amplitude de l'oscillation à $t = 0$ (schéma ci-contre). Le terme

$$A_0 e^{-\frac{b}{2m}t}$$

correspond à l'amplitude de l'oscillation amortie : sa valeur diminue de manière exponentielle en fonction du temps.

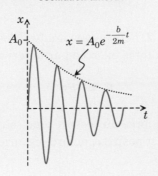

Lorsque $b > 2\sqrt{mk}$, les deux équations encadrées précédentes ne peuvent pas être utilisées, car l'argument de la racine carrée dans l'équation qui donne ω' est négatif. Dans ce cas, qualifié d'**amortissement surcritique**, il n'y a pas d'oscillation : le bloc revient tout simplement à sa position d'équilibre (plus b est grand, plus le retour vers la position d'équilibre se fait lentement).

Imaginons que l'on exerce, sur le bloc d'un système bloc-ressort, une force externe qui oscille à la fréquence angulaire ω_{ext} :

$$F_{ext(x)} = F_{ext} \sin(\omega_{ext}t)$$

On est alors en présence d'une **oscillation forcée**. (Il faut supposer que le système bloc-ressort subit également une certaine force d'amortissement, sans quoi l'amplitude de l'oscillation augmenterait sans cesse sous l'effet de la force externe.) Au bout d'un certain temps, il s'établit un **régime permanent** pour lequel la puissance moyenne fournie au système par la force externe est exactement compensée par la puissance moyenne dissipée par la force d'amortissement. En régime permanent, on observe que le système oscille à la même fréquence que celle de la force externe (et ce, peu importe la fréquence naturelle d'oscillation du système) :

$$x = A \sin(\omega_{ext}t + \phi)$$

L'oscillation n'est pas nécessairement en phase avec la force externe, d'où la nécessité d'avoir une constante de phase ϕ dans l'équation.

Supposons que la constante d'amortissement est suffisamment petite pour que la fréquence angulaire de l'oscillation amortie soit à peu près égale à la fréquence angulaire naturelle ($\omega' \approx \omega_0 = \sqrt{k/m}$). Dans ce cas, on observe que l'amplitude de l'oscillation est maximale (le système est en *résonance*) lorsque la fréquence angulaire de la force externe est égale à la fréquence angulaire naturelle du système :

$$\omega_{ext} \approx \omega' \approx \omega_0$$

À la fin de la **section 1.2 : La dynamique du mouvement harmonique simple**, nous avons introduit de manière qualitative les notions d'*oscillation amortie* et d'*oscillation forcée*, et nous avons décrit le phénomène de *résonance*. Dans la présente section, nous allons analyser ces notions plus en profondeur, en considérant le système oscillant le plus simple : un bloc de masse m qui oscille horizontalement à l'extrémité d'un ressort de constante de rappel k.

Les oscillations amorties

Sur le schéma ci-contre, nous avons représenté le graphique $x(t)$ d'une **oscillation amortie** : à $t = 0$, on donne un élan au bloc et on le laisse aller. On constate qu'à chaque période l'amplitude du mouvement est plus petite qu'à la période précédente. Cela est dû à une **force d'amortissement** (symbole : $\vec{F}_{am}$) qui transforme graduellement l'énergie mécanique initiale du système oscillant en énergie thermique. La manière exacte dont l'amplitude diminue avec le temps dépend du type de force d'amortissement. Dans cette section, nous allons limiter notre étude au cas où le module de la force d'amortissement est proportionnel à la vitesse du bloc. C'est ce qui se produit lorsque la force d'amortissement est due à la résistance causée par un fluide : par exemple, lorsqu'un système bloc-ressort oscille au fond d'un aquarium rempli d'eau (schéma ci-contre).

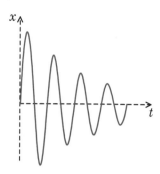

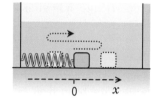

> D'après la théorie que nous avons présentée dans le **tome A**, la force de frottement entre un bloc et une surface d'appui est indépendante de la vitesse du bloc : ainsi, nous allons supposer que le bloc glisse sur une surface sans frottement et que la seule force d'amortissement est due au fluide dans lequel est plongé le montage.

Sous forme d'équation, nous pouvons écrire

$$\boxed{\vec{F}_{am} = -b\,\vec{v}}$$ **Force d'amortissement agissant sur un système bloc-ressort**

où b, la **constante d'amortissement**, exprime l'importance de l'amortissement. Dans le SI, b s'exprime en newtons-secondes par mètre (N·s/m), ce qui est équivalent à des kilogrammes par seconde (kg/s). Le signe négatif dans l'équation indique que la force d'amortissement est dans le sens contraire de la vitesse du bloc.

Afin de déterminer l'équation $x(t)$ qui décrit l'oscillation amortie, nous allons employer une méthode semblable à celle que nous avons utilisée à la fin de la **section 1.3 : Le pendule composé** pour déterminer la fréquence angulaire de l'oscillation d'un pendule composé : nous allons écrire une équation *différentielle* qui caractérise le mouvement de l'objet.

> Une équation différentielle est une équation qui fait intervenir à la fois une variable et ses dérivées d'ordre 1 ou supérieur.

Dans la **situation 1** de la **section 1.2**, nous avons analysé l'oscillation d'un système bloc-ressort et nous avons vu que la force exercée par le ressort sur le bloc est

$$F_x = -kx$$

Le signe négatif indique que la force du ressort tend toujours à ramener le bloc vers l'origine : lorsque la position x est positive, la force est orientée dans le sens négatif, et vice versa.

Si l'on ajoute la force d'amortissement, on obtient la force résultante qui agit sur le bloc :

$$\sum F_x = -kx - bv_x$$

(Selon la direction verticale, la force normale contrebalance le poids du bloc.) Or, d'après la deuxième loi de Newton, $\sum F_x = ma_x$, ce qui permet d'écrire

$$ma_x = -kx - bv_x$$

Or,

$$v_x = \frac{dx}{dt} \qquad \text{et} \qquad a_x = \frac{dv_x}{dt} = \frac{d}{dt}\left(\frac{dx}{dt}\right) = \frac{d^2x}{dt^2}$$

Ainsi, le système bloc-ressort amorti est caractérisé par l'équation différentielle

$$m\frac{d^2x}{dt^2} = -kx - b\frac{dx}{dt} \qquad \Rightarrow \qquad m\frac{d^2x}{dt^2} + b\frac{dx}{dt} + kx = 0$$

Les techniques de résolution des équations différentielles dépassent le niveau de cet ouvrage. En les appliquant, on trouve la solution suivante :

où

$$x = A_0 e^{-\frac{b}{2m}t} \sin(\omega' t + \phi)$$

Équation $x(t)$ pour une oscillation amortie

$$\omega' = \sqrt{\frac{k}{m} - \left(\frac{b}{2m}\right)^2}$$

Fréquence angulaire de l'oscillation amortie d'un système bloc-ressort

Avec un peu de patience, en remplaçant les équations ci-contre dans l'équation différentielle et en appliquant les règles de dérivation (voir **section M10 : La dérivée** de l'annexe mathématique), on peut montrer que la solution est bonne !

Sur le schéma ci-contre, nous avons représenté le graphique de la fonction $x(t)$ représentant l'oscillation amortie. On peut interpréter ce graphique comme celui d'une fonction sinusoïdale dont l'amplitude

$$A_0 e^{-\frac{b}{2m}t}$$

diminue de manière exponentielle avec le temps. Malgré la diminution de l'amplitude, la période d'oscillation T demeure constante d'un cycle d'oscillation au suivant : à chaque aller-retour, la distance parcourue par le bloc est plus petite, mais la *durée* d'un aller-retour demeure la même.

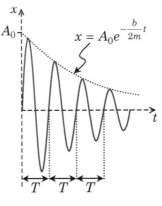

En l'absence d'amortissement, nous avons vu à la **section 1.2 : La dynamique du mouvement harmonique simple** que la fréquence angulaire naturelle d'oscillation d'un système bloc-ressort est

$$\omega_0 = \sqrt{\frac{k}{m}}$$

La fréquence angulaire ω' de l'oscillation amortie est *plus petite* qu'en l'absence d'amortissement. Comme la période et la fréquence angulaire sont inversement proportionnelles ($T = 2\pi/\omega$), la période de l'oscillation amortie est *plus grande* qu'en l'absence d'amortissement.

> **Situation 1 : *Quand l'oscillation cesse-t-elle d'être perceptible ?*** Un bloc de 0,5 kg oscille au bout d'un ressort dont la constante de rappel est de 5 N/m. À $t = 0$, l'amplitude de l'oscillation est de 10 cm ; 8 s plus tard, l'amplitude n'est plus que de 3 cm. (La force d'amortissement est proportionnelle à la vitesse du bloc.) Le mouvement d'oscillation cesse d'être perceptible lorsque l'amplitude devient inférieure à 1 mm : on désire déterminer à quel instant t cela se produit et combien d'oscillations complètes le bloc effectue entre $t = 0$ et cet instant.

Comme la force d'amortissement est proportionnelle à la vitesse du bloc, nous pouvons utiliser la théorie que nous venons de présenter. Nous avons une amplitude initiale $A_0 = 10 \text{ cm}$, et nous savons qu'à $t = 8 \text{ s}$, l'amplitude est $A = 3 \text{ cm}$. Ainsi,

$$A_0 e^{-\frac{b}{2m}t} = A$$

$$(10 \text{ cm}) e^{-\frac{b}{2m}t} = (3 \text{ cm})$$

$$e^{-\frac{b}{2m}t} = \frac{(3 \text{ cm})}{(10 \text{ cm})} = 0,3$$

En appliquant le logarithme naturel de part et d'autre de l'équation, nous obtenons

$$-\frac{b}{2m}t = \ln(0,3)$$

Comme $m = 0,5 \text{ kg}$, nous pouvons isoler b :

$$b = -\frac{2m \ln(0,3)}{t} = -\frac{2 \times (0,5 \text{ kg}) \times (-1,204)}{(8 \text{ s})} = 0,1505 \text{ kg/s}$$

Nous voulons calculer à quel instant t l'amplitude est $A = 1 \text{ mm} = 0,1 \text{ cm}$:

$$A_0 e^{-\frac{b}{2m}t} = A$$

$$(10 \text{ cm}) e^{-\frac{b}{2m}t} = (0,1 \text{ cm})$$

$$e^{-\frac{b}{2m}t} = \frac{(0,1 \text{ cm})}{(10 \text{ cm})} = 0,01$$

$$-\frac{b}{2m}t = \ln(0,01)$$

$$t = -\frac{2m \ln(0,01)}{b} = -\frac{2 \times (0,5 \text{ kg}) \times (-4,605)}{(0,1505 \text{ kg/s})}$$

$$\boxed{t = 30,6 \text{ s}}$$

Comme $k = 5 \text{ N/m}$, la fréquence angulaire de l'oscillation est

$$\omega' = \sqrt{\frac{k}{m} - \left(\frac{b}{2m}\right)^2} = \sqrt{\frac{(5 \text{ N/m})}{(0,5 \text{ kg})} - \left(\frac{(0,1505 \text{ kg/s})}{2 \times (0,5 \text{ kg})}\right)^2} = 3,159 \text{ rad/s}$$

Il est intéressant de remarquer que le terme $(b/2m)^2$ n'influence la valeur de ω' que si l'on garde une précision d'au moins quatre chiffres significatifs.

ce qui correspond à une période

$$T = \frac{2\pi}{\omega'} = \frac{2\pi}{(3,159 \text{ rad/s})} = 1,989 \text{ s}$$

Comme

$$\frac{t}{T} = \frac{(30,6 \text{ s})}{(1,989 \text{ s})} = 15,4$$

le mouvement cesse d'être perceptible au bout de $\boxed{15 \text{ oscillations}}$.

L'amortissement surcritique

Plus la constante d'amortissement b est grande, plus l'amplitude de l'oscillation amortie diminue rapidement (schéma ci-contre). De plus, d'après l'équation

$$\omega' = \sqrt{\frac{k}{m} - \left(\frac{b}{2m}\right)^2}$$

plus la constante d'amortissement b est grande, plus la fréquence angulaire ω' est petite, et plus la période de l'oscillation amortie ($T = 2\pi/\omega'$) est grande.

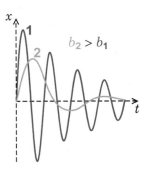

Lorsque $b > 2\sqrt{mk}$, l'argument de la racine carrée dans l'équation qui donne ω' est négatif : le système ne possède plus de fréquence angulaire, ce qui signifie qu'il n'y a plus d'oscillation. Si l'on donne un élan au bloc, il commence par s'éloigner de sa position d'équilibre, puis il y revient graduellement (schéma ci-contre, en haut). On dit alors que le système possède un **amortissement surcritique**. (Le cas « critique », qui sépare les systèmes oscillants des systèmes non oscillants, correspond à $b = 2\sqrt{mk}$.) Si on déplace le bloc de sa position d'équilibre et qu'on le lâche, le temps qu'il prend pour revenir à sa position d'équilibre est d'autant plus long que la constante d'amortissement b est grande (schéma ci-contre, en bas).

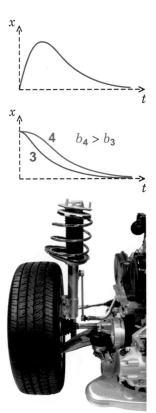

Les amortisseurs des voitures (photo ci-contre) sont conçus pour minimiser les chocs causés par les irrégularités de la route : on veut que la voiture revienne rapidement à sa position d'équilibre, mais qu'elle ne fasse pas plusieurs oscillations autour de sa position d'équilibre (ce qui donnerait la nausée aux passagers). Ainsi, un amortisseur en bon état possède une constante d'amortissement voisine de la valeur critique.

ISTOCKPHOTO

Les oscillations forcées

Nous allons maintenant voir ce qui se passe si, au lieu de donner un élan à un système bloc-ressort amorti et de le laisser aller, on exerce continuellement sur lui une force, afin d'*entretenir* l'oscillation. Si la force oscille (on « tire » et on « pousse » sur l'objet de manière périodique), il est possible de contrebalancer les effets de l'amortissement et d'obtenir un MHS (amplitude constante).

Nous avons vu que la force résultante qui s'exerce sur le bloc d'un système bloc-ressort amorti est

$$\sum F_x = -kx - bv_x$$

Afin de créer une **oscillation forcée**, nous allons exercer sur le bloc une force externe qui oscille à une certaine fréquence angulaire, que nous allons appeler ω_{ext} :

$$F_{\text{ext}(x)} = F_{\text{ext}} \sin(\omega_{\text{ext}}t)$$

(La fréquence angulaire de la force externe, ω_{ext}, n'est pas nécessairement égale à la fréquence angulaire à laquelle le système oscille naturellement, ω'.)

Le bloc subit une force résultante

$$\sum F_x = -kx - bv_x + F_{\text{ext}} \sin(\omega_{\text{ext}} t)$$

et l'équation différentielle qui caractérise son mouvement est

$$m \frac{\mathrm{d}^2 x}{\mathrm{d}t^2} + b \frac{\mathrm{d}x}{\mathrm{d}t} + kx = F_{\text{ext}} \sin(\omega_{\text{ext}} t)$$

Cette équation admet des solutions passablement complexes. Si l'on suppose que la force externe commence à agir à $t = 0$, la fonction $x(t)$ est non périodique pendant un certain temps, puis elle adopte un comportement périodique : on dit alors que le système a atteint son **régime permanent**. En régime permanent, la puissance moyenne fournie au système par la force externe est exactement compensée par la puissance moyenne dissipée par la force d'amortissement.

On observe que le régime permanent est un MHS de même fréquence que celle de la force externe, et ce, peu importe la fréquence naturelle d'oscillation du système :

$$x = A \sin(\omega_{\text{ext}} t + \phi)$$

L'oscillation n'est pas nécessairement en phase avec la force externe, d'où la nécessité d'avoir une constante de phase ϕ dans l'équation.

La résonance

L'amplitude A d'une oscillation forcée dépend, de manière complexe, de l'amplitude de la force externe (F_{ext}), de la constante d'amortissement (b) et de la fréquence angulaire de la force externe (ω_{ext}). Si l'on fait varier ω_{ext} (en gardant les autres paramètres constants), on observe que l'amplitude passe par un maximum pour une certaine fréquence : le système est alors en *résonance*.

Le graphique ci-contre correspond à la situation où la constante d'amortissement est 10 fois plus petite que sa valeur critique : $b = 0,2\sqrt{mk}$. Dans ce cas, la fréquence de résonance diffère de la fréquence naturelle par moins de 1 %.

Lorsque $\omega_{\text{ext}} = 0$, la force externe est constante ($F = F_{\text{ext}}$) et l'amplitude est égale au module de la force divisée par la constante de rappel du ressort : $A = F_{\text{ext}}/k$.

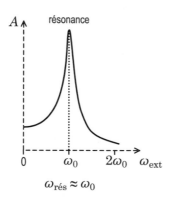

Supposons que la constante d'amortissement est suffisamment petite pour que la fréquence angulaire de l'oscillation amortie soit à peu près égale à la fréquence angulaire naturelle :

$$\omega' = \sqrt{\frac{k}{m} - \left(\frac{b}{2m}\right)^2} \approx \sqrt{\frac{k}{m}} = \omega_0$$

Dans ce cas, on observe que la fréquence angulaire de la force externe qui correspond à la résonance est à peu près égale à la fréquence angulaire naturelle du système (graphique ci-contre).

amortissement surcritique : situation où un système, qui oscillerait en l'absence de force d'amortissement, subit une force d'amortissement si grande que, si on le perturbe, il revient simplement à sa position d'équilibre sans osciller.

constante d'amortissement : (symbole : b) rapport du module de la force d'amortissement sur celui de la vitesse de l'objet qui la subit ; sert à décrire la force d'amortissement lorsqu'elle est proportionnelle à la vitesse de l'objet ; unité SI : kg/s.

force d'amortissement : (symbole : $\vec{F}_{am}$) force qui s'oppose au mouvement d'oscillation d'un objet et qui est responsable de son amortissement.

oscillation amortie : oscillation dont l'amplitude diminue en raison d'une force d'amortissement.

oscillation forcée : oscillation d'un objet qui subit une force oscillante (on « tire » et on « pousse » sur l'objet de manière périodique).

régime permanent : situation « stable » qui se produit au bout d'un certain temps ; dans le cas d'une oscillation forcée, il s'agit d'un mouvement harmonique simple, de même fréquence que la force externe oscillante, pour lequel la puissance moyenne fournie au système par la force externe est exactement compensée par la puissance moyenne dissipée par la force d'amortissement.

QUESTIONS

Q1. Vrai ou faux ? La fréquence angulaire d'une oscillation amortie est plus petite qu'en l'absence d'amortissement.

Q2. Dans un système bloc-ressort amorti, quelle est la différence entre le comportement du bloc pour $b < 2\sqrt{mk}$ et pour $b > 2\sqrt{mk}$?

Q3. Expliquez pourquoi les amortisseurs placés sur les roues des voitures doivent avoir une constante d'amortissement voisine de la valeur critique.

Q4. Vrai ou faux ? En régime permanent, la fréquence d'oscillation d'un système-bloc ressort est égale à la fréquence de la force oscillante qu'il subit.

Q5. Expliquez ce qui se passe lorsqu'un système bloc-ressort qui oscille de manière forcée est en résonance.

DÉMONSTRATIONS

D1. Montrez que l'oscillation d'un système bloc-ressort en présence d'une force d'amortissement dont le module est proportionnel à celui de la vitesse du bloc est décrite par l'équation différentielle

$$m\frac{d^2x}{dt^2} + b\frac{dx}{dt} + kx = 0$$

D2. À partir de l'équation qui donne la fréquence d'une oscillation amortie,

$$\omega' = \sqrt{\frac{k}{m} - \left(\frac{b}{2m}\right)^2}$$

déterminez pour quelles valeurs de b l'amortissement est surcritique.

EXERCICES

Tous les exercices font référence à des systèmes bloc-ressort qui oscillent en présence d'une force d'amortissement dont le module est proportionnel à celui de la vitesse du bloc.

SÉRIE PRINCIPALE

1.7.1 *Le temps de retour à la position centrale de l'oscillation.* Un bloc de 0,5 kg est fixé à un ressort dont la constante de rappel est de 12,5 N/m. On lâche le bloc (vitesse initiale nulle) alors que le ressort est étiré de 20 cm. Calculez le temps que met le ressort pour revenir pour la première fois à sa longueur naturelle si **(a)** $b = 0$ (amortissement négligeable) ; **(b)** $b = 1$ kg/s ; **(c)** $b = 4$ kg/s. **(d)** À partir de quelle valeur de b les équations utilisées pour résoudre les parties (b) et (c) cessent-elles d'être valables ?

1.7.2 *Une oscillation deux fois plus lente en raison de l'amortissement.* Sur une surface horizontale sans frottement, un bloc de masse m oscille au bout d'un ressort de constante de rappel k : l'amortissement est négligeable. Lorsqu'on remplit le montage de liquide, on observe que la fréquence d'oscillation est deux fois plus petite qu'avant. Déterminez la valeur de la constante d'amortissement.

1.7.3 *Lorsque l'amortissement vaut 80 % de sa valeur critique.* Un système bloc-ressort de masse m et de constante de rappel k subit une constante d'amortissement $b = 1,6\sqrt{mk}$ (c'est-à-dire 80 % de sa valeur critique). Calculez le rapport ω'/ω_0, où ω' est la fréquence angulaire de l'oscillation amortie et ω_0 est la fréquence angulaire naturelle en l'absence d'amortissement.

SÉRIE SUPPLÉMENTAIRE

1.7.4 *L'amplitude diminue de moitié en une période.* Un bloc de 250 g oscille au bout d'un ressort dont la constante de rappel est de 65 N/m. Sachant que l'amplitude de l'oscillation amortie diminue de moitié à chaque période de l'oscillation, déterminez la valeur de la constante d'amortissement.

1.7.5 *L'amplitude diminue de moitié en une période, prise 2.* Reprenez l'analyse de l'**exercice 1.7.4** sans remplacer les valeurs numériques, afin d'exprimer de manière algébrique la relation entre la constante d'amortissement b, la masse du bloc m et la constante de rappel k.

1.7.6 *La vitesse au centre de l'oscillation.* **(a)** À partir de l'équation de la position en fonction du temps pour une oscillation amortie, montrez que l'équation

$$v_x = A_0\omega' e^{-\frac{b}{2m}t}\cos(\omega' t + \phi)$$

permet de calculer la vitesse du bloc aux instants où il passe par la position centrale de l'oscillation. **(b)** Pourquoi l'équation donnée en (a) peut-elle être utilisée uniquement lorsque le bloc passe par la position centrale de l'oscillation ?

1.7.7 *La vitesse au centre de l'oscillation, prise 2.* Pour les situations de l'**exercice 1.7.1 (a)**, **(b)** et **(c)**, déterminez le module de la vitesse du bloc lorsque le ressort revient pour la première fois à sa longueur naturelle.

1.7.8 *Deux passages consécutifs par la position d'équilibre.* Un bloc de 2 kg est fixé à un ressort dont la constante de rappel est de 18 N/m. On lâche le bloc (vitesse initiale nulle) alors que le ressort est étiré de 40 cm : 0,6 s plus tard, le bloc passe pour la première fois à la position d'équilibre. Déterminez le module de la vitesse du bloc lorsqu'il passe à la position d'équilibre **(a)** pour la première fois et **(b)** pour la deuxième fois.

Les ondes mécaniques progressives

Après l'étude de cette section, le lecteur pourra décrire les propriétés des ondes mécaniques progressives (nature longitudinale ou transversale, vitesse de propagation, fréquence et longueur d'onde).

APERÇU

Une **onde mécanique progressive** est une perturbation qui se déplace dans un milieu en transférant de l'énergie d'un endroit à un autre sans qu'il y ait de transport de matière : les vagues à la surface de l'eau, les ondes sur les cordes tendues et les ondes sonores sont des exemples d'ondes mécaniques progressives.

Une onde sur une corde tendue (schéma ci-contre) est un exemple d'**onde transversale** : au passage de l'onde, les particules de la corde se déplacent *perpendiculairement* à la direction de propagation de l'onde.

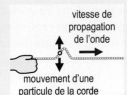

Une onde sonore (schéma ci-contre) est un exemple d'**onde longitudinale** : au passage de l'onde, les molécules d'air (ou de tout autre milieu dans lequel voyage l'onde) se déplacent *parallèlement* à la direction de propagation de l'onde.

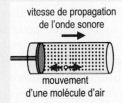

Une **impulsion** est une onde progressive localisée créée par une perturbation brève (comme sur les deux schémas ci-dessus).

Lorsque la perturbation qui crée l'onde progressive est périodique dans le temps (elle se répète au bout d'une certaine période T), la forme de l'onde est périodique dans l'espace : elle se répète au bout d'une certaine longueur λ (la lettre grecque lambda), appelée **longueur d'onde** (schéma ci-contre).

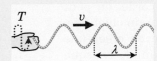

Pendant une période T, une onde progressive se déplace d'une longueur d'onde λ. Ainsi,

$$\lambda = vT = \frac{v}{f}$$ **Longueur d'onde**

où v est le module de la vitesse de propagation de l'onde. (La fréquence f correspond à l'inverse de la période T.)

Le module de la vitesse d'une onde sur une corde tendue est

$$v = \sqrt{\frac{F}{\mu}}$$ **Module de la vitesse d'une onde sur une corde tendue**

où F est le module de la tension dans la corde et μ (la lettre grecque mu) est sa **masse linéique**. Pour une corde uniforme de masse m et de longueur L,

$$\mu = \frac{m}{L}$$ **Masse linéique d'une corde uniforme**

Dans le SI, μ s'exprime en kilogrammes par mètre.

Le **son** est une onde mécanique progressive longitudinale qui peut se déplacer dans l'air, mais aussi dans n'importe quel milieu, qu'il soit gazeux, liquide ou solide. La température moyenne de la surface de la Terre est d'environ 16 °C. À cette température, le module de la vitesse du son dans l'air est

$$v_s = 340 \text{ m/s}$$ **Module de la vitesse du son dans l'air à 16 °C**

Par comparaison, les ondes lumineuses se déplacent, dans le vide, à une vitesse environ un million de fois plus grande : $c = 300\ 000$ km/s.

Les ondes sonores que l'oreille humaine peut entendre ont des fréquences allant de 20 Hz à 20 000 Hz : plus la fréquence est élevée, plus le son est aigu.

EXPOSÉ

Après avoir étudié les oscillations dans les sections qui précèdent, nous abordons maintenant le sujet des ondes. Dans la présente section, nous allons introduire les deux types d'ondes que nous allons étudier dans ce chapitre : les ondes sur les cordes tendues et les ondes sonores. Au début du **chapitre 2 : Optique géométrique**, nous verrons que la lumière est également une onde. Nous analyserons en détail la nature ondulatoire de la lumière dans le **chapitre 3 : Optique ondulatoire**.

STOCKXPERT

Lorsqu'on rencontre le terme « onde », on pense le plus souvent aux vagues à la surface de l'eau. (D'ailleurs, en anglais, il y a un seul mot pour « onde » et « vague » : *wave*.) Les vagues sont des perturbations à la surface de l'eau qui transfèrent de l'énergie d'un endroit à un autre. Par exemple, lorsqu'un bateau à moteur se déplace sur un lac (photo ci-contre), les vagues qu'il crée peuvent faire osciller d'autres embarcations situées sur le lac. De l'énergie voyage, par l'entremise des vagues, entre le bateau qui les crée et les autres embarcations, mais il n'y a aucun transport de matière : l'eau du lac n'est pas emportée par le mouvement horizontal des vagues. Au passage des vagues, l'eau *oscille*, puis elle reprend sa position d'origine : les vagues ne créent pas de *courants* dans le lac. Pour bien réaliser que l'eau du lac ne se déplace pas avec les vagues, on n'a qu'à imaginer une bouée qui flotte sur le lac : pendant le passage des vagues, elle oscille, mais après coup, elle est encore à la même position sur le lac.

De même, les ondes sonores voyagent dans l'air en transportant de l'énergie (c'est ce qui nous permet d'entendre), mais elles ne créent pas de courants d'air, et ce, même si elles sont extrêmement intenses. C'est une bonne chose, car le son se déplace à environ 340 m/s : si les sources sonores généraient du vent à cette vitesse, les spectateurs d'un concert devraient s'attacher à leurs sièges pour ne pas être emportés !

On pourrait être tenté de définir une onde comme *une perturbation qui se déplace dans un milieu en transférant de l'énergie d'un endroit à un autre sans qu'il y ait de transport de matière*, mais il ne s'agirait pas d'une définition générale. En effet, les ondes lumineuses n'ont pas besoin de milieu pour se propager. De plus, il existe des ondes qui ne transfèrent pas d'énergie d'un endroit à un autre : nous les étudierons dans la **section 1.12 : Les ondes stationnaires**. Lorsqu'une onde a besoin d'un milieu de propagation pour exister, on la qualifie de *mécanique* ; lorsqu'elle transfère de l'énergie d'un endroit à un autre, on la qualifie de *progressive*. Ainsi, « une perturbation qui se déplace dans un milieu en transférant de l'énergie d'un endroit à un autre » constitue la définition d'une **onde mécanique progressive**.

Les ondes transversales et les ondes longitudinales

Dans ce chapitre, nous allons surtout nous intéresser à deux types d'ondes mécaniques progressives : les ondes sur les cordes tendues et les ondes sonores.

Pour créer une onde sur une corde, on peut attacher une de ses extrémités à un objet fixe, agripper l'autre extrémité afin de créer une tension et agiter la main de manière brusque (schéma ci-contre). La main met en mouvement un petit segment situé à l'extrémité de la corde :

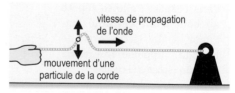

comme la corde est flexible, le reste de la corde ne réagit pas tout de suite. En raison de la tension dans la corde, chaque segment influence son voisin : la perturbation créée par la main se propage d'un segment à l'autre, ce qui constitue l'onde. Si la perturbation qui a créé l'onde est de courte durée (comme c'est le cas sur le schéma ci-dessus), l'onde est localisée, et on peut la qualifier d'**impulsion**. Une onde sur une corde est un exemple d'**onde transversale** : lors de son passage, les particules du milieu dans lequel elle se déplace oscillent *perpendiculairement* à sa direction de propagation, comme on peut le constater sur le schéma ci-dessus.

Si on bouge la main trop lentement, l'ensemble de la corde va s'incliner vers le haut puis vers le bas, mais il n'y aura pas d'onde. Pour avoir une onde, il faut que la main fasse une oscillation complète en moins de temps qu'il en faut à une impulsion pour traverser la longueur de la corde.

Pour créer une onde sonore dans l'air, on peut utiliser un piston (ou la membrane d'un haut-parleur) et lui imprimer un mouvement brusque (schéma ci-contre). Le mouvement du piston cause, dans la région qui lui est adjacente, une compression de l'air (augmentation de la pression) ou une raréfaction de l'air (diminution de la pression). Comme l'air perturbé a tendance à revenir à sa pression d'origine, la perturbation se propage d'une région à l'autre, ce qui constitue l'onde sonore. Le **son** est un exemple d'**onde longitudinale** : lors du passage d'une onde sonore, les particules du milieu dans lequel elle se déplace oscillent *dans la même direction* que celle de sa propagation, comme on peut le constater sur le schéma ci-dessus.

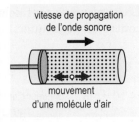

Toutes les substances, qu'elles soient gazeuses, liquides ou solides, ont tendance à revenir à leur pression d'origine lorsqu'on les perturbe : ainsi, on peut y générer des ondes sonores longitudinales. En revanche, les ondes transversales ne peuvent exister qu'à l'intérieur des solides. Un tremblement de terre génère à la fois des ondes transversales et des ondes longitudinales. Les deux types d'ondes ne se déplacent pas à la même vitesse ; de plus, seules les ondes longitudinales peuvent traverser les parties liquides du noyau terrestre. L'analyse comparative de la propagation des ondes transversales et longitudinales permet de dresser un portrait de la structure interne de notre planète. En astrophysique, l'étude des ondes qui se propagent dans les étoiles (en particulier, le Soleil) permet de déterminer plusieurs de leurs propriétés et de construire des modèles de leur structure interne.

Dans un long ressort tendu, on peut générer à la fois des ondes longitudinales et transversales : si on fait osciller l'extrémité perpendiculairement à la longueur du ressort, l'onde est transversale ; si on la fait osciller parallèlement à la longueur, l'onde est longitudinale. Au passage d'une vague, une bouée à la surface d'un lac oscille simultanément selon les directions verticales et horizontales : sa trajectoire forme une ellipse.

La longueur d'onde

Lorsque la perturbation qui crée l'onde progressive est périodique dans le temps (elle se répète au bout d'une certaine période T), la forme de l'onde est périodique dans l'espace : elle se répète au bout d'une certaine longueur λ (la lettre grecque lambda), appelée **longueur d'onde**.

Considérons la situation représentée sur le schéma ci-contre : la main de l'expérimentateur oscille de haut en bas avec une période T, ce qui crée une onde sur la corde. En une période T, l'onde se déplace d'une longueur d'onde λ. Comme le déplacement est égal au produit de la vitesse et du temps (pour un mouvement à vitesse constante), nous pouvons écrire

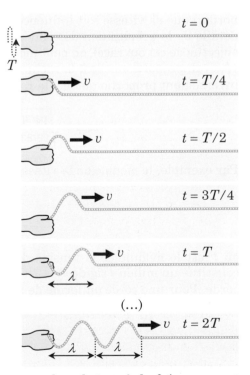

$$\lambda = vT = \frac{v}{f}$$ Longueur d'onde

où v est la vitesse de l'onde. Comme nous l'avons vu dans le **tome A**, la fréquence est l'inverse de la période : $f = 1/T$. Au passage de l'onde, chaque particule de la corde oscille avec la même période et la même fréquence que la main qui génère l'onde.

Le tableau ci-dessous donne un aperçu de l'éventail de longueurs d'onde que l'on rencontre en physique.

Nous présenterons le spectre électromagnétique dans la **section 3.1 : La nature ondulatoire de la lumière.**

Pour les ondes sonores, les longueurs d'onde indiquées sont dans l'air ($v \approx 300$ m/s) ; pour les ondes lumineuses, les longueurs d'onde indiquées sont dans l'air ou dans le vide ($v \approx c = 300\,000$ km/s).

Attention : la lumière et le son sont des phénomènes physiques complètement différents. Les sons aigus ont la même longueur d'onde que la lumière micro-onde et les sons graves ont la même longueur d'onde que la lumière radio, mais l'oreille ne peut entendre ni les micro-ondes ni les ondes radio ! Un poste de radio *transforme* les ondes lumineuses de type radio qu'il reçoit en ondes sonores (ondes mécaniques dans l'air).

Longueur d'onde	Symbole : λ — Unité SI : mètre (m)
$\approx 10^{-13}$ m	Longueur d'onde de la lumière dans la partie gamma du spectre électromagnétique
≈ 400 nm	Longueur d'onde de la lumière la plus énergétique que l'œil est capable de voir (lumière violette, $f \approx 750$ THz)
≈ 700 nm	Longueur d'onde de la lumière la moins énergétique que l'œil est capable de voir (lumière rouge, $f \approx 430$ THz)
≈ 30 µm	Longueur d'onde des ultrasons utilisés dans une échographie ($f \approx 10$ MHz)
≈ 3 mm	Longueur d'onde des ultrasons utilisés par les chauves-souris pour se guider ($f \approx 100$ kHz)
≈ 5 mm	Longueur d'onde du son le plus aigu que les chiens peuvent entendre ($f \approx 60$ kHz)
≈ 1 cm	Longueur d'onde de la lumière dans la partie micro-onde du spectre électromagnétique
$\approx 1,5$ cm	Longueur d'onde du son le plus aigu que les humains peuvent entendre ($f \approx 20$ kHz)
$\approx 1,5$ m	Longueur d'onde des ondes sonores produites par le mode fondamental de vibration des cordes vocales chez une femme ($f \approx 200$ Hz)
≈ 3 m	Longueur d'onde des ondes sonores produites par le mode fondamental de vibration des cordes vocales chez un homme ($f \approx 100$ Hz)
≈ 3 m	Longueur d'onde de la lumière qui constitue le signal d'une station de radio dans la bande FM
≈ 15 m	Longueur d'onde du son le plus grave que les humains peuvent entendre ($f \approx 20$ Hz)
≈ 100 m	Longueur d'onde des ondes associées aux tremblements de terre
≈ 200 km	Longueur d'onde d'une vague de tsunami au milieu de l'océan
$\approx 10^{20}$ m	Longueur d'onde d'une onde de densité dans les bras d'une galaxie spirale

La vitesse d'une onde sur une corde

Comme une onde mécanique dépend, pour exister, d'un milieu de propagation, il est normal que sa vitesse soit influencée par les propriétés du milieu. En analysant les détails de la propagation des ondes mécaniques dans un milieu (ce qui dépasse les objectifs de cet ouvrage), on peut montrer que la vitesse d'une onde mécanique est, en général, proportionnelle à la racine carrée de la rigidité du milieu de propagation et inversement proportionnelle à la racine carrée de sa densité :

$$\text{vitesse} \propto \sqrt{\frac{\text{paramètre exprimant la rigidité du milieu}}{\text{paramètre exprimant la densité du milieu}}}$$

Par exemple, le module de la vitesse d'une onde sur une corde tendue est

$$v = \sqrt{\frac{F}{\mu}}$$ **Module de la vitesse d'une onde sur une corde tendue**

Dans le **tome A**, nous avons utilisé le symbole T pour le module de la tension ; dans ce chapitre, nous allons utiliser le symbole F pour éviter toute confusion avec le symbole T de la période.

où F est le module de la tension dans la corde (plus la corde est tendue, plus elle constitue un milieu « rigide ») et μ (la lettre grecque mu) est la **masse linéique** de la corde. Pour une corde uniforme de masse m et de longueur L,

$$\mu = \frac{m}{L}$$ **Masse linéique d'une corde uniforme**

Plus la corde est dense (pour un diamètre donné), plus sa masse linéique est grande.

Avant de démontrer l'équation $v = \sqrt{F/\mu}$ à partir des lois de la dynamique, nous allons examiner ce qu'elle signifie. Pour commencer, nous allons vérifier qu'elle est cohérente du point de vue des unités. Dans le SI, F est en newtons et μ est en kilogrammes par mètre; comme 1 N = 1 kg·m/s², les unités de $\sqrt{F/\mu}$ sont

$$\sqrt{\frac{(\text{kg·m/s}^2)}{\text{kg/m}}} = \sqrt{\frac{\text{m}^2}{\text{s}^2}} = \frac{\text{m}}{\text{s}}$$

ce qui correspond bien à celles d'une vitesse.

Lorsqu'on déplace l'extrémité d'une corde tendue, la déformation que l'on crée ne demeure pas à l'extrémité de la corde : elle se propage d'un segment de corde à l'autre, ce qui génère une onde qui se déplace sur la corde. En raison de la tension dans la corde, chaque segment de corde revient à sa position normale en transférant la déformation à son voisin. Plus la tension est élevée, plus les segments reviennent rapidement à leur position normale et plus l'onde se déplace vite. Imaginons une corde sans aucune tension (par exemple, une corde posée sur le dessus d'une table) : si on déplace l'extrémité de la corde, on peut créer n'importe quelle déformation et elle demeurera telle qu'on l'a créée, sans se propager le long de la corde. Ce résultat est conforme à l'équation $v = \sqrt{F/\mu}$: si la tension est nulle, la vitesse de propagation de l'onde l'est également.

Comparons deux cordes de même tension, mais de masses linéiques différentes : les segments de la corde qui possède la masse linéique la plus élevée ont une plus grande inertie et prennent plus de temps à revenir à leur position normale. Par conséquent, les ondes se déplacent plus lentement sur la corde dont la masse linéique est la plus grande.

D'après l'équation $v = \sqrt{F/\mu}$, la vitesse à laquelle une onde se déplace sur une corde ne dépend pas de la façon dont on agite son extrémité : qu'on l'agite rapidement ou lentement, avec une grande ou une petite amplitude, la vitesse à laquelle l'onde se déplace reste la même (tant que l'on maintient la même tension dans la corde, bien sûr). Sur une corde donnée, soumise à une tension donnée, toutes les ondes ont la même vitesse; comme

$$\lambda = \frac{v}{f}$$

la longueur d'onde est inversement proportionnelle à la fréquence. Lorsqu'on augmente la fréquence, la longueur d'onde diminue; lorsqu'on diminue la fréquence, la longueur d'onde augmente.

Pour démontrer l'équation $v = \sqrt{F/\mu}$, nous allons utiliser la deuxième loi de Newton. Considérons une petite impulsion qui se déplace vers la droite sur une corde horizontale de masse m_c et de longueur L_c (schéma ci-contre). Pour avoir une tension 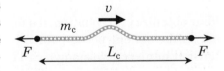 de module F partout dans la corde, il faut tirer sur chaque extrémité avec une force de module F, comme le montre le schéma. La masse linéique de la corde est $\mu = m_c/L_c$. Comme l'impulsion est petite, nous pouvons négliger le fait que sa présence modifie légèrement la longueur de la corde ainsi que la tension dans son voisinage immédiat.

Pour prouver que les deux angles ϕ indiqués sur le schéma ci-contre sont égaux, on peut utiliser plusieurs méthodes, mais le « théorème des deux équerres » (**sous-section M4.1 : Les angles** de l'annexe mathématique) est particulièrement approprié.

Peu importe la forme de l'impulsion, nous pouvons supposer que la petite portion de corde qui se trouve au sommet est un arc de cercle. Faisons un gros plan sur cette portion de corde (schéma ci-contre) et plaçons-nous dans un référentiel inertiel qui se déplace à la même vitesse que l'impulsion (c'est-à-dire avec une vitesse de module v orientée vers la droite). Dans ce référentiel, l'impulsion est immobile et c'est la corde qui se déplace avec une vitesse de module v orientée *vers la gauche*.

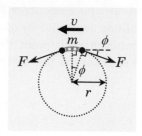

La méthode que nous utilisons ici a été présentée dans le **tome A**, à la **section 2.7 : La dynamique du mouvement circulaire**.

Comme le petit segment de corde se déplace avec une vitesse v sur un arc de cercle de rayon R, il subit une accélération centripète $a_C = v^2/r$ orientée vers le centre du cercle. Écrivons la deuxième loi de Newton selon un axe r' dont le sens positif est orienté vers le centre du cercle (c'est-à-dire vers le bas) :

$$\sum F_{r'} = ma_{r'} = ma_C = \frac{mv^2}{r}$$

où m est la masse du petit segment. Pour que la corde soit tendue malgré son poids, la tension dans la corde doit être beaucoup plus grande que son poids. Par conséquent, nous pouvons négliger le poids du petit segment de corde. Ce sont les tensions de module F s'exerçant de part et d'autre du segment qui sont responsables de la force résultante qu'il subit dans le sens de l'axe r' (vers le bas) : chaque tension fournit une composante $F \sin \phi$, où ϕ est l'angle indiqué sur le schéma ci-dessus. Ainsi,

$$\sum F_{r'} = 2F \sin \phi$$

Comme le petit segment sous-tend un angle 2ϕ sur un cercle de rayon r, la définition d'un angle en radians permet d'affirmer que sa longueur est $2\phi r$; comme la masse linéique de la corde est μ, la masse du petit segment est

La définition d'un angle en radians est présentée dans la **sous-section M4.1 : Les angles** de l'annexe mathématique.

$$m = 2\phi r \mu$$

En combinant les trois équations qui précèdent, nous obtenons

$$2F \sin \phi = \frac{2\phi r \mu v^2}{r}$$

L'approximation $\sin \phi = \phi$ lorsque $\phi \ll 1$ rad est justifiée dans la **sous-section M6.2 : Les approximations du petit angle** de l'annexe mathématique.

Comme le segment est petit, ϕ est beaucoup plus petit que 1 rad et le sinus de ϕ est égal à l'angle ϕ lui-même. En remplaçant $\sin \phi$ par ϕ dans l'équation précédente et en isolant v, nous obtenons l'équation que nous voulions démontrer,

$$v = \sqrt{\frac{F}{\mu}}$$

Pour obtenir cette équation, il a fallu supposer que l'impulsion qui voyage sur la corde est suffisamment petite pour ne pas influencer la masse linéique de la corde et la tension dans son voisinage. Si l'impulsion est trop grande, la vitesse n'est plus la même pour ses différentes composantes, ce qui modifie sa forme au fur et à mesure qu'elle se propage (elle a tendance à s'aplatir). Dans cet ouvrage, nous allons toujours supposer que l'amplitude des ondes est suffisamment petite pour que l'équation $v = \sqrt{F/\mu}$ s'applique. De plus, nous allons supposer que les pertes d'énergie dues au frottement dans la corde sont négligeables (approximation de la corde idéale). Ainsi, les ondes que nous allons étudier se propageront à vitesse constante en gardant leur forme.

> **Situation 1 :** *Une onde sur une corde.* Un robot extrêmement rapide agrippe l'extrémité d'une corde horizontale et agite sa main verticalement selon un MHS en effectuant 25 oscillations par seconde. La corde possède une longueur de 10 m, une masse de 2 kg et une tension de 50 N. On désire déterminer la longueur d'onde des ondes générées sur la corde.

La corde a une masse $m = 2\,\text{kg}$ et une longueur $L = 10\,\text{m}$. Le module de la tension dans la corde est $F = 50\,\text{N}$. En 1 s, il se produit 25 oscillations : la fréquence est $f = 25\,\text{Hz}$.

La masse linéique de la corde est

$$\mu = \frac{m}{L} = \frac{(2\,\text{kg})}{(10\,\text{m})} = 0{,}2\,\text{kg/m}$$

Le module de la vitesse de l'onde est

$$v = \sqrt{\frac{F}{\mu}} = \sqrt{\frac{(50\,\text{N})}{(0{,}2\,\text{kg/m})}} = 15{,}81\,\text{m/s}$$

La longueur d'onde est

$$\lambda = \frac{v}{f} = \frac{(15{,}81\,\text{m/s})}{(25\,\text{Hz})} \qquad \Rightarrow \qquad \boxed{\lambda = 0{,}632\,\text{m}}$$

La vitesse du son

Nous venons de voir que la vitesse d'une onde sur une corde tendue dépend uniquement des propriétés de la corde (tension et masse linéique), et non de la forme de l'onde (tant que l'amplitude de l'onde est suffisamment petite). De même, la vitesse des ondes sonores dépend des propriétés du milieu où elles se propagent, et non des caractéristiques du son (comme la fréquence ou l'amplitude). En fait, si l'intensité du son ou sa fréquence sont trop élevées, la vitesse des ondes est modifiée ; toutefois, nous n'aurons pas besoin de tenir compte de ce genre de complications dans les situations que nous allons étudier.

La parole et la musique sont constituées d'une superposition d'ondes sonores de différentes fréquences : plus la fréquence est élevée, plus nous percevons un son aigu. Il est heureux que la vitesse du son soit indépendante de sa fréquence. Une variation de la vitesse en fonction de la fréquence se traduirait par une distorsion du son de plus en plus grande au fur et à mesure qu'il se propage. Les concerts dans une grande salle (ou en plein air) seraient impossibles.

L'analyse détaillée de la propagation des ondes sonores dépasse les objectifs de cet ouvrage. Elle révèle que le module de la vitesse du son dans un gaz est

$$v_{\text{s}} = \sqrt{\frac{\gamma P}{\rho}}$$

où P est la pression du gaz, ρ est sa masse volumique et γ (la lettre grecque gamma) est un paramètre sans unité physique qui est relié au nombre de « degrés de liberté » des molécules du gaz (pour l'air, $\gamma = 7/5 = 1{,}4$). Comme la pression exprime la « rigidité » du gaz et que la masse volumique exprime sa densité, l'équation a la même forme que celle qui permet de calculer la vitesse d'une onde sur une corde tendue :

$$\text{vitesse} \propto \sqrt{\frac{\text{paramètre exprimant la rigidité du milieu}}{\text{paramètre exprimant la densité du milieu}}}$$

Pour les liquides et les solides, le produit γP dans l'équation ci-contre est remplacé par un paramètre exprimant la rigidité du milieu. Pour un liquide, il s'agit du *module de compressibilité* ; pour un solide, il s'agit du *module de Young*.

La valeur $\gamma = 7/5$ est caractéristique des molécules diatomiques ; l'air est surtout constitué de ce type de molécules (N_2 et O_2).

On peut obtenir l'équation ci-contre en combinant les équations $PV = nRT$ et $\rho = nM/V$, où V est le volume et n est le nombre de moles de molécules.

Pour un gaz,

$$\frac{P}{\rho} = \frac{RT}{M}$$

où T est la température en kelvins, M est la masse molaire en kilogrammes par mole et $R = 8{,}314$ J/(mol·K) est la constante universelle des gaz parfaits. Ainsi,

$$v_s = \sqrt{\frac{\gamma RT}{M}}$$

L'air est un mélange de N_2 ($M = 28$ g/mol $= 0{,}028$ kg/mol) et de O_2 ($M = 32$ g/mol $= 0{,}032$ kg/mol). Sa masse molaire est $M = 0{,}029$ kg/mol, d'où

$$v_s = \sqrt{\frac{1{,}4 \times \left(8{,}314 \text{ J/(mol·K)}\right)T}{\left(0{,}029 \text{ kg/mol}\right)}} = \left(20 \text{ m/(s·K}^{1/2})\right)\sqrt{T}$$

La température moyenne à la surface de la Terre est d'environ $16\,°C$. Comme

$$T(\text{K}) = T(°\text{C}) + 273{,}15$$

cela correspond à 289 K. À cette température, le module de la vitesse du son est

L'équation ci-contre a été présentée dans le **tome A**, à la **section 3.8 : L'énergie thermique et la température**.

$$\boxed{v_s = 340 \text{ m/s}} \quad \text{Module de la vitesse du son dans l'air à } 16\,°C$$

En Antarctique, lorsque la température de l'air descend à $-89\,°C$, le son se déplace à 271 m/s ; dans le désert du Sahara, lorsque la température de l'air monte à $58\,°C$, le son se déplace à 364 m/s. Dans cet ouvrage, à moins d'avis contraire, nous allons considérer que le son se déplace dans l'air à 340 m/s.

Le tableau ci-contre indique la vitesse des ondes sonores dans divers milieux de propagation. On constate qu'en général le son se déplace plus vite dans les liquides et les solides que dans les gaz.

Il est intéressant de noter que les ondes lumineuses sont *beaucoup* plus rapides que les ondes sonores. La vitesse de la lumière dans le vide, $c = 300\,000$ km/s, correspond à environ un million de fois la vitesse du son dans l'air.

Milieu de propagation	Vitesse du son v_s (km/s)
gaz carbonique (CO_2) à $14\,°C$	0,27
dioxygène (O_2) à $14\,°C$	0,33
air à $14\,°C$	0,34
hélium à $14\,°C$	0,99
alcool méthylique à $0\,°C$	1,13
dihydrogène (H_2) à $14\,°C$	1,32
eau à $0\,°C$	1,40
eau à $20\,°C$	1,48
eau de mer à $20\,°C$	1,52
cuivre*	5,01
acier inoxydable*	5,79
aluminium*	6,42
diamant*	12,0
béryllium*	12,9

* Pour les solides, la vitesse dépend très peu de la température ; la vitesse indiquée est celle des ondes sonores longitudinales qui se déplacent à l'intérieur du solide.

impulsion : onde progressive localisée, générée par une perturbation brusque.

longueur d'onde : (symbole : λ, la lettre grecque lambda) longueur d'un cycle d'une onde périodique ; par exemple, la distance entre une crête et la crête suivante ; unité SI : m.

masse linéique : (symbole : μ, la lettre grecque mu) masse d'un objet filiforme homogène (comme un corde) divisée par sa longueur ; unité SI : kg/m.

onde longitudinale : lors du passage d'une onde longitudinale, les particules du milieu dans lequel elle se déplace oscillent dans la même direction que celle de sa propagation ; les ondes sonores sont longitudinales.

onde mécanique progressive : perturbation qui se propage dans un milieu en transférant de l'énergie d'un endroit à un autre sans qu'il y ait de transport de matière.

onde transversale : lors du passage d'une onde transversale, les particules du milieu dans lequel elle se déplace oscillent perpendiculairement à sa direction de propagation ; une onde sur une corde tendue est transversale.

son : onde mécanique longitudinale qui peut se déplacer dans n'importe quel milieu, qu'il soit solide, liquide ou gazeux.

QUESTIONS

Q1. Donnez trois exemples d'ondes.

Q2. Vrai ou faux ? **(a)** Au passage d'une onde, les particules oscillent nécessairement dans la même direction que celle de la propagation de l'onde. **(b)** Une onde mécanique peut se propager dans le vide.

Q3. Donnez un exemple d'une onde **(a)** mécanique ; **(b)** non mécanique ; **(c)** transversale ; **(d)** longitudinale.

Q4. En général, la vitesse d'une onde mécanique est proportionnelle à la racine carrée d'un paramètre qui exprime la _____ du milieu de propagation, et inversement proportionnelle à la racine carrée d'un paramètre qui exprime la _____ du milieu.

Q5. Vrai ou faux ? Lorsqu'on augmente la tension dans une corde, la vitesse des ondes sur la corde augmente.

Q6. Vrai ou faux ? Sur une corde donnée, une onde de plus grande amplitude se déplace plus rapidement qu'une onde de moins grande amplitude.

Q7. Lorsqu'on augmente la fréquence d'une onde sur une corde donnée, dites si chacun des paramètres suivants augmente, diminue ou demeure inchangé : **(a)** la période ; **(b)** la longueur d'onde ; **(c)** le module de la vitesse de l'onde.

Q8. Vrai ou faux ? Le son se déplace plus vite dans l'air froid que dans l'air chaud.

Q9. Vrai ou faux ? En général, le son se déplace plus lentement dans les liquides et dans les solides que dans les gaz.

Q10. À un facteur 10 près, la vitesse de la lumière dans le vide est _____ fois plus grande que la vitesse du son dans l'air.

DÉMONSTRATION

D1. Démontrez l'équation qui permet de calculer le module de la vitesse d'une onde sur une corde en fonction du module de la tension dans la corde et de sa masse linéique.

EXERCICES

○ Exercice dont la solution ne requiert ni calculatrice ni algèbre complexe.

À moins d'avis contraire, on peut considérer que le son voyage dans l'air à 340 m/s.

RÉCHAUFFEMENT

○ **1.8.1** *Trouvez l'erreur.* Quelle est l'erreur de physique sur la photo ci-dessous ?

STOCKXPERT

○ **1.8.2** *Un peu de calcul mental.* **(a)** Quel est le module de la vitesse d'une onde dont la longueur d'onde est de 12 m et dont la période est de 4 s ? **(b)** Quelle est la fréquence d'une onde qui se déplace à 8 m/s et dont la longueur d'onde est de 4 m ? **(c)** Des vagues se déplaçant à 4 m/s frappent un poteau planté dans un lac avec une période de 5 s : quelle est leur longueur d'onde ?

1.8.3 *La masse d'une corde.* Une onde prend 0,3 s pour traverser une corde de 5 m de longueur ; le module de la tension dans la corde est de 100 N. Déterminez la masse de la corde.

1.8.4 *La vitesse d'une onde sur une corde.* Déterminez le module de la vitesse d'une onde qui se déplace sur une corde dans les situations suivantes : **(a)** la corde a une masse de 0,1 kg, une longueur de 0,3 m et une tension dont le module est de 50 N ; **(b)** la corde de 3 m de longueur a une masse linéique de 2 g/cm et est tendue à l'aide du poids d'un bloc de 5 kg (schéma ci-contre).

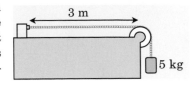

1.8.5 *Le décalage entre l'éclair et le tonnerre.* Vous voyez un éclair (photo ci-dessous) et vous entendez le tonnerre 8,22 s plus tard. **(a)** À quelle distance de vous l'éclair s'est-il produit ? **(b)** Combien de temps la lumière de l'éclair a-t-elle pris pour vous parvenir ? (La lumière se déplace presque un million de fois plus rapidement que le son.)

PETER ALOISIO, STOCK.XCHNG

SÉRIE PRINCIPALE

1.8.6 *Le son du diapason.* Lors du passage de l'onde sonore créée par un diapason utilisé pour accorder les instruments de musique (photo ci-contre), une molécule d'air oscille avec une période de 2,273 ms (milliseconde). Déterminez **(a)** la longueur d'onde et **(b)** la fréquence du son.

ISTOCKPHOTO

1.8.7 *Le module de la tension dans une corde.* Lorsque le module de la tension dans une corde est de 100 N, la vitesse des ondes sur la corde est de 6 m/s. Quel doit être le module de la tension pour que la vitesse soit de 12 m/s ?

1.8.8 *La longueur d'onde.* Un oscillateur vibrant à 60 Hz génère une onde dans une corde de 5 m dont la masse est de 1,5 kg et la tension est de 90 N. Quelle est la longueur d'onde ?

1.8.9 *L'onde créée par un oscillateur.* Un oscillateur vibrant à 75 Hz génère une onde dont la longueur d'onde est de 10 cm dans une corde tendue par le poids d'un bloc de 2 kg (schéma ci-contre). Quelle est la masse linéique de la corde ?

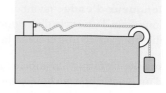

1.8.10 *L'onde créée par un oscillateur, prise 2.* Dans le montage de l'exercice 1.8.9, on accroche un bloc *supplémentaire* de 2 kg à l'extrémité de la corde. **(a)** Calculez la nouvelle longueur d'onde. **(b)** Si l'on désire que la longueur d'onde soit de nouveau de 10 cm, quelle doit être la fréquence de l'oscillateur ?

SÉRIE SUPPLÉMENTAIRE

1.8.11 *Un kilomètre en trois secondes.* Le module de la vitesse du son dans l'air est $v_s = 20\sqrt{T}$ où v_s est en mètres par seconde et T est en kelvins. À quelle température le son parcourt-il exactement 1 km en 3 s ?

1.8.12 *Plouf !* **(a)** À $t = 0$, on laisse tomber une roche (vitesse initiale nulle) dans un puits profond : la surface de l'eau se situe à une profondeur de 30 m. Au bout de combien de temps entend-on le bruit de l'impact de la roche dans l'eau ? (On néglige la résistance de l'air.) **(b)** On reprend l'expérience avec un autre puits et on entend le bruit de l'impact au bout de 2,22 s. À quelle profondeur se trouve la surface de l'eau ?

1.9

Les ondes sinusoïdales progressives

Après l'étude de cette section, le lecteur pourra décrire une onde sinusoïdale progressive
à l'aide d'une équation $y(x, t)$ ou de graphiques $y(x)$ et $y(t)$.

Lorsqu'on agite une des extrémités d'une corde tendue selon un mouvement harmonique simple, on crée sur la corde une onde dont la forme est sinusoïdale. Par rapport à un axe x correspondant à la corde au repos, cette **onde sinusoïdale progressive** peut être décrite par l'équation

$$y = A \sin(kx \pm \omega t + \phi)$$ Onde sinusoïdale progressive

Le paramètre y représente le déplacement transversal d'un point de la corde par rapport à la position au repos de la corde (schéma ci-dessus). Le signe $\pm$ dans l'équation détermine le sens de propagation de l'onde : le signe + correspond à une onde qui se déplace dans le sens *négatif* de l'axe x ; le signe − correspond à une onde qui se déplace dans le sens *positif* de l'axe x. Le paramètre k est le **nombre d'onde** :

$$k = \frac{2\pi}{\lambda}$$ Nombre d'onde

où λ est la longueur d'onde (voir **section 1.8 : Les ondes mécaniques progressives**). L'amplitude A, la fréquence angulaire ω et la constante de phase ϕ sont définies de la même façon que pour un mouvement harmonique simple (voir **section 1.1 : Les oscillations**).

Considérons une onde sinusoïdale progressive qui se déplace sur une corde. La position y en fonction du temps d'une particule **P** de la corde située à la position $x_\mathbf{P}$ (schéma ci-contre) est

$$y_\mathbf{P} = A \sin(kx_\mathbf{P} \pm \omega t + \phi)$$

Les composantes selon y de la vitesse et de l'accélération de la particule en fonction du temps sont respectivement

$$v_{y\mathbf{P}} = \frac{\mathrm{d}y_\mathbf{P}}{\mathrm{d}t} \qquad \text{et} \qquad a_{y\mathbf{P}} = \frac{\mathrm{d}v_{y\mathbf{P}}}{\mathrm{d}t}$$

Il est important de ne pas confondre la vitesse de la particule, orientée selon y, et la vitesse de propagation de l'onde, orientée selon x.

En présence d'une onde sonore sinusoïdale progressive, la pression de l'air (ou de toute autre substance dans laquelle le son voyage) fluctue autour de sa valeur normale (en l'absence d'onde sonore). On peut décrire cette *onde de pression* à l'aide de l'équation

$$\widetilde{P} = \widetilde{P}_{\max} \sin(kx \pm \omega t + \phi)$$

où $\widetilde{P}$ (la pression *manométrique*) représente la différence entre la valeur de la pression et sa valeur normale.

Les fluctuations de pression sont causées par le déplacement δ (la lettre grecque delta minuscule) des molécules d'air par rapport à leur position en l'absence d'onde sonore. Aux endroits où le déplacement est maximal, les molécules se déplacent « en bloc » et la pression ne varie pas ; en revanche, l'air est comprimé ou raréfié de part et d'autre des endroits où le déplacement est nul, ce qui fait en sorte que la pression y est maximale ou minimale. Ainsi, l'*onde de déplacement* est déphasée d'un quart de cycle par rapport à l'onde de pression, ce qu'on peut représenter en remplaçant le sinus par un cosinus :

$$\delta = \delta_{\max} \cos(kx \pm \omega t + \phi)$$

Comme nous l'avons vu dans la **section 1.8 : Les ondes mécaniques progressives**, on peut créer une impulsion (une onde localisée) sur une corde tendue en agitant brusquement l'extrémité de la corde ; de même, on peut créer une impulsion sonore dans un tuyau en imprimant un mouvement brusque à un piston (schémas ci-contre). Si la main et le piston oscillent continuellement selon un mouvement harmonique simple (MHS), ils génèrent des **ondes sinusoïdales progressives** (schémas en haut de la page suivante) — le sujet de la présente section.

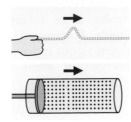

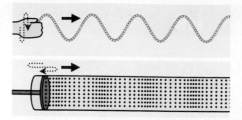

Comme les ondes sur les cordes tendues, qui sont transversales, sont plus faciles à dessiner et à visualiser que les ondes sonores, qui sont longitudinales, nous allons commencer par analyser les ondes sinusoïdales progressives sur les cordes. Nous reviendrons sur les ondes sonores à la fin de la section.

Le schéma ci-contre est une « photo » d'une onde sinusoïdale progressive à un instant $t = 0$. Nous avons défini un axe horizontal x dont l'origine correspond à l'extrémité gauche de la corde, ainsi qu'un axe vertical y. Une déformation vers le haut

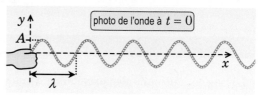

par rapport à la position non déformée de la corde correspond à une valeur positive de y ; une déformation vers le bas correspond à une valeur négative.

Nous avons choisi de « démarrer le chronomètre » à l'instant où la forme de l'onde correspond à un sinus non déphasé. Par conséquent, la fonction $y(x)$ qui représente la forme de la corde est

$$y = A \sin(kx)$$

où A est l'amplitude de l'onde et k est un paramètre qui s'exprime, dans le SI, en radians par mètre (puisque la phase du sinus est en radians et x est en mètres).

Entre $x = 0$ et $x = \lambda$, le sinus effectue un cycle complet. Ainsi, la phase kx du sinus est égale à 2π lorsque $x = \lambda$, ce qui permet d'écrire

$$k\lambda = 2\pi$$

$K = RAD/m$

d'où

$$\boxed{k = \frac{2\pi}{\lambda}} \quad \textbf{Nombre d'onde}$$

Le paramètre k est le **nombre d'onde** : dans le SI, il s'exprime en radians par mètre (rad/m).

Attention : le nombre d'onde associé à une onde sinusoïdale et la constante de rappel d'un ressort sont représentés par le même symbole, k : il ne faut pas les confondre ! Heureusement, il est rare que l'on doive tenir compte d'une constante de rappel et d'un nombre d'onde dans une même situation.

La fonction $y = A \sin(kx)$ décrit l'onde sinusoïdale progressive à $t = 0$. À partir de cette équation, nous pouvons obtenir une fonction générale, qui dépend à la fois de x et de t, permettant de décrire l'onde à n'importe quel instant.

Considérons une onde à $t = 0$ et à un instant t légèrement supérieur (schémas ci-contre) : entre les deux schémas, elle s'est déplacée de vt vers la droite. Définissons un axe x' dont l'origine se déplace vers la droite à la même vitesse que l'onde. *Par rapport à cet axe x'*, la fonction qui représente l'onde est encore un sinus non déphasé, c'est-à-dire

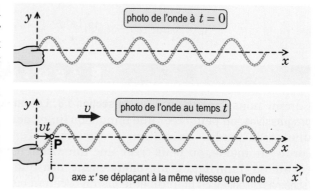

$$y = A \sin(kx')$$

Par rapport aux axes x et x', les coordonnées du point **P** sur le graphique du bas sont respectivement

$$x_{\mathbf{P}} = vt \qquad \text{et} \qquad x'_{\mathbf{P}} = 0$$

Par conséquent, un point quelconque de la corde, de coordonnée x', possède une coordonnée x égale à $x' + vt$:

$$x = x' + vt$$

ce qui implique

$$x' = x - vt$$

Comme l'onde en mouvement est décrite par la fonction $y = A\sin(kx')$, elle peut également être décrite par la fonction

$$y = A\sin[k(x - vt)] = A\sin(kx - kvt)$$

Or,

$$kv = \left(\frac{2\pi}{\lambda}\right)v = \left(\frac{2\pi}{\lambda}\right)\left(\frac{\lambda}{T}\right) = \frac{2\pi}{T} = \omega$$

ce qui permet d'écrire

$$y = A\sin(kx - \omega t)$$

Pour obtenir une équation générale qui permet de décrire une onde sinusoïdale progressive qui, à $t = 0$, débute (à $x = 0$) à n'importe quel endroit dans le cycle de la fonction sinus, il faut ajouter une constante de phase ϕ dans l'argument du sinus (comme nous l'avons fait dans la **section 1.1 : Les oscillations** pour obtenir l'équation générale du mouvement harmonique simple) :

$$y = A\sin(kx - \omega t + \phi)$$

La transformation de variable que nous venons d'utiliser,

$$x' = x - vt$$

permet d'analyser *n'importe quelle* onde qui se déplace dans le sens positif de l'axe x avec une vitesse de module v — pas seulement une onde sinusoïdale progressive. À partir de la fonction $y(x)$ qui décrit la forme de l'onde à $t = 0$, la fonction générale $y(x, t)$ qui permet de décrire l'onde à n'importe quel instant s'obtient en remplaçant la variable x d'origine par $x - vt$.

Pour une onde qui se déplace dans le sens négatif de l'axe x avec une vitesse de module v, la transformation de variable est plutôt

$$x' = x + vt$$

Ainsi, une onde sinusoïdale progressive qui se déplace dans le sens négatif de l'axe x est décrite par l'équation

$$y = A\sin(kx + \omega t + \phi)$$

L'équation générale qui permet de décrire une onde sinusoïdale progressive est

$$\boxed{y = A\sin(kx \pm \omega t + \phi)}$$ **Onde sinusoïdale progressive**

Le signe ± doit être choisi en fonction du sens de propagation de l'onde. Il faut prendre *l'inverse* du signe de la composante selon x de la vitesse de l'onde : pour une onde qui se déplace vers les x positifs, il faut prendre le signe négatif ; pour une onde qui se déplace vers les x négatifs, il faut prendre le signe positif.

La longueur d'onde λ et la période T sont toujours des quantités positives. Par conséquent,

$$k = \frac{2\pi}{\lambda} \qquad \text{et} \qquad \omega = \frac{2\pi}{T}$$

sont toujours des quantités positives. C'est pour cela qu'il faut « ajuster manuellement » le signe dans l'équation afin de reproduire une onde qui se déplace dans le sens voulu.

Lorsqu'on décrit une seule onde sinusoïdale progressive, on peut s'arranger pour obtenir la valeur de ϕ que l'on désire en « démarrant le chronomètre » à l'instant approprié : en particulier, on peut s'arranger pour avoir $\phi = 0$, ce qui simplifie la description de l'onde. Dans cette section, nous allons surtout considérer des situations pour lesquelles la constante de phase est égale à 0, $\pi/2$ rad, π rad ou $3\pi/2$ rad (schémas ci-dessous).

Dans certains exercices de la série supplémentaire, à la fin de cette section, la constante de phase ϕ *n'est pas* un multiple de $\pi/2$ rad : dans ce cas, on peut déterminer ϕ en utilisant les méthodes présentées dans la **section 1.5 : Les fonctions trigonométriques inverses et le MHS**.

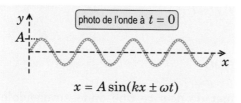

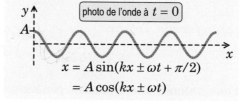

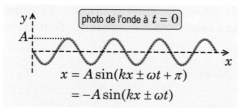

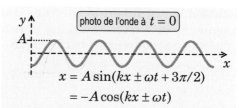

Situation 1 : *De l'équation au graphique.* Une onde sinusoïdale progressive est décrite par l'équation

$$y = 0{,}3\sin(0{,}698x + 3{,}49t)$$

où x et y sont en mètres, t est en secondes et la phase est en radians. On désire déterminer **(a)** l'amplitude, **(b)** la longueur d'onde, **(c)** la période, **(d)** le module de la vitesse et **(e)** le sens de propagation de l'onde. On désire également dessiner la corde (pour $0 \le x \le 20$ m) **(f)** à $t = 0$ et **(g)** à $t = T/4$ (où T est la période).

(a) Par simple examen de la fonction, nous savons que l'amplitude est $\boxed{A = 0{,}3 \text{ m}}$.

(b) Par examen de la fonction, $k = 0{,}698$ rad/m, d'où

$$k = \frac{2\pi}{\lambda} \quad \Rightarrow \quad \lambda = \frac{2\pi}{k} = \frac{2\pi}{(0{,}698 \text{ rad/m})} \quad \Rightarrow \quad \boxed{\lambda = 9 \text{ m}}$$

(c) Par examen de la fonction, $\omega = 3{,}49$ rad/s, d'où

$$\omega = \frac{2\pi}{T} \quad \Rightarrow \quad T = \frac{2\pi}{\omega} = \frac{2\pi}{(3{,}49 \text{ rad/s})} \quad \Rightarrow \quad \boxed{T = 1{,}8 \text{ s}}$$

(d) Le module de la vitesse est

$$\lambda = vT \qquad \Rightarrow \qquad v = \frac{\lambda}{T} = \frac{(9\,\text{m})}{(1{,}8\,\text{s})} \qquad \Rightarrow \qquad \boxed{v = 5\,\text{m/s}}$$

(e) Comme le signe devant ω est positif, l'onde se déplace $\boxed{\text{dans le sens négatif de l'axe}}$.

(f) À $t = 0$, la fonction de l'onde est

$$y = 0{,}3\sin(0{,}698x)$$

où x et y sont en mètres et la phase est en radians. Comme $\phi = 0$, il s'agit d'un sinus *non déphasé*. En posant des repères à tous les $\lambda/4$ = 2,25 m, nous obtenons le graphique ci-contre.

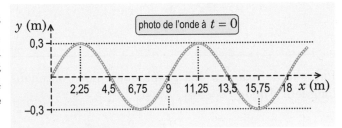

Pour plus de clarté, l'échelle n'est pas la même sur les deux axes : la photo est « étirée » selon la direction verticale.

(g) À $t = T/4 = 1{,}8/4 = 0{,}45$ s, la fonction de l'onde est

$$y = 0{,}3\sin(0{,}698x + [3{,}49 \times 0{,}45])$$
$$= 0{,}3\sin(0{,}698x + 1{,}57)$$
$$= 0{,}3\sin\left(0{,}698x + \frac{\pi}{2}\right)$$

À $x = 0$, nous avons

$$y = 0{,}3\sin\left(\frac{\pi}{2}\right) = 0{,}3 \times 1 = 0{,}3\,\text{m}$$

L'onde est à son maximum positif en $x = 0$, ce qui permet de tracer le graphique ci-contre.

Entre $t = 0$ et $t = 0{,}45$ s, l'onde se déplace de

$$v\Delta t = (5\,\text{m/s})(0{,}45\,\text{s})$$
$$= 2{,}25\,\text{m}$$

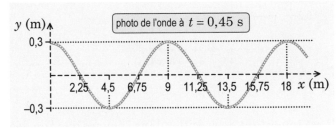

dans le sens négatif de l'axe x (vers la gauche). La comparaison des deux graphiques précédents permet de vérifier que c'est bien le cas : le sommet de l'onde qui se trouvait en $x = 2{,}25$ m à $t = 0$ est rendu en $x = 0$ à $t = 0{,}45$ s (graphique ci-contre).

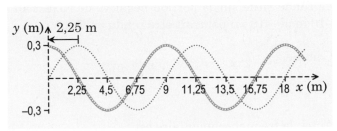

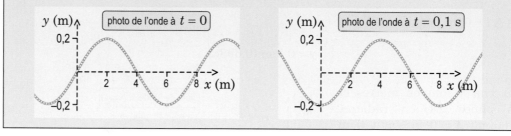

Situation 2 : *La fonction d'une onde sinusoïdale à partir de deux photos de la corde.* En photographiant une onde sinusoïdale progressive qui voyage sur une corde, on a obtenu les deux graphiques ci-dessous (pour $t = 0$, à gauche, et pour $t = 0,1$ s, à droite). On désire déterminer la fonction $y(x, t)$ qui représente cette onde, en supposant que celle-ci possède **(a)** la plus petite vitesse possible dans le sens positif de l'axe x ; **(b)** la plus petite vitesse possible dans le sens négatif de l'axe x.

Par simple examen des graphiques, nous obtenons l'amplitude, $A = 0,2\,\text{m}$, et la longueur d'onde, $\lambda = 8\,\text{m}$. Ainsi,

$$k = \frac{2\pi}{\lambda} = \frac{2\pi}{(8\,\text{m})} = \frac{\pi}{4}\,\text{rad/m} = 0,785\,\text{rad/m}$$

En **(a)**, nous voulons que l'onde se déplace dans le sens positif de l'axe x avec la plus petite vitesse possible : par conséquent, le creux situé, à $t = 0$, à la position $x = 6$ m (point **P** sur le graphique ci-dessous, à gauche) est rendu, à $t = 0,1$ s, à la position $x = 8$ m (point **Q** sur le graphique ci-dessous, à droite). Comme l'onde s'est déplacée de $(8\,\text{m}) - (6\,\text{m})$ = 2 m dans le sens positif en 0,1 s, sa vitesse est

$$v_x = \frac{\Delta x}{\Delta t} = \frac{(2\,\text{m})}{(0,1\,\text{s})} = 20\,\text{m/s}$$

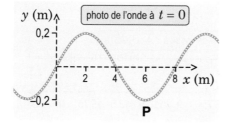

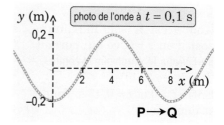

Il est important de spécifier dans l'énoncé que l'on désire trouver la *plus petite vitesse possible* qui permette de reproduire les deux schémas : en effet, n'importe quel creux de l'onde situé sur la portion négative de l'axe x à $t = 0$ (par exemple, en $x = -2$ m, -10 m ou -18 m) pourrait être rendu en **Q** à $t = 0,1$ s.

Comme $\lambda = vT$,

$$T = \frac{\lambda}{v}$$

Ainsi, la fréquence angulaire est

$$\omega = \frac{2\pi}{T} = \frac{2\pi}{\lambda/v} = \frac{2\pi v}{\lambda} = \frac{2\pi \times (20\,\text{m/s})}{(8\,\text{m})} = 5\pi\,\text{rad/s} = 15,7\,\text{rad/s}$$

Comme l'onde se déplace dans le sens positif de l'axe, il faut choisir le signe négatif devant ω dans l'équation $y = A\sin(kx \pm \omega t + \phi)$. De plus, à $t = 0$, l'onde a la forme d'un sinus non déphasé ; ainsi, la constante de phase ϕ est nulle.

L'équation cherchée est

$$y = 0{,}2 \sin\left(\frac{\pi}{4}x - 5\pi t\right)$$

où x et y sont en mètres, t est en secondes et la phase est en radians.

Faisons une vérification rapide : pour $t = 0{,}1$ s et $x = 4$ m,

$$y = 0{,}2\sin\left(\left(\frac{\pi}{4}\times 4\right) - (5\pi \times 0{,}1)\right) = 0{,}2\sin\left(\pi - \frac{\pi}{2}\right) = 0{,}2\sin\left(\frac{\pi}{2}\right) = 0{,}2\times 1 = 0{,}2 \text{ m}$$

ce qui concorde avec ce qu'on peut lire sur le graphique de droite de l'énoncé.

En **(b)**, nous voulons que l'onde se déplace dans le sens négatif de l'axe x avec la plus petite vitesse possible : par conséquent, le creux situé, à $t = 0$, à la position $x = 6$ m (point **P** sur le graphique ci-dessous, à gauche) est rendu, à $t = 0{,}1$ s, à la position $x = 0$ (point **R** sur le graphique ci-dessous, à droite). L'onde s'est déplacée de $\Delta x = -6$ m en 0,1 s, ce qui donne une vitesse

$$v_x = \frac{\Delta x}{\Delta t} = \frac{(-6\text{ m})}{(0{,}1\text{ s})} = -60 \text{ m/s}$$

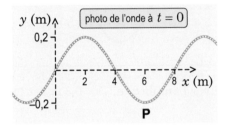

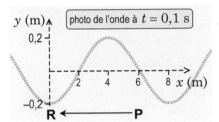

Le module de la vitesse est $v = 60$ m/s, d'où

$$\omega = \frac{2\pi}{T} = \frac{2\pi}{\lambda/v} = \frac{2\pi v}{\lambda} = \frac{2\pi \times (60\text{ m/s})}{(8\text{ m})} = 15\pi \text{ rad/s} = 47{,}1 \text{ rad/s}$$

Comme l'onde se déplace dans le sens négatif de l'axe, il faut mettre un signe positif devant ω, ce qui donne

$$y = 0{,}2\sin\left(\frac{\pi}{4}x + 15\pi t\right)$$

où x et y sont en mètres, t est en secondes et la phase est en radians.

Faisons une vérification rapide : pour $t = 0{,}1$ s et $x = 4$ m,

$$y = 0{,}2\sin\left(\left(\frac{\pi}{4}\times 4\right) + (15\pi \times 0{,}1)\right) = 0{,}2\sin(\pi + 1{,}5\pi) = 0{,}2\sin(2{,}5\pi) = 0{,}2\times 1 = 0{,}2 \text{ m}$$

ce qui concorde avec ce qu'on peut lire sur le graphique de droite de l'énoncé.

Les graphiques $y(t)$

Dans ce qui précède, les schémas représentant une onde sinusoïdale qui voyage sur une corde sont tous des graphiques de y en fonction de x pour un temps t particulier. De tels graphiques correspondent à ce qu'on obtiendrait si l'on photographiait la corde : c'est pour cela, d'ailleurs, que nous les avons qualifiés de *photos* — même si, la plupart du temps, il s'agissait de photos « étirées », puisque les échelles des axes verticaux et horizontaux n'étaient pas les mêmes.

Il existe une autre manière de représenter schématiquement une onde : il s'agit de tracer le graphique de y en fonction de t pour une position x particulière. Cela revient à imaginer qu'on attache un petit ruban à la position x sur la corde, et qu'on suive le mouvement du ruban en fonction du temps. Pour les distinguer des photos $y(x)$, nous allons appeler ces graphiques $y(t)$ des *historiques*, car ils représentent l'« histoire » du mouvement d'un point particulier de la corde pendant une certaine période de temps.

Lorsqu'une onde sinusoïdale progressive se déplace sur une corde horizontale, chaque point de la corde effectue un mouvement harmonique simple vertical. Par conséquent, les historiques $y(t)$ des divers points sur la corde sont similaires aux graphiques $x(t)$ des MHS que nous avons analysés dans les premières sections de ce chapitre.

Situation 3 : *La fonction d'une onde sinusoïdale à partir du MHS de deux points sur la corde.* Sur une corde, une onde sinusoïdale progressive se déplace à 3 m/s. Les graphiques ci-dessous représentent la position y en fonction du temps t des points situés en $x = 0$ et en $x = 6$ m sur la corde. On désire déterminer la fonction $y(x, t)$ qui représente cette onde.

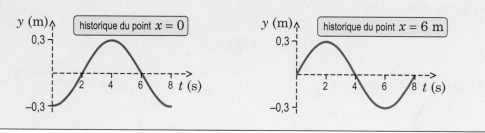

Par simple examen des schémas, nous pouvons trouver l'amplitude, $A = 0,3\,\text{m}$, et la période, $T = 8\,\text{s}$. La fréquence angulaire est

$$\omega = \frac{2\pi}{T} = \frac{2\pi}{(8\,\text{s})} = \frac{\pi}{4}\,\text{rad/s} = 0{,}7854\,\text{rad/s}$$

D'après l'énoncé, le module de la vitesse est $v = 3\,\text{m/s}$. Par conséquent, la longueur d'onde est

$$\lambda = vT = (3\,\text{m/s})(8\,\text{s}) = 24\,\text{m}$$

et le nombre d'onde est

$$k = \frac{2\pi}{\lambda} = \frac{2\pi}{(24\,\text{m})} = \frac{\pi}{12}\,\text{rad/m} = 0{,}2618\,\text{rad/m}$$

L'énoncé ne spécifie pas si l'onde se déplace dans le sens positif ou dans le sens négatif de l'axe. Ainsi, pour l'instant, nous pouvons écrire

$$y = 0{,}3\,\sin\left(\frac{\pi}{12}x \pm \frac{\pi}{4}t + \phi\right)$$

Nous pouvons déterminer la constante de phase ϕ en considérant ce qui se passe pour $x = 0$ et $t = 0$: en effet, les deux premiers termes disparaissent dans la phase du sinus, et il ne reste que ϕ. D'après l'historique du point $x = 0$ (graphique de gauche de l'énoncé), à $t = 0$, la position y est maximale et négative : $y = -A = -0{,}3$ m. Ainsi, le sinus est égal à -1, ce qui implique que

$$\phi = \frac{3\pi}{2}\,\text{rad}$$

Par conséquent,

$$y = 0{,}3\sin\left(\frac{\pi}{12}x \pm \frac{\pi}{4}t + \frac{3\pi}{2}\right)$$

et il ne reste plus qu'à déterminer le bon signe pour le ±. C'est là que l'historique du point $x = 6$ m (graphique de droite) devient important : en effet, les deux signes reproduisent correctement le graphique de gauche (pour $t = 0$, le terme qui contient le signe ± disparaît).

D'après le graphique de droite de l'énoncé, $y = 0{,}3$ m pour $x = 6$ m et $t = 2$ s. En supposant que le signe positif est correct, nous obtenons une égalité :

$$0{,}3 = 0{,}3\sin\left(\frac{6\pi}{12} + \frac{2\pi}{4} + \frac{3\pi}{2}\right)$$

$$0{,}3 = 0{,}3\sin\left(\frac{5\pi}{2}\right)$$

$$0{,}3 = 0{,}3 \times 1$$

En revanche, le signe négatif mène à une contradiction :

$$0{,}3 = 0{,}3\sin\left(\frac{6\pi}{12} - \frac{2\pi}{4} + \frac{3\pi}{2}\right)$$

$$0{,}3 = 0{,}3\sin\left(\frac{3\pi}{2}\right)$$

$$0{,}3 = 0{,}3 \times -1$$

Ainsi, la fonction qui décrit l'onde est

$$\boxed{y = 0{,}3\sin\left(\frac{\pi}{12}x + \frac{\pi}{4}t + \frac{3\pi}{2}\right)}$$

où x et y sont en mètres, t est en secondes et la phase est en radians. Comme le signe devant ω est positif, l'onde se déplace dans le sens négatif de l'axe.

La vitesse et l'accélération d'une particule sur la corde

Une onde sinusoïdale progressive qui se déplace sur une corde est décrite par une fonction qui dépend à la fois de la position x et du temps t :

$$y = A\sin(kx \pm \omega t + \phi)$$

Considérons une particule **P** de la corde à une position $x_\mathbf{P}$ donnée. Selon l'axe y perpendiculaire à la corde, la position de cette particule en fonction du temps est

$$y_\mathbf{P} = A\sin(kx_\mathbf{P} \pm \omega t + \phi)$$

Comme $x_\mathbf{P}$ est une constante, cette fonction ne dépend que du temps. En la dérivant par rapport au temps, nous obtenons la composante selon y de la vitesse de la particule en fonction du temps :

$$v_{y\mathbf{P}} = \frac{\mathrm{d}y_\mathbf{P}}{\mathrm{d}t}$$

Il est important de ne pas confondre la vitesse de la particule selon y et la vitesse de propagation de l'onde sinusoïdale progressive selon x, dont le module est

$$v = \sqrt{\frac{F}{\mu}}$$

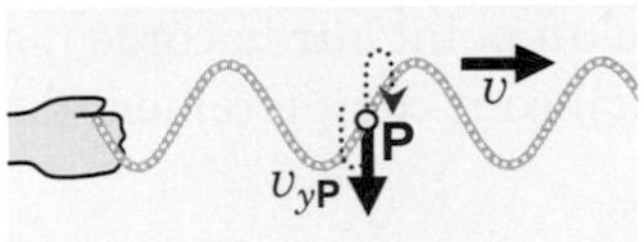

(voir schéma ci-contre).

En dérivant la fonction $v_{y\mathbf{P}}$ par rapport au temps, nous obtenons la composante selon y de l'accélération de la particule en fonction du temps :

$$a_{y\mathbf{P}} = \frac{\mathrm{d}v_{y\mathbf{P}}}{\mathrm{d}t}$$

Situation 4 : *La vitesse et l'accélération d'une particule de la corde.* Une onde sinusoïdale progressive décrite par la fonction

$$y = 0{,}4\sin(4x - 5t + 1)$$

se déplace sur une corde (x et y sont en mètres, t est en secondes et la phase est en radians). On s'intéresse à une particule **P** de la corde située à la position $x = 0{,}5$ m. On désire déterminer **(a)** les fonctions qui donnent la position, la vitesse et l'accélération selon y de la particule en fonction du temps ; **(b)** la position, la vitesse et l'accélération selon y de la particule à $t = 3$ s ; **(c)** le module de la vitesse de propagation de l'onde sur la corde.

Pour répondre à **(a)**, nous pouvons remplacer x par 0,5 m afin d'obtenir la fonction $y_\mathbf{P}(t)$:

$$y_\mathbf{P} = 0{,}4\sin\big((4 \times 0{,}5) - 5t + 1\big) \qquad \Rightarrow \qquad \boxed{y_\mathbf{P} = 0{,}4\sin(3 - 5t)}$$

En dérivant une première fois par rapport au temps, nous obtenons la fonction $v_{y\mathbf{P}}(t)$:

$$v_{y\mathbf{P}} = \frac{\mathrm{d}y_\mathbf{P}}{\mathrm{d}t} = -5 \times 0{,}4\cos(3 - 5t) \qquad \Rightarrow \qquad \boxed{v_{y\mathbf{P}} = -2\cos(3 - 5t)}$$

En dérivant une seconde fois par rapport au temps, nous obtenons la fonction $a_{y\mathbf{P}}(t)$:

$$a_{y\mathbf{P}} = \frac{\mathrm{d}v_{y\mathbf{P}}}{\mathrm{d}t} = -5 \times -2 \times -\sin(3 - 5t) \qquad \Rightarrow \qquad \boxed{a_{y\mathbf{P}} = -10\sin(3 - 5t)}$$

Pour répondre à **(b)**, remplaçons t par 3 s dans les fonctions que nous venons de trouver :

$$y_\mathbf{P} = 0{,}4\sin\big(3 - (5 \times 3)\big) = 0{,}4\sin(-12) \quad \Rightarrow \quad \boxed{y_\mathbf{P} = 0{,}215\text{ m}}$$

$$v_{y\mathbf{P}} = -2\cos(-12) \quad \Rightarrow \quad \boxed{v_{y\mathbf{P}} = -1{,}69\text{ m/s}}$$

$$a_{y\mathbf{P}} = -10\sin(-12) \quad \Rightarrow \quad \boxed{a_{y\mathbf{P}} = -5{,}37\text{ m/s}^2}$$

En **(c)**, nous voulons déterminer le module de la vitesse de propagation de l'onde. Par simple examen de la fonction donnée dans l'énoncé, nous savons que $k = 4$ rad/m et $\omega = 5$ rad/s. (Comme il y a un signe négatif devant ω, l'onde se déplace dans le sens positif de l'axe.) Le module de la vitesse de l'onde est

$$v = \frac{\lambda}{T} = \frac{2\pi/k}{2\pi/\omega} = \frac{\omega}{k} = \frac{(5\text{ rad/s})}{(4\text{ rad/m})} = \frac{5}{4}\text{ m/s} \qquad \Rightarrow \qquad \boxed{v = 1{,}25\text{ m/s}}$$

Il est intéressant de remarquer que les calculs qui permettent de déterminer la vitesse d'un point sur la corde (parties **(a)** et **(b)**) et la vitesse de propagation de l'onde (partie **(c)**) sont complètement distincts.

Les ondes sonores sinusoïdales progressives

Au début de la section, nous avons dessiné, l'une au-dessus de l'autre, l'onde sinusoïdale générée sur une corde par une main qui oscille et l'onde sonore sinusoïdale générée par un piston qui oscille. Nous allons maintenant nous intéresser à la description des ondes sonores.

Sur le schéma ci-dessous, chaque petit rond représente une « supermolécule », c'est-à-dire plusieurs milliards de molécules d'air. (En réalité, les molécules d'air se déplacent dans tous les sens en raison de leur agitation thermique ; toutefois, si l'on considère la position moyenne d'un grand nombre de molécules, on n'a pas besoin de tenir compte de ce phénomène.) La partie supérieure du schéma représente la position des supermolécules en l'absence d'onde sonore. Vient ensuite une représentation de l'air en présence d'une onde sonore sinusoïdale progressive : nous avons indiqué la position des supermolécules à un certain instant « $t = 0$ ». La partie inférieure du schéma décrit l'onde sonore de deux manières : à partir de la différence $\widetilde{P}$ entre la pression de l'air en présence et en l'absence d'onde sonore (graphique du haut), et à partir du déplacement δ (la lettre grecque delta minuscule) des supermolécules par rapport à leur position en l'absence d'onde sonore (graphique du bas).

Dans ce qui suit, nous allons prendre pour exemple une onde voyageant dans l'air, mais la description s'applique à toute onde sonore, peu importe le milieu de propagation.

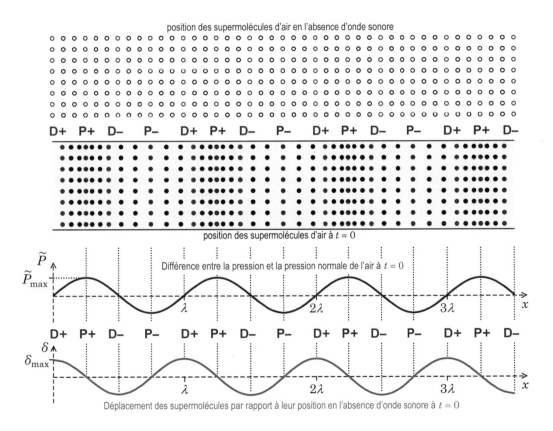

Dans les régions identifiées par **P+**, les supermolécules sont plus rapprochées les unes des autres qu'en l'absence d'onde sonore : la pression est plus élevée que la pression atmosphérique normale. Dans les régions identifiées par **P−**, les supermolécules sont plus éloignées les unes des autres qu'en l'absence d'onde sonore : la pression est plus faible que la pression atmosphérique normale.

Dans les régions identifiées par **D+**, les supermolécules sont décalées dans le sens positif de l'axe x (vers la droite) par rapport à leur position non perturbée : le déplacement δ est positif. Dans les régions identifiées par **D−**, les supermolécules sont décalées dans le sens négatif de l'axe x (vers la gauche) : δ est négatif. Dans les régions identifiées par **P+** ou **P−**, les supermolécules sont au même endroit que s'il n'y avait pas d'onde sonore : $\delta = 0$.

Dans la **section 2.11 : La pression** du **tome A**, nous avons défini le paramètre $\widetilde{P}$, appelé *pression manométrique*, pour désigner la *différence* entre la pression et la pression atmosphérique normale. Dans les régions **P+**, $\widetilde{P}$ est positif ; dans les régions **P−**, $\widetilde{P}$ est négatif. Dans les régions identifiées par **D+** ou **D−**, l'espacement entre les supermolécules est essentiellement le même qu'en l'absence d'onde sonore : $\widetilde{P} = 0$.

On peut décrire le graphique $\widetilde{P}(x)$, c'est-à-dire l'*onde de pression*, à l'aide de l'équation

$$\widetilde{P} = \widetilde{P}_{max} \sin(kx \pm \omega t + \phi)$$

(Dans la situation que nous avons représentée, $\phi = 0$.) Le paramètre $\widetilde{P}_{max}$ représente l'amplitude de l'onde de pression : toutefois, contrairement à l'amplitude A d'une onde sur une corde, $\widetilde{P}_{max}$ s'exprime, dans le SI, en pascals, l'unité de la pression (1 Pa $= 1$ N/m^2).

Comme on peut le constater en examinant les graphiques du bas de la page précédente, l'onde de pression $\widetilde{P}(x)$ correspond à un sinus non déphasé (à $t = 0$), tandis que l'*onde de déplacement* $\delta(x)$ correspond à un cosinus non déphasé. Ainsi, on peut décrire l'onde de déplacement à l'aide de l'équation

$$\delta = \delta_{max} \cos(kx \pm \omega t + \phi)$$

L'amplitude de déplacement δ_{max}, tout comme l'amplitude A d'une onde sur une corde, s'exprime, dans le SI, en mètres : toutefois, il ne faut pas oublier que δ_{max} décrit une oscillation *longitudinale*, parallèle à la vitesse de l'onde sonore, tandis que A décrit une oscillation *transversale*, *perpendiculaire* à la vitesse de l'onde sur la corde. (En passant, on pourrait tout aussi bien appeler l'amplitude de l'onde sur une corde y_{max} plutôt que A, ce qui rendrait le parallèle avec δ_{max} plus évident.)

Lorsque la fonction $\widetilde{P}(x)$ qui décrit l'onde de pression est nulle, la fonction $\delta(x)$ qui décrit l'onde de déplacement passe par un maximum (en valeur absolue). En effet, aux endroits où les supermolécules se sont déplacées le plus (régions de type **D**), elles se sont toutes déplacées « en bloc » : c'est pour cela que la pression est normale ($\widetilde{P} = 0$) à ces endroits.

De même, lorsque la fonction $\delta(x)$ est nulle, la fonction $\widetilde{P}(x)$ passe par un maximum (en valeur absolue). Pour comprendre pourquoi, considérons une supermolécule dans une région **P+** : elle est à la même position qu'en l'absence d'onde sonore, mais les molécules de part et d'autre de l'endroit où elle se trouve se sont déplacées *vers* elle. Ainsi, la pression manométrique à l'endroit où elle se trouve est maximale.

Les schémas ci-contre permettent de comparer l'onde sonore à $t = 0$ et à $t = T/4$ (un quart de période plus tard) : entre les deux schémas, l'onde s'est déplacée d'un quart de longueur d'onde vers la droite. Il est important de se rappeler que les supermolécules ne suivent pas l'onde : elles ne font qu'osciller autour de leur position en l'absence d'onde sonore. Ainsi, les supermolécules qui se trouvaient dans les régions de type **P** à $t = 0$ se retrouvent dans des régions de type **D** à $t = T/4$, et vice versa.

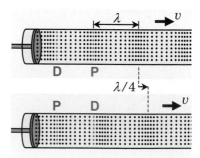

nombre d'onde : (symbole : k) un des paramètres servant à décrire une onde sinusoïdale progressive ; plus le nombre d'onde est élevé, plus la longueur d'onde est courte ; unité SI : rad/m.

onde sinusoïdale progressive : onde progressive pouvant être décrite par une fonction sinusoïdale.

QUESTIONS

Q1. Dans l'équation $y = A \sin(kx \pm \omega t + \phi)$, comment fait-on pour choisir le bon signe pour le $\pm$?

Q2. Considérons une onde qui se déplace dans le sens positif de l'axe x avec une vitesse de module v. Si l'on connaît la fonction $y(x)$ qui décrit la forme de l'onde à $t = 0$, comment peut-on obtenir la fonction générale $y(x, t)$ qui permet de décrire l'onde à n'importe quel instant ?

Q3. Considérons une onde sonore qui se déplace le long de l'axe x. Si la fonction qui décrit l'onde de pression est un sinus non déphasé, la fonction qui décrit l'onde de déplacement est un _____ non déphasé.

Q4. Le schéma ci-contre indique la position, à un certain instant, des supermolécules d'air dans un tuyau où voyage une onde sonore. **(a)** À quel(s) endroit(s) (**A**, **B** ou **C**) les super-molécules sont-elles à la même position qu'en l'absence d'onde sonore ? **(b)** À quel(s) endroits(s) la pression est-elle maximale ? **(c)** À quel(s) endroit(s) la pression est-elle égale à la pression en l'absence d'onde sonore ?

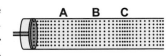

EXERCICES

○ Exercice dont la solution ne requiert ni calculatrice ni algèbre complexe.

Dans les exercices où l'on demande l'équation qui décrit une onde sinusoïdale progressive, celle-ci doit être exprimée sous la forme

$$y = A \sin(kx \pm \omega t + \phi)$$

avec x et y en mètres, t en secondes, $A > 0$, $k > 0$, $\omega > 0$ et $0 \le \phi < 2\pi$ rad. Lorsqu'on spécifie l'équation $x(t)$ d'un MHS à l'aide de valeurs numériques, x est en mètres, t est en secondes et la phase est en radians.

RÉCHAUFFEMENT

○ **1.9.1** *Trois « photos » d'une onde sinusoïdale progressive.* Le schéma ci-contre représente une longueur d'onde d'une onde sinusoïdale progressive à $t = 0$, $t = 2$ s et $t = 4$ s.

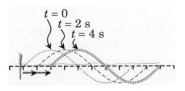

Il y a 10 cm entre deux graduations successives de l'axe. **(a)** Quel est le module de la vitesse de l'onde ? **(b)** Quelle est la période de l'onde ? **(c)** Peut-on trouver la période sans connaître la distance entre deux graduations de l'axe ? Si oui, comment ?

1.9.2 *Une onde sinusoïdale progressive.* Une onde sinusoïdale progressive est caractérisée par un nombre d'onde de 2 rad/m et une fréquence angulaire de 8 rad/s. Déterminez **(a)** la longueur d'onde ; **(b)** la période ; **(c)** la fréquence ; **(d)** le module de la vitesse.

1.9.3 *La fonction à partir des paramètres.* Une onde sinusoïdale progressive se déplace dans le sens positif de l'axe x. L'amplitude est de 0,01 m, la longueur d'onde est de 0,5 m et la fréquence est de 10 Hz. À $t = 0$, une particule située en $x = 0$ est à la position $y = -0,01$ m. Déterminez la fonction qui représente l'onde.

1.9.4 *La fonction d'une onde en mouvement.* À $t = 0$, la forme d'une onde correspond à la fonction

$$y = 0,02 \cos(3x + 5)$$

(a) Quelle transformation de variable doit-on faire pour obtenir une onde qui se déplace à 3 m/s dans le sens positif de l'axe x ? **(b)** Quelle fonction $y(x, t)$ obtient-on ?

1.9.5 *Du graphique à l'équation.* Le graphique ci-contre représente la forme d'une onde sinusoïdale à $t = 0$. L'onde se déplace à 2,5 m/s dans le sens positif de l'axe x. **(a)** Écrivez la fonction $y(x, t)$ qui représente cette onde. **(b)** Quelle est la période de l'oscillation d'une particule de la corde ?

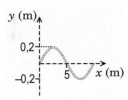

SÉRIE PRINCIPALE

1.9.6 *Du graphique à l'équation, prise 2.* Le graphique ci-contre représente la forme d'une onde sinusoïdale progressive à $t = 0$. À $t = 0,4$ s, un petit ruban attaché sur la corde au point **P** passe pour la première fois depuis $t = 0$ à la position $y = 0$. Sachant que l'onde se déplace dans le sens négatif de l'axe x, écrivez la fonction $y(x, t)$ qui la représente.

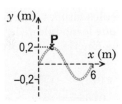

1.9.7 *Le graphique d'une onde à partir de son équation.* Une onde sur une corde est décrite par l'équation

$$y = 0,06 \sin\left(\frac{\pi}{4}x + \frac{\pi}{4}t\right)$$

Dessinez la corde (pour $0 \le x \le 10$ m) à **(a)** $t = 0$; **(b)** $t = 1$ s ; **(c)** $t = 2$ s. (Pour plus de clarté, l'échelle de l'axe vertical peut être différente de celle de l'axe horizontal.)

1.9.8 *Une onde à deux instants.* Sur le graphique ci-contre, on a représenté une onde sinusoïdale à $t = 0$ et à $t = 0,5$ s. Déterminez la fonction $y(x, t)$ qui représente l'onde, en supposant qu'elle possède la plus petite vitesse possible **(a)** dans le sens positif de l'axe x ; **(b)** dans le sens négatif de l'axe x.

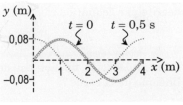

1.9.9 *Des graphiques $y(x)$ aux graphiques $y(t)$.* Sur le graphique ci-contre, on a représenté une onde sinusoïdale à $t = 0$ et à $t = 2$ s ; entre les deux instants, elle s'est dépla-

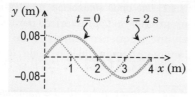

cée de 1 m vers la gauche. Pour chacune des positions suivantes sur la corde, tracez le graphique de la position y de la particule de la corde en fonction du temps, pour $0 \le t < 10$ s : **(a)** $x = 0$; **(b)** $x = 1$ m ; **(c)** $x = 2$ m.

1.9.10 *La vitesse d'une particule sur une corde.* Une onde sinusoïdale progressive se déplace sur une corde horizontale. À un certain instant, une particule **P** de la corde passe par la position d'équilibre en se déplaçant à 2 m/s vers le haut. Quelle est sa vitesse **(a)** un quart de période plus tard ; **(b)** une demi-période plus tard ; **(c)** une période plus tard ?

1.9.11 *La position et la vitesse d'une particule de la corde.* Une onde décrite par la fonction

$$y = 0,03 \sin(3x + 2\pi t + 5)$$

se déplace sur une corde. **(a)** À $t = 4$ s, déterminez la position, la vitesse et l'accélération selon y d'une particule de la corde située en $x = 6$ m. **(b)** Quel est le module maximal de la vitesse d'une particule de la corde ? **(c)** Quel est le module maximal de l'accélération d'une particule de la corde ?

1.9.12 *La fonction à partir de deux graphiques $y(t)$.* Les schémas ci-dessous donnent la position y en fonction du temps de particules situées en $x = 0$ et en $x = 4$ m sur une corde. Sachant que le module de la vitesse de l'onde est de 2 m/s, déterminez la fonction qui représente l'onde.

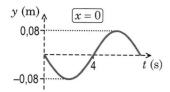
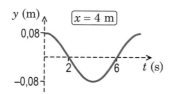

SÉRIE SUPPLÉMENTAIRE

1.9.13 *Le graphique d'une onde à partir de son équation, prise 2.* Reprenez l'**exercice 1.9.7** pour l'équation

$$y = 0,06 \sin(0,628x - 1,256t)$$

1.9.14 *La masse linéique d'une corde.* Une onde sur une corde est décrite par l'équation

$$y = 2 \sin(0,628x - 1,256t)$$

Le module de la tension est de 5 N. Quelle est la masse linéique de la corde ?

1.9.15 *La position et la vitesse d'une particule de la corde, prise 2.* Reprenez l'**exercice 1.9.11** pour une onde décrite par la fonction

$$y = 0,05 \cos(x - 3t + \pi)$$

1.9.16 *La fonction d'une onde en mouvement, prise 2.* À $t = 0$, la forme d'une onde progressive non sinusoïdale sur une corde est donnée par la fonction

$$y = \frac{0,3}{x^4 + 1}$$

(a) Quelle transformation de variable doit-on faire pour obtenir une onde qui se déplace à 2 m/s dans le sens négatif de l'axe x ? **(b)** Quelle fonction $y(x, t)$ obtient-on ?

La théorie présentée dans la **section 1.5 : Les fonctions trigonométriques inverses et le MHS** est utile pour résoudre les **exercices 1.9.17** à **1.9.21**.

1.9.17 *Une onde à deux instants, prise 2.* Sur le graphique ci-contre, on a représenté une onde sinusoïdale à $t = 0$ et à $t = 2$ s. Entre ces deux instants, l'onde s'est dé-

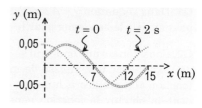

placée de 3 m dans le sens négatif de l'axe. Quelle est la fonction qui représente cette onde ?

1.9.18 *La fonction à partir des paramètres, prise 2.* Une onde sinusoïdale se déplace dans le sens négatif de l'axe x. L'amplitude est de 0,03 m, le nombre d'onde est de 2 rad/m et la période est de 0,5 s. À $t = 0$, une particule située en $x = 0$ est à la position $y = 0,02$ m. Déterminez la fonction qui représente l'onde. (Il y a deux réponses possibles.)

1.9.19 *La fonction à partir du graphique $y(x)$.* Une onde sinusoïdale se déplace sur une corde dans le sens positif de l'axe x. Le graphique ci-contre représente l'onde à $t = 0$; à $t = 2$ s, la courbe qui

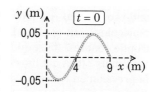

représente l'onde est *exactement la même* pour la première fois depuis $t = 0$. **(a)** Quel est le module de la vitesse de l'onde ? **(b)** Déterminez la fonction qui représente l'onde.

1.9.20 *La fonction à partir de deux graphiques $y(t)$, prise 2.* Les graphiques ci-dessous donnent la position y en fonction du temps de particules situées en $x = 0$ et en $x = 4$ m sur une corde. Sachant que le module de la vitesse de l'onde est de 4 m/s, déterminez la fonction qui représente l'onde.

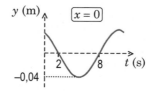
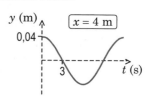

1.9.21 *La plus grande vitesse possible dans le sens négatif.* Pour l'**exercice 1.9.20**, supposez que l'onde se déplace dans le sens négatif de l'axe x avec la plus grande vitesse possible. **(a)** Déterminez la fonction qui représente l'onde. **(b)** Quel est le module de la vitesse de l'onde ?

La puissance d'une onde sinusoïdale progressive

Après l'étude de cette section, le lecteur pourra calculer la puissance
nécessaire pour générer une onde sinusoïdale progressive.

APERÇU

Pour générer une onde progressive sur une corde, un
oscillateur doit fournir une puissance moyenne

$$\boxed{\overline{P} = \tfrac{1}{2}\mu v \omega^2 A^2}$$ **Puissance d'une onde sinusoïdale progressive**

où μ est la masse linéique de la corde, v est le module de
la vitesse de l'onde, A est son amplitude et ω est sa
fréquence angulaire. La puissance est proportionnelle au
carré de l'amplitude : pour doubler l'amplitude d'une onde
(en gardant les autres paramètres constants), il faut
multiplier la puissance par 4.

Pour générer une onde sonore d'amplitude de déplacement δ_{max} dans un tuyau de section S rempli d'air (ou de toute autre substance) dont la masse volumique est ρ, il faut fournir une puissance moyenne

$$\overline{P} = \tfrac{1}{2}\rho S v \omega^2 \delta_{max}^2$$

où v est le module de la vitesse de l'onde sonore et ω est sa fréquence angulaire. (Le produit ρS correspond à la masse linéique de l'air dans le tuyau.)

EXPOSÉ

Dans la **section 1.4 : L'énergie et le mouvement harmonique simple**, nous avons analysé les
oscillations du point de vue de l'énergie. Dans la présente section, nous allons faire de
même pour les ondes sinusoïdales progressives.

La puissance d'une onde sinusoïdale progressive sur une corde

Pour générer une onde progressive, il faut continuellement fournir de l'énergie. Considérons, par
exemple, une main dont l'oscillation génère une
onde sur une corde tendue (schéma ci-contre). Chaque

seconde, la main doit fournir une certaine quantité d'énergie à la corde pour entre-
tenir l'onde (on suppose que la corde est très longue ou, ce qui revient au même, que
l'onde est entièrement absorbée à l'autre extrémité).

En divisant l'énergie fournie par la main pendant un certain intervalle de temps par
l'intervalle de temps en question, on obtient la puissance fournie par la main. Nous
allons montrer ci-dessous que cette puissance est donnée par l'équation

$$\boxed{\overline{P} = \tfrac{1}{2}\mu v \omega^2 A^2}$$ **Puissance d'une onde sinusoïdale progressive**

RAPPEL : une puissance
correspond à une énergie
divisée par un intervalle de
temps ; dans le SI, la
puissance s'exprime en
watts : 1 W = 1 J/s.

où μ est la masse linéique de la corde, A et ω sont respectivement l'amplitude et la
fréquence angulaire de l'onde, et v est le module de la vitesse de propagation de l'onde
sur la corde. Nous avons mis une barre sur le symbole de la puissance pour signifier
qu'il s'agit de la moyenne de la puissance fournie par la main sur un cycle complet
d'oscillation. En effet, pendant le cycle d'oscillation, la main ne fournit pas d'énergie à
un taux constant : le travail qu'elle effectue est maximal chaque fois qu'elle passe par
sa position centrale (sa vitesse est alors maximale) et il est momentanément nul à
chaque extrémité de l'oscillation (car sa vitesse est momentanément nulle).

Afin de démontrer l'équation $\overline{P} = \frac{1}{2}\mu v\omega^2 A^2$, nous allons considérer un segment de corde de longueur L (schéma ci-contre) : d'après la définition de la masse linéique, sa masse est

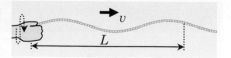

$$m = \mu L$$

Nous pouvons considérer le segment comme un ensemble de particules qui possèdent chacune un mouvement harmonique simple vertical. (À un instant donné, chaque particule est à une phase du cycle d'oscillation légèrement différente de celle de sa voisine.) Dans la **section 1.4 : L'énergie et le mouvement harmonique simple**, nous avons vu que l'énergie mécanique d'un système bloc-ressort de masse m qui possède un MHS de fréquence angulaire ω et d'amplitude A est

$$E = \frac{1}{2}m\omega^2 A^2$$

Par analogie, l'énergie mécanique du segment de corde de masse $m = \mu L$ est

$$E = \frac{1}{2}\mu L\omega^2 A^2$$

où ω est la fréquence angulaire de l'onde sinusoïdale progressive générée par la main.

À la vitesse v, l'onde prend un temps $\Delta t = L/v$ pour traverser la longueur L du segment. Ainsi, chaque Δt, la main doit fournir une énergie E à la corde pour entretenir l'onde, ce qui correspond à une puissance moyenne

$$\overline{P} = \frac{E}{\Delta t} = \frac{\frac{1}{2}\mu L\omega^2 A^2}{L/v} = \frac{1}{2}\mu v\omega^2 A^2$$

ce qu'il fallait démontrer.

La puissance que doit fournir la main est indépendante de la longueur L du segment de corde, ce qui est fort logique. La longueur de la corde n'influence pas la quantité d'énergie qu'il faut fournir chaque seconde pour entretenir l'onde.

Il est intéressant de noter que *la puissance est proportionnelle au carré de l'amplitude*. Pour générer une onde de même fréquence, mais d'amplitude deux fois plus grande, il faut fournir quatre fois plus de puissance (en supposant que tous les autres paramètres demeurent inchangés).

Situation 1 : *La puissance nécessaire pour générer une onde sur une corde.* Un oscillateur dont la fréquence est de 100 Hz génère, sur une corde tendue dont la masse linéique est de 0,5 g/cm, une onde sinusoïdale progressive dont l'amplitude est de 2 cm : on observe que l'onde se déplace à 3 m/s. On désire déterminer **(a)** la puissance de l'oscillateur ; **(b)** l'amplitude de l'onde générée si l'on remplace la corde par une autre dont la masse linéique est 4 fois plus grande. (La tension dans la corde demeure la même, et l'oscillateur continue de fournir la même puissance à la même fréquence.)

En **(a)**, nous voulons déterminer la puissance (moyenne) $\overline{P}$ de l'oscillateur. La masse linéique de la corde est

$$\mu = 0{,}5\,\frac{\text{g}}{\text{cm}} = 0{,}5 \times \frac{0{,}001\,\text{kg}}{0{,}01\,\text{m}} = 0{,}05\,\text{kg/m}$$

Comme $f = 100\,\text{Hz}$, la fréquence angulaire est

$$\omega = 2\pi f = 2\pi(100\,\text{Hz}) = 628{,}3\,\text{rad/s}$$

L'amplitude de l'onde est $A = 0{,}02\,\text{m}$ et le module de la vitesse est $v = 3\,\text{m/s}$, d'où

$$\overline{P} = \frac{1}{2}\mu v\omega^2 A^2 = \frac{1}{2}(0{,}05\,\text{kg/m})(3\,\text{m/s})(628{,}3\,\text{rad/s})^2(0{,}02\,\text{m})^2 = 11{,}84\,\text{W}$$

$$\boxed{\overline{P} = 11{,}8\,\text{W}}$$

En **(b)**, la masse linéique μ est multipliée par 4 :

$$\mu' = 4\mu = 4 \times (0{,}05\ \text{kg/m}) = 0{,}2\ \text{kg/m}$$

Nous voulons déterminer la nouvelle amplitude de l'onde, sachant que la tension dans la corde ainsi que la puissance et la fréquence angulaire de l'oscillateur demeurent les mêmes. Il faut faire attention : comme $v = \sqrt{F/\mu}$, la modification de la masse linéique μ modifie également le module v de la vitesse de l'onde ! Comme le module F de la tension dans la corde demeure le même, le module v de la vitesse de l'onde est inversement proportionnel à la racine carrée de μ. Comme la masse linéique μ est multipliée par 4, le module v de la vitesse de l'onde est divisé par 2. Le nouveau module de la vitesse est

$$v' = (3\ \text{m/s})/2 = 1{,}5\ \text{m/s}$$

d'où

$$\overline{P} = \tfrac{1}{2}\mu' v' \omega^2 A'^2 \quad \Rightarrow \quad A' = \sqrt{\frac{2\overline{P}}{\mu' v' \omega^2}} = \sqrt{\frac{2 \times (11{,}84\ \text{W})}{(0{,}2\ \text{kg/m})(1{,}5\ \text{m/s})(628{,}3\ \text{rad/s})^2}}$$

$$\boxed{A' = 0{,}0141\ \text{m} = 1{,}41\ \text{cm}}$$

On peut obtenir l'amplitude encore plus rapidement en notant que, d'après l'équation

$$A = \sqrt{\frac{2\overline{P}}{\mu v \omega^2}}$$

multiplier μ par 4 et diviser v par 2 a pour effet de diviser A par $\sqrt{2}$.

La puissance d'une onde sonore sinusoïdale progressive

Considérons une onde sonore sinusoïdale qui voyage dans un tuyau dont l'aire de la section est S (schéma ci-contre). La masse de la colonne d'air dans un segment de tuyau de longueur L est égale à la masse volumique de l'air multipliée par le volume V de la colonne :

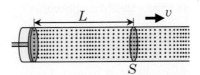

$$m = \rho V = \rho S L$$

En divisant la masse de la colonne d'air par sa longueur, on obtient μ, sa masse linéique :

$$\mu = \frac{m}{L} = \frac{\rho S L}{L} = \rho S$$

Dans le **tome B**, nous avons utilisé le paramètre A pour représenter l'aire de la section d'un fil ; ici, nous utilisons S pour qu'il n'y ait pas de confusion possible avec l'amplitude A d'une onde ou d'un MHS.

Pour une onde sonore, $\delta_{\max}$ est l'équivalent de A (les deux paramètres s'expriment, dans le SI, en mètres). Ainsi, l'équation $\overline{P} = \tfrac{1}{2}\mu v \omega^2 A^2$, qui décrit la puissance d'une onde sur une corde, devient

$$\overline{P} = \tfrac{1}{2}\rho S v \omega^2 \delta_{\max}^2$$

où v est le module de la vitesse du son.

Encore une fois, on remarque que *la puissance est proportionnelle au carré de l'amplitude de l'onde*. Il s'agit là d'une propriété commune à toutes les ondes.

On peut se servir de cette équation pour déterminer l'ordre de grandeur du déplacement $\delta_{\max}$ des molécules d'air dans une onde sonore. À une fréquence $f = 1000$ Hz (ce qui correspond à $\omega = 2\pi f = 6283$ rad/s), un son extrêmement intense, correspondant au « seuil de sensation douloureuse » de l'oreille, transporte une puissance $\overline{P} = 1$ W pour chaque mètre carré de surface S ; autrement dit, son intensité est $\overline{P}/S = 1$ W/m^2. À la température et à la pression moyennes qui règnent à la surface de la Terre, la masse volumique de l'air est de 1,23 kg/m^3, et le module de la vitesse du son est de 340 m/s. Ainsi,

Attention : il ne faut pas confondre la puissance moyenne $\overline{P}$ et la pression manométrique $\widetilde{P}$!

$$\delta_{\max} = \sqrt{\frac{2}{\rho v \omega^2}\,\frac{\overline{P}}{S}} = \sqrt{\frac{2}{(1{,}23\ \text{kg/m}^3)(340\ \text{m/s})(6283\ \text{rad/s})^2} \times 1\ \text{W/m}^2} = 1{,}10 \times 10^{-5}\ \text{m}$$

Nous reviendrons sur le sujet de la puissance véhiculée par une onde sonore dans la **section 1.15 : L'intensité sonore**.

ce qui correspond environ à un centième de millimètre.

Q1. Considérez l'équation qui permet de calculer la puissance associée à une onde qui se déplace sur une corde :

$$\overline{P} = \tfrac{1}{2}\mu v \omega^2 A^2$$

Si on veut utiliser cette équation pour calculer la puissance associée à une onde sonore qui se déplace dans un tuyau rempli d'air, par quoi doit-on remplacer la masse linéique μ de la corde ?

Q2. Vrai ou faux ? Pour générer la même onde sur une corde deux fois plus longue, il faut fournir deux fois plus de puissance.

Q3. La puissance associée à une onde sur une corde est proportionnelle _____ de l'amplitude.

DÉMONSTRATION

D1. Démontrez l'équation qui permet de calculer la puissance nécessaire pour générer une onde sinusoïdale d'amplitude A et de fréquence angulaire ω qui se déplace avec une vitesse de module v sur une corde de masse linéique μ.

EXERCICES

○ Exercice dont la solution ne requiert ni calculatrice ni algèbre complexe.

RÉCHAUFFEMENT

○ **1.10.1** *Puissance et amplitude.* Par quel facteur doit-on multiplier la puissance d'un oscillateur pour multiplier par 4 l'amplitude de l'onde sinusoïdale qu'il génère sur une corde ? (On suppose que la fréquence demeure la même.)

1.10.2 *La puissance d'une onde sur une corde.* Un oscillateur dont la fréquence est de 150 Hz est fixé à l'extrémité d'une corde dont la masse linéique est de 0,0025 kg/m et dont la tension possède un module de 100 N. On désire déterminer la puissance moyenne que doit fournir l'oscillateur pour générer une onde sinusoïdale dont l'amplitude est de 5 mm.

SÉRIE PRINCIPALE

1.10.3 *L'amplitude d'une onde sur une corde.* Un oscillateur dont la fréquence angulaire est de 600 rad/s fournit une puissance moyenne de 10 W à une corde de 100 m de longueur qui possède une masse de 300 g. Le module de la tension dans la corde est de 140 N. Quelle est l'amplitude de l'onde générée par l'oscillateur ?

La réflexion, la transmission et la superposition des ondes

Après l'étude de cette section, le lecteur pourra décrire ce qui se passe lorsqu'une onde rencontre l'interface entre deux milieux, et appliquer le principe de superposition aux ondes.

APERÇU

Considérons une impulsion qui voyage sur une corde de masse linéique μ_1 et qui arrive à la jonction avec une corde de masse linéique μ_2. Si $\mu_1 < \mu_2$, l'impulsion subit une **réflexion dure** : elle est réfléchie et inversée (schémas ci-dessus). Il y a également une impulsion transmise qui n'est pas inversée.

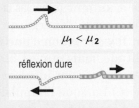

Si $\mu_1 > \mu_2$, l'impulsion subit une **réflexion molle** : elle est réfléchie sans être inversée (schémas ci-contre). Il y a également une impulsion transmise qui n'est pas inversée.

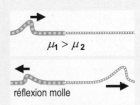

On remarque que, peu importe les valeurs de μ_1 et de μ_2, *l'impulsion transmise n'est jamais inversée.*

Dans les limites où $\mu_1 \ll \mu_2$ ou $\mu_1 \gg \mu_2$, l'amplitude de l'impulsion réfléchie est égale à celle de l'impulsion incidente (schémas ci-dessous).

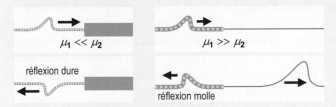

Un mur étant équivalent à une corde de très grande masse linéique, l'impulsion qui atteint l'extrémité d'une corde fixée à un mur subit une réflexion dure (schémas ci-contre). Pour obtenir une réflexion molle, on peut attacher la corde à un anneau de masse négligeable qui glisse sur une tige sans frottement (schémas ci-dessous).

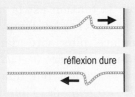

Le **coefficient de réflexion** (symbole : C_R) et le **coefficient de transmission** (symbole : C_T) correspondent respectivement au rapport des amplitudes des ondes réfléchies et transmises sur l'amplitude de l'onde incidente. En fonction des masses linéiques des cordes (schémas ci-contre), on peut écrire

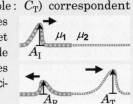

$$C_R = \frac{A_R}{A_I} = \frac{1 - \sqrt{\mu_2/\mu_1}}{1 + \sqrt{\mu_2/\mu_1}}$$

Coefficient de réflexion à la jonction entre deux cordes

et

$$C_T = \frac{A_T}{A_I} = \frac{2}{1 + \sqrt{\mu_2/\mu_1}}$$

Coefficient de transmission à la jonction entre deux cordes

Lorsque $\mu_2 > \mu_1$, le coefficient de réflexion est négatif, ce qui signifie que l'onde réfléchie est inversée. Le coefficient de transmission est toujours positif.

Lorsqu'une onde sinusoïdale progressive passe d'une corde à une autre, sa fréquence ne change pas ; comme sa vitesse change, sa longueur d'onde change également.

Une onde sonore qui arrive à l'extrémité ouverte d'un tuyau est réfléchie de la même façon que l'impulsion sur la corde dans le cas où $\mu_1 \gg \mu_2$: l'onde sonore est, à peu de choses près, entièrement réfléchie et elle revient dans le tuyau.

D'après le **principe de superposition linéaire**, deux ondes qui se superposent produisent une onde résultante qui correspond à la somme des déplacements qui seraient engendrés par chacune des ondes si elle était seule (schémas ci-contre).

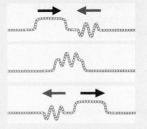

Dans cette section, nous allons nous intéresser à la réflexion d'une onde sur un obstacle ou à l'interface entre deux milieux. Nous allons également voir ce qui se passe lorsque deux ondes occupent le même espace (superposition). Nous allons considérer des ondes voyageant sur des cordes, car il s'agit du type d'onde le plus facile à dessiner et à visualiser. Cependant, les résultats que nous allons obtenir peuvent être généralisés au son et même à la lumière.

Les réflexions dures et molles

Dans la **section 3.8 : L'interférence dans les pellicules minces**, nous utiliserons les notions de réflexion dure et de réflexion molle afin d'analyser la réflexion et la transmission de la lumière par une pellicule mince (par exemple, la surface d'une bulle de savon).

Considérons une impulsion qui voyage vers la droite sur une corde dont l'extrémité droite est fixée à un mur (schémas ci-contre). Lorsque l'impulsion atteint l'extrémité de la corde, l'énergie qu'elle véhicule ne peut pas être transmise au mur. Il y a création d'une impulsion réfléchie qui possède la même amplitude, mais qui est *inversée*. (On suppose, comme d'habitude, que les cordes sont idéales : il n'y a aucune perte d'énergie due au frottement.) Lorsque l'impulsion réfléchie est inversée par rapport à l'impulsion incidente, on est en présence d'une **réflexion dure**.

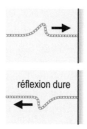

Lorsque l'extrémité de la corde est fixée à un anneau de masse négligeable qui peut glisser le long d'une tige verticale sans frottement, il se produit une **réflexion molle** : l'impulsion *n'est pas* inversée (schémas ci-contre).

Lorsqu'on attache l'extrémité de la corde à une autre corde dont la masse linéique est différente, une partie de l'impulsion incidente est transmise à la seconde corde, et une partie est réfléchie. Plus la masse linéique de la seconde corde (μ_2) est *différente* de celle de la première (μ_1), plus la fraction réfléchie est importante. (Si $\mu_2 = \mu_1$, l'impulsion continue son chemin sur la seconde corde comme si de rien n'était.)

Lorsque $\mu_1 < \mu_2$, la réflexion est dure : l'impulsion réfléchie est inversée (schémas ci-dessous, à gauche). Lorsque $\mu_1 > \mu_2$, la réflexion est molle : l'impulsion réfléchie n'est pas inversée (schémas ci-dessous, à droite). *On remarque que l'impulsion transmise n'est jamais inversée.* Lorsque la seconde corde est plus légère, l'impulsion transmise peut avoir une plus grande amplitude que l'impulsion incidente, même si elle transporte moins d'énergie (voir la **situation 1 : *Les caractéristiques de l'onde transmise***).

Dans cette section, lorsqu'on qualifie une corde de *légère* ou de *lourde*, on fait référence à sa masse linéique : la masse d'une certaine longueur de « corde légère » est inférieure à celle de la même longueur de « corde lourde ».

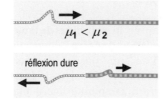

Comme la tension est la même dans les deux cordes, l'impulsion se déplace plus vite dans la corde la plus légère ($v = \sqrt{F/\mu}$), ce qui se traduit par une plus grande *largeur* de l'impulsion sur la corde la plus légère.

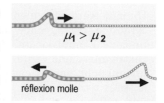

Dans la limite où $\mu_1 \ll \mu_2$ (schémas ci-contre), la deuxième corde est si lourde qu'elle agit comme un mur (réflexion dure) : l'impulsion est entièrement réfléchie (et inversée).

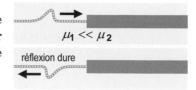

Dans la limite où $\mu_1 \gg \mu_2$, la seconde corde est si légère que la création de l'impulsion transmise ne nécessite pratiquement aucune énergie. Ainsi, on peut considérer que la totalité de l'énergie de l'impulsion incidente revient sous la forme d'une impulsion réfléchie. La seconde corde étant très légère, elle agit comme un anneau de masse négligeable (réflexion molle) : l'impulsion réfléchie a la même amplitude que l'impulsion incidente et elle n'est pas inversée (schémas ci-contre).

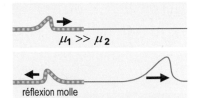

On peut reproduire des situations analogues à celles que l'on vient de décrire en faisant voyager des ondes sonores dans des tuyaux. Du point de vue de la réflexion et de la transmission, un tuyau étroit correspond à une corde de masse linéique élevée, tandis qu'un tuyau large correspond à une corde de masse linéique faible. Par conséquent, lorsqu'une impulsion sonore voyage vers la droite dans un tuyau dont l'extrémité droite est ouverte sur « l'air libre », la situation est analogue au passage d'une corde lourde à une corde très légère ($\mu_1 \gg \mu_2$) : *l'impulsion sonore est entièrement réfléchie (à peu de choses près) et elle revient dans le tuyau*. Dans la **section 1.12 : Les ondes stationnaires**, nous ferons référence à ce comportement des ondes sonores afin de comprendre le fonctionnement des instruments à vent comme la flûte ou l'orgue.

Les coefficients de réflexion et de transmission

Nous venons de décrire qualitativement la manière dont une onde est réfléchie et transmise à la jonction entre deux cordes. Pour analyser quantitativement le phénomène, il est utile de définir le **coefficient de réflexion** (symbole : C_R), le rapport entre l'amplitude A_R de l'onde réfléchie et l'amplitude A_I de l'onde incidente, ainsi que le **coefficient de transmission** (symbole : C_T), le rapport entre l'amplitude A_T de l'onde transmise et l'amplitude de l'onde incidente :

$$C_R = \frac{A_R}{A_I} \qquad \text{et} \qquad C_T = \frac{A_T}{A_I}$$

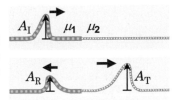

À la fin de la section, nous allons démontrer les équations suivantes, qui permettent de calculer les valeurs des coefficients en fonction des masses linéiques des cordes (schémas ci-contre) :

$$\boxed{C_R = \frac{A_R}{A_I} = \frac{1 - \sqrt{\mu_2/\mu_1}}{1 + \sqrt{\mu_2/\mu_1}}}$$ Coefficient de réflexion à la jonction entre deux cordes

et

$$\boxed{C_T = \frac{A_T}{A_I} = \frac{2}{1 + \sqrt{\mu_2/\mu_1}}}$$ Coefficient de transmission à la jonction entre deux cordes

Lorsque $\mu_2 > \mu_1$, le coefficient de réflexion est négatif, ce qui signifie, comme nous l'avons vu, que l'onde réfléchie est inversée (réflexion dure). Le coefficient de transmission, quant à lui, est toujours positif.

> **Situation 1 : *Les caractéristiques de l'onde transmise.*** Une corde **1**, dont la masse linéique est de 40 g/m, est reliée à une corde **2**, dont la masse linéique est 100 fois plus petite (0,4 g/m) : l'ensemble est soumis à une tension de 36 N. Une onde sinusoïdale progressive dont la longueur d'onde est de 15 cm et l'amplitude est de 2 cm voyage sur la corde **1** et rencontre la jonction avec la corde **2**. On désire déterminer **(a)** l'amplitude, **(b)** la longueur d'onde et **(c)** la puissance de l'onde transmise.

En **(a)**, nous voulons déterminer l'amplitude A_T de l'onde transmise, sachant que $A_I = 2\,\text{cm}$. Nous avons $\mu_1 = 40\,\text{g/m}$ et $\mu_2 = 0{,}4\,\text{g/m}$, d'où

Dans l'équation ci-contre, les unités physiques des masses linéiques dans la parenthèse se simplifient : par conséquent, il n'est pas nécessaire d'exprimer les masses linéiques en kg/m.

$$\sqrt{\frac{\mu_2}{\mu_1}} = \sqrt{\frac{(0{,}4\,\text{g/m})}{(40\,\text{g/m})}} = \sqrt{0{,}01} = 0{,}1$$

$$C_T = \frac{2}{1 + \sqrt{\mu_2/\mu_1}} = \frac{2}{1 + 0{,}1} = 1{,}818$$

et

$$A_T = C_T A_I = 1{,}818 \times (2\,\text{cm}) = 3{,}636\,\text{cm} \quad \Rightarrow \quad \boxed{A_T = 3{,}64\,\text{cm}}$$

QI 1 Dans la limite où $\mu_2 \ll \mu_1$, quelle est la valeur du coefficient de transmission ?

En **(b)**, nous voulons déterminer la longueur d'onde de l'onde transmise sur la corde **2**, sachant que la longueur d'onde sur la corde **1** est $\lambda_1 = 15\,\text{cm} = 0{,}15\,\text{m}$. Pour ce faire, il faut comprendre que *la fréquence de l'onde ne peut pas être modifiée lorsqu'elle passe d'une corde à l'autre*. En effet, la fréquence de l'onde sur la corde **1** correspond au nombre de crêtes par seconde qui *arrive* à la jonction entre les deux cordes, et la fréquence de l'onde sur la corde **2** correspond au nombre de crêtes par seconde qui *quitte* la jonction : si les deux fréquences n'étaient pas identiques, il y aurait des crêtes « en trop » ou il manquerait des crêtes lorsque l'onde passe d'une corde à l'autre, ce qui est impossible.

Il est également important de réaliser que le module de la tension, $F = 36\,\text{N}$, est nécessairement le même dans les deux cordes : si ce n'était pas le cas, la jonction entre les cordes subirait une force résultante non nulle selon la direction de la corde et se déplacerait dans le sens de cette force résultante.

Pour calculer la fréquence de l'onde, nous pouvons commencer par calculer le module de la vitesse de l'onde sur la corde **1**,

Pour utiliser l'équation ci-contre et obtenir une vitesse en mètres par seconde, il faut, bien sûr, exprimer μ_1 en kilogrammes par mètre.

$$v_1 = \sqrt{\frac{F}{\mu_1}} = \sqrt{\frac{(36\,\text{N})}{(0{,}04\,\text{kg/m})}} = 30\,\text{m/s}$$

puis l'insérer dans l'équation $\lambda = vT = \dfrac{v}{f}$:

$$f_1 = \frac{v_1}{\lambda_1} = \frac{(30\,\text{m/s})}{(0{,}15\,\text{m})} = 200\,\text{Hz}$$

Comme nous l'avons mentionné plus haut, la fréquence est la même dans les deux cordes :

$$f_1 = f_2 = f = 200\,\text{Hz}$$

Ainsi, le module de la vitesse de l'onde dans la corde **2** est

$$v_2 = \sqrt{\frac{F}{\mu_2}} = \sqrt{\frac{(36\,\text{N})}{(4 \times 10^{-4}\,\text{kg/m})}} = 300\,\text{m/s}$$

et la longueur d'onde est

$$\lambda_2 = \frac{v_2}{f} = \frac{(300\,\text{m/s})}{(200\,\text{Hz})} \quad \Rightarrow \quad \boxed{\lambda_2 = 1{,}5\,\text{m}}$$

L'onde se déplace 10 fois plus vite sur la corde **2** que sur la corde **1**, et sa longueur d'onde est 10 fois plus grande.

En **(c)**, nous voulons calculer la puissance de l'onde transmise sur la corde **2**. Pour ce faire, nous allons utiliser l'équation de la puissance d'une onde sur une corde que nous avons introduite dans la **section 1.10 : La puissance d'une onde sinusoïdale progressive**.

Comme la fréquence angulaire est

$$\omega = 2\pi f = 2\pi(200\ \text{Hz}) = 1256,6\ \text{rad/s}$$

la puissance de l'onde transmise est

$$\overline{P}_T = \tfrac{1}{2}\mu_2 v_2 \omega^2 A_2^{\ 2} = \tfrac{1}{2}(4\times10^{-4}\ \text{kg/m})(300\ \text{m/s})(1256,6\ \text{rad/s})^2(0,03636\ \text{m})^2$$

$$\boxed{\overline{P}_T = 125\ \text{W}}$$

Dans cette situation, l'amplitude de l'onde transmise (3,64 cm) est plus grande que celle de l'onde incidente (2 cm) ; toutefois, comme la masse linéique de la corde **2** est plus petite que celle de la corde **1**, l'onde transmise possède *moins* d'énergie que l'onde incidente. En effet, la puissance de l'onde incidente est

$$\overline{P}_I = \tfrac{1}{2}\mu_1 v_1 \omega^2 A_1^{\ 2} = \tfrac{1}{2}(4\times10^{-2}\ \text{kg/m})(30\ \text{m/s})(1256,6\ \text{rad/s})^2(0,02\ \text{m})^2 = 379\ \text{W}$$

QI 2 Dans la **situation 1**, quelle est la puissance de l'onde réfléchie ?

Le principe de superposition linéaire

Les schémas ci-contre représentent deux impulsions qui se dirigent l'une vers l'autre sur une corde tendue. Lorsque les deux impulsions se chevauchent (image du centre), on observe que le déplacement d'un point donné de la corde (par rapport à sa position en l'absence d'onde) correspond à la somme des déplacements qui seraient occasionnés par chaque impulsion si elle était seule sur la corde. Une fois que le chevauchement cesse, chaque impulsion retrouve sa forme d'origine et continue son chemin sur la corde.

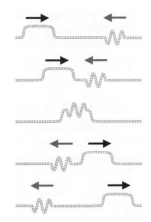

Lorsque l'onde résultante est égale à la somme des ondes individuelles (comme c'est le cas ici), on dit que la super-position obéit au **principe de superposition linéaire**.

Pour les ondes sur une corde, le principe de superposition linéaire ne s'applique que dans la mesure où l'amplitude résultante demeure faible par rapport à la « limite d'élasticité » de la corde : si l'on tente de produire une amplitude trop grande sur une corde en superposant plusieurs impulsions, le principe ne s'applique plus. Dans cet ouvrage, nous allons toujours supposer que le principe de superposition s'applique.

Démonstration des équations permettant de calculer les coefficients de réflexion et de transmission

Pour terminer cette section, nous allons démontrer les équations qui permettent de calculer les coefficients de réflexion et de transmission à la jonction entre deux cordes :

$$C_R = \frac{1 - \sqrt{\mu_2/\mu_1}}{1 + \sqrt{\mu_2/\mu_1}} \qquad \text{et} \qquad C_T = \frac{2}{1 + \sqrt{\mu_2/\mu_1}}$$

Nous allons présenter une démonstration générale. Toutefois, afin de l'illustrer à l'aide de schémas, nous allons considérer un cas particulier pour lequel l'onde incidente voyage sur une corde **1** dont la masse linéique est 4 fois plus grande que celle de la corde **2** (schéma ci-contre). Dans ce cas,

$$\sqrt{\frac{\mu_2}{\mu_1}} = \sqrt{\frac{1}{4}} = \frac{1}{2}$$

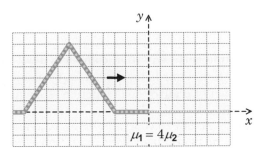

et les coefficients de réflexion et de transmission sont

$$C_R = \frac{1 - \frac{1}{2}}{1 + \frac{1}{2}} = \frac{\frac{1}{2}}{\frac{3}{2}} = \frac{1}{3} \qquad \text{et} \qquad C_T = \frac{2}{1 + \frac{1}{2}} = \frac{2}{\frac{3}{2}} = \frac{4}{3}$$

De plus, comme la tension possède le même module F dans les deux cordes,

$$\frac{v_2}{v_1} = \frac{\sqrt{F/\mu_2}}{\sqrt{F/\mu_1}} = \sqrt{\frac{\mu_1}{\mu_2}} = \sqrt{4} = 2$$

L'onde transmise sur la corde **2** possède une vitesse deux fois plus grande que l'onde incidente sur la corde **1**.

Le schéma ci-contre représente la corde à l'instant où le premier quart (en largeur) de l'onde triangulaire, déjà transmis et réfléchi, se superpose aux trois quarts qui n'ont pas encore atteint la jonction. La forme globale de l'onde est encore triangulaire, mais elle n'est plus symétrique.

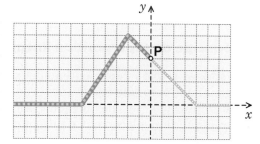

Le schéma ci-contre permet de comprendre ce qui se passe : nous y avons représenté séparément la portion de l'onde qui n'a pas encore atteint la jonction ainsi que la réflexion et la transmission de la portion de l'onde qui a déjà atteint la jonction. La forme de l'onde sur la corde **1** est déterminée par la superposition des ondes incidente et réfléchie.

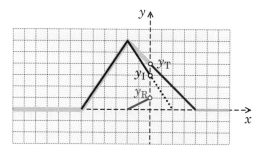

Appelons y_I la hauteur du « petit élément » de l'onde incidente qui est exactement sur la jonction. D'après la définition des coefficients de réflexion et de transmission, cet élément génère un petit élément réfléchi de hauteur $y_R = C_R y_I$ et un petit élément transmis de hauteur $y_T = C_T y_I$.

De part et d'autre de la jonction (point **P**), il est évident que les cordes doivent être à la même hauteur. Comme les ondes incidentes et réfléchies se superposent sur la corde **1**, nous pouvons écrire

$$y_1 = y_2$$
$$y_I + y_R = y_T$$
$$y_I + C_R y_I = C_T y_I$$
$$1 + C_R = C_T \qquad \textbf{(i)}$$

Dans la situation particulière illustrée sur le schéma,
$y_I = 3$ « unités » ;
comme $C_R = \frac{1}{3}$ et $C_T = \frac{4}{3}$,
$y_R = 1$ unité et $y_T = 4$ unités.

Dans le cas particulier que nous avons utilisé pour construire les schémas, il est facile de vérifier que les coefficients $C_R = \frac{1}{3}$ et $C_T = \frac{4}{3}$ satisfont l'équation **(i)**.

Comme cette équation comporte deux inconnues, nous avons besoin d'une seconde équation. Pour la trouver, il faut considérer le fait que la *pente* de la corde est la même de part et d'autre de la jonction — ce qui est une conséquence du fait que la corde est tendue.

Appelons p_I la pente du petit élément d'onde incidente qui est exactement sur la jonction. La pente p_R du petit élément réfléchi correspondant est

$$p_R = -C_R p_I$$

Le facteur C_R vient du fait que la réflexion multiplie la hauteur de l'onde par un facteur C_R sans modifier sa largeur (puisque les ondes incidentes et réfléchies voyagent sur la corde **1** à la même vitesse v_1) : ainsi, la valeur absolue de la pente de l'onde est également multipliée par C_R. Le signe négatif est une conséquence de l'effet « miroir » associé à la réflexion : par exemple, dans la situation illustrée sur le schéma ci-dessus, C_R est positif, p_I est négatif et p_R est positif.

Dans la situation particulière qui nous intéresse, $p_I = -\frac{3}{2}$ et $p_R = \frac{1}{2}$, ce qui concorde bien avec l'équation ci-contre, puisque $C_R = \frac{1}{3}$.

La pente p_T du petit élément transmis est

$$p_T = C_T \frac{v_1}{v_2} p_I$$

Dans la situation particulière qui nous intéresse, $p_I = -\frac{3}{2}$ et $p_T = -1$, ce qui concorde bien avec l'équation ci-contre, puisque $C_T = \frac{4}{3}$ et $v_1/v_2 = \frac{1}{2}$.

Contrairement à la réflexion, il n'y a pas d'effet miroir, donc pas de signe négatif : pour une valeur positive de C_T (ce qui est toujours le cas), p_T et p_I sont de même signe. Le facteur v_1/v_2 vient du fait que la pente de l'onde transmise est altérée par la vitesse de l'onde sur la corde **2**. Si l'onde transmise se déplace X fois plus vite sur la corde **2** que l'onde incidente sur la corde **1**, elle est *étirée* selon x par ce facteur X, ce qui *divise* la valeur de sa pente par X. C'est pour cela qu'il faut placer v_1 au numérateur et v_2 au dénominateur.

Les ondes incidentes et réfléchies se superposent sur la corde **1**. Comme les cordes ont la même pente de part et d'autre de la jonction, nous pouvons écrire

$$p_1 = p_2$$
$$p_I + p_R = p_T$$
$$p_I - C_R p_I = C_T \frac{v_1}{v_2} p_I$$
$$1 - C_R = \frac{v_1}{v_2} C_T \qquad \textbf{(ii)}$$

Il est facile de vérifier que les valeurs particulières $C_R = \frac{1}{3}$, $v_1/v_2 = \frac{1}{2}$ et $C_T = \frac{4}{3}$ satisfont l'équation **(ii)**.

Pour déterminer C_T, nous pouvons additionner les équations **(i)** et **(ii)**, c'est-à-dire égaler la somme des termes de gauche et la somme des termes de droite :

$$(1 + C_R) + (1 - C_R) = C_T + \frac{v_1}{v_2} C_T$$
$$2 = \left(1 + \frac{v_1}{v_2}\right) C_T$$
$$C_T = \frac{2}{1 + (v_1/v_2)}$$

Comme la tension possède le même module F dans les deux cordes,

$$\frac{v_1}{v_2} = \frac{\sqrt{F/\mu_1}}{\sqrt{F/\mu_2}} = \sqrt{\frac{\mu_2}{\mu_1}}$$

d'où

$$C_T = \frac{2}{1 + \sqrt{\mu_2/\mu_1}}$$

ce que nous voulions démontrer. En remplaçant ce résultat dans l'équation **(i)**, nous obtenons

$$1 + C_R = C_T$$
$$C_R = C_T - 1$$
$$C_R = \frac{2}{1 + \sqrt{\mu_2/\mu_1}} - 1$$
$$C_R = \frac{2}{1 + \sqrt{\mu_2/\mu_1}} - \frac{1 + \sqrt{\mu_2/\mu_1}}{1 + \sqrt{\mu_2/\mu_1}}$$
$$C_R = \frac{2 - (1 + \sqrt{\mu_2/\mu_1})}{1 + \sqrt{\mu_2/\mu_1}}$$
$$C_R = \frac{1 - \sqrt{\mu_2/\mu_1}}{1 + \sqrt{\mu_2/\mu_1}}$$

ce qui correspond à l'autre équation que nous voulions démontrer.

> **Situation 2 : _Les puissances transmise et réfléchie._** On désire obtenir les équations générales qui expriment les fractions réfléchie et transmise de la puissance en fonction des vitesses des ondes de part et d'autre de la jonction.

Les expressions que l'on demande d'obtenir dans la **situation 2** peuvent être utilisées pour calculer les fractions transmise et réfléchie de la lumière qui rencontre un _dioptre_ (l'interface entre deux milieux transparents) : nous en reparlerons dans la **section 2.4 : La réfraction.**

Les puissances des ondes incidente, réfléchie et transmise sont

$$\overline{P}_I = \tfrac{1}{2} \mu_1 v_1 \omega^2 A_I^2$$
$$\overline{P}_R = \tfrac{1}{2} \mu_1 v_1 \omega^2 A_R^2 = \tfrac{1}{2} \mu_1 v_1 \omega^2 (C_R A_I)^2$$
$$\overline{P}_T = \tfrac{1}{2} \mu_2 v_2 \omega^2 A_T^2 = \tfrac{1}{2} \mu_2 v_2 \omega^2 (C_T A_I)^2$$

Les fractions réfléchie et transmise de la puissance sont

$$\frac{\overline{P}_R}{\overline{P}_I} = \frac{\tfrac{1}{2} \mu_1 v_1 \omega^2 (C_R A_I)^2}{\tfrac{1}{2} \mu_1 v_1 \omega^2 A_I^2} = C_R^{\,2} = \left(\frac{1 - \sqrt{\mu_2/\mu_1}}{1 + \sqrt{\mu_2/\mu_1}} \right)^2$$

$$\frac{\overline{P}_T}{\overline{P}_I} = \frac{\tfrac{1}{2} \mu_2 v_2 \omega^2 (C_T A_I)^2}{\tfrac{1}{2} \mu_1 v_1 \omega^2 A_I^2} = \frac{\mu_2 v_2}{\mu_1 v_1} C_T^{\,2} = \frac{\mu_2}{\mu_1} \frac{v_2}{v_1} \left(\frac{2}{1 + \sqrt{\mu_2/\mu_1}} \right)^2$$

Comme la tension possède le même module F dans les deux cordes,

$$\frac{v_1}{v_2} = \frac{\sqrt{F/\mu_1}}{\sqrt{F/\mu_2}} = \sqrt{\frac{\mu_2}{\mu_1}}$$

Ainsi, la fraction réfléchie de la puissance est

$$\frac{\overline{P}_R}{\overline{P}_I} = \left(\frac{1 - (v_1/v_2)}{1 + (v_1/v_2)} \right)^2$$

En multipliant par v_2 le numérateur et le dénominateur à l'intérieur de la parenthèse, on obtient une expression encore plus simple :

$$\boxed{\frac{\overline{P}_R}{\overline{P}_I} = \left(\frac{v_2 - v_1}{v_2 + v_1} \right)^2}$$

La fraction transmise de la puissance est

$$\frac{\overline{P}_T}{\overline{P}_I} = \left(\frac{v_1}{v_2} \right)^2 \frac{v_2}{v_1} \left(\frac{2}{1 + (v_1/v_2)} \right)^2 = \frac{v_1}{v_2} \left(\frac{2v_2}{v_2 + v_1} \right)^2 \quad \Rightarrow \quad \boxed{\frac{\overline{P}_T}{\overline{P}_I} = \frac{4 v_1 v_2}{(v_2 + v_1)^2}}$$

Réponses aux questions instantanée

QI 1 $C_T = 2$

QI 1 $\overline{P}_R = 254\ \text{W}$

coefficient de réflexion : rapport de l'amplitude de l'onde réfléchie sur celle de l'onde incidente.

coefficient de transmission : rapport de l'amplitude de l'onde transmise sur celle de l'onde incidente.

principe de superposition linéaire : principe qui affirme que l'onde résultant de la superposition de deux ondes correspond à la somme des ondes ; le principe s'applique dans la mesure où l'amplitude résultante demeure faible par rapport à la limite d'élasticité du milieu dans lequel se propagent les ondes.

réflexion dure : réflexion lors de laquelle l'impulsion incidente est inversée ; il y a réflexion dure lorsqu'une onde sur une corde rencontre un obstacle fixe ou une corde dont la masse linéique est supérieure.

réflexion molle : réflexion lors de laquelle l'impulsion incidente n'est pas inversée ; il y a réflexion molle lorsqu'une onde sur une corde rencontre un anneau glissant sur une tige sans frottement ou une corde dont la masse linéique est inférieure.

QUESTIONS

Q1. Parmi les impulsions suivantes, lesquelles sont inversées par rapport à l'impulsion incidente ? **(a)** L'impulsion réfléchie à l'extrémité d'une corde fixée à un mur. **(b)** L'impulsion réfléchie à l'extrémité d'une corde fixée à un anneau léger qui glisse sur une tige. **(c)** L'impulsion transmise sur une corde plus lourde. **(d)** L'impulsion transmise sur une corde plus légère. **(e)** L'impulsion réfléchie à la transition avec une corde plus lourde. **(f)** L'impulsion réfléchie à la transition avec une corde plus légère.

Q2. Vrai ou faux ? Lorsque deux ondes se propageant dans des sens opposés sur la même corde se « rentrent dedans », elles rebondissent l'une sur l'autre.

DÉMONSTRATION

D1. Deux cordes tendues sont reliées ensemble. En vous basant sur le fait que les cordes de part et d'autre de la jonction possèdent la même hauteur et la même pente, démontrez les équations qui permettent de calculer, à partir des masses linéiques des cordes, les coefficients de réflexion et de transmission lorsqu'une onde rencontre la jonction.

EXERCICES

○ Exercice dont la solution ne requiert ni calculatrice ni algèbre complexe.

RÉCHAUFFEMENT

○ **1.11.1** *D'une corde légère à une corde lourde.* Une onde se déplaçant sur une corde arrive à la jonction avec une corde qui possède une masse linéique plus grande. **(a)** Le module de la vitesse de l'onde transmise est-il supérieur, égal ou inférieur à celui de l'onde incidente ? Reprenez la même question pour **(b)** la fréquence et **(c)** la longueur d'onde.

1.11.2 *La superposition des impulsions.* Le schéma ci-dessous représente, à $t = 0$, deux impulsions qui voyagent l'une vers l'autre sur la même corde. Chaque carreau a une largeur de 1 cm et le module de la vitesse des ondes sur la corde est de 10 cm/s. Dessinez la corde à **(a)** $t = 0{,}5$ s, **(b)** $t = 0{,}6$ s et **(c)** $t = 0{,}7$ s.

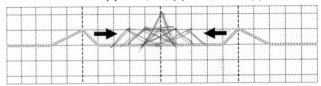

SÉRIE PRINCIPALE

1.11.3 *La superposition des impulsions, prise 2.* Reprenez l'**exercice 1.11.2** pour les impulsions représentées sur le schéma ci-dessous.

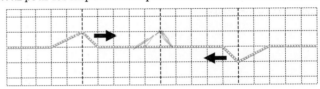

○ **1.11.4** *La tension et la vitesse.* Une corde **1** est reliée à une corde **2** qui possède une masse linéique quatre fois plus petite, et l'ensemble est mis sous tension. Le module de la tension dans la corde **1** est de 120 N et les ondes s'y déplacent à 60 m/s. Déterminez **(a)** le module de la tension dans la corde **2** et **(b)** le module de la vitesse des ondes sur la corde **2**.

1.11.5 *Avant et après.* Les schémas ci-dessous représentent une impulsion avant et après sa réflexion à la jonction entre deux cordes. Chaque carreau a une largeur de 1 cm et l'onde incidente se déplace à 50 cm/s sur la corde de gauche. **(a)** Quelle est la vitesse de l'onde sur la corde de droite ? Justifiez votre réponse. **(b)** Combien de temps s'est-il écoulé entre les deux schémas ? **(c)** Si la corde de gauche possède une masse linéique de 40 g/m, quelle est celle de la corde de droite ?

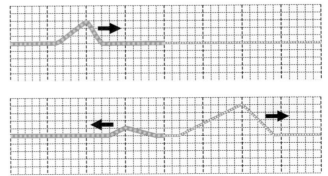

○ **1.11.6** *D'une corde lourde à une corde légère.* Reprenez l'**exercice 1.11.1** pour une onde qui arrive à la jonction avec une corde qui possède une masse linéique plus petite.

1.11.7 *La répartition de l'énergie.* Une onde sinusoïdale progressive qui se déplace sur une corde arrive à la jonction avec une corde qui possède une masse linéique trois fois plus grande. Calculez le pourcentage de l'énergie de l'onde incidente qui se retrouve **(a)** dans l'onde transmise ; **(b)** dans l'onde réfléchie.

Les ondes stationnaires

Après l'étude de cette section, le lecteur pourra analyser les ondes stationnaires sur les cordes et les ondes stationnaires sonores, et montrer qu'une onde stationnaire est produite par la superposition de deux ondes sinusoïdales progressives identiques voyageant en sens contraire.

APERÇU

En présence d'une onde mécanique *progressive*, les particules qui constituent le milieu de propagation oscillent, tandis que l'énergie de l'onde est transportée d'un endroit à un autre. En présence d'une **onde stationnaire**, il y a oscillation des particules qui constituent le milieu de propagation, mais l'énergie « demeure en place ».

Sur un segment de corde de longueur donnée, seulement certaines ondes stationnaires sont possibles. On peut numéroter ces **modes de résonance** en ordre croissant de fréquence (ce qui correspond à un ordre décroissant de longueur d'onde). Les schémas ci-dessous illustrent les trois premiers modes de résonance d'une corde fixée à ses deux extrémités.

Premier mode   Deuxième mode   Troisième mode

Une onde stationnaire (schéma ci-contre) est caractérisée par des **nœuds N** (les endroits où les particules demeurent immobiles) et des **ventres V** (les endroits où l'amplitude d'oscillation est maximale). La distance entre deux nœuds ou deux ventres consécutifs correspond à $\lambda/2$. Par conséquent, la distance entre un nœud et un ventre adjacents correspond à $\lambda/4$.

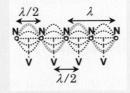

Lorsque l'extrémité de la corde est fixée à un mur, il s'y trouve un nœud ; lorsqu'elle est attachée à un anneau de masse négligeable qui peut glisser sur une tige, il s'y trouve un ventre. Les schémas ci-dessous illustrent les trois premiers modes de résonance d'une corde tendue entre un mur fixe et un anneau libre de glisser sur une tige.

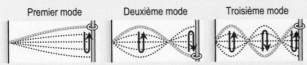

Premier mode   Deuxième mode   Troisième mode

Afin de déterminer la fréquence d'une onde stationnaire, on peut déterminer sa longueur d'onde en examinant le schéma du mode de résonance, puis utiliser l'équation générale

$$\lambda = vT = \frac{v}{f}$$

où v est le module de la vitesse d'une onde *progressive* dans le milieu où se trouve l'onde stationnaire. On constate que les fréquences des modes de résonance sont des **harmoniques** (multiples entiers) de la **fréquence fondamentale** (fréquence du premier mode).

On peut décrire une onde stationnaire sur une corde à l'aide de l'équation

$$y = A_{\text{stat}} \cos(\omega t) \sin(kx)$$ **Équation d'une onde stationnaire**

On peut obtenir cette onde stationnaire en superposant deux ondes sinusoïdales progressives de même amplitude A et de même fréquence, mais voyageant en sens contraires : $y = A\sin(kx - \omega t)$ et $y = A\sin(kx + \omega t)$. L'amplitude A_{stat} de l'onde stationnaire correspond à $2A$. (Comme nous avons supposé que les constantes de phases ϕ sont nulles, cette onde stationnaire possède un nœud en $x = 0$.) L'onde stationnaire a le même nombre d'onde k et la même fréquence angulaire ω que chacune des ondes d'origine : elle a donc la même longueur d'onde et la même période.

On peut créer une onde stationnaire sonore dans un tuyau rempli d'air. Lorsque l'extrémité du tuyau est fermée (par exemple, par un bouchon), il s'y trouve un nœud de déplacement ; lorsqu'elle est ouverte, il s'y trouve un ventre de déplacement. Les schémas ci-dessous illustrent les trois premiers modes de résonance d'un tuyau fermé-ouvert. Comme les ondes sonores sont longitudinales, elles sont difficiles à dessiner : les ondes que nous avons dessinées à l'intérieur des tuyaux sont des *ondes transversales équivalentes* qui ont la même longueur d'onde et le même comportement aux extrémités.

TUYAU FERMÉ-OUVERT

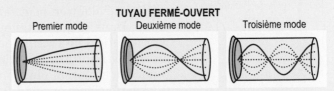

Premier mode   Deuxième mode   Troisième mode

Les schémas ci-dessous illustrent les trois premiers modes de résonance d'un tuyau ouvert à ses deux extrémités.

TUYAU OUVERT-OUVERT

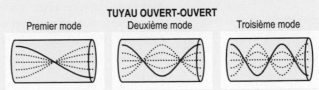

Premier mode   Deuxième mode   Troisième mode

Dans les sections qui précèdent, nous avons étudié les ondes mécaniques *progressives*. Dans cette section, nous allons nous intéresser aux ondes mécaniques *stationnaires*. Les deux types d'onde ont quelque chose en commun : en leur présence, les molécules qui constituent leur milieu de propagation oscillent. Dans une onde progressive, cette oscillation des molécules est accompagnée d'un transfert d'énergie d'un endroit à un autre : l'onde progressive *transporte* de l'énergie. En revanche, dans une **onde stationnaire**, il n'y a pas de transport d'énergie :

les molécules oscillent (avec une amplitude qui dépend de l'endroit où elles se trouvent), mais l'énergie « demeure en place ».

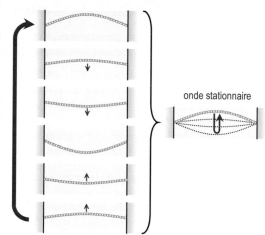

onde stationnaire

Le schéma ci-contre illustre une des ondes stationnaires qui peut exister sur une corde dont les deux extrémités sont fixes. Le terme « stationnaire » ne signifie pas qu'il n'y a aucun mouvement, car les particules de la corde oscillent ; il signifie plutôt que l'énergie associée à l'onde ne se déplace pas selon la direction parallèle à la corde.

En général, dans un système donné, seules des ondes stationnaires qui possèdent certaines longueurs d'onde bien précises peuvent exister : c'est ce qui explique le fonctionnement de la plupart des instruments de musique. Dans le cas des instruments à vent (flûte, clarinette, trombone), des ondes sonores stationnaires se forment dans un tube d'air à l'intérieur de l'instrument. Dans le cas des instruments à cordes (piano, violon, guitare), des ondes stationnaires se forment sur les cordes et transmettent leur vibration à l'instrument puis à l'air autour de l'instrument, ce qui génère le son.

Les ondes stationnaires sur les cordes

Considérons une corde horizontale tendue dont les deux extrémités sont fixes (par exemple, une corde de guitare). Si on donne de l'énergie à la corde, elle va se mettre à vibrer. L'onde stationnaire représentée sur le schéma ci-dessus n'est qu'un des **modes de résonance** possible : il s'agit du mode qui est le plus facile à générer lorsqu'on donne de l'énergie à la corde en la pinçant en son centre.

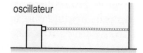

oscillateur

La manière la plus simple d'étudier les modes de résonance d'une corde consiste à fixer une de ses extrémités à un oscillateur dont on peut faire varier la fréquence (schéma ci-contre). Dans ce qui suit, nous allons supposer que le mouvement vertical de l'oscillateur est assez faible par rapport à l'oscillation de la corde ; ainsi, l'extrémité de la corde attachée à l'oscillateur demeure pratiquement fixe. Pour rendre la situation plus concrète, nous allons supposer que la corde a une masse de 0,1 kg, une longueur de 1,2 m et qu'elle est soumise à une tension de 1200 N. L'oscillateur génère des impulsions qui voyagent vers la droite, sont réfléchies par le mur et reviennent vers la gauche où elles se superposent aux nouvelles impulsions générées par l'oscillateur. S'il n'y avait pas de frottement, l'amplitude de l'oscillation augmenterait sans cesse ; en raison du frottement, l'énergie de l'oscillation se dissipe sous forme thermique dans la corde et l'amplitude de l'onde résultante atteint rapidement une valeur stable.

Commençons avec une petite fréquence et augmentons-la graduellement. Au début, nous observons que la corde s'agite de manière plus ou moins régulière avec une amplitude qui demeure petite : en effet, lorsque les impulsions réfléchies ne sont pas synchronisées avec les nouvelles impulsions générées par l'oscillateur, les renforcements et les annulations se produisent de manière aléatoire tout le long de la corde.

Lorsque la fréquence de l'oscillateur atteint 50 Hz, nous observons que la corde se met à osciller avec une amplitude appréciable (schéma ci-contre) : nous avons atteint le premier mode de résonance.

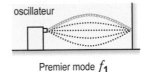

Premier mode f_1

Si la fréquence dépasse 50 Hz, l'oscillation recommence à être irrégulière et de petite amplitude. Lorsque l'oscillateur atteint une fréquence de 100 Hz, l'oscillation recommence à être régulière : il y a un **nœud** (un point où l'amplitude de l'oscillation est nulle) au centre de la corde (schéma ci-contre). Nous sommes au deuxième mode de résonance.

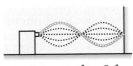

Deuxième mode $f_2 = 2f_1$

Si la fréquence dépasse 100 Hz, l'oscillation recommence à être irrégulière et de petite amplitude. Lorsque l'oscillateur atteint une fréquence de 150 Hz, l'oscillation redevient régulière : il y a des nœuds au tiers et aux deux tiers de la longueur de la corde (schéma ci-contre). Nous sommes au troisième mode de résonance. Si la fréquence dépasse 150 Hz, l'oscillation recommence à être irrégulière et de petite amplitude.

Troisième mode $f_3 = 3f_1$

Dans les **sections 1.2 : La dynamique du mouvement harmonique simple** et **1.7 : Les oscillations amorties et forcées**, nous avons décrit la résonance qui se produit lorsqu'on exerce sur un système oscillant (comme un système bloc-ressort ou un pendule) une force oscillante dont la fréquence est égale à la fréquence de résonance du système. Le phénomène de résonance décrit ci-contre est analogue, mais le système à l'étude (la corde tendue) possède *plusieurs* fréquences de résonance qui correspondent à chacun des modes.

Lorsque la fréquence de l'oscillateur possède la bonne valeur pour produire une onde stationnaire d'amplitude appréciable, on dit que la corde est « en résonance ». La fréquence du premier mode de résonance (ici, 50 Hz) est la **fréquence fondamentale** de la corde. Dans le cas d'une corde dont les deux extrémités sont fixes, les fréquences de résonance correspondent aux multiples entiers de la fréquence fondamentale :

$$f_1 = 50 \text{ Hz}, \ 2f_1 = 100 \text{ Hz}, \ 3f_1 = 150 \text{ Hz, etc.}$$

La valeur de la fréquence fondamentale dépend de la longueur de la corde et de la vitesse des ondes progressives sur la corde. En effet, le premier mode de résonance se produit lorsqu'une impulsion générée par l'oscillateur a tout juste le temps de parcourir l'aller-retour sur la corde avant que l'oscillateur ne génère l'impulsion suivante (schémas ci-contre). La première impulsion est inversée à chaque réflexion (les réflexions sont dures) : après la deuxième réflexion à la fin de l'aller-retour, elle revient « à l'endroit » et s'additionne à la deuxième impulsion qui vient d'être générée.

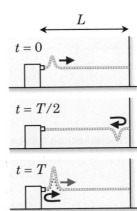

Ainsi, une impulsion sur la corde doit parcourir, à la vitesse v, la longueur $2L$ de l'aller-retour (L est la longueur de la corde) pendant un intervalle de temps qui correspond à la période T_1 du premier mode de résonance :

distance parcourue = vitesse × temps $\Rightarrow$ $2L = vT_1$ $\Rightarrow$ $T_1 = \dfrac{2L}{v}$

Par conséquent, la fréquence du premier mode de résonance est

$$f_1 = \frac{1}{T_1} = \frac{v}{2L}$$

Dans la situation que nous sommes en train d'étudier, nous avons $m = 0{,}1$ kg, $L = 1{,}2$ m et $F = 1200$ N, d'où

$$v = \sqrt{\frac{F}{\mu}} = \sqrt{\frac{F}{m/L}} = \sqrt{\frac{FL}{m}} = \sqrt{\frac{(1200 \text{ N})(1{,}2 \text{ m})}{(0{,}1 \text{ kg})}} = 120 \text{ m/s}$$

Nous obtenons bien

$$f_1 = \frac{v}{2L} = \frac{(120 \text{ m/s})}{2 \times (1{,}2 \text{ m})} = 50 \text{ Hz}$$

Lorsqu'on pince une corde de guitare, que l'on frotte une corde de violon ou que l'on frappe sur une corde de piano, la note que l'on entend correspond habituellement à la fréquence fondamentale de la corde (premier mode de résonance). Toutefois, contrairement au cas où la corde est excitée par un oscillateur, *plusieurs modes de résonance peuvent être présents en même temps* : la majorité de l'énergie se trouve dans le premier mode, mais une partie est distribuée dans les modes supérieurs. Cela se traduit par un son plus « riche » que s'il n'y avait que la fréquence fondamentale de présente.

En musique, la fréquence d'un son qui est égale à un nombre N entier de fois une fréquence de référence est qualifiée de « N^e **harmonique** » de cette fréquence. On peut obtenir différentes combinaisons d'harmoniques en excitant une corde donnée de différentes manières. En général, lorsqu'on excite une corde de guitare, elle vibre selon une superposition de plusieurs modes. Lorsqu'on pose le doigt au centre d'une corde de guitare déjà en train de vibrer, on empêche la vibration dans tous les modes impairs (1, 3, 5...), car ces derniers possèdent un ventre au centre : par conséquent, seuls les harmoniques pairs de la fréquence fondamentale demeurent.

Nous venons de voir que la fréquence fondamentale d'une corde fixée à ses deux extrémités, $f_1 = v/2L$, peut être obtenue à partir de la relation

distance de l'aller-retour = vitesse d'une impulsion × période

Il existe une autre façon de l'obtenir : en effet, dans le premier mode de résonance, la longueur de la corde qui oscille correspond à la moitié d'une longueur d'onde (schéma ci-contre). Par conséquent, la longueur d'onde est égale à deux fois la longueur de la corde :

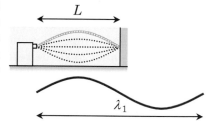

$$\lambda_1 = 2L$$

Dans la **section 1.8 : Les ondes mécaniques progressives**, nous avons vu que

$$\lambda = vT = \frac{v}{f} \qquad \Rightarrow \qquad f = \frac{v}{\lambda}$$

Cette équation s'applique également aux ondes stationnaires. Dans la situation qui nous intéresse,

$$f_1 = \frac{v}{\lambda_1} = \frac{v}{2L}$$

Nous obtenons le même résultat que par le calcul du temps d'aller-retour de l'impulsion sur la corde.

L'équation $f = v/\lambda$ s'applique également aux autres modes. Par exemple, la fréquence du deuxième mode est

$$f_2 = 2f_1 = 2\frac{v}{2L} = \frac{v}{L}$$

Pour le deuxième mode, la longueur de la corde correspond directement à la longueur d'onde (schéma ci-contre) : $\lambda_2 = L$, d'où

$$f_2 = \frac{v}{\lambda_2}$$

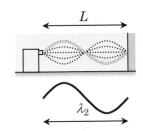

Ainsi, la manière la plus simple de déterminer la fréquence d'une onde stationnaire sur une corde consiste à :

1. calculer le module v de la vitesse des ondes progressives sur la corde ;

2. déterminer la longueur d'onde du mode en question (à partir du schéma) ;

3. utiliser l'équation $f = v/\lambda$.

Appliquons cette méthode pour trouver la fréquence du troisième mode d'oscillation dans la situation que nous sommes en train d'étudier. D'après le schéma ci-contre,

$$\lambda_3 = \frac{2}{3}L = \frac{2}{3} \times (1{,}2\,\text{m}) = 0{,}8\,\text{m}$$

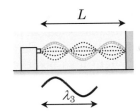

Comme $v = 120$ m/s, nous obtenons

$$f_3 = \frac{v}{\lambda_3} = \frac{(120\,\text{m/s})}{(0{,}8\,\text{m})} = 150\,\text{Hz}$$

Une onde stationnaire sur une corde est caractérisée par des endroits qui demeurent immobiles : nous avons déjà mentionné qu'il s'agit des *nœuds* (indiqués par **N** sur le schéma ci-contre). Les endroits à mi-chemin entre deux nœuds (où l'amplitude est maximale) sont appelés **ventres** (indiqués par **V** sur le schéma). La distance entre deux nœuds successifs ou deux ventres successifs est égale à $\lambda/2$. Par conséquent, la distance entre un nœud et un ventre adjacents correspond à $\lambda/4$.

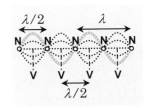

Nous allons maintenant modifier le montage à l'étude en remplaçant le point d'ancrage au mur par un anneau qui glisse sur une tige verticale (schémas ci-contre). Dans ce cas, les modes de résonance correspondent à des ondes stationnaires qui possèdent un *ventre* à la position de l'anneau. Le premier mode se produit lorsque la fréquence de l'oscillateur est de 25 Hz ; le deuxième mode correspond à 75 Hz et le troisième mode à 125 Hz.

Appliquons la méthode que nous avons présentée plus haut afin de calculer la fréquence du troisième mode d'oscillation. Comme il y a un quart de longueur d'onde entre un nœud et un ventre adjacents, la longueur de la corde correspond à 5/4 de longueur d'onde, d'où

$$\lambda_3 = \frac{4}{5}L = \frac{4}{5} \times (1{,}2\,\text{m}) = 0{,}96\,\text{m}$$

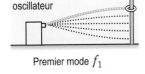

Premier mode f_1

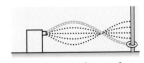

Deuxième mode $f_2 = 3f_1$

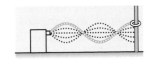

Troisième mode $f_3 = 5f_1$

Comme $v = 120$ m/s,

$$f_3 = \frac{v}{\lambda_3} = \frac{(120 \text{ m/s})}{(0,96 \text{ m})} = 125 \text{ Hz}$$

Nous remarquons que, pour une onde stationnaire qui possède un nœud à une extrémité et un ventre à l'autre, les fréquences de résonance correspondent aux harmoniques *impairs* de la fréquence fondamentale : $f_1 = 25$ Hz, $3f_1 = 75$ Hz, $5f_1 = 125$ Hz, etc. De plus, la fréquence fondamentale (25 Hz) n'est pas la même que lorsqu'on avait des nœuds aux deux extrémités (50 Hz).

Situation 1 : *Une onde stationnaire sur une corde.* Une corde dont la longueur L est de 30 cm est fixée à un mur à chacune de ses extrémités. Le module de la tension dans la corde est de 100 N. À $t = 0$, l'onde stationnaire sur la corde a la forme indiquée sur le schéma ci-contre : le point **P** est à son déplacement maximal par rapport à la position d'équilibre de la corde. À $t = 0,01$ s, la corde est parfaitement horizontale pour la première fois depuis $t = 0$. On désire déterminer la masse de la corde.

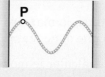

En une période, le point **P** part de sa position maximale vers le haut, passe par la position d'équilibre, descend jusqu'à sa position maximale vers le bas, repasse par la position d'équilibre et revient à sa position maximale vers le haut (schéma ci-contre). Par conséquent, l'intervalle de temps de 0,01 s donné dans l'énoncé correspond au *quart* de la période, d'où

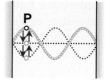

$$T = 4 \times (0,01 \text{ s}) = 0,04 \text{ s}$$

D'après le schéma, la longueur de la corde ($L = 30$ cm $= 0,3$ m) correspond à $1,5\lambda$, d'où

$$\lambda = \frac{L}{1,5} = \frac{(0,3 \text{ m})}{1,5} = 0,2 \text{ m}$$

La vitesse d'une onde progressive sur la corde est

$$v = \frac{\lambda}{T} = \frac{(0,2 \text{ m})}{(0,04 \text{ s})} = 5 \text{ m/s}$$

d'où

$$v = \sqrt{\frac{F}{\mu}} \quad \Rightarrow \quad v^2 = \frac{F}{\mu} \quad \Rightarrow \quad \mu = \frac{F}{v^2} = \frac{(100 \text{ N})}{(5 \text{ m/s})^2} = 4 \text{ kg/m}$$

La masse de la corde est

$$m = \mu L = (4 \text{ kg/m})(0,3 \text{ m}) \quad \Rightarrow \quad \boxed{m = 1,2 \text{ kg}}$$

Les ondes stationnaires sonores

Les notes jouées par les instruments à cordes (guitare, violon, piano, etc.) correspondent aux modes de résonance des ondes stationnaires qui se forment sur des cordes. De même, les notes jouées par les instruments à vent (flûte, orgue, etc.) correspondent aux modes de résonance des ondes stationnaires qui se forment dans des tuyaux remplis d'air.

Le tuyau analogue à une corde fixée à ses deux extrémités est un tuyau dont les deux extrémités sont fermées : cela ne correspond à aucun instrument de musique réel, car le tuyau ne comporte aucun endroit où souffler pour créer une onde stationnaire ! Pour créer une onde stationnaire dans un tuyau fermé à ses deux extrémités, on peut placer un petit haut-parleur *à l'intérieur* du tuyau (le haut-parleur joue le rôle de l'oscillateur qui excite la corde).

Le son est une onde longitudinale : ainsi, pour une onde stationnaire dans un tuyau horizontal, les molécules oscillent *horizontalement*. Les molécules qui se trouvent contre les extrémités fermées du tuyau ne peuvent pas osciller : ainsi, *les extrémités fermées correspondent à des nœuds de déplacement.*

Nous obtenons les mêmes modes de résonance que pour une corde fixée à ses deux extrémités (schémas ci-contre). Comme les ondes sonores sont longitudinales, elles sont difficiles à dessiner : les ondes que nous avons dessinées à l'intérieur des tuyaux sont des *ondes transversales équivalentes* ayant la même longueur d'onde et le même comportement aux extrémités.

En examinant le schéma du premier mode du tuyau fermé-fermé, on s'aperçoit que la longueur L du tuyau correspond à une demi-longueur d'onde : $L = \lambda_1/2$, ou encore $\lambda_1 = 2L$. La fréquence du premier mode est

$$\lambda_1 = v_s T_1 = \frac{v_s}{f_1} \qquad \Rightarrow \qquad f_1 = \frac{v_s}{\lambda_1} = \frac{v_s}{2L}$$

où v_s est le module de la vitesse du son dans l'air.

Dans la section précédente, nous avons mentionné qu'une onde sonore est réfléchie à l'extrémité ouverte d'un tuyau de la même façon que l'onde sur une corde est réfléchie par une extrémité qui est fixée à un anneau léger qui glisse sur une tige (réflexion molle). Ainsi, l'extrémité ouverte d'un tuyau doit correspondre à un *ventre* d'oscillation. Par conséquent, les modes d'oscillations d'un tuyau fermé-ouvert sont les mêmes que ceux d'une corde dont une extrémité est fixe et l'autre attachée à un anneau qui glisse sur une tige (schémas ci-contre).

Certains tuyaux d'orgue, appelés *bourdons*, sont fermés à une extrémité et ouverts à l'autre (l'air est soufflé par l'extrémité ouverte afin de créer l'onde stationnaire dans le tuyau).

TUYAU FERMÉ-FERMÉ

Premier mode

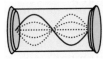

Deuxième mode

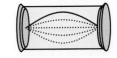

Troisième mode

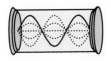

TUYAU FERMÉ-OUVERT

Premier mode

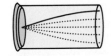

Deuxième mode

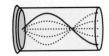

Troisième mode

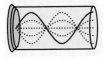

À la fin de la **section 1.9** : **Les ondes sinusoïdales progressives**, nous avons vu qu'une onde sonore peut être décrite à l'aide d'une onde de pression ou d'une onde de déplacement (schéma du bas de la **page 99**). Les ondes représentées sur les schémas ci-contre illustrent le comportement de l'onde de déplacement : le déplacement de l'air est nul à une extrémité fermée (nœud de déplacement) et maximal à une extrémité ouverte (ventre de déplacement). Le comportement de la pression est l'inverse de celui du déplacement. À une extrémité ouverte, la pression ne fluctue pas (nœud de pression), car elle demeure toujours égale à la pression atmosphérique ; à une extrémité fermée, la pression fluctue de manière maximale (ventre de pression). Dans cet exposé, nous allons privilégier la description en fonction du déplacement, car elle permet de faire un parallèle avec les ondes stationnaires sur une corde. Toutefois, dans un contexte expérimental, la description en fonction de la pression est plus appropriée, car un microphone est sensible aux variations de pression et non au déplacement de l'air.

Situation 2 : *Un bourdon au diapason.* On désire déterminer la longueur d'un tuyau fermé-ouvert (bourdon) dont la fréquence fondamentale est celle de la note *la* à 440 Hz. (Le module de la vitesse du son est de 340 m/s.)

D'après le schéma du premier mode du tuyau fermé-ouvert (schéma ci-contre), la longueur L du tuyau correspond à un quart de longueur d'onde :

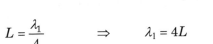

$$L = \frac{\lambda_1}{4} \qquad \Rightarrow \qquad \lambda_1 = 4L$$

Comme il s'agit d'une onde sonore, le module de la vitesse est $v_s = 340$ m/s. Ainsi,

$$v_s = \frac{\lambda_1}{T_1} = \lambda_1 f_1 = 4L f_1 \quad \Rightarrow \quad L = \frac{v_s}{4f_1} = \frac{(340 \text{ m/s})}{4 \times (440 \text{ Hz})} \quad \Rightarrow \quad \boxed{L = 0,193 \text{ m} = 19,3 \text{ cm}}$$

Une flûte est un exemple d'instrument à vent constitué d'un tuyau ouvert-ouvert (ouvert aux deux extrémités) : les modes de résonance sont caractérisés par des ventres aux deux extrémités (schémas ci-contre). Par rapport aux modes d'un tuyau fermé-fermé, tous les nœuds sont remplacés par des ventres et vice versa. Ainsi, les longueurs d'onde et les fréquences des modes d'un tuyau ouvert-ouvert de longueur L sont les mêmes que celles d'un tuyau fermé-fermé de même longueur.

Premier mode

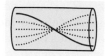

Deuxième mode

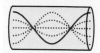

Troisième mode

Les instruments de musique

Nous venons de voir que le phénomène des ondes stationnaires permet de comprendre le fonctionnement de plusieurs instruments de musique. Avant d'aller plus loin, nous allons prendre quelques instants pour décrire certains d'entre eux et expliquer comment on s'y prend pour y jouer différentes notes.

Une *guitare* possède plusieurs cordes de même longueur fixées aux deux extrémités ; ces cordes possèdent des masses linéiques et des tensions différentes. Pour accorder la guitare, on modifie la tension des cordes en tournant les chevilles à l'extrémité du manche (photo ci-dessous, à gauche). La vitesse des ondes progressives ($v = \sqrt{F/\mu}$) n'est pas la même sur chaque corde de la guitare. Comme la fréquence du mode fondamental d'une corde fixée aux deux extrémités est $v/(2L)$, les différentes cordes jouent des notes différentes. On peut changer la « longueur efficace » des cordes en appuyant avec les doigts contre le manche : ainsi, on peut jouer plusieurs notes sur la même corde (photo ci-dessous, au centre). Un *violon* fonctionne selon le même principe que la guitare, à la différence que les cordes sont excitées par le frottement avec un archet plutôt que le pinçage.

Un *piano* comporte des cordes de longueurs différentes pour chaque note : les cordes sont frappées par des marteaux actionnés par les touches du clavier. On accorde le piano en modifiant la tension dans chacune des cordes (photo ci-dessous, à droite).

Dans une guitare (ou tout autre instrument à cordes), la vibration de la corde se transmet à la caisse de résonance de l'instrument : l'onde sonore émise possède la même *fréquence* que l'onde sur la corde. Toutefois, elle ne possède pas la même longueur d'onde, car la vitesse des ondes sur la corde n'est pas la même que celle du son dans l'air.

DREAMSTIME

ISTOCKPHOTO

ISTOCKPHOTO

Une *flûte de pan* (photo ci-contre) comporte plusieurs tuyaux dont la longueur est différente : chaque tuyau correspond à une note différente. Un *orgue* fonctionne selon le même principe, à la différence que c'est une machine qui souffle l'air dans les tuyaux plutôt qu'un musicien.

Une *flûte* comporte un seul tuyau ouvert aux deux extrémités, mais dont la « longueur efficace » peut être modifiée en ouvrant ou en bouchant les différents trous qui sont percés sur son long (photo ci-dessous, à gauche) : on peut ainsi jouer différentes notes à l'aide du même tuyau.

Dans certains instruments à vent, comme le *trombone* (photo ci-dessous, à droite), un système de tuyaux coulissants permet de *réellement* changer la longueur du tuyau afin de jouer différentes notes.

Les ondes stationnaires et la superposition des ondes progressives

Au début de cette section, nous avons mentionné qu'une onde stationnaire peut se former lorsque l'onde générée par un oscillateur est réfléchie à l'extrémité d'une corde et revient se superposer à l'onde incidente. Ainsi, nous pouvons obtenir une onde stationnaire en superposant une onde progressive voyageant dans le sens négatif de l'axe,

$$y_1 = A\sin(kx + \omega t)$$

et une onde progressive identique voyageant dans le sens positif de l'axe,

$$y_2 = A\sin(kx - \omega t)$$

En utilisant l'identité trigonométrique

$$\sin\alpha + \sin\beta = 2\cos\left(\frac{\alpha - \beta}{2}\right)\sin\left(\frac{\alpha + \beta}{2}\right)$$

nous obtenons une fonction simple qui décrit l'onde stationnaire :

$$y = y_1 + y_2 = 2A\cos\left(\frac{(kx + \omega t) - (kx - \omega t)}{2}\right)\sin\left(\frac{(kx + \omega t) + (kx - \omega t)}{2}\right)$$

En simplifiant, cela donne

$$\boxed{y = A_{\text{stat}}\cos(\omega t)\sin(kx)}$$ **Équation d'une onde stationnaire**

où $A_{\text{stat}} = 2A$ est l'amplitude de l'onde stationnaire.

Nous avons supposé que les constantes de phase de chacune des ondes progressives sont nulles, ce qui permet de simplifier les calculs sans compromettre l'utilité de la fonction finale que l'on obtient : en effet, lorsque deux ondes voyagent *l'une vers l'autre*, on obtient une onde stationnaire peu importe la valeur des constantes de phase.

L'identité trigonométrique ci-contre est démontrée dans la **sous-section M5.6 : Les identités trigonométriques** de l'annexe mathématique (il s'agit de l'identité numéro 18).

Le terme sin(kx) ne dépend pas du temps : par conséquent, il décrit un sinus *immobile*, c'est-à-dire qui ne se déplace ni dans le sens positif de l'axe x ni dans le sens négatif. Nous pouvons considérer le terme $A_{stat}\cos(\omega t)$ comme étant l'*amplitude* de ce sinus : cette amplitude oscille en fonction du temps entre A_{stat} et $-A_{stat}$. Par conséquent, la fonction $y = A_{stat}\cos(\omega t)\sin(kx)$ correspond à un sinus qui *ne se déplace pas selon x* et qui *oscille selon y* (schémas ci-dessous) : il s'agit bien d'une onde stationnaire. (En pointillés, nous avons indiqué les ondes y_1 et y_2 dont la superposition génère l'onde stationnaire.)

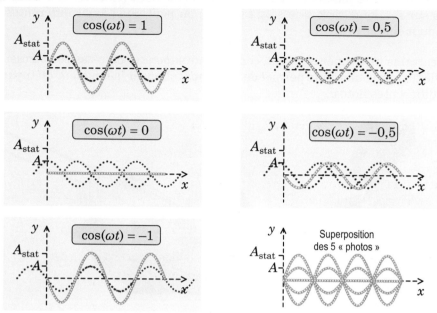

D'après l'équation $y = A_{stat}\cos(\omega t)\sin(kx)$, l'onde stationnaire possède le même nombre d'onde k et la même fréquence angulaire ω que chacune des ondes progressives d'origine : elle a donc la même longueur d'onde et la même période.

Il est important de noter que l'onde stationnaire décrite par l'équation

$$y = A_{stat}\cos(\omega t)\sin(kx)$$

possède nécessairement un nœud en $x = 0$, puisque $\sin(0) = 0$. (De plus, à $t = 0$, la déformation est maximale, car $\cos(0) = 1$.) Pour décrire une onde stationnaire qui *ne possède pas* de nœud en $x = 0$, il faudrait introduire des constantes de phase dans les ondes d'origine, ce qui se traduirait par l'apparition de constantes de phase dans l'équation de l'onde stationnaire. Toutefois, comme il est toujours possible d'effectuer une translation de l'axe x afin de faire coïncider l'origine avec un nœud, nous n'allons pas considérer ce genre de complication : à moins d'avis contraire, nous allons toujours supposer qu'une onde stationnaire possède un nœud en $x = 0$.

Situation 3 : *Une onde stationnaire par superposition.* Considérons l'onde stationnaire issue de la superposition des ondes

$$y_1 = 0{,}4\sin(2x - 4t) \qquad \text{et} \qquad y_2 = 0{,}4\sin(2x + 4t)$$

où x et y sont en mètres et t est en secondes. On désire déterminer la fréquence d'oscillation de l'onde stationnaire, la distance entre deux nœuds consécutifs, et l'amplitude d'oscillation d'une particule située sur un ventre.

Nous avons $A_{stat} = 2A = 0{,}8$ m, $k = 2$ rad/m et $\omega = 4$ rad/s . L'onde stationnaire résultante est

$$y = A_{stat}\cos(\omega t)\sin(kx) = 0{,}8\cos(4t)\sin(2x)$$

La fréquence angulaire de l'onde stationnaire est la même que celle de chacune des ondes d'origine : $\omega = 4$ rad/s. Ainsi, la fréquence d'oscillation de l'onde stationnaire est

$$\omega = 2\pi f \qquad \Rightarrow \qquad f = \frac{\omega}{2\pi} = \frac{(4 \text{ rad/s})}{2\pi} \qquad \Rightarrow \qquad \boxed{f = 0,637 \text{ Hz}}$$

Le nombre d'onde de l'onde stationnaire est le même que celui de chacune des ondes d'origine : $k = 2$ rad/m. Ainsi, la longueur d'onde est

$$\lambda = \frac{2\pi}{k} = \frac{2\pi}{(2 \text{ rad/m})} = 3,14 \text{ m}$$

La distance entre deux nœuds consécutifs est égale à $\lambda/2$, ce qui correspond ici à $\boxed{1,57 \text{ m}}$.

L'onde stationnaire est décrite par la fonction

$$y = 0,8 \cos(4t) \sin(2x)$$

Les ventres se produisent aux endroits où le sinus est égal à ± 1. Une particule située à un endroit où le sinus est égal à 1 subit une oscillation en fonction du temps

$$y = 0,8 \cos(4t)$$

Elle oscille entre 0,8 m et −0,8 m : l'amplitude de son oscillation est égale à $\boxed{0,8 \text{ m}}$. (L'amplitude est la même aux ventres où le sinus est égal à −1.)

La résonance et l'amplification des oscillations

Pour terminer cette section, nous allons voir ce qui se passe lorsqu'un système qui possède des fréquences de résonance est excité par une source d'énergie qui oscille à l'une des fréquences de résonance.

> **Situation 4 : *L'amplification du son par résonance.*** Lorsqu'on place un diapason qui vibre à 440 Hz au-dessus d'un cylindre gradué de 1 m de hauteur partiellement rempli d'eau, le son résultant est plus intense lorsque la hauteur de l'eau dans le cylindre possède certaines valeurs bien précises. On désire les déterminer.

Le son est amplifié lorsque la colonne d'air dans le haut du cylindre possède la bonne longueur pour contenir un des modes de résonance d'une onde stationnaire : l'onde en question doit posséder un nœud à son extrémité inférieure (la surface de l'eau agit comme un bouchon qui ferme le cylindre) et un ventre à son extrémité supérieure (l'extrémité du cylindre est ouverte à l'air libre).

Le module de la vitesse du son est de 340 m/s. Ici, la longueur d'onde est fixe :

$$\lambda = \frac{v_s}{f} = \frac{(340 \text{ m/s})}{(440 \text{ Hz})}$$
$$= 0,7727 \text{ m} = 77,27 \text{ cm}$$

et c'est la longueur de la colonne d'air qui varie. Les trois premiers modes de résonance sont représentés sur le schéma ci-contre.

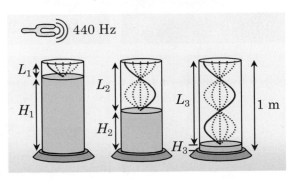

Le cylindre a une hauteur de 100 cm . Appelons L la hauteur de la colonne d'air et H la hauteur de la colonne d'eau. Nous avons

$$L_1 = \frac{\lambda}{4} = 19{,}32 \text{ cm} \quad \Rightarrow \quad H_1 = (100 \text{ cm}) - L_1 \quad \Rightarrow \quad \boxed{H_1 = 80{,}7 \text{ cm}}$$

$$L_2 = \frac{3\lambda}{4} = 57{,}95 \text{ cm} \quad \Rightarrow \quad H_2 = (100 \text{ cm}) - L_2 \quad \Rightarrow \quad \boxed{H_2 = 42{,}1 \text{ cm}}$$

$$L_3 = \frac{5\lambda}{4} = 96{,}59 \text{ cm} \quad \Rightarrow \quad H_3 = (100 \text{ cm}) - L_3 \quad \Rightarrow \quad \boxed{H_3 = 3{,}41 \text{ cm}}$$

Si l'on effectue cette expérience au laboratoire, on obtient *à peu près* les valeurs déterminées ici, mais pas tout à fait : en effet, à l'extrémité ouverte d'un tuyau réel, le ventre de l'onde stationnaire se situe *légèrement en dehors* du tuyau, et non à son extrémité. Nous ne tiendrons pas compte de ce genre de complication dans cet ouvrage.

Lorsqu'on excite un système avec une source d'énergie qui oscille à l'une de ses fréquences de résonance, l'amplitude des oscillations peut devenir très élevée, ce qui peut avoir des conséquences dramatiques. En 1940, près de Tacoma (État de Washington, États-Unis), on a construit un pont suspendu à deux voies afin de desservir une région relativement peu peuplée. Pour économiser de l'argent, les normes de construction de l'époque ont été respectées de justesse, ce qui a donné une structure un peu trop flexible : déjà, pendant la construction, on a remarqué que la travée centrale du pont (d'une longueur de 850 m) oscillait régulièrement selon la verticale (de haut en bas). Le pont a été inauguré en juillet 1940 et a servi pendant cinq mois. Le 7 novembre 1940, un vent intense a causé une oscillation telle qu'un des câbles de support a été endommagé, ce qui a transformé l'oscillation verticale en une oscillation « de torsion » dont la période valait environ 6 s. Sur la largeur du pont, la route s'est mise à osciller comme un tuyau ouvert aux deux bouts, avec des ventres sur les balustrades de chaque côté et un nœud sur la ligne blanche centrale (photos ci-dessous, colonnes du centre et de droite). Sur la longueur du pont, la travée entre les deux piliers oscillait comme le deuxième mode d'une corde attachée à ses deux extrémités, avec des nœuds vis-à-vis de chaque pilier ainsi qu'au centre de la travée (photos ci-dessous, colonne de gauche).

Sur les photos de la colonne de droite, on peut voir la voiture abandonnée d'un automobiliste téméraire qui a tenté de traverser le pont malgré l'oscillation de torsion. L'automobiliste est parvenu à s'en sortir en marchant le long de la ligne blanche au milieu de la route, mais son chien, abandonné dans la voiture, a péri dans l'effondrement du pont.

STILLMAN FIRES COLLECTION

Une fois l'oscillation de torsion amorcée, on pense que le vent s'est mis à créer des remous dont la fréquence de rotation était la même que celle de l'oscillation du tablier du pont, ce qui a causé un phénomène de résonance : à mi-chemin entre un pilier et le centre de la travée, l'amplitude de l'oscillation atteignit les 8 m ! Quelques heures après le début de l'oscillation de torsion, le pont s'est effondré (photos ci-dessous).

STILLMAN FIRES COLLECTION

QI 1 Calculez les modules de la vitesse maximale et de l'accélération maximale d'un lampadaire du pont de Tacoma situé au ventre de l'oscillation (amplitude de 8 m et période de 6 s).

Réponse à la question instantanée

QI 1 $v_{max} = 8{,}38$ m/s ; $a_{max} = 8{,}77$ m/s^2

fréquence fondamentale : la plus petite fréquence pouvant produire une résonance dans un système ; il s'agit donc de la fréquence du *premier* mode de résonance.

harmonique : multiple d'une fréquence de référence ; le N^e harmonique de la fréquence fondamentale f_1 est $N \times f_1$.

mode de résonance : lorsque la fréquence à laquelle un système oscille se traduit par une onde stationnaire, le système est dans un mode de résonance ; on numérote les modes de résonance en ordre croissant de fréquence.

nœud : endroit, dans une onde stationnaire, où l'amplitude de l'oscillation est nulle.

onde stationnaire : onde qui oscille « sur place », sans se déplacer : par exemple, une onde sur une corde fixée à ses deux extrémités.

ventre : endroit, dans une onde stationnaire, où l'amplitude de l'oscillation est maximale.

QUESTIONS

Q1. À quel mode de résonance correspond la note que l'on entend lorsqu'on pince une corde de guitare ? Pourquoi le son généré par la corde est-il plus « riche » que si une seule fréquence était présente ?

Q2. Vrai ou faux ? **(a)** Le N^e multiple entier de la fréquence fondamentale correspond toujours au N^e mode. **(b)** Le N^e multiple entier de la fréquence fondamentale correspond toujours au N^e harmonique.

Q3. Considérez une onde stationnaire de longueur d'onde λ. Donnez la distance **(a)** entre deux nœuds successifs ; **(b)** entre deux ventres successifs ; **(c)** entre un nœud et un ventre adjacents.

Q4. Dites si un nœud ou un ventre d'onde stationnaire se trouve aux endroits suivants : **(a)** à l'extrémité d'une corde fixée à un mur ; **(b)** à l'extrémité d'une corde attachée à un anneau léger qui glisse sur une tige perpendiculaire à la corde ; **(c)** à l'extrémité fermée d'un tuyau ; **(d)** à l'extrémité ouverte d'un tuyau.

Q5. Représentez à l'aide de schémas les trois premiers modes de résonance **(a)** d'une corde fixée à ses deux extrémités ; **(b)** d'une corde dont l'une des extrémités est fixée à un mur et l'autre est attachée à un anneau léger qui glisse sur une tige perpendiculaire à la corde ; **(c)** d'un tuyau fermé-fermé (fermé aux deux extrémités) ; **(d)** d'un tuyau ouvert-fermé ; **(e)** d'un tuyau ouvert-ouvert (ouvert aux deux extrémités). *Sur chacun des schémas, indiquez la position des nœuds* (**N**) *et des ventres* (**V**).

Q6. **(a)** Comment peut-on jouer différentes notes sur la même corde de guitare ? **(b)** Comment peut-on jouer différentes notes avec le même tuyau de flûte ?

Q7. Une corde de guitare vibre. **(a)** L'onde sonore émise possède-t-elle la même fréquence que l'onde sur la corde ? **(b)** L'onde sonore émise possède-t-elle la même longueur d'onde que l'onde sur la corde ?

Q8. En la comparant avec l'équation d'une onde progressive,

$$y = A \sin(kx \pm \omega t + \phi)$$

expliquez « en mots » pourquoi l'équation

$$y = A_{\text{stat}} \cos(\omega t) \sin(kx)$$

décrit une onde stationnaire.

DÉMONSTRATION

D1. Montrez que la superposition des ondes

$$y_1 = A \sin(kx - \omega t) \qquad \text{et} \qquad y_2 = A \sin(kx + \omega t)$$

correspond à

$$y = 2A \cos(\omega t) \sin(kx)$$

EXERCICES

○ Exercice dont la solution ne requiert ni calculatrice ni algèbre complexe.

À moins d'avis contraire, on peut considérer que le son voyage dans l'air à 340 m/s. Dans les équations, x et y sont en mètres, t est en secondes, $A > 0$, $k > 0$, $\omega > 0$ et $0 \le \phi < 2\pi$ rad.

RÉCHAUFFEMENT

○ **1.12.1** *Les modes d'une corde fixée aux deux extrémités.* Considérez les modes de résonance d'une corde de 3 m de longueur fixée à ses deux extrémités. Déterminez la longueur d'onde et la distance entre deux nœuds consécutifs pour **(a)** le mode fondamental ; **(b)** le deuxième mode de résonance ; **(c)** le sixième mode de résonance.

○ **1.12.2** *Les modes d'une corde fixée à une extrémité.* Une onde stationnaire sur une corde de longueur L possède un nœud à une extrémité et un ventre à l'autre. Déterminez la longueur d'onde **(a)** du premier mode de résonance ; **(b)** du quatrième mode de résonance.

○ **1.12.3** *Les modes d'un tuyau.* Considérez les modes de résonance d'un tuyau de 30 cm de longueur. Déterminez la longueur d'onde fondamentale et la longueur d'onde du troisième mode de résonance pour un tuyau **(a)** fermé-fermé ; **(b)** fermé-ouvert ; **(c)** ouvert-ouvert.

1.12.4 *La longueur d'un tuyau ouvert-fermé.* Le quatrième mode de résonance d'un tuyau ouvert-fermé possède une fréquence de 2093 Hz (note *do* de la septième octave du piano). Quelle est la longueur du tuyau ?

1.12.5 *La longueur d'onde du son.* Lorsqu'une corde de guitare vibre à 110 Hz (ce qui correspond à la note *la* de la deuxième octave sur un piano), elle génère dans l'air une onde sonore de même fréquence. Quelle est la longueur d'onde de l'onde sonore ?

1.12.6 *Les modes d'une corde de guitare.* Une corde de guitare de 64 cm de longueur possède une masse linéique de 6,79 g/m et une tension dont le module est de 75,6 N. Déterminez la fréquence **(a)** du mode fondamental de résonance ; **(b)** du troisième mode de résonance.

1.12.7 *La longueur d'une flûte.* En soufflant dans un tuyau ouvert-ouvert, on génère une note de 196 Hz dans le mode fondamental. Quelle est la longueur du tuyau ?

1.12.8 *Rapports de longueur d'onde et de fréquence sur une corde fixée à ses deux extrémités.* Considérez les modes de résonance sur une corde fixée à ses deux extrémités. **(a)** Exprimez la fréquence des modes 2 et 3 en fonction de la fréquence du premier mode. **(b)** Exprimez la longueur d'onde des modes 2 et 3 en fonction de la longueur d'onde du premier mode.

1.12.9 *Rapports de longueur d'onde et de fréquence dans un tuyau ouvert-fermé.* Reprenez l'**exercice 1.12.8** pour un tuyau ouvert-fermé.

1.12.10 *Modes et harmoniques.* Dans un tuyau ouvert-ouvert, la fréquence du deuxième mode de résonance correspond au _____ harmonique de la fréquence fondamentale ; dans un tuyau ouvert-fermé, la fréquence du deuxième mode de résonance correspond au _____ harmonique de la fréquence fondamentale.

1.12.11 *Deux modes consécutifs d'une corde de guitare.* Deux modes de résonance consécutifs d'une corde de guitare ont des fréquences respectives de 300 Hz et de 400 Hz. (Par « modes de résonance consécutifs », on veut parler d'un mode quelconque N et du mode suivant $N + 1$.) **(a)** Quels sont les numéros des deux modes présents ? **(b)** Quelle est la fréquence du mode fondamental ?

1.12.12 *Quel est le résultat de la superposition ?* Deux ondes
$$y_1 = 0{,}2 \sin(5x + 2t) \qquad \text{et} \qquad y_2 = 0{,}2 \sin(5x - 2t)$$
se superposent sur une corde. Écrivez l'équation de l'onde résultante.

1.12.13 *Quelles étaient les ondes avant la superposition ?* Considérez les deux ondes progressives dont la superposition génère l'onde stationnaire
$$y = 0{,}1 \cos(8\pi t) \sin(2\pi x)$$
(a) Quelle est l'amplitude de chacune des ondes progressives ? **(b)** Quel est le module de la vitesse de propagation des ondes progressives ?

1.12.14 *La position des nœuds et des ventres.* Considérez l'onde stationnaire de l'**exercice 1.12.13**. **(a)** Déterminez la position des deux premiers nœuds pour lesquels $x > 0$. **(b)** Déterminez la position des deux premiers ventres pour lesquels $x > 0$.

1.12.15 *Les nœuds et les ventres.* Considérez la fonction
$$y = 2A \cos(\omega t) \sin(kx)$$
qui représente une onde stationnaire. **(a)** Que vaut le sinus lorsque la position x correspond à un nœud ? **(b)** Que vaut le sinus lorsque la position x correspond à un ventre ?

1.12.16 *Trouvez l'équation de l'onde stationnaire.* Une corde fixée à ses deux extrémités vibre dans son troisième mode de résonance. L'extrémité gauche de la corde correspond à $x = 0$ et l'extrémité droite correspond à $x = 1{,}2$ m. La corde a une masse de 0,01 kg et le module de la tension est de 50 N. Aux ventres, le déplacement maximal par rapport à la position d'équilibre est de 0,15 m. Écrivez l'équation qui représente l'onde sur la corde. (On suppose que l'instant $t = 0$ est choisi afin que l'équation puisse s'exprimer sous la forme que l'on a présentée dans cette section.)

1.12.17 *Deux cordes de guitare.* Une corde de guitare de 64 cm de longueur possède une masse de $7{,}3 \times 10^{-4}$ kg : son mode fondamental de résonance est à 196 Hz (note *sol* de la troisième octave sur un piano). Une autre corde de la même guitare possède la même tension, mais son mode fondamental est à 329,6 Hz (note *mi* de la quatrième octave du piano) : quelle est sa masse linéique ?

1.12.18 *Un nœud de plus.* Lorsqu'un oscillateur vibre à 600 Hz, il produit deux nœuds sur une corde fixée à l'autre extrémité, sans compter les nœuds aux deux extrémités (schéma ci-contre). Quelle doit être la fréquence de l'oscillateur pour produire un nœud de plus ?

1.12.19 *Une corde horizontale 120 fois par seconde.* Une corde fixée à ses deux extrémités possède une masse de 0,01 kg et une tension dont le module est de 90 N ; elle vibre dans son deuxième mode de résonance. Sachant que la corde est parfaitement horizontale 120 fois par seconde, déterminez la longueur de la corde.

1.12.20 *Cherchez la résonance.* Un haut-parleur qui émet un son de 784 Hz est placé au-dessus d'un cylindre gradué partiellement rempli d'eau. La hauteur initiale de la colonne d'air dans le haut du cylindre est de 40 cm. En ouvrant un petit robinet à la base du cylindre, on peut laisser s'écouler l'eau. De quelle distance le niveau d'eau doit-il baisser pour atteindre un mode de résonance ?

1.12.21 *Deux modes consécutifs dans un tuyau.* Un tuyau est ouvert à une extrémité. (On ne sait pas si l'autre extrémité est ouverte ou fermée.) Deux modes de résonance consécutifs ont des fréquences respectives de 1960 Hz et de 2744 Hz. (Par « modes de résonance consécutifs », on veut parler d'un mode quelconque N et du mode suivant $N + 1$.) **(a)** Quelle est la fréquence du mode fondamental ? **(b)** À quels numéros d'harmoniques correspondent les deux fréquences citées ? **(c)** À quels numéros de mode correspondent les deux fréquences citées ? **(d)** Le tuyau est-il ouvert aux deux bouts ou ouvert à un bout et fermé à l'autre ? Justifiez votre réponse.

1.12.22 *Deux modes consécutifs dans un tuyau, prise 2.* Reprenez l'**exercice 1.12.21** en supposant cette fois que les fréquences des deux modes de résonance consécutifs sont de 330 Hz et de 385 Hz.

1.12.23 *Dessinez l'onde stationnaire.* Une onde stationnaire sur une corde est décrite par l'équation

$$y = 0,5 \cos(\pi t) \sin(2\pi x)$$

Sur le même graphique, représentez la forme de la corde sur l'intervalle $0 < x < 2$ m pour les instants suivants : $t = 0$; $t = 0,25$ s ; $t = 0,5$ s ; $t = 0,75$ s ; $t = 1$ s.

1.12.24 *La longueur de la corde.* Une onde stationnaire sur une corde est décrite par l'équation

$$y = 0,2 \cos(0,5t) \sin(8x)$$

La corde est fixée à ses deux extrémités et vibre dans son mode fondamental de résonance. Quelle est la longueur de la corde ?

1.12.25 *La vitesse et l'accélération d'une particule dans une onde stationnaire.* Une onde stationnaire sur une corde est décrite par l'équation

$$y = 0,3 \cos(0,8t) \sin(5x)$$

(a) Écrivez la fonction $y(t)$ pour une particule **P** située en $x = 1$ m. **(b)** Déterminez la vitesse selon y de la particule **P** à $t = 3$ s. **(c)** Déterminez l'accélération selon y de la particule **P** à $t = 3$ s.

1.12.26 *Quand la corde est-elle horizontale ?* Considérez l'onde stationnaire de l'**exercice 1.12.25**. Déterminez les trois premiers instants t plus grands que 0 pour lesquels la corde est parfaitement horizontale.

1.12.27 *Les caractéristiques d'une onde stationnaire.* Une onde stationnaire sur une corde horizontale est décrite par l'équation

$$y = -0,01 \cos(\pi t) \cos(4\pi x)$$

où x et y sont exprimés en mètres, t en secondes et la phase des fonctions trigonométriques en radians. **(a)** À $t = 0$, quelle est la position y du point de la corde situé à l'origine ($x = 0$) ? **(b)** Déterminez le premier instant positif où la corde est parfaitement horizontale. **(c)** Déterminez la plus petite valeur positive de x qui correspond à un nœud. **(d)** Déterminez l'amplitude de l'oscillation d'un point situé en $x = 0,2$ m.

L'effet Doppler sonore

Après l'étude de cette section, le lecteur pourra déterminer la fréquence de l'onde sonore captée par un récepteur à partir de la fréquence de l'émetteur ainsi que des vitesses du récepteur et de l'émetteur (effet Doppler).

APERÇU

Les ondes sonores générées par un émetteur **E** peuvent être représentées sur un schéma par des **fronts d'onde** circulaires. Si la fréquence de l'émetteur est f, un front d'onde est émis à chaque période $T = 1/f$. Si l'émetteur est immobile et qu'il n'y a pas de vent,

les fronts d'onde forment des cercles concentriques autour de l'émetteur (schéma ci-dessus) : la longueur d'onde (la distance entre deux fronts d'onde successifs) est $\lambda = v_s/f$, où v_s est le module de la vitesse du son (que l'on peut supposer, à moins d'avis contraire, égal à 340 m/s). Un récepteur **R** immobile reçoit des fronts d'onde espacés de λ qui se déplacent, par rapport à lui, à la vitesse v_s : par conséquent, la fréquence qu'il perçoit est $f = v_s/\lambda$, la même que celle de l'émetteur.

Si l'émetteur est en mouvement, chaque front d'onde est émis à partir d'un endroit différent : ainsi, ils ne sont pas concentriques. Dans une région donnée (par exemple, « devant » ou « derrière » l'émetteur), les fronts d'onde sont espacés de

$$\lambda' = \frac{v_{s\mathbf{E}}}{f}$$

où $v_{s\mathbf{E}}$ est la vitesse relative des fronts d'onde par rapport à l'émetteur.

Si le récepteur est en mouvement, la vitesse relative des fronts d'onde *par rapport à lui*, $v_{s\mathbf{R}}$, n'est pas égale à v_s.

La fréquence de l'onde sonore détectée par le récepteur **R** est

$$f' = \frac{v_{s\mathbf{R}}}{\lambda'}$$

ou encore

$$\boxed{f' = \left(\frac{v_{s\mathbf{R}}}{v_{s\mathbf{E}}}\right)f} \quad \text{Effet Doppler sonore (équation générale)}$$

La modification de la fréquence due au mouvement du récepteur ou de l'émetteur porte le nom d'**effet Doppler**. (Nous limiterons notre étude de l'effet Doppler aux situations en une dimension, pour lesquelles l'émetteur et le récepteur se déplacent le long du même axe.)

Lorsqu'il n'y a pas de vent, les vitesses relatives des fronts d'onde par rapport au récepteur et à l'émetteur peuvent s'écrire $v_{s\mathbf{R}} = v_s \pm v_{\mathbf{R}}$ et $v_{s\mathbf{E}} = v_s \pm v_{\mathbf{E}}$, où les vitesses $v_{\mathbf{R}}$ et $v_{\mathbf{E}}$ sont mesurées par rapport au sol. Ainsi,

$$\boxed{f' = \left(\frac{v_s \pm v_{\mathbf{R}}}{v_s \pm v_{\mathbf{E}}}\right)f} \quad \text{Effet Doppler sonore (sans vent)}$$

Pour déterminer les signes dans l'équation précédente, il faut examiner *séparément* l'effet de la vitesse du récepteur et de celle de l'émetteur. Tout mouvement qui a tendance à *augmenter* la distance entre l'émetteur et le récepteur contribue à *diminuer* la fréquence f', et vice versa. Dans l'exemple représenté sur le schéma ci-dessous, une voiture de police avec sa sirène en action (émetteur) poursuit un malfaiteur dans une voiture volée (récepteur). La vitesse du récepteur a tendance à *augmenter* la distance entre les véhicules, donc à *diminuer* la fréquence : ainsi, il faut écrire $v_s - v_{\mathbf{R}}$ au numérateur. La vitesse de l'émetteur a tendance à *diminuer* la distance entre les véhicules, donc à *augmenter* la fréquence : ainsi, il faut écrire $v_s - v_{\mathbf{E}}$ au dénominateur.

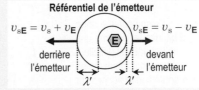

On peut également déterminer les signes en considérant les vitesses relatives : lorsque deux vitesses par rapport au sol sont orientées l'une vers l'autre, le module de la vitesse relative est la somme des modules des vitesses ; lorsque deux vitesses par rapport au sol sont orientées dans le même sens, le module de la vitesse relative est la différence (en valeur absolue) des modules des vitesses.

Ainsi, le module de la vitesse des fronts d'onde *par rapport à l'émetteur* est $v_s - v_{\mathbf{E}}$ dans la région située devant l'émetteur, et

$v_s + v_{\mathbf{E}}$ dans la région située derrière (schéma ci-dessus). Le module de la vitesse des fronts d'onde par rapport au récepteur est $v_s + v_{\mathbf{R}}$ lorsque le récepteur « fonce » vers eux (**A** sur le schéma ci-dessous), et $v_s - v_{\mathbf{R}}$ lorsqu'il « se sauve » d'eux (**B** sur le schéma).

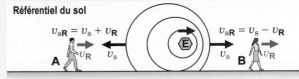

Lorsqu'une onde sonore est réfléchie par une surface, on peut remplacer la surface par un microphone (récepteur) et un haut-parleur (émetteur) placés côte à côte. La fréquence reçue par le microphone devient la fréquence d'émission du haut-parleur.

En présence de vent, la vitesse du vent modifie celle des fronts d'onde, et il est préférable d'analyser la situation à partir des vitesses relatives et de l'équation générale.

Dans les années 1840, Christian Doppler et Christophorus Ballot se sont intéressés, chacun de leur côté, à l'effet du mouvement de la source d'une onde sur les propriétés de l'onde qu'elle émet : Doppler s'intéressait à la lumière émise par une étoile en mouvement, tandis que Ballot s'intéressait aux ondes sonores émises par des instruments de musique en mouvement.

Dans cette section, nous allons considérer ce qui se passe lorsque la source d'une onde (l'émetteur) et l'observateur qui détecte l'onde (le récepteur) sont en mouvement par rapport au milieu de propagation de l'onde. En hommage à Christian Doppler, on donne le nom d'**effet Doppler** aux phénomènes associés à ces mouvements.

Pour étudier l'effet Doppler, une onde sur une corde *n'est pas* un bon exemple, car il est difficile de concevoir un montage qui permette à la source d'une onde sur une corde de se déplacer *pendant* qu'elle génère l'onde. Les ondes sonores sont le type d'onde idéal pour illustrer l'effet Doppler. En effet, il est facile de concevoir des situations où l'émetteur d'une onde sonore (par exemple, un haut-parleur ou un chanteur) se déplace par rapport à l'air qui transporte les ondes sonores. Il est également facile de concevoir des situations où le récepteur des ondes sonores (par exemple, un microphone ou une oreille) est en mouvement. En outre, l'effet Doppler sonore est un phénomène facilement perceptible dans la vie de tous les jours : lorsqu'une voiture passe devant un piéton, le son perçu par ce dernier change de fréquence, passant d'un son plus aigu à un son plus grave.

Dans cette section, nous allons limiter notre étude à l'effet Doppler *sonore*. L'effet Doppler s'applique aussi aux ondes lumineuses. Pour le calculer, il faut tenir compte de la théorie de la relativité d'Einstein : nous verrons comment au **chapitre 4 : Relativité**, dans la **section 4.7 : L'effet Doppler lumineux**.

Le son est une onde longitudinale ; comme une telle onde est difficile à dessiner, nous avons représenté l'onde sonore sur le schéma ci-contre par une onde transversale équivalente.

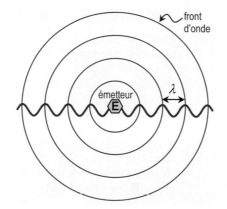

Lorsqu'on étudie l'effet Doppler, il est pratique de représenter une onde sonore comme une série de cercles qui entourent l'émetteur (schéma ci-contre) : on donne le nom de **front d'onde** à chacun des cercles. (En réalité, comme le son se propage en trois dimensions, les fronts d'onde sont des sphères concentriques qui entourent l'émetteur.) Les fronts d'onde sont l'analogue des « ronds dans l'eau » qui se forment lorsqu'on lance une pierre dans un étang. On peut imaginer que chaque front d'onde coïncide avec la crête d'une onde ; ainsi, la distance entre deux fronts d'onde successifs correspond à la longueur d'onde λ.

Lorsqu'on étudie l'effet Doppler sonore, il faut considérer trois vitesses : la vitesse des ondes sonores, la vitesse de l'émetteur et la vitesse du récepteur. À moins d'avis contraire, nous allons supposer qu'il n'y a pas de vent : ainsi, les vitesses par rapport à l'air seront les mêmes que celles par rapport au sol. De plus, nous allons considérer uniquement des situations *en une dimension*, pour lesquelles l'émetteur et le récepteur se déplacent le long du même axe.

Nous verrons comment procéder en présence de vent à la fin de la section.

À moins d'avis contraire, nous allons supposer que le module de la vitesse du son par rapport à l'air est égal à sa valeur à 16 °C :

$$v_s = 340 \text{ m/s}$$

L'effet du mouvement de l'émetteur

Lorsqu'un émetteur d'ondes sonores est immobile, il génère autour de lui des fronts d'onde concentriques (schéma ci-contre). La longueur d'onde (la distance entre deux fronts d'onde successifs) est

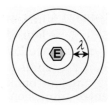

$$\lambda = vT = \frac{v}{f}$$

où T et f sont respectivement la période et la fréquence de l'émetteur.

Que se passe-t-il lorsque l'émetteur est en mouvement ? Pour répondre à cette question, il faut d'abord réaliser que la vitesse des fronts d'onde par rapport à l'air *n'est pas* influencée par la vitesse de l'émetteur. En effet, l'émetteur ne peut pas « donner d'élan » à l'onde : une fois qu'elle a quitté l'émetteur, l'onde se déplace à la vitesse déterminée par les propriétés du milieu de propagation (photo ci-dessous).

ISTOCKPHOTO

Un oiseau sur le point de prendre son envol touche la surface d'un lac à plusieurs reprises. Le fait que l'oiseau soit en mouvement lorsqu'il génère les fronts d'onde n'a pas d'effet sur leur évolution subséquente : chaque front d'onde se propage à la vitesse des vagues à la surface de l'eau et demeure centré sur l'endroit où il a été généré. Ici, l'oiseau se déplace *plus vite* que la vitesse des vagues à la surface de l'eau : ainsi, le centre de chaque front d'onde est situé *à l'extérieur* du front d'onde précédent.

Une fois qu'un front d'onde est émis, il se propage dans toutes les directions *en demeurant centré sur la position de l'émetteur au moment où il a été émis.* Lorsque l'émetteur est en mouvement, il se déplace d'une certaine distance entre l'émission de deux fronts d'onde : ainsi, ces derniers sont plus rapprochés dans la région située devant l'émetteur et plus éloignés dans la région située derrière (schéma ci-contre).

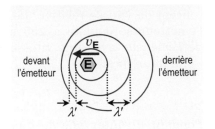

Dans la situation représentée ci-contre, l'émetteur se déplace *moins vite* que la vitesse du son : ainsi, le centre de chaque front d'onde est *à l'intérieur* du front d'onde précédent.

Situation 1 : *L'effet du mouvement de l'émetteur.* Un haut-parleur émet une onde sonore dont la fréquence est de 850 Hz. Il se déplace à 255 m/s vers la gauche. Albert est immobile, à gauche du haut-parleur ; Béatrice, également immobile, est située à droite du haut-parleur. Pour chaque observateur, on désire déterminer la longueur d'onde de l'onde sonore à l'endroit où il se trouve ainsi que la fréquence qu'il entend.

Nous avons $f = 850 \text{ Hz}$ et $v_E = 255 \text{ m/s}$ (l'indice **E** signifie « émetteur »). Comme nous l'avons mentionné, nous pouvons supposer que le module de la vitesse du son par rapport à l'air est $v_s = 340 \text{ m/s}$. Il s'écoule un intervalle de temps

$$T = \frac{1}{f} = \frac{1}{(850 \text{ Hz})} = 0,001\,176 \text{ s}$$

entre l'émission de deux fronts d'onde. Imaginons qu'à $t = 0$, l'émetteur génère un premier front d'onde. Si nous attendons pendant un intervalle de temps égal à une période T, le front d'onde se déplace de

$$v_s T = (340 \text{ m/s})(0,001\,176 \text{ s})$$
$$= 0,4 \text{ m} = 40 \text{ cm}$$

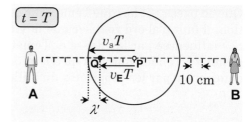

dans toutes les directions par rapport à l'endroit **P** où il a été émis (schéma ci-contre). Pendant ce temps, l'émetteur se déplace de

Sur le schéma ci-contre, Albert et Béatrice ne sont pas dessinés à l'échelle !

$$v_E T = (255 \text{ m/s})(0,001\,176 \text{ s}) = 0,3 \text{ m} = 30 \text{ cm}$$

vers la gauche et se trouve maintenant au point **Q** : c'est à cet endroit qu'est émis le deuxième front d'onde.

Attendons encore une autre période. Le premier front d'onde est à 80 cm du point **P**, le deuxième front d'onde est à 40 cm du point **Q** et l'émetteur est rendu au point **R**, où il est en train de générer un troisième front d'onde (schéma ci-contre).

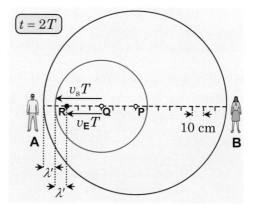

La longueur d'onde du son correspond à la distance entre deux fronts d'onde successifs. Comme on peut le constater sur le schéma, la longueur d'onde à gauche de l'émetteur (à l'endroit où se trouve Albert) est

Nous allons utiliser des primes pour désigner les valeurs de la fréquence et de la longueur d'onde telles que modifiées par l'effet Doppler.

$$\lambda' = v_s T - v_E T = (40 \text{ cm}) - (30 \text{ cm}) \qquad \Rightarrow \qquad \boxed{\lambda' = 10 \text{ cm}}$$

Il est possible d'obtenir encore plus simplement cette valeur de λ' en utilisant le concept de vitesse relative. Le front d'onde se déplace à 340 m/s vers la gauche et l'émetteur se déplace à 255 m/s vers la gauche. Ainsi, le front d'onde s'éloigne *de l'émetteur* avec une vitesse relative dont le module v_{sE} (« son » par rapport à « émetteur ») est

$$v_{sE} = v_s - v_E = (340 \text{ m/s}) - (255 \text{ m/s}) = 85 \text{ m/s}$$

Lorsque deux vitesses par rapport au sol sont orientées dans le même sens, le module de la vitesse relative est la différence (en valeur absolue) des modules des vitesses. Lorsque deux vitesses par rapport au sol sont orientées l'une vers l'autre, le module de la vitesse relative est la somme des modules des vitesses.

Pendant un intervalle de temps égal à une période, le front d'onde s'éloigne de l'émetteur d'une distance qui correspond à une longueur d'onde. Ainsi,

$$\lambda' = v_{sE} T = (85 \text{ m/s})(0,001\,176 \text{ s}) = 0,1 \text{ m} = 10 \text{ cm}$$

Dans la région située à droite de l'émetteur (à l'endroit où se trouve Béatrice), le front d'onde se déplace *vers la droite* à 340 m/s. Comme l'émetteur se déplace à 255 m/s *vers la gauche*, le front d'onde s'éloigne de l'émetteur avec une vitesse relative dont le module est

$$v_{sE} = v_s + v_E = (340 \text{ m/s}) + (255 \text{ m/s}) = 595 \text{ m/s}$$

Pendant un intervalle de temps égal à une période, le front d'onde s'éloigne de l'émetteur d'une distance qui correspond à une longueur d'onde :

$$\lambda' = v_{s\mathbf{E}}T = (595 \text{ m/s})(0{,}001\ 176 \text{ s}) = 0{,}7 \text{ m} \quad \Rightarrow \quad \boxed{\lambda' = 70 \text{ cm}}$$

Cette valeur concorde parfaitement avec ce qu'on peut lire sur le schéma ci-dessous.

Afin de déterminer les fréquences entendues par Albert et Béatrice, nous pouvons utiliser les équations générales de la **section 1.8 : Les ondes mécaniques progressives** :

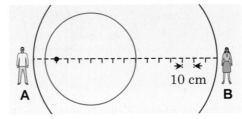

$$\lambda = vT = \frac{v}{f} \quad \Rightarrow \quad f = \frac{v}{\lambda}$$

Comme Albert reçoit une onde sonore de longueur d'onde $\lambda' = 10$ cm qui se déplace à $v_s = 340$ m/s, il entend une fréquence

$$f' = \frac{v_s}{\lambda'} = \frac{(340 \text{ m/s})}{(0{,}1 \text{ m})} \quad \Rightarrow \quad \boxed{f' = 3400 \text{ Hz}}$$

ce qui correspond à un son plus aigu que la fréquence de l'émetteur ($f = 850$ Hz). Béatrice, quant à elle, reçoit une onde sonore de longueur d'onde $\lambda' = 70$ cm et entend une fréquence

$$f' = \frac{v_s}{\lambda'} = \frac{(340 \text{ m/s})}{(0{,}7 \text{ m})} \quad \Rightarrow \quad \boxed{f' = 486 \text{ Hz}}$$

ce qui correspond à un son plus grave que la fréquence de l'émetteur.

L'effet du mouvement du récepteur

Nous allons maintenant considérer l'effet du mouvement du récepteur. Dans la **situation 1**, la fréquence de l'émetteur était de 850 Hz, les observateurs (récepteurs) étaient immobiles et l'émetteur se déplaçait à 255 m/s. Dans la **situation 2**, nous reprenons les mêmes valeurs numériques, mais cette fois l'émetteur est immobile et les observateurs placés de part et d'autre se déplacent à 255 m/s.

> **Situation 2 :** *L'effet du mouvement du récepteur.* Un haut-parleur immobile, dont la fréquence est de 850 Hz, émet une onde sonore. Albert s'approche de l'émetteur à 255 m/s, tandis que Béatrice s'en éloigne à 255 m/s. Pour chaque observateur, on désire déterminer la longueur d'onde des ondes sonores à l'endroit où il se trouve ainsi que la fréquence qu'il entend.

Nous avons $f = 850$ Hz et $v_\mathbf{R} = 255$ m/s (l'indice **R** signifie « récepteur »). Comme l'émetteur **E** est immobile, la longueur d'onde (distance entre les fronts d'onde) est la même dans toutes les directions :

$$\lambda = v_s T = \frac{v_s}{f} = \frac{(340 \text{ m/s})}{(850 \text{ Hz})} = 0{,}4 \text{ m} = 40 \text{ cm}$$

Albert « fonce » vers les fronts d'onde et Béatrice « se sauve » d'eux (schéma ci-dessous). Toutefois, cela ne modifie pas leur perception de la distance entre deux fronts d'onde successifs. (Si vous vous approchez ou vous éloignez d'une règle de 40 cm de longueur, elle possède encore une longueur de 40 cm !) Ainsi, d'après les deux observateurs, la longueur d'onde est $\boxed{\lambda = 40 \text{ cm}}$.

Le mode de propulsion permettant à Albert et Béatrice de se déplacer à 255 m/s n'est pas représenté sur le schéma !

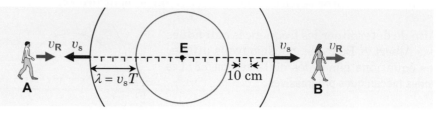

Les fronts d'onde se déplacent à $v_s = 340$ m/s par rapport à l'air. Albert fonce vers eux avec une vitesse de module $v_R = 255$ m/s (toujours mesurée par rapport à l'air). Ainsi, la vitesse relative v_{sR} (« son » par rapport à « récepteur ») à laquelle les fronts d'onde atteignent Albert est

$$v_{sR} = v_s + v_R = (340 \text{ m/s}) + (255 \text{ m/s}) = 595 \text{ m/s}$$

Comme Albert reçoit une onde sonore de longueur d'onde $\lambda = 40$ cm qui se déplace par rapport à lui à $v_{sR} = 595$ m/s, il entend une fréquence

$$f' = \frac{v_{sR}}{\lambda'} = \frac{(595 \text{ m/s})}{(0,4 \text{ m})} \qquad \Rightarrow \qquad \boxed{f' = 1488 \text{ Hz}}$$

Béatrice « se sauve » des fronts d'onde avec une vitesse de module $v_R = 255$ m/s (par rapport à l'air). Comme les fronts d'onde se déplacent plus vite, ils la rejoignent quand même, mais avec une vitesse relative plus petite :

$$v_{sR} = v_s - v_R = (340 \text{ m/s}) - (255 \text{ m/s}) = 85 \text{ m/s}$$

Par conséquent, elle entend une fréquence

$$f' = \frac{v_{sR}}{\lambda'} = \frac{(85 \text{ m/s})}{(0,4 \text{ m})} \qquad \Rightarrow \qquad \boxed{f' = 213 \text{ Hz}}$$

Il est intéressant de comparer les résultats des **situations 1** et **2** (schémas ci-contre). Dans les deux situations, la distance entre Albert et l'émetteur est en train de *diminuer* et la fréquence entendue par Albert est *plus grande* que celle de l'émetteur ; dans les deux situations, la distance entre Béatrice et l'émetteur est en train d'*augmenter* et la fréquence entendue par Béatrice est *plus petite* que celle de l'émetteur.

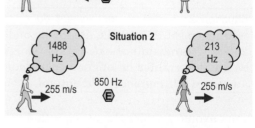

Comme on peut le constater, le fait que ce soit le récepteur plutôt que l'émetteur qui possède une vitesse par rapport à l'air a son importance. Dans le cas où Albert est immobile et que l'émetteur se déplace vers lui, la fréquence entendue (3400 Hz) n'est pas la même que dans le cas où l'émetteur est immobile et qu'Albert s'en rapproche (1488 Hz). De même, dans le cas où Béatrice est immobile et que l'émetteur s'éloigne d'elle, la fréquence entendue (486 Hz) n'est pas la même que dans le cas où l'émetteur est immobile et que Béatrice s'en éloigne (213 Hz).

L'équation générale de l'effet Doppler sonore

Lorsque l'émetteur *et* le récepteur se déplacent par rapport à l'air, la vitesse de l'émetteur influence la longueur d'onde (λ'), tandis que la vitesse du récepteur influence la vitesse du son par rapport au récepteur (v_{sR}). Comme nous l'avons vu dans la **situation 1**,

$$\lambda' = v_{sE}T$$

où T est la période de l'émetteur. Ainsi,

$$f' = \frac{v_{sR}}{\lambda'} = \frac{v_{sR}}{v_{sE}T}$$

Comme la fréquence de l'émetteur est

$$f = \frac{1}{T}$$

nous pouvons écrire une équation qui met directement en relation la fréquence f' captée par le récepteur et la fréquence f de l'émetteur :

$$f' = \left(\frac{v_{sR}}{v_{sE}}\right)f \qquad \text{\textbf{Effet Doppler sonore}}$$
Effet Doppler sonore (équation générale)

Cette équation permet de décrire l'effet Doppler (en une dimension) dans toutes les situations. Toutefois, *lorsqu'il n'y a pas de vent*, les vitesses relatives v_{sR} et v_{sE} dépendent uniquement de la vitesse du son et des vitesses du récepteur et de l'émetteur par rapport au sol (v_R et v_E), ce qui permet de réécrire l'équation sous une forme plus explicite :

$$f' = \left(\frac{v_s \pm v_R}{v_s \pm v_E}\right)f$$
Effet Doppler sonore (sans vent)

Pour déterminer les signes dans cette équation, il faut examiner *séparément* l'effet de la vitesse du récepteur et de celle de l'émetteur : nous allons voir comment procéder en analysant la situation qui suit.

> **Situation 3 :** *Poursuivi par la justice !* Un malfaiteur roulant à 126 km/h dans une voiture volée est poursuivi par un policier roulant à 180 km/h ; la sirène de la voiture de police émet un son de 1000 Hz. On désire déterminer la fréquence entendue par le malfaiteur.

Nous avons représenté la situation sur le schéma ci-contre. Comme nous connaissons la vitesse du son en mètres par seconde ($v_s = 340$ m/s), il faut exprimer les vitesses du récepteur **R** (le malfaiteur) et de l'émetteur **E** (la sirène de police) en mètres par seconde :

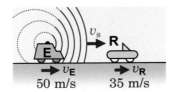

$$v_R = 126\,\frac{\text{km}}{\text{h}} = 126 \times \frac{1000\,\text{m}}{3600\,\text{s}} = 35\,\text{m/s} \qquad \text{et} \qquad v_E = 180\,\frac{\text{km}}{\text{h}} = 180 \times \frac{1000\,\text{m}}{3600\,\text{s}} = 50\,\text{m/s}$$

Comme la voiture de police roule plus vite que celle du malfaiteur, *la distance entre l'émetteur et le récepteur diminue*. À la lumière des conclusions que nous avons tirées des analyses des **situations 1** et **2**, nous pouvons prévoir que la fréquence f' entendue par le malfaiteur sera plus grande que la fréquence $f = 1000$ Hz de la sirène.

D'après l'équation de l'effet Doppler,

$$f' = \left(\frac{v_s \pm v_R}{v_s \pm v_E}\right)f$$

Pour déterminer les bons signes, nous pouvons nous baser sur le principe suivant :

Tout mouvement qui a tendance à *augmenter* la distance entre l'émetteur et le récepteur contribue à *diminuer* la fréquence f', et vice versa.

Ici, la distance entre l'émetteur et le récepteur est en train de diminuer, mais cela n'empêche pas que la vitesse $v_R = 35$ m/s du récepteur, considérée seule, agit afin d'*augmenter* la distance entre les véhicules : ainsi, elle contribue à *diminuer* la fréquence f'. Comme elle apparaît au numérateur de l'équation, il faut choisir le signe négatif : $v_s - v_R$.

La vitesse $v_E = 50$ m/s de l'émetteur, considérée seule, agit afin de *diminuer* la distance entre les véhicules : par conséquent, elle contribue à *augmenter* la fréquence f'. Comme elle apparaît au dénominateur de l'équation, il faut choisir le signe négatif : $v_s - v_E$.

Nous obtenons

$$f' = \frac{v_s - v_R}{v_s - v_E}f = \left(\frac{(340 \text{ m/s}) - (35 \text{ m/s})}{(340 \text{ m/s}) - (50 \text{ m/s})}\right)(1000 \text{ Hz}) \qquad \Rightarrow \qquad \boxed{f' = 1052 \text{ Hz}}$$

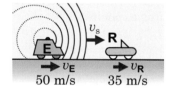

Nous pouvons arriver à la même conclusion en considérant les vitesses relatives. Comme le récepteur **R** se déplace dans le même sens que les fronts d'onde (schéma ci-contre), ces derniers l'atteignent avec une vitesse relative *plus petite* que s'il était immobile :

$$v_{sR} = v_s - v_R = (340 \text{ m/s}) - (35 \text{ m/s}) = 305 \text{ m/s}$$

Comme l'émetteur **E** se déplace dans le même sens que les fronts d'onde qui parviennent au récepteur, ces derniers s'éloignent de lui avec une vitesse relative *plus petite* que s'il était immobile :

$$v_{sE} = v_s - v_E = (340 \text{ m/s}) - (50 \text{ m/s}) = 290 \text{ m/s}$$

Nous obtenons, encore une fois,

$$f' = \left(\frac{v_{sR}}{v_{sE}}\right)f = \left(\frac{(305 \text{ m/s})}{(290 \text{ m/s})}\right)(1000 \text{ Hz}) = 1052 \text{ Hz}$$

L'effet Doppler et les réflexions

Dans certains problèmes d'effet Doppler, il arrive qu'une onde sonore soit réfléchie par une surface (immobile ou en mouvement). L'approche la plus simple consiste à procéder en deux étapes, en remplaçant la surface par un microphone (récepteur) et un haut-parleur (émetteur) placés côte à côte. *La fréquence captée par le microphone devient la fréquence d'émission du haut-parleur.*

Les modules des vitesses de la motocyclette d'Albert (**M**) et du camion (**C**) sont
respectivement

$$v_{\textbf{M}} = 90\frac{\text{km}}{\text{h}} = 90 \times \frac{1000\ \text{m}}{3600\ \text{s}} = 25\ \text{m/s} \qquad \text{et} \qquad v_{\textbf{C}} = 144\frac{\text{km}}{\text{h}} = 144 \times \frac{1000\ \text{m}}{3600\ \text{s}} = 40\ \text{m/s}$$

Nous allons séparer le problème en deux parties. Dans la première partie, nous allons
déterminer la fréquence perçue par un microphone imaginaire situé à l'arrière du
camion.

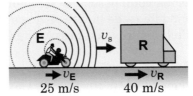

Nous nous intéressons aux fronts d'onde émis par
le klaxon de la motocyclette et qui se dirigent vers le
camion (schéma ci-contre). Par conséquent, la motocyclette est l'émetteur et le camion est le récepteur :
$v_{\textbf{E}} = v_{\textbf{M}} = 25$ m/s et $v_{\textbf{R}} = v_{\textbf{C}} = 40$ m/s.

La vitesse $v_{\textbf{R}} = 40$ m/s du récepteur, considérée seule, agit afin d'*augmenter* la distance
entre les véhicules : ainsi, elle contribue à *diminuer* la fréquence f'. Comme elle apparaît au numérateur de l'équation de l'effet Doppler, il faut choisir le signe négatif :
$v_{\text{s}} - v_{\textbf{R}}$.

La vitesse $v_{\textbf{E}} = 25$ m/s de l'émetteur, considérée seule, agit afin de *diminuer* la distance entre les véhicules : ainsi, elle contribue à *augmenter* la fréquence f'. Comme
elle apparaît au dénominateur, il faut choisir le signe négatif : $v_{\text{s}} - v_{\textbf{E}}$.

Comme le klaxon émet un son de fréquence $f = 756$ Hz , la fréquence reçue par le
camion est

$$f' = \left(\frac{v_{\text{s}} - v_{\textbf{R}}}{v_{\text{s}} - v_{\textbf{E}}}\right)f = \left(\frac{(340\ \text{m/s}) - (40\ \text{m/s})}{(340\ \text{m/s}) - (25\ \text{m/s})}\right)(756\ \text{Hz}) = 720\ \text{Hz}$$

Comme le camion va plus vite que la motocyclette, la distance entre l'émetteur et le
récepteur *augmente* et l'effet Doppler se traduit par une *diminution* de la fréquence.

Dans la deuxième partie du problème, nous allons imaginer qu'à l'arrière du camion
un haut-parleur émet un son à la fréquence $f' = 720$ Hz, et déterminer la fréquence
entendue par Albert sur la motocyclette.

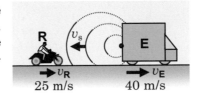

Nous nous intéressons aux fronts d'onde émis par le
camion et qui reviennent vers Albert (schéma ci-contre).
Les rôles de l'émetteur et du récepteur sont inversés : le
camion est l'émetteur et la motocyclette est le récep-
teur, d'où $v_{\textbf{E}} = v_{\textbf{C}} = 40$ m/s et $v_{\textbf{R}} = v_{\textbf{M}} = 25$ m/s.

La vitesse $v_{\textbf{R}} = 25$ m/s du récepteur, considérée seule, agit afin de *diminuer* la distance
entre les véhicules : ainsi, elle contribue à *augmenter* la fréquence f'. Comme elle
apparaît au numérateur de l'équation de l'effet Doppler, il faut choisir le signe positif :
$v_{\text{s}} + v_{\textbf{R}}$.

La vitesse $v_{\textbf{E}} = 40$ m/s de l'émetteur, considérée seule, agit afin d'*augmenter* la
distance entre les véhicules : ainsi, elle contribue à *diminuer* la fréquence f'. Comme
elle apparaît au dénominateur, il faut choisir le signe positif : $v_{\text{s}} + v_{\textbf{E}}$.

La fréquence de l'écho entendu par Albert est

$$f'' = \left(\frac{v_s + v_R}{v_s + v_E}\right)f' = \left(\frac{(340\ \text{m/s}) + (25\ \text{m/s})}{(340\ \text{m/s}) + (40\ \text{m/s})}\right)(720\ \text{Hz}) \qquad \Rightarrow \qquad \boxed{f'' = 692\ \text{Hz}}$$

Comme f' est la fréquence initiale de cette deuxième partie, nous avons noté la fréquence finale f''.

Comme le camion va plus vite que la motocyclette, la distance entre l'émetteur et le récepteur *augmente* : l'effet Doppler se traduit encore une fois par une *diminution* de la fréquence.

Situation 5 : *Une réflexion sur un camion, prise 2.* Albert, qui roule encore à 90 km/h, se fait doubler par un autre camion, klaxonne de nouveau à 756 Hz et entend, cette fois-ci, un écho à 725 Hz. On désire déterminer le module de la vitesse du camion.

Nous connaissons la fréquence finale $\boxed{f'' = 725\ \text{Hz}}$ et nous voulons déterminer le module v_C de la vitesse du camion. Comme dans la **situation 4**, le module de la vitesse de la motocyclette est $\boxed{v_M = 90\ \text{km/h} = 25\ \text{m/s}}$.

Dans la première partie du problème (schéma ci-contre), nous nous intéressons aux fronts d'onde émis par le klaxon et qui se dirigent vers le camion : $v_E = v_M = 25$ m/s et $v_R = v_C$. Comme nous l'avons vu dans la **situation 4**, les deux signes dans l'équation de l'effet Doppler sont négatifs : la fréquence reçue par le camion est

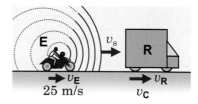

$$f' = \left(\frac{v_s - v_R}{v_s - v_E}\right)f = \left(\frac{(340\ \text{m/s}) - v_C}{(340\ \text{m/s}) - (25\ \text{m/s})}\right)(756\ \text{Hz}) = \left(\frac{(340\ \text{m/s}) - v_C}{(315\ \text{m/s})}\right)(756\ \text{Hz})$$

Dans la deuxième partie du problème, nous nous intéressons aux fronts d'onde émis par le camion et qui reviennent vers Albert (schéma ci-contre). Les rôles de l'émetteur et du récepteur sont inversés : $v_E = v_C$ et $v_R = v_M = 25$ m/s. Comme nous l'avons vu dans la **situation 4**, les deux signes sont positifs : la fréquence de l'écho entendu par Albert est

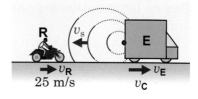

Nous avons omis les unités physiques pour mieux faire ressortir les manipulations algébriques.

$$f'' = \left(\frac{v_s + v_R}{v_s + v_E}\right)f' = \left(\frac{340 + 25}{340 + v_C}\right)\left(\frac{340 - v_C}{315} \times 756\right) = 876 \times \left(\frac{340 - v_C}{340 + v_C}\right)$$

D'après l'énoncé, $f'' = 725$ Hz, d'où

$$876 \times \frac{340 - v_C}{340 + v_C} = 725$$

$$\frac{340 - v_C}{340 + v_C} = 0,8276$$

$$340 - v_C = 281,4 + 0,8276\,v_C$$

$$58,6 = 1,8276\,v_C$$

$$v_C = 32,06\ \text{m/s}$$

ce qui correspond à

$$v_C = 32,06 \times \frac{0,001\ \text{km}}{\frac{1}{3600}\ \text{h}} \qquad \Rightarrow \qquad \boxed{v_C = 115\ \text{km/h}}$$

L'effet Doppler et le vent

En présence de vent, il faut tenir compte du fait que l'onde sonore est « emportée » par le vent (car elle continue de se déplacer à v_s par rapport à l'air). Dans ce cas, la manière la plus simple de procéder consiste à utiliser l'équation générale de l'effet Doppler, exprimée en fonction des vitesses relatives des fronts d'onde par rapport au récepteur et à l'émetteur :

$$f' = \left(\frac{v_{s\mathbf{R}}}{v_{s\mathbf{E}}} \right) f$$

Il est possible d'utiliser l'équation

$$f' = \left(\frac{v_s \pm v_{\mathbf{R}}}{v_s \pm v_{\mathbf{E}}} \right) f$$

pour analyser une situation où il y a du vent, mais il faut se placer dans le « référentiel du vent » : $v_{\mathbf{R}}$ et $v_{\mathbf{E}}$ représentent alors les vitesses du récepteur et de l'émetteur *par rapport à l'air*, et non par rapport au sol.

> **Situation 6 :** *Siffler dans le vent.* Dans un vent constant qui souffle à 12 m/s vers la gauche, Albert roule en bicyclette à 15 m/s vers la droite. Il croise Béatrice qui roule à 8 m/s vers la gauche. Après avoir croisé Béatrice, il siffle à 500 Hz. On désire déterminer la fréquence entendue par Béatrice.

Nous avons représenté la situation sur le schéma ci-contre. Nous nous intéressons aux fronts d'onde émis par Albert et qui voyagent vers Béatrice : ils se déplacent à 340 m/s par rapport à l'air, mais comme ils sont « emportés » par le vent qui souffle à $v_{\text{vent}} = 12$ m/s dans le même sens qu'eux, ils se déplacent à

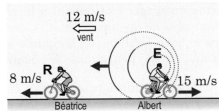

$$v_s' = v_s + v_{\text{vent}} = \left(340 \text{ m/s} \right) + \left(12 \text{ m/s} \right) = 352 \text{ m/s}$$

par rapport au sol. (Ici, le prime indique qu'il s'agit de la vitesse des fronts d'onde telle que modifiée par la présence du vent.) Comme le récepteur **R** (Béatrice) se déplace dans le même sens que les fronts d'onde avec une vitesse de module $v_{\mathbf{R}} = 8$ m/s , ces derniers l'atteignent avec une vitesse relative *plus petite* :

$$v_{s\mathbf{R}} = v_s' - v_{\mathbf{R}} = \left(352 \text{ m/s} \right) - \left(8 \text{ m/s} \right) = 344 \text{ m/s}$$

Comme l'émetteur **E** (Albert) se déplace dans le sens contraire des fronts d'onde avec une vitesse de module $v_{\mathbf{E}} = 15$ m/s , ces derniers s'éloignent de lui avec une vitesse relative *plus grande* :

$$v_{s\mathbf{E}} = v_s' + v_{\mathbf{E}} = \left(352 \text{ m/s} \right) + \left(15 \text{ m/s} \right) = 367 \text{ m/s}$$

Comme Albert siffle avec une fréquence $f = 500$ Hz , la fréquence reçue par Béatrice est

$$f' = \frac{v_{s\mathbf{R}}}{v_{s\mathbf{E}}} f = \frac{\left(344 \text{ m/s} \right)}{\left(367 \text{ m/s} \right)} \left(500 \text{ Hz} \right) \qquad \Rightarrow \qquad \boxed{f' = 469 \text{ Hz}}$$

Comme la distance entre Béatrice et Albert *augmente*, l'effet Doppler se traduit par une *diminution* de la fréquence.

Le mouvement supersonique

Jusqu'à présent, nous avons considéré uniquement des situations où l'émetteur et le récepteur se déplaçaient moins vite que le son. Pour terminer la section, nous allons voir ce qui se passe lorsque l'émetteur se déplace à une vitesse *supersonique*, c'est-à-dire plus grande que celle du son.

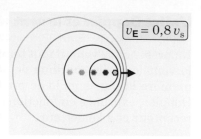

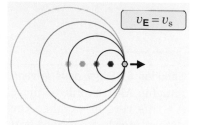

Sur les cinq schémas ci-contre, la fréquence de l'émetteur est la même, mais sa vitesse par rapport à l'air diffère d'un schéma à l'autre. Chaque schéma indique où se trouve l'émetteur à cinq instants également espacés dans le temps. Les quatre cercles indiquent où se trouvent les fronts d'onde à l'instant où l'émetteur, situé à la position la plus à droite, est en train de générer un cinquième front d'onde.

Sur le premier schéma, la vitesse de l'émetteur correspond à 80 % de celle du son : les fronts d'onde sont décentrés, mais ils demeurent l'un dans l'autre.

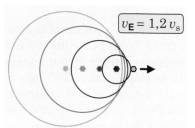

Sur le deuxième schéma, l'émetteur voyage exactement à la vitesse du son. Comme il se déplace à la même vitesse que les fronts d'onde qu'il émet vers l'avant, ceux-ci s'accumulent les uns sur les autres à l'endroit même où il se trouve. Un avion ne doit jamais voyager exactement à la vitesse du son pendant plus de quelques instants, car, s'il le fait, l'énergie sonore qu'il émet s'accumule à l'endroit où il se trouve, ce qui peut causer des dommages importants.

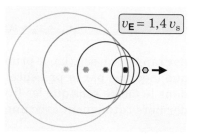

Sur les trois derniers schémas, l'émetteur se déplace plus vite que le son. Chaque fois qu'un front d'onde est émis, l'émetteur se trouve *en dehors* du front d'onde précédent. L'enveloppe des fronts d'onde forme un cône : plus la vitesse de l'émetteur est grande, plus le cône est étroit.

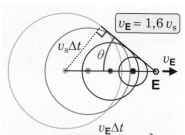

Sur le schéma du bas, nous avons indiqué la construction géométrique qui permet de déterminer l'angle θ entre la surface du cône et la trajectoire de l'émetteur. La surface du cône est tangente aux fronts d'onde, donc perpendiculaire à la droite qui relie l'endroit où a été émis un front d'onde et la position qu'il occupe. En un temps Δt (l'intervalle de temps entre la première et la dernière position de l'émetteur sur le schéma), l'émetteur se déplace de $v_E\Delta t$, où v_E est le module de sa vitesse, tandis que le premier front d'onde qui a été émis s'éloigne de son point d'origine de $v_s\Delta t$, où v_s est le module de la vitesse du son. Ainsi, on peut écrire

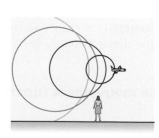

$$\sin\theta = \frac{v_s\Delta t}{v_E\Delta t} = \frac{v_s}{v_E}$$

Lorsque l'émetteur se déplace plus vite que le son, on ne peut plus analyser la situation à l'aide de l'équation de l'effet Doppler : il n'y a pas d'onde sonore dans la région située devant l'émetteur, et l'onde sonore située derrière lui est une superposition complexe de fronts d'onde qui ne peut pas être décrite par une fréquence unique.

QI 1 Sur la photo de la **page 135**, l'oiseau qui prend son envol en créant des ondes à la surface de l'eau se déplace-t-il un peu plus vite ou beaucoup plus vite que la vitesse des ondes à la surface de l'eau ? Justifiez votre réponse.

QI 2 Calculez la valeur de l'angle θ pour les situations représentées sur le deuxième, le troisième, le quatrième et le cinquième schéma de la page.

Lorsqu'un avion supersonique passe au-dessus de nous (schéma ci-contre), on n'entend rien avant que l'avion ne soit déjà passé (on voit l'avion en « temps réel », ou presque, car la lumière se déplace à 300 000 km/s). Sur la surface du cône émis par l'avion, l'énergie sonore est très concentrée, formant une *onde de choc*. On entend un son soudain et intense (le « bang supersonique ») lorsque le cône nous rejoint enfin.

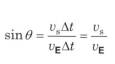

Dans certaines situations, l'onde de choc produite par un avion peut condenser la vapeur d'eau qui se trouve dans l'air (photo ci-dessous, à gauche). Comme les bateaux se déplacent généralement plus vite que les vagues à la surface de l'eau, ils génèrent également des ondes de choc (photo ci-dessous, à droite).

DREAMSTIME

ISTOCKPHOTO

effet Doppler : effet de la vitesse de la source d'une onde et de la vitesse de l'observateur sur la fréquence perçue par l'observateur ; nommé en hommage au physicien autrichien Christian Doppler (1803-1853).

front d'onde : ensemble des points d'une onde en deux ou trois dimensions qui sont tous à la même phase (par exemple, tous les points qui sont sur une même crête) ; les « ronds » produits par une pierre lancée dans l'eau sont des fronts d'onde ; la distance entre les fronts d'onde associés à deux crêtes successives correspond à la longueur d'onde.

QUESTIONS

Q1. Dessinez les fronts d'onde générés par un émetteur immobile et indiquez à quoi correspond la longueur d'onde.

Q2. Vrai ou faux ? Une fois qu'une onde est émise, la vitesse à laquelle elle voyage dépend de son milieu de propagation et non de la vitesse de l'émetteur.

Q3. Dessinez les fronts d'onde générés par un émetteur en mouvement (sa vitesse est inférieure à celle du son) : indiquez le sens de la vitesse de l'émetteur, identifiez les régions situées « devant » et « derrière » l'émetteur, et indiquez à quoi correspond la longueur d'onde dans chacune de ces régions.

Q4. Un haut-parleur est fixé à l'avant d'une voiture en mouvement. Vrai ou faux ? **(a)** La vitesse par rapport à l'air de l'onde sonore émise par le haut-parleur est la même que si la voiture était immobile. **(b)** La longueur d'onde du son émis par le haut-parleur est la même que si la voiture était immobile.

Q5. Un observateur **A** est immobile, tandis qu'un observateur **B** possède une vitesse orientée vers l'émetteur d'une onde sonore. Vrai ou faux ? **(a)** Les deux observateurs considèrent que l'onde sonore possède la même longueur d'onde. **(b)** Les deux observateurs considèrent que les ondes sonores se déplacent à la même vitesse par rapport à eux.

Q6. Vrai ou faux ? Lorsqu'on s'approche à la vitesse v d'un émetteur immobile qui génère une onde sonore à la fréquence f, on entend la même fréquence que lorsqu'on est immobile et que l'émetteur s'approche de nous à la vitesse v.

Q7. Si les vitesses de l'émetteur et du récepteur font en sorte que la distance entre l'émetteur et le récepteur diminue, la fréquence captée par le récepteur est plus _____ que celle de l'émetteur ; si la distance augmente, la fréquence captée est plus _____ que celle de l'émetteur.

Q8. Expliquez comment on peut analyser un problème d'effet Doppler sonore qui comporte une réflexion sur une surface.

Q9. Expliquez comment on peut analyser un problème d'effet Doppler sonore en présence d'un vent uniforme.

Q10. Dessinez, afin de les comparer, les fronts d'onde générés par un émetteur se déplaçant moins vite, à la même vitesse, et plus vite que le son.

Q11. Lorsque l'émetteur voyage plus vite que le son, plus sa vitesse est grande, plus l'angle entre la surface du cône des fronts d'onde et la trajectoire de l'émetteur est _____.

Q12. Expliquez, à l'aide d'un schéma, ce qu'entend un observateur lorsqu'un avion supersonique passe au-dessus de lui.

DÉMONSTRATIONS

D1. Expliquez ce que représente chacun des paramètres dans l'équation de l'effet Doppler sonore,

$$f' = \frac{v_{sR}}{v_{sE}} f$$

puis montrez comment on peut l'obtenir à partir de la relation générale qui existe entre la longueur d'onde, la vitesse et la fréquence.

D2. Dessinez le schéma qui représente les fronts d'onde générés par un émetteur qui se déplace plus vite que le son, puis servez-vous-en pour obtenir une équation qui met en relation l'angle θ que fait le cône des fronts d'onde avec la trajectoire de l'émetteur, le module v_s de la vitesse du son et le module v_E de la vitesse de l'émetteur.

EXERCICES

○ Exercice dont la solution ne requiert ni calculatrice ni algèbre complexe.

À moins d'avis contraire, on peut considérer que le son voyage dans l'air à 340 m/s.

RÉCHAUFFEMENT

○ **1.13.1** *La vitesse du son par rapport à l'émetteur et au récepteur.* Un émetteur et un récepteur foncent l'un vers l'autre : par rapport à l'air, l'émetteur se déplace à 20 m/s et le récepteur se déplace à 10 m/s. Déterminez **(a)** le module de la vitesse des ondes sonores par rapport à l'émetteur dans la région située en avant de l'émetteur ; **(b)** le module de la vitesse des ondes sonores par rapport au récepteur.

○ **1.13.2** *La vitesse du son par rapport à l'émetteur et au récepteur, prise 2.* Un émetteur et un récepteur s'éloignent l'un de l'autre : par rapport à l'air, l'émetteur se déplace à 30 m/s et le récepteur se déplace à 40 m/s. Déterminez **(a)** le module de la vitesse des ondes sonores par rapport à l'émetteur dans la région située en arrière de l'émetteur ; **(b)** le module de la vitesse des ondes sonores par rapport au récepteur.

1.13.3 *Une vitesse relative de 50 m/s.* Un haut-parleur génère une onde sonore à 500 Hz. Pour chacune des situations suivantes, déterminez le module de la vitesse des ondes sonores par rapport à l'observateur ainsi que la fréquence qu'il entend : **(a)** le haut-parleur se dirige à 50 m/s vers l'observateur, qui est immobile ; **(b)** le haut-parleur s'éloigne à 50 m/s de l'observateur, qui est immobile ; **(c)** l'observateur se dirige à 50 m/s vers le haut-parleur, qui est immobile ; **(d)** l'observateur s'éloigne à 50 m/s du haut-parleur, qui est immobile.

1.13.4 *L'observateur se rapproche puis s'éloigne.* Lorsqu'on s'e rapproche à une certaine vitesse v d'un émetteur immobile qui génère une onde sonore de 1000 Hz, on entend un son à 1200 Hz. Lorsqu'on s'éloigne de l'émetteur à la vitesse v, quelle fréquence entend-on ?

1.13.5 *L'émetteur se rapproche puis s'éloigne.* Lorsqu'un émetteur qui génère une onde sonore de 1000 Hz se rapproche à une certaine vitesse v d'un observateur immobile, ce dernier perçoit un son à 1200 Hz. Lorsque l'émetteur s'éloigne de l'observateur à la vitesse v, quelle est la fréquence perçue ?

1.13.6 *Doublée par un policier.* Béatrice roule en motocyclette à 100 km/h sur l'autoroute. Elle se fait doubler par une voiture de police roulant à 120 km/h et dont la sirène émet un son de 1000 Hz. Déterminez la fréquence entendue par Béatrice lorsque la voiture de police est **(a)** derrière elle ; **(b)** devant elle.

1.13.7 *Béatrice passe devant une sirène.* Béatrice roule en bicyclette à vitesse constante ; elle croise une voiture de police immobile dont la sirène émet un son de fréquence constante. Avant de croiser la voiture, elle entend un son de 810 Hz ; après l'avoir croisée, elle entend un son de 790 Hz. Déterminez **(a)** le module de la vitesse de Béatrice et **(b)** la fréquence de la sirène.

1.13.8 *Un policier en sens inverse.* Albert roule en motocyclette à 100 km/h sur une route de campagne. Une voiture de police roulant à 120 km/h s'en vient en sens inverse : sa sirène émet un son de 1000 Hz. Déterminez la fréquence entendue par Albert lorsque la voiture de police est **(a)** devant lui (avant le croisement) ; **(b)** derrière lui (après le croisement).

1.13.9 *L'écho du klaxon.* Béatrice roule en motocyclette à 100 km/h sur une route de campagne. Elle s'approche d'un camion qui roule à 20 km/h dans le même sens qu'elle et elle klaxonne avec une fréquence de 1500 Hz. Le son du klaxon est réfléchi par l'arrière du camion. **(a)** Quelle est la fréquence de l'écho qu'elle entend ? **(b)** Le camion continuant de rouler à 20 km/h, Béatrice est forcée de ralentir et de le suivre à la même vitesse : si elle klaxonne de nouveau, quelle est la fréquence de l'écho qu'elle entend ?

1.13.10 *Un coup de sifflet.* Albert est assis dans un wagon qui roule à 20 m/s. Béatrice est immobile au bord de la voie ferrée. Au moment où le wagon passe devant Béatrice, la locomotive à l'avant du train émet un coup de sifflet à 1200 Hz. Déterminez la fréquence entendue par **(a)** Albert ; **(b)** Béatrice.

1.13.11 *Un coup de sifflet dans le vent.* Reprenez l'**exercice 1.13.10** en supposant qu'un vent de 10 m/s souffle dans le sens contraire du mouvement du train.

1.13.12 *Trois variations sur une vitesse relative de 100 m/s.* Un émetteur de 2000 Hz et un observateur se rapprochent l'un de l'autre avec une vitesse *relative* de 100 m/s. Pour chacune des situations suivantes, déterminez la fréquence entendue par l'observateur : **(a)** l'émetteur est immobile et l'observateur se déplace à 100 m/s ; **(b)** l'émetteur se déplace à 100 m/s et l'observateur est immobile ; **(c)** l'émetteur et l'observateur se dirigent l'un vers l'autre en se déplaçant chacun à 50 m/s.

1.13.13 *Une ambulance passe devant Albert.* Albert est immobile à l'arrêt d'autobus. Une ambulance dont la sirène émet un son de fréquence constante passe devant lui. Avant le passage de l'ambulance, il entend un son de 1000 Hz ; après le passage, il entend un son de 800 Hz. Déterminez **(a)** le module de la vitesse de l'ambulance et **(b)** la fréquence de la sirène.

1.13.14 *Poursuivi par une chauve-souris !* Albert court à 8 m/s : il est poursuivi par une chauve-souris (photo ci-dessous). Cette dernière émet un signal sonore à 80 kHz et entend un écho à 81 kHz. Calculez le module de la vitesse de la chauve-souris.

NEVADA BUREAU OF LAND MANAGEMENT

1.13.15 *Klaxonner dans le vent.* Dans un vent soufflant à 20 m/s vers la droite, Béatrice roule en motocyclette à 30 m/s vers la droite. Elle s'approche d'un tracteur qui roule à 10 m/s vers la droite et elle klaxonne à 1500 Hz. Quelle est la fréquence entendue par le conducteur du tracteur ?

1.13.16 *Les aventures de Flyboy.* **(a)** Flyboy actionne ses bottes à réaction et s'élève verticalement à 20 m/s pendant que la plate-forme sur laquelle il se trouvait s'abaisse (elle se déplace vers le bas à une vitesse constante de 30 m/s). Il émet un cri de victoire à 2000 Hz. Son cri se répercute sur la plate-forme : quelle est la fréquence de l'écho qu'il entend ? **(b)** Flyboy, qui s'élève toujours à 20 m/s, n'a pas remarqué qu'un immense dirigeable immobile est stationné au-dessus de lui. Quelques secondes avant de percuter le dirigeable, il émet un cri de panique à 4000 Hz. Son cri se répercute sur le dirigeable : quelle est la fréquence de l'écho qu'il entend ?

1.13.17 *Une vitesse relative de 50 m/s, prise 2.* Un haut-parleur génère une onde sonore de 500 Hz. Pour chacune des situations suivantes, déterminez la longueur d'onde des ondes sonores qui atteignent l'observateur. **(a)** Le haut-parleur se dirige à 50 m/s vers l'observateur, qui est immobile. **(b)** Le haut-parleur s'éloigne à 50 m/s de l'observateur, qui est immobile. **(c)** L'observateur se dirige à 50 m/s vers le haut-parleur, qui est immobile. **(d)** L'observateur s'éloigne à 50 m/s du haut-parleur, qui est immobile.

1.13.18 *Un policier en sens inverse... dans le vent.* Reprenez l'**exercice 1.13.8** en supposant qu'un vent de 10 m/s souffle dans le sens contraire du mouvement d'Albert (donc, dans le même sens que le mouvement de la voiture de police).

1.13.19 *Un coup de sifflet dans le vent, prise 2.* Reprenez l'**exercice 1.13.11** en supposant qu'un vent de 20 m/s souffle dans le même sens que le mouvement du train.

1.13.20 *Un cône de fronts d'onde à 30°.* Utilisez le résultat de la **démonstration D2** pour calculer la vitesse d'un émetteur qui génère un cône de fronts d'onde dont la surface est inclinée à 30° par rapport à sa trajectoire. (Exprimez la réponse en fonction de v_s, le module de la vitesse du son.)

1.13.21 *Face à face.* Deux motocyclettes de police dotées de sirènes identiques roulent l'une vers l'autre en les faisant retentir. La motocyclette **A** se déplace à 20 m/s et son conducteur entend la sirène de **B** à la fréquence de 852 Hz. Le conducteur de la motocyclette **B** entend la sirène de **A** à 854 Hz. Déterminez **(a)** le module de la vitesse de la motocyclette **B** ; **(b)** la fréquence intrinsèque des sirènes. (*Suggestion* : gardez au moins cinq chiffres significatifs dans les calculs intermédiaires ou analysez la situation algébriquement et remplacez les valeurs numériques à la toute fin.)

1.13.22 *Tentative de fuite.* Un malfaiteur est pris en chasse par une voiture de police alors qu'il roule à 20 m/s : il entend la sirène de police à 610 Hz. Il appuie sur l'accélérateur et atteint une nouvelle vitesse constante : il entend alors la sirène à 590 Hz. En supposant que la vitesse de la voiture de police demeure constante, déterminez le module de la nouvelle vitesse du malfaiteur.

Les battements

Après l'étude de cette section, le lecteur pourra analyser les battements qui se forment lorsque deux ondes sonores dont les fréquences sont légèrement différentes se superposent.

A P E R Ç U

Lorsqu'on superpose deux ondes sonores de fréquences différentes (mais relativement rapprochées), on entend des **battements**, c'est-à-dire une variation périodique de l'intensité du son résultant.

La fréquence de cette variation périodique est

$$f_b = |f_1 - f_2|$$ **Fréquence de battements**

où f_1 et f_2 sont les fréquences des deux ondes.

E X P O S É

Lorsqu'on superpose deux ondes sonores de fréquences différentes (mais relativement rapprochées), on entend des **battements**, c'est-à-dire une variation périodique de l'intensité du son résultant. Considérons deux haut-parleurs qui émettent des ondes sonores : s'ils sont initialement synchronisés (par exemple, ils émettent deux crêtes en même temps), ils vont se désynchroniser en raison de leurs fréquences différentes. Toutefois, après un certain intervalle de temps, ils vont de nouveau être synchronisés.

Chaque fois qu'il y a synchronisation, l'intensité du son passe par un maximum ; entre les moments où il y a synchronisation, l'intensité passe par un minimum (l'intensité devient momentanément nulle si les deux sources ont la même amplitude).

Pour illustrer le phénomène des battements, nous allons considérer un haut-parleur **A** oscillant à 97,14 Hz et un haut-parleur **B** oscillant à 85 Hz ; les haut-parleurs sont placés côte à côte et génèrent chacun une onde sonore d'amplitude A.

Le haut-parleur **A** génère un son de longueur d'onde

$$\lambda_\mathbf{A} = v_s T_\mathbf{A} = \frac{v_s}{f_\mathbf{A}} = \frac{(340 \text{ m/s})}{(97,14 \text{ Hz})} = 3,5 \text{ m}$$

tandis que le haut-parleur **B** génère un son de longueur d'onde

$$\lambda_\mathbf{B} = v_s T_\mathbf{B} = \frac{v_s}{f_\mathbf{B}} = \frac{(340 \text{ m/s})}{(85 \text{ Hz})} = 4 \text{ m}$$

Le schéma en haut de la page suivante représente chacune des ondes à un instant donné, ainsi que leur superposition. À l'instant représenté, un maximum d'amplitude A est en train d'être émis par chaque haut-parleur, ce qui correspond à une amplitude résultante de $2A$. À 14 m du haut-parleur (14 m = 4 $\lambda_\mathbf{A}$ = 3,5 $\lambda_\mathbf{B}$), un maximum de **A** coïncide avec un minimum de **B**, ce qui correspond à une amplitude résultante nulle.

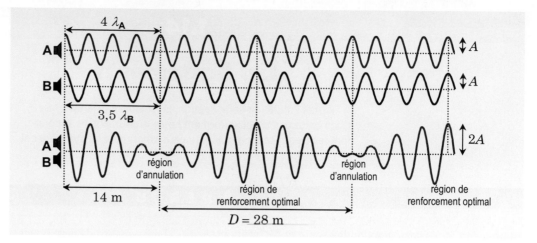

L'onde résultante **A+B** possède des « régions d'annulation » espacées de $D = 28$ m. De même, elle possède des « régions de renforcement optimal » (où l'amplitude est égale à $2A$) espacées de $D = 28$ m. Comme les ondes **A** et **B** se déplacent vers la droite à 340 m/s, l'onde **A+B** se déplace également à 340 m/s vers la droite.

Imaginons un observateur situé à l'extrême droite sur le schéma : il reçoit une onde sonore progressive **A+B** dont l'amplitude varie régulièrement dans le temps. Les maximums sonores (les régions de renforcement optimal) lui parviennent avec une période qui correspond au temps requis pour que l'onde **A+B** se déplace de 28 m vers la droite :

$$T_{\text{b}} = \frac{D}{v_{\text{s}}} = \frac{(28\,\text{m})}{(340\,\text{m/s})} = 0{,}08235\,\text{s}$$

Cela correspond à une fréquence de battements

$$f_{\text{b}} = \frac{1}{T_{\text{b}}} = \frac{1}{(0{,}08235\,\text{s})} = 12{,}14\,\text{Hz}$$

Le son résultant, dont l'amplitude fluctue à la fréquence des battements, possède lui-même une certaine fréquence. Plus loin, dans la **sous-section « L'amplitude de la superposition en fonction du temps »**, nous allons voir qu'il s'agit de la moyenne des fréquences des ondes qui se superposent (ici, cela donne environ 91 Hz). Ainsi, dans la situation que nous sommes en train d'analyser, on entend un son à 91 Hz dont l'intensité passe par un maximum 12 fois par seconde. (Lorsque la différence entre les fréquences des ondes qui se superposent est trop grande, on n'entend plus de battements : l'oreille perçoit tout simplement deux « notes » distinctes.)

ce qui signifie que l'intensité du son passe par un maximum un peu plus de 12 fois par seconde. Cette fluctuation est assez rapide, mais elle est facilement perceptible à l'oreille (et peut donner une sensation relativement désagréable). Lorsque la fréquence des battements est supérieure à 50 Hz environ, la fluctuation est si rapide que les battements ne sont plus directement perceptibles à l'oreille.

La fréquence de battements que nous venons d'obtenir correspond exactement à la différence des fréquences des ondes **A** et **B** :

$$f_{\text{A}} - f_{\text{B}} = (97{,}14\,\text{Hz}) - (85\,\text{Hz}) = 12{,}14\,\text{Hz}$$

Nous allons maintenant démontrer que la fréquence des battements est toujours égale à la différence des fréquences des deux ondes sonores qui se superposent. Considérons la superposition d'une onde de fréquence f_1 et d'une onde de fréquence f_2, avec $f_1 > f_2$. Les périodes respectives sont $T_1 = 1/f_1$ et $T_2 = 1/f_2$, avec $T_1 < T_2$. Imaginons qu'à $t = 0$, l'observateur reçoit des maximums de chaque onde : les deux ondes se renforcent et il entend un son d'intensité maximale. Par la suite, l'observateur reçoit des maximums de l'onde **1** à tous les multiples entiers de T_1 et des maximums de l'onde **2** à tous les multiples entiers de T_2. Comme T_2 est plus grand que T_1, après un certain intervalle de temps, l'observateur reçoit le N^{e} maximum de l'onde **2** pendant qu'il reçoit le $(N + 1)^{\text{e}}$ maximum de l'onde **1**, et les ondes sont de nouveau synchronisées. Cela se produit au temps

$$T_{\text{b}} = NT_2 = (N + 1)T_1$$

Ainsi,

$$NT_2 = NT_1 + T_1$$
$$NT_2 - NT_1 = T_1$$
$$N(T_2 - T_1) = T_1$$
$$N = \frac{T_1}{T_2 - T_1}$$

et

$$T_b = NT_2 = \frac{T_1 T_2}{T_2 - T_1}$$

La fréquence de battements est

$$f_b = \frac{1}{T_b} = \frac{T_2 - T_1}{T_1 T_2} = \frac{T_2}{T_1 T_2} - \frac{T_1}{T_1 T_2} = \frac{1}{T_1} - \frac{1}{T_2} = f_1 - f_2$$

Dans l'équation générale, il vaut mieux prendre la différence des fréquences en valeur absolue pour ne pas avoir à préciser que f_1 est supérieur à f_2 :

$$\boxed{f_b = |f_1 - f_2|}$$ **Fréquence de battements**

Les accordeurs de pianos exploitent le phénomène des battements pour effectuer leur tâche. L'accordeur commence par comparer la note émise par un diapason (habituellement, la note *la* à 440 Hz) et la note jouée par la touche correspondante du piano (photo ci-contre). Si les fréquences des deux notes ne sont pas exactement les mêmes, il entend des battements. Plus les fréquences des notes sont rapprochées, plus la fréquence de battements est petite, ce qui signifie que les battements sont plus espacés dans le temps. Lorsqu'il ne perçoit plus de battements, la touche de piano est accordée.

STOCKXPERT

L'amplitude de la superposition en fonction du temps

Nous allons maintenant voir comment obtenir l'équation

$$f_b = |f_1 - f_2|$$

en considérant la superposition des fonctions qui décrivent chacune des ondes sonores dont la superposition génère les battements. Pour simplifier, nous allons supposer que les ondes ont la même amplitude A, que leurs constantes de phase sont nulles et qu'elles se déplacent dans le sens *négatif* de l'axe x (ce qui évite d'avoir des signes négatifs dans les équations) :

$$y_1 = A \sin(k_1 x + \omega_1 t) \qquad \text{et} \qquad y_2 = A \sin(k_2 x + \omega_2 t)$$

Pour simplifier davantage, nous allons considérer uniquement ce qui se passe à une position x donnée, en l'occurrence, $x = 0$:

$$y_1 = A \sin(\omega_1 t) \qquad \text{et} \qquad y_2 = A \sin(\omega_2 t)$$

En utilisant l'identité trigonométrique

$$\sin \alpha + \sin \beta = 2 \cos\left(\frac{\alpha - \beta}{2}\right) \sin\left(\frac{\alpha + \beta}{2}\right)$$

L'identité trigonométrique ci-contre est démontrée dans la **sous-section M5.6 : Les identités trigonométriques** de l'annexe mathématique (il s'agit de l'identité numéro 18).

nous obtenons

$$y = y_1 + y_2 = A\left[\sin(\omega_1 t) + \sin(\omega_2 t)\right]$$

$$= 2A\cos\left(\frac{\omega_1 t - \omega_2 t}{2}\right)\sin\left(\frac{\omega_1 t - \omega_2 t}{2}\right)$$

ou encore

$$y = 2A\cos\left(\frac{\omega_1 - \omega_2}{2}t\right)\sin\left(\frac{\omega_1 + \omega_2}{2}t\right)$$

Afin de comprendre la signification de cette équation, il est utile de la représenter sur un graphique. Oublions pour l'instant le cosinus : la fonction

$$2A\sin\left(\frac{\omega_1 + \omega_2}{2}t\right)$$

représente une oscillation sinusoïdale d'amplitude $2A$ dont la fréquence angulaire est égale à la *moyenne* des fréquences angulaires de chacune des ondes initiales (graphique ci-dessous).

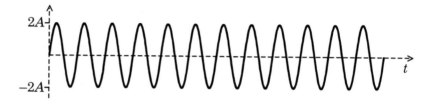

Ce sinus est multiplié par un terme

$$\cos\left(\frac{\omega_1 - \omega_2}{2}t\right)$$

qui oscille en fonction du temps avec une fréquence angulaire égale à la *demi-différence* entre les fréquences angulaires de chacune des ondes initiales. Comme la fréquence angulaire du cosinus est plus petite que celle du sinus, sa période est plus grande (graphique ci-dessous).

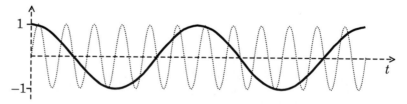

La multiplication de $2A\sin\left(\dfrac{\omega_1 + \omega_2}{2}t\right)$ par $\cos\left(\dfrac{\omega_1 - \omega_2}{2}t\right)$ donne le graphique ci-dessous.

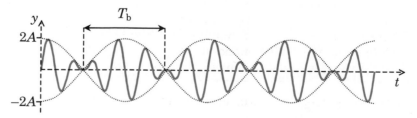

Ce graphique représente bien un phénomène de battements. (Le graphique en haut de la **page 150** représente y en fonction de la position x sur l'axe pour un instant t particulier, tandis qu'ici le graphique représente y en fonction du temps t pour une position x particulière, en l'occurrence $x = 0$.)

En examinant le graphique, on s'aperçoit que l'amplitude s'annule périodiquement avec une période T_b qui est égale à *la moitié de la période du cosinus*. Autrement dit, l'amplitude s'annule deux fois par cycle d'oscillation du cosinus. Comme la fréquence angulaire d'oscillation du cosinus est $(\omega_1 - \omega_2)/2$, la fréquence angulaire des battements est

$$\omega_b = \omega_1 - \omega_2$$

Comme $\omega = 2\pi f$, en divisant par 2π partout, nous obtenons

$$f_b = f_1 - f_2$$

ce qu'il fallait démontrer.

Nous venons de montrer que la superposition de deux ondes de fréquences différentes qui voyagent *dans le même sens* génère des battements. Si les ondes voyagent *l'une vers l'autre*, on obtient également des battements. Dans ce cas, les équations qui décrivent les ondes sont

$$y_1 = A \sin(k_1 x + \omega_1 t) \qquad \text{et} \qquad y_2 = A \sin(k_2 x - \omega_2 t)$$

À la position $x = 0$,

$$y_1 = A \sin(\omega_1 t) \qquad \text{et} \qquad y_2 = A \sin(-\omega_2 t)$$

d'où

$$y = y_1 + y_2 = (\ldots) = 2A \cos\left(\frac{\omega_1 + \omega_2}{2} t\right) \sin\left(\frac{\omega_1 - \omega_2}{2} t\right)$$

Il s'agit de la même fonction que précédemment, *mais le cosinus est devenu un sinus et vice versa*. Graphiquement, cette fonction correspond à un cosinus de « petite » période multiplié par un sinus de « grande » période : ainsi, on obtient un graphique qui a la même allure générale que précédemment. Par conséquent, on observe encore une fois des battements dont la fréquence est $f_b = f_1 - f_2$.

L'effet Doppler, les ondes stationnaires et les battements

Pour terminer cette section, nous allons considérer une situation qui permet de faire un lien intéressant entre les ondes stationnaires (**section 1.12**), l'effet Doppler (**section 1.13**) et le phénomène des battements.

Situation 1 : *Des battements dans une onde stationnaire.* Deux haut-parleurs immobiles sont placés face à face (schéma ci-contre). Ils émettent chacun un son de même amplitude à 680 Hz. Albert est situé entre les haut-parleurs et marche à 2 m/s vers l'un d'eux. On désire déterminer la fréquence des battements qu'il entend. (On suppose que le son se déplace à $v_s = 340$ m/s.)

Nous pouvons analyser cette situation en utilisant la théorie présentée dans la **section 1.13 : L'effet Doppler sonore** et l'équation

$$f_b = |f_1 - f_2|$$

Albert se rapproche du haut-parleur de gauche à $v_{\mathbf{R}} = 2$ m/s . Comme Albert « fonce » vers les ondes sonores émises par ce haut-parleur, la vitesse relative des ondes sonores par rapport à Albert (récepteur **R**) est

$$v_{s\mathbf{R}} = v_s + v_{\mathbf{R}} = \left(340 \text{ m/s}\right) + \left(2 \text{ m/s}\right) = 342 \text{ m/s}$$

Comme l'émetteur **E** est immobile, les ondes sonores qu'il génère s'éloignent de lui à

$$v_{s\mathbf{E}} = v_s = 340 \text{ m/s}$$

Ainsi, Albert entend le son émis par le haut-parleur de gauche (**G**) à une fréquence

$$f_{\mathbf{G}} = \frac{v_{s\mathbf{R}}}{v_{s\mathbf{E}}} f = \frac{\left(342 \text{ m/s}\right)}{\left(340 \text{ m/s}\right)} \left(680 \text{ Hz}\right) = 684 \text{ Hz}$$

Albert s'éloigne du haut-parleur de droite à 2 m/s. Comme Albert « se sauve » des ondes sonores émises par ce haut-parleur, la vitesse relative des ondes sonores par rapport à Albert est

$$v_{s\mathbf{R}} = v_s - v_{\mathbf{R}} = \left(340 \text{ m/s}\right) - \left(2 \text{ m/s}\right) = 338 \text{ m/s}$$

Comme l'émetteur **E** est immobile, les ondes sonores qu'il génère s'éloignent de lui à

$$v_{s\mathbf{E}} = v_s = 340 \text{ m/s}$$

Ainsi, Albert entend le son émis par le haut-parleur de droite (**D**) à une fréquence

$$f_{\mathbf{D}} = \frac{v_{s\mathbf{R}}}{v_{s\mathbf{E}}} f = \frac{\left(338 \text{ m/s}\right)}{\left(340 \text{ m/s}\right)} \left(680 \text{ Hz}\right) = 676 \text{ Hz}$$

Pour Albert, la superposition des deux sons de fréquences différentes se traduit par des battements dont la fréquence est

$$f_b = f_1 - f_2 = \left(684 \text{ Hz}\right) - \left(676 \text{ Hz}\right) \qquad \Rightarrow \qquad \boxed{f_b = 8 \text{ Hz}}$$

Nous pouvons également analyser la situation en considérant l'onde stationnaire qui se forme entre les haut-parleurs. En effet, lorsqu'un observateur se déplace à l'intérieur d'une onde stationnaire sonore, *il entend des battements qui correspondent à ses passages périodiques à travers les ventres et les nœuds de l'onde stationnaire*. Ici, la longueur d'onde du son émis par chaque haut-parleur est

$$\lambda = \frac{v_s}{f} = \frac{\left(340 \text{ m/s}\right)}{\left(680 \text{ Hz}\right)} = 0,5 \text{ m}$$

Ainsi, la distance entre deux nœuds consécutifs est

$$\Delta x = \frac{\lambda}{2} = \frac{\left(0,5 \text{ m}\right)}{2} = 0,25 \text{ m}$$

Comme Albert se déplace à 2 m/s, il rencontre un nœud à chaque intervalle de temps

$$T_b = \frac{\Delta x}{v} = \frac{\left(0,25 \text{ m}\right)}{\left(2 \text{ m/s}\right)} = 0,125 \text{ s}$$

Par conséquent, Albert entend des battements avec une fréquence

$$f_b = \frac{1}{T_b} = \frac{1}{\left(0,125 \text{ s}\right)} \qquad \Rightarrow \qquad \boxed{f_b = 8 \text{ Hz}}$$

GLOSSAIRE

battements : phénomène qui se produit lorsque deux ondes sonores de fréquences légèrement différentes se superposent : l'intensité sonore résultante fluctue de manière périodique.

QUESTIONS

Q1. Expliquez comment un accordeur de pianos utilise le phénomène des battements dans son travail.

Q2. Lorsqu'un observateur se déplace à l'intérieur d'une onde stationnaire, expliquez comment on peut calculer la fréquence des battements perçus sans faire appel à l'effet Doppler ni à l'équation $f_b = |f_1 - f_2|$.

DÉMONSTRATION

D1. Montrez que la superposition des oscillations

$$y_1 = A \sin(\omega_1 t) \qquad \text{et} \qquad y_2 = A \sin(\omega_2 t)$$

génère des battements avec une fréquence angulaire $\omega_1 - \omega_2$. Prenez soin d'expliquer clairement pourquoi la fréquence angulaire des battements *n'est pas* égale à $(\omega_1 - \omega_2)/2$.

EXERCICES

À moins d'avis contraire, on peut considérer que le son voyage dans l'air à 340 m/s.

RÉCHAUFFEMENT

1.14.1 *Un piano désaccordé.* Un diapason émet une note de 440 Hz tandis qu'une corde de piano émet une note de 439,8 Hz. **(a)** Quelle est la fréquence des battements ? **(b)** Combien de temps s'écoule-t-il entre deux battements ? Pendant l'intervalle de temps calculé en (b), déterminez combien d'oscillations effectuent **(c)** le diapason et **(d)** la corde de piano.

1.14.2 *Béatrice entre deux haut-parleurs.* Deux haut-parleurs immobiles placés face à face émettent chacun un son de même amplitude à 500 Hz. On suppose que l'intensité du son ne diminue pas avec la distance. Béatrice se déplace à 3 m/s le long de la droite qui relie les deux haut-parleurs. **(a)** Quelle est la distance entre deux nœuds consécutifs de l'onde stationnaire générée par les haut-parleurs ? **(b)** Quelles sont les fréquences en provenance de chaque haut-parleur qui sont entendues par Béatrice ? **(c)** Calculez la fréquence des battements entendus par Béatrice *de deux façons différentes*.

SÉRIE PRINCIPALE

1.14.3 *Deux cordes désaccordées.* Deux cordes de guitare identiques produisent chacune une note de 196 Hz. On augmente la tension d'une des cordes de 1 %. Quelle fréquence de battements entend-on ?

1.14.4 *Le safari-photo tourne au désastre.* Deux hyènes émettent des grognements à 120 Hz : une hyène est immobile et l'autre avance vers vous à 2 m/s. Si vous fuyez à 10 m/s, quelle fréquence de battements entendez-vous ?

1.14.5 *Scène de crime.* En revenant du marchand de beignes, un policier surprend un malfaiteur assis au volant de sa voiture de police (schéma ci-dessous). Le malfaiteur prend la fuite en actionnant la sirène, dont la fréquence est de 400 Hz : à 36 km/h, il se dirige directement vers un mur qui réfléchit très bien les ondes sonores. Le policier demeure immobile et mange tranquillement son beigne. **(a)** Déterminez les deux fréquences reçues par le policier ainsi que la fréquence de battements. **(b)** Même question pour le malfaiteur.

L'intensité sonore

Après l'étude de cette section, le lecteur pourra calculer l'intensité d'une onde à une distance donnée d'une source de puissance connue et exprimer l'intensité d'une onde sonore en décibels.

APERÇU

La puissance P émise par une source d'ondes correspond au taux d'énergie qu'elle émet (l'énergie émise divisée par l'intervalle de temps). Dans le SI, la puissance s'exprime en watts : 1 W = 1 J/s.

Lorsqu'une surface dont l'aire est égale à A intercepte une onde de puissance P, l'**intensité** est

$$I = \frac{P}{A}$$ **Intensité d'une onde**

Dans le SI, l'intensité s'exprime en watts par mètre carré (W/m^2).

À une distance r d'une source d'ondes qui émet uniformément dans toutes les directions (source *isotrope*), la puissance se distribue sur la surface d'une sphère dont l'aire est égale à $4\pi r^2$. Par conséquent,

$$I = \frac{P}{4\pi r^2}$$

On peut exprimer l'intensité d'une onde sonore en utilisant l'échelle des **décibels** (abréviation : dB). Par définition, le nombre β de décibels associé à un son d'intensité I est

$$\beta = 10 \log\left(\frac{I}{I_0}\right) ; \quad I_0 = 10^{-12} \, W/m^2$$ **Intensité d'un son en décibels**

L'intensité de référence $I_0 = 10^{-12} \, W/m^2$ correspond à peu près au son le plus faible pouvant être entendu par une oreille humaine (0 dB). L'échelle des décibels est logarithmique : chaque fois que l'intensité en watts par mètre carré est *multipliée* par 10, on *additionne* 10 au nombre de décibels.

EXPOSÉ

Une onde progressive sur une corde garde une amplitude constante au fur et à mesure qu'elle se déplace (dans la mesure où les pertes d'énergie dues à la « friction » dans la corde sont négligeables). En revanche, les ondes sonores émises par un haut-parleur ou les ondes lumineuses émises par une ampoule se dispersent dans les trois dimensions de l'espace : pour respecter le principe de conservation de l'énergie, leur amplitude doit diminuer au fur et à mesure que l'on s'éloigne de la source.

Afin de décrire la dispersion d'une onde dans l'espace en trois dimensions, il est utile de distinguer la puissance P de la source (l'énergie émise divisée par l'intervalle de temps que dure l'émission) et l'*intensité* de l'onde à une certaine distance de la source. Par définition, l'**intensité** (symbole : I) correspond à la puissance interceptée par une cible perpendiculaire à la direction de propagation de l'onde divisée par l'aire A de la cible :

$$I = \frac{P}{A}$$ **Intensité d'une onde**

Dans le SI, la puissance s'exprime en watts : 1 W = 1 J/s (**tome A, section 3.7 : La puissance**). Par conséquent, l'intensité s'exprime en watts par mètre carré (W/m^2).

Situation 1 : *La puissance sonore captée par une oreille.* Un haut-parleur émet une puissance sonore de 10 W de manière isotrope, c'est-à-dire uniformément dans toutes les directions. On désire déterminer la puissance qui pénètre dans le conduit auditif de l'oreille d'une personne située à 20 m de distance : le conduit a un rayon de 3 mm. (On néglige l'effet de concentration des ondes sonores qui résulte de la forme du pavillon de l'oreille.)

Nous avons représenté la situation sur le schéma ci-contre. La puissance du haut-parleur est $P = 10$ W. À une distance r du haut-parleur, cette puissance se répartit sur une sphère dont l'aire est $4\pi r^2$. Par conséquent, l'intensité à la distance r est

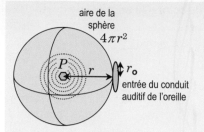

aire de la sphère
$4\pi r^2$

r_o
entrée du conduit auditif de l'oreille

$$I = \frac{P}{4\pi r^2}$$

L'équation ci-contre est très utile en astronomie, car les étoiles émettent leur lumière de manière isotrope. La puissance émise par une source lumineuse est appelée *luminosité*.

L'intensité est inversement proportionnelle au carré de la distance : à une distance deux fois plus grande, l'onde sonore se répartit sur une surface quatre fois plus grande et elle est donc quatre fois moins intense.

L'intensité du son à l'endroit où se trouve l'oreille ($r = 20$ m) est

$$I = \frac{P}{4\pi r^2} = \frac{(10\text{ W})}{4\pi(20\text{ m})^2} = 0{,}00199\text{ W/m}^2$$

Cela signifie qu'une surface de 1 mètre carré orientée perpendiculairement à la source reçoit chaque seconde 0,00199 joules d'énergie sonore.

Le conduit de l'oreille **O** a un rayon $r_o = 3$ mm $= 0{,}003$ m, ce qui correspond à une aire

$$A = \pi r_o^2 = \pi(0{,}003\text{ m})^2 = 2{,}83 \times 10^{-5}\text{ m}^2$$

Par conséquent, le conduit intercepte une puissance

$$P = AI = (2{,}83 \times 10^{-5}\text{ m}^2)(0{,}00199\text{ W/m}^2) \qquad \Rightarrow \qquad \boxed{P = 5{,}63 \times 10^{-8}\text{ W}}$$

L'échelle des décibels

Dans le SI, l'intensité d'une onde s'exprime en watts par mètre carré (W/m²). Or, il existe une autre manière, très répandue, d'exprimer l'intensité d'un son (photo ci-contre) : il s'agit d'une échelle logarithmique, l'échelle des *décibels*.

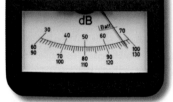

L'oreille humaine est capable de détecter des intensités sonores extrêmement petites : par exemple, un chuchotement ou un bruissement de feuille correspond à environ 10^{-11} W/m². En revanche, l'intensité sonore lors d'un concert rock peut avoisiner 1 W/m². L'intensité sonore qui correspond à une conversation normale avoisine les 10^{-6} W/m². Afin d'éviter d'avoir à utiliser constamment la notation scientifique, les ingénieurs du son, les audiologistes et les musiciens expriment l'intensité du son en **décibels**. L'intensité d'un son en décibels est notée β (la lettre grecque bêta). Elle est définie par l'équation

L'oreille humaine ne perçoit pas les sons de toutes les fréquences avec la même facilité : 10^{-12} W/m² correspond au seuil d'audibilité pour une fréquence d'environ 1000 Hz.

$$\boxed{\beta = 10\log\left(\frac{I}{I_0}\right)\ ;\ I_0 = 10^{-12}\text{ W/m}^2}$$ **Intensité d'un son en décibels**

où I est l'intensité du son (en watts par mètre carré) et où $I_0 = 10^{-12}$ W/m² est une intensité de référence qui correspond à peu près au son le plus faible qui puisse être entendu par une oreille humaine (seuil d'audibilité).

Calculons le nombre de décibels (abréviation : dB) correspondant à diverses intensités :

$$I = 10^{-12}\ \text{W/m}^2 \quad \Rightarrow \quad \beta = 10\log\left(\frac{I}{I_0}\right) = 10\log\left(\frac{(10^{-12}\ \text{W/m}^2)}{(10^{-12}\ \text{W/m}^2)}\right) = 10\log(1) = 10\times 0 = 0\ \text{dB}$$

$$I = 10^{-11}\ \text{W/m}^2 \quad \Rightarrow \quad \beta = 10\log\left(\frac{(10^{-11}\ \text{W/m}^2)}{(10^{-12}\ \text{W/m}^2)}\right) = 10\log(10) = 10\times 1 = 10\ \text{dB}$$

$$I = 10^{-10}\ \text{W/m}^2 \quad \Rightarrow \quad \beta = 10\log\left(\frac{(10^{-10}\ \text{W/m}^2)}{(10^{-12}\ \text{W/m}^2)}\right) = 10\log(100) = 10\times 2 = 20\ \text{dB}$$

$$I = 10^{-6}\ \text{W/m}^2 \quad \Rightarrow \quad \beta = 10\log\left(\frac{(10^{-6}\ \text{W/m}^2)}{(10^{-12}\ \text{W/m}^2)}\right) = 10\log(10^6) = 10\times 6 = 60\ \text{dB}$$

$$I = 1\ \text{W/m}^2 \quad \Rightarrow \quad \beta = 10\log\left(\frac{(1\ \text{W/m}^2)}{(10^{-12}\ \text{W/m}^2)}\right) = 10\log(10^{12}) = 10\times 12 = 120\ \text{dB}$$

On s'aperçoit que, chaque fois que l'intensité en watts par mètre carré est *multipliée* par 10, on *additionne* 10 au nombre de décibels. Par exemple, lorsqu'une audiologiste diagnostique une perte d'audition de 30 dB, cela signifie que le son le plus faible que peut entendre le patient correspond à $10 \times 10 \times 10 = 1000$ fois l'intensité du seuil d'audibilité pour une oreille normale.

Comme l'échelle des décibels est logarithmique, la valeur de β peut être positive ou négative : un nombre négatif de décibels correspond à une intensité sonore plus petite que $10^{-12}\ \text{W/m}^2$.

Le tableau ci-dessous indique le nombre de décibels dans diverses situations.

Nombre de décibels	Symbole : β	Paramètre sans unité
≈ 0 dB	**seuil d'audibilité** : intensité sonore minimale pouvant être perçue par une oreille humaine normale à 1000 Hz	
≈ 20 dB	chuchotement	
≈ 60 dB	niveau normal de la conversation, de l'écoute de la radio et de la télévision	
≈ 90 dB	bruit d'une tondeuse ou d'un aspirateur (pour l'opérateur de la machine)	
≈ 100 dB	écouteurs à volume maximal	
≈ 120 dB	seuil de sensation douloureuse	
191 dB	limite théorique de l'intensité d'un son sans distorsion dans l'atmosphère terrestre : la fluctuation de pression associée à l'onde sonore est égale à la pression atmosphérique	

À 80 dB, l'audition peut être endommagée si l'exposition est longue et régulière (8 h par jour) ; il faut éviter d'être exposé à 100 dB plus de 15 minutes par jour, et à 110 dB plus d'une minute par jour.

Situation 2 : *L'intensité combinée de deux sources sonores.* Deux haut-parleurs génèrent chacun, à l'endroit où se trouve un auditeur, un son de 40 dB. On désire déterminer le nombre de décibels entendus par l'auditeur.

Attention : comme les décibels sont des logarithmes, ils ne se combinent pas comme des quantités « ordinaires ». La réponse *n'est pas* 80 dB !

En revanche, l'intensité totale en W/m² correspond directement au double de l'intensité de chacun des haut-parleurs. Par conséquent, on peut résoudre le problème en transformant les dB en W/m². Pour chaque haut-parleur, on a

$$\beta = 10\log\left(\frac{I}{I_0}\right) \quad \Rightarrow \quad 40 = 10\log\left(\frac{I}{(10^{-12}\ \text{W/m}^2)}\right) \quad \Rightarrow \quad \log\left(\frac{I}{(10^{-12}\ \text{W/m}^2)}\right) = 4$$

Pour plus de détails concernant les logarithmes, consultez la **section M3 : Les logarithmes** de l'annexe mathématique.

L'opération inverse de $\log x$ est 10^x :

$$10^{\log\left(\frac{I}{(10^{-12}\ \text{W/m}^2)}\right)} = 10^4 \quad \Rightarrow \quad \frac{I}{(10^{-12}\ \text{W/m}^2)} = 10^4 \quad \Rightarrow \quad I = 10^{-8}\ \text{W/m}^2$$

L'intensité combinée des deux haut-parleurs est $2I = 2 \times 10^{-8}$ W/m², ce qui se traduit par un nombre de décibels

$$\beta = 10\log\left(\frac{(2\times 10^{-8}\ \text{W/m}^2)}{(10^{-12}\ \text{W/m}^2)}\right) = 10\log(2\times 10^4) = 10\times 4{,}3 \quad \Rightarrow \quad \boxed{\beta = 43\,\text{dB}}$$

Lorsqu'on *multiplie* l'intensité d'un son par 2, on *additionne* 3 au nombre de décibels.

Nous pouvons arriver à ce résultat plus rapidement en exploitant le fait que

$$\log(mn) = \log m + \log n$$

En effet, puisque

$$10\log\left(\frac{I}{I_0}\right) = 40\ \text{dB}$$

alors

$$10\log\left(\frac{2I}{I_0}\right) = 10\left[\log 2 + \log\left(\frac{I}{I_0}\right)\right] = 10\log 2 + 10\log\left(\frac{I}{I_0}\right) = (10\times 0{,}301) + 40$$

ce qui donne, encore une fois,

$$\boxed{\beta = 43\,\text{dB}}$$

décibel : (symbole : dB) échelle logarithmique servant à mesurer l'intensité sonore ; 0 dB correspond à une intensité de 10^{-12} W/m² ; chaque *multiplication* de l'intensité par un facteur 10 se traduit par une *addition* de 10 au nombre de décibels ; on utilise le symbole β (bêta) pour désigner le nombre de décibels.

intensité : puissance interceptée par une cible perpendiculaire à la direction de propagation d'une onde divisée par l'aire de la cible ; unité SI : watt par mètre carré (W/m²).

QUESTIONS

Q1. Qu'est-ce qu'une source *isotrope* ?

Q2. Vrai ou faux ? Un son de 0 dB possède une intensité nulle.

Q3. Vrai ou faux ? L'intensité de certains sons correspond à un nombre négatif de décibels.

Q4. Vrai ou faux ? Lorsqu'on double l'intensité d'un son, le nombre de décibels est multiplié par 3.

EXERCICES

o Exercice dont la solution ne requiert ni calculatrice ni algèbre complexe.

À moins d'avis contraire, les haut-parleurs sont isotropes.

RÉCHAUFFEMENT

o 1.15.1 **Dix fois plus près.** À 2 m d'une source d'ondes isotrope, l'intensité de l'onde est _____ fois plus grande qu'à 20 m.

o 1.15.2 **Un son quatre fois moins intense.** À 100 m d'un haut-parleur isotrope, l'intensité du son est de 8×10^{-4} W/m². À quelle distance l'intensité du son est-elle de 2×10^{-4} W/m² ?

1.15.3 **Le seuil de la douleur.** Le seuil de sensation douloureuse pour une oreille humaine correspond à 1 W/m². À quelle distance minimale doit-on être situé d'un haut-parleur isotrope qui émet une puissance sonore de 200 W pour éviter d'avoir mal aux oreilles ?

1.15.4 **La portée maximale d'un haut-parleur.** Le seuil d'audibilité d'une oreille normale correspond à 10^{-12} W/m². À quelle distance une source isotrope qui émet une puissance sonore de 2 W cesse-t-elle d'être audible ? (On considère une situation idéalisée où il n'y a aucune absorption du son dans l'environnement et aucun autre son de présent.)

1.15.5 **Des décibels aux watts par mètre carré, et vice versa.** (a) Convertissez 5×10^{-5} W/m² en décibels. (b) Convertissez 64 dB en watts par mètre carré.

o 1.15.6 **Dix haut-parleurs identiques.** Quel est le nombre de décibels qui résulte de la combinaison de 10 haut-parleurs produisant chacun un son de 40 dB ?

1.15.7 **Un nombre négatif de décibels.** Quelle est l'intensité (en watts par mètre carré) d'un son de −3 dB ?

SÉRIE PRINCIPALE

1.15.8 **Combien de haut-parleurs ?** Lorsqu'on combine plusieurs haut-parleurs qui produisent chacun un son de 35 dB, on obtient une intensité résultante qui correspond à 41 dB. Combien y a-t-il de haut-parleurs ?

1.15.9 **La diminution de l'intensité avec la distance.** Un haut-parleur isotrope émet une puissance sonore de 100 W. (a) Calculez le nombre de décibels à une distance de 10 m du haut-parleur. (b) À quelle distance du haut-parleur l'intensité du son correspond-elle à 120 dB (seuil de sensation douloureuse) ?

1.15.10 **Dix décibels de plus, deux fois plus loin.** Un haut-parleur isotrope produit un son de 60 dB à 50 m de distance. Combien de haut-parleurs identiques doit-on placer côte à côte pour produire un son de 70 dB à 100 m de distance ?

1.15.11 **Tous en chœur.** Un choriste produit un son de 45 dB à une distance de 4 m. Quelle est l'intensité sonore (en dB) d'un groupe de 30 choristes à une distance de 12 m ?

SÉRIE SUPPLÉMENTAIRE

1.15.12 **Quand la musique s'arrête.** (a) Dans un club où la musique joue avec une intensité de 85 dB, déterminez la puissance sonore qu'un individu doit générer pour se faire entendre, avec une intensité sonore deux fois plus grande que celle de la

ISTOCKPHOTO

musique, par une personne dont l'oreille est située à 25 cm de sa bouche (photo ci-dessus). (Supposez que la voix de l'individu est isotrope.) (b) Si la musique cesse brusquement de jouer, dans quel rayon les gens entendent-ils très clairement (avec une intensité supérieure à 60 dB) ce qui est en train d'être dit ?

1.15.13 **La sensibilité et le rendement d'un haut-parleur.** Par définition, la *sensibilité* d'un haut-parleur est égale au nombre de décibels à 1 m du haut-parleur lorsqu'on l'alimente avec une puissance électrique de 1 W. Le *rendement* d'un haut-parleur correspond à la fraction de l'énergie électrique qui est transformée en énergie sonore : on l'exprime, habituellement, sous forme de pourcentage. (a) La sensibilité d'un haut-parleur typique est de 90 : quel est son rendement ? (b) Quelle serait la sensibilité d'un haut-parleur « idéal » qui aurait un rendement de 100 % ?

1.15.14 *Un chanteur de plus.*
Le responsable d'une cho-
rale demande aux neuf
jeunes de son groupe de
faire un cercle autour
de lui en se tenant par
la main (photo ci-contre).
Les enfants chantent en
chœur et le moniteur,

ISTOCKPHOTO

situé au centre du cercle, entend un certain nombre de
décibels. Un dixième jeune se joint au groupe : le cercle
s'agrandit pour lui laisser de la place. Déterminez si le
nombre de décibels qu'entend le responsable augmente ou
diminue, et quelle est la *différence* avec le nombre de décibels
initial. (On suppose que les jeunes chantent tous avec la
même puissance, et qu'ils sont situés sur un cercle dont la
circonférence est proportionnelle à leur nombre.)

Les **exercices** 1.15.15 et 1.15.16 demandent que la théorie de cette
section soit appliquée aux ondes lumineuses (la luminosité correspond à la
puissance).

1.15.15 *L'intensité solaire.* La luminosité du Soleil est de
$3,85 \times 10^{26}$ W. Déterminez à quelle distance du Soleil l'intensité lumineuse est égale **(a)** à 10 W/m^2 ; **(b)** à 1 W/m^2.

1.15.16 *Un satellite solaire.* Un satellite en orbite autour de
la Terre est orienté afin que ses panneaux solaires inter-
ceptent au maximum les rayons solaires : l'aire des panneaux est égale à 20 m^2. Quelle est la puissance lumineuse
interceptée par les panneaux ? Le Soleil a une luminosité de
$3,85 \times 10^{26}$ W et est situé à $1,49 \times 10^{11}$ m de la Terre.

Synthèse du chapitre

Après l'étude de cette section, le lecteur pourra résoudre des problèmes faisant intervenir des oscillations et des ondes mécaniques en intégrant les différentes connaissances présentées dans ce chapitre.

FICHES DE SYNTHÈSE

Paramètres du chapitre

Paramètre	Symbole	Unité SI
amplitude	A	m
fréquence angulaire	ω (oméga)	rad/s
constante de phase	ϕ (phi)	rad
constante d'amortissement	b	kg/s
longueur d'onde	λ (lambda)	m
nombre d'onde	k	rad/m
masse linéique	μ (mu)	kg/m
intensité	I	W/m²
nombre de décibels	β (bêta)	dB

Mouvement harmonique simple (MHS)

Définition cinématique : $\boxed{a_x = -\omega^2 x}$

L'accélération d'un objet animé d'un MHS est égale à *moins* une constante positive multipliée par sa position par rapport à la position d'équilibre.

Définition dynamique : $\sum F_x = -m\omega^2 x$

Lorsque la force résultante que subit un objet est proportionnelle à la distance qui le sépare du point d'équilibre et qu'elle est orientée de manière à le ramener vers la position d'équilibre (signe négatif), le mouvement de l'objet est un MHS.

Équation $x(t)$ du MHS

$\boxed{x = A\sin(\omega t + \phi)}$

Fréquence angulaire [rad/s]

$\boxed{\omega = \dfrac{2\pi}{T}}$

Exemples de MHS

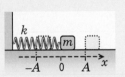

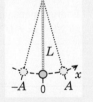

Système bloc-ressort horizontal ou vertical

Pendule simple de faible amplitude ($\theta_{max} < 15°$)

$\boxed{\omega_0 = \sqrt{\dfrac{k}{m}}}$ **Fréquence angulaire naturelle** $\boxed{\omega_0 = \sqrt{\dfrac{g}{L}}}$

Position, vitesse et accélération d'un MHS

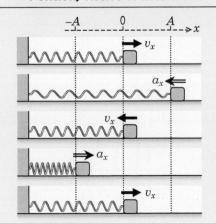

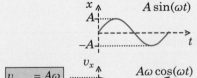

$A\sin(\omega t)$

$\boxed{v_{max} = A\omega}$ $\quad A\omega\cos(\omega t)$

$v_x = \dfrac{dx}{dt}$

$\boxed{a_{max} = A\omega^2}$ $\quad -A\omega^2\sin(\omega t)$

$a_x = \dfrac{dv_x}{dt}$

Pendule composé

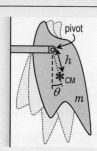

$$\theta = \theta_{\max} \sin(\omega t + \phi)$$

faible amplitude ($\theta_{\max} < 15°$)

$$\omega_0 = \sqrt{\frac{mgh}{I}}$$

Théorème des axes parallèles

$$I = mh^2 + I_{CM}$$

Anneau

$$I_{CM} = mR^2$$

Cylindre plein

$$I_{CM} = \frac{1}{2}mR^2$$

Sphère pleine

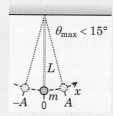

$$I_{CM} = \frac{2}{5}mR^2$$

Tige mince

$$I_{CM} = \frac{1}{12}mL^2$$

Énergie d'un MHS

L'origine de l'axe x correspond à la position centrale de l'oscillation.

Énergie cinétique

$$K = \frac{1}{2}mv^2 \qquad K = \frac{1}{2}mv^2 \qquad K = \frac{1}{2}mv^2$$

Énergie potentielle

$$U = \frac{1}{2}ke^2 = \frac{1}{2}m\omega^2 x^2 \qquad \left.\begin{array}{l} U_r = \frac{1}{2}ke^2 \\ U_g = mgy \end{array}\right\} U = \frac{1}{2}m\omega^2 x^2 \qquad U = mgy = \frac{1}{2}m\omega^2 x^2$$

Dans tous les cas, $\boxed{U = \frac{1}{2}m\omega^2 x^2}$

Énergie mécanique

$$E = K + U$$

Dans tous les cas, $\boxed{E = \frac{1}{2}m\omega^2 A^2} = K_{\max}$ ou $U_{\max}$

Cercle trigonométrique

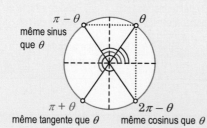

$\theta \pm 2\pi n$ rad $\quad$ et $\quad (\pi - \theta) \pm 2\pi n$ rad $\qquad$ ont le même sinus.

$\theta \pm 2\pi n$ rad $\quad$ et $\quad (2\pi - \theta) \pm 2\pi n$ rad $\qquad$ ont le même cosinus.

$\theta \pm 2\pi n$ rad $\quad$ et $\quad (\pi + \theta) \pm 2\pi n$ rad $\qquad$ ont la même tangente.

$n = \ldots -2, -1, 0, 1, 2, \ldots$

Oscillations amorties

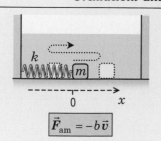

$$\boxed{\vec{F}_{am} = -b\vec{v}}$$

Amortissement sous-critique : $b < 2\sqrt{mk}$

$$\boxed{x = A_0 e^{-\frac{b}{2m}t} \sin(\omega' t + \phi)}$$

$$\boxed{\omega' = \sqrt{\frac{k}{m} - \left(\frac{b}{2m}\right)^2}}$$

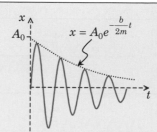

Ondes mécaniques progressives

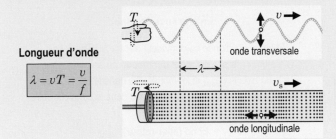

Longueur d'onde

$$\lambda = vT = \frac{v}{f}$$

onde transversale

onde longitudinale

$$v = \sqrt{\frac{F}{\mu}}$$ **Module de la vitesse d'une onde sur une corde tendue**

$$\mu = \frac{m}{L}$$ **Masse linéique d'une corde uniforme**

$$v_s = 340 \text{ m/s}$$ **Module de la vitesse du son dans l'air à 16 °C**

Ondes sinusoïdales progressives

$$y = A\sin(kx \pm \omega t + \phi)$$

Nombre d'onde $$k = \frac{2\pi}{\lambda}$$ $$\omega = \frac{2\pi}{T}$$

$$\overline{P} = \frac{1}{2}\mu v \omega^2 A^2$$ **Puissance d'une onde sinusoïdale progressive**

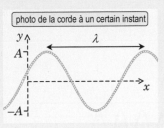

photo de la corde à un certain instant

historique d'un point situé à une certaine position

Vitesse et accélération d'un point **P** sur la corde :

$$v_{y\mathbf{P}} = \frac{\mathrm{d}y_{\mathbf{P}}}{\mathrm{d}t}$$

$$a_{y\mathbf{P}} = \frac{\mathrm{d}v_{y\mathbf{P}}}{\mathrm{d}t}$$

Réflexion et transmission d'une onde

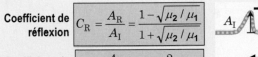

$\mu_1 < \mu_2$ $\mu_1 > \mu_2$

réflexion dure réflexion molle

Coefficient de réflexion $$C_R = \frac{A_R}{A_I} = \frac{1 - \sqrt{\mu_2/\mu_1}}{1 + \sqrt{\mu_2/\mu_1}}$$

Coefficient de transmission $$C_T = \frac{A_T}{A_I} = \frac{2}{1 + \sqrt{\mu_2/\mu_1}}$$

Ondes stationnaires

$$y = A_{\text{stat}}\cos(\omega t)\sin(kx)$$

	Premier mode		**Deuxième mode**		**Troisième mode**	
Corde fixée aux deux bouts ou **Tuyau fermé-fermé** **Tuyau ouvert-ouvert**	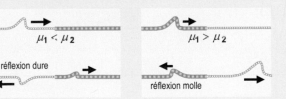	$\lambda_1 = 2L$ $f_1 = v/\lambda_1$ Premier harmonique (fondamental)		$\lambda_2 = L$ $f_2 = v/\lambda_2 = 2f_1$ Deuxième harmonique		$\lambda_3 = \frac{2}{3}L$ $f_3 = v/\lambda_3 = 3f_1$ Troisième harmonique
Corde fixée à une seule extrémité ou **Tuyau fermé-ouvert**		$\lambda_1 = 4L$ $f_1 = v/\lambda_1$ Premier harmonique (fondamental)		$\lambda_2 = \frac{4}{3}L$ $f_2 = v/\lambda_2 = 3f_1$ Troisième harmonique	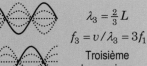	$\lambda_3 = \frac{4}{5}L$ $f_3 = v/\lambda_3 = 5f_1$ Cinquième harmonique

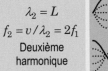
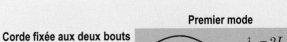

Effet Doppler sonore

$$f' = \left(\frac{v_{sR}}{v_{sE}}\right)f$$

v_{sR} : vitesse relative des fronts d'onde par rapport au récepteur

v_{sE} : vitesse relative des fronts d'onde par rapport à l'émetteur

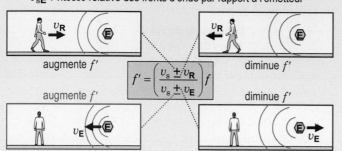

augmente f' diminue f'

$$f' = \left(\frac{v_s \pm v_R}{v_s \pm v_E}\right)f$$

augmente f' diminue f'

Pour déterminer les signes, il faut considérer *séparément*
les effets du mouvement de l'émetteur et du mouvement du récepteur.

En présence de vent

Si les fronts d'onde se déplacent à 340 m/s dans l'air,
ils se déplacent par rapport au sol
à 340 m/s $+ v_{vent}$ si le vent souffle dans le même sens
et à 340 m/s $- v_{vent}$ si le vent souffle dans le sens contraire.

Écho (aller-retour)

$$f' = \left(\frac{v_s \pm \boxed{v_R}}{v_s \pm v_E}\right)f \quad \text{et} \quad f'' = \left(\frac{v_s \pm v_R}{v_s \pm \boxed{v_E}}\right)f'$$

La surface réfléchissante joue
le rôle du récepteur pour l'aller
et de l'émetteur pour le retour.

Battements

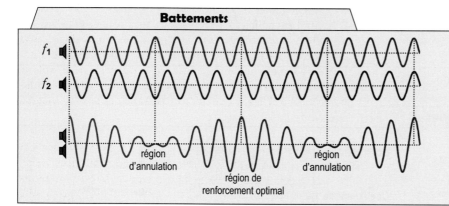

f_1

f_2

région
d'annulation

région de
renforcement optimal

région
d'annulation

La superposition de deux ondes sonores
de fréquences légèrement différentes
produit un son dont la fréquence est égale
à la moyenne des fréquences des deux ondes,
et dont l'intensité fluctue à la fréquence de battements :

$$f_b = |f_1 - f_2|$$

Puissance, intensité et décibels

La puissance P, en watts (1 W $= 1$ J/s),
est une propriété de la source.

L'intensité I, en watts par mètre carré (W/m^2),
correspond à la puissance interceptée
par une surface divisée par son aire :

$$I = \frac{P}{A}$$

À une distance r
d'une source isotrope,

$$I = \frac{P}{4\pi r^2}$$

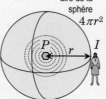

aire de la
sphère
$4\pi r^2$

Le nombre de décibels β est une échelle logarithmique
servant à spécifier l'intensité sonore :

$$\beta = 10\log\left(\frac{I}{I_0}\right); \quad I_0 = 10^{-12} \text{ W/m}^2$$

L'intensité de référence I_0
correspond au seuil d'audibilité ($\beta = 0$ dB).

La liste ci-dessous présente, en ordre alphabétique, les termes importants du chapitre avec le numéro de la section où ils sont définis. Le lecteur devrait être capable de donner, dans ses propres mots, une brève définition de chacun de ces termes.

1.1	amplitude	1.12	nœud
1.7	amortissement surcritique	1.9	nombre d'onde
1.14	battements	1.8	onde longitudinale
1.11	coefficient de réflexion	1.8	onde mécanique progressive
1.11	coefficient de transmission	1.9	onde sinusoïdale progressive
1.7	constante d'amortissement	1.12	onde stationnaire
1.1	constante de phase	1.8	onde transversale
1.15	décibel	1.1	oscillation
1.13	effet Doppler	1.7	oscillation amortie
1.7	force d'amortissement	1.7	oscillation forcée
1.1	fréquence angulaire	1.3	pendule composé
1.2	fréquence angulaire naturelle	1.1	pendule simple
1.12	fréquence fondamentale	1.1	phase
1.13	front d'onde	1.11	principe de superposition linéaire
1.12	harmonique	1.11	réflexion dure
1.8	impulsion	1.11	réflexion molle
1.15	intensité	1.7	régime permanent
1.2	isochronisme	1.2	résonance
1.8	longueur d'onde	1.8	son
1.8	masse linéique	1.3	théorème des axes parallèles
1.12	mode de résonance	1.12	ventre
1.1	mouvement harmonique simple (MHS)		

EXERCICES

○ Exercice dont la solution ne requiert ni calculatrice ni algèbre complexe.

○ **1.16.1** *De quoi dépend la vitesse ?* On produit une onde sur une corde à l'aide d'un oscillateur. **(a)** Si on divise par quatre la puissance qu'on fournit pour générer l'onde, qu'arrive-t-il à la vitesse de l'onde ? **(b)** Si on double la fréquence de l'oscillateur, qu'arrive-t-il à la vitesse de l'onde ?

○ **1.16.2** *Changement de mode.* Dans une corde tendue à l'aide d'une masse de 100 g, on génère à l'aide d'un oscillateur une onde stationnaire qui correspond au 8e mode (schéma ci-dessous). Lorsqu'on ajoute une masse de 300 g à la masse de 100 g sans changer la fréquence de l'oscillateur, observe-t-on encore un mode ? Si oui, de quel mode s'agit-il ?

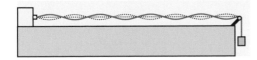

1.16.3 *La position des nœuds.* On génère une onde stationnaire dans un tuyau de 50 cm de longueur : on observe qu'il y a un nœud à 10 cm de l'une des embouchures et que le nœud suivant est 20 cm plus loin. **(a)** Quelle est la fréquence du son ? **(b)** Le tuyau peut-il être ouvert à ses deux extrémités ? Justifiez votre réponse. **(c)** De quel mode de résonance s'agit-il ?

1.16.4 *Deux secondes plus tard.* Un système bloc-ressort oscille horizontalement sur une surface sans frottement : la masse du bloc est de 40 g et la constante de rappel du ressort est de 100 N/m. On étire le bloc de 5 cm par rapport à sa position d'équilibre et on le lâche (vitesse initiale nulle). **(a)** Deux secondes plus tard, le ressort est-il étiré ou comprimé ? De combien ? **(b)** Au même instant, le bloc est-il en train de revenir vers sa position d'équilibre ou de s'en éloigner davantage ? Quel est le module de sa vitesse ?

1.16.5 *Le sonar.* Un *sonar* est constitué d'un émetteur de son et d'un récepteur placés côte à côte : l'appareil est capable de déterminer la vitesse d'un objet en comparant la fréquence qu'il émet à celle de l'écho qu'il détecte en provenance de l'objet. Un sonar qui émet des ondes sonores à 20 kHz reçoit un écho d'un objet qui se dirige directement vers lui. La combinaison des ondes émises et des ondes reçues génère des battements à une fréquence de 42 Hz. Quel est le module de la vitesse de l'objet ?

1.16.6 *Une voiture volée.* Une voiture de police roulant à 30 m/s s'approche d'une voiture volée roulant dans le même sens à 20 m/s. Les policiers actionnent leur sirène. Au lieu de s'arrêter, le voleur accélère et atteint une nouvelle vitesse constante. Les policiers continuent de rouler à vitesse constante et appellent du renfort. Avant d'accélérer, le voleur entendait la sirène à 553 Hz ; après avoir accéléré, il entend la sirène à 527 Hz. Quel est le module de la nouvelle vitesse constante de la voiture volée ?

1.16.7 *L'ajout d'un haut-parleur.* Un haut-parleur isotrope est situé à l'origine du plan *xy*. Un observateur situé en ($x = 8$ m ; $y = 0$) reçoit un son à 65 dB. Lorsqu'on ajoute un haut-parleur émettant un son identique en ($x = 0$; $y = 5$ m), quelle est l'intensité sonore totale (en dB) perçue par l'observateur ?

1.16.8 *La représentation graphique d'une onde.* Une onde sinusoïdale progressive est donnée par la fonction

$$y = 0{,}02 \sin\left(\pi x + \frac{\pi}{4}t + \frac{3\pi}{2}\right)$$

où *x* et *y* sont en mètres, *t* est en secondes et la phase des fonctions trigonométriques est exprimée en radians. **(a)** Tracez le graphique qui correspond à la « photo » de l'onde à $t = 2$ s (représentez au moins deux cycles). **(b)** Tracez le graphique qui représente l'oscillation d'un point de la corde situé en $x = 7$ m (représentez au moins deux cycles).

1.16.9 *Deux instruments désaccordés.* Une corde de guitare a une masse de 0,75 g et une longueur de 64 cm. Une flûte (tuyau ouvert à ses deux extrémités) a une longueur de 85 cm. Lorsque les deux instruments produisent des ondes sonores en même temps, en vibrant dans leur mode fondamental, on entend 4 battements par seconde ; de plus, si on augmente la tension dans la corde, on entend un plus grand nombre de battements par seconde. **(a)** Quel est le module de la tension dans la corde de guitare ? **(b)** Quel devrait être le module de la tension pour que les instruments jouent la même note ?

1.16.10 *La flûte de Béatrice.* Béatrice joue de la flûte en marchant sur l'axe x, dans le sens positif de l'axe, à la vitesse constante de 2 m/s ; Albert est situé en ($x = 6$ m ; $y = 8$ m). Lorsque Béatrice passe par l'origine, Albert entend un son de 30 dB. **(a)** Quelle est l'intensité sonore (en dB) perçue par Albert 5 s plus tard ? **(b)** Combien de temps supplémentaire doit-il s'écouler avant que le son perçu par Albert soit à 0 dB (seuil d'audibilité) ?

1.16.11 *Les battements générés par deux cordes vibrantes.* Deux cordes de même longueur sont soumises à des tensions identiques et oscillent comme on le voit sur le schéma ci-contre. La masse linéique de la corde **2** est deux fois plus grande que celle de la corde **1**. Sachant que la corde **1** oscille à la fréquence de 200 Hz, déterminez la fréquence de battements qu'on entend lorsqu'on se tient à proximité du montage.

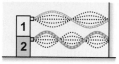

1.16.12 *Un pendule à deux billes.* Le pendule sur le schéma ci-contre est composé d'une tige rigide de 1 m de longueur dont la masse est négligeable, et de deux billes identiques de masse non négligeable : une bille est fixée au centre de la tige, et l'autre à son extrémité. Quelle est la période du pendule ?

1.16.13 *Attention à la vitre !* Un système bloc-ressort ($k = 100$ N/m et $m = 2$ kg) est placé dans un aquarium rempli d'eau. On comprime le ressort de 50 cm, le bloc se trouvant alors à 70 cm de la paroi de l'aquarium (schéma ci-contre), puis on lâche le bloc (vitesse initiale nulle). **(a)** Quelle doit être la valeur minimale du coefficient d'amortissement pour que la collision entre le bloc et la paroi de l'aquarium soit évitée de justesse ? **(b)** Dans ces conditions, combien de temps s'écoule-t-il entre le moment où le bloc est lâché et le moment où il frôle la paroi de l'aquarium ? On reprend l'expérience dans un aquarium vide (la force d'amortissement est maintenant négligeable). **(c)** À quelle vitesse le bloc entrera-t-il en collision avec la paroi ? **(d)** Combien de temps après le départ la collision se produira-t-elle ?

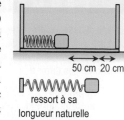

Chapitre 2

OPTIQUE GÉOMÉTRIQUE

Après l'étude de ce chapitre, le lecteur pourra utiliser les principes de la géométrie afin d'analyser la formation des images par les miroirs, les dioptres et les lentilles.

PLAN DU CHAPITRE

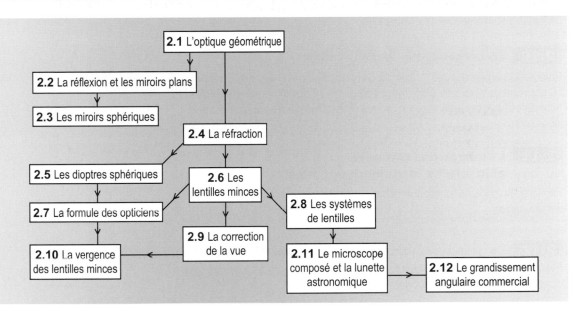

2.1 L'optique géométrique   page 171

Définir les notions d'objet et d'image, décrire sommairement le mode de fonctionnement de l'œil, et comparer la taille des objets et des images à l'aide des notions de grandissement linéaire et de grandissement angulaire.

$$g = \frac{y_i}{y_o} \qquad G = \frac{\alpha_i}{\alpha_o}$$

2.2 La réflexion et les miroirs plans   page 181

Déterminer la trajectoire d'un rayon lumineux réfléchi par un miroir plan et calculer la position de l'image d'un objet formée par un ou plusieurs miroirs plans.

$$\theta' = \theta$$

2.3 Les miroirs sphériques   page 189

Calculer la position et la taille de l'image d'un objet placé devant un miroir sphérique.

$$f = \frac{R}{2} \qquad \frac{1}{p} + \frac{1}{q} = \frac{1}{f} \qquad \frac{y_i}{y_o} = -\frac{q}{p}$$

2.4 La réfraction   page 201

Déterminer la trajectoire d'un rayon lumineux réfracté par un dioptre et expliquer le phénomène de la réflexion totale interne.

$$c = 3{,}00 \times 10^8 \text{ m/s} \qquad n = \frac{c}{v}$$
$$n_2 \sin \theta_2 = n_1 \sin \theta_1$$

2.5 Les dioptres sphériques   page 217

Calculer la position et la taille de l'image formée par un dioptre ou par un système de deux dioptres.

$$\frac{n_1}{p} + \frac{n_2}{q} = \frac{n_2 - n_1}{R} \qquad \frac{y_i}{y_o} = -\frac{n_1}{n_2}\frac{q}{p}$$

2.6 Les lentilles minces   page 227

Déterminer la position et la taille de l'image d'un objet placé devant une lentille mince.

$$\frac{1}{p} + \frac{1}{q} = \frac{1}{f} \qquad \frac{y_i}{y_o} = -\frac{q}{p}$$

STARFIRE OPTICAL RANGE (US AIR FORCE)

Les rayons laser sur la photo ci-contre font partie d'un instrument d'optique adaptative : en observant le trajet des rayons dans l'atmosphère, on peut évaluer les déformations causées par les courants d'air atmosphériques et corriger les images prises par le télescope afin d'en augmenter la netteté.

L'optique géométrique

Après l'étude de cette section, le lecteur pourra définir les notions d'objet et d'image, décrire sommairement le mode de fonctionnement de l'œil, et comparer la taille des objets et des images à l'aide des notions de grandissement linéaire et de grandissement angulaire.

APERÇU

En **optique géométrique**, on étudie la **lumière** sans tenir compte des phénomènes de diffraction et d'interférence dus à sa nature ondulatoire ; on considère que la lumière est constituée de **rayons** qui se propagent en ligne droite dans les milieux homogènes transparents et qui sont déviés lorsqu'ils rencontrent un **miroir** (une surface polie réfléchissante), un **dioptre** (l'interface entre deux milieux transparents) ou une **lentille** (chaque face d'une lentille est un dioptre).

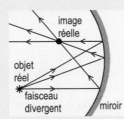

Un **faisceau** est un ensemble de rayons qui divergent à partir d'un point donné ou qui convergent vers un point donné. Les rayons issus d'un **objet réel** forment un **faisceau divergent**. Une **image** est le point de convergence ou de divergence d'un faisceau de rayons qui a été dévié par un « déviateur de lumière » (un miroir, un dioptre ou une lentille). Lorsque les rayons se croisent en un point après avoir été déviés, il y a une **image réelle** à cet endroit (schéma ci-dessus). On peut capter une image réelle en plaçant un écran (comme une feuille de papier) à l'endroit où elle se trouve.

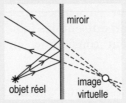

Lorsque ce sont les prolongements des rayons qui se croisent en un point, et non les rayons eux-mêmes, il y a une **image virtuelle** à cet endroit (schéma ci-contre) : on représente les prolongements des rayons en pointillés. Il est impossible de capter une image virtuelle en plaçant un écran à l'endroit où elle se trouve.

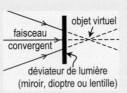

Lorsqu'un faisceau de rayons est dévié successivement par deux déviateurs, *l'image formée par le premier déviateur devient l'objet du second déviateur*. Dans certains cas, le second déviateur reçoit un **faisceau convergent** (schéma ci-dessus). De manière générale, on définit un **objet** comme le point de convergence ou de divergence du faisceau formé par les rayons incidents (avant qu'ils ne soient déviés) ; ainsi, le point situé *de l'autre côté* du déviateur de lumière vers lequel convergent les rayons incidents est qualifié d'**objet virtuel**. La notion d'objet virtuel sera utile lorsque nous analyserons des situations comportant deux dioptres (**section 2.5**) ou deux lentilles (**section 2.8**).

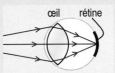

Le système de lentilles de l'œil humain permet de focaliser la lumière sur la *rétine*, l'écran situé dans le fond de l'œil (schéma ci-contre). Lorsque les rayons en provenance d'un objet (ou d'une image) aboutissent au même endroit sur la rétine (comme c'est le cas sur le schéma ci-dessus), la vision est nette. La géométrie du système de lentilles de l'œil est variable, ce qui permet la vision nette d'objets (ou d'images) situés à différentes distances. Pour un **œil nominal**, la vision est nette lorsque les objets (ou les images) sont situés entre 25 cm et l'infini : on dit que le **punctum proximum (PP)** est à 25 cm et que le **punctum remotum (PR)** est à l'infini.

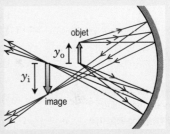

Considérons un objet filiforme de taille y_o dont tous les points sont à la même distance d'un déviateur de lumière (schéma ci-contre). En déterminant la position de l'image de chacune des extrémités de l'objet, on peut déterminer la taille y_i de l'image. Le **grandissement linéaire** (symbole : g) est le rapport de la taille de l'image sur celle de l'objet :

$$g = \frac{y_i}{y_o} \quad \text{Grandissement linéaire}$$

Lorsque l'image est inversée par rapport à l'objet, la taille de l'image y_i et le grandissement linéaire g sont négatifs. Lorsque $|g| > 1$, l'image est plus grande que l'objet.

La taille *apparente* d'un objet ou d'une image pour un observateur donné est déterminée par sa **taille angulaire** (l'angle α sur le schéma ci-contre). Le **grandissement angulaire** (symbole : G) est le rapport de α_i, la taille angulaire de l'image d'un objet créée par un déviateur de lumière, sur α_o, la taille angulaire du même objet observé à l'œil nu :

$$G = \frac{\alpha_i}{\alpha_o} \quad \text{Grandissement angulaire}$$

Lorsque l'image est inversée par rapport à l'objet, on considère que l'angle α_i est négatif ; ainsi, G est négatif. Lorsque $|G| > 1$, l'image apparaît plus grande que l'objet.

L'expérience de Young sera le sujet de la **section 3.2**.

Dans la **section 5.1 : Les photons et l'effet photoélectrique**, nous verrons comment Einstein a mis en évidence l'existence des photons.

Ce chapitre et le suivant traitent de *l'optique* — l'étude de la **lumière**. En 1802, Thomas Young a conçu une expérience qui montre sans l'ombre d'un doute que la lumière est une onde. Vers 1865, les travaux théoriques de James Clerk Maxwell ont révélé que la lumière est une onde électromagnétique : dans une région où existe une onde lumineuse, les champs électrique et magnétique oscillent (voir **section 5.11 : Les lois de Maxwell** du **tome B**). Au début du 20e siècle, les travaux d'Albert Einstein et d'autres physiciens ont montré que la lumière est constituée de « paquets d'énergie » appelés *photons*. Dans la vie de tous les jours, les faisceaux de lumière comportent un si grand nombre de photons qu'il est impossible de mettre en évidence le fait que l'énergie du faisceau est concentrée sous forme de paquets ; toutefois, il existe des instruments sophistiqués qui sont capables de détecter les photons individuels.

La lumière est une onde électromagnétique composée de photons. Chaque photon est un *quanta* — une entité qui possède à la fois des propriétés *corpusculaires* (de type « particule ») et ondulatoires. En principe, on peut analyser tous les phénomènes optiques de manière rigoureuse en considérant la nature quantique de la lumière : comme la lumière est un phénomène électromagnétique, on donne le nom d'*électrodynamique quantique* à cette branche de la physique. L'étude de l'électrodynamique quantique dépasse les objectifs de cet ouvrage ; heureusement, il est possible d'analyser un grand nombre de phénomènes optiques en faisant appel à des modèles plus simples.

QI **1** La lumière est-elle une onde mécanique ? Justifiez votre réponse.

Dans ce chapitre, nous allons nous intéresser aux phénomènes lumineux pouvant être analysés en supposant que la lumière est constituée de **rayons**. Un rayon lumineux est une idéalisation basée sur le fait que la lumière se déplace en ligne droite dans un milieu transparent et homogène (comme le vide de l'espace, l'air dans une pièce ou l'eau dans une piscine). Sur la photo ci-contre, l'air est rempli de particules de fumée, ce qui diffuse une partie de la lumière vers l'appareil photo et rend le trajet de la lumière visible : les doigts de la main séparent la lumière émise par le projecteur en « pinceaux » étroits. De nos jours, les lasers produisent des faisceaux très étroits que l'on peut considérer, en pratique, comme des rayons.

ISTOCKPHOTO

Dans l'expression « optique géométrique », le terme « optique » fait référence à la lumière ; le terme « géométrie » vient du fait que l'analyse de la déviation des rayons lumineux nécessite l'utilisation des principes de la géométrie.

L'**optique géométrique** s'intéresse aux phénomènes que l'on peut analyser en considérant la lumière comme étant constituée de rayons (schéma ci-contre). Les principaux phénomènes étudiés en optique géométrique sont la *réflexion* de la lumière par un **miroir** (une surface polie réfléchissante) et sa *réfraction* par un **dioptre** (l'interface entre deux milieux transparents) ou par une **lentille** (chaque face d'une lentille est un dioptre).

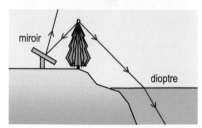

L'optique géométrique est une approximation : chaque fois que la lumière rencontre un obstacle ou passe par une ouverture, il se produit un certain « étalement », nommé *diffraction*, qu'il est impossible de décrire à l'aide de rayons. La diffraction a pour effet, entre autres, de limiter la netteté des images que l'on peut obtenir avec un microscope ou un télescope.

La lumière qui nous parvient du Soleil possède différentes fréquences. Les détecteurs de lumière que l'on retrouve dans les yeux des êtres humains répondent à la lumière dont la fréquence est comprise entre 430 THz et 750 THz (1 térahertz = 10^{12} Hz). Notre système visuel perçoit des couleurs qui varient selon la fréquence :

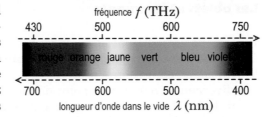

en ordre croissant de fréquence, il s'agit du rouge, de l'orange, du jaune, du vert, du bleu et du violet (schéma ci-dessus). Dans le vide ou dans l'air, la lumière visible correspond aux longueurs d'onde comprises entre 400 nm et 700 nm (la lumière rouge de 430 THz possède une longueur d'onde de 700 nm, tandis que la lumière violette de 750 THz possède une longueur d'onde de 400 nm). Lorsque nous recevons un mélange de lumière de toutes les couleurs, nous le percevons blanc.

Le spectre visible n'est qu'une petite partie du *spectre électromagnétique* qui regroupe tous les types de lumière (ondes radio, micro-ondes, infrarouge, ultraviolet, rayons X et rayons gamma) : nous présenterons l'ensemble du spectre électromagnétique dans la **section 3.1 : La nature ondulatoire de la lumière**.

Lorsque la longueur d'onde de la lumière est beaucoup plus petite que la taille de l'obstacle ou de l'ouverture (schéma ci-contre), la diffraction est négligeable et il est possible de comprendre le comportement de la lumière en considérant qu'elle se propage sous forme de rayons.

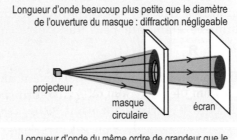

En revanche, lorsque la longueur d'onde de la lumière est du même ordre de grandeur ou plus grande que le diamètre de l'ouverture du masque (schéma ci-contre), la diffraction est importante et il est impossible de comprendre le comportement de la lumière en considérant qu'elle se propage sous forme de rayons.

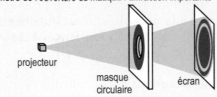

Pour analyser la diffraction, il faut tenir compte explicitement de la nature ondulatoire de la lumière. Il en va de même pour les phénomènes d'interférence qui se produisent lorsque plusieurs faisceaux de lumière se superposent. Au **chapitre 3 : Optique ondulatoire**, nous analyserons la diffraction et l'interférence en tenant compte explicitement du fait que la lumière est une onde. Cela nous permettra, entre autres, de comprendre l'origine des couleurs dans la lumière réfléchie par les bulles de savon et les flaques d'essence (photo ci-dessous).

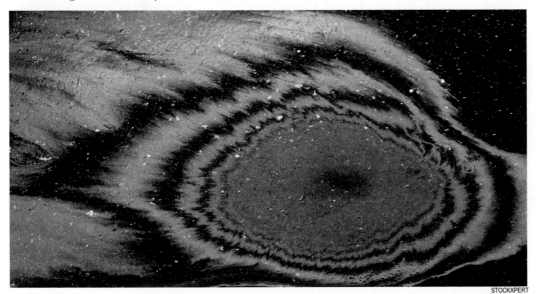
STOCKXPERT

Les couleurs qui apparaissent lorsque la lumière est réfléchie par une pellicule mince résultent d'un phénomène d'interférence qui *ne peut pas* être compris à l'aide des principes de l'optique géométrique. Nous étudierons ce phénomène dans la **section 3.8 : L'interférence dans les pellicules minces**.

Les objets et les images

En optique géométrique, une source ponctuelle de rayons (par exemple, une ampoule électrique de taille négligeable) est un **objet réel**. Sur un schéma, nous allons utiliser le symbole ✱ pour représenter un objet réel. Un **faisceau** est un ensemble de rayons qui divergent à partir d'un point donné ou qui convergent vers un point donné. Les rayons issus d'un objet réel forment un **faisceau divergent**: plus on s'éloigne de l'objet, plus les rayons sont *éloignés* les uns des autres (schéma ci-contre).

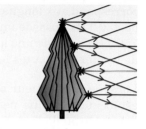

Lorsqu'on désire étudier la lumière émise ou réfléchie par un corps dont la taille n'est pas négligeable, on peut considérer chaque point du corps comme étant un objet réel (schéma ci-contre). Notons qu'il n'est pas nécessaire que la source des rayons ait *créé* la lumière pour qu'elle soit qualifiée d'objet: un corps qui ne fait que réfléchir la lumière ambiante peut aussi être considéré comme un objet.

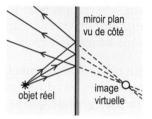

Lorsqu'on place un objet réel devant un miroir plan (schéma ci-contre), les rayons réfléchis forment un faisceau qui diverge à partir d'un point situé *derrière* le miroir: on détermine la position de ce point en prolongeant les rayons réfléchis dans la région derrière le miroir. Sur un schéma, nous allons représenter les prolongements de rayons par des traits pointillés: *il est important de réaliser qu'il n'y a pas réellement de lumière qui voyage le long des traits pointillés*.

Une **image** est le point de divergence (ou de convergence) d'un faisceau de rayons qui a été dévié par un miroir ou un dioptre. Un miroir plan donne d'un objet réel une **image virtuelle**: l'adjectif « virtuel » signifie que ce sont les prolongements des rayons qui se croisent à la position de l'image, et non les rayons eux-mêmes. Sur les schémas, nous allons représenter une image virtuelle par un cercle vide (O).

Sur le schéma ci-dessous, à gauche, un obstacle opaque empêche l'observateur de voir directement l'objet. Dans cette situation, l'observateur reçoit exactement les mêmes rayons que *s'il n'y avait pas de miroir et qu'un objet réel était situé à la position de l'image virtuelle* (schéma ci-dessous, à droite). Si le miroir est propre et de bonne qualité, l'image virtuelle peut donner l'impression d'être un objet réel: c'est pour cela que le miroir plan est un des meilleurs amis du magicien !

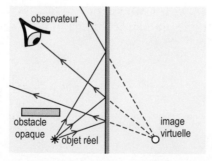
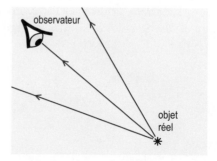

Il existe aussi des **images réelles**: lorsque les rayons qui sont déviés par un miroir ou un dioptre se croisent en un point après leur déviation, il y a une image réelle à cet endroit.

Le schéma ci-contre, en haut, illustre la formation d'une image réelle à l'aide d'un miroir sphérique. Sur un schéma, nous allons représenter une image réelle par un cercle plein (●).

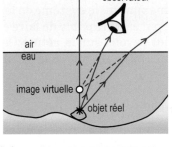

Le schéma ci-contre, au milieu, illustre un autre exemple d'image réelle, formée, cette fois, par une lentille (deux dioptres en succession). Il est possible de capter une image réelle en plaçant une plaque photographique, un détecteur électronique ou tout simplement un écran (comme une feuille de papier) à la position de l'image. (Il est évidemment impossible de capter une image virtuelle de la sorte, car les rayons ne passent pas vraiment par la position de l'image virtuelle.)

Le schéma ci-contre, en bas, représente l'image virtuelle créée par la surface d'un lac (dioptre plan) lorsqu'un observateur placé au-dessus de la surface regarde un objet au fond du lac. On remarque que l'objet est plus profond que son image. Ainsi, lorsqu'on désire atteindre un poisson avec un harpon, il ne faut pas viser la position apparente du poisson, mais bien un point situé en dessous !

De manière générale, *l'image formée par un premier déviateur de lumière peut servir d'objet à un second déviateur de lumière* : nous aurons l'occasion d'étudier de telles situations dans les **sections 2.2** (deux miroirs plans), **2.5** (deux dioptres) et **2.8** (deux lentilles). Dans certains cas, le second déviateur reçoit un **faisceau convergent** (schéma ci-contre). En optique géométrique, on définit un **objet** de manière générale comme le point de convergence ou de divergence du faisceau formé par les rayons incidents (avant qu'ils ne soient déviés) ; ainsi, le point situé *de l'autre côté* du déviateur de lumière vers lequel convergent les rayons incidents est qualifié d'**objet virtuel**.

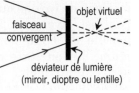

Un miroir plan ne peut pas générer d'objet virtuel ; la notion d'objet virtuel sera utile dans les **sections 2.5** (système de deux dioptres) et **2.8** (système de deux lentilles).

La perception des images par l'œil

Dans des conditions idéales, une image peut apparaître aussi « vraie » à un observateur qu'un objet réel, et ce, *qu'elle soit réelle ou virtuelle*. Dans les schémas ci-dessous, nous avons représenté trois situations *strictement équivalentes du point de vue de l'œil*. Ce qui compte, ce sont les rayons qui pénètrent dans l'œil : le fait qu'ils proviennent d'un objet réel, d'une image virtuelle ou d'une image réelle n'a pas d'importance.

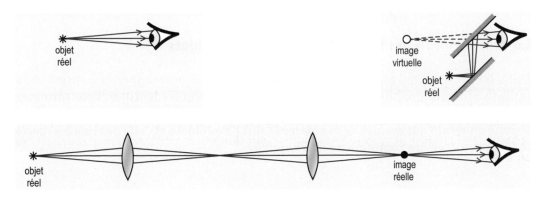

L'œil possède un système de lentilles qui permet de focaliser la lumière sur la *rétine* (l'écran dans le fond de l'œil). Lorsque les rayons provenant d'un objet ou d'une image convergent au même endroit sur la rétine, la vision est nette. Le système de lentilles de l'œil possède une géométrie variable : cela permet la vision nette d'objets situés à différentes distances. Comme l'intervalle de distance qui résulte en une vision nette varie d'une personne à l'autre, il est utile de définir un **œil nominal**, c'est-à-dire « standard ». Pour un œil nominal, la vision est nette lorsque les objets sont situés entre 25 cm et l'infini : on dit que le **punctum proximum (PP)** est à 25 cm et que le **punctum remotum (PR)** est à l'infini.

Dans la **section 2.9 : La correction de la vue**, nous donnerons plus de détails concernant l'anatomie de l'œil, et nous présenterons des définitions plus précises du PP et du PR.

Le PP d'une personne de 20 ans peut être situé à une distance de 10 cm de l'œil, ou même moins. Chez une personne âgée de plus de 45 ans, la distance du PP est presque toujours plus grande que la distance normale de lecture, une condition que l'on nomme *presbytie* : nous en reparlerons dans la **section 2.9**.

L'œil possède un diamètre d'environ 2 cm : ainsi, les schémas ci-contre ne sont pas à l'échelle.

Les cinq situations illustrées sur les schémas ci-contre représentent un œil nominal.

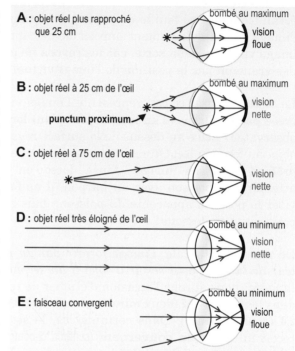

A : objet réel plus rapproché que 25 cm — bombé au maximum — vision floue

B : objet réel à 25 cm de l'œil — bombé au maximum — vision nette — punctum proximum

C : objet réel à 75 cm de l'œil — vision nette

D : objet réel très éloigné de l'œil — bombé au minimum — vision nette

E : faisceau convergent — bombé au minimum — vision floue

En **A**, l'objet est plus proche que le PP. Même en étant bombé au maximum, le système de lentilles de l'œil est incapable de faire converger les rayons sur la rétine : les rayons ne parviennent pas à se croiser avant d'atteindre la rétine, ce qui résulte en une tache floue sur cette dernière (vision floue).

En **B**, l'objet est situé au PP. Le faisceau de rayons qui pénètre dans l'œil est divergent. Le système de lentille de l'œil, bombé *au maximum*, fait en sorte que les rayons arrivent au même endroit sur la rétine (vision nette).

En **C**, l'objet est situé trois fois plus loin que le PP. Le faisceau de rayons qui pénètre dans l'œil est moins divergent qu'en **B** : pour que les rayons arrivent au même endroit sur la rétine (vision nette), le système de lentilles doit être moins bombé qu'en **B**.

En **D**, l'objet est très éloigné de l'œil (sa distance tend vers l'infini). Par conséquent, les rayons qui pénètrent dans l'œil sont parallèles (ou presque). Avec le système de lentilles de l'œil bombé *au minimum*, les rayons arrivent au même endroit sur la rétine (vision nette).

En **E**, un faisceau de rayons *convergent* pénètre dans l'œil. (Un tel faisceau ne peut être émis directement par un objet ; en revanche, on peut le générer à l'aide d'un miroir courbe ou d'une lentille.) Même en étant bombé *au minimum*, le système de lentilles de l'œil fait en sorte que les rayons convergent avant d'atteindre la rétine, ce qui résulte en une tache floue sur cette dernière (vision floue).

La comparaison des tailles des images et des objets

Dans les sections qui suivent, nous allons apprendre à déterminer la position et la taille des images produites par les miroirs, les dioptres et les lentilles. Pour terminer cette section d'introduction sur les objets et les images, nous allons présenter la théorie générale qui permet de comparer la taille des objets et celle des images : cette théorie nous servira tout au long du chapitre.

Considérons un objet filiforme, de taille y_o, dont tous les points sont à la même distance d'un déviateur de lumière (schéma ci-contre). En déterminant la position de l'image de chacune des extrémités de l'objet, on peut déterminer la taille y_i de l'image. Le **grandissement linéaire** (symbole : g) est défini comme le rapport de la taille de l'image sur celle de l'objet :

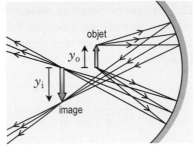

$$g = \frac{y_i}{y_o}$$ **Grandissement linéaire**

Lorsque l'image est inversée par rapport à l'objet (comme c'est le cas sur le schéma ci-dessus), on considère que la taille de l'image y_i est négative. Ainsi, le grandissement linéaire g est également négatif. Lorsque $|g| > 1$, l'image est plus grande que l'objet.

La valeur de g ne correspond pas directement au grandissement *apparent* perçu par un observateur. Par exemple, si l'image est deux fois plus haute que l'objet, mais qu'elle se forme trois fois plus loin de l'observateur, elle apparaîtra *plus petite* à ce dernier.

La manière la plus pratique de décrire la taille apparente d'un objet ou d'une image pour un observateur donné est de spécifier sa **taille angulaire**, c'est-à-dire l'angle α sous-tendu par l'objet ou l'image d'après l'observateur : plus précisément, il s'agit de l'angle formé par les *lignes de visée* qui partent de l'œil et qui se rendent vers le haut et vers le bas de l'objet ou de l'image (schéma ci-contre).

QI 2 Quelle est la taille angulaire d'un objet de 1 mm de hauteur situé à 25 cm de l'œil ?

Le **grandissement angulaire** (symbole : G) est le rapport de α_i, la taille angulaire de l'image d'un objet créée par un déviateur de lumière, sur α_o, la taille angulaire du même objet observé à l'œil nu :

$$G = \frac{\alpha_i}{\alpha_o}$$ **Grandissement angulaire**

QI 3 Déterminez le grandissement angulaire dans une situation où l'image est deux fois plus haute que l'objet et se forme deux fois plus loin de l'œil.

Lorsque l'image est inversée par rapport à l'objet, on considère que l'angle α_i est négatif ; ainsi, G est négatif. Lorsque $|G| > 1$, l'image apparaît plus grande que l'objet.

Situation 1 : *La taille de la Lune et de son image.* La Lune a un diamètre de 3480 km et se trouve à une distance de 384 000 km. À l'aide d'une lentille, Béatrice projette une image de la Lune sur un écran : l'image est inversée et son diamètre est de 2 cm. Béatrice se place à 50 cm de l'écran afin d'observer l'image de la Lune. On désire déterminer **(a)** le grandissement linéaire et **(b)** le grandissement angulaire.

En **(a)**, nous voulons déterminer le grandissement linéaire, c'est-à-dire le rapport direct de la taille de l'image sur celle de l'objet. Comme l'image est inversée, nous avons

$$y_i = -2 \text{ cm} = -0{,}02 \text{ m}$$

Comme la taille de l'objet est $y_o = 3480 \text{ km} = 3{,}48 \times 10^6 \text{ m}$, le grandissement linéaire est

$$g = \frac{y_i}{y_o} = \frac{(-0{,}02 \text{ m})}{(3{,}48 \times 10^6 \text{ m})} \qquad \Rightarrow \qquad \boxed{g = -5{,}75 \times 10^{-9}}$$

En **(b)**, nous voulons déterminer le grandissement angulaire. Lorsque Béatrice regarde la Lune à l'œil nu (schéma ci-contre), sa taille angulaire est

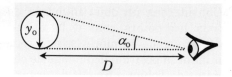

$$\alpha_{\mathrm{o}} = \arctan\left(\frac{y_{\mathrm{o}}}{D}\right) = \arctan\left(\frac{(3480\ \mathrm{km})}{(384\,000\ \mathrm{km})}\right) = \arctan(0{,}009\,063) = 0{,}5192°$$

Lorsqu'ils arrivent sur Terre, les rayons qui proviennent du « sommet » de la Lune forment un faisceau de rayons essentiellement parallèles ; il en va de même des rayons qui proviennent du « bas » de la Lune (schéma ci-contre). Les rayons du premier faisceau forment un angle $\alpha_{\mathrm{o}} = 0{,}5192°$ avec ceux du second faisceau.

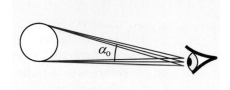

Comme Béatrice est située à $\boxed{d = 50\ \mathrm{cm}} = 0{,}5\ \mathrm{m}$ de l'écran, la taille angulaire α_{i} de l'image (schéma ci-contre) est

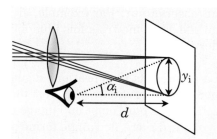

$$\alpha_{\mathrm{i}} = \arctan\left(\frac{y_{\mathrm{i}}}{d}\right) = \arctan\left(\frac{(-0{,}02\ \mathrm{m})}{(0{,}5\ \mathrm{m})}\right)$$
$$= \arctan(-0{,}04) = -2{,}291°$$

Le signe négatif signifie que l'image est inversée. Le grandissement angulaire est

$$G = \frac{\alpha_{\mathrm{i}}}{\alpha_{\mathrm{o}}} = \frac{(-2{,}291°)}{(0{,}5192°)} \qquad \Rightarrow \qquad \boxed{G = -4{,}41}$$

L'image de la Lune apparaît à Béatrice 4,41 fois plus haute que lorsqu'elle regarde la Lune directement dans le ciel. (L'aire apparente, proportionnelle au *carré* de la taille angulaire, est 19,5 fois plus grande.) C'est sans doute suffisant pour que Béatrice puisse distinguer certains cratères lunaires.

dioptre : interface entre deux milieux transparents — par exemple, la surface d'un lac.

faisceau : ensemble de rayons qui divergent à partir d'un point donné ou qui convergent vers un point donné.

faisceau convergent : lorsqu'on se déplace dans le sens de propagation de la lumière, les rayons qui forment un faisceau convergent sont de plus en plus rapprochés.

faisceau divergent : lorsqu'on se déplace dans le sens de propagation de la lumière, les rayons qui forment un faisceau divergent sont de plus en plus espacés.

grandissement angulaire : (symbole : G) pour un observateur donné, il s'agit du rapport de la taille angulaire de l'image d'un objet créée par un déviateur de lumière sur la taille angulaire du même objet observé à l'œil nu.

grandissement linéaire : (symbole : g) rapport de la taille de l'image sur la taille de l'objet ; lorsque l'image est inversée par rapport à l'objet, g est négatif.

image : point de divergence ou de convergence d'un faisceau de rayons qui a été dévié par un déviateur de lumière.

image réelle : image apparaissant lorsque les rayons déviés se croisent à la position de l'image ; contrairement à une image virtuelle, une image réelle peut être recueillie sur un écran placé à l'endroit où elle se trouve.

image virtuelle : image apparaissant lorsque ce sont les prolongements des rayons déviés qui se croisent à la position de l'image, et non les rayons eux-mêmes.

lentille : objet transparent servant à dévier la lumière ; chaque face d'une lentille est un dioptre.

lumière : onde électromagnétique composée de photons, « paquets d'énergie » possédant à la fois des propriétés corpusculaires (de type « particule ») et ondulatoires ; la lumière visible n'est qu'une petite partie du spectre électromagnétique, qui regroupe aussi les ondes radio, les micro-ondes, l'infrarouge, l'ultraviolet, les rayons X et les rayons gamma.

miroir : surface polie réfléchissante.

objet : point de divergence ou de convergence des rayons incidents (avant d'avoir été déviés).

objet réel : point de départ d'un faisceau lumineux divergent ; un objet ponctuel (ou un point quelconque de la surface d'un corps) qui émet de la lumière ou qui réfléchit de manière diffuse la lumière ambiante est un objet réel.

objet virtuel : lorsqu'un faisceau incident qui rencontre un déviateur de lumière (miroir, dioptre ou lentille) est convergent, le point situé de l'autre côté du déviateur vers lequel convergent les prolongements des rayons incidents est un objet virtuel pour le déviateur de lumière.

œil nominal : œil « standard » dont la vision est nette pour des objets situés à des distances allant de 25 cm à l'infini.

optique géométrique : branche de la physique qui s'intéresse aux phénomènes lumineux que l'on peut analyser en considérant que la lumière est constituée de rayons — en particulier, la déviation des rayons lumineux produite par les miroirs, les dioptres et les lentilles ainsi que la formation des images qui en résulte.

punctum proximum (PP) : point le plus rapproché où l'on peut placer un objet pour que la vision soit nette ; le PP d'un œil nominal est à 25 cm (une définition plus précise est présentée dans le glossaire de la **section 2.9**).

punctum remotum (PR) : point le plus éloigné où l'on peut placer un objet pour que la vision soit nette ; le PR d'un œil nominal est à l'infini (une définition plus précise est présentée dans le glossaire de la **section 2.9**).

rayon (lumineux) : modèle qui permet de décrire la propagation de la lumière en ligne droite dans un milieu homogène transparent, sa réflexion et sa réfraction — mais pas les phénomènes de diffraction et d'interférence dus à la nature ondulatoire de la lumière.

taille angulaire : angle que sous-tend un objet ou une image du point de vue d'un observateur.

QUESTIONS

Q1. Pourquoi personne ne s'est-il aperçu avant le début du 20e siècle que l'énergie d'un faisceau de lumière est concentrée en « paquets » ?

Q2. Parmi les phénomènes suivants, dites lesquels peuvent être décrits par l'optique géométrique : **(a)** la réflexion de la lumière par un miroir ; **(b)** la déviation de la lumière par une lentille ; **(c)** la coloration de la lumière réfléchie par une flaque d'essence.

Q3. Vrai ou faux ? Lorsque la lumière interagit avec un objet, plus la taille de ce dernier est grande, plus la diffraction est importante.

Q4. Vrai ou faux ? Plus la longueur d'onde de la lumière qui passe par une ouverture donnée est petite, plus il est approprié d'utiliser l'optique géométrique pour analyser la situation.

Q5. Dans chaque situation, dites si l'image que vous observez est réelle ou virtuelle. **(a)** Vous vous regardez dans un miroir plan. **(b)** Vous êtes sur un quai et vous observez un poisson en train de nager dans un lac.

Q6. Vrai ou faux ? L'image formée par un premier déviateur de lumière peut servir d'objet à un second déviateur de lumière.

Q7. (a) Une image réelle peut-elle donner l'impression à un observateur d'être un objet réel ? **(b)** Une image réelle peut-elle être recueillie sur un écran ?

Q8. (a) Une image virtuelle peut-elle donner l'impression à un observateur d'être un objet réel ? **(b)** Une image virtuelle peut-elle être recueillie sur un écran ?

Q9. Vrai ou faux ? Lorsqu'un faisceau de rayons divergents pénètre dans un œil nominal, l'image formée sur la rétine est toujours nette.

Q10. (a) Lorsqu'un œil nominal reçoit un faisceau de rayons parallèles, l'image formée sur la rétine est-elle nette ? **(b)** Même question pour un faisceau de rayons convergents.

Q11. Expliquez à l'aide d'un schéma comment on évalue la taille angulaire d'un objet ou d'une image.

Q12. Décrivez les ressemblances et les différences entre les concepts de grandissement linéaire et de grandissement angulaire.

Q13. Vrai ou faux ? Lorsque l'image est plus petite que l'objet, le grandissement linéaire est négatif.

EXERCICES

○ Exercice dont la solution ne requiert ni calculatrice ni algèbre complexe.

RÉCHAUFFEMENT

2.1.1 *La taille angulaire de l'écran d'Albert.* Les yeux d'Albert sont à 1 m de son écran d'ordinateur, qui mesure 30 cm de hauteur. Quelle est la taille angulaire de l'écran d'après Albert ?

○ **2.1.2** *La signification du grandissement linéaire.* Dites ce que cela signifie lorsque **(a)** la valeur absolue du grandissement linéaire g est supérieure à 1 ; **(b)** la valeur absolue de g est inférieure à 1 ; **(c)** la valeur de g est positive ; **(d)** la valeur de g est négative.

SÉRIE PRINCIPALE

2.1.3 *Le pouvoir grossissant d'une loupe.* Le punctum proximum de Jordi est à 10 cm de distance. **(a)** À l'œil nu, sous quelle taille angulaire maximale peut-il voir un moucheron de 2 mm ? **(b)** Lorsqu'il utilise une loupe, l'image virtuelle du moucheron est à 80 cm de son œil et sa hauteur est de 47 mm. Calculez le grandissement linéaire g et le grandissement angulaire G. **(c)** Par quel facteur la loupe aide-t-elle Jordi à observer le moucheron, g ou G ?

SÉRIE SUPPLÉMENTAIRE

2.1.4 *Loin des yeux...* Albert s'éloigne de Béatrice, à pied, sur une longue route parfaitement rectiligne. Béatrice le perd de vue lorsque sa taille angulaire devient inférieure à 0,02°. À quelle distance cela se produit-il ? (Donnez une taille raisonnable à Albert et arrondissez votre réponse à un chiffre significatif.)

La réflexion et les miroirs plans

Après l'étude de cette section, le lecteur pourra déterminer la trajectoire
d'un rayon lumineux réfléchi par un miroir plan et calculer la position
de l'image d'un objet formée par un ou plusieurs miroirs plans.

APERÇU

Lorsqu'un rayon lumineux est réfléchi par un miroir plan (schéma ci-contre), le rayon incident, le rayon réfléchi et la perpendiculaire à la surface sont dans le même plan. D'après la **loi de la réflexion**, l'**angle de réflexion** θ' est égal à l'**angle d'incidence** θ :

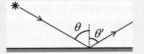

$$\boxed{\theta' = \theta}$$ Loi de la réflexion

Par convention, les angles d'incidence et de réflexion sont mesurés par rapport à la *perpendiculaire* à la surface du déviateur de rayons (en l'occurrence, le miroir).

L'angle de déviation (symbole : δ, la lettre grecque delta) est mesuré entre le rayon dévié et le trajet qu'aurait suivi le rayon s'il n'avait pas été dévié. Pour décrire la déviation de manière complète, il faut spécifier si elle est dans le sens horaire ou antihoraire : sur le schéma ci-dessus, la déviation est dans le sens antihoraire.

Lorsqu'un rayon dévie plusieurs fois, sa déviation totale est la somme des déviations individuelles qu'il subit. Lorsqu'on calcule la somme, il faut assigner un signe aux déviations horaires et le signe contraire aux déviations antihoraires.

L'image d'un objet dans un miroir plan est à la même distance du miroir (ou de son prolongement) que l'objet, mais de l'autre côté du miroir : il s'agit d'une image virtuelle. L'image produite par un premier miroir peut servir d'objet à un second miroir (schéma ci-dessous).

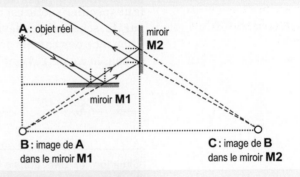

A : objet réel
miroir **M2**
miroir **M1**

B : image de **A** dans le miroir **M1**

C : image de **B** dans le miroir **M2**

EXPOSÉ

Lorsque la lumière rencontre un objet, une partie est réfléchie et une partie pénètre dans l'objet. La lumière qui pénètre dans l'objet peut être absorbée (ce qui augmente l'énergie thermique de l'objet) ou peut ressortir de l'autre côté (dans le cas d'un objet transparent). Dans cette section, nous allons nous intéresser à la lumière qui est *réfléchie* par les objets — plus particulièrement, par les *miroirs*. Pour être qualifié de miroir, un objet doit posséder une surface suffisamment lisse pour réfléchir la lumière de manière régulière : c'est ce qui lui permet de créer des images.

Lorsque les aspérités de la surface d'un objet sont trop importantes, la réflexion est *diffuse* : des rayons parallèles formant un étroit faisceau incident sont réfléchis dans toutes les directions (schéma ci-contre, en haut). En revanche, lorsque les aspérités sont suffisamment petites (en pratique, plus petites que la longueur d'onde de la lumière), tous les rayons sont réfléchis de la même manière et le faisceau demeure étroit après la réflexion (schéma ci-contre, en bas). On qualifie alors la réflexion de *spéculaire*.

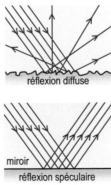

réflexion diffuse

miroir
réflexion spéculaire

La réflexion des rayons obéit à une loi très simple, que nous allons maintenant énoncer, et qui va nous permettre de comprendre la formation des images par réflexion spéculaire.

La loi de la réflexion

Lorsqu'un rayon lumineux frappe un miroir plan (sans courbure), il est réfléchi de manière symétrique (schéma ci-contre). Le rayon incident, le rayon réfléchi et la perpendiculaire à la surface sont dans le même plan. Ainsi, lorsque le rayon incident est dans le plan du schéma, le rayon réfléchi l'est également.

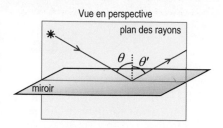

En optique géométrique, il est d'usage de spécifier l'orientation d'un rayon à l'aide de l'angle entre le rayon et la *perpendiculaire* à la surface qu'il rencontre. L'**angle d'incidence** θ correspond à l'angle entre le rayon incident (c'est-à-dire le rayon qui frappe la surface) et la perpendiculaire à la surface ; de même, l'**angle de réflexion** θ' correspond à l'angle entre le rayon réfléchi et la perpendiculaire à la surface. La **loi de la réflexion** exprime l'égalité de l'angle d'incidence et de l'angle de réflexion :

$$\boxed{\theta' = \theta} \quad \text{Loi de la réflexion}$$

Il est pratique de décrire l'effet d'un miroir plan en spécifiant l'**angle de déviation** (symbole : δ, la lettre grecque delta), c'est-à-dire l'angle entre le rayon dévié et le trajet qu'aurait suivi le rayon *s'il n'avait pas été dévié* (schéma ci-contre). Pour décrire la déviation de manière complète, il faut spécifier si elle est dans le sens horaire ou antihoraire :

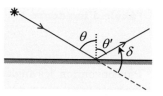

sur le schéma, la déviation est dans le sens antihoraire. Les schémas ci-dessous illustrent des rayons déviés, dans le sens antihoraire, de 45°, 90°, 135° et 180° (dans ce cas, le rayon revient sur lui-même).

Situation 1 : *Une double réflexion.* Un rayon dont l'orientation initiale est vers la droite, à 35° sous l'horizontale, est réfléchi par un miroir horizontal, puis par un second miroir incliné à 115° par rapport au premier (schéma ci-contre). On désire déterminer l'angle de déviation total par rapport au rayon initial.

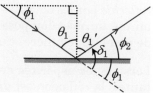

Nous avons représenté la première réflexion sur le schéma ci-contre. Comme $\phi_1 = 35°$, l'angle d'incidence sur le premier miroir est

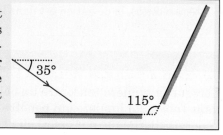

$$\theta_1 = 90° - \phi_1 = 90° - 35° = 55°$$

En vertu de loi de la réflexion, l'angle de réflexion sur le premier miroir est

$$\theta_1' = \theta_1 = 55°$$

L'angle de déviation qui résulte de cette première réflexion est

$$\delta_1 = 180° - \theta_1' - \theta_1 = 180° - 55° - 55° = 70°$$

Cette déviation est dans le sens *antihoraire*.

Par rapport à l'orientation « vers la droite », l'orientation du rayon réfléchi est

$$\phi_2 = \delta_1 - \phi_1 = 70° - 35° = 35°$$

(Par symétrie, $\phi_2 = \phi_1$.)

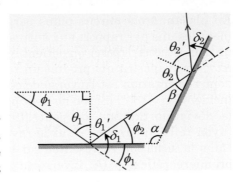

Le second miroir fait un angle $\boxed{\alpha = 115°}$ par rapport au premier (schéma ci-contre). Appelons β l'angle entre le premier rayon réfléchi et le second miroir. Comme les angles ϕ_2, α et β sont aux sommets d'un triangle, nous avons

$$\phi_2 + \alpha + \beta = 180°$$

d'où

$$\beta = 180° - \phi_2 - \alpha = 180° - 35° - 115° = 30°$$

L'angle d'incidence sur le second miroir est

$$\theta_2 = 90° - \beta = 90° - 30° = 60°$$

Par la loi de la réflexion, l'angle de réflexion sur le second miroir est

$$\theta_2' = \theta_2 = 60°$$

L'angle de déviation qui résulte de la deuxième réflexion est

$$\delta_2 = 180° - \theta_2' - \theta_2 = 180° - 60° - 60° = 60°$$

Cette déviation est, encore une fois, dans le sens *antihoraire*. Par conséquent, la déviation totale est

$$\delta_{\text{tot}} = \delta_1 + \delta_2 = 70° + 60°$$

$$\boxed{\delta_{\text{tot}} = 130° \text{ dans le sens antihoraire}}$$

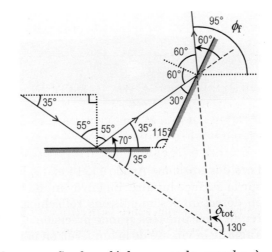

Nous avons représenté cet angle sur le schéma ci-contre, en bas à droite.

Le rayon initial était orienté à 35° *sous* l'horizontale. Comme il dévie de 130° dans le sens antihoraire, son orientation finale, par rapport à l'orientation « vers la droite », est

$$\phi_f = -35° + 130° = 95°$$

vers le haut. (On pourrait aussi dire que le rayon final se déplace vers la *gauche*, à $180° - 95° = 85°$ au-dessus de l'horizontale.)

Les rétroréflecteurs

En général, lorsqu'on envoie un faisceau de lumière sur un miroir plan (schéma ci-contre), le faisceau réfléchi ne revient pas vers la source. (Il le fait uniquement si le miroir est perpendiculaire aux rayons.)

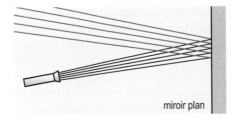

miroir plan

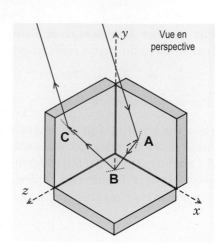

Vue en perspective

En plaçant *trois* miroirs plans perpendiculairement les uns par rapport aux autres pour former un coin (schéma ci-contre), on obtient un *rétroréflecteur*, un dispositif qui produit un rayon réfléchi dont l'orientation est l'inverse de celle du rayon incident : $\delta = 180°$. (Si l'on ne tient pas compte de la déviation latérale, on peut affirmer que le rayon réfléchi « revient » sur le rayon incident.) Dans la situation représentée sur le schéma, la première réflexion (**A**) inverse le sens de propagation du rayon selon la direction z, la laissant inchangée selon les deux autres directions. De même, la seconde réflexion (**B**) inverse le sens de propagation du rayon selon la direction y, et la troisième réflexion (**C**) selon la direction x. Ainsi, les trois réflexions inversent globalement le sens de propagation du rayon.

Dans les **exercices** 2.2.2 et 2.2.3, on analyse la rétroréflexion d'un rayon dans un plan : dans ce cas, on n'a besoin que de deux miroirs perpendiculaires.

Si l'on se promène la nuit avec une lampe de poche, ou que l'on se trouve dans un véhicule muni de phares, une surface rétroréfléchissante nous paraît très brillante, puisqu'elle nous renvoie la lumière que l'on émet (schéma ci-contre).

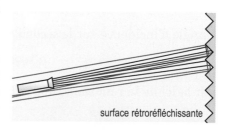

surface rétroréfléchissante

Les plaquettes réfléchissantes que l'on trouve sur les bicyclettes et les phares arrière des voitures sont constituées d'un très grand nombre de petits rétroréflecteurs en forme de coin (photos ci-dessous et ci-contre).

Les bandes réfléchissantes souples que l'on trouve sur certains vêtements comportent de minuscules billes en verre partiellement enchâssées dans de la colle. La partie de la bille située dans la colle agit comme un miroir, et l'effet combiné de ce miroir sphérique et du dioptre verre-air agit comme un rétroréflecteur approximatif.

DREAMSTIME

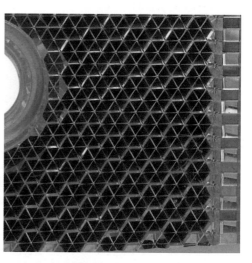

Lors des missions Apollo 11, 14 et 15, les astronautes ont laissé des rétroréflecteurs sur la surface lunaire. En envoyant de brèves impulsions laser à partir de la Terre et en détectant les impulsions réfléchies, on parvient à déterminer le temps d'aller-retour avec une très grande précision. Comme on connaît la vitesse des impulsions (il s'agit de la vitesse de la lumière), on peut déterminer la distance qui nous sépare des miroirs lunaires avec une incertitude d'à peine quelques centimètres.

De nombreux satellites possèdent également des rétroréflecteurs, ce qui permet d'appliquer la même méthode pour mesurer avec précision les paramètres de leur orbite. Les satellites LAGEOS (*Laser Geodynamics Satellites*) sont des sphères de 60 cm de diamètre possédant chacune 426 rétroréflecteurs (photo ci-contre). Leur orbite très stable sert de référence pour mesurer avec précision la position des émetteurs laser au sol, ce qui permet de mettre en évidence, entre autres, l'effet de la dérive des continents (quelques centimètres par année).

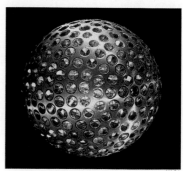

NASA

Les images formées par les miroirs plans

C'est un fait bien connu que l'image d'un objet dans un miroir plan est à la même distance du miroir que l'objet, mais de l'autre côté (photo ci-contre). Nous allons utiliser la loi de la réflexion pour le démontrer.

Une simple vitre réfléchit environ 4 % de la lumière incidente : lorsque l'objet placé devant la vitre est plus éclairé que ce qui se trouve de l'autre côté, il est facile d'observer la réflexion.

Le schéma ci-contre montre un objet réel à une distance D d'un miroir vertical ainsi que la réflexion de deux rayons. Le premier rayon quitte l'objet réel avec une orientation horizontale et il est réfléchi sur lui-même. Le second rayon quitte l'objet réel à un angle α par rapport à l'horizontale.

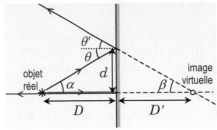

D'après la loi de la réflexion,

$$\theta' = \theta$$

De plus, par géométrie,

$$\alpha = \theta \qquad \text{et} \qquad \beta = \theta'$$

Par conséquent, nous pouvons affirmer que

$$\alpha = \beta$$

Comme les angles α et β font partie de deux triangles rectangles qui partagent une hauteur verticale commune d, nous pouvons conclure que ces triangles sont identiques et affirmer que leurs bases horizontales sont égales :

$$D = D'$$

Lorsqu'un objet se réfléchit dans deux miroirs (comme dans la **situation 1**), les rayons réfléchis deux fois génèrent également une image (schéma ci-contre).

L'objet **A** n'est pas directement vis-à-vis du miroir **M1** ; néanmoins, il génère une image virtuelle **B** qui se situe à égale distance du *prolongement* du miroir **M1**.

Du point de vue du miroir **M2**, les rayons incidents proviennent de **B**. Ainsi, *l'image virtuelle **B** joue le rôle d'objet réel pour le miroir **M2***. L'image finale **C** est à la même distance que **B** du prolongement du miroir **M2**.

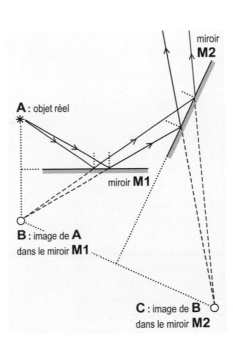

Situation 2 : *Images multiples.* On place un objet réel entre deux miroirs qui font un angle de 60° entre eux. On désire représenter la situation sur un schéma en indiquant la position de toutes les images qui se forment. (On peut placer l'objet n'importe où entre les deux miroirs.)

Nous pourrions procéder en traçant les rayons, comme nous l'avons fait sur le schéma précédent. Toutefois, cela deviendrait un véritable fouillis : en effet, nous allons découvrir qu'il y a cinq images, dont l'une correspond à une *triple* réflexion ! Il est plus simple de placer les images en utilisant le fait qu'elles se forment à égale distance de l'autre côté des miroirs (ou de leurs prolongements) et qu'une image peut servir d'objet pour former une nouvelle image.

Sur le schéma ci-contre, l'image **F** peut être obtenue de deux manières différentes. Une des images peut être obtenue de deux manières différentes lorsque l'angle entre les deux miroirs est égal à 180° divisé par 2, 3, 4, 5, etc.

En prenant soin de représenter la situation à l'aide d'un dessin à l'échelle, nous obtenons la solution représentée sur le schéma ci-contre.

A : objet réel ;

B : image de **A** dans le miroir **M1** ;

C : image de **A** dans le miroir **M2** ;

D : image de **B** dans le prolongement du miroir **M2** ;

E : image de **C** dans le miroir **M1** ;

F : image de **E** dans le prolongement du miroir **M2** ou image de **D** dans le prolongement du miroir **M1**.

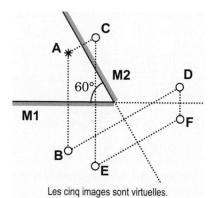

Les cinq images sont virtuelles.

Lorsqu'on se trouve entre deux miroirs parallèles se faisant face (photo ci-contre), on observe une série « infinie » d'images. L'intensité des images diminue avec la distance, car les miroirs ne sont pas parfaits : à chaque réflexion, une partie de la lumière est absorbée.

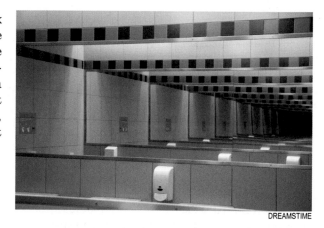

DREAMSTIME

GLOSSAIRE

angle d'incidence : (symbole : θ, la lettre grecque thêta) angle entre le rayon incident et la perpendiculaire à la surface qu'il rencontre (miroir ou dioptre).

angle de déviation : (symbole : δ, la lettre grecque delta) l'angle entre le rayon dévié et le trajet qu'aurait suivi le rayon s'il n'avait pas été dévié ; cet angle peut être dans le sens horaire ou antihoraire.

angle de réflexion : (symbole : θ') angle entre le rayon réfléchi et la perpendiculaire à la surface qu'il rencontre (miroir ou dioptre).

loi de la réflexion : loi qui exprime l'égalité de l'angle d'incidence et de l'angle de réflexion d'un rayon sur un miroir ; les angles sont mesurés par rapport à la perpendiculaire au miroir ; le rayon incident, le rayon réfléchi et la perpendiculaire au miroir sont dans le même plan.

QUESTIONS

Q1. Lorsqu'un objet réel n'est pas situé directement devant un miroir plan, comme sur le schéma ci-contre, y a-t-il quand même une image ? Si oui, où se situe-t-elle ?

Q2. Complétez les blancs dans la phrase qui suit à l'aide des adjectifs « réel(le) » ou « virtuel(le) » : lorsqu'un objet réel se réfléchit dans un miroir plan, il se forme une image _____ qui peut servir d'objet _____ à un deuxième miroir plan. L'image finale est _____.

DÉMONSTRATION

D1. À l'aide d'un schéma, démontrez que l'image d'un objet réel dans un miroir plan est à égale distance du miroir que l'objet, mais de l'autre côté du miroir. Indiquez clairement quels angles sont égaux en raison de la loi de la réflexion et quels angles sont égaux en raison des règles de la géométrie.

EXERCICES

○ Exercice dont la solution ne requiert ni calculatrice ni algèbre complexe.

RÉCHAUFFEMENT

○ **2.2.1** *L'angle de déviation.* Pour chacune des situations suivantes, donnez l'angle de déviation. **(a)** Un rayon voyageant horizontalement vers la droite est réfléchi verticalement vers le bas. **(b)** Un rayon voyageant verticalement vers le haut est réfléchi horizontalement vers la gauche. **(c)** Un rayon voyageant verticalement vers le bas est réfléchi verticalement vers le haut.

2.2.2 *Double réflexion.* Un rayon qui se déplace initialement vers la droite, à 30° au-dessus de l'horizontale, rencontre un coin réfléchissant formé d'un miroir horizontal et d'un miroir vertical (schéma ci-contre). Déterminez **(a)** l'angle de déviation lors de la première réflexion ; **(b)** l'angle de déviation lors de la seconde réflexion ; **(c)** l'angle de déviation du rayon final par rapport au rayon initial ; **(d)** l'orientation du rayon final.

2.2.3 *Double réflexion, prise 2.* Reprenez l'exercice 2.2.2 en faisant pivoter les miroirs de 20° dans le sens horaire (schéma ci-contre).

SÉRIE PRINCIPALE

2.2.4 *Une double réflexion sur deux miroirs qui ne sont pas perpendiculaires.* Un rayon horizontal voyageant vers la droite est réfléchi une fois par chacun des miroirs du montage représenté sur le schéma ci-contre. Quelle est l'orientation du rayon final ?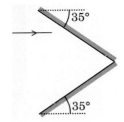

○ **2.2.5** *Localisez les images.* On place un objet réel entre deux miroirs plans (schéma ci-contre, à l'échelle). Indiquez sur le schéma la position de *toutes* les images.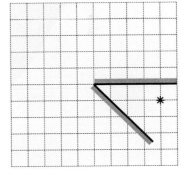

SÉRIE SUPPLÉMENTAIRE

2.2.6 *Béatrice se regarde dans le miroir.* Béatrice mesure 1,7 m de hauteur. Elle se tient debout devant un grand miroir plan vertical situé à 3 m de distance. Quelle est la taille angulaire de sa propre image dans le miroir ?

ROBERT WAGNER

Le télescope MAGIC (Major Atmospheric
Gamma-ray Imaging Cherenkov), aux îles
Canaries, est constitué de 964 petits miroirs
carrés légèrement courbés ; une fois alignés à
l'aide d'un système de lasers, ils agissent comme
un miroir parabolique de 17 m de diamètre.

Les miroirs sphériques

Après l'étude de cette section, le lecteur pourra calculer la position et la taille de l'image d'un objet placé devant un miroir sphérique.

Un **miroir sphérique** (portion de sphère) peut être **concave** (creux) ou **convexe** (bombé). Le rayon de courbure R est la distance entre le centre de courbure (point **C** sur le schéma ci-contre) et le miroir. (Le rayon de courbure d'un miroir plan est infini.) L'**axe optique** est perpendiculaire à la surface du miroir et il passe par son centre. Dans cette section, nous allons considérer uniquement des **rayons paraxiaux**, des rayons qui demeurent près de l'axe optique (comparativement au rayon de courbure du miroir) et dont l'inclinaison par rapport à l'axe optique est beaucoup plus petite que 1 rad.

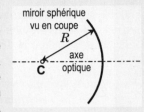

Les rayons paraxiaux parallèles à l'axe qui se réfléchissent sur un miroir concave passent tous, après réflexion, par le **foyer** (point **F** sur le schéma ci-contre). Le foyer est situé à mi-chemin entre le centre de courbure et le miroir. Par conséquent, la **distance focale** (la distance entre le foyer et le miroir, symbole : f) est égale à la moitié du rayon de courbure :

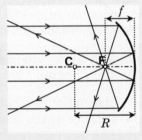

$$f = \frac{R}{2}$$ **Distance focale d'un miroir sphérique**

Le foyer d'un miroir sphérique concave est un foyer *réel*, ce qui signifie que les rayons réfléchis s'y croisent réellement. Un miroir sphérique convexe possède un foyer *virtuel* (schéma ci-contre) : les *prolongements* des rayons réfléchis se croisent au foyer.

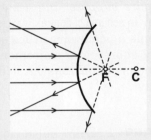

Afin de représenter adéquatement les rayons paraxiaux sur un schéma, il est utile d'exagérer la dimension perpendiculaire à l'axe, ce qui fait en sorte que la courbure du miroir n'est plus perceptible (comme sur le schéma en haut de la colonne de droite).

Afin de déterminer la position de l'image d'un objet, on peut tracer quatre **rayons principaux** issus de l'objet. Le rayon incident **1**, qui passe par le centre de courbure, est réfléchi sur lui-même. Le rayon incident **2**, parallèle à l'axe, est réfléchi en passant par le foyer. Le rayon incident **3**, qui passe par le foyer, est réfléchi parallèlement à l'axe. Le rayon incident **4**, qui frappe le centre du miroir, est réfléchi de manière symétrique par rapport à l'axe. (Il faut parfois interpréter ces règles par rapport aux *prolongements* des rayons.)

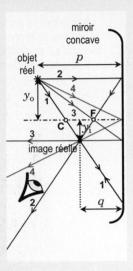

Il est également possible de déterminer la position de l'image à l'aide des équations suivantes :

$$\frac{1}{p} + \frac{1}{q} = \frac{1}{f}$$ **Équation du miroir sphérique**

$$\frac{y_i}{y_o} = -\frac{q}{p}$$ **Rapport des positions perpendiculaires à l'axe pour un miroir sphérique**

Dans la direction parallèle à l'axe, p est la distance entre l'objet et le miroir, et q est la distance entre l'image et le miroir. La valeur de q est positive pour une image réelle et négative pour une image virtuelle. Le rayon de courbure R et la distance focale f sont positifs pour un miroir concave et négatifs pour un miroir convexe.

Dans la direction perpendiculaire à l'axe, y_o et y_i représentent les positions respectives de l'objet et de l'image : y est positif au-dessus de l'axe et négatif en dessous de l'axe. Le rapport des positions perpendiculaires à l'axe correspond au grandissement linéaire g défini dans la **section 2.1**. Ainsi, pour un objet qui n'est pas ponctuel, le rapport de la taille de l'image sur la taille de l'objet est

$$g = -\frac{q}{p}$$

Dans cette section, nous allons nous intéresser aux images formées par les miroirs sphériques (photo ci-dessous, à gauche). On peut construire un **miroir sphérique** en découpant une « calotte » dans une coquille sphérique réfléchissante (par exemple, une boule de Noël). La face de la calotte qui était à l'intérieur de la sphère est un miroir **concave** ; la face de la calotte qui était à l'extérieur est un miroir **convexe** (schéma ci-dessous, à droite). Du point de vue de l'observateur, un miroir concave est « creux », tandis qu'un miroir convexe est « bombé ».

L'image formée par le miroir convexe de la photo ci-contre est plus petite que si le miroir était plan.

DREAMSTIME

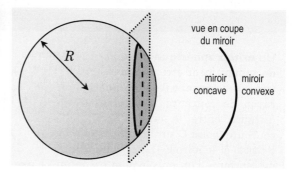

Un miroir sphérique est caractérisé par son rayon de courbure R (schéma ci-contre). Le centre de courbure du miroir (point **C**) est situé sur l'**axe optique**, la droite qui passe par le centre d'un miroir sphérique et qui est perpendiculaire à la surface du miroir à cet endroit.

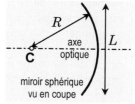

Dans bien des cas, l'image d'un objet dans un miroir sphérique est floue, et certaines portions de l'objet paraissent déformées par rapport à d'autres portions. Pour que ce *ne soit pas* le cas, il faut que les deux conditions suivantes soient remplies :

- le miroir doit être petit — sa largeur L (voir schéma ci-dessus) doit être beaucoup plus petite que le rayon de courbure R (ce qui *n'est pas* le cas sur le schéma) ;

- l'objet doit être petit et près de l'axe optique — la taille de l'objet doit être beaucoup plus petite que R, et la distance entre l'objet et l'axe optique doit être beaucoup plus petite que R.

Lorsque les deux conditions sont remplies, les rayons émis par l'objet et qui se réfléchissent sur le miroir demeurent près de l'axe optique (comparativement au rayon de courbure du miroir), et leur inclinaison par rapport à l'axe optique est beaucoup plus petite que 1 rad : il s'agit de **rayons paraxiaux** (« près » de l'axe). *Dans cette section, nous allons toujours supposer que les rayons sont paraxiaux.* Cela implique que $L \ll R$ (comme sur le schéma ci-contre). Ainsi, la courbure des miroirs sera très difficile à percevoir sur les schémas à l'échelle. Lorsque nous voudrons représenter clairement la courbure du miroir sur un schéma, nous *ne pourrons pas* le dessiner à l'échelle.

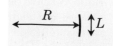

Le foyer d'un miroir sphérique

Considérons des rayons parallèles à l'axe optique qui se réfléchissent sur un miroir concave (schéma ci-contre) : nous pouvons considérer que ces rayons viennent d'un objet réel situé très loin sur l'axe, à une distance qui tend vers l'infini. Après réflexion, les rayons se croisent tous en un point situé sur l'axe optique appelé **foyer** (point **F** sur le schéma).

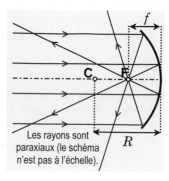

Les rayons sont paraxiaux (le schéma n'est pas à l'échelle).

Comme un miroir concave dévie vers son foyer les rayons qui proviennent d'un objet lointain, on s'en sert dans les télescopes pour concentrer la lumière des astres afin de pouvoir l'analyser, et dans de nombreux dispositifs qui concentrent la lumière solaire afin de récupérer une partie de son énergie (photo ci-contre).

ISTOCKPHOTO

Sur la photo ci-contre, le miroir est une portion de cylindre plutôt qu'une portion de sphère : le « foyer » est une ligne parallèle à l'axe du cylindre plutôt qu'un point.

Par symétrie, les rayons issus d'un objet réel placé au foyer d'un miroir concave sont réfléchis par le miroir parallèlement à l'axe optique (schéma ci-contre). Il s'agit du principe utilisé dans certains projecteurs (photo ci-contre).

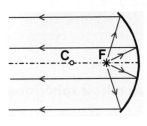

DREAMSTIME

La **distance focale** (symbole : f) du miroir, c'est-à-dire la distance entre le foyer et le miroir, est égale à la moitié du rayon de courbure R du miroir. Afin de démontrer ce résultat, considérons un rayon parallèle à l'axe qui frappe le miroir en un point **P** (schéma ci-contre). La perpendiculaire au miroir à cet endroit passe par le centre de courbure **C**. Par rapport à cette perpendiculaire, la loi de la réflexion permet d'affirmer que l'angle de réflexion est égal à l'angle d'incidence :

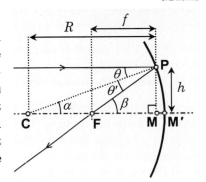

$$\theta' = \theta$$

Sur le schéma ci-contre, il faut considérer que le rayon est paraxial (le schéma n'est pas à l'échelle). Les distances R et f sont mesurées à partir du point **M** qui se trouve à la verticale du point **P**, et non à partir du miroir lui-même (point **M'**). Toutefois, pour un rayon paraxial, le point **P** est très près de **M'**, ce qui fait en sorte que la distance entre **M** et **M'** est négligeable.

De plus, par géométrie, nous pouvons écrire

$$\alpha = \theta \qquad \text{et} \qquad \beta = \theta + \theta'$$

En combinant les trois relations, nous obtenons

$$\beta = 2\alpha$$

En examinant le schéma, nous pouvons poser

$$\tan \alpha = \frac{h}{R} \qquad \text{et} \qquad \tan \beta = \frac{h}{f}$$

où h est la distance entre le point **P** et l'axe optique.

Utilisons à présent le fait que le rayon est paraxial (le schéma *n'est pas* à l'échelle). Dans ce cas, les angles α et β sont beaucoup plus petits que 1 rad, et la tangente de l'angle est égale à l'angle lui-même :

$$\alpha = \frac{h}{R} \qquad \text{et} \qquad \beta = \frac{h}{f}$$

Comme $\beta = 2\alpha$, nous pouvons écrire

$$\frac{h}{f} = 2\frac{h}{R} \qquad \Rightarrow \qquad \frac{1}{f} = \frac{2}{R}$$

d'où

$$f = \frac{R}{2}$$ **Distance focale d'un miroir sphérique**

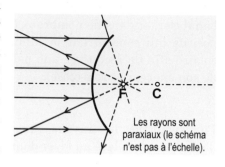

Le foyer d'un miroir sphérique concave est un foyer *réel*, ce qui signifie que les rayons réfléchis s'y croisent réellement. Un miroir sphérique convexe possède également un foyer, mais il s'agit d'un foyer virtuel. Lorsque les rayons incidents sont parallèles à l'axe optique (**schéma ci-contre**), les *prolongements* des rayons réfléchis (en pointillés) se croisent tous à la position du foyer virtuel, en arrière du miroir. Comme pour le miroir concave, le foyer **F** est à mi-chemin entre le centre de courbure **C** et le miroir.

Les rayons sont paraxiaux (le schéma n'est pas à l'échelle).

Les rayons principaux du miroir sphérique

Il existe deux méthodes qui permettent de déterminer la position de l'image d'un objet réel placé devant un miroir sphérique : en faisant un schéma à l'échelle (méthode des rayons principaux) ou en utilisant des équations. Nous allons commencer par présenter la méthode des rayons principaux.

Un objet réel placé devant un miroir sphérique émet des rayons dans toutes les directions. Pour quatre de ces rayons, il existe des règles simples qui permettent de déterminer leur orientation après réflexion : il s'agit des **rayons principaux**.

Considérons un objet placé devant un miroir concave à une certaine distance de l'axe optique. Le rayon principal **1** est celui qui est émis dans la direction du centre de courbure du miroir (**schéma ci-contre**). Comme il frappe le miroir perpendiculairement à sa surface, *il est réfléchi sur lui-même*.

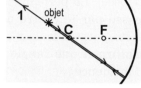

Le rayon principal **2** est celui qui est émis parallèlement à l'axe optique (**schéma ci-contre**). Comme nous l'avons vu plus haut, un rayon incident parallèle à l'axe optique est réfléchi en passant par le foyer (principe du four solaire).

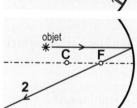

Le rayon principal **3** est celui qui est émis dans la direction du foyer (**schéma ci-contre**). Comme nous l'avons plus haut, un rayon incident qui vient du foyer est réfléchi parallèlement à l'axe optique (principe du projecteur).

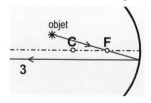

Le rayon principal **4** est celui qui frappe le miroir directement sur l'axe optique (**schéma ci-contre**). Par symétrie, il est réfléchi en faisant le même angle par rapport à l'axe optique : lorsqu'il repasse à la même distance horizontale que l'objet, il est à la même distance latérale par rapport à l'axe que l'objet.

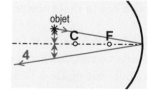

Situation 1 : *Le tracé des rayons principaux.* Un miroir sphérique *concave* possède un rayon de courbure de 8 cm. Un objet réel est situé à $y_o = 4$ cm de l'axe optique, vis-à-vis d'un point situé à $p = 12$ cm du miroir (**schéma ci-contre**). On désire tracer les rayons principaux et déterminer la position de l'image.

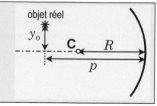

Lorsqu'on applique la méthode du tracé de rayons, il est préférable d'utiliser du papier quadrillé : cela permet de tracer aisément un diagramme à l'échelle sans avoir à mesurer toutes les distances avec une règle. Pour construire le schéma ci-contre, nous avons choisi l'échelle (1 carreau = 1 cm), nous avons placé le centre de courbure **C**, nous avons utilisé un compas pour tracer le miroir, nous avons placé le foyer **F** à mi-chemin entre **C** et le miroir, nous avons placé l'objet et nous avons soigneusement appliqué la définition des rayons principaux. Pourtant, les rayons réfléchis ne se croisent pas en un seul point !

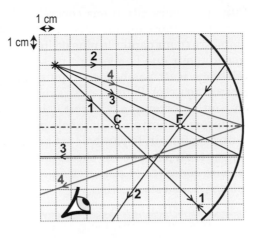

Le problème, c'est que les rayons principaux que nous avons tracés *ne sont pas* des rayons paraxiaux. Cela découle du fait que l'objet est situé à une distance de l'axe (4 cm) qui *n'est pas* négligeable par rapport au rayon de courbure du miroir (8 cm). La théorie que nous avons présentée plus haut (foyer à mi-chemin entre le centre de courbure et le miroir, règles de tracé des rayons principaux) ne s'applique qu'aux rayons paraxiaux. Ainsi, nous ne pouvons pas donner une solution satisfaisante à la question posée dans la **situation 1** !

Considérons la situation modifiée suivante.

Situation 2 : *Le tracé des rayons principaux, prise 2.* On reprend la **situation 1** en supposant cette fois que l'objet est situé 10 fois plus près de l'axe optique : $y_o = 4$ mm.

Du fait de cette modification, les rayons principaux sont désormais paraxiaux et se croisent tous au même endroit (schéma ci-contre) ; toutefois, les rayons sont si près de l'axe optique que le schéma est presque illisible !

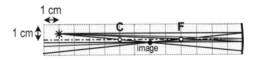

Pour remédier à ce problème, nous allons modifier l'échelle verticale afin d'*exagérer les distances verticales par rapport aux distances horizontales*. En gardant l'échelle 1 carreau = 1 cm à l'horizontale et en prenant l'échelle 1 carreau = 1 mm à la verticale, nous obtenons le schéma ci-contre. Sur le schéma, le miroir est une ligne droite : en effet, comme les dimensions verticales sont exagérées, *la courbure du miroir n'est plus perceptible*. Nous avons indiqué qu'il s'agit d'un miroir concave en recourbant le haut et le bas du miroir, *en dehors de la zone utilisée pour tracer les rayons*.

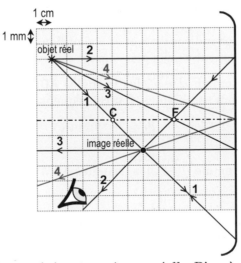

Les rayons réfléchis se croisent tous en un point et génèrent une image réelle. D'après le schéma, l'image est à

> 6 cm devant le miroir

et à

> 2 mm sous l'axe optique

Dans plusieurs situations concrètes, il n'est pas pratique de se limiter aux rayons paraxiaux. Par exemple, lorsqu'on construit un télescope, on veut un miroir de grand diamètre (pour capter le plus de lumière possible), et une distance focale relativement courte (pour que le télescope ne soit pas trop long) : par conséquent, le diamètre du télescope n'est pas beaucoup plus petit que le rayon de courbure du miroir (photo ci-dessous, à gauche). Pour que les rayons non paraxiaux se croisent quand même au foyer, on peut montrer que le miroir doit être *parabolique* plutôt que sphérique : la section du miroir doit être une parabole plutôt qu'un cercle (schéma ci-dessous, à droite). Près du centre du miroir, la parabole est pratiquement identique à un arc de cercle. C'est pour cela que, du point de vue théorique, il est intéressant d'analyser le comportement des miroirs concaves et convexes en considérant des miroirs sphériques, comme nous le faisons dans cette section.

DREAMSTIME

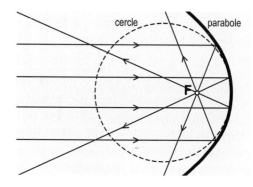

Les équations du miroir sphérique

Nous allons utiliser le tracé de rayons de la **situation 2** afin d'obtenir les équations générales qui permettent de déterminer la position de l'image : nous aurons uniquement besoin des rayons **1** et **4**. Sur le schéma ci-contre, nous avons défini les paramètres p (la distance entre l'objet et le miroir), q (la distance entre l'image et le miroir), y_o (la distance entre l'objet et l'axe optique) et y_i (la distance entre l'image et l'axe optique). Les indices « o » et « i » signifient respectivement « objet » et « image ».

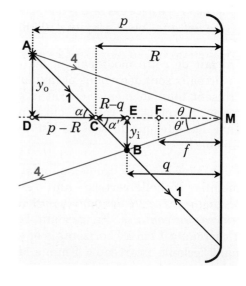

Comme $\alpha = \alpha'$, les triangles **ADC** et **BEC** sont semblables. Par conséquent,

$$\frac{y_i}{y_o} = \frac{R-q}{p-R} \quad \textbf{(i)}$$

Comme $\theta = \theta'$, les triangles **ADM** et **BEM** sont semblables. Par conséquent,

$$\frac{y_i}{y_o} = \frac{q}{p} \quad \textbf{(ii)}$$

En combinant les équations **(i)** et **(ii)**, nous obtenons

$$\frac{q}{p} = \frac{R-q}{p-R}$$
$$q(p-R) = p(R-q)$$
$$pq - Rq = Rp - pq$$
$$2pq = R(p+q)$$
$$pq = f(p+q)$$

À la dernière étape, nous avons utilisé la relation $f = R/2$. Il ne reste plus qu'à faire une petite manipulation algébrique pour dissocier les paramètres :

$$\frac{1}{f} = \frac{p+q}{pq} = \frac{p}{pq} + \frac{q}{pq}$$

d'où

$$\boxed{\frac{1}{p} + \frac{1}{q} = \frac{1}{f}}$$ **Équation du miroir sphérique**

La relation **(ii)**,

$$\frac{y_i}{y_o} = \frac{q}{p}$$

est également une équation générale utile. Dans la démonstration géométrique que nous venons de faire, y_o et y_i représentent des longueurs (positives) de côtés de triangles. On peut également les considérer comme des positions selon un axe y perpendiculaire à l'axe optique dont l'origine coïncide avec l'axe optique : la position y est positive au-dessus de l'axe optique et négative au-dessous de l'axe. Dans la **situation 2**, y_o, p et q sont positifs, tandis que y_i est négatif ; pour respecter cette convention de signes, il faut introduire un signe négatif dans l'équation :

$$\boxed{\frac{y_i}{y_o} = -\frac{q}{p}}$$ **Rapport des positions perpendiculaires à l'axe pour un miroir sphérique**

Situation 3 : *La détermination de la position de l'image par les équations.* Dans la **situation 2**, on désire obtenir la position de l'image à l'aide des équations.

Nous avons $R = 8\ \text{cm}$, $p = 12\ \text{cm}$ et $y_o = 4\ \text{mm}$. La distance focale du miroir est

$$f = \frac{R}{2} = \frac{(8\ \text{cm})}{2} = 4\ \text{cm}$$

Par l'équation du miroir sphérique,

$$\frac{1}{p} + \frac{1}{q} = \frac{1}{f} \quad \Rightarrow \quad \frac{1}{q} = \frac{1}{f} - \frac{1}{p} = \frac{1}{(4\ \text{cm})} - \frac{1}{(12\ \text{cm})} = 0,1667\ \text{cm}^{-1} \quad \Rightarrow \quad \boxed{q = 6\ \text{cm}}$$

Le rapport des positions perpendiculaires à l'axe est

$$\frac{y_i}{y_o} = -\frac{q}{p} \quad \Rightarrow \quad y_i = -\frac{q}{p}y_o = -\frac{(6\ \text{cm})}{(12\ \text{cm})} \times (4\ \text{mm}) \quad \Rightarrow \quad \boxed{y_i = -2\ \text{mm}}$$

Le signe négatif signifie que l'image est *sous* l'axe optique.

Les miroirs convexes et la convention de signes

Dans ce qui précède, nous avons défini les rayons principaux et obtenu des équations générales en considérant un cas particulier : un objet situé devant un miroir concave à une distance p plus grande que le rayon de courbure R du miroir.

Les méthodes que nous avons présentées peuvent être utilisées pour n'importe quel miroir sphérique (concave ou convexe) et pour n'importe quelle position de l'objet (tant que les rayons sont paraxiaux). Il faut simplement les adapter pour tenir compte des différentes situations :

- Les règles de tracé de rayons principaux doivent parfois être interprétées en fonction des *prolongements* des rayons et non des rayons eux-mêmes (schémas ci-dessous).

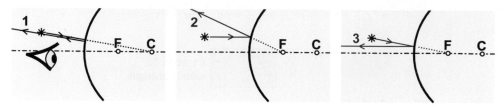

- Pour tenir compte des images virtuelles et des miroirs convexes, il faut supposer que les valeurs de certains paramètres sont *négatives*.

> **Situation 4 : *Le tracé des rayons principaux pour un miroir convexe.*** Un miroir sphérique *convexe* possède un rayon de courbure de 8 cm. Un objet réel est situé à $y_o = 4$ mm de l'axe optique, vis-à-vis d'un point situé à $p = 4$ cm du miroir. On désire tracer les rayons principaux et déterminer la position de l'image par les équations.

La solution est présentée sur le schéma ci-contre. Rappelons que, pour un miroir convexe, le centre de courbure **C** et le foyer **F** sont de l'autre côté du miroir, là où il n'y a pas de lumière.

Nous allons décrire étape par étape comment nous avons construit le schéma. Nous avons commencé par tracer le rayon **4** : dans un problème de tracé de rayons, c'est toujours ce rayon qui est le plus facile à tracer (surtout si l'on travaille sur du papier quadrillé).

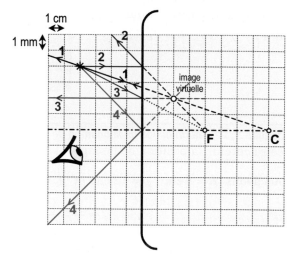

Ensuite, nous avons tracé le rayon **2** : d'après la règle de tracé, ce rayon doit être réfléchi en passant par le foyer… mais le foyer est en arrière du miroir ! Le rayon **2** ne peut pas pénétrer dans le miroir : il *doit* être réfléchi. Il s'agit simplement de l'orienter pour que le prolongement du rayon réfléchi (en pointillés sur le schéma) passe par le foyer **F**.

Le rayon **3** est émis en direction du foyer, mais il ne l'atteindra pas, car il est réfléchi : le rayon réfléchi est parallèle à l'axe. Le rayon **1** est émis en direction du centre de courbure, mais il ne l'atteindra pas, car il est réfléchi : le rayon réfléchi revient sur lui-même. Les prolongements des quatre rayons réfléchis se croisent en arrière du miroir et génèrent une image virtuelle. Sur le schéma, on peut voir que l'image est à $\boxed{\text{2 cm derrière le miroir}}$ et à $\boxed{\text{2 mm au-dessus de l'axe optique}}$.

Nous allons maintenant voir comment déterminer la position de l'image en utilisant les équations

$$f = \frac{R}{2} \qquad \frac{1}{p} + \frac{1}{q} = \frac{1}{f} \qquad \text{et} \qquad \frac{y_i}{y_o} = -\frac{q}{p}$$

Ces équations ont été obtenues pour une image réelle et un miroir concave. Elles sont également valables pour les images virtuelles et les miroirs convexes, mais à condition de considérer les aspects suivants :

- la position q d'une image virtuelle est négative ;
- le rayon de courbure R d'un miroir convexe est négatif.

Avec cette convention de signes, les données de la **situation 4** sont $R = -8\,\text{cm}$, $p = 4\,\text{cm}$ et $y_o = 4\,\text{mm}$. Par conséquent,

$$f = \frac{R}{2} = \frac{(-8\,\text{cm})}{2} = -4\,\text{cm}$$

et

$$\frac{1}{p} + \frac{1}{q} = \frac{1}{f} \quad \Rightarrow \quad q = \left(\frac{1}{f} - \frac{1}{p}\right)^{-1} = \left(\frac{1}{(-4\,\text{cm})} - \frac{1}{(4\,\text{cm})}\right)^{-1} \quad \Rightarrow \quad \boxed{q = -2\,\text{cm}}$$

La valeur négative de q signifie que l'image est virtuelle et située derrière le miroir.

$$\frac{y_i}{y_o} = -\frac{q}{p} \quad \Rightarrow \quad y_i = -\frac{q}{p} y_o = -\frac{(-2\,\text{cm})}{(4\,\text{cm})} \times (4\,\text{mm}) \quad \Rightarrow \quad \boxed{y_i = 2\,\text{mm}}$$

La valeur positive de y_i signifie que l'image est située au-dessus de l'axe optique. Les résultats obtenus sont les mêmes que par le tracé des rayons principaux.

QI 1 Quel doit être le rayon de courbure d'un miroir pour que l'image soit virtuelle et à la même distance du miroir que l'objet ?

Une image à l'infini

Lorsqu'un objet réel se trouve à une distance d'un miroir concave égale à la distance focale ($p = f$), l'équation

$$\frac{1}{p} + \frac{1}{q} = \frac{1}{f}$$

donne $1/q = 0$, ce qui signifie que q tend vers l'infini. Nous avons représenté le tracé de rayons sur le schéma ci-contre. (Le rayon **3** est impossible à tracer.) Les rayons réfléchis sont parallèles entre eux : ils ne se croisent jamais, mais on peut dire d'une certaine façon qu'ils se rejoignent à l'infini devant le miroir ou que leurs prolongements se rejoignent à l'infini derrière le miroir. Par conséquent, cela n'a aucun sens de qualifier une image à l'infini de réelle ou de virtuelle.

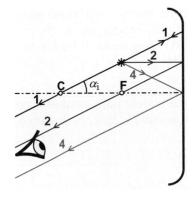

Si on place une tige de longueur y_o à une distance $p = f$ d'un miroir concave, la taille de l'image y_i est infinie, ce qui signifie que le grandissement linéaire g est également infini. L'image est infiniment grande, mais comme elle se situe à une distance infinie, sa taille angulaire α_i possède une valeur *finie* bien déterminée : il s'agit de l'angle que font les rayons réfléchis avec l'axe optique (voir schéma ci-dessus).

Le grandissement linéaire d'un miroir sphérique

Dans les situations que nous avons analysées jusqu'à présent dans cette section, les paramètres y_o et y_i représentent la position d'un objet ponctuel et de son image par rapport à l'axe optique. En revanche, dans la **section 2.1 : L'optique géométrique**, y_o et y_i représentaient les tailles de l'image et de l'objet.

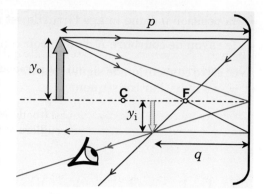

Pour faire le lien entre la théorie qui précède et celle de la **section 2.1**, nous pouvons imaginer une « flèche lumineuse » dont la base est sur l'axe optique, et le sommet, à la position y_o (schéma ci-contre): la taille de cet objet est égale à y_o. Par symétrie, l'image du bas de la flèche doit nécessairement se trouver sur l'axe optique. L'image du haut de la flèche lumineuse est à une distance y_i de l'axe: par conséquent, la taille de l'image de la flèche correspond à y_i.

Dans la **section 2.1**, nous avons défini le grandissement linéaire comme le rapport de y_i sur y_o:

$$g = \frac{y_i}{y_o}$$

Pour un miroir sphérique, nous avons vu que

$$\frac{y_i}{y_o} = -\frac{q}{p}$$

Ainsi, le grandissement linéaire d'un miroir sphérique est

$$g = -\frac{q}{p}$$

Le miroir plan: un miroir sphérique de rayon de courbure infini

Plus le rayon de courbure R d'un miroir sphérique est grand, *moins* sa courbure est prononcée (schémas ci-contre).

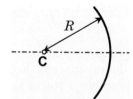
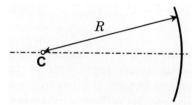

Un miroir plan peut être considéré comme un miroir sphérique pour lequel $R \to \infty$. Comme $f = R/2$, la distance focale f tend également vers l'infini. Dans ce cas,

$$\frac{1}{p} + \frac{1}{q} = \frac{1}{f} = \frac{1}{\infty} = 0 \quad \Rightarrow \quad \frac{1}{p} = -\frac{1}{q} \quad \Rightarrow \quad q = -p$$

Nous retrouvons ce que nous savions déjà: l'image d'un objet réel est virtuelle (q est négatif) et elle est située de l'autre côté du miroir, à la même distance du miroir que l'objet. En appliquant les règles de tracé des rayons principaux, on obtient le schéma ci-contre. L'image a la même taille que l'objet, car

$$g = -\frac{q}{p} = -\frac{-p}{p} = 1$$

Réponse à la question instantanée

QI 1 $R = \infty$

Comme le centre de courbure **C** est infiniment éloigné, le rayon **1** est parallèle à l'axe optique. Les rayons **2** et **3** se confondent avec le rayon **1**. Les prolongements des rayons **1** et **4** se croisent en arrière du miroir, à la position de l'image virtuelle.

axe optique (d'un miroir sphérique) : droite qui passe par le centre d'un miroir sphérique et qui est perpendiculaire à la surface du miroir à cet endroit.

concave : caractère d'une surface qui est « bombée vers l'intérieur » ou « en creux » ; le côté d'une cuillère qui recueille la soupe est concave.

convexe : caractère d'une surface qui est « bombée vers l'extérieur » ; le dos d'une cuillère est convexe.

distance focale (d'un miroir sphérique) : (symbole : f) distance entre le foyer et le miroir ; par définition, la valeur de f est positive pour un miroir concave et négative pour un miroir convexe.

foyer (d'un miroir sphérique) : (symbole : **F**) point où se forme l'image lorsque les rayons incidents sont parallèles à l'axe optique (un rayon incident parallèle à l'axe est réfléchi en passant par le foyer ou de manière à ce que son prolongement passe par le foyer) ; il s'agit également du point où doit se situer un objet pour que les rayons réfléchis soient parallèles à l'axe (un rayon incident qui passe par le foyer, ou dont le prolongement passe par le foyer, est réfléchi parallèlement à l'axe).

miroir sphérique : miroir dont la surface épouse la forme d'une calotte sphérique (portion de sphère).

rayon paraxial : rayon qui demeure près de l'axe optique et dont l'inclinaison par rapport à l'axe optique est beaucoup plus petite que 1 rad.

rayon principal (d'un miroir sphérique) : un des quatre rayons issus d'un objet, pour lequel une règle simple permet de tracer la portion réfléchie.

QUESTIONS

Q1. Lorsqu'on découpe une calotte dans une coquille sphérique réfléchissante, la face de la calotte qui était à l'intérieur de la sphère est un miroir _____ et l'autre face est un miroir _____. Du point de vue d'un observateur, un miroir _____ est « creux » et un miroir _____ est « bombé ».

Q2. Un objet est placé devant un miroir sphérique ; énoncez les conditions qui doivent être respectées pour que les rayons émis par l'objet et qui se réfléchissent sur le miroir soient *paraxiaux*.

Q3. Des rayons parallèles à l'axe frappent un miroir concave : après la réflexion, ils se croisent au _____ du miroir.

Q4. À l'aide de schémas, expliquez comment on peut utiliser un miroir sphérique concave pour construire **(a)** un four solaire ; **(b)** un projecteur.

Q5. Un miroir sphérique convexe possède-t-il un foyer ? Si oui, expliquez comment on le définit (à l'aide d'un schéma, si nécessaire).

Q6. Énoncez, en mots, les règles qui permettent de tracer les quatre rayons principaux pour un miroir sphérique.

Q7. Expliquez pourquoi, sur les schémas à l'échelle des rayons principaux que nous avons tracés dans cette section, le miroir est habituellement représenté par une *ligne droite*.

Q8. Un objet réel d'une certaine hauteur est placé devant un miroir sphérique concave, à une certaine distance de l'axe optique. Placez l'objet pour que l'image soit à l'infini et tracez les rayons principaux.

Q9. Vrai ou faux ? Un miroir plan possède un rayon de courbure égal à 0.

Q10. Dites ce que signifie une valeur négative pour chacun des paramètres suivants : **(a)** q ; **(b)** R ; **(c)** y_i.

DÉMONSTRATIONS

D1. Démontrez que la distance focale d'un miroir sphérique concave est égale à la moitié de son rayon de courbure. Prenez soin de justifier explicitement chaque étape (loi de la réflexion, principes de géométrie) et indiquez clairement quelles étapes dépendent du fait que les rayons sont paraxiaux.

D2. Démontrez les équations

$$\frac{1}{p}+\frac{1}{q}=\frac{1}{f} \qquad \text{et} \qquad \frac{y_i}{y_o}=-\frac{q}{p}$$

pour un miroir sphérique.

D3. À partir des équations du miroir sphérique, démontrez que l'image d'un objet formée par un miroir plan est « à l'endroit » par rapport à l'objet, de la même taille que l'objet et située à la même distance du miroir, mais de l'autre côté.

EXERCICES

○ Exercice dont la solution ne requiert ni calculatrice ni algèbre complexe.

Dans les exercices et les problèmes, lorsqu'on demande un tracé des rayons principaux à l'échelle, choisissez « 1 carreau = 1 cm » le long de l'axe et « 1 carreau = 1 mm » perpendiculairement à l'axe.

Lorsque l'objet réel est une flèche lumineuse, on suppose que la flèche est perpendiculaire à l'axe et que sa base est sur l'axe.

RÉCHAUFFEMENT

2.3.1 *Une image virtuelle.* Une flèche lumineuse de 5 mm de hauteur est placée à 50 cm d'un miroir sphérique. L'image de la flèche a une hauteur de 8 mm ; elle est virtuelle et à l'endroit par rapport à l'objet. Déterminez **(a)** la position q de l'image et **(b)** la distance focale du miroir.

2.3.2 *Vérifiez les schémas à l'aide des équations.* Chacun des schémas ci-dessous représente le tracé des rayons à l'échelle pour un objet réel placé devant un miroir. Lisez sur le schéma les valeurs de p, de R et de y_o, puis calculez q et y_i à l'aide des équations. Vérifiez vos réponses à l'aide du schéma.

(a)

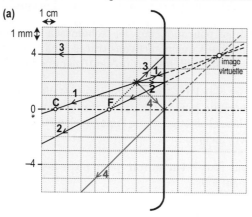

(b)

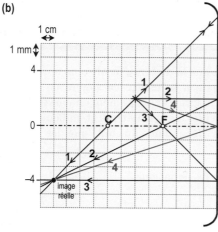

2.3.3 *Le grandissement linéaire.* Pour chacune des situations de l'**exercice 2.3.2**, déterminez le grandissement linéaire.

○ **2.3.4** *Quand l'objet et l'image sont superposés.* Un objet réel ponctuel est placé sur l'axe optique d'un miroir sphérique, à 20 cm de ce dernier. Les rayons réfléchis par le miroir forment une image qui se trouve *à la même position* que l'objet. **(a)** Le miroir est-il concave ou convexe ? **(b)** Quelle est sa distance focale ?

2.3.5 *Une image quatre fois plus petite.* Une flèche lumineuse est placée à 50 cm d'un miroir sphérique. La hauteur de l'image (en valeur absolue) correspond à 25 % de la hauteur de l'objet. Déterminez le rayon de courbure du miroir, sachant qu'il est **(a)** concave ; **(b)** convexe.

2.3.6 *Une image à l'endroit trois fois plus grande.* Une flèche lumineuse est placée devant un miroir sphérique concave dont le rayon de courbure est de 30 cm. L'image est à l'endroit et 3 fois plus haute que la flèche. **(a)** Quelle est la distance entre l'objet et le miroir ? **(b)** L'image est-elle réelle ou virtuelle ?

2.3.7 *Une image une fois et demie plus grande.* Une flèche lumineuse est placée à 50 cm d'un miroir sphérique concave. La hauteur de l'image (en valeur absolue) correspond à 150 % de la hauteur de l'objet. Déterminez le rayon de courbure du miroir, sachant que l'image est **(a)** à l'endroit ; **(b)** à l'envers.

2.3.8 *La position de l'image par le tracé de rayons et par les équations.* Dans chacune des situations suivantes, un objet réel est placé devant un miroir sphérique. Dans chaque cas, tracez un schéma à l'échelle des rayons principaux et déterminez la position de l'image ; vérifiez que vous obtenez le même résultat à l'aide des équations.
(a) $p = 12$ cm ; $y_o = 1$ mm ; $f = 5$ cm.
(b) $p - 8$ cm ; $y_o = 1$ mm ; $R = 10$ cm.
(c) $p = 2$ cm ; $y_o = 2$ mm ; $f = 6$ cm.
(d) $p = 2$ cm ; $y_o = 2$ mm ; $R = -8$ cm.

2.3.9 *La taille de l'image par le tracé de rayons et par les équations.* Pour chacune des situations de l'**exercice 2.3.8**, calculez le grandissement linéaire et vérifiez que la valeur obtenue concorde avec le schéma des rayons principaux.

2.3.10 *Une image projetée sur un écran.* Une flèche lumineuse est placée devant un miroir sphérique concave dont le rayon de courbure est de 30 cm. Une image nette de la flèche se forme sur un écran placé à 2,4 m du miroir. **(a)** Quelle est la distance entre l'objet et le miroir ? **(b)** Quelle est la distance entre l'objet et l'image ? **(c)** L'image est-elle à l'endroit ou à l'envers ? **(d)** Quel est le grandissement linéaire ?

2.3.11 *L'image de la Lune.* La Lune a un diamètre de 3480 km et se trouve à une distance de 384 000 km. Quel est le diamètre de l'image de la Lune créée par le miroir concave du télescope du mont Palomar, dont le rayon de courbure est de 33 m ?

2.3.12 *La distance entre l'image et l'objet.* Un objet réel ponctuel est placé sur l'axe optique d'un miroir sphérique concave dont le rayon de courbure est de 30 cm. Pour chacune des situations suivantes, déterminez la distance entre *l'image et l'objet* : **(a)** l'objet est à 30 cm du miroir ; **(b)** l'objet est à 20 cm du miroir ; **(c)** l'objet est à 10 cm du miroir ; **(d)** l'image réelle est à 25 cm du miroir ; **(e)** l'image virtuelle est à 25 cm du miroir.

2.3.13 *La distance entre l'objet et le miroir.* Un objet réel ponctuel est placé sur l'axe optique d'un miroir sphérique concave dont le rayon de courbure est de 30 cm. La distance entre *l'objet et l'image* est de 20 cm. Déterminez la distance entre l'objet et le miroir. Pour chacune des solutions possibles (il y en a trois), dites si l'image est réelle ou virtuelle.

2.3.14 *Albert devant deux miroirs.* Albert mesure 1,8 m. Dans un parc d'attractions, il se regarde simultanément dans deux miroirs situés à 5 m de lui. Un des miroirs est plan ; l'autre est un miroir « déformant » légèrement concave dont le rayon de courbure est de 20 m. Combien de fois se voit-il plus grand dans le miroir concave que dans le miroir plan ?

La réfraction

Après l'étude de cette section, le lecteur pourra déterminer la trajectoire d'un rayon lumineux réfracté par un dioptre et expliquer le phénomène de la réflexion totale interne.

APERÇU

La **réfraction** est le phénomène qui fait en sorte qu'un rayon lumineux est dévié lorsqu'il traverse un dioptre. L'**indice de réfraction** (symbole : n) d'un milieu transparent est le rapport entre la vitesse de la lumière dans le vide (symbole : c) et sa vitesse v dans le milieu :

$$n = \frac{c}{v}$$ Définition de l'indice de réfraction

Le module de la vitesse de la lumière dans le vide est

$$c = 3,00 \times 10^8 \text{ m/s}$$ Module de la vitesse de la lumière dans le vide

Comme la lumière se déplace le plus vite dans le vide, l'indice de réfraction est toujours égal ou supérieur à 1. Pour l'air, $n = 1,0003$, ce qu'on peut arrondir à 1 lorsqu'on travaille avec une précision de trois chiffres significatifs. Pour l'eau, $n = 1,33$; pour le diamant, $n = 2,42$.

La **loi de la réfraction** met en relation l'angle de réfraction θ_2 du rayon dans le milieu d'indice n_2 et l'angle d'incidence θ_1 du rayon dans le milieu d'indice n_1 :

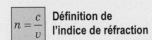

$$n_2 \sin \theta_2 = n_1 \sin \theta_1$$ Loi de la réfraction

Tout comme dans la loi de la réflexion, les angles sont mesurés par rapport à la perpendiculaire à la surface. Sur le schéma ci-contre, le rayon passe d'un milieu moins réfringent à

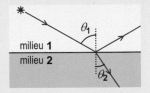

un milieu plus réfringent ($n_1 < n_2$) et se rapproche de la perpendiculaire au dioptre ($\theta_2 < \theta_1$). Il est intéressant de noter qu'une partie de la lumière incidente est réfléchie.

Lorsque $n_1 > n_2$ (schéma ci-contre), le rayon réfracté s'éloigne de la perpendiculaire ($\theta_2 > \theta_1$) ; si l'on envoie le rayon incident avec un **angle critique** θ_{1c}, le rayon réfracté rase la surface

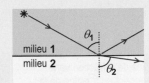

($\theta_2 = 90°$). Lorsque l'angle d'incidence est plus grand que θ_{1c}, il n'y a pas de rayon réfracté : seul le rayon réfléchi demeure, et on dit qu'il y a **réflexion totale interne**.

L'indice de réfraction varie légèrement en fonction de la couleur de la lumière, un phénomène que l'on appelle **dispersion** : en général, l'indice de réfraction augmente lorsqu'on passe de la partie rouge du spectre visible (grandes longueurs d'onde) à la partie bleu-violet (petites longueurs d'onde). La dispersion permet de séparer, par réfraction, les différentes couleurs qui constituent un faisceau de lumière blanche.

EXPOSÉ

Dans la **section 2.1 : L'optique géométrique**, nous avons mentionné qu'un rayon de lumière est dévié lorsqu'il traverse un dioptre, c'est-à-dire l'interface entre deux milieux transparents (par exemple, la surface d'un lac) : on donne le nom de **réfraction** à ce phénomène. Dans la présente section, nous allons étudier la **loi de la réfraction**, qui met en relation l'orientation du rayon incident et celle du rayon réfracté.

Considérons un dioptre plan à la jonction de deux milieux transparents (schéma ci-contre) ; nous pouvons supposer, par exemple, que le milieu **1** est de l'air et que le milieu **2** est du verre. Un objet placé dans le milieu **1** émet un rayon incident qui fait un angle θ_1 par rapport à la *perpendiculaire* au dioptre. Lorsqu'il frappe le dioptre, le rayon se divise en

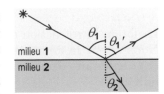

deux. Une partie est réfléchie dans le milieu **1** avec un angle $\theta_1' = \theta_1$ (loi de la réflexion — voir **section 2.2**) ; l'autre partie du rayon pénètre dans le milieu **2**. Ce rayon réfracté fait un angle θ_2 avec la perpendiculaire au dioptre.

Au 17e siècle, Willebord Snell et René Descartes ont découvert, indépendamment l'un de l'autre, que le rapport entre les *sinus* des angles θ_1 et θ_2 est égal à une constante :

$$\frac{\sin \theta_1}{\sin \theta_2} = k$$

La valeur de la constante k dépend des milieux **1** et **2**. Par exemple, pour le passage de l'air au diamant, $k = 2{,}42$; pour le passage de l'eau au diamant, $k = 1{,}82$; pour le passage du diamant à l'air, $k = 0{,}413$. On sait aujourd'hui que la valeur de k dépend de la *vitesse* de la lumière dans les milieux de part et d'autre du dioptre.

La vitesse de la lumière est maximale dans le vide. On utilise le symbole c pour la représenter :

$$\boxed{c = 3{,}00 \times 10^8 \text{ m/s}}$$ **Module de la vitesse de la lumière dans le vide**

Par définition, l'**indice de réfraction** (symbole : n) est le rapport entre la vitesse de la lumière dans le vide et sa vitesse v dans le milieu :

$$\boxed{n = \frac{c}{v}}$$ **Définition de l'indice de réfraction**

L'indice de réfraction varie légèrement en fonction de la longueur d'onde de la lumière : voir la **sous-section « La dispersion »** plus loin dans cette section. Les valeurs du tableau ci-contre correspondent à des moyennes pour l'intervalle de longueur d'onde de la lumière visible.

Comme l'indice de réfraction est le rapport de deux vitesses, il s'agit d'un nombre sans unité physique. Dans le vide, $n = 1$. L'indice de réfraction est toujours égal ou supérieur à 1 (tableau ci-contre). Dans l'air, la vitesse de la lumière est de 0,03 % inférieure à c : $n = 1{,}0003$. Lorsqu'on désire une précision de trois chiffres significatifs, comme c'est le cas dans cet ouvrage (à moins d'avis contraire), *on peut considérer que l'indice de réfraction de l'air est égal à 1.*

Substance	Indice de réfraction
vide	1
air	1,0003
glace	1,31
eau	1,33
éthanol	1,36
plexiglas	1,49
verre crown	1,52
verre flint	1,66
saphir	1,77
zircon	1,92
zirconia cubique	2,17
diamant	2,42

Il est possible de montrer que la constante k de Snell et Descartes correspond au rapport entre l'indice de réfraction du milieu **2** sur celui du milieu **1** :

$$k = \frac{n_2}{n_1}$$

Ainsi,

$$\frac{\sin \theta_1}{\sin \theta_2} = \frac{n_2}{n_1}$$

ou encore

$$\boxed{n_2 \sin \theta_2 = n_1 \sin \theta_1}$$ **Loi de la réfraction**

La loi de la réfraction est également connue sous le nom de *loi de Snell-Descartes*. Nous allons la démontrer à la fin de la présente section en considérant la manière dont les fronts d'onde associés au rayon lumineux sont déviés lorsqu'ils changent de milieu.

Sur le schéma ci-contre, nous avons représenté les rayons incident, réfléchi et réfracté. Rappelons que les angles d'incidence, de réflexion et de réfraction sont mesurés, par définition, par rapport à la *perpendiculaire* au dioptre.

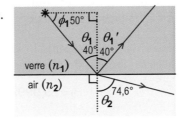

Comme $\phi_1 = 35°$, l'angle d'incidence est

$$\theta_1 = 90° - \phi_1 = 90° - 35° \qquad \Rightarrow \qquad \theta_1 = 55°$$

La loi de la réflexion permet de calculer l'angle de réflexion :

$$\theta_1' = \theta_1 \qquad \Rightarrow \qquad \boxed{\theta_1' = 55°}$$

Nous avons $n_1 = 1$ (air) et $n_2 = 1,5$ (verre) ; la loi de la réfraction permet de calculer l'angle de réfraction :

$$n_2 \sin \theta_2 = n_1 \sin \theta_1$$
$$1,5 \times \sin \theta_2 = 1 \times \sin 55°$$
$$\sin \theta_2 = \frac{0,8192}{1,5} = 0,5461$$
$$\theta_2 = \arcsin(0,5461)$$
$$\boxed{\theta_2 = 33,1°}$$

L'air est un milieu moins *réfringent* que le verre (ce qui signifie que son indice de réfraction est moins élevé), et l'angle de réfraction dans le verre est inférieur à l'angle d'incidence dans l'air. Nous allons maintenant examiner la situation inverse, où le rayon passe d'un milieu plus réfringent à un milieu moins réfringent : nous allons découvrir que l'angle de réfraction est *supérieur* à l'angle d'incidence.

La façon dont l'énergie du rayon incident se répartit entre le rayon réfléchi et le rayon réfracté dépend de l'angle d'incidence. Lorsque l'angle d'incidence θ_1 est petit, l'intensité du rayon réfracté représente 96 % de celle du rayon incident, contre 4 % pour le rayon réfléchi (voir la **sous-section « L'intensité réfléchie et l'intensité transmise par un dioptre »** plus loin dans cette section). Plus l'angle d'incidence augmente, plus le rayon réfléchi est intense.

Il ne faut pas oublier de régler la calculatrice en mode « degrés ».

Nous avons représenté la situation sur le schéma ci-contre. Comme $\phi_1 = 50°$, l'angle d'incidence est

$$\theta_1 = 90° - \phi_1 = 90° - 50° = 40°$$

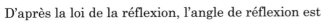

D'après la loi de la réflexion, l'angle de réflexion est

$$\theta_1' = \theta_1 \qquad \Rightarrow \qquad \boxed{\theta_1' = 40°}$$

Nous avons $n_1 = 1,5$ (verre) et $n_2 = 1$ (air). D'après la loi de la réfraction,

$$n_2 \sin \theta_2 = n_1 \sin \theta_1$$
$$1 \times \sin \theta_2 = 1,5 \times \sin 40° = 1,5 \times 0,6428 = 0,9642$$
$$\theta_2 = \arcsin(0,9642)$$
$$\boxed{\theta_2 = 74,6°}$$

La réflexion totale interne

Situation 3 : *Du verre à l'air, prise 2.* On désire reprendre la **situation 2** pour une orientation du rayon incident de 35° sous l'horizontale.

Nous avons représenté la situation sur le schéma ci-contre. Comme $\phi_1 = 35°$,

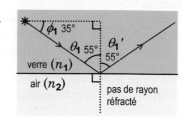

$$\theta_1 = 90° - \phi_1 = 90° - 35° = 55°$$

L'angle de réflexion est

$$\theta_1' = \theta_1 \qquad \Rightarrow \qquad \boxed{\theta_1' = 55°}$$

Calculons l'angle de réfraction θ_2. Nous avons $\boxed{n_1 = 1,5}$ (verre) et $n_2 = 1$ (air), d'où

$$n_2 \sin \theta_2 = n_1 \sin \theta_1$$
$$1 \times \sin \theta_2 = 1,5 \times \sin 55° = 1,5 \times 0,8192 = 1,229$$
$$\theta_2 = \arcsin(1,229)$$

Comme le sinus d'un angle est nécessairement compris entre −1 et +1, $\arcsin(1,229)$ n'admet aucune solution : d'après la loi de la réfraction, l'angle de réfraction n'existe pas ! Si l'on effectue cette expérience en laboratoire, on observe qu'*il n'y a pas de rayon réfracté* : l'intensité du rayon réfléchi représente 100 % de celle du rayon incident.

Lorsqu'un rayon est entièrement réfléchi par un dioptre dans son milieu d'origine (comme dans la **situation 3**), on dit qu'il y a **réflexion totale interne**. Il est clair qu'il ne peut y avoir de réflexion totale interne que lorsque le milieu **1** dans lequel le rayon incident voyage est plus réfringent que le milieu **2** de l'autre côté du dioptre :

$$n_1 > n_2$$

Situation 4 : *L'angle critique pour le dioptre verre-air.* Pour le dioptre verre-air des **situations 2** et **3**, on désire déterminer le plus grand angle d'incidence qui n'aboutit pas à une réflexion totale interne.

Le plus grand angle d'incidence dans le milieu **1** qui n'aboutit pas à une réflexion totale interne est appelé **angle critique** (symbole : θ_{1c}). Pour le passage du verre à l'air, on sait que cet angle se situe entre 40° (**situation 2**, pas de réflexion totale interne) et 55° (**situation 3**, réflexion totale interne).

Nous avons représenté la situation critique sur le schéma ci-contre : l'angle de réfraction est

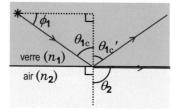

$$\theta_2 = 89,9999999...° = 90°$$

D'après la loi de la réfraction,

$$n_2 \sin \theta_2 = n_1 \sin \theta_1$$
$$1 \times \sin 90° = 1,5 \times \sin \theta_{1c}$$
$$\sin \theta_{1c} = \frac{1}{1,5} = 0,6667$$
$$\theta_{1c} = \arcsin(0,6667)$$
$$\boxed{\theta_{1c} = 41,8°}$$

En général, pour des indices n_1 et n_2 quelconques, le raisonnement que nous venons de faire aboutit à

$$\theta_{1c} = \arcsin\left(\frac{n_2}{n_1}\right)$$

On constate, encore une fois, qu'on doit avoir $n_1 > n_2$ pour qu'il existe un angle critique : si ce n'est pas le cas, $(n_2/n_1) > 1$ et $\arcsin(n_2/n_1)$ n'admet aucune solution.

La photo ci-contre illustre le phénomène de la réflexion totale interne. Le faisceau lumineux émis par la source du bas de la photo (et invisible lorsqu'il traverse l'air) pénètre dans l'éprouvette par son dessous bombé. Lorsque la lumière tente de ressortir dans l'air, l'angle d'incidence est plus grand que l'angle critique : par conséquent, elle demeure « prisonnière » de l'éprouvette et subit plusieurs réflexions totales internes. (Une substance laiteuse dans l'éprouvette diffuse une partie de la lumière et rend son trajet visible.)

DREAMSTIME

Les *fibres optiques* qu'on utilise dans les câbles de transmission de données fonctionnent selon le même principe : une fois dans la fibre, la lumière est forcée de la suivre, car, chaque fois qu'elle essaie d'en ressortir, l'angle d'incidence est supérieur à l'angle critique (schéma ci-dessous, à gauche). C'est ce qui permet aux fibres optiques de « canaliser » la lumière (photo ci-dessous, à droite).

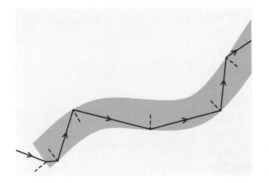

DREAMSTIME

Les fibres optiques sur la photo ci-contre font partie d'une lampe décorative. Le matériau dont elles sont faites est légèrement opaque : une partie de la lumière est diffusée le long des fibres, ce qui les rend lumineuses. Les fibres utilisées dans les câbles de transmission de données sont extrêmement transparentes : dans un montage semblable, la lumière sortirait uniquement à l'extrémité des fibres.

La photo ci-contre est une autre illustration du phénomène de la réflexion totale interne. L'observateur (l'appareil photo) est sous l'eau : en regardant vers le haut, il peut voir l'environnement à l'extérieur de la piscine à travers une « région transparente » centrée sur le point directement au-dessus de lui. (Seule une portion de la région est visible dans la partie supérieure droite de la photo ; les bordures de la région sont irrégulières à cause

DREAMSTIME

des perturbations à la surface de l'eau.) En raison de la réflexion totale interne, la surface de l'eau située à l'extérieur de la région transparente agit comme un miroir parfait qui réfléchit le dos de la nageuse et le fond de la piscine.

L'explication de la photo précédente se trouve sur le schéma ci-dessous. L'angle critique pour le passage de l'eau à l'air est

$$\theta_c = \arcsin\left(\frac{n_{air}}{n_{eau}}\right)$$

$$= \arcsin\left(\frac{1}{1,33}\right)$$

$$= \arcsin(0,752) = 48,8°$$

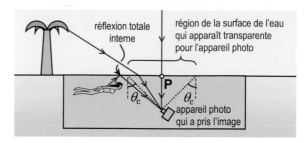

Les rayons qui atteignent l'appareil photo en faisant un angle de moins de 48,8° (par rapport à la verticale) proviennent de l'extérieur de la piscine ; ils ont dévié en pénétrant dans l'eau et donnent l'impression de venir d'une région transparente circulaire centrée sur le point **P** directement au-dessus. Les rayons qui atteignent l'observateur en faisant un angle de plus de 48,8° (par rapport à la verticale) ont subi une réflexion totale interne à la surface de l'eau.

Situation 5 : *Double réfraction dans un prisme.* Un prisme de zircon ($n = 1,92$) entouré d'eau ($n = 1,33$) possède un angle au sommet $\alpha = 70°$ (schéma ci-contre). **(a)** Un rayon frappe la face de gauche avec un angle d'incidence $\theta_1 = 50°$: on désire déterminer l'angle de réfraction du rayon qui ressort dans l'eau (face de droite). **(b)** On diminue graduellement l'angle θ_1 et on désire déterminer à partir de quelle valeur de θ_1 on assiste à une réflexion totale interne sur la face de droite.

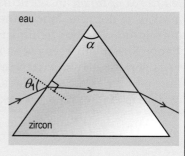

Dans la loi de la réfraction, les angles sont mesurés par rapport à la perpendiculaire aux surfaces de contact entre les différents milieux. Ainsi, nous devons d'abord tracer la perpendiculaire à la face de droite, puis indiquer les angles (schéma ci-contre). Nous avons prolongé les deux perpendiculaires (pointillés) pour qu'elles se croisent (point **R**) : cela sera utile dans la résolution du problème.

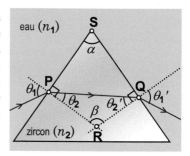

Nous avons $n_1 = 1,33$ (eau) et $n_2 = 1,92$ (zircon).

En **(a)**, $\theta_1 = 50°$. Au point **P**, la loi de la réfraction donne

$$n_2 \sin \theta_2 = n_1 \sin \theta_1$$

$$1,92 \times \sin \theta_2 = 1,33 \times \sin 50°$$

$$\sin \theta_2 = \frac{1,33 \times 0,7660}{1,92} = 0,5306$$

$$\theta_2 = \arcsin(0,5306) = 32,0°$$

Afin de déterminer l'angle d'incidence θ_2' au point **Q**, nous allons commencer par calculer l'angle β entre les deux perpendiculaires au point **R**. Pour ce faire, nous allons utiliser le fait que la somme des angles internes d'un quadrilatère est égale à 360°. À partir du quadrilatère **PRQS** et du fait que $\alpha = 70°$, nous obtenons

$$90° + \beta + 90° + \alpha = 360° \qquad \Rightarrow \qquad \beta = 360° - 90° - 90° - 70° = 110°$$

La somme des angles du triangle **PQR** est égale à 180°, d'où

$$\theta_2 + \beta + \theta_2' = 180° \qquad \Rightarrow \qquad \theta_2' = 180° - 32,0° - 110° = 38,0°$$

La loi de la réfraction appliquée au point **Q** permet de calculer l'angle de réfraction θ_1' du rayon qui ressort dans l'eau :

$$n_1 \sin\theta_1' = n_2 \sin\theta_2'$$
$$1,33 \times \sin\theta_1' = 1,92 \times \sin 38,0°$$
$$\sin\theta_1' = \frac{1,92 \times 0,6157}{1,33} = 0,8888$$
$$\theta_1' = \arcsin(0,8888)$$
$$\boxed{\theta_1' = 62,7°}$$

Pour répondre à la question **(b)**, nous devons refaire le raisonnement à l'envers en posant $\theta_1' = 90°$ (situation critique). Au point **Q** (schéma ci-dessous),

$$n_1 \sin\theta_1' = n_2 \sin\theta_2'$$
$$1,33 \times \sin 90° = 1,92 \times \sin\theta_2'$$
$$\sin\theta_2' = \frac{1,33 \times 1}{1,92} = 0,6927$$
$$\theta_2' = \arcsin(0,6927) = 43,8°$$

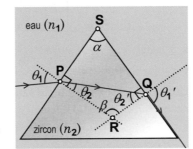

La somme des angles du triangle **PQR** est égale à 180°, d'où

$$\theta_2 + \beta + \theta_2' = 180° \qquad \Rightarrow \qquad \theta_2 = 180° - 110° - 43,8° = 26,2°$$

Finalement, au point **P**,

$$n_2 \sin\theta_2 = n_1 \sin\theta_1$$
$$1,92 \times \sin 26,2° = 1,33 \times \sin\theta_1$$
$$\sin\theta_1 = \frac{1,92 \times 0,4415}{1,33} = 0,6374$$
$$\theta_1 = \arcsin(0,6374)$$
$$\boxed{\theta_1 = 39,6°}$$

Lorsque θ_1 diminue, θ_2' augmente. La situation critique ($\theta_2' = 43,8°$) se produit lorsque $\theta_1 = 39,6°$. Pour $\theta_1 < 39,6°$, $\theta_2' > 43,8°$ et il y a réflexion totale interne au point **Q** : il n'y a pas de rayon réfracté qui ressort dans l'eau.

L'intensité réfléchie et l'intensité transmise par un dioptre

Comme nous l'avons mentionné au début de cette section, un rayon lumineux est, en général, partiellement réfléchi et partiellement transmis lorsqu'il rencontre un dioptre. La répartition de l'intensité lumineuse entre les rayons réfléchi et transmis dépend de manière complexe de l'angle d'incidence, des indices de réfraction de part et d'autre du dioptre et de la *polarisation* de la lumière (une propriété que nous définirons dans la **section 3.10 : La polarisation**). Toutefois, dans le cas particulier où le rayon est perpendiculaire au dioptre (angle d'incidence $\theta = 0$), l'intensité réfléchie et transmise peut être calculée à l'aide de la théorie présentée dans la **section 1.11 : La réflexion, la transmission et la superposition des ondes**.

Dans la **situation 2** de la **section 1.11**, nous avons déterminé les fractions réfléchie et transmise de la puissance d'une onde sur une corde, lorsqu'elle passe d'un milieu où sa vitesse est v_1 à un milieu où sa vitesse est v_2 :

$$\frac{\overline{P}_R}{\overline{P}_I} = \left(\frac{v_2 - v_1}{v_2 + v_1}\right)^2 \qquad \text{et} \qquad \frac{\overline{P}_T}{\overline{P}_I} = \frac{4v_1 v_2}{(v_2 + v_1)^2}$$

Nous pouvons utiliser ces équations pour décrire un rayon de lumière qui rencontre un dioptre avec un angle d'incidence nul. L'intensité I du rayon est proportionnelle à sa puissance. En fonction des indices de réfraction de part et d'autre du dioptre, la vitesse de la lumière est

$$v_1 = \frac{c}{n_1} \qquad \text{et} \qquad v_2 = \frac{c}{n_2}$$

Ainsi, la fraction réfléchie de l'intensité lumineuse est

$$\frac{I_R}{I_I} = \left(\frac{\dfrac{c}{n_2} - \dfrac{c}{n_1}}{\dfrac{c}{n_2} + \dfrac{c}{n_1}}\right)^2 = \left(\frac{\dfrac{1}{n_2} - \dfrac{1}{n_1}}{\dfrac{1}{n_2} + \dfrac{1}{n_1}}\right)^2 = \left(\frac{\dfrac{n_1 - n_2}{n_2 n_1}}{\dfrac{n_1 + n_2}{n_2 n_1}}\right)^2 = \left(\frac{n_1 - n_2}{n_1 + n_2}\right)^2$$

La fraction transmise de l'intensité lumineuse est

$$\frac{I_T}{I_I} = \frac{4v_1 v_2}{(v_2 + v_1)^2} = \frac{4\dfrac{c}{n_1}\dfrac{c}{n_2}}{\left(\dfrac{c}{n_2} + \dfrac{c}{n_1}\right)^2} = \frac{\dfrac{4}{n_1 n_2}}{\left(\dfrac{1}{n_2} + \dfrac{1}{n_1}\right)^2} = \frac{\dfrac{4}{n_1 n_2}}{\left(\dfrac{n_1 + n_2}{n_2 n_1}\right)^2} = \frac{4n_1 n_2}{(n_1 + n_2)^2}$$

Lorsqu'un rayon lumineux voyageant dans l'air ($n_1 = 1$) rencontre de l'eau ($n_2 = 1,33$), les fractions réfléchie et transmise sont

$$\frac{I_R}{I_I} = \left(\frac{n_1 - n_2}{n_1 + n_2}\right)^2 = \left(\frac{1 - 1,33}{1 + 1,33}\right)^2 = \left(\frac{-0,33}{2,33}\right)^2 = 0,142^2 = 0,02 = 2\,\%$$

et

$$\frac{I_T}{I_I} = \frac{4n_1 n_2}{(n_1 + n_2)^2} = \frac{4 \times 1 \times 1,33}{(1 + 1,33)^2} = \frac{5,32}{2,33^2} = 0,98 = 98\,\%$$

QI 1 Calculez les fractions réfléchie et transmise de l'intensité lumineuse pour **(a)** un rayon qui voyage dans l'eau ($n = 1,33$) et qui rencontre de l'air ; **(b)** un rayon qui voyage dans l'air et qui rencontre du verre ($n = 1,5$). (On suppose que le rayon frappe le dioptre avec un angle d'incidence nul.)

Rappelons que ces équations s'appliquent uniquement à un rayon qui frappe le dioptre avec un angle d'incidence nul. Plus l'angle d'incidence est grand, plus le rayon rencontre le dioptre de manière « rasante » et plus la fraction réfléchie augmente, au détriment de la fraction transmise. Les schémas ci-dessous indiquent les pourcentages de réflexion et de transmission de l'intensité pour différents angles d'incidence, pour de la lumière non polarisée voyageant dans l'air et rencontrant de l'eau (trois schémas de gauche), et pour de la lumière non polarisée voyageant dans l'eau et rencontrant de l'air (trois schémas de droite).

La dispersion

L'indice de réfraction des matériaux varie en fonction de la couleur de la lumière (graphiques ci-contre), un phénomène que l'on appelle **dispersion** : en général, il diminue de 1 ou 2 pour cent lorsqu'on passe de la partie bleu-violet du spectre visible (petites longueurs d'onde) à la partie rouge (grandes longueurs d'onde).

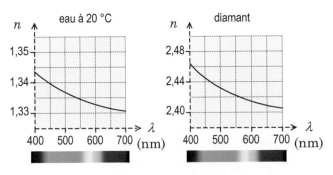

Un faisceau constitué de lumière de toutes les longueurs d'onde du spectre visible apparaît blanc à l'œil. Si on le fait passer à travers un prisme en verre (schéma ci-contre), ses composantes ne sont pas déviées de la même façon. (La dispersion est présente chaque fois qu'il y a de la réfraction, mais son effet est plus prononcé pour certaines géométries, dont celle du prisme.)

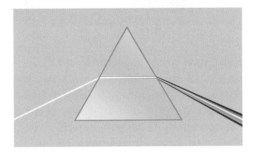

Dans la **section 3.4 : Les réseaux**, nous verrons une autre manière pratique de séparer les différentes longueurs d'onde d'un faisceau de lumière blanche.

Avant le 17ᵉ siècle, on pensait que la lumière était blanche dans son état « pur », et qu'elle était altérée lors de son passage à travers un objet transparent, ce qui produisait les couleurs. C'est Isaac Newton, vers 1666, qui se rendit compte que la lumière blanche est une superposition de lumière de différentes couleurs : pour prouver son hypothèse, il parvint à recombiner le faisceau coloré sortant d'un prisme à l'aide d'un autre prisme (schéma ci-dessous), ce qui redonna de la lumière blanche.

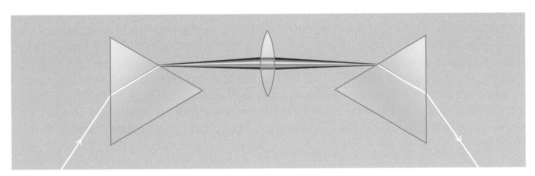

La pochette du célèbre album de Pink Floyd, *The Dark Side of the Moon*, reproduit le montage de Newton : le premier prisme est au recto de la pochette, et le second au verso. Toutefois, la lentille intermédiaire est omise : or, si le faisceau qui tombe sur le deuxième prisme est divergent, il ne pourra se recombiner en un étroit faisceau blanc. La lentille permet de rendre le montage parfaitement symétrique, en faisant converger le faisceau coloré vers le second prisme.

L'arc-en-ciel

L'arc-en-ciel (photo en haut de la page suivante) est un phénomène naturel spectaculaire qui doit son existence à la dispersion. Il est formé lorsque les rayons du Soleil sont réfractés et réfléchis par des gouttelettes d'eau en suspension dans l'air. Pour l'observer, il faut être situé *entre* le Soleil et le nuage de gouttelettes, le dos au Soleil. En effet, pour un observateur donné, l'arc-en-ciel est toujours centré sur la position apparente de l'ombre de sa propre tête : autrement dit, le centre de l'arc est situé en un point diamétralement opposé à la position du Soleil dans le ciel. L'arc coloré s'étend de 40,6° (pour l'intérieur bleu) à 42,4° (pour l'extérieur rouge), l'angle étant mesuré par rapport au centre de l'arc. Ainsi, pour voir un arc-en-ciel, il faut que le Soleil soit relativement bas dans le ciel : s'il se trouve à plus d'une quarantaine de degrés de l'horizon, l'arc ne peut pas être visible dans le ciel, car il faudrait regarder vers le sol pour le voir.

Lorsque le Soleil est haut dans le ciel, on peut générer un « arc-en-sol » en projetant des gouttelettes entre nous et le sol à l'aide d'un boyau d'arrosage.

L'arc-en-ciel principal est accompagné d'un arc-en-ciel secondaire beaucoup moins intense. L'ombre de la tête du photographe est visible sur le sol, au centre de courbure exact des arcs.

PAWEL JAGODZINSKI, STOCKXCHNG

Pour expliquer le phénomène de l'arc-en-ciel, il faut commencer par analyser ce qui se passe lorsqu'un rayon frappe une gouttelette d'eau (schéma ci-contre). (En raison de la tension superficielle de l'eau, les gouttelettes dans les nuages sont des sphères quasi parfaites.)

Lorsque le rayon frappe la gouttelette, une petite partie est réfléchie : il s'agit du rayon identifié par L sur le schéma, où « L » représente une réflexion.

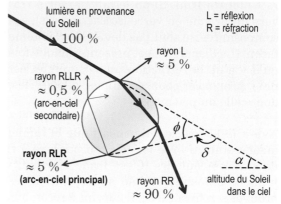

Lorsque le rayon réfracté atteint la paroi « opposée » de la gouttelette, la plus grande partie ressort dans l'air, mais de 2 % à 15 % de la lumière (selon l'angle d'incidence) est réfléchie et demeure dans la goutte. Lorsque le rayon atteint de nouveau la paroi de la gouttelette, la plus grande partie sort dans l'air : c'est ce rayon RLR (réfracté, réfléchi, puis réfracté de nouveau) qui contribue à former l'arc-en-ciel *principal*. La fraction du rayon qui demeure dans la gouttelette et qui en sort à la prochaine occasion (rayon RLLR) forme un arc-en-ciel secondaire beaucoup moins intense, qui est parfois visible à l'extérieur de l'arc-en-ciel principal. Il existe des arcs-en-ciel d'ordre supérieur, mais ils sont si peu intenses qu'ils sont pratiquement impossibles à observer.

Sur le schéma ci-contre, les rayons incidents sont en pointillés. Plus un rayon frappe loin du centre de la sphère, plus il atteint la paroi « opposée » de la sphère de manière rasante, et plus la fraction de lumière réfléchie est importante : c'est pour cela que les lignes qui représentent les rayons émergents n'ont pas toutes la même épaisseur.

Les valeurs des angles indiquées sur le schéma correspondent à la lumière rouge ; pour la lumière bleu-violet, la déviation minimale est de 139,4°.

Le schéma ci-contre illustre ce qui se passe lorsque de la lumière rouge en provenance du Soleil, représentée par 20 rayons parallèles, frappe une gouttelette et en ressort selon le mode RLR responsable de l'arc-en-ciel principal. Par rapport à un rayon qui aurait continué tout droit sans interagir avec la sphère, les rayons RLR sont déviés d'*au moins* 137,6°. Autrement dit, l'angle ϕ entre les rayons RLR et les rayons incidents est compris entre 0 et 180° − 137,6° = 42,4°.

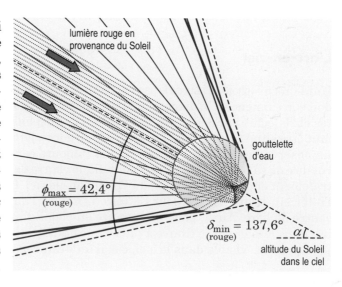

Comme on peut le constater sur le schéma précédent, les rayons RLR forment un cône, et *ils sont plus concentrés près de la surface du cône.* Pour la lumière rouge, cette concentration se produit pour

$$\phi_{\max(\text{rouge})} = 42{,}4°$$

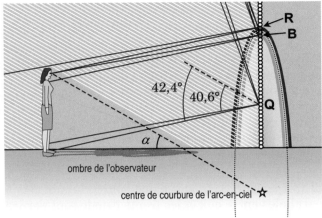

Si un observateur se trouve au bon endroit pour recevoir cette concentration de lumière, la gouttelette lui semblera rouge (c'est le cas de la gouttelette **R** sur le schéma ci-contre). Comme l'indice de réfraction de l'eau est plus grand pour la lumière bleue, la concentration se produit pour un angle plus petit,

$$\phi_{\max(\text{bleu})} = 40{,}6°$$

Sur le schéma ci-contre, une série de gouttelettes forme un « mur » vertical. De chaque gouttelette (par exemple, de la gouttelette quelconque **Q**) émerge de la lumière rouge concentrée à 42,4° par rapport aux rayons solaires incidents, et de la lumière bleue concentrée à 40,6°. La gouttelette **R** est au bon endroit pour que la lumière rouge qu'elle renvoie soit vue par l'observateur, mais la lumière bleue qu'elle renvoie passe trop haut. De même, la gouttelette **B** est au bon endroit pour que la lumière bleue qu'elle renvoie soit vue par l'observateur, mais la lumière rouge qu'elle renvoie passe trop bas.

Sur le schéma, la gouttelette **B** est située au bon endroit pour que la concentration de lumière bleue qu'elle renvoie tombe dans les yeux de l'observateur : ainsi, elle lui semblera bleue. Comme $\phi_{\max}$ est plus petit dans le bleu que dans le rouge, la gouttelette **B** est plus près du sol que la gouttelette **R**.

La lumière d'une couleur donnée est concentrée près de $\phi_{\max}$, mais on en retrouve quand même pour tous les angles compris entre $\phi = 0$ et $\phi = \phi_{\max}$. Ainsi, la lumière rouge forme un cercle dont le rayon angulaire est de 42,4° : son pourtour est d'un rouge intense, et son intérieur est rempli de lumière rouge diffuse (schéma ci-dessous, à gauche). Il en va de même pour la lumière des autres couleurs (schémas ci-dessous, au centre et à droite).

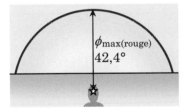

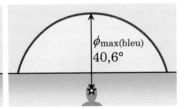

L'arc-en-ciel que l'on observe est la superposition de ces cercles (schéma ci-contre). Comme le cercle rouge est le plus grand, la bande rouge de l'arc est très intense. À l'endroit où se trouve la bande verte, il y a aussi du rouge diffus, ce qui donne au vert une apparence un peu « délavée ». À l'endroit où se trouve la bande bleue, il y a aussi du rouge et du vert diffus, ce qui donne au bleu une apparence *encore plus* délavée.

Dans la région à l'intérieur de l'arc, la superposition des couleurs diffuses donne une résultante blanche diffuse qui fait en sorte que le ciel apparaît *plus lumineux* qu'en dehors de l'arc (comme on peut le constater sur la photo ci-contre).

ISTOCKPHOTO

Dans l'arc-en-ciel secondaire, situé à l'extérieur de l'arc-en-ciel principal, l'ordre des couleurs est inversé : le rouge est à l'*intérieur* de l'arc (voir **exercice** 2.4.11).

Le principe de Huygens et la démonstration de la loi de la réfraction

Pour terminer cette section, nous allons démontrer la loi de la réfraction,

$$n_2 \sin \theta_2 = n_1 \sin \theta_1$$

Comme cette démonstration de la loi de la réfraction est basée sur l'analyse des fronts d'onde, il s'agit réellement d'optique ondulatoire (**chapitre 3**), mais nous avons préféré la présenter tout de suite.

Dans la **section 1.13 : L'effet Doppler sonore**, nous avons représenté les ondes sonores à l'aide de fronts d'onde. Pour démontrer la loi de la réfraction, nous allons considérer les fronts d'onde associés aux rayons lumineux. Pour une source lumineuse qui émet des rayons dans toutes les directions, les fronts d'onde sont des cercles concentriques qui entourent la source (schéma ci-contre) : on remarque que les rayons coupent les fronts d'onde à angle droit.

Si l'on se situe très loin d'une source lumineuse, les rayons sont parallèles entre eux et les fronts d'onde sont perpendiculaires aux rayons (schéma ci-contre). Dans tous les cas, la distance entre deux fronts d'onde successifs correspond à la longueur d'onde de la lumière.

Considérons un rayon lumineux qui voyage dans un milieu **1** et qui est réfracté lorsqu'il passe dans un milieu **2**. Sur le schéma ci-dessous, nous avons représenté le rayon ainsi que les fronts d'onde qui lui sont associés.

L'angle d'incidence θ_1 est l'angle entre le rayon incident et la *perpendiculaire* au dioptre : c'est aussi l'angle entre les fronts d'onde associés au rayon incident et la *surface* du dioptre (cela découle du fait que les fronts d'onde sont perpendiculaires au rayon). De même, l'angle de réfraction θ_2 entre le rayon réfracté et la perpendiculaire au dioptre se retrouve entre les fronts d'onde associés au rayon réfracté et la surface du dioptre.

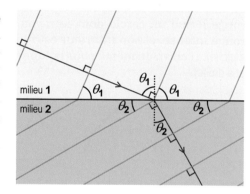

Un front d'onde ne peut simplement disparaître lorsqu'il change de milieu. Ainsi, les fronts d'onde doivent demeurer continus, mais ils peuvent se « plier », comme on l'observe sur le schéma. Comme les fronts d'onde doivent demeurer perpendiculaires au rayon, leur inclinaison par rapport à la surface du dioptre est plus faible dans le milieu **2** : par conséquent, la distance entre deux fronts d'onde successifs est plus petite dans le milieu **2**. Cela découle du fait que la lumière se déplace plus lentement dans le milieu **2**.

En 1678, le physicien Christian Huygens a inventé une méthode, appelée *principe de Huygens*, qui permet de suivre l'évolution d'un front d'onde. On prend comme point de départ la forme du front d'onde à un instant donné et on place sur le front d'onde un grand nombre de petites sources qui émettent chacune une « ondelette » ; à un instant ultérieur, « l'enveloppe » de ces ondelettes (la ligne sur laquelle elles se « renforcent ») permet de déterminer où est rendu le front d'onde. Le schéma ci-contre illustre l'application du principe à la propagation d'un front d'onde plan.

Pour démontrer la loi de la réfraction, nous allons appliquer le principe de Huygens au front d'onde **ABC** du schéma ci-contre. Chaque point du front d'onde émet une ondelette : les arcs de cercle pointillés représentent la position de ces ondelettes au bout d'un intervalle de temps Δt. La nouvelle position du front d'onde, **A'B'C'**, correspond à « l'enveloppe » de ces ondelettes.

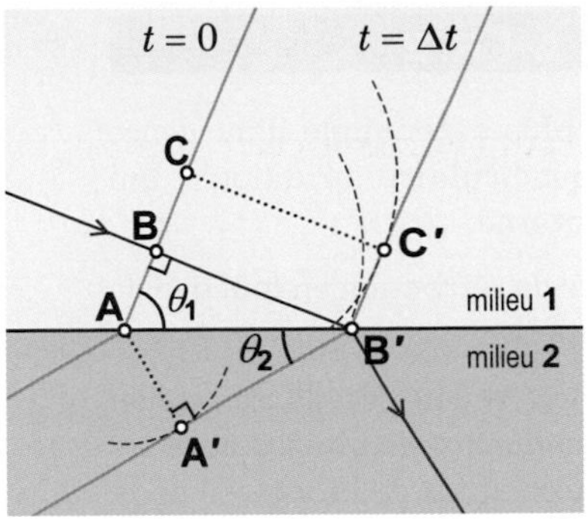

Pendant l'intervalle de temps Δt, le point **B** s'est déplacé de

$$\mathbf{BB'} = v_1 \Delta t$$

où v_1 est le module de la vitesse de la lumière dans le milieu **1**. De même, le point **A** s'est déplacé de

$$\mathbf{AA'} = v_2 \Delta t$$

où v_2 est le module de la vitesse de la lumière dans le milieu **2**. D'après le schéma, on constate que

$$\sin\theta_1 = \frac{\mathbf{BB'}}{\mathbf{AB'}} \qquad \text{et} \qquad \sin\theta_2 = \frac{\mathbf{AA'}}{\mathbf{AB'}}$$

Par conséquent,

$$\frac{\sin\theta_1}{\sin\theta_2} = \frac{\mathbf{BB'}/\mathbf{AB'}}{\mathbf{AA'}/\mathbf{AB'}} = \frac{\mathbf{BB'}}{\mathbf{AA'}} = \frac{v_1 \Delta t}{v_2 \Delta t} = \frac{v_1}{v_2} = \frac{c/n_1}{c/n_2} = \frac{n_2}{n_1}$$

ce qui correspond à la loi de la réfraction :

$$n_2 \sin\theta_2 = n_1 \sin\theta_1$$

Réponses aux questions instantanées

QI 1 **(a)** 2 % de réfléchi, 98% de transmis ; **(b)** 4 % de réfléchi, 96 % de transmis

angle critique : (symbole : θ_c) plus petit angle d'incidence (mesuré par rapport à la perpendiculaire au dioptre) qui provoque une réflexion totale interne.

dispersion : variation de l'indice de réfraction en fonction de la couleur (fréquence) de la lumière.

indice de réfraction : (symbole : n) l'indice de réfraction d'un milieu donné est égal au module de la vitesse de la lumière dans le vide divisé par le module de la vitesse de la lumière dans le milieu ; il s'agit d'un nombre sans unité qui est toujours supérieur ou égal à 1.

loi de la réfraction : équation qui met en relation les angles d'incidence et de réfraction (mesurés par rapport à la perpendiculaire au dioptre) et les indices de réfraction de part et d'autre du dioptre ; aussi connue sous le nom de loi de Snell-Descartes, en hommage à Willebord Snell et René Descartes, deux pionniers de l'étude de la réfraction (17e siècle).

réflexion totale interne : se produit lorsqu'un rayon est entièrement réfléchi par un dioptre dans son milieu d'origine ; peut se produire uniquement lorsque le milieu situé de l'autre côté du dioptre est moins réfringent que celui dans lequel voyage le rayon incident.

réfraction : phénomène responsable de la déviation d'un rayon de lumière lorsqu'il traverse un dioptre (interface entre deux milieux transparents).

QUESTIONS

Q1. Vrai ou faux ? L'indice de réfraction est toujours supérieur ou égal à 1.

Q2. Avec une précision de trois chiffres significatifs, quel est l'indice de réfraction de l'air ?

Q3. Lorsqu'un rayon passe d'un milieu _____ réfringent à un milieu _____ réfringent, il se rapproche de la perpendiculaire à la surface du dioptre.

Q4. Est-il possible d'avoir une réflexion totale interne lorsqu'un rayon passe d'un milieu moins réfringent à un milieu plus réfringent ? Si oui, donnez un exemple.

Q5. Vrai ou faux ? Un rayon subit une réflexion totale interne uniquement lorsque son angle d'incidence est égal à l'angle critique.

Q6. Expliquez comment on peut « canaliser » la lumière avec une fibre optique.

Q7. Quelle est la fraction de lumière réfléchie lorsqu'un rayon voyageant dans l'air rencontre de l'eau avec un angle d'incidence nul ?

Q8. En général, augmenter l'angle d'incidence a-t-il pour effet d'augmenter ou de diminuer la fraction de la lumière réfléchie ?

Q9. Vrai ou faux ? Lorsque de la lumière blanche est déviée par un prisme, la composante rouge est plus déviée que la composante bleue.

Q10. Comment Newton a-t-il fait pour prouver sans l'ombre d'un doute que la lumière blanche est une superposition de lumière de toutes les couleurs ?

Q11. Où se situe le centre de l'arc-en-ciel par rapport à la position du Soleil dans le ciel ?

Q12. Vrai ou faux ? Il est plus facile d'observer un arc-en-ciel à midi qu'à 16 heures.

Q13. Faites un schéma montrant ce qui arrive à un rayon lumineux qui frappe une gouttelette d'eau sphérique à peu près à mi-chemin entre le centre et le bord. Chaque fois que le rayon rencontre un dioptre, indiquez approximativement les orientations du rayon réfléchi et du rayon transmis. Indiquez les rayons responsables de l'arc-en-ciel principal et de l'arc-en-ciel secondaire. (Vous pouvez arrêter de considérer ce qui se passe après la troisième réflexion interne.)

DÉMONSTRATION

D1. Faites un schéma montrant la déviation des fronts d'onde associés à un rayon qui rencontre un dioptre plan, et servez-vous-en pour démontrer la loi de la réfraction à partir de la définition de l'indice de réfraction, $n = c/v$.

EXERCICES

○ Exercice dont la solution ne requiert ni calculatrice ni algèbre complexe.

Dans les exercices, $n = 1{,}33$ pour l'eau et $n = 1{,}5$ pour le verre.

RÉCHAUFFEMENT

2.4.1 *Un dioptre vertical.* Un rayon voyageant dans l'air à 25° au-dessus de l'horizontale rencontre un dioptre vertical qui sépare l'air et le verre (schéma ci-contre). Déterminez **(a)** l'angle d'incidence ; **(b)** l'angle de réflexion ; **(c)** l'angle de réfraction ; **(d)** l'angle de déviation du rayon réfracté.

2.4.2 *Un dioptre vertical, prise 2.* Reprenez l'**exercice 2.4.1** en inversant les positions de l'air et du verre.

2.4.3 *L'angle critique.* Calculez l'angle critique pour le passage **(a)** du verre à l'air ; **(b)** du verre à l'eau ; **(c)** du verre au diamant ($n = 2{,}42$).

SÉRIE PRINCIPALE

2.4.4 *Un projecteur au fond d'un lac.* Un projecteur placé au fond d'un grand lac envoie des rayons dans toutes les directions (schéma ci-contre). **(a)** Déterminez pour quelles valeurs de l'angle ϕ (mesuré par rapport à l'*horizontale*) les rayons sont entièrement *réfléchis* par la surface du lac. **(b)** Si le projecteur est à 100 m de profondeur, quel est le rayon du cercle à la surface de l'eau qui délimite la région d'où la lumière du projecteur est capable de sortir du lac ?

2.4.5 *La vitesse de la lumière dans un prisme.* Un rayon de lumière est dévié par un prisme entouré d'air (schéma ci-contre). On donne $\alpha = 30°$ et $\delta = 32°$. Quel est le module de la vitesse de la lumière dans le prisme ?

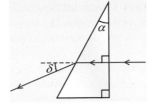

2.4.6 *La réflexion totale interne dans un prisme de glace.* Un prisme de glace ($n = 1{,}31$) entouré d'air possède un angle au sommet de 90° (schéma ci-contre). **(a)** Quel doit être l'angle d'incidence θ sur la face de gauche pour que le rayon atteigne la face de droite à l'angle critique ? **(b)** Pour des angles d'incidence supérieurs à la valeur de θ trouvée en (a), le rayon parvient-il à ressortir dans l'air à la face de droite ?

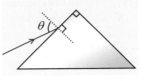

SÉRIE SUPPLÉMENTAIRE

2.4.7 *Deux dioptres parallèles.* Un rayon laser rencontre une vitre avec un angle d'incidence de 30°. **(a)** Dessinez de manière qualitative la trajectoire suivie par le rayon (ne tenez pas compte de la petite fraction de la lumière qui est réfléchie). **(b)** Quel est l'angle entre la perpendiculaire à la vitre et le rayon qui ressort dans l'air ? Justifiez votre réponse.

2.4.8 *Deux dioptres parallèles, prise 2.* Dans la situation de l'exercice 2.4.7, calculez la *déviation latérale* du rayon, c'est-à-dire la distance entre le rayon qui ressort dans l'air et le prolongement du rayon incident initial (Attention : il s'agit de la distance entre les deux rayons mesurée *perpendiculairement* à leur direction.) L'épaisseur de la vitre est de 0,8 cm et l'indice de réfraction est de 1,5.

ISTOCKPHOTO

2.4.9 *La détermination expérimentale de l'indice de réfraction d'un prisme.* Un rayon traverse un prisme entouré d'air dont l'angle au sommet est α. Son parcours est symétrique : l'angle d'incidence θ sur la face de gauche est égal à l'angle de réfraction θ sur la face de droite (schéma ci-dessus). Montrez que l'indice de réfraction du matériau dont est fait le prisme est

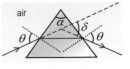

$$n = \frac{\sin\left(\dfrac{\alpha + \delta}{2}\right)}{\sin(\alpha/2)}$$

où δ est l'angle de déviation du rayon qui émerge du prisme par rapport au rayon incident. (On peut montrer que la déviation δ est la plus *petite* possible lorsque le rayon traverse le prisme de manière symétrique : ainsi, au laboratoire, il est facile de se placer dans cette situation en orientant le prisme afin d'obtenir le plus petit angle de déviation.)

2.4.10 *L'arc-en-ciel principal.* Le schéma ci-contre indique le trajet du rayon qui est responsable de l'arc-en-ciel principal. **(a)** Pourquoi peut-on affirmer que $\alpha' = \alpha$? **(b)** Pourquoi peut-on affirmer que $\alpha'' = \alpha'$? **(c)** Pour $\theta = 50°$, déterminez l'angle de réfraction α, l'angle de sortie β, l'angle de déviation δ et l'angle ϕ

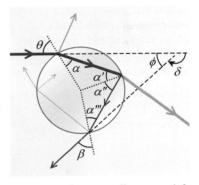

entre le rayon incident et le rayon formant l'arc-en-ciel. (Prenez $n = 1{,}331$ comme indice de réfraction de l'eau pour la lumière rouge.) **(d)** Calculez ϕ en lumière rouge pour $\theta = 60°$ et $\theta = 70°$. Que remarquez-vous ? **(e)** Afin de démontrer que l'arc bleu de l'arc-en-ciel principal est à l'intérieur de l'arc rouge, calculez l'angle ϕ pour $\theta = 60°$ en lumière bleue ($n = 1{,}343$).

2.4.11 *L'arc-en-ciel secondaire.* Le schéma ci-contre indique le trajet du rayon qui produit l'arc-en-ciel secondaire. (Pour obtenir un rayon qui se dirige vers le sol, il faut considérer un rayon incident qui frappe la partie *inférieure* de la gouttelette.) **(a)** Calculez l'angle ϕ pour $\theta = 60°$, 70° et 80°, en lumière rouge ($n = 1{,}331$). Que remarquez-vous ? **(b)** Calculez

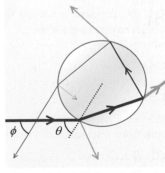

l'angle ϕ pour $\theta = 70°$ en lumière bleue ($n = 1{,}343$). **(c)** Quand un observateur au sol observe le haut de l'arc-en-ciel secondaire, les gouttelettes qui lui renvoient du bleu de manière privilégiée sont-elles plus près ou plus loin du sol que les gouttelettes qui lui renvoient du rouge ?

Les dioptres sphériques

Après l'étude de cette section, le lecteur pourra calculer la position et
la taille de l'image formée par un dioptre ou par un système de deux dioptres.

APERÇU

Un dioptre sphérique est un dioptre dont la forme est une portion de sphère (schéma ci-dessous). Le rayon de courbure R est la distance entre le centre de courbure (point **C** sur le schéma) et le dioptre. L'axe optique est perpendiculaire au dioptre et il passe par son centre.

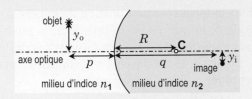

Les rayons issus de l'objet voyagent dans le milieu d'indice n_1, sont réfractés lorsqu'ils passent dans le milieu d'indice n_2 et forment une image dont la position peut être calculée à l'aide des équations suivantes :

$$\frac{n_1}{p} + \frac{n_2}{q} = \frac{n_2 - n_1}{R}$$ **Équation du dioptre sphérique**

$$\frac{y_i}{y_o} = -\frac{n_1}{n_2}\frac{q}{p}$$ **Rapport des positions perpendiculaires à l'axe pour un dioptre sphérique**

Ces équations sont approximatives : elles donnent de bons résultats lorsque les rayons sont *paraxiaux*, ce qui signifie qu'ils demeurent près de l'axe optique (comparativement au rayon de courbure du dioptre) et que leur inclinaison par rapport à l'axe optique est beaucoup plus petite que 1 rad.

Dans la direction parallèle à l'axe, p est la distance entre l'objet et le dioptre, et q est la distance entre l'image et le dioptre. La valeur de q est positive pour une image réelle et négative pour une image virtuelle.

Dans la direction perpendiculaire à l'axe, y_o et y_i représentent les positions respectives de l'objet et de l'image : y est positif au-dessus de l'axe et négatif au-dessous de l'axe.

Le rapport des positions perpendiculaires à l'axe correspond au grandissement linéaire g défini dans la **section 2.1**. Ainsi, pour un objet qui n'est pas ponctuel, le rapport de la taille de l'image sur la taille de l'objet est

$$g = -\frac{n_1}{n_2}\frac{q}{p}$$

Lorsque l'image est réelle, elle se situe au point de croisement des rayons réfractés, donc de l'autre côté du dioptre par rapport aux rayons incidents. Lorsque l'image est virtuelle, elle est située du même côté du dioptre que les rayons incidents.

Lorsque les rayons incidents rencontrent un dioptre convexe, R est positif ; lorsque les rayons incidents rencontrent un dioptre concave, R est négatif (schémas ci-dessous) : *du point de vue des rayons incidents, cette convention est l'inverse de celle des miroirs.* (En revanche, du point de vue d'un observateur bien placé pour observer l'image, un dioptre dont R est positif apparaît concave, et un dioptre dont R est négatif apparaît convexe, ce qui est la *même* convention que pour les miroirs !) Le rayon de courbure d'un dioptre plan est infini.

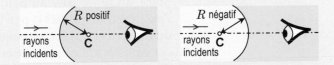

Afin de calculer la position de l'image finale générée par un système de deux dioptres, on peut considérer que l'image formée par le premier dioptre devient l'objet du second dioptre. Lorsque l'image formée par le premier dioptre (si le second dioptre n'était pas là) se situe au-delà du second dioptre (comme sur le schéma ci-dessous), ce dernier reçoit un faisceau convergent : l'objet du second dioptre est *virtuel* et il faut considérer que la valeur de p est négative.

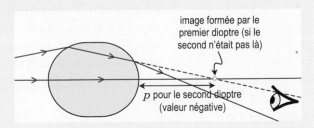

Dans la **section 2.3 : Les miroirs sphériques**, nous avons analysé la formation des images qui résulte de la *réflexion* de la lumière sur un *miroir* sphérique. Dans la présente section, nous allons nous intéresser à la formation des images qui résulte de la *réfraction* de la lumière par un ou plusieurs *dioptres* sphériques (photo ci-contre). Comme un dioptre plan est un cas particulier de dioptre sphérique (pour lequel le rayon de courbure est infini), la théorie que nous allons présenter pourra également servir à analyser les images formées par un dioptre plan (par exemple, l'image d'un poisson que l'on observe à travers la surface d'un lac ou les parois d'un aquarium rectangulaire).

ISTOCKPHOTO

Un dioptre sphérique est un dioptre dont la forme est une portion de sphère. Dans la **section 2.3**, nous avons vu qu'il existe deux manières de déterminer la position de l'image d'un objet placé devant un miroir sphérique : par le tracé de rayons principaux et par les équations. Dans le cas des dioptres, il n'existe pas de méthode pratique basée sur le tracé de rayons : il faut procéder à l'aide des équations.

Considérons le dioptre sphérique représenté sur le schéma ci-contre : il sépare un milieu d'indice de réfraction n_1 et un milieu d'indice de réfraction n_2. Le centre de courbure du dioptre est au point **C**, et le rayon de courbure est égal à R. Nous avons placé un objet réel au point **P**, sur l'axe optique qui passe par le centre

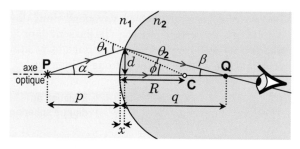

du dioptre et qui est perpendiculaire à sa surface : la distance entre l'objet et le dioptre est égale à p. Le rayon orienté selon l'axe optique rencontre le dioptre avec un angle d'incidence nul : par conséquent, il n'est pas dévié. Le second rayon rencontre le dioptre avec un angle d'incidence θ_1, à une distance d de l'axe ; après avoir été dévié par le dioptre, son angle de réfraction est θ_2. (Les angles d'incidence et de réfraction sont mesurés par rapport à la perpendiculaire au dioptre, indiquée en pointillés sur le schéma.) Les rayons forment une image réelle au point **Q**, à une distance q du dioptre.

Les angles θ_1 et θ_2 sont reliés entre eux par la loi de la réfraction,

$$n_2 \sin \theta_2 = n_1 \sin \theta_1$$

où n_1 est l'indice de réfraction du côté des rayons incidents et n_2 est l'indice du côté des rayons réfractés. Comme nous l'avons fait dans la **section 2.3** lorsque nous avons analysé les miroirs sphériques, nous allons uniquement nous intéresser aux rayons paraxiaux (qui demeurent près de l'axe optique). Pour ce faire, nous allons supposer que la distance d est beaucoup plus petite que le rayon de courbure R du dioptre :

$$d \ll R$$

Dans ce cas, les angles θ_1 et θ_2 sont beaucoup plus petits que 1 rad, le sinus est à peu près égal à l'angle (en radians) et la loi de la réfraction peut s'écrire sous la forme simplifiée

$$n_2 \theta_2 = n_1 \theta_1$$

L'approximation $\sin\theta \approx \tan\theta \approx \theta$, valable lorsque $\theta \ll 1$ rad, est justifiée à la **sous-section M6.2 : Les approximations du petit angle** de l'annexe mathématique.

Comme $d \ll R$, la distance x sur le schéma est négligeable et nous pouvons écrire

$$\tan \alpha = \frac{d}{p}; \qquad \tan \beta = \frac{d}{q}; \qquad \tan \phi = \frac{d}{R}$$

Comme $d \ll R$, les angles α, β et ϕ sont beaucoup plus petits que 1 rad, et la tangente est à peu près égale à l'angle (en radians). Ainsi,

$$\alpha = \frac{d}{p}; \qquad \beta = \frac{d}{q}; \qquad \phi = \frac{d}{R}$$

D'après le schéma ci-contre, il est évident que

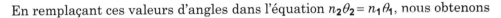

$$\theta_1 = \alpha + \phi \qquad \text{et} \qquad \phi = \beta + \theta_2$$

Par conséquent,

$$\theta_1 = \alpha + \phi = \frac{d}{p} + \frac{d}{R}$$

et

$$\theta_2 = \phi - \beta = \frac{d}{R} - \frac{d}{q}$$

En remplaçant ces valeurs d'angles dans l'équation $n_2\theta_2 = n_1\theta_1$, nous obtenons

$$n_2\left(\frac{d}{R} - \frac{d}{q}\right) = n_1\left(\frac{d}{p} + \frac{d}{R}\right) \qquad \Rightarrow \qquad \frac{n_2}{R} - \frac{n_2}{q} = \frac{n_1}{p} + \frac{n_1}{R}$$

d'où

$$\boxed{\frac{n_1}{p} + \frac{n_2}{q} = \frac{n_2 - n_1}{R}}$$ **Équation du dioptre sphérique**

Pour obtenir cette équation, nous avons supposé que l'objet était sur l'axe optique. Toutefois, elle s'applique également lorsque l'objet est situé à une certaine position y_o par rapport à l'axe (schéma ci-contre). Dans ce cas, l'image est à une position y_i par rapport à l'axe et le rapport des positions est

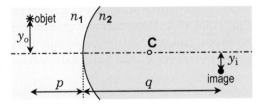

$$\boxed{\frac{y_i}{y_o} = -\frac{n_1}{n_2}\frac{q}{p}}$$ **Rapport des positions perpendiculaires à l'axe pour un dioptre sphérique**

Afin de démontrer cette équation, nous avons tracé sur le schéma ci-contre deux rayons issus de l'objet qui permettent de déterminer la position de l'image. Le rayon qui passe par le centre de courbure du dioptre n'est pas dévié, car son angle d'incidence par rapport au dioptre est de 0°.

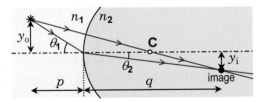

Dans l'approximation des rayons paraxiaux, nous pouvons écrire

$$n_2\theta_2 = n_1\theta_1$$

Les angles θ_1 et θ_2, définis sur le schéma, sont tous les deux positifs. En nous guidant sur le schéma, nous pouvons écrire

$$\theta_1 \approx \tan \theta_1 = \frac{y_o}{p} \qquad \text{et} \qquad \theta_2 \approx \tan \theta_2 = \frac{-y_i}{q}$$

Sur le schéma, q est positif (car l'image est réelle) et y_i est négatif (car l'image est située sous l'axe) : c'est pour cela qu'il faut mettre un signe négatif dans la seconde équation pour obtenir un angle θ_2 positif.

En combinant les trois équations qui précèdent, nous obtenons

$$n_2 \left(\frac{-y_i}{q} \right) = n_1 \left(\frac{y_o}{p} \right) \qquad \Rightarrow \qquad \frac{y_i}{y_o} = -\frac{n_1}{n_2} \frac{q}{p}$$

ce que nous voulions démontrer.

Le rapport y_i / y_o des positions perpendiculaires à l'axe correspond au grandissement linéaire g défini dans la **section 2.1**. Ainsi, pour un objet qui n'est pas ponctuel (schéma ci-contre), le rapport de la taille de l'image sur la taille de l'objet est

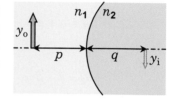

$$g = -\frac{n_1}{n_2} \frac{q}{p}$$

La convention de signes pour les dioptres

Pour obtenir les équations

$$\frac{n_1}{p} + \frac{n_2}{q} = \frac{n_2 - n_1}{R} \qquad \text{et} \qquad \frac{y_i}{y_o} = -\frac{n_1}{n_2} \frac{q}{p}$$

nous avons utilisé le cas particulier d'un dioptre convexe qui génère une image réelle d'un objet réel. Pour pouvoir utiliser ces équations dans d'autres contextes (dioptres concaves, images virtuelles, objets virtuels), il faut définir une convention de signes qui fait en sorte que la valeur de certains paramètres puisse parfois être négative.

Lorsque l'image est réelle (comme dans la situation qui a servi à démontrer les équations), elle se situe au point de croisement des rayons réfractés, donc de l'autre côté du dioptre par rapport aux rayons incidents : dans ce cas, la valeur de q est positive. Lorsque l'image est virtuelle (comme ce sera le cas dans la **situation 1**), elle est située du même côté du dioptre que les rayons incidents : dans ce cas, la valeur de q est négative.

Lorsque le dioptre est convexe du point de vue des rayons incidents (comme dans la situation qui a servi à démontrer les équations), son rayon de courbure R est positif ; lorsque le dioptre est concave du point de vue des rayons incidents, R est négatif (schémas ci-contre) : *du point de vue des rayons incidents, cette convention est l'inverse de celle des miroirs.* (En revanche, du point de vue d'un observateur bien placé pour observer l'image, c'est-à-dire du côté des rayons réfractés, un dioptre dont R est positif apparaît concave, et un dioptre dont R est négatif apparaît convexe, ce qui est la *même* convention que pour les miroirs !)

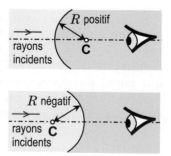

Nous avons représenté la situation sur le schéma ci-contre : nous avons $p = 3\ \text{cm}$ et $y_0 = 2{,}8\ \text{cm}$. Du point de vue des rayons qui quittent la pièce, le dioptre est *concave*. Ainsi, son rayon de courbure est *négatif* : $R = -5\ \text{cm}$. Les rayons incidents voyagent dans le verre : $n_1 = 1{,}5$. Les rayons réfractés voyagent dans l'air : $n_2 = 1$. L'équation du dioptre sphérique donne

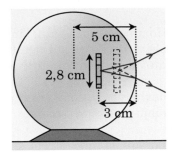

$$\frac{n_1}{p} + \frac{n_2}{q} = \frac{n_2 - n_1}{R} \quad \Rightarrow \quad \frac{1{,}5}{(3\ \text{cm})} + \frac{1}{q} = \frac{1 - 1{,}5}{(-5\ \text{cm})}$$

$$\Rightarrow \quad (0{,}5\ \text{cm}^{-1}) + \frac{1}{q} = (0{,}1\ \text{cm}^{-1}) \quad \Rightarrow \quad \frac{1}{q} = (-0{,}4\ \text{cm}^{-1}) \quad \Rightarrow \quad q = -2{,}5\ \text{cm}$$

Comme $q < 0$, l'image est *virtuelle* : elle est située à l'intersection des *prolongements* des rayons réfractés, donc *du même côté que l'objet*. L'équation du grandissement linéaire du dioptre donne

$$\frac{y_i}{y_0} = -\frac{n_1}{n_2}\frac{q}{p} \quad \Rightarrow \quad y_i = -\frac{n_1}{n_2}\frac{q}{p}y_0 = -\frac{1{,}5}{1} \times \frac{(-2{,}5\ \text{cm})}{(3\ \text{cm})}(2{,}8\ \text{cm}) \quad \Rightarrow \quad \boxed{y_i = 3{,}5\ \text{cm}}$$

L'image est plus grande que l'objet ; le signe positif de y_i signifie qu'elle *n'est pas* inversée par rapport à l'objet.

QI 1 Dans la **situation 1**, calculez la position et la taille de l'image de la pièce de monnaie pour un observateur situé à gauche de la sphère.

Les systèmes de dioptres

Nous allons maintenant nous intéresser à des situations où la lumière est déviée successivement par deux dioptres (photo ci-contre). Afin de déterminer la position de l'image, il suffit d'appliquer la théorie que nous venons de présenter à chacun des dioptres : l'image de l'objet formée par le premier dioptre devient l'objet du second dioptre.

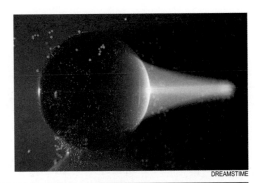

DREAMSTIME

Sur la photo ci-contre, une sphère de verre placée dans un aquarium rempli d'eau reçoit la lumière d'un objet situé loin à gauche : ainsi, les rayons incidents sont pratiquement parallèles entre eux. Le dioptre à gauche de la sphère (interface eau-verre) crée un faisceau convergent, qui converge encore plus une fois qu'il est dévié par le dioptre à droite de la sphère (interface verre-eau). En raison des impuretés en suspension dans l'eau, le faisceau devient visible à droite de la sphère. Comme les rayons qui traversent la sphère ne sont pas tous paraxiaux, les rayons ne se croisent pas tous au même endroit : l'image n'est pas parfaite.

Les rayons issus de la mouche rencontrent d'abord un dioptre plan. Plus le rayon de courbure R d'un dioptre sphérique est grand, *moins* sa courbure est prononcée (schémas ci-contre). Par conséquent, le rayon de courbure d'un dioptre plan est infini ($R = \infty$).

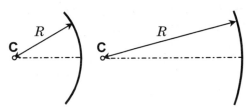

Comme les rayons passent de l'air au verre flint, nous avons $n_1 = 1$ et $n_2 = 1,66$. La mouche est à une distance $p = 10 \text{ cm}$ du dioptre, d'où

$$\frac{n_1}{p} + \frac{n_2}{q} = \frac{n_2 - n_1}{R} \quad \Rightarrow \quad \frac{1}{(10 \text{ cm})} + \frac{1,66}{q} = \frac{1,66 - 1}{\infty} = 0 \quad \Rightarrow \quad q = -16,6 \text{ cm}$$

Comme q est négatif, l'image intermédiaire est virtuelle, ce qui signifie qu'elle est située du même côté que les rayons incidents (à gauche du dioptre). Cette image virtuelle devient un objet *réel* pour le deuxième dioptre (schéma ci-contre).

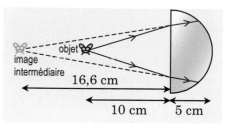

Lorsqu'ils rencontrent le deuxième dioptre, les rayons déviés par le premier dioptre donnent l'impression de venir d'un point situé à

$$p = (16,6 \text{ cm}) + (5 \text{ cm}) = 21,6 \text{ cm}$$

de distance. Du point de vue des rayons incidents, le deuxième dioptre est concave : par conséquent, $R = -5 \text{ cm}$. Comme les rayons passent du verre flint à l'air, nous avons $n_1 = 1,66$ et $n_2 = 1$:

$$\frac{n_1}{p} + \frac{n_2}{q} = \frac{n_2 - n_1}{R} \quad \Rightarrow \quad \frac{1,66}{(21,6 \text{ cm})} + \frac{1}{q} = \frac{1 - 1,66}{(-5 \text{ cm})}$$

$$\Rightarrow \quad (0,07685 \text{ cm}^{-1}) + \frac{1}{q} = (0,132 \text{ cm}^{-1}) \quad \Rightarrow \quad \frac{1}{q} = (0,05515 \text{ cm}^{-1}) \quad \Rightarrow \quad q = 18,1 \text{ cm}$$

Comme q est positif, l'image finale est réelle, ce qui signifie qu'elle est située du même côté que les rayons réfractés (à droite du deuxième dioptre). Nous avons représenté la situation sur le schéma ci-dessous.

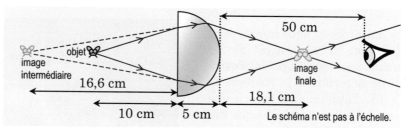

L'image finale de la mouche est à $(50 \text{ cm}) - (18,1 \text{ cm}) = \boxed{31,9 \text{ cm}}$ de l'œil de Béatrice.

Pour le premier dioptre, $n_1 = 1$ et $n_2 = 1,66$; le grandissement linéaire est

$$g_1 = -\frac{n_1}{n_2} \frac{q}{p} = -\frac{1}{1,66} \times \frac{(-16,6 \text{ cm})}{(10 \text{ cm})} = 1$$

Pour le deuxième dioptre, $n_1 = 1,66$ et $n_2 = 1$; le grandissement linéaire est

$$g_2 = -\frac{n_1}{n_2} \frac{q}{p} = -\frac{1,66}{1} \times \frac{(18,1 \text{ cm})}{(21,6 \text{ cm})} = -1,39$$

Comme les grandissements linéaires sont des facteurs multiplicatifs, le grandissement linéaire total est

$$g = g_1 \times g_2 = 1 \times -1,39 \quad \Rightarrow \quad \boxed{g = -1,39}$$

L'image finale de la mouche est inversée et 1,39 fois plus « haute » que la mouche réelle.

Dans la **situation 2**, l'image formée par le premier dioptre devient un objet réel pour le second dioptre. Dans la **situation 3**, nous allons voir ce qui se passe lorsque l'image formée par le premier dioptre devient un *objet virtuel* pour le second dioptre.

> **Situation 3 : *Une sphère de glace.*** Lors d'une expédition dans le Grand Nord du Québec, Albert désire utiliser une sphère de glace ($n = 1,31$) de 5 cm de rayon pour allumer un feu à l'aide des rayons du Soleil. On désire déterminer quelle doit être la distance optimale entre le matériau combustible et la surface de la sphère.

Comme la distance p du Soleil tend vers l'infini, on peut supposer que les rayons solaires sont parallèles entre eux. Ils rencontrent d'abord un dioptre convexe ($R = +5\text{ cm}$) et passent de l'air à la glace ($n_1 = 1$ et $n_2 = 1,31$) :

$$\frac{n_1}{p} + \frac{n_2}{q} = \frac{n_2 - n_1}{R} \quad \Rightarrow \quad \frac{1}{\infty} + \frac{1,31}{q} = \frac{1,31 - 1}{(5\text{ cm})} \quad \Rightarrow \quad q = \frac{1,31 \times (5\text{ cm})}{0,31} = 21,1\text{ cm}$$

Comme q est positif, l'image intermédiaire est réelle, ce qui signifie qu'elle se situe du même côté que les rayons réfractés (à droite du dioptre). Comme cette image est située au-delà du second dioptre (schéma ci-contre), elle devient un objet *virtuel* pour le second dioptre.

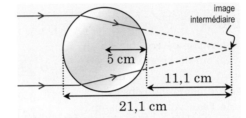

La distance entre l'image intermédiaire et le deuxième dioptre est $(21,1\text{ cm}) - 2(5\text{ cm})$ = 11,1 cm. Pour tenir compte du fait que l'objet est virtuel, il faut considérer que la valeur de p pour le second dioptre est négative :

$$p = -11,1\text{ cm}$$

Du point de vue des rayons incidents, le deuxième dioptre est concave : par conséquent, $R = -5\text{ cm}$. Comme les rayons passent de la glace à l'air, nous avons $n_1 = 1,31$ et $n_2 = 1$:

$$\frac{n_1}{p} + \frac{n_2}{q} = \frac{n_2 - n_1}{R} \quad \Rightarrow \quad \frac{1,31}{(-11,1\text{ cm})} + \frac{1}{q} = \frac{1 - 1,31}{(-5\text{ cm})}$$

$$\Rightarrow \quad (-0,118\text{ cm}^{-1}) + \frac{1}{q} = (0,062\text{ cm}^{-1}) \quad \Rightarrow \quad \frac{1}{q} = (0,180\text{ cm}^{-1}) \quad \Rightarrow \quad q = 5,56\text{ cm}$$

Comme q est positif, l'image finale est réelle, ce qui signifie qu'elle se situe du même côté que les rayons réfractés (à droite du second dioptre). Nous avons représenté la situation sur le schéma ci-contre. Pour allumer un feu de la manière la plus efficace possible, le matériau combustible doit être placé à $\boxed{5,56\text{ cm}}$ de la surface de la sphère.

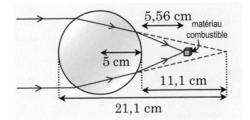

Réponse à la question instantanée

QI 1 L'image est 8,75 cm à droite du dioptre de gauche, et mesure 5,25 cm de hauteur.

QUESTIONS

Q1. Dans l'équation du dioptre sphérique, le milieu situé du côté des rayons _____ possède un indice de réfraction n_1, et le milieu situé du côté des rayons _____ possède un indice de réfraction n_2.

Q2. (a) Lorsque l'image formée par un dioptre est réelle, est-elle située du côté du dioptre où se trouvent les rayons incidents ou de l'autre côté ? **(b)** Même question pour une image virtuelle.

Q3. Vrai ou faux ? Lorsque les rayons incidents rencontrent un dioptre concave, le rayon de courbure R est positif.

EXERCICES

○ Exercice dont la solution ne requiert ni calculatrice ni algèbre complexe.

RÉCHAUFFEMENT

2.5.1 *Un dioptre plan.* **(a)** Quel est le rayon de courbure d'un dioptre plan ? **(b)** Un poisson de 30 cm de longueur nage à 2 m sous la surface d'un lac ($n_{eau} = 1{,}33$) ; il passe en dessous d'une chaloupe. Un pêcheur dans la chaloupe l'observe : à quelle distance sous la surface de l'eau voit-il le poisson ? **(c)** Quelle est la longueur de l'image du poisson ?

○ **2.5.2** *La position de l'image.* Pour chacune des situations représentées sur les **schémas ci-dessous**, on a dessiné un rayon incident, issu d'un objet réel, qui rencontre un dioptre. (Lorsque le dioptre est sphérique, **C** indique la position du centre de courbure.) Après avoir dessiné approximativement le rayon réfracté, dites si l'image est réelle ou virtuelle et déterminez dans quelle région de l'axe (I, II, etc.) elle se situe. Négligez la possibilité d'avoir une réflexion totale interne.

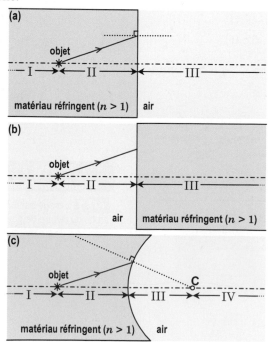

○ **2.5.3** *La position de l'image, prise 2.* Reprenez l'**exercice 2.5.2** pour les deux situations des **schémas ci-dessous**. Mise en garde : ces deux situations sont plus complexes que celles de l'**exercice 2.5.2** !

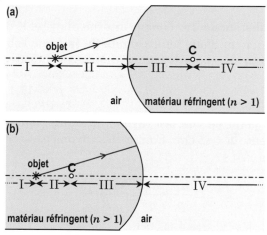

SÉRIE PRINCIPALE

2.5.4 *Un objet incrusté dans un bloc de verre.* Dans la situation représentée sur le **schéma ci-contre**, une étoile est incrustée dans un bloc de verre dont l'indice de réfraction est de 1,5.

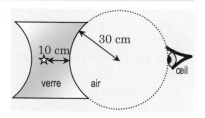

(a) À quelle distance *de l'œil* se trouve l'image de l'étoile ? **(b)** Quel est le grandissement linéaire ?

2.5.5 *En prison.* Albert et Béatrice sont séparés par une vitre blindée ($n = 1{,}66$) de 30 cm d'épaisseur. L'œil d'Albert est à 20 cm d'un des côtés de la vitre, et le nez de Béatrice est à 10 cm de l'autre côté de la vitre : ainsi, la distance entre l'œil d'Albert et le nez de Béatrice est de 60 cm. **(a)** À quelle distance de l'œil d'Albert se trouve l'image du nez de Béatrice ? **(b)** Si Béatrice colle son nez sur la vitre, que devient la réponse en (a) ?

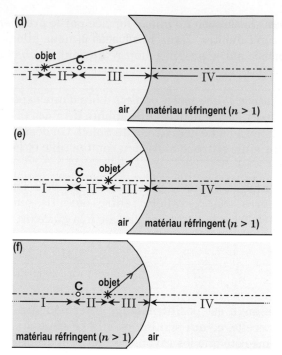

2.5.6 *Un œuf en verre.* Les faces d'un « œuf » de verre ($n = 1{,}5$) entouré d'air ont des rayons de courbure respectifs de 4 cm et de 2 cm ; les deux dioptres sont à 10 cm l'un de l'autre (schéma ci-contre). Un objet réel est situé sur l'axe optique, à 5 cm de la face dont le rayon de courbure est de 4 cm. **(a)** Déterminez la position de l'image d'après un observateur situé sur l'axe optique, de l'autre côté de l'œuf. **(b)** Quel est le grandissement linéaire ?

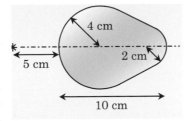

2.5.7 *Un œuf en verre, prise 2.* Les faces d'un « œuf » de verre ($n = 1{,}5$) entouré d'air ont des rayons de courbure respectifs de 4 cm et de 10 cm ; les deux dioptres sont à 30 cm l'un de l'autre (schéma ci-contre). Un objet réel est situé sur l'axe optique, à 10 cm de la face dont le rayon de courbure est de 4 cm. **(a)** Déterminez la position de l'image d'après un observateur situé sur l'axe optique, de l'autre côté de l'œuf. **(b)** Quel est le grandissement linéaire ?

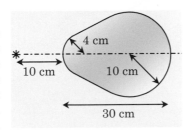

SÉRIE SUPPLÉMENTAIRE

2.5.8 *Une sphère en verre sur le bord de la fenêtre.* **(a)** Sur la photo ci-dessous, l'image du centre-ville de Hong Kong créée par la sphère en verre ($n = 1{,}5$) est-elle réelle ou virtuelle ? Justifiez votre réponse. **(b)** Expliquez la formation de l'image à l'aide d'un schéma qui montre le trajet des rayons lumineux.

2.5.9 *Une illusion cocasse.* La photo ci-dessous *n'illustre pas* l'effet d'un programme expérimental de réduction des têtes de la NASA : la taille apparente réduite de la tête de l'astronaute est une conséquence de la réfraction ! La photo a été prise alors que l'astronaute s'entraînait dans une piscine (l'eau réduit la gravité apparente et permet de simuler partiellement les situations qui prévalent en orbite). Afin de comprendre ce qui se passe, répondez à la question suivante : si le scaphandre est une sphère de 25 cm de rayon, que le nez de l'astronaute mesure 5 cm de hauteur et qu'il se trouve à 15 cm de la visière du scaphandre, calculez la taille et la position de l'image du nez de l'astronaute pour un observateur situé dans la piscine (comme l'appareil qui a pris la photo). Vous pouvez négliger l'épaisseur de la vitre, ce qui revient à considérer que les rayons passent directement de l'air à l'eau.

○ **2.5.10** *Un verre de trop ?* Vous observez le mur coloré en arrière de votre verre et vous voyez que la présence du liquide dans le verre inverse les couleurs (photo ci-contre). Comment expliquez-vous le phénomène ?

Sachant que les lunettes sont à 60 cm du visage de l'optométriste et que l'appareil qui a pris la photo est à 80 cm des lunettes, on peut calculer la distance focale des lentilles minces à partir du fait que l'œil de l'optométriste, vu à travers la lentille de droite, paraît deux fois plus petit (**exercice 2.6.16**).

Les lentilles minces

Après l'étude de cette section, le lecteur pourra déterminer la position
et la taille de l'image d'un objet placé devant une lentille mince.

APERÇU

Comme une lentille est constituée de deux dioptres, les rayons qui la traversent dévient deux fois (en traversant chacun des dioptres). Pour une **lentille mince** (une lentille dont l'épaisseur est petite par rapport au rayon de courbure de ses faces), il est possible de combiner l'effet des deux dioptres et d'analyser la situation comme si la lumière était déviée une seule fois.

Le centre d'une **lentille convergente** est plus épais que ses bords (on suppose que la lentille est entourée d'air ou d'un matériau moins réfringent que celui dont elle est faite) ; le centre d'une **lentille divergente** est plus mince que ses bords. Sur un schéma, on représente une lentille mince par une ligne et on indique si elle est convergente ou divergente par des « coins » dont les sommets sont orientés vers l'extérieur ou l'intérieur (schéma ci-contre).

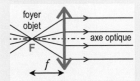

Une lentille mince possède deux foyers situés sur l'**axe optique** (l'axe qui passe par le centre de la lentille et qui est perpendiculaire aux surfaces qu'il croise), à égale distance de chaque côté de la lentille : la distance en question est appelée **distance focale** (symbole : f). Les rayons incidents qui passent par le **foyer objet F** sont déviés parallèlement à l'axe optique (schéma ci-dessous, à gauche) ; les rayons incidents parallèles à l'axe optique sont déviés en passant par le **foyer image F'** (schéma ci-dessous, à droite).

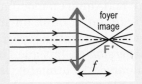

Afin de déterminer la position de l'image d'un objet placé devant une lentille, on peut tracer trois **rayons principaux** issus de l'objet (schéma ci-dessous).

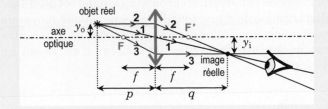

Le rayon incident **1**, qui passe par le centre de la lentille, n'est pas dévié. Le rayon incident **2**, parallèle à l'axe, est dévié en passant par le foyer image **F'**. Le rayon incident **3**, passant par le foyer objet **F**, est dévié parallèlement à l'axe. (Il faut parfois interpréter ces règles par rapport aux *prolongements* des rayons.)

Quand on se déplace dans le sens des rayons et qu'on rencontre une lentille convergente, le foyer objet **F** est avant la lentille et le foyer image **F'** est après la lentille. Pour une lentille divergente, c'est le contraire : le foyer image **F'** est avant la lentille et le foyer objet **F** est après la lentille (schéma ci-contre).

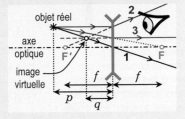

Il est également possible de déterminer la position de l'image à l'aide des équations suivantes :

$$\frac{1}{p} + \frac{1}{q} = \frac{1}{f}$$ **Équation de la lentille mince**

$$\frac{y_i}{y_o} = -\frac{q}{p}$$ **Rapport des positions perpendiculaires à l'axe pour une lentille mince**

Dans la direction parallèle à l'axe, p est la distance entre l'objet et la lentille, et q est la distance entre l'image et la lentille. La valeur de q est positive pour une image réelle et négative pour une image virtuelle.

La distance focale f est positive pour une lentille convergente et négative pour une lentille divergente. À la **section 2.7 : La formule des opticiens**, nous verrons comment calculer la distance focale d'une lentille mince à partir de ses caractéristiques (les rayons de courbure de ses faces et l'indice de réfraction du matériau dont elle est faite).

Dans la direction perpendiculaire à l'axe, y_o et y_i représentent les positions respectives de l'objet et de l'image : y est positif au-dessus de l'axe et négatif au-dessous de l'axe. Le rapport des positions perpendiculaires à l'axe correspond au grandissement linéaire g défini à la **section 2.1**. Ainsi, pour un objet qui n'est pas ponctuel, le rapport de la taille de l'image sur la taille de l'objet est

$$g = -\frac{q}{p}$$

Dans cette section, nous allons étudier la formation des images par les lentilles. Comme chacune des faces d'une lentille est un dioptre, les rayons qui traversent une lentille dévient deux fois (schéma ci-contre). Pour une **lentille mince** (une lentille dont l'épaisseur est petite par rapport au rayon de courbure de ses faces), il est possible de combiner l'effet des deux dioptres et d'analyser la situation comme si la lumière était déviée une seule fois.

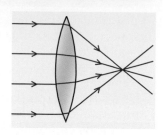

Il existe des lentilles *convergentes* et *divergentes*. Le centre d'une **lentille convergente** est plus épais que ses bords (on suppose que la lentille est entourée d'air ou d'un matériau moins réfringent que le matériau dont elle est faite) ; le centre d'une **lentille divergente** est plus mince que ses bords. Sur un schéma, on représente une lentille mince par une ligne et on indique si elle est convergente ou divergente par des « coins » dont les sommets sont orientés vers l'extérieur ou l'intérieur (schéma ci-contre).

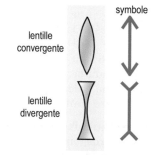

> Dans la **section 2.7 : La formule des opticiens**, nous verrons comment calculer la distance focale d'une lentille mince ; par le fait même, nous verrons ce qui fait en sorte qu'une lentille est convergente ou divergente.

> Nous allons introduire les propriétés générales des lentilles en considérant une lentille convergente : nous verrons comment adapter les définitions au cas d'une lentille divergente plus loin dans la section.

L'**axe optique** d'une lentille passe par son centre et il est perpendiculaire aux surfaces qu'il croise. Considérons des rayons parallèles à l'axe optique qui rencontrent une lentille convergente (schéma ci-contre) : nous pouvons considérer que ces rayons viennent d'un objet réel situé très loin sur l'axe, à une distance qui tend vers l'infini. Après avoir été déviés, les rayons se croisent tous en un point situé sur l'axe optique appelé **foyer image** (symbole : **F′**) ; la distance entre la lentille et le foyer est la **distance focale** (symbole : f). Il est possible d'allumer un feu en concentrant les rayons du Soleil sur une cible placée au foyer image.

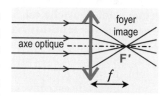

> La distance f entre **F** et la lentille est toujours égale à la distance entre **F′** et la lentille, et ce, même lorsque les deux faces de la lentille mince n'ont pas le même rayon de courbure.

Une lentille mince possède aussi un **foyer objet** (symbole : **F**), situé à la même distance d'elle que le foyer image, mais de l'autre côté. Si on place un objet réel au foyer objet, les rayons sont déviés parallèlement à l'axe (schéma ci-contre). Certains projecteurs fonctionnent selon ce principe.

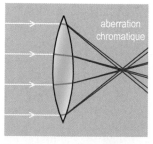

Dans la **section 2.3 : Les miroirs sphériques**, nous avons vu qu'un miroir sphérique concave ne concentre pas parfaitement les rayons en provenance de l'infini, mais que, en modifiant sa forme pour la rendre *parabolique*, on obtient un miroir convergent « parfait ». En revanche, une lentille « parfaite » n'existe pas : en raison de la *dispersion* (le fait que l'indice de réfraction dépend de la couleur de la lumière), la distance focale d'une lentille n'est pas la même pour la lumière rouge que pour la lumière bleue (schéma ci-contre). Ce problème, appelé *aberration chromatique*, fait en sorte que les lentilles produisent des images dont les bords sont légèrement colorés, surtout lorsqu'on s'éloigne de l'axe optique. Nous n'allons pas tenir compte de l'aberration chromatique dans cet ouvrage : nous pouvons supposer que la distance focale d'une lentille est une valeur moyenne pour la lumière visible. Dans les schémas, nous allons tracer des rayons de différentes couleurs, mais uniquement pour mieux les distinguer : la couleur d'un rayon ne représentera pas la couleur de la lumière.

> Pour diminuer les effets de l'aberration chromatique, les instruments optiques de précision comportent plusieurs lentilles faites de matériaux différents : en combinant ces lentilles de manière judicieuse, on parvient à compenser l'aberration chromatique d'une lentille par celle, inverse, d'une autre lentille.

Les rayons principaux de la lentille mince

Il existe deux méthodes qui permettent de déterminer la position de l'image d'un objet réel placé devant une lentille mince : en faisant un schéma à l'échelle (méthode des rayons principaux) ou en utilisant des équations. Nous allons commencer par présenter la méthode des rayons principaux.

Un objet réel placé devant une lentille émet des rayons dans toutes les directions. Pour trois de ces rayons, il existe des règles simples qui permettent de déterminer leurs orientations après avoir été déviés par la lentille : il s'agit des **rayons principaux**.

Considérons un objet réel placé devant une lentille convergente, à une certaine distance de l'axe optique. Le rayon principal **1** est celui qui est émis vers le centre de la lentille : lorsque la lentille est mince, on peut supposer que ce rayon continue tout droit sans être dévié (schéma ci-contre).

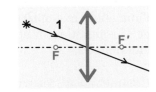

En réalité, le rayon **1** dévie deux fois. Comme la lentille est mince, les dioptres qu'il traverse sont *parallèles*, et ce, peu importe le rayon de courbure des dioptres (schéma ci-contre). Ainsi, par symétrie, l'*orientation* finale du rayon doit être la même que son orientation initiale. Le rayon subit une certaine déviation latérale, mais comme la lentille est mince, la déviation est négligeable. C'est pour cela qu'on peut supposer qu'il continue tout droit.

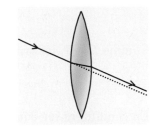

Le rayon principal **2** est celui qui est émis parallèlement à l'axe optique (schéma ci-contre). Comme nous l'avons vu plus haut, un rayon incident parallèle à l'axe optique est dévié en passant par le foyer image **F'** (principe de « l'allumage solaire »).

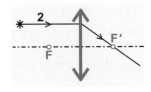

Le rayon principal **3** est celui qui est émis en passant par le foyer objet **F** (schéma ci-contre). Comme nous l'avons vu plus haut, un rayon incident qui vient du foyer objet est dévié parallèlement à l'axe optique (principe du projecteur).

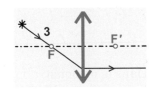

Situation 1 : *Le tracé des rayons principaux.* Une lentille mince convergente possède une distance focale $f = 3$ cm. Un objet réel est situé à 5 cm à gauche de la lentille et à 2 cm au-dessus de l'axe optique. On désire tracer les rayons principaux et déterminer la position de l'image.

Pour tracer le schéma ci-contre, nous avons choisi une échelle (1 carreau = 1 cm), placé les foyers et l'objet, puis tracé les rayons principaux. D'après le schéma, l'image est à

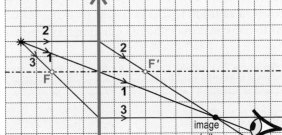

> 7,5 cm à droite de la lentille

et à

> 3 cm sous l'axe optique

Les équations de la lentille mince

Nous allons utiliser le tracé de rayons de la **situation 1** afin d'obtenir les équations générales qui permettent de déterminer la position de l'image : nous aurons uniquement besoin des rayons **1** et **3**. Sur le schéma ci-contre, nous avons défini les paramètres p (la distance entre l'objet et la lentille), q (la distance entre l'image et la lentille), y_o (la distance entre l'objet et l'axe optique) et y_i (la distance entre l'image et l'axe optique). Les indices « o » et « i » signifient respectivement « objet » et « image ».

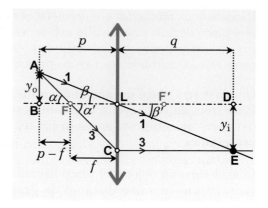

Comme $\alpha = \alpha'$, les triangles **ABF** et **CLF** sont semblables, ce qui permet d'écrire

$$\frac{y_o}{y_i} = \frac{p-f}{f} \quad \text{(i)}$$

Comme $\beta = \beta'$, les triangles **ABL** et **EDL** sont semblables, ce qui permet d'écrire

$$\frac{y_o}{y_i} = \frac{p}{q} \quad \text{(ii)}$$

En combinant les équations **(i)** et **(ii)**, nous obtenons

$$\frac{p-f}{f} = \frac{p}{q}$$

En divisant par p de part et d'autre du signe d'égalité, nous obtenons

$$\frac{p-f}{pf} = \frac{1}{q} \quad \Rightarrow \quad \frac{p}{pf} - \frac{f}{pf} = \frac{1}{q} \quad \Rightarrow \quad \frac{1}{f} - \frac{1}{p} = \frac{1}{q}$$

ou encore

Il est intéressant de noter qu'il s'agit de la même équation que pour le miroir sphérique (**section 2.3**).

$$\boxed{\frac{1}{p} + \frac{1}{q} = \frac{1}{f}} \quad \text{**Équation de la lentille mince**}$$

Dans la démonstration géométrique que nous venons de faire, y_o et y_i représentent des longueurs (positives) de côtés de triangles. On peut également les considérer comme des positions selon un axe y perpendiculaire à l'axe optique dont l'origine coïncide avec l'axe optique : la position y est positive au-dessus de l'axe optique et négative au-dessous de l'axe. À partir de l'équation **(ii)** ci-dessus, nous pouvons écrire

Encore une fois, il s'agit de la même équation que pour le miroir sphérique.

$$\boxed{\frac{y_i}{y_o} = -\frac{q}{p}} \quad \text{**Rapport des positions perpendiculaires à l'axe pour une lentille mince**}$$

Dans la **situation 1**, y_o, p et q sont positifs, tandis que y_i est négatif ; c'est pour respecter cette convention de signes que nous avons introduit un signe négatif dans l'équation.

> **Situation 2 : *La détermination de la position de l'image par les équations.*** Pour la **situation 1**, on désire obtenir la position de l'image à l'aide des équations.

Nous avons $\boxed{f = 3 \text{ cm}}$, $\boxed{p = 5 \text{ cm}}$ et $\boxed{y_o = 2 \text{ cm}}$. Par l'équation de la lentille mince,

$$\frac{1}{p} + \frac{1}{q} = \frac{1}{f} \quad \Rightarrow \quad q = \left(\frac{1}{f} - \frac{1}{p}\right)^{-1} = \left(\frac{1}{(3 \text{ cm})} - \frac{1}{(5 \text{ cm})}\right)^{-1} \quad \Rightarrow \quad \boxed{q = 7,5 \text{ cm}}$$

Le rapport des positions perpendiculaires à l'axe est

$$\frac{y_i}{y_o} = -\frac{q}{p} \qquad \Rightarrow \qquad y_i = -\frac{q}{p}y_o = -\frac{(7,5\,\text{cm})}{(5\,\text{cm})}(2\,\text{cm}) \qquad \Rightarrow \qquad \boxed{y_i = -3\,\text{cm}}$$

Le signe négatif signifie que l'image est *sous* l'axe optique.

Les lentilles divergentes et la convention de signes

Dans ce qui précède, nous avons défini les rayons principaux et obtenu des équations générales en considérant un cas particulier : un objet situé devant une lentille mince à une distance p plus grande que la distance focale f de la lentille.

Les méthodes que nous avons présentées peuvent être utilisées pour n'importe quelle lentille mince (convergente ou divergente) et pour n'importe quelle position de l'objet. Il faut simplement les adapter pour tenir compte des différentes situations :

- Pour tenir compte des images virtuelles et des lentilles divergentes, il faut supposer que les valeurs de certains paramètres sont *négatives*.

- Par rapport à une lentille convergente, les positions des foyers objet et image d'une lentille divergente sont inversées. Quand on se déplace dans le sens des rayons et qu'on rencontre une lentille convergente, le foyer objet **F** est avant la lentille et le foyer image **F'** est après la lentille (schéma ci-dessous, à gauche). Pour une lentille divergente, c'est le contraire : le foyer image **F'** est avant la lentille et le foyer objet **F** est après la lentille (schéma ci-dessous, à droite).

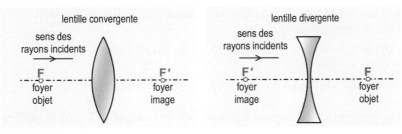

- Les règles de tracé des rayons principaux doivent parfois être interprétées en fonction des *prolongements* des rayons et non des rayons eux-mêmes (schémas ci-contre).

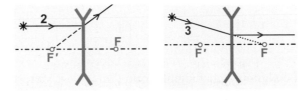

Le foyer image **F'** d'une lentille divergente est *virtuel* : les rayons incidents parallèles à l'axe sont déviés afin que leurs *prolongements* passent par **F'** (schéma ci-contre, à gauche). Le foyer objet **F** d'une lentille divergente est également virtuel : les rayons incidents dont les *prolongements* passent par **F** sont déviés parallèlement à l'axe (schéma ci-contre, à droite).

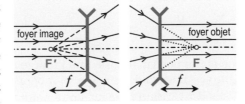

> **Situation 3 : *L'image formée par une lentille divergente.*** Les foyers d'une lentille mince divergente sont à 3 cm de part et d'autre de la lentille. Un objet réel est situé à 6 cm de la lentille et à 3 cm de l'axe optique. On désire tracer les rayons principaux et déterminer la position de l'image à l'aide des équations.

La solution est présentée sur le **schéma ci-contre**. Nous allons décrire étape par étape comment nous avons construit le schéma.

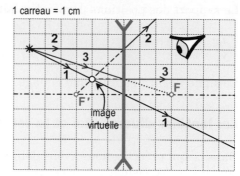

1 carreau = 1 cm

Nous avons commencé par placer le rayon **1**: dans un problème de tracé de rayons, c'est toujours celui qui est le plus facile à dessiner. Ensuite, nous avons tracé le rayon **2**: d'après la règle de tracé, ce rayon doit être dévié en passant par le foyer image **F'** — le problème, c'est que **F'** se trouve du côté des rayons incidents! *Le rayon **2** ne peut pas être réfléchi: il doit continuer vers la droite.* Il faut faire en sorte que le *prolongement* du rayon **2** dévié (en pointillés sur le schéma) passe par le foyer image **F'**.

Le rayon **3** est émis en direction du foyer objet **F**, mais il ne l'atteindra pas, car il est dévié par la lentille parallèlement à l'axe optique. Les prolongements des trois rayons déviés se croisent à gauche de la lentille et génèrent une image virtuelle. D'après le schéma, l'image est à 2 cm à gauche de la lentille et à 1 cm au-dessus de l'axe optique.

Nous allons maintenant voir comment déterminer la position de l'image à l'aide des équations

$$\frac{1}{p} + \frac{1}{q} = \frac{1}{f} \qquad \text{et} \qquad \frac{y_i}{y_o} = -\frac{q}{p}$$

Ces équations ont été obtenues pour une image réelle et une lentille convergente. Elles sont également valables pour les images virtuelles et les lentilles divergentes, à condition de considérer que

- la position q d'une image virtuelle est négative;
- la distance focale d'une lentille divergente est négative.

Avec cette convention de signes, les données de la **situation 3** sont $f = -3\,\text{cm}$, $p = 6\,\text{cm}$ et $y_o = 3\,\text{cm}$. Ainsi,

$$\frac{1}{p} + \frac{1}{q} = \frac{1}{f} \quad \Rightarrow \quad q = \left(\frac{1}{f} - \frac{1}{p}\right)^{-1} = \left(\frac{1}{(-3\,\text{cm})} - \frac{1}{(6\,\text{cm})}\right)^{-1} \quad \Rightarrow \quad \boxed{q = -2\,\text{cm}}$$

Le signe négatif signifie que l'image est virtuelle.

Le rapport des positions perpendiculaires à l'axe est

$$\frac{y_i}{y_o} = -\frac{q}{p} \quad \Rightarrow \quad y_i = -\frac{q}{p}\,y_o = -\frac{(-2\,\text{cm})}{(6\,\text{cm})}(3\,\text{cm}) \quad \Rightarrow \quad \boxed{y_i = 1\,\text{cm}}$$

Le signe positif signifie que l'image est au-dessus de l'axe optique.

Le grandissement linéaire d'une lentille mince

Dans les situations que nous avons analysées jusqu'à présent dans cette section, les paramètres y_o et y_i représentent la position d'un objet ponctuel et de son image par rapport à l'axe optique. En revanche, dans la **section 2.1: L'optique géométrique**, y_o et y_i représentaient les tailles de l'image et de l'objet.

Pour faire le lien entre la théorie qui précède et celle de la **section 2.1**, nous pouvons imaginer une « flèche lumineuse » dont la base se trouve sur l'axe optique, et le sommet, à la position y_0 (schéma ci-contre) : la taille de cet objet est égale à y_0. Par symétrie, l'image du bas de la flèche doit nécessairement se trouver sur l'axe optique. L'image du haut de la flèche lumineuse est à une distance y_i de l'axe : par conséquent, la taille de l'image de la flèche correspond à y_i.

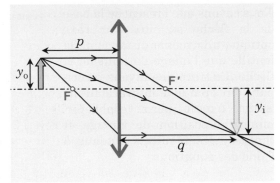

Dans la **section 2.1**, nous avons défini le grandissement linéaire comme le rapport de y_i sur y_0 :

$$g = \frac{y_i}{y_0}$$

Pour une lentille mince, nous avons vu que

$$\frac{y_i}{y_0} = -\frac{q}{p}$$

Ainsi, le grandissement linéaire d'une lentille mince est

$$g = -\frac{q}{p}$$

Situation 4 : *L'image d'une flèche lumineuse.* Une flèche lumineuse de 2 cm de hauteur est placée à 4 cm d'une lentille convergente dont la distance focale est de 8 cm. (La flèche est perpendiculaire à l'axe et sa base est sur l'axe.) On désire déterminer la position de l'image, la taille de l'image et le grandissement linéaire par les équations, puis confirmer les résultats par le tracé des rayons principaux.

Nous avons $f = 8\ \text{cm}$, $p = 4\ \text{cm}$ et $y_0 = 2\ \text{cm}$. La position de l'image est

$$\frac{1}{p} + \frac{1}{q} = \frac{1}{f} \quad \Rightarrow \quad q = \left(\frac{1}{f} - \frac{1}{p}\right)^{-1} = \left(\frac{1}{(8\ \text{cm})} - \frac{1}{(4\ \text{cm})}\right)^{-1} \quad \Rightarrow \quad \boxed{q = -8\ \text{cm}}$$

Le signe négatif signifie que l'image est virtuelle.

La taille de l'image est

$$\frac{y_i}{y_0} = -\frac{q}{p} \quad \Rightarrow \quad y_i = -\frac{q}{p} y_0 = -\frac{(-8\ \text{cm})}{(4\ \text{cm})}(2\ \text{cm}) \quad \Rightarrow \quad \boxed{y_i = 4\ \text{cm}}$$

Le grandissement linéaire est

$$g = \frac{y_i}{y_0} = \frac{(4\ \text{cm})}{(2\ \text{cm})} \quad \Rightarrow \quad \boxed{g = 2}$$

La valeur positive de g signifie que l'image est à l'endroit par rapport à l'objet.

Nous savons que l'image de la base de la flèche se situe sur l'axe optique, à la même distance de la lentille que l'image du haut de la flèche. Le tracé des rayons principaux émis par la pointe de la flèche (schéma ci-contre) permet de déterminer la position de l'image et confirme les résultats obtenus à l'aide des équations.

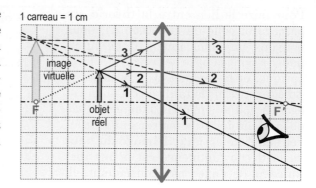

Une image à l'infini

Lorsqu'un objet réel se trouve à une distance d'une lentille convergente égale à la distance focale ($p = f$), l'équation

$$\frac{1}{p} + \frac{1}{q} = \frac{1}{f}$$

donne $1/q = 0$, ce qui signifie que q tend vers l'infini. Nous avons représenté le tracé des rayons sur le schéma ci-contre. (Le rayon **3** est impossible à tracer.) Une fois déviés, les rayons sont parallèles entre eux : ils ne se croisent jamais, mais on peut dire d'une certaine façon qu'ils se rejoignent à l'infini à droite ou que leurs prolongements se rejoignent à l'infini à gauche. Par conséquent, qualifier une image à l'infini de réelle ou de virtuelle n'a aucun sens.

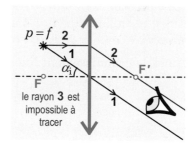

Si on place une tige de longueur y_o à une distance $p = f$ d'une lentille convergente, la taille de l'image y_i est infinie, ce qui signifie que le grandissement linéaire g est également infini. L'image est infiniment grande, mais comme elle se situe à une distance infinie, sa taille angulaire α_i possède une valeur *finie* bien déterminée : il s'agit de l'angle que font les rayons réfléchis avec l'axe optique (voir schéma).

Le grandissement angulaire d'une loupe

Une loupe (photo ci-contre) est une simple lentille convergente : pour s'en servir, il faut placer l'objet à observer assez près de la lentille (plus près que la distance focale), ce qui crée une image virtuelle, agrandie et à l'endroit. Comme nous l'avons mentionné dans la **section 2.1 : L'optique géométrique**, le grandissement linéaire g n'indique pas directement si l'image apparaît plus grande ou plus petite que l'objet : par exemple, l'image

peut être deux fois plus grande, mais si elle est trois fois plus loin, elle apparaîtra plus petite. Pour déterminer par quel facteur une loupe aide à observer les détails d'un petit objet, il faut calculer G, le grandissement *angulaire*. C'est ce que nous allons faire dans les deux situations suivantes.

Afin de déterminer par quel facteur la loupe améliore les observations, il faut d'abord évaluer la taille angulaire *maximale* de la mouche lorsqu'on l'observe à l'œil nu. Plus la mouche est près de l'œil, plus la taille angulaire qu'elle sous-tend est grande. Toutefois, lorsque la mouche est plus rapprochée que le punctum proximum, la vision devient floue. Lorsqu'on évalue une taille angulaire, il est impératif que la vision demeure nette : sinon, on pourrait coller l'œil sur l'objet, qui aurait ainsi une taille angulaire de 180° !

La taille de la mouche est $y_0 = 1\text{ mm} = 0,1\text{ cm}$ et la distance du punctum proximum de l'observateur est $d_{PP} = 25\text{ cm}$ (schéma ci-contre). Ainsi, la taille angulaire maximale de l'objet observé à l'œil nu de manière nette est

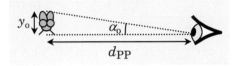

$$\alpha_o = \arctan\left(\frac{y_0}{d_{PP}}\right) = \arctan\left(\frac{(0,1\text{ cm})}{(25\text{ cm})}\right) = \arctan(0,004) \quad \Rightarrow \quad \boxed{\alpha_o = 0,2292°}$$

Nous voulons que l'observateur colle son œil contre la loupe et que l'image se forme à son punctum proximum, donc à 25 cm de l'œil (et, par conséquent, de la lentille). Comme l'image est virtuelle, $q = -25\text{ cm}$. La distance focale de la lentille est $f = 5\text{ cm}$, d'où

$$\frac{1}{p}+\frac{1}{q}=\frac{1}{f} \quad \Rightarrow \quad \frac{1}{p}=\frac{1}{f}-\frac{1}{q}=\frac{1}{(5\text{ cm})}-\frac{1}{(-25\text{ cm})}=0,24\text{ cm}^{-1} \quad \Rightarrow \quad p=4,167\text{ cm}$$

Le grandissement linéaire est

$$g = -\frac{q}{p} = -\frac{(-25\text{ cm})}{(4,167\text{ cm})} = 6$$

Ainsi, la taille de la mouche est

$$g = \frac{y_i}{y_0} \quad \Rightarrow \quad y_i = g y_0 = 6 \times (0,1\text{ cm}) = 0,6\text{ cm}$$

La taille angulaire de l'image (schéma ci-contre) est

$$\alpha_i = \arctan\left(\frac{y_i}{|q|}\right) = \arctan\left(\frac{(0,6\text{ cm})}{(25\text{ cm})}\right)$$

$$\boxed{\alpha_i = 1,375°}$$

(Il faut prendre q en valeur absolue pour avoir une valeur positive de α_i : en effet, l'image est à l'endroit.)

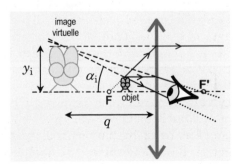

Dans cette situation, le grandissement angulaire rendu possible par la loupe est

$$G = \frac{\alpha_i}{\alpha_o} = \frac{1{,}375°}{0{,}2292°} \quad \Rightarrow \quad \boxed{G = 6}$$

L'observateur voit la mouche 6 fois plus haute à travers la loupe que lorsqu'il l'observe à l'œil nu. (Ici, $G = g$, car l'objet et l'image sont tous deux observés à 25 cm de distance.)

> **Situation 6 :** *Une mouche observée à la loupe, prise 2.* On reprend la **situation 5**, mais cette fois, on désire déterminer la taille angulaire et le grandissement angulaire lorsque l'image de la mouche à travers la loupe est située à l'infini.

Nous voulons cette fois que l'image se forme à l'infini (schéma ci-contre). D'après le schéma,

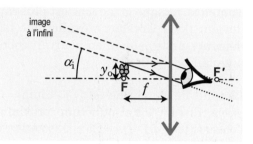

$$\alpha_i = \arctan\left(\frac{y_o}{f}\right) = \arctan\left(\frac{(0{,}1\,\text{cm})}{(5\,\text{cm})}\right)$$

$$\boxed{\alpha_i = 1{,}146°}$$

d'où

$$G = \frac{\alpha_i}{\alpha_o} = \frac{1{,}146°}{0{,}2292°} \quad \Rightarrow \quad \boxed{G = 5}$$

On constate que le grandissement angulaire est légèrement inférieur à celui que l'on obtient lorsque l'image se forme au punctum proximum.

Pour terminer cette section, nous présentons une série d'erreurs conceptuelles fréquentes associées à la notion d'image en optique géométrique.

ERREURS CONCEPTUELLES FRÉQUENTES : LES IMAGES	
CONCEPTION ERRONÉE	**CONCEPTION CORRECTE**
L'image créée par un miroir sphérique ou une lentille se forme toujours au foyer. ✘	Il faut que l'objet soit *infiniment loin* et situé *sur l'axe* pour que son image se forme au foyer (pour être plus précis, dans le cas de la lentille, il s'agit du foyer image). ✔
Plus le diamètre d'un miroir ou d'une lentille est gros, plus les images sont grandes. ✘	La taille d'une image dépend de la taille et de la position de l'objet, ainsi que de la *distance focale* du miroir ou de la lentille, qui est déterminée par la *courbure* des faces, et non par le diamètre du miroir ou de la lentille. (Un miroir ou une lentille de plus grand diamètre recueille plus de lumière, ce qui produit une image plus *intense*.) ✔
S'il n'y a pas d'écran pour recueillir une image réelle, il est impossible de la voir. ✘	On peut recueillir une image réelle sur un écran, mais on peut également se placer sur l'axe au-delà de la position de l'image et la voir directement en regardant vers le miroir ou la lentille : c'est ce qui se produit, par exemple, lorsqu'on se voit « la tête à l'envers » dans le creux d'une cuillère. ✔

Une lentille convergente crée toujours une image réelle, et une lentille divergente crée toujours une image virtuelle. ✘	Une lentille convergente peut créer une image réelle (effet « projecteur ») ou une image virtuelle (effet « loupe ») ; une lentille divergente crée toujours une image virtuelle d'un objet réel, mais si l'objet est virtuel, l'image peut être réelle. ✓
Sur une feuille de papier placée à une certaine distance d'une lentille, on recueille une image réelle nette : si on éloigne la feuille, on obtient encore une image, et elle est plus grande. ✘	Si on éloigne *légèrement* la feuille, on voit une « image » plus grande, mais *floue*, ce qui ne respecte pas la définition d'image en optique géométrique (comme les rayons se croisent à la position de l'image, elle est, par définition, nette). Si on éloigne davantage la feuille, on obtient une tache de lumière de moins en moins intense. ✓
Sur une feuille de papier placée à une certaine distance d'une lentille, on recueille une image : si on colle un ruban sur la lentille afin de masquer sa moitié inférieure, on fait disparaître la moitié de l'image sur la feuille de papier. ✘	Chaque point de l'image réelle sur la feuille de papier est formé par la convergence d'un nombre incalculable de rayons qui sont partis du même point de l'objet et qui ont chacun traversé la lentille à un endroit différent. Si on arrête la moitié de ces rayons à la sortie de la lentille, l'autre moitié forme quand même une image nette. Sur la feuille de papier, on continue de voir une image complète de l'objet, mais elle est deux fois moins intense. ✓

axe optique (d'une lentille) : droite qui passe par le centre de la lentille et qui est perpendiculaire aux surfaces qu'elle croise.

distance focale (d'une lentille) : (symbole : f) distance entre chacun des foyers et la lentille ; par définition, la valeur de f est positive pour une lentille convergente et négative pour une lentille divergente.

foyer image : (symbole : F') point où se forme l'image lorsque les rayons incidents sont parallèles à l'axe optique ; un rayon incident parallèle à l'axe optique émerge de la lentille en passant par le foyer image (ou de manière à ce que son prolongement passe par le foyer image).

foyer objet : (symbole : F) point où doit se situer un objet pour que les rayons qui émergent de la lentille soient parallèles à l'axe optique ; un rayon incident qui passe par le foyer objet (ou dont le prolongement passe par le foyer objet) émerge de la lentille parallèlement à l'axe optique.

lentille convergente : lentille qui transforme un faisceau incident de rayons parallèles en un faisceau émergent de rayons convergents ; lorsque la lentille est faite d'un matériau plus réfringent que son environnement, il faut que son centre soit plus épais que ses bords pour qu'elle soit convergente ; la distance focale f d'une lentille convergente est positive.

lentille divergente : lentille qui transforme un faisceau incident de rayons parallèles en un faisceau émergent de rayons divergents ; lorsque la lentille est faite d'un matériau plus réfringent que son environnement, il faut que son centre soit plus mince que ses bords pour qu'elle soit divergente ; la distance focale f d'une lentille divergente est négative.

lentille mince : objet transparent dont la distance entre les deux faces est beaucoup plus petite que le rayon de courbure des faces.

rayon principal (d'une lentille) : un des trois rayons issus d'un objet, pour lequel une règle simple permet de tracer la portion réfractée.

QUESTIONS

Q1. Pour qu'une lentille de verre placée dans l'air soit convergente, il faut que son centre soit plus _____ que ses bords.

Q2. Sur un schéma, comment représente-t-on une lentille **(a)** convergente ; **(b)** divergente ?

Q3. À l'aide de schémas, expliquez comment on peut utiliser une lentille convergente pour construire **(a)** un four solaire ; **(b)** un projecteur.

Q4. Qu'est-ce que l'aberration chromatique ? À quoi est-elle due ?

Q5. Les rayons incidents parallèles à l'axe qui frappent une lentille convergente sont déviés vers le foyer _____ ; les rayons incidents qui passent par le foyer _____ ressortent de la lentille parallèlement à l'axe.

Q6. Énoncez, en mots et à l'aide d'un schéma, les règles qui permettent de tracer les trois rayons principaux pour une lentille mince.

Q7. Donnez le signe de la distance focale f pour une lentille **(a)** convergente ; **(b)** divergente.

Q8. Un objet réel est placé devant une lentille convergente, à une certaine distance de l'axe optique. Placez l'objet pour que l'image soit à l'infini et tracez les rayons principaux.

EXERCICES

○ Exercice dont la solution ne requiert ni calculatrice ni algèbre complexe.

Dans les exercices, toutes les lentilles sont minces. Lorsque l'objet réel est une flèche lumineuse, on suppose que la flèche est perpendiculaire à l'axe et que sa base est sur l'axe.

RÉCHAUFFEMENT

2.6.1 *Une image quatre fois plus petite.* Une flèche lumineuse est placée à 50 cm d'une lentille mince. La hauteur de l'image (en valeur absolue) correspond à 25 % de la hauteur de l'objet. Déterminez la distance focale de la lentille, sachant qu'elle est **(a)** convergente ; **(b)** divergente.

2.6.2 *La distance entre l'image et l'objet.* Un objet réel ponctuel est placé sur l'axe optique d'une lentille mince convergente qui possède une distance focale de 15 cm. Pour chacune des situations suivantes, déterminez la distance entre *l'image et l'objet* : **(a)** l'objet est à 30 cm de la lentille ; **(b)** l'objet est à 20 cm de la lentille ; **(c)** l'objet est à 10 cm de la lentille ; **(d)** l'image réelle est à 25 cm de la lentille ; **(e)** l'image virtuelle est à 25 cm de la lentille.

2.6.3 *Un projecteur de données.* Béatrice utilise un projecteur de données pour présenter son projet d'épreuve synthèse de programme au reste de la classe. Dans l'appareil, un petit panneau lumineux de 2 cm de largeur et de 1,5 cm de hauteur reproduit ce que l'ordinateur lui envoie. Une lentille projette l'image sur un écran de 4 m de largeur et de 3 m de hauteur situé à 5 m de distance de la lentille. Quelle est la distance focale de la lentille ?

SÉRIE PRINCIPALE

○ **2.6.4** *Un tracé problématique.* Dans un rapport de laboratoire, un étudiant dessine le schéma ci-contre. Quel est le problème ?

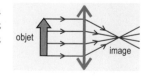

2.6.5 *Une image projetée sur un écran.* Une flèche lumineuse est placée devant une lentille mince qui possède une distance focale de 15 cm. Une image nette de la flèche se forme sur un écran placé à 2,4 m de la lentille. **(a)** Quelle est la distance entre l'objet et la lentille ? **(b)** Quelle est la distance entre l'objet et l'image ? **(c)** L'image est-elle à l'endroit ou à l'envers ? **(d)** Quel est le grandissement linéaire ?

2.6.6 *Une image deux fois plus grande.* Un petit objet est placé sur l'axe optique d'une lentille mince convergente qui possède une distance focale de 15 cm. L'image est deux fois plus haute que l'objet (en valeur absolue). Quelle est la distance entre l'objet et la lentille ? (Il y a deux réponses possibles.)

2.6.7 *La position de l'image par le tracé de rayons et par les équations.* Chacune des situations suivantes représente un objet réel placé devant une lentille mince. Faites un schéma à l'échelle des rayons principaux et déterminez la position de l'image ; vérifiez que vous obtenez le même résultat à l'aide des équations.

	p (cm)	y_0 (cm)	f (cm)
(a)	12	1	5
(b)	8	1	5
(c)	2	2	6
(d)	2	2	−4

2.6.8 *La taille de l'image par le tracé de rayons et par les équations.* Pour chacune des situations de l'**exercice 2.6.7**, calculez le grandissement linéaire et vérifiez que la valeur obtenue concorde avec le schéma des rayons principaux.

2.6.9 *La loupe d'Albert.* Le punctum proximum de l'œil d'Albert est à 25 cm. Il observe une graine de moutarde de 1 mm de diamètre. **(a)** Quelle est la taille angulaire maximale que peut avoir la graine lorsqu'Albert l'observe à l'œil nu ? (La vision doit demeurer nette.) **(b)** Albert colle devant son œil une lentille convergente dont la distance focale est de 15 cm ; quelle doit être la distance entre la graine et la lentille pour que le grandissement *linéaire* soit de 3 ? **(c)** Dans la situation décrite en (b), déterminez la taille angulaire de l'image de la graine vue par Albert ainsi que le grandissement *angulaire*.

2.6.10 *La loupe d'Albert, prise 2.* Le punctum proximum de l'œil d'Albert est à 25 cm. Calculez le grandissement angulaire qu'il obtient lorsqu'il colle son œil à une lentille convergente dont la distance focale est de 10 cm et qu'il s'arrange pour que l'image se forme au punctum proximum : comparez la taille angulaire de l'image avec la taille angulaire *maximale* de l'objet lorsqu'Albert le voit à l'œil nu de manière nette. (Vous pouvez utiliser l'approximation des petits angles, tan $\theta \approx \theta$, où θ est en radians.)

SÉRIE SUPPLÉMENTAIRE

2.6.11 *La mise au point d'un appareil photo.* Un appareil photo numérique rudimentaire est composé d'une lentille convergente dont la distance focale est de 5 cm et d'un détecteur de lumière rectangulaire. Pour que l'image soit nette, on peut faire varier la distance d entre la lentille et le détecteur. On désire photographier une fleur qui se trouve à 150 cm de la lentille : déterminez d pour que l'image soit nette.

2.6.12 *Quand l'objet et l'image sont superposés.* Dans la **section 2.3 : Les miroirs sphériques**, à l'**exercice 2.3.4**, nous avons étudié une situation où l'image d'un objet réel placé devant un miroir sphérique est *à la même position* que l'objet. Une situation équivalente est-elle possible avec une lentille mince ? Si oui, comment ?

2.6.13 *La distance entre l'objet et la lentille.* Un objet réel ponctuel est placé sur l'axe optique d'une lentille mince convergente qui possède une distance focale de 15 cm. La distance entre *l'objet et l'image* est de 80 cm. Déterminez la distance entre l'objet et la lentille. Pour chacune des solutions possibles (il y en a trois), dites si l'image est réelle ou virtuelle.

2.6.14 *La mise au point d'un appareil photo, prise 2.* Considérez de nouveau l'appareil photo de l'**exercice 2.6.11**. On désire photographier de la tête aux pieds une personne qui mesure 1,78 m de manière à ce que l'image de la personne couvre complètement la hauteur du détecteur, qui est de 1,5 cm. **(a)** À quelle distance de la lentille doit se situer la personne ? **(b)** Quelle est la distance d entre la lentille et le détecteur ? **(c)** Faites un schéma qualitatif qui représente la personne, la lentille, le détecteur et trois rayons (pas nécessairement principaux) qui partent de chacune des deux extrémités de la personne. (En raison de la différence entre la hauteur de la personne et celle du détecteur, il est préférable de ne pas faire le schéma à l'échelle !)

2.6.15 *Un œil vu à travers une loupe.* Une fillette tient une loupe de 10 cm de distance focale à 4,5 cm de son œil gauche (photo ci-dessous). **(a)** Calculez le grandissement linéaire. **(b)** Un observateur est situé à 30 cm de la loupe (donc, à 34,5 cm de l'œil gauche de la fillette) : calculez le rapport de la taille angulaire de l'œil vu à travers la loupe sur la taille angulaire de son œil si elle enlève la loupe. (Vous pouvez utiliser l'approximation des petits angles, tan $\theta \approx \theta$, où θ est en radians.)

ISTOCKPHOTO

2.6.16 *Un œil deux fois plus petit.*
Une optométriste tient une paire de lunettes à 60 cm de son visage (photo ci-contre). Le patient, situé à 80 cm de la paire de lunettes, voit un des yeux de l'optométriste directement, et l'image de l'œil à travers une des lentilles : la taille angulaire de l'image de l'œil est deux fois plus petite que celle de l'œil vu directement. **(a)** L'image de l'œil à travers la lentille est-elle réelle ou virtuelle ? **(b)** La lentille est-elle convergente ou divergente ? **(c)** Déterminez la distance focale de la lentille.

ISTOCKPHOTO

2.6.17 *Un explorateur perdu.*
L'explorateur sur la photo ci-contre n'a jamais suivi de cours d'optique géométrique. Il essaie de mieux voir le chemin qu'il doit emprunter à l'aide d'une loupe. Pourquoi est-ce une mauvaise idée ? Que devrait-il faire ?

ISTOCKPHOTO

La formule des opticiens

Après l'étude de cette section, le lecteur pourra calculer la distance focale
d'une lentille mince à partir des rayons de courbure de chacune de ses faces
et de l'indice de réfraction du matériau dont elle est faite.

APERÇU

Considérons une lentille mince d'indice de réfraction n_L composée de deux dioptres dont les rayons de courbure sont R_A et R_B (le dioptre **A** est celui qui est traversé en premier par les rayons). Lorsque la lentille est entourée d'air (schéma ci-contre), les positions de l'objet et de l'image sont reliées entre elles par l'équation

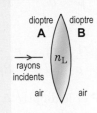

$$\frac{1}{p} + \frac{1}{q} = (n_L - 1)\left(\frac{1}{R_A} - \frac{1}{R_B}\right)$$

En comparant cette équation avec

$$\frac{1}{p} + \frac{1}{q} = \frac{1}{f}$$

on peut conclure que la distance focale d'une lentille mince entourée d'air est donnée par

$$\boxed{\frac{1}{f} = (n_L - 1)\left(\frac{1}{R_A} - \frac{1}{R_B}\right)}$$ **Formule des opticiens**

Cette **formule des opticiens** permet aux fabricants de verres correcteurs de déterminer les rayons de courbure qu'ils doivent donner aux faces d'une lentille pour obtenir la distance focale désirée.

La convention de signes est celle des dioptres (schémas ci-dessous): en voyageant dans le sens des rayons, un dioptre convexe a un rayon de courbure positif, et un dioptre concave a un rayon de courbure négatif.

On peut identifier la forme d'une lentille en lui donnant un nom qui fait référence à la concavité de chacune de ses faces du point de vue d'un observateur placé à l'extérieur de la lentille, du côté de la face en question (schéma ci-dessous). D'après la formule des opticiens, les trois lentilles de gauche sont convergentes ($f > 0$), et les trois lentilles de droite sont divergentes ($f < 0$) : les lentilles convergentes sont plus épaisses au centre que sur les bords, tandis que pour les lentilles divergentes, c'est le contraire.

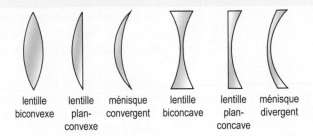

EXPOSÉ

À la **section 2.6 : Les lentilles minces**, nous avons étudié la formation d'une image par une lentille mince dont la distance focale f était connue. Dans la présente section, nous allons voir comment déterminer la distance focale f d'une lentille mince, connaissant l'indice de réfraction du matériau dont elle est faite et les rayons de courbure de ses faces. Comme chacune des faces de la lentille est un dioptre, nous allons nous baser sur la théorie présentée dans la **section 2.5 : Les dioptres sphériques**.

Considérons une lentille mince faite d'un matériau d'indice de réfraction n_L (« L » pour « lentille »), entourée d'air (schéma en haut de la page suivante). Un objet réel ponctuel est placé en **P**. La première face de la lentille (dioptre **A**) génère une image *virtuelle* de **P** en **P'**. Cette image devient un objet *réel* pour la deuxième face de la lentille (dioptre **B**). L'image finale est réelle et elle est située en **Q**.

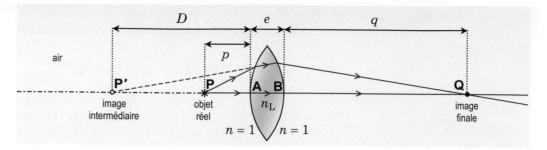

Pour le dioptre **A**, les rayons voyagent d'un milieu d'indice $n_1 = 1$ à un milieu d'indice $n_2 = n_L$. L'équation du dioptre,

$$\frac{n_1}{p} + \frac{n_2}{q} = \frac{n_2 - n_1}{R}$$

s'écrit

$$\frac{1}{p} + \frac{n_L}{-D} = \frac{n_L - 1}{R_A} \quad \textbf{(i)}$$

où p est la distance entre l'objet **P** et le dioptre **A**, D est la distance entre l'image **P'** et le dioptre **A** et R_A est le rayon de courbure du dioptre **A**. Le paramètre D représente une distance positive sur le schéma. Comme l'image **P'** est virtuelle, le paramètre q qui la représente est négatif : c'est pour cela qu'il faut écrire $q = -D$ dans l'équation **(i)** qui décrit le dioptre **A**.

Pour le dioptre **B**, les rayons voyagent d'un milieu d'indice $n_1 = n_L$ à un milieu d'indice $n_2 = 1$. L'équation du dioptre s'écrit

$$\frac{n_L}{D + e} + \frac{1}{q} = \frac{1 - n_L}{R_B} \quad \textbf{(ii)}$$

où e représente l'épaisseur de la lentille. La distance entre l'objet **P'** et le dioptre est $D + e$. (Il s'agit d'une distance positive, car **P'** agit comme un objet réel pour le dioptre **B**.) L'image finale réelle se forme à une distance q positive du dioptre.

Nous voulons obtenir une équation qui décrit une lentille *mince* : ainsi, nous pouvons supposer que e est négligeable par rapport aux autres distances en jeu, ce qui fait disparaître ce paramètre de l'équation **(ii)**. En additionnant les équations **(i)** et **(ii)**, nous obtenons

$$\frac{1}{p} + \frac{n_L}{-D} + \frac{n_L}{D} + \frac{1}{q} = \frac{n_L - 1}{R_A} + \frac{1 - n_L}{R_B}$$

$$\frac{1}{p} + \frac{1}{q} = \frac{n_L - 1}{R_A} - \frac{n_L - 1}{R_B}$$

$$\frac{1}{p} + \frac{1}{q} = (n_L - 1)\left(\frac{1}{R_A} - \frac{1}{R_B}\right)$$

En comparant cette équation avec l'équation de la lentille mince,

$$\frac{1}{p} + \frac{1}{q} = \frac{1}{f}$$

nous pouvons conclure que la distance focale d'une lentille mince entourée d'air est donnée par

$$\boxed{\frac{1}{f} = (n_L - 1)\left(\frac{1}{R_A} - \frac{1}{R_B}\right)}$$ **Formule des opticiens**

Cette équation est connue sous le nom de **formule des opticiens**. Elle permet aux opticiens et aux optométristes de tailler les verres des lunettes afin d'obtenir la distance focale voulue.

Il est important de noter que la formule des opticiens s'applique uniquement aux lentilles *minces*: on *ne peut pas* s'en servir pour analyser un système de deux dioptres séparés par une distance non négligeable (par exemple, les **situations 2** et **3** de la **section 2.5 : Les dioptres sphériques**).

Le schéma ci-contre indique le nom que l'on donne aux différentes formes que peut prendre une lentille : les termes « concave » et « convexe » font référence à la courbure de chacune de ses faces du point de vue d'un observateur placé à l'extérieur de la lentille, du côté de la face en question.

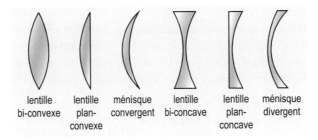

lentille bi-convexe · lentille plan-convexe · ménisque convergent · lentille bi-concave · lentille plan-concave · ménisque divergent

Lorsqu'une lentille est concave d'un côté et convexe de l'autre (ce qui est le cas des verres de contact et des verres de la plupart des lunettes), on la qualifie de *ménisque*. Un ménisque dont les courbures des faces font en sorte qu'il est plus épais au centre que sur les bords possède une distance focale positive : il est convergent, d'où le nom qu'on lui donne. Un ménisque plus épais sur les bords qu'au centre est divergent (sa distance focale est négative).

Considérons le ménisque convergent représenté sur le schéma ci-contre, et imaginons un rayon incident qui voyage de gauche à droite. *Du point de vue de ce rayon*, les deux faces du ménisque sont *convexes* : d'après la convention de signes des dioptres, R_A et R_B sont positifs. Le premier dioptre rencontré est plus bombé que le second, ce qui implique que son rayon de courbure est plus *petit* : $R_A < R_B$. Par conséquent, $1/R_A > 1/R_B$, ce qui fait en sorte que la parenthèse dans la formule des opticiens est positive. Comme le terme $n_L - 1$ est également positif, la distance focale est positive : le ménisque est bien convergent.

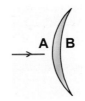

Attention : sur le schéma ci-contre, la face **A** du ménisque est convexe du point de vue d'un observateur situé à sa gauche, et la face **B** est concave du point de vue d'un observateur situé à sa droite. En revanche, *du point de vue des rayons incidents*, les deux faces sont convexes.

Par un raisonnement similaire, on peut conclure que la lentille biconvexe et la lentille plan-convexe sont convergentes ($f > 0$), tandis que la lentille biconcave, la lentille plan-concave et le ménisque divergent sont divergents ($f < 0$). Il est intéressant de remarquer qu'une *lentille convergente est plus épaisse au centre que sur les bords* ; pour une lentille divergente, c'est le contraire.

Dans la **section 2.10 : La vergence des lentilles minces**, nous verrons qu'une lentille qui est convergente lorsqu'elle est entourée d'air devient divergente lorsqu'on la plonge dans un milieu dont l'indice de réfraction est plus grand que son propre indice (de même, si la lentille est divergente dans l'air, elle devient convergente).

> **Situation 1 :** *Une lentille plan-concave.* On désire construire une lentille mince plan-concave en verre ($n = 1,5$) qui possède une distance focale de −20 cm lorsqu'elle est entourée d'air. On désire déterminer le rayon de courbure de la face concave.

Imaginons que les rayons rencontrent d'abord la face concave dont le rayon de courbure est R_A (schéma ci-contre). Nous avons $n_L = 1,5$, $R_B = \infty$ (face plane) et $f = -20 \text{ cm}$. La formule des opticiens donne

$$\frac{1}{f} = (n_L - 1)\left(\frac{1}{R_A} - \frac{1}{R_B}\right)$$

$$\frac{1}{(-20 \text{ cm})} = (1,5 - 1)\left(\frac{1}{R_A} - 0\right)$$

$$(-0,05 \text{ cm}^{-1}) = \frac{0,5}{R_A}$$

$$R_A = -10 \text{ cm}$$

Nous obtenons une valeur négative en raison de la convention de signes des dioptres : en effet, du point de vue des rayons incidents, le dioptre **A** est *concave*. En valeur absolue, le rayon de courbure de la face concave est de $\boxed{10 \text{ cm}}$.

Il est intéressant de remarquer que l'on obtient la même distance focale si on retourne la lentille (schéma ci-contre). Dans ce cas, nous avons $R_A = \infty$ et $R_B = +10$ cm (du point de vue des rayons lumineux, le dioptre **B** est *convexe*, d'où le signe positif). Par conséquent,

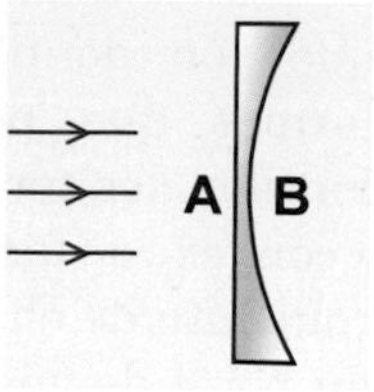

$$\frac{1}{f} = (n_L - 1)\left(\frac{1}{R_A} - \frac{1}{R_B}\right)$$

$$\frac{1}{f} = (1,5 - 1)\left(0 - \frac{1}{(10 \text{ cm})}\right) = -0,05 \text{ cm}^{-1}$$

$$f = -20 \text{ cm}$$

Une lentille divergente demeure divergente si on la retourne : elle *ne devient pas convergente*.

GLOSSAIRE

formule des opticiens : équation qui permet de calculer la distance focale d'une lentille mince à partir des rayons de courbure de chacune de ses faces et de l'indice de réfraction du matériau dont elle est faite.

DÉMONSTRATION

D1. Démontrez la formule des opticiens à partir de l'équation du dioptre.

EXERCICES

○ Exercice dont la solution ne requiert ni calculatrice ni algèbre complexe.

Dans les exercices, les lentilles sont entourées d'air. À moins d'avis contraire, l'indice de réfraction du verre est de 1,5.

RÉCHAUFFEMENT

○ **2.7.1** *Convergente ou divergente ?* Considérez une lentille plan-convexe en verre entourée d'air (schéma ci-contre). **(a)** Pour un observateur situé du côté de la face plane, agit-elle comme une lentille convergente ou divergente ? **(b)** Même question pour un observateur situé du côté de la face convexe.

SÉRIE PRINCIPALE

2.7.2 *Une lentille plan-convexe.* Déterminez le rayon de courbure de la face convexe d'une lentille mince plan-convexe en verre pour que sa distance focale soit de 50 cm. On suppose que la lentille est entourée d'air.

2.7.3 *Les lunettes de soleil.* Les lentilles d'une paire de lunettes solaires (photo ci-contre) sont faites d'un plastique teinté dont l'indice de réfraction est de 1,55 : la face « avant » des lentilles est convexe, et son

DREAMSTIME

rayon de courbure est de 50 cm. Les lunettes s'adressent à des personnes qui n'ont pas de problème de vision : elles ne corrigent pas la vue. **(a)** Les lentilles sont-elles biconvexes, plan-convexes, ou en forme de ménisque ? **(b)** Quel est le rayon de courbure de l'autre face ? **(c)** Quelle est la distance focale des lentilles ?

2.7.4 *La détermination expérimentale de la distance focale d'une lentille divergente.* Au laboratoire, vous disposez d'une lentille mince biconcave en verre (schéma ci-contre) dont les faces ont le même rayon de courbure R (en valeur absolue). Pour déterminer la valeur de R, vous vous servez d'une des faces de la lentille comme d'un miroir concave : vous placez un objet à 10 cm de la lentille et vous recueillez une image réelle sur une feuille de papier située à 20 cm de la lentille. **(a)** La feuille de papier est-elle placée du même côté de la lentille que l'objet, ou de l'autre côté ? **(b)** Quelle est la valeur de R ? **(c)** Calculez la distance focale de la lentille.

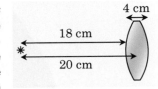

SÉRIE SUPPLÉMENTAIRE

2.7.5 *Une lentille plus ou moins mince.* Considérez la lentille biconvexe « épaisse » représentée sur le schéma ci-contre : le rayon de courbure de chacune de ses faces (en valeur absolue) est de 10 cm et il y a une distance de 4 cm entre les dioptres. On place un objet à 18 cm de la face de gauche. Déterminez la distance entre *l'objet* et *l'image* en considérant la lentille épaisse **(a)** comme un système de deux dioptres ; **(b)** comme une lentille mince située à 20 cm de l'objet (utilisez la formule des opticiens pour déterminer la distance focale de la lentille). **(c)** Est-il raisonnable de considérer cette lentille comme une lentille mince ?

US AIR FORCE
DIRECTED ENERGY DIRECTORATE

Les systèmes de lentilles

Après l'étude de cette section, le lecteur pourra déterminer la position et la taille
de l'image d'un objet placé devant un système de deux lentilles minces.

APERÇU

Afin de déterminer la position de l'image finale générée
par un système de deux lentilles, on peut considérer que
l'image formée par la première lentille devient l'objet de
la seconde lentille.

Lorsque l'image formée par la première lentille (si la
seconde lentille n'était pas là) est « au-delà » de la
seconde lentille (schéma ci-contre), cette dernière reçoit un
faisceau convergent : l'objet de la seconde lentille est
virtuel et il faut considérer que la valeur de *p* est
négative.

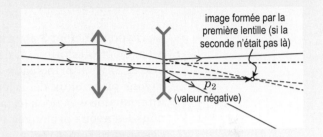

image formée par la
première lentille (si la
seconde n'était pas là)

p_2
(valeur négative)

EXPOSÉ

Dans la **section 2.6 : Les lentilles minces**, nous
avons analysé les images formées par une
lentille mince. La plupart des instruments
d'optique comportent plusieurs lentilles
minces (illustration ci-contre). Dans cette section, nous allons analyser la formation des
images par un système de deux lentilles
en appliquant la théorie présentée dans la
section 2.6 : Les lentilles minces à chacune des
lentilles : l'image de l'objet formée par la
première devient l'objet de la seconde.

DREAMSTIME

Dans la **section 2.11**,
nous analyserons plus
spécifiquement le mode de
fonctionnement du
microscope composé et de
la *lunette astronomique*, des
instruments comportant deux
lentilles convergentes.

Situation 1 : *Un système de deux lentilles.* Une flèche lumineuse de 2 cm de hauteur est
placée à 6 cm à gauche d'une lentille convergente **A** dont la distance focale est de
3 cm. Une lentille convergente **B** dont la distance focale est de 10 cm est placée à
12 cm à droite de la lentille **A**. On désire déterminer la position de l'image finale
ainsi que le grandissement linéaire total à partir du tracé des rayons principaux,
puis utiliser les équations pour vérifier les résultats obtenus.

Le schéma en haut de la page suivante représente le tracé des rayons principaux. Les rayons
A1, **A2** et **A3** sont les rayons principaux pour la lentille **A** : ils sont issus de l'objet et ils
forment une image réelle inversée à 6 cm à droite de la lentille **A**. Cette image agit
comme un objet réel pour la lentille **B** : les rayons **B1**, **B2** et **B3** sont les rayons
principaux de la lentille **B** : leurs prolongements se coupent à la position de l'image
finale virtuelle, à 15 cm à gauche de la lentille **B** .

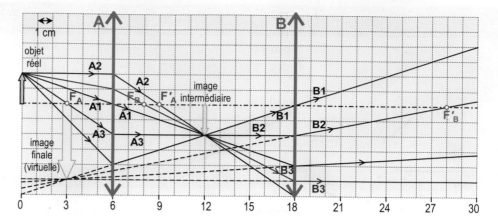

Le rayon principal **3** pour la lentille **A** (**A3**) est dévié par cette dernière parallèlement à l'axe optique : ainsi, il devient le rayon principal **2** de la lentille **B** (**B2**). Les deux autres rayons principaux pour la lentille **B** (**B1** et **B3**) *ne correspondent pas* à des rayons principaux de la lentille **A**. Pour les obtenir, nous sommes partis de l'image intermédiaire et nous les avons tracés vers la droite, à travers la lentille **B**. Ensuite, nous les avons prolongés vers la gauche afin qu'ils rejoignent leur origine véritable, c'est-à-dire l'objet réel à gauche de la lentille **A**.

Nous avons également poursuivi le rayon **A1** à droite de la lentille **B**, en nous basant sur le fait que, une fois dévié par **B**, son prolongement doit croiser les prolongements des rayons **B1**, **B2** et **B3** à la position de l'image finale. (Nous n'avons pas poursuivi le rayon **A2** à droite de la lentille **B**, car il sortait du schéma.) Ainsi, en tout, nous avons obtenu quatre rayons *complets* qui partent de l'objet d'origine et qui sont déviés par les deux lentilles. Dans chacune des trois régions du schéma (à gauche de **A**, entre **A** et **B**, et à droite de **B**), ces quatre rayons forment un faisceau qui converge ou diverge à partir du même point.

En valeur absolue, l'image finale virtuelle est 2,5 fois plus haute que l'objet initial (5 cm versus 2 cm). Comme elle est inversée par rapport à l'objet initial, le grandissement linéaire total est $\boxed{g = -2,5}$.

Nous allons maintenant vérifier les résultats que nous venons d'obtenir à l'aide des équations. Pour la lentille **A**, nous avons $p = 6 \text{ cm}$, $y_{\mathrm{o}} = 2 \text{ cm}$ et $f = 3 \text{ cm}$, ce qui donne les caractéristiques suivantes pour l'image intermédiaire :

$$\frac{1}{p} + \frac{1}{q} = \frac{1}{f} \quad \Rightarrow \quad q = \left(\frac{1}{f} - \frac{1}{p}\right)^{-1} = \left(\frac{1}{(3\,\text{cm})} - \frac{1}{(6\,\text{cm})}\right)^{-1} \quad \Rightarrow \quad q = 6 \text{ cm}$$

$$\frac{y_{\mathrm{i}}}{y_{\mathrm{o}}} = -\frac{q}{p} \quad \Rightarrow \quad y_{\mathrm{i}} = -\frac{q}{p} y_{\mathrm{o}} = -\frac{(6\,\text{cm})}{(6\,\text{cm})}(2\,\text{cm}) \quad \Rightarrow \quad y_{\mathrm{i}} = -2 \text{ cm}$$

Cette image intermédiaire devient l'objet de la lentille **B**. La taille de cet « objet » est $y_{\mathrm{o}} = -2$ cm et il est situé à $p = 6$ cm de la lentille **B**. (En effet, l'image intermédiaire est à 6 cm à droite de la lentille **A**, et la lentille **B** est à 12 cm à droite de la lentille **A**.) La distance focale de la lentille **B** est $f = 10 \text{ cm}$. Par conséquent, les caractéristiques de l'image finale sont

$$\frac{1}{p} + \frac{1}{q} = \frac{1}{f} \quad \Rightarrow \quad q = \left(\frac{1}{f} - \frac{1}{p}\right)^{-1} = \left(\frac{1}{(10\,\text{cm})} - \frac{1}{(6\,\text{cm})}\right)^{-1} \quad \Rightarrow \quad q = -15 \text{ cm}$$

$$\frac{y_{\mathrm{i}}}{y_{\mathrm{o}}} = -\frac{q}{p} \quad \Rightarrow \quad y_{\mathrm{i}} = -\frac{q}{p} y_{\mathrm{o}} = -\frac{(-15\,\text{cm})}{(6\,\text{cm})}(-2\,\text{cm}) \quad \Rightarrow \quad y_{\mathrm{i}} = -5 \text{ cm}$$

Comme q est négatif, l'image est virtuelle : par conséquent, elle se trouve 15 cm à gauche de la lentille **B** , ce qui concorde avec le tracé des rayons. L'image finale mesure $y_i = -5$ cm, versus $y_o = 2$ cm pour l'objet initial. Ainsi, le grandissement linéaire total est

$$g = \frac{y_i}{y_o} = \frac{(-5 \text{ cm})}{(2 \text{ cm})} \qquad \Rightarrow \qquad \boxed{g = -2,5}$$

ce qui concorde également avec le tracé des rayons.

Situation 2 : *Un système de deux lentilles, prise 2.* Une flèche lumineuse de 2 cm de hauteur est placée à 10 cm à gauche d'une lentille convergente **A** dont la distance focale est de 6 cm. Une lentille convergente **B** dont la distance focale est de 6 cm est placée à 3 cm à droite de la lentille **A**. On désire déterminer la position de l'image finale ainsi que le grandissement linéaire total à partir du tracé des rayons principaux, puis utiliser les équations pour vérifier les résultats obtenus.

Nous avons tracé les rayons principaux sur le schéma ci-dessous.

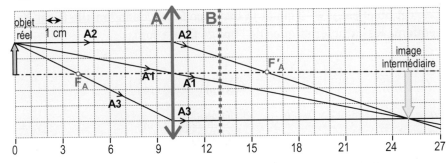

Sous sa forme finale, ce schéma est plus difficile à interpréter que celui de la **situation 1**. Par conséquent, nous allons examiner les étapes ayant mené à sa construction.

Examinons d'abord uniquement le rôle de la lentille **A**, en supposant pour l'instant qu'il n'y a pas de lentille **B** (schéma ci-dessous). Les rayons déviés par **A** forment une image réelle à $q = (25 \text{ cm}) - (10 \text{ cm}) = 15$ cm à droite de la lentille **A** : cette image mesure $y_i = -3$ cm de hauteur.

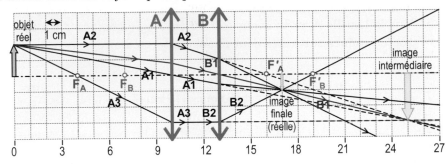

En réalité, les rayons **A1**, **A2** et **A3** ne se rendront jamais à l'image intermédiaire, car ils sont déviés avant par la lentille **B**. Ainsi, sur le schéma final, il faut tracer en pointillés les portions des rayons **A1**, **A2** et **A3** qui se trouvent à droite de la lentille **B**. (Il est toujours préférable de tracer les schémas à la mine, afin de pouvoir les modifier en cours de route !)

La lentille **B** reçoit des rayons dont le *prolongement* passe par la position de l'image intermédiaire. Un de ces rayons, **A3**, correspond au rayon principal **2** pour la lentille **B** (**B2**). Le rayon **B1** passe par le centre de la lentille **B** ; entre les lentilles **A** et **B**, il doit être orienté vers la position de l'image intermédiaire. Comme il passe par le centre de la lentille **B**, il n'est pas dévié. (Pour ne pas surcharger davantage le schéma, nous n'avons pas tracé le rayon principal **3** pour la lentille **B** : ce n'est pas grave, car deux rayons sont toujours suffisants pour déterminer la position d'une image.)

Une fois déviés, les rayons **B1** et **B2** se croisent à $\boxed{4 \text{ cm à droite de la lentille } \mathbf{B}}$: il s'agit de la position de l'image finale. Comme les rayons se croisent réellement à cet endroit, il s'agit d'une image réelle.

Pour compléter le schéma, nous avons poursuivi les rayons **A1** et **A2** à droite de la lentille **B** en nous basant sur le fait que, une fois déviés par **B**, ils doivent se croiser à la position de l'image finale. Nous avons également prolongé le rayon **B1** vers la gauche pour qu'il rejoigne son origine véritable, l'objet réel à gauche de la lentille **A**. En tout, nous avons obtenu quatre rayons complets qui partent de l'objet d'origine et qui sont déviés par les deux lentilles. Dans chacune des trois régions du schéma (à gauche de **A**, entre **A** et **B**, et à droite de **B**), ces quatre rayons forment un faisceau qui converge ou diverge à partir du même point.

En valeur absolue, l'image finale est deux fois moins haute que l'objet initial (1 cm versus 2 cm). Comme elle est inversée par rapport à l'objet initial, le grandissement linéaire total est égal à $\boxed{g = -0{,}5}$.

Nous allons maintenant vérifier les résultats que nous venons d'obtenir à l'aide des équations. Pour la lentille **A**, nous avons $\boxed{p = 10 \text{ cm}}$, $\boxed{y_o = 2 \text{ cm}}$ et $\boxed{f = 6 \text{ cm}}$, ce qui donne les caractéristiques suivantes pour l'image intermédiaire :

$$\frac{1}{p} + \frac{1}{q} = \frac{1}{f} \quad \Rightarrow \quad q = \left(\frac{1}{f} - \frac{1}{p}\right)^{-1} = \left(\frac{1}{(6\,\text{cm})} - \frac{1}{(10\,\text{cm})}\right)^{-1} \quad \Rightarrow \quad q = 15\,\text{cm}$$

$$\frac{y_i}{y_o} = -\frac{q}{p} \quad \Rightarrow \quad y_i = -\frac{q}{p}y_o = -\frac{(15\,\text{cm})}{(10\,\text{cm})}(2\,\text{cm}) \quad \Rightarrow \quad y_i = -3\,\text{cm}$$

Cette image intermédiaire devient l'objet de la lentille **B**. Cet objet est situé à $(25\,\text{cm}) - (13\,\text{cm}) = 12\,\text{cm}$ à droite de la lentille **B** (voir schéma). *Il s'agit d'un objet virtuel* : en effet, le faisceau de rayons incidents que reçoit la lentille **B** est convergent. Par conséquent, il faut considérer que la valeur de p pour la lentille **B** est négative :

$$p = -12 \text{ cm}$$

La taille de cet objet est $y_o = -3$ cm et la distance focale de la lentille **B** est $\boxed{f = 6 \text{ cm}}$. Par conséquent, les caractéristiques de l'image finale sont

$$\frac{1}{p} + \frac{1}{q} = \frac{1}{f} \quad \Rightarrow \quad q = \left(\frac{1}{f} - \frac{1}{p}\right)^{-1} = \left(\frac{1}{(6\,\text{cm})} - \frac{1}{(-12\,\text{cm})}\right)^{-1} \quad \Rightarrow \quad q = 4\,\text{cm}$$

$$\frac{y_i}{y_o} = -\frac{q}{p} \quad \Rightarrow \quad y_i = -\frac{q}{p}y_o = -\frac{(4\,\text{cm})}{(-12\,\text{cm})}(-3\,\text{cm}) \quad \Rightarrow \quad y_i = -1\,\text{cm}$$

Comme q est positif, l'image est réelle : par conséquent, elle est située à $\boxed{4 \text{ cm à droite de la lentille } \mathbf{B}}$, ce qui concorde avec le tracé des rayons.

L'image finale mesure $y_i = -1$ cm, comparativement à $y_o = 2$ cm pour l'objet initial. Ainsi, le grandissement linéaire total est

$$g = \frac{y_i}{y_o} = \frac{(-1\,\text{cm})}{(2\,\text{cm})} \quad \Rightarrow \quad \boxed{g = -0{,}5}$$

ce qui concorde également avec le tracé des rayons.

Pour la lentille **A**, nous avons $p_A = 15$ cm et $f_A = 10$ cm , d'où

$$\frac{1}{p_A} + \frac{1}{q_A} = \frac{1}{f_A} \quad \Rightarrow \quad q_A = \left(\frac{1}{f_A} - \frac{1}{p_A}\right)^{-1} = \left(\frac{1}{(10\text{ cm})} - \frac{1}{(15\text{ cm})}\right)^{-1} \quad \Rightarrow \quad q_A = 30 \text{ cm}$$

Si la lentille **A** était seule, une image réelle **i** se formerait à 30 cm à droite de la lentille (car nous avons obtenu une valeur positive pour q_A). Comme la lentille **A** est à la position $x = 15$ cm, l'image **i** est à la position $x = (15 \text{ cm}) + (30 \text{ cm}) = 45$ cm (schéma ci-dessous).

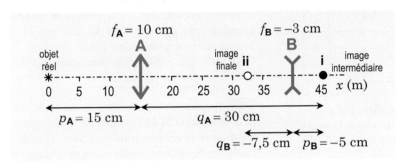

Comme la lentille **B** est à la position $x = 40$ cm, les rayons qui convergent vers **i** dévient *avant* de pouvoir générer l'image : par conséquent, l'image **i** est un *objet virtuel* pour la lentille **B**. Comme **i** est à $(45 \text{ cm}) - (40 \text{ cm}) = 5$ cm de la lentille **B**, nous avons $p_B = -5$ cm.

La lentille **B** possède une distance focale $f_B = -3$ cm , d'où

$$\frac{1}{p_B} + \frac{1}{q_B} = \frac{1}{f_B} \quad \Rightarrow \quad q_B = \left(\frac{1}{f_B} - \frac{1}{p_B}\right)^{-1} = \left(\frac{1}{(-3\text{ cm})} - \frac{1}{(-5\text{ cm})}\right)^{-1} \quad \Rightarrow \quad q_B = -7,5 \text{ cm}$$

Comme on obtient une valeur négative pour q_B, l'image finale **ii** est virtuelle et est située à 7,5 cm *à gauche* de la lentille **B** (voir schéma ci-dessus) : comme la lentille **B** est à la position $x = 40$ cm, l'image finale **ii** est à la position

$$x = (40 \text{ cm}) - (7,5 \text{ cm}) \qquad \Rightarrow \qquad \boxed{x = 32,5 \text{ cm}}$$

Nous avons tracé le schéma ci-dessous en prenant comme guide les positions que nous venons de déterminer. Il est clair, d'après le schéma, que la lentille **A** fait converger les rayons et que la lentille **B** les fait diverger.

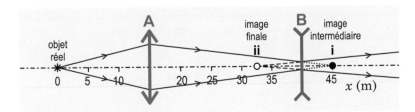

2.8.1 *Systèmes de deux lentilles, par le tracé des rayons.* Une flèche lumineuse de hauteur y_0 est située à une distance p_A à gauche d'une lentille **A** dont la distance focale est égale à f_A. Une lentille **B** dont la distance focale est égale à f_B est située à une distance D à droite de la lentille **A**. Pour chacune des situations suivantes, déterminez la hauteur, la position et la nature (réelle ou virtuelle) de l'image finale à l'aide d'un tracé des rayons principaux. Vous devez tracer au moins deux rayons principaux pour chaque lentille ; le schéma final doit comporter au moins trois rayons *complets* qui partent de l'objet et qui traversent les deux lentilles.

	y_0 (cm)	p_A (cm)	f_A (cm)	f_B (cm)	D (cm)
(a)	4	6	2	2	6
(b)	4	12	4	−4	8
(c)	2	4	8	4	4
(d)	4	12	6	4	8
(e)	4	8	8	4	8
(f)	2	8	8	−12	4

2.8.2 *Systèmes de deux lentilles, par les équations.* Pour les situations **(a)** à **(d)** de l'**exercice 2.8.1**, déterminez la hauteur, la position et la nature (réelle ou virtuelle) de l'image finale à l'aide des équations.

2.8.3 *Un système lentille-miroir.* Considérez une lentille convergente dont la distance focale est de 20 cm. On place un objet réel ponctuel à 30 cm à gauche de la lentille et un miroir plan à $D = 70$ cm à droite de la lentille (schéma ci-contre). La lumière émise par l'objet est déviée par la lentille, réfléchie par le miroir et déviée de nouveau par la lentille. Où est située l'image finale ?

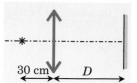

2.8.4 *Un système lentille-miroir, prise 2.* Reprenez l'**exercice 2.8.3** pour **(a)** $D = 55$ cm ; **(b)** $D = 38$ cm.

2.8.5 *Le grandissement angulaire d'un système de deux lentilles.* Le punctum proximum de l'œil de Jordi est situé à 10 cm de distance. Dans la **situation 1** de l'exposé de cette section, il colle son œil à droite de la lentille **B**. **(a)** Quelle est la taille angulaire de l'image ? **(b)** Quelle est la taille angulaire maximale que peut faire l'objet lorsque Jordi l'observe à l'œil nu ? (La vision doit demeurer nette.) **(c)** Quel est le grandissement angulaire ?

2.8.6 *Systèmes de deux lentilles, par les équations, prise 2.* Pour les situations **(e)** et **(f)** de l'**exercice 2.8.1**, déterminez la hauteur, la position et la nature (réelle ou virtuelle) de l'image finale à l'aide des équations. *Indice* : comme l'image intermédiaire est à l'infini, il est inutile de calculer séparément les grandissements angulaires produits par chaque lentille ; commencez par écrire une équation globale qui permet de calculer le grandissement pour l'image finale.

La correction de la vue

Après l'étude de cette section, le lecteur pourra expliquer comment corriger la presbytie, la myopie et l'hypermétropie à l'aide de lentilles convergentes ou divergentes.

APERÇU

On peut décrire une lentille de distance focale à l'aide de sa **vergence** (symbole : V). Pour une lentille entourée d'air, la vergence V est l'inverse de la distance focale f :

$$V = \frac{1}{f}$$ **Vergence d'une lentille entourée d'air**

Une lentille convergente possède une vergence positive ; une lentille divergente possède une vergence négative. Dans le SI, la vergence s'exprime en m^{-1} ou encore en **dioptries** (symbole : D) :

$$1\ D = 1\ m^{-1}$$

L'œil possède un système de lentilles composé de la **cornée** et du **cristallin** (schéma ci-contre). Les **muscles ciliaires** qui entourent le cristallin peuvent le comprimer ou le relâcher, ce qui modifie la courbure de ses faces et, par le fait même, sa vergence : on donne le nom d'**accommodation** à ce processus. L'accommodation permet de produire des images *nettes* (c'est-à-dire, situées sur la **rétine**, l'écran au fond de l'œil) d'objets se trouvant à différentes distances.

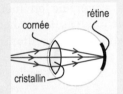

Le **punctum proximum** (abréviation : PP) est l'endroit où l'objet doit se trouver pour que la vision soit nette lorsque l'accommodation est maximale (les muscles ciliaires bombent le cristallin au maximum et la vergence est maximale : V_{max}). Le **punctum remotum** (abréviation : PR) est l'endroit où l'objet doit se trouver pour que la vision soit nette lorsqu'il n'y a pas d'accommodation (les muscles ciliaires sont relâchés et la vergence est minimale : V_{min}).

Par définition, l'**amplitude d'accommodation** de l'œil (symbole : A_{acc}) correspond à la différence entre la vergence maximale et la vergence minimale :

$$A_{acc} = V_{max} - V_{min}$$ **Définition de l'amplitude d'accommodation**

Il est possible d'analyser le fonctionnement de l'œil de manière simplifiée en considérant la cornée et le cristallin comme une lentille unique. On peut montrer que

$$A_{acc} = \frac{1}{d_{PP}} - \frac{1}{d_{PR}}$$ **Relation entre l'amplitude d'accommodation et les positions du PP et du PR**

où d_{PP} est la distance entre le PP et la lentille de l'œil, et d_{PR} est la distance entre le PR et la lentille de l'œil.

Lorsque le PR est situé à l'infini, on qualifie l'œil d'**emmétrope**. Il s'agit de la situation « idéale », car cela permet aux muscles ciliaires d'accommoder le moins souvent possible. En effet, dans les activités de la vie courante, une proportion importante des objets que l'on regarde sont situés « à l'infini » : en pratique, tout objet situé à plus de quelques mètres peut être considéré, du point de vue de l'œil, comme étant à l'infini.

Un **œil nominal** est un œil « standard » sans problèmes de vision. Il peut former une image nette d'un objet situé entre 25 cm et l'infini : son amplitude d'accommodation est de 4 D. L'œil nominal est emmétrope.

En vieillissant, le cristallin devient moins flexible, et l'amplitude d'accommodation diminue. Un œil dont l'amplitude d'accommodation est inférieure à 4 D est qualifié de **presbyte**. Lorsque le PP d'un œil presbyte est plus éloigné que la distance du PP de l'œil nominal (25 cm), on corrige la vision en plaçant une lentille convergente devant l'œil afin de ramener le PP à 25 cm.

Un œil **myope** est incapable de former des images nettes d'objets situés entre la position de son PR et l'infini. L'œil est « trop long » : même sans accommodation, les rayons parallèles en provenance d'un objet à l'infini convergent *devant* la rétine. On corrige le problème en plaçant une lentille divergente devant l'œil, ce qui ramène le PR à l'infini : l'œil ainsi corrigé est emmétrope.

Un œil **hypermétrope** possède le problème inverse de l'œil myope : il est « trop court ». Sans accommodation, les rayons parallèles en provenance d'un objet à l'infini convergent *derrière* la rétine. (Lorsque le problème n'est pas trop prononcé, un œil hypermétrope est capable de former une image nette d'un objet situé à l'infini, mais au prix d'un certain effort d'accommodation.) Un œil hypermétrope possède un PR *virtuel*, c'est-à-dire situé à une certaine distance *derrière* l'œil : d_{PR} est une valeur négative. On corrige le problème en plaçant une lentille convergente devant l'œil, ce qui lui permet de voir net à l'infini sans accommodation, comme s'il était emmétrope (le PR est ramené à l'infini).

Dans cette section, nous allons nous intéresser à un des usages les plus importants des lentilles convergentes et divergentes : la correction de la vue. Nous allons voir comment corriger la *presbytie*, la *myopie* et l'*hypermétropie*. Pour commencer, nous allons définir la *vergence* (la manière dont les optométristes, spécialistes de la correction de la vue, décrivent les lentilles) ainsi que l'*amplitude d'accommodation* (une mesure de la capacité de l'œil à former des images nettes d'objets situés à différentes distances).

La vergence

À la **section 2.6 : Les lentilles minces**, nous avons vu qu'une lentille peut être décrite à l'aide de sa distance focale (mesurée, dans le SI, en mètres). On peut aussi la décrire à l'aide d'un paramètre mesuré en m^{-1} : pour une lentille entourée d'air, ce paramètre correspond à l'inverse de la distance focale. En anglais, on lui donne le nom de *power* ; en français, on emploie les termes *puissance optique* ou **vergence**. Dans cet ouvrage, nous allons privilégier le second terme et le désigner par la lettre V :

Dans la **section 2.10 : La vergence des lentilles minces**, nous verrons comment calculer la vergence d'une lentille mince lorsqu'elle est entourée d'un milieu autre que l'air, ou lorsqu'elle est placée entre deux milieux différents.

$$V = \frac{1}{f}$$ Vergence d'une lentille entourée d'air

Dans le SI, la distance focale s'exprime en mètres et la vergence s'exprime en **dioptries**. Il n'y a pas de symbole universel pour la dioptrie. On utilise parfois la lettre delta minuscule (δ) ; dans cet ouvrage, nous allons utiliser la lettre D :

$$1\ D = 1\ m^{-1}$$

Les lentilles convergentes ont une vergence positive : par exemple, la vergence d'une lentille convergente dont la distance focale est $f = 50$ cm $= 0,5$ m est $V = 1/f = 1/(0,5\ m) = 2$ D. Les lentilles divergentes ont une vergence négative : par exemple, la vergence d'une lentille divergente dont la distance focale est $f = -80$ cm $= -0,8$ m est $V = 1/f = 1/(-0,8\ m) = -1,25$ D.

L'amplitude d'accommodation

Dans la **section 2.1 : L'optique géométrique**, nous avons mentionné que l'œil possède un système de lentilles qui permet de focaliser la lumière sur la **rétine** (l'écran au fond de l'œil). Le système agit comme une lentille convergente : il est composé de la **cornée** — la surface courbe de l'œil — et du **cristallin**, lentille souple située derrière la cornée (illustration ci-contre). Les **muscles ciliaires** qui entourent le cristallin peuvent le comprimer ou le relâcher, ce qui modifie la courbure de ses faces et, par le fait même, sa vergence. Cette capacité du cristallin de modifier la vergence de l'œil afin de produire une image nette d'objets situés à différentes distances se nomme **accommodation**. En général, plus une personne est jeune, plus ses yeux sont capables d'une grande accommodation.

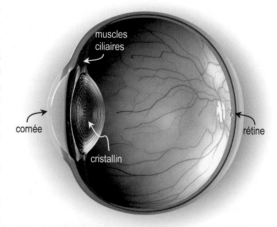

DREAMSTIME

Dans cette section, nous allons analyser l'œil à l'aide d'un modèle simplifié où la cornée et le cristallin sont représentés par une seule lentille entourée d'air (schémas ci-contre). Lorsque les muscles

ciliaires sont relâchés, il n'y a pas d'accommodation : le cristallin est bombé au *minimum* et la vergence est la plus petite possible (V_{min}). Lorsque le cristallin est comprimé au maximum par les muscles ciliaires, l'accommodation est maximale : le cristallin est bombé au *maximum* et la vergence est la plus grande possible (V_{max}).

Par définition, l'**amplitude d'accommodation** de l'œil (symbole : A_{acc}) correspond à la différence entre la vergence maximale et la vergence minimale :

$$\boxed{A_{acc} = V_{max} - V_{min}}$$ **Définition de l'amplitude d'accommodation**

Lorsque l'image d'un objet se situe sur la rétine, la vision est *nette* ; sinon, elle est *floue*. Dans la **section 2.1**, nous avons défini le **punctum proximum** (abréviation : PP) comme étant le point le plus *rapproché* où on peut placer un objet pour que la vision soit nette. Nous pouvons également le définir comme étant l'endroit où il faut placer un objet pour que la vision soit nette lorsque les muscles ciliaires bombent le cristallin au maximum (accommodation maximale) et que la vergence de l'œil correspond à V_{max}.

Appelons L la distance entre la « lentille équivalente » de l'œil et la rétine (schéma ci-contre) et d_{PP} la distance entre le PP et la lentille. D'après la définition du PP, lorsque l'objet est à une distance $p = d_{PP}$ et que le cristallin est bombé au maximum ($1/f = V_{max}$), l'image se forme sur la rétine : $q = L$. L'équation des lentilles minces,

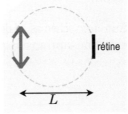

$$\frac{1}{p} + \frac{1}{q} = \frac{1}{f}$$

devient

$$\frac{1}{d_{PP}} + \frac{1}{L} = V_{max}$$

L'œil possède également un **punctum remotum** (abréviation : PR) : il s'agit de la position de l'objet pour que la vision soit nette lorsqu'il n'y a pas d'accommodation : les muscles ciliaires sont relâchés et la vergence de l'œil correspond à V_{min}. Appelons d_{PR} la distance entre le PR et la lentille équivalente de l'œil. D'après la définition du PR, lorsque l'objet est à une distance $p = d_{PR}$ et que le cristallin est relâché ($1/f = V_{min}$), l'image se forme sur la rétine : $q = L$. L'équation des lentilles s'écrit alors

$$\frac{1}{d_{PR}} + \frac{1}{L} = V_{min}$$

Par conséquent, l'amplitude d'accommodation est

$$A_{acc} = V_{max} - V_{min} = \left(\frac{1}{d_{PP}} + \frac{1}{L}\right) - \left(\frac{1}{d_{PR}} + \frac{1}{L}\right)$$

Les termes $1/L$ se simplifient, ce qui permet d'écrire

$$\boxed{A_{acc} = \frac{1}{d_{PP}} - \frac{1}{d_{PR}}}$$ **Relation entre l'amplitude d'accommodation et les positions du PP et du PR**

Afin de décrire les problèmes de vision, il est utile de commencer par définir un œil « standard », l'**œil nominal**, qui n'a pas de problèmes. Par définition, l'œil nominal peut former des images nettes d'objets situés entre 25 cm et l'infini :

$$d_{PP} = 25 \text{ cm} = 0{,}25 \text{ m} \qquad \text{et} \qquad d_{PR} = \infty$$

Ainsi, son amplitude d'accommodation est égale à 4 D :

$$A_{acc} = \frac{1}{d_{PP}} - \frac{1}{d_{PR}} = \frac{1}{(0{,}25 \text{ m})} - \frac{1}{\infty} = (4 \text{ m}^{-1}) - 0 = 4 \text{ D}$$

Lorsque le PR est situé à l'infini, on qualifie l'œil d'**emmétrope** : l'œil nominal est emmétrope.

Un œil emmétrope « au repos » (dont les muscles ciliaires sont relâchés) donne des images nettes d'objets situés à l'infini. Or, du point de vue de l'œil, tout objet situé à plus de quelques mètres peut être considéré comme étant à l'infini : ainsi, dans les activités de la vie courante, une proportion importante des objets que l'on regarde sont situés « à l'infini ». Par conséquent, une personne qui possède des yeux emmétropes passe une bonne partie de la journée avec ses muscles ciliaires relâchés — ce qui est une bonne chose, car l'utilisation prolongée des muscles ciliaires entraîne de la fatigue oculaire.

Sur les schémas ci-dessous, nous avons représenté, à l'échelle, les deux situations extrêmes qui produisent une vision nette pour un œil emmétrope.

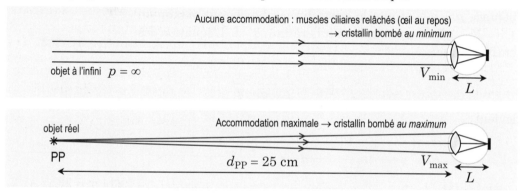

Comme le diamètre L de l'œil est d'environ 2 cm, il n'est pas pratique de représenter à la même échelle la distance des objets et la taille de l'œil. C'est pourquoi, dans les schémas de cette section, nous exagérons généralement la taille de l'œil.

La presbytie

Considérons un œil emmétrope « au repos » qui observe un objet lointain qui se rapproche. Comme p diminue et que la vergence demeure constante, q augmente : l'image se forme derrière la rétine et la vision devient floue. Pour maintenir la vision nette, les muscles ciliaires doivent bomber davantage le cristallin afin d'augmenter la vergence. Le cristallin atteint sa courbure maximale ($V = V_{max}$) lorsque l'objet est au punctum proximum. Si l'objet se rapproche davantage, la vision devient floue.

En vieillissant, le cristallin devient moins flexible et l'amplitude d'accommodation diminue. Pour la plupart des individus, la décroissance de l'amplitude d'accommodation suit approximativement la progression indiquée dans le tableau ci-contre.

Âge (ans)	20	40	50	70
Amplitude d'accommodation (D)	10	5	2	1

D'après la définition de l'amplitude d'accommodation,

$$A_{\text{acc}} = \frac{1}{d_{\text{PP}}} - \frac{1}{d_{\text{PR}}}$$

d'où

$$d_{\text{PP}} = \left(A_{\text{acc}} + \frac{1}{d_{\text{PR}}} \right)^{-1}$$

Pour des yeux emmétropes, $d_{\text{PR}} = \infty$ (par définition), d'où

$$d_{\text{PP}} = \left((3,5\,\text{D}) + \frac{1}{\infty} \right)^{-1} = (3,5\,\text{D})^{-1} = 0,286\,\text{m} = 28,6\,\text{cm}$$

Le PP est situé à 28,6 cm devant la lentille de l'œil : les yeux de Preston sont incapables de former des images nettes d'objets plus rapprochés que 28,6 cm. Par convention, la position du PP de l'œil nominal (25 cm devant la lentille de l'œil) est considérée comme la distance critique au-delà de laquelle il faut corriger la vue. Ainsi, Preston a besoin de verres correcteurs (lunettes ou verres de contact) pour lire.

Mylène a besoin de verres correcteurs pour corriger sa myopie et avoir une vision nette des objets lointains. Toutefois, lorsqu'elle ne porte pas les verres qui corrigent sa myopie, son PR est à 102 cm : $d_{\text{PR}} = 102\,\text{cm} = 1,02\,\text{m}$. D'après la définition de l'amplitude d'accommodation, son PP est situé à

$$d_{\text{PP}} = \left(A_{\text{acc}} + \frac{1}{d_{\text{PR}}} \right)^{-1} = \left((3,3\,\text{D}) + \frac{1}{(1,02\,\text{m})} \right)^{-1} = (4,280\,\text{D})^{-1} = 0,234\,\text{m} = 23,4\,\text{cm}$$

Ainsi, bien que son amplitude d'accommodation soit moins bonne que celle de Preston (**situation 1**), son PP (lorsqu'elle ne porte pas les verres qui corrigent sa myopie) est plus rapproché que celui de l'œil nominal (25 cm) : elle peut encore se passer de lunettes de lecture.

Par définition, un œil est qualifié de **presbyte** si son amplitude d'accommodation est inférieure à 4 D. Pour les gens dont les yeux sont emmétropes (PR à l'infini), la presbytie est synonyme d'incapacité à voir de près sans verres correcteurs : c'est le cas de Preston dans la **situation 1**. Cependant, ce n'est pas nécessairement le cas pour une personne myope, comme Mylène dans la **situation 2**. Néanmoins, Mylène a besoin de verres correcteurs pour voir net de loin. Ainsi, *une personne presbyte a besoin, d'une manière ou d'une autre, de verres correcteurs.*

Pour pouvoir fonctionner correctement sans verres correcteurs dans toutes les situations, il faut voir de manière nette les objets situés à une distance entre 25 cm et l'infini, ce qui nécessite une amplitude d'accommodation *d'au moins* 4 D. Bien des gens ont besoin de verres correcteurs dès l'enfance ou l'adolescence pour corriger leur vision de loin : mais à partir de 45 ans environ, l'amplitude d'accommodation devient inférieure à 4 D et *tout le monde, sans exception,* a besoin de verres correcteurs.

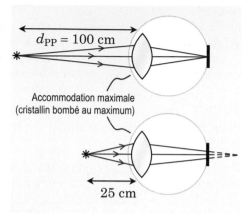

Lorsque le cristallin est bombé au maximum, l'œil de Priscilla voit de manière nette les objets situés à 100 cm de distance (schéma ci-contre, en haut). Si elle place un objet à 25 cm de son œil, l'image se forme derrière la rétine : elle est floue (schéma ci-contre, en bas).

Priscilla aimerait pouvoir lire son journal à 25 cm de distance. Ainsi, la lentille de correction doit *donner l'impression* à l'œil de Priscilla que des objets réellement situés à 25 cm sont situés à 100 cm de son œil. Autrement dit, elle doit donner d'un objet à $p = 25$ cm une image *virtuelle* à 100 cm de distance ($q = -100$ cm) :

$$\frac{1}{p} + \frac{1}{q} = \frac{1}{f}$$

$$\frac{1}{(25\,\text{cm})} + \frac{1}{(-100\,\text{cm})} = \frac{1}{f}$$

$$\frac{1}{f} = 0{,}03\,\text{cm}^{-1}$$

$$f = 33{,}33\,\text{cm} = 0{,}3333\,\text{m}$$

L'image est virtuelle, car on doit regarder *à travers* la lentille de correction pour l'apercevoir (photo ci-dessous).

Lorsqu'on porte des lunettes, on ne voit pas les objets, mais bien les images des objets créées par les lunettes. Sur la photo ci-contre, les lunettes créent une image de l'objet (l'écran d'ordinateur) qui est *à l'endroit* et située *du même côté* que l'objet : il s'agit d'une image *virtuelle*. La personne doit regarder *à travers* les lunettes pour voir l'image.

La vergence de la lentille de correction est

$$V = \frac{1}{f} = \frac{1}{(0{,}3333\,\text{m})} \quad \Rightarrow \quad \boxed{V = 3\,\text{D}}$$

La lentille est convergente (vergence positive).

Nous avons représenté la situation sur le schéma ci-dessous. (On suppose que la distance entre la lentille et l'œil est négligeable.) Les rayons qui pénètrent dans l'œil sont exactement les mêmes que si l'objet était situé à 100 cm de distance. (Comparez avec le schéma précédent.) Par conséquent, la vision est nette.

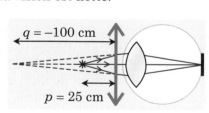

La myopie

La presbytie est un problème qui affecte la vision *de près*. Nous allons maintenant considérer la myopie, un problème qui affecte la vision *de loin*.

Le PR d'un œil **myope** est plus rapproché que l'infini. L'œil est « trop long » : sans accommodation, les rayons parallèles en provenance d'un objet à l'infini convergent *devant* la rétine (schéma ci-contre). Comme l'accommodation ne peut qu'augmenter la vergence et faire en sorte que les rayons convergent encore plus « rapidement », un œil myope est incapable de former des images nettes d'objets situés entre la position de son PR et l'infini.

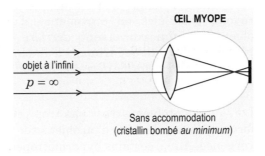

Considérons un œil myope « au repos » (sans accommodation) qui observe un objet lointain qui s'approche. Au fur et à mesure que p diminue, q augmente. Lorsque l'objet arrive à une certaine distance de l'œil, l'image se forme enfin sur la rétine : la vision devient nette. L'objet est alors au PR de l'œil myope.

> **Situation 4 : *La correction de la myopie.*** Le PR de l'œil de Mylène est à 102 cm de distance. On veut corriger sa myopie en plaçant une lentille de correction devant l'œil et on désire déterminer sa vergence. On suppose que la distance entre la lentille de correction et l'œil de Mylène est négligeable.

Au repos, l'œil de Mylène voit de manière nette les objets situés à 102 cm de distance (schéma ci-contre). La lentille de correction doit *donner l'impression* à l'œil de Mylène que les objets à l'infini sont situés à 102 cm de son œil. Autrement dit, elle doit donner d'un objet à l'infini ($p = \infty$) une image virtuelle à 102 cm de distance ($q = -102$ cm) :

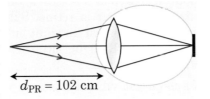

$$\frac{1}{p} + \frac{1}{q} = \frac{1}{f}$$

$$\frac{1}{\infty} + \frac{1}{(-102\,\text{cm})} = \frac{1}{f}$$

$$\frac{1}{f} = \frac{1}{(-102\,\text{cm})}$$

$$f = -102\,\text{cm} = -1{,}02\,\text{m}$$

La vergence de la lentille de correction est

$$V = \frac{1}{f} = \frac{1}{(-1{,}02\,\text{m})} \qquad \Rightarrow \qquad \boxed{V = -0{,}980\,\text{D}}$$

La lentille est divergente (vergence négative).

Nous avons représenté la situation sur le schéma ci-contre. Les rayons qui pénètrent dans l'œil sont exactement les mêmes que si l'objet était situé à 102 cm de distance (voir schéma précédent). Par conséquent, la vision est nette.

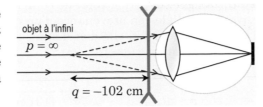

L'hypermétropie

L'hypermétropie est le problème inverse de la myopie. Un œil **hypermétrope** est « trop court » : sans accommodation, les rayons parallèles en provenance d'un objet à l'infini convergent *derrière* la rétine (schéma ci-contre). L'image d'un objet situé à l'infini se forme *derrière* la rétine : elle est floue.

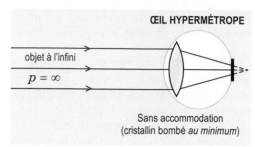

Lorsque le problème n'est pas trop prononcé, un œil hypermétrope est capable de former une image nette d'un objet situé à l'infini en accommodant afin d'augmenter sa vergence. Ainsi, certains hypermétropes peuvent fonctionner sans verres correcteurs, mais au prix d'un effort constant d'accommodation. L'usage continu des muscles ciliaires afin de bomber le cristallin peut se traduire par une douleur oculaire et des maux de tête : d'ailleurs, c'est souvent ce qui permet de diagnostiquer l'hypermétropie.

Considérons un œil hypermétrope « au repos » (sans accommodation) qui observe un objet lointain qui s'approche. Au fur et à mesure que p diminue, q augmente, ce qui ne fait qu'exacerber le problème. Un œil hypermétrope sans accommodation peut-il voir un objet de manière nette sans accommoder ? Oui… mais à condition de considérer un type d'objet qu'on ne rencontre pas directement dans la nature : un objet virtuel !

La vergence d'un œil hypermétrope sans accommodation n'est pas assez grande pour faire converger sur la rétine les rayons parallèles en provenance d'un objet à l'infini. Toutefois, si les rayons incidents ont *déjà* une certaine convergence (ce qui est le cas pour les rayons associés à un objet virtuel), il est possible de former une image directement sur la rétine. S'ils n'étaient pas déviés par l'œil, les rayons incidents convergeraient en un point situé derrière l'œil : par conséquent, l'œil hypermétrope possède un PR virtuel situé *derrière* l'œil. La distance entre la lentille de l'œil et le PR, d_{PR}, est négative.

Situation 5 : *La correction de l'hypermétropie.* L'œil d'Hippolyte possède un PR virtuel : $d_{PR} = -131$ cm : cela veut dire que des rayons incidents dont les prolongements convergent à 131 cm derrière la lentille de l'œil forment une image nette sur la rétine lorsque l'œil est au repos (aucune accommodation). On veut corriger l'hypermétropie en plaçant une lentille de correction devant l'œil et on désire déterminer sa vergence. On suppose que la distance entre la lentille de correction et l'œil d'Hippolyte est négligeable.

Une distance $d_{PR} = -131$ cm signifie que des rayons incidents qui convergent vers un point situé à 131 cm *derrière* la lentille de l'œil (schéma ci-contre) sont déviés par l'œil au repos (aucune accommodation) afin de former une image nette sur la rétine. (Il est impossible de créer ce faisceau incident avec un objet réel.)

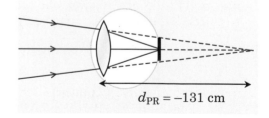

Pour corriger l'hypermétropie de l'œil, la lentille de correction doit faire converger les rayons parallèles en provenance d'un objet à l'infini à 131 cm derrière la lentille de l'œil. Autrement dit, elle doit donner d'un objet à l'infini ($p = \infty$) une image *réelle* à 131 cm de distance ($q = 131$ cm) :

$$\frac{1}{p} + \frac{1}{q} = \frac{1}{f} \quad \Rightarrow \quad \frac{1}{\infty} + \frac{1}{(131\,\text{cm})} = \frac{1}{f} \quad \Rightarrow \quad f = 131\,\text{cm} = 1{,}31\,\text{m}$$

La vergence de la lentille de correction est

$$V = \frac{1}{f} = \frac{1}{(1,31\,\text{m})} \qquad \Rightarrow \qquad \boxed{V = 0,763\,\text{D}}$$

La lentille est convergente (vergence positive).

Nous avons représenté la situation sur le schéma ci-contre. Les rayons qui pénètrent dans l'œil sont exactement les mêmes que sur le schéma précédent. Par conséquent, la vision est nette. Avec la lentille de correction, Hippolyte peut voir les objets à l'infini de manière nette en gardant ses muscles ciliaires au repos : finis les maux de tête.

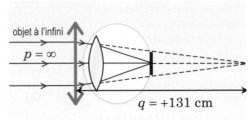

L'effet d'une lentille de correction sur les positions du PP et du PR

Une lentille qui corrige la presbytie déplace le PP de sa position réelle à une nouvelle position « corrigée » située à 25 cm de l'œil. Ce faisant, elle modifie également la position du PR. En effet, *l'amplitude d'accommodation de l'œil n'est pas modifiée par la présence de la lentille* : si le PP s'approche, le PR s'approche également. Ainsi, une personne presbyte, mais emmétrope (PR à l'infini), devient myope lorsqu'elle porte ses lunettes pour corriger la presbytie.

De même, une lentille qui corrige la myopie déplace le PR de sa position réelle à une nouvelle position corrigée située à l'infini. Ce faisant, elle a pour effet d'éloigner la position du PP.

> Situation 6 : *De presbyte à myope.* Dans la **situation 3**, on a prescrit à Priscilla des lunettes de 3 D pour corriger sa presbytie (son punctum proximum est à une distance de 100 cm). Sachant qu'elle est emmétrope, on désire déterminer la position de son PR lorsqu'elle porte ses lunettes.

Lorsqu'elle porte ses lunettes, Priscilla ne voit pas directement les objets qui se trouvent devant elle, mais plutôt les images des objets créées par les lunettes. Celles-ci ont été conçues pour qu'un objet à $p = 25$ cm (la position du PP de Priscilla lorsqu'elle porte ses lunettes) corresponde à une image virtuelle à $q = -100$ cm (la position réelle du PP de Priscilla). Pour trouver la position du PR de Priscilla lorsqu'elle porte ses lunettes, il faut déterminer la valeur de p pour laquelle l'image se forme à la position réelle du PR de Priscilla, c'est-à-dire à $q = -\infty$ (puisqu'elle est emmétrope) :

$$\frac{1}{p} + \frac{1}{q} = V \quad \Rightarrow \quad \frac{1}{p} + \frac{1}{-\infty} = (3\,\text{D}) \quad \Rightarrow \quad p = \frac{1}{(3\,\text{D})} = \frac{1}{(3\,\text{m}^{-1})} = 0,333\,\text{m} = 33,3\,\text{cm}$$

Ainsi, lorsque Priscilla porte ses lunettes, son PR est à $\boxed{33,3\,\text{cm}}$ de distance : au lieu de voir net entre 1 m et l'infini, elle voit net entre 25 cm et 33,3 cm. Lorsqu'elle ne porte pas de lunettes, son amplitude d'accommodation est

$$A_{\text{acc}} = \frac{1}{d_{\text{PP}}} - \frac{1}{d_{\text{PR}}} = \frac{1}{(1\,\text{m})} - \frac{1}{\infty} = (1\,\text{D}) - 0 = 1\,\text{D}$$

Avec ses lunettes, son amplitude d'accommodation (calculée à partir de son PP corrigé, $d_{\text{PP(cor)}} = 25$ cm, et de son PR corrigé, $d_{\text{PR(cor)}} = 33,3$ cm) est encore la même :

$$A_{\text{acc}} = \frac{1}{d_{\text{PP(cor)}}} - \frac{1}{d_{\text{PR(cor)}}} = \frac{1}{(0,25\,\text{m})} - \frac{1}{(0,333\,\text{m})} = (4\,\text{D}) - (3\,\text{D}) = 1\,\text{D}$$

L'amplitude d'accommodation ($V_{\text{max}} - V_{\text{min}}$) est une mesure de la souplesse du cristallin : plus le cristallin est souple, plus l'amplitude d'accommodation est élevée. Quand Priscilla met ses lunettes, son cristallin ne devient pas plus souple ou moins souple pour autant ! C'est pour cela que l'amplitude d'accommodation demeure la même.

accommodation : capacité du cristallin de changer de courbure afin de modifier la vergence de l'œil et de produire des images nettes d'objets situés à différentes distances.

amplitude d'accommodation : (symbole : A_{acc}) différence entre la vergence maximale et la vergence minimale de l'œil ; en vieillissant, le cristallin devient moins flexible et l'amplitude d'accommodation diminue ; unité SI : dioptrie (D).

cornée : lentille rigide qui constitue la surface de l'œil.

cristallin : lentille souple située derrière la cornée et dont la vergence peut être modifiée par les muscles ciliaires.

dioptrie : (symbole : D) unité de la vergence d'une lentille dans le SI : 1 D = 1 m^{-1}.

emmétrope : le punctum remotum d'un œil emmétrope est situé à l'infini ; un œil emmétrope dont les muscles ciliaires sont relâchés (aucune accommodation) donne des images nettes d'objets situés à l'infini.

hypermétrope : un œil est hypermétrope lorsque, en l'absence d'accommodation, les rayons parallèles en provenance d'un objet à l'infini convergent *derrière* la rétine (l'œil est « trop court ») ; il peut être transformé en œil emmétrope par une lentille convergente placée devant.

muscles ciliaires : muscles qui entourent le cristallin et qui peuvent le comprimer ou le relâcher, ce qui modifie la courbure de ses faces et, par le fait même, la vergence de l'œil.

myope : un œil est myope lorsque les rayons parallèles en provenance d'un objet à l'infini convergent *devant* la rétine (l'œil est « trop long ») ; il peut être transformé en œil emmétrope par une lentille divergente placée devant.

œil nominal : œil « standard » sans problèmes de vision dont le punctum remotum est à l'infini (œil emmétrope) et le punctum proximum est à 25 cm.

presbyte : un œil est presbyte lorsque l'amplitude d'accommodation est inférieure à 4 D ; un œil emmétrope presbyte possède un PP plus éloigné que 25 cm et peut être corrigé par une lentille convergente placée devant.

punctum proximum : (abréviation : PP) point le plus rapproché où on peut placer un objet pour que l'image formée sur la rétine soit nette ; position de l'objet pour que la vision soit nette lorsque les muscles ciliaires bombent le cristallin au maximum (accommodation maximale) ; le PP d'un œil nominal est à 25 cm.

punctum remotum : (abréviation : PR) : position de l'objet pour que la vision soit nette lorsque les muscles ciliaires sont relâchés (aucune accommodation) ; le PR d'un œil emmétrope est à l'infini.

rétine : écran au fond de l'œil ; lorsque le faisceau lumineux en provenance d'un objet converge sur la rétine, l'image est nette.

vergence : (symbole : V) mesure de la capacité d'une lentille à faire converger ou diverger les rayons ; la vergence est positive pour une lentille convergente et négative pour une lentille divergente ; pour une lentille entourée d'air, la vergence correspond à l'inverse de la distance focale ; unité SI : dioptrie (D) ; synonyme : puissance optique.

Q1. Lorsque les muscles _____ sont relâchés, le cristallin est bombé au _____ et la vergence du système cornée-cristallin est la plus _____ possible.

Q2. Le _____ est le point où l'on peut placer un objet pour que la vision soit nette lorsque les muscles ciliaires sont relâchés. Le _____ est le point où l'on peut placer un objet pour que la vision soit nette lorsque les muscles ciliaires bombent le cristallin au maximum.

Q3. Un œil emmétrope observe un objet lointain qui se rapproche. Comment se fait-il que la vision demeure nette ?

Q4. (a) Vers quel âge une personne emmétrope devient-elle presbyte ? **(b)** Corrige-t-on la presbytie avec une lentille convergente ou divergente ?

Q5. Vrai ou faux ? **(a)** Une personne presbyte a nécessairement besoin de verres correcteurs pour lire. **(b)** Une personne presbyte a nécessairement besoin de verres correcteurs pour lire ou pour voir de loin (ou les deux).

Q6. Un œil _____ dont les muscles ciliaires sont relâchés fait converger un faisceau de rayons parallèles en arrière de la rétine. Un œil _____ dont les muscles ciliaires sont relâchés fait converger un faisceau de rayons parallèles en avant de la rétine. Un œil _____ dont les muscles ciliaires sont relâchés fait converger un faisceau de rayons parallèles sur la rétine.

Q7. (a) Corrige-t-on la myopie avec une lentille convergente ou divergente ? **(b)** Corrige-t-on l'hypermétropie avec une lentille convergente ou divergente ?

Q8. L'optométriste de Zébulon lui annonce que ses yeux sont « trop longs ». De quel problème souffre-t-il ?

Q9. Dites si une personne peut voir net à l'infini sans verres correcteurs si son seul problème de vision est **(a)** une myopie ; **(b)** une hypermétropie légère ; **(c)** une presbytie.

Q10. Un œil _____ possède un punctum remotum réel situé à une distance p positive ($p \neq \infty$). Un œil _____ possède un punctum remotum virtuel situé à une distance p négative ($p \neq -\infty$).

Lorsqu'on corrige la vue, on se base sur les capacités de l'œil nominal : le PR est à l'infini et le PP est à 25 cm.

RÉCHAUFFEMENT

2.9.1 *La vision de Patrick.* Patrick voit nettement les objets situés entre 20 cm et l'infini. **(a)** Quelle est son amplitude d'accommodation ? **(b)** A-t-il un problème de vision ? Si oui, lequel ?

2.9.2 *La vision de Normand.* Normand voit nettement les objets situés entre 40 cm et l'infini. **(a)** Quelle est son amplitude d'accommodation ? **(b)** A-t-il un problème de vision ? Si oui, lequel ?

2.9.3 *Des lunettes pour Normand.* Considérez de nouveau le cas de Normand décrit dans l'**exercice 2.9.2**. **(a)** Doit-on utiliser des lentilles convergentes ou divergentes pour corriger son problème ? **(b)** Calculez la vergence de ces lentilles. **(c)** Quelle est l'amplitude d'accommodation de Normand lorsqu'il porte ses lunettes ? **(d)** Quel est son domaine de vision nette (l'intervalle des distances où la vision est nette) lorsqu'il porte ses lunettes ?

SÉRIE PRINCIPALE

2.9.4 *Des lunettes pour Roger.* Le PP de Roger est à 10 cm et son PR est à 150 cm. **(a)** Quelle est son amplitude d'accommodation ? **(b)** De quel problème souffre-t-il ? **(c)** Quelle est la vergence des verres correcteurs qu'on doit lui prescrire ? **(d)** Quel est son domaine de vision nette (l'intervalle des distances où la vision est nette) lorsqu'il porte ses lunettes ?

2.9.5 *Des lunettes pour Gérard.* Reprenez l'**exercice 2.9.5** pour Gérard, dont le PP est à 20 cm et le PR est à −60 cm.

2.9.6 *Des lunettes pour Lucille.* Le PP de Lucille est à 40 cm et son PR est à 300 cm. **(a)** Quelle est l'amplitude d'accommodation ? **(b)** De quels problèmes souffre-t-elle ? **(c)** Pour corriger chacun de ses problèmes, quelle est la vergence des verres correcteurs qu'on doit lui prescrire ? Lucille s'achète des lunettes à double foyer : lorsqu'elle regarde à travers le haut des lentilles, sa vision de loin est corrigée ; lorsqu'elle regarde à travers le bas des lentilles, sa vision de près est corrigée. Déterminez son domaine de vision nette (l'intervalle des distances où la vision est nette) lorsqu'elle regarde à travers **(d)** le haut de ses lentilles et **(e)** le bas de ses lentilles.

2.9.7 *Marie-Hortense enlève ses lunettes.* On a prescrit à Marie-Hortense des lunettes dont la distance focale est de 30 cm pour corriger sa presbytie. Où se situe son PP lorsqu'elle enlève ses lunettes ?

SÉRIE SUPPLÉMENTAIRE

2.9.8 *Les lunettes de Zébulon.* Un optométriste prescrit à Zébulon des lunettes de −3 D. **(a)** Les lunettes corrigent-elles la myopie, l'hypermétropie ou la presbytie ? **(b)** En supposant que les lunettes corrigent parfaitement le problème identifié en (a), calculez où est situé le PR de Zébulon lorsqu'il les enlève. **(c)** Lorsque Zébulon porte les lunettes, son PP est à 25 cm. Où est le PP lorsqu'il les enlève ?

2.9.9 *Archibald a besoin de nouvelles lunettes.* Avec ses vieilles lunettes de 1,5 D, le PP d'Archibald est à 50 cm. Quelle doit être sa nouvelle prescription pour ramener son PP à 25 cm ?

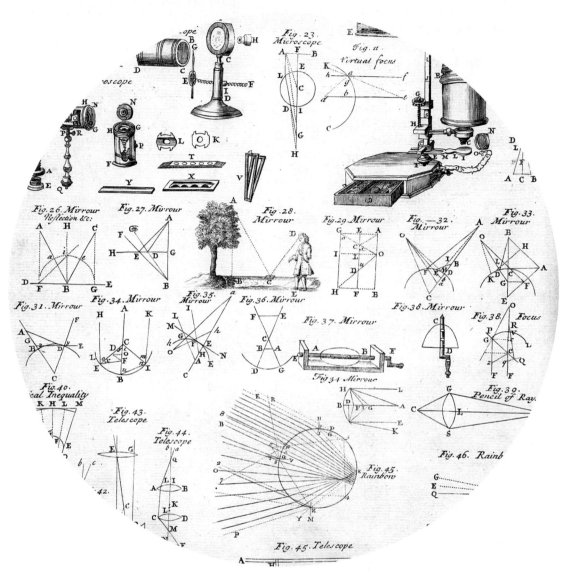

Schémas d'optique dans *Cyclopedia : An Universal Dictionary of Arts and Sciences*, une encyclopédie publiée à Londres en 1728.

La vergence des lentilles minces

Après l'étude de cette section, le lecteur pourra calculer la vergence d'une lentille mince située dans un milieu quelconque ou séparant deux milieux différents, et utiliser la loi d'addition des vergences pour déterminer la vergence d'un groupe de lentilles placées les unes contre les autres.

APERÇU

Dans les sections qui précèdent, nous avons vu que, pour une lentille mince faite d'un matériau d'indice de réfraction n_L et *entourée d'air*, les positions de l'objet et de l'image sont reliées entre elles par

$$\frac{1}{p} + \frac{1}{q} = V$$

où

$$V = \frac{1}{f} = (n_L - 1)\left(\frac{1}{R_A} - \frac{1}{R_B}\right)$$

est la vergence de la lentille.

Si on place une lentille mince (schéma ci-contre) entre des milieux d'indice de réfraction n_1 (du côté des rayons incidents) et n_2 (du côté des rayons réfractés), les positions de l'objet et de l'image sont reliées entre elles par

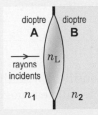

$$\boxed{\frac{n_1}{p} + \frac{n_2}{q} = V}$$ **Équation d'une lentille mince située entre deux milieux quelconques**

où

$$\boxed{V = \frac{n_L - n_1}{R_A} - \frac{n_L - n_2}{R_B}}$$ **Vergence d'une lentille mince située entre deux milieux quelconques**

est la vergence de la lentille. Les foyers objet et image d'une lentille qui sépare deux milieux d'indices différents ne sont pas situés à égale distance de part et d'autre de la lentille. Ainsi, on ne peut pas définir une distance focale f unique qui décrit la lentille.

La vergence V est positive pour une lentille convergente et négative pour une lentille divergente. Si on place une lentille dans un milieu d'indice supérieur à n_L, les termes $n_L - n_1$ et $n_L - n_2$ sont négatifs : une lentille qui était divergente lorsqu'elle était entourée d'air devient convergente, et vice versa.

D'après la **loi d'addition des vergences**, lorsqu'on place des lentilles minces les unes contre les autres, la vergence équivalente de l'ensemble est égale à la somme des vergences des lentilles individuelles :

$$\boxed{V = \sum V_i}$$ **Vergence d'un groupe de lentilles minces placées les unes contre les autres**

EXPOSÉ

Les équations présentées dans les **sections 2.6 : Les lentilles minces** et **2.7 : La formule des opticiens** s'appliquent aux lentilles entourées d'air. On peut s'en servir, par exemple, pour analyser l'effet des lentilles d'une paire de lunettes. Dans la présente section, nous allons voir comment décrire l'effet d'une lentille mince placée dans un milieu autre que l'air ou séparant deux milieux différents : par exemple, un verre de contact (photo ci-contre) lorsqu'il est placé entre l'air ($n = 1$) et la cornée ($n = 1,38$).

ISTOCKPHOTO

Nous allons également voir comment calculer la « vergence équivalente » de deux lentilles minces (ou davantage) placées l'une contre l'autre.

Une lentille mince située entre deux milieux quelconques

Dans la **section 2.7**, nous avons démontré la formule des opticiens en considérant une lentille mince entourée d'air et en analysant successivement l'effet de chacun des dioptres. Nous allons reprendre cette démonstration, mais pour le cas général (schéma ci-dessous) où la lentille, d'indice de réfraction n_L, est placée entre des milieux d'indice de réfraction n_1 (du côté des rayons incidents) et n_2 (du côté des rayons réfractés).

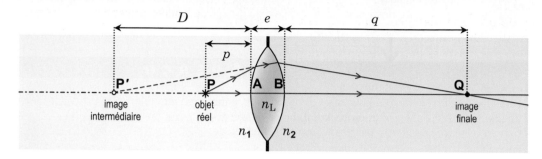

Pour le dioptre **A**, l'équation du dioptre,

$$\frac{n_1}{p} + \frac{n_2}{q} = \frac{n_2 - n_1}{R}$$

s'écrit

$$\frac{n_1}{p} + \frac{n_L}{-D} = \frac{n_L - n_1}{R_A} \quad \text{(i)}$$

Pour le dioptre **B**, l'équation du dioptre s'écrit

$$\frac{n_L}{D + e} + \frac{n_2}{q} = \frac{n_2 - n_L}{R_B} \quad \text{(ii)}$$

où e représente l'épaisseur de la lentille. En additionnant les équations **(i)** et **(ii)** et en supposant que l'épaisseur e de la lentille est négligeable, nous obtenons

$$\frac{n_1}{p} + \frac{n_L}{-D} + \frac{n_L}{D} + \frac{n_2}{q} = \frac{n_L - n_1}{R_A} + \frac{n_2 - n_L}{R_B}$$

En simplifiant les termes n_L/D et $n_L/-D$, et en modifiant le dernier terme du membre de droite pour obtenir une équation finale plus symétrique, nous obtenons

$$\frac{n_1}{p} + \frac{n_2}{q} = \frac{n_L - n_1}{R_A} - \frac{n_L - n_2}{R_B}$$

Cette équation *n'est pas* de la forme $1/p + 1/q = 1/f$. Ainsi, on *ne peut pas* utiliser l'équation d'une lentille mince entourée d'air pour décrire une lentille placée entre deux milieux différents. Il faut plutôt écrire

$$\boxed{\frac{n_1}{p} + \frac{n_2}{q} = V}$$

Équation d'une lentille mince située entre deux milieux quelconques

où

$$\boxed{V = \frac{n_L - n_1}{R_A} - \frac{n_L - n_2}{R_B}}$$

Vergence d'une lentille mince située entre deux milieux quelconques

est la vergence de la lentille.

---

*Dans la situation représentée sur le schéma, l'image **P'** est virtuelle : ainsi, le paramètre q qui la représente est négatif. Comme D représente une distance positive sur le schéma, il faut écrire $q = -D$ dans l'équation **(i)**.*

Si on pose $n_L = n_2$ dans la situation que nous sommes en train d'analyser, on fait « disparaître » la lentille, et l'équation ci-contre redonne bien l'équation d'un dioptre unique de rayon R_A.

Dans la **section 2.9 : La correction de la vue**, nous avons présenté l'équation $V = 1/f$, qui met en relation la vergence d'une lentille *entourée d'air* et sa distance focale. On *ne peut pas* utiliser cette équation pour obtenir une valeur de f qui caractériserait une lentille placée entre deux milieux différents : en effet, *les foyers objet et image ne sont pas situés à la même distance de part et d'autre de la lentille* (schémas ci-contre). Par conséquent, il est impossible de définir une distance focale f unique qui décrirait la lentille. On pourrait définir *deux* distances focales, une pour chaque foyer, mais il est plus simple de ne pas faire intervenir le concept de distance focale, et de décrire la lentille à l'aide de sa vergence V.

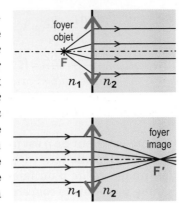

Comme nous l'avons vu à la **section 2.9**, la vergence s'exprime en dioptries (D) :

$$1 \text{ D} = 1 \text{ m}^{-1}$$

La vergence V est positive pour une lentille convergente et négative pour une lentille divergente.

Situation 1 : *Une lentille plan-concave... convergente !* La face concave d'une lentille plan-concave possède un rayon de courbure (en valeur absolue) de 10 cm. (Il s'agit de la lentille de la **situation 1** de la **section 2.7**.) Elle est faite de verre ($n = 1,5$) et elle est plongée dans un bassin rempli d'aldéhyde cinnamique, liquide jaunâtre assez visqueux qui possède un indice de réfraction de 1,62. On envoie des rayons parallèles sur la lentille et on désire déterminer la position de l'image et sa nature (réelle ou virtuelle).

Nous avons représenté la situation sur le schéma ci-contre. Nous avons $n_1 = n_2 = 1,62$ et $n_L = 1,5$. Nous allons supposer que les rayons atteignent d'abord la face concave de la lentille : dans ce cas, $R_A = -10 \text{ cm} = -0,1 \text{ m}$ et $R_B = \infty$. (Comme nous l'avons vu à la fin de la **section 2.7**, l'effet de la lentille est le même peu importe la face que les rayons traversent en premier.) La vergence de la lentille est

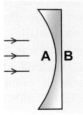

$$V = \frac{n_L - n_1}{R_A} - \frac{n_L - n_2}{R_B}$$
$$= \frac{1,5 - 1,62}{(-0,1 \text{ m})} - \frac{1,5 - 1,62}{\infty}$$
$$= \frac{-0,12}{(-0,1 \text{ m})} = 1,2 \text{ D}$$

Comme la vergence est positive, la lentille est *convergente*.

Une lentille plan-concave étant plus mince au centre que sur les bords, elle est divergente ($V < 0$) lorsqu'elle est entourée d'air (ou de matériaux moins réfringents que celui dont elle est faite). Comme on peut le constater, le fait de plonger une lentille dans un milieu plus réfringent que celui dont elle est faite a pour effet d'inverser le signe de sa vergence.

Dans la situation qui nous intéresse, nous pouvons supposer que les rayons parallèles proviennent d'un objet situé à l'infini : $p = \infty$. Nous voulons déterminer q :

$$\frac{n_1}{p} + \frac{n_2}{q} = V$$

$$\frac{1,62}{\infty} + \frac{1,62}{q} = (1,2\,\text{D})$$

$$q = \frac{1,62}{(1,2\,\text{D})} = 1,35\,\text{D}^{-1} = 1,35\,\text{m} \quad \Rightarrow \quad \boxed{q = 135\,\text{cm}}$$

Comme la valeur de q est positive, l'image est réelle. Elle se forme à 135 cm de l'autre côté de la lentille (par rapport aux rayons incidents). La lentille plan-concave forme une image *réelle* d'un faisceau de rayons en provenance de l'infini : elle agit bien comme une lentille *convergente*.

La loi d'addition des vergences

Nous avons vu qu'il est pratique de décrire une lentille en fonction de sa vergence lorsqu'elle est placée entre deux milieux différents. Le concept de vergence est également utile lorsqu'on désire analyser un système qui comporte plusieurs lentilles minces placées les unes contre les autres. Dans ce cas, on peut appliquer la **loi d'addition des vergences**, affirmant que *la vergence d'un ensemble de lentilles minces placées les unes contre les autres est égale à la somme des vergences individuelles* :

Vergence d'un groupe de lentilles minces placées les unes contre les autres

$$\boxed{V = \sum V_i}$$

Par exemple, une lentille mince de 6 D et une lentille mince de -2 D placées l'une contre l'autre sont équivalentes à une seule lentille mince de $(6\,\text{D}) + (-2\text{D}) = 4\,\text{D}$.

Nous n'allons pas donner de preuve générale de la loi d'addition des vergences : nous allons nous contenter de démontrer son bien-fondé dans le cas le plus simple, où deux lentilles minces entourées d'air sont placées l'une contre l'autre (schéma ci-contre). Nous allons adopter la même approche que dans la démonstration du début de la section, mais en remplaçant chacun des dioptres par une lentille mince.

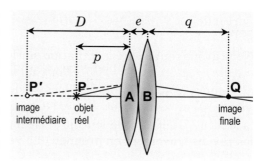

L'équation des lentilles minces,

$$\frac{1}{p} + \frac{1}{q} = \frac{1}{f}$$

appliquée aux lentilles **A** et **B**, donne

$$\frac{1}{p} + \frac{1}{-D} = \frac{1}{f_A} \qquad \text{et} \qquad \frac{1}{D+e} + \frac{1}{q} = \frac{1}{f_B}$$

(La justification du signe négatif devant D est la même que pour la démonstration des deux dioptres au début de la section.) En additionnant les deux équations et en supposant que la distance e entre les lentilles est négligeable, nous obtenons

$$\frac{1}{p} + \frac{1}{q} = \frac{1}{f_A} + \frac{1}{f_B}$$

Autrement dit, les deux lentilles sont équivalentes à une seule lentille dont la distance focale est donnée par

$$\frac{1}{f} = \frac{1}{f_A} + \frac{1}{f_B}$$

Attention : lorsque la distance qui sépare les lentilles minces n'est pas négligeable, la loi d'addition des vergences ne s'applique pas. Il faut analyser séparément l'effet de chaque lentille, comme nous l'avons fait dans la **section 2.8 : Les systèmes de lentilles**.

Pour une lentille mince entourée d'air, $V = 1/f$. Ainsi, les vergences s'additionnent :

$$V = V_A + V_B$$

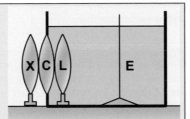

Situation 2 : *Un modèle de l'œil.* Au laboratoire, on étudie un modèle de l'œil (schéma ci-contre). Le réservoir rempli d'eau ($n = 1,33$) représente l'humeur aqueuse à l'intérieur de l'œil ; l'écran **E** placé dans l'eau représente la rétine ; la lentille **C**, fixée dans la paroi du réservoir, représente la cornée ; la lentille **L**, placée contre la cornée, dans l'eau, représente le cristallin ; la lentille **X**, placée contre la cornée, dans l'air, représente le verre correcteur (une des lentilles d'une paire de lunettes). Chacune des lentilles est biconvexe et symétrique : le rayon de courbure des faces est le même (en valeur absolue) des deux côtés de la lentille. On donne $R_C = 50$ cm, $R_L = 10$ cm, $R_X = 10$ cm et $n = 1,52$ pour le verre dont les lentilles sont faites. On place un objet dans l'air, à 25 cm devant le système de lentilles, et on désire calculer à quel endroit il faut placer l'écran **E** pour que l'image soit nette.

Nous avons $n_L = 1,52$, $n_{air} = 1$ et $n_{eau} = 1,33$. Nous pouvons appliquer la loi d'addition des vergences, et ce, même si les lentilles sont entourées de différents milieux. Pour chaque lentille, les rayons incidents, voyageant de gauche à droite, rencontrent d'abord un dioptre convexe ($R > 0$), puis un dioptre concave ($R < 0$). L'équation générale de la vergence,

$$V = \frac{n_L - n_1}{R_A} - \frac{n_L - n_2}{R_B}$$

appliquée aux lentilles **X**, **C** et **L**, donne

$$V_X = \frac{1,52 - 1}{(0,5\,\text{m})} - \frac{1,52 - 1}{(-0,5\,\text{m})} = 2,08\,\text{D}$$

$$V_C = \frac{1,52 - 1}{(0,1\,\text{m})} - \frac{1,52 - 1,33}{(-0,1\,\text{m})} = 7,1\,\text{D}$$

$$V_L = \frac{1,52 - 1,33}{(0,1\,\text{m})} - \frac{1,52 - 1,33}{(-0,1\,\text{m})} = 3,8\,\text{D}$$

La lentille de correction **X** est entourée d'air ; le cristallin **L** est entouré d'eau ; la cornée **C** est placée entre l'air et l'eau. Le fait que les lentilles se touchent en leur centre n'a pas d'importance lorsqu'on applique l'équation générale de la vergence.

La vergence du système des trois lentilles est

$$V = V_X + V_C + V_L = (2,08\,\text{D}) + (7,1\,\text{D}) + (3,8\,\text{D}) = 12,98\,\text{D}$$

La lentille équivalente, de vergence 12,98 D, sépare l'air ($n_1 = 1$) de l'eau ($n_2 = 1,33$). Nous avons $p = 25$ cm , d'où

$$\frac{n_1}{p} + \frac{n_2}{q} = V$$

$$\frac{1}{(0,25\,\text{m})} + \frac{1,33}{q} = (12,98\,\text{D})$$

$$\frac{1,33}{q} = (12,98\,\text{D}) - (4\,\text{D}) = 8,98\,\text{D}$$

$$q = \frac{1,33}{(8,98\,\text{D})} = 0,148\,\text{D}^{-1} = 0,148\ \text{m} = 14,8\,\text{cm}$$

Ainsi, l'écran doit être situé à $\boxed{14,8\,\text{cm}}$ du système de lentilles pour recueillir une image réelle nette.

loi d'addition des vergences : la vergence d'un ensemble de lentilles minces placées les unes contre les autres est égale à la somme des vergences des lentilles individuelles.

QUESTIONS

Q1. Vrai ou faux ? On peut utiliser l'équation $1/p + 1/q = 1/f$ pour décrire l'effet d'une lentille placée entre deux milieux différents.

Q2. Pour une lentille qui n'est pas entourée d'air, peut-on encore affirmer que la vergence est égale à l'inverse de la distance focale ($V = 1/f$) ?

Q3. Vrai ou faux ? Une lentille qui est convergente lorsqu'elle est entourée d'air devient divergente lorsqu'elle est plongée dans un milieu plus réfringent que celui dont elle est faite.

Q4. Vrai ou faux ? La loi d'addition des vergences s'applique uniquement aux lentilles entourées d'air.

DÉMONSTRATION

D1. Démontrez la loi d'addition des vergences pour deux lentilles minces entourées d'air.

EXERCICES

○ Exercice dont la solution ne requiert ni calculatrice ni algèbre complexe.

RÉCHAUFFEMENT

2.10.1 *Une lentille plan-concave plongée dans l'eau.* Calculez la vergence d'une lentille plan-concave en verre flint ($n = 1,66$) plongée dans l'eau ($n = 1,33$), sachant que sa face concave possède un rayon de courbure de 20 cm.

SÉRIE PRINCIPALE

○ **2.10.2** *La vergence d'une lentille plongée dans l'eau.* On dispose d'une lentille de verre ($n = 1,5$) qui est convergente lorsqu'elle est entourée d'air. **(a)** Est-elle encore convergente lorsqu'on la plonge dans l'eau ? **(b)** Sa vergence est-elle plus grande lorsqu'elle est entourée d'eau ou d'air ?

○ **2.10.3** *Une lentille plongée dans un liquide de même indice de réfraction.* **(a)** Que devient la vergence d'une lentille lorsqu'on la plonge dans un liquide dont l'indice de réfraction est le même que celui du matériau dont elle est faite ? **(b)** Quel est l'effet d'une telle lentille sur le trajet des rayons lumineux ?

2.10.4 *Une cavité en forme de lentille.* Dans un bloc de glace ($n = 1,31$) se trouve une cavité remplie d'air qui a la forme d'une lentille mince biconvexe (schéma ci-contre) : chacune des faces a un rayon de courbure de 30 cm. Un faisceau de rayons parallèles à l'axe de la lentille voyage dans la glace et frappe la lentille. **(a)** Une fois déviés par la lentille, les rayons forment-ils une image réelle ou virtuelle ? **(b)** Quelle est la distance entre l'image et la lentille ? **(c)** La lentille est-elle convergente ou divergente ?

○ **2.10.5** *Les lentilles siamoises.* Deux lentilles minces sont placées l'une contre l'autre et sont entourées d'air. Si chacune des lentilles possède une distance focale de 20 cm, quelle est la distance focale de l'ensemble ?

SÉRIE SUPPLÉMENTAIRE

○ **2.10.6** *Match nul.* On colle une lentille convergente de distance focale 30 cm sur une lentille divergente de distance focale −30 cm (schéma ci-contre), et on place un objet à 50 cm à gauche de l'ensemble. Déterminez la position de l'image et sa nature (réelle ou virtuelle).

2.10.7 *La détermination expérimentale de la distance focale d'une lentille divergente.* Au laboratoire, on dispose de deux lentilles. Lorsqu'on place une flèche lumineuse à 30 cm devant la lentille **A**, on recueille une image sur un écran situé à 15 cm de la lentille. Lorsqu'on place la lentille **B** contre la lentille **A** (en gardant l'objet à 30 cm de distance), on recueille une image sur un écran situé à 25 cm des lentilles. **(a)** Quelle est la distance focale de la lentille **B** ? **(b)** Peut-on placer la flèche lumineuse devant la lentille **B** seule et recueillir une image sur un écran ? Justifiez votre réponse.

Le microscope composé et la lunette astronomique

Après l'étude de cette section, le lecteur pourra expliquer
le mode de fonctionnement du microscope composé et de la lunette astronomique.

A PERÇU

Un **microscope** est un instrument qui produit des images grossies de petits objets. Un **microscope composé** est constitué de deux lentilles convergentes placées aux extrémités d'un tube (schéma ci-dessous) : la lentille située du côté de l'objet que l'on désire observer est appelée **objectif** et la lentille située du côté où l'on place l'œil est appelée **oculaire**. L'objectif projette une image réelle agrandie de l'objet à l'intérieur du tube. Cette image devient un objet réel pour l'oculaire : ce dernier se comporte comme une loupe et crée une image virtuelle finale encore plus grande.

Un **télescope** est un instrument qui produit des images grossies d'objets lointains. Une **lunette astronomique** est un télescope constitué de deux lentilles convergentes placées aux extrémités d'un tube (tout comme le microscope composé). Son mode de fonctionnement est assez similaire à celui du microscope composé, mais comporte une différence importante (schéma ci-dessous) : dans un microscope composé, il y a une distance appréciable entre le foyer image de la lentille objectif (F'_{ob}) et le foyer objet de la lentille oculaire (F_{oc}), tandis que dans une lunette astronomique, F'_{ob} et F_{oc} sont très proches l'un de l'autre (ou carrément superposés).

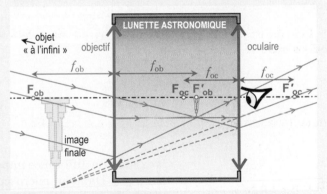

E XPOSÉ

Un **microscope** est un instrument qui produit des images grossies de petits objets. Un **télescope** est un instrument qui produit des images grossies d'objets lointains. On retrouve des lentilles minces dans les deux instruments. Dans cette section, nous allons analyser le mode de fonctionnement d'un type particulier de microscope, le **microscope composé** (photo ci-contre), et d'un type particulier de télescope, la **lunette astronomique**. Ces deux instruments ont des caractéristiques communes : ils sont constitués de deux lentilles convergentes placées aux extrémités d'un tube. La lentille située du côté de l'objet que l'on désire observer est appelée **objectif**, et la lentille située du côté où on place l'œil est appelée **oculaire**. Le rôle de l'objectif est de projeter, à l'intérieur du tube, une image intermédiaire réelle de l'objet. Cette image intermédiaire devient l'objet de l'oculaire : ce dernier se comporte comme une loupe et crée une image finale virtuelle. Les instruments sont conçus afin de former des images agrandies : la taille angulaire de l'image finale est plus grande, du point de vue de l'observateur, que la taille angulaire de l'objet observé à l'œil nu.

La plupart des gros télescopes modernes utilisent un *miroir parabolique* comme déviateur de lumière principal. Dans cette section, nous allons nous limiter à l'étude des télescopes à lentilles.

oculaire

objectif

DREAMSTIME

Pour que les instruments fonctionnent correctement, il faut que l'image intermédiaire créée par l'objectif se forme entre le foyer de la lentille oculaire ($\mathbf{F_{oc}}$) et la lentille oculaire (schémas ci-dessous) : en effet, pour que la lentille convergente de l'oculaire se comporte comme une loupe, il faut que l'image qu'elle génère soit virtuelle, et cela se produit uniquement lorsque l'objet de l'oculaire est situé entre le foyer et la lentille.

Dans les schémas ci-contre, l'image finale se forme à l'extérieur du tube de l'instrument. En ajustant la distance entre l'objectif et l'oculaire, on peut faire varier la position de l'image finale : rien n'empêche cette dernière de se trouver à l'intérieur du tube, ou encore, à l'autre extrême, de se situer à une distance de l'oculaire qui tend vers l'infini.

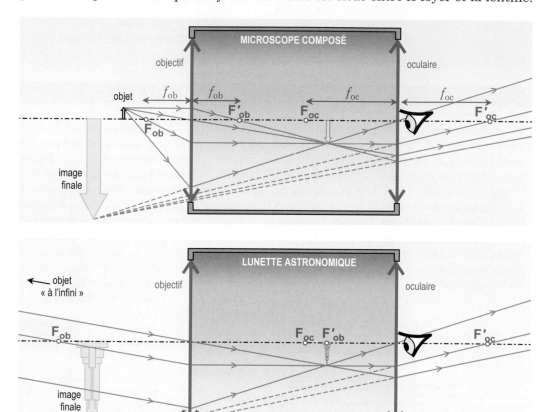

Il existe une différence importante entre un microscope composé et une lunette astronomique. Dans un microscope composé, il y a une distance appréciable entre le foyer image de la lentille objectif ($\mathbf{F'_{ob}}$) et le foyer objet de la lentille oculaire ($\mathbf{F_{oc}}$) ; en revanche, dans une lunette astronomique, $\mathbf{F'_{ob}}$ et $\mathbf{F_{oc}}$ doivent être très proches l'un de l'autre (ils peuvent même être situés au même endroit).

Situation 1 : *Le grandissement angulaire d'un microscope composé.* Dans un microscope composé, la lentille objectif, dont la distance focale est de 4 cm, est à 17 cm de la lentille oculaire, dont la distance focale est de 6 cm. Un objet de 1 mm de hauteur est placé à 6 cm de l'objectif. On désire déterminer le grandissement angulaire pour un observateur qui colle son œil à l'oculaire. On considère que l'angle α_o est la taille angulaire *maximale* de l'objet pour un œil nu nominal, c'est-à-dire sa taille angulaire lorsqu'il est observé à une distance de 25 cm.

Il n'est pas nécessaire de faire un tracé de rayons à l'échelle pour résoudre ce problème, mais nous en avons fait un quand même (schéma de la page suivante). Cela permet de mieux comprendre la signification des résultats obtenus par les équations.

Pour l'objectif (lentille **A**), nous avons $y_o = 1\ \text{mm}$, $p = 6\ \text{cm}$ et $f = 4\ \text{cm}$. La position de l'image intermédiaire (par rapport à la lentille **A**) est

$$\frac{1}{p} + \frac{1}{q} = \frac{1}{f} \quad \Rightarrow \quad q = \left(\frac{1}{f} - \frac{1}{p}\right)^{-1} = \left(\frac{1}{(4\ \text{cm})} - \frac{1}{(6\ \text{cm})}\right)^{-1} \quad \Rightarrow \quad q = 12\ \text{cm}$$

Le grandissement linéaire de l'image intermédiaire (par rapport à l'objet) est

$$g = -\frac{q}{p} = -\frac{(12\,\text{cm})}{(6\,\text{cm})} = -2$$

Ainsi, la taille de l'image intermédiaire est

$$g = \frac{y_i}{y_o} \qquad \Rightarrow \qquad y_i = g y_o = -2 \times (1\,\text{mm}) = -2\,\text{mm}$$

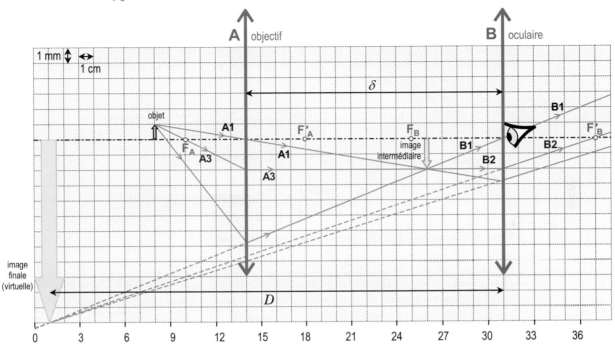

L'image intermédiaire est réelle, et elle devient un objet réel pour la lentille oculaire. Comme il y a $\delta = 17\,\text{cm}$ entre les lentilles, l'image intermédiaire est à

$$\delta - q = (17\,\text{cm}) - (12\,\text{cm}) = 5\,\text{cm}$$

de l'oculaire. Ainsi, pour l'oculaire (lentille **B**), $y_o = -2\,\text{mm}$, $p = 5\,\text{cm}$ et $f = 6\,\text{cm}$. La position de l'image finale (par rapport à la lentille **B**) est

$$\frac{1}{p} + \frac{1}{q} = \frac{1}{f} \quad \Rightarrow \quad q = \left(\frac{1}{f} - \frac{1}{p}\right)^{-1} = \left(\frac{1}{(6\,\text{cm})} - \frac{1}{(5\,\text{cm})}\right)^{-1} \quad \Rightarrow \quad q = -30\,\text{cm}$$

Le grandissement linéaire de l'image finale (par rapport à l'image intermédiaire) est

$$g = -\frac{q}{p} = -\frac{(-30\,\text{cm})}{(5\,\text{cm})} = 6$$

Ainsi, la taille de l'image finale est

$$g = \frac{y_i}{y_o} \qquad \Rightarrow \qquad y_i = g y_o = 6 \times (-2\,\text{mm}) = -12\,\text{mm} = -1,2\,\text{cm}$$

Nous voulons calculer le grandissement angulaire, c'est-à-dire le rapport de α_i, la taille de l'image observée à travers le microscope, sur α_o, la taille de l'objet observé à l'œil nu :

$$G = \frac{\alpha_i}{\alpha_o}$$

Comme l'œil de l'observateur est collé sur la lentille oculaire, l'image finale est à une distance $D = 30$ cm. Par conséquent, sa taille angulaire est

$$\alpha_i = \arctan\left(\frac{y_i}{D}\right) = \arctan\left(\frac{(-1{,}2\text{ cm})}{(30\text{ cm})}\right) = -2{,}291°$$

Lorsqu'on calcule le grandissement angulaire d'un instrument, il est logique de comparer la taille angulaire de l'image et la taille angulaire *la plus grande* que l'on pourrait obtenir à l'œil nu, sans utiliser l'instrument. C'est pour cela que, dans l'énoncé, on précise que l'angle α_o est la taille angulaire *maximale* de l'objet lorsqu'il est observé par un œil nu nominal, c'est-à-dire à une distance $d_{PP} = 25$ cm. (Si on approche l'objet davantage de l'œil, la vision devient floue.) Ici, la taille de l'objet est $y_o = 1$ mm $= 0{,}1$ cm, d'où

$$\alpha_o = \arctan\left(\frac{y_o}{d_{PP}}\right) = \arctan\left(\frac{(0{,}1\text{ cm})}{(25\text{ cm})}\right) = 0{,}2292°$$

Le grandissement angulaire est

$$G = \frac{\alpha_i}{\alpha_o} = \frac{-2{,}291°}{0{,}2292°} \qquad \Rightarrow \qquad \boxed{G = -10{,}0}$$

Le signe négatif signifie que l'image est inversée.

Situation 2 : *Le grandissement angulaire d'un microscope composé, prise 2.* Dans la **situation 1**, on éloigne l'oculaire de l'objectif afin que l'image finale soit située à l'infini. On désire déterminer le grandissement angulaire dans ce cas.

Pour que l'image finale soit située à l'infini, il faut que l'image intermédiaire soit située au foyer objet de la lentille oculaire (F_B). Dans la **situation 1**, F_B est 1 cm à gauche de l'image intermédiaire : pour les faire coïncider, il faut éloigner l'oculaire de l'objectif de 1 cm (schéma ci-dessous).

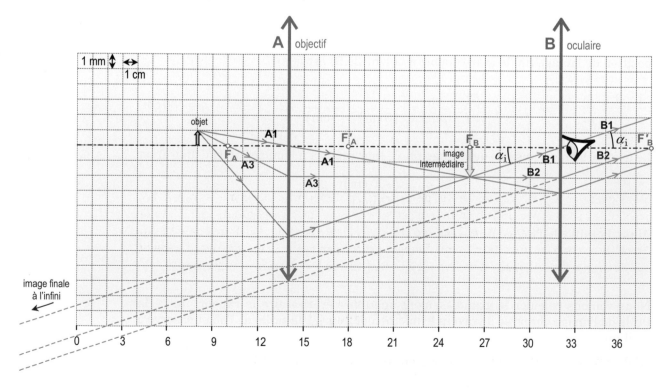

Dans cette situation, l'image finale est à l'infini, mais sa taille angulaire est bien définie. Elle correspond à l'angle entre les rayons qui émergent de la lentille oculaire et l'axe optique :

$$\alpha_i = \arctan\left(\frac{y_i}{f_B}\right) = \arctan\left(\frac{(-0,2\,\text{cm})}{(6\,\text{cm})}\right) = -1,909°$$

Le signe négatif signifie que l'image est inversée. L'angle α_o est le même que dans la **situation 1**. Ainsi, le grandissement angulaire est

$$G = \frac{\alpha_i}{\alpha_o} = \frac{-1,909°}{0,2292°} \quad \Rightarrow \quad \boxed{G = -8,33}$$

À la **section 2.12 : Le grandissement angulaire commercial**, nous verrons que les fabricants de télescopes et de microscopes supposent toujours que l'image finale se forme à l'infini lorsqu'ils spécifient le pouvoir grossissant de leurs instruments.

> **Situation 3 : *Le grandissement angulaire d'une lunette astronomique.*** Dans une lunette astronomique, la lentille objectif, dont la distance focale est de 12 cm, est placée à 17 cm de la lentille oculaire, dont la distance focale est de 6 cm. On observe un gratte-ciel lointain avec la lunette : l'objectif projette une image inversée du gratte-ciel de 2 mm de hauteur à l'intérieur du tube. On désire déterminer le grandissement angulaire pour un observateur qui colle son œil à l'oculaire.

Comme le gratte-ciel est lointain, nous pouvons supposer que les rayons en provenance du sommet du gratte-ciel sont parallèles entre eux ; ils font un angle α_o avec l'axe optique du télescope (schéma ci-dessous).

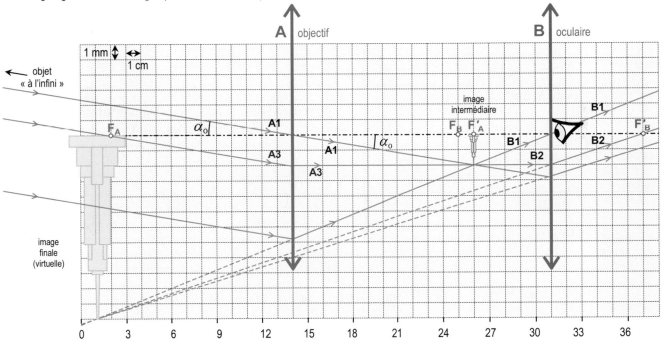

Pour calculer α_o, il faut se servir de l'image intermédiaire. Comme le rayon **A1**, passant par le centre de l'objectif **A**, n'est pas dévié, il fait un angle α_o avec l'axe de part et d'autre de la lentille **A**. L'image intermédiaire mesure $y_i = -2\,\text{mm} = -0,2\,\text{cm}$. Comme l'objet est lointain ($p \to \infty$), l'image intermédiaire se forme au foyer image de l'objectif ($q = f_A = 12\,\text{cm}$), d'où

$$\alpha_o = \arctan\left(\frac{|y_i|}{f_A}\right) = \arctan\left(\frac{(0,2\,\text{cm})}{(12\,\text{cm})}\right) = 0,9548°$$

(Il faut prendre y_i en valeur absolue pour avoir un angle α positif.)

L'image intermédiaire et la lentille oculaire sont les mêmes que dans la **situation 1**. Par conséquent, la taille angulaire de l'image finale, d'après l'observateur, est la même que dans la **situation 1** :

$$\alpha_i = -2{,}291°$$

Le grandissement angulaire est

$$G = \frac{\alpha_i}{\alpha_o} = \frac{-2{,}291°}{0{,}9548°} \qquad \Rightarrow \qquad \boxed{G = -2{,}40}$$

Le signe négatif signifie que l'image est inversée.

> **Situation 4 :** *Le grandissement angulaire d'une lunette astronomique, prise 2.* Dans la **situation 3**, on éloigne l'oculaire de l'objectif afin que l'image finale soit située à l'infini. On désire déterminer le grandissement angulaire dans cette situation.

Pour que l'image finale soit située à l'infini, il faut que l'image intermédiaire soit située au foyer objet de la lentille oculaire (**F_B**). Comme l'image intermédiaire se forme au foyer image de la lentille objectif (**F'_A**), il faut éloigner l'oculaire de l'objectif de 1 cm afin de faire coïncider **F_B** et **F'_A** (schéma ci-dessous).

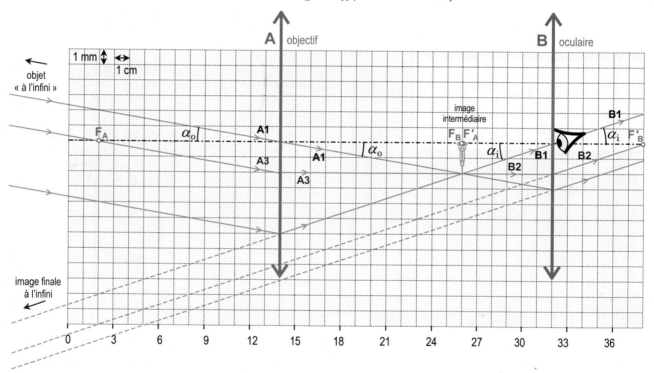

Dans cette situation, les rayons qui émergent de la lentille oculaire font un angle

$$\alpha_i = \arctan\left(\frac{y_i}{f_B}\right) = \arctan\left(\frac{(-0{,}2\,\text{cm})}{(6\,\text{cm})}\right) = -1{,}909°$$

avec l'axe optique. Le signe négatif signifie que l'image est inversée. L'angle α_o est le même que dans la **situation 3**. Le grandissement angulaire est

$$G = \frac{\alpha_i}{\alpha_o} = \frac{-1{,}909}{0{,}9548} \qquad \Rightarrow \qquad \boxed{G = -2{,}00}$$

GLOSSAIRE

lunette astronomique : télescope constitué de deux lentilles convergentes placées aux extrémités d'un tube ; la première lentille (objectif) projette une image réelle de l'objet à l'intérieur du tube ; la deuxième lentille (oculaire) agit comme une loupe et crée une image finale plus grande.

microscope : instrument qui produit des images grossies de petits objets.

microscope composé : microscope constitué de deux lentilles convergentes placées aux extrémités d'un tube ; la première lentille (objectif) projette une image réelle agrandie de l'objet à l'intérieur du tube ; la deuxième lentille (oculaire) agit comme une loupe et crée une image finale encore plus grande.

objectif : lentille d'un instrument d'optique par laquelle pénètre la lumière : il s'agit de la lentille la plus rapprochée de l'objet.

oculaire : lentille d'un instrument d'optique contre laquelle on colle l'œil.

télescope : instrument qui produit des images grossies d'objets lointains.

QUESTIONS

Q1. Considérez la façon dont un microscope composé produit une image agrandie ; expliquez les rôles respectifs de la lentille objectif et de la lentille oculaire.

Q2. Reprenez la **question Q1** pour une lunette astronomique.

Q3. (a) Décrivez le microscope composé. **(b)** Décrivez la lunette astronomique. **(c)** En examinant la position des foyers des lentilles d'un microscope composé et d'une lunette astronomique, expliquez comment on peut les distinguer.

Q4. Vrai ou faux ? **(a)** L'image produite par un microscope composé est inversée. **(b)** L'image produite par une lunette astronomique est inversée.

Q5. Vrai ou faux ? **(a)** Lorsque l'image qu'on observe à travers un dispositif optique est située à l'infini, le grandissement angulaire est maximal. **(b)** Lorsque l'image qu'on observe à travers un dispositif optique est située à l'infini, le grandissement angulaire est nécessairement nul.

EXERCICES

○ Exercice dont la solution ne requiert ni calculatrice ni algèbre complexe.

RÉCHAUFFEMENT

○ 2.11.1 **Trois rayons incidents.** Le schéma ci-contre représente le tracé partiel des rayons se dirigeant vers une lunette astronomique. Le rayon 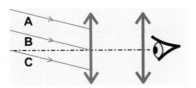 **A** provient du sommet d'un gratte-ciel lointain. Le rayon **C** provient-il du sommet du gratte-ciel, de sa base ou d'un point intermédiaire ? Justifiez votre réponse.

2.11.2 **Le microscope composé.** Un objet de 2 mm de hauteur est placé à 2,2 cm de l'objectif d'un microscope composé dont la distance focale est de 2 cm. L'oculaire est à 30 cm de l'objectif, et sa distance focale est de 9 cm. Un observateur colle son œil contre l'oculaire. Déterminez **(a)** la taille de l'image intermédiaire qui se forme à l'intérieur du tube, **(b)** la taille de l'image finale, **(c)** l'angle que fait l'image finale pour l'observateur, et **(d)** le grandissement angulaire, en considérant que l'angle α_0 est la taille angulaire *maximale* de l'objet pour un œil nu nominal, c'est-à-dire sa taille angulaire lorsqu'il est observé à une distance de 25 cm.

SÉRIE PRINCIPALE

2.11.3 **Albert observe la Lune.** Vue de la Terre, la Lune sous-tend un angle de 0,519°. Albert l'observe avec une lunette astronomique dont l'objectif possède une distance focale de 3 m : son œil est collé sur l'oculaire, dont la distance focale est de 20 cm. **(a)** Quelle est la taille de l'image intermédiaire qui se forme à l'intérieur du tube ? **(b)** Quelle doit être la distance *entre l'objectif et l'oculaire* pour que l'image finale se forme à 25 cm de l'œil d'Albert ? **(c)** Dans cette situation, déterminez les tailles linéaires (en centimètres) et angulaires (en degrés) de l'image finale. **(d)** Quel est le grandissement angulaire dans cette situation ?

2.11.4 **Une image finale à l'infini.** Un objet de 1 mm de hauteur est placé à 2 cm de l'objectif d'un microscope composé, dont la distance focale est de 1,8 cm. L'oculaire possède une distance focale de 2,5 cm. **(a)** Quelle doit être la distance entre l'objectif et l'oculaire pour que l'image finale se forme à l'infini ? **(b)** Calculez le grandissement angulaire, en considérant que l'angle α_0 est la taille angulaire *maximale* de l'objet pour un œil nu nominal, c'est-à-dire sa taille angulaire lorsqu'il est observé à une distance de 25 cm.

SÉRIE SUPPLÉMENTAIRE

2.11.5 **Le grandissement d'une lunette astronomique.** On observe un astre de taille angulaire α_0 avec un télescope dont l'objectif a une distance focale f_{ob} et l'oculaire a une distance focale f_{oc}. Si l'image finale se forme à l'infini, déterminez **(a)** la distance entre l'objectif et l'oculaire, **(b)** la taille angulaire de l'image finale et **(c)** le grandissement angulaire du télescope. **(d)** Que devient la réponse de **(c)** si les tailles angulaires sont suffisamment petites pour que l'on puisse utiliser l'approximation $\tan\alpha = \alpha$ (les angles étant exprimés en radians) ?

2.12

Le grandissement angulaire commercial

Après l'étude de cette section, le lecteur pourra évaluer le grandissement angulaire commercial d'une loupe, d'un microscope composé et d'une lunette astronomique.

A P E R Ç U

Le **grandissement angulaire commercial** (G_{com}) d'un instrument d'optique est

$$G_{com} = \frac{\alpha_{i(\infty)}}{\alpha_{o(max)}}$$
Grandissement angulaire commercial

La taille angulaire de l'image, $\alpha_{i(\infty)}$, est calculée dans la situation où l'image créée par l'instrument se trouve à une distance *infinie* de l'observateur. En effet, lorsqu'un observateur dont l'œil est nominal regarde dans un instrument optique, il a tendance à relaxer son œil et à ajuster l'instrument afin que l'image devienne nette : comme l'œil nominal au repos voit net à l'infini, l'instrument est ajusté pour former une image à l'infini.

Afin de ne pas surestimer G_{com}, la taille angulaire de l'objet doit correspondre à la taille *maximale* qu'il est possible d'obtenir à l'œil nu : $\alpha_{o(max)}$. Lorsqu'on veut calculer G_{com} pour un télescope, l'objet qu'on désire observer est à une distance bien déterminée et $\alpha_{o(max)}$ correspond tout simplement à l'angle sous-tendu par l'objet à l'endroit où se trouve l'observateur. Lorsqu'on veut calculer G_{com} pour une loupe ou un microscope, $\alpha_{o(max)}$ est obtenu lorsqu'on place l'objet le plus près possible pour que l'œil nu puisse le voir de manière nette, c'est-à-dire, par convention, à 25 cm = 0,25 m (ce qui correspond à la distance du punctum proximum de l'œil nominal).

Le grandissement angulaire commercial d'une loupe (lentille convergente de distance focale f) est

$$G_{com} = \frac{(25\ cm)}{f}$$
Grandissement angulaire commercial d'une loupe

Le grandissement angulaire commercial d'un microscope composé est

$$G_{com} = -\frac{(D - f_{ob} - f_{oc})}{f_{ob}} \frac{(25\ cm)}{f_{oc}}$$
Grandissement angulaire commercial d'un microscope composé

où f_{ob} et f_{oc} sont respectivement les distances focales des lentilles objectif et oculaire. Le paramètre D correspond à la distance entre la lentille objectif et la lentille oculaire.

Le grandissement angulaire commercial d'une lunette astronomique est

$$G_{com} = -\frac{f_{ob}}{f_{oc}}$$
Grandissement angulaire commercial d'une lunette astronomique

où f_{ob} et f_{oc} sont respectivement les distances focales des lentilles objectif et oculaire.

E X P O S É

Lorsqu'un observateur regarde un objet à travers un dispositif optique, la vision est nette pour n'importe quelle position de l'image située entre le punctum proximum et le punctum remotum de l'œil de l'observateur. Cet éventail de positions possibles pour l'image se traduit par un éventail de valeurs possibles pour le grandissement angulaire. (Nous avons pu le constater dans les **situations 5** et **6** de la **section 2.6**, où nous avons évalué le grandissement angulaire pour une mouche observée à la loupe.)

Comme on peut obtenir différentes valeurs de G pour le même dispositif optique, les fabricants de loupes, de microscopes et de télescopes spécifient de manière uniforme la performance de leurs instruments (par exemple, « 5× », « 20× » ou « 100× ») à l'aide du **grandissement angulaire commercial** (symbole : G_{com}), défini de la manière suivante :

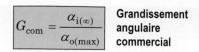
$$G_{\text{com}} = \frac{\alpha_{i(\infty)}}{\alpha_{o(\text{max})}}$$

Par convention, la taille angulaire de l'image, $\alpha_{i(\infty)}$, est calculée dans la situation où l'image créée par l'instrument se trouve à une distance *infinie* de l'observateur. En effet, lorsqu'un observateur dont l'œil est nominal regarde dans un instrument optique, il a tendance à relaxer son œil et à ajuster l'instrument pour que l'image devienne nette : comme l'œil nominal au repos voit net à l'infini, l'appareil est ajusté pour former une image à l'infini.

La taille angulaire $\alpha_{o(\text{max})}$ correspond à la taille angulaire *maximale* de l'objet lorsqu'on l'observe à l'œil nu : en effet, si l'on ne prend pas la valeur maximale pour α_o, on surestime l'avantage réel que procure l'instrument. Par convention, on suppose que les yeux de l'observateur sont nominaux : le punctum proximum est situé à 25 cm de l'œil.

Dans les sections précédentes, nous avons, sans le savoir, déterminé le grandissement angulaire commercial d'une loupe (**situation 6** de la **section 2.6**), d'un microscope composé **situation 2** de la **section 2.11**) et d'une lunette astronomique (**situation 4** de la **section 2.11**) : pour ce faire, nous avons utilisé les équations générales qui s'appliquent aux lentilles minces et la définition du grandissement angulaire. Dans la présente section, nous allons obtenir des équations spéciales qui permettent de calculer directement le grandissement commercial d'une loupe, d'un microscope composé et d'une lunette astronomique à partir des paramètres de l'instrument (la distance focale des lentilles et, dans le cas du microscope, la distance entre les deux lentilles).

> **Situation 1 : *Le grandissement angulaire commercial d'une loupe.*** On désire exprimer le grandissement angulaire commercial d'une loupe en fonction de la distance focale *f* de la lentille.

Un objet de taille y_o placé à $d_{\text{PP}} = 25$ cm de l'œil (schéma ci-contre) sous-tend un angle

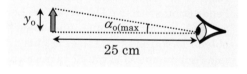

$$\alpha_{o(\text{max})} = \arctan\left(\frac{y_o}{(25\text{ cm})}\right)$$

En général, lorsqu'on utilise une loupe, les tailles angulaires sont petites par rapport à 1 rad : dans ce cas, la tangente de l'angle est égale à l'angle lui-même (exprimé en radians), ce qui permet d'écrire

$$\alpha_{o(\text{max})} = \frac{y_o}{(25\text{ cm})}$$

L'image est infiniment grande et infiniment loin, mais elle sous-tend le même angle que l'objet de taille y_o situé à une distance *f* (schéma ci-contre) : ainsi,

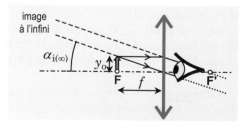

$$\alpha_{i(\infty)} = \arctan\left(\frac{y_o}{f}\right) = \frac{y_o}{f}$$

(Nous avons laissé tomber l'arctangente, car nous supposons que l'angle $\alpha_{i(\text{max})}$ est également beaucoup plus petit que 1 rad.)

Ainsi, le grandissement angulaire commercial de la loupe est

$$G_{\text{com}} = \frac{\alpha_{\text{i}(\infty)}}{\alpha_{\text{o(max)}}} = \frac{y_{\text{o}}/f}{y_{\text{o}}/(25\ \text{cm})}$$

ou encore

$$G_{\text{com}} = \frac{(25\ \text{cm})}{f}$$ **Grandissement angulaire commercial d'une loupe**

Dans la **situation 6** de la **section 2.6**, nous avions $f = 5$ cm, ce qui donnait $G_{\text{com}} = 5$.

Situation 2: *Le grandissement angulaire commercial d'un microscope composé*. On désire déterminer le grandissement angulaire commercial d'un microscope composé dont les lentilles objectif et oculaire, de distances focales f_{ob} et f_{oc}, sont situées à une distance D l'une de l'autre.

Nous avons représenté la situation sur le schéma ci-contre. La taille angulaire maximale de l'objet observé à l'œil nu est la même que pour la loupe :

$$\alpha_{\text{o(max)}} = \frac{y_{\text{o}}}{(25\ \text{cm})}$$

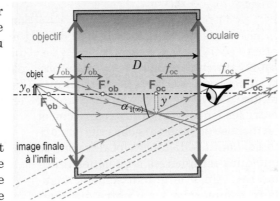

L'image finale est infiniment grande et infiniment loin, mais elle sous-tend le même angle que l'image intermédiaire de taille y' située à une distance f_{oc} de l'œil :

$$\alpha_{\text{i}(\infty)} = \frac{y'}{f_{\text{oc}}}$$

(Il n'y a pas d'arctangente, car nous pouvons supposer que l'angle $\alpha_{\text{i(max)}}$ est beaucoup plus petit que 1 rad.) Le grandissement angulaire commercial du microscope composé est

$$G_{\text{com}} = \frac{\alpha_{\text{i}(\infty)}}{\alpha_{\text{o(max)}}} = \frac{y'/f_{\text{oc}}}{y_{\text{o}}/(25\ \text{cm})} = \frac{y'}{y_{\text{o}}}\frac{(25\ \text{cm})}{f_{\text{oc}}} \quad \text{(i)}$$

Nous ne pouvons pas laisser l'équation sous cette forme : nous devons exprimer le rapport y'/y_{o} en fonction de f_{ob}, de f_{oc} et de D. Les équations des lentilles minces, appliquées à la lentille objectif, permettent d'écrire

$$\frac{y'}{y_{\text{o}}} = g_{\text{ob}} = -\frac{q_{\text{ob}}}{p_{\text{ob}}}$$

et

$$\frac{1}{p_{\text{ob}}} + \frac{1}{q_{\text{ob}}} = \frac{1}{f_{\text{ob}}} \qquad \Rightarrow \qquad \frac{1}{p_{\text{ob}}} = \frac{1}{f_{\text{ob}}} - \frac{1}{q_{\text{ob}}}$$

En combinant ces équations, nous obtenons

$$\frac{y'}{y_{\text{o}}} = -q_{\text{ob}}\left(\frac{1}{f_{\text{ob}}} - \frac{1}{q_{\text{ob}}}\right) = -\left(\frac{q_{\text{ob}}}{f_{\text{ob}}} - 1\right) = -\left(\frac{q_{\text{ob}}}{f_{\text{ob}}} - \frac{f_{\text{ob}}}{f_{\text{ob}}}\right) = -\frac{q_{\text{ob}} - f_{\text{ob}}}{f_{\text{ob}}}$$

Or, d'après le schéma,

$$q_{ob} = D - f_{oc}$$

On peut également obtenir l'équation **(ii)** en considérant les deux triangles semblables formés par l'axe et le rayon qui passe par **F'ob**, dans la région entre la lentille objectif et l'image intermédiaire.

d'où

$$\frac{y'}{y_o} = -\frac{D - f_{ob} - f_{oc}}{f_{ob}} \quad \textbf{(ii)}$$

En combinant les équations **(i)** et **(ii)**, nous obtenons finalement

$$G_{com} = -\frac{(D - f_{ob} - f_{oc})}{f_{ob}} \frac{(25\,cm)}{f_{oc}}$$

Grandissement angulaire commercial d'un microscope composé

La valeur de G_{com} est toujours négative, ce qui signifie que le microscope composé génère des images inversées par rapport aux objets. Dans la **situation 2** de la **section 2.11**, nous avions $f_{ob} = 4$ cm, $f_{oc} = 6$ cm et $D = 18$ cm (on avait déplacé la lentille oculaire de 1 cm par rapport à la **situation 1**), ce qui donnait $D - f_{ob} - f_{oc} = 8$ cm et

$$G_{com} = -\frac{(8\,cm)}{(4\,cm)} \frac{(25\,cm)}{(6\,cm)} = -8{,}33$$

Dans un microscope de laboratoire typique, l'oculaire possède une distance focale d'environ 2 cm, la distance D entre les lentilles est d'environ 20 cm, et on dispose de plusieurs objectifs (photo ci-contre) dont les distances focales vont de quelques millimètres à quelques centimètres. Ainsi, le grandissement angulaire commercial varie entre quelques dizaines et quelques centaines.

DREAMSTIME

Situation 3 : *Le grandissement angulaire commercial d'une lunette astronomique.* On désire déterminer le grandissement angulaire commercial d'une lunette astronomique dont les distances focales respectives des lentilles objectif et oculaire sont f_{ob} et f_{oc}.

Nous avons représenté la situation sur le schéma ci-contre. Comme on ne peut pas déplacer l'objet lointain que l'on désire observer (ni s'en rapprocher), la taille angulaire maximale de l'objet observé à l'œil nu correspond tout simplement à l'angle que font les rayons incidents par rapport à l'axe. En considérant le rayon qui passe par le centre de la lentille objectif et par la pointe de l'image intermédiaire, nous pouvons écrire

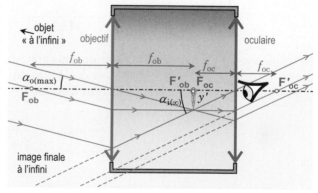

$$\alpha_{o(max)} = \frac{y'}{f_{ob}}$$

(Il n'y a pas d'arctangente, car nous pouvons supposer, comme dans les **situations 1** et **2**, que les angles sont beaucoup plus petits que 1 rad.)

L'image finale est infiniment grande et infiniment loin, mais elle sous-tend le même angle que l'image intermédiaire de taille y' située à une distance f_{oc} de l'œil :

$$\alpha_{i(\infty)} = -\frac{y'}{f_{oc}}$$

Il faut mettre un signe négatif pour signifier que l'image finale est inversée par rapport à l'objet.

Le grandissement angulaire commercial de la lentille astronomique est

$$G_{com} = \frac{\alpha_{i(\infty)}}{\alpha_{o(max)}} = \frac{-y'/f_{oc}}{y'/f_{ob}}$$

ou encore

 **Grandissement angulaire commercial d'une lunette astronomique**

$$G_{com} = -\frac{f_{ob}}{f_{oc}}$$

La valeur de G_{com} est toujours négative, ce qui signifie que la lunette astronomique génère des images inversées par rapport aux objets. Pour que la lunette produise des images *agrandies* ($|G_{com}| > 1$), la distance focale de la lentille objectif doit être plus grande que la distance focale de la lentille oculaire. Dans la **situation 4** de la **section 2.11**, nous avions $f_{ob} = 12$ cm et $f_{oc} = 6$ cm, ce qui donnait $G_{com} = -2$.

grandissement angulaire commercial: grandissement angulaire calculé en comparant la taille angulaire de l'image dans le cas où elle se forme *à l'infini* et la taille angulaire *maximale* que peut avoir l'objet pour un observateur dont le punctum proximum est à 25 cm.

QUESTION

Q1. Pour qu'une lunette astronomique produise des images agrandies, la distance focale de la lentille objectif doit-elle être plus grande ou plus petite que celle de la lentille oculaire?

DÉMONSTRATIONS

D1. Démontrez l'équation qui exprime le grandissement angulaire commercial d'une lentille convergente de distance focale *f* dont on se sert comme loupe. (Faites un schéma qui explique comment on détermine l'angle sous-tendu par l'image à l'infini.)

D2. Démontrez l'équation qui exprime le grandissement angulaire commercial d'un microscope composé en fonction de la distance focale des lentilles objectif et oculaire, et de la distance entre les deux lentilles. (Faites un schéma qui montre l'objet et l'image intermédiaire et qui explique comment on détermine l'angle sous-tendu par l'image finale.)

D3. Démontrez l'équation qui exprime le grandissement angulaire commercial d'une lunette astronomique en fonction de la distance focale des lentilles objectif et oculaire. (Faites un schéma qui montre l'image intermédiaire et qui explique comment on détermine les angles sous-tendus par l'objet et par l'image finale.)

EXERCICES

RÉCHAUFFEMENT

2.12.1 *Albert observe la Lune, prise 2.* **(a)** Calculez le grandissement angulaire commercial de la lunette astronomique de l'**exercice 2.11.3**. **(b)** Est-il plus petit ou plus grand que le grandissement angulaire calculé à l'**exercice 2.11.3** (lorsque l'image finale se forme à 25 cm de l'objectif)?

SÉRIE PRINCIPALE

2.12.2 *Une image finale à l'infini, prise 2.* **(a)** Calculez le grandissement angulaire commercial du microscope composé de l'**exercice 2.11.4** en utilisant l'équation que nous avons obtenue dans la présente section et la distance entre les deux lentilles calculée dans la partie (a) de l'**exercice 2.11.4**, $D = 20,5$ cm. **(b)** Pourquoi n'obtient-on pas exactement la même valeur de G que dans la partie (b) de l'**exercice 2.11.4**, où on la calcule à partir des valeurs des angles sous-tendus par l'image et par l'objet?

2.12.3 *Une lunette astronomique.* On désire construire une lunette astronomique en utilisant deux lentilles convergentes dont les distances focales sont respectivement de 5 cm et de 30 cm. **(a)** Quelle lentille doit-on utiliser comme oculaire? (On désire, bien sûr, que la lunette *agrandisse* les images.) **(b)** Quel est le grandissement angulaire commercial de la lunette astronomique que l'on obtient? **(c)** Quelle doit être la distance entre les deux lentilles pour que le grandissement angulaire fourni par la lunette astronomique corresponde à sa valeur commerciale?

Synthèse du chapitre

Après l'étude de cette section, le lecteur pourra résoudre des problèmes d'optique géométrique en intégrant les différentes connaissances présentées dans ce chapitre.

FICHES DE SYNTHÈSE

Paramètres du chapitre

Paramètre	Symbole	Unité SI
distance focale	f	
rayon de courbure	R	
distance objet-déviateur	p	
distance image-déviateur	q	m
distance objet-axe optique	y_o	
distance image-axe optique	y_i	
indice de réfraction	n	sans unité
grandissement linéaire	g	sans unité
grandissement angulaire (grossissement)	G	sans unité
vergence (puissance optique)	V	D (dioptries) = m^{-1}
amplitude d'accommodation	A_{acc}	

Lois de la réflexion et de la réfraction

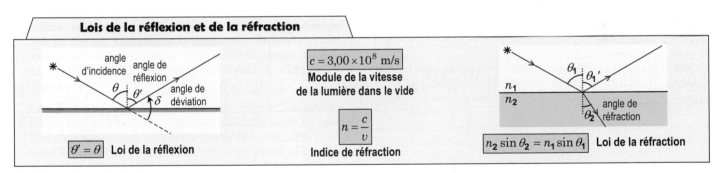

$c = 3{,}00 \times 10^8 \text{ m/s}$

Module de la vitesse de la lumière dans le vide

$$n = \frac{c}{v}$$

Indice de réfraction

angle d'incidence — angle de réflexion — θ — θ' — δ — angle de déviation

$\boxed{\theta' = \theta}$ **Loi de la réflexion**

θ_1 — θ_1' — n_1 — n_2 — θ_2 — angle de réfraction

$\boxed{n_2 \sin \theta_2 = n_1 \sin \theta_1}$ **Loi de la réfraction**

Objets et images

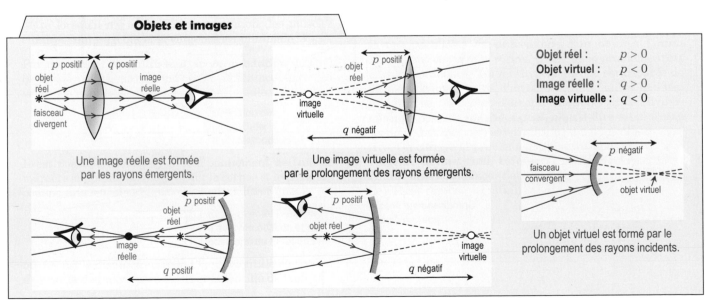

Objet réel : $p > 0$
Objet virtuel : $p < 0$
Image réelle : $q > 0$
Image virtuelle : $q < 0$

Une image réelle est formée par les rayons émergents.

Une image virtuelle est formée par le prolongement des rayons émergents.

Un objet virtuel est formé par le prolongement des rayons incidents.

Miroirs sphériques

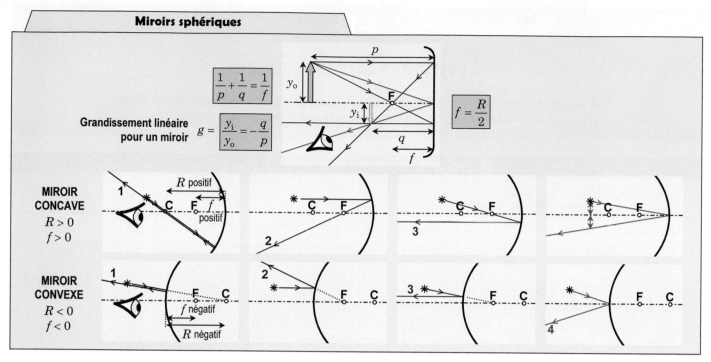

$$\frac{1}{p} + \frac{1}{q} = \frac{1}{f}$$

Grandissement linéaire pour un miroir $\quad g = \dfrac{y_i}{y_o} = -\dfrac{q}{p}$

$$f = \frac{R}{2}$$

MIROIR CONCAVE
$R > 0$
$f > 0$

MIROIR CONVEXE
$R < 0$
$f < 0$

Lentilles minces entourées d'air

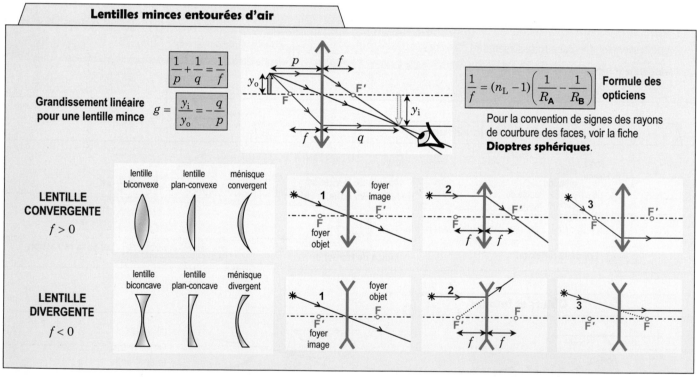

$$\frac{1}{p} + \frac{1}{q} = \frac{1}{f}$$

Grandissement linéaire pour une lentille mince $\quad g = \dfrac{y_i}{y_o} = -\dfrac{q}{p}$

$$\frac{1}{f} = (n_L - 1)\left(\frac{1}{R_A} - \frac{1}{R_B}\right)$$ **Formule des opticiens**

Pour la convention de signes des rayons de courbure des faces, voir la fiche **Dioptres sphériques**.

LENTILLE CONVERGENTE
$f > 0$

lentille biconvexe   lentille plan-convexe   ménisque convergent

LENTILLE DIVERGENTE
$f < 0$

lentille biconcave   lentille plan-concave   ménisque divergent

Dioptres sphériques

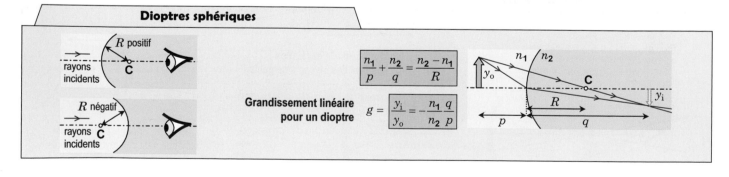

$$\frac{n_1}{p} + \frac{n_2}{q} = \frac{n_2 - n_1}{R}$$

Grandissement linéaire pour un dioptre $\quad g = \dfrac{y_i}{y_o} = -\dfrac{n_1}{n_2}\dfrac{q}{p}$

Œil

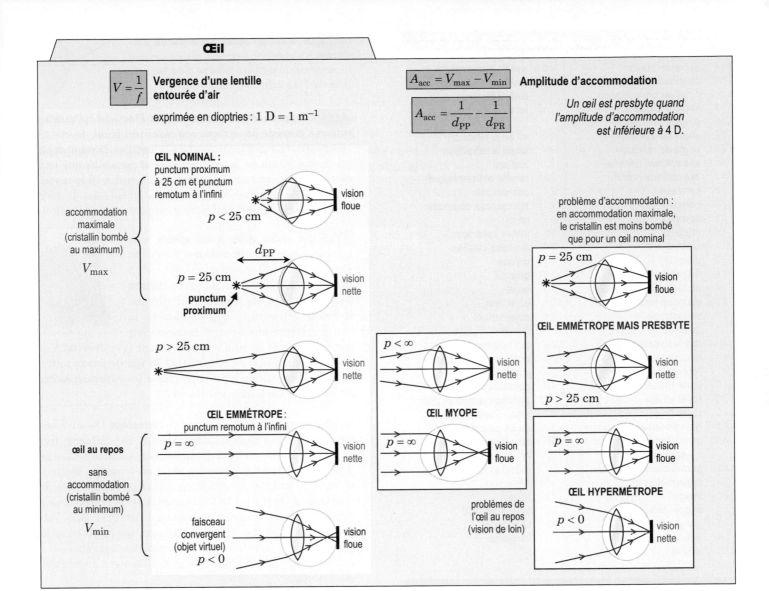

$$V = \frac{1}{f}$$ Vergence d'une lentille entourée d'air

exprimée en dioptries : 1 D = 1 m^{-1}

$$A_{\text{acc}} = V_{\text{max}} - V_{\text{min}}$$ Amplitude d'accommodation

$$A_{\text{acc}} = \frac{1}{d_{\text{PP}}} - \frac{1}{d_{\text{PR}}}$$

Un œil est presbyte quand l'amplitude d'accommodation est inférieure à 4 D.

ŒIL NOMINAL : punctum proximum à 25 cm et punctum remotum à l'infini

accommodation maximale (cristallin bombé au maximum) V_{max}

$p < 25$ cm — vision floue

d_{PP} — $p = 25$ cm — vision nette — **punctum proximum**

$p > 25$ cm — vision nette

ŒIL EMMÉTROPE : punctum remotum à l'infini

œil au repos

sans accommodation (cristallin bombé au minimum) V_{min}

$p = \infty$ — vision nette

faisceau convergent (objet virtuel) $p < 0$ — vision floue

ŒIL MYOPE — $p < \infty$ vision nette — $p = \infty$ vision floue

problèmes de l'œil au repos (vision de loin)

problème d'accommodation : en accommodation maximale, le cristallin est moins bombé que pour un œil nominal

$p = 25$ cm — vision floue

ŒIL EMMÉTROPE MAIS PRESBYTE — $p > 25$ cm vision nette

ŒIL HYPERMÉTROPE — $p = \infty$ vision floue — $p < 0$ vision nette

Vergence des lentilles minces

LENTILLE MINCE SITUÉE ENTRE DEUX MILIEUX QUELCONQUES

dioptre **A** — dioptre **B**
rayons incidents — n_L
n_1 — n_2

$$\frac{n_1}{p} + \frac{n_2}{q} = V$$

$$V = \frac{n_L - n_1}{R_A} - \frac{n_L - n_2}{R_B}$$

Les équations ci-contre *ne peuvent pas* être utilisées pour décrire une lentille « épaisse » (distance non négligeable entre les deux dioptres).

$$V = \sum V_i$$

Loi d'addition des vergences pour des lentilles minces placées les unes contre les autres

Grandissement

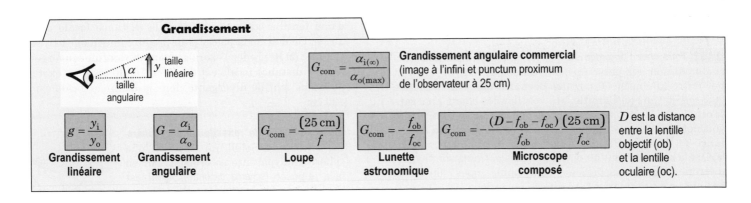

α taille angulaire — y taille linéaire

$$G_{\text{com}} = \frac{\alpha_{i(\infty)}}{\alpha_{o(\text{max})}}$$

Grandissement angulaire commercial (image à l'infini et punctum proximum de l'observateur à 25 cm)

$$g = \frac{y_i}{y_o}$$
Grandissement linéaire

$$G = \frac{\alpha_i}{\alpha_o}$$
Grandissement angulaire

$$G_{\text{com}} = \frac{(25 \text{ cm})}{f}$$
Loupe

$$G_{\text{com}} = -\frac{f_{\text{ob}}}{f_{\text{oc}}}$$
Lunette astronomique

$$G_{\text{com}} = -\frac{(D - f_{\text{ob}} - f_{\text{oc}})}{f_{\text{ob}}} \frac{(25 \text{ cm})}{f_{\text{oc}}}$$
Microscope composé

D est la distance entre la lentille objectif (ob) et la lentille oculaire (oc).

EXERCICES

○ Exercice dont la solution ne requiert ni calculatrice ni algèbre complexe.

○ **2.13.1** *Les lentilles mystère.* Dans chacun des cadres pointillés sur les schémas ci-dessous, il y a une lentille mince. Pour chaque situation, dites si la lentille est convergente ou divergente. Justifiez vos réponses.

(a) 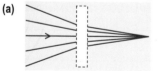 **(b)**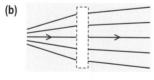

○ **2.13.2** *Tous chez l'optométriste !* Déterminez l'amplitude d'accommodation des personnes suivantes : **(a)** Arthur, qui voit net entre 25 cm et 50 cm ; **(b)** Bernard, qui voit net entre 33,3 cm et 1 m ; **(c)** Camille, qui voit flou les objets plus rapprochés que 10 cm et dont le PR est à l'infini ; **(d)** Denise, qui voit nettement tous les objets situés à plus de 50 cm de distance et dont le PR est situé à 1 m derrière ses yeux. **(e)** Quels patients sont myopes ? **(f)** Quels patients sont hypermétropes ? **(g)** Quels patients sont emmétropes ? **(h)** Quels patients sont presbytes ? Justifiez votre réponse.

○ **2.13.3** *Le rayon qui passe par le centre d'un dioptre.* En général, le rayon qui passe par le centre d'un dioptre (schéma ci-contre) est-il dévié ? Justifiez votre réponse.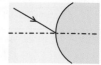

2.13.4 *L'indice de réfraction d'une lentille.* Une lentille mince biconvexe possède deux faces convexes (du point de vue d'un observateur situé à l'extérieur de la lentille). Lorsqu'on place un objet à 20 cm de la lentille, on peut recueillir une image nette sur un écran situé à 30 cm de la lentille. Si le rayon de courbure de chacune des faces de la lentille est de 10 cm, déterminez l'indice de réfraction du verre de la lentille.

2.13.5 *Une lentille collée à une sphère.* Une lentille mince dont la distance focale est de −10 cm est collée contre une sphère en verre ($n = 1,5$) de 10 cm de rayon (schéma ci-contre). On oriente le dispositif afin que le Soleil se trouve le long de l'axe de la lentille ; les rayons solaires commencent par traverser la lentille puis traversent la sphère. **(a)** À quel endroit les rayons se croisent-ils ? **(b)** Quelle devrait être la distance focale de la lentille pour que les rayons ressortent de la sphère parallèles entre eux ?

2.13.6 *Le grandissement angulaire d'un microscope.* Un microscope est constitué d'une lentille objectif de distance focale $f_{ob} = 4$ cm placée à 17 cm d'une lentille oculaire de distance focale $f_{oc} = 6$ cm. On place un objet de 1 mm de hauteur à 6 cm de la lentille objectif et on colle l'œil contre la lentille oculaire. **(a)** Quelle est la taille angulaire de l'image vue par l'œil ? L'image est-elle à l'endroit ou à l'envers ? **(b)** Si l'objet était placé à 25 cm de l'œil nu (sans microscope), quelle serait sa taille angulaire ? **(c)** En comparant les réponses des parties (a) et (b), déterminez le grandissement angulaire du microscope.

○ **2.13.7** *La taille angulaire d'une sphère.* Quelle est la taille angulaire, en radians, d'une sphère de 1 m de diamètre située à 1 km de distance ?

○ **2.13.8** *À travers la vitre.* La lumière prend 1 ps (p = pico = 10^{-12}) pour traverser une vitre. Combien de temps prendrait-elle pour traverser une vitre hypothétique de même épaisseur, mais dont l'indice de réfraction serait deux fois plus grand ?

○ **2.13.9** *Où placer la lentille ?* **(a)** Une petite ampoule électrique et un écran sont situés à 120 cm l'un de l'autre. On dispose d'une lentille convergente dont la distance focale est de 20 cm. Où doit-on la placer pour projeter une image nette sur l'écran ? **(b)** Reprenez l'exercice pour une lentille convergente dont la distance focale est de 40 cm. **(c)** Reprenez l'exercice pour une lentille divergente dont la distance focale est de −20 cm.

2.13.10 *L'indice de réfraction d'une sphère.* Les rayons du Soleil qui frappent une sphère transparente se croisent sur sa face opposée (schéma ci-contre). Quel est l'indice de réfraction de la sphère ?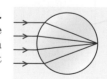

2.13.11 *La lentille équivalente.* Deux lentilles minces, **A** et **B**, possèdent des vergences respectives de 5 D et de –3 D. On les colle l'une contre l'autre et on place un objet à 15 cm de distance (la lentille **A** est celle qui est le plus près de l'objet). **(a)** Quelle est la distance entre l'image de l'objet générée par la lentille **A** et la lentille **A** ? Cette image est-elle réelle ou virtuelle ? **(b)** L'objet de la lentille **B** est-il réel ou virtuel ? **(c)** Quelle est la distance entre l'image finale et la lentille **B** ? (Comme les lentilles sont minces, la distance entre les deux lentilles est négligeable.) **(d)** L'image finale est-elle réelle ou virtuelle ? **(e)** On désire remplacer les lentilles **A** et **B** par une seule lentille équivalente qui produirait la même image finale : quelle est la distance focale de cette lentille ? **(f)** Quelle est la vergence de la lentille équivalente ?

2.13.12 *Y a-t-il un problème ?* Sans lunettes, Jasmine voit nettement tous les objets situés à plus de 20 cm de distance. Son amplitude d'accommodation est de 6 D. Un optométriste devrait-il lui prescrire des lunettes ? Si oui, de quelle vergence ?

2.13.13 *Une image à mi-chemin entre deux lentilles.* Une lentille divergente **B**, d'une distance focale de –30 cm, est placée 80 cm à droite d'une lentille convergente **A**, d'une distance focale de 40 cm. Lorsqu'on place un objet à gauche de la lentille **A**, l'image finale (associée aux rayons qui ont traversé les deux lentilles) est située exactement à mi-chemin *entre* les deux lentilles. Déterminez la distance entre l'objet et la lentille **A**.

2.13.14 *Un tracé de rayons.* Au laboratoire, un étudiant utilise une flèche lumineuse et une lentille convergente pour créer une image réelle sur une feuille de papier. Dans le rapport de laboratoire, on demande de faire un tracé de rayons qui explique la formation de l'image. L'étudiant soumet le schéma ci-contre : est-il convaincant ? Justifiez votre réponse.

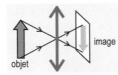

2.13.15 *Un miroir au fond de l'aquarium.* Dans un aquarium rectangulaire qui contient 30 cm d'eau, un poisson nage à 10 cm de la surface. À quel endroit un observateur situé au-dessus de l'aquarium verra-t-il l'image du poisson réfléchie par un miroir plan servant de fond à l'aquarium ? (Faites un tracé de rayons approximatif et calculez la position de l'image à l'aide des équations.)

2.13.16 *Les images symétriques dans une bulle de savon.* Sur la photo ci-dessous, la bulle de savon génère des images des branches d'arbres situées à proximité. Chaque branche apparaît deux fois, symétriquement de part et d'autre du centre de la bulle : par exemple, aux points **A** et **B** indiqués sur la photo, on voit l'image de la même branche. **(a)** Ces images sont-elles créées par réflexion ou par réfraction ? **(b)** Expliquez, par un tracé de rayons, pourquoi il y a deux images, l'une à l'envers par rapport à l'autre.

DREAMSTIME

2.13.17 *Un grille-guimauve solaire.* On place une lentille convergente dont la distance focale est de 1,5 m à 1 m devant un miroir concave dont le rayon de courbure est de 1 m. À quelle distance du miroir doit-on placer une guimauve (photo ci-contre) pour la faire griller de manière optimale par la lumière du Soleil ?

DREAMSTIME

Chapitre 3

OPTIQUE ONDULATOIRE

Après l'étude de ce chapitre, le lecteur pourra analyser des phénomènes qui mettent en évidence
le fait que la lumière est une onde : l'interférence, la diffraction et la polarisation.

PLAN DU CHAPITRE

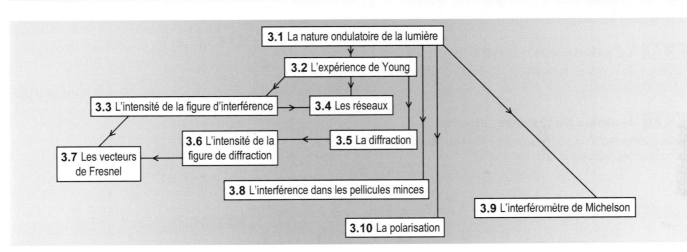

3.1 La nature ondulatoire de la lumière

3.2 L'expérience de Young

3.3 L'intensité de la figure d'interférence → **3.4** Les réseaux

3.6 L'intensité de la figure de diffraction ← **3.5** La diffraction

3.7 Les vecteurs de Fresnel

3.8 L'interférence dans les pellicules minces

3.9 L'interféromètre de Michelson

3.10 La polarisation

3.1 **La nature ondulatoire de la lumière**   page 293

Expliquer comment l'interférence de la lumière met en évidence sa nature
ondulatoire et décrire les différentes parties du spectre électromagnétique.

$$\delta_{\max} = m\lambda \qquad \delta_{\min} = (m + \tfrac{1}{2})\lambda$$

3.2 **L'expérience de Young**   page 305

Analyser la figure d'interférence produite par la lumière qui traverse un masque
percé de deux fentes étroites.

$$\delta = d \sin\theta$$

3.3 **L'intensité de la figure d'interférence**   page 311

Calculer l'intensité de la lumière dans la figure d'interférence générée par une
expérience de Young (deux fentes), et décrire ce qui se passe si l'on ajoute
d'autres fentes.

$$I_2 = 4I_1 \cos^2\!\left(\frac{\Delta\phi}{2}\right) \qquad \Delta\phi = \frac{\delta}{\lambda} \times (2\pi \text{ rad})$$

3.4 **Les réseaux**   page 319

Expliquer l'utilité des réseaux et analyser la figure produite par la lumière
qui traverse un réseau.

3.5 **La diffraction**   page 323

Analyser la figure de diffraction produite par la lumière qui traverse une mince fente
et déterminer la limite de résolution imposée par la diffraction de la lumière qui
traverse une ouverture circulaire.

$$\delta = a \sin\theta \qquad \delta_{\min} = m\lambda \quad (m = \pm 1, \pm 2, \pm 3, \ldots)$$

$$\theta_{\lim} = 1{,}22 \frac{\lambda}{D}$$

3.6 **L'intensité de la figure de diffraction**   page 333

Calculer l'intensité de la lumière dans la figure de diffraction générée par une fente,
et décrire la figure d'interférence de l'expérience de Young en tenant compte de
la diffraction.

$$I = I_0 \frac{\sin^2(\Delta\phi_a/2)}{(\Delta\phi_a/2)^2}$$

La nature ondulatoire de la lumière

Après l'étude de cette section, le lecteur pourra expliquer comment l'interférence de la lumière met en évidence sa nature ondulatoire et décrire les différentes parties du spectre électromagnétique.

APERÇU

L'**optique ondulatoire** est l'étude des phénomènes lumineux qu'on ne peut comprendre qu'en tenant compte explicitement du fait que la lumière est une onde : en particulier, la **diffraction** (« l'étalement » de la lumière lorsqu'elle rencontre un obstacle ou qu'elle passe par une ouverture) et l'interférence.

L'**interférence** est le résultat de la superposition de deux ondes de même fréquence (comme elles se déplacent dans le même milieu, elles ont la même vitesse et la même longueur d'onde). Lorsque les maximums et les minimums des deux ondes superposées coïncident, elles sont **en phase** et il y a de l'**interférence constructive**. Si les deux ondes ont la même amplitude A, l'amplitude de l'onde résultante est égale à $2A$ (schéma ci-contre).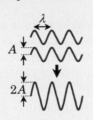

Lorsqu'une des ondes est décalée d'une demi-longueur d'onde par rapport à l'autre, les minimums de l'une coïncident avec les maximums de l'autre. Les ondes sont **en antiphase** et il y a de l'**interférence destructive**. Si les deux ondes ont la même amplitude, l'amplitude résultante est nulle (schéma ci-contre).

Considérons deux sources de lumière qui émettent des ondes en phase (elles émettent des crêtes en même temps et des creux en même temps) de longueur d'onde λ. Lorsque les ondes arrivent en un point **P** quelconque (schéma ci-contre) elles ne sont pas nécessairement en phase, car elles n'ont pas parcouru la même distance.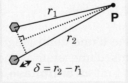

La différence entre les distances que les ondes doivent parcourir pour aller des sources au point **P**, appelée **différence de marche** (symbole : δ, la lettre grecque delta minuscule), est

$$\delta = r_2 - r_1$$

Lorsque la différence de marche est égale à un nombre entier de fois la longueur d'onde,

$$\boxed{\delta_{\max} = m\lambda}$$ **Interférence constructive** (*m* est un entier)

les ondes arrivent au point **P** en phase et l'interférence est constructive. Le paramètre m est un entier qui peut être positif, négatif ou nul :

$$m = \dots -2, -1, 0, 1, 2, \dots$$

Lorsque la différence de marche est égale à un nombre demi-entier $(\dots -2\frac{1}{2}, -1\frac{1}{2}, -\frac{1}{2}, \frac{1}{2}, 1\frac{1}{2}, 2\frac{1}{2}, \dots)$ de fois la longueur d'onde,

$$\boxed{\delta_{\min} = (m + \tfrac{1}{2})\lambda}$$ **Interférence destructive** (*m* est un entier)

les ondes arrivent au point **P** en antiphase et l'interférence est destructive.

L'analyse de l'interférence permet de calculer la longueur d'onde de la lumière, et par le fait même sa fréquence. La fréquence de la **lumière visible** est comprise entre 430 THz (rouge) et 750 THz (violet) : T = téra = 10^{12}. Le spectre visible n'est qu'une petite partie du **spectre électromagnétique**, qui regroupe, en ordre croissant de fréquence, les ondes radio, les micro-ondes, l'infrarouge, la lumière visible, l'ultraviolet, les rayons X et les rayons gamma.

EXPOSÉ

Dans ce chapitre, nous allons traiter de l'**optique ondulatoire**, branche de l'optique qui s'intéresse aux phénomènes lumineux mettant en évidence de manière explicite le fait que la lumière est une onde. Nous allons décrire la lumière à l'aide des outils que nous avons introduits au **chapitre 1 : Oscillations et ondes mécaniques** pour analyser les ondes mécaniques, telles les ondes sur des cordes et les ondes sonores. Pour visualiser les ondes lumineuses, nous allons parfois comparer leur comportement à celui des vagues à la surface de l'eau. D'ailleurs, la théorie générale de l'optique ondulatoire s'applique également aux ondes sonores et aux vagues.

Ce sont la *diffraction* et l'*interférence*, principaux phénomènes que nous allons étudier dans ce chapitre, qui ont permis de découvrir que la lumière est une onde.

La **diffraction** est « l'étalement » d'une onde qui se produit lorsque cette dernière passe par une ouverture ou rencontre un obstacle. Il s'agit d'un phénomène qui s'observe assez facilement pour les ondes sonores et les vagues.

Lorsque la taille de l'ouverture ou de l'obstacle est beaucoup plus grande que la longueur d'onde, la diffraction est négligeable (schémas ci-contre) : on peut supposer que les ondes qui traversent l'ouverture ou passent de chaque côté de l'obstacle continuent tout droit.

En revanche, lorsque la taille de l'ouverture ou de l'obstacle est du même ordre de grandeur que la longueur d'onde, on ne peut plus supposer que les ondes ne font que continuer tout droit (schémas ci-contre).

Dans la **section 2.1 : L'optique géométrique**, nous avons vu que la fréquence de la lumière visible est d'environ 600 THz (6×10^{14} Hz), ce qui correspond à une longueur d'onde dans le vide (ou dans l'air) de 500 nm (un demi-millième de millimètre). Pour que la diffraction soit importante, il faut faire passer la lumière dans un trou très petit : la quantité de lumière qui parvient à traverser le trou est, dans la plupart des cas, à peine perceptible à l'œil nu. Voilà pourquoi il a fallu attendre le début du 19e siècle pour que la nature ondulatoire de la lumière soit admise par la plupart des physiciens. De nos jours, on peut facilement mettre en évidence la diffraction de la lumière visible en faisant passer un rayon laser à travers une fente étroite : sur un écran placé de l'autre côté de la fente, on observe une zone lumineuse plusieurs centaines de fois plus large que la fente. Dans la **section 3.5 : La diffraction**, nous verrons comment calculer la largeur du cône de lumière produit lorsque la lumière traverse une petite ouverture.

Dans cette section, nous allons aborder de manière générale l'étude de l'**interférence** qui résulte de la superposition de deux ondes de même fréquence (comme elles se déplacent dans le même milieu, elles ont la même vitesse et la même longueur d'onde). Lorsque les maximums et les minimums des deux ondes superposées coïncident, elles sont **en phase**, ce qui provoque de l'**interférence constructive**. Si les deux ondes ont la même amplitude A, l'amplitude de l'onde résultante est égale à $2A$ (schéma ci-contre).

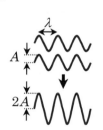

Attention : dans le langage courant, « interférence » signifie « opposition » ou « gêne ». En physique, ce n'est pas nécessairement vrai : deux ondes en interférence constructive se *renforcent* mutuellement.

Lorsqu'une des ondes est décalée d'une demi-longueur d'onde par rapport à l'autre, les minimums d'une onde coïncident avec les maximums de l'autre. Les ondes sont **en antiphase**, ce qui provoque de l'**interférence destructive**. Si les deux ondes ont la même amplitude, l'amplitude résultante est nulle (schéma ci-contre).

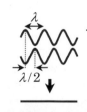

En 1801, le physicien anglais Thomas Young a superposé deux cônes de diffraction (schéma ci-contre). Il a observé des régions d'interférence constructive et destructive, ce qui démontrait sans l'ombre d'un doute que la lumière est une onde. Comme nous le verrons à la **section 3.2 : L'expérience de Young**, son expérience a permis de déterminer la longueur d'onde de la lumière visible.

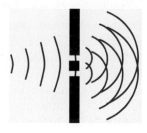

Le spectre électromagnétique

À l'époque de Young, le seul type de lumière connu était la **lumière visible**. Aujourd'hui, nous savons qu'il en existe d'autres types : certains d'entre eux ont une longueur d'onde plus petite que la lumière visible, tandis que d'autres ont une longueur d'onde plus grande.

En optique, le terme *spectre* est utilisé pour désigner la distribution de la lumière en fonction de la fréquence (ou de la longueur d'onde). Le spectre visible n'est qu'une petite partie du **spectre électromagnétique** qui regroupe tous les types de lumière. Le spectre électromagnétique est traditionnellement divisé en sept régions dont les frontières sont plus ou moins bien définies (schéma ci-dessous) : en ordre croissant de fréquence, on retrouve les ondes radio, les micro-ondes, l'infrarouge, la lumière visible, l'ultraviolet, les rayons X et les rayons gamma.

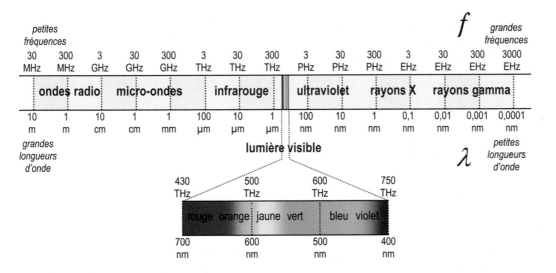

L'énergie de la lumière est proportionnelle à sa fréquence. Les ondes lumineuses les moins énergétiques sont les ondes radio : leur fréquence est de l'ordre du mégahertz, et leur longueur d'onde est de l'ordre du mètre. Attention : une onde radio est un type d'onde électromagnétique — il *ne s'agit pas* d'une onde sonore ! Une onde radio se propage dans le vide (ou dans l'air) à $c = 3 \times 10^8$ m/s, comme n'importe quel type de lumière. Un appareil radio *transforme* les ondes radio qu'il reçoit en ondes sonores.

Les micro-ondes correspondent aux fréquences de l'ordre du gigahertz. Leur fréquence est voisine de la fréquence de résonance des molécules d'eau, ce qui les rend capables de cuire la nourriture de manière efficace.

L'infrarouge correspond aux fréquences de l'ordre du térahertz, mais inférieures à 430 THz (la fréquence de la lumière visible rouge). Nous sommes incapables de voir la lumière infrarouge, mais nous pouvons quand même détecter sa présence lorsqu'elle est absorbée par notre peau. C'est pour cela qu'on associe l'infrarouge à la chaleur : toutefois, l'absorption de la lumière visible ou ultraviolette cause une sensation de chaleur encore plus intense.

La quasi-totalité de la lumière solaire qui parvient à traverser l'atmosphère terrestre possède une fréquence comprise entre 200 et 1000 THz ; environ la moitié de l'énergie que possède cette lumière fait partie du spectre visible, entre 430 THz (lumière rouge) et 750 THz (lumière violette). Certains animaux, en particulier les insectes, peuvent percevoir la lumière dont la fréquence est inférieure à 430 THz (infrarouge) ou supérieure à 750 THz (ultraviolet).

Dans le langage courant, le terme « lumière » est habituellement employé pour désigner la partie visible du spectre électromagnétique ; dans cet ouvrage, nous utiliserons le terme pour désigner n'importe quelle onde électromagnétique.

RAPPEL :
M = méga = 10^6
G = giga = 10^9
T = téra = 10^{12}
P = péta = 10^{15}
E = exa = 10^{18}

Les fréquences indiquées sont indépendantes du milieu de propagation de la lumière. Les longueurs d'onde indiquées correspondent aux valeurs dans le vide. (Comme la vitesse de la lumière dépend du milieu de propagation, la longueur d'onde de la lumière d'une fréquence donnée dépend du milieu de propagation.) Les longueurs d'onde dans l'air sont essentiellement les mêmes que les longueurs d'onde dans le vide.

Au **chapitre 4 : Relativité**, nous verrons que la vitesse d'une onde lumineuse dans le vide ne dépend ni de la façon dont elle est générée, ni de la vitesse de la source ni même de la vitesse de l'observateur qui effectue la mesure.

L'ultraviolet débute à 750 THz et continue dans le domaine des pétahertz. Les rayons ultraviolets (UV) émis par le Soleil dans l'intervalle entre 750 et 1000 THz parviennent, malgré la couche d'ozone, à traverser l'atmosphère terrestre: ils sont responsables des coups de soleil et peuvent causer le cancer de la peau.

Les rayons X ont une fréquence qui se mesure en dizaines et en centaines de pétahertz: on peut les produire en bombardant une cible avec des électrons accélérés par une très grande différence de potentiel. En raison de leur grande énergie, ils peuvent traverser le corps humain assez facilement. Néanmoins, certains sont absorbés et peuvent endommager les tissus vivants.

On donne le nom de rayons gamma à la lumière la plus énergétique, dont la fréquence se mesure en exahertz. Les rayons gamma sont générés par la désintégration radioactive de certains éléments et par certains processus astrophysiques intenses (explosions stellaires, disques de matière en rotation autour de trous noirs, etc.).

Situation 1: *La fréquence de la lumière émise par un laser hélium-néon.* Dans le vide, la lumière rouge émise par un laser hélium-néon a une longueur d'onde de 632,8 nm. On désire déterminer sa fréquence.

La longueur d'onde de la lumière est $\lambda = 632,8\ \text{nm} = 632,8 \times 10^{-9}\ \text{m}$ et le module de sa vitesse est $v = c = 3 \times 10^8\ \text{m/s}$.

D'après la théorie présentée dans le **chapitre 1**,

$$v = \frac{\lambda}{T} = \lambda f$$

Ainsi,

$$f = \frac{v}{\lambda} = \frac{c}{\lambda} = \frac{\left(3 \times 10^8\ \text{m/s}\right)}{\left(632,8 \times 10^{-9}\ \text{m}\right)} = 4,74 \times 10^{14}\ \text{Hz} \quad \Rightarrow \quad \boxed{f = 474\ \text{THz}}$$

(Le préfixe T, pour « téra », signifie 10^{12}.) Un observateur immobile qui pourrait percevoir les crêtes de l'onde lumineuse compterait 474 000 milliards de crêtes par seconde.

L'interférence dans un plan en deux dimensions

Afin d'étudier l'interférence dans un plan en deux dimensions, nous avons besoin de deux sources qui émettent des ondes de même longueur d'onde dans toutes les directions (sources isotropes). Pour l'instant, nous allons supposer que ces sources sont *en phase*, ce qui signifie qu'elles émettent des fronts d'onde de manière synchronisée (schéma ci-contre): les deux sources émettent des crêtes en même temps et des creux en même temps. (Chaque cercle sur le schéma représente une crête.)

En pratique, il est difficile de construire un montage qui comporte deux sources isotropes de *lumière visible* en phase. Il est plus facile d'utiliser les ondes radio: lorsqu'on alimente deux petites antennes radio à l'aide du même oscillateur situé à mi-chemin entre les deux, elles émettent des ondes radio en phase. (Comme nous l'avons mentionné plus haut, les ondes radio sont un type de lumière invisible.) Il est également possible de réaliser le montage avec des ondes sonores: il s'agit d'alimenter deux haut-parleurs isotropes à l'aide du même oscillateur. Bien que les situations que nous allons étudier dans cette section fassent intervenir des ondes électromagnétiques (lumière), la théorie que nous allons présenter s'applique également aux ondes sonores.

Deux ondes identiques qui se croisent en voyageant l'une vers l'autre génèrent une onde stationnaire qui possède des nœuds, endroits où le déplacement résultant est nul. Dans une figure d'interférence en deux dimensions, il y a également des nœuds. Sur le schéma ci-contre, nous avons représenté les fronts d'onde issus de deux sources en phase. Chaque front d'onde circulaire représente une crête de l'onde ; par conséquent, il y a un creux de l'onde à mi-chemin entre chaque front d'onde. Aux endroits où une des crêtes coïncide avec un des creux générés par l'autre source, il y a un nœud : sur le schéma, nous les avons indiqués par des petits ronds vides.

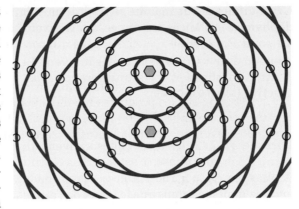

Le schéma ci-contre illustre la même situation mais en utilisant un dégradé de gris : en blanc, les endroits où deux crêtes se superposent ; en noir, les endroits où deux creux se superposent ; en gris moyen, les endroits où une crête se superpose à un creux (nœuds). Ce schéma permet de bien visualiser les « lignes de nœuds » : il s'agit de lignes légèrement courbes le long desquelles les ondes se « nuisent » mutuellement. Le long des lignes de nœuds, il y a *interférence destructive*.

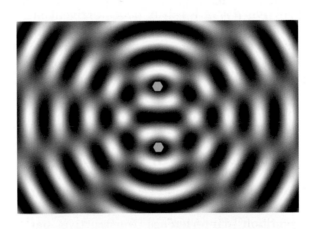

Sur le schéma ci-contre, qui représente une superposition des deux schémas précédents, nous avons indiqué les lignes de nœuds en pointillés. Aux endroits où se superposent deux crêtes (en blanc sur le schéma) ou deux creux (en noir sur le schéma), les deux ondes se renforcent : il y a *interférence constructive*.

Afin de déterminer s'il y a interférence destructive ou constructive en un point **P** particulier, il faut calculer la **différence de marche** (symbole : δ, la lettre grecque delta minuscule) au point **P**, c'est-à-dire la *différence* entre les distances que les ondes doivent parcourir pour aller des sources jusqu'au point **P** (schéma ci-contre) :

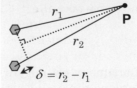

$$\delta = r_2 - r_1$$

Cette différence de marche se traduit par un déphasage $\Delta\phi$ entre les ondes qui arrivent au point **P**. Lorsque $r_1 = r_2$, $\delta = 0$, ce qui correspond à $\Delta\phi = 0$: les deux ondes arrivent au point **P** en phase et il y a interférence constructive (schéma ci-contre).

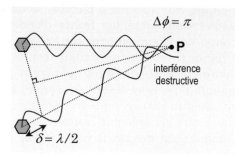

Lorsque $\delta = \lambda/2$, les deux ondes arrivent au point **P** en antiphase, c'est-à-dire avec un déphasage $\Delta\phi = \pi$ rad : la crête d'une onde arrive en même temps que le creux de l'autre onde et il y a interférence destructive (schéma ci-contre).

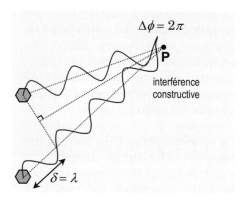

Lorsque $\delta = \lambda$, les deux ondes arrivent au point **P** avec un déphasage $\Delta\phi = 2\pi$ rad, ce qui revient au même que pas de déphasage du tout : les deux ondes sont en phase au point **P** et il y a interférence constructive (schéma ci-contre). Il est clair qu'une différence de marche égale à un nombre entier de fois la longueur d'onde ($\delta = \lambda$, $\delta = 2\lambda$, $\delta = 3\lambda$, ...) revient au même qu'aucune différence de marche : les ondes arrivent au point **P** en phase, il y a interférence constructive et l'intensité résultante est maximale. Par conséquent, nous pouvons exprimer la condition d'interférence constructive par l'équation

$$\delta_{\max} = m\lambda$$

Interférence constructive
(*m* est un entier)

où m est un entier. De même, chaque fois que la différence de marche est égale à un nombre demi-entier de fois la longueur d'onde ($\delta = \frac{1}{2}\lambda$, $1\frac{1}{2}\lambda$, $2\frac{1}{2}\lambda$, ...), les ondes arrivent au point **P** en antiphase, il y a interférence destructive et l'intensité résultante est minimale. La condition d'interférence destructive s'exprime par l'équation

$$\delta_{\min} = (m + \tfrac{1}{2})\lambda$$

Interférence destructive
(*m* est un entier)

Quand on utilise ces équations, il ne faut pas oublier que $m = 0$ est une solution possible. En fait, m peut prendre n'importe quelle valeur entière, qu'elle soit positive, négative ou nulle :

$$m = ... -2, -1, 0, 1, 2, ...$$

Lorsque m est négatif, la différence de marche est négative, ce qui peut se produire lorsque r_2 est plus petit que r_1 dans la définition de la différence de marche.

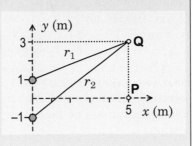

Le point **P** est à égale distance des deux sources ($\delta = 0$) : par conséquent, il y a interférence constructive à cet endroit *peu importe la longueur d'onde émise par les sources.*

Considérons maintenant le point **Q**. D'après le théorème de Pythagore, les distances entre les sources et le point **Q** sont

$$r_1 = \sqrt{(5\text{ m})^2 + (2\text{ m})^2} = 5{,}385\text{ m} \qquad\qquad r_2 = \sqrt{(5\text{ m})^2 + (4\text{ m})^2} = 6{,}403\text{ m}$$

La différence de marche est

$$\delta = r_2 - r_1 = (6{,}403\text{ m}) - (5{,}385\text{ m}) = 1{,}018\text{ m} = 101{,}8\text{ cm}$$

Il y a interférence constructive lorsque la différence de marche correspond à un nombre entier de fois la longueur d'onde :

$$\delta = m\lambda \qquad\qquad \Rightarrow \qquad\qquad \lambda = \frac{\delta}{m}$$

Pour les valeurs négatives de m, λ est négatif, ce qui ne signifie rien dans ce contexte. Pour $m = 0$, $\lambda \to \infty$; pour $m = 1$, $\lambda = 101{,}8$ cm ; pour $m = 2$, $\lambda = 50{,}9$ cm. Ces valeurs doivent être rejetées, car elles sont en dehors de l'intervalle spécifié dans l'énoncé (entre 25 cm et 50 cm). Pour $m = 3$, $\boxed{\lambda = 33{,}9\text{ cm}}$; pour $m = 4$, $\boxed{\lambda = 25{,}5\text{ cm}}$. Pour $m = 5$, $\lambda = 20{,}4$ cm, ce qui est encore une fois en dehors de l'intervalle.

Il y a interférence destructive lorsque

$$\delta = (m + \tfrac{1}{2})\lambda \qquad\qquad \Rightarrow \qquad\qquad \lambda = \frac{\delta}{m + \frac{1}{2}}$$

Nous avons $\delta = 101{,}8$ cm (**situation 2**). Pour $m = 0$, $\lambda = 203{,}6$ cm ; pour $m = 1$, $\lambda = 67{,}9$ cm. Ces valeurs doivent être rejetées, car elles sont en dehors de l'intervalle spécifié dans l'énoncé. Pour $m = 2$, $\boxed{\lambda = 40{,}7\text{ cm}}$; pour $m = 3$, $\boxed{\lambda = 29{,}1\text{ cm}}$. Pour $m = 4$, $\lambda = 22{,}6$ cm, ce qui est encore une fois en dehors de l'intervalle.

Dans les **situations 2** et **3**, nous nous sommes placés en un point particulier et nous avons calculé la longueur d'onde nécessaire pour avoir de l'interférence constructive ou destructive. Il serait intéressant de faire le contraire : fixer la longueur d'onde et déterminer à quel endroit on constate de l'interférence constructive ou destructive. Malheureusement, l'algèbre requise pour résoudre un tel problème de manière générale est très difficile. Considérons, par exemple, ce qui se passe si, à la **situation 1**, la coordonnée y du point **Q** est inconnue. On obtient

$$r_1 = \sqrt{(5\,\text{m})^2 + (y-1)^2} \qquad \text{et} \qquad r_2 = \sqrt{(5\,\text{m})^2 + (y+1)^2}$$

d'où

$$\delta = r_2 - r_1 = \sqrt{(5\,\text{m})^2 + (y+1)^2} - \sqrt{(5\,\text{m})^2 + (y-1)^2}$$

Pour une valeur connue de δ, il n'existe pas de manière simple d'isoler y dans cette équation. (Il est possible d'utiliser un logiciel de calcul symbolique, comme *Maple*.) Par conséquent, nous ne tenterons pas de résoudre des problèmes de ce genre dans cette section.

À la **section 3.2 : L'expérience de Young**, nous allons nous intéresser au cas particulier où la distance entre les deux sources est très petite par rapport à la distance entre le point **Q** et les sources. Dans ce cas, nous allons voir qu'il est possible de faire des approximations qui permettent de résoudre facilement le problème.

Interférence avec sources déphasées

Dans ce qui précède, nous avons supposé que les sources étaient en phase. Pour terminer cette section, nous allons voir comment procéder lorsque ce n'est pas le cas.

> **Situation 4 : *Interférence avec sources déphasées.*** On modifie le montage de la **situation 2** afin de *retarder* la source du haut (la source **1**, située en $y = 1$ m) de $\pi/2$ rad par rapport à la source du bas. On désire déterminer pour quelles valeurs de λ on a de l'interférence constructive au point **Q**.

Comme un déphasage de 2π rad correspond à un décalage d'une longueur d'onde, un déphasage de $\pi/2$ rad correspond à un décalage d'un quart de longueur d'onde. Comme la source **1** est un quart de longueur d'onde *en retard* sur la source **2**, la source **2** est un quart de longueur d'onde *en avance* sur la source **1** (schéma ci-contre) : lorsque la source **1** émet une phase particulière de l'onde (**A**), la phase correspondante (**B**) est déjà à une distance $D = \lambda/4$ de la source **2**. Par conséquent, les ondes *n'arrivent pas en phase* au point **P** situé sur l'axe du montage.

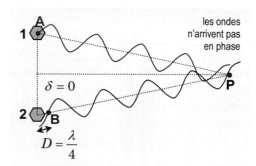

En se déplaçant légèrement vers le haut par rapport au point **P**, on arrive en un point **P'** (schéma ci-contre) pour lequel le parcours supplémentaire δ de l'onde provenant de la source **2** annule exactement l'avance intrinsèque de l'onde : les ondes *arrivent en phase* au point **P'**.

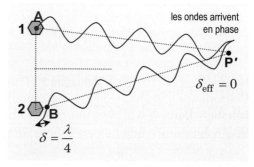

Nous constatons que le décalage $D = \lambda/4$ entre les ondes émises par les sources transforme la différence de marche réelle au point **P'**, $\delta = \lambda/4$, en une différence de marche « efficace » $\delta_{\text{eff}} = 0$. Par conséquent, en un point quelconque, nous pouvons écrire

$$\delta_{\text{eff}} = \delta - D$$

Cette différence de marche efficace est la différence de marche «équivalente», qui combine les effets de la différence de marche réelle et du déphasage intrinsèque des sources.

Ici, nous voulons générer de l'interférence constructive au point **Q** (schéma ci-contre). Si les sources étaient en phase, la condition d'interférence constructive s'écrirait $\delta = m\lambda$. En raison du déphasage entre les sources, la condition s'écrit plutôt

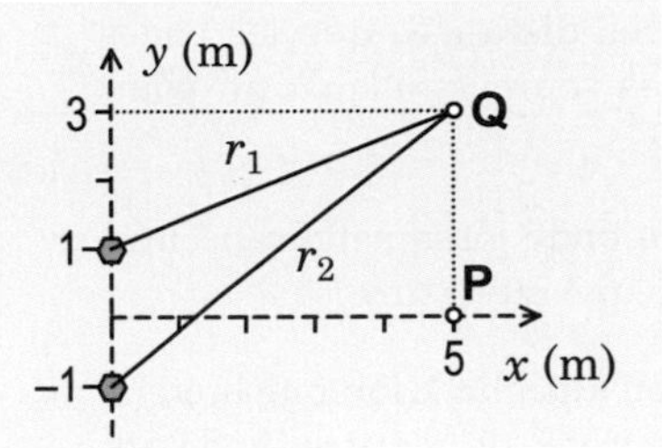

$$\delta_{\text{eff}} = m\lambda \qquad \Rightarrow \qquad \delta - D = m\lambda$$

Ici, $D = \lambda/4$, d'où

$$\delta - \frac{\lambda}{4} = m\lambda \qquad \Rightarrow \qquad \delta = m\lambda + \frac{\lambda}{4} \qquad \Rightarrow \qquad \lambda = \frac{\delta}{m + \frac{1}{4}}$$

Nous avons $\delta = 101{,}8$ cm (**situation 2**) et nous voulons obtenir une valeur de λ entre 25 cm et 50 cm. Pour $m = 2$, $\boxed{\lambda = 45{,}2\,\text{cm}}$; pour $m = 3$, $\boxed{\lambda = 31{,}3\,\text{cm}}$.

QI **1** Reprenez la **situation 4** en supposant cette fois que c'est la source du bas qui est en retard de $\pi/2$ rad par rapport à la source du haut.

Réponse à la question instantanée

QI **1** $\lambda = 37{,}0$ cm et $\lambda = 27{,}1$ cm

GLOSSAIRE

différence de marche : (symbole : δ, la lettre grecque delta minuscule) dans une situation où deux ondes se superposent, il s'agit de la *différence* entre les distances que les ondes doivent parcourir pour aller des sources jusqu'à un point particulier.

diffraction : « étalement » d'une onde lorsqu'elle rencontre un obstacle ou qu'elle passe par une ouverture.

en antiphase : deux ondes sont en antiphase lorsque le creux d'une onde coïncide avec la crête de l'autre onde, et réciproquement.

en phase : deux ondes sont en phase lorsque la crête d'une onde coïncide avec la crête de l'autre onde (et de même pour les creux).

interférence : résultat de la superposition de deux ondes de même fréquence.

interférence constructive : interférence où deux ondes se superposent en se renforçant mutuellement (superposition de deux crêtes ou de deux creux).

interférence destructive : interférence où deux ondes se superposent en se « nuisant » mutuellement (superposition d'une crête et d'un creux).

lumière visible : lumière dont la fréquence est comprise entre 430 THz (rouge) et 750 THz (violet) ; dans le vide ou dans l'air, cela correspond aux longueurs d'onde de 700 nm (rouge) à 400 nm (violet).

optique ondulatoire : étude des phénomènes lumineux qui ne peuvent être compris qu'en tenant compte explicitement du fait que la lumière est une onde.

spectre électromagnétique : ensemble des types de lumière ; en ordre croissant de fréquence, on rencontre les ondes radio, les micro-ondes, l'infrarouge, la lumière visible, l'ultraviolet, les rayons X et les rayons gamma.

QUESTIONS

Q1. La diffraction est négligeable lorsque la taille de l'obstacle ou de l'ouverture est beaucoup plus _____ que _____.

Q2. Lorsque deux sources émettent des ondes de manière synchronisée, on dit qu'elles sont en _____.

Q3. Classez les types de lumière (infrarouge, lumière visible, micro-ondes, ondes radio, rayons gamma, rayons X, ultraviolet) par ordre croissant **(a)** de longueur d'onde ; **(b)** de fréquence ; **(c)** d'énergie.

Q4. Classez les couleurs du spectre visible (bleu, jaune, orange, rouge, vert, violet) en ordre croissant de longueur d'onde.

Q5. Quel est l'intervalle de longueur d'onde qui correspond à la lumière visible ?

Q6. Vrai ou faux ? La longueur d'onde de l'ultraviolet est supérieure à celle du violet.

Q7. Nommez le type de lumière qui correspond à chaque longueur d'onde : **(a)** 1 m ; **(b)** 1 cm ; **(c)** 1 nm ; **(d)** 1000 nm ; **(e)** 100 nm ; **(f)** 0,1 pm.

Q8. Vrai ou faux ? Lorsque deux sources placées à des endroits différents émettent de la lumière en phase, les ondes qui arrivent en un point donné d'un écran sont nécessairement en phase.

Q9. Sur le schéma ci-dessous, chaque cercle représente un front d'onde (crête). Dites s'il y a interférence destructive ou constructive aux points **A**, **B**, **C**, **D** et **E**.

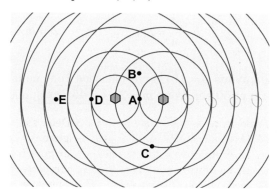

Q10. Considérez deux sources en phase qui génèrent des ondes de longueur d'onde λ. **(a)** Quelle est la plus petite valeur positive non nulle de la différence de marche qui cause de l'interférence constructive ? **(b)** Même question, mais pour de l'interférence destructive.

EXERCICES

○ Exercice dont la solution ne requiert ni calculatrice ni algèbre complexe.

RÉCHAUFFEMENT

3.1.1 *La fréquence de la lumière bleue.* Quelle est la fréquence de la lumière bleue qui possède une longueur d'onde de 430 nm ?

○ **3.1.2** *La position des nœuds et des ventres.* Sur le schéma de la **question Q9**, indiquez la position des nœuds par des petits cercles.

SÉRIE PRINCIPALE

3.1.3 *La longueur d'une onde radio.* L'onde électromagnétique émise par une antenne radio possède une fréquence de 96,9 MHz (mégahertz). Quelle est sa longueur d'onde ?

3.1.4 *Interférence constructive et destructive.* Dans le plan xy, deux sources qui émettent des ondes radio en phase sont placées sur l'axe y à 1 m de part et d'autre de l'origine (schéma ci-contre). Le point **P** est situé en ($x = 2$ m ; $y = 3$ m). Déterminez la longueur d'onde la plus grande qui cause, au point **P**, de l'interférence **(a)** constructive et **(b)** destructive.

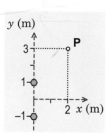

3.1.5 *L'interférence en une dimension.*
Deux sources situées sur l'axe x, à 10 m de part et d'autre de l'origine (schéma ci-contre), émettent en phase

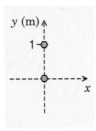

à une longueur d'onde de 11 m. Calculez la différence de marche (en valeur absolue) des ondes qui parviennent à un observateur situé **(a)** en $x = 15$ m ; **(b)** en $x = -18$ m ; **(c)** en $x = 3$ m. Déterminez à quels endroits sur l'axe x il y a de l'interférence **(d)** constructive ; **(e)** destructive.

3.1.6 *L'interférence le long de la perpendiculaire passant par une source.* Dans le plan xy, deux sources en phase émettent des ondes radio à la longueur d'onde de 50 cm. Une source est située en $(x = 0 ; y = 1$ m$)$ et l'autre est à l'origine (schéma ci-contre). Déterminez à quels endroits sur la portion positive de l'axe x il y a de l'interférence **(a)** constructive ; **(b)** destructive.

SÉRIE SUPPLÉMENTAIRE

3.1.7 *L'interférence en une dimension, prise 2.* Deux sources en phase génèrent des ondes radio dont la longueur d'onde est de 50 cm. La première source est placée à l'origine de l'axe x et la deuxième source peut être placée n'importe où sur la partie positive de l'axe $(x \geq 0)$. Déterminez à quel(s) endroit(s) on doit placer la deuxième source pour qu'il y ait interférence constructive **(a)** en $x = 10$ cm ; **(b)** en $x = 75$ cm.

3.1.8 *L'interférence en une dimension, prise 3.* Reprenez l'**exercice 3.1.7** pour de l'interférence destructive.

3.1.9 *Interférence constructive et destructive, prise 2.* Reprenez l'**exercice 3.1.4** en supposant que la source la plus rapprochée du point **P** est en retard de π rad sur l'autre source.

3.1.10 *Interférence constructive et destructive, prise 3.* Reprenez l'**exercice 3.1.4** en supposant que la source la plus rapprochée du point **P** est en retard de $\pi/3$ rad sur l'autre source.

3.1.11 *Interférence constructive et destructive, prise 4.* Reprenez l'**exercice 3.1.4** en supposant que la source la plus rapprochée du point **P** est en avance de $\pi/4$ rad sur l'autre source.

MARC SÉGUIN

L'expérience de Young

Après l'étude de cette section, le lecteur pourra analyser la figure d'interférence produite par la lumière qui traverse un masque percé de deux fentes étroites.

APERÇU

Dans l'**expérience de Young** (schéma ci-contre), la lumière qui passe par un masque comportant deux fentes (sources en phase) séparées par une distance d forme une figure d'interférence sur un écran situé à une distance L beaucoup plus grande que la distance entre les fentes :

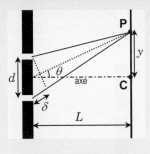

$$L \gg d$$

Ainsi, les ondes qui arrivent au point **P** ont des parcours quasi parallèles et on peut montrer que la différence de marche est donnée par l'équation

$$\boxed{\delta = d \sin \theta}$$

Différence de marche dans l'expérience de Young (écran lointain)

où θ est l'angle entre l'axe et la droite qui relie le point entre les fentes au point **P**.

Appelons y la distance entre le point **P** et le centre de l'écran. Les paramètres θ, y et L sont reliés entre eux par

$$\tan \theta = \frac{y}{L}$$

Il arrive souvent que la distance entre le point **P** et le centre de l'écran soit petite par rapport à la distance entre l'écran et le masque : $y \ll L$. Dans ce cas, θ est petit par rapport à 1 rad et on peut faire l'approximation pratique

$$\tan \theta \approx \sin \theta$$

La **figure d'interférence** qui se forme sur l'écran (schéma ci-contre) est constituée de maximums (interférence constructive) et de minimums (interférence destructive). En mesurant la position des maximums ou des minimums et en combinant la théorie de cette section à celle de la section précédente, il est possible de déterminer la longueur d'onde de la lumière qui éclaire les fentes.

EXPOSÉ

En 1802, Thomas Young a réalisé une expérience qui permet de déterminer la longueur d'onde de la lumière visible en exploitant le phénomène de l'interférence. Dans cette section, nous allons utiliser la théorie présentée dans la section précédente pour analyser son expérience.

Pour étudier l'interférence, on doit avoir deux sources qui émettent des ondes de même longueur d'onde en phase (ou, du moins, avec une différence de phase constante). Dans l'**expérience de Young**, les sources de lumière n'émettent pas dans toutes les directions, mais seulement dans un cône. C'est toutefois suffisant pour observer de l'interférence dans la région où les cônes se superposent. Pour obtenir une source qui émet un cône de lumière, Young a exploité le phénomène de la diffraction : lorsqu'une onde traverse une ouverture qui est relativement petite par rapport à sa longueur d'onde, la diffraction fait en sorte que l'ouverture « émet » des ondes en avant d'elle dans une région en forme de cône.

Dans l'expérience originelle de Young (schéma ci-contre), la lumière du Soleil passe par un premier masque (écran troué) percé d'un seul trou : le trou agit comme une source de lumière ponctuelle et émet un cône de lumière vers un deuxième masque dans lequel on a taillé deux petites fentes. Chacune des fentes

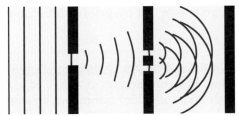

émet un cône de lumière ; il y a interférence entre les deux cônes de lumière, et on observe le résultat sur un écran. Le premier masque fait en sorte que les deux fentes sont « alimentées » par des crêtes et par des creux en même temps ; ainsi, les deux fentes émettent des ondes en phase.

Les ondes issues des deux fentes interfèrent entre elles. Sur l'écran, on observe une **figure d'interférence** (schéma ci-contre) constituée de *franges brillantes* (zones d'interférence constructive) et de *franges sombres* (zones d'interférence destructive). Pour obtenir des résultats intéressants, Young s'est aperçu que la distance entre les deux fentes doit être très petite (de l'ordre du millimètre).

De nos jours, il est plus pratique d'effectuer l'expérience de Young à l'aide d'un laser, ce qui élimine la nécessité d'avoir un premier masque percé d'un seul trou. Comme les deux fentes sont très rapprochées, le faisceau laser les éclaire simultanément. De plus, la lumière émise par un laser est *monochromatique* : elle ne contient qu'une seule longueur d'onde. Comme la position des franges sur l'écran dépend de la longueur d'onde de la lumière, la figure d'interférence produite par de la lumière monochromatique est plus nette.

Un autre avantage du laser vient du fait qu'il émet de la lumière possédant une bonne *cohérence* : l'ensemble de la lumière du faisceau est en phase. Ce n'est pas le cas de la lumière émise par une ampoule ordinaire : chaque portion du filament émet de la lumière dont la phase varie très rapidement et de manière aléatoire. Pour créer une figure d'interférence avec la lumière d'une ampoule ordinaire (ou du Soleil), il faut utiliser un premier masque percé d'un seul trou afin que la lumière qui éclaire les deux fentes provienne de la même petite portion de la source lumineuse.

La géométrie de l'expérience de Young est illustrée sur le schéma ci-contre. Les paramètres r_1, r_2 et δ ont été définis à la section précédente : r_1 est la distance entre la fente du haut (source **1**) et le point **P**, r_2 est la distance entre la fente du bas (source **2**) et le point **P** et

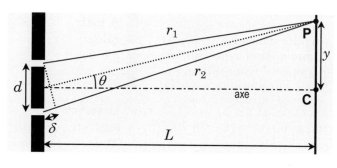

$$\delta = r_2 - r_1$$

est la différence de marche. Le paramètre d représente la distance entre les fentes. Le paramètre L représente la distance entre le masque percé des deux fentes et l'écran où l'on observe la figure d'interférence. L'*axe* de l'expérience est perpendiculaire au masque et il passe à mi-chemin entre les deux fentes : il coupe l'écran au point **C** (centre de l'écran). Le paramètre y représente la distance entre **C** et le point **P**. La droite qui relie le point à mi-chemin entre les fentes et le point **P** fait un angle θ avec l'axe.

Dans une expérience de Young, la distance L entre le masque et l'écran est toujours beaucoup plus grande que la distance d entre les fentes :

$$L \gg d$$

Cela permet d'obtenir une équation très utile qui permet de calculer la différence de marche δ à partir de la distance entre les fentes :

$$\boxed{\delta = d \sin \theta}$$ **Différence de marche dans l'expérience de Young (écran lointain)**

Afin de démontrer cette équation, considérons un gros plan de la région du montage près des fentes (schéma ci-contre). Comme la bissectrice à mi-chemin entre r_1 et r_2 est perpendiculaire au segment **RT**,

$$\alpha = \theta$$

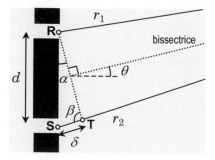

Comme $L \gg d$, les droites r_1 et r_2 sont quasi parallèles. Par conséquent, $\beta \approx 90°$, et le triangle **RTS** peut être considéré comme un triangle rectangle. Cela permet d'écrire

$$\sin \alpha = \frac{\text{côté opposé}}{\text{hypoténuse}} = \frac{\delta}{d} \qquad \Rightarrow \qquad \delta = d \sin \alpha$$

Or, comme $\alpha = \theta$, nous obtenons $\delta = d \sin \theta$, ce qu'il fallait démontrer. Lorsqu'on spécifie que la situation étudiée est une «expérience de Young», on peut toujours supposer que $L \gg d$: ainsi, on peut utiliser l'équation $\delta = d \sin \theta$.

> **Situation 1 : *L'expérience de Young.*** Dans un montage de l'expérience de Young, on utilise un laser à l'argon, qui émet une lumière de 500 nm, pour éclairer deux fentes espacées de 1 mm. On observe la figure d'interférence sur un écran situé à 3 m de distance. On désire déterminer les positions y (mesurées à partir du centre de l'écran) des trois premiers endroits ($y > 0$) où il y a de l'interférence **(a)** constructive ; **(b)** destructive.

La situation est représentée sur le schéma ci-contre. En **(a)**, nous voulons que l'interférence soit constructive. Il y a un maximum en plein centre de l'écran ($y = 0$), mais nous cherchons les trois premières valeurs *positives* de y qui correspondent à des maximums d'interférence.

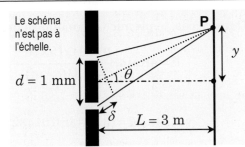

D'après la théorie présentée dans la **section 3.1 : La nature ondulatoire de la lumière**, les maximums d'interférence se produisent lorsque la différence de marche est égale à un nombre entier de fois la longueur d'onde :

$$\delta = m \lambda$$

Or, comme il s'agit d'une expérience de Young, nous pouvons écrire

$$\delta = d \sin \theta$$

Ainsi, les maximums se produisent pour

$$d \sin \theta = m \lambda \qquad \Rightarrow \qquad \sin \theta = \frac{m \lambda}{d} \qquad \Rightarrow \qquad \theta = \arcsin \left(\frac{m \lambda}{d} \right)$$

Comme $\lambda = 500\,\text{nm} = 5 \times 10^{-7}\,\text{m}$ et $d = 1\,\text{mm} = 10^{-3}\,\text{m}$, le premier maximum ($m = 1$) se produit à

$$\theta = \arcsin \left(\frac{1 \times \left(5 \times 10^{-7}\,\text{m} \right)}{\left(10^{-3}\,\text{m} \right)} \right) = \arcsin(5 \times 10^{-4}) = 0,02865°$$

D'après le schéma, les paramètres θ, y et L sont reliés entre eux par

$$\tan \theta = \frac{y}{L} \qquad \Rightarrow \qquad y = L \tan \theta$$

Comme $L = 3\,\text{m}$, la distance entre le premier maximum et l'axe est

$$y = (3\,\text{m}) \tan 0,02865° = 0,00150\,\text{m} \qquad \Rightarrow \qquad \boxed{y = 1,50\,\text{mm}}$$

Pour le deuxième maximum ($m = 2$),

$$\theta = \arcsin \left(\frac{m \lambda}{d} \right) = \arcsin \left(\frac{2 \times \left(5 \times 10^{-7}\,\text{m} \right)}{\left(10^{-3}\,\text{m} \right)} \right) = \arcsin(10^{-3}) = 0,05730°$$

et

$$y = L \tan \theta = (3\,\text{m}) \tan 0,05730° = 0,00300\,\text{m} \qquad \Rightarrow \qquad \boxed{y = 3,00\,\text{mm}}$$

En reprenant le même calcul pour le troisième maximum ($m = 3$), nous obtenons

$$\boxed{y = 4,50\,\text{mm}}$$

En **(b)**, nous voulons que l'interférence soit destructive, ce qui se produit lorsque la différence de marche est égale à un nombre demi-entier de longueurs d'onde :

$$\delta = (m + \tfrac{1}{2})\lambda$$

$$d\sin\theta = (m + \tfrac{1}{2})\lambda$$

$$\sin\theta = \frac{(m + \tfrac{1}{2})\lambda}{d}$$

$$\theta = \arcsin\left(\frac{(m + \tfrac{1}{2})\lambda}{d}\right)$$

Dans ce cas, le premier minimum se produit pour $m = 0$:

$$\theta = \arcsin\left(\frac{(0 + \tfrac{1}{2}) \times (5 \times 10^{-7}\ \text{m})}{(10^{-3}\ \text{m})}\right) = \arcsin(2,5 \times 10^{-4}) = 0,01432°$$

et

$$y = L\tan\theta = (3\ \text{m})\tan 0,01432° = 0,000750\ \text{m} \quad \Rightarrow \quad \boxed{y = 0,75\ \text{mm}}$$

En reprenant le même calcul pour le deuxième minimum ($m = 1$) et le troisième minimum ($m = 2$), nous obtenons

$$\boxed{y = 2,25\ \text{mm}} \qquad \text{et} \qquad \boxed{y = 3,75\ \text{mm}}$$

Sur le schéma ci-contre, nous avons représenté la figure d'interférence qu'on observe sur l'écran : les zones noires correspondent aux régions où l'interférence est destructive.

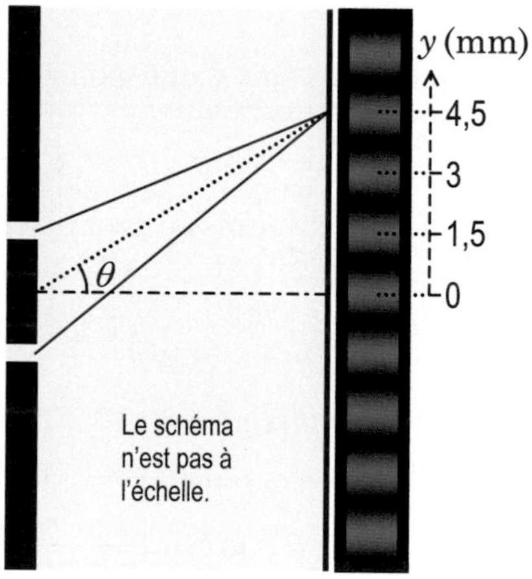

Lorsqu'on réalise l'expérience de Young avec un laser qui éclaire deux fentes, la largeur angulaire des cônes de diffraction émis par chacune des fentes est petite (de l'ordre de quelques degrés) et l'angle θ est beaucoup plus petit que 1 rad.

On remarque que les franges brillantes (maximums) et les franges sombres (minimums) sont également espacées. En effet, les angles θ dans cette situation sont beaucoup plus petits que 1 rad. Dans ce cas, le cosinus de θ est à peu près égal à 1 et la tangente de θ est à peu près égale au sinus :

Le schéma n'est pas à l'échelle.

$$\tan\theta \approx \sin\theta$$

Pour un maximum,

$$\sin\theta = \frac{m\lambda}{d}$$

Or, comme

$$\tan\theta = \frac{y}{L}$$

nous pouvons écrire

$$\frac{y}{L} = \frac{m\lambda}{d} \qquad \Rightarrow \qquad y = \frac{m\lambda L}{d}$$

Les maximums sont situés à

$$y = \frac{\lambda L}{d};\ \frac{2\lambda L}{d};\ \frac{3\lambda L}{d}\dots$$

et il est clair qu'ils sont également espacés. De même, lorsque les angles θ sont beaucoup plus petits que 1 rad, on peut montrer que les minimums se produisent à

$$y = (m + \tfrac{1}{2})\frac{\lambda L}{d} = \frac{1}{2}\frac{\lambda L}{d};\ \frac{3}{2}\frac{\lambda L}{d};\ \frac{5}{2}\frac{\lambda L}{d}\dots$$

Dans la **situation 1**, la distance entre deux franges brillantes (maximums) ou deux franges sombres (minimums) est de 1,5 mm, ce qui correspond à

$$\Delta y = \frac{\lambda L}{d}$$

Ainsi, lorsque la distance d entre les fentes diminue, la figure d'interférence s'élargit (schémas ci-contre).

Si la lumière ne possédait pas de propriétés ondulatoires, il n'y aurait ni diffraction ni interférence. Par conséquent, nous observerions sur l'écran deux zones lumineuses directement vis-à-vis des fentes (schéma ci-contre). Ainsi, l'expérience de Young démontre que la lumière est une onde. Elle permet également de déterminer la longueur d'onde d'une source de lumière, comme l'illustre la situation suivante.

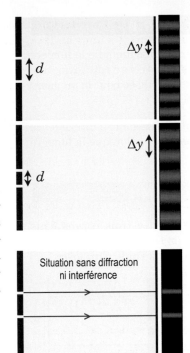

Situation sans diffraction ni interférence

Situation 2 : *La détermination de la longueur d'onde de la lumière.* On éclaire les fentes du montage de la **situation 1** avec un laser dont la longueur d'onde est inconnue. On observe que le quatrième minimum d'intensité est situé à 5 mm du maximum central et on désire déterminer la longueur d'onde de la lumière.

Nous avons représenté la situation sur le schéma ci-contre. Nous avons $y = 5\,\text{mm} = 5 \times 10^{-3}\,\text{m}$ et $L = 3\,\text{m}$. Comme

$$\tan\theta = \frac{y}{L}$$

l'angle θ pour le quatrième minimum est

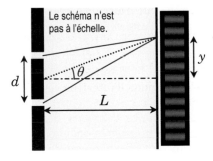

Le schéma n'est pas à l'échelle.

$$\theta = \arctan\left(\frac{y}{L}\right) = \arctan\left(\frac{(5 \times 10^{-3}\,\text{m})}{(3\,\text{m})}\right) = \arctan(1,667 \times 10^{-3}) = 0,09550°$$

Pour un minimum,

$$\delta = d\sin\theta = (m + \tfrac{1}{2})\lambda \qquad \Rightarrow \qquad \lambda = \frac{d\sin\theta}{(m + \tfrac{1}{2})}$$

Comme nous l'avons vu dans la **situation 1**, le premier minimum correspond à $m = 0$; ainsi, le quatrième minimum correspond à $m = 3$. Nous avons $d = 1\,\text{mm} = 10^{-3}\,\text{m}$, d'où

$$\lambda = \frac{(10^{-3}\,\text{m}) \times \sin 0,09550°}{(3 + \tfrac{1}{2})} = 4,76 \times 10^{-7}\,\text{m} \qquad \Rightarrow \qquad \boxed{\lambda = 476\,\text{nm}}$$

expérience de Young : expérience dans laquelle la lumière issue de deux sources en phase situées côte à côte forme une figure d'interférence sur un écran ; réalisée pour la première fois par Thomas Young en 1802.

figure d'interférence : ensemble des régions d'interférence constructive et destructive qu'on observe lorsque la lumière frappe un écran.

QUESTIONS

Q1. **(a)** Décrivez le rôle de chacun des trois écrans dans l'expérience originale de Young. **(b)** Décrivez l'expérience de Young simplifiée qu'on peut réaliser à l'aide d'un laser.

Q2. Considérez la géométrie de l'expérience de Young (schéma ci-contre). Pour chacune des équations suivantes, dites s'il s'agit d'une équation qui est toujours vraie ou d'une équation qui n'est vraie que sous certaines conditions (dans ce cas, donnez la ou les conditions). **(a)** $y = L \tan\theta$; **(b)** $\delta = d \sin\theta$.

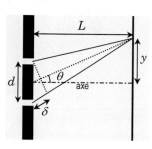

Q3. Vrai ou faux ? Dans une expérience de Young, plus les fentes sont espacées, plus les régions d'interférence constructive sur l'écran sont espacées.

Q4. Vrai ou faux ? Dans une expérience de Young, plus la longueur d'onde est grande, plus les régions d'interférence constructive sur l'écran sont espacées.

Q5. Si la lumière ne possédait pas de propriétés ondulatoires, qu'observerait-on sur l'écran dans l'expérience de Young ?

DÉMONSTRATION

D1. Démontrez l'équation $\delta = d \sin\theta$, en prenant soin de bien indiquer quelle étape de la démonstration n'est vraie que sous certaines conditions.

EXERCICES

RÉCHAUFFEMENT

3.2.1 *L'expérience de Young avec un laser à l'hélium-néon.* Dans un montage de l'expérience de Young, on utilise un laser à l'hélium-néon ($\lambda = 633$ nm) pour éclairer deux fentes espacées de 1,9 mm. On observe la figure d'interférence sur un écran situé à 6 m de distance. Déterminez la distance entre le maximum central et **(a)** le premier maximum ; **(b)** le premier minimum ; **(c)** le quatrième maximum ; **(d)** le quatrième minimum.

3.2.2 *La détermination de la longueur d'onde.* Dans un montage de l'expérience de Young, on utilise un laser pour éclairer deux fentes espacées de 0,4 mm. **(a)** Sur un écran situé à 5 m de distance, on observe que le sixième minimum est situé à 2,86 cm du maximum central. Quelle est la longueur d'onde de la lumière ? **(b)** Quel est l'angle entre l'axe du montage et l'orientation de la droite qui relie les fentes à la première zone brillante ?

3.2.3 *La position des zones brillantes.* Dans la figure d'interférence d'une expérience de Young, la cinquième zone sombre est située à 1,8 cm de la zone brillante centrale. (Toutes les distances sont mesurées à partir du centre des zones sombres et brillantes et on peut supposer que les angles θ sont beaucoup plus petits que 1 rad.) **(a)** Quelle est la distance entre la troisième zone brillante et la zone brillante centrale ? **(b)** Quelle est la distance entre deux zones brillantes consécutives ?

SÉRIE PRINCIPALE

3.2.4 *Une expérience de Young bichromatique.* Dans un montage de l'expérience de Young, les deux fentes sont espacées de 1,5 mm. On les éclaire simultanément avec de la lumière rouge provenant d'un laser au rubis ($\lambda = 694$ nm) et de la lumière violette provenant d'un laser au krypton ($\lambda = 416$ nm). On observe la figure d'interférence sur un écran situé à 3 m de distance. **(a)** Quelle est la distance sur l'écran entre le troisième maximum rouge et le troisième maximum violet ? **(b)** Pour un observateur situé à la position des fentes, quel est l'angle entre les deux maximums en question ?

3.2.5 *La détermination de la longueur d'onde, prise 2.* On éclaire simultanément les fentes d'une expérience de Young avec de la lumière jaune provenant d'un laser au cuivre ($\lambda = 578$ nm) et de la lumière d'un autre laser de longueur d'onde inconnue λ'. Déterminez λ', sachant que le sixième maximum pour λ se superpose au sixième minimum pour λ'. (On peut supposer que θ est beaucoup plus petit que 1 rad.)

3.2.6 *La superposition des spectres.* Dans un montage de l'expérience de Young, les deux fentes sont espacées de 0,8 mm. On les éclaire simultanément avec un laser de 510 nm et un laser de 680 nm. On observe la figure d'interférence sur un écran situé à 4,5 m de distance. Déterminez la distance entre le maximum central et l'endroit le plus rapproché sur l'écran où un maximum d'une longueur d'onde se superpose exactement à un maximum de l'autre longueur d'onde.

3.2.7 *En faisant varier la distance entre les fentes.* On éclaire les fentes d'une expérience de Young avec de la lumière provenant d'un laser au rubis ($\lambda = 694$ nm). On observe la figure d'interférence sur un écran situé à 2 m de distance. Déterminez la *plus petite* valeur de l'espacement entre les fentes pour laquelle le point situé à 1 cm du maximum central est **(a)** un maximum ; **(b)** un minimum.

L'intensité de la figure d'interférence

Après l'étude de cette section, le lecteur pourra calculer l'intensité de la lumière dans la figure d'interférence générée par une expérience de Young (deux fentes), et décrire ce qui se passe si l'on ajoute d'autres fentes.

APERÇU

L'interférence de la lumière issue des deux fentes de l'expérience de Young se traduit, en un point **P** de l'écran, par une intensité lumineuse

$$I_2 = 4I_1 \cos^2\left(\frac{\Delta\phi}{2}\right)$$ **Intensité de la lumière dans l'expérience de Young**

où $\Delta\phi$ est la différence de phase entre les ondes issues des deux fentes lorsqu'elles parviennent au point **P**, et I_1 est l'intensité de la lumière qui serait observée au point **P** s'il y avait une seule fente. (Les indices « 1 » et « 2 » dans l'équation signifient respectivement « 1 fente » et « 2 fentes ».)

Si les deux fentes émettent des ondes en phase avec une longueur d'onde λ, elles arrivent au point **P** avec une différence de phase causée par la différence de marche. Comme la différence de phase est proportionnelle à la différence de marche et qu'une différence de phase $\Delta\phi = 2\pi$ rad est générée par une différence de marche $\delta = \lambda$, on peut écrire

$$\Delta\phi = \frac{\delta}{\lambda} \times (2\pi \text{ rad})$$ **Différence de phase causée par une différence de marche**

Dans les régions d'interférence destructive, $I_2 = 0$; dans les régions d'interférence constructive, $\cos^2(\Delta\phi/2) = 1$, d'où $I_2 = 4I_1$: l'intensité est quatre fois plus grande qu'en présence d'une seule fente (schéma ci-dessous). L'intensité moyenne de la figure d'interférence est de $2I_1$, ce qui est normal puisque chaque fente seule éclairerait l'écran avec une intensité I_1.

Si l'on ajoute d'autres fentes de part et d'autre des deux fentes de l'expérience de Young, en gardant le même espacement entre deux fentes adjacentes, les maximums de la figure d'interférence demeurent aux mêmes endroits, mais il apparaît des maximums secondaires entre les maximums principaux (schéma ci-dessous).

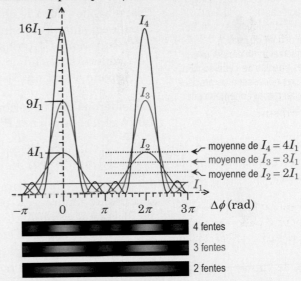

Les maximums principaux d'un système à N fentes sont N^2 fois plus intenses que l'intensité qu'on obtiendrait en présence d'une seule fente :

$$I_{N(\max)} = N^2 I_1$$

Comme l'énergie totale est conservée, l'intensité moyenne de la figure d'interférence correspond à N fois l'intensité qu'on obtiendrait en présence d'une seule fente :

$$\overline{I_N} = N I_1$$

Plus N est élevé, plus les maximums principaux sont étroits. Lorsque N est très grand, le système à N fentes est appelé *réseau* : la figure d'interférence qu'il produit est constituée de maximums très intenses séparés par des régions où l'intensité, en comparaison, est pratiquement nulle. Le comportement des réseaux sera étudié dans la **section 3.4**.

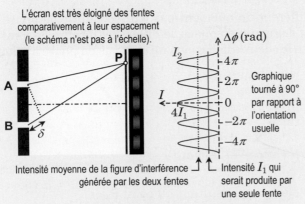

L'écran est très éloigné des fentes comparativement à leur espacement (le schéma n'est pas à l'échelle).

Intensité moyenne de la figure d'interférence générée par les deux fentes

Intensité I_1 qui serait produite par une seule fente

(On suppose que les fentes sont assez étroites pour que la diffraction fasse en sorte que I_1 soit constant sur la portion de l'écran représentée sur le schéma.)

Dans la **section 3.2 : L'expérience de Young**, nous avons vu comment calculer la position des maximums et des minimums de la figure d'interférence produite par une expérience de Young. Dans la présente section, nous verrons comment déterminer l'intensité relative de la lumière en différents points de la figure d'interférence. Puis, à la fin de la section, nous examinerons la figure d'interférence générée par un système qui possède plus de deux fentes.

L'intensité de la lumière dans l'expérience de Young

Comme nous l'avons vu dans la **section 5.11 : Les équations de Maxwell** du **tome B**, la lumière est une onde électromagnétique : au passage d'une onde lumineuse, les valeurs locales du champ électrique et du champ magnétique oscillent. Par conséquent, nous pouvons décrire l'effet d'une onde lumineuse en un point particulier de l'espace par l'équation

$$E = E_{max} \sin(\omega t + \phi)$$

Dans l'équation ci-contre, E peut prendre des valeurs négatives aussi bien que positives : ainsi, il ne s'agit pas du module du champ électrique, mais plutôt de la composante du champ électrique selon un certain axe. Pour les besoins de cette section, il n'est pas nécessaire de préciser selon quel axe est orientée cette composante.

(Nous avons choisi le champ électrique pour décrire l'oscillation générée par l'onde lumineuse, mais nous aurions tout aussi bien pu choisir le champ magnétique.) Dans cette équation, E_{max} représente l'amplitude du champ électrique oscillant : E varie de manière sinusoïdale entre E_{max} et $-E_{max}$ avec une fréquence angulaire ω (qui correspond à $2\pi f$, où f est la fréquence de l'onde lumineuse).

Considérons une expérience de Young (schéma ci-dessous) : les champs électriques oscillants générés au point **P** par les fentes **A** et **B** sont

$$E_A = E_1 \sin(\omega t + \phi_A) \qquad \text{et} \qquad E_B = E_1 \sin(\omega t + \phi_B)$$

Le paramètre E_1 est l'amplitude de l'oscillation du champ électrique générée au point **P** par chacune des fentes : l'indice « 1 » signifie « 1 fente ». Nous pouvons supposer que la distance entre l'écran et le masque percé des deux fentes est beaucoup plus grande que la distance entre les fentes (ce qui *n'est pas* le cas sur le schéma ci-contre, qui n'est pas à l'échelle) : ainsi, nous pouvons considérer que E_1 a la même valeur pour chacune des fentes. (En réalité, comme la fente **B** est légèrement plus éloignée de **P** que la fente **A**, E_1 pour la fente **B** est légèrement plus petit que pour la fente **A**, cette diminution de l'amplitude de l'onde avec la distance étant causée par le fait que les cônes de diffraction s'élargissent au fur et à mesure qu'on s'éloigne des fentes.)

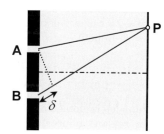

Les expressions pour E_A et E_B diffèrent uniquement par leur constante de phase ϕ. Bien que les deux fentes émettent des ondes en phase, la différence de marche δ entre les deux parcours fait en sorte que les deux oscillations ne sont pas en phase au point **P** : la différence de phase est

$$\Delta\phi = \phi_B - \phi_A$$

En utilisant l'identité trigonométrique

L'identité ci-contre est démontrée dans la **sous-section M5.6 : Les identités trigonométriques** de l'annexe mathématique.

$$\sin\alpha + \sin\beta = 2\cos\left(\frac{\alpha - \beta}{2}\right)\sin\left(\frac{\alpha + \beta}{2}\right)$$

nous pouvons exprimer le champ électrique résultant au point **P**,

$$E = E_B + E_A = E_1 \sin(\omega t + \phi_B) + E_1 \sin(\omega t + \phi_A)$$

de la manière suivante :

$$E = 2E_1 \cos\left(\frac{(\omega t + \phi_B) - (\omega t + \phi_A)}{2}\right) \sin\left(\frac{(\omega t + \phi_B) + (\omega t + \phi_A)}{2}\right)$$

$$= 2E_1 \cos\left(\frac{\phi_B - \phi_A}{2}\right) \sin\left(\frac{2\omega t + \phi_B + \phi_A}{2}\right)$$

$$= 2E_1 \cos\left(\frac{\Delta\phi}{2}\right) \sin\left(\omega t + \left(\frac{\phi_B + \phi_A}{2}\right)\right)$$

Cette équation permet de conclure que le champ électrique résultant oscille de manière sinusoïdale avec la même fréquence angulaire ω que chacune des oscillations E_A et E_B, et que son amplitude est

$$E_2 = 2E_1 \cos\left(\frac{\Delta\phi}{2}\right)$$

Ici, l'indice « 2 » signifie « 2 fentes ».

En présence d'une onde lumineuse, l'œil ne détecte pas directement l'amplitude de l'oscillation du champ électrique, mais plutôt l'intensité I de la lumière, qui est proportionnelle à l'énergie de l'onde lumineuse, c'est-à-dire au *carré* de l'amplitude de l'oscillation du champ électrique. S'il y avait une seule fente qui éclairait l'écran, l'intensité de la lumière au point **P** serait

$$I_1 = CE_1^2$$

où C est une constante dont la valeur dépend de la fréquence de la lumière. L'intensité de la lumière générée par les deux fentes est

$$I_2 = CE_2^2 = C\left(2E_1 \cos\left(\frac{\Delta\phi}{2}\right)\right)^2 = 4CE_1^2 \cos^2\left(\frac{\Delta\phi}{2}\right)$$

Comme $CE_1^2 = I_1$, nous pouvons écrire

$$\boxed{I_2 = 4I_1 \cos^2\left(\frac{\Delta\phi}{2}\right)}$$ **Intensité de la lumière dans l'expérience de Young**

Pour un point **P** situé au centre de l'écran, la différence de marche δ est nulle, ainsi que la différence de phase. En un point **P** pour lequel la différence de marche est égale à la longueur d'onde de la lumière, la différence de phase est de 2π rad :

$$\delta = \lambda \qquad \Rightarrow \qquad \Delta\phi = 2\pi \text{ rad}$$

La différence de phase est proportionnelle à la différence de marche. Ainsi, on peut obtenir la différence de phase en un point **P** quelconque de l'écran en calculant le rapport entre δ et λ et en le multipliant par 2π rad :

$$\boxed{\Delta\phi = \frac{\delta}{\lambda} \times (2\pi \text{ rad})}$$ **Différence de phase causée par une différence de marche**

Nous avons représenté le graphique de I_2 en fonction de $\Delta\phi$ sur le schéma ci-contre : afin de le mettre en correspondance avec le schéma du montage de l'expérience de Young, nous l'avons fait pivoter de 90° dans le sens antihoraire par rapport à l'orientation usuelle d'un graphique. Nous avons également indiqué I_1, l'intensité qui serait générée par une fente seule : nous avons supposé que cette intensité serait la même sur tout l'écran.

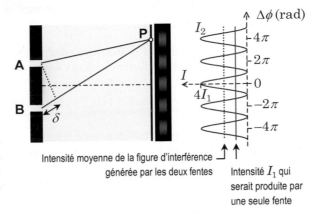

Intensité moyenne de la figure d'interférence générée par les deux fentes

Intensité I_1 qui serait produite par une seule fente

Dans la **section 1.9 : Les ondes sinusoïdales progressives**, nous avons vu que la puissance moyenne (et donc, l'énergie) associée à une onde mécanique de fréquence donnée est proportionnelle au carré de son amplitude. Ce résultat s'applique à toutes les ondes, qu'elles soient mécaniques ou non.

En réalité, l'intensité I_1 générée par une fente seule n'est pas la même sur tout l'écran : dans la **section 3.5 : La diffraction**, nous verrons qu'elle est maximale au point de l'écran vis-à-vis de la fente et qu'elle varie de manière complexe de chaque côté en formant une *figure de diffraction*. Toutefois, si l'écran est suffisamment loin des fentes et que la largeur des fentes est inférieure à la longueur d'onde de la lumière, la diffraction fait en sorte que l'intensité de la lumière est pratiquement constante sur la portion centrale de l'écran, représentée sur le schéma.

Considérons la courbe qui représente la figure d'interférence générée par les deux fentes. Dans les régions d'interférence destructive, $\cos^2(\Delta\phi/2) = 0$, d'où $I_2 = 0$; dans les régions d'interférence constructive, $\cos^2(\Delta\phi/2) = 1$, d'où $I_2 = 4I_1$: l'intensité est quatre fois plus grande qu'en présence d'une seule fente.

La fonction $\cos^2(\Delta\phi/2)$ oscille entre 0 et 1, et sa valeur moyenne est de $1/2$. Ainsi, l'intensité moyenne de la figure d'interférence est

$$\overline{I_2} = \tfrac{1}{2}(4I_1) = 2I_1$$

(La barre au-dessus de I_2 signifie « moyenne ».) S'il n'y avait pas d'interférence, l'intensité de la lumière sur l'écran serait partout égale à $2I_1$, car chaque fente éclairerait l'écran uniformément avec une intensité I_1. En raison de l'interférence, l'intensité est nulle aux endroits où il y a de l'interférence destructive (minimums), et elle est égale à $4I_1$ aux endroits où il y a de l'interférence constructive (maximums), pour une moyenne de $2I_1$. *L'interférence ne diminue pas l'énergie totale qui atteint l'écran : elle ne fait que la redistribuer.*

Situation 1 : *L'intensité de la lumière dans l'expérience de Young.* Dans la **situation 1** de la **section 3.2 : L'expérience de Young**, on a analysé la figure d'interférence produite sur un écran situé à 3 m de distance par deux fentes espacées de 1 mm et éclairées par de la lumière de 500 nm : on a trouvé que le premier maximum était situé à 1,5 mm du centre de l'écran. On désire déterminer le rapport de l'intensité de la lumière en un point situé à 1,8 mm du centre de l'écran sur l'intensité au centre de l'écran.

Nous avons représenté la situation sur le schéma ci-contre. Pour le point **P**, l'angle θ est

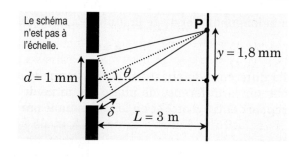

Le schéma n'est pas à l'échelle.

$$\theta = \arctan\left(\frac{y}{L}\right)$$
$$= \arctan\left(\frac{(1,8 \times 10^{-3}\ \text{m})}{(3\ \text{m})}\right)$$
$$= \arctan(6 \times 10^{-4})$$
$$= 0,03438°$$

Comme l'angle θ est beaucoup plus petit que 1 rad, on aurait pu, bien sûr, économiser du temps en exprimant θ en radians et en faisant l'approximation $\tan\theta \approx \sin\theta$.

La différence de marche de la lumière entre la lumière qui provient de la fente du bas et celle qui provient de la fente du haut est

$$\delta = d\sin\theta = (10^{-3}\ \text{m})\sin 0,03438° = 6 \times 10^{-7}\ \text{m}$$

ce qui se traduit par une différence de phase

Comme le point **P** est situé plus haut que le premier maximum, la différence de marche est supérieure à λ et la différence de phase est supérieure à 2π rad.

$$\Delta\phi = \frac{\delta}{\lambda} \times (2\pi\ \text{rad}) = \frac{(6 \times 10^{-7}\ \text{m})}{(500 \times 10^{-9}\ \text{m})}(2\pi\ \text{rad}) = 7,540\ \text{rad}$$

L'intensité de la lumière au point **P** est

$$I = 4I_1 \cos^2\left(\frac{\Delta\phi}{2}\right) = 4I_1 \cos^2\left(\frac{(7{,}540 \text{ rad})}{2}\right) = 4I_1 \times 0{,}6544 = 2{,}618I_1$$

c'est-à-dire 2,618 fois l'intensité qui serait générée par une seule fente. Dans l'énoncé, on demande de comparer l'intensité de la lumière au point **P** à celle que l'on retrouve au *centre* de l'écran, c'est-à-dire $4I_1$ (la différence de phase au centre de l'écran est nulle). Le rapport cherché est

$$\frac{I}{I_{\max}} = \frac{2{,}618I_1}{4I_1} \qquad \Rightarrow \qquad \boxed{\frac{I}{I_{\max}} = 0{,}655}$$

L'intensité de la lumière au point **P** correspond à 65,5 % de celle des maximums de la figure d'interférence.

La figure d'interférence d'un système à *N* fentes

Dans la **section 3.4 : Les réseaux**, nous allons nous intéresser à la figure d'interférence qui est produite lorsque la lumière traverse un *réseau*, c'est-à-dire un masque formé d'un très grand nombre de fentes parallèles. Pour terminer la présente section, nous allons analyser ce qui se passe lorsqu'on ajoute des fentes au montage de l'expérience de Young, ce qui va nous permettre de bien comprendre les ressemblances et les diffé-rences entre un système à deux fentes et un réseau.

Afin de comparer le système à deux fentes de l'expérience de Young et un système à *N* fentes, il est utile de supposer que l'espacement entre deux fentes adjacentes du système à *N* fentes est le même que l'espacement entre les deux fentes de l'expérience de Young. Ainsi, pour augmenter le nombre de fentes, nous n'allons pas les ajouter entre les fentes de l'expérience de Young, mais plutôt de part et d'autre.

Pour commencer, nous allons ajouter une troisième fente **C** au-dessous des fentes **A** et **B** de l'expérience de Young (schéma ci-contre). Si la distance à laquelle se trouve l'écran est beaucoup plus grande que la distance entre les fentes, nous pouvons considérer que les rayons issus des fentes et qui se rendent en un point **P** de l'écran sont parallèles entre eux. Par conséquent, il y a la même différence de marche δ entre les rayons issus de **A** et de **B** qu'entre les rayons issus de **B** et de **C**. Si la lumière issue de **A** et de **B** interférait de manière constructive afin de former un maximum sur l'écran au point **P** (par exemple, pour $\delta = \lambda$), la lumière issue de **C** va également interférer de manière constructive. Ainsi, *les positions sur l'écran des maximums de la figure d'interférence sont les mêmes pour le système à trois fentes que pour le système à deux fentes.*

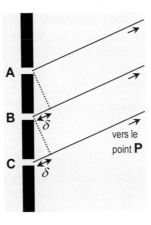

Pour un point **P** qui ne correspond pas à un maximum dans le système d'origine à deux fentes, les choses sont plus compliquées. Par exemple, si le point **P** correspond à un minimum dans l'expérience de Young (par exemple, pour $\delta = \lambda/2$, ce qui cor-respond à $\Delta\phi = \pi$ rad), la lumière issue de **A** interfère de manière destructive avec la lumière issue de **B**, mais la lumière issue de **C** n'interfère avec rien : ainsi, l'intensité au point **P** est égale à I_1, l'intensité d'une seule fente. C'est moins que l'intensité observée lorsque les trois fentes interfèrent de manière constructive, mais ce n'est pas un minimum.

Il y a bien des minimums, mais ils ne se produisent pas aux mêmes endroits que pour l'expérience de Young. Par exemple, on peut montrer que l'intensité est nulle pour $\delta = \lambda/3$ et $\delta = 2\lambda/3$, ce qui correspond à $\Delta\phi = 2\pi/3$ et à $\Delta\phi = 4\pi/3$. Sur le schéma ci-dessous, nous avons superposé les graphiques de l'intensité I en fonction de la différence de phase $\Delta\phi$ pour l'expérience de Young (I_2) et pour le système à trois fentes (I_3). Les intensités sont exprimées en fonction de I_1, l'intensité qui serait générée par une fente seule (que l'on suppose constante partout sur l'écran).

Dans la **section 3.7 : Les vecteurs de Fresnel**, nous présenterons une méthode qui permet de superposer un nombre arbitraire de fonctions sinusoïdales : c'est en appliquant cette méthode que l'on peut déterminer la manière exacte dont l'intensité de la figure d'interférence d'un système à N fentes varie en fonction de la différence de phase.

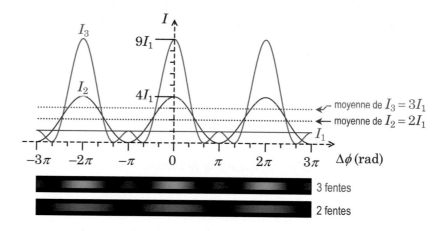

La figure d'interférence du système à trois fentes est caractérisée par une alternance de maximums principaux d'intensité $9I_1$ et de maximums secondaires d'intensité I_1. Pour les maximums principaux, les trois fentes interfèrent de manière constructive : l'amplitude du champ électrique résultant est de $3E_1$, mais comme l'intensité de la lumière est proportionnelle au carré de l'amplitude du champ électrique, cela donne une intensité de $9I_1$. Évidemment, comme l'énergie est conservée, l'intensité lumineuse *moyenne* de la figure d'interférence du système à trois fentes est de $3I_1$.

La figure d'interférence du système à quatre fentes est caractérisée par *deux* maximums secondaires par cycle de 2π rad. À l'aide des vecteurs de Fresnel, on peut montrer que la figure d'interférence d'un système à N fentes ($N > 1$) possède $N-2$ maximums secondaires par cycle de 2π rad.

Sur le schéma ci-contre, nous avons représenté l'intensité de la figure d'interférence d'un système à quatre fentes. En général, pour un système à N fentes, l'intensité des maximums principaux est

$$I_{N(\max)} = N^2 I_1$$

et l'intensité moyenne est

$$\overline{I_N} = N I_1$$

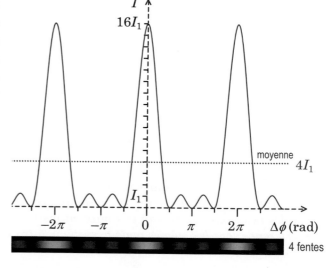

Si l'intensité (la hauteur) des maximums principaux augmente comme N^2, comment se fait-il que l'intensité moyenne de la figure d'interférence augmente seulement comme N ? Tout simplement parce que les pics des maximums principaux sont de plus en plus *étroits* au fur et à mesure que N augmente.

Sur le schéma ci-contre, en haut, nous avons représenté l'intensité de la figure d'interférence pour un système à 10 fentes (l'échelle de l'axe vertical n'est pas la même que pour les deux graphiques précédents).

Lorsque N est très grand, le système à N fentes est appelé *réseau* : la figure d'interférence qu'il produit est constituée de maximums très intenses séparés par des régions où l'intensité, en comparaison, est pratiquement nulle (schéma ci-contre, en bas). Le comportement des réseaux sera étudié dans la **section 3.4**.

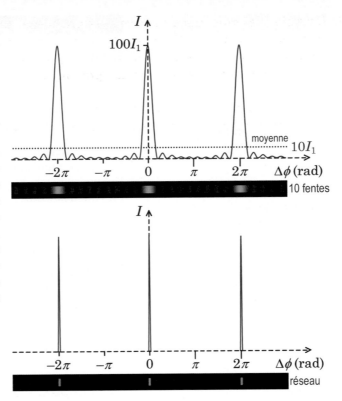

Q1. Quelle est la relation de proportionnalité entre E, l'amplitude du champ électrique en un point sur l'écran de l'expérience de Young, et I, l'intensité de la lumière ?

Q2. Dans les régions d'interférence constructive de la figure d'interférence d'une expérience de Young, l'intensité de la lumière est _____ fois plus grande qu'en présence d'une seule fente.

Q3. Vrai ou faux ? En raison de l'interférence destructive, l'énergie totale de la lumière qui frappe l'écran dans l'expérience de Young est plus petite que la somme des énergies fournies par chacune des deux fentes.

Q4. Vrai ou faux ? Si, dans le masque à deux fentes d'une expérience de Young, on perce une troisième fente « au-dessous » des deux premières (afin de créer un système à trois fentes également espacées), la position des maximums principaux sur l'écran ne change pas.

Q5. Dans les régions d'interférence constructive de la figure d'interférence produite par un système à trois fentes, l'intensité de la lumière est _____ fois plus grande qu'en présence d'une seule fente.

Q6. Dans la figure d'interférence produite par un système à 10 fentes, combien y a-t-il de maximums secondaires entre deux maximums principaux ?

Q7. Dans la figure d'interférence produite par un système à N fentes, l'intensité des maximums principaux augmente comme N^2 et l'intensité moyenne de la figure d'interférence augmente comme N. Comment cela est-il possible ?

DÉMONSTRATION

D1. (a) En utilisant l'identité trigonométrique

$$\sin\alpha + \sin\beta = 2\cos\left(\frac{\alpha-\beta}{2}\right)\sin\left(\frac{\alpha+\beta}{2}\right)$$

montrez que, dans l'expérience de Young, l'amplitude du champ électrique en un point **P** de l'écran est

$$E_2 = 2E_1 \cos\left(\frac{\Delta\phi}{2}\right)$$

où E_1 est l'amplitude qui serait générée par une seule fente et $\Delta\phi$ est la différence de phase entre les ondes qui se superposent au point **P**. **(b)** À partir de ce résultat, obtenez l'équation qui permet de calculer l'intensité de la lumière I_2 en fonction de $\Delta\phi$ et de I_1, l'intensité qui serait générée par une seule fente.

○ Exercice dont la solution ne requiert ni calculatrice ni algèbre complexe.

Dans les exercices, on suppose que I_1 (l'intensité de la lumière s'il y avait une seule fente) est constante partout sur l'écran.

RÉCHAUFFEMENT

○ **3.3.1** *Un système à cinq fentes.* Considérez la figure d'interférence produite par un système à cinq fentes. **(a)** Quelle est l'intensité du maximum central (en fonction de I_1) ? **(b)** Quelle est l'intensité moyenne (en fonction de I_1) ? **(c)** Combien y a-t-il de maximums secondaires entre $\Delta\phi = 0$ et $\Delta\phi = 2\pi$ rad ?

SÉRIE PRINCIPALE

3.3.2 *L'intensité dans l'expérience de Young.* On envoie de la lumière d'une longueur d'onde de 500 nm sur un masque contenant deux minces fentes espacées de 0,1 mm et on observe la figure d'interférence produite sur un écran placé à 4 m du masque. **(a)** À quelle distance du maximum central se forme le premier minimum ? **(b)** Quelle est l'intensité (en fonction de I_1) en un point situé à 0,2 cm du maximum central ? **(c)** À quelle distance du maximum central l'intensité est-elle égale à 87,5 % de celle du maximum central ?

3.3.3 *L'intensité du maximum central.* Le schéma ci-dessous représente la figure d'interférence d'un système à N fentes. **(a)** Quel est le nombre de fentes ? **(b)** Si l'intensité moyenne de la lumière sur l'écran est de 0,5 W/m², quelle est l'intensité du maximum central ?

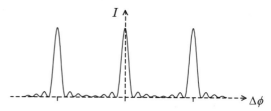

SÉRIE SUPPLÉMENTAIRE

3.3.4 *Le retrait d'une fente.* Un masque comportant un certain nombre de fentes également espacées est éclairé par une source lumineuse et produit une figure d'interférence sur un écran. À l'aide d'un petit obstacle opaque, on bloque une fente située à l'une des deux extrémités du masque et on remarque que l'intensité du maximum central diminue de 36 % par rapport à sa valeur initiale. Combien de fentes comportait initialement le masque ?

Les réseaux

**Après l'étude de cette section, le lecteur pourra expliquer l'utilité des réseaux
et analyser la figure produite par la lumière qui traverse un réseau.**

APERÇU

Un **réseau** est un masque qui possède un très grand nombre (plusieurs centaines ou plusieurs milliers) de fentes parallèles également espacées. Le **pas** du réseau est la distance d entre deux fentes adjacentes (schéma ci-contre).

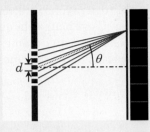

Lorsqu'on éclaire un réseau de pas d, les maximums d'interférence sur l'écran sont situés aux mêmes endroits que pour un système de deux fentes espacées de d (expérience de Young). Toutefois, les régions brillantes sont beaucoup plus intenses et beaucoup plus étroites.

EXPOSÉ

Dans la **section 3.2 : L'expérience de Young**, nous avons étudié la figure d'interférence pour deux fentes espacées d'une distance d (schéma ci-dessous, à gauche). Lorsqu'on ajoute un très grand nombre de fentes également espacées de part et d'autre des deux fentes d'origine (schéma ci-dessous, à droite), les régions brillantes (maximums) deviennent beaucoup plus *intenses* (parce qu'il y a globalement plus de lumière qui atteint l'écran) et beaucoup plus *étroites*. En revanche, les *positions* des maximums demeurent les mêmes.

Dans la **sous-section « La figure d'interférence d'un système à N fentes »** de la **section 3.3 : L'intensité de la figure d'interférence**, nous avons vu comment l'ajout de fentes produit des maximums principaux de plus en plus minces et de plus en plus intenses.

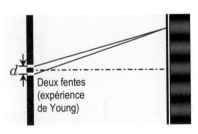

Deux fentes
(expérience
de Young)

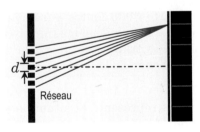

Réseau

Un écran qui possède un très grand nombre de fentes parallèles également espacées est appelé **réseau** ; le **pas** du réseau est la distance d entre deux fentes adjacentes. Sur le schéma ci-dessus, nous avons représenté uniquement six fentes : un véritable réseau contient habituellement des centaines ou des milliers de fentes.

En pratique, on peut créer un réseau en gravant un très grand nombre de rainures parallèles dans une plaque de verre. Les parties de la plaque situées entre les rainures laissent passer la lumière et jouent le rôle des fentes ; les rainures absorbent la lumière et jouent le rôle des obstacles entre les fentes.

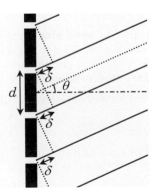

La largeur totale du réseau (Nd, où N est le nombre de fentes) est habituellement beaucoup plus petite que la distance entre le réseau et l'écran. Par conséquent, les rayons qui vont des fentes vers un point donné de l'écran sont pratiquement parallèles entre eux (schéma ci-contre).

S'il y a une différence de marche

$$\delta = d \sin\theta$$

entre les rayons issus de deux fentes adjacentes quelconques, *il y a la même différence de marche pour n'importe quelle paire de rayons issus de fentes adjacentes.* Supposons que la différence de marche en question corresponde à un nombre entier de longueurs d'onde λ de la lumière qui éclaire le réseau :

$$\delta = m\lambda$$

Dans ce cas, il y a interférence constructive entre n'importe quelle paire de rayons issus de fentes adjacentes : l'ensemble des rayons interfère de manière constructive, ce qui produit un maximum sur l'écran. C'est pour cela que les maximums de la figure d'interférence pour un réseau de pas d sont aux mêmes endroits que les maximums pour un système de deux fentes espacées d'une distance d.

Tout comme dans la **section 3.2**, la relation

$$\tan\theta = \frac{y}{L}$$

est souvent utile pour analyser la figure d'interférence formée par un réseau (voir **schéma ci-contre**).

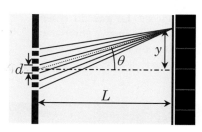

Comme les maximums sont très étroits, il est facile de distinguer les différentes longueurs d'onde (couleurs) présentes dans la lumière qui éclaire un réseau. C'est pour cela que les réseaux sont couramment utilisés pour produire le *spectre* d'un faisceau de lumière (un graphique de l'intensité de la lumière en fonction de la longueur d'onde).

On peut construire un *spectrographe* (appareil qui sépare les longueurs d'onde présentes dans un faisceau de lumière et permet d'analyser son spectre) avec un prisme, mais un réseau produit de meilleurs résultats. L'astrophysique est presque entièrement basée sur l'analyse de la lumière des astres rendue possible par les réseaux. Certains télescopes géants sont exclusivement dédiés à l'analyse spectrale de la lumière.

Situation 1 : *Un réseau.* On utilise un laser pour éclairer un réseau de 1 cm de largeur qui comporte 4000 fentes parallèles. Sur un écran situé à 3 m de distance, on observe que le troisième maximum (à partir du centre de l'écran et sans compter le maximum central) est situé à 2 m du maximum central. On désire déterminer la longueur d'onde de la lumière.

Nous avons représenté la situation sur le **schéma ci-contre**. Comme

$$\tan\theta = \frac{y}{L}$$

l'angle θ pour le troisième maximum est

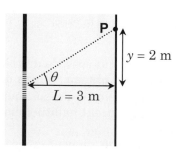

$$\theta = \arctan\left(\frac{y}{L}\right) = \arctan\left(\frac{(2\,\text{m})}{(3\,\text{m})}\right) = 33{,}69°$$

Le pas du réseau est

$$d = \frac{(1\,\text{cm})}{4000} = 2{,}5 \times 10^{-4}\,\text{cm} = 2{,}5 \times 10^{-6}\,\text{m}$$

Pour un maximum,

$$\delta = d\sin\theta = m\lambda \qquad \Rightarrow \qquad \lambda = \frac{d\sin\theta}{m}$$

Le premier maximum (sans compter le maximum central) correspond à $m = 1$; ainsi, le troisième maximum correspond à $m = 3$. Nous obtenons

$$\lambda = \frac{\left(2,5 \times 10^{-6}\text{ m}\right)\sin(33,69°)}{3} = 4,622 \times 10^{-7}\text{ m} \qquad \Rightarrow \qquad \boxed{\lambda = 462\text{ nm}}$$

Comme les fentes d'un réseau sont très rapprochées, elles sont habituellement très étroites, ce qui fait en sorte que chaque fente émet un cône de diffraction qui «prend tout l'écran» (voir la **situation 2** de la **section 3.5 : La diffraction**). Par conséquent, les maximums de la figure d'interférence peuvent être observés entre $\theta = -90°$ et $\theta = 90°$.

QI 1 Lorsqu'on analyse la figure d'interférence générée par un réseau, peut-on toujours poser $\sin\theta \approx \tan\theta \approx \theta$? Justifiez votre réponse.

> **Situation 2 : _Le dernier maximum._** Dans la **situation 1**, on suppose que l'écran s'étend indéfiniment vers le haut et vers le bas, et on désire déterminer la valeur de m pour le maximum le plus éloigné du centre que l'on peut observer.

Pour un maximum,

$$\delta = d \sin \theta = m\lambda \qquad \Rightarrow \qquad m = \frac{d \sin \theta}{\lambda}$$

La valeur maximale que peut prendre l'angle θ est de 90°, ce qui correspond à

$$m = \frac{\left(2,5 \times 10^{-6}\text{ m}\right)\sin 90°}{\left(4,622 \times 10^{-7}\text{ m}\right)} = 5,4$$

Ainsi, le maximum le plus éloigné du centre correspond à

$$\boxed{m = 5}$$

En tout, la figure d'interférence comporte 11 maximums : le maximum central et 5 maximums de chaque côté. (Les maximums en dessous du maximum central correspondent à des valeurs de m négatives.)

Le chevauchement des spectres

Dans les situations que nous avons analysées depuis le début du présent chapitre, la lumière utilisée dans le montage était _monochromatique_ (d'une seule couleur, donc d'une seule longueur d'onde). Or, comme nous l'avons dit plus haut, il est intéressant d'utiliser un réseau pour séparer les différentes longueurs d'onde présentes dans un faisceau lumineux.

Lorsqu'on éclaire un réseau avec de la lumière blanche (un mélange de toutes les longueurs d'onde entre 400 nm et 700 nm), la position des maximums varie en fonction de la longueur d'onde. Le maximum central demeure blanc (car il est au centre de l'écran peu importe la longueur d'onde), mais les maximums latéraux sont étalés et forment des spectres (schéma ci-contre). Pour un maximum d'ordre donné (par exemple, $m = 1$), la partie bleu-violet

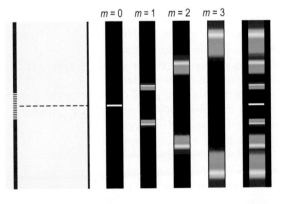

$m = 0 \quad m = 1 \quad m = 2 \quad m = 3$

Sur le schéma ci-contre, la figure qui est réellement observée sur l'écran est celle qui se trouve à l'extrême droite. (Le spectre d'ordre 4 et son chevauchement avec le spectre d'ordre 3 ne sont pas représentés.)

Réponse à la question instantanée

QI 1
Non, car on ne peut pas, en général, supposer que $\theta \ll 1$ rad

du spectre est la plus rapprochée du centre et la partie rouge est la plus éloignée (voir **exercice 3.4.3** : _Le chevauchement des spectres_). Comme on peut le constater, la partie bleu-violet du spectre d'ordre 3 se superpose à la partie rouge du spectre d'ordre 2, ce qui produit une résultante magenta (une couleur qui ne correspond à aucune longueur d'onde du spectre).

pas : (symbole : d) distance entre deux fentes adjacentes d'un réseau.

réseau : masque qui possède un très grand nombre de fentes parallèles également espacées ; on peut obtenir un réseau en gravant des rainures dans une plaque de verre : elles jouent le rôle des obstacles entre les fentes.

QUESTIONS

Q1. Comparez la position, l'intensité et la largeur des maximums d'interférence pour deux fentes espacées d'une distance d et pour un réseau dont le pas est égal à d.

Q2. (a) Qu'est-ce qu'un spectre ? **(b)** Pourquoi un réseau est-il plus utile qu'un système à deux fentes pour produire un spectre ?

Q3. Vrai ou faux ? Quand on éclaire un réseau avec de la lumière rouge et de la lumière bleue, le maximum rouge (pour un ordre donné) est plus éloigné du centre de l'écran que le maximum bleu.

EXERCICES

RÉCHAUFFEMENT

3.4.1 *Le nombre de fentes du réseau.* Lorsqu'on éclaire un réseau de 1,5 cm de largeur avec de la lumière verte à 500 nm, on observe que le troisième maximum (en partant du centre et sans compter le maximum central) est à 30° de l'axe. Calculez le nombre de fentes que possède le réseau.

SÉRIE PRINCIPALE

3.4.2 *Le chevauchement des spectres.* On éclaire un réseau qui comporte 3000 fentes par centimètre avec de la lumière blanche, c'est-à-dire un mélange de toutes les longueurs d'onde entre 400 nm (violet) et 700 nm (rouge). Sur l'écran, on observe un étroit maximum central blanc et des spectres colorés de part et d'autre. Déterminez l'angle θ par rapport à l'axe pour les trois premiers maximums **(a)** violets et **(b)** rouges. **(c)** À partir de quelles valeurs de m les spectres commencent-ils à se chevaucher ? **(d)** Combien y a-t-il de spectres complets sur l'écran, c'est-à-dire des spectres qui vont du violet au rouge ? (Supposez que l'écran est très large ; considérez que le maximum central blanc est un spectre complet et n'oubliez pas qu'il y a des spectres des deux côtés du maximum central.) **(e)** Combien y a-t-il de spectres incomplets, c'est-à-dire des spectres dont l'extrémité violette est présente, mais pas l'extrémité rouge ?

3.4.3 *Trois couleurs et un réseau.* On éclaire un réseau comportant 100 fentes par millimètre avec de la lumière constituée d'un mélange de trois longueurs d'onde : une teinte de violet (Vi), une teinte de vert (Ve) et une teinte de rouge (Ro). Sur un écran situé à 2 m de distance, on observe la figure représentée sur le schéma ci-dessous. Déterminez le plus précisément possible la longueur d'onde de chacune des couleurs.

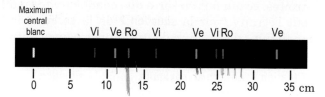

3.4.4 *Quinze maximums sur un écran.* On éclaire un réseau avec de la lumière rouge à 630 nm et on observe 15 maximums sur un écran de 3 m de largeur situé à 4 m du réseau. (Le maximum central est au centre de l'écran et les deux maximums les plus distants du centre coïncident avec les bords de l'écran.) Combien de fentes par millimètre ce réseau possède-t-il ?

3.4.5 *Le nombre de maximums sur un écran « infini ».* On utilise un laser pour éclairer un réseau dont le pas est de 7 µm. Sur un écran situé à 5 m de distance, on observe que le sixième maximum ($m = 6$) est situé à 3 m du maximum central. **(a)** Quelle est la longueur d'onde de la lumière ? **(b)** Quelle est la valeur de m pour le maximum le plus éloigné du centre qu'on peut observer sur un écran très large ? **(c)** Combien de maximums au total peut-on observer ? (Tenez compte du maximum central.)

SÉRIE SUPPLÉMENTAIRE

3.4.6 *Le nombre de maximums sur un écran fini.* On utilise un laser à 650 nm pour éclairer un réseau comportant 200 fentes par millimètre et on observe le résultat sur un écran de 1,5 m de largeur situé 2 m plus loin. (Le maximum central est au centre de l'écran). Combien de points lumineux peut-on voir au total sur l'écran ?

La diffraction

Après l'étude de cette section, le lecteur pourra analyser la figure de diffraction
produite par la lumière qui traverse une mince fente et déterminer la limite de résolution
imposée par la diffraction de la lumière qui traverse une ouverture circulaire.

APERÇU

En recueillant sur un écran la lumière qui traverse une fente étroite (schéma ci-contre), on obtient une **figure de diffraction** qui possède un maximum central brillant et quelques maximums secondaires beaucoup moins intenses de chaque côté.

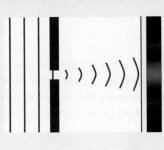

La géométrie de la situation est semblable à celle de l'expérience de Young (schéma ci-contre). La distance L est beaucoup plus grande que la largeur a de la fente ($L \gg a$). La différence de marche des ondes en provenance des deux extrémités de la fente lorsqu'elles arrivent au point **P** est

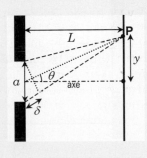

$$\delta = a \sin \theta$$ **Différence de marche entre le bas et le haut de la fente ($L \gg a$)**

Les *minimums* de la figure de diffraction se produisent lorsque

$$\delta_{\min} = m\lambda \quad (m = \pm 1, \pm 2, \pm 3, ...)$$ **Minimums de diffraction**

Pour $m = 0$, on a $\delta = 0$, ce qui correspond au *maximum central* (schéma ci-dessous).

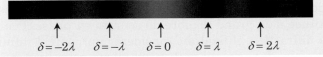

$\delta = -2\lambda \qquad \delta = -\lambda \qquad \delta = 0 \qquad \delta = \lambda \qquad \delta = 2\lambda$

Considérons la lumière de deux sources qui pénètrent par la même ouverture (schéma ci-contre). Lorsque la séparation angulaire entre les sources est inférieure à la **limite de résolution** (symbole : $\theta_{\lim}$), les figures de diffraction se chevauchent suffisamment pour former un seul pic central sur l'écran (voir schéma), ce qui fait en sorte qu'on ne peut plus distinguer les deux sources.

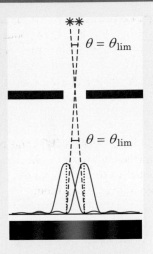

Pour une ouverture circulaire de diamètre D (comme l'embouchure d'un télescope), la limite de résolution est donnée par le **critère de Rayleigh**,

$$\theta_{\lim} = 1,22 \frac{\lambda}{D}$$ **Critère de Rayleigh** ($\theta_{\lim} \ll 1$ rad)

L'angle $\theta_{\lim}$ est en radians. L'équation est vraie uniquement lorsque l'angle $\theta_{\lim}$ est beaucoup plus petit que 1 rad.

En général, la limite de résolution est un angle beaucoup plus petit que 1°. Par conséquent, on utilise souvent la **minute d'arc** (symbole : ′) et la **seconde d'arc** (symbole : ″) pour la spécifier. Par définition, la minute d'arc et la seconde d'arc sont au degré ce que la minute et la seconde sont à l'heure :

$$1' = \frac{1°}{60} \qquad \text{et} \qquad 1'' = \frac{1°}{3600}$$

EXPOSÉ

Dans la **section 3.1 : La nature ondulatoire de la lumière**, nous avons mentionné que la diffraction qui se produit lorsque la lumière rencontre un obstacle ou passe par une ouverture est un des phénomènes qui révèle sa nature ondulatoire. Dans la présente section, nous allons analyser la diffraction qui se produit lorsqu'une onde lumineuse traverse une petite ouverture. Comme la diffraction a tendance à « étaler » un faisceau lumineux, elle a pour effet de limiter la netteté des images que l'on peut créer avec un instrument d'optique. À la fin de la section, nous verrons comment déterminer la *limite de résolution* imposée par la diffraction.

Dans la **section 3.2 : L'expérience de Young**, nous avons vu que la diffraction joue un rôle important dans l'expérience de Young. Si nous avons traité en détail de l'expérience de Young avant d'aborder la diffraction, c'est que l'analyse de la diffraction ressemble à celle de l'expérience de Young, tout en étant légèrement plus complexe. Dans l'expérience de Young, deux de ces «cônes de diffraction» se superposent et génèrent de l'interférence. Dans cette section, nous allons examiner en détail comment la lumière se distribue dans un seul cône de diffraction.

En plaçant un écran pour recueillir la lumière (schéma ci-contre), on obtient une **figure de diffraction** qui possède un maximum central brillant et quelques maximums secondaires beaucoup moins intenses de chaque côté. Le maximum central est deux fois plus large que les maximums secondaires ($\Delta Y = 2\Delta y$).

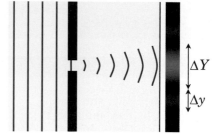

Lorsqu'on diminue la largeur de la fente qui produit le cône, on observe que la figure de diffraction *s'élargit*. Dans l'analyse de l'expérience de Young, nous avons supposé que le maximum central de chaque cône était assez large pour couvrir tout l'écran : c'est pour cela que nous n'avons pas eu besoin de tenir compte de la diffraction.

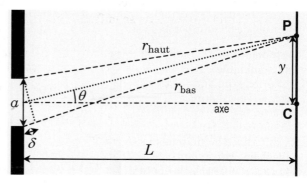

La géométrie de la situation est semblable à celle de l'expérience de Young (schéma ci-contre). Le paramètre *d*, qui désignait la distance entre les deux fentes dans l'expérience de Young, est remplacé par le paramètre *a*, qui représente la largeur de la fente unique.

La différence de marche de la lumière qui provient du bas de la fente par rapport à celle qui provient du haut de la fente est $\delta = r_{\text{bas}} - r_{\text{haut}}$, où r_{bas} est la distance entre le bas de la fente et le point **P**, et r_{haut} est la distance entre le haut de la fente et le point **P**. La distance *L* est toujours beaucoup plus grande que la largeur *a* de la fente ($L \gg a$), ce qui permet d'écrire

$$\boxed{\delta = a\sin\theta}$$ **Différence de marche entre le bas et le haut de la fente ($L \gg a$)**

(La démonstration de cette équation est analogue à celle de l'équation $\delta = d\sin\theta$ pour l'expérience de Young.)

Afin d'analyser la distribution de la lumière dans la figure de diffraction, nous allons imaginer que la fente est constituée d'un grand nombre de sources en phase. Pour faire un traitement exact de la diffraction, il faudrait considérer un nombre infini de sources infinitésimales. Toutefois, dans ce qui suit, nous allons nous limiter à 12 sources, ce qui est suffisant pour comprendre les aspects les plus importants de la diffraction. (Il est pratique de choisir 12 sources, car cette valeur se divise exactement en 2, en 3 et en 4.)

Dans la **section 3.7 : Les vecteurs de Fresnel**, nous présenterons une méthode qui permet d'analyser la diffraction de manière exacte (ce qui revient à considérer la fente comme un nombre infini de sources infinitésimales).

Nous allons considérer ce qui se passe en quatre points sur l'écran (schéma ci-contre) : le point **C** situé en plein centre, et quatre autres points également espacés situés au-dessus du centre (**P1**, **P2**, **P3** et **P4**).

Considérons d'abord la lumière qui traverse la fente et qui se dirige vers le point **C** au centre de l'écran. Sur le schéma ci-contre, nous avons représenté un gros plan de la région près de la fente avec le modèle simplifié des 12 sources. Comme l'écran est très éloigné par rapport à la largeur de la fente, les segments r_{haut} et r_{bas} sont pratiquement parallèles entre eux.

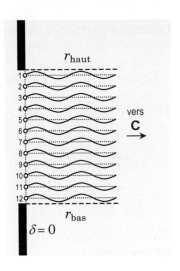

Les sources émettent des ondes en phase : comme la différence de marche $\delta = r_{bas} - r_{haut}$ est nulle, les 12 ondes arrivent en phase sur l'écran et produisent un maximum central très brillant.

Dans l'expérience de Young, il y a également un maximum (interférence constructive) au centre de l'écran. Pour l'instant, les deux situations se ressemblent.

Dans l'expérience de Young, le premier minimum se produit lorsque $\delta = \lambda/2$. Or, $\delta = \lambda/2$ *ne correspond pas à* un minimum pour la diffraction. Le schéma ci-contre montre la lumière qui traverse la fente et se dirige vers le point **P1**, pour lequel $\delta = \lambda/2$. En raison de la différence de marche, les ondes émises par les sources **1** et **12** sont décalées d'environ $\lambda/2$: ainsi, elles sont inversées l'une par rapport à l'autre et interfèrent de manière destructive lorsqu'elles atteignent le point **P1**. (Les ondes seraient *exactement* décalées de $\lambda/2$ si leurs sources étaient situées sur chacun des bords de la fente, ce qui n'est pas tout à fait le cas.) De même, les ondes **2** et **11** sont à peu près inversées l'une par rapport à l'autre et se nuisent mutuellement. Toutefois, les ondes émises au milieu de la fente (**5**, **6**, **7**, **8**) sont *à peu près* en phase, et elles se renforcent au point **P1** pour générer une intensité non nulle.

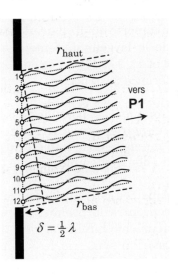

Le schéma ci-contre montre la lumière qui traverse la fente et se dirige vers le point **P2**, pour lequel $\delta = \lambda$. Dans ce cas, la différence de marche pour n'importe quelle paire de sources séparées par *la moitié* de la largeur de fente (**1** et **7**, **2** et **8**, **3** et **9**, etc.) est égale à $\lambda/2$, ce qui cause de l'interférence destructive.

Comme chaque source interfère de manière destructive avec une autre source, l'intensité de la lumière au point **P2** est nulle : la condition $\delta = \lambda$ correspond au premier *minimum* de la figure de diffraction.

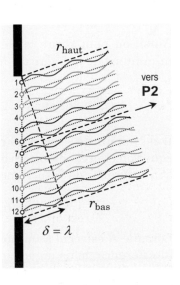

Il est intéressant de remarquer que, dans l'expérience de Young, la condition $\delta = \lambda$ correspond à un *maximum* (interférence constructive).

Le schéma ci-contre, en haut, montre la lumière qui traverse la fente et se dirige vers le point **P3**, pour lequel $\delta = 3\lambda/2$. Dans ce cas, la différence de marche pour n'importe quelle paire de sources séparées par *un tiers* de la largeur de fente (**1** et **5**, **2** et **6**, etc.) est égale à $\lambda/2$, ce qui cause de l'interférence destructive.

Nous pouvons associer deux tiers des sources en paires qui interfèrent de manière destructive, mais il reste un tiers des sources dont l'onde ne s'annule pas exactement avec l'onde générée par une autre source (par exemple, les sources **9** à **12**). Par conséquent, l'intensité de la lumière au point **P3** *n'est pas* nulle.

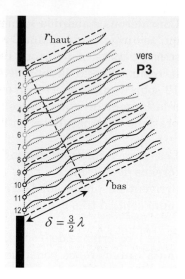

Le schéma ci-contre, au milieu, montre la lumière qui traverse la fente et se dirige vers le point **P4**, pour lequel $\delta = 2\lambda$. Dans ce cas, la différence de marche pour n'importe quelle paire de sources séparées par *le quart* de la largeur de fente (**1** et **4**, **2** et **5**, **3** et **6**, **7** et **10**, **8** et **11**, **9** et **12**) est égale à $\lambda/2$, ce qui cause de l'interférence destructive.

Comme il est possible d'associer la totalité des sources en paires qui interfèrent de manière destructive, l'intensité de la lumière au point **P4** est nulle : il s'agit du deuxième minimum de la figure de diffraction.

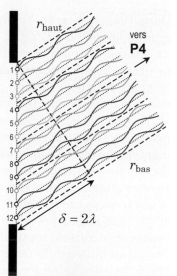

Ainsi, en partant du centre de l'écran vers le haut, on rencontre le premier minimum lorsque $\delta = \lambda$ et le deuxième minimum lorsque $\delta = 2\lambda$ (schéma ci-contre, en bas). Par symétrie, les minimums en dessous du maximum central correspondent à $\delta = -\lambda$ et à $\delta = -2\lambda$. (Pour un point situé en dessous du centre de l'écran, r_{bas} est plus petit que r_{haut}, ce qui fait en sorte que la différence de marche $\delta = r_{bas} - r_{haut}$ est négative.)

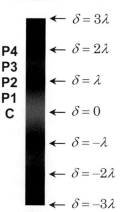

Ainsi, on peut écrire la condition suivante pour les minimums de la figure de diffraction :

$$\boxed{\delta_{\min} = m\lambda \quad (m = \pm 1, \pm 2, \pm 3, \ldots)}$$ **Minimums de diffraction**

Il est important de bien noter la différence entre cette équation et la condition qui correspond aux *maximums* d'interférence de l'expérience de Young :

$$\delta_{\max} = m\lambda \quad (m = 0, \pm 1, \pm 2, \pm 3, \ldots)$$

Lorsque δ est égal à un nombre entier de longueurs d'onde, on a un *maximum* en interférence, mais un *minimum* en diffraction. (Pour $\delta = 0$, on a un maximum à la fois en interférence et en diffraction.) Remarquons également que la différence de marche δ n'est pas définie de la même manière en interférence qu'en diffraction. En interférence, il s'agit de la différence de marche entre les deux sources ; en diffraction, il s'agit de la différence de marche entre un côté de la fente et l'autre côté.

Le schéma ci-contre représente l'intensité de la lumière en fonction de la position sur l'écran. En comparaison avec le maximum central, les autres maximums sont très faibles. L'intensité des deux maximums de chaque côté du maximum central correspond à 4,72 % de celle du maximum central. Pour les deux maximums suivants, l'intensité tombe à 1,65 % de celle du maximum central. Dans la **section 3.6 : L'intensité de la figure de diffraction**, nous présenterons l'équation qui décrit l'intensité de la lumière en fonction de la position sur l'écran.

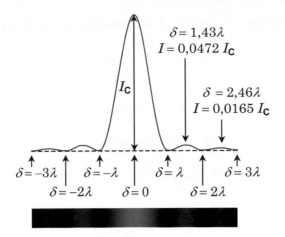

Il est intéressant de remarquer que l'intensité ne passe pas par un maximum exactement entre les minimums. Les deux maximums de chaque côté du maximum central correspondent à $\delta = \pm 1,43\lambda$ (et non à $\delta = \pm 1,5\lambda$) ; les deux maximums suivants correspondent à $\delta = \pm 2,46\lambda$ (et non à $\delta = \pm 2,5\lambda$).

Le tableau ci-dessous permet de comparer l'expérience de Young et la diffraction.

Différence de marche δ	Expérience de Young $(\delta = d\sin\theta)$	Diffraction $(\delta = a\sin\theta)$
0	maximum central	maximum central
$\lambda/2$	minimum	rien de particulier
λ	maximum	minimum
$3\lambda/2$	minimum	près d'un maximum secondaire
2λ	maximum	minimum
$5\lambda/2$	minimum	près d'un maximum secondaire

Situation 1 : *Les minimums de diffraction.* On utilise un laser qui émet de la lumière à 500 nm pour éclairer une fente de 1 mm de largeur. On observe la figure de diffraction sur un écran situé à 3 m de distance. On désire déterminer la position y sur l'écran des trois premiers minimums du côté positif de l'écran ($y > 0$).

Nous avons représenté la géométrie de la situation sur le schéma ci-contre. Les trois premiers minimums du côté positif de l'écran se produisent lorsque

$$\delta = m\lambda \qquad \text{où} \qquad m = 1, 2, 3$$

Or, comme

$$\delta = a\sin\theta$$

nous pouvons écrire

$$a\sin\theta = m\lambda \quad \Rightarrow \quad \sin\theta = \frac{m\lambda}{a} \quad \Rightarrow \quad \theta = \arcsin\left(\frac{m\lambda}{a}\right) \quad (m = 1, 2, 3)$$

Nous avons $a = 1$ mm $= 10^{-3}$ m et $\lambda = 500$ nm $= 5 \times 10^{-7}$ m. Pour $m = 1$,

$$\theta = \arcsin\left(\frac{1 \times (5 \times 10^{-7} \text{ m})}{(10^{-3} \text{ m})}\right) = \arcsin(5 \times 10^{-4}) = 0,02865°$$

D'après le schéma, les paramètres θ, y et L sont reliés entre eux par

$$\tan \theta = \frac{y}{L} \qquad \Rightarrow \qquad y = L \tan \theta$$

Comme $L = 3\,\text{m}$, la distance entre le premier maximum et l'axe est

$$y = (3\,\text{m})\tan 0{,}02865° = 0{,}00150\,\text{m} \qquad \Rightarrow \qquad \boxed{y = 1{,}50\,\text{mm}}$$

Pour le deuxième minimum ($m = 2$),

$$\theta = \arcsin\left(\frac{m\lambda}{a}\right) = \arcsin\left(\frac{2 \times (5 \times 10^{-7}\,\text{m})}{(10^{-3}\,\text{m})}\right) = \arcsin(10^{-3}) = 0{,}05730°$$

et

$$y = L \tan \theta = (3\,\text{m})\tan 0{,}05730° = 0{,}00300\,\text{m} \qquad \Rightarrow \qquad \boxed{y = 3{,}00\,\text{mm}}$$

En reprenant le même calcul pour le troisième minimum ($m = 3$), nous obtenons

$$\boxed{y = 4{,}50\,\text{mm}}$$

> **Situation 2 : *Lorsque le pic central prend tout l'écran*.** Dans la **situation 1**, on désire déterminer pour quelle largeur de la fente le pic central « prend tout l'écran », ce qui revient à dire que le premier minimum correspond à $\theta = 90°$.

Nous avons, encore une fois, $\lambda = 500\,\text{nm}$. Pour le premier minimum,

$$\delta = m\lambda = \lambda$$

car $m = 1$. Nous voulons que ce minimum se produise à $\theta = 90°$, d'où

$$\delta = a \sin\theta = a \times \sin 90° = a$$

En combinant les deux équations précédentes, nous obtenons

$$a = \lambda \qquad \Rightarrow \qquad \boxed{a = 500\,\text{nm}}$$

La limite de résolution et le critère de Rayleigh

Considérons la lumière issue de deux sources ponctuelles qui traverse une fente de largeur a (schéma ci-contre). La séparation angulaire de ces sources, pour un observateur situé sur la fente, est égale à θ. (On suppose que l'angle α est petit, ce qui nous permet de considérer que la largeur de la fente du point de vue de la lumière de chacune des sources est égale à a.) Sur l'écran, la fente produit une figure de diffraction pour chaque source de lumière. Sur le schéma ci-contre, θ est plus grand que la largeur angulaire du maximum central de diffraction. Par conséquent, la figure combinée des deux sources possède deux maximums principaux bien distincts, ce qui permet de distinguer clairement les deux sources.

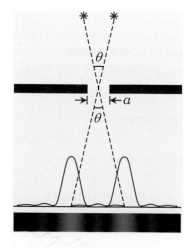

Plus θ est petit, plus les figures de diffraction se chevauchent et plus il est difficile de distinguer, sur l'écran, les deux sources. Si θ est égal ou inférieur à un certain angle « critique » appelé **limite de résolution** (symbole : θ_{lim}), les deux pics centraux se confondent et la figure combinée donne l'impression de provenir d'une seule source.

Le schéma ci-contre illustre la situation critique : *le maximum central d'une source se superpose au premier minimum de l'autre source.* En analysant la **situation 1**, nous avons vu que l'angle entre le maximum central et le premier minimum ($m = 1$) est

$$\theta = \arcsin\left(\frac{\lambda}{a}\right)$$

Par conséquent, la limite de résolution est

$$\theta_{\text{lim}} = \arcsin\left(\frac{\lambda}{a}\right)$$

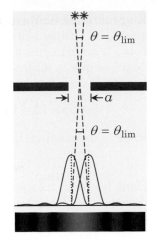

Lorsqu'on observe au télescope deux étoiles rapprochées, la lumière qui pénètre dans l'ouverture du télescope est diffractée. Si la séparation angulaire α entre les deux étoiles est plus petite que la limite de résolution du télescope, l'image des deux étoiles correspond à une seule tache floue et il est impossible de distinguer les étoiles individuelles.

En général, les instruments d'optique comme les télescopes ont des ouvertures circulaires. L'équation que nous venons d'obtenir pour la limite de résolution s'applique à une ouverture de largeur a en forme de fente ; pour une ouverture circulaire de diamètre D, des calculs complexes révèlent que la limite de résolution est

$$\theta_{\text{lim}} = 1,22 \arcsin\left(\frac{\lambda}{D}\right)$$

En général, la limite de résolution est beaucoup plus petite que 1 rad. Lorsqu'un angle est exprimé en radians et qu'il est beaucoup plus petit que 1 rad, le sinus de l'angle est égal à l'angle lui-même. Ainsi, on peut écrire l'équation précédente sous la forme

$$\boxed{\theta_{\text{lim}} = 1,22 \frac{\lambda}{D}}$$ **Critère de Rayleigh**
($\theta_{\text{lim}} \ll 1$ rad)

à condition d'exprimer θ_{lim} en radians. Comme cette équation a été élaborée par le physicien Lord Rayleigh, on lui donne le nom de **critère de Rayleigh**.

ISTOCKPHOTO

Trois photos de la Lune à des résolutions différentes. Sur la photo du haut, la résolution est de 0,015°, ce qui correspond à peu près à ce qu'on peut distinguer à l'œil nu. Sur la photo du centre, la résolution est de 0,008°, ce qui correspond à la limite de résolution théorique de l'œil humain, mais qui, en pratique, est rarement atteinte : les cratères en bas, près du terminateur (la jonction entre la partie éclairée et la partie sombre), sont visibles de justesse. Sur la photo du bas, la résolution est de 0,003°, et les cratères sont relativement faciles à distinguer. (La taille angulaire de la Lune, vue de la Terre, est de 0,5°.)

Situation 3 : *La limite de résolution de l'œil.* La pupille de l'œil a un diamètre de 5 mm. On désire déterminer la limite de résolution de l'œil pour une longueur d'onde située au milieu du spectre visible ($\lambda = 550$ nm, ce qui correspond à une teinte de vert).

Comme l'ouverture est circulaire, nous pouvons appliquer le critère de Rayleigh. Nous avons $D = 5$ mm $= 5 \times 10^{-3}$ m et $\lambda = 550$ nm $= 5,5 \times 10^{-7}$ m, d'où

$$\theta_{\text{lim}} = 1,22 \frac{\lambda}{D} = 1,22 \frac{(5,5 \times 10^{-7} \text{ m})}{(5 \times 10^{-3} \text{ m})} \qquad \Rightarrow \qquad \boxed{\theta_{\text{lim}} = 1,34 \times 10^{-4} \text{ rad}}$$

Comme 2π rad $= 360°$, cela correspond à

$$\theta_{\text{lim}} = 0,00769°$$

En général, la limite de résolution est un angle beaucoup plus petit que 1°. Par conséquent, on utilise souvent la **minute d'arc** (symbole : ′) et la **seconde d'arc** (symbole : ″) pour la spécifier. Par définition, la minute d'arc et la seconde d'arc sont au degré ce que la minute et la seconde sont à l'heure :

$$1' = \frac{1°}{60} \qquad \text{et} \qquad 1'' = \frac{1°}{3600}$$

Ici,

$$\theta_{\text{lim}} = 0{,}461' = 27{,}7''$$

Dans les faits, très peu de gens ont une vision aussi fine que la limite de résolution théorique de l'œil. Les optométristes considèrent qu'une vision parfaite « standard » correspond à une limite de résolution de 1′ (environ 0,015°).

Si on connaît la limite de résolution et la distance de l'objet qu'on désire observer, on peut déterminer la taille des détails qu'on peut distinguer sur l'objet.

> **Situation 4 : _La distance optimale pour un téléviseur à grand écran._** La largeur d'une image DVD-vidéo correspond à 940 pixels. On la projette sur un écran de 42 pouces de diagonale (1 pouce = 2,54 cm), ce qui correspond à une largeur de 93 cm. On désire déterminer à quelle distance de l'écran on doit se placer pour être tout juste incapable de distinguer les pixels. On suppose que l'œil a une limite de résolution de 1′.

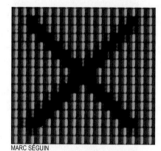

MARC SÉGUIN

Comme il y a 940 pixels sur une distance de 93 cm = 0,93 m, la distance entre deux pixels adjacents (ou la hauteur d'un pixel, ce qui revient au même) est

$$h = \frac{(0{,}93 \text{ m})}{940} = 9{,}89 \times 10^{-4} \text{ m}$$

c'est-à-dire un peu moins qu'un millimètre.

Nous voulons que le pixel sous-tende un angle $\theta = 1' = 0{,}0167°$ à la distance L où se trouve l'œil de l'observateur (schéma ci-contre). Nous avons

$$\tan \theta = \frac{h}{L}$$

d'où

$$L = \frac{h}{\tan \theta} = \frac{(9{,}89 \times 10^{-4} \text{ m})}{\tan(0{,}0167°)} \qquad \Rightarrow \qquad \boxed{L = 3{,}39 \text{ m}}$$

Cela correspond à une distance d'environ 11 pieds (1 pied = 12 pouces = 30,5 cm).

Il est intéressant de remarquer qu'on aurait pu calculer L en utilisant une autre approche : comme l'angle θ est petit, on peut assimiler h à la longueur de l'arc de cercle sous-tendu par l'angle θ à la distance L, ce qui permet d'écrire

$$h = \theta L$$

à condition, bien sûr, que l'angle soit en radians. (Cette équation découle directement de la définition d'un angle en radians.)

Le télescope spatial Hubble a un diamètre de 2,4 m. En lumière violette ($\lambda = 400$ nm), sa limite de résolution est de 0,0419″ (voir **exercice** 3.5.7).

Gros plan d'un « × » noir sur fond blanc affiché sur un écran de télévision à cristaux liquides. Chaque pixel carré est composé de trois sous-pixels rectangulaires : un rouge, un vert et un bleu.

critère de Rayleigh : équation développée par le physicien anglais Lord Rayleigh (John Strutt, 1842-1919), qui permet de calculer la limite de résolution d'un télescope ou de tout autre instrument d'optique dont l'ouverture est circulaire.

figure de diffraction : figure que l'on observe lorsque de la lumière diffractée frappe un écran.

limite de résolution : (symbole : $\theta_{\lim}$) pour un instrument d'optique donné, il s'agit de la séparation angulaire minimale pour que deux sources ponctuelles de lumière puissent être distinguées.

minute d'arc : (symbole : ′) un soixantième de degré ; il y a le même rapport entre une minute d'arc et un degré qu'entre une minute et une heure.

seconde d'arc : (symbole : ″) un soixantième de minute d'arc ou encore un trois mille six centième de degré ; il y a le même rapport entre une seconde d'arc et un degré qu'entre une seconde et une heure.

QUESTIONS

Q1. Dans l'équation $\delta = a \sin\theta$, dites ce que signifie chacun des paramètres. Quelle condition doit être remplie pour que cette équation soit vraie ?

Q2. (a) Quelle est la valeur de δ sur le schéma ci-contre ? **(b)** Sur les 12 sources, combien peuvent être associées afin de former des paires d'interférence destructive ? **(c)** Combien de sources demeurent non appariées ?

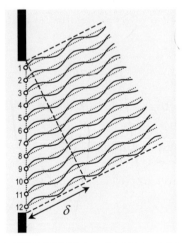

Q3. Reprenez la **question Q2** pour le schéma ci-contre.

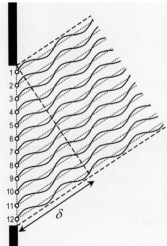

Q4. Dans les phrases qui suivent, remplacez les blancs par « maximum » ou « minimum ». **(a)** La condition $\delta = 0$ correspond à un _____ dans l'expérience de Young et à un _____ dans la figure de diffraction. **(b)** La condition $\delta = \lambda$ correspond à un _____ dans l'expérience de Young et à un _____ dans la figure de diffraction.

Q5. On observe deux sources ponctuelles de lumière à travers une fente. Si la séparation angulaire entre les sources est égale à la limite de résolution, le _____ d'une source se superpose au _____ de l'autre source.

Q6. Quelle analogie avec des unités de temps peut-on faire pour se souvenir des relations qui existent entre la seconde d'arc, la minute d'arc et le degré ?

EXERCICES

RÉCHAUFFEMENT

3.5.1 *La figure de diffraction d'une fente étroite.* On utilise un laser à l'hélium-néon (λ = 633 nm) pour éclairer une fente de 30 µm de largeur. On observe la figure de diffraction sur un écran situé à 5 m de distance. **(a)** Quel est l'angle θ entre l'axe et le premier minimum sur l'écran ? **(b)** Pour l'angle trouvé en (a), quel est le pourcentage d'écart entre $\sin\theta$ et la valeur de θ en radians ? **(c)** Quel est l'angle θ pour le deuxième minimum ? **(d)** Déterminez la largeur du pic central de la figure de diffraction, c'est-à-dire la distance entre les premiers minimums de part et d'autre de l'axe.

3.5.2 *La figure de diffraction d'une fente très étroite.* Reprenez l'**exercice 3.5.1** pour une fente de 1,5 µm de largeur.

3.5.3 *Lorsque le pic central prend tout l'écran.* Dans la situation de l'**exercice 3.5.1**, pour quelle largeur de la fente le pic central prend-il tout l'écran ?

3.5.4 *La limite de résolution de l'œil.* La pupille de l'œil a un diamètre de 5 mm. **(a)** Quelle est la limite de résolution (en minutes d'arc) de l'œil en lumière rouge à 700 nm ? **(b)** Pour lire le journal, il faut pouvoir distinguer deux petits points d'encre situés à 0,25 mm l'un de l'autre ; d'après la limite de résolution déterminée en (a), quelle est la distance maximale à laquelle on peut lire le journal ?

SÉRIE PRINCIPALE

3.5.5 *La largeur de la fente.* On utilise un laser au krypton (λ = 416 nm) pour éclairer une fente. Sur un écran situé à 3 m de distance, la largeur du pic central est de 1 cm. Quelle est la largeur de la fente ?

3.5.6 *Un espion en orbite.* Un satellite-espion en orbite à 250 km d'altitude possède un télescope de 1 m de diamètre. **(a)** Quelle doit être la distance minimale entre deux petits objets à la surface de la Terre pour que le télescope puisse les distinguer en lumière verte à 550 nm ? **(b)** Cette résolution est-elle suffisante pour lire le numéro de plaque d'une automobile ?

3.5.7 *Hubble observe la Lune.* Le télescope Hubble, situé en orbite basse autour de la Terre, a un diamètre de 2,4 m. Quelle doit être la distance minimale entre deux petits objets à la surface de la Lune pour que le télescope puisse les distinguer en lumière violette à 400 nm ? La Lune est à 384 000 km de distance.

L'intensité de la figure de diffraction

Après l'étude de cette section, le lecteur pourra calculer l'intensité
de la lumière dans la figure de diffraction générée par une fente, et décrire
la figure d'interférence de l'expérience de Young en tenant compte de la diffraction.

APERÇU

Lorsque la lumière traverse une fente, l'intensité de la figure de diffraction est

$$I = I_0 \frac{\sin^2(\Delta\phi_a/2)}{(\Delta\phi_a/2)^2}$$ **Intensité de la lumière dans la figure de diffraction (une fente)**

où I_0 est l'intensité du maximum central (schéma ci-dessous) et $\Delta\phi_a$ est la différence de phase (en radians) causée par la différence de marche entre la lumière qui provient d'un côté de la fente et celle qui provient de l'autre côté. L'indice « a » fait référence à la largeur a de la fente, et permet de distinguer $\Delta\phi_a$ du paramètre $\Delta\phi$ de la **section 3.3 : L'intensité de la figure d'interférence**, qui désignait la différence de phase de la lumière provenant d'une des fentes par rapport à celle provenant de l'autre fente.

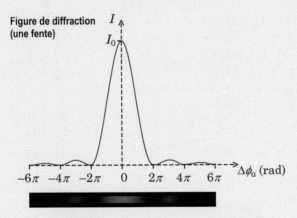

Figure de diffraction (une fente)

Pour calculer la différence de phase à partir de la différence de marche, on peut utiliser la même relation que dans la **section 3.3** :

$$\Delta\phi_a = \frac{\delta}{\lambda} \times (2\pi \text{ rad})$$

Ici, δ est la différence de marche de la lumière issue du « bas » de la fente par rapport à celle qui est issue du « haut » de la fente (schéma ci-contre).

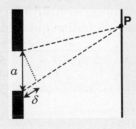

Dans la **section 3.3**, lorsque nous avons analysé la figure d'interférence de l'expérience de Young, nous avons supposé que l'intensité I_1 générée par une fente seule était uniforme sur tout l'écran. Si l'on tient compte du fait que l'intensité I_1 varie en fonction de la figure de diffraction, l'équation

$$I_2 = 4I_1 \cos^2\left(\frac{\Delta\phi}{2}\right)$$

de la **section 3.3** devient

$$I_2 = I_0 \frac{\sin^2(\Delta\phi_a/2)}{(\Delta\phi_a/2)^2} \cos^2\left(\frac{\Delta\phi}{2}\right)$$

(Il n'y a pas de facteur 4, car I_0 représente l'intensité du maximum central, c'est-à-dire $4I_1$.) Ainsi, la figure d'interférence d'une véritable expérience dc Young (schéma ci-dessous) possède des pics également espacés causés par l'interférence entre les deux fentes, mais dont la hauteur est modulée par la diffraction qui se produit lorsque la lumière traverse chacune des fentes (on suppose que les deux fentes ont la même largeur). Si un maximum d'interférence tombe dans un minimum de diffraction, il n'apparaît pas dans la figure.

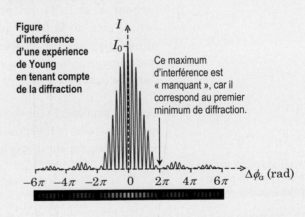

Figure d'interférence d'une expérience de Young en tenant compte de la diffraction

Ce maximum d'interférence est « manquant », car il correspond au premier minimum de diffraction.

Dans la **section 3.3 : L'intensité de la figure d'interférence**, nous avons vu que la figure d'interférence de l'expérience de Young est décrite par la fonction

$$I_2 = 4I_1 \cos^2\left(\frac{\Delta\phi}{2}\right)$$

où $\Delta\phi$ est la différence de phase de la lumière qui provient d'une fente par rapport à celle qui provient de l'autre fente. Comme nous avons supposé que l'intensité I_1 générée par chacune des fentes (si elle était seule) est uniforme sur l'écran, le graphique de l'intensité en fonction de la différence de phase est constitué de « pics » de même hauteur et de même largeur (schéma ci-contre).

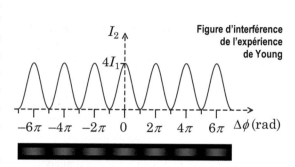

Figure d'interférence de l'expérience de Young

Dans la **section 3.5 : La diffraction**, nous avons vu que la figure de diffraction générée par la lumière lorsqu'elle traverse une fente possède un pic central deux fois plus large et beaucoup plus intense que les pics de chaque côté. Dans la **section 3.5**, nous avons tracé le graphique de l'intensité en fonction de la différence de marche δ ; en transformant la différence de marche en différence de phase à l'aide de l'équation

$$\Delta\phi = \frac{\delta}{\lambda} \times (2\pi \text{ rad})$$

(voir **section 3.3**), nous obtenons le schéma ci-contre. Lorsqu'on étudie la diffraction, $\Delta\phi$ correspond à la différence de phase entre la lumière qui provient d'un côté de la fente de largeur a, et celle qui provient de l'autre côté de la fente : ainsi, nous allons utiliser le paramètre $\Delta\phi_a$ pour désigner la différence de phase dans ce contexte.

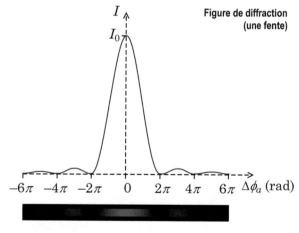

Figure de diffraction (une fente)

Dans la **section 3.7 : Les vecteurs de Fresnel**, nous allons présenter une méthode graphique qui permet de superposer un nombre arbitraire de fonctions sinusoïdales, et nous allons nous en servir pour obtenir l'équation qui décrit la figure de diffraction :

$$I = I_0 \frac{\sin^2(\Delta\phi_a/2)}{(\Delta\phi_a/2)^2}$$ **Intensité de la lumière dans la figure de diffraction (une fente)**

> Lorsqu'on utilise l'équation ci-contre, la différence de phase $\Delta\phi_a$ doit être exprimée en radians.

Dans cette équation, I_0 représente l'intensité lorsque $\Delta\phi_a = 0$, c'est-à-dire l'intensité du maximum central. En effet, lorsque $\Delta\phi_a$ tend vers 0, le sinus est égal à l'angle lui-même (exprimé en radians), ce qui fait en sorte que le numérateur de la fraction est égal au dénominateur : l'équation se simplifie pour donner $I = I_0$.

Nous avons représenté la situation sur le schéma ci-contre. La largeur de la fente est $a = 0,01$ mm $= 10^{-5}$ m, l'écran est situé à $L = 2$ m des fentes, et la longueur d'onde de la lumière est $\lambda = 500$ nm $= 5 \times 10^{-7}$ m. Nous voulons déterminer l'intensité de la lumière au point **P** situé à $y = 15$ cm $= 0,15$ m du maximum. Pour ce faire, nous devons commencer par trouver la différence de phase $\Delta\phi_a$ entre la lumière qui arrive au point **P** en provenance du bas de la fente et celle qui y arrive en provenance du haut de la fente.

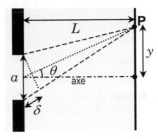

Cette différence de phase est causée par la différence de marche δ. D'après la théorie présentée dans la **section 3.5 : La diffraction**,

$$\delta = a \sin\theta$$

où

$$\theta = \arctan\left(\frac{y}{L}\right) = \arctan\left(\frac{(0,15 \text{ m})}{(2 \text{ m})}\right) = 4,289°$$

Ainsi,

$$\delta = a \sin\theta = \left(10^{-5}\text{m}\right) \sin 4,289° = 7,479 \times 10^{-7}\text{m}$$

Cette différence de marche correspond à peu près à 1,5 fois la longueur d'onde de la lumière. Par conséquent, elle se traduit par une différence de phase à peu près égale à 3π rad :

$$\Delta\phi_a = \frac{\delta}{\lambda} \times \left(2\pi \text{ rad}\right) = \frac{\left(7,479 \times 10^{-7} \text{ m}\right)}{\left(5 \times 10^{-7} \text{ m}\right)}\left(2\pi \text{ rad}\right) = 2,992\,\pi \text{ rad} = 9,400 \text{ rad}$$

Comme

$$\Delta\phi_a/2 = 4,700 \text{ rad}$$

l'intensité de la lumière au point **P** est

$$I = I_0 \frac{\sin^2(\Delta\phi_a/2)}{(\Delta\phi_a/2)^2} = I_0 \frac{\sin^2(4,700 \text{ rad})}{(4,700 \text{ rad})^2} = I_0 \frac{(-0,9998)^2}{22,09 \text{ rad}^2} \qquad \Rightarrow \qquad \boxed{I = 0,0453 I_0}$$

Quand on évalue le sinus, il faut s'assurer que la calculatrice est réglée en mode radians. Au dénominateur, les unités « rad² » disparaissent tout simplement, car la fraction représente un nombre sans unité !

Comme $\Delta\phi_a \approx 3\pi$ rad, le point **P** est près du premier maximum secondaire (voir graphique au bas de la page précédente). En fait, le maximum secondaire ne se produit pas exactement pour $\Delta\phi_a = 3\pi$ rad, mais plutôt pour $\Delta\phi_a = 2,86\pi$ rad (on obtient alors $I = 0,0472 I_0$).

Comme on peut le constater, l'intensité du premier maximum secondaire correspond à moins de 5 % de l'intensité du maximum central.

L'interférence et la diffraction combinées

Dans la **section 3.3**, lorsque nous avons analysé la figure d'interférence de l'expérience de Young, nous avons supposé que l'intensité I_1 générée par une fente seule était uniforme sur tout l'écran. En réalité, l'intensité I_1 varie en fonction de la figure de diffraction associée à la diffraction de la lumière à travers *chacune* des fentes du montage. Ainsi, la figure générée par une véritable expérience de Young possède des maximums également espacés causés par l'interférence entre les deux fentes, mais dont l'intensité est modulée par la diffraction qui se produit lorsque la lumière traverse chacune des fentes (on suppose que les deux fentes ont la même largeur).

> **Situation 2 : *L'interférence et la diffraction combinées*.** Dans une expérience de Young avec de la lumière rouge dont la longueur d'onde est de 633 nm, l'écran est situé à 2 m des fentes. En partant du maximum central, on observe des maximums également espacés, mais dont l'intensité diminue graduellement (schéma ci-dessous) : à 4 cm du maximum central, à l'endroit où devrait être situé le huitième maximum (sans compter le maximum central), on observe une zone complètement sombre. On désire déterminer la distance d entre les fentes (mesurée d'un centre à l'autre) ainsi que la largeur a de chacune des fentes.
>
> |← 4 cm →|

Nous avons représenté le montage de l'expérience de Young sur le schéma ci-contre. Ici, nous devons tenir compte à la fois de l'interférence de la lumière issue des deux fentes (qui dépend de la différence de marche δ_d causée par la distance d entre les fentes) et de la diffraction de la lumière à travers chacune des fentes (qui dépend de la différence de marche δ_a causée par la largeur a de chaque fente).

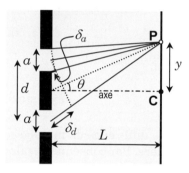

La longueur d'onde de la lumière est $\lambda = 633 \text{ nm} = 6{,}33 \times 10^{-7}$ m, l'écran est situé à $L = 2$ m des fentes, et le point **P** est situé à $y = 4 \text{ cm} = 0{,}04$ m du maximum central.

Comme le point **P** est le huitième maximum d'interférence (sans compter le maximum central), nous savons, d'après la théorie présentée dans la **section 3.2 : L'expérience de Young**, que $\delta_d = m\lambda$, avec $m = 8$:

$$\delta_d = m\lambda = 8 \times \left(6{,}33 \times 10^{-7}\,\text{m}\right) = 5{,}064 \times 10^{-6} \text{ m}$$

Comme

$$\delta_d = d\sin\theta$$

et

> Comme on pouvait prévoir que l'angle θ est beaucoup plus petit que 1 rad, on aurait pu poser $\sin\theta = \tan\theta$, ce qui aurait permis d'écrire directement $\sin\theta = y/L$ et raccourci la solution.

$$\theta = \arctan\left(\frac{y}{L}\right) = \arctan\left(\frac{(0{,}04\,\text{m})}{(2\,\text{m})}\right) = 1{,}146°$$

la distance entre les deux fentes (mesurée d'un centre à l'autre) est

$$d = \frac{\delta_d}{\sin\theta} = \frac{\left(5{,}064 \times 10^{-6}\,\text{m}\right)}{\sin(1{,}146°)} = 2{,}53 \times 10^{-4} \text{ m} \quad \Rightarrow \quad \boxed{d = 0{,}253 \text{ mm}}$$

Comme le point **P** est le premier minimum de diffraction, nous savons, d'après la théorie présentée dans la **section 3.5 : La diffraction**, que $\delta_a = m\lambda$, avec $m = 1$:

$$\delta_a = \lambda = 6{,}33 \times 10^{-7} \text{ m}$$

Comme

$$\delta_a = a \sin\theta$$

la largeur de chacune des fentes est

$$a = \frac{\delta_a}{\sin\theta} = \frac{\left(6{,}33 \times 10^{-7} \text{ m}\right)}{\sin(1{,}146°)} = 3{,}16 \times 10^{-5} \text{ m} \qquad \Rightarrow \qquad \boxed{a = 0{,}0316 \text{ mm}}$$

On remarque que la distance entre les fentes est 8 fois plus grande que la largeur de chacune des fentes.

L'intensité de la figure combinée d'interférence et de diffraction

Sur le schéma ci-contre, nous avons tracé le graphique de l'intensité de la lumière en fonction de la différence de phase pour la **situation 2**. Pour obtenir l'équation qui décrit le graphique, nous pouvons partir de l'équation qui décrit la figure d'interférence de l'expérience de Young,

$$I_2 = 4I_1 \cos^2\!\left(\frac{\Delta\phi}{2}\right)$$

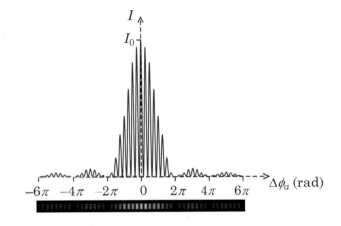

Pour tenir compte de la diffraction, il faut remplacer $4I_1$ (l'intensité du maximum central de la figure d'interférence) par l'équation qui décrit la figure de diffraction :

$$4I_1 = I_0 \frac{\sin^2(\Delta\phi_a/2)}{(\Delta\phi_a/2)^2}$$

Cela donne

$$I_2 = I_0 \frac{\sin^2(\Delta\phi_a/2)}{(\Delta\phi_a/2)^2} \cos^2\!\left(\frac{\Delta\phi}{2}\right)$$

où

$$\Delta\phi_a = \frac{\delta_a}{\lambda} \times \left(2\pi \text{ rad}\right) = \frac{a\sin\theta}{\lambda} \times \left(2\pi \text{ rad}\right)$$

est la différence de phase causée par la largeur a d'une fente et

$$\Delta\phi = \frac{\delta_d}{\lambda} \times \left(2\pi \text{ rad}\right) = \frac{d\sin\theta}{\lambda} \times \left(2\pi \text{ rad}\right)$$

est la différence de phase causée par la distance d entre les fentes.

QUESTIONS

Q1. Quelle est la différence entre le paramètre $\Delta\phi$ dans l'équation qui décrit l'intensité de la figure d'interférence de l'expérience de Young (**section 3.3**) et le paramètre $\Delta\phi_a$ dans l'équation qui décrit l'intensité de la figure de diffraction produite par une seule fente ?

Q2. Vrai ou faux ? Dans la figure de diffraction produite par une seule fente, le premier maximum secondaire est situé exactement à mi-chemin entre les deux premiers minimums.

Q3. À un pour cent près, quel est le rapport de l'intensité du premier maximum secondaire de la figure de diffraction produite par une seule fente sur l'intensité du maximum central ?

Q4. Dessinez approximativement le graphique de l'intensité en fonction de la position sur l'écran pour une véritable expérience de Young (en tenant compte de la diffraction de la lumière lorsqu'elle traverse chacune des fentes). Dites quelle caractéristique du graphique dépend de la distance entre les fentes, et quelle caractéristique dépend de la largeur de chacune des fentes.

EXERCICES

RÉCHAUFFEMENT

3.6.1 *Une figure d'interférence et de diffraction.* Le schéma ci-dessous représente ce qu'on obtient en éclairant un masque percé de deux fentes à l'aide d'un laser à hélium-néon ($\lambda = 633$ nm) et que l'on observe la figure lumineuse sur un écran situé 3 m plus loin. À 5 cm du maximum central, là où devrait normalement se trouver le sixième maximum d'interférence (en ne comptant pas le maximum central), on observe une zone sombre. Déterminez **(a)** la distance d entre les deux fentes (d'un centre à l'autre) et **(b)** la largeur a de chacune des fentes. **(c)** Quel est le rapport d/a ?

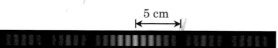

SÉRIE PRINCIPALE

3.6.2 *La diffraction avec une source lumineuse de longueur d'onde variable.* On utilise une source de lumière monochromatique dont la longueur d'onde peut être ajustée entre 400 nm et 700 nm pour produire une figure de diffraction sur un écran situé à 3,5 m d'un masque percé d'une mince fente de 0,03 mm de largeur. On installe un petit détecteur de lumière sur l'écran à 5 cm du maximum central. À l'aide d'une « roulette de contrôle », on réduit progressivement la longueur d'onde de la source en la faisant passer lentement de 700 nm à 400 nm. **(a)** Pendant cette manœuvre, le pic central de diffraction sur l'écran va-t-il s'amincir ou s'élargir ? **(b)** Pendant la manœuvre, pour quelle valeur de longueur d'onde le détecteur mesure-t-il momentanément une intensité lumineuse nulle ?

3.6.3 *Histoire de fourmis.* Pendant la nuit, trois fourmis marchent *côte à côte*, à 1 cm l'une de l'autre, sur le dessus d'une table d'un laboratoire de physique. Un montage conçu pour étudier la diffraction de la lumière à travers une fente est demeuré branché : un masque horizontal dans lequel se trouve une fente de 0,0338 mm de largeur est éclairé du dessus par un laser hélium-néon ($\lambda = 633$ nm), ce qui produit une figure de diffraction sur le dessus de la table, à 1,2 m sous le masque. Les trois fourmis entrent en même temps dans la zone éclairée par le laser : la fourmi **1** aperçoit un point rouge *très brillant* dans le « ciel » ; la fourmi **2** (située entre les deux autres) ne reçoit aucune lumière (elle se trouve, à son insu, exactement au premier minimum de diffraction) ; la fourmi **3** aperçoit un point rouge *peu brillant* dans le « ciel ». Calculez le rapport de l'intensité de la lumière perçue par la fourmi **1** sur celle de la lumière perçue par la fourmi **3**.

3.6.4 *Le graphique de l'intensité.* Le schéma ci-dessous représente le graphique de l'intensité de la lumière en fonction de la position sur l'écran pour un masque percé de deux fentes et éclairé par de la lumière à 600 nm. L'écran est à 3 m des fentes et les graduations sur l'axe sont espacées de 1 cm. Déterminez la distance d entre les deux fentes (d'un centre à l'autre) et la largeur a de chacune des fentes.

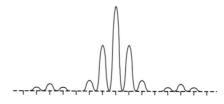

SÉRIE SUPPLÉMENTAIRE

3.6.5 *L'intensité du troisième maximum.* Le schéma ci-dessous représente la figure lumineuse obtenue sur un écran en éclairant un masque percé de deux fentes. Calculez l'intensité (en fonction de I_0, l'intensité du maximum central) du troisième maximum d'interférence, en ne comptant pas le maximum central. (Ce maximum est indiqué par une flèche sur le schéma.)

3.6.6 *La diffraction avec une source lumineuse de longueur d'onde variable, prise 2.* Dans l'exercice 3.6.2, on ajuste la longueur d'onde à $\lambda = 700$ nm. Quelle est l'intensité (en fonction de I_0) de la lumière mesurée par le détecteur ?

3.6.7 *D'un laser rouge à un laser vert.* En éclairant un masque avec un laser rouge de longueur d'onde $\lambda = 700$ nm, on obtient la figure lumineuse **A** (schéma ci-dessous). Si l'on remplace le laser rouge par un laser vert, on obtient la figure lumineuse **B**. Quelle est la longueur d'onde du laser vert ?

A

B

3.6.8 *Deux fentes qui se touchent.* Dans une expérience de Young, si la distance d entre les deux fentes (mesurée d'un centre à l'autre) est égale à la largeur a de chacune des fentes, les deux fentes se touchent et on est en présence d'une seule fente de largeur $2a$. Montrez qu'en posant $\Delta\phi = \Delta\phi_a$ dans l'équation générale

$$I = I_0 \frac{\sin^2(\Delta\phi_a/2)}{(\Delta\phi_a/2)^2} \cos^2\left(\frac{\Delta\phi}{2}\right)$$

(voir **situation 2 : *L'interférence et la diffraction combinées***), on obtient

$$I = I_0 \frac{\sin^2(\Delta\phi_a)}{\Delta\phi_a{}^2}$$

ce qui correspond bien à l'équation de la figure de diffraction produite par une seule fente de largeur $2a$. (Consultez au besoin la **sous-section M5.6 : Les identités trigonométriques** de l'annexe générale.)

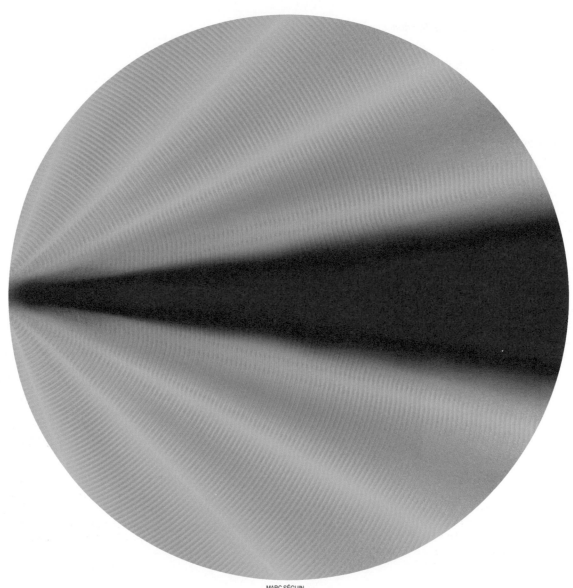

MARC SÉGUIN

Les vecteurs de Fresnel

Après l'étude de cette section, le lecteur pourra utiliser les vecteurs de Fresnel
pour expliquer la figure d'interférence générée par un système à *N* fentes
et démontrer l'équation de l'intensité de la figure de diffraction générée par une fente.

APERÇU

On peut représenter une fonction sinusoïdale quelconque,

$$E = E_{max} \sin(\omega t + \phi)$$

à l'aide d'un **vecteur de Fresnel** (aussi appelé *phaseur*) dont l'origine coïncide avec l'origine d'un système d'axes en deux dimensions (schéma ci-contre). Le module du vecteur représente l'amplitude E_{max} ; l'angle entre le vecteur et l'axe horizontal (mesuré dans le sens antihoraire) représente la constante de phase ϕ. Le vecteur tourne à la vitesse angulaire ω et la projection du vecteur sur l'axe vertical correspond à la valeur de E.

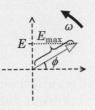

La somme de plusieurs fonctions sinusoïdales de même fréquence angulaire correspond toujours à une fonction sinusoïdale. Si on représente chacune des fonctions à additionner par un vecteur de Fresnel, le vecteur résultant représente la fonction sinusoïdale résultante. En particulier, le module du vecteur résultant correspond à l'amplitude de la fonction sinusoïdale résultante.

Cette méthode permet d'additionner facilement les contributions

$$E_1 \sin(\omega t + \phi_i)$$

de chacune des fentes dans une expérience de Young ou dans un montage à N fentes. Comme les fentes sont également espacées, la contribution de chaque fente est déphasée du même angle $\Delta\phi$ par rapport à celle de la fente précédente (schéma ci-contre).

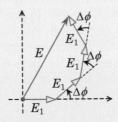

Dans un système à trois fentes, la méthode des vecteurs de Fresnel permet de constater que la résultante est nulle lorsque le déphasage d'une fente par rapport à la fente précédente est de $2\pi/3$ rad (120°) ou de $4\pi/3$ rad (240°) (schémas ci-dessous).

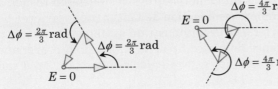

Dans un système à quatre fentes, la résultante est nulle pour $\Delta\phi = \pi/2$ rad (90°), π rad (180°) (schémas ci-dessous) ou $3\pi/2$ rad (270°) (non représenté).

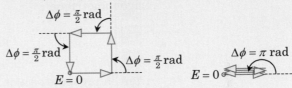

Comme on l'a vu à la **section 3.5 : La diffraction**, on peut expliquer la figure de diffraction produite par une fente en supposant que celle-ci est remplie d'un très grand nombre de sources. Dans ce cas, le déphasage pertinent, $\Delta\phi_a$,

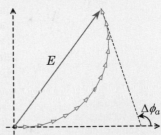

est la différence de phase entre le premier et le dernier vecteur de la superposition (schéma ci-dessus). L'analyse du schéma permet de déterminer l'amplitude E du champ électrique résultant et, de là, l'intensité de la lumière. C'est ainsi qu'on démontre l'équation de l'intensité en fonction de la différence de phase que nous avons présentée dans la **section 3.6 : L'intensité de la figure de diffraction**.

Au maximum central, toutes les sources sont en phase et l'amplitude du champ électrique résultant est maximale : $E = E_0$; au fur et à mesure que $\Delta\phi_a$ augmente, l'amplitude résultante diminue (schémas ci-dessous). L'amplitude est nulle lorsque $\Delta\phi_a = 2\pi$ rad, non nulle mais beaucoup plus petite que E_0 lorsque $\Delta\phi_a = 3\pi$ rad, et de nouveau nulle lorsque $\Delta\phi_a = 4\pi$ rad.

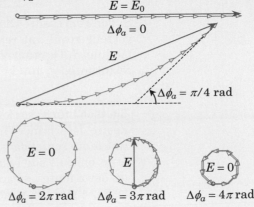

Les figures lumineuses que nous avons étudiées dans les **sections 3.3 : L'intensité de la figure d'interférence** et **3.6 : L'intensité de la figure de diffraction** résultent de la superposition des champs électriques oscillants générés par les fentes par lesquelles passe la lumière. Chacun de ces champs est de la forme

$$E = E_{max} \sin(\omega t + \phi)$$

où E représente le champ électrique et $\omega = 2\pi f$ est la fréquence angulaire de la lumière. La constante de phase ϕ permet de tenir compte de la différence de phase des ondes lumineuses lorsqu'elles arrivent au point de l'écran qui nous intéresse.

Dans le cas de la figure générée par une expérience de Young (**section 3.3**), il y a seulement deux fonctions sinusoïdales à additionner, et nous avons utilisé l'identité trigonométrique

$$\sin \alpha + \sin \beta = 2 \cos\left(\frac{\alpha - \beta}{2}\right) \sin\left(\frac{\alpha + \beta}{2}\right)$$

Dans la présente section, nous allons utiliser une méthode générale très pratique qui permet d'additionner un nombre arbitraire de fonctions sinusoïdales, puis nous allons nous en servir afin d'analyser la figure d'interférence générée par un système à N fentes, ainsi que la figure de diffraction (comme nous l'avons vu à la **section 3.5 : La diffraction**, on analyse la diffraction en remplaçant la fente unique par un très grand nombre de sources).

La méthode consiste à représenter chacune des fonctions sinu-soïdales que l'on désire additionner par un **vecteur de Fresnel**. Sur le schéma ci-contre, nous avons dessiné le vecteur de Fresnel qui représente la fonction

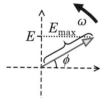

$$E = E_{max} \sin(\omega t + \phi)$$

Le vecteur de Fresnel est situé dans un espace en deux dimensions défini par un axe horizontal et un axe vertical. Le module du vecteur représente l'amplitude de la fonction, en l'occurrence E_{max} ; l'angle entre le vecteur et l'axe horizontal (mesuré dans le sens antihoraire) représente la constante de phase ϕ. Le vecteur tourne à la vitesse angulaire ω : d'après la définition du sinus, la projection du vecteur sur l'axe vertical correspond à la valeur de E. (Sur le schéma, nous avons représenté le vecteur à l'instant arbitraire « $t = 0$ » ; pour les besoins de cette section, nous aurons uniquement besoin de considérer ce qui se passe à $t = 0$; ainsi, nous n'aurons pas à nous préoccuper du fait que les vecteurs de Fresnel tournent en fonction du temps.)

Si l'on représente chacune des fonctions à additionner par un vecteur de Fresnel, le vecteur résultant représente la fonction sinusoïdale résultante. En particulier, le module du vecteur résultant correspond à l'amplitude de la fonction sinusoïdale résultante.

Nous avons déjà utilisé la méthode des vecteurs de Fresnel au **tome B**, dans la **section 5.10 : Les circuits *RLC* alimentés par une tension alternative**. En anglais, on emploie le terme *phasor* pour désigner un vecteur de Fresnel ; en français, le terme rend hommage au physicien français Augustin-Jean Fresnel (1788-1827), un pionnier de l'étude de l'optique ondulatoire, mais on peut également utiliser le terme *phaseur*.

Situation 1 : *Un système à trois fentes.* En utilisant la méthode des vecteurs de Fresnel, on désire déterminer l'intensité de la lumière (en fonction de l'intensité I_1 générée par une fente seule) dans la figure d'interférence produite par un système à trois fentes, à un endroit sur l'écran où la différence de phase $\Delta\phi$ de la lumière en provenance de deux fentes adjacentes est **(a)** $\pi/6$ rad ; **(b)** $\pi/3$ rad ; **(c)** $\pi/2$ rad ; **(d)** $2\pi/3$ rad ; **(e)** $3\pi/4$ rad ; **(f)** π rad.

Nous avons représenté la situation sur le schéma ci-contre. Comme nous pouvons poser $t = 0$ à l'instant qui nous convient, nous pouvons supposer qu'une des fentes génère, au point **P**, un champ électrique dont la constante de phase est nulle. Comme il y a une différence de phase $\Delta\phi$ entre deux fentes adjacentes, nous pouvons écrire les contributions de chacune des fentes au champ électrique au point **P** sous la forme

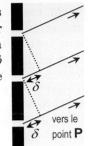

$$E_1 \sin(\omega t) \qquad E_1 \sin(\omega t + \Delta\phi) \qquad \text{et} \qquad E_1 \sin(\omega t + 2\Delta\phi)$$

En **(a)**, $\Delta\phi = \pi/6 \text{ rad} = 30°$: sur le schéma ci-contre, nous avons représenté la contribution de chacune des fentes par un vecteur de Fresnel. Les trois vecteurs ont le même module, E_1. Le vecteur le plus incliné par rapport à l'horizontale est celui dont la constante de phase est $2\Delta\phi = \pi/3 \text{ rad} = 60°$: par conséquent, son inclinaison par rapport au vecteur du milieu est $\Delta\phi = \pi/6 \text{ rad} = 30°$. Lorsqu'on applique la méthode des vecteurs de Fresnel à la figure d'interférence générée par des fentes également espacées, la différence de phase entre deux fentes adjacentes est toujours constante, et il est plus pratique de représenter l'inclinaison de chaque vecteur par rapport au vecteur précédent.

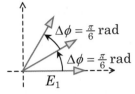

Pour trouver l'intensité de la lumière au point **P**, il faut d'abord déterminer l'amplitude du champ électrique qui résulte de la superposition de ces trois contributions. Sur le schéma ci-contre, en haut, nous avons placé les vecteurs de Fresnel bout à bout afin de pouvoir les additionner (nous avons omis le système d'axes pour ne pas surcharger inutilement le schéma). Sur le schéma ci-contre, en bas, nous avons tracé le vecteur résultant $\vec{E}$: par symétrie, nous constatons qu'il est parallèle au vecteur de la fente du milieu. Cela permet de construire les deux triangles rectangles représentés sur le schéma, et de déterminer le module du vecteur $\vec{E}$:

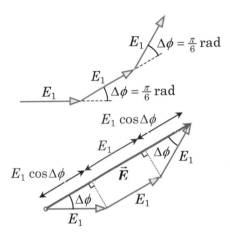

$$E = E_1 \cos\Delta\phi + E_1 + E_1 \cos\Delta\phi$$
$$= (2\cos\Delta\phi + 1)E_1$$
$$= (2\cos\left(\tfrac{\pi}{6}\text{ rad}\right) + 1)\, E_1 = (2 \times (0,8660) + 1)\, E_1 = 2{,}732\, E_1$$

Comme le vecteur $\vec{E}$ représente le champ électrique résultant au point **P**, E est l'amplitude de l'oscillation du champ électrique résultant au point **P**. Comme nous l'avons mentionné dans la **section 3.3 : L'intensité de la figure d'interférence**, l'intensité de la lumière est proportionnelle au carré de l'amplitude du champ électrique. Ainsi,

$$I = CE^2 = C(2{,}732\, E_1)^2 = 7{,}46\, CE_1^{\,2} \qquad \Rightarrow \qquad \boxed{I = 7{,}46\, I_1}$$

L'intensité de la lumière en un point **P** pour lequel $\Delta\phi = \pi/6 \text{ rad}$ est égale à 7,46 fois celle qui serait générée par une seule fente. Cela concorde bien avec ce qu'on peut lire sur le graphique de l'intensité en fonction de la différence de phase que nous avons présenté dans la **section 3.3** (schéma ci-contre).

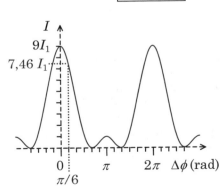

Pour déterminer le module E du vecteur résultant, on peut aussi, bien sûr, utiliser la méthode générale qui consiste à décomposer chaque vecteur selon x et y, à additionner les composantes selon chacun des axes pour trouver les composantes du vecteur résultant, puis à calculer son module en utilisant le théorème de Pythagore.

Comme nous l'avons mentionné dans la **section 3.3**, C est une constante dont la valeur dépend de la fréquence de la lumière.

En **(b)**, nous voulons calculer l'intensité en un autre point de l'écran, pour lequel $\Delta\phi = \pi/3$ rad = 60° : les diagrammes de Fresnel ressemblent beaucoup à ceux qu'on a obtenus dans la partie (a) (schémas ci-contre). D'après l'équation que nous avons obtenue dans la partie (a), le module du vecteur $\vec{E}$ est

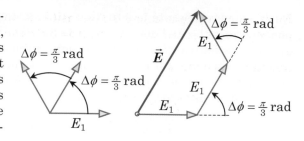

$$E = (2\cos\Delta\phi + 1)E_1 = \left(2\cos\left(\tfrac{\pi}{3}\text{rad}\right) + 1\right)E_1 = (2 \times (0,5) + 1)E_1 = 2\,E_1$$

et l'intensité de la lumière est

$$I = (2)^2 I_1 \qquad \Rightarrow \qquad \boxed{I = 4I_1}$$

En **(c)**, nous voulons calculer l'intensité en un autre point de l'écran, pour lequel $\Delta\phi = \pi/2$ rad = 90° (schémas ci-contre). Comme les trois vecteurs forment un carré avec le vecteur résultant $\vec{E}$, il est facile de voir que $E = E_1$, ce qu'on peut confirmer à l'aide de l'équation obtenue dans la partie (a) :

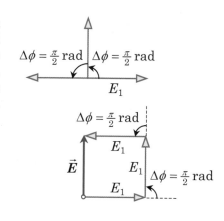

$$E = (2\cos\Delta\phi + 1)E_1 = \left(2\cos\left(\tfrac{\pi}{2}\text{rad}\right) + 1\right)E_1$$
$$= (2 \times (0) + 1)E_1 = E_1$$

Par conséquent, l'intensité de la lumière est

$$I = (1)^2 I_1 \qquad \Rightarrow \qquad \boxed{I = I_1}$$

En **(d)**, nous voulons calculer l'intensité en un autre point de l'écran, pour lequel $\Delta\phi = 2\pi/3$ rad = 120° (schémas ci-contre). Lorsqu'on place les trois vecteurs bout à bout pour les additionner, on obtient un triangle équilatéral. Ainsi, le vecteur résultant $\vec{E}$ est nul, ce qu'on peut confirmer à l'aide de l'équation obtenue dans la partie (a) :

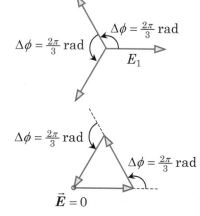

$$E = (2\cos\Delta\phi + 1)E_1$$
$$= \left(2\cos\left(\tfrac{2\pi}{3}\text{rad}\right) + 1\right)E_1$$
$$= (2 \times (-0,5) + 1)E_1$$
$$= 0$$

Par conséquent, pour $\Delta\phi = 2\pi/3$ rad, l'intensité de la lumière est nulle :

$$\boxed{I = 0}$$

À l'aide du schéma ci-contre, nous pouvons confirmer que les résultats des parties (b), (c) et (d) sont conformes avec le graphique de la **section 3.3**.

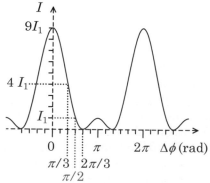

En **(e)**, nous voulons calculer l'intensité en un autre point de l'écran, pour lequel $\Delta\phi = 3\pi/4$ rad $= 135°$ (schémas ci-contre). D'après l'équation obtenue dans la partie (a),

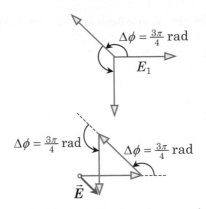

$$E = (2\cos\Delta\phi + 1)E_1$$
$$= (2\cos\left(\tfrac{3\pi}{4}\,\text{rad}\right) + 1)E_1$$
$$= (2\times(-0,7071) + 1)E_1$$
$$= -0,4142\,E_1$$

La géométrie qui a permis d'obtenir l'équation de la partie (a) n'est plus la même, mais l'équation continue de donner le bon module pour le vecteur $\vec{E}$, à condition de prendre le résultat en valeur absolue. De toute façon, comme l'intensité de la lumière est proportionnelle au carré de l'amplitude du champ électrique, le signe de E n'a pas d'importance. L'intensité de la lumière est

$$I = (0,4142)^2 I_1 \qquad \Rightarrow \qquad \boxed{I = 0,172\,I_1}$$

En **(f)**, nous voulons calculer l'intensité en un autre point de l'écran, pour lequel $\Delta\phi = \pi$ rad $= 180°$ (schémas ci-contre). Le premier vecteur annule le deuxième, et il reste le troisième : ainsi, le module du vecteur résultant est

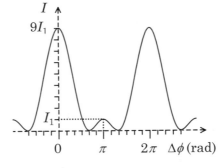

$$E = E_1$$

et l'intensité de la lumière est

$$I = (1)^2 I_1 \qquad \Rightarrow \qquad \boxed{I = I_1}$$

ce qui correspond au maximum secondaire de la figure d'interférence (schéma ci-contre).

Dans l'intervalle $\pi < \Delta\phi < 2\pi$, la méthode des vecteurs de Fresnel s'applique encore, mais les diagrammes correspondants sont plus complexes, car la constante de phase pour certains vecteurs est plus grande que 2π rad (360°). En guise d'exemple, sur les schémas ci-contre, nous avons représenté les diagrammes qui permettent de démontrer que l'intensité est nulle pour $\Delta\phi = 4\pi/3 = 240°$.

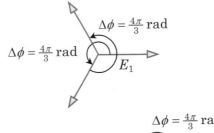

Situation 2 : *Un système à quatre fentes.* En utilisant la méthode des vecteurs de Fresnel, on désire déterminer les trois valeurs de $\Delta\phi$ entre 0 et 2π rad pour lesquelles l'intensité de la lumière dans la figure d'interférence d'un système à quatre fentes est nulle ($\Delta\phi$ représente la différence de phase $\Delta\phi$ de la lumière en provenance de deux fentes adjacentes).

Pour un système à quatre fentes, les contributions de chacune des fentes au champ électrique en un point **P** de l'écran sont

$E_1 \sin(\omega t)$ $\qquad\qquad$ $E_1 \sin(\omega t + \Delta\phi)$

$E_1 \sin(\omega t + 2\Delta\phi)$ $\qquad$ $E_1 \sin(\omega t + 3\Delta\phi)$

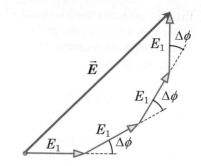

Sur le schéma ci-contre, nous avons représenté le diagramme de Fresnel pour $\Delta\phi = \pi/6$ rad = 30°.

Lorsque la valeur de $\Delta\phi$ augmente, le diagramme « se referme sur lui-même ». Lorsque $\Delta\phi = \pi/2$ rad = 90°, les quatre vecteurs forment un carré et leur résultante est nulle (schéma ci-contre, en haut). Une fois que l'on a déterminé la première valeur de $\Delta\phi$ pour laquelle la résultante est nulle, les autres possibilités sont des multiples entiers de cette valeur. Les schémas ci-dessous et ci-contre, en bas, montrent que la résultante est également nulle pour $\Delta\phi = \pi$ rad = 180° et $\Delta\phi = 3\pi/2$ rad = 270°.

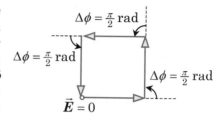

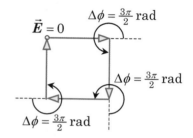

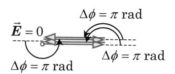

> **Situation 3 :** *L'équation de l'intensité en fonction de la différence de phase pour la figure de diffraction.* En utilisant la méthode des vecteurs de Fresnel, on désire démontrer que l'intensité de la figure de diffraction qui résulte du passage de la lumière à travers une fente est
>
> $$I = I_0 \frac{\sin^2(\Delta\phi_a/2)}{(\Delta\phi_a/2)^2}$$
>
> où I_0 est l'intensité du maximum central, et $\Delta\phi_a$ est la différence de phase entre la lumière qui provient d'un côté de la fente et celle qui provient de l'autre côté.

Comme nous l'avons vu à la **section 3.5 : La diffraction**, on peut expliquer la figure de diffraction produite par la lumière qui traverse une fente en supposant que la fente est remplie d'un très grand nombre de sources. Le diagramme de Fresnel contient un grand nombre de petits vecteurs et forme un arc de cercle (schéma ci-contre). Ici, la différence de phase $\Delta\phi_a$ qui nous intéresse est entre la lumière qui provient d'un côté de la fente (de largeur a) et la lumière qui provient de l'autre côté. Sur le diagramme de Fresnel, $\Delta\phi_a$ correspond à la différence entre l'orientation du premier vecteur de la superposition et l'orientation du dernier vecteur.

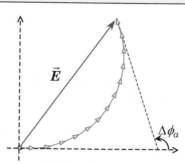

Lorsqu'on s'intéresse à la lumière qui se dirige vers le maximum central au centre de l'écran, $\Delta\phi_a = 0$ et tous les vecteurs sont parallèles entre eux (schéma ci-contre) : dans ce cas, le module du vecteur $\vec{E}$ correspond à la valeur maximale, E_0.

Plus la valeur de $\Delta\phi_a$ augmente, plus le diagramme « se replie sur lui-même ». Toutefois, *la longueur de l'arc de cercle formé des vecteurs de Fresnel demeure toujours égale à E_0.*

Sur le schéma ci-contre, nous avons construit un triangle **APQ** dont le sommet **A** est au centre du cercle et la base **BC** correspond au module du vecteur $\vec{E}$. L'angle α au sommet **A** du triangle est égal à $\Delta\phi_a$. Pour le démontrer, nous allons considérer le quadrilatère **APBQ**, dont deux des quatre angles internes sont des angles droits. Comme la somme des angles internes d'un quadrilatère est égale à 360°, nous pouvons écrire

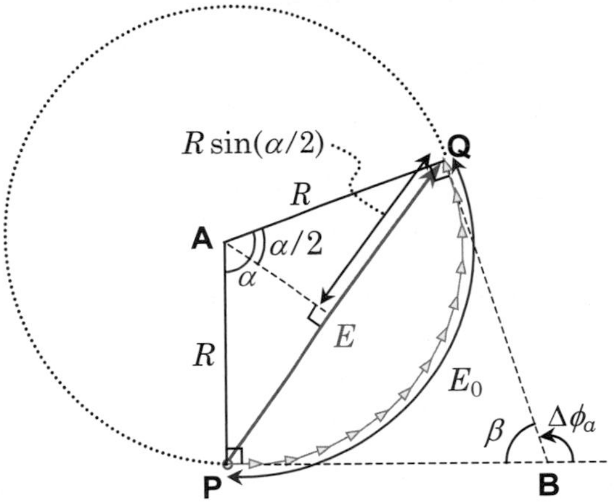

$$\alpha + \beta + 90° + 90° = 360°$$

où β est l'angle supplémentaire à $\Delta\phi_a$:

$$\beta = 180° - \Delta\phi_a$$

Ainsi,

$$\alpha = 180° - (180° - \Delta\phi_a) \qquad \Rightarrow \qquad \alpha = \Delta\phi_a$$

En abaissant la perpendiculaire au segment **PQ** à partir du sommet **A**, nous divisons le triangle **APQ** en deux triangles rectangles, ce qui nous permet d'écrire

$$E = 2R\sin(\alpha/2) = 2R\sin(\Delta\phi_a/2)$$

Par définition, un angle en radians correspond au rapport de la longueur de l'arc de cercle sous-tendu par l'angle et du rayon du cercle. Ainsi, nous pouvons écrire

$$\alpha = \frac{E_0}{R} \qquad \Rightarrow \qquad R = \frac{E_0}{\alpha} = \frac{E_0}{\Delta\phi_a}$$

d'où

$$E = 2\frac{E_0}{\Delta\phi_a}\sin(\Delta\phi_a/2) = E_0\frac{\sin(\Delta\phi_a/2)}{\Delta\phi_a/2}$$

Comme l'intensité de la lumière est proportionnelle au carré de l'amplitude du champ électrique,

$$I = CE^2 = CE_0^2\frac{\sin^2(\Delta\phi_a/2)}{(\Delta\phi_a/2)^2}$$

Comme $CE_0^2 = I_0$, l'intensité au centre de la figure de diffraction, nous obtenons finalement

$$I = I_0\frac{\sin^2(\Delta\phi_a/2)}{(\Delta\phi_a/2)^2}$$

ce que nous voulions démontrer.

Pour plus de détails, consultez la **sous-section M4.2 : Les triangles et les quadrilatères** de l'annexe mathématique.

Pour plus de détails, consultez la **sous-section M4.1 : Les angles** de l'annexe mathématique.

> **Situation 4 :** *Les minimums de la figure de diffraction.* En utilisant la méthode des vecteurs de Fresnel, on désire déterminer les deux premières valeurs de $\Delta\phi_a$ pour lesquelles l'intensité de la lumière est nulle dans la figure de diffraction qui résulte du passage de la lumière à travers une fente ($\Delta\phi_a$ représente la différence de phase entre la lumière qui provient d'un côté de la fente et celle qui provient de l'autre côté).

L'intensité de la lumière est nulle lorsque le diagramme de Fresnel se replie sur lui-même afin de former un cercle. La différence de phase $\Delta\phi_a$ correspond à l'angle entre l'orientation du premier vecteur et du dernier vecteur : comme le premier vecteur est horizontal, elle correspond aussi à l'orientation du dernier vecteur par rapport à l'horizontale (mesurée dans le sens antihoraire). Sur les schémas ci-dessous, nous avons représenté les diagrammes pour $\Delta\phi_a = \pi/4$ rad, $\Delta\phi_a = 3\pi/4$ rad et $\Delta\phi_a = \pi$ rad.

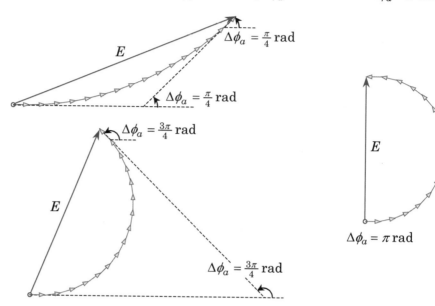

Le premier minimum se produit lorsque l'orientation du dernier vecteur est

$$\boxed{\Delta\phi_a = 2\pi \text{ rad}}$$

ce qui correspond à un tour complet (schéma ci-contre, en haut). Le deuxième minimum se produit lorsque l'orientation du dernier vecteur est

$$\boxed{\Delta\phi_a = 4\pi \text{ rad}}$$

ce qui correspond à deux tours complets (schéma ci-contre, en bas).

Sur le schéma ci-dessous, nous avons représenté le diagramme de Fresnel pour $\Delta\phi_a = 3\pi$ rad, ce qui correspond à peu près au premier maximum secondaire. Sur le schéma ci-contre, nous avons reproduit le graphique $I(\Delta\phi_a)$ de la **section 3.6 : L'intensité de la figure de diffraction**, ce qui nous permet de vérifier que les deux premiers minimums correspondent bien à $\Delta\phi_a = 2\pi$ rad et à $\Delta\phi_a = 4\pi$ rad.

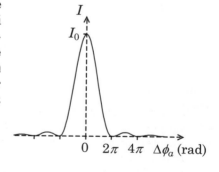

GLOSSAIRE

vecteur de Fresnel : vecteur servant à représenter une fonction sinusoïdale ; son module correspond à l'amplitude de la fonction ; son origine coïncide avec l'origine d'un système d'axes en deux dimensions, et l'angle θ qu'il fait avec la portion positive de l'axe horizontal (mesurée dans le sens antihoraire) correspond à la phase de la fonction ; sur un schéma qui représente le vecteur à $t = 0$, l'angle θ correspond à la constante de phase de la fonction.

QUESTIONS

Q1. On désire additionner plusieurs fonctions sinusoïdales de même fréquence angulaire à l'aide de la méthode des vecteurs de Fresnel. Expliquez comment on obtient l'amplitude de la fonction résultante.

Q2. On analyse la figure d'interférence générée par un système à 3 fentes à l'aide de la méthode des vecteurs de Fresnel. Dessinez les schémas qui montrent que l'intensité de la lumière est nulle lorsque $\Delta\phi$, la différence de phase de la lumière en provenance de deux fentes adjacentes, est égale à **(a)** $2\pi/3$ rad ; **(b)** $4\pi/3$ rad.

Q3. Dessinez les diagrammes de Fresnel qui correspondent aux trois minimums (entre $\Delta\phi = 0$ et $\Delta\phi = 2\pi$ rad) de la figure d'interférence générée par un système à 4 fentes.

Q4. Dessinez les diagrammes de Fresnel qui correspondent aux deux premiers minimums de la figure de diffraction générée par une seule fente.

DÉMONSTRATION

D1. En utilisant la méthode des vecteurs de Fresnel, démontrez que l'intensité de la figure de diffraction qui résulte du passage de la lumière à travers une fente est

$$I = I_0 \frac{\sin^2(\Delta\phi_a/2)}{(\Delta\phi_a/2)^2}$$

où I_0 est l'intensité du maximum central, et $\Delta\phi_a$ est la différence de phase entre la lumière qui provient d'un côté de la fente et celle qui provient de l'autre côté.

EXERCICES

SÉRIE PRINCIPALE

3.7.1 *Les minimums de l'interférence à cinq fentes.* **(a)** Pour un système à 5 fentes, trouvez les valeurs de $\Delta\phi$ (différence de phase entre deux fentes adjacentes) pour lesquelles l'intensité de la lumière est nulle (pour $\Delta\phi$ entre 0 et 2π rad), et dessinez le diagramme de Fresnel correspondant pour chacune. **(b)** Quelle conclusion générale pouvez-vous tirer en comparant deux à deux les diagrammes de Fresnel que vous avez tracés ?

3.7.2 *Quand cinq fentes en valent une.* Sur le schéma ci-contre, on a représenté une portion du graphique $I(\Delta\phi)$ pour un système à 5 fentes, et on a indiqué quatre positions sur l'écran (**A**, **B**, **C** et **D**) pour lesquelles l'intensité est

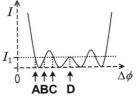

égale à I_1 (l'intensité qui serait générée par une fente seule). Pour chacune, tracez le diagramme de Fresnel correspondant et déterminez la valeur de $\Delta\phi$.

3.7.3 *L'intensité de la figure d'interférence de l'expérience de Young.* **(a)** Dessinez le diagramme de Fresnel pour un système à 2 fentes (pour une valeur de $\Delta\phi$ quelconque entre 0 et $\pi/2$ rad). **(b)** À partir du digramme, démontrez l'équation qui permet de calculer l'intensité de la figure d'interférence dans l'expérience de Young (**section 3.3**),

$$I_2 = 4I_1 \cos^2\left(\frac{\Delta\phi}{2}\right)$$

3.7.4 *Un diagramme de Fresnel pour analyser la diffraction.* **(a)** Tracez le diagramme de Fresnel qui permet d'analyser le passage de la lumière à travers une fente lorsque la différence de phase entre la lumière qui provient d'un côté de la fente et celle qui provient de l'autre côté est de $\pi/2$ rad. (Vous pouvez tracer une seule ligne continue plutôt qu'un grand nombre de petits vecteurs mis bout à bout.) **(b)** Exprimez le rayon du cercle sur lequel s'alignent les vecteurs de Fresnel en fonction de E_0, l'amplitude du champ électrique au centre de l'écran. **(c)** Exprimez, en fonction de E_0, l'amplitude E du champ électrique résultant. **(d)** À partir de la réponse de la partie (c), déterminez l'intensité lumineuse en fonction de I_0, l'intensité au centre de l'écran. (Vous pouvez vérifier qu'on obtient le même résultant en utilisant l'équation générale de l'intensité de la figure de diffraction, présentée dans la **section 3.6**.)

SÉRIE SUPPLÉMENTAIRE

3.7.5 *Un diagramme de Fresnel pour analyser la diffraction, prise 2.* Reprenez l'**exercice 3.7.4** pour $\Delta\phi_a = 2\pi/3$ rad.

3.7.6 *Quand six fentes en valent une.* Reprenez l'**exercice 3.7.2**, mais pour un système à 6 fentes : déterminez les *cinq* plus petites valeurs de $\Delta\phi$ pour lesquelles l'intensité est égale à I_1 (l'intensité qui serait générée par une fente seule), et dessinez le diagramme de Fresnel pour chacune d'entre elles.

3.7.7 *L'intensité de la figure d'interférence pour quatre fentes.* En vous guidant sur le schéma ci-contre, montrez que l'intensité de la figure d'interférence d'un système à 4 fentes est donnée par

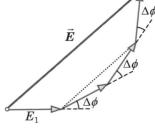

$$I_4 = 4I_1\left[\cos\left(\frac{\Delta\phi}{2}\right) + \cos\left(\frac{3\Delta\phi}{2}\right)\right]^2$$

Indice : la droite pointillée sur le schéma est parallèle au vecteur $\vec{E}$.

3.7.8 *L'intensité de la figure d'interférence pour un nombre impair de fentes.* **(a)** Trouvez l'équation qui décrit l'intensité de la figure d'interférence d'un système à 3 fentes, en fonction de I_1 et de $\Delta\phi$. (Une partie de l'analyse est déjà faite dans la **situation 1** de la présente section.) **(b)** Pour un système à 5 fentes, montrez que

$$I_5 = I_1 \left[1 + 2\cos(\Delta\phi) + 2\cos(2\Delta\phi) \right]^2$$

(c) À partir des résultats des parties (a) et (b), déduisez l'équation qui permet de calculer l'intensité de la figure d'interférence d'un système à 7 fentes.

L'interférence dans les pellicules minces

Après l'étude de cette section, le lecteur pourra analyser l'interférence
de la lumière réfléchie par les dioptres de part et d'autre d'une pellicule mince.

APERÇU

Considérons une pellicule **P** d'épaisseur e et d'indice de réfraction n_P située entre un milieu **A** d'indice de réfraction n_A et un milieu **B** d'indice de réfraction n_B (schéma ci-contre). Un rayon de lumière frappe la pellicule à **incidence normale**, c'est-à-dire *perpendiculairement* à sa surface

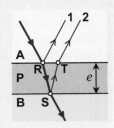

(sur le schéma, nous avons incliné les rayons pour mieux voir ce qui se passe). Une petite fraction de la lumière est réfléchie par la face supérieure au point **R** (rayon **1**) et une petite fraction est réfléchie par la face inférieure au point **S** (rayon **2**).

Une fois de retour dans le milieu **A**, les rayons **1** et **2** se superposent et interfèrent entre eux. Ils sont issus du même rayon initial, mais ils n'ont pas subi les mêmes réflexions ni parcouru la même distance : par conséquent, ils ne sont pas nécessairement en phase. La différence de phase entre les rayons **1** et **2** est une combinaison du déphasage $\Delta\phi_r$ causé par les réflexions aux points **R** et **S** et du déphasage $\Delta\phi_e$ causé par l'épaisseur e de la pellicule (le rayon **2** effectue un parcours supplémentaire **RST** dans la pellicule).

Lorsqu'un rayon rencontre un milieu plus réfringent que celui dans lequel il voyage, il se produit une réflexion *dure* qui introduit un déphasage de π rad. Lorsqu'un rayon rencontre un milieu moins réfringent que celui dans lequel il voyage, il se produit une réflexion *molle* qui n'introduit pas de déphasage. Par conséquent, lorsque les rayons **1** et **2** subissent des réflexions de types différents (un des rayons subit une réflexion dure et l'autre subit une réflexion molle), les réflexions génèrent un déphasage

$$\Delta\phi_r = \pi \text{ rad}$$

d'un rayon par rapport à l'autre. Lorsque les rayons **1** et **2** subissent des réflexions de même type (deux réflexions dures *ou* deux réflexions molles), les réflexions ne génèrent pas de déphasage d'un rayon par rapport à l'autre :

$$\Delta\phi_r = 0$$

À incidence normale, le parcours supplémentaire **RST** correspond à une différence de marche

$$\delta = 2e$$

(la longueur de l'aller-retour du rayon **2** dans la pellicule).

Si cette différence de marche correspond à un nombre entier de longueurs d'onde de la lumière *dans la pellicule*, elle ne génère pas de déphasage :

$$2e = m\lambda_P \qquad \Rightarrow \qquad \Delta\phi_e = 0$$

Si la différence de marche correspond à un nombre demi-entier de longueurs d'onde, elle génère un déphasage de π rad :

$$2e = (m + \tfrac{1}{2})\lambda_P \qquad \Rightarrow \qquad \Delta\phi_e = \pi \text{ rad}$$

Pour calculer λ_P, la longueur d'onde de la lumière dans la pellicule, à partir de la longueur d'onde dans un autre milieu, on peut utiliser le fait que la longueur d'onde est inversement proportionnelle à l'indice de réfraction :

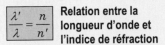

Relation entre la longueur d'onde et l'indice de réfraction

$$\frac{\lambda'}{\lambda} = \frac{n}{n'}$$

En effet, lorsqu'une onde lumineuse passe d'un milieu moins réfringent (plus petit n) à un milieu plus réfringent (plus grand n), sa fréquence ne change pas, mais sa vitesse diminue, ce qui comprime la longueur d'onde (schéma ci-contre).

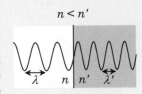

Afin de déterminer si les rayons **1** et **2** sont en phase (interférence constructive) ou en antiphase (interférence destructive), on peut additionner les déphasages produits par les réflexions et par l'épaisseur de la pellicule :

$$\Delta\phi = \Delta\phi_r + \Delta\phi_e$$

Si $\Delta\phi = 0$ ou 2π rad, les rayons **1** et **2** sont en phase : la quantité de lumière réfléchie est maximale et la quantité de lumière transmise dans le milieu **B** est minimale. Si $\Delta\phi = \pi$ rad, les rayons sont en antiphase : la réflexion est minimale et la transmission est maximale. Les enduits antireflets que l'on retrouve sur les verres de lunettes et les lentilles d'appareils photo opèrent selon ce principe.

Dans cette section, nous allons étudier l'interférence qui se produit lorsqu'un rayon de lumière est réfléchi par une pellicule mince. Cela nous permettra de comprendre, entre autres, l'origine des couleurs qui apparaissent sur les bulles de savon et les flaques d'huile.

Dans la **section 2.4 : La réfraction**, nous avons vu que la fraction de l'intensité qui est réfléchie lorsque de la lumière voyageant dans un milieu d'indice n_1 arrive à la jonction avec un milieu d'indice n_2 est

$$\frac{I_R}{I_I} = \left(\frac{n_1 - n_2}{n_1 + n_2}\right)^2$$

(le dioptre qui sépare les deux milieux est perpendiculaire à la direction de propagation de la lumière). Pour une jonction air-eau ou eau-air, cette fraction est de 2 % ; pour une jonction air-verre ou verre-air, cette fraction est de 4 %.

Considérons une mince pellicule **P** d'indice de réfraction n_P située entre un milieu **A** d'indice de réfraction n_A et un milieu **B** d'indice de réfraction n_B. (Par exemple, pour une bulle d'eau savonneuse dans l'air, $n_P = n_{eau} = 1,33$ et $n_A = n_B = 1$.) Un rayon de lumière frappe la pellicule (schéma ci-contre). À chaque interface entre deux milieux, la plus grande partie de la lumière est transmise : seule une petite fraction est réfléchie. Dans ce qui suit, nous allons nous intéresser aux deux premiers rayons réfléchis : le rayon **1**, réfléchi par la face supérieure de la pellicule, et le rayon **2**, issu de la première réflexion par la face inférieure. Ce sont les deux seuls rayons réfléchis dont l'intensité n'est pas négligeable.

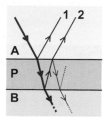

Sur le schéma précédent, nous avons dessiné un rayon qui frappe la pellicule avec un angle d'incidence non nul. Or, dans ce qui suit, nous allons nous intéresser uniquement à la situation où le rayon frappe la pellicule à **incidence normale**, c'est-à-dire *perpendiculairement* à sa surface : dans ce cas, les rayons réfléchis **1** et **2** sont perpendiculaires à la pellicule et *superposés* (schéma ci-contre). Évidemment, il n'est pas facile de représenter une telle situation de manière claire sur un schéma. Afin d'améliorer la clarté des schémas, il est préférable de dessiner les rayons en leur donnant une certaine inclinaison.

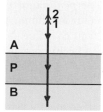

Lorsque l'indice de réfraction de la pellicule est égal à la moyenne géométrique des indices de part et d'autre ($n_P = \sqrt{n_A n_B}$), la fraction de la lumière qui est réfléchie est la même de part et d'autre de la pellicule, ce qui fait en sorte que les rayons **1** et **2** ont *presque* la même intensité.

La quantité de lumière réfléchie par une pellicule mince varie en fonction de son épaisseur : pour certaines épaisseurs, la lumière réfléchie est pratiquement inexistante, tandis que pour d'autres, la lumière réfléchie possède une intensité appréciable. Cela s'explique par l'interférence entre les rayons **1** et **2**. Lorsqu'ils interfèrent de manière constructive, l'intensité de la lumière réfléchie est maximale ; lorsqu'ils interfèrent de manière destructive, l'intensité de la lumière réfléchie est minimale.

Les schémas ci-dessous illustrent trois situations où une pellicule dont l'épaisseur est négligeable par rapport à la longueur d'onde de la lumière génère de l'interférence. On observe un phénomène intrigant : pour certaines combinaisons d'indices de réfraction n_A, n_P et n_B, il y a interférence destructive entre les rayons **1** et **2**, tandis que pour d'autres il y a interférence constructive. Pour une pellicule d'eau savonneuse d'épaisseur négligeable, avec de l'air de part et d'autre (schéma **(i)** : $n_A = 1$; $n_P = 1,33$; $n_B = 1$), le faisceau réfléchi est pratiquement absent (interférence destructive). Pour une pellicule d'air d'épaisseur négligeable entre deux plaques de verre (par exemple, à l'endroit où une lentille repose sur une plaque de verre), il y a également interférence destructive (schéma **(ii)** : $n_A = 1,5$; $n_P = 1$; $n_B = 1,5$). Pour une pellicule d'eau d'épaisseur négligeable qui repose sur une plaque de verre avec de l'air au-dessus (schéma **(iii)** : $n_A = 1$; $n_P = 1,33$; $n_B = 1,5$), l'intensité du faisceau réfléchi est maximale (interférence constructive).

(i)  **(ii)**  **(iii)**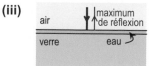

Comment prévoir théoriquement si la réflexion est minimale ou maximale ? Pour répondre à cette question, il faut déterminer si les rayons **1** et **2** interfèrent de manière constructive ou destructive : il faut comparer l'«historique» de la lumière dont ils sont constitués.

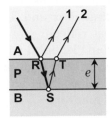

Comme les rayons **1** et **2** sont issus du même rayon incident, la lumière dont ils sont constitués est initialement en phase. Le rayon **1** subit uniquement une réflexion au point **R** (schéma ci-contre). L'histoire du rayon **2** est plus compliquée : il est transmis au point **R**, réfléchi au point **S** et transmis encore une fois au point **T**. De plus, par rapport au rayon **1**, il effectue un parcours supplémentaire **RST** dans la pellicule. Appelons e l'épaisseur de la pellicule : l'aller-retour **RST** correspond à une différence de marche

$$\delta = 2e$$

entre le rayon **2** et le rayon **1**. (Sur le schéma, nous avons dessiné les rayons avec un certain angle par rapport à la verticale, mais, en réalité, ils sont parfaitement verticaux : c'est pour cela que la longueur du parcours **RST** est *exactement* égale à $2e$.) Lorsque l'épaisseur e de la pellicule est négligeable par rapport à la longueur d'onde de la lumière, la différence de marche δ et le déphasage $\Delta\phi_e$ généré par l'épaisseur de la pellicule sont négligeables. Si la différence de marche était la seule différence entre les rayons **1** et **2**, ces derniers demeureraient en phase et l'interférence serait constructive. Or, comme nous venons de le voir (situations des schémas **i**, **ii** et **iii**), ce n'est pas toujours le cas.

En effet, il existe une autre source potentielle de déphasage : les *réflexions* des rayons **1** et **2** aux points **R** et **S**. Le phénomène est l'analogue en optique de la réflexion et de la transmission d'une impulsion à la jonction entre deux cordes. Dans la **section 1.11 : La réflexion, la transmission et la superposition des ondes**, nous avons observé les comportements suivants :

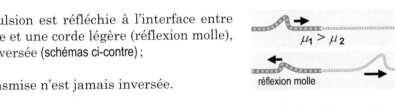

- lorsqu'une impulsion est réfléchie à l'interface entre une corde légère et une corde lourde (réflexion dure), elle est inversée (schémas ci-contre) ;

- lorsqu'une impulsion est réfléchie à l'interface entre une corde lourde et une corde légère (réflexion molle), elle n'est pas inversée (schémas ci-contre) ;

- l'impulsion transmise n'est jamais inversée.

De même, l'analyse de la réflexion et de la transmission de la lumière à l'interface entre deux milieux révèle les effets suivants :

- lorsque la lumière est réfléchie à l'interface entre un milieu moins réfringent et un milieu plus réfringent, elle subit un déphasage de π rad (réflexion dure) ;

- lorsque la lumière est réfléchie à l'interface entre un milieu plus réfringent et un milieu moins réfringent, elle ne subit pas de déphasage (réflexion molle) ;

- la lumière transmise ne subit jamais de déphasage.

Il y a un parallèle direct avec la théorie présentée dans la **section 1.11** : une corde légère est l'analogue d'un milieu moins réfringent et une corde lourde est l'analogue d'un milieu plus réfringent. Au lieu de dire que l'onde est inversée, nous préférons parler d'un déphasage de π rad, ce qui revient au même (les crêtes deviennent des creux et les creux deviennent des crêtes).

Nous sommes maintenant en mesure d'expliquer ce que nous avons observé dans les situations des schémas **(i)**, **(ii)** et **(iii)**. Dans la situation **(i)** (schéma ci-contre), le rayon **1** subit une *réflexion dure* en **R**, car il est réfléchi par un milieu plus réfringent ($n_{air} = 1,33$) que celui dans lequel il voyage ($n_{air} = 1$) : cela génère un déphasage de π rad. Le rayon **2** subit une *réflexion molle* en **S**, car il est réfléchi par un milieu moins réfringent ($n_{air} = 1$) que celui dans lequel il voyage ($n_{eau} = 1,33$) : cela ne génère aucun déphasage. (Les transmissions du rayon **2** en **R** et **T** ne génèrent aucun déphasage.) Par conséquent, les réflexions ont généré un déphasage

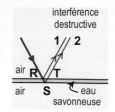

interférence destructive

pellicule d'épaisseur négligeable par rapport à la longueur d'onde

$$\Delta\phi_r = \pi \text{ rad}$$

d'un rayon par rapport à l'autre. Comme l'épaisseur de la pellicule est négligeable par rapport à la longueur d'onde de la lumière, le déphasage total est

$$\Delta\phi = \Delta\phi_r = \pi \text{ rad}$$

Les rayons **1** et **2** sont en antiphase : l'interférence est destructive et la réflexion est minimale.

Dans la situation **(ii)** (schéma ci-contre), le rayon **1** subit une *réflexion molle* en **R**, car il est réfléchi par un milieu moins réfringent ($n_{air} = 1$) que celui dans lequel il voyage ($n_{verre} = 1,5$) : cela ne génère pas de déphasage. Le rayon **2** subit une *réflexion dure* en **S**, car il est réfléchi par un milieu plus réfringent ($n_{verre} = 1,5$) que celui dans lequel il voyage ($n_{air} = 1$) : cela génère un déphasage de π rad. (Les transmissions du rayon **2** en **R** et **T** ne génèrent aucun déphasage.) Par conséquent, les réflexions ont généré un déphasage

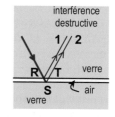

interférence destructive

pellicule d'épaisseur négligeable par rapport à la longueur d'onde

$$\Delta\phi_r = \pi \text{ rad}$$

d'un rayon par rapport à l'autre. Comme l'épaisseur de la pellicule est négligeable, le déphasage total est

$$\Delta\phi = \Delta\phi_r = \pi \text{ rad}$$

Les rayons **1** et **2** sont en antiphase : l'interférence est destructive et la réflexion est minimale.

Dans la situation **(iii)** (schéma ci-contre), le rayon **1** subit une *réflexion dure* en **R**, car il est réfléchi par un milieu plus réfringent ($n_{eau} = 1,33$) que celui dans lequel il voyage ($n_{air} = 1$) : cela génère un déphasage de π rad. Le rayon **2** subit une *réflexion dure* en **S**, car il est réfléchi par un milieu plus réfringent ($n_{verre} = 1,5$) que celui dans lequel il voyage ($n_{eau} = 1,33$) : cela génère un déphasage de π rad. (Les transmissions du rayon **2** en **R** et **T** ne génèrent aucun déphasage.) Comme les réflexions déphasent les deux rayons de π rad, le déphasage résultant *d'un rayon par rapport à l'autre* est nul :

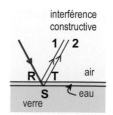

interférence constructive

pellicule d'épaisseur négligeable par rapport à la longueur d'onde

$$\Delta\phi_r = 0$$

Comme l'épaisseur de la pellicule est négligeable, le déphasage total est

$$\Delta\phi = \Delta\phi_r = 0$$

Les rayons **1** et **2** sont en phase : l'interférence est constructive et la réflexion est maximale.

En résumé, lorsque les rayons **1** et **2** subissent des réflexions de types différents (un des rayons subit une réflexion dure et l'autre subit une réflexion molle), les réflexions génèrent un déphasage

$$\Delta\phi_r = \pi \text{ rad}$$

d'un rayon par rapport à l'autre. Lorsque les rayons **1** et **2** subissent des réflexions de même type (les deux rayons subissent des réflexions dures *ou* les deux rayons subissent des réflexions molles), les réflexions ne génèrent pas de déphasage d'un rayon par rapport à l'autre :

$$\Delta\phi_r = 0$$

En général, l'épaisseur de la pellicule *n'est pas* négligeable par rapport à la longueur d'onde de la lumière : il faut tenir compte simultanément du déphasage $\Delta\phi_e$ généré par l'épaisseur de la pellicule et du déphasage $\Delta\phi_r$ généré par les réflexions.

Situation 1 : *Les minimums de réflexion.* Une couche d'huile ($n = 1,22$) flotte sur l'eau d'une piscine ($n = 1,33$). Un rayon de lumière voyageant dans l'eau vers le haut frappe la pellicule à incidence normale. La longueur d'onde de la lumière *dans l'eau* est de 500 nm. On désire déterminer les trois plus petites valeurs de l'épaisseur de la couche d'huile pour lesquelles l'intensité de la lumière réfléchie est *minimale*.

Nous avons représenté la situation sur le schéma ci-contre. (La lumière frappe la pellicule d'huile à incidence normale, mais nous avons légèrement incliné les rayons pour plus de clarté.) En **R**, le rayon **1** subit une réflexion molle, car $n_{\text{huile}} < n_{\text{eau}}$; en **S**, le rayon **2** subit une réflexion molle, car $n_{\text{air}} < n_{\text{huile}}$. Ainsi, les réflexions ne génèrent aucun déphasage d'un rayon par rapport à l'autre :

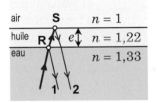

$$\Delta\phi_r = 0$$

Si l'épaisseur de la couche d'huile était négligeable, les rayons **1** et **2** seraient en phase, l'interférence serait constructive et l'intensité de la lumière réfléchie serait maximale. Or, dans cette situation, nous voulons que la réflexion soit *minimale*. Les rayons **1** et **2** doivent être en *antiphase* : le parcours supplémentaire du rayon **2** dans la pellicule d'huile d'épaisseur e doit générer un déphasage

$$\Delta\phi_e = \pi \text{ rad}$$

ce qui signifie que sa longueur doit correspondre à un nombre demi-entier de longueurs d'onde. Ici, le parcours supplémentaire correspond à l'aller-retour du rayon **2** dans la pellicule : $\delta = 2e$. Par conséquent, nous pouvons écrire

$$\delta = 2e = (m + \tfrac{1}{2})\lambda_{\mathbf{P}} \quad \textbf{(i)}$$

Attention : comme le parcours supplémentaire a lieu *dans la pellicule*, il faut prendre $\lambda_{\mathbf{P}}$, la longueur d'onde de la lumière *dans la pellicule*. Or, dans l'énoncé de la situation, on donne la longueur d'onde dans l'eau : $\lambda_{\text{eau}} = 500\,\text{nm}$. Ainsi, avant de pouvoir terminer l'analyse de la situation, nous devons d'abord voir comment la longueur d'onde est modifiée lorsque la lumière change de milieu de propagation.

Considérons une onde lumineuse qui passe d'un milieu d'indice de réfraction n à un milieu d'indice de réfraction n'. D'après la définition de l'indice de réfraction, la vitesse de l'onde est modifiée : elle passe de

$$v = \frac{c}{n}$$

dans le milieu d'indice n à

$$v = \frac{c}{n'}$$

dans le milieu d'indice n'. Or, *la fréquence de la lumière ne peut pas être modifiée* :

$$f' = f$$

En effet, la fréquence f correspond au nombre de crêtes par seconde qui arrivent à l'interface ; la fréquence f' correspond au nombre de crêtes par seconde qui quittent l'interface. Si les deux fréquences n'étaient pas identiques, il y aurait des crêtes « de trop » ou il manquerait des crêtes lorsque la lumière change de milieu, ce qui est impossible.

Comme $\lambda = vT = v/f$ pour toute onde, $f = v/\lambda$:

$$f' = f \qquad \Rightarrow \qquad \frac{v'}{\lambda'} = \frac{v}{\lambda} \qquad \Rightarrow \qquad \frac{c}{n'\lambda'} = \frac{c}{n\lambda}$$

ou encore

$$\boxed{\frac{\lambda'}{\lambda} = \frac{n}{n'}}$$ **Relation entre la longueur d'onde et l'indice de réfraction**

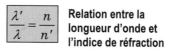

La longueur d'onde est inversement proportionnelle à l'indice de réfraction (schéma ci-contre).

Revenons à la **situation 1**. Nous avons $n_{\text{huile}} = 1{,}22$ et $n_{\text{eau}} = 1{,}33$, d'où

$$\lambda_{\textbf{P}} = \lambda_{\text{huile}} = \frac{n_{\text{eau}}}{n_{\text{huile}}} \lambda_{\text{eau}} = \frac{1{,}33}{1{,}22}(500\,\text{nm}) = 545{,}1\,\text{nm}$$

(Comme l'huile est moins réfringente que l'eau, la lumière s'y propage plus rapidement et la longueur d'onde est plus grande.)

Il ne reste plus qu'à isoler e dans l'équation **(i)**,

$$e = \frac{\lambda_{\textbf{P}}}{2}(m + \tfrac{1}{2})$$

et à remplacer m par 0, 1 et 2 pour trouver les trois plus petites épaisseurs de la pellicule d'huile qui correspondent à un minimum de réflexion :

$$e = \frac{(545{,}1\,\text{nm})}{2}(0 + \tfrac{1}{2}) \qquad \Rightarrow \qquad \boxed{e = 136\,\text{nm}}$$

$$e = \frac{(545{,}1\,\text{nm})}{2}(1 + \tfrac{1}{2}) \qquad \Rightarrow \qquad \boxed{e = 409\,\text{nm}}$$

$$e = \frac{(545{,}1\,\text{nm})}{2}(2 + \tfrac{1}{2}) \qquad \Rightarrow \qquad \boxed{e = 681\,\text{nm}}$$

Nous avons représenté la situation sur le schéma ci-contre. (Les rayons sont légèrement inclinés pour plus de clarté.) En **R**, le rayon **1** subit une réflexion dure (déphasage de π rad) ; en **S**, le rayon **2** subit une réflexion molle (aucun déphasage). Ainsi, le déphasage d'un rayon par rapport à l'autre dû aux réflexions est

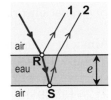

$$\Delta\phi_r = \pi \text{ rad}$$

Nous voulons que la réflexion soit *maximale* : les rayons **1** et **2** doivent être en *phase*. Comme les réflexions ont généré un déphasage de π rad, il faut que le parcours supplémentaire génère également un déphasage de π rad :

$$\Delta\phi_e = \pi \text{ rad}$$

Le déphasage total sera

$$\Delta\phi = \Delta\phi_r + \Delta\phi_e = \pi + \pi = 2\pi \text{ rad}$$

ce qui revient au même qu'aucun déphasage.

Pour introduire un déphasage de π rad, le parcours supplémentaire doit correspondre à un nombre demi-entier de longueurs d'onde :

$$\delta = 2e = (m + \tfrac{1}{2})\lambda_P$$

d'où

$$\lambda_P = \frac{2e}{m + \frac{1}{2}}$$

Dans l'énoncé, il est implicite qu'on s'intéresse aux longueurs d'onde de la lumière incidente qui voyage dans l'air :

$$\lambda_{\text{air}} = \frac{n_{\text{eau}}}{n_{\text{air}}} \lambda_{\text{eau}} = \frac{1,33}{1} \times \lambda_P = \frac{2,66\,e}{m + \frac{1}{2}}$$

D'après l'énoncé, $e = 650 \text{ nm}$. Pour $m = 0$ et $m = 1$,

$$\lambda_{\text{air}} = \frac{2,66 \times (650 \text{ nm})}{0 + \frac{1}{2}} = \frac{(1729 \text{ nm})}{0,5} = 3458 \text{ nm}$$

et

$$\lambda_{\text{air}} = \frac{2,66 \times (650 \text{ nm})}{1 + \frac{1}{2}} = \frac{(1729 \text{ nm})}{1,5} = 1153 \text{ nm}$$

ce qui tombe en dehors de l'intervalle spécifié dans l'énoncé (entre 400 et 700 nm).

Pour $m = 2$,

$$\lambda_{\text{air}} = \frac{(1729 \text{ nm})}{2,5} \qquad \Rightarrow \qquad \boxed{\lambda_{\text{air}} = 692 \text{ nm}}$$

ce qui correspond à une teinte de rouge.

Pour $m = 3$,

$$\lambda_{\text{air}} = \frac{(1729 \text{ nm})}{3,5} \qquad \Rightarrow \qquad \boxed{\lambda_{\text{air}} = 494 \text{ nm}}$$

ce qui correspond à une teinte de bleu.

***QI* 1** Si, dans la **situation 2**, on voulait plutôt déterminer les longueurs d'onde pour lesquelles la réflexion est minimale, dites quelle valeur prendrait chacun des paramètres suivants : $\Delta\phi$, $\Delta\phi_r$ et $\Delta\phi_e$.

Pour $m = 4$,

$$\lambda_{\text{air}} = \frac{(1729 \text{ nm})}{4,5} = 384 \text{ nm}$$

ce qui est encore une fois en dehors de l'intervalle.

Ainsi, la pellicule réfléchit de manière optimale les composantes rouges et bleues de la lumière blanche incidente. En reprenant la démarche pour de l'interférence destructive, il est possible de montrer que l'on obtient des minimums de réflexion pour $\lambda_{\text{air}} = (1729 \text{ nm})/3 = 576 \text{ nm}$ (dans la partie jaune du spectre) et $\lambda_{\text{air}} = (1729 \text{ nm})/4 = 432 \text{ nm}$ (dans le violet). La lumière réfléchie est dominée par le bleu et le rouge, tandis que le jaune et le violet sont pratiquement absents. À l'œil, cela donne une apparence magenta : il s'agit d'une couleur qu'on ne voit pas dans un arc-en-ciel (aucune longueur d'onde du spectre visible ne correspond au magenta), mais qu'on observe souvent sur une bulle de savon.

Les longueurs d'onde que nous venons de calculer sont valables uniquement pour une pellicule d'eau savonneuse dont l'épaisseur est de 650 nm. Dans une bulle de savon, l'épaisseur de la pellicule varie d'un endroit à l'autre, ce qui modifie les longueurs d'onde (couleurs) qui sont bien réfléchies et mal réfléchies. Par conséquent, il est possible d'observer toute une gamme de couleurs sur la bulle (photo ci-contre).

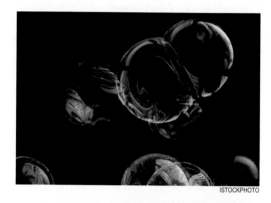

ISTOCKPHOTO

Les enduits antireflets se trouvant sur les verres des lunettes et les lentilles des appareils photo ont un indice de réfraction intermédiaire entre celui du verre et celui de l'air, et une épaisseur égale au quart de la longueur d'onde de la lumière *verte* (située au centre du spectre visible) : ainsi, la lumière verte réfléchie de part et d'autre de la pellicule interfère de manière destructive. La *transmission* est donc *maximale* dans le vert, ce qui est souhaitable, car c'est au centre du spectre visible que le Soleil émet le plus de lumière et que l'œil est le plus sensible. Bien sûr, si la réflexion est minimale au centre du spectre visible, elle ne l'est pas de chaque côté (dans le rouge et dans le bleu) : ainsi, la petite quantité de lumière qui est réfléchie par la lentille possède une dominante magenta (photo ci-contre).

ISTOCKPHOTO

À la surface des disques compacts et des DVD, la hauteur des « bosses » qui permettent de coder l'information (schéma ci-contre) est égale au quart de la longueur d'onde de la lumière du laser utilisé pour lire le disque : le parcours aller-retour de la lumière réfléchie par les bosses est inférieur d'une

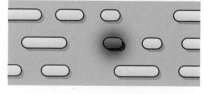

demi-longueur d'onde au parcours de la lumière réfléchie par le niveau de base du disque, ce qui donne lieu à de l'interférence destructive et permet au lecteur de reconnaître facilement la présence des bosses.

Les pellicules minces d'épaisseur variable

Vers la fin du 17ᵉ siècle, Isaac Newton et d'autres physiciens ont remarqué que, si on place une lentille biconvexe sur une lame de verre et qu'on éclaire le tout (de préférence avec de la lumière monochromatique), on observe une série de franges brillantes et de franges sombres formant des cercles concentriques (schémas ci-contre). Ce phénomène, connu depuis sous le nom d'*anneaux de Newton*, est une conséquence de l'interférence de la lumière réfléchie de part et d'autre de la pellicule d'air qui se trouve entre la lentille et la lame. Dans la région centrale où la lentille et la lame sont « en contact », il y a quand même une mince pellicule d'air, ce qui fait en sorte que le rayon réfléchi au-dessus de la pellicule (à l'interface lentille-air) subit une réflexion molle, tandis que celui qui est réfléchi en dessous (à l'interface air-lame) subit une réflexion dure. Comme le parcours supplémentaire à travers la pellicule d'air est négligeable, on observe une tache sombre (interférence destructive). Plus on s'éloigne du centre, plus l'épaisseur de la pellicule augmente, ce qui fait en sorte qu'on passe successivement par des situations de réflexion maximale et de réflexion minimale.

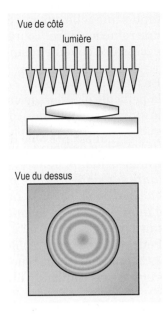

Vue de côté

lumière

Vue du dessus

QI 2 On reprend l'expérience des anneaux de Newton en utilisant une lentille dont le verre possède un indice de réfraction supérieur à celui dont est faite la lame, et en déposant entre la lentille et la lame un peu d'huile dont l'indice de réfraction est entre ceux des deux sortes de verre. La région au centre des anneaux sera-t-elle brillante ou sombre ? Justifiez votre réponse.

Une question se pose naturellement : lorsqu'on analyse le montage des anneaux de Newton, doit-on aussi considérer les réflexions de part et d'autre de la lentille et de part et d'autre de la lame de verre ? La réponse est non. En effet, les phénomènes d'interférence que nous avons décrits dans cette section ne sont facilement observables que pour des pellicules *minces* — des pellicules dont l'épaisseur est inférieure à quelques dizaines de fois la longueur d'onde de la lumière (d'où le titre de la section !). Pour une « pellicule épaisse » (comme une lame de verre ou une vitre), le fait que la lumière issue du Soleil ou d'une ampoule ordinaire change de phase de manière aléatoire sur un intervalle de temps très court fait en sorte que l'interférence n'est pas observable lorsque le parcours supplémentaire du rayon **2** est trop grand par rapport à la longueur d'onde de la lumière.

La lumière d'un laser possède une très grande cohérence : sa phase demeure stable sur une période de temps suffisamment longue pour qu'on puisse observer de l'interférence avec une « pellicule épaisse ». (Il faut faire diverger le faisceau laser avec une lentille afin d'éclairer une région étendue de l'objet.)

> **Situation 3 :** *Une pellicule d'air d'épaisseur variable.*
> Deux lamelles de verre ($n = 1{,}5$) de 15 cm de longueur sont placées l'une sur l'autre ; les extrémités gauches se touchent, tandis que les extrémités droites sont séparées par une feuille de papier de soie (schémas ci-contre). En éclairant le montage avec de la lumière à 560 nm, on observe, en réflexion, 9 franges brillantes et 10 franges sombres (il y a un minimum de chaque côté de la lamelle). On désire déterminer **(a)** l'augmentation de l'épaisseur de la pellicule d'air lorsqu'on passe d'une frange brillante à la suivante et **(b)** l'épaisseur de la feuille de papier.

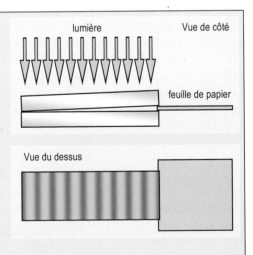

lumière   Vue de côté

feuille de papier

Vue du dessus

Dans cette situation, l'interférence observée est due à la réflexion de la lumière de part et d'autre de la mince pellicule d'air entre les lamelles (l'épaisseur de ces dernières étant trop grande pour générer une interférence observable).

Tout comme dans le montage des anneaux de Newton, la lumière qui est réfléchie au-dessus de la pellicule (à l'interface avec la lamelle du haut) subit une réflexion molle, tandis que celle qui est réfléchie en dessous (à l'interface avec la lamelle du bas) subit une réflexion dure. Toutefois, pour répondre aux questions qui sont posées, il n'est pas nécessaire de tenir compte explicitement de la nature des réflexions.

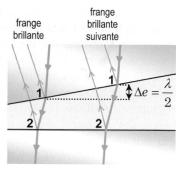

frange brillante   frange brillante suivante

$\Delta e = \dfrac{\lambda}{2}$

En **(a)**, pour déterminer *l'augmentation* de l'épaisseur de la pellicule d'air lorsqu'on passe d'une frange brillante à la suivante, il suffit de considérer la *variation* de la longueur du parcours supplémentaire du rayon **2** (schéma ci-contre). Si ce parcours a une certaine longueur pour une frange brillante donnée, *le parcours pour la frange brillante suivante doit être plus long d'exactement une longueur d'onde*, car cela ne changera rien à la condition d'interférence. Or, la longueur du parcours supplémentaire est égale à 2e, où e est l'épaisseur de la pellicule. Pour que 2e augmente de λ, il faut que e augmente de $\lambda/2$ (où λ est la longueur d'onde dans l'air, puisqu'il s'agit d'une pellicule d'air) :

$$\Delta e = \frac{\lambda}{2} = \frac{(560\,\text{nm})}{2} \qquad \Rightarrow \qquad \boxed{\Delta e = 280\,\text{nm}}$$

En **(b)**, pour déterminer l'épaisseur de la feuille de papier, on peut se baser sur le fait que l'augmentation de l'épaisseur de la pellicule d'air entre deux franges brillantes ($\Delta e = \lambda/2 = 280$ nm) est la même qu'entre deux franges sombres. En partant de l'extrémité gauche de la lamelle (qui correspond à une frange sombre), il faut faire 9 sauts d'une frange sombre à l'autre pour atteindre l'extrémité droite de la lamelle. Ainsi, l'épaisseur E de la feuille de papier correspond à 9 fois l'augmentation d'épaisseur Δe entre deux franges successives de même type :

$$E = 9\Delta e \qquad \Rightarrow \qquad \boxed{E = 2{,}52\,\mu\text{m}}$$

incidence normale : qualité d'un rayon qui frappe une surface perpendiculairement à elle.

QUESTIONS

Q1. Lorsqu'un rayon est réfléchi à l'interface entre un milieu moins réfringent et un milieu plus réfringent, la réflexion est _____ et génère un déphasage de ____ rad ; lorsqu'un rayon est réfléchi à l'interface entre un milieu plus réfringent et un milieu moins réfringent, la réflexion est _____ et génère un déphasage de ____ rad.

Q2. Vrai ou faux ? Lorsqu'un rayon est transmis d'un milieu à un autre, il n'est jamais déphasé.

Q3. Une onde lumineuse passe de l'eau ($n = 1,33$) au verre ($n = 1,5$). Dites si chacune des quantités suivantes augmente, diminue ou reste la même : **(a)** la longueur d'onde de l'onde ; **(b)** la vitesse de l'onde ; **(c)** la fréquence de l'onde.

Q4. Reprenez la **question Q3**, mais pour une onde lumineuse qui passe du verre à l'eau.

Q5. Expliquez pourquoi on observe des couleurs différentes à différents endroits lorsqu'on éclaire une bulle de savon avec de la lumière blanche.

EXERCICES

○ Exercice dont la solution ne requiert ni calculatrice ni algèbre complexe.

Dans les exercices, à moins d'avis contraire, lorsqu'on demande une longueur d'onde ou qu'on fournit une longueur d'onde dans l'énoncé, il s'agit de la longueur d'onde dans le vide ou dans l'air ($n = 1$).

La lumière blanche est un mélange de toutes les longueurs d'onde entre 400 nm et 700 nm.

RÉCHAUFFEMENT

3.8.1 *Changement de milieu.* De la lumière verte dont la fréquence est de 600 THz pénètre dans un prisme en verre ($n = 1,5$). Déterminez la longueur d'onde, la fréquence et le module de la vitesse de la lumière **(a)** dans l'air ; **(b)** dans le verre.

3.8.2 *Les trois plus petites épaisseurs.* Une mince pellicule d'eau savonneuse ($n = 1,33$) recouvre le toit en verre ($n = 1,5$) d'une serre. Déterminez les trois plus petites épaisseurs non nulles pour la pellicule qui causent **(a)** une réflexion *maximale* de la lumière rouge dont la longueur d'onde est de 700 nm ; **(b)** une réflexion *minimale* de la lumière bleue dont la longueur d'onde est de 450 nm.

3.8.3 *Les couleurs les plus et les moins réfléchies.* On éclaire une bulle de savon ($n = 1,33$) avec de la lumière blanche. À un endroit où l'épaisseur de la pellicule est de 630 nm, déterminez les longueurs d'onde pour lesquelles la réflexion est **(a)** maximale ; **(b)** minimale.

○ **3.8.4** *Retour sur la situation 3.* Dans la **situation 3** de l'exposé de la section, si on insère de l'huile dans l'espace entre les lamelles (sans modifier la taille de cet espace), le nombre de franges observées augmente-t-il ou diminue-t-il ? Justifiez votre réponse.

SÉRIE PRINCIPALE

3.8.5 *La transmission maximale.* Un cube de verre ($n = 1,5$) est enduit d'une mince pellicule de fluorure de magnésium ($n = 1,38$). De la lumière qui voyage dans le verre avec une longueur d'onde de 400 nm (il s'agit de la longueur d'onde *dans le verre*) frappe la pellicule. Quelle est la plus petite épaisseur de la pellicule qui fait en sorte que la quantité de lumière *transmise* est maximale ?

3.8.6 *Un peu d'huile entre deux blocs de verre.* Une pellicule d'huile ($n = 1,22$) de 950 nm d'épaisseur sépare deux blocs de verre ($n = 1,55$). On éclaire le montage avec de la lumière blanche. Quelles sont les longueurs d'onde les mieux réfléchies par la pellicule ?

3.8.7 *Une pellicule d'huile sur l'eau de la piscine.* Une pellicule d'huile ($n = 1,22$) flotte sur l'eau d'une piscine ($n = 1,33$). Lorsqu'on l'éclaire avec de la lumière blanche, on observe que la réflexion est maximale pour deux longueurs d'onde : dans le bleu à 450 nm et dans le rouge à 675 nm. Donnez les deux plus petites épaisseurs possibles pour la pellicule.

3.8.8 *La couleur des bulles de savon.* À un certain endroit de la surface d'une bulle de savon ($n = 1,33$) éclairée par de la lumière blanche, on observe qu'il y a un *minimum* de réflexion dans le vert à 501 nm et un *maximum* de réflexion dans le rouge à 668 nm. Donnez les deux plus petites valeurs possibles pour l'épaisseur de la bulle à cet endroit.

3.8.9 *Deux lamelles séparées par un fil.* Lorsqu'on sépare les extrémités droites de deux lamelles de verre avec un mince fil de métal et qu'on éclaire le montage avec de la lumière à 500 nm, on observe 15 franges brillantes et 15 franges sombres (schéma ci-dessous). (Les extrémités gauches des lamelles se touchent.) Quel est le diamètre du fil ?

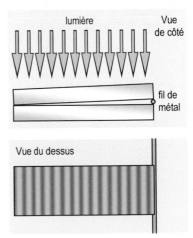

○ **3.8.10** *Deux lamelles séparées par un fil, prise 2.* Dans le montage de l'**exercice 3.8.9**, on remplit l'espace entre les lamelles avec de l'huile dont l'indice de réfraction est de 1,4. **(a)** La frange à l'extrémité gauche est-elle brillante ou sombre ? **(b)** Lorsque l'espace entre les lamelles est rempli d'huile, le nombre de franges qu'on observe est-il supérieur, inférieur ou égal au nombre de franges lorsque l'espace est rempli d'air ?

3.8.11 *Une couche de glace d'épaisseur variable.* Une mince couche de glace ($n = 1,31$) dont les faces sont planes, mais non parallèles, est éclairée par de la lumière à 600 nm : on observe 7 franges brillantes (et 7 franges sombres) par centimètre. Quel est l'angle entre les deux faces de la couche ?

L'interféromètre de Michelson

Après l'étude de cette section, le lecteur pourra analyser le fonctionnement de l'interféromètre de Michelson en utilisant la théorie de l'interférence de la lumière.

APERÇU

Dans un **interféromètre de Michelson** (dispositif inventé en 1881 par Albert A. Michelson), un faisceau lumineux est séparé en deux par un miroir semi-réfléchissant (schéma ci-contre) : les faisceaux **1** et **2** ainsi formés parcourent des trajets aller-retour perpendiculaires dont les longueurs sont respectivement de $2L_1$ et de $2L_2$, puis se recombinent. La différence de marche du faisceau **2** par rapport au faisceau **1** est

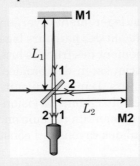

$$\delta = 2L_2 - 2L_1$$

Le faisceau recombiné forme une figure d'interférence : à l'aide d'un petit télescope, on peut observer si l'interférence, en un point donné de la figure, est constructive ou destructive.

Si on éloigne lentement le miroir **M2**, l'intensité de la lumière observée dans le télescope varie périodiquement entre la situation où l'interférence est constructive et celle où elle est destructive. Lorsque le miroir s'éloigne de $\lambda/4$ (où λ est la longueur d'onde de la lumière utilisée), la distance aller-retour parcourue par le faisceau **2** augmente de $\lambda/2$, ce qui se traduit par une différence de marche *supplémentaire* de $\lambda/2$ et transforme l'interférence constructive en interférence destructive, et vice versa. Ainsi, en regardant dans le télescope et en comptant le nombre de maximums et de minimums qui « défilent » pendant qu'on éloigne le miroir, on peut déterminer de combien de longueurs d'onde celui-ci s'est déplacé.

Si on utilise une vis très fine pour déplacer le miroir **M2**, on peut connaître son déplacement avec une très grande précision, ce qui permet de déterminer la longueur d'onde de la lumière. En revanche, si on connaît la longueur d'onde de la lumière, l'interféromètre de Michelson permet de mesurer de petits déplacements avec une très grande précision.

On peut se servir de l'interféromètre de Michelson pour déterminer l'indice de réfraction d'un gaz. Il s'agit de placer un cylindre transparent de longueur ℓ dans un des bras de l'interféromètre (schéma ci-contre). Le cylindre est initialement vide, et le parcours aller-retour de la lumière à travers le cylindre correspond à un nombre de longueurs d'onde

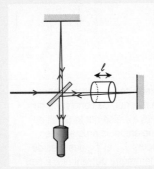

$$N_0 = \frac{2\ell}{\lambda}$$

Lorsqu'on remplit le cylindre d'un gaz d'indice de réfraction n, la longueur d'onde de la lumière dans le cylindre est λ/n, et le parcours aller-retour du faisceau dans le cylindre correspond à un nombre de longueurs d'onde

$$N = \frac{2\ell}{\lambda/n} = \frac{2n\ell}{\lambda}$$

Pendant l'introduction du gaz, le nombre de maximums qui défilent dans le télescope est égal à $N - N_0$. Ainsi, en comptant le nombre de maximums qui défilent, on peut déterminer l'indice de réfraction du gaz.

EXPOSÉ

Dans la **section 3.8 : L'interférence dans les pellicules minces**, nous avons vu que la réflexion de la lumière sur une pellicule mince génère deux rayons d'intensité non négligeable. Ces deux rayons ont des « historiques » différents, ce qui fait en sorte que, lorsqu'ils se recombinent, ils peuvent interférer de manière constructive ou destructive. En 1881, Albert A. Michelson a inventé un dispositif ingénieux qui permet de séparer un faisceau lumineux en deux, de faire parcourir un chemin différent à chaque faisceau, et de les recombiner afin de créer de l'interférence. Nous allons étudier son dispositif dans la présente section.

Dans un **interféromètre de Michelson** (schéma ci-contre), un faisceau lumineux rencontre un miroir semi-réfléchissant incliné à 45°, ce qui génère un faisceau réfléchi (**1**) et un faisceau transmis (**2**) d'intensités égales. Des miroirs **M1** et **M2** placés à des distances L_1 et L_2 du miroir semi-réfléchissant renvoient les faisceaux **1** et **2** sur eux-mêmes. Lorsque ces faisceaux rencontrent de nouveau le miroir semi-réfléchissant, la moitié du faisceau **1** continue tout droit et la moitié du faisceau **2** est réfléchie. (Sur le schéma, nous n'avons pas représenté la portion réfléchie du faisceau **1** et la portion transmise du faisceau **2**, car elles ne nous intéressent pas.) Les portions des faisceaux **1** et **2** qui parviennent jusqu'au « télescope » génèrent une figure d'interférence.

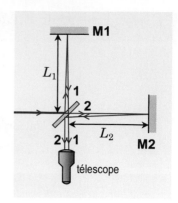

Comme le faisceau de lumière est légèrement divergent (même s'il s'agit d'un laser), les différentes parties du faisceau ont des parcours légèrement différents : ainsi, dans le télescope, on observe simultanément des franges brillantes et des franges sombres, qui forment des cercles concentriques ou des bandes parallèles courbées, selon la précision de l'alignement des miroirs. Dans ce qui suit, nous allons nous intéresser à ce qu'on observe en un point précis du champ de vision du télescope (par exemple, en plein centre où se trouve habituellement un réticule en forme de croix). Cela revient à s'intéresser uniquement à un seul des rayons qui constituent le faisceau de départ.

La différence de marche du rayon **2** par rapport au rayon **1** est

$$\delta = 2L_2 - 2L_1$$

Si on éloigne lentement le miroir **M2**, l'intensité de la lumière observée dans le télescope varie périodiquement entre la situation où l'interférence est constructive et celle où elle est destructive. Lorsque le miroir s'éloigne de $\lambda/4$ (où λ est la longueur d'onde de la lumière utilisée), la distance aller-retour parcourue par le faisceau **2** augmente de $\lambda/2$, ce qui se traduit par une différence de marche *supplémentaire* de $\lambda/2$ et transforme l'interférence constructive en interférence destructive, et vice versa. Ainsi, en regardant dans le télescope et en comptant le nombre de maximums et de minimums qui « défilent » pendant qu'on éloigne le miroir, on peut déterminer de combien de longueurs d'onde celui-ci s'est déplacé.

Si la longueur d'onde de la lumière qu'on utilise est connue, l'interféromètre de Michelson permet de mesurer de petits déplacements avec une très grande précision. En revanche, si on mesure la variation de la position des miroirs avec une très grande précision, on peut se servir de l'interféromètre pour déterminer la longueur d'onde de la lumière.

> **Situation 1 :** *La longueur d'onde de la lumière.* On envoie un faisceau de lumière de longueur d'onde inconnue dans un interféromètre de Michelson et on observe une frange brillante dans le télescope. On éloigne lentement le miroir **M2** à l'aide d'une vis très fine qui permet de mesurer avec précision le déplacement du miroir : il faut déplacer le miroir de 0,302 μm pour que la frange brillante devienne sombre puis redevienne brillante. On désire déterminer la longueur d'onde de la lumière.

Pendant qu'on éloigne le miroir **2** de $\Delta L_2 = 0{,}302\ \mu m$, la frange brillante devient sombre puis redevient brillante, ce qui signifie que la différence de marche du rayon **2** par rapport au rayon **1** a augmenté d'une longueur d'onde :

$$\Delta\delta = \lambda$$

Or, la variation $\Delta\delta$ de la différence de marche correspond à 2 fois le déplacement du miroir (puisque le rayon **2** fait un aller-retour entre le miroir semi-réfléchissant et le miroir **M2**) :

$$\Delta\delta = 2\Delta L_2$$

Ainsi, la longueur d'onde correspond au double du déplacement du miroir :

$$\lambda = 2\Delta L_2 = 2\times\left(0{,}302\ \mu m\right) = 0{,}604\ \mu m \qquad \Rightarrow \qquad \boxed{\lambda = 604\ \text{nm}}$$

Situation 2 : *L'indice de réfraction d'un gaz.* Dans un des bras d'un interféromètre de Michelson, on place un réservoir cylindrique transparent de longueur $\ell = 0{,}5$ cm (schéma ci-contre). Initialement, le cylindre est vide et on observe une frange brillante dans le télescope. Lorsqu'on introduit graduellement un gaz inconnu dans le cylindre, la frange brillante devient sombre puis redevient brillante plusieurs fois : sans compter la frange brillante initiale, on voit défiler 6 franges sombres et 5 franges brillantes (c'est sur la 6ᵉ frange sombre que la figure se stabilise à la fin). Sachant que la lumière utilisée possède une longueur d'onde (dans le vide) de 633 nm, on désire déterminer l'indice de réfraction du gaz.

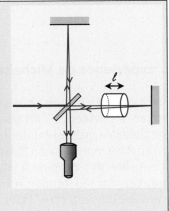

Dans cette situation, la longueur réelle des parcours des rayons **1** et **2** ne change pas. Toutefois, la longueur d'onde du rayon **2** dans le cylindre diminue lorsqu'on introduit le gaz, ce qui équivaut à augmenter la longueur de son parcours.

Initialement, le cylindre de longueur ℓ est vide. Le rayon **2** effectue un aller-retour de longueur 2ℓ dans le cylindre, ce qui correspond à un nombre de longueurs d'onde

$$N_0 = \frac{2\ell}{\lambda}$$

où λ est la longueur d'onde de la lumière dans le vide.

À la fin, lorsque le cylindre contient un gaz d'indice de réfraction n, la longueur d'onde de la lumière dans le cylindre est λ/n, et le parcours aller-retour du faisceau dans le cylindre correspond à un nombre de longueurs d'onde

$$N = \frac{2\ell}{\lambda/n} = \frac{2n\ell}{\lambda}$$

Pendant l'introduction du gaz, le nombre de maximums qui défilent dans le télescope est

$$N - N_0 = \frac{2n\ell}{\lambda} - \frac{2\ell}{\lambda} = \frac{2\ell}{\lambda}(n-1)$$

d'où

$$n = 1 + \frac{(N - N_0)\lambda}{2\ell}$$

Ici, on part d'un maximum et on « traverse » 6 minimums et 5 maximums, la figure se stabilisant sur le 6e minimum (schéma ci-contre). Ainsi,

$$N - N_0 = 5,5$$

Comme $\lambda = 633\ \text{nm} = 6,33 \times 10^{-7}\ \text{m}$ et $\ell = 0,5\ \text{cm} = 0,005\ \text{m}$, l'indice de réfraction du gaz est

$$n = 1 + \frac{5,5 \times \left(6,33 \times 10^{-7}\ \text{m}\right)}{2 \times \left(0,005\ \text{m}\right)} \quad \Rightarrow \quad \boxed{n = 1,000\ 348}$$

max de départ
min 1   1
max 1
min 2   1
max 2
min 3   1
max 3
min 4   1
max 4
min 5   1
max 5
min 6 $\frac{1}{2}$

L'expérience de Michelson et Morley

En 1887, Michelson et Edward Morley ont tenté d'utiliser un interféromètre pour mettre en évidence l'effet de la vitesse de la Terre sur la vitesse de la lumière. D'après les théories qui prévalaient à l'époque, la lumière était due à l'oscillation d'un milieu intangible remplissant tout l'Univers appelé « éther », et elle se déplaçait à vitesse constante par rapport à ce milieu. Comme la Terre devait nécessairement être en mouvement par rapport à l'éther (puisqu'elle tourne autour du Soleil), la vitesse de la lumière devrait être différente selon chacun des bras perpendiculaires de l'interféromètre, ce qui devrait modifier le nombre de longueurs d'onde le long du parcours et avoir un effet sur la position des franges d'interférence. En particulier, en tournant l'interféromètre de 90° par rapport à l'orientation de la vitesse de la Terre le long de son orbite, on devrait observer un décalage des franges (les calculs théoriques prédisaient un décalage de l'ordre d'une demi-frange). Or, Michelson et Morley ne réussirent jamais à mettre en évidence un tel décalage : la vitesse de la lumière par rapport à la Terre ne semblait pas influencée par la vitesse de la Terre !

En 1905, Albert Einstein a énoncé la théorie de la relativité restreinte, remettant en question le modèle selon lequel la lumière voyage à vitesse constante par rapport à un milieu de propagation. Dans la théorie d'Einstein (le sujet du **chapitre 4**), la vitesse de la lumière dépend des propriétés fondamentales de l'espace et du temps : le rythme de l'écoulement du temps et l'échelle des longueurs varient d'un observateur à l'autre, ce qui fait en sorte que la lumière se déplace toujours exactement à la même vitesse par rapport à tous les observateurs, et ce, peu importe le mouvement de ceux-ci ou de la source qui émet la lumière. La théorie d'Einstein explique de manière naturelle les résultats (ou plutôt l'absence de résultat) de l'expérience de Michelson et Morley. En 1907, Michelson reçut le prix Nobel de physique.

interféromètre de Michelson : dispositif en forme de croix permettant de scinder un faisceau de lumière en deux à l'aide d'un miroir semi-réfléchissant placé au centre de la croix, de faire voyager chaque partie du faisceau selon un aller-retour le long d'un des bras de l'interféromètre, et de les recombiner afin de former une figure d'interférence.

QUESTIONS

Q1. Faites un schéma qui représente un interféromètre de Michelson et indiquez les parcours des deux rayons qui finissent par interférer.

Q2. Dans un interféromètre de Michelson, de quelle distance doit-on éloigner un des miroirs pour qu'une frange brillante dans le télescope devienne une frange sombre ?

Q3. Décrivez au moins deux mesures utiles qu'on peut effectuer grâce à un interféromètre de Michelson.

Q4. Quel était le but de l'expérience de Michelson et Morley ? Quel en a été le résultat ?

DÉMONSTRATION

D1. On place un cylindre transparent de longueur ℓ dans un des bras d'un interféromètre de Michelson : le cylindre est initialement vide et on le remplit d'un gaz. Montrez que l'indice de réfraction du gaz est

$$n = 1 + \frac{\lambda \, \Delta N}{2\ell}$$

où ΔN est le nombre de franges brillantes qui défilent devant l'observateur pendant qu'on introduit le gaz et λ est la longueur d'onde de la lumière utilisée.

EXERCICES

SÉRIE PRINCIPALE

3.9.1 *Dix franges brillantes plus loin.* Si l'on travaille avec de la lumière à 500 nm, de quelle distance doit-on éloigner un des miroirs d'un interféromètre de Michelson pour voir défiler 10 franges brillantes dans le télescope ? (On suppose que la frange est initialement sombre, on voit défiler 10 franges brillantes et on termine de nouveau sur une frange sombre.)

3.9.2 *Trois quarts de frange.* Lorsqu'on insère une mince pellicule de plastique dont l'indice de réfraction est de 1,6 dans un des bras d'un interféromètre de Michelson (le plan de la pellicule étant perpendiculaire au faisceau lumineux), on observe que la figure d'interférence dans le télescope est décalée de 0,75 frange. Sachant que la lumière utilisée a une longueur d'onde de 633 nm (dans l'air), quelle est l'épaisseur de la pellicule ?

SÉRIE SUPPLÉMENTAIRE

3.9.3 *La détermination de l'indice de réfraction d'un gaz.* Considérez un interféromètre de Michelson dont un des bras contient un cylindre transparent qu'on peut remplir d'un gaz afin de déterminer l'indice de réfraction de celui-ci. (On dispose également d'une pompe permettant de faire le vide dans le cylindre.) Si l'interféromètre fonctionne avec de la lumière à 550 nm, quelle doit être la longueur minimale du cylindre pour que le décalage observé dans le télescope lorsqu'on remplace le vide par un gaz d'indice de réfraction 1,0001 corresponde *au moins* à une frange ?

La polarisation

**Après l'étude de cette section, le lecteur pourra définir la polarisation de la lumière
et déterminer la fraction de lumière transmise par un filtre polarisant.**

APERÇU

Dans une onde lumineuse, les champs électrique et magnétique oscillent perpendiculairement à la direction de propagation (l'onde est transversale). La **polarisation** de l'onde correspond à la direction selon laquelle oscille son champ électrique. Sur un schéma, on la représente par un segment perpendiculaire à la direction de propagation de l'onde, avec une pointe de flèche à chaque extrémité (schéma ci-dessous).

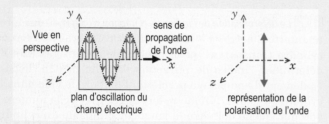

Vue en perspective

sens de propagation de l'onde

plan d'oscillation du champ électrique

représentation de la polarisation de l'onde

Un **polariseur** est un filtre qui possède un **axe de transmission** : si la polarisation de la lumière est parallèle à l'axe de transmission, le polariseur laisse passer toute la lumière ; si la polarisation de la lumière est perpendiculaire à l'axe de transmission, le polariseur absorbe toute la lumière. De manière générale, l'intensité I de la lumière après la traversée du polariseur est

$$\boxed{I' = I \cos^2 \theta}$$ **Intensité de la lumière transmise par un polariseur**

où I est l'intensité de la lumière avant la traversée du polariseur et θ est l'angle entre la polarisation de la lumière et l'axe de transmission (schéma ci-contre). Peu importe son état de polarisation initial, *la polarisation de la lumière transmise correspond à celle de l'axe de transmission du polariseur.*

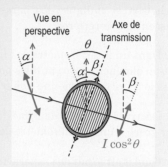

Vue en perspective

Axe de transmission

I

$I \cos^2 \theta$

De la **lumière non polarisée** (comme celle qui est émise par le Soleil et la plupart des sources de lumière) peut être considérée comme une superposition d'ondes lumineuses dont les polarisations sont réparties également selon toutes les possibilités. Lorsqu'un tel faisceau rencontre un polariseur, *la moitié de son intensité est transmise*, et ce, peu importe l'orientation de l'axe de transmission du polariseur :

$$I' = 0,5\, I$$

Cela découle du fait que la moyenne sur l'intervalle entre 0 et 90° de la fonction $\cos^2 \theta$ est égale à 0,5.

EXPOSÉ

Dans le **tome B**, à la **section 5.11 : Les équations de Maxwell**, nous avons vu que la lumière est une onde électromagnétique : au passage d'une onde lumineuse, les valeurs locales du champ électrique et du champ magnétique oscillent. Les phénomènes de polarisation que nous allons étudier dans la présente section montrent que les ondes électromagnétiques sont *transversales* : les champs électrique et magnétique oscillent perpendiculairement à la direction de propagation de la lumière (schéma ci-contre). De plus, l'oscillation du champ électrique est toujours perpendiculaire à celle du champ magnétique.

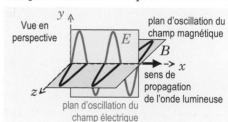

Vue en perspective

plan d'oscillation du champ magnétique

E

B

sens de propagation de l'onde lumineuse

plan d'oscillation du champ électrique

Certains filtres, appelés **polariseurs**, laissent passer la lumière de manière privilégiée pour certaines orientations de l'oscillation des champs électrique et magnétique. Pour étudier l'interaction entre la lumière et un polariseur, il est utile d'introduire une propriété des ondes lumineuses appelée **polarisation** : par convention, elle correspond à la direction selon laquelle oscille le champ *électrique*.

Sur un schéma, on peut représenter une onde lumineuse polarisée par un segment perpendiculaire à la direction de propagation de l'onde, avec une pointe de flèche à chaque extrémité : sur le schéma ci-contre, nous avons représenté une onde lumineuse voyageant selon l'axe x et dont la polarisation est orientée selon l'axe y.

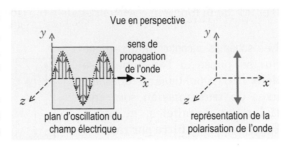

Un polariseur est un filtre qui possède un **axe de transmission**. Si de la lumière polarisée rencontre un polariseur dont l'axe de transmission est parallèle à sa polarisation (schéma ci-contre, à gauche), elle est intégralement transmise ; si l'axe de transmission est perpendiculaire à la polarisation de la lumière (schéma ci-contre, à droite), le polariseur absorbe la lumière (l'énergie de la lumière augmente légèrement la température du polariseur).

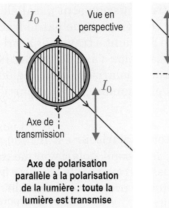

Axe de polarisation parallèle à la polarisation de la lumière : toute la lumière est transmise

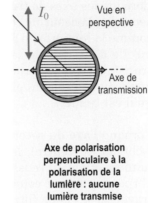

Axe de polarisation perpendiculaire à la polarisation de la lumière : aucune lumière transmise

Dans un filtre polarisant, l'absorption sélective de la lumière est causée par des molécules de forme allongée qui sont alignées dans une certaine direction. Ces molécules absorbent la lumière dont la polarisation est dans le sens de leur longueur, et laissent passer celle dont la polarisation est perpendiculaire. Ainsi, les molécules dans un filtre polarisant sont alignées *perpendiculairement* à l'axe de transmission.

L'intensité I de la lumière après la traversée du polariseur est

$$I' = I\cos^2\theta$$

Intensité de la lumière transmise par un polariseur

où I est l'intensité de la lumière avant la traversée du polariseur et θ est l'angle entre la polarisation de la lumière et l'axe de transmission (schéma ci-contre). Peu importe son état de polarisation initial, *la polarisation de la lumière transmise correspond à celle de l'axe de transmission du polariseur.*

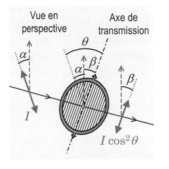

Lorsque l'axe de transmission est parallèle à la polarisation de la lumière, $\theta = 0$, $\cos^2\theta = 1$ et $I' = I$; lorsque l'axe de transmission est perpendiculaire à la polarisation de la lumière, $\theta = 90°$, $\cos^2\theta = 0$ et $I' = 0$. Pour un angle $\theta = 45°$ entre l'axe de transmission et la polarisation de la lumière, l'intensité transmise est

$$I' = I\cos^2(45°) = I\left(\frac{\sqrt{2}}{2}\right)^2 = \frac{I}{2}$$

L'équation ci-contre a été découverte expérimentalement par Étienne Louis Malus en 1809 : elle est connue sous le nom de « loi de Malus ».

On peut justifier la loi de Malus par le fait que la composante du champ électrique qui est transmise est celle qui est parallèle à l'axe de transmission : $E\cos\theta$. Comme l'intensité de la lumière est proportionnelle au carré de l'amplitude du champ électrique, elle est proportionnelle à $\cos^2\theta$.

La plupart des sources de lumière (par exemple, le Soleil ou une ampoule électrique) émettent de la **lumière non polarisée**, c'est-à-dire de la lumière pouvant être considérée comme une superposition d'ondes lumineuses dont les polarisations sont réparties également selon toutes les possibilités.

Lorsque de la lumière non polarisée rencontre un polariseur, *la moitié de son intensité est transmise*, et ce, peu importe l'orientation de l'axe de transmission du polariseur :

$$I' = 0,5\,I$$

Cela découle du fait que la moyenne sur l'intervalle entre 0 et 90° de la fonction $\cos^2\theta$ est égale à 0,5 (schéma ci-contre).

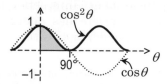

QI 1 Pour la situation illustrée sur le schéma ci-contre, au centre, calculez la fraction de la lumière qui parvient à traverser les deux filtres à l'endroit où ils sont superposés, en supposant qu'elle est initialement non polarisée.

Les schémas ci-contre montrent ce qui se passe si l'on superpose deux filtres polarisants dont les axes de transmission sont initialement parallèles, et qu'on fait tourner un filtre par rapport à l'autre.

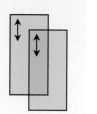 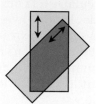 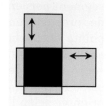

Lorsque les axes de transmission sont parallèles (schéma de gauche), la présence du second polariseur ne change presque pas la fraction de la lumière qui est transmise : comme la lumière qui parvient à traverser le premier polariseur est polarisée (une fois qu'elle a été transmise) selon l'axe de transmission de celui-ci, elle est entièrement transmise par le second polariseur. (La région où les polariseurs sont superposés apparaît légèrement plus sombre, car une partie de l'absorption du filtre vient du fait qu'il est teinté.)

Lorsque l'axe du second polariseur est incliné à 45° par rapport à l'axe du premier (schéma du centre), le second polariseur laisse passer $\cos^2(45°) = 0,5 = 50\,\%$ de la lumière qui avait réussi à traverser le premier filtre. Lorsque l'axe du second filtre est perpendiculaire à celui du premier (schéma de droite), aucune lumière ne parvient à traverser les deux filtres.

Situation 1 : *La traversée de deux polariseurs.* De la lumière non polarisée d'intensité initiale I traverse deux polariseurs. L'axe de transmission du premier polariseur est incliné à 20° par rapport à la verticale. L'axe de transmission du second polariseur est incliné à 50° par rapport à la verticale (cet angle d'inclinaison est mesuré dans le même sens que pour le premier polariseur). On désire déterminer l'intensité de la lumière à la sortie du second polariseur.

Nous avons représenté la situation sur le schéma ci-contre : la lumière non polarisée est représentée par une superposition de segments fléchés qui couvre l'ensemble des orientations possibles.

Comme la lumière est initialement non polarisée, la moitié de l'intensité initiale I parvient à traverser le premier polariseur. Ainsi, l'intensité après le premier polariseur est

$$I' = 0,5\,I$$

La lumière qui parvient à traverser le premier polariseur est polarisée selon son axe de transmission, c'est-à-dire à 20° par rapport à la verticale.

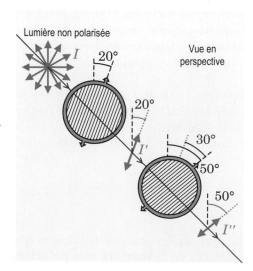

L'axe de transmission du second polariseur est incliné à 50° par rapport à la verticale. Par conséquent, pour le second polariseur, l'angle θ entre la polarisation de la lumière et l'axe de transmission est

$$\theta = 50° - 20° = 30°$$

Ainsi, l'intensité de la lumière après le passage du second polariseur est

$$I'' = I' \cos^2 \theta = (0,5\,I) \cos^2 30° = 0,5\,I \times 0,8660^2 \qquad \Rightarrow \qquad \boxed{I'' = 0,375\,I_0}$$

c'est-à-dire 37,5 % de l'intensité initiale.

Les lunettes polarisées

Certaines paires de lunettes de soleil sont polarisées afin d'atténuer le plus possible la lumière du Soleil qui est réfléchie par les surfaces *horizontales* (routes mouillées, plans d'eau, etc.) : en effet, ce type de réflexion est responsable d'une bonne partie de l'« aveuglement » propre à un environnement trop éclairé.

Lorsque la lumière non polarisée du Soleil frappe une surface horizontale, la lumière dont la polarisation est parallèle au plan de la surface (c'est-à-dire celle dont la polarisation est horizontale) est mieux réfléchie que celle qui possède toute autre polarisation : ainsi, la lumière réfléchie est polarisée horizontalement. (La polarisation peut être partielle ou totale, selon la nature de la surface réfléchissante et l'angle d'incidence.) Pour atténuer cette lumière réfléchie, les lentilles des lunettes de soleil polarisées possèdent des axes de transmission *verticaux*.

On peut reconnaître une paire de lunettes polarisée en détachant les lentilles, en les superposant et en faisant tourner une lentille par rapport à l'autre : si la transmission devient nulle lorsqu'une des lentilles est tournée de 90°, on est en présence de filtres polarisants. (Si l'on dispose de deux paires de lunettes polarisées, il n'est pas nécessaire de détacher les lentilles : on peut tout simplement superposer une lentille d'une paire avec une lentille de l'autre paire !)

Les lunettes spéciales distribuées dans les cinémas où l'on projette des films 3D possèdent une lentille polarisée horizontalement et une autre verticalement. Les images projetées sur l'écran sont elles aussi polarisées : celles qui sont destinées à un œil sont polarisées horizontalement, et celles qui sont destinées à l'autre sont polarisées verticalement. Ainsi, chaque œil voit des images différentes, ce qui permet de recréer le sens de profondeur que nous percevons en observant des objets rapprochés avec nos deux yeux.

QI 2 Dans la **situation 1**, quelle serait l'intensité finale si l'axe de transmission du second polariseur était incliné à 50° par rapport à la verticale *dans l'autre sens* ?

Réponses aux questions instantanées

QI 1 25 %

QI 2 $I'' = 0,0585\,I$

axe de transmission : la lumière dont la polarisation correspond à l'orientation de l'axe de transmission d'un filtre polariseur est transmise à 100 %.

lumière non polarisée : superposition d'ondes lumineuses dont les polarisations sont réparties selon toutes les possibilités : par exemple, la lumière émise par le Soleil ou par une ampoule électrique ordinaire.

polarisation : direction d'oscillation du champ électrique d'une onde lumineuse.

polariseur : filtre constitué d'un matériau qui laisse passer de manière préférentielle la lumière possèdent une certaine polarisation.

QUESTIONS

Q1. Dans l'équation $I' = I \cos^2\theta$, que représente θ ?

Q2. De la lumière rencontre un polariseur. Donnez le pourcentage de transmission si la polarisation de la lumière est **(a)** perpendiculaire à l'axe de transmission ; **(b)** parallèle à l'axe de transmission ; **(c)** orientée à 45° par rapport à l'axe de transmission.

Q3. (a) Quelle est la fraction d'un faisceau de lumière non polarisée qui parvient à traverser un polariseur ? **(b)** Comment peut-on démontrer le résultat en (a) à partir de l'équation $I' = I \cos^2\theta$?

Q4. Décrivez une expérience simple faisant intervenir *deux* polariseurs qui illustre le fait que la polarisation de la lumière venant de traverser un polariseur correspond à la direction de l'axe de transmission du polariseur en question.

EXERCICES

SÉRIE PRINCIPALE

3.10.1 *Le pourcentage transmis.* Pour chacune des situations suivantes, calculez le pourcentage de la lumière qui est transmis. **(a)** Un faisceau de lumière non polarisée traverse un polariseur dont l'axe de transmission fait un angle de 20° avec l'horizontale. **(b)** Un faisceau de lumière polarisée horizontalement traverse un polariseur dont l'axe de transmission fait un angle de 75° avec l'horizontale. **(c)** Un faisceau de lumière non polarisée traverse successivement deux polariseurs dont les axes de transmission sont inclinés à 65° l'un par rapport à l'autre. **(d)** Un faisceau de lumière non polarisée traverse successivement deux polariseurs : l'axe de transmission du premier est vertical et l'axe du second est horizontal. **(e)** Un faisceau de lumière non polarisée traverse successivement trois polariseurs : l'axe de transmission du premier est vertical, l'axe du deuxième est incliné à 45° par rapport à la verticale et l'axe du troisième est horizontal.

3.10.2 *L'ajout d'un troisième polariseur.* De la lumière non polarisée traverse deux polariseurs : l'un dont l'axe de transmission est vertical et l'autre dont l'axe de transmission est horizontal. **(a)** Quelle fraction de l'intensité lumineuse initiale est transmise par le premier polariseur ? **(b)** Quelle fraction de l'intensité lumineuse est transmise par l'agencement des deux polariseurs ? **(c)** Si on ajoute un troisième polariseur dont l'axe de transmission fait 45° avec l'horizontale *entre* les deux polariseurs de la situation initiale, quelle est la fraction de lumière transmise par le nouvel agencement ? **(d)** Quelle serait la réponse en (c) si on ajoutait plutôt le troisième polariseur après le deuxième ?

3.10.3 *Le sens a de l'importance.* De la lumière non polarisée est transmise à travers deux polariseurs inclinés de 40° par rapport à la verticale : le premier est incliné de 40° dans le sens horaire, tandis que le second est incliné de 40° dans le sens antihoraire. **(a)** Quel pourcentage de l'intensité initiale est transmis par cette combinaison de polariseurs ? **(b)** Quel aurait été ce pourcentage si on avait incliné les deux polariseurs dans le même sens ?

3.10.4 *Diminuer la fraction de lumière transmise.* De la lumière traverse successivement deux polariseurs dont les axes de transmission possèdent la même direction. De quel angle doit-on faire pivoter un des polariseurs pour que l'intensité de la lumière transmise soit *diminuée* du tiers ?

Synthèse du chapitre

Après l'étude de cette section, le lecteur pourra résoudre des problèmes d'optique ondulatoire
en intégrant les différentes connaissances présentées dans ce chapitre.

FICHES DE SYNTHÈSE

Paramètres du chapitre

Paramètre	Symbole	Unité SI
différence de marche	δ (delta)	
distance entre deux fentes	d	
largeur d'une fente	a	m
diamètre d'une ouverture	D	
limite de résolution	$\theta_{\lim}$ (thêta indice « lim »)	rad

Spectre électromagnétique

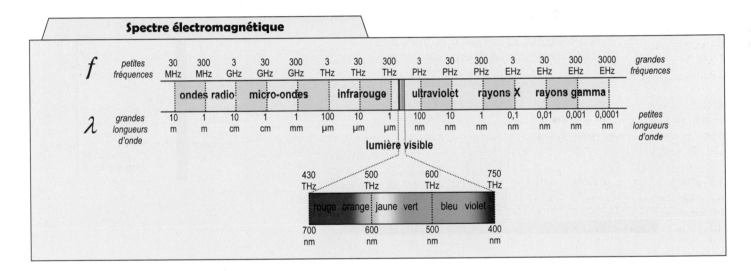

Interférence constructive et destructive

INTERFÉRENCE

constructive   destructive

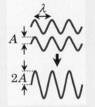

Différence de marche $\delta = r_2 - r_1$

Différence de phase (déphasage)
correspondant à une différence de marche :

$$\Delta\phi = \frac{\delta}{\lambda} \times (2\pi \text{ rad})$$

Pour deux sources **en phase** :

$$\delta_{\max} = m\lambda \quad \text{**Interférence constructive**}$$

$$\delta_{\min} = (m + \tfrac{1}{2})\lambda \quad \text{**Interférence destructive**}$$

$$m = \dots -2, -1, 0, 1, 2, \dots$$

L'interférence est **constructive** si le
déphasage $\Delta\phi$ est un **multiple entier** de
2π rad ($-4\pi, -2\pi, 0, 2\pi, 4\pi$, etc.)
et **destructive** si $\Delta\phi$ est un **multiple demi-
entier** de 2π rad ($-3\pi, -\pi, \pi, 3\pi$, etc.).

Figures de diffraction et d'interférence

DIFFRACTION
Une fente de largeur a

$$\boxed{\delta_a = a\sin\theta}$$

(l'écran est à une distance $L \gg a$)

INTERFÉRENCE

Expérience de Young
Deux fentes séparées par une distance d

Réseau
Plusieurs fentes séparées par un pas d

$$\boxed{\delta = d\sin\theta}$$

(l'écran est à une distance $L \gg d$)

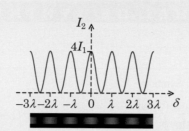

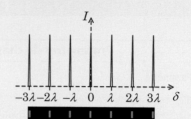

$$\boxed{\delta_{\min} = m\lambda \quad (m = \pm 1, \pm 2, \pm 3, ...)}$$

$$\delta_{\max} = m\lambda \qquad \delta_{\min} = (m+\tfrac{1}{2})\lambda$$

$$\boxed{I = I_0 \frac{\sin^2(\Delta\phi_a/2)}{(\Delta\phi_a/2)^2}}$$

$$\boxed{I_2 = 4I_1 \cos^2\left(\frac{\Delta\phi}{2}\right)}$$

INTERFÉRENCE ET DIFFRACTION COMBINÉES
2 fentes de largeur a séparées par une distance d

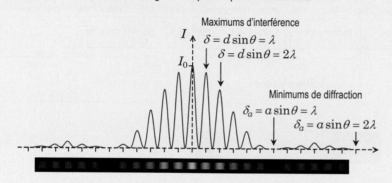

Maximums d'interférence
$$\delta = d\sin\theta = \lambda$$
$$\delta = d\sin\theta = 2\lambda$$

Minimums de diffraction
$$\delta_a = a\sin\theta = \lambda$$
$$\delta_a = a\sin\theta = 2\lambda$$

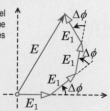

$$\tan\theta = \frac{y}{L}$$

$$I_2 = I_0 \frac{\sin^2(\Delta\phi_a/2)}{(\Delta\phi_a/2)^2}\cos^2\left(\frac{\Delta\phi}{2}\right)$$

$$\Delta\phi = \frac{\delta}{\lambda} \times (2\pi\ \text{rad})$$

$$\Delta\phi_a = \frac{\delta_a}{\lambda} \times (2\pi\ \text{rad})$$

Interférence à N fentes

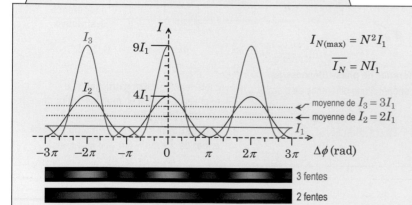

$$I_{N(\max)} = N^2 I_1$$

$$\overline{I_N} = N I_1$$

moyenne de $I_3 = 3I_1$
moyenne de $I_2 = 2I_1$

3 fentes

2 fentes

Vecteurs de Fresnel

Diagramme de Fresnel pour un système à 4 fentes

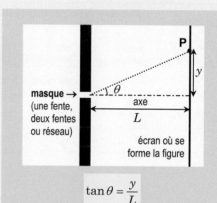

L'intensité I de la lumière est proportionnelle au carré de l'amplitude E du champ électrique résultant.

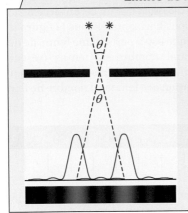

Si la « fente » est une ouverture circulaire de diamètre D,
la **limite de résolution** (séparation angulaire minimale entre deux sources lumineuses pour que l'on puisse les distinguer) est

$$\boxed{\theta_{\text{lim}} = 1{,}22 \frac{\lambda}{D}}$$ **Critère de Rayleigh** ($\theta_{\text{lim}} \ll 1$ rad)

$1° = 60' = 3600''$

↑ degré   ↑ minute d'arc   ↑ seconde d'arc

Interférence dans les pellicules minces

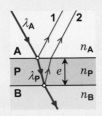

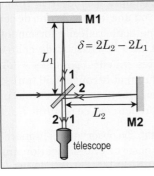

$$\Delta\phi = \Delta\phi_r + \Delta\phi_e$$

$= 0$ ou 2π ⇔ interférence constructive (réflexion maximale)

$= 0$ ⇔ les deux réflexions sont dures ou les deux réflexions sont molles

$= 0$ ⇔ $\delta = 2e = m\lambda_P$

$= \pi$ ⇔ $\delta = 2e = (m + \frac{1}{2})\lambda_P$

$= \pi$ ⇔ interférence destructive (réflexion minimale)

$= \pi$ ⇔ une réflexion est dure et l'autre est molle

$$\boxed{\frac{\lambda'}{\lambda} = \frac{n}{n'}} \Rightarrow \lambda_P = \frac{n_A}{n_P}\lambda_A$$

Interféromètre de Michelson

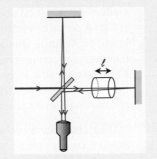

$$\delta = 2L_2 - 2L_1$$

Nombre de longueurs d'onde dans le cylindre (aller-retour) :

Cylindre vide : $N_0 = \frac{2\ell}{\lambda}$ (λ est la longueur d'onde dans le vide)

Cylindre rempli d'un gaz d'indice n : $N = \frac{2\ell}{\lambda/n} = \frac{2n\ell}{\lambda}$

Quand on remplit le cylindre, un nombre de franges brillantes $N - N_0$ défile dans le télescope.

Polarisation

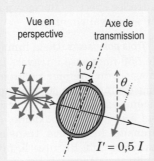

Lumière **non polarisée** traversant un polariseur

Vue en perspective

Axe de transmission

$I' = 0{,}5\, I$

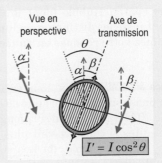

Lumière **polarisée** traversant un polariseur

Vue en perspective

Axe de transmission

$$\boxed{I' = I\cos^2\theta}$$

TERMES IMPORTANTS

3.10	axe de transmission	3.5	limite de résolution
3.5	critère de Rayleigh	3.10	lumière non polarisée
3.1	différence de marche	3.1	lumière visible
3.1	diffraction	3.5	minute d'arc
3.1	en antiphase	3.1	optique ondulatoire
3.1	en phase	3.4	pas
3.2	expérience de Young	3.10	polarisation
3.2	figure d'interférence	3.10	polariseur
3.5	figure de diffraction	3.4	réseau
3.8	incidence normale	3.5	seconde d'arc
3.1	interférence	3.1	spectre électromagnétique
3.1	interférence constructive	3.7	vecteur de Fresnel
3.1	interférence destructive		
3.9	interféromètre de Michelson		

EXERCICES

○ Exercice dont la solution ne requiert ni calculatrice ni algèbre complexe.

○ **3.11.1** *Réseaux comparés.* Un réseau **A** éclairé par un laser génère 15 points lumineux sur un écran. Lorsqu'on le remplace par un réseau **B**, on ne voit plus que 5 points lumineux. Quel réseau a le plus grand nombre de fentes par millimètre ? Justifiez votre réponse.

○ **3.11.2** *Deux longueurs d'onde et demie.* Dans le montage représenté sur le schéma ci-contre, la différence de marche entre les deux rayons est égale à $5\lambda/2$, où λ est la longueur d'onde de la lumière utilisée. Dites à quel numéro de maximum ou de minimum correspond le point **P**.

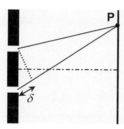

○ **3.11.3** *Un, deux ou trois polariseurs ?* Pour bloquer davantage la lumière du jour (non polarisée), quelle combinaison est la plus efficace ? Justifiez votre réponse.
A. Un polariseur dont l'axe de polarisation est vertical.
B. Deux polariseurs dont le premier possède un axe de transmission horizontal et le second un axe vertical.
C. Trois polariseurs dont le premier possède un axe de transmission horizontal, le second un axe incliné à 45° par rapport au premier et le troisième un axe vertical.

3.11.4 *Deux étoiles dans une autre galaxie.* Quelle doit être la distance minimale entre deux étoiles dans une galaxie se trouvant à 10 millions d'années-lumière de distance pour que le télescope spatial Hubble (dont le diamètre est de 2,4 m) puisse tout juste les distinguer en lumière violette (à 400 nm) ? Exprimez votre réponse en années-lumière et en mètres.

3.11.5 *Interférence à 20 MHz.* Deux sources d'ondes électromagnétiques en phase situées à 2 m l'une de l'autre émettent à la fréquence de 20 MHz. **(a)** Calculez la longueur d'onde des ondes émises, et dites si celles-ci sont plus ou moins énergétiques que la lumière visible. **(b)** Les sources peuvent-elles interférer de manière destructive ? Justifiez votre réponse. **(c)** Reprenez la question (b) pour de l'interférence constructive.

3.11.6 *Un masque mystère.* Lorsqu'on éclaire un « masque mystère » avec de la lumière rouge à 633 nm, on observe la figure représentée sur le schéma ci-dessous sur un écran situé à 2,5 m de distance. Les graduations horizontales sous la figure sont espacées de 1 cm. Le masque est-il percé d'une fente, de deux fentes ou d'un très grand nombre de fentes (réseau) ? Déterminez les caractéristiques pertinentes du masque : largeur des fentes, séparation des fentes ou nombre de fentes par centimètre.

3.11.7 *Un masque mystère, prise 2.* Reprenez l'**exercice 3.11.6** pour la figure représentée sur le schéma ci-dessous.

3.11.8 *Un masque mystère, prise 3.* Reprenez l'**exercice 3.11.6** pour la figure représentée sur le schéma ci-dessous.

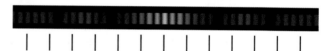

3.11.9 *Une tache d'huile sur le bitume.* On observe sur le bitume ($n = 1,64$) une mince pellicule d'huile ($n = 1,22$). **(a)** Dites quels sont les deux types de réflexion (dure ou molle) que subissent les rayons lumineux qui interfèrent dans cette situation. **(b)** Aux endroits où l'épaisseur de la pellicule est négligeable comparée aux longueurs d'onde de la lumière visible, observe-t-on une faible ou une forte réflexion de celle-ci ? **(c)** À certains endroits, la pellicule réfléchit fortement le jaune (580 nm). Quelle peut être l'épaisseur de celle-ci ? (Donnez les trois plus petites valeurs possibles.) **(d)** À d'autres endroits, le vert (520 nm) et le rouge (650 nm) sont tous deux fortement réfléchis. Quelles sont les trois plus petites épaisseurs possibles qui donnent ce résultat ?

3.11.10 *Les spectres se chevauchent.* En observant la lumière du Soleil à travers un réseau, on observe une séparation angulaire de 10° entre le maximum central où toutes les longueurs d'onde sont superposées et l'extrémité violette (400 nm) du spectre de premier ordre ($m = 1$). **(a)** Quel est le nombre de fentes par millimètre de ce réseau ? **(b)** À partir de quel ordre les spectres (formés par la lumière entre 400 et 700 nm) se chevauchent-ils ?

3.11.11 *Trois polariseurs.* De la lumière initialement non polarisée de 550 nm passe à travers trois polariseurs. L'axe de transmission du premier polariseur est vertical, celui du deuxième est incliné de 30° par rapport à la verticale et celui du troisième est incliné à 45° par rapport à la verticale *dans le même sens* que le deuxième. **(a)** Quelle est la fraction de l'intensité lumineuse transmise par la combinaison de polariseurs ? **(b)** Refaites le problème si l'axe de transmission du troisième polariseur est vertical. **(c)** Refaites le problème si l'axe de transmission du troisième polariseur est horizontal.

3.11.12 *Des maximums rouges et verts.* On réalise l'expérience de Young avec de la lumière contenant différentes longueurs d'onde. L'écran est situé à 2 m du masque. On observe que le cinquième maximum pour le rouge de longueur d'onde $\lambda = 700$ nm est situé à 2,5 cm du maximum central. **(a)** Quelle est la distance entre les deux fentes du masque ? **(b)** À quelle distance du maximum central est situé le premier maximum vert de longueur d'onde $\lambda = 525$ nm ? **(c)** Déterminez à quelle distance du centre de l'écran est situé le premier endroit où l'on trouve à la fois un maximum pour le rouge à 700 nm et un maximum pour le vert à 525 nm, et dites quel est le numéro du maximum pour chacune des couleurs. **(d)** Y a-t-il un endroit qui corresponde à un minimum pour les deux longueurs d'onde ? Justifiez votre réponse.

3.11.13 *Diffraction sur tout l'écran.* On fait passer de la lumière rouge de 630 nm à travers une mince fente rectangulaire et on observe que le maximum central (la portion de la figure de diffraction entre les premiers minimums de chaque côté du centre) remplit de justesse un écran de 4 m de largeur situé à 3 m de la fente. **(a)** Quelle est la largeur de la fente ? **(b)** Quelle largeur de fente faudrait-il pour qu'il soit certain qu'aucun minimum de diffraction ne soit visible sur l'écran, peu importe les dimensions de celui-ci ? (Dites si la fente devrait être plus petite ou plus grande que cette valeur.) **(c)** Si l'on utilise une fente deux fois plus large que la valeur limite trouvée en (b), combien de minimums seront visibles sur un écran infini ?

3.11.14 *Un coin d'air.* Une mince couche d'air d'épaisseur variable se forme entre deux lamelles de verre ($n = 1{,}52$) qu'on éclaire perpendiculairement avec une lampe au sodium (590 nm). **(a)** À l'extrémité gauche du montage, l'épaisseur de cette couche d'air est négligeable comparée à la longueur d'onde utilisée. Qu'observe-t-on à cet endroit ? **(b)** À partir de l'extrémité gauche, à quelle épaisseur de la pellicule d'air correspond la frange sombre suivante ? **(c)** Si l'on compte les franges brillantes à partir de l'extrémité gauche, quelle est l'épaisseur de la couche d'air vis-à-vis de la dixième frange brillante ?

3.11.15 *La position du premier minimum.* On envoie de la lumière sur un masque percé de N fentes également espacées. Sur le graphique $I(\Delta\phi)$ correspondant, pour quelle valeur de $\Delta\phi$ survient le premier minimum d'intensité ?

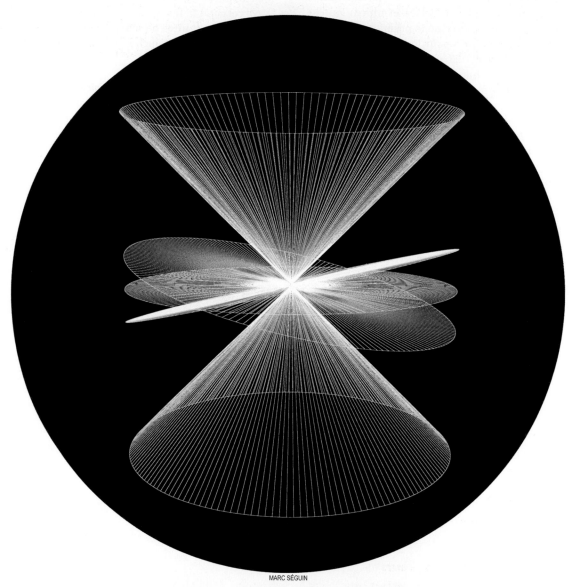

MARC SÉGUIN

Représentation « artistique » de l'espace-temps. Les plans
horizontaux représentent un espace en deux dimensions
et l'axe vertical représente le temps. L'observateur est situé
au centre de l'image : les cercles plus ou moins horizontaux
représentent différents « plans de simultanéité » correspondant
à différentes vitesses possibles pour l'observateur. L'intérieur
du cône supérieur correspond aux futurs possibles
de l'observateur, tandis que l'intérieur du cône inférieur
correspond à son passé observable. Bien que la réalisation
de diagrammes espace-temps comme celui-ci dépasse les
objectifs de cet exposé, nous allons présenter sous forme
d'équations les aspects principaux de la théorie de la relativité
sur lesquels le diagramme est basé.

Chapitre 4

RELATIVITÉ

Après l'étude de ce chapitre, le lecteur pourra évaluer les conséquences
de la relativité restreinte : dilatation du temps, contraction des longueurs,
relativité de la simultanéité, effet Doppler lumineux et mécanique relativiste.

PLAN DU CHAPITRE

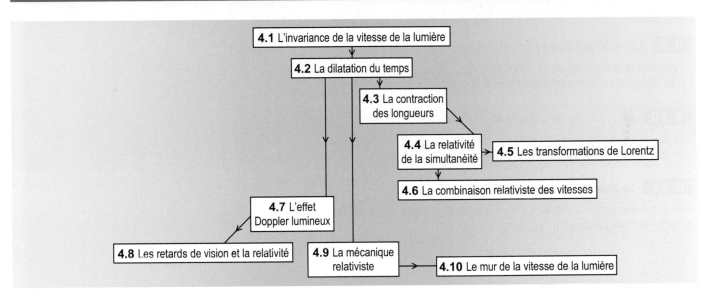

4.1 L'invariance de la vitesse de la lumière   page 381

Définir les notions de base de la relativité restreinte : référentiel inertiel, événement,
invariance de la vitesse de la lumière.

4.2 La dilatation du temps   page 387

Calculer le facteur de Lorentz, définir la notion de temps propre et décrire
le phénomène de la dilatation du temps.

$$\gamma = \frac{1}{\sqrt{1-(v/c)^2}} \qquad \gamma \approx 1 + \frac{1}{2}\left(\frac{v}{c}\right)^2$$

$$T = \gamma\, T_0$$

4.3 La contraction des longueurs   page 399

Définir la notion de longueur propre et décrire le phénomène de la contraction
des longueurs.

$$L = \frac{L_0}{\gamma}$$

4.4 La relativité de la simultanéité   page 405

Montrer que deux horloges synchronisées dans leur propre référentiel sont
désynchronisées d'après un autre référentiel, et calculer le défaut de
synchronisation.

$$\tau = \frac{L_0}{c}\frac{v}{c}$$

4.5 Les transformations de Lorentz   page 413

Utiliser les transformations de Lorentz pour mettre en relation les coordonnées
$(x_A\,;t_A)$ d'un événement d'après un référentiel A et les coordonnées $(x_B\,;t_B)$
du même événement d'après un référentiel B.

$$x_B = \gamma(x_A - v_{xBA}t_A)$$

$$t_B = \gamma\left(t_A - \frac{v_{xBA}}{c^2}x_A\right)$$

4.6 La combinaison relativiste des vitesses page 422

Calculer, en tenant compte de la relativité restreinte, la vitesse d'un objet **A** dans un référentiel **R** à partir de la vitesse de **A** dans un référentiel **B** et de la vitesse de **B** par rapport à **R**.

$$v_{x\mathbf{AR}} = \frac{v_{x\mathbf{AB}} + v_{x\mathbf{BR}}}{1 + \left(\dfrac{v_{x\mathbf{AB}}}{c}\right)\left(\dfrac{v_{x\mathbf{BR}}}{c}\right)}$$

4.7 L'effet Doppler lumineux page 428

Calculer la variation de la fréquence de la lumière qui résulte du fait que l'émetteur se rapproche ou s'éloigne du récepteur (effet Doppler longitudinal).

$$f' = \sqrt{\frac{c \pm v}{c \mp v}}\, f$$

4.8 Les retards de vision et la relativité page 433

Décrire ce que perçoit réellement un observateur en combinant les effets relativistes et les retards de vision occasionnés par la vitesse finie de la lumière.

4.9 La mécanique relativiste page 438

Déterminer la quantité de mouvement, l'énergie cinétique, l'énergie au repos et l'énergie totale d'une particule en tenant compte de la relativité restreinte.

$$\vec{p} = \gamma m \vec{v} \qquad\qquad F = \gamma^3 ma$$
$$K = (\gamma - 1)mc^2 \qquad\qquad E_0 = mc^2$$
$$E = E_0 + K = \gamma mc^2 \qquad E^2 = p^2 c^2 + m^2 c^4$$

4.10 Le mur de la vitesse de la lumière page 447

Expliquer pourquoi la relativité restreinte interdit à une particule qui possède une masse de voyager à c, et à quoi que ce soit de voyager plus vite que c.

4.11 Synthèse du chapitre page 451

Résoudre des problèmes de relativité en intégrant les différentes connaissances présentées dans ce chapitre.

L'invariance de la vitesse de la lumière

Après l'étude de cette section, le lecteur pourra définir les notions de base de la relativité restreinte : référentiel inertiel, événement, invariance de la vitesse de la lumière.

APERÇU

Dans le vide, la lumière se déplace à la même vitesse,

$$c = 3 \times 10^8 \text{ m/s}$$

par rapport à *n'importe quel* référentiel inertiel. (Un référentiel inertiel est un système de référence dans lequel le principe d'inertie est vérifié : un objet immobile qui subit une force résultante nulle demeure immobile.) En prenant l'invariance de la vitesse de la lumière comme postulat, Albert Einstein a élaboré la théorie de la **relativité restreinte**.

La relativité restreinte a comme conséquence de modifier le rythme de l'écoulement du temps (*dilatation du temps*), les longueurs parallèles au mouvement (*contraction des longueurs*) et la synchronisation des horloges placées à différents endroits dans un référentiel inertiel (*relativité de la simultanéité*).

En relativité, un **événement** est un phénomène qui se produit à un endroit précis dans l'espace et à un instant précis dans le temps. Afin de ne pas avoir besoin de tenir compte du **retard de vision** occasionné par la vitesse finie de la lumière, on peut placer des observateurs (avec des horloges synchronisées) à proximité de tous les événements importants dans une situation donnée.

EXPOSÉ

Les grands principes de physique que nous avons étudiés dans les deux premiers tomes de la collection et dans les trois premiers chapitres de ce tome ont tous été découverts avant 1900. (Les lois de la mécanique de Newton remontent à la fin du 17e siècle, tandis que le principe de conservation de l'énergie et les lois de l'électromagnétisme ont été formulés au 19e siècle.) Dans les premières décennies du 20e siècle, la physique s'est enrichie de manière spectaculaire avec l'apparition de nouveaux domaines d'étude : la relativité (étude des propriétés fondamentales de l'espace et du temps), la physique quantique (étude de la structure de l'atome, du comportement des particules élémentaires et de l'interaction entre la lumière et la matière), et la physique nucléaire (étude de la stabilité des noyaux atomiques ainsi que des processus de fission et de fusion nucléaires). Cette « physique moderne » (par opposition avec la « physique classique » d'avant 1900) fera l'objet du présent chapitre (qui traite de la théorie de la relativité) et du **chapitre 5 : Physique quantique et nucléaire**.

L'origine de la théorie de la relativité restreinte

Dans la plupart des situations que nous avons étudiées jusqu'à présent, la surface de la Terre, proche de l'endroit où se produit la situation, est considérée plus ou moins explicitement comme système de référence. En particulier, lorsqu'on spécifie la vitesse d'une particule ou d'un objet, il est habituellement sous-entendu qu'il s'agit de sa vitesse par rapport à la surface de la Terre. Évidemment, la Terre tourne sur elle-même et est en orbite autour du Soleil ; le Soleil est en orbite autour du centre de notre galaxie, la Voie lactée ; la Voie lactée participe à l'expansion de l'Univers qui a été mise en évidence dans les années 1930 par les astronomes. D'après notre conception actuelle de la physique, il est impossible de définir un point de repère universel qui permettrait de spécifier la vitesse d'un objet de manière absolue. Par conséquent, la vitesse est un concept relatif : de manière rigoureuse, une vitesse devrait toujours être écrite v_{AB} (la vitesse de **A** par rapport à **B**).

événement : en relativité, tout phénomène qui se produit à une position précise dans l'espace et à un instant précis dans le temps.

relativité restreinte : (Albert Einstein, 1905) redéfinition de l'espace et du temps basée sur l'invariance de la vitesse de la lumière et limitée aux référentiels inertiels.

retard de vision : intervalle de temps entre un événement et l'instant où il est observé ; le retard est dû au fait que la lumière ne se déplace pas à une vitesse infinie.

QUESTIONS

Q1. Donnez un exemple d'un référentiel qui peut être considéré comme inertiel et un exemple d'un référentiel qui ne peut pas être considéré comme inertiel.

Q2. Vrai ou faux ? Tout référentiel qui se déplace à vitesse constante par rapport à un référentiel inertiel est aussi un référentiel inertiel.

Q3. Vrai ou faux ? Einstein a utilisé l'expérience de Michelson et Morley comme point de départ de sa théorie.

Q4. Vrai ou faux ? Les lois de Maxwell donnent la vitesse de la lumière dans le vide, mais ne spécifient pas par rapport à quoi cette vitesse est mesurée.

Q5. En prenant comme point de départ l'invariance de la vitesse de la lumière, Einstein a découvert trois effets : la dilatation _____, la contraction _____ et la relativité _____.

Q6. Quelle est la différence entre la relativité restreinte et la relativité générale ?

Q7. **(a)** Énoncez les deux postulats de la relativité restreinte. **(b)** À quelle condition peut-on dire que le deuxième postulat découle du premier ?

Q8. « *D'une certaine façon, Einstein a échangé un absolu pour un autre.* » Que veut-on dire par cette phrase ?

Q9. **(a)** Dans le contexte de la relativité, quelle est la définition d'un *événement* ? **(b)** Donnez un exemple d'événement et un exemple de quelque chose qui ne peut pas être considéré comme un événement.

Q10. (a) Quelle approche préconise-t-on en relativité afin d'éviter d'avoir besoin de tenir compte des retards de vision ? **(b)** Pourquoi la synchronisation des horloges revêt-elle une importance toute particulière en relativité ?

La dilatation du temps

Après l'étude de cette section, le lecteur pourra calculer le facteur de Lorentz,
définir la notion de temps propre et décrire le phénomène de la dilatation du temps.

APERÇU

Afin de comparer les mesures d'espace et de temps prises dans deux référentiels inertiels qui se déplacent l'un par rapport à l'autre avec une vitesse de module v, il est utile de définir le **facteur de Lorentz** (symbole : γ, la lettre grecque gamma) :

$$\gamma = \frac{1}{\sqrt{1-(v/c)^2}}$$ **Facteur de Lorentz**

Le facteur de Lorentz est toujours plus grand ou égal à 1 ($\gamma = 1$ lorsque $v = 0$). Lorsque $v \ll c$, l'approximation

$$(1-x)^n \approx 1 - nx \qquad (x \ll 1)$$

permet d'écrire

$$\gamma \approx 1 + \frac{1}{2}\left(\frac{v}{c}\right)^2$$ **Facteur de Lorentz ($v \ll c$)**

L'intervalle de temps entre deux événements dépend du référentiel inertiel dans lequel il est mesuré. Supposons qu'il existe un référentiel inertiel **O** d'après lequel les deux événements ont lieu *au même endroit*. Dans ce référentiel, on peut mesurer l'intervalle de temps entre deux événements à l'aide *d'une seule horloge* (un seul observateur) : il s'agit de l'**intervalle de temps propre** (symbole : T_0) entre les deux événements.

D'après les observateurs dans un référentiel inertiel qui se déplace par rapport à **O** avec une vitesse de module v, l'intervalle de temps T entre les deux événements est *plus grand* que l'intervalle de temps propre :

$$T = \gamma T_0$$ **Dilatation du temps**

Par conséquent, on donne le nom de **dilatation du temps** à cet effet relativiste.

Lorsqu'on utilise l'équation

$$v = \frac{D}{T}$$

(*vitesse = déplacement / intervalle de temps*) en relativité, il est important de s'assurer que le déplacement et l'intervalle de temps sont mesurés dans le *même* référentiel inertiel.

Une *année-lumière* (a.l.) est la distance parcourue par la lumière en un an :

$$1 \text{ a.l.} = 1 \text{ an} \times c$$

EXPOSÉ

Dans un futur plus ou moins rapproché, on a construit deux vaisseaux spatiaux très longs dans le but d'illustrer de manière pédagogique les principes de base de la relativité restreinte. Le *Bellatrix* mesure $\ell = 6$ km de longueur et son système de propulsion lui permet de voyager à grande vitesse dans la direction *perpendiculaire* à sa longueur (schéma ci-contre). L'*Altaïr* mesure $L = 9$ km de longueur et il peut se déplacer à grande vitesse dans la direction *parallèle* à sa longueur (schéma ci-dessous). Les longueurs ℓ et L sont mesurées dans un référentiel où les vaisseaux sont au repos. (Comme nous le verrons à la section suivante, cette précision est nécessaire dans le contexte de la relativité.)

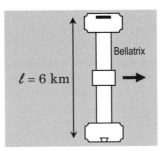

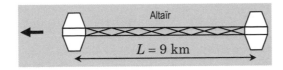

Le *Bellatrix* est constitué d'un long tube creux (schéma ci-contre). À une extrémité du tube se trouve un instrument **I** qui est à la fois un émetteur et un récepteur de photons ; à l'autre extrémité se trouve un miroir **M**. Lorsqu'on appuie sur un bouton, l'instrument émet un photon vers le miroir : le photon effectue un aller-retour et l'horloge interne de l'instrument mesure l'intervalle de temps entre l'émission et la réception du photon.

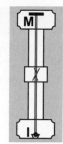

Dans ce qui suit, nous allons nous intéresser à l'intervalle de temps entre l'émission du photon (événement **E1**) et la réception du photon (événement **E2**). Nous allons considérer la situation d'après deux référentiels inertiels, celui du *Bellatrix* et celui de l'*Altaïr* : les deux vaisseaux voyagent à grande vitesse l'un vers l'autre et se « frôlent » pendant que le photon effectue l'aller-retour dans le *Bellatrix* (schéma ci-contre). Afin de prendre les mesures nécessaires pour mener à bien l'expérience, Béatrice (**B**) se trouve à bord du *Bellatrix*, à proximité de l'instrument. Albert (**A**) et son cousin Archibald (**A'**) se trouvent à bord de l'*Altaïr*, à chaque extrémité du vaisseau.

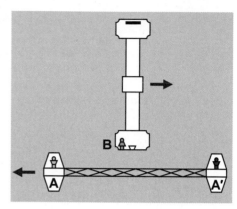

Les vitesses relatives des vaisseaux ont été calculées pour que Béatrice soit vis-à-vis d'Albert au moment de l'émission du photon (événement **E1**) et qu'elle soit vis-à-vis d'Archibald au moment du retour du photon (événement **E2**). Les schémas ci-dessous indiquent les positions relatives des vaisseaux lors de chaque événement.

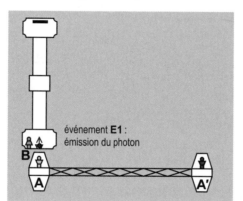

événement **E1** : émission du photon

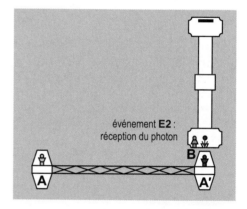

événement **E2** : réception du photon

Considérons d'abord l'aller-retour du photon dans le référentiel de Béatrice (schéma ci-contre). Au moment où Béatrice aperçoit Albert par le hublot de sa cabine, elle appuie sur le bouton de l'appareil. (Les réflexes de Béatrice ont été grandement améliorés à l'aide de nanorobots implantés partout dans son corps et dans son cerveau.) Le photon effectue un aller-retour ; l'horloge de l'appareil indique qu'il s'est écoulé 4×10^{-5} s = 40 µs entre l'émission du photon et sa réception.

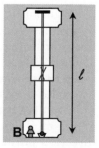

Tout fonctionne correctement : en effet, comme la longueur du vaisseau est ℓ = 6 km, le photon parcourt une distance $2\ell = 2 \times (6 \text{ km}) = 12 \text{ km} = 12\,000$ m (aller-retour) à $c = 3 \times 10^8$ m/s, d'où

$$T_{\text{B}} = \frac{2\ell}{c} = \frac{(12\,000 \text{ m})}{(3 \times 10^8 \text{ m/s})} = 4 \times 10^{-5} \text{ s} = 40 \text{ µs} \quad \textbf{(i)}$$

Dans le référentiel de Béatrice, le *Bellatrix* est immobile. (Comme les lois de la physique sont les mêmes pour tous les référentiels inertiels, les observateurs dans un référentiel inertiel peuvent toujours considérer qu'ils sont immobiles et affirmer que ce sont *les autres* référentiels inertiels qui sont en mouvement.) Par conséquent, nous n'avons pas besoin de tenir compte de la vitesse des vaisseaux l'un par rapport à l'autre afin de calculer l'intervalle de temps dans le référentiel de Béatrice.

Considérons maintenant la situation d'après le référentiel de l'*Altaïr* (schéma ci-contre). Albert (**A**) et Archibald (**A'**) considèrent que leur vaisseau est immobile et que le *Bellatrix* se déplace pendant que le photon effectue l'aller-retour. Sur le schéma, nous avons représenté la trajectoire du photon *d'après le référentiel de l'Altaïr.*

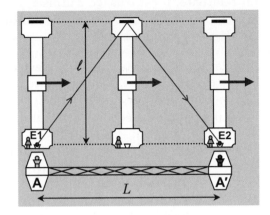

Nous savons que $\ell = 6$ km et $L = 9$ km. D'après le théorème de Pythagore, la longueur de la moitié du parcours du photon dans le référentiel de l'*Altaïr* (schéma ci-contre) est

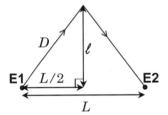

$$D = \sqrt{(L/2)^2 + \ell^2} = \sqrt{(4{,}5\text{ km})^2 + (6\text{ km})^2} = 7{,}5\text{ km} \quad \textbf{(ii)}$$

Par conséquent, la longueur du trajet de l'aller-retour du photon est

$$2D = 15\text{ km} = 15\,000\text{ m}$$

Or, d'après les postulats de base de la relativité restreinte, un photon doit se déplacer à $c = 3 \times 10^8$ m/s d'après *tous* les référentiels inertiels. Par conséquent, dans le référentiel de l'*Altaïr*, l'intervalle de temps entre l'émission du photon (événement **E1**) et sa réception (événement **E2**) est égal à

$$T_{\textbf{A}} = \frac{2D}{c} = \frac{(15\,000\text{ m})}{(3 \times 10^8\text{ m/s})} = 5 \times 10^{-5}\text{ s} = 50\text{ μs} \quad \textbf{(iii)}$$

Albert et Archibald désirent vérifier expérimentalement que l'intervalle de temps entre les événements **E1** et **E2** est bien égal à 50 μs. Pour ce faire, ils disposent chacun d'une horloge. Avant le début de l'expérience, ils ont pris soin de bien les synchroniser entre elles. Lorsque Albert aperçoit Béatrice par son hublot (il la voit en train d'appuyer sur le bouton), il note l'heure indiquée par son horloge. Lorsque Archibald aperçoit Béatrice par son hublot (au moment où le photon est reçu par le détecteur), il note l'heure indiquée par son horloge. (Tout comme Béatrice, Albert et Archibald ont des réflexes extrêmement rapides !) En soustrayant les deux temps qui ont été notés, Albert et Archibald calculent que l'intervalle de temps est bien égal à 50 μs.

La situation que nous venons d'analyser révèle que *l'intervalle de temps entre deux événements dépend du référentiel inertiel dans lequel il est mesuré.* Comme nous l'avons vu, il s'agit d'une conséquence du fait qu'un photon se déplace à c dans tous les référentiels inertiels. *Comme la distance parcourue par le photon dépend du référentiel, l'intervalle de temps doit également dépendre du référentiel.* En revanche, le *rapport* entre la distance parcourue par le photon et l'intervalle de temps est le même dans tous les référentiels : il est égal à c.

L'expérience que nous sommes en train d'analyser fait intervenir la trajectoire d'un photon afin qu'il soit possible d'utiliser le postulat de l'invariance de la vitesse de la lumière.

Ici, l'intervalle de temps entre les événements **E1** et **E2** dans le référentiel de l'*Altaïr* est plus grand que dans le référentiel du *Bellatrix* par un facteur

$$\gamma = \frac{T_A}{T_B} = \frac{50\,\mu s}{40\,\mu s} = 1{,}25 \quad \textbf{(iv)}$$

En relativité, il est d'usage d'utiliser γ, la lettre grecque gamma, pour désigner ce rapport. On lui donne le nom de **facteur de Lorentz** en l'honneur du physicien hollandais Hendrik Lorentz.

Afin de calculer la vitesse des vaisseaux l'un par rapport à l'autre (vitesse relative), il faut considérer que, dans le référentiel de l'*Altaïr*, le *Bellatrix* se déplace de la longueur de l'*Altaïr* ($L = 9$ km $= 9000$ m) pendant l'aller-retour du photon ($T_A = 50$ μs $= 5 \times 10^{-5}$ s). Par conséquent, le module de la vitesse du *Bellatrix* par rapport à l'*Altaïr* est

$$v = \frac{L}{T_A} = \frac{(9000 \text{ m})}{(5 \times 10^{-5} \text{ s})} = 1{,}8 \times 10^8 \text{ m/s} \quad \textbf{(v)}$$

Comme $c = 3 \times 10^8$ m/s, cela correspond à 60 % de la vitesse de la lumière ($v = 0{,}6\,c$). Évidemment, par symétrie, le module de la vitesse de l'*Altaïr* par rapport au *Bellatrix* est nécessairement égal à $0{,}6\,c$.

Nous venons de déterminer que, pour deux référentiels qui se déplacent à $v = 0{,}6\,c$ l'un par rapport à l'autre, le facteur γ est égal à 1,25. Pour arriver à ce résultat, nous avons écrit cinq équations :

$$T_B = \frac{2\ell}{c} \quad \textbf{(i)}$$

$$D = \sqrt{(L/2)^2 + \ell^2} \quad \textbf{(ii)}$$

$$T_A = \frac{2D}{c} \quad \textbf{(iii)}$$

$$\gamma = \frac{T_A}{T_B} \quad \textbf{(iv)}$$

$$v = \frac{L}{T_A} \quad \textbf{(v)}$$

On peut combiner ces équations afin d'obtenir une équation générale qui permet de calculer le facteur γ pour une valeur quelconque de v. Commençons par isoler ℓ, D et L dans les équations **(i)**, **(iii)** et **(v)** :

(i) $\rightarrow$ $\ell = cT_B/2$

(iii) $\rightarrow$ $D = cT_A/2$

(v) $\rightarrow$ $L = vT_A$

En remplaçant ces résultats dans l'équation **(ii)**, nous obtenons

$$D = \sqrt{(L/2)^2 + \ell^2} \qquad \rightarrow \qquad \frac{cT_A}{2} = \sqrt{\left(\frac{vT_A}{2}\right)^2 + \left(\frac{cT_B}{2}\right)^2}$$

En élevant au carré de part et d'autre du signe d'égalité, nous obtenons

$$\frac{c^2 T_A{}^2}{2^2} = \frac{v^2 T_A{}^2}{2^2} + \frac{c^2 T_B{}^2}{2^2}$$

$$c^2 T_A{}^2 = v^2 T_A{}^2 + c^2 T_B{}^2$$

$$(c^2 - v^2)T_\text{A}{}^2 = c^2 T_\text{B}{}^2$$

$$\left(\frac{T_\text{A}}{T_\text{B}}\right)^2 = \frac{c^2}{c^2 - v^2} = \frac{c^2}{c^2} \times \frac{1}{1 - (v/c)^2} = \frac{1}{1 - (v/c)^2}$$

Or, d'après l'équation **(iv)**, $\gamma = T_\text{A}/T_\text{B}$, d'où

$$\boxed{\gamma = \frac{1}{\sqrt{1 - (v/c)^2}}} \quad \textbf{Facteur de Lorentz}$$

Pour $v = 0{,}6\,c$ (ou encore $v/c = 0{,}6$), nous obtenons bien

$$\gamma = \frac{1}{\sqrt{1 - 0{,}6^2}} = \frac{1}{\sqrt{1 - 0{,}36}} = \frac{1}{\sqrt{0{,}64}} = \frac{1}{0{,}8} = 1{,}25$$

QI 1 Quel est le facteur de Lorentz pour une vitesse égale à 80 % de celle de la lumière ?

L'intervalle de temps propre

Dans la situation que nous venons d'analyser, il est légitime de se poser la question : « Quel est le *véritable* intervalle de temps entre les deux événements ? » Or, le fait que les lois de la physique soient les mêmes dans tous les référentiels inertiels implique qu'*il n'existe pas de référentiel privilégié*. Le résultat obtenu dans un référentiel donné n'est ni plus ni moins « véritable » qu'un autre : l'intervalle de temps entre deux événements est un concept *relatif*, voilà tout !

Toutefois, lorsqu'on s'intéresse à l'intervalle de temps entre deux événements donnés et qu'il existe un référentiel inertiel **O** dans lequel les deux événements ont lieu *au même endroit*, l'intervalle de temps dans le référentiel **O** a la propriété particulière d'être *le plus petit* intervalle de temps possible : on l'appelle **intervalle de temps propre** (symbole : T_0). L'intervalle de temps T d'après n'importe quel référentiel inertiel en mouvement par rapport à **O** sera toujours *plus grand* que T_0.

Ici, les événements **E1** et **E2** se produisent au même endroit d'après Béatrice : directement devant elle. Ainsi, le référentiel **O** est celui du *Bellatrix*, et on peut écrire

$$T_0 = 40 \text{ μs}$$

L'intervalle de temps entre les événements **E1** et **E2** dans un référentiel inertiel en mouvement par rapport à **O** avec une vitesse relative de module v est

$$\boxed{T = \gamma T_0} \quad \textbf{Dilatation du temps}$$

Ici, le module de la vitesse de l'*Altaïr* par rapport au référentiel **O** du *Bellatrix* est $v = 0{,}6\,c$, d'où $\gamma = 1{,}25$. Par conséquent,

$$T = \gamma T_0 = 1{,}25 \times (40 \text{ μs}) = 50 \text{ μs}$$

L'équation $T = \gamma T_0$ exprime un des aspects les plus spectaculaires de la relativité restreinte, la **dilatation du temps**. Ici, le terme « dilatation » fait référence au fait que l'intervalle de temps entre deux événements est toujours *plus grand* ou égal à l'intervalle de temps propre. En effet, le facteur γ est toujours plus grand ou égal à 1.

Lorsque $v = 0$, $\gamma = 1$ et il n'y a pas de dilatation du temps. Aux vitesses de la vie de tous les jours, la dilatation du temps est *extrêmement* petite. Par exemple, à la vitesse d'un avion de ligne, $v = 300$ m/s, $\gamma = 1{,}000\,000\,000\,000\,5$. Les planètes du système solaire et les sondes spatiales les plus rapides voyagent à quelques dizaines de kilomètres *par seconde*, ce qui correspond à $v \approx 10^{-4}\,c$. Même à de telles vitesses, la différence entre γ et l'unité demeure de l'ordre du milliardième !

Le tableau ci-contre indique la valeur de γ pour différentes valeurs du rapport v/c. Il est intéressant de remarquer que, pour des valeurs de v inférieures à 10 km/s environ, une calculatrice ordinaire ne conserve pas suffisamment de chiffres significatifs pour donner une valeur de γ différente de 1. Dans ce cas, on peut utiliser l'approximation

$$(1-x)^n \approx 1 - nx \qquad (x \ll 1)$$

ce qui permet d'écrire

$$\gamma = \frac{1}{\sqrt{1-(v/c)^2}}$$

$$= (1-(v/c)^2)^{-1/2} \approx 1 - \left(-\frac{1}{2}\right)\left(\frac{v}{c}\right)^2$$

ou encore

$$\boxed{\gamma \approx 1 + \frac{1}{2}\left(\frac{v}{c}\right)^2} \quad \textbf{Facteur de Lorentz } (v \ll c)$$

v/c	γ
0	1
10^{-5}	1,000 000 000 05
0,1	1,005 04
0,140	1,01
0,2	1,020 6
0,5	1,155
0,6	5/4 = 1,25
0,8	5/3 = 1,67
0,866	2
0,99	7,09
0,999	22,4
1	∞

Comme nous l'avons mentionné dans les tomes **A** et **B**, si on désire arrondir les résultats d'un calcul à trois chiffres significatifs, les effets relativistes peuvent habituellement être négligés pour des vitesses inférieures à $0,1c$ (à cette vitesse, $\gamma = 1,005$). On utilise souvent l'adjectif « relativiste » pour désigner une situation où il faut tenir compte de la relativité. Par exemple, lorsqu'on parle d'un « électron relativiste », cela signifie qu'il se déplace plus vite que $0,1c$.

> **Situation 1 : *Le ralentissement du temps aux Jeux olympiques.*** On désire calculer le facteur de Lorentz qui correspond à la vitesse d'un sprinter, soit environ 10 m/s.

Comme 10 m/s est beaucoup plus petit que c, nous pouvons utiliser l'équation spéciale pour $v \ll c$:

$$\gamma \approx 1 + \frac{1}{2}\left(\frac{v}{c}\right)^2 = 1 + \frac{1}{2}\left(\frac{(10\,\text{m/s})}{(3\times 10^8\,\text{m/s})}\right)^2 = 1 + 5,556\times 10^{-16}$$

ou encore

$$\boxed{\gamma = 1,000\ 000\ 000\ 000\ 000\ 556}$$

Pour que la dilatation du temps corresponde à 1 % ($\gamma = 1,01$), il faut se déplacer à 14 % de la vitesse de la lumière : à cette vitesse, on pourrait faire le tour de la Terre en une seconde ! À 87 % de la vitesse de la lumière, le temps est dilaté par un facteur voisin de 2 ; à 99 % de la vitesse de la lumière, le temps est dilaté par un facteur voisin de 7 :

$$\gamma = \frac{1}{\sqrt{1-(v/c)^2}} = \frac{1}{\sqrt{1-0,99^2}} = \frac{1}{\sqrt{1-0,9801}} = \frac{1}{\sqrt{0,0199}} = \frac{1}{0,1411} = 7,09$$

(L'équation spéciale pour $v \ll c$ cesse de donner de bons résultats lorsque la vitesse dépasse quelques centièmes de la vitesse de la lumière.)

À 99,9 % de la vitesse de la lumière, le temps est dilaté par un facteur voisin de 22. Plus v se rapproche de c, plus la valeur de γ augmente. Pour $v = c$,

$$\gamma = \frac{1}{\sqrt{1-(v/c)^2}} = \frac{1}{\sqrt{1-1^2}} = \frac{1}{\sqrt{0}} = \frac{1}{0} = \infty$$

ce qui signifie que l'écoulement du temps est arrêté (ralenti par un facteur infini). Si on remplace v par une valeur *supérieure* à c, on obtient la racine carrée d'un nombre négatif, ce qui correspond à un rythme de l'écoulement du temps *imaginaire* ! Toutefois, il est impossible pour un référentiel inertiel de se déplacer exactement à c (ou plus vite que c) : nous verrons pourquoi à la **section 4.10 : Le mur de la vitesse de la lumière**.

> **Situation 2 : *La dilatation du temps.*** Une soucoupe volante survole la ville de Montréal avec une vitesse constante égale à la moitié de la vitesse de la lumière. Sa trajectoire fait en sorte qu'elle survole le Stade olympique, puis, quelques instants plus tard, la Place Ville Marie : dans le référentiel de la ville de Montréal, il y a 6,5 km entre le Stade olympique et la Place Ville Marie. On désire déterminer combien de temps s'écoule entre les deux survols d'après **(a)** les habitants de la ville de Montréal et **(b)** les passagers de la soucoupe.

L'analyse d'un problème de relativité restreinte fait presque toujours appel à une équation extrêmement simple de la cinématique,

$$\text{vitesse} = \frac{\text{déplacement}}{\text{intervalle de temps}} \qquad \Leftrightarrow \qquad v = \frac{D}{T}$$

Lorsqu'on utilise cette équation dans le contexte de la relativité, il faut tout simplement s'assurer que le déplacement et l'intervalle de temps soient mesurés dans le *même* référentiel.

En **(a)**, nous voulons déterminer l'intervalle de temps dans le référentiel **M** de la ville de Montréal. La distance de 6,5 km spécifiée dans l'énoncé est mesurée dans le référentiel **M** : $\boxed{D_\mathbf{M} = 6{,}5 \text{ km}} = 6500$ m. La soucoupe se déplace à $\boxed{v = 0{,}5\,c}$ $= 0{,}5 \times \left(3 \times 10^8 \text{ m/s}\right) = 1{,}5 \times 10^8$ m/s par rapport au référentiel **M**. Ainsi, dans le référentiel **M**, la soucoupe prend

$$T_\mathbf{M} = \frac{D_\mathbf{M}}{v} = \frac{(6500 \text{ m})}{(1{,}5 \times 10^8 \text{ m/s})} = 4{,}33 \times 10^{-5} \text{ s} \qquad \Rightarrow \qquad \boxed{T_\mathbf{M} = 43{,}3 \text{ µs}}$$

pour aller du Stade olympique à la Place Ville Marie.

En **(b)**, nous voulons déterminer l'intervalle de temps $T_\mathbf{S}$ dans le référentiel **S** de la soucoupe. En raison de la dilatation du temps, nous savons que les deux intervalles de temps sont reliés par l'équation

$$T = \gamma T_0$$

Il s'agit donc de déterminer dans quel référentiel (**M** ou **S**) l'intervalle de temps mesuré correspond à l'intervalle de temps propre. Les deux événements qui délimitent l'intervalle sont

> **E1** : la soucoupe survole le Stade olympique
> **E2** : la soucoupe survole la Place Ville Marie

Comme la soucoupe est présente aux deux événements, *les deux événements se produisent au même endroit dans le référentiel de la soucoupe.* Par conséquent, $T_0 = T_\mathbf{S}$:

$$T = \gamma T_0 \qquad \Rightarrow \qquad T_\mathbf{M} = \gamma T_\mathbf{S} \qquad \Rightarrow \qquad T_\mathbf{S} = \frac{T_\mathbf{M}}{\gamma}$$

Pour $v = 0{,}5\,c$ (ou encore $v/c = 0{,}5$), le facteur de Lorentz est

$$\gamma = \frac{1}{\sqrt{1-(v/c)^2}} = \frac{1}{\sqrt{1-0{,}5^2}} = \frac{1}{\sqrt{1-0{,}25}} = \frac{1}{\sqrt{0{,}75}} = \frac{1}{0{,}8660} = 1{,}155$$

Ainsi, d'après les passagers de la soucoupe, il s'écoule

$$T_{\mathbf{S}} = \frac{T_{\mathbf{M}}}{\gamma} = \frac{(43{,}3\ \mu s)}{1{,}155} \qquad \Rightarrow \qquad \boxed{T_{\mathbf{S}} = 37{,}5\ \mu s}$$

entre le moment où le Stade olympique passe sous la soucoupe et celui où la Place Ville Marie passe sous la soucoupe. Il s'agit de l'intervalle de temps propre entre les deux événements.

Dans cette situation, les passagers de la soucoupe ont besoin d'une seule horloge (l'horloge de la soucoupe) pour mesurer l'intervalle de temps : par conséquent, ils mesurent le temps propre. En revanche, les habitants de la ville de Montréal ont besoin de deux horloges synchronisées (une au Stade olympique, l'autre à la Place Ville Marie) pour mesurer l'intervalle de temps : ils *déduisent* l'intervalle de temps en soustrayant les valeurs obtenues par chacune des horloges.

Situation 3 : *Du Soleil vers Proxima du Centaure.* Proxima du Centaure est l'étoile la plus rapprochée du Soleil : elle se situe à 4,22 années-lumière de distance. Un astronef voyageant à vitesse constante prend 3 ans (d'après ses passagers) pour aller du Soleil à Proxima du Centaure. On désire déterminer le module de la vitesse de l'astronef par rapport au Soleil. (On suppose que Proxima du Centaure est immobile par rapport au Soleil.)

Par définition, une année-lumière correspond à la distance parcourue par la lumière en un an, c'est-à-dire 365,25 jours de 24 heures de 60 minutes de 60 secondes :

$$1\ \text{an} = 365{,}25 \times 24 \times 60 \times (60\ s) = 3{,}156 \times 10^{7}\ s$$

Par conséquent, une année-lumière (symbole : a.l.) correspond à

$$1\ \text{a.l.} = (3{,}156 \times 10^{7}\ s)(3 \times 10^{8}\ \text{m/s}) = 9{,}468 \times 10^{15}\ m$$

Dans un problème de relativité restreinte qui fait intervenir un vaisseau intersidéral qui voyage dans la Galaxie, on peut supposer que toutes les étoiles de la Galaxie sont immobiles les unes par rapport aux autres : elles définissent le référentiel **G** de la Galaxie.

Dans le référentiel **G**, la distance entre le Soleil et Proxima du Centaure est

$$D_{\mathbf{G}} = 4{,}22\ \text{a.l.} = 4{,}22 \times (9{,}468 \times 10^{15}\ m) = 3{,}995 \times 10^{16}\ m$$

Dans l'énoncé, on spécifie le temps que dure le voyage d'après les passagers de l'astronef (référentiel **A**) :

$$T_{\mathbf{A}} = 3\ \text{ans} = 3 \times (3{,}156 \times 10^{7}\ s) = 9{,}468 \times 10^{7}\ s$$

Nous ne pouvons pas combiner directement $D_{\mathbf{G}}$ et $T_{\mathbf{A}}$ dans l'équation $v = D/T$, car les deux valeurs ne sont pas mesurées dans le même référentiel. Il faut se servir de l'équation qui exprime la dilatation du temps. Ici, les événements qui délimitent le voyage sont

E1 : l'astronef est à proximité du Soleil
E2 : l'astronef est à proximité de Proxima du Centaure

Comme l'astronef est présent aux deux événements, les deux événements se produisent au même endroit dans le référentiel **A** : c'est dans ce référentiel que l'on mesure l'intervalle de temps propre ($T_0 = T_{\mathbf{A}}$). Ainsi,

$$T = \gamma T_0 \qquad \Rightarrow \qquad T_{\mathbf{G}} = \gamma T_{\mathbf{A}} \qquad \textbf{(i)}$$

Par simple cinématique, nous pouvons également écrire

$$v = \frac{D_\mathbf{G}}{T_\mathbf{G}} \qquad \Rightarrow \qquad T_\mathbf{G} = \frac{D_\mathbf{G}}{v} \qquad \textbf{(ii)}$$

où v est le module de la vitesse relative entre les référentiels **A** et **G** (ce que nous voulons déterminer). En combinant les équations **(i)** et **(ii)**, nous obtenons

$$\gamma T_\mathbf{A} = \frac{D_\mathbf{G}}{v}$$

$$\frac{T_\mathbf{A}}{\sqrt{1 - (v/c)^2}} = \frac{D_\mathbf{G}}{v}$$

$$\frac{T_\mathbf{A}^2}{1 - (v/c)^2} = \frac{D_\mathbf{G}^2}{v^2}$$

$$T_\mathbf{A}^2 v^2 = D_\mathbf{G}^2 - \frac{D_\mathbf{G}^2 v^2}{c^2}$$

$$v^2 \left(T_\mathbf{A}^2 + \frac{D_\mathbf{G}^2}{c^2} \right) = D_\mathbf{G}^2$$

$$v = \sqrt{\frac{D_\mathbf{G}^2}{T_\mathbf{A}^2 + (D_\mathbf{G}/c)^2}}$$

Il ne reste plus qu'à remplacer les valeurs numériques :

$$v = \sqrt{\frac{(3{,}995 \times 10^{16} \text{ m})^2}{(9{,}468 \times 10^7 \text{ s})^2 + \left(\frac{(3{,}995 \times 10^{16} \text{ m})}{(3 \times 10^8 \text{ m/s})} \right)^2}} = 2{,}445 \times 10^8 \text{ m/s} \qquad \Rightarrow \qquad \boxed{v = 0{,}815\,c}$$

Ainsi, l'astronef se déplace à 81,5 % de la vitesse de la lumière par rapport au Soleil et à Proxima du Centaure (référentiel de la Galaxie).

Vérifions que le résultat que nous venons d'obtenir est correct. D'après l'équation **(ii)**, la durée du voyage dans le référentiel **G** est

$$T_\mathbf{G} = \frac{D_\mathbf{G}}{v} = \frac{(3{,}995 \times 10^{16} \text{ m})}{(2{,}445 \times 10^8 \text{ m/s})} = 1{,}634 \times 10^8 \text{ s} = 5{,}177 \text{ ans}$$

Le facteur γ est

$$\gamma = \frac{1}{\sqrt{1 - (v/c)^2}} = \frac{1}{\sqrt{1 - 0{,}815^2}} = \frac{1}{\sqrt{1 - 0{,}6642}} = \frac{1}{\sqrt{0{,}3358}} = 1{,}726$$

Par conséquent, d'après l'équation **(i)**, le temps écoulé dans l'astronef est

$$T_\mathbf{A} = \frac{T_\mathbf{G}}{\gamma} = = \frac{(5{,}177 \text{ ans})}{1{,}726} = 3 \text{ ans}$$

ce qui correspond bien à la donnée dans l'énoncé de la situation.

Dans l'analyse que nous venons de faire, nous avons converti toutes les quantités en unités SI. Or, il est parfois possible de simplifier les calculs en gardant les distances en années-lumière et les temps en années : il s'agit d'exploiter le fait que

$$1 \text{ a.l.} = 1 \text{ an} \times c$$

Ici, $D_G = 4,22$ a.l. $= 4,22$ ans $\times c$, d'où

$$v = \sqrt{\frac{D_G{}^2}{T_A{}^2 + (D_G/c)^2}} = \sqrt{\frac{[(4,22 \text{ ans}) \times c]^2}{(3 \text{ ans})^2 + (4,22 \text{ ans})^2}} = \sqrt{\frac{4,22^2 c^2}{3^2 + 4,22^2}} = 0,815\,c$$

Une introduction au paradoxe des jumeaux

L'analyse de la **situation 3** permet de constater que, d'après le référentiel de la Galaxie, l'écoulement du temps dans un vaisseau intersidéral est ralenti par un facteur γ. Ce phénomène est à l'origine d'un des exemples pédagogiques classiques que l'on utilise pour illustrer les effets de la relativité : le *paradoxe des jumeaux*. Dans la situation du paradoxe, un des jumeaux monte à bord d'un vaisseau intersidéral et fait un voyage à très grande vitesse dans la Galaxie ; l'autre jumeau reste sur Terre. Après un voyage de quelques années (temps du vaisseau), le jumeau voyageur revient sur Terre, où il constate que son jumeau est maintenant beaucoup plus âgé que lui : en raison de la dilatation du temps, l'écoulement du temps était ralenti dans le vaisseau pendant le voyage.

On qualifie cette situation de « paradoxe », car elle semble de prime abord violer une des idées fondamentales de la relativité, le fait qu'il n'existe pas de référentiel privilégié. Dans la situation du paradoxe, qu'est-ce qui empêche le jumeau voyageur d'affirmer que c'est lui qui est immobile et que c'est son jumeau resté sur Terre qui se déplace à grande vitesse ? Dans ce cas, l'écoulement du temps devrait être ralenti *sur Terre* par rapport au vaisseau et c'est le jumeau resté *sur Terre* qui devrait être le plus jeune !

Dans cette situation, les événements qui délimitent le voyage sont

E1 : les deux jumeaux se quittent
E2 : les deux jumeaux sont de nouveau réunis

Comme les deux événements ont lieu sur Terre, l'intervalle de temps mesuré sur Terre devrait être l'intervalle de temps propre, donc le plus court. Pourtant, une analyse rigoureuse du problème révèle que c'est bien le jumeau voyageur qui est le plus jeune lorsqu'il revient sur Terre !

On ne peut pas analyser le paradoxe des jumeaux en utilisant uniquement la théorie que nous avons vue dans cette section. En effet, *le jumeau voyageur ne demeure pas dans le même référentiel inertiel tout au long du voyage.* Pour qu'il puisse revenir sur Terre, il doit nécessairement, à un moment donné, *changer* de vitesse afin de « faire demi-tour ». En raison de la relativité de la simultanéité (phénomène que nous étudierons à la **section 4.4**), ce changement de référentiel génère une correction relativiste qui fait en sorte que c'est le jumeau voyageur qui, à la fin, est le plus jeune. Une fois que nous aurons appris à calculer l'effet Doppler lumineux (**section 4.7**), nous examinerons de nouveau la situation du paradoxe des jumeaux (**section 4.8 : Les retards de vision et la relativité**).

Lorsque deux jumeaux se séparent en un certain point de l'espace et du temps et qu'ils se rencontrent de nouveau en un autre point de l'espace et du temps, on peut montrer que les effets relativistes font en sorte que *celui qui n'a pas changé de référentiel inertiel est le plus vieux*. Pour rester jeune, rien ne sert de courir : il faut changer de référentiel (changer de vitesse) le plus souvent possible !

La vérification expérimentale de la dilatation du temps

Pour que les effets de la dilatation du temps soient mesurables, il faut considérer des objets qui se déplacent très rapidement, ou encore disposer d'horloges très précises. Les deux approches ont été utilisées avec succès pour confirmer les prédictions de la relativité d'Einstein.

La Terre est bombardée continuellement par des protons très énergétiques provenant du Soleil et de diverses sources en dehors du système solaire (en particulier, les explosions d'étoiles qui se produisent dans la Voie lactée). Les collisions entre ces protons et l'air raréfié de la haute atmosphère créent des *muons*, particules de charge −*e* dont la masse est 207 fois plus grande que celle de l'électron. Les muons sont instables : ils se désintègrent rapidement pour donner naissance à des électrons et à des neutrinos. La demi-vie des muons est de 1,52 µs : si l'on dispose d'un certain nombre de muons venant d'être créés et qu'on attend 1,52 µs, il en restera la moitié ; si on attend 1,52 µs supplémentaire, il en restera la moitié de la moitié, c'est-à-dire le quart ; et ainsi de suite.

Considérons un détecteur de muons **A** à flanc de montagne, à 1 km d'altitude, et un détecteur identique **B** situé au niveau de la mer. Comme les muons sont créés dans la haute atmosphère, ils doivent voyager plus longtemps pour se rendre jusqu'au détecteur **B** : celui-ci devrait donc en mesurer un plus petit nombre que le détecteur **A**. Les muons étant créés par des collisions très énergétiques, ils se déplacent très rapidement : toutefois, ils ne peuvent voyager plus vite que la vitesse de la lumière. Ainsi, il leur faut *au moins* $(1 \text{ km})/(3 \times 10^8 \text{ m/s}) = 3{,}33$ µs pour parcourir 1 km, ce qui correspond à un peu plus de deux fois leur demi-vie. En l'absence d'effets relativistes, **B** devrait détecter (pendant un temps donné) moins du quart des muons détectés par **A**. En réalité, le nombre de muons détectés par **B** correspond à environ 85 % du nombre de muons détectés par **A**. Cela s'explique par le fait que les muons voyagent en moyenne à 99,5 % de la vitesse de la lumière : à cette vitesse, $\gamma = 10$. D'après le référentiel de la Terre, le temps s'écoule moins vite pour les muons par un facteur 10, ce qui fait en sorte que leur demi-vie *dans le référentiel de la Terre* est d'environ 15 µs : c'est pour cela qu'en 3,33 µs, à peine 15 % des muons se désintègrent.

Dans l'expérience des muons, ceux-ci servent, en quelque sorte, d'horloges. Les prédictions de la relativité ont également été vérifiées à l'aide de véritables horloges : on fait voyager des horloges atomiques ultraprécises sur des avions, et on mesure le retard très petit que celles-ci accumulent (par rapport à des horloges identiques restées au sol) en raison de la dilatation du temps. Les résultats confirment les prédictions de la théorie de la relativité.

Le système de géopositionnement par satellite (GPS, pour *Global Positioning System*) doit tenir compte de la dilatation du temps pour optimiser la précision avec laquelle est déterminée la position des récepteurs (photo ci-contre, en haut). Celle-ci est calculée en comparant les « temps de vol » des signaux en provenance de différents satellites (photo ci-contre, en bas). Pour que les temps de vol puissent être déterminés, chaque signal GPS indique le temps de l'horloge à bord du satellite au moment où il a été émis. Or, la vitesse orbitale des satellites est d'environ 4 km/s, ce qui ralentit les horloges à leur bord de quelques microsecondes par jour par rapport aux horloges à la surface de la Terre. Si l'effet de la dilatation du temps n'était pas pris en considération dans les algorithmes de calcul, les positions obtenues seraient dans l'erreur de plusieurs dizaines de mètres.

STOCKXPERT

NASA

D'après la relativité générale (qui généralise la relativité restreinte en tenant compte de la gravité), la gravité a pour effet de ralentir l'écoulement du temps. (Dans l'équation du facteur de Lorentz, la vitesse du référentiel est remplacée par la vitesse de libération à l'endroit qui nous intéresse.) Cela a pour effet de ralentir les horloges *au sol* de 45 µs par jour par rapport aux horloges des satellites GPS. Cet effet se combine à celui de la dilatation du temps « ordinaire », qui ralentit les horloges *des satellites* de 7 µs par jour par rapport aux horloges au sol. En tout, les horloges des satellites GPS *avancent* de 38 µs par jour par rapport aux horloges au sol.

Réponse à la question instantanée

QI 1 $\gamma = 5/3 = 1{,}67$

dilatation du temps : un des aspects de la relativité restreinte : l'intervalle de temps entre deux événements est toujours *plus grand* ou égal à l'intervalle de temps propre (puisque le facteur γ est toujours supérieur ou égal à 1).

facteur de Lorentz : (symbole : γ, la lettre grecque gamma) facteur qui permet de décrire plusieurs phénomènes en relativité restreinte ; γ dépend de la vitesse d'un référentiel ou d'un objet par rapport à un autre référentiel ; γ correspond, entre autres, au facteur de ralentissement du temps dans un référentiel en mouvement par rapport à un autre référentiel.

intervalle de temps propre : (symbole : T_0) : intervalle de temps entre deux événements dans un référentiel inertiel **O** où ils se produisent au même endroit ; il s'agit du plus petit intervalle de temps possible entre deux événements.

QUESTIONS

Q1. Un photon effectue un aller-retour dans le *Bellatrix* (référentiel inertiel **B**) pendant que ce dernier croise l'*Altaïr* (référentiel inertiel **A**). Dites dans quel référentiel **(a)** la distance parcourue par le photon est la plus grande ; **(b)** le temps de vol du photon est le plus grand ; **(c)** le module de la vitesse du photon est le plus grand.

Q2. Quelle est la valeur du facteur γ lorsqu'il n'y a pas de dilatation du temps ?

Q3. (a) Lorsque $x \ll 1$, $(1-x)^n \approx$ _____. **(b)** Dans le contexte de la relativité, à quoi sert cette approximation ?

Q4. Pourquoi le phénomène de la dilatation du temps n'est-il pas apparent dans la vie de tous les jours ?

Q5. (a) Quelle est la valeur du facteur de Lorentz pour $v = c$? **(b)** Est-il possible de concevoir un problème réel pour lequel γ a cette valeur ?

Q6. Lorsqu'on utilise l'équation $v = D/T$ dans le contexte de la relativité, il faut s'assurer que _____.

Q7. Quelle est la définition de l'année-lumière ?

Q8. (a) Décrivez la situation appelée « paradoxe des jumeaux ». **(b)** Pourquoi la qualifie-t-on de paradoxe ? **(c)** Pourquoi est-il impossible d'analyser cette situation en invoquant uniquement le phénomène de la dilatation du temps ?

DÉMONSTRATION

D1. Démontrez que

$$\gamma \approx 1 + \frac{1}{2}\left(\frac{v}{c}\right)^2$$

lorsque $v \ll c$.

RÉCHAUFFEMENT

4.2.1 *Le facteur de Lorentz.* Calculez le module de la vitesse qui correspond à un ralentissement du temps d'un facteur **(a)** 10 ; **(b)** 100.

SÉRIE PRINCIPALE

4.2.2 *Un muon frappe Toronto.* Un muon (une particule élémentaire instable) voyageant verticalement vers le bas à $0,992\,c$ frappe le pied de la Tour CN, à Toronto. Dans le référentiel des Torontois, la Tour mesure 550 m de hauteur. Calculez l'intervalle de temps pendant lequel le muon a longé la Tour d'après **(a)** le muon ; **(b)** les Torontois.

4.2.3 *Un retard d'une seconde par minute.* Pendant qu'il s'écoule 60 s dans son référentiel, Albert considère qu'il s'écoule 59 s dans le référentiel de Béatrice. Quel est le module de la vitesse de Béatrice par rapport à Albert ?

4.2.4 *Un an plus tard, temps de l'astronef.* Un astronef se déplace à $0,8\,c$ par rapport à la Terre. Quelle est la distance parcourue par l'astronef (d'après la Terre) pendant qu'il s'écoule 1 an tel que mesuré par les horloges à bord de l'astronef ?

4.2.5 *Un voyage au centre de la Galaxie.* Déterminez le module de la vitesse d'un astronef qui parcourt les 26 000 a.l. qui séparent la Terre du centre de la Voie lactée en **(a)** 30 ans, temps de l'astronef ; **(b)** 30 000 ans, temps de la Terre ; **(c)** 30 000 ans, temps de l'astronef ; **(d)** 30 ans, temps de la Terre.

4.2.6 *Une autre relation utile lorsque la vitesse est petite.* Démontrez que

$$\frac{1}{\gamma} \approx 1 - \frac{1}{2}\left(\frac{v}{c}\right)^2$$

lorsque $v \ll c$.

4.2.7 *Un ralentissement d'une seconde sur une vie.* Un colon de l'espace passe 80 ans (toute sa vie !) dans un astronef qui se déplace à vitesse constante par rapport à la Terre. À la fin de sa vie, il est 1 s plus jeune que s'il était resté sur Terre (d'après le référentiel de la Terre). Quel est le module de la vitesse de l'astronef ?

SÉRIE SUPPLÉMENTAIRE

4.2.8 *Montréal-Québec, version relativiste.* **(a)** Calculez le facteur de Lorentz correspondant à 100 km/h, la vitesse limite sur les autoroutes au Québec. **(b)** Trois horloges ultraprécises sont initialement synchronisées entre elles : les horloges **A** et **B** sont à Montréal, et l'horloge **C** est à Québec, à 250 km de distance. On transfère en camion l'horloge **B** de Montréal à Québec à la vitesse constante de 100 km/h. Quel est l'écart entre l'heure indiquée par l'horloge **C** et l'heure indiquée par l'horloge **B** lorsque cette dernière arrive à Québec ?

La contraction des longueurs

Après l'étude de cette section, le lecteur pourra définir la notion de longueur propre
et décrire le phénomène de la contraction des longueurs.

APERÇU

La **longueur propre** d'un objet (symbole : L_0) est sa longueur dans un référentiel inertiel **O** pour lequel il est au repos. La longueur de l'objet dans un référentiel inertiel qui se déplace par rapport à **O** avec une vitesse de module *v parallèle à la longueur de l'objet* est

$$L = \frac{L_0}{\gamma} \quad \text{Contraction des longueurs}$$

où

$$\gamma = \frac{1}{\sqrt{1-(v/c)^2}}$$

est le facteur de Lorentz. Cet effet, appelé **contraction des longueurs**, ne s'applique pas aux dimensions de l'objet *perpendiculaires* à la vitesse.

EXPOSÉ

Dans la section précédente, nous avons présenté le premier des trois effets relativistes, la dilatation du temps. Dans cette section, nous allons nous intéresser au deuxième effet : la *contraction des longueurs*.

Pour commencer, nous allons considérer de nouveau la situation que nous avons utilisée au début de la section précédente pour mettre en évidence la dilatation du temps : le croisement du *Bellatrix* et de l'*Altaïr* pendant qu'un photon fait un aller-retour dans le *Bellatrix* (schémas ci-contre).

D'après Béatrice (**B**) à bord du *Bellatrix*, nous avons vu qu'il s'écoule

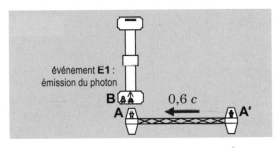

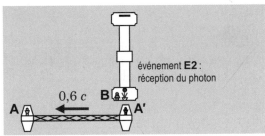

$$T_{\mathbf{B}} = 40 \ \mu s = 4 \times 10^{-5} \ s$$

entre le moment où Albert (**A**) croise sa position et le moment où Archibald (**A'**) croise sa position. Nous savons aussi que le module de la vitesse relative des vaisseaux est égal à

$$v = 0,6 \ c = 1,8 \times 10^8 \ m/s$$

Par conséquent, Béatrice considère que l'*Altaïr* s'est déplacé de

$$vT_{\mathbf{B}} = \left(1,8 \times 10^8 \ m/s\right)\left(4 \times 10^{-5} \ s\right) = 7200 \ m = 7,2 \ km$$

entre les deux croisements. Comme Albert et Archibald sont aux deux extrémités de l'*Altaïr*, cela veut dire que, d'après Béatrice, la longueur de l'*Altaïr* est égale à

$$L_{\mathbf{B}} = vT_{\mathbf{B}} = 7,2 \ km$$

Dans la section précédente, nous avons mentionné que, d'après Albert et Archibald, la longueur de l'*Altaïr* est

$$L_A = 9 \text{ km}$$

Ainsi, dans le référentiel du *Bellatrix*, la longueur de l'*Altaïr* est contractée par un facteur

$$\frac{L_A}{L_B} = \frac{(9 \text{ km})}{(7,2 \text{ km})} = 1,25 = \gamma$$

Nous retrouvons le facteur $\gamma = 1,25$ qui correspond à la vitesse relative de $0,6\,c$. Ainsi, la contraction des longueurs peut être décrite à l'aide du même facteur que la dilatation du temps.

Quelle est la *véritable* longueur de l'*Altaïr*? Comme nous l'avons mentionné à la section précédente dans le contexte de la dilatation du temps, cette question n'a pas de réponse : il n'y a pas de référentiel privilégié en relativité. La longueur d'un objet (de même que la distance entre deux objets) est un concept relatif.

Toutefois, dans un référentiel **O** pour lequel l'objet est *au repos*, la longueur de l'objet a la propriété particulière d'être *la plus grande* possible : il s'agit de la **longueur propre** (symbole : L_0). Dans la situation qui nous intéresse, l'*Altaïr* est au repos dans son propre référentiel et sa longueur propre est

$$L_0 = L_A = 9 \text{ km}$$

D'après le phénomène relativiste appelé **contraction des longueurs**, la longueur d'un objet dans un référentiel inertiel qui se déplace par rapport à **O** avec une vitesse de module v *parallèle à la longueur de l'objet* est

$$\boxed{L = \frac{L_0}{\gamma}} \quad \textbf{Contraction des longueurs}$$

La contraction des longueurs ne s'applique pas aux dimensions de l'objet *perpendiculaires* à la vitesse relative. Nous verrons pourquoi il en est ainsi à la fin de la **section 4.4 : La relativité de la simultanéité**, lorsque nous discuterons de la symétrie des effets relativistes.

Dans la situation que nous sommes en train d'analyser, la longueur du *Bellatrix* ($\ell_0 = 6$ km) est *perpendiculaire* à la vitesse relative des deux vaisseaux. Ainsi, d'après Albert et Archibald à bord de l'*Altaïr*, la longueur du Bellatrix demeure égale à sa longueur propre. C'est pour cela qu'à la section précédente nous n'avons pas eu besoin de tenir compte de la contraction des longueurs pour calculer la durée du voyage du photon d'après Albert et Archibald.

La contraction des longueurs est intimement liée à la dilatation du temps : souvent, il est possible d'interpréter la même situation en invoquant l'un ou l'autre des effets. Par exemple, à la **situation 3** de la **section 4.2 : La dilatation du temps**, nous avons vu qu'un astronef qui se déplace à $0,815\,c$ par rapport au référentiel de la Galaxie prend 3 ans (d'après les passagers de l'astronef) pour parcourir les 4,22 a.l. qui séparent le Soleil de Proxima du Centaure. D'après le référentiel de la Galaxie, le voyage dure

$$\frac{(4,22 \text{ a.l.})}{(0,815c)} = 5,18 \text{ ans}$$

Toutefois, comme l'écoulement du temps est ralenti dans l'astronef par un facteur $\gamma = 1{,}73$, les passagers vieillissent de

$$\frac{(5{,}18 \text{ ans})}{1{,}73} = 3 \text{ ans}$$

Considérons la situation dans le référentiel des passagers. Comme leur référentiel est inertiel (l'astronef voyage à vitesse constante), ils ont le droit de considérer qu'ils sont au repos et que c'est la Galaxie qui se déplace à $0{,}815\,c$. Par conséquent, en raison de la contraction des longueurs, la distance entre le Soleil et Proxima du Centaure *d'après les passagers de l'astronef* est

$$\frac{(4{,}22 \text{ a.l.})}{1{,}73} = 2{,}44 \text{ a.l.}$$

Comme la Galaxie se déplace à $0{,}815\,c$ par rapport à eux, il est normal que cela prenne

$$\frac{(2{,}44 \text{ a.l.})}{(0{,}815c)} = 3 \text{ ans}$$

pour que Proxima du Centaure « se rende jusqu'à eux ».

D'après les passagers de l'astronef, l'écoulement du temps dans ce dernier est « normal », et c'est la distance entre le Soleil et Proxima du Centaure qui est contractée. En revanche, dans le référentiel de la Galaxie, la distance entre le Soleil et Proxima du Centaure est « normale », et c'est l'écoulement du temps dans l'astronef qui est ralenti.

Situation 1 : *La longueur propre du Camelopardalis.* Le *Camelopardalis* voyage à $0{,}8\,c$ par rapport à un petit astéroïde et il le frôle. D'après un astronaute situé sur l'astéroïde, cela prend 12,5 µs pour que la longueur du vaisseau défile devant l'astéroïde. On désire déterminer la longueur propre du *Camelopardalis*.

Nous avons représenté la situation sur le schéma ci-contre. Les événements qui délimitent la situation sont :

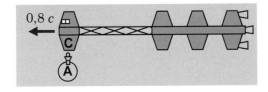

E1 : l'avant du *Camelopardalis* est vis-à-vis de l'astéroïde (schéma ci-contre) ;

E2 : l'arrière du *Camelopardalis* est vis-à-vis de l'astéroïde.

D'après l'astronaute (**A**), l'intervalle de temps entre les deux événements est

$$T_{\mathbf{A}} = 12{,}5 \text{ µs} = 1{,}25 \times 10^{-5} \text{ s}$$

Le *Camelopardalis* se déplace à $v = 0{,}8\,c = 2{,}4 \times 10^{8}$ m/s par rapport à l'astronaute. Ainsi, d'après l'astronaute, la longueur du vaisseau est

$$L_{\mathbf{A}} = vT_{\mathbf{A}} = \left(2{,}4 \times 10^{8} \text{ m/s}\right)\left(1{,}25 \times 10^{-5} \text{ s}\right) = 3000 \text{ m} = 3 \text{ km}$$

Il *ne s'agit pas* de la longueur propre, car le vaisseau n'est pas immobile dans le référentiel de l'astronaute. Il s'agit plutôt de la longueur contractée :

$$L_{\mathbf{A}} = \frac{L_{0}}{\gamma}$$

Pour $v = 0,8\,c$, le facteur de Lorentz est

$$\gamma = \frac{1}{\sqrt{1 - (v/c)^2}} = \frac{1}{\sqrt{1 - 0,8^2}} = \frac{1}{\sqrt{1 - 0,64}} = \frac{1}{\sqrt{0,36}} = \frac{1}{0,6} = \frac{5}{3}$$

QI 1 Dans la **situation 1**, déterminez pendant combien de temps l'astéroïde « frôle » le vaisseau, d'après les passagers du vaisseau.

Par conséquent, la longueur propre du *Camelopardalis* est

$$L_0 = \gamma L_{\mathbf{A}} = \frac{5}{3} \times (3\ \text{km}) \qquad \Rightarrow \qquad \boxed{L_0 = 5\ \text{km}}$$

Dans cette situation, les événements **E1** et **E2** ont lieu au même endroit dans le référentiel de l'astronaute. Ainsi, l'intervalle de temps propre est mesuré dans le référentiel **A** de l'astronaute :

$$T_0 = T_{\mathbf{A}} = 12,5\ \mu\text{s}$$

En revanche, la longueur propre du vaisseau est mesurée par les observateurs immobiles par rapport au vaisseau, c'est-à-dire ses passagers (référentiel **C**) :

$$L_0 = L_{\mathbf{C}} = 5\ \text{km}$$

En général, dans un problème de relativité qui fait intervenir une longueur propre L_0 et un intervalle de temps propre T_0, les deux quantités *ne sont pas* mesurées dans le même référentiel. Ainsi,

$$L_0 \neq v T_0$$

Réponse à la question instantanée

QI 1 $T = 20,8\ \mu\text{s}$

GLOSSAIRE

contraction des longueurs : un des aspects de la relativité restreinte ; dans un référentiel où un objet se déplace dans le sens de sa longueur, cette dernière est plus petite que la longueur propre de l'objet ; les dimensions de l'objet perpendiculaires à la vitesse ne sont pas modifiées.

longueur propre : (symbole : L_0) longueur d'un objet dans un référentiel inertiel où il est au repos ; il s'agit de la plus grande longueur possible de l'objet.

QUESTIONS

Q1. Vrai ou faux ? D'après un référentiel qui se déplace dans la direction de la longueur d'un objet, la longueur en question est plus grande que la longueur propre.

Q2. Vrai ou faux ? D'après un référentiel qui se déplace dans la direction de la longueur d'un objet, les dimensions de l'objet perpendiculaires à la longueur en question demeurent les mêmes peu importe la vitesse du référentiel.

Q3. Dans la **section 4.2**, nous avons vu que le *Bellatrix* a une longueur propre de 6 km et que l'*Altaïr* a une longueur propre de 9 km. Lors du croisement entre le *Bellatrix* et l'*Altaïr* que nous avons considéré dans cette section, la longueur de l'*Altaïr* est contractée dans le référentiel du *Bellatrix*. Pourquoi la longueur du *Bellatrix* n'est-elle pas contractée dans le référentiel de l'*Altaïr* ?

Q4. Vrai ou faux ? Dans un problème de relativité, la longueur propre et l'intervalle de temps propre sont toujours mesurés par rapport au même référentiel.

EXERCICES

RÉCHAUFFEMENT

4.3.1 *Un express Montréal-Québec.* La distance entre Montréal et Québec est de 250 km. **(a)** À quelle vitesse (en kilomètres à l'heure) faudrait-il rouler sur l'autoroute qui relie les deux villes pour que la distance soit de 100 km ? **(b)** À cette vitesse, quelle serait la durée du trajet d'après le référentiel de la Terre ?

4.3.2 *La longueur du Fomalhaut.* Le vaisseau spatial *Fomalhaut* se déplace à 180 000 km/s par rapport à la Terre. Dans le référentiel de la Terre, la longueur du *Fomalhaut* (mesurée dans la direction de son déplacement) est de 500 m. Quelle est la longueur du *Fomalhaut* d'après ses passagers ?

SÉRIE PRINCIPALE

4.3.3 *Un voyage vers Sirius.* Un astronef voyage à $0,8\,c$ entre la Terre et Sirius : dans le référentiel de la Galaxie, la distance à parcourir est de 8,7 a.l. **(a)** Quelle est la distance entre la Terre et Sirius dans le référentiel de l'astronef ? **(b)** Quelle est la durée du voyage d'après les passagers de l'astronef ? **(c)** Quelle est la durée du voyage dans le référentiel de la Terre ?

4.3.4 *La longueur du Procyon.* Le vaisseau spatial *Procyon* voyage à $0,6\,c$ par rapport à un petit astéroïde et il le frôle. D'après un astronaute situé sur l'astéroïde, il faut 2 µs pour que la longueur du vaisseau passe devant l'astéroïde. Déterminez la longueur du *Procyon* **(a)** dans le référentiel des passagers du *Procyon* ; **(b)** dans le référentiel de l'astronaute.

4.3.5 *Un muon longe la Tour CN.* Un muon voyageant verticalement vers le bas frappe le pied de la Tour CN, dont la longueur propre est de 550 m. Le muon longe la Tour pendant 1 µs (mesuré dans le référentiel du muon). Quel est le module de sa vitesse ?

4.3.6 *L'Aldébaran croise le Bételgeuse.* Deux vaisseaux spatiaux, l'*Aldébaran* et le *Bételgeuse*, se croisent (schéma ci-contre). D'après les passagers du *Bételgeuse*, l'*Aldébaran* se déplace à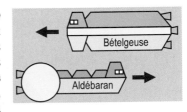
$0,6\,c$. Dans le référentiel de l'*Aldébaran*, la longueur du *Bételgeuse* est de 400 m. **(a)** Quelle est la longueur propre du *Bételgeuse* ? **(b)** Quel est le module de la vitesse du *Bételgeuse* dans le référentiel des passagers de l'*Aldébaran* ? Déterminez le temps nécessaire pour que le *Bételgeuse* passe devant un point donné de l'*Aldébaran* d'après le référentiel **(c)** de l'*Aldébaran* ; **(d)** du *Bételgeuse*.

4.3.7 *L'Aldébaran croise le Bételgeuse, prise 2.* Considérez de nouveau la situation de l'**exercice 4.3.6**. Sachant que la longueur propre de l'*Aldébaran* est de 600 m, déterminez le temps qui s'écoule entre le moment où l'avant des deux vaisseaux coïncide et celui où l'arrière des deux vaisseaux coïncide, d'après le référentiel **(a)** de l'*Aldébaran* ; **(b)** du *Bételgeuse*.

SÉRIE SUPPLÉMENTAIRE

4.3.8 *Un photon voyage dans un vaisseau en mouvement.* Le *Rigel* (schéma ci-contre), vaisseau spatial creux dont la longueur propre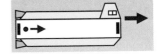
est de 300 m, voyage à $0,8\,c$ par rapport à la Terre. Un photon est émis à l'arrière du vaisseau et détecté à l'avant : il voyage dans le même sens que le mouvement du vaisseau. Déterminez la durée du trajet du photon, d'après le référentiel **(a)** du *Rigel* ; **(b)** de la Terre. **(c)** Dans le référentiel de la Terre, de quelle distance le *Rigel* s'est-il déplacé pendant le trajet du photon ?

4.3.9 *Un photon voyage dans un vaisseau en mouvement, prise 2.* Reprenez l'**exercice 4.3.8** pour un photon qui est émis à l'avant du vaisseau et qui est détecté à l'arrière : il voyage dans le sens contraire du mouvement du vaisseau (schéma ci-contre).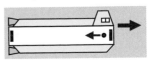

ISTOCKPHOTO

La relativité de la simultanéité

Après l'étude de cette section, le lecteur pourra montrer que deux horloges
synchronisées dans leur propre référentiel sont désynchronisées
d'après un autre référentiel, et pourra calculer le défaut de synchronisation.

APERÇU

Considérons deux horloges **H1** et **H2** faisant partie du même référentiel (schéma ci-contre) : elles sont séparées par une distance propre L_0 et sont synchronisées entre elles d'après leur propre référentiel, **H**. En raison de la **relativité de la simultanéité**, les horloges *ne sont pas* synchronisées entre elles d'après un référentiel inertiel qui se déplace par rapport à **H**.

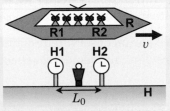

D'après un référentiel **R** qui se déplace par rapport à **H** avec une vitesse v orientée de **H1** *vers* **H2**, l'horloge **H2** est *en avance* sur l'horloge **H1** d'un intervalle de temps appelé **défaut de synchronisation** (symbole : τ, la lettre grecque tau) :

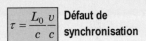

$$\tau = \frac{L_0}{c}\frac{v}{c}$$ **Défaut de synchronisation**

EXPOSÉ

Dans cette section, nous allons présenter le dernier des trois effets relativistes, la **relativité de la simultanéité** : en raison de ce phénomène, deux horloges qui font partie du même référentiel **H** et qui sont synchronisées d'après un référentiel **H** *ne sont pas* synchronisées entre elles d'après un référentiel inertiel en mouvement par rapport à **H**.

La relativité de la simultanéité est un peu plus complexe à décrire que la dilatation du temps et la contraction des longueurs. Dans certains exposés d'introduction à la relativité restreinte, on présente seulement les deux premiers effets relativistes (ou, du moins, on présente seulement les équations qui permettent de calculer les deux premiers effets). Or, pour pouvoir traiter de toutes les situations sans rencontrer de paradoxes apparents, il faut absolument pouvoir évaluer les trois effets relativistes. La relativité de la simultanéité est la clef de voûte de la théorie : il est impossible de véritablement comprendre la relativité restreinte sans en tenir compte.

Considérons deux horloges **H1** et **H2** qui font partie du même référentiel inertiel, **H** : dans ce référentiel, la distance propre entre les deux horloges est L_0 (schéma ci-contre). Les horloges sont synchronisées entre elles d'après les observateurs dans le référentiel **H**. (Nous examinerons un peu plus loin comment cette synchronisation a été effectuée.) Considérons un référentiel

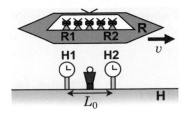

inertiel **R** qui se déplace par rapport à **H** avec une vitesse de module v orientée de **H1** *vers* **H2**. D'après ce référentiel, les horloges **H1** et **H2** *ne sont pas* synchronisées entre elles. L'horloge **H2** est *en avance* sur l'horloge **H1** d'un certain intervalle de temps appelé **défaut de synchronisation** (symbole : τ, la lettre grecque tau) :

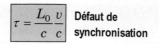

$$\tau = \frac{L_0}{c} \frac{v}{c}$$ **Défaut de synchronisation**

Lorsqu'on utilise cette équation, il faut considérer les points suivants :

- Tout comme la contraction des longueurs, la relativité de la simultanéité opère seulement dans la direction de la vitesse relative : elle n'a pas d'effet sur la synchronisation de deux horloges qui sont séparées par une distance perpendiculaire à la vitesse relative entre les deux référentiels.

- L_0 est la distance propre entre les deux horloges, c'est-à-dire la distance qui les sépare dans le référentiel **H** où elles sont immobiles.

- v est le module de la vitesse du référentiel **R** par rapport au référentiel **H** (cette vitesse est parallèle à la droite qui relie les deux horloges).

- **H1**, la *première* horloge croisée par un observateur donné dans **R**, est *en retard* de τ par rapport à **H2** ; ou, ce qui revient au même, **H2** est *en avance* de τ par rapport à **H1**.

En général, afin de déterminer si deux événements sont *simultanés* (ce qui signifie qu'ils se produisent *en même temps*), il faut utiliser des horloges synchronisées entre elles. Or, comme nous venons de le voir, le concept de synchronisation est modifié par la relativité. Par conséquent, la simultanéité est un concept relatif : c'est pour cela que le troisième effet relativiste porte le nom de *relativité de la simultanéité*.

En pratique, il y a plusieurs manières de synchroniser les horloges **H1** et **H2**. Une manière simple consiste à se servir d'un « photon de synchronisation ». Lorsque l'horloge **H1** indique midi pile, elle envoie un photon de synchronisation vers **H2**. D'après le référentiel des horloges, le temps de vol du photon est L_0/c (où L_0 est la distance propre entre les deux horloges) : lorsque le photon atteint l'horloge **H2**, il suffit de la régler à « midi $+ L_0/c$ ». Les deux horloges sont maintenant synchronisées d'après leur propre référentiel.

Nous allons utiliser ce processus dans une situation qui nous est désormais familière : le croisement du *Bellatrix* et de l'*Altaïr* avec une vitesse relative de 0,6 c (schéma ci-contre). Nous allons synchroniser les horloges **A** et **A'** d'après le référentiel de l'*Altaïr* et nous allons constater qu'elles ne sont pas synchronisées d'après le référentiel du *Bellatrix*.

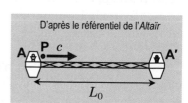

Au moment où elle indique midi pile, l'horloge **A** émet un photon de synchronisation **P** en direction de l'horloge **A'** (schéma ci-contre). Comme la longueur propre de l'*Altaïr* est $L_0 = 9$ km $= 9000$ m, la durée du vol du photon de synchronisation, *dans le référentiel de l'Altaïr*, est

D'après le référentiel de l'*Altaïr*

$$\Delta t_{\mathbf{A}} = \frac{L_0}{c} = \frac{(9000 \text{ m})}{(3 \times 10^8 \text{ m/s})} = 3 \times 10^{-5} \text{ s} = 30 \text{ μs} \quad \textbf{(i)}$$

En raison de ce « délai de transmission » de 30 μs, il faut régler l'horloge **A'** à « midi $+ 30$ μs » à l'instant où elle reçoit le photon : les deux horloges sont alors parfaitement synchronisées dans le référentiel de l'*Altaïr*.

Si nous n'avons pas combiné les deux « c » au dénominateur pour faire « c^2 », c'est que cette façon d'écrire l'équation simplifie les calculs lorsque le rapport v/c est connu, ce qui est habituellement le cas.

Il est important de remarquer que le défaut de synchronisation n'a rien à voir avec un quelconque « retard de vision » des observateurs de **R** qui regardent les horloges dans **H**. On peut supposer qu'il y a un observateur **R1** vis-à-vis de **H1** et un observateur **R2** vis-à-vis de **H2** : par conséquent, le retard de vision est négligeable. Les observateurs **R1** et **R2** mettent en évidence le défaut de synchronisation en *comparant* leurs observations.

Analysons maintenant le trajet du photon de synchronisation *dans le référentiel* **B** (référentiel de Béatrice à bord du *Bellatrix*). L'*Altaïr* se déplace à 0,6 *c* par rapport au *Bellatrix*, ce qui correspond à $\gamma = 1{,}25$. Dans le référentiel **B**, la longueur de l'*Altaïr* est contractée :

$$L = \frac{L_0}{\gamma} = \frac{(9000 \text{ m})}{1{,}25} = 7200 \text{ m} = 7{,}2 \text{ km} \qquad \textbf{(ii)}$$

Afin de calculer le temps de vol du photon de synchronisation dans le référentiel **B**, nous allons définir un axe *x* (schéma ci-contre) dont le sens positif est orienté vers la droite et dont l'origine correspond à l'endroit où le photon a été émis par l'horloge **A**. (L'axe est associé au référentiel **B** : il est, en quelque sorte, immobile par rapport au référentiel **B**.) Par rapport à cet axe, les vitesses du photon de synchronisation **P** et de l'horloge **A'** sont

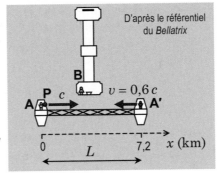

$$v_{x\textbf{P}} = c \qquad \text{et} \qquad v_{x\textbf{A'}} = -v$$

où $v = 0{,}6\,c$. Posons $t = 0$ au moment de l'émission du photon de synchronisation. Les positions initiales du photon de synchronisation et de l'horloge **A'** sont

$$x_{0\textbf{P}} = 0 \qquad \text{et} \qquad x_{0\textbf{A'}} = L$$

où $L = 7{,}2 \text{ km} = 7200 \text{ m}$. Leurs positions à un temps t sont

$$x_\textbf{P} = x_{0\textbf{P}} + v_{x\textbf{P}}\,t = 0 + ct = ct \qquad \text{et} \qquad x_\textbf{A'} = x_{0\textbf{A'}} + v_{x\textbf{A'}}\,t = L - vt$$

Appelons $\Delta t_\textbf{B}$ le temps de vol du photon dans le référentiel **B**. Lorsque $t = \Delta t_\textbf{B}$, les positions du photon et de l'horloge **A'** coïncident :

$$x_\textbf{P} = x_\textbf{A'}$$
$$c\Delta t_\textbf{B} = L - v\Delta t_\textbf{B}$$
$$c\Delta t_\textbf{B} + v\Delta t_\textbf{B} = L$$
$$(c + v)\Delta t_\textbf{B} = L$$
$$\Delta t_\textbf{B} = \frac{L}{c + v} = \frac{L}{c + 0{,}6c} = \frac{L}{1{,}6c} = \frac{(7200 \text{ m})}{1{,}6 \times (3 \times 10^8 \text{m/s})} = 1{,}5 \times 10^{-5}\,\text{s} = 15\ \mu\text{s} \qquad \textbf{(iii)}$$

Il est possible d'arriver au même résultat plus rapidement en notant que, dans le référentiel **B**, le photon se déplace à *c* vers la droite, tandis que l'horloge **A'** se déplace à 0,6 *c* vers la gauche. Ainsi, *d'après le référentiel* **B**, la vitesse relative du photon par rapport à **A'** est égale à 1,6 *c* : le photon se déplace *par rapport à l'horloge* **A'** à 1,6 fois la vitesse de la lumière ! Cela ne contredit pas le postulat de base de la relativité, qui affirme qu'un observateur inertiel considère toujours qu'un photon se déplace à *c* par rapport à *lui-même* : dans le référentiel **B**, le photon se déplace bien à *c* par rapport à Béatrice.

D'après le référentiel **B**, la durée du vol du photon de synchronisation est de 15 µs ; de plus, toujours d'après le référentiel **B**, les horloges dans l'*Altaïr* avancent trop lentement par un facteur $\gamma = 1{,}25$. Ainsi, d'après le référentiel **B**, les horloges dans l'*Altaïr* avancent de

$$\Delta t_\textbf{BA} = \frac{\Delta t_\textbf{B}}{\gamma} = \frac{(15\ \mu\text{s})}{1{,}25} = 12\ \mu\text{s} \qquad \textbf{(iv)}$$

pendant le trajet du photon de synchronisation. Nous avons représenté cet intervalle de temps par le symbole Δt_{BA} afin d'indiquer qu'il s'agit d'un intervalle mesuré dans le référentiel **B**, *mais qui tient compte du fait que les horloges dans le référentiel **A** subissent l'effet de la dilatation du temps.*

Afin que les horloges **A** et **A'** soient correctement synchronisées *d'après le référentiel **B***, il faudrait que l'horloge **A'** soit réglée à « midi + 12 µs » au moment où elle reçoit le photon de synchronisation. Or, comme nous l'avons vu, la synchronisation des horloges dans leur propre référentiel nécessite que l'horloge **A'** soit réglée à « midi + 30 µs ». Par conséquent, d'après le référentiel **B**, *les horloges sont mal synchronisées* : l'horloge **A'** est *en avance* de

$$\tau = \Delta t_A - \Delta t_{BA} = (30\ \mu s) - (12\ \mu s) = 18\ \mu s \qquad \textbf{(v)}$$

sur le temps qu'elle indiquerait *si elle était correctement synchronisée d'après le référentiel **B***. L'équation présentée au début de la section confirme ce résultat : comme la distance propre entre les deux horloges est $L_0 = 9$ km $= 9000$ m,

$$\tau = \frac{L_0}{c}\frac{v}{c} = \frac{(9000\ m)}{(3\times 10^8\ m/s)} \times 0{,}6 = 30\ \mu s \times 0{,}6 = 18\ \mu s$$

Nous allons maintenant démontrer l'équation générale qui permet de calculer le défaut de synchronisation. Dans l'analyse que nous venons de faire, nous avons écrit cinq équations :

$$\Delta t_A = \frac{L_0}{c} \quad \textbf{(i)} \qquad L = \frac{L_0}{\gamma} \quad \textbf{(ii)} \qquad \Delta t_B = \frac{L}{c+v} \quad \textbf{(iii)}$$

$$\Delta t_{BA} = \frac{\Delta t_B}{\gamma} \quad \textbf{(iv)} \qquad \tau = \Delta t_A - \Delta t_{BA} \quad \textbf{(v)}$$

En combinant les équations **(ii)** et **(iii)**, nous pouvons écrire

$$\Delta t_B = \frac{L_0/\gamma}{c+v}$$

En remplaçant Δt_A et Δt_{BA} de l'équation **(v)** par leurs équivalents d'après les équations **(i)** et **(iv)**, nous obtenons

$$\tau = \frac{L_0}{c} - \frac{\Delta t_B}{\gamma}$$

d'où

$$\tau = \frac{L_0}{c} - \frac{L_0}{\gamma^2(c+v)}$$

Or,

$$\gamma^2 = \frac{1}{1-(v/c)^2} = \frac{c^2}{c^2-v^2} = \frac{c^2}{(c-v)(c+v)}$$

Ainsi,

$$\tau = \frac{L_0}{c} - \frac{L_0}{\left(\dfrac{c^2(c+v)}{(c-v)(c+v)}\right)} = \frac{L_0}{c} - \frac{L_0(c-v)}{c^2} = \frac{L_0}{c} - \frac{L_0}{c} + \frac{L_0 v}{c^2} = \frac{L_0 v}{c^2} = \frac{L_0}{c}\frac{v}{c}$$

ce que nous voulions démontrer.

La symétrie des effets relativistes

D'après les principes de base de la relativité, il n'y a pas de référentiel privilégié. Lors du croisement de l'*Altaïr* et du *Bellatrix*, Béatrice considère que le *Bellatrix* est immobile et qu'Albert, à bord de l'*Altaïr*, se déplace à 0,6 *c* ; de même, Albert considère que l'*Altaïr* est immobile et que Béatrice à bord du *Bellatrix* se déplace à 0,6 *c*. En raison de la dilatation du temps relativiste, Béatrice considère que les phénomènes à bord de l'*Altaïr* se déroulent plus lentement par un facteur $\gamma = 1,25$. De même, Albert, considère que les phénomènes à bord du *Bellatrix* se déroulent plus lentement par un facteur $\gamma = 1,25$. Il n'y a pas d'erreur : chaque observateur a tout à fait raison de considérer que les phénomènes se déroulent plus lentement dans l'autre référentiel. Comment cela est-il possible ? En raison de la relativité de la simultanéité !

Dans la **section 4.2**, nous avons calculé que Béatrice considère qu'il s'écoule 40 μs entre les événements **E1** et **E2** qui délimitent l'aller-retour du photon à bord du *Bellatrix* ; en revanche, Albert considère qu'il s'écoule 50 μs entre les événements. À première vue, il semblerait qu'Albert ait raison lorsqu'il considère que les horloges fonctionnent plus lentement à bord du *Bellatrix* par un facteur $(50\,μs)/(40\,μs) = 1,25$. En revanche, il semble que Béatrice ne puisse pas affirmer que les horloges fonctionnent plus lentement à bord de l'*Altaïr*. En effet, si les horloges fonctionnaient plus lentement à bord de l'*Altaïr* par un facteur 1,25, il devrait s'écouler $(40\,μs)/1,25 = 32$ μs dans l'*Altaïr* pendant qu'il s'écoule 40 μs dans le *Bellatrix*.

Or, justement, *d'après le référentiel de Béatrice*, il s'écoule 32 μs dans l'*Altaïr* pendant qu'il s'écoule 40 μs dans le *Bellatrix* ! En effet, Albert et Archibald ont obtenu la valeur de 50 μs en comparant les temps indiqués par leurs horloges. Toutefois, nous venons de voir que, d'après le référentiel de Béatrice, l'horloge d'Archibald est en avance de 18 μs sur celle d'Albert. Dans le référentiel de Béatrice, il s'est écoulé 32 μs dans l'*Altaïr*, mais comme les horloges à bord de l'*Altaïr* sont désynchronisées de 18 μs, les passagers de l'*Altaïr* considèrent (à tort, selon elle) qu'il s'est réellement écoulé $(32\,μs) + (18\,μs) = 50$ μs (schéma ci-dessous).

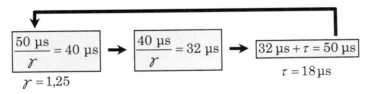

D'après les passagers de deux vaisseaux qui se croisent, ce sont toujours les phénomènes dans *l'autre vaisseau* qui se déroulent plus lentement. De même, c'est toujours la longueur de *l'autre vaisseau* qui est contractée. Toutefois, lorsqu'on tient compte des trois effets relativistes, *y compris la relativité de la simultanéité*, il n'y a jamais de contradiction entre les résultats obtenus.

À la lecture de ce qui précède, on pourrait être tenté de classer les effets relativistes dans la catégorie des « illusions d'optique » : en effet, si chaque observateur considère toujours que les distances et les temps sont « normaux » dans son référentiel et que ce sont les autres référentiels dont les mesures sont « anormales », peut-on affirmer que les effets relativistes ont des conséquences *réelles* et *objectives* sur les phénomènes physiques ? Justement, oui ! Comme nous l'avons mentionné à la fin de la **section 4.2 : La dilatation du temps**, les effets relativistes peuvent avoir des conséquences asymétriques et permanentes : dans la situation du « paradoxe des jumeaux », le jumeau voyageur est *réellement*, *objectivement* plus jeune que le jumeau sédentaire lorsqu'il revient sur Terre.

Dans une situation parfaitement symétrique, les effets relativistes sont toujours symétriques. En revanche, lorsque la situation n'est pas symétrique (par exemple, lorsqu'un jumeau change de référentiel lors du demi-tour pendant que l'autre ne change pas de référentiel), les effets relativistes ne sont pas symétriques.

L'impossibilité de la contraction des longueurs perpendiculaires

Lorsque nous avons introduit la contraction des longueurs à la **section 4.3**, nous avons mentionné que les longueurs perpendiculaires à la vitesse relative des référentiels ne sont pas modifiées. Nous allons maintenant démontrer ce résultat en exploitant la symétrie des effets relativistes.

Considérons un boulet de canon de 20 cm de diamètre qui est lancé vers une plaque de métal dans laquelle il y a un trou circulaire de 20 cm de diamètre (schéma ci-contre) : le boulet et le trou ont le même diamètre propre. À faible vitesse, les effets relativistes sont négligeables et le boulet passe de justesse à travers le trou : comme le trou a exactement la bonne largeur, il se produit un léger grincement lors du passage du boulet.

Imaginons maintenant que l'expérience se déroule à très grande vitesse : disons, la moitié de la vitesse de la lumière. Dans le référentiel du boulet, ce dernier est immobile, et la plaque se rapproche à $c/2$; dans le référentiel de la plaque, cette dernière est immobile et le boulet se rapproche à $c/2$.

Voyons ce qui arriverait si, en raison des effets relativistes, les dimensions perpendiculaires à la vitesse étaient *contractées*. Dans le référentiel du boulet, ce dernier garderait sa taille normale (taille propre), mais la plaque et le trou seraient contractés : ainsi, le trou serait *plus petit* que le boulet, et ce dernier serait incapable de traverser le trou (schéma ci-contre).

impossible !

Référentiel du boulet

En revanche, dans le référentiel de la plaque, cette dernière garderait sa taille normale et le boulet serait contracté : ainsi, le trou serait *plus grand* que le boulet, et ce dernier traverserait sans problème (schéma ci-contre). *L'issue de l'expérience serait différente selon le référentiel*, ce qui est, évidemment, impossible !

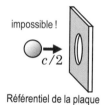

impossible !

Référentiel de la plaque

Si les effets relativistes entraînaient plutôt une *dilatation* des dimensions perpendiculaires à la vitesse, l'issue serait également différente selon le référentiel : le boulet passerait sans problème dans le référentiel du boulet et serait arrêté dans le référentiel de la plaque.

Nous sommes forcés de conclure qu'il ne peut y avoir de modification des longueurs selon les directions perpendiculaires à la vitesse. En revanche, la contraction des longueurs dans la direction de la vitesse n'empêche pas le boulet de passer de justesse à travers le trou (schéma ci-contre).

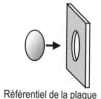

Référentiel de la plaque

Un retour sur l'invariance de la vitesse de la lumière

À présent que nous avons vu comment évaluer les trois effets relativistes, nous allons considérer de nouveau la situation que nous avons utilisée dans la **section 4.1** pour illustrer l'invariance de la vitesse de la lumière (schéma ci-contre).

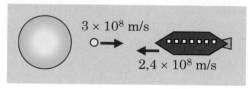

3×10^8 m/s

$2,4 \times 10^8$ m/s

Le vaisseau spatial fonce à $0,8\,c$ vers le Soleil et rencontre un photon qui s'éloigne du Soleil. Comme le vaisseau est un référentiel inertiel, les passagers du vaisseau ont le droit de se considérer comme immobiles : ainsi, ils estiment que le photon se déplace à $c = 3 \times 10^8$ m/s par rapport à leur vaisseau. Mais comment expliquer ce résultat d'après le référentiel d'un observateur extérieur, *immobile par rapport au Soleil*?

Pour rendre la situation plus explicite, nous allons considérer que la longueur propre du vaisseau est de $L_0 = 450$ m. Comme le vaisseau se déplace à $v = 0,8\,c$ par rapport à l'observateur extérieur, $\gamma = 5/3$.

Plaçons-nous dans le référentiel de l'observateur extérieur. Par rapport au vaisseau, le photon se déplace à

$$c + 0,8\,c = 1,8\,c = 5,4 \times 10^8\,\text{m/s}$$

En raison de la contraction des longueurs, la longueur du vaisseau est

$$L = \frac{L_0}{\gamma} = \frac{(450\,\text{m})}{5/3} = 270\,\text{m}$$

Pour traverser cette longueur, le photon prend

$$\frac{(270\,\text{m})}{(5,4 \times 10^8\,\text{m/s})} = 5 \times 10^{-7}\,\text{s} = 0,5\,\text{µs}$$

Toutefois, comme les horloges dans le vaisseau fonctionnent plus lentement par un facteur $\gamma = 5/3$, elles avancent seulement de

$$\frac{(0,5\,\text{µs})}{5/3} = 0,3\,\text{µs}$$

pendant que le photon traverse la longueur du vaisseau. De plus, en raison de la relativité de la simultanéité, l'horloge à l'arrière du vaisseau est en avance de

$$\tau = \frac{L_0}{c}\frac{v}{c} = \frac{(450\,\text{m})}{(3 \times 10^8\,\text{m/s})} \times 0,8 = 1,2 \times 10^{-6}\,\text{s} = 1,2\,\text{µs}$$

sur l'horloge à l'avant du vaisseau. Ainsi, lorsque les passagers à l'avant et à l'arrière du vaisseau comparent leurs observations, ils considèrent que le photon a pris

$$(0,3\,\text{µs}) + (1,2\,\text{µs}) = 1,5\,\text{µs} = 1,5 \times 10^{-6}\,\text{s}$$

pour traverser la longueur du vaisseau. Comme ils considèrent que la longueur de leur vaisseau est $L_0 = 450$ m, ils calculent que le photon se déplaçait par rapport à leur vaisseau à

$$\frac{(450\,\text{m})}{(1,5 \times 10^{-6}\,\text{s})} = 3 \times 10^8\,\text{m/s} = c$$

Ainsi, *en tenant compte des trois effets relativistes*, l'observateur extérieur est en mesure d'expliquer pourquoi les passagers du vaisseau considèrent que le photon se déplace à c par rapport à leur vaisseau.

défaut de synchronisation : (symbole : τ, la lettre grecque tau) d'après un référentiel **R** en mouvement dans la direction de la droite qui relie deux horloges synchronisées dans leur propre référentiel, les horloges ne sont pas synchronisées : l'horloge qui passe en *dernier* vis-à-vis d'un observateur donné dans **R** indique un temps *trop grand*. La différence entre le temps indiqué par cette horloge et le temps qu'elle indiquerait *si les horloges étaient correctement synchronisées d'après* **R** est égale au défaut de synchronisation.

relativité de la simultanéité : deux horloges qui font partie du même référentiel **H** et qui sont synchronisées entre elles d'après le référentiel **H** *ne sont pas* synchronisées entre elles d'après un référentiel inertiel en mouvement par rapport à **H**.

QUESTIONS

Q1. Considérez l'équation

$$\tau = \frac{L_0}{c}\frac{v}{c}$$

(a) La distance L_0 est-elle mesurée dans le référentiel **H** des horloges ou dans le référentiel **R** en mouvement par rapport à **H** ? **(b)** Quelle est l'orientation de la vitesse par rapport à la droite qui relie les deux horloges ? **(c)** La première horloge croisée par un observateur donné dans **R** est-elle en avance de τ ou en retard de τ sur l'autre horloge ?

Q2. Vrai ou faux ? Si, d'après les observateurs situés dans le référentiel inertiel **A**, le temps s'écoule plus *lentement* dans un référentiel inertiel **B**, alors, d'après les observateurs dans le référentiel **B**, le temps s'écoule plus *rapidement* dans le référentiel **A**.

Q3. « *Comme chaque observateur considère toujours que les distances et les temps sont "normaux" dans son référentiel et que ce sont les autres référentiels dont les mesures sont "anormales", les effets relativistes ne sont rien de plus que des illusions d'optique.* » Que faut-il penser de cette affirmation ?

Q4. En exploitant la symétrie des effets relativistes, expliquez pourquoi il ne peut y avoir de contraction ou de dilatation des longueurs selon les directions perpendiculaires au mouvement relatif entre deux référentiels.

SÉRIE PRINCIPALE

4.4.1 *L'invariance de la vitesse de la lumière.* Un astronef dont la longueur propre est de 120 m fonce à $0,6\,c$ vers la Terre. Les Terriens envoient un photon vers l'astronef. **(a)** Dans le référentiel de l'astronef, quel est le module de la vitesse du photon par rapport à l'astronef ? **(b)** Dans le référentiel des Terriens, quel est le module de la vitesse du photon par rapport à l'astronef ? **(c)** Dans le référentiel des Terriens, quelle est la longueur de l'astronef ? **(d)** Dans le référentiel des Terriens, combien de temps prend le photon à traverser la longueur de l'astronef ? **(e)** Dans le référentiel des Terriens, de combien les horloges dans l'astronef avancent-elles pendant que le photon traverse la longueur de l'astronef ? **(f)** Deux horloges placées aux extrémités de l'astronef sont synchronisées entre elles dans le référentiel de l'astronef : quel est leur défaut de synchronisation d'après les Terriens ? **(g)** Dans le référentiel de l'astronef, combien de temps prend le photon à traverser la longueur de l'astronef ? **(h)** En divisant la longueur propre de l'astronef par le temps obtenu en (g), quelle valeur obtient-on pour le module de la vitesse du photon d'après les passagers de l'astronef ?

4.4.2 *Des touristes venus de loin.* Un immense vaisseau spatial dont la longueur propre est de 10 km survole l'autoroute 20 qui relie Montréal à Québec. Le vaisseau se déplace de Montréal (borne « 90 km » sur l'autoroute) vers Québec (borne « 310 km » sur l'autoroute) à $0,6\,c$. Un appareil photo **A** se trouve à l'avant du vaisseau et un appareil photo **B** se trouve à l'arrière. Ces appareils sont réglés pour prendre des photos *en même temps* d'après le référentiel *du vaisseau*. **(a)** Dans le référentiel de la Terre, quel appareil prend sa photo en premier ? **(b)** Dans le référentiel de la Terre, quel est l'intervalle de temps entre la prise de chaque photo ? **(c)** Sur la photo prise par l'appareil **B**, on peut voir la borne « 150 km » : quelle borne apparaît sur la photo prise par **A** ?

Les transformations de Lorentz

Après l'étude de cette section, le lecteur pourra utiliser les transformations de Lorentz pour mettre en relation les coordonnées $(x_A \, ; t_A)$ d'un événement d'après un référentiel **A** et les coordonnées $(x_B \, ; t_B)$ du même événement d'après un référentiel **B**.

APERÇU

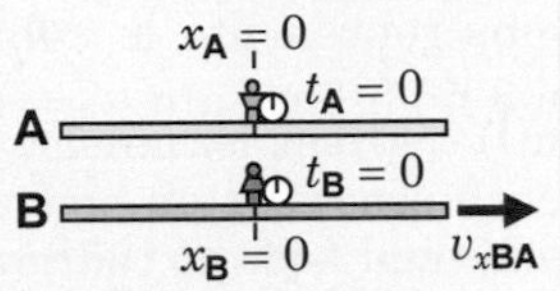

Considérons deux référentiels, **A** et **B**, en mouvement relatif l'un par rapport à l'autre le long d'un axe x (schéma ci-contre) : la vitesse du référentiel **B** par rapport

au référentiel **A** est v_{xBA}. À l'instant où les origines $x_A = 0$ et $x_B = 0$ des deux référentiels coïncident, les horloges indiquent 0 dans chaque référentiel : $t_A = 0$ et $t_B = 0$.

Considérons un événement **E** qui se produit, d'après le référentiel **A**, à la position x_A et à l'instant t_A. D'après le référentiel **B**, la position de cet événement est x_B et il se produit à l'instant t_B. Les coordonnées $(x_A \, ; t_A)$ et $(x_B \, ; t_B)$ de l'événement sont reliées entre elles par les **transformations de Lorentz** :

et

$$\boxed{x_B = \gamma(x_A - v_{xBA} t_A)}$$ Transformation de Lorentz pour l'espace

$$\boxed{t_B = \gamma\left(t_A - \frac{v_{xBA}}{c^2} x_A\right)}$$ Transformation de Lorentz pour le temps

Si l'événement ne se produit pas directement sur l'axe x, il possède des coordonnées non nulles selon y et z, mais elles sont les mêmes dans les deux référentiels :

$$y_B = y_A \qquad \text{et} \qquad z_B = z_A$$

En permutant les indices **A** et **B** dans les transformations de Lorentz et en utilisant le fait que

$$v_{xAB} = -v_{xBA}$$

on obtient les transformations inverses

$$x_A = \gamma(x_B + v_{xBA} t_B) \qquad \text{et} \qquad t_A = \gamma\left(t_B + \frac{v_{xBA}}{c^2} x_B\right)$$

Les transformations de Lorentz tiennent compte simultanément des trois effets relativistes que nous avons présentés dans les sections précédentes (la dilatation du temps, la contraction des longueurs et la relativité de la simultanéité).

EXPOSÉ

Dans les trois sections précédentes, nous avons présenté les trois effets relativistes (la dilatation du temps, la contraction des longueurs et la relativité de la simultanéité) ainsi que les équations qui les décrivent :

$$T = \gamma \, T_0 \qquad\qquad L = \frac{L_0}{\gamma} \qquad \text{et} \qquad \tau = \frac{L_0}{c} \frac{v}{c}$$

Dans la présente section, nous allons obtenir des équations générales, appelées **transformations de Lorentz**, qui mettent en relation la position et l'instant où un événement se produit d'après un référentiel avec la position et l'instant où il se produit d'après un autre référentiel. Ces transformations sont plus abstraites que les équations qui décrivent séparément chacun des effets relativistes, mais elles ont l'avantage de tenir compte *simultanément* des trois effets.

Pour obtenir les transformations de Lorentz, nous allons commencer par analyser une situation concrète, puis nous allons nous en servir pour en déduire des équations générales.

Situation 1 : *Les positions du même événement dans deux référentiels.* Deux longs astronefs identiques voyageant le long de l'axe x se croisent dans l'espace. D'après l'astronef **A**, l'astronef **B** se déplace à $0{,}6\,c$ dans le sens positif de l'axe. Sur le plancher de chaque astronef se trouve un ruban à mesurer orienté le long de l'axe x et dont l'origine est au centre de l'astronef. Les passagers de l'astronef **A** ont placé des horloges à tous les mètres le long de leur ruban, et les ont synchronisées entre elles du point de vue de leur référentiel. Les passagers de l'astronef **B** ont fait de même avec leurs horloges. Au moment où les centres des deux astronefs coïncident, les horloges qui s'y trouvent indiquent toutes deux « $t = 0$ ». Quelques instants plus tard, un petit pétard explose entre les astronefs : d'après le ruban placé dans l'astronef **A**, l'explosion se produit à la position $x_{\mathbf{A}} = 30$ m, et l'horloge qui se trouve à cette position indique $t_{\mathbf{A}} = 100$ ns. On désire déterminer la position $x_{\mathbf{B}}$ de l'explosion d'après le ruban placé dans l'astronef **B**.

Sur le schéma ci-dessous, nous avons représenté le ruban à mesurer de l'astronef **A** (chaque graduation correspond à 3 m) à l'instant $t_{\mathbf{A}} = 100$ ns $= 10^{-7}$ s : l'explosion du pétard se produit à $x_{\mathbf{A}} = 30$ m.

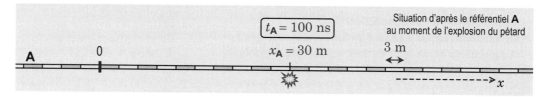

D'après l'astronef **A**, l'astronef **B** se déplace à $0{,}6\,c$ dans le sens positif de l'axe x : $v_{x\mathbf{BA}} = 0{,}6\,c$. À cette vitesse,

$$\gamma = \frac{1}{\sqrt{1 - (v/c)^2}} = \frac{1}{\sqrt{1 - 0{,}6^2}} = 1{,}25 = \frac{5}{4}$$

D'après l'énoncé, les origines des deux référentiels ($x_{\mathbf{A}} = 0$ et $x_{\mathbf{B}} = 0$) coïncident à l'instant où le temps est égal à 0 dans les deux référentiels : $t_{\mathbf{A}} = 0$ et $t_{\mathbf{B}} = 0$. D'après l'astronef **A**, entre cet instant et l'instant de l'explosion du pétard ($t_{\mathbf{A}} = 100$ ns), l'astronef **B** se déplace dans le sens positif de l'axe x d'une distance

$$v_{x\mathbf{BA}}t_{\mathbf{A}} = 0{,}6\,c \times \left(10^{-7}\,\text{s}\right) = 0{,}6 \times \left(3 \times 10^8\,\text{m/s}\right) \times \left(10^{-7}\,\text{s}\right) = 18\,\text{m}$$

Le schéma ci-dessous représente, d'après le référentiel **A**, le ruban du référentiel **B** à l'instant de l'explosion du pétard : l'origine $x_{\mathbf{B}} = 0$ du ruban **B** se trouve vis-à-vis de la position $x_{\mathbf{A}} = 18$ m. Comme le schéma représente le point de vue du référentiel **A**, les graduations du ruban **B** sont contractées par un facteur $\gamma = 1{,}25 = 5/4$: 5 graduations du ruban **B** correspondent à 4 graduations du ruban **A**.

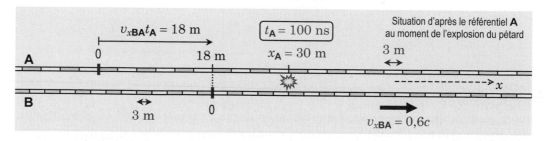

D'après le référentiel **A**, la distance $L_{\mathbf{A}}$ entre l'origine du référentiel **B** et la position de l'explosion du pétard est

$$L_{\mathbf{A}} = x_{\mathbf{A}} - v_{x\mathbf{BA}}t_{\mathbf{A}} = \left(30\,\text{m}\right) - \left(18\,\text{m}\right) = 12\,\text{m}$$

(voir le schéma en haut de la page suivante).

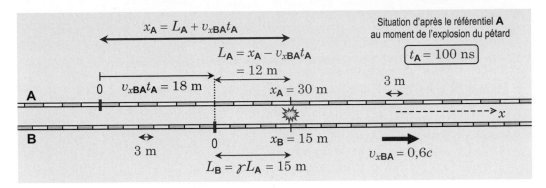

Situation d'après le référentiel **A** au moment de l'explosion du pétard

$t_A = 100$ ns

$x_A = L_A + v_{xBA}t_A$

$L_A = x_A - v_{xBA}t_A$
$= 12$ m

$v_{xBA}t_A = 18$ m

$x_A = 30$ m

3 m

A   0

B   3 m   0 $x_B = 15$ m

$v_{xBA} = 0{,}6c$

$L_B = \gamma L_A = 15$ m

Comme l'échelle des longueurs dans le référentiel **B** est contractée d'un facteur $\gamma = 1{,}25 = 5/4$ (d'après le référentiel **A**), la distance $L_A = 12$ m correspond à

$$L_B = \gamma L_A = \frac{5}{4} \times (12\text{ m}) = 15\text{ m}$$

le long du ruban **B**. (Sur le schéma ci-dessus, L_B correspond bien à 5 graduations, donc à $5 \times (3\text{ m}) = 15$ m.) Ainsi, le long du ruban **B**, l'explosion du pétard se produit à la position

$$\boxed{x_B = 15\text{ m}}$$

L'analyse de la **situation 1** permet de conclure que, de manière générale, les coordonnées x_A et x_B du même événement obéissent à la relation

$$x_A = L_A + v_{xBA}t_A$$

(voir schéma ci-dessus). Comme $x_B = L_B = \gamma L_A$,

$$x_A = \frac{x_B}{\gamma} + v_{xBA}t_A$$

ou encore

$$\boxed{x_B = \gamma(x_A - v_{xBA}t_A)}$$ **Transformation de Lorentz pour l'espace**

Cette équation constitue « la transformation de Lorentz pour l'espace ». Elle permet de calculer la coordonnée x_B d'un événement dans le référentiel **B** si on connaît ses coordonnées x_A et t_A dans le référentiel **A**, ainsi que la vitesse du référentiel **B** par rapport au référentiel **A** (le facteur de Lorentz γ correspondant à la vitesse en question).

L'équation ci-contre est vraie uniquement si les origines des référentiels **A** et **B** coïncident à l'instant $t_A = t_B = 0$ (comme le spécifie l'énoncé de la **situation 1**).

> **Situation 2 : *Les instants auxquels se produit le même événement dans deux référentiels.*** Dans la **situation 1**, on désire déterminer la coordonnée t_B de l'explosion du pétard, c'est-à-dire le temps t_B indiqué par l'horloge du référentiel **B** qui se trouve à la position le long du ruban **B** où se produit l'explosion.

Pour trouver l'instant t_B de l'explosion du pétard d'après le référentiel **B**, on *ne peut pas* partir de $t_A = 100$ ns et utiliser l'équation $T = \gamma T_0$ présentée dans la **section 4.2 : La dilatation du temps**. On peut considérer t_A et t_B comme des intervalles de temps entre les événements « les origines des deux référentiels coïncident » et « le pétard explose ». Toutefois, ni t_A ni t_B ne correspondent au temps propre, car les événements ne se produisent au même endroit ni pour le référentiel **A** ni pour le référentiel **B**. Il est possible de trouver t_B à partir de t_A en combinant les effets de la dilatation du temps et de la relativité de la simultanéité (défaut de synchronisation). Nous allons plutôt nous servir de la transformation de Lorentz pour l'espace afin d'obtenir la transformation de Lorentz pour le temps, ce qui nous permettra de répondre directement à la question.

Partons de la transformation de Lorentz

$$x_B = \gamma(x_A - v_{xBA}t_A) \quad \textbf{(i)}$$

Comme cette équation est générale, elle demeure vraie si on inverse les indices **A** et **B** :

$$x_A = \gamma(x_B - v_{xAB}t_B)$$

D'après la symétrie des vitesses relatives,

$$v_{xAB} = -v_{xBA}$$

d'où

$$x_A = \gamma(x_B + v_{xBA}t_B) \quad \textbf{(ii)}$$

Nous voulons obtenir la transformation de Lorentz pour le temps, c'est-à-dire l'équation qui permet de calculer t_B à partir de t_A, x_A et v_{xAB}. Pour ce faire, nous allons combiner les équations **(i)** et **(ii)** pour faire disparaître x_B, ce qui revient à isoler t_B dans l'équation **(ii)**,

$$t_B = \frac{(x_A/\gamma) - x_B}{v_{xBA}}$$

puis à remplacer x_B par son équivalent d'après l'équation **(i)** :

$$t_B = \frac{(x_A/\gamma) - \gamma(x_A - v_{xBA}t_A)}{v_{xBA}}$$

Afin de simplifier cette équation, nous allons la réécrire de la manière suivante :

$$t_B = \frac{\gamma}{v_{xBA}}\left[\frac{x_A}{\gamma^2} - (x_A - v_{xBA}t_A)\right]$$

Comme

$$\gamma = \frac{1}{\sqrt{1 - (v_{xBA}^2/c^2)}} \qquad \Rightarrow \qquad \frac{1}{\gamma^2} = 1 - \frac{v_{xBA}^2}{c^2}$$

nous obtenons

$$t_B = \frac{\gamma}{v_{xBA}}\left[x_A\left(1 - \frac{v_{xBA}^2}{c^2}\right) - (x_A - v_{xBA}t_A)\right]$$

$$= \frac{\gamma}{v_{xBA}}\left[x_A - \frac{v_{xBA}^2\,x_A}{c^2} - x_A + v_{xBA}t_A\right]$$

$$= \frac{\gamma}{v_{xBA}}\left[-\frac{v_{xBA}^2\,x_A}{c^2} + v_{xBA}t_A\right]$$

$$= \gamma\left[-\frac{v_{xBA}x_A}{c^2} + t_A\right]$$

ou encore

$$\boxed{t_B = \gamma\left(t_A - \frac{v_{xBA}}{c^2}x_A\right)} \quad \textbf{Transformation de Lorentz pour le temps}$$

(Cette équation, tout comme la transformation de Lorentz pour l'espace, est vraie uniquement si les origines des référentiels **A** et **B** coïncident à l'instant $t_A = t_B = 0$.)

Dans la **situation 2**, $x_A = 30\ \text{m}$, $t_A = 10^{-7}\ \text{s}$, $v_{xBA} = 0{,}6\,c$ et $\gamma = 1{,}25 = 5/4$, d'où

$$t_B = \frac{5}{4}\left(\left(10^{-7}\,\text{s}\right) - \frac{0{,}6\,c}{c^2}\left(30\ \text{m}\right)\right) = \frac{5}{4}\left(\left(10^{-7}\,\text{s}\right) - \frac{0{,}6 \times \left(30\ \text{m}\right)}{c}\right)$$

$$= \frac{5}{4}\left(\left(10^{-7}\,\text{s}\right) - \frac{0{,}6 \times \left(30\ \text{m}\right)}{\left(3 \times 10^8\ \text{m/s}\right)}\right) = \frac{5}{4}\left(\left(10^{-7}\,\text{s}\right) - \left(6 \times 10^{-8}\,\text{s}\right)\right) = 5 \times 10^{-8}\ \text{s}$$

$$\boxed{t_B = 50\ \text{ns}}$$

QI 1 Trouvez une équation générale qui donne x_B en fonction de x_A, de v_{xBA} et de t_B, puis servez-vous-en pour retrouver la valeur de x_B à partir du temps t_B trouvé ci-contre et du fait que $x_A = 30$ m.

Sur le schéma ci-dessous, nous avons représenté la situation au moment de l'explosion du pétard d'après le référentiel **B**. La vitesse de l'astronef **A** par rapport à l'astronef **B** est

$$v_{xAB} = -v_{xBA} = -0{,}6\,c$$

Entre l'instant $t_A = t_B = 0$ (où les deux origines coïncident) et cet instant, l'astronef **A** se déplace (d'après l'astronef **B**) de

$$v_{xAB}\,t_B = -0{,}6\,c \times \left(50 \times 10^{-9}\,\text{s}\right) = -0{,}6 \times \left(3 \times 10^8\ \text{m/s}\right)\left(5 \times 10^{-8}\,\text{s}\right) = -9\ \text{m}$$

Comme le schéma représente le point de vue du référentiel **B**, les graduations du ruban **A** sont contractées par un facteur $\gamma = 1{,}25 = 5/4$: 5 graduations du ruban **A** correspondent à 4 graduations du ruban **B**. En comptant les graduations le long du ruban **A**, on retrouve bien la donnée de départ de la **situation 1**, $x_A = 30$ m.

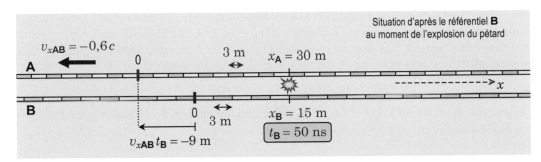

Pour faciliter la comparaison, nous avons reproduit sur le schéma ci-dessous la situation du point de vue du référentiel **A**.

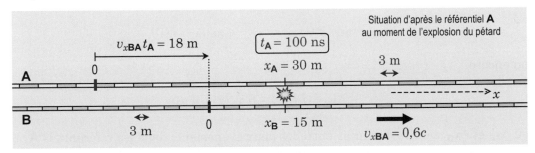

Comme nous l'avons démontré à la fin de la **section 4.4 : La relativité de la simultanéité**, les longueurs perpendiculaires à la vitesse d'un référentiel ne sont pas modifiées par la relativité. Ainsi, les transformations de Lorentz pour les coordonnées d'un événement perpendiculaire à la vitesse relative des référentiels sont triviales :

$$y_B = y_A \qquad \text{et} \qquad z_B = z_A$$

(Dans les situations que nous venons d'analyser, l'événement dont nous avons déterminé les coordonnées se situe sur l'axe x : ses coordonnées y et z sont nulles dans le référentiel **A** et dans le référentiel **B**.)

Les transformations de Lorentz que nous avons obtenues en analysant les **situations 1** et **2**,

$$x_{\mathsf{B}} = \gamma(x_{\mathsf{A}} - v_{x\mathsf{BA}}t_{\mathsf{A}}) \qquad\qquad \text{et} \qquad\qquad t_{\mathsf{B}} = \gamma\left(t_{\mathsf{A}} - \frac{v_{x\mathsf{BA}}}{c^2}x_{\mathsf{A}}\right)$$

permettent de calculer les coordonnées d'un événement dans le référentiel **B** à partir de ses coordonnées dans le référentiel **A**. En inversant les indices **A** et **B** et en utilisant la symétrie des vitesses relatives,

$$v_{x\mathsf{AB}} = -v_{x\mathsf{BA}}$$

on obtient les transformations inverses qui permettent de calculer les coordonnées d'un événement dans le référentiel **A** à partir de ses coordonnées dans le référentiel **B** :

$$x_{\mathsf{A}} = \gamma(x_{\mathsf{B}} + v_{x\mathsf{BA}}t_{\mathsf{B}}) \qquad\qquad \text{et} \qquad\qquad t_{\mathsf{A}} = \gamma\left(t_{\mathsf{B}} + \frac{v_{x\mathsf{BA}}}{c^2}x_{\mathsf{B}}\right)$$

Les transformations de Lorentz et les trois effets relativistes

Pour analyser les **situations 1** et **2** et obtenir les transformations de Lorentz, nous avons utilisé explicitement *un seul* effet relativiste, la contraction des longueurs (afin de comparer l'échelle des graduations le long des rubans à mesurer placés dans les astronefs). Toutefois, les transformations de Lorentz permettent d'analyser de manière *complète* n'importe quelle situation : elles tiennent compte des *trois* effets relativistes. Pour le démontrer, nous allons d'abord réécrire les transformations de Lorentz pour qu'elles s'appliquent à la distance Δx et à l'intervalle de temps Δt entre deux événements, plutôt qu'à la position et au temps d'un seul événement.

Considérons deux événements, **1** et **2**, dont les coordonnées espace-temps d'après le référentiel **A** sont $(x_{\mathsf{A}1}\,;\,t_{\mathsf{A}1})$ et $(x_{\mathsf{A}2}\,;\,t_{\mathsf{A}2})$. La transformation de Lorentz pour l'espace appliquée à chacun des événements donne

$$x_{\mathsf{B}1} = \gamma(x_{\mathsf{A}1} - v_{x\mathsf{BA}}t_{\mathsf{A}1}) \qquad\qquad \text{et} \qquad\qquad x_{\mathsf{B}2} = \gamma(x_{\mathsf{A}2} - v_{x\mathsf{BA}}t_{\mathsf{A}2})$$

En soustrayant la première équation de la seconde, on obtient

$$x_{\mathsf{B}2} - x_{\mathsf{B}1} = \gamma\left((x_{\mathsf{A}2} - x_{\mathsf{A}1}) - v_{x\mathsf{BA}}(t_{\mathsf{A}2} - t_{\mathsf{A}1})\right)$$

ou encore

$$\Delta x_{\mathsf{B}} = \gamma(\Delta x_{\mathsf{A}} - v_{x\mathsf{BA}}\Delta t_{\mathsf{A}}) \qquad \textbf{(i)}$$

où Δx_{A} et Δx_{B} sont les distances entre les deux événements dans les référentiels **A** et **B**, et Δt_{A} est l'intervalle de temps entre les deux événements dans le référentiel **A**.

Comme on peut le constater, la transformation de Lorentz pour l'espace demeure vraie si on remplace la position x et le temps t par le déplacement Δx et l'intervalle de temps Δt. De même, on peut réécrire la transformation de Lorentz pour le temps sous la forme

$$\Delta t_{\mathsf{B}} = \gamma\left(\Delta t_{\mathsf{A}} - \frac{v_{x\mathsf{BA}}}{c^2}\Delta x_{\mathsf{A}}\right) \qquad \textbf{(ii)}$$

Pour obtenir l'équation de la contraction des longueurs à partir de l'équation **(i)**, on peut considérer une tige placée le long de l'axe x et immobile d'après le référentiel **B**. La longueur propre de la tige, L_0, est mesurée dans le référentiel **B** et correspond à la distance $\Delta x_{\mathbf{B}}$ entre ses extrémités :

$$L_0 = \Delta x_{\mathbf{B}}$$

Comme la tige se déplace d'après le référentiel **A**, la distance $\Delta x_{\mathbf{A}}$ entre les positions de ses extrémités ne correspond à la longueur L de la tige (d'après le référentiel **A**) *qu'à la condition que les positions soient mesurées en même temps* d'après le référentiel **A** :

$$L = \Delta x_{\mathbf{A}} \qquad \text{à condition que} \qquad \Delta t_{\mathbf{A}} = 0$$

(Comme les positions sont mesurées en même temps, l'intervalle de temps entre les événements « mesure de la position de l'extrémité gauche » et « mesure de la position de l'extrémité droite » est nul.) En remplaçant ces résultats dans l'équation **(i)**, on obtient

$$\Delta x_{\mathbf{B}} = \gamma \left(\Delta x_{\mathbf{A}} - v_{x\mathbf{BA}} \Delta t_{\mathbf{A}} \right) \qquad \Rightarrow \qquad L_0 = \gamma (L - 0) \qquad \Rightarrow \qquad L = \frac{L_0}{\gamma}$$

ce qui correspond à l'équation de la contraction des longueurs présentée dans la **section 4.3**.

Pour obtenir l'équation de la dilatation du temps à partir de l'équation **(ii)**, on peut considérer deux événements qui se produisent au même endroit sur l'axe x d'après le référentiel **A** :

$$\Delta x_{\mathbf{A}} = 0$$

Dans ce cas, le référentiel **A** mesure l'intervalle de temps propre T_0 entre les événements et le référentiel **B** mesure l'intervalle de temps « impropre » T (les deux événements ne se produisent pas au même endroit dans le référentiel **B**) :

$$T_0 = \Delta t_{\mathbf{A}} \qquad \text{et} \qquad T = \Delta t_{\mathbf{B}}$$

En remplaçant ces résultats dans l'équation **(ii)**, on obtient

$$\Delta t_{\mathbf{B}} = \gamma \left(\Delta t_{\mathbf{A}} - \frac{v_{x\mathbf{BA}}}{c^2} \Delta x_{\mathbf{A}} \right) \qquad \Rightarrow \qquad T = \gamma (T_0 - 0) \qquad \Rightarrow \qquad T = \gamma T_0$$

ce qui correspond à l'équation de la dilatation du temps présentée dans la **section 4.2**.

Pour obtenir l'équation du défaut de synchronisation à partir de l'équation **(ii)**, on peut considérer deux horloges situées le long de l'axe x et immobiles d'après le référentiel **A**. Ces horloges sont synchronisées entre elles d'après le référentiel **A** et elles sont à une distance propre

$$L_0 = \Delta x_{\mathbf{A}}$$

l'une de l'autre. Prenons comme événements les instants où chacune des horloges indique midi. Comme les horloges sont synchronisées d'après le référentiel **A**, l'intervalle de temps entre les événements est nul :

$$\Delta t_{\mathbf{A}} = 0$$

D'après le référentiel **B**, les horloges sont mal synchronisées : ainsi, les événements *ne sont pas* simultanés. D'après l'équation **(ii)**, ils sont séparés par un intervalle de temps

$$\Delta t_{\mathbf{B}} = \gamma\left(\Delta t_{\mathbf{A}} - \frac{v_{x\mathbf{BA}}}{c^2}\Delta x_{\mathbf{A}}\right) = \gamma\left(0 - \frac{v_{x\mathbf{BA}}}{c^2}\Delta x_{\mathbf{A}}\right) = -\gamma\frac{v_{x\mathbf{BA}}}{c^2}\Delta x_{\mathbf{A}}$$

Le signe négatif indique que la première horloge que « croise » un observateur donné dans le référentiel **B** (celle qui a la coordonnée $x_{\mathbf{A}}$ la plus petite) est en *retard* sur l'autre (d'après le référentiel **B**). Un observateur dans **B** interprète l'intervalle de temps $\Delta t_{\mathbf{B}}$ comme étant la combinaison de deux effets. Tout d'abord, de son point de vue, les horloges sont mal synchronisées, l'heure indiquée par la première horloge étant décalée (par rapport à la seconde horloge) de

$$\tau = \frac{v_{x\mathbf{BA}}}{c^2}\Delta x_{\mathbf{A}} = \frac{v}{c^2}L_0 = \frac{L_0}{c}\frac{v}{c}$$

ce qui correspond à l'équation du défaut de synchronisation présentée dans la **section 4.4**. De plus, toujours d'après l'observateur dans **B**, les horloges dans le référentiel **A** fonctionnent trop lentement par un facteur γ. C'est pour cela que les deux événements qui sont considérés comme simultanés dans **A** sont, d'après le référentiel **B**, séparés par un intervalle de temps

$$\left|\Delta t_{\mathbf{B}}\right| = \gamma\tau$$

Réponse à la question instantanée

QI **1**

$$x_{\mathbf{B}} = \frac{x_{\mathbf{A}}}{\gamma} - v_{x\mathbf{BA}}t_{\mathbf{B}} = 15\,\mathrm{m}$$

transformations de Lorentz : équations mettant en relation la position et l'instant où un événement se produit d'après un référentiel avec la position et l'instant où il se produit d'après un autre référentiel.

Q1. Vrai ou faux ? Les transformations de Lorentz tiennent compte à la fois de la dilatation du temps, de la contraction des longueurs et de la relativité de la simultanéité.

Q2. Pour pouvoir utiliser les transformations de Lorentz, quelle relation particulière doit-il exister entre les référentiels **A** et **B** lorsque $t_A = t_B = 0$?

Q3. Quelles sont les transformations de Lorentz pour les coordonnées y et z perpendiculaires à la vitesse relative des référentiels ?

Q4. Vrai ou faux ? Les transformations de Lorentz sont encore vraies si on remplace tous les x par des Δx et tous les t par des Δt.

D1. Expliquez comment on peut obtenir l'équation qui exprime la contraction des longueurs,

$$L = \frac{L_0}{\gamma}$$

à partir des transformations de Lorentz.

D2. Expliquez comment on peut obtenir l'équation qui exprime la dilatation du temps,

$$T = \gamma \, T_0$$

à partir des transformations de Lorentz.

4.5.1 *Deux pétards explosent.* Dans le référentiel **A**, un premier pétard explose à l'origine de l'axe x_A, et un second pétard explose 2 µs plus tard à la position $x_A = 750$ m. Un référentiel **B** se déplace par rapport au référentiel **A** à 0,8 c dans le sens positif de l'axe x_A, et les origines des deux référentiels coïncident au moment où le premier pétard explose : les horloges dans les deux référentiels indiquent zéro à cet instant ($t_A = t_B = 0$). Déterminez, d'après **B**, à quel endroit x_B et à quel instant t_B le second pétard explose.

4.5.2 *Une navette double un astronef.* Un astronef se fait doubler par une navette de 20 m de longueur qui voyage à 0,5 c par rapport à lui. Dans le référentiel de la navette, il s'écoule 1 µs entre l'instant où les arrières des deux véhicules coïncident et l'instant où les avants coïncident. Déterminez **(a)** l'intervalle de temps entre les deux événements d'après l'astronef ; **(b)** la longueur propre de l'astronef.

4.5.3 *Des touristes venus de loin, prise 2.* Un immense astronef (référentiel **A**) dont la longueur propre est de 10 km survole l'autoroute 20 qui relie Montréal à Québec (référentiel **T** de la Terre). Le vaisseau se déplace de Montréal (borne « 90 km » sur l'autoroute) vers Québec (borne « 310 km ») à 0,6 c. À $t_A = t_T = 0$, l'arrière de l'astronef (que l'on considère comme l'origine de l'axe x_A, c'est-à-dire $x_A = 0$) coïncide avec la borne « 90 km » (que l'on considère comme l'origine de l'axe x_T, c'est-à-dire $x_T = 0$). **(a)** Au même instant, dans le référentiel de l'astronef, vis-à-vis de quelle borne kilométrique l'avant de l'astronef se trouve-t-il ? **(b)** Dans le référentiel de la Terre, à quel instant l'avant de l'astronef se trouve-t-il vis-à-vis de cette borne ? **(c)** Dans le référentiel de l'astronef, vis-à-vis de quelle borne se trouve l'avant du vaisseau 1 ms plus tard (temps de l'astronef) ? **(d)** Dans le référentiel de la Terre, à quel instant l'avant de l'astronef se trouve-t-il vis-à-vis de cette borne ?

4.5.4 *Deux explosions inversées.* Dans le référentiel **A**, deux pétards explosent, le premier à $t_A = 0$ et à la position $x_A = 0$, et le second à un temps t_A plus grand que zéro et à une position x_A positive. Un référentiel **B** se déplace à 0,8 c par rapport au référentiel **A** dans le sens positif de l'axe x_A : les origines des deux référentiels coïncident au moment où le premier pétard explose, à $t_A = t_B = 0$. **(a)** Trouvez l'expression qui donne le temps t_B auquel le second pétard explose, d'après le référentiel **B**. **(b)** À quelle condition le second pétard explose-t-il *avant* le premier, d'après **B** ? **(c)** À quelle condition le second pétard explose-t-il du côté négatif de l'origine, d'après **B** ?

La combinaison relativiste des vitesses

Après l'étude de cette section, le lecteur pourra calculer, en tenant compte de la relativité restreinte, la vitesse d'un objet A dans un référentiel R à partir de la vitesse de A dans un référentiel B et de la vitesse de B par rapport à R.

APERÇU

Par convention, la composante selon un axe x de la vitesse de **P** par rapport à **Q** *d'après le référentiel* **Q** est notée $v_{x\textbf{PQ}}$.

Considérons un objet **B** qui se déplace à $v_{x\textbf{BR}}$ par rapport au référentiel **R** (schéma ci-contre). Dans le référentiel de **B**, un objet **A** se déplace à $v_{x\textbf{AB}}$. S'il n'y avait pas d'effets relativistes, l'objet **A** se déplacerait par rapport à **R** à $v_{x\textbf{AR}} = v_{x\textbf{AB}} + v_{x\textbf{BR}}$. En raison des effets relativistes, nous avons plutôt

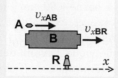

$$v_{x\textbf{AR}} = \frac{v_{x\textbf{AB}} + v_{x\textbf{BR}}}{1 + \left(\dfrac{v_{x\textbf{AB}}}{c}\right)\left(\dfrac{v_{x\textbf{BR}}}{c}\right)}$$ **Combinaison relativiste des vitesses**

On peut remplacer les composantes des vitesses $v_{x\textbf{AB}}$ et $v_{x\textbf{BR}}$ par n'importe quelle valeur entre $+c$ et $-c$, on obtiendra toujours une valeur de $v_{x\textbf{AR}}$ comprise entre $+c$ et $-c$. Ainsi, dans le référentiel **R**, le module de la vitesse de **A** ne peut jamais excéder c.

Lorsqu'on utilise cette équation, il est parfois pratique d'exploiter la symétrie des vitesses relatives :

$$v_{x\textbf{QP}} = -v_{x\textbf{PQ}}$$

EXPOSÉ

D'après la théorie de la relativité, la vitesse d'un objet dans un référentiel donné ne peut dépasser c : lorsque $v > c$, le calcul du facteur de Lorentz γ aboutit à la racine carrée d'un nombre négatif, ce qui n'a pas de signification physique.

Est-il vraiment impossible de déjouer la limite de la vitesse de la lumière dans le vide ? Imaginons que l'on projette un objet à grande vitesse à partir d'une base qui se déplace déjà à grande vitesse : les vitesses ne peuvent-elles pas *s'additionner* pour donner une valeur plus grande que c ?

Afin de tenter de déjouer la relativité, des extraterrestres imaginent la situation représentée sur le schéma ci-dessous : dans leur chantier naval intersidéral, ils propulsent une base porte-soucoupe **B** à $0{,}6\,c$ par rapport à un observateur **R** (appelons-le René) qui observe la situation sur un petit astéroïde. Une catapulte placée sur la base propulse un astronef **A** à $0{,}8\,c$ *par rapport à la base* dans le même sens que le mouvement de la base. À quelle vitesse l'astronef **A** se déplace-t-il par rapport à René ?

Définissons un axe x parallèle aux vitesses en jeu : comme les deux vitesses sont dans le sens positif, les composantes selon x des vitesses sont

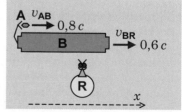

$$v_{x\textbf{AB}} = 0{,}8\,c \quad \text{et} \quad v_{x\textbf{BR}} = 0{,}6\,c$$

Par convention, $v_{x\textbf{PQ}}$ signifie la composante selon x de la vitesse de **P** par rapport à **Q** *d'après le référentiel* **Q**. S'il n'y avait pas d'effets relativistes, la combinaison des vitesses se traduirait par une simple addition :

$$v_{x\textbf{AR}} = v_{x\textbf{AB}} + v_{x\textbf{BR}}$$
$$v_{x\textbf{AR}} = 0{,}8\,c + 0{,}6\,c = 1{,}4\,c$$

Pour plus de détails concernant la combinaison « classique » des vitesses, consultez la **section 1.4 : Les vitesses relatives en une dimension** du tome A.

Or, en tenant compte des effets relativistes, l'équation qui exprime la combinaison des vitesses est

$$v_{xAR} = \frac{v_{xAB} + v_{xBR}}{1 + \left(\dfrac{v_{xAB}}{c}\right)\left(\dfrac{v_{xBR}}{c}\right)}$$ **Combinaison relativiste des vitesses**

Il est important de remarquer que cette équation fait intervenir deux vitesses mesurées dans le référentiel **R** (v_{xAR} et v_{xBR}) et une vitesse mesurée dans le référentiel **B** (v_{xAB}).

Dans la situation qui nous intéresse, l'équation donne

$$v_{xAR} = \frac{0,8c + 0,6c}{1 + (0,8)(0,6)} = \frac{1,4c}{1,48} = 0,946\,c$$

une valeur *plus petite* que c. Nous allons maintenant montrer comment ce résultat découle des trois effets relativistes. Pour rendre la situation plus explicite, nous allons supposer que la base a une longueur propre $L_0 = 12$ km.

D'après le référentiel **B**, la base mesure 12 km = 12 000 m de longueur et l'astronef **A** se déplace à $v_{xAB} = 0,8\,c$: par conséquent, il prend

$$\Delta t_1 = \frac{L_0}{v_{xAB}} = \frac{(12\,000\ \text{m})}{0,8 \times (3 \times 10^8\ \text{m/s})} = 5 \times 10^{-5}\ \text{s} = 50\ \mu\text{s}$$

pour traverser la longueur de la base. À quel intervalle de temps cela correspond-il dans le référentiel **R**? Pour répondre à la question, il faut tenir compte du fait que dans le référentiel de René, il y a un défaut de synchronisation entre les horloges aux deux extrémités de la base:

$$\tau = \frac{L_0}{c}\frac{v_{xBR}}{c} = \frac{(12\,000\ \text{m})}{(3 \times 10^8\ \text{m/s})} \times 0,6 = 2,4 \times 10^{-5}\ \text{s} = 24\ \mu\text{s}$$

(Le défaut de synchronisation dépend de la vitesse de la base par rapport à René, $v_{xBR} = 0,6\,c$.) Comme l'extrémité droite de la base croise la position de René avant l'extrémité gauche, l'horloge à l'extrémité gauche est *en avance* de 24 µs: ainsi, d'après René, lorsque les passagers de la base calculent que le temps de vol de **A** est égal à 50 µs, ils *sous-estiment* sa valeur par 24 µs, puisque l'horloge au moment du départ est en avance de 24 µs.

Par conséquent, si les horloges de la base étaient correctement synchronisées d'après René, le temps de vol obtenu serait

$$\Delta t_2 = \Delta t_1 + \tau = (50\ \mu\text{s}) + (24\ \mu\text{s}) = 74\ \mu\text{s}$$

D'après le référentiel **R**, l'écoulement du temps dans la base est *ralenti* par un facteur $\gamma = 1,25$ (correspondant à la vitesse $v_{xBR} = 0,6\,c$ de la base). Ainsi, il s'écoule

$$\Delta t_3 = \gamma\,\Delta t_2 = 1,25 \times (74\ \mu\text{s}) = 92,5\ \mu\text{s}$$

dans le référentiel **R** pendant que l'astronef voyage d'un bout à l'autre de la base. D'après le référentiel **R**, la longueur de la base est contractée par un facteur $\gamma = 1,25$:

Afin de bien comprendre pourquoi il faut *additionner* Δt_1 et τ, il est utile de considérer une situation analogue tirée de la vie de tous les jours. Un matin, Albert décide d'aller travailler à pied : il part de chez lui à 8 h 24 et il arrive au travail à 9 h 14. En soustrayant les deux temps, on obtient une durée de 50 minutes. Or, l'horloge de la maison d'Albert est mal réglée : elle est en avance de 24 minutes. Ainsi, Albert est réellement parti de chez lui à 8 h 00 et il a marché pendant (50 minutes) + (24 minutes) = 74 minutes.

$$L = \frac{L_0}{\gamma} = \frac{(12\,000\text{ m})}{1,25} = 9600\text{ m}$$

D'après **R**, l'astronef prend 92,5 µs $= 9{,}25 \times 10^{-5}$ s pour parcourir 9600 m ; ainsi, la vitesse relative de l'astronef par rapport à la base est

$$V_x = \frac{L}{\Delta t_3} = \frac{(9600\text{ m})}{(9{,}25 \times 10^{-5}\text{ s})} = 1{,}04 \times 10^6\text{ m/s} = 0{,}346\,c$$

Comme la base se déplace déjà à 0,6 c par rapport à **R**, la vitesse de l'astronef par rapport à **R** est

$$v_{x\mathbf{AR}} = v_{x\mathbf{BR}} + V_x = 0{,}6c + 0{,}346c = 0{,}946c$$

ce qui correspond bien à la valeur obtenue à l'aide de l'équation de la combinaison relativiste des vitesses. Il n'y a pas d'erreur à la dernière étape : comme les trois vitesses ($v_{x\mathbf{AR}}$, $v_{x\mathbf{BR}}$ et V_x) sont mesurées dans le même référentiel (en l'occurrence, **R**), elles se combinent de manière «classique» — il n'y a aucune correction relativiste supplémentaire à appliquer.

Nous venons de vérifier l'exactitude de l'équation ci-contre dans un cas particulier. À la fin de la section, nous donnerons une démonstration générale de l'équation basée sur les transformations de Lorentz.

Il est intéressant de noter que, d'après l'équation

$$v_{x\mathbf{AR}} = \frac{v_{x\mathbf{AB}} + v_{x\mathbf{BR}}}{1 + \left(\dfrac{v_{x\mathbf{AB}}}{c}\right)\left(\dfrac{v_{x\mathbf{BR}}}{c}\right)}$$

la vitesse de **A** par rapport à **R** (d'après le référentiel **R**) ne peut jamais excéder c : on peut remplacer les composantes des vitesses $v_{x\mathbf{AB}}$ et $v_{x\mathbf{BR}}$ par n'importe quelle valeur entre $+c$ et $-c$, on obtiendra toujours une valeur de $v_{x\mathbf{AR}}$ comprise entre $+c$ et $-c$.

Situation 1 : *Les extraterrestres contre-attaquent.* L'agent Mulder est pétrifié de peur au milieu d'une clairière : une soucoupe volante **S** s'approche de lui à 0,7 c en venant de la gauche pendant qu'une autre soucoupe **T** s'approche de lui à 0,6 c en venant de la droite. On désire déterminer le module de la vitesse de la soucoupe **T** par rapport à la soucoupe **S**, *dans le référentiel* **S**.

Nous avons représenté la situation sur le schéma ci-contre. D'après Mulder (**M**), le module de la vitesse de la soucoupe **T** par rapport à la soucoupe **S** est $0{,}7\,c + 0{,}6\,c = 1{,}3\,c$: cela ne viole pas les

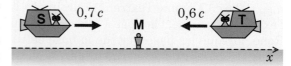

principes de la relativité, car il ne s'agit pas d'une vitesse mesurée directement *par rapport à lui-même*. Toutefois, en raison des effets relativistes, le module de la vitesse de la soucoupe **T** par rapport à la soucoupe **S** *d'après le pilote de* **S** est plus petit que c : c'est ce que nous voulons calculer.

Nous avons $v_{x\mathbf{SM}} = 0{,}7\,c$ et $v_{x\mathbf{TM}} = -0{,}6\,c$, et nous cherchons $v_{x\mathbf{TS}}$. En faisant la substitution **A** → **T**, **B** → **M** et **R** → **S** dans l'équation de la combinaison relativiste des vitesses, nous pouvons écrire

$$v_{x\mathbf{TS}} = \frac{v_{x\mathbf{TM}} + v_{x\mathbf{MS}}}{1 + \left(\dfrac{v_{x\mathbf{TM}}}{c}\right)\left(\dfrac{v_{x\mathbf{MS}}}{c}\right)}$$

On peut facilement déterminer la vitesse $v_{x\mathbf{MS}}$ à partir de $v_{x\mathbf{SM}}$ en exploitant la symétrie des vitesses relatives : en effet, si la soucoupe se déplace par rapport à Mulder à

$$v_{x\text{SM}} = 0,7\,c$$

la symétrie des vitesses relatives permet d'affirmer que la vitesse de Mulder par rapport à la soucoupe est

$$v_{x\text{MS}} = -0,7\,c$$

Ainsi,

$$v_{x\text{TS}} = \frac{-0,6\,c + (-0,7\,c)}{1 + (-0,6)(-0,7)} = \frac{-1,3\,c}{1 + 0,42} = \frac{-1,3\,c}{1,42} = -0,915\,c$$

Comme nous voulons le *module* de la vitesse, la réponse est

$$\boxed{v_{\text{TS}} = 0,915\,c}$$

Des transformations de Lorentz à la combinaison relativiste des vitesses

Pour terminer cette section, nous allons voir comment on peut obtenir l'équation relativiste de la combinaison des vitesses à partir des transformations de Lorentz. Dans la **section 4.5**, nous avons vu qu'on peut écrire les transformations de Lorentz sous la forme « inverse »

$$x_{\text{A}} = \gamma\,(x_{\text{B}} + v_{x\text{BA}} t_{\text{B}}) \qquad \text{et} \qquad t_{\text{A}} = \gamma\left(t_{\text{B}} + \frac{v_{x\text{BA}}}{c^2} x_{\text{B}}\right)$$

Si l'on remplace « **A** » par « **R** », tous les x par des Δx et tous les t par des Δt, on obtient

$$\Delta x_{\text{R}} = \gamma\,(\Delta x_{\text{B}} + v_{x\text{BR}} \Delta t_{\text{B}}) \qquad \text{et} \qquad \Delta t_{\text{R}} = \gamma\left(\Delta t_{\text{B}} + \frac{v_{x\text{BR}}}{c^2} \Delta x_{\text{B}}\right)$$

On peut utiliser ces équations pour décrire une situation analogue à celle du début de la section : un astronef **A** est lancé à partir d'une base **B** en mouvement par rapport à un référentiel **R** (schéma ci-contre). Les intervalles Δx et Δt dans les équations représentent la distance et le temps entre deux événements de la « mission » de l'astronef **A** (par exemple, « l'astronef **A** est lancé » et « l'astronef **A** déploie son antenne radio »).

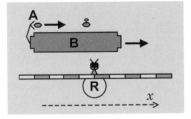

Si on met $\gamma\Delta t_{\text{B}}$ en évidence dans les membres de droite de chacune des équations, on obtient

$$\Delta x_{\text{R}} = \gamma\Delta t_{\text{B}}\left(\frac{\Delta x_{\text{B}}}{\Delta t_{\text{B}}} + v_{x\text{BR}}\right) \qquad \text{et} \qquad \Delta t_{\text{R}} = \gamma\Delta t_{\text{B}}\left(1 + \frac{v_{x\text{BR}}}{c^2} \frac{\Delta x_{\text{B}}}{\Delta t_{\text{B}}}\right)$$

En divisant l'équation de gauche par celle de droite, les termes $\gamma\Delta t_{\text{B}}$ se simplifient, ce qui donne

$$\frac{\Delta x_{\text{R}}}{\Delta t_{\text{R}}} = \frac{\dfrac{\Delta x_{\text{B}}}{\Delta t_{\text{B}}} + v_{x\text{BR}}}{1 + \dfrac{v_{x\text{BR}}}{c^2}\dfrac{\Delta x_{\text{B}}}{\Delta t_{\text{B}}}}$$

D'après le référentiel **R**, $\Delta x_{\textbf{R}}$ représente la distance parcourue par l'astronef **A** entre les deux événements, et $\Delta t_{\textbf{R}}$ représente l'intervalle de temps entre les deux événements. Ainsi, $\Delta x_{\textbf{R}}/\Delta t_{\textbf{R}}$ est la vitesse de l'astronef **A** d'après le référentiel **R** :

$$\frac{\Delta x_{\textbf{R}}}{\Delta t_{\textbf{R}}} = v_{x\textbf{AR}}$$

De même, $\Delta x_{\textbf{B}}/\Delta t_{\textbf{B}}$ est la vitesse de l'astronef **A** d'après le référentiel **B** :

$$\frac{\Delta x_{\textbf{B}}}{\Delta t_{\textbf{B}}} = v_{x\textbf{AB}}$$

En combinant les trois équations centrées qui précèdent, on obtient l'équation de la combinaison relativiste des vitesses :

$$v_{x\textbf{AR}} = \frac{v_{x\textbf{AB}} + v_{x\textbf{BR}}}{1 + \dfrac{v_{x\textbf{BR}}}{c^2} v_{x\textbf{AB}}} \qquad \Rightarrow \qquad v_{x\textbf{AR}} = \frac{v_{x\textbf{AB}} + v_{x\textbf{BR}}}{1 + \left(\dfrac{v_{x\textbf{AB}}}{c}\right)\left(\dfrac{v_{x\textbf{BR}}}{c}\right)}$$

QUESTIONS

Q1. Dans le contexte de cette section, le paramètre $v_{x\mathbf{PQ}}$ représente la _____ selon l'axe ____ de la vitesse de ___ par rapport à ____ d'après les observateurs dans le référentiel ____.

Q2. L'équation de la combinaison relativiste des vitesses s'écrit

$$v_{x\mathbf{AR}} = \frac{v_{x\mathbf{AB}} + v_{x\mathbf{BR}}}{1 + \left(\dfrac{v_{x\mathbf{AB}}}{c}\right)\left(\dfrac{v_{x\mathbf{BR}}}{c}\right)}$$

Quelle serait l'équation s'il n'y avait pas d'effets relativistes ?

Q3. Vrai ou faux ? Pour des valeurs de $v_{x\mathbf{AB}}$ et de $v_{x\mathbf{BR}}$ inférieures à c (en valeur absolue), il est impossible d'obtenir une valeur de $v_{x\mathbf{AR}}$ supérieure à c (en valeur absolue).

DÉMONSTRATION

D1. Démontrez l'équation de la combinaison relativiste des vitesses à partir des transformations de Lorentz.

EXERCICES

RÉCHAUFFEMENT

4.6.1 *La combinaison relativiste des vitesses.* Déterminez $v_{x\mathbf{AR}}$ lorsque **(a)** $v_{x\mathbf{AB}} = 0,9\,c$ et $v_{x\mathbf{BR}} = 0,9\,c$; **(b)** $v_{x\mathbf{AB}} = c$ et $v_{x\mathbf{BR}} = c$; **(c)** $v_{x\mathbf{AB}} = -c$ et $v_{x\mathbf{BR}} = 0,5\,c$.

SÉRIE PRINCIPALE

4.6.2 *Un proton fonce vers un électron.* Dans le référentiel du laboratoire, un proton se déplace à $0,5\,c$ vers la droite et un électron se déplace à $0,5\,c$ vers la gauche. Quel est le module de la vitesse de l'électron par rapport au proton, dans le référentiel du proton ?

4.6.3 *La vitesse d'un vaisseau par rapport à l'autre.* Deux vaisseaux quittent la Terre selon des orientations diamétralement opposées (schéma ci-dessus). Par rapport à la Terre, le vaisseau **P** s'éloigne à $0,8\,c$ et le vaisseau **Q** s'éloigne à $0,9\,c$. Déterminez le module de la vitesse de **Q** par rapport à **P** **(a)** d'après les Terriens et **(b)** d'après les passagers du vaisseau **P**.

4.6.4 *La vitesse d'un vaisseau par rapport à l'autre, prise 2.* Reprenez l'**exercice 4.6.3** en supposant cette fois que les vaisseaux **P** et **Q** voyagent selon la même orientation (schéma ci-contre).

4.6.5 *Un astronef lance un missile vers l'avant.* Un astronef qui se déplace à $0,8\,c$ par rapport à la Terre lance un missile à $0,4\,c$ par rapport à lui-même : le missile est lancé vers l'avant (dans le même sens que le mouvement de l'astronef). D'après les Terriens, quel est le module de la vitesse du missile ?

4.6.6 *Un astronef lance un missile vers l'arrière.* Reprenez l'**exercice 4.6.5** en supposant que le missile est lancé vers l'arrière (dans le sens contraire du mouvement de l'astronef).

4.6.7 *Une poursuite relativiste.* Un astronef de police **P** poursuit le vaisseau d'un dangereux malfaiteur **M** : d'après la Terre, **P** se déplace à $0,6\,c$ et **M** se déplace à $0,8\,c$. Le policier lance une grenade afin de neutraliser les réacteurs du malfaiteur. Calculez le module de la vitesse *minimale* de la grenade par rapport au policier (dans le référentiel du policier) pour qu'elle rejoigne sa cible.

SÉRIE SUPPLÉMENTAIRE

4.6.8 *La chasse au débris.* Un astronef se déplace à $0,5\,c$ par rapport à la Terre. Son pilote détecte un débris de l'espace droit devant : il lance un missile à $0,3\,c$ par rapport à lui-même au moment où il est situé à 100 000 km du débris (d'après le référentiel de la Terre). Le débris est immobile par rapport à la Terre. Calculez le temps requis pour que le missile atteigne sa cible, dans le référentiel **(a)** de la Terre ; **(b)** du missile ; **(c)** de l'astronef.

L'effet Doppler lumineux

Après l'étude de cette section, le lecteur pourra calculer la variation
de la fréquence de la lumière qui résulte du fait que l'émetteur
se rapproche ou s'éloigne du récepteur (effet Doppler longitudinal).

APERÇU

Contrairement à l'effet Doppler sonore, l'effet Doppler lumineux dépend uniquement du module v de la vitesse relative entre l'émetteur et le récepteur. La relation entre la fréquence reçue f' et la fréquence émise f est

Effet Doppler lumineux longitudinal

$$f' = \sqrt{\frac{c \pm v}{c \mp v}}\, f$$

Cette équation décrit l'effet Doppler *longitudinal*: la vitesse relative de l'émetteur est *radiale*, c'est-à-dire orientée vers le récepteur ou selon l'orientation diamétralement opposée.

Lorsque l'émetteur se rapproche du récepteur, il faut prendre le signe positif au numérateur et le signe négatif au dénominateur; lorsque l'émetteur s'éloigne du récepteur, c'est le contraire.

Lorsque l'émetteur s'éloigne du récepteur, $f' < f$ et on est en présence d'un **décalage vers le rouge** : cette expression vient du fait que la lumière visible qui possède la plus petite fréquence est rouge. Lorsque l'émetteur se rapproche du récepteur, $f' > f$ et on est en présence d'un **décalage vers le bleu** : cette expression vient du fait que la lumière visible qui possède la plus grande fréquence est bleu-violet.

EXPOSÉ

Dans la **section 1.13**, nous avons vu que l'effet Doppler pour les ondes sonores est décrit à l'aide de l'équation

$$f' = \frac{v_{s\mathbf{R}}}{v_{s\mathbf{E}}}\, f = \left(\frac{v_s \pm v_{\mathbf{R}}}{v_s \pm v_{\mathbf{E}}} \right) f$$

où f est la fréquence émise et f' est la fréquence reçue. Les paramètres v_s, $v_{\mathbf{R}}$ et $v_{\mathbf{E}}$ représentent respectivement les modules des vitesses du son, du récepteur et de l'émetteur. Pour que l'écart entre f et f' soit important, les vitesses de l'émetteur ou du récepteur doivent représenter une fraction importante *de la vitesse du son*.

Dans cette section, nous allons nous intéresser à l'effet Doppler pour les ondes lumineuses. Par analogie avec le son, il faut s'attendre à ce que l'écart entre f et f' soit important lorsque les vitesses de l'émetteur ou du récepteur représentent des fractions importantes *de la vitesse de la lumière*. Par conséquent, il va falloir tenir compte des effets de la relativité restreinte.

Lorsqu'on analyse l'effet Doppler sonore, le référentiel dans lequel l'air est immobile constitue un référentiel « privilégié »: en effet, le module v_s de la vitesse du son est mesuré par rapport à l'air. En revanche, dans le vide (ou dans l'air, avec une précision de trois chiffres significatifs), la lumière se déplace à c par rapport à *n'importe quel* référentiel inertiel. Ainsi, lorsqu'on étudie l'effet Doppler lumineux, il n'y a pas de référentiel privilégié : en pratique, on peut toujours choisir d'analyser la situation du point de vue du référentiel du récepteur, ce qui revient à considérer que le récepteur est au repos et que l'émetteur se déplace à une certaine vitesse. Ainsi, au lieu de dépendre séparément de la vitesse du récepteur et de l'émetteur, l'effet Doppler lumineux dépend uniquement du module de la vitesse relative v entre l'émetteur et le récepteur.

Dans cet ouvrage, nous allons nous limiter à l'étude de l'effet Doppler *longitudinal* : la vitesse relative de l'émetteur sera toujours *radiale*, c'est-à-dire orientée vers le récepteur ou selon l'orientation diamétralement opposée.

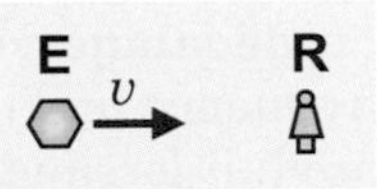

Considérons un émetteur de lumière **E** qui se rapproche d'un récepteur **R** avec une vitesse de module v (schéma ci-contre). Oublions pour l'instant les effets relativistes et utilisons l'équation de l'effet Doppler sonore en remplaçant la vitesse du son v_s par la vitesse de la lumière c, la vitesse du récepteur v_R par 0 (le récepteur est immobile dans son propre référentiel) et la vitesse de l'émetteur v_E par la vitesse relative v :

$$f' = \left(\frac{v_s \pm v_R}{v_s \pm v_E} \right) f \qquad \Rightarrow \qquad f' = \left(\frac{c}{c \pm v} \right) f$$

Comme l'émetteur se rapproche du récepteur, la fréquence reçue f' doit être plus grande que la fréquence émise f. Par conséquent, il faut choisir le signe *négatif* au dénominateur :

$$f' = \left(\frac{c}{c - v} \right) f$$

Ici, f représente la fréquence propre de l'émetteur, c'est-à-dire sa fréquence d'après un observateur au repos par rapport à l'émetteur. Or, en raison de la dilatation du temps, le rythme de l'écoulement du temps pour l'émetteur, *d'après le référentiel du récepteur*, est ralenti par un facteur γ. Ainsi, dans le référentiel du récepteur, la fréquence émise par l'émetteur n'est pas f, mais bien f/γ (comme l'écoulement du temps est ralenti, la fréquence est plus petite). Par conséquent,

$$f' = \left(\frac{c}{c - v} \right) \frac{f}{\gamma}$$

Or,

$$\frac{1}{\gamma} = \sqrt{1 - (v/c)^2} = \sqrt{\frac{c^2 - v^2}{c^2}} = \frac{\sqrt{(c - v)(c + v)}}{c}$$

d'où

$$f' = \left(\frac{c}{c - v} \right) \frac{\sqrt{(c - v)(c + v)}}{c} f = \sqrt{\frac{c + v}{c - v}} \, f$$

Lorsque l'émetteur s'éloigne du récepteur, nous avons plutôt

$$f' = \left(\frac{c}{c + v} \right) \frac{f}{\gamma} = \left(\frac{c}{c + v} \right) \frac{\sqrt{(c - v)(c + v)}}{c} f = \sqrt{\frac{c - v}{c + v}} \, f$$

Par conséquent, l'équation de l'effet Doppler lumineux longitudinal est

$$f' = \sqrt{\frac{c \pm v}{c \mp v}} \, f \qquad \text{Effet Doppler lumineux longitudinal}$$

Il est important de noter que l'équation comporte un « $\pm$ » au numérateur et un « $\mp$ » au dénominateur. Lorsque l'émetteur se rapproche du récepteur, il faut prendre le signe positif au numérateur et le signe négatif au dénominateur ; lorsque l'émetteur s'éloigne du récepteur, c'est le contraire. Le signe *n'est jamais le même* au numérateur et au dénominateur !

Attention : un décalage vers le rouge n'implique pas nécessairement que la fréquence se rapproche de la fréquence de la lumière rouge. Par exemple, de la lumière infrarouge (fréquence inférieure au rouge) décalée « vers le rouge » peut devenir des micro-ondes, dont la fréquence est encore plus éloignée de celle du rouge.

Dans la **section 5.5 : Le spectre de l'hydrogène et le modèle de Bohr**, nous verrons que les photons qui constituent la raie Hα sont émis par la transition entre le 3e et le 2e niveau d'énergie de l'atome d'hydrogène.

En astronomie, on utilise souvent les expressions *décalage vers le rouge* et *décalage vers le bleu* pour décrire l'effet Doppler lumineux. Dans le spectre visible, le rouge possède la plus grande longueur d'onde, donc la plus petite fréquence ; le bleu-violet possède la plus petite longueur d'onde, donc la plus grande fréquence. Par conséquent, un **décalage vers le rouge** correspond à une fréquence reçue f' plus *petite* que la fréquence intrinsèque f de l'émetteur (ou à une longueur d'onde plus *grande*) : cela se produit lorsque l'émetteur s'éloigne du récepteur. Un **décalage vers le bleu** correspond à une fréquence reçue plus *grande* que la fréquence intrinsèque de l'émetteur (ou à une longueur d'onde plus *petite*) : cela se produit lorsque l'émetteur se rapproche du récepteur.

> **Situation 1 :** *Le décalage vers le rouge cosmologique.* Dans une galaxie typique, les nébuleuses émettent une fraction importante de leur lumière à la longueur d'onde de la raie Hα, 656,3 nm. En raison de l'expansion de l'Univers, une galaxie lointaine s'éloigne de nous à 0,3 c. On désire déterminer la longueur d'onde de la raie Hα qu'on observe dans le spectre de cette galaxie.

La longueur d'onde de la lumière émise est $\lambda = 656{,}3 \text{ nm} = 6{,}563 \times 10^{-7}$ m. Comme $\lambda = cT = c/f$, sa fréquence est

$$f = \frac{c}{\lambda} = \frac{\left(3 \times 10^8 \text{ m/s}\right)}{\left(6{,}563 \times 10^{-7} \text{ m}\right)} = 4{,}571 \times 10^{14} \text{ Hz}$$

Comme la galaxie s'éloigne de nous, la fréquence reçue sera plus petite que la fréquence émise (décalage vers le rouge). Dans l'équation de l'effet Doppler, il faut prendre le « − » au numérateur et le « + » au dénominateur. La vitesse relative est $v = 0{,}3\,c$, d'où

$$f' = \sqrt{\frac{c-v}{c+v}}\,f = \sqrt{\frac{c-0{,}3c}{c+0{,}3c}} \times \left(4{,}571 \times 10^{14} \text{ Hz}\right)$$

$$= \sqrt{\frac{0{,}7}{1{,}3}} \times \left(4{,}571 \times 10^{14} \text{ Hz}\right) = 3{,}354 \times 10^{14} \text{ Hz}$$

Cela correspond à une longueur d'onde

$$\lambda' = \frac{c}{f'} = \frac{\left(3 \times 10^8 \text{ m/s}\right)}{\left(3{,}354 \times 10^{14} \text{ Hz}\right)} = 8{,}94 \times 10^{-7} \text{ m} \qquad \Rightarrow \qquad \boxed{\lambda' = 894 \text{ nm}}$$

En raison de l'expansion de l'Univers, la lumière des galaxies est décalée vers le rouge : dans la situation que nous venons de considérer, on reçoit la lumière Hα, dont la longueur d'onde propre correspond à une teinte de rouge, dans la partie *infrarouge* du spectre ($\lambda' > 700$ nm).

En pratique, on effectue le plus souvent le calcul inverse de celui que nous venons de faire : on mesure la longueur d'onde λ' dans le spectre de la galaxie et on utilise l'équation de l'effet Doppler pour déduire la vitesse à laquelle la galaxie s'éloigne de nous. C'est d'ailleurs ainsi qu'on a découvert le phénomène de l'expansion de l'Univers.

> **Situation 2 :** *Un feu rouge brûlé.* Au volant de sa voiture, Malcolm brûle un feu rouge et se fait arrêter par un policier. Il raconte au policier qu'en raison du décalage Doppler vers le bleu, il a cru que le feu rouge était vert ! On désire déterminer si le policier devrait croire son histoire : on peut supposer que la longueur d'onde du rouge correspond à 670 nm et que celle du vert correspond à 550 nm.

La fréquence de la lumière rouge ($\lambda = 670$ nm $= 6{,}7 \times 10^{-7}$ m) est

$$f = \frac{c}{\lambda} = \frac{(3 \times 10^8 \text{ m/s})}{(6{,}7 \times 10^{-7} \text{ m})} = 4{,}478 \times 10^{14} \text{ Hz}$$

La fréquence de la lumière verte ($\lambda' = 550$ nm $= 5{,}5 \times 10^{-7}$ m) est

$$f' = \frac{c}{\lambda'} = \frac{(3 \times 10^8 \text{ m/s})}{(5{,}5 \times 10^{-7} \text{ m})} = 5{,}455 \times 10^{14} \text{ Hz}$$

On désire déterminer la vitesse relative v entre Malcolm et le feu de circulation (on suppose que Malcolm roule à vitesse constante). Dans le référentiel de Malcolm, le feu se rapproche à la vitesse v (décalage vers le bleu). Dans l'équation de l'effet Doppler, on doit prendre le « + » au numérateur et le « − » au dénominateur :

$$f' = \sqrt{\frac{c+v}{c-v}}\, f \quad \Rightarrow \quad \frac{f'}{f} = \sqrt{\frac{c+v}{c-v}} \quad \Rightarrow \quad \left(\frac{f'}{f}\right)^2 = \frac{c+v}{c-v}$$

Afin de simplifier l'écriture, désignons par X le rapport $(f'/f)^2$:

$$X = \frac{c+v}{c-v} \quad \Rightarrow \quad cX - vX = c + v \quad \Rightarrow \quad cX - c = vX + v$$

$$\Rightarrow \quad c(X-1) = v(X+1) \quad \Rightarrow \quad v = \frac{X-1}{X+1} c$$

Ici,

$$X = \left(\frac{f'}{f}\right)^2 = \left(\frac{(5{,}455 \times 10^{14} \text{ Hz})}{(4{,}478 \times 10^{14} \text{ Hz})}\right)^2 = 1{,}484$$

d'où

$$v = \frac{X-1}{X+1} c = \frac{0{,}484}{2{,}484} c = 0{,}195\, c \quad \Rightarrow \quad \boxed{v = 5{,}85 \times 10^7 \text{ m/s}} = 2{,}11 \times 10^8 \text{ km/h}$$

Pour que la lumière rouge lui paraisse verte, Malcolm doit se déplacer à *211 millions de kilomètres à l'heure* : il vaut mieux pour lui que le policier *ne croie pas* son histoire, sans quoi il risque de se retrouver avec une contravention pour excès de vitesse de plusieurs milliards de dollars !

décalage vers le bleu : résultat de l'effet Doppler lumineux lorsque la fréquence reçue est plus grande que la fréquence intrinsèque de l'émetteur (la longueur d'onde est alors plus petite que la longueur d'onde intrinsèque) ; l'expression vient du fait que la lumière visible qui possède la plus grande fréquence est bleu-violet.

décalage vers le rouge : résultat de l'effet Doppler lumineux lorsque la fréquence reçue est plus petite que la fréquence intrinsèque de l'émetteur (la longueur d'onde est alors plus grande que la longueur d'onde intrinsèque) ; l'expression vient du fait que la lumière visible qui possède la plus petite fréquence est rouge.

QUESTIONS

Q1. (a) Lorsqu'on étudie l'effet Doppler sonore, existe-t-il un « référentiel privilégié » ? Si oui, lequel ? **(b)** Même question pour l'effet Doppler lumineux.

Q2. Que veut-on dire par effet Doppler *longitudinal* ?

Q3. Dans l'équation de l'effet Doppler lumineux longitudinal, le paramètre v représente quelle vitesse ?

Q4. (a) S'il n'y avait pas d'effets relativistes, quelle serait l'équation de l'effet Doppler pour un émetteur de fréquence f qui se rapproche du récepteur avec une vitesse de module v ? **(b)** Dans l'équation trouvée en (a), quelle modification doit-on apporter pour tenir compte des effets relativistes ? **(c)** Simplifiez l'équation trouvée en (b) afin d'obtenir

$$f' = \sqrt{\frac{c+v}{c-v}}\, f$$

Q5. Expliquez comment choisir les signes lorsqu'on utilise l'équation

$$f' = \sqrt{\frac{c \pm v}{c \mp v}}\, f$$

Q6. (a) Lorsque la fréquence reçue est plus *grande* que la fréquence émise (ou encore, lorsque la longueur d'onde reçue est plus _____ que la longueur d'onde émise), on est en présence d'un décalage vers le _____. **(b)** Lorsque la fréquence reçue est plus *petite* que la fréquence émise (ou encore, lorsque la longueur d'onde reçue est plus _____ que la longueur d'onde émise), on est en présence d'un décalage vers le _____.

Q7. Comment a-t-on découvert le phénomène de l'expansion de l'Univers ?

Q8. Est-ce une bonne idée d'expliquer à un policier qui vient de vous arrêter pour avoir brûlé un feu rouge que vous l'avez vu vert en raison de l'effet Doppler lumineux ?

RÉCHAUFFEMENT

4.7.1 *La lumière émise par un astronef qui s'approche.* Un astronef s'approche de la Terre à $0,4\,c$. Il envoie un signal vers la Terre à l'aide d'un laser au rubis ($\lambda = 694$ nm). Quelle est la longueur d'onde du signal détecté par les Terriens ?

4.7.2 *Deux fois la fréquence.* **(a)** Quel doit être le module de la vitesse radiale d'une source de lumière pour que sa fréquence apparaisse doublée ? **(b)** La source s'approche-t-elle ou s'éloigne-t-elle ?

SÉRIE PRINCIPALE

4.7.3 *Le violet devient rouge.* **(a)** Quel doit être le module de la vitesse radiale d'une source de lumière violette ($\lambda = 400$ nm) pour qu'elle paraisse rouge ($\lambda = 700$ nm) ? **(b)** La source s'approche-t-elle ou s'éloigne-t-elle ?

4.7.4 *La fréquence de la lumière réfléchie.* Un astronef s'approche à $0,3\,c$ d'un grand miroir. Il émet une impulsion laser à 500 nm. À quelle longueur d'onde l'impulsion réfléchie par le miroir est-elle détectée à bord de l'astronef ?

4.7.5 *L'effet Doppler et le radar.* Un astronef fonce vers un astéroïde. Le radar de l'astronef envoie une impulsion radio et détecte une impulsion réfléchie dont la fréquence est deux fois plus élevée que la fréquence émise. Quel est le module de la vitesse de l'astronef par rapport à l'astéroïde ?

SÉRIE SUPPLÉMENTAIRE

4.7.6 *Un radar de police.* Un radar de police immobile envoie un faisceau micro-ondes à 24,2 GHz vers une voiture qui se rapproche (photo ci-contre). La combinaison du signal émis et du signal reçu se traduit par une fréquence de battements de 6000 Hz. Quel est le module de la vitesse de la voiture (en kilomètres à l'heure) ?

AGÊNCIA BRASIL

Les retards de vision et la relativité

**Après l'étude de cette section, le lecteur pourra décrire
ce que perçoit réellement un observateur en combinant les effets relativistes
et les retards de vision occasionnés par la vitesse finie de la lumière.**

APERÇU

Lorsqu'un observateur *regarde* un objet se déplacer par rapport à lui, ce qu'il peut voir (ou photographier) est une conséquence à la fois des effets relativistes et des retards de vision variables occasionnés par le simple fait que la lumière ne se déplace pas à une vitesse infinie.

Lorsqu'on photographie un objet qui passe à grande vitesse devant soi, la photo obtenue ressemble à celle que l'on obtiendrait si l'objet était immobile, mais qu'il avait pivoté sur lui-même.

Lorsqu'on observe les passagers à bord d'un vaisseau qui s'éloigne ou se rapproche à grande vitesse, on doit utiliser l'équation de l'effet Doppler lumineux longitudinal pour déterminer si on voit les passagers vieillir au ralenti ou en accéléré.

EXPOSÉ

Lorsqu'un vaisseau spatial se déplace par rapport à un référentiel **R**, les observateurs dans le référentiel **R** considèrent que l'écoulement du temps dans le vaisseau est ralenti par un facteur γ et que sa longueur est contractée par un facteur γ. Chaque observateur dans le référentiel **R** prend des mesures uniquement dans son voisinage immédiat : c'est en *comparant* leurs mesures que les observateurs *déduisent* la valeur des effets produits par la dilatation du temps et la contraction des longueurs.

En revanche, lorsqu'un observateur donné dans **R** *regarde* un vaisseau se déplacer par rapport à lui, ce qu'il voit est une conséquence à la fois des effets relativistes et des retards de vision variables occasionnés par le simple fait que la lumière ne se déplace pas à une vitesse infinie. Dans cette section, nous allons nous intéresser à ce que peut réellement *voir* (ou *photographier*) un observateur donné lorsqu'il observe un objet en mouvement rapide par rapport à lui : pour ce faire, nous allons combiner les effets relativistes et les retards de vision.

Les retards de vision et la contraction des longueurs

Considérons un appareil photo **R** qui photographie un objet cubique immobile (schéma ci-contre, à gauche). On suppose que le cube est translucide. Ainsi, sur la photo (schéma ci-contre, à droite), on peut voir à la fois la face rapprochée du cube, **F**, et la face éloignée **F'**; en raison de la perspective, la face **F'** apparaît plus petite que la face **F**.

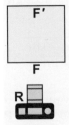

photo du cube immobile

Imaginons maintenant que le cube se déplace vers la droite à $0,866\,c$ pendant que l'on prend la photo. Comme la face **F'** du cube est plus éloignée que la face **F**, la lumière en provenance de **F'** parvient à l'appareil photo avec un plus grand retard que celle qui provient de **F**. Autrement dit, l'appareil enregistre la position de la face **F'** davantage « dans le passé » que pour la face **F**.

Par conséquent, sur la photo, la face **F'** semble « en retard » sur la face **F** : cela donne l'impression que le cube a été *déformé* latéralement. *S'il n'y avait pas de contraction des longueurs relativiste*, on obtiendrait la photo du schéma ci-dessous, à gauche. Or, en raison de la contraction des longueurs, la dimension du cube parallèle à sa vitesse est contractée par un facteur $\gamma = 2$. En combinant l'effet du retard de vision et la contraction des longueurs, on obtient la photo du schéma ci-dessous, à droite.

photo d'un cube
se déplaçant
à 0,866 c
vers la droite
**sans tenir compte
de la contraction
des longueurs**

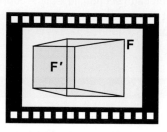

en tenant compte
de la contraction
des longueurs

Les « photos » ci-dessus ne tiennent pas compte parfaitement des effets de perspective. Sur une véritable photo, les faces du cube seraient légèrement incurvées.

Les retards de vision et la dilatation du temps

En raison de la dilatation du temps, l'écoulement du temps dans un vaisseau spatial qui s'éloigne de la Terre à 0,8 c est ralenti par un facteur $\gamma = 5/3$ (d'après le référentiel de la Terre). Imaginons que Béatrice soit à bord du vaisseau et qu'Albert se trouve sur Terre. À l'aide d'un télescope ultrapuissant, Albert regarde Béatrice à travers le hublot du vaisseau. Va-t-il la voir vaquer à ses occupations au ralenti par un facteur $\gamma = 5/3 = 1,67$?

Non ! En effet, comme la distance entre le vaisseau et la Terre augmente constamment, les retards de vision augmentent également. Dans ce cas précis, la combinaison de l'augmentation des retards de vision et de la dilatation du temps fait en sorte qu'Albert voit Béatrice vaquer à ses occupations *au ralenti par un facteur 3*.

Pour obtenir ce facteur, nous pouvons utiliser directement l'équation de l'effet Doppler lumineux longitudinal (**section 4.7**). En effet, on a obtenu cette équation en combinant l'équation de l'effet Doppler sonore (qui tient compte implicitement des retards de transmission entre l'émetteur et le récepteur) et l'équation de la dilatation du temps. Imaginons, par exemple, qu'Albert observe une horloge sur le mur de la cabine du vaisseau de Béatrice. L'aiguille des secondes de l'horloge avance de manière saccadée toutes les secondes : on peut associer à ce mouvement une fréquence $f = 1$ Hz (1 « mouvement » par seconde).

Comme le vaisseau s'éloigne d'Albert, la fréquence reçue par ce dernier sera plus petite que f : dans l'équation de l'effet Doppler lumineux longitudinal, il faut mettre un signe négatif au numérateur et un signe positif au dénominateur. La vitesse relative est de 0,8 c, d'où

$$f' = \sqrt{\frac{c-v}{c+v}}\, f = \sqrt{\frac{c-0,8c}{c+0,8c}} \times (1\text{ Hz}) = \sqrt{\frac{0,2}{1,8}} \times (1\text{ Hz}) = 0,333 \text{ Hz}$$

Albert voit l'aiguille effectuer « un tiers de mouvement » par seconde, ce qui correspond à un mouvement toutes les 3 secondes. Par conséquent, Albert observe que l'aiguille se déplace *au ralenti* par un facteur 3. Il en va de même pour l'ensemble des phénomènes qui ont lieu dans le vaisseau de Béatrice.

D'après le référentiel de Béatrice, le vaisseau est immobile et la Terre s'éloigne à 0,8 c. Par conséquent, si Béatrice utilise un télescope ultrapuissant pour observer la Terre, elle verra les Terriens vaquer à leurs occupations *au ralenti* par un facteur 3.

Considérons maintenant ce qui se passe si le vaisseau de Béatrice fait demi-tour et revient vers la Terre, toujours avec une vitesse dont le module est de 0,8 *c*. Dans l'équation de l'effet Doppler lumineux longitudinal, il faut mettre un signe positif au numérateur et un signe négatif au dénominateur. Ainsi, lorsque Albert regarde l'aiguille de l'horloge dans le vaisseau, il observe une fréquence

$$f' = \sqrt{\frac{c+v}{c-v}}\, f = \sqrt{\frac{c+0,8c}{c-0,8c}} \times \left(1\,\text{Hz}\right) = \sqrt{\frac{1,8}{0,2}} \times \left(1\,\text{Hz}\right) = 3\,\text{Hz}$$

Albert voit l'aiguille effectuer 3 mouvements par seconde, c'est-à-dire se déplacer *en accéléré* par un facteur 3.

D'après le référentiel de la Terre, l'écoulement du temps est encore *ralenti* dans le vaisseau de Béatrice par un facteur $\gamma = 5/3 = 1,67$. Toutefois, en raison de la diminution continuelle du retard de vision, Albert voit Béatrice vaquer à ses occupations *en accéléré* par un facteur 3. De même, si Béatrice observe les Terriens pendant que son vaisseau se rapproche de la Terre, elle les verra s'activer *en accéléré* par un facteur 3.

Les retards de vision et le paradoxe des jumeaux

Les jumelles Thérèse et Astrid décident de réaliser concrètement l'expérience du paradoxe des jumeaux : Thérèse reste sur Terre (**T**), tandis qu'Astrid pilote un astronef **A** qui voyage à 0,8 *c* par rapport au référentiel de la Galaxie. L'astronef est programmé pour s'éloigner de la Terre pendant 15 ans (temps de l'astronef), après quoi il fait demi-tour et revient vers la Terre : d'après le référentiel **A**, l'aller-retour dure 30 ans. Le jour du départ, Thérèse et Astrid ont toutes les deux 35 ans : par conséquent, au retour, Astrid est âgée de $\left(35\,\text{ans}\right) + \left(30\,\text{ans}\right) = 65$ ans.

Pendant les 15 premières années du voyage (temps de l'astronef), Astrid observe la Terre avec son télescope. D'après ce que l'on a calculé à la sous-section précédente en utilisant la formule de l'effet Doppler lumineux longitudinal, Astrid voit les Terriens vieillir *au ralenti* par un facteur 3 : pendant qu'elle vieillit de 15 ans, Astrid voit sa jumelle Thérèse vieillir de $\left(15\,\text{ans}\right) / 3 = 5$ ans.

Pendant les 15 années du retour (temps de l'astronef), Astrid voit les Terriens vieillir *en accéléré* par un facteur 3 : pendant qu'elle vieillit de 15 ans, Astrid voit Thérèse vieillir de $\left(15\,\text{ans}\right) \times 3 = 45$ ans. Sur l'ensemble du voyage, Astrid a vu Thérèse vieillir de $\left(5\,\text{ans}\right) + \left(45\,\text{ans}\right) = 50$ ans : ainsi, lorsque Astrid débarque de l'astronef et qu'elle va serrer la main de sa jumelle, elle n'est pas surprise de rencontrer une vieille dame âgée de $\left(35\,\text{ans}\right) + \left(50\,\text{ans}\right) = 85$ ans.

D'après le référentiel de Thérèse, les choses sont un peu plus compliquées. Pour $v = 0,8\,c$, $\gamma = 5/3$; ainsi, dans le référentiel **T** de la Terre, le temps s'écoule *moins vite* dans l'astronef par un facteur 5/3. Comme l'astronef est programmé pour faire demi-tour après 15 ans (temps de l'astronef), le demi-tour se produit, dans le référentiel **T**, $\left(15\,\text{ans}\right) \times 5/3 = 25$ ans après le départ.

Toujours d'après le référentiel **T**, le demi-tour a lieu à une distance

$$D = vT = 0,8\,c \times \left(25\,\text{ans}\right) = 20\,\text{a.l.}$$

de la Terre.

Imaginons que Thérèse utilise un télescope pour suivre le voyage d'Astrid. Va-t-elle voir l'astronef faire demi-tour 25 ans après le départ (temps de la Terre)? Non! En effet, comme le demi-tour se produit à 20 années-lumière de la Terre, il s'écoule 20 ans avant que les images du demi-tour, voyageant à c, parviennent à la Terre. Ainsi, pendant $(25 \text{ ans}) + (20 \text{ ans}) = 45 \text{ ans}$, Thérèse observe Astrid en train de s'éloigner de la Terre. Comme Thérèse voit Astrid vieillir *au ralenti* par un facteur 3, Astrid vieillit bien de $(45 \text{ ans})/3 = 15 \text{ ans}$ avant de faire demi-tour.

Pendant les 5 années qui suivent, temps de la Terre, Thérèse observe Astrid revenir vers la Terre : comme elle voit Astrid vieillir *en accéléré* par un facteur 3, Astrid vieillit de $(5 \text{ ans}) \times 3 = 15$ années supplémentaires. Sur l'ensemble du voyage, Thérèse a vu Astrid vieillir de $(15 \text{ ans}) + (15 \text{ ans}) = 30 \text{ ans}$. Ainsi, lorsque Astrid débarque de l'astronef 50 ans plus tard (temps de la Terre), Thérèse n'est pas surprise de rencontrer une «jeune retraitée» âgée de $(35 \text{ ans}) + (30 \text{ ans}) = 65 \text{ ans}$.

Immédiatement avant de faire demi-tour, Astrid voit les Terriens vieillir 3 fois plus lentement ; immédiatement après le demi-tour, Astrid les voit vieillir 3 fois plus rapidement. Ainsi, Astrid voit les Terriens vieillir *au ralenti* pendant la moitié du voyage (15 ans, temps du vaisseau) et *en accéléré* pendant l'autre moitié du voyage. Le demi-tour se traduit instantanément par un changement des perceptions d'Astrid : ce n'est guère surprenant, car c'est *elle-même* qui a changé de référentiel pour faire demi-tour.

L'analyse que nous venons de présenter est reprise sous forme de tableau dans la fiche de synthèse **Retards de vision**, à la **page 453**.

En revanche, il faut attendre 20 ans (temps de la Terre) pour que Thérèse se rende compte que le demi-tour a eu lieu : c'est pour cela que Thérèse voit Astrid vieillir *au ralenti* pendant 90 % du voyage (45 ans sur 50 ans) et *en accéléré* pendant seulement 10 % du voyage. Cette asymétrie explique pourquoi Astrid est moins vieille que Thérèse au moment où elles sont de nouveau réunies.

Q1. Vous photographiez un cube qui passe à grande vitesse devant vous. Dessinez le cube tel qu'il apparaîtrait s'il était immobile et tel qu'il apparaîtra sur la photo. Expliquez en mots l'origine des différences entre les deux dessins.

Q2. Vrai ou faux ? Lorsqu'on observe au télescope les passagers d'un vaisseau qui s'éloigne de nous, on les voit vaquer à leurs occupations au ralenti par un facteur γ correspondant à la vitesse du vaisseau.

Q3. Quelle équation doit-on utiliser pour déterminer le rythme de l'écoulement du temps que l'on peut réellement *voir* lorsqu'on observe au télescope les passagers d'un vaisseau qui s'éloigne ou se rapproche de nous ?

Q4. Vrai ou faux ? Lorsqu'on observe au télescope les passagers d'un vaisseau qui se rapproche de nous, on les voit vaquer à leurs occupations *en accéléré*.

Q5. Terry, sur Terre, observe au télescope Aston, qui se trouve dans un astronef qui s'éloigne de la Terre à grande vitesse : il voit Aston vaquer à ses occupations au ralenti par un facteur 2. Si Aston observe Terry avec un télescope, il le verra vaquer à ses occupations _____ par un facteur ____ .

Q6. Terry, sur Terre, observe au télescope Aston, qui se trouve dans un astronef qui se rapproche de la Terre à grande vitesse : il voit Aston vaquer à ses occupations en accéléré par un facteur 2. Si Aston observe Terry avec un télescope, il le verra vaquer à ses occupations _____ par un facteur ____ .

4.8.1 *Tara observe Astérie.* Tara, sur Terre, observe Astérie, dans un astronef : elle la voit vaquer à ses occupations *au ralenti* par un facteur 5. (On suppose que l'astronef se déplace directement vers la Terre ou selon l'orientation opposée.) **(a)** L'astronef s'approche-t-il ou s'éloigne-t-il de la Terre ? **(b)** Quel est le module de la vitesse de l'astronef ?

4.8.2 *Tara observe Astérie, prise 2.* Reprenez l'**exercice 4.8.1**, mais en supposant cette fois que Tara observe Astérie vaquer à ses occupations *en accéléré* par un facteur 4.

La mécanique relativiste

Après l'étude de cette section, le lecteur pourra déterminer la quantité de mouvement, l'énergie cinétique, l'énergie au repos et l'énergie totale d'une particule en tenant compte de la relativité restreinte.

APERÇU

Afin de tenir compte des effets relativistes, il faut modifier certaines équations de base de la mécanique. La quantité de mouvement d'une particule de masse m qui se déplace avec une vitesse $\vec{v}$ est

$$\boxed{\vec{p} = \gamma m \vec{v}}$$ **Quantité de mouvement relativiste**

où γ est le facteur de Lorentz qui correspond à la vitesse de la particule. Lorsque $v \ll c$, $\gamma \approx 1$ et on retrouve la définition newtonienne de la quantité de mouvement : $\vec{p} = m\vec{v}$.

Considérons une particule de masse m qui subit une seule force dans la direction de son mouvement. En raison des effets relativistes, les modules de la force et de l'accélération sont reliés par

$$\boxed{F = \gamma^3 ma}$$ **Deuxième loi de Newton relativiste (F parallèle à v)**

Pour $v \ll c$, $\gamma \approx 1$, et on retrouve l'équation classique $F = ma$.

L'énergie cinétique de la particule est

$$\boxed{K = (\gamma - 1) mc^2}$$ **Énergie cinétique relativiste**

Pour $v \ll c$, $\gamma \approx 1 + \frac{1}{2}(v^2/c^2)$, et on retrouve $K = \frac{1}{2}mv^2$.

Une particule de masse m possède une **énergie au repos** (symbole : E_0) uniquement en vertu du fait qu'elle possède une masse :

$$\boxed{E_0 = mc^2}$$ **Énergie au repos**

Cette équation, connue sous le nom d'**équivalence masse-énergie**, est sans aucun doute la plus célèbre de toute l'histoire des sciences.

L'**énergie relativiste** (symbole : E) d'une particule est la somme de son énergie au repos et de son énergie cinétique :

$$\boxed{E = E_0 + K = \gamma mc^2}$$ **Énergie relativiste**

En combinant les équations relativistes de la quantité de mouvement et de l'énergie, on obtient une équation utile,

$$\boxed{E^2 = p^2c^2 + m^2c^4}$$ **Relation entre l'énergie relativiste et la quantité de mouvement**

Il existe des particules dont la masse est nulle (par exemple, les photons), mais qui possèdent néanmoins une énergie et une quantité de mouvement. En posant $m = 0$ dans l'équation précédente, on constate que l'énergie et la quantité de mouvement d'une particule de masse nulle sont reliées par l'équation $E = pc$.

EXPOSÉ

La relativité modifie la conception newtonienne des deux quantités de base de la mécanique : l'espace et le temps. Les deux grands principes de conservation de la mécanique newtonienne — la conservation de la quantité de mouvement et la conservation de l'énergie — s'appliquent encore lorsqu'on tient compte des effets relativistes. Toutefois, comme nous allons le voir dans cette section, certaines équations de base qui permettent d'évaluer la quantité de mouvement et l'énergie doivent être modifiées.

La quantité de mouvement en relativité

La relativité ne remet pas en question le principe de conservation de la quantité de mouvement ; toutefois, elle entraîne une *modification* de la définition de la quantité de mouvement. Dans le **chapitre 3** du **tome A**, nous avons vu que le principe de conservation de la quantité de mouvement est une conséquence du principe d'action-réaction (troisième loi de Newton). Au 20e siècle, Emily Noether a montré que la conservation de la quantité de mouvement découle directement du fait que les lois de la physique sont les mêmes à tous les endroits dans l'espace.

En physique newtonienne (non relativiste), la quantité de mouvement d'une particule de masse m se déplaçant à la vitesse $\vec{v}$ est

$$\vec{p} = m\vec{v}$$

En tenant compte des effets relativistes, cette équation devient

$$\boxed{\vec{p} = \gamma m\vec{v}}$$ **Quantité de mouvement relativiste**

où

$$\gamma = \frac{1}{\sqrt{1-(v/c)^2}}$$

est le facteur de Lorentz correspondant à la vitesse de la particule.

Dans les sections précédentes, le paramètre v dans l'équation du facteur γ représentait la vitesse d'un référentiel par rapport à un autre. Dans cette section, le paramètre v représente le module de la vitesse de la particule dont on désire étudier le mouvement d'après le référentiel dans lequel on se trouve. Lorsque $v \ll c$, $\gamma \approx 1$ et on retrouve la définition newtonienne de la quantité de mouvement.

On peut obtenir l'équation $\vec{p} = \gamma m\vec{v}$ de manière rigoureuse en se basant sur les transformations de Lorentz. Dans cette section, nous allons nous contenter de justifier l'équation à partir d'arguments de symétrie, en considérant une situation concrète, quoique passablement irréaliste!

Deux vrais jumeaux, les boxeurs Ali et Bernie, sont de force égale. Lorsqu'ils cognent leurs poings droits l'un sur l'autre (photo ci-contre), c'est toujours un « match nul » : les deux poings rebondissent de manière symétrique, car ils ont la même masse et la même vitesse. Afin de voir si la relativité ne peut pas être utilisée pour briser cette impasse, ils se placent sur des plates-formes qui voyagent l'une vers l'autre avec une vitesse relative égale à 86,6 % de la vitesse de la lumière : à cette vitesse, $\gamma = 2$.

ISTOCKPHOTO

Les deux plates-formes voyagent sur des rails parallèles : Ali se place sur une des plates-formes et Bernie sur l'autre. Les jumeaux ont convenu de projeter leurs poings droits l'un sur l'autre au moment où les deux plates-formes se frôlent.

D'après Ali, l'écoulement du temps sur la plate-forme où se trouve Bernie est ralenti par un facteur $\gamma = 2$: ainsi, le poing de Bernie s'en vient deux fois moins vite que lorsque Bernie est au repos! Par conséquent, Ali pense qu'il va enfin pouvoir l'emporter sur son jumeau. De son côté, Bernie considère que l'écoulement du temps sur la plate-forme où se trouve Ali est ralenti par un facteur 2 : ainsi, Bernie pense que c'est lui qui va l'emporter.

Bien sûr, les deux poings rebondissent l'un sur l'autre de manière symétrique : comme la situation est parfaitement symétrique, il est clair qu'un des jumeaux ne peut pas être favorisé par rapport à l'autre. L'équation $\vec{p} = \gamma m\vec{v}$ permet de comprendre pourquoi on assiste à un match nul : d'après Ali, le gant de Bernie se déplace 2 fois moins vite que d'habitude, mais comme $\gamma = 2$, la quantité de mouvement du poing est la même que celle de son propre poing. Le même raisonnement s'applique à la situation d'après le référentiel de Bernie. La présence du facteur γ dans la définition relativiste de la quantité de mouvement compense, en quelque sorte, l'effet de la dilatation du temps.

Dans certains ouvrages de vulgarisation et d'introduction à la physique, on interprète l'équation $\vec{p} = \gamma m \vec{v}$ en disant que la masse de la particule augmente par un facteur γ. Effectivement, si on définit la «masse relativiste» d'une particule comme étant $M = \gamma m$ (où m est la masse *au repos*), la définition relativiste de la quantité de mouvement s'écrit $\vec{p} = M \vec{v}$, ce qui a l'avantage d'avoir la même forme que la définition newtonienne. Toutefois, l'utilité du concept de masse relativiste est assez limitée. *En général, on ne peut pas remplacer «m» par «M» pour transformer une équation newtonienne en équation relativiste.* Par exemple, comme nous allons le voir plus loin, la définition relativiste de l'énergie cinétique est

$$K = (\gamma - 1)mc^2$$

ce qui *ne correspond pas à* $\frac{1}{2}\gamma m v^2$!

Dans cet ouvrage, nous n'allons pas utiliser le concept de masse relativiste: lorsque nous ferons référence à la masse d'une particule, nous voudrons toujours signifier sa masse «au repos», c'est-à-dire dans un référentiel où elle est immobile. Il s'agit de l'usage du terme «masse» que font la majorité des physiciens professionnels qui travaillent en relativité.

La deuxième loi de Newton en relativité

Dans le **chapitre 2 : Dynamique** du **tome A**, nous avons présenté la deuxième loi de Newton sous la forme

$$\vec{F} = m\vec{a}$$

où $\vec{F}$ est la force résultante qui agit sur un objet de masse m et $\vec{a}$ est l'accélération de l'objet. Cette formulation de la deuxième loi de Newton s'applique uniquement lorsque la masse de l'objet demeure constante. Dans le **chapitre 3** du **tome A**, nous avons vu que la force est définie de manière générale comme étant le taux de variation de la quantité de mouvement :

$$\vec{F} = \frac{\Delta \vec{p}}{\Delta t} \qquad \text{ou} \qquad \vec{F} = \frac{\mathrm{d}\vec{p}}{\mathrm{d}t}$$

En combinant cette définition de la force avec la définition relativiste de la quantité de mouvement, nous obtenons un résultat surprenant : la relation entre le vecteur force et le vecteur accélération lorsque la force agit dans la direction de la vitesse de l'objet *n'est pas la même* que lorsque la force agit perpendiculairement à la vitesse de l'objet.

Lorsque la force agit dans la direction du mouvement de l'objet (par exemple, la force de poussée des réacteurs d'une fusée qui voyage en ligne droite), la deuxième loi de Newton s'écrit

$$F = \gamma^3 m a$$ **Deuxième loi de Newton relativiste (F parallèle à v)**

La démonstration de cette équation est passablement complexe : elle est présentée à la fin de cette section.

Dans cet ouvrage, la force résultante est habituellement notée $\sum \vec{F}$; dans la présente section, nous allons laisser tomber le $\sum$.

> **Situation 1 : *La propulsion d'un voilier spatial.*** En faisant rebondir un faisceau laser ultra-puissant sur les voiles d'un voilier spatial dont la masse est de 5000 kg, on lui imprime une force constante de 50 000 N. (L'énergie du laser est ajustée continuellement de manière à maintenir la force constante.) Sous l'effet de cette force, le voilier s'éloigne de la Terre en ligne droite en allant de plus en plus vite. Déterminez le module de l'accélération du voilier **(a)** au départ (vitesse initiale nulle) ; **(b)** lorsqu'il se déplace à $0{,}5\,c$; **(c)** lorsqu'il se déplace à $0{,}8\,c$.

En **(a)**, $v = 0$, d'où $\gamma = 1$. Par $F = \gamma^3 ma$, le module de l'accélération du voilier est

$$a = \frac{F}{\gamma^3 m} = \frac{(50\,000\ \text{N})}{1^3 \times (5000\ \text{kg})} \qquad \Rightarrow \qquad \boxed{a = 10\ \text{m/s}^2}$$

En **(b)**, $v = 0{,}5c$ et

$$\gamma = \frac{1}{\sqrt{1-(v/c)^2}} = \frac{1}{\sqrt{1-0{,}5^2}} = \frac{1}{\sqrt{1-0{,}25}} = \frac{1}{\sqrt{0{,}75}} = \frac{1}{0{,}866} = 1{,}155$$

d'où

$$a = \frac{F}{\gamma^3 m} = \frac{(50\,000\ \text{N})}{1{,}155^3 \times (5000\ \text{kg})} \qquad \Rightarrow \qquad \boxed{a = 6{,}49\ \text{m/s}^2}$$

En **(c)**, $v = 0{,}8c$ et

$$\gamma = \frac{1}{\sqrt{1-(v/c)^2}} = \frac{1}{\sqrt{1-0{,}8^2}} = \frac{1}{\sqrt{1-0{,}64}} = \frac{1}{\sqrt{0{,}36}} = \frac{1}{0{,}6} = \frac{5}{3}$$

d'où

$$a = \frac{F}{\gamma^3 m} = \frac{(50\,000\ \text{N})}{(5/3)^3 \times (5000\ \text{kg})} \qquad \Rightarrow \qquad \boxed{a = 2{,}16\ \text{m/s}^2}$$

Plus le voilier va vite, moins l'accélération produite par la force est importante. Sous l'effet du laser, la vitesse du voilier va se rapprocher de la vitesse de la lumière, mais ne l'atteindra jamais : en effet, pour $v \to c$, $\gamma \to \infty$ et $a \to 0$.

Dans le cas où la force est perpendiculaire à la vitesse (comme c'est le cas dans un mouvement circulaire uniforme), il est possible de montrer que la deuxième loi de Newton s'écrit plutôt sous la forme

$$F = \gamma ma$$

Ainsi, lorsque la force possède à la fois une composante parallèle à la vitesse et une composante perpendiculaire, les deux composantes ne sont pas modifiées de la même façon par la relativité. Aussi bizarre que cela puisse paraître, cela signifie qu'en relativité, le vecteur force n'est pas nécessairement parallèle au vecteur accélération !

L'énergie cinétique en relativité

Au **chapitre 3** du **tome A**, nous avons vu que le travail effectué par une force sur une particule se traduit par un gain d'énergie cinétique (théorème de l'énergie cinétique). En relativité, le travail demeure égal à la force multipliée par le déplacement. Toutefois, comme la relativité modifie la formulation de la deuxième loi de Newton, il n'est pas surprenant que cela se répercute sur l'équation qui permet de calculer l'énergie cinétique.

En considérant une force qui agit dans la même direction que la vitesse d'une particule ($F = \gamma^3 ma$) et en appliquant le théorème de l'énergie cinétique, on obtient

$$\boxed{K = (\gamma - 1)mc^2}\ \text{Énergie cinétique relativiste}$$

Il s'agit bien de l'équation relativiste qui permet de calculer l'énergie cinétique d'une particule en fonction de sa masse et de sa vitesse : en effet, il ne faut pas oublier que v apparaît dans l'équation qui permet de calculer le facteur γ.

La démonstration de cette équation est présentée à la suite de la démonstration de $F = \gamma^3 ma$, à la fin de la section.

Lorsque $v \ll c$, nous avons vu dans la **section 4.2** que l'approximation

$$(1 - x)^n \approx 1 - nx \qquad\qquad (x \ll 1)$$

permet d'écrire

$$\gamma \approx 1 + \frac{1}{2}\left(\frac{v}{c}\right)^2 \qquad\qquad (v \ll c)$$

Cela permet de retrouver l'équation classique qui permet de calculer l'énergie cinétique :

$$K = (\gamma - 1)mc^2 \approx \frac{1}{2}\left(\frac{v}{c}\right)^2 mc^2 = \tfrac{1}{2}mv^2 \qquad\qquad (v \ll c)$$

En général, les équations de la mécanique newtonienne peuvent être obtenues à partir des équations relativistes dans la limite où $v \ll c$.

L'énergie au repos et l'équivalence masse-énergie

L'équation $K = (\gamma - 1)mc^2$ peut également s'écrire

$$K = \gamma mc^2 - mc^2$$

Le terme γmc^2 dépend de la vitesse de la particule (par l'entremise du facteur γ) ; en revanche, le terme mc^2 dépend uniquement de la masse de la particule et d'une constante fondamentale de la nature, la vitesse de la lumière. Dès 1905, Einstein émet l'hypothèse selon laquelle on peut associer le terme mc^2 à un nouveau type d'énergie, auparavant insoupçonné : *l'énergie que possède une particule en vertu du simple fait qu'elle possède une masse.*

D'après Einstein, il faut ajouter un nouveau type d'énergie aux types déjà connus (énergie cinétique, énergie potentielle gravitationnelle, énergie potentielle électrique, énergie lumineuse, énergie thermique, énergie chimique, etc.) : l'**énergie au repos** d'une particule de masse m,

$$\boxed{E_0 = mc^2}\ \text{Énergie au repos}$$

En 1905, l'existence de cette énergie n'est qu'une hypothèse. Dans les décennies qui suivent, on découvre que, lors de certaines réactions nucléaires, la masse des particules après la réaction est plus petite qu'avant la réaction : lorsqu'une masse Δm disparaît, une quantité d'énergie Δmc^2 apparaît toujours sous une autre forme dans le système (énergie cinétique des particules après la réaction, énergie lumineuse), ce qui confirme l'hypothèse d'Einstein.

L'équation qui permet de calculer l'énergie au repos, $E_0 = mc^2$, est aussi connue sous le nom d'**équivalence masse-énergie**. Il s'agit sans aucun doute de l'équation la plus célèbre de l'histoire de la physique. En raison de l'équivalence masse-énergie, les réactions nucléaires peuvent libérer une quantité prodigieuse d'énergie : nous en reparlerons dans la **section 5.5 : L'énergie nucléaire**. Comme le Soleil tire son énergie des réactions nucléaires, l'équivalence masse-énergie est essentielle à l'existence de la vie sur Terre !

Nous pouvons réécrire l'équation $K = \gamma mc^2 - mc^2 = \gamma mc^2 - E_0$ sous la forme

$$\gamma mc^2 = E_0 + K$$

La quantité γmc^2 est l'**énergie relativiste** d'une particule en mouvement, c'est-à-dire la somme de son énergie au repos E_0 et de son énergie cinétique K :

$$\boxed{E = E_0 + K = \gamma mc^2}$$ **Énergie relativiste**

En combinant les équations relativistes de la quantité de mouvement et de l'énergie,

$$p = \gamma mv \qquad \text{et} \qquad E = \gamma mc^2$$

on obtient une équation utile,

$$\boxed{E^2 = p^2c^2 + m^2c^4}$$ **Relation entre l'énergie relativiste et la quantité de mouvement**

La démonstration de l'équation ci-contre est laissée au lecteur (**démonstration D2** à la fin de la section).

Il existe des particules dont la masse est nulle (par exemple, les photons) mais qui possèdent néanmoins une énergie et une quantité de mouvement. En posant $m = 0$ dans l'équation précédente, on constate que l'énergie et la quantité de mouvement d'une particule de masse nulle sont reliées par l'équation $E^2 = p^2c^2$, ou encore $E = pc$.

Comme la lumière possède une quantité de mouvement, elle crée une impulsion lorsqu'elle est réfléchie par un objet. C'est le principe de fonctionnement des « voiles photoniques » qu'on prévoit utiliser un jour pour propulser des sondes spatiales dans le système solaire intérieur en utilisant la lumière du Soleil.

QI 1 Quelle est l'énergie d'une particule de masse m qui se déplace à 70 % de la vitesse de la lumière dans le vide ?

De la quantité de mouvement relativiste à l'énergie cinétique

Pour terminer cette section, nous allons montrer comment, à partir de la définition relativiste de la quantité de mouvement, $\vec{p} = \gamma m\vec{v}$, il est possible d'obtenir l'équation relativiste de l'énergie cinétique, $K = (\gamma - 1)mc^2$. Comme résultat intermédiaire, nous allons obtenir la deuxième loi de Newton lorsque la force est parallèle à la vitesse, $F = \gamma^3 ma$. Cette démonstration est passablement complexe ; si nous avons cru bon de la présenter, c'est qu'elle permet de mieux comprendre l'origine de la célèbre équation $E_0 = mc^2$.

Considérons une particule de masse m qui se déplace le long de l'axe x avec une vitesse v_x : elle possède une quantité de mouvement relativiste $p_x = \gamma mv_x$. Voici les étapes qui permettent d'obtenir $F = \gamma^3 ma$, avec les explications en marge. Le point de départ est la deuxième loi de Newton en fonction de la quantité de mouvement : cette équation demeure inchangée en relativité.

$$F_x = \frac{dp_x}{dt}$$

$$F_x = \frac{d}{dt}(\gamma m v_x)$$

Nous avons mis en évidence la constante m. Comme γ dépend de v_x, le terme γv_x est une fonction de v_x. Nous avons utilisé la règle de dérivation en chaîne : $df/dx = (df/du)\,(du/dx)$ (voir **section M10 : La dérivée** de l'annexe mathématique).

$$F_x = m\frac{d}{dt}(\gamma v_x)$$

$$F_x = m\left\{\left[\frac{d}{dv_x}(\gamma v_x)\right] \times \frac{dv_x}{dt}\right\}$$

$$F_x = ma_x\frac{d}{dv_x}(\gamma v_x)$$

Nous avons utilisé la définition de l'accélération : $a_x = dv_x/dt$.

$$F_x = ma_x\left[\gamma\frac{dv_x}{dv_x} + v_x\frac{d\gamma}{dv_x}\right]$$

Nous avons utilisé la règle de la dérivée d'un produit : $d(uv)/dx = u(dv/dx) + v(du/dx)$. Nous avons remplacé le facteur γ du terme de droite par l'expression équivalente en fonction de v_x.

$$F_x = ma_x\left[(\gamma \times 1) + v_x\frac{d}{dv_x}(1 - v_x^2/c^2)^{-1/2}\right]$$

$$F_x = ma_x\left[\gamma + v_x\left\{-\tfrac{1}{2}(1 - v_x^2/c^2)^{-3/2} \times -\frac{2v_x}{c^2}\right\}\right]$$

$$F_x = ma_x\left[\gamma + v_x\left\{\frac{v_x}{c^2}(1 - v_x^2/c^2)^{-3/2}\right\}\right]$$

$$F_x = ma_x\left[\frac{1}{\sqrt{1 - v_x^2/c^2}} + \frac{\dfrac{v_x^2}{c^2}}{\left(\sqrt{1 - v_x^2/c^2}\right)^3}\right]$$

Nous avons remplacé le facteur γ qui restait par l'expression équivalente en fonction de v_x.

$$F_x = ma_x\left[\frac{1 - \dfrac{v_x^2}{c^2}}{\left(\sqrt{1 - v_x^2/c^2}\right)^3} + \frac{\dfrac{v_x^2}{c^2}}{\left(\sqrt{1 - v_x^2/c^2}\right)^3}\right]$$

Nous avons mis les deux expressions dans le crochet sur le même dénominateur.

$$F_x = ma_x\frac{1}{\left(\sqrt{1 - v_x^2/c^2}\right)^3}$$

$$F_x = \gamma^3 ma_x$$

Les facteurs qui dépendent de v_x s'annulent au numérateur et il reste 1.

Nous obtenons, avec des indices x, la version relativiste de la deuxième loi de Newton pour une force dans la direction du mouvement : $F = \gamma^3 ma$.

Supposons que la force résultante F_x agisse sur la particule pendant qu'elle se déplace de la position x_0 à la position x. Par la définition du travail, cette force effectue un travail

$$W = \int_{x_0}^{x} F_x\,dx = \int_{x_0}^{x} \gamma^3 ma_x\,dx = m\int_{x_0}^{x} \gamma^3 a_x\,dx$$

Or,

$$a_x\,dx = \frac{dv_x}{dt}dx = \frac{dx}{dt}dv_x = v_x\,dv_x$$

d'où

$$W = m\int_{v_0}^{v} \gamma^3 v_x\,dv_x$$

où v_0 et v sont les vitesses initiale et finale de la particule.

Supposons que la particule soit initialement au repos : $v_0 = 0$. Dans ce cas, le travail correspond directement à l'énergie cinétique de la particule :

$$K = m \int_0^v \gamma^3 v_x \mathrm{d}v_x = m \int_0^v \frac{v_x}{(1 - v_x^2/c^2)^{3/2}} \mathrm{d}v_x = \left[\frac{mc^2}{\sqrt{1 - v_x^2/c^2}} \right]_0^v$$

Nous obtenons

$$K = \frac{mc^2}{\sqrt{1 - (v/c)^2}} - mc^2 = \gamma mc^2 - mc^2 = (\gamma - 1)mc^2$$

ce que nous voulions démontrer.

Il est possible de résoudre l'intégrale ci-contre par substitution trigonométrique ou en consultant une table d'intégrales courantes. Pour plus de détails, consultez la **section M11 : L'intégrale** de l'annexe mathématique.

Réponse à la question instantanée

QI 1 $E = 1{,}40mc^2$

énergie au repos : (symbole : E_0) énergie que possède une particule en vertu du simple fait qu'elle possède une masse ; cette énergie est égale au produit de la masse et du carré de la vitesse de la lumière (équivalence masse-énergie).

énergie relativiste : (symbole : E) somme de l'énergie au repos d'une particule et de son énergie cinétique.

équivalence masse-énergie : l'équation célèbre qui exprime l'équivalent en énergie d'une certaine quantité de masse : $E_0 = mc^2$.

QUESTIONS

Q1. Vrai ou faux ? En général, pour transformer une équation newtonienne en équation relativiste, il suffit de remplacer la masse m de la particule par γm, où γ est le facteur de Lorentz qui correspond à la vitesse de la particule.

Q2. Vrai ou faux ? Lorsqu'on tient compte des effets relativistes, le vecteur force n'est pas nécessairement parallèle au vecteur accélération.

Q3. Vrai ou faux ? D'après la théorie de la relativité, une particule possède une certaine quantité d'énergie en vertu du simple fait qu'elle possède une masse.

Q4. Décrivez une situation concrète qui permet de confirmer l'hypothèse d'Einstein concernant l'équivalence masse-énergie.

Q5. Vrai ou faux ? Comme les photons ont une masse nulle, leur quantité de mouvement est nécessairement nulle.

DÉMONSTRATIONS

D1. En utilisant l'approximation $(1 - x)^n \approx 1 - nx$ (pour $x \ll 1$), montrez que l'équation relativiste de l'énergie cinétique redonne l'équation classique lorsque $v \ll c$.

D2. À partir des équations relativistes du module de la quantité de mouvement et de l'énergie,

$$p = \gamma mv \qquad \text{et} \qquad E = \gamma mc^2$$

montrez que l'équation

$$E^2 = p^2c^2 + m^2c^4$$

est vérifiée. Suggestion : commencez par montrer que

$$p^2c^2 + m^2c^4 = \left(1 + \frac{\gamma^2 v^2}{c^2}\right) m^2c^4$$

puis montrez que la parenthèse est égale à γ^2.

Pour les masses de l'électron et du proton, consultez la **section G3 : Les constantes universelles** de l'annexe mathématique.

RÉCHAUFFEMENT

4.9.1 *La quantité de mouvement et l'énergie cinétique.* Un proton se déplace à $0{,}5\,c$. Déterminez **(a)** le module de sa quantité de mouvement ; **(b)** son énergie cinétique.

4.9.2 *La quantité de mouvement et l'énergie cinétique, prise 2.* Dans l'exercice 4.9.1, quelles seraient les réponses si on ne tenait pas compte des effets relativistes ?

SÉRIE PRINCIPALE

4.9.3 *La force qui agit sur un électron.* Un électron se déplace en ligne droite dans un accélérateur de particules linéaire. À un instant donné, il voyage à $0{,}8\,c$ et accélère à $2{,}5 \times 10^{14}$ m/s². Quel est le module de la force qui agit sur lui ?

4.9.4 *La mécanique relativiste.* **(a)** Déterminez le module de la vitesse à laquelle doit se déplacer une particule pour que sa quantité de mouvement relativiste soit deux fois plus grande que sa quantité de mouvement *classique* (c'est-à-dire la quantité de mouvement qu'elle aurait s'il n'y avait pas de relativité). **(b)** Quel est le module de la vitesse d'une particule pour laquelle $p = mc$? **(c)** Quel est le module de la vitesse d'une particule dont l'énergie cinétique est égale à deux fois son énergie au repos ?

4.9.5 *Le travail relativiste.* Déterminez la quantité de travail nécessaire pour faire passer le module de la vitesse d'un proton **(a)** de $0{,}4\,c$ à $0{,}6\,c$; **(b)** de $0{,}6\,c$ à $0{,}8\,c$; **(c)** de $0{,}8\,c$ à c.

4.9.6 *Le Soleil maigrit !* Le Soleil brille avec une luminosité de $3{,}85 \times 10^{26}$ W. Quelle masse perd-il chaque seconde ?

4.9.7 *La quantité de mouvement d'un photon bleu.* Quel est le module de la quantité de mouvement d'un photon de lumière bleue qui possède une énergie de $2{,}7$ eV ? (Les photons n'ont pas de masse.)

Le mur de la vitesse de la lumière

Après l'étude de cette section, le lecteur pourra expliquer pourquoi la relativité restreinte interdit à une particule qui possède une masse de voyager à *c*, et à quoi que ce soit de voyager plus vite que *c*.

APERÇU

Une particule de masse non nulle qui voyagerait à *c* posséderait une quantité d'énergie cinétique infinie : pour l'amener à cette vitesse à partir du repos, il faudrait effectuer une quantité de travail infinie, ce qui est impossible. (Comme un photon ne possède pas de masse, il peut voyager à *c* sans posséder une quantité infinie d'énergie.)

Si un objet ou un simple signal voyageait plus vite que *c* d'après les observateurs qui font partie d'un référentiel inertiel donné, il pourrait reculer dans le temps d'après les observateurs qui font partie d'un autre référentiel inertiel, ce qui violerait le **principe de causalité** (la cause doit précéder l'effet). Comme il n'existe pas de référentiel privilégié, il est impossible de voyager plus vite que *c* — à moins de renoncer au principe de causalité ou de supposer que la relativité d'Einstein est incorrecte ou incomplète.

EXPOSÉ

Dans la **situation 1** de la **section 4.9 : La mécanique relativiste**, nous avons vu qu'une force constante exercée par un laser sur un voilier spatial produit une accélération de moins en moins grande au fur et à mesure que le voilier prend de la vitesse. Cela découle de la forme relativiste de la deuxième loi de Newton lorsque la force est dans la direction de la vitesse :

$$F = \gamma^3 ma$$

La vitesse du voilier s'approche de *c*, mais ne l'atteint jamais. On observe réellement ce phénomène dans les accélérateurs de particules : on peut faire voyager une particule à une vitesse très proche de *c*, mais on ne peut jamais la faire voyager *exactement* à *c*.

Dans cette section, nous allons examiner un raisonnement basé sur l'énergie qui montre qu'il est impossible pour un objet de se déplacer exactement à *c*. Nous allons également expliquer pourquoi il est impossible pour quoi que ce soit de se déplacer plus vite que *c* : par conséquent, en raison de la relativité, la vitesse de la lumière dans le vide semble représenter un « mur » infranchissable.

L'énergie cinétique d'un objet se déplaçant à *c*

Si l'énergie cinétique d'une particule de masse *m* se déplaçant à la vitesse *v* était donnée par l'équation classique

$$K = \tfrac{1}{2}mv^2$$

une particule de masse *m* qui se déplace à *c* posséderait une énergie cinétique *finie*. Or, en raison de la relativité, nous avons vu que l'énergie cinétique est

$$K = (\gamma - 1)mc^2$$

Pour $v = c$, $\gamma = \infty$. Ainsi, l'énergie cinétique d'une particule de masse *m* qui se déplacerait à *c* serait infinie, et ce, peu importe la valeur de *m*. Même un vulgaire électron ($m = 9{,}11 \times 10^{-31}$ kg) qui se déplacerait à *c* posséderait une quantité d'énergie infinie : pour l'amener à cette vitesse à partir du repos, il faudrait lui fournir une quantité infinie de travail. Même en lui donnant toute l'énergie disponible dans l'Univers observable, on ne pourrait pas le faire voyager exactement à *c* !

Pourtant, un photon (particule de lumière) se déplace dans le vide exactement à c, sans pour autant posséder une quantité d'énergie infinie. C'est que le photon ne possède pas de masse ($m = 0$) : l'équation

$$K = (\gamma - 1)mc^2$$

appliquée à un photon donnerait $\infty \times 0$, ce qui correspond à une valeur indéterminée et possiblement finie. (Dans la **section 5.1 : Les photons et l'effet photoélectrique**, nous verrons qu'un photon possède une quantité d'énergie $E = hf$, où $h = 6{,}63 \times 10^{-34}$ J·s est la *constante de Planck* et f est sa fréquence.)

Les observateurs qui définissent un référentiel inertiel sont constitués de particules dotées d'une masse. Ainsi, il est impossible pour un référentiel inertiel de se déplacer exactement à c par rapport à un autre référentiel inertiel. Par conséquent, en pratique, il est impossible d'obtenir une situation où

$$\gamma = \frac{1}{\sqrt{1 - (v/c)^2}} = \infty$$

ce qui signifierait l'arrêt pur et simple de l'écoulement du temps !

L'impossibilité de voyager plus vite que c

Faire voyager un vaisseau spatial à c nécessiterait une quantité d'énergie infinie. Mais ne pourrait-on pas envisager qu'un jour, on puisse contourner cette difficulté et propulser *directement* un vaisseau d'une vitesse inférieure à c à une vitesse supérieure à c ?

Pour $v > c$, le calcul du facteur γ aboutit à la racine carrée d'un nombre négatif. En mathématiques, cela donne un résultat qualifié de nombre imaginaire. Dans le contexte de la relativité, un facteur γ imaginaire implique une dilatation du temps et une contraction des longueurs par un facteur imaginaire, ce qui ne semble pas avoir de signification physique.

On peut montrer que, en raison de la relativité de la simultanéité, la propagation d'un objet ou même d'un simple signal à une vitesse supérieure à c constituerait une violation du **principe de causalité**. Selon ce principe, la cause d'un phénomène précède toujours son effet : il s'agit d'une autre façon de dire que le temps s'écoule toujours du passé vers le futur, jamais le contraire.

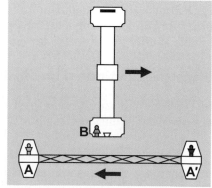

Pour comprendre pourquoi $v > c$ implique une violation de la causalité, nous allons considérer de nouveau le croisement de l'*Altaïr* et du *Bellatrix* à la vitesse relative de 0,6 c (schéma ci-contre). À la **section 4.4 : La relativité de la simultanéité**, nous avons vu que, d'après le référentiel **B** de Béatrice, les horloges à bord de l'*Altaïr* sont désynchronisées de 18 µs : plus précisément, l'horloge d'Archibald (**A'**) est en avance de 18 µs sur celle d'Albert (**A**).

Imaginons qu'Albert ait inventé un nouveau type de signal qui voyage à $2c$ = 6×10^8 m/s d'après le référentiel de l'*Altaïr*. Il s'en sert pour envoyer un message à Archibald. Dans le référentiel de l'*Altaïr*, la distance entre Albert et Archibald est $L_0 = 9$ km = 9000 m. Par conséquent, l'intervalle de temps entre l'émission et la réception du photon est

$$\Delta t = \frac{L_0}{2c} = \frac{(9000 \text{ m})}{(6 \times 10^8 \text{ m/s})} = 1{,}5 \times 10^{-5} \text{ s} = 15 \text{ µs}$$

dans le référentiel de l'*Altaïr* : si le signal est émis par Albert lorsque l'horloge **A** indique précisément midi, il arrive à Archibald lorsque l'horloge **A'** indique midi *plus* 15 µs.

Or, d'après Béatrice, l'horloge **A'** est 18 µs en avance sur l'horloge **A** : au lieu d'indiquer midi *plus* 15 µs, elle devrait indiquer midi *moins* 3 µs. Par conséquent, d'après le référentiel de Béatrice, le signal a été émis par Albert à midi et il a été reçu par Archibald avant midi : *le signal a reculé dans le temps* ! Il y a violation de causalité : l'effet (la réception du signal) précède la cause (l'émission du signal).

Dans cette situation, il serait tentant d'affirmer que le signal avance véritablement dans le temps et que la perception de Béatrice n'est qu'une simple illusion sans signification réelle. Toutefois, comme nous l'avons vu à plusieurs reprises dans ce chapitre, il n'existe pas de référentiel privilégié en relativité : il n'y a pas de point de vue plus « véritable » qu'un autre.

Cette situation montre qu'un signal qui se déplace plus vite que c (en avançant dans le temps) d'après les observateurs qui font partie d'un référentiel inertiel peut, dans certaines circonstances, reculer dans le temps d'après les observateurs qui font partie d'un autre référentiel inertiel, ce qui implique une violation du principe de causalité.

Dans le cas précis qui nous intéresse, n'importe quel signal qui prend moins de 18 µs = $1,8 \times 10^{-5}$ s pour traverser les 9000 m de l'*Altaïr* viole la causalité. Cette « vitesse critique » correspond à

$$\frac{(9000 \text{ m})}{(1,8 \times 10^{-5} \text{ s})} = 5 \times 10^8 \text{ m/s} = \tfrac{5}{3} c$$

La vitesse relative des deux référentiels est de $0,6c = \tfrac{3}{5}c$, et le facteur $\tfrac{5}{3}$ est l'inverse de $\tfrac{3}{5}$. Il ne s'agit pas d'une coïncidence : il est possible de montrer que, pour deux référentiels qui se déplacent à $v = \beta c$ l'un par rapport à l'autre, l'envoi d'un signal plus rapide que la vitesse critique c/β d'après un des référentiels peut violer la causalité dans l'autre référentiel. Comme β peut, à la limite, tendre vers 1, il faut conclure qu'il est impossible d'envoyer un signal plus vite que $c/\beta = c/1 = c$ sans violer la causalité du point de vue d'un quelconque référentiel.

Un amateur de science-fiction qui veut garder l'espoir qu'un jour on pourra voyager plus vite que c peut néanmoins se rabattre sur les possibilités suivantes.

- La relativité d'Einstein ne décrit peut-être pas correctement l'espace et le temps dans notre Univers. Par exemple, les « véritables » lois de la physique pourraient faire en sorte qu'il existe un référentiel « fondamental » **F** (peut-être le référentiel dans lequel le rayonnement de fond cosmologique est isotrope). Le principe de causalité pourrait alors être défini uniquement dans ce référentiel **F**, ce qui permettrait de voyager plus vite que c par rapport à **F** sans créer de véritables paradoxes temporels.

- Le principe de causalité ne s'applique peut-être pas à notre Univers. Dans ce cas, il est possible de reculer dans le temps et de modifier les événements qui ont « déjà » eu lieu — ou encore, de créer par nos actions une histoire « parallèle » à l'histoire « originelle » de notre Univers.

principe de causalité : principe qui affirme que la cause d'un phénomène précède toujours son effet ; il s'agit d'une conséquence du fait que le temps s'écoule toujours du passé vers le futur, jamais le contraire.

QUESTIONS

Q1. Expliquez pourquoi il est impossible d'accélérer un objet de masse non nulle jusqu'à la vitesse c en invoquant **(a)** la forme relativiste de la deuxième loi de Newton ; **(b)** la définition relativiste de l'énergie cinétique.

Q2. Un référentiel inertiel peut-il se déplacer à c par rapport à un autre référentiel inertiel ? Justifiez votre réponse.

Q3. Imaginons qu'il soit possible d'envoyer un signal à $2c$ vers Proxima du Centaure : dans le référentiel de la Galaxie, le signal prendrait 2,11 ans pour parcourir 4,22 années-lumière ; néanmoins, il *avancerait* dans le temps. Expliquez pourquoi, d'après la théorie de la relativité, l'envoi de ce signal violerait le principe de causalité.

SÉRIE SUPPLÉMENTAIRE

4.10.1 *Le capitaine Zap recule dans le temps.* Dans un univers où les principes de la relativité restreinte s'appliquent, mais où il est possible de voyager plus vite que c, deux stations spatiales **S** et **S'** sont immobiles l'une par rapport à l'autre et distantes de 4 a.l. (dans leur propre référentiel). Le capitaine Zap monte dans un téléporteur de la station **S** : il est dématérialisé et rematérialisé 30 s plus tard à bord de la station **S'** : l'intervalle de 30 s est mesuré dans le référentiel des stations. D'après le référentiel des passagers d'une navette **N** qui se déplace entre les deux stations à vitesse constante, la dématérialisation et la rematérialisation sont simultanées. **(a)** Quel est le module de la vitesse de **N** par rapport aux stations ? **(b)** La navette **N** se déplace-t-elle vers la station **S** ou la station **S'** ? **(c)** Par rapport aux stations, une navette **N'** se déplace deux fois plus vite que la navette **N** dans le même sens : d'après le référentiel des passagers de la navette **N'**, quel est l'intervalle de temps entre la dématérialisation et la rematérialisation ?

Synthèse du chapitre

Après l'étude de cette section, le lecteur pourra résoudre des problèmes de relativité
en intégrant les différentes connaissances présentées dans ce chapitre.

FICHES DE SYNTHÈSE

Paramètres du chapitre

Paramètre	Symbole	Unité SI
facteur de Lorentz	γ (gamma)	sans unité
énergie relativiste	E	J
énergie au repos	E_0	

Effets relativistes

POSTULAT : INVARIANCE DE LA VITESSE DE LA LUMIÈRE

La lumière se déplace à $c = 3 \times 10^8$ m/s par rapport à tout **référentiel inertiel** (système de référence dans lequel le principe d'inertie est vérifié).

(La vitesse de la lumière est déterminée par les équations de Maxwell, et les lois de la physique sont les mêmes dans tous les référentiels inertiels.)

DILATATION DU TEMPS

L'intervalle de temps propre T_0 entre deux événements est l'intervalle de temps d'après le référentiel **O** où ceux-ci se produisent au même endroit. Pour un référentiel se déplaçant à v par rapport à **O**, l'intervalle de temps entre les événements est

$$T = \gamma T_0$$

où

$$\gamma = \frac{1}{\sqrt{1 - (v/c)^2}}$$ **Facteur de Lorentz**

ou

$$\gamma \approx 1 + \frac{1}{2}\left(\frac{v}{c}\right)^2$$ **Facteur de Lorentz** ($v \ll c$)

CONTRACTION DES LONGUEURS

La longueur propre d'un objet L_0 est mesurée dans un référentiel **O** où l'objet est au repos. Pour un référentiel se déplaçant à v par rapport à **O** parallèlement à la longueur de l'objet, la longueur de l'objet est

$$L = \frac{L_0}{\gamma}$$

(Les longueurs perpendiculaires à la vitesse des référentiels ne sont pas modifiées.)

Relation entre la distance parcourue, la vitesse et le temps (mouvement à vitesse constante)

$$D = vT$$

D, v et T doivent être mesurés dans le même référentiel.

RELATIVITÉ DE LA SIMULTANÉITÉ

Deux événements qui sont simultanés dans un référentiel ne le sont pas dans un référentiel en mouvement par rapport au premier. (Voir **Transformations de Lorentz** ou **Défaut de synchronisation**.)

Année-lumière :

$$1 \text{ a.l.} = 1 \text{ an} \times c$$

Transformations de Lorentz

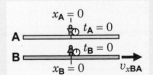

Lorsque les origines des référentiels **A** et **B** coïncident, les horloges des deux référentiels indiquent zéro.

Si un événement dans le référentiel **A** se produit à la position x_A et à l'instant t_A, ses coordonnées d'après le référentiel **B** sont

$$x_B = \gamma(x_A - v_{xBA}t_A)$$ **Transformation de Lorentz pour l'espace**

$$t_B = \gamma\left(t_A - \frac{v_{xBA}}{c^2}x_A\right)$$ **Transformation de Lorentz pour le temps**

Les coordonnées selon les axes perpendiculaires
à la vitesse relative des référentiels ne sont pas modifiées : $\quad y_B = y_A \qquad z_B = z_A$

Défaut de synchronisation

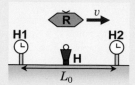

Défaut de synchronisation entre deux horloges **H1** et **H2** du même référentiel **H**, d'après un référentiel **R** en mouvement par rapport à **H** :

$$\tau = \frac{L_0}{c}\frac{v}{c}$$

τ : retard de **H1** (la première horloge croisée par **R**) par rapport à **H2** (ou avance de **H2** par rapport à **H1**)

L_0 : distance entre **H1** et **H2** selon **H**

v : module de la vitesse relative des référentiels **R** et **H** (la vitesse est parallèle à la droite qui relie les horloges)

Considérons les événements « **R** croise **H1** » et « **R** croise **H2** » :

- D'après **R**, l'intervalle de temps entre les événements est $T_0 = (L_0/\gamma)/v$ (car d'après **R**, la distance entre les horloges est L_0/γ en raison de la contraction des longueurs).

- D'après **H**, l'intervalle de temps entre les événements est $T = L_0/v$ (ce qui correspond à γT_0, car d'après **H**, les horloges de **R** fonctionnent plus lentement).

- D'après **R**, **H** *devrait* obtenir un temps T_0/γ (car d'après **R**, les horloges de **H** fonctionnent plus lentement), **mais** il obtient en réalité $(T_0/\gamma) + \tau$, car son horloge **H2** est en avance de τ par rapport à **H1**.

Vérification :

$$\frac{T_0}{\gamma} + \tau = \left(\frac{L_0/\gamma}{v}\right)\frac{1}{\gamma} + \frac{L_0}{c}\frac{v}{c}$$

$$= \frac{L_0}{v}\left(\frac{1}{\gamma^2} + \frac{v^2}{c^2}\right)$$

$$= T\left(1 - \frac{v^2}{c^2} + \frac{v^2}{c^2}\right)$$

$$= T$$

En raison du défaut de synchronisation, chaque référentiel peut considérer que les horloges de *l'autre* référentiel fonctionnent plus lentement.

Combinaison relativiste des vitesses

$$v_{x\mathbf{AR}} = \frac{v_{x\mathbf{AB}} + v_{x\mathbf{BR}}}{1 + \left(\dfrac{v_{x\mathbf{AB}}}{c}\right)\left(\dfrac{v_{x\mathbf{BR}}}{c}\right)}$$

$v_{\mathbf{PQ}}$: vitesse de **P** mesurée par **Q** d'après le référentiel **Q**

- Les composantes v_x ont des signes qui dépendent de l'orientation des vitesses par rapport au sens positif de l'axe x.

- En raison de la symétrie des vitesses relatives,

$$v_{x\mathbf{BA}} = -v_{x\mathbf{AB}}$$

- Si **A** est de la lumière, $v_{x\mathbf{AB}} = c$, ce qui implique

$$v_{x\mathbf{AR}} = \frac{c + v_{x\mathbf{BR}}}{1 + \left(\dfrac{c}{c}\right)\left(\dfrac{v_{x\mathbf{BR}}}{c}\right)} = c\left(\frac{1 + v_{x\mathbf{BR}}/c}{1 + v_{x\mathbf{BR}}/c}\right) = c$$

peu importe la valeur de $v_{x\mathbf{BR}}$.

- La vitesse à gauche du signe d'égalité ne peut jamais être plus grande que c (à moins de prendre des vitesses plus grandes que c à droite !).

ATTENTION : Le module de la vitesse de l'objet **A** par rapport à l'objet **B** d'après le référentiel **R** est directement

$$v = \left|v_{\mathbf{AR}} \pm v_{\mathbf{BR}}\right|$$

(le signe positif correspondant au cas où les objets **A** et **B** ont des vitesses de sens contraire d'après **R**). Cette valeur peut excéder c, même si aucun objet ne se déplace plus vite que c d'après **R**.

Effet Doppler relativiste

$$f' = \sqrt{\frac{c \pm v}{c \mp v}}\, f$$

$v = v_{\mathbf{ER}} = v_{\mathbf{ER}}$: module de la vitesse de l'émetteur **E** par rapport au récepteur **R** (ou du récepteur par rapport à l'émetteur)

Si **E** et **R** se rapprochent, $f' = \sqrt{\dfrac{c + v}{c - v}}\, f > f$ (décalage vers le bleu).

Si **E** et **R** s'éloignent, $f' = \sqrt{\dfrac{c - v}{c + v}}\, f < f$ (décalage vers le rouge).

La lumière d'un événement parvient à un observateur avec un **retard de vision** dû à la vitesse finie de la lumière. Dans une situation où les vitesses des objets sont du même ordre de grandeur que la vitesse de la lumière, les retards de vision ne sont pas négligeables.

Lorsqu'un observateur dans un référentiel observe des phénomènes se produisant dans un autre référentiel, le rythme des activités est ralenti ou accéléré par un facteur correspondant à l'effet Doppler :

$$\frac{f'}{f} = \sqrt{\frac{c \pm v}{c \mp v}}$$

Exemple : **LE PARADOXE DES JUMEAUX**

Un astronef (**A**) s'éloigne de la Terre (**T**) à $v = 0,8\,c$ pendant 15 ans (temps de l'astronef), puis fait demi-tour et revient sur la Terre.

$$\gamma = \frac{1}{\sqrt{1 - 0,8^2}} = 5/3$$

Dans le référentiel de la Terre, le demi-tour se produit 15 ans $\times\ \gamma = 25$ ans plus tard à une distance de $D = 0,8\,c \times 25$ ans $= 20$ a.l.

Ainsi, la Terre *voit* le demi-tour (à l'aide d'un télescope ultrapuissant) avec un **retard de vision** de $\boxed{D/c = 20 \text{ ans}}$.

		D'après **A** (dans l'astronef)	D'après **T** (sur la Terre)
ALLER	$\dfrac{f'}{f} = \sqrt{\dfrac{c - 0,8c}{c + 0,8c}} = \dfrac{1}{3}$	**A** s'éloigne de **T** pendant $T_{\mathbf{A}} = T_0 = 15$ ans Dans un télescope, **A** voit **T** vieillir de $T_{\mathbf{T}} = \frac{1}{3} \times 15$ ans $= 5$ ans	Dans un télescope, **T** voit **A** s'éloigner pendant $T_{\mathbf{T}} = \gamma T_0 + \dfrac{D}{c} = 25$ ans $+ \boxed{20 \text{ ans}} = 45$ ans et voit **A** vieillir de $T_{\mathbf{A}} = \frac{1}{3} \times 45$ ans $= 15$ ans
RETOUR	$\dfrac{f'}{f} = \sqrt{\dfrac{c + 0,8c}{c - 0,8c}} = 3$	**A** s'approche de **T** pendant $T_{\mathbf{A}} = T_0 = 15$ ans Dans un télescope, **A** voit **T** vieillir de $T_{\mathbf{T}} = 3 \times 15$ ans $= 45$ ans	Dans un télescope, **T** voit **A** s'approcher pendant $T_{\mathbf{T}} = \gamma T_0 - \dfrac{D}{c} = 25$ ans $- \boxed{20 \text{ ans}} = 5$ ans et voit **A** vieillir de $T_{\mathbf{A}} = 3 \times 5$ ans $= 15$ ans
TOTAL		$T_{\mathbf{A}} = 15$ ans $+ 15$ ans $= 30$ ans $T_{\mathbf{T}} = 5$ ans $+ 45$ ans $= 50$ ans	$T_{\mathbf{T}} = 45$ ans $+ 5$ ans $= 50$ ans $T_{\mathbf{A}} = 15$ ans $+ 15$ ans $= 30$ ans

	Équation relativiste		Équation classique ($v \ll c$)
Quantité de mouvement	$\boxed{\vec{p} = \gamma m \vec{v}}$	$\gamma \approx 1 \quad \Rightarrow$	$\vec{p} = m\vec{v}$
Deuxième loi de Newton ($\vec{F}$ parallèle à $\vec{v}$)	$\boxed{F = \gamma^3 ma}$	$\gamma \approx 1 \quad \Rightarrow$	$F = ma$
Énergie cinétique	$\boxed{K = (\gamma - 1)mc^2}$	$\gamma \approx 1 + \frac{1}{2}(v/c)^2 \Rightarrow$	$K = \frac{1}{2}mv^2$

Énergie au repos (équivalence masse-énergie) $\boxed{E_0 = mc^2}$

Énergie (totale) relativiste $\boxed{\begin{array}{c} E = E_0 + K = \gamma mc^2 \\ = mc^2 + (\gamma - 1)mc^2 \end{array}}$

Pour des particules de masse non nulle, pour $v \to c$, $\gamma \to \infty$ et $E \to \infty$ (mur de la vitesse de la lumière)

Relation entre l'énergie et la quantité de mouvement $\boxed{E^2 = p^2c^2 + m^2c^4}$

Pour des particules de masse nulle (comme les photons), $m = 0$ d'où $E = pc$

4.3	contraction des longueurs	4.1	événement
4.7	décalage vers le bleu	4.2	facteur de Lorentz
4.7	décalage vers le rouge	4.2	intervalle de temps propre
4.4	défaut de synchronisation	4.3	longueur propre
4.2	dilatation du temps	4.10	principe de causalité
4.9	énergie au repos	4.4	relativité de la simultanéité
4.9	énergie relativiste	4.1	relativité restreinte
4.9	équivalence masse-énergie	4.1	retard de vision
		4.5	transformation de Lorentz

EXERCICES

○ Exercice dont la solution ne requiert ni calculatrice ni algèbre complexe.

○ **4.11.1** *Le fusil et le laser.* **(a)** Un projectile est propulsé à 100 m/s par un fusil immobile dans un train qui avance dans la même direction à 50 m/s par rapport au sol. Avec une précision de 3 chiffres significatifs, quel est le module de la vitesse du projectile d'après un observateur immobile près de la voie ferrée ? **(b)** Une impulsion laser est envoyée à 3×10^8 m/s par un laser immobile dans une soucoupe qui vole à $0,5\,c$ dans la même direction par rapport au sol. Quel est le module de la vitesse de l'impulsion laser d'après un observateur immobile sur le sol ?

○ **4.11.2** *Le temps propre.* Les longs astronefs **A** et **B** se croisent (schéma ci-contre). Dites, dans chacun des cas suivants, si le temps propre est mesuré dans le référentiel **A**, dans le réfé- 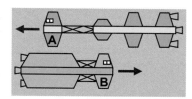 rentiel **B**, ou dans ni l'un ni l'autre des référentiels. **(a)** On mesure le temps écoulé pendant que l'astronef **A** passe devant le conducteur de l'astronef **B**. **(b)** On mesure le temps écoulé pendant que le conducteur de l'astronef **A** traverse en entier la longueur de l'astronef **B**. **(c)** On mesure le temps écoulé entre l'instant où les avants des deux astronefs coïncident et celui où les arrières des deux vaisseaux coïncident.

○ **4.11.3** *Quand un mètre ne mesure pas un mètre.* On dispose de deux règles en bois identiques de 1 m de longueur. La première reste sur Terre alors que la seconde est placée dans une fusée se déplaçant à $0,6\,c$ ($\gamma = 5/4$). Déterminez la longueur de la règle transportée par la fusée **(a)** d'après un observateur dans la fusée ; **(b)** d'après un observateur sur Terre. **(c)** Quelle est la longueur de la règle restée sur Terre d'après un observateur dans la fusée ?

○ **4.11.4** *Vie de pion.* Un *pion*, particule instable ayant une durée de vie moyenne propre (au repos) de $2,60 \times 10^{-8}$ s, voyage dans un accélérateur de particules avec une énergie cinétique égale à 9 fois son énergie au repos. **(a)** Quel est le module de sa vitesse ? **(b)** À cette vitesse, quelle distance parcourt-il dans le référentiel du laboratoire avant de se désintégrer ? **(c)** Quelle réponse obtiendrait-on en (b) si l'on ne tenait pas compte des effets relativistes ?

4.11.5 *Un ralentissement d'une seconde par année.* Pendant qu'il s'écoule 1 an dans son référentiel, Albert considère qu'il s'écoule 1 an moins 1 seconde dans le référentiel de Béatrice. Quel est le module de la vitesse de Béatrice par rapport à Albert ?

4.11.6 *Le croisement de deux vaisseaux identiques.* Deux vaisseaux spatiaux identiques se croisent : d'après le pilote d'un des vaisseaux, l'autre vaisseau prend 3 μs pour passer devant lui. Si la longueur propre des vaisseaux est de 300 m, déterminez le module de la vitesse d'un vaisseau par rapport à l'autre.

4.11.7 *Une simple réflexion.* Un astronef s'éloigne à $0,6\,c$ d'un grand miroir. Il émet une impulsion laser vers le miroir au moment où il se trouve à 1 a.l. de distance (dans le référentiel du miroir). Quelle est la distance entre l'astronef et le miroir (dans le référentiel du miroir) lorsque l'impulsion réfléchie parvient à l'astronef ?

4.11.8 *Face à face de particules.* Dans le référentiel du laboratoire, un proton se déplace à une certaine vitesse vers la droite et un électron se déplace avec une vitesse de même module, mais vers la gauche. Le module de la vitesse de l'électron par rapport au proton est de $0,9\,c$. Déterminez le module de la vitesse de chacune des particules dans le référentiel du laboratoire.

4.11.9 *L'Aldébaran croise le Bételgeuse.* Deux vaisseaux spatiaux se croisent (schéma ci-contre) : l'*Aldébaran* a une longueur propre de 600 m et il se déplace à $0,8\,c$ vers la droite ; le *Bételgeuse* a 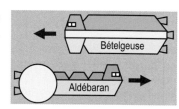 une longueur propre de 500 m et il se déplace à $0,5\,c$ vers la gauche. (Les vitesses sont mesurées d'après la Terre.) **(a)** Quelle est la longueur du *Bételgeuse* d'après les passagers de l'*Aldébaran* ? **(b)** Combien de temps prend le *Bételgeuse* pour passer devant un point donné de l'*Aldébaran*, d'après le référentiel des passagers de l'*Aldébaran* ? **(c)** D'après le référentiel des passagers de l'*Aldébaran*, combien de temps s'écoule entre le moment où les avants des deux vaisseaux coïncident et celui où leurs arrières coïncident ?

4.11.10 *Un projectile frôle un vaisseau.* D'après la Terre, un projectile voyageant à $0,7\,c$ vers la droite frôle un long vaisseau qui se déplace à $0,6\,c$ vers la gauche. La longueur du vaisseau mesurée au repos est de 400 m. Combien de temps faut-il au projectile pour traverser la longueur du vaisseau, d'après un observateur dans le vaisseau ?

4.11.11 *Deux vaisseaux s'envoient des signaux.* Deux vaisseaux foncent l'un vers l'autre avec des vitesses de $0,5\,c$ chacun par rapport au référentiel de la Galaxie. Le vaisseau **A** émet un signal radio d'alerte à la fréquence de 20 GHz. À quelle fréquence le vaisseau **B** doit-il régler son récepteur pour capter le signal ?

4.11.12 *Un électron relativiste.* Un électron dans un accélérateur se déplace à 0,866 c. **(a)** Déterminez son énergie au repos, en mégaélectronvolts (MeV). (*Rappel*: 1 eV = 1,6 × 10⁻¹⁹ J.) **(b)** Déterminez son énergie totale, en MeV. **(c)** Déterminez le module de sa quantité de mouvement, en MeV/c (unité pratique en physique des particules pour exprimer la quantité de mouvement).

4.11.13 *Clin d'œil relativiste.* Une astronaute (qui cligne des yeux à un rythme très régulier) s'éloigne de la Terre à 0,5 c. **(a)** Trouve-t-elle que le rythme auquel elle cligne des yeux est plus lent que lorsqu'elle était immobile sur Terre ? Si oui, par quel facteur ? **(b)** Un Terrien qui observe l'astronaute avec un télescope ultrapuissant trouve-t-il que le rythme auquel elle cligne des yeux est plus lent que lorsqu'elle était immobile sur Terre ? Si oui, par quel facteur ?

4.11.14 *Deux satellites GPS.* Le système de localisation utilisé par les GPS tient compte des effets de la relativité générale et de la relativité restreinte : dans cet exercice, nous allons tenir compte uniquement des effets de la relativité restreinte étudiés dans ce chapitre. **(a)** Un satellite GPS se déplace à 3,9 km/s sur son orbite : de combien son horloge de bord retarde-t-elle au bout de 24 h, d'après le référentiel de la Terre ? (Considérez un observateur hypothétique situé au pôle Nord ou au pôle Sud, ce qui permet d'éviter de tenir compte de la rotation de la Terre.) **(b)** Deux satellites GPS se suivent sur la même orbite, à 500 km l'un de l'autre, leur vitesse étant la même qu'en (a). (On peut négliger la courbure de l'orbite, ce qui permet de supposer que les deux satellites font partie du même référentiel.) S'ils émettent des signaux simultanément dans leur référentiel, quel est l'intervalle de temps entre l'émission des signaux d'après le référentiel de la Terre ? **(c)** En multipliant la réponse trouvée en (b) par la vitesse de la lumière, déterminez l'ordre de grandeur de l'erreur sur la position d'un récepteur GPS qui serait induite par la désynchronisation, si l'on « oubliait » de tenir compte de cet effet relativiste dans l'algorithme de calcul.

Spectre solaire montrant un grand nombre de raies
spectrales. Chaque élément chimique dans l'atmosphère
du Soleil absorbe la lumière à des longueurs d'onde bien
précises qui sont déterminées par les niveaux d'énergie des
électrons au sein des atomes. Dans la **section 5.5**, nous
utiliserons les principes de la physique quantique pour
construire un modèle de l'atome d'hydrogène permettant
de déterminer ses longueurs d'onde caractéristiques.

Chapitre 5

PHYSIQUE QUANTIQUE ET NUCLÉAIRE

Après l'étude de ce chapitre, le lecteur pourra décrire les bases
de la physique quantique (dualité onde-particule, onde de probabilité, spectre du corps noir)
et de la physique nucléaire (réactions nucléaires, radioactivité, datation radioactive).

PLAN DU CHAPITRE

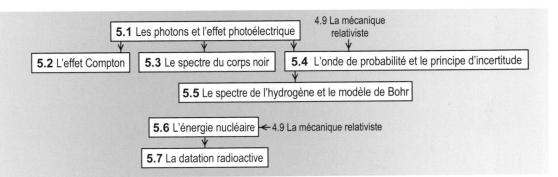

4.9 La mécanique relativiste

5.1 Les photons et l'effet photoélectrique

5.2 L'effet Compton   **5.3** Le spectre du corps noir   **5.4** L'onde de probabilité et le principe d'incertitude

5.5 Le spectre de l'hydrogène et le modèle de Bohr

5.6 L'énergie nucléaire ← 4.9 La mécanique relativiste

5.7 La datation radioactive

5.1 **Les photons et l'effet photoélectrique**   page 459
Calculer l'énergie d'un photon et analyser le montage qui permet d'étudier l'effet photoélectrique.

$$E = hf \qquad\qquad h = 6{,}63 \times 10^{-34}\,\text{J·s}$$

5.2 **L'effet Compton**   page 466
Déterminer la quantité de mouvement d'un photon et expliquer comment l'effet Compton démontre que la lumière est composée de photons.

$$\lambda' - \lambda = \frac{h}{mc}(1 - \cos\theta) \qquad E = pc$$

5.3 **Le spectre du corps noir**   page 471
Décrire le spectre de la lumière émise par un corps noir à l'aide des lois de Wien et de Stefan-Boltzmann.

$$\lambda_{\max} = \frac{(0{,}0029\,\text{m·K})}{T}$$
$$T(\text{K}) = T(°\text{C}) + 273{,}15$$
$$I = \sigma T^4 \qquad \sigma = 5{,}67 \times 10^{-8}\,\text{W/(m}^2\text{·K}^4)$$

5.4 **L'onde de probabilité et le principe d'incertitude**   page 479
Calculer la longueur d'onde de de Broglie de l'onde de probabilité associée à un quanta, et expliquer la signification du principe d'incertitude de Heisenberg.

$$\lambda = \frac{h}{p}$$
$$\Delta p_x\,\Delta x > h \qquad\qquad \Delta E\,\Delta t > h$$

5.5 **Le spectre de l'hydrogène et le modèle de Bohr**   page 487
Décrire le modèle atomique de Bohr et expliquer comment il permet de prédire les longueurs d'onde dans le spectre de l'hydrogène.

$$2\pi r = n\lambda \qquad\qquad E = \frac{(-13{,}6\,\text{eV})}{n^2}$$

5.6 **L'énergie nucléaire**   page 495
Calculer l'énergie libérée lors d'un processus nucléaire (désintégration radioactive ou réaction nucléaire).

$$1\,\text{u} = 1{,}660\ 539 \times 10^{-27}\,\text{kg}$$
$$m_{\text{p}} = 1{,}672\ 622 \times 10^{-27}\,\text{kg} = 1{,}007\ 276\,\text{u}$$
$$m_{\text{n}} = 1{,}674\ 927 \times 10^{-27}\,\text{kg} = 1{,}008\ 665\,\text{u}$$
$$m_{\text{e}} = 9{,}11 \times 10^{-31}\,\text{kg} = 0{,}000\ 549\,\text{u}$$
$$1\,\text{MeV}/c^2 = 1{,}782\ 662 \times 10^{-30}\,\text{kg}$$
$$1\,\text{u} = 931{,}5\,\text{MeV}/c^2$$
$$E_{\text{L}} = \Delta m\,c^2 \qquad Q = \left(\sum m_{\text{i}} - \sum m_{\text{f}}\right)c^2$$

5.7 La datation radioactive page 509

Utiliser les techniques de datation radioactive afin de déterminer l'âge d'un échantillon.

$$N = N_0 e^{-\lambda t} \qquad T_{1/2} = \frac{\ln 2}{\lambda} \qquad R = \lambda N$$

5.8 Synthèse du chapitre page 517

Résoudre des problèmes de physique quantique et nucléaire en intégrant les différentes connaissances présentées dans ce chapitre.

5.1

Les photons et l'effet photoélectrique

Après l'étude de cette section, le lecteur pourra calculer l'énergie
d'un photon et analyser le montage qui permet d'étudier l'effet photoélectrique.

APERÇU

Un photon de fréquence f possède une énergie

$$\boxed{E = hf}$$ **Énergie d'un photon**

où

$$\boxed{h = 6,63 \times 10^{-34} \text{ J·s}}$$ **Constante de Planck**

est la **constante de Planck**.

Lorsqu'un photon frappe un objet et que son énergie hf est supérieure au **travail d'extraction** ϕ, c'est-à-dire au travail nécessaire pour extraire un électron du matériau dans lequel il se trouve, l'électron est éjecté. On appelle ce phénomène l'**effet photoélectrique**.

En raison de la conservation de l'énergie, l'énergie cinétique maximale d'un photon éjecté est

$$K_{max} = hf - \phi$$

Lorsque la fréquence du photon est *inférieure* à la **fréquence de seuil**

$$f_s = \frac{\phi}{h}$$

aucun électron n'est éjecté.

La **longueur d'onde de seuil** (symbole : λ_s) est la longueur d'onde qui correspond à la fréquence de seuil. Comme $\lambda = cT = c/f$,

$$\lambda_s = \frac{c}{f_s}$$

Lorsque la longueur d'onde est *supérieure* à la longueur d'onde de seuil, aucun électron n'est éjecté.

Considérons le montage représenté sur le schéma ci-contre ; le **potentiel d'arrêt** ΔV_{arr} est la valeur minimale de la différence de potentiel entre les plaques qui empêche tout électron éjecté de la plaque **P** de se rendre à la plaque **Q**. Par conséquent,

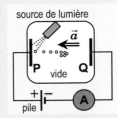

$$K_{max} = e\,\Delta V_{arr}$$

où $e = 1,6 \times 10^{-19}$ C est la charge de l'électron en valeur absolue.

EXPOSÉ

Entre 1900 et 1925, une série spectaculaire de résultats expérimentaux et de percées théoriques ont révélé que la lumière et la matière sont constituées de *quantas*, des « entités » qui peuvent parfois se comporter comme des particules et parfois comme des ondes. La théorie générale qui traite du mouvement des quantas et de leur interaction s'appelle *mécanique quantique* : la relativité et la mécanique quantique sont les deux théories fondamentales sur lesquelles repose la physique moderne.

La formulation des principes généraux de la mécanique quantique dépasse les objectifs de cet ouvrage. Toutefois, dans les premières sections de ce chapitre, nous allons nous intéresser à quelques phénomènes simples qu'on ne peut comprendre qu'en tenant compte de la dualité onde-particule de la lumière et de la matière. Nous allons faire de la physique quantique, sans réellement aborder la *mécanique* quantique. À la fin du chapitre, nous nous intéresserons à la physique des noyaux atomiques.

Dans cette section, nous allons commencer notre étude de la physique quantique en considérant les quantas de lumière : les photons. Le concept de quanta a été introduit dans les premières années du 20e siècle afin de décrire le comportement de la lumière.

Quelle est la nature fondamentale de la lumière ? L'optique géométrique (**chapitre 2**) est basée sur le fait que, dans un milieu homogène, la lumière se déplace en ligne droite le long de « rayons ». On peut expliquer ce comportement en supposant que la lumière est constituée de particules : les rayons correspondent alors aux trajectoires des particules. Toutefois, on peut également l'expliquer en supposant que la lumière est constituée d'ondes dont la longueur d'onde est très petite : la diffraction est alors négligeable. Par conséquent, l'optique géométrique ne nous renseigne pas vraiment sur la nature fondamentale de la lumière. En revanche, l'optique ondulatoire (**chapitre 3**) montre clairement que la lumière est une onde. En particulier, l'expérience de Young (**section 3.2**) permet de déterminer la longueur d'onde de la lumière.

Au 19e siècle, les physiciens pensaient que la lumière était une onde mécanique comme le son ou les vagues sur l'océan. Comme la lumière peut se propager dans l'espace intersidéral, on avait émis l'hypothèse qu'un fluide ténu et invisible, l'*éther luminifère*, remplissait tout l'Univers. Tout comme le son est une oscillation se propageant dans l'air, la lumière serait une oscillation se propageant dans l'éther.

Au début du 20e siècle, plusieurs expériences ont montré que, dans certaines circonstances, la lumière semble constituée de « paquets d'énergie » qui interagissent avec la matière. Aujourd'hui, on sait que la lumière *n'est pas* une oscillation de l'éther : ce dernier n'existe tout simplement pas. La lumière est constituée de *photons*, des quantas plus ou moins localisés (aspect « particule ») dont les propriétés « oscillent » d'une manière qui peut être décrite à l'aide de la physique des ondes. Le concept de photon a été introduit par Albert Einstein en 1905, la même année qu'il a formulé la théorie de la relativité restreinte.

Plus la fréquence de la lumière est élevée, plus l'énergie des photons individuels qui composent la lumière est grande. Un photon de fréquence f possède une énergie

$$\boxed{E = hf}$$ Énergie d'un photon

où

$$\boxed{h = 6{,}63 \times 10^{-34} \text{ J·s}}$$ Constante de Planck

est la **constante de Planck**. Cette constante a été introduite par Max Planck en 1900 pour expliquer l'interaction entre la lumière et la matière : nous en reparlerons dans la **section 5.3 : Le spectre du corps noir**.

Situation 1 : *Le nombre de photons émis par un laser.* Un laser hélium-néon émet un faisceau de lumière de 0,1 W dont la longueur d'onde est de 633 nm. On désire déterminer le nombre de photons émis par le laser à chaque *minute*.

Comme $\lambda = cT = c/f$, la fréquence de la lumière est

$$f = \frac{c}{\lambda} = \frac{(3 \times 10^8 \text{ m/s})}{(633 \times 10^{-9} \text{ m})} = 4{,}74 \times 10^{14} \text{ Hz}$$

L'énergie d'un photon est

$$E = hf = (6{,}63 \times 10^{-34} \text{ J·s})(4{,}74 \times 10^{14} \text{ Hz}) = 3{,}143 \times 10^{-19} \text{ J}$$

La puissance est $P = 0{,}1 \text{ W} = 0{,}1 \text{ J/s}$. En $\Delta t = 1 \text{ minute} = 60 \text{ s}$, l'énergie émise par le laser (indice **L**) est

$$E_{\text{L}} = P\Delta t = (0{,}1 \text{ J/s})(60 \text{ s}) = 6 \text{ J}$$

Le nombre N de photons émis en une minute est

$$N = \frac{E_L}{E} = \frac{(6\,\text{J})}{(3{,}143 \times 10^{-19}\,\text{J})} \qquad \Rightarrow \qquad \boxed{N = 1{,}91 \times 10^{19}}$$

Dans le reste de cette section, nous allons considérer un phénomène qui met en évidence l'existence des photons : l'effet photoélectrique. Einstein a introduit le concept de photon pour expliquer l'effet photoélectrique : c'est pour cela d'ailleurs qu'on lui a décerné le prix Nobel.

L'effet photoélectrique

Sous certaines conditions, un faisceau de lumière qui frappe un morceau de métal peut éjecter des électrons : on donne le nom d'**effet photoélectrique** à ce phénomène. Considérons la situation suivante : on dispose d'une plaque de sodium (un type de métal) et d'une source de lumière dont on peut faire varier l'intensité et la fréquence. On obtient les résultats suivants :

- Lorsqu'on éclaire la plaque avec de la lumière rouge ($\lambda = 700$ nm), orange (650 nm) ou jaune (600 nm), aucun électron n'est éjecté, et ce, même si l'intensité de la lumière est très grande.

- Lorsqu'on éclaire la plaque avec de la lumière violette ($\lambda = 400$ nm), des électrons sont éjectés, et ce, même si l'intensité de la lumière est très faible. De plus, lorsqu'on commence à éclairer la plaque, il n'y a aucun délai mesurable avant l'éjection des premiers électrons.

- Pour obtenir des électrons éjectés, la longueur d'onde de la lumière doit être *inférieure* à la **longueur d'onde de seuil**

$$\lambda_s = 541 \text{ nm}$$

qui correspond à une teinte de vert. Comme $f = c/\lambda$, cela correspond à une **fréquence de seuil**

$$f_s = 5{,}55 \times 10^{14} \text{ Hz}$$

Pour obtenir des électrons éjectés, la fréquence de la lumière doit être *supérieure* à la fréquence de seuil. (Cette fréquence de seuil particulière est une caractéristique du sodium : pour un autre métal, on obtiendrait une valeur différente.)

D'après le modèle classique de la lumière qui prévalait au 19e siècle, la lumière est une onde mécanique dont l'énergie est répartie sur toute la surface éclairée : cette énergie est d'autant plus grande que la lumière est intense. Ce modèle est incapable d'expliquer pourquoi une très grande intensité de lumière rouge, orange, jaune ou verte est incapable d'éjecter le moindre électron d'une plaque de sodium.

Dans le cas de la lumière violette, le fait qu'on observe des électrons éjectés dès qu'on éclaire la plaque de sodium pose aussi problème dans le modèle classique. Supposons, en accord avec le modèle ondulatoire, que l'énergie de la lumière est uniformément distribuée : pour de très faibles intensités de lumière violette, la quantité d'énergie du faisceau par unité de surface de la plaque est si faible qu'il faudrait attendre plusieurs heures avant que l'énergie accumulée soit suffisante pour commencer à éjecter les électrons.

En revanche, l'effet photoélectrique s'explique aisément si l'on suppose, comme l'a fait Einstein, que la lumière est constituée de photons : l'éjection d'un électron résulte d'une collision avec *un seul* photon. Pour qu'il y ait éjection, il faut simplement que l'énergie $E = hf$ du photon soit supérieure au **travail d'extraction** (symbole : ϕ, la lettre grecque phi), c'est-à-dire le travail minimal nécessaire pour extraire un électron du matériau dans lequel il se trouve.

La valeur du travail d'extraction dépend de la substance. Pour le sodium, le travail d'extraction est

$$\phi = 3,68 \times 10^{-19} \text{ J}$$

Un photon qui possède cette énergie a une fréquence

$$f = \frac{E}{h} \qquad \Rightarrow \qquad f_s = \frac{\phi}{h} = \frac{\left(3,68 \times 10^{-19} \text{ J}\right)}{\left(6,63 \times 10^{-34} \text{ J·s}\right)} = 5,55 \times 10^{14} \text{ Hz}$$

ce qui correspond bien à la fréquence de seuil observée. En pratique, on effectue souvent le calcul inverse : on mesure la fréquence de seuil et on en déduit le travail d'extraction du matériau éclairé.

Comme la valeur en joules du travail d'extraction est très petite, il est pratique de l'exprimer en électronvolts (1 eV = 1,6 × 10⁻¹⁹ J). Par exemple, pour le sodium,

$$\phi = \frac{\left(3,68 \times 10^{-19} \text{ J}\right)}{\left(1,6 \times 10^{-19} \text{ J/eV}\right)} = 2,3 \text{ eV}$$

Le tableau ci-contre indique la valeur du travail d'extraction pour divers matériaux.

Matériau	Travail d'extraction ϕ (eV)
sodium	2,3
aluminium	4,3
argent	4,7
cuivre	4,7
silicium	4,8
carbone	5,0
or	5,1
nickel	5,1

L'existence d'une fréquence de seuil indique que l'éjection d'un électron résulte toujours de l'effet *d'un seul* photon : les photons ne peuvent pas « coopérer » entre eux pour éjecter un électron. Ainsi, lorsque l'énergie d'un photon est inférieure au travail d'extraction, aucun électron n'est éjecté, et ce, peu importe le *nombre* de photons (l'intensité de la lumière).

Lorsque la fréquence de la lumière est supérieure à la fréquence de seuil, on observe un nombre d'électrons éjectés proportionnel à l'intensité de la lumière : plus la lumière est intense, plus il y a de photons et plus il y a d'électrons éjectés. Fait intéressant, lorsqu'on éclaire une plaque avec de la lumière monochromatique (les photons ont tous la même énergie), les électrons éjectés n'ont pas tous la même énergie cinétique. C'est que les valeurs du tableau ci-dessus correspondent au travail d'extraction pour les électrons les moins liés de la plaque, c'est-à-dire ceux qui se trouvent directement à la surface. Il est possible que l'électron éjecté provienne d'une région un peu plus profonde et que le travail d'extraction réel soit plus grand que ϕ.

Situation 2 : *L'énergie cinétique maximale des électrons éjectés.* On éclaire une plaque de cuivre ($\phi = 4,7$ eV) avec de la lumière ultraviolette à 200 nm et on désire déterminer le module de la vitesse maximale des électrons éjectés.

Le travail d'extraction du cuivre est

$$\phi = 4,7 \text{ eV} = 4,7 \times \left(1,6 \times 10^{-19} \text{ J}\right) = 7,52 \times 10^{-19} \text{ J}$$

Comme $\lambda = cT = c/f$, la fréquence de la lumière est

$$f = \frac{c}{\lambda} = \frac{(3 \times 10^8 \text{ m/s})}{(200 \times 10^{-9} \text{ m})} = 1,5 \times 10^{15} \text{ Hz}$$

Lorsqu'un photon d'énergie $E = hf$ frappe un électron, il disparaît et donne la totalité de son énergie : une partie sert à extraire l'électron et le reste est donné à l'électron sous la forme d'énergie cinétique. Par conséquent, un électron pour lequel le travail d'extraction vaut exactement ϕ aura une énergie cinétique

$$K_{\text{max}} = hf - \phi = (6,63 \times 10^{-34} \text{ J·s})(1,5 \times 10^{15} \text{ Hz}) - (7,52 \times 10^{-19} \text{ J}) = 2,43 \times 10^{-19} \text{ J}$$

Comme ϕ est le plus petit travail d'extraction possible, il s'agit de l'énergie cinétique *maximale* que peut avoir un électron éjecté dans cette situation. Comme

$$K_{\text{max}} = \tfrac{1}{2} m v_{\text{max}}^2$$

le module maximal de la vitesse d'un électron éjecté ($m = 9,11 \times 10^{-31}$ kg) est

$$v_{\text{max}} = \sqrt{\frac{2K_{\text{max}}}{m}} = \sqrt{\frac{2 \times (2,43 \times 10^{-19} \text{ J})}{(9,11 \times 10^{-31} \text{ kg})}} \quad \Rightarrow \quad \boxed{v_{\text{max}} = 7,30 \times 10^5 \text{ m/s}}$$

QI 1 Dans la **situation 2**, pour quelles longueurs d'onde n'y aurait-il aucun électron d'éjecté ?

ce qui correspond à 0,24 % de la vitesse de la lumière dans le vide. Comme cette vitesse est inférieure à $0,1\,c$, les effets relativistes sont négligeables et il n'est pas nécessaire d'utiliser l'équation relativiste de l'énergie cinétique, $K = (\gamma - 1)mc^2$. Dans cette section, nous considérerons uniquement des situations pour lesquelles les effets relativistes sont négligeables.

Afin de déterminer la fréquence de seuil pour un échantillon **P**, on peut utiliser le montage expérimental représenté sur le schéma ci-contre. Lorsque la fréquence des photons est inférieure à la fréquence de seuil, aucun électron n'est éjecté de la plaque **P** et l'ampèremètre **A** indique 0. Lorsque la fréquence des photons est supérieure à la fréquence de seuil, les électrons éjectés de la plaque **P** sont attirés par la plaque **Q**, ce qui complète le circuit et fait en sorte qu'un courant circule dans l'ampèremètre.

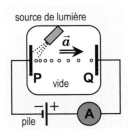

Afin de déterminer l'énergie cinétique maximale des électrons éjectés, on inverse la pile (schéma ci-contre), ce qui a pour effet de *freiner* les électrons qui sont éjectés vers la plaque **Q**. Pour une différence de potentiel ΔV entre les plaques, les électrons perdent une énergie $e\,\Delta V$ lorsqu'ils voyagent de **P** vers **Q** (ΔV correspond à l'électromotance de la pile ; $e = 1,6 \times 10^{-19}$ C est la charge de l'électron, en valeur absolue).

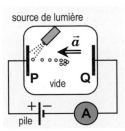

Supposons que l'électromotance de la pile soit variable. En augmentant graduellement la valeur de ΔV, on arrive à une valeur ΔV_{arr} appelée **potentiel d'arrêt**, pour laquelle plus aucun électron éjecté ne parvient à se rendre à **Q** (l'ampèremètre indique alors 0). Dans ce cas, on sait que l'énergie cinétique maximale des électrons éjectés est entièrement compensée par la perte d'énergie $e\,\Delta V_{\text{arr}}$:

$$K_{\text{max}} = e\,\Delta V_{\text{arr}}$$

Pour répondre à la question, nous devons trouver l'équation qui met en relation le potentiel d'arrêt et la fréquence des photons. En combinant la « définition » du potentiel d'arrêt et l'équation de la conservation de l'énergie,

$$K_{max} = e\,\Delta V_{arr} \qquad\qquad \text{et} \qquad\qquad K_{max} = hf - \phi$$

on trouve

$$e\,\Delta V_{arr} = hf - \phi \qquad\qquad \Rightarrow \qquad\qquad \Delta V_{arr} = \frac{h}{e}f - \frac{\phi}{e}$$

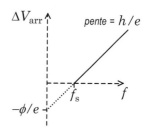

Par conséquent, le graphique de ΔV_{arr} en fonction de f est une droite dont la pente est égale à h/e et dont l'ordonnée à l'origine est égale à $-\phi/e$ (schéma ci-contre). Dans ce contexte, les valeurs négatives de ΔV_{arr} n'ont pas de signification physique. L'abscisse à l'origine correspond à $f = f_s$: pour cette fréquence, l'énergie cinétique maximale des électrons éjectés est nulle, ce qui correspond à un potentiel d'arrêt nul ($\Delta V_{arr} = 0$).

Réponse à la question instantanée

QI **1** Pour $\lambda > 264$ nm

constante de Planck : (symbole : h) constante introduite par Max Planck en 1900 pour expliquer l'interaction entre la lumière et la matière ; dans le SI, $h = 6,63 \times 10^{-34}$ J·s.

effet photoélectrique : éjection d'électrons qui se produit, dans certaines conditions, lorsqu'un faisceau de lumière frappe un morceau de métal.

fréquence de seuil : (symbole : f_s) dans l'expérience de l'effet photoélectrique, il y a éjection d'électrons lorsque la fréquence de la lumière est *supérieure* à cette valeur.

longueur d'onde de seuil : (symbole : λ_s) dans l'expérience de l'effet photoélectrique, il y a éjection d'électrons lorsque la longueur d'onde de la lumière est *inférieure* à cette valeur.

potentiel d'arrêt : (symbole : ΔV_{arr}) dans l'expérience de l'effet photoélectrique, il s'agit de la différence de potentiel entre les plaques qui empêche de justesse les électrons éjectés par la première plaque d'atteindre la seconde.

travail d'extraction : (symbole : ϕ, la lettre grecque phi) dans l'expérience de l'effet photoélectrique, il s'agit du travail minimal qui est nécessaire pour extraire un électron du matériau.

QUESTIONS

Q1. Qu'est-ce qu'un quanta ?

Q2. Vrai ou faux ? **(a)** Les phénomènes que nous avons étudiés en optique géométrique montrent clairement que la lumière est constituée de particules. **(b)** Les phénomènes que nous avons étudiés en optique ondulatoire montrent clairement que la lumière peut se comporter comme une onde.

Q3. Pourquoi pensait-on, au 19e siècle, que l'espace dans tout l'Univers était rempli d'éther luminifère ?

Q4. Classez les couleurs du spectre visible en ordre croissant d'énergie des photons. (Consultez au besoin la **section 3.1 : La nature ondulatoire de la lumière.**)

Q5. Vrai ou faux ? Lorsqu'on éclaire une plaque de métal et qu'aucun électron n'est initialement éjecté, on peut obtenir des électrons éjectés si on éclaire la plaque assez longtemps.

Q6. Dans l'effet photoélectrique, pour obtenir des électrons éjectés, la longueur d'onde de la lumière doit être _____ à la longueur d'onde de seuil ; ou encore, la fréquence de la lumière doit être _____ à la fréquence de seuil.

Q7. Vrai ou faux ? Dans certaines circonstances, l'énergie de plusieurs photons peut se combiner pour éjecter un seul électron.

Q8. (a) Faites un schéma qui illustre le montage que l'on peut utiliser pour étudier l'effet photoélectrique. **(b)** En faisant référence au schéma, expliquez ce qu'on entend par « potentiel d'arrêt ».

EXERCICES

La relation entre l'intensité, la puissance et l'aire ($I = P/A$) présentée dans la **section 1.15** s'applique également à la lumière. À une distance r d'une source qui émet de la lumière dans toutes les directions, la lumière se répartit sur une sphère d'aire $A = 4\pi r^2$.

RÉCHAUFFEMENT

5.1.1 *L'effet photoélectrique pour l'aluminium.* La longueur d'onde de seuil pour l'aluminium correspond à 289 nm (elle se situe dans la partie ultraviolette du spectre électromagnétique). Quel est le travail d'extraction, en électronvolts ?

SÉRIE PRINCIPALE

5.1.2 *L'effet photoélectrique pour le silicium.* Le travail d'extraction pour le silicium est de 4,8 eV. Déterminez **(a)** la fréquence de seuil ; **(b)** la longueur d'onde de seuil ; **(c)** l'énergie cinétique maximale des électrons éjectés lorsqu'on éclaire une plaque de silicium avec un faisceau de lumière dont la longueur d'onde est de 150 nm.

5.1.3 *L'effet photoélectrique pour le nickel.* On éclaire une plaque de nickel ($\phi = 5,1$ eV) avec de la lumière à 100 nm. Déterminez **(a)** le module de la vitesse maximale des électrons éjectés ; **(b)** le potentiel d'arrêt.

5.1.4 *Le potentiel d'arrêt et la longueur d'onde.* Lorsqu'on éclaire une plaque de métal avec de la lumière à 300 nm, le potentiel d'arrêt est égal à 1,43 V. Déterminez le potentiel d'arrêt pour de la lumière **(a)** à 400 nm ; **(b)** à 500 nm.

5.1.5 *Les photons du Soleil.* Le Soleil possède une luminosité de $3,85 \times 10^{26}$ W et émet le plus de lumière à la longueur d'onde de 500 nm. **(a)** En supposant que toute la lumière émise par le Soleil possède cette longueur d'onde, déterminez le nombre de photons émis à chaque seconde par le Soleil. **(b)** Déterminez le nombre de photons qui frappent chaque seconde 1 m^2 de la surface de la Terre orientée perpendiculairement aux rayons solaires. La Terre est à $1,49 \times 10^{11}$ m du Soleil.

SÉRIE SUPPLÉMENTAIRE

5.1.6 *L'effet photoélectrique pour le silicium, prise 2.* Dans l'**exercice 5.1.2(c)**, un faisceau de lumière éclaire une plaque de silicium carrée de 1 cm de côté avec une intensité de 5×10^{-6} W/m^2. Sachant qu'un photon sur 30 parvient à éjecter un électron, calculez le nombre d'électrons éjectés en une minute.

5.1.7 *La sensibilité de l'œil.* Pour que l'œil puisse détecter une source ponctuelle de lumière à 500 nm, au moins 25 photons par seconde doivent pénétrer dans l'œil par la pupille. **(a)** Quelle est la puissance qui correspond à ces photons ? **(b)** En supposant que la pupille a un *diamètre* de 5 mm, calculez l'intensité de la lumière qui éclaire la pupille. **(c)** Quelle est la distance maximale (en années-lumière) à laquelle une étoile de la luminosité du Soleil ($3,85 \times 10^{26}$ W) est visible ? (On suppose que toute la lumière de l'étoile est émise à 500 nm.)

5.2

L'effet Compton

Après l'étude de cette section, le lecteur pourra déterminer la quantité de mouvement d'un photon et expliquer comment l'effet Compton démontre que la lumière est composée de photons.

APERÇU

Lorsqu'un photon rencontre une cible, il peut entrer en collision avec un électron situé sur une des couches externes d'un des atomes qui composent la cible : comme l'électron est faiblement lié au noyau, le photon réagit exactement comme s'il avait frappé un électron solitaire immobile. Le photon cède une partie de son énergie à l'électron, qui acquiert par le fait même une certaine vitesse. L'augmentation de la longueur d'onde d'un photon lorsqu'il est diffusé par une cible porte le nom d'**effet Compton** : l'effet est surtout observable pour les photons de haute énergie (dans la partie rayons X et gamma du spectre électromagnétique).

Considérons la situation où le photon, après la collision, est dévié d'un angle θ par rapport à la trajectoire qu'il aurait suivie en

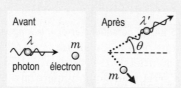

l'absence de collision (schémas ci-dessus). Après la collision, l'énergie du photon est plus petite, ainsi que sa fréquence, ce qui se traduit par une plus grande longueur d'onde.

En 1923, Arthur Compton a analysé le phénomène en appliquant à la fois la conservation de l'énergie et la conservation de la quantité de mouvement. Il a obtenu une équation qui permet de déterminer la différence entre la longueur d'onde λ' du photon après la collision et sa longueur d'onde initiale λ :

$$\lambda' - \lambda = \frac{h}{mc}(1 - \cos\theta)$$ **Effet Compton**

où m est la masse de l'électron. Pour démontrer l'équation de l'effet Compton, il faut connaître la relation entre l'énergie et la quantité de mouvement d'un photon. D'après la mécanique relativiste (**section 4.9**),

$$E = pc$$ **Relation entre l'énergie et la quantité de mouvement d'un photon**

EXPOSÉ

Dans la **section 5.1 : Les photons et l'effet photoélectrique**, nous avons vu que la manière dont la lumière éjecte les électrons d'une plaque de métal démontre que l'énergie de la lumière est concentrée en « paquets », les photons. Dans la présente section, nous allons considérer un autre phénomène, l'*effet Compton*, qui révèle que la lumière est constituée de photons.

Lorsqu'on envoie un faisceau de lumière de haute énergie (dans la partie rayons X ou gamma du spectre électromagnétique) sur une cible, on observe qu'une partie de la lumière est déviée par la cible sans changer de longueur d'onde, tandis qu'une autre partie voit sa longueur d'onde augmenter d'une certaine valeur qui dépend de l'angle de déviation (mais pas de la longueur d'onde initiale de la lumière ou de la nature de la cible). Cette augmentation de la longueur d'onde des photons se nomme **effet Compton**, en l'honneur d'Arthur Compton qui, en 1923, a obtenu une équation permettant de calculer la différence entre la longueur d'onde λ' du photon diffusé et sa longueur d'onde initiale λ :

$$\lambda' - \lambda = \frac{h}{mc}(1 - \cos\theta)$$ **Effet Compton**

Dans l'équation de l'effet Compton, θ est l'angle de déviation du photon par rapport à la trajectoire qu'il aurait suivie en l'absence de collision (schémas ci-contre), h est la constante de Planck et m est la masse d'un *électron*. En effet, l'effet Compton se produit lorsqu'un photon entre en collision avec un électron situé sur une couche externe d'un des atomes qui composent la cible. Comme l'électron est faiblement lié au noyau, le photon réagit exactement comme s'il avait frappé un électron solitaire immobile.

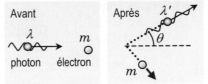

Avant — Après — photon — électron

L'angle θ dans l'équation de l'effet Compton est compris entre 0 (pour un photon non dévié) et 180° (pour un photon qui « rebondit » carrément sur la cible).

Pour obtenir son équation, Compton a supposé que le photon et l'électron subissent une collision élastique (l'énergie est conservée). Ainsi, on peut analyser la collision en utilisant à la fois le principe de conservation de l'énergie et le principe de conservation de la quantité de mouvement (qui s'applique à toutes les collisions). Cela donne trois équations (une équation pour l'énergie et deux équations pour la quantité de mouvement, une selon chacun des axes dans le plan de la collision) : l'équation que l'on obtient en les combinant décrit à la perfection les résultats expérimentaux.

Pour obtenir son équation, Compton a utilisé la relation entre l'énergie et la quantité de mouvement d'un photon qui découle de la relativité d'Einstein :

$$E = pc$$

Relation entre l'énergie et la quantité de mouvement d'un photon

En montrant que l'hypothèse selon laquelle la lumière est constituée de photons permet d'expliquer à la perfection l'augmentation de la longueur d'onde des photons diffusés, Compton est venu confirmer sans l'ombre d'un doute que le modèle du photon, proposé par Einstein en 1905 pour expliquer l'effet photoélectrique, était correct. Compton a obtenu le prix Nobel de physique en 1927.

Dans la **section 4.9 : La mécanique relativiste**, nous avons vu qu'on obtient cette équation à partir de l'équation relativiste générale $E^2 = p^2c^2 + m^2c^4$ en posant $m = 0$ (les photons étant des particules de masse nulle).

Situation 1 : *L'effet Compton*. Un photon dont la longueur d'onde est de $7,1 \times 10^{-11}$ m entre en collision avec un électron immobile et dévie de 70° par rapport à la trajectoire qu'il aurait suivie s'il n'avait pas été dévié. On désire déterminer **(a)** la longueur d'onde du photon après avoir été dévié ; **(b)** le module et l'orientation de la vitesse acquise par l'électron.

Nous avons représenté la situation sur le schéma ci-contre : pour pouvoir appliquer le principe de conservation de la quantité de mouvement, nous avons défini un système d'axes xy. La longueur d'onde initiale du photon est $\lambda = 7,1 \times 10^{-11}$ m , et la masse de l'électron est $m = 9,11 \times 10^{-31}$ kg .

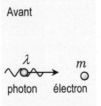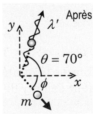

Avant — Après — photon — électron — $\theta = 70°$

En **(a)**, nous voulons déterminer la longueur d'onde λ' du photon après l'interaction. D'après l'équation de l'effet Compton,

$$\lambda' = \lambda + \frac{h}{mc}(1 - \cos\theta) = \left(7,1 \times 10^{-11} \text{ m}\right) + \frac{\left(6,63 \times 10^{-34} \text{ J·s}\right)}{\left(9,11 \times 10^{-31} \text{ kg}\right)\left(3 \times 10^8 \text{ m/s}\right)}(1 - \cos 70°)$$

$$= 7,2596 \times 10^{-11} \text{ m}$$

$$\boxed{\lambda' = 7,26 \times 10^{-11} \text{ m}}$$

QI **1** Dans la **situation 1**, déterminez la longueur d'onde des photons **(a)** déviés de 90° ; **(b)** non déviés.

En **(b)**, nous voulons déterminer la vitesse de l'électron après l'interaction. Comme l'énergie est conservée, l'électron acquiert une énergie cinétique égale à la différence entre l'énergie initiale et l'énergie finale du photon.

Ces énergies sont

$$E = hf = \frac{hc}{\lambda} = \frac{(6{,}63 \times 10^{-34}\ \text{J·s})(3 \times 10^8\ \text{m/s})}{(7{,}1 \times 10^{-11}\ \text{m})} = 2{,}8014 \times 10^{-15}\ \text{J}$$

et

> Comme les énergies qu'on soustrait sont très rapprochées, il est important de calculer E' à partir de la valeur de λ' précise à 5 chiffres significatifs.

$$E' = hf' = \frac{hc}{\lambda'} = \frac{(6{,}63 \times 10^{-34}\ \text{J·s})(3 \times 10^8\ \text{m/s})}{(7{,}2596 \times 10^{-11}\ \text{m})} = 2{,}7398 \times 10^{-15}\ \text{J}$$

L'énergie cinétique acquise par l'électron est

$$K = E - E' = (2{,}8014 \times 10^{-15}\ \text{J}) - (2{,}7398 \times 10^{-15}\ \text{J}) = 6{,}16 \times 10^{-17}\ \text{J}$$

En utilisant l'équation classique de l'énergie cinétique, $K = \frac{1}{2}mv^2$, on trouve que l'électron acquiert une vitesse de module

$$v = \sqrt{\frac{2K}{m}} = \sqrt{\frac{2 \times (6{,}16 \times 10^{-17}\ \text{J})}{(9{,}11 \times 10^{-31}\ \text{kg})}} = 1{,}163 \times 10^7\ \text{m/s} \qquad \Rightarrow \qquad \boxed{v = 1{,}16 \times 10^7\ \text{m}}$$

> Si on avait obtenu une vitesse supérieure à $0{,}1c$, elle aurait été incorrecte et il aurait fallu recommencer le calcul en utilisant l'équation relativiste de l'énergie cinétique, $K = (\gamma - 1)mc^2$.

ce qui correspond à un peu moins de 4 % de la vitesse de la lumière. Comme il s'agit d'une vitesse inférieure à 10 % de la vitesse de la lumière, on peut négliger les effets relativistes (à 4 % de la vitesse de la lumière, $\gamma = 1{,}0008$).

Pour déterminer l'orientation du vecteur vitesse de l'électron, nous allons utiliser le principe de conservation de la quantité de mouvement. (L'énergie étant un scalaire, la conservation de l'énergie ne nous permet pas de déterminer l'orientation de la vitesse.) Avant l'interaction, le système possède une quantité de mouvement uniquement selon l'axe x : ainsi, la quantité de mouvement selon y est nulle avant *et* après l'interaction.

Après l'interaction, le photon possède une quantité de mouvement dont le module est

$$E' = p'c \qquad \Rightarrow \qquad p' = \frac{E'}{c} = \frac{(2{,}7398 \times 10^{-15}\ \text{J})}{(3 \times 10^8\ \text{m/s})} = 9{,}133 \times 10^{-24}\ \text{kg·m/s}$$

Selon y, sa quantité de mouvement est

$$p'_y = p' \sin 70° = (9{,}133 \times 10^{-24}\ \text{kg·m/s})\sin 70° = 8{,}582 \times 10^{-24}\ \text{kg·m/s}$$

Comme la quantité de mouvement selon y du système est nulle, la quantité de mouvement selon y de l'électron après l'interaction est

> Si la vitesse de l'électron était supérieure à $0{,}1c$, il faudrait utiliser l'équation relativiste de la quantité de mouvement, $p = \gamma mv$.

$$p_{ey} = -p'_y = -8{,}582 \times 10^{-24}\ \text{kg·m/s} = mv_y$$

et la composante selon y de la vitesse de l'électron après l'interaction est

$$v_y = \frac{p_{ey}}{m} = \frac{(-8{,}582 \times 10^{-24}\ \text{kg·m/s})}{(9{,}11 \times 10^{-31}\ \text{kg})} = -9{,}42 \times 10^6\ \text{m/s}$$

L'angle ϕ entre la vitesse de l'électron et la trajectoire du photon s'il avait continué tout droit (schéma ci-contre) est

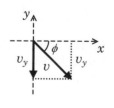

$$\phi = \arcsin\left|\frac{v_y}{v}\right| = \arcsin\left|\frac{(-9{,}42 \times 10^6\ \text{m/s})}{(1{,}163 \times 10^7\ \text{m/s})}\right|$$

$$\boxed{\phi = 54{,}1°}$$

Nous pouvons confirmer l'exactitude des résultats que nous venons d'obtenir en vérifiant que la quantité de mouvement est conservée selon x. Avant la collision, la quantité de mouvement selon x du système correspond à la quantité de mouvement initiale du photon :

$$E = pc \quad \Rightarrow \quad p_x = p = \frac{E}{c} = \frac{\left(2{,}801 \times 10^{-15} \text{ J}\right)}{\left(3 \times 10^8 \text{ m/s}\right)} = 9{,}337 \times 10^{-24} \text{ kg·m/s}$$

Après l'interaction, la quantité de mouvement selon x du photon est

$$p'_x = p' \cos 70° = \left(9{,}133 \times 10^{-24} \text{ kg·m/s}\right) \cos 70° = 3{,}124 \times 10^{-24} \text{ kg·m/s}$$

et la quantité de mouvement selon x de l'électron est

$$p_{ex} = mv_x = mv \cos\phi = \left(9{,}11 \times 10^{-31} \text{ kg}\right)\left(1{,}163 \times 10^7 \text{ m/s}\right) \cos 54{,}1° = 6{,}213 \times 10^{-24} \text{ kg·m/s}$$

Ainsi, après l'interaction, la quantité de mouvement selon x du système est

$$\left(3{,}124 \times 10^{-24} \text{ kg·m/s}\right) + \left(6{,}213 \times 10^{-24} \text{ kg·m/s}\right) = 9{,}337 \times 10^{-24} \text{ kg}$$

La quantité de mouvement selon x est bel et bien conservée, ce qui confirme que l'équation de l'effet Compton utilisée en (a) est compatible avec la conservation de l'énergie et la conservation de la quantité de mouvement.

La vérification que nous venons de faire constitue une preuve indirecte de l'équation de l'effet Compton. La démonstration explicite et rigoureuse de l'équation (en combinant l'équation de la conservation de l'énergie et les équations de la conservation de la quantité de mouvement selon x et y) nécessitant des manipulations algébriques relativement longues et fastidieuses, nous avons préféré ne pas la présenter.

Au début de la section, nous avons mentionné que, pour une partie de la lumière diffusée par une cible, la longueur d'onde ne varie pas. Cela se produit lorsqu'un photon interagit avec un électron fortement lié à son noyau : pour le photon, cela revient à entrer en collision avec l'ensemble de l'atome, dont la masse est plusieurs milliers de fois plus grande que celle d'un électron. Dans la **situation 4** de la **section 3.11 : Les collisions élastiques** du **tome A**, nous avons vu qu'un objet qui entre en collision de manière élastique avec un objet immobile de masse beaucoup plus grande repart avec pratiquement la même vitesse (en module). Ainsi, les photons qui interagissent avec des électrons fortement liés sont déviés sans perdre d'énergie (ou presque), et leur longueur d'onde demeure pratiquement la même. On peut arriver à la même conclusion à partir de l'équation de l'effet Compton : si on remplace la masse m de l'électron par la masse d'un atome, la variation de longueur d'onde du photon devient négligeable.

Réponses aux questions instantanées

QI 1
(a) $\lambda' = 7{,}34 \times 10^{-11}$ m ;
(b) $\lambda' = 7{,}1 \times 10^{-11}$ m

effet Compton: augmentation de la longueur d'onde d'un photon due à sa collision élastique avec un électron libre ou un électron situé sur une des couches externes d'un atome.

Q1. Nommez *deux* effets qui montrent que la lumière est constituée de photons.

Q2. Dans l'équation de l'effet Compton, que vaut θ pour un photon qui rebondit sur la cible et « revient sur ses pas » le long de la même trajectoire ?

Q3. Pour analyser l'effet Compton, on peut écrire trois équations de conservation. Quelles sont-elles ?

Q4. Dans un montage qui permet d'étudier l'effet Compton, certains photons sont diffusés d'un angle θ non nul sans changer de longueur d'onde. Pourquoi ?

○ Exercice dont la solution ne requiert ni calculatrice ni algèbre complexe.

Dans les exercices, à moins d'avis contraire, on suppose que les électrons sont faiblement liés à leurs noyaux.

5.2.1 *L'effet de l'angle de déviation.* Un photon est dévié par un électron immobile. **(a)** Pour quel angle de déviation la longueur d'onde d'un photon augmente-t-elle le plus ? **(b)** De combien la longueur d'onde augmente-t-elle pour cet angle ? **(c)** Y a-t-il des angles de déviation pour lesquels la longueur d'onde du photon diminue ? Si oui, dites pour quel intervalle d'angles cela se produit ; sinon, dites pourquoi.

5.2.2 *L'effet Compton avec des rayons X.* Un photon de type rayons X, dont la longueur d'onde est de 5×10^{-11} m, entre en collision avec un électron immobile et dévie de 60° par rapport à la trajectoire qu'il aurait suivie s'il n'avait pas été dévié. **(a)** Quelle est la longueur d'onde des photons déviés ? **(b)** Quelle est l'énergie cinétique acquise par l'électron ?

○ **5.2.3** *L'effet de la longueur d'onde initiale.* Lorsqu'on observe des photons déviés de 30° par des électrons, l'augmentation de longueur d'onde est-elle plus grande si la longueur d'onde initiale des photons était initialement de 0,1 nm ou de 0,2 nm ?

5.2.4 *Avant et après la collision.* Lors d'une expérience pour observer l'effet Compton, on utilise des rayons X dont la longueur d'onde est de 55,80 pm (p = pico = 10^{-12}). On place le détecteur à une certaine position par rapport à la cible et on capte des photons diffusés dont la longueur d'onde est de 56,51 pm. **(a)** De quel angle ont été déviés ces photons ? **(b)** Quelle est l'énergie initiale d'un photon ? **(c)** Quelle est son énergie finale ? **(d)** Quel est le module de sa quantité de mouvement finale ? **(e)** Déterminez le module et l'orientation de la vitesse d'un électron immédiatement après la collision avec un photon.

5.2.5 *La découverte de l'effet Compton.* Lors de la découverte de l'effet qui porte son nom, Arthur Compton a utilisé des rayons X de longueur d'onde 70,8 pm et a observé les rayons « secondaires » déviés à angle droit. Dans son premier article, il indique que la longueur d'onde du rayonnement secondaire est de 95 pm. **(a)** Ce résultat peut-il être expliqué par la théorie de l'effet Compton ? Justifiez votre réponse. **(b)** Dans un article subséquent, Compton a corrigé son erreur : les rayons X diffusés avaient en fait une longueur d'onde de 73,0 pm. Quel est le pourcentage d'écart entre cette valeur et la prédiction théorique ? **(c)** Sur le spectre de la première expérience de Compton, la raie à 73,0 pm était confondue avec la raie correspondant aux photons diffusés par des électrons fortement liés à leurs noyaux : quelle est la longueur d'onde de ces photons ? Justifiez votre réponse.

5.2.6 *L'effet Compton avec des rayons gamma.* Lors d'une expérience pour observer l'effet Compton, on utilise des rayons gamma de longueur d'onde 10,00 pm. On observe des photons déviés dont la longueur d'onde est de 14,14 pm. **(a)** De quel angle ces photons ont-ils été déviés ? **(b)** Calculez les modules de leur quantité de mouvement initiale et de leur quantité de mouvement finale. **(c)** Immédiatement après la collision, les électrons sont-ils relativistes ou non ? Justifiez votre réponse. (Une particule est qualifiée de relativiste s'il est nécessaire d'utiliser la mécanique relativiste pour la décrire, ce qui se produit en pratique si sa vitesse est supérieure à $0,1\,c$.)

Le spectre du corps noir

Après l'étude de cette section, le lecteur pourra décrire le spectre de la lumière émise
par un corps noir à l'aide des lois de Wien et de Stefan-Boltzmann.

APERÇU

Lorsque la lumière qui vient d'un corps a comme origine exclusive l'émission thermique du corps lui-même, on qualifie ce dernier de **corps noir**.

Le spectre de la lumière émise par un corps noir (l'intensité de la lumière émise en fonction de la longueur d'onde) possède une forme de «cloche» (schéma ci-contre). Historiquement, la constante de Planck a été utilisée pour la première fois afin d'obtenir une équation théorique (la **loi de Planck**) qui décrit ce spectre.

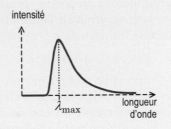

D'après la **loi de Wien**, la longueur d'onde pour laquelle l'intensité de la lumière est maximale (λ_{max}) est inversement proportionnelle à la température T du corps noir :

$$\lambda_{max} = \frac{(0{,}0029 \text{ m·K})}{T}$$ **Loi de Wien**

D'après les unités de la constante dans la loi de Wien, on constate que la température doit être exprimée en kelvins. Rappelons que les températures en kelvins et en degrés Celsius (°C) sont reliées par

$$T(\text{K}) = T(°\text{C}) + 273{,}15$$ **Conversion kelvins ↔ degrés Celsius**

D'après la **loi de Stefan-Boltzmann**, l'intensité totale de la lumière émise (l'aire sous la courbe du spectre du corps noir) est proportionnelle à la quatrième puissance de la température :

$$I = \sigma T^4$$ **Loi de Stefan-Boltzmann**

où

$$\sigma = 5{,}67 \times 10^{-8} \text{ W/(m}^2\text{·K}^4)$$ **Constante de Stefan-Boltzmann**

L'*intensité nette* émise ou absorbée par la surface d'un corps noir à la température T placé dans une enceinte à la température T_0 correspond à la différence entre l'intensité $I = \sigma T^4$ de la lumière qu'il émet et l'intensité $I_0 = \sigma T_0^4$ de la lumière qu'il reçoit en provenance des parois de l'enceinte.

EXPOSÉ

Dans les **sections 5.1** et **5.2**, nous avons décrit deux effets qui montrent que la lumière est constituée de photons. Dans la présente section, nous allons considérer un autre phénomène qui met en évidence le fait que la lumière interagit avec la matière sous forme de « paquets d'énergie » : l'émission de lumière par un corps chaud. C'est pour expliquer ce phénomène que la notion de quanta a été utilisée pour la première fois (cinq ans avant l'explication de l'effet photoélectrique par Einstein).

D'après les équations de Maxwell, qui régissent les phénomènes électromagnétiques (**section 5.11** du **tome B**), toute particule chargée qui *accélère* génère un champ électrique variable, ce qui induit un champ magnétique variable, induisant en retour un champ électrique variable, et ainsi de suite : par conséquent, *une particule chargée qui accélère émet de la lumière*. Dans un corps à une certaine température, les molécules (et les particules chargées qu'elles contiennent) oscillent en raison de l'agitation thermique : comme un mouvement d'oscillation est caractérisé par une accélération non nulle, il y a émission de lumière. (La lumière émise par un corps à la température de la pièce se situe dans la partie infrarouge du spectre.)

En 1900, Max Planck a trouvé une équation théorique, la *loi de Planck*, qui décrit le spectre émis par un *corps noir* à une température donnée. Pour ce faire, il a dû supposer que l'énergie d'un oscillateur qui émet de la lumière à la fréquence *f* ne peut prendre que certaines valeurs qui sont des multiples de *hf*, où *h* est une constante. On reconnaît, bien sûr, la constante de Planck que nous avons utilisée dans les sections précédentes pour décrire les photons.

Nous venons de dire que la loi de Planck décrit le *spectre du corps noir*. Rappelons que le terme *spectre* désigne la distribution de l'intensité de la lumière en fonction de la longueur d'onde. Mais qu'entend-on au juste par « corps noir » ?

Imaginons que l'on utilise un détecteur de lumière pour analyser le spectre de la lumière en provenance d'un corps : par exemple, un étudiant assis dans une salle de classe. Une partie de la lumière que l'on reçoit provient des sources qui éclairent l'étudiant (le soleil qui entre par les fenêtres, les néons de la classe) ; une autre partie est produite par l'étudiant lui-même et dépend de la température de sa peau et de ses vêtements. Si l'on veut étudier uniquement le spectre émis *par* l'étudiant en raison de sa température, on pourrait, en principe, recouvrir l'étudiant d'une couche de peinture noire « idéale » qui ne réfléchit aucune lumière. (En pratique, il est plus simple de tirer les rideaux et d'éteindre les néons !)

Lorsque la lumière qui provient d'un corps a comme origine exclusive l'émission thermique du corps lui-même (réflexion négligeable), on qualifie ce dernier de **corps noir**. Un étudiant placé dans une pièce sombre est un bon exemple de corps noir. Il est important de noter qu'un corps noir peut être extrêmement lumineux : par exemple, le Soleil (comme toutes les étoiles) est un bon exemple de corps noir. En effet, lorsqu'on oriente un détecteur de lumière vers le Soleil, pratiquement toute la lumière que l'on reçoit est produite par l'astre lui-même en raison de sa température : la lumière des autres étoiles qui est réfléchie par le Soleil est vraiment négligeable !

Le schéma ci-contre représente le spectre émis par un corps noir : il s'agit d'un graphique de l'intensité de la lumière en fonction de la longueur d'onde. Peu importe la température du corps noir, on obtient toujours un spectre qui possède une forme caractéristique de « cloche ». En 1879, Josef Stefan a découvert que l'intensité de la lumière émise sur l'ensemble du spectre (ce qui correspond à l'aire sous la courbe du graphique) est proportionnelle à la quatrième puissance de la température : par exemple, un corps deux fois plus chaud émet $2^4 = 2 \times 2 \times 2 \times 2 = 16$ fois plus de lumière.

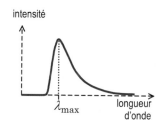

En 1893, Wilhelm Wien a découvert que la longueur d'onde pour laquelle l'intensité de la lumière est maximale (λ_{max}) est inversement proportionnelle à la température du corps noir : plus le corps est chaud, plus la longueur d'onde est *petite*. (Comme $E = hf = hc/\lambda$, une longueur d'onde plus petite correspond à des photons de plus *grande* énergie : ainsi, plus un corps est chaud, plus l'énergie moyenne des photons qu'il émet est élevée.)

Dans les dernières années du 19ᵉ siècle, plusieurs physiciens ont essayé d'expliquer théoriquement les résultats découverts expérimentalement par Stefan et Wien. Une approche intéressante, proposée par le physicien Lord Rayleigh, consiste à analyser la lumière qui se trouve dans une *cavité* à l'intérieur d'un corps noir en combinant la théorie des ondes stationnaires et les principes de base de la *thermodynamique* (la branche de la physique qui s'intéresse aux corps chauds et aux échanges de chaleur entre les corps). Plus la longueur d'onde de la lumière est petite, plus il est facile pour les ondes stationnaires d'obéir aux conditions limites imposées par les parois de la cavité : ainsi, l'équation théorique obtenue par Rayleigh prévoit que l'intensité de la lumière dans le spectre du corps noir doit augmenter sans cesse lorsqu'on s'approche de $\lambda = 0$.

L'équation de Rayleigh donne des résultats qui concordent très bien avec les observations pour des longueurs d'onde beaucoup plus grandes que λ_{max}. En revanche, elle échoue lamentablement pour des longueurs d'onde du même ordre de grandeur ou inférieures à λ_{max}. Comme les longueurs d'onde plus petites que la lumière visible se trouvent dans la partie ultraviolette du spectre, on a donné un nom imagé à l'échec de l'équation de Rayleigh : *la catastrophe ultraviolette.*

En 1900, Max Planck a réalisé que l'on peut faire disparaître la catastrophe ultraviolette en faisant un «tour de passe-passe» théorique. Il s'agit de supposer que l'énergie d'un oscillateur dans la paroi de la cavité ne peut pas prendre n'importe quelle valeur, comme le prévoit la physique classique : *pour une fréquence d'oscillation f*, l'énergie de l'oscillateur ne peut prendre que certaines valeurs données par l'équation

$$E = Nhf$$

où N est un nombre entier et h est une *nouvelle* constante physique fondamentale. Autrement dit, l'énergie d'un oscillateur est «quantifiée» : elle doit être égale à un multiple entier d'une certaine valeur de base.

En combinant les idées de Rayleigh à cette nouvelle «hypothèse quantique», Planck a obtenu l'équation suivante (la **loi de Planck**) pour l'intensité de la lumière en fonction de la longueur d'onde :

$$I(\lambda) = \frac{2\pi hc^2}{\lambda^5(e^{hc/\lambda kT} - 1)}$$

Dans la loi de Planck,

$$h = 6{,}63 \times 10^{-34} \text{ J·s}$$

est la nouvelle constante introduite par Planck et c est la vitesse de la lumière.

Le paramètre T représente la température du corps noir : comme c'est l'usage en thermodynamique, elle s'exprime en kelvins (symbole : K). Rappelons que la température en kelvins correspond à la température en degrés Celsius à laquelle on ajoute 273,15 afin que le zéro *absolu* (l'absence de toute agitation thermique) corresponde à une température nulle :

$$\boxed{T(\text{K}) = T(°\text{C}) + 273{,}15}$$ **Conversion kelvins ↔ degrés Celsius**

Par conséquent, la température en kelvins ne peut jamais être négative.

Le paramètre k dans la loi de Planck est une constante fondamentale de la thermodynamique connue sous le nom de *constante de Boltzmann* :

$$k = 1{,}38 \times 10^{-23} \text{ J/K}$$

On peut interpréter cette constante comme un facteur de correspondance qui permet de passer d'une température (en kelvins) à une énergie (en joules).

Si on analyse les unités dans la loi de Planck, on trouve que l'intensité $I(\lambda)$ s'exprime en W/m³ (watts par mètre cube) plutôt qu'en W/m² (comme une intensité «ordinaire»). Il ne s'agit pas d'une erreur : en effet, *l'aire sous la courbe* du spectre du corps noir doit correspondre à l'intensité totale de la lumière émise (schéma ci-contre). En multipliant une ordonnée en W/m³ par une abscisse en mètres, on obtient bien une aire sous la courbe en W/m².

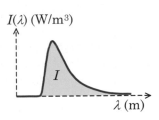

La loi de Wien

La loi de Planck décrit à la perfection le spectre en forme de cloche du corps noir. En particulier, elle permet de calculer la longueur d'onde pour laquelle l'intensité est maximale :

$$\lambda_{max} = 0,2014 \frac{hc}{kT}$$

(On obtient cette expression en dérivant $I(\lambda)$ par rapport à λ et en posant la dérivée égale à 0.)

L'équation est connue sous le nom de **loi de Wien**. (Comme nous l'avons mentionné plus haut, Wien a découvert expérimentalement la relation de proportionnalité inverse entre λ_{max} et T.) Or,

$$0,2014 \frac{hc}{k} = 0,2014 \frac{(6,63 \times 10^{-34} \text{ J·s})(3 \times 10^8 \text{ m/s})}{(1,38 \times 10^{-23} \text{ J/K})} = 0,0029 \text{ m·K}$$

ce qui permet d'exprimer la loi de Wien sous la forme pratique

$$\boxed{\lambda_{max} = \frac{(0,0029 \text{ m·K})}{T}} \quad \textbf{Loi de Wien}$$

D'après les unités de la constante, on constate que, dans la loi de Wien, la longueur d'onde est en mètres et la température est en kelvins.

La loi de Wien permet de déterminer aisément la température de surface des étoiles. Par exemple, dans le spectre de la lumière émise par le Soleil, l'intensité est maximale pour une longueur d'onde de 500 nm = 5×10^{-7} m. Par la loi de Wien, on obtient la température à la surface du Soleil :

$$T = \frac{(0,0029 \text{ m·K})}{\lambda_{max}} = \frac{(0,0029 \text{ m·K})}{(5 \times 10^{-7} \text{ m})} = 5800 \text{ K}$$

QI 1 Déterminez la température (en degrés Celsius) d'un corps noir qui émet le plus de lumière **(a)** à 650 nm (dans le rouge) ; **(b)** à 450 nm (dans le bleu).

Une caméra infrarouge associe à chaque longueur d'onde infrarouge une couleur fictive. En utilisant la loi de Wien, on peut déterminer la température des objets observés. Sur la photo ci-contre, les endroits où les murs sont plus chauds correspondent aux endroits où l'isolation est mauvaise.

STOCKXPERT

Un corps noir à la température de la pièce (20 °C = 293 K) émet le maximum de lumière à la longueur d'onde

$$\lambda_{max} = \frac{(0,0029 \text{ m·K})}{T} = \frac{(0,0029 \text{ m·K})}{(293 \text{ K})}$$
$$= 9,90 \times 10^{-6} \text{ m} = 9,90 \text{ μm}$$

ce qui se trouve dans la partie infrarouge du spectre (photo ci-contre).

La loi de Stefan-Boltzmann

En évaluant l'aire sous la courbe du spectre du corps noir à partir de la loi de Planck (on intègre $I(\lambda)$ de $\lambda = 0$ à $\lambda = \infty$), on obtient l'intensité totale de la lumière émise :

$$I = \frac{2\pi^5 k^4}{15c^2 h^3} T^4$$

Cette équation est connue sous le nom de **loi de Stefan-Boltzmann**. Comme on l'a mentionné plus haut, Josef Stefan a découvert expérimentalement que l'intensité était proportionnelle à la quatrième puissance de la température ; quelques années plus tard, Ludwig Boltzmann a obtenu le même résultat à partir de considérations théoriques.

On écrit habituellement la loi sous la forme

$$I = \sigma T^4 \quad \text{Loi de Stefan-Boltzmann}$$

où

$$\sigma = \frac{2\pi^5 k^4}{15 c^2 h^3}$$

est la constante de Stefan-Boltzmann. En remplaçant les constantes h, c et k par leurs valeurs dans le SI, on trouve

$$\sigma = 5{,}67 \times 10^{-8} \ \text{W/(m}^2\text{·K}^4) \quad \text{Constante de Stefan-Boltzmann}$$

Comme les unités de la constante font intervenir les kelvins, on doit exprimer la température en kelvins lorsqu'on utilise la loi de Stefan-Boltzmann. L'intensité I s'exprime en watts par mètre carré.

> **Situation 1 :** *La luminosité du Soleil.* Le Soleil a un rayon $R = 6{,}96 \times 10^8$ m et une température de surface $T = 5800$ K. On désire déterminer la puissance lumineuse (luminosité) qu'il émet.

Comme on le sait, la puissance s'exprime en watts. Pour trouver la puissance lumineuse (la luminosité) du Soleil, on doit multiplier le nombre de watts par mètre carré émis par la surface solaire (l'intensité) par le nombre de mètres carrés de surface solaire.

D'après la loi de Stefan-Boltzmann, l'intensité de la surface solaire est

$$I = \sigma T^4 = \left(5{,}67 \times 10^{-8} \ \text{W/(m}^2\text{·K}^4)\right)\left(5800 \ \text{K}\right)^4 = 6{,}42 \times 10^7 \ \text{W/m}^2$$

(Cela équivaut à 642 000 ampoules de 100 W pour chaque mètre carré de la surface du Soleil !) Comme le Soleil est une sphère, l'aire de sa surface est

$$4\pi R^2 = 4\pi \left(6{,}96 \times 10^8 \ \text{m}\right)^2 = 6{,}09 \times 10^{18} \ \text{m}^2$$

Par conséquent, la puissance lumineuse émise par le Soleil est

$$P = 4\pi R^2 I = \left(6{,}09 \times 10^{18} \ \text{m}^2\right)\left(6{,}42 \times 10^7 \ \text{W/m}^2\right) \quad \Rightarrow \quad \boxed{P = 3{,}91 \times 10^{26} \ \text{W}}$$

En général, l'*intensité nette* émise ou absorbée par la surface d'un corps correspond à la différence entre l'intensité qu'il émet et l'intensité qu'il reçoit de son environnement. Lorsqu'un corps à la température T est placé dans une enceinte à la température T_0 (par exemple, un étudiant dans une pièce), on peut écrire

$$I = \sigma T^4$$

pour l'intensité que le corps *émet* et

$$I_0 = \sigma T_0^4$$

pour l'intensité que le corps *absorbe* en raison de la lumière qu'il reçoit des parois de l'enceinte.

La relation entre l'intensité I et la puissance P est la même pour la lumière que pour le son. Comme nous l'avons vu dans la **section 1.15 : L'intensité sonore**, $I = P/A$, où A est l'aire de la surface sur laquelle se distribue la puissance ; à une distance r d'une source isotrope, $A = 4\pi r^2$.

> **Situation 2 : *Albert frissonne.*** Un matin d'hiver, les murs de la salle de bain d'Albert sont à 18 °C. Juste avant la douche, la peau d'Albert est à 32 °C. On suppose que la surface de la peau d'Albert mesure 2 m² et on désire déterminer la puissance nette émise par Albert.

Nous avons $T = 32 \,°\text{C} = 305,15 \text{ K}$ et $T_0 = 18 \,°\text{C} = 291,15 \text{ K}$. D'après la loi de Stefan-Boltzmann,

$$I = \sigma T^4 = \left(5,67 \times 10^{-8} \text{ W/(m}^2 \cdot \text{K}^4)\right)\left(305,15 \text{ K}\right)^4 = 491,6 \text{ W/m}^2$$

et

$$I_0 = \sigma T_0^4 = \left(5,67 \times 10^{-8} \text{ W/(m}^2 \cdot \text{K}^4)\right)\left(291,15 \text{ K}\right)^4 = 407,4 \text{ W/m}^2$$

Chaque mètre carré de la peau d'Albert reçoit 407,4 W de lumière des murs de la salle de bain et émet 491,6 W. Par conséquent, chaque mètre carré de la peau d'Albert émet

$$\left(491,6 \text{ W/m}^2\right) - \left(407,4 \text{ W/m}^2\right) = 84,2 \text{ W/m}^2$$

de plus qu'il ne reçoit. Comme il y a 2 m² de peau, la puissance nette émise par Albert est

$$P = \left(84,2 \text{ W/m}^2\right)\left(2 \text{ m}^2\right) \qquad \Rightarrow \qquad \boxed{P = 168 \text{ W}}$$

Réponse aux questions instantanées

QI 1
(a) $T = 4,19 \times 10^3 \,°\text{C}$;
(b) $T = 6,17 \times 10^3 \,°\text{C}$

corps noir : lorsque la lumière qui provient d'un corps a comme origine exclusive l'émission thermique du corps lui-même (réflexion négligeable), on qualifie ce dernier de corps noir ; exemples : un être humain dans une pièce sombre, le Soleil.

loi de Planck : équation qui décrit la forme de cloche du spectre du corps noir.

loi de Stefan-Boltzmann : équation qui exprime le fait que l'intensité lumineuse émise par la surface d'un corps noir (la puissance par unité de surface) est proportionnelle à la quatrième puissance de la température en kelvins ; découverte expérimentalement par Josef Stefan en 1879 et confirmée par la suite de manière théorique par Ludwig Boltzmann.

loi de Wien : équation qui exprime la relation de proportionnalité inverse entre la température d'un corps noir (en kelvins) et la longueur d'onde à laquelle il émet le plus de lumière ; énoncée par Wilhelm Wien en 1893.

QUESTIONS

Q1. Le spectre d'un corps noir possède une forme de _____ caractéristique.

Q2. Dans un spectre de corps noir, donnez la relation de proportionnalité entre **(a)** la longueur d'onde pour laquelle l'intensité est maximale et la température du corps noir ; **(b)** l'intensité de la lumière émise sur l'ensemble du spectre et la température du corps noir.

Q3. D'après les travaux de Lord Rayleigh, l'intensité de la lumière dans le spectre d'un corps noir devrait _____ sans cesse lorsqu'on s'approche de $\lambda = 0$; l'échec de sa théorie a reçu le nom de _____.

Q4. Afin d'expliquer avec succès le spectre du corps noir, _____ a dû faire la supposition que l'énergie d'un oscillateur à la fréquence f ne peut être égale qu'à un _____ de hf.

Q5. On représente le spectre d'un corps noir à l'aide d'un graphique en fonction de la longueur d'onde. **(a)** À quoi correspond l'aire sous la courbe ? **(b)** Quelles sont les unités de la quantité représentée sur l'axe vertical ?

Q6. Dans les lois présentées dans cette section, quelle unité utilise-t-on pour exprimer la température ?

Q7. Quelle quantité doit-on mesurer expérimentalement lorsqu'on désire déterminer la température à la surface d'une étoile ? Quelle loi utilise-t-on par la suite afin de déterminer la température ?

Q8. Dans quelle partie du spectre électromagnétique un corps à la température de la pièce émet-il surtout de la lumière ?

Q9. Lorsqu'on double la température d'un corps noir, par quel facteur l'intensité augmente-t-elle ?

Q10. Décrivez en mots la méthode qu'on peut utiliser pour calculer la luminosité d'une étoile si l'on connaît uniquement sa température de surface et son rayon.

Q11. Expliquez comment on peut calculer l'intensité nette émise ou absorbée par un corps noir à une certaine température placé dans une enceinte dont les parois sont à une température différente.

EXERCICES

SÉRIE PRINCIPALE

5.3.1 *Les kelvins et les degrés Celsius.* On augmente la température d'un corps de 10 °C ; que vaut l'augmentation de température en kelvins ?

5.3.2 *Le filament d'une ampoule.* Le filament d'une ampoule est chauffé à 3000 K. **(a)** À quelle longueur d'onde émet-il le plus de lumière ? **(b)** Si le filament a la forme d'un cylindre de 1 cm de longueur et de 1 mm de rayon, quelle est la puissance lumineuse (luminosité) de l'ampoule ? (Ne tenez pas compte de la surface des cercles aux deux bouts du cylindre.)

5.3.3 *La température des étoiles.* **(a)** Une étoile émet un spectre de corps noir qui possède un maximum dans l'ultraviolet, à 300 nm. Quelle est la température de surface de l'étoile ? **(b)** Pour quel intervalle de températures le maximum de la lumière émise par un corps noir se trouve-t-il dans la portion visible du spectre électromagnétique (entre 400 et 700 nm) ?

5.3.4 *Un gâteau qui brille (en infrarouge).* Un gâteau, qui est en train de refroidir sur le comptoir, est à 80 °C. Le reste de la cuisine est à 21 °C. **(a)** Quelle est l'intensité nette émise par le gâteau ? **(b)** Si la surface du gâteau mesure 600 cm², quelle est la puissance nette émise par le gâteau ?

5.3.5 *La luminosité d'une étoile.* Quelle est la luminosité d'une étoile dont le rayon est de 5×10^8 m et la température de surface est de 4700 K ?

5.3.6 *Une étoile comparée au Soleil.* **(a)** Une étoile a un rayon deux fois plus grand que le Soleil et une température de surface deux fois plus petite. Exprimez sa luminosité en unités de luminosité solaire. **(b)** A-t-on besoin de connaître le rayon et la température du Soleil pour répondre à la question (a) ?

L'onde de probabilité et le principe d'incertitude

Après l'étude de cette section, le lecteur pourra calculer la longueur d'onde de de Broglie
de l'onde de probabilité associée à un quanta, et expliquer la signification du principe d'incertitude de Heisenberg.

A P E R Ç U

En combinant l'équation de l'énergie d'un photon de fréquence f présentée dans la **section 5.1**,

$$E = hf$$

et l'équation de l'énergie relativiste d'une particule sans masse présentée dans la **section 5.2**,

$$E = pc$$

on obtient

$$hf = pc \quad \Rightarrow \quad \frac{c}{f} = \frac{h}{p} \quad \Rightarrow \quad \lambda = \frac{h}{p}$$

En 1924, Louis de Broglie a réalisé que cette dernière équation s'applique non seulement aux photons, mais à toutes les particules, qu'elles aient une masse ou non :

$$\boxed{\lambda = \frac{h}{p}}$$ **Longueur d'onde de de Broglie**

Cette équation permet d'associer une longueur d'onde à une particule (ou même à un objet composé de plusieurs particules).

L'onde en question est une **onde de probabilité**. En général, on ne peut pas prévoir ce que va « faire » une particule dans une situation donnée : il y a un éventail de « comportements » possibles dont on ne peut que calculer la probabilité. Chaque fois qu'un système est forcé de « faire un choix » entre les différentes possibilités, un « coup de dé quantique » a lieu et une possibilité s'actualise au détriment des autres : *plus l'onde quantique associée à une possibilité est intense, plus la probabilité que cette possibilité s'actualise est grande.*

L'onde de probabilité fait en sorte que les caractéristiques d'un quanta (coordonnée x dans l'espace, coordonnée t dans le temps, quantité de mouvement p, énergie E) ne possèdent pas de valeur précise : il faut plutôt parler d'*intervalles d'incertitude* Δx, Δt, Δp_x et ΔE. D'après le **principe d'incertitude de Heisenberg**, plus on contraint un quanta à occuper une position bien déterminée, plus sa quantité de mouvement est indéterminée — et vice versa. Le temps et l'énergie forment un autre couple d'incertitude :

$$\boxed{\Delta p_x \, \Delta x > h} \qquad \boxed{\Delta E \, \Delta t > h}$$ **Principe d'incertitude de Heisenberg**

E X P O S É

Dans les sections qui précèdent, nous avons vu que la lumière est constituée de quantas, les photons, qui possèdent à la fois des propriétés de type particule et des propriétés de type onde. En 1924, Louis de Broglie a émis l'hypothèse que *toutes* les particules qui composent la matière sont des quantas. Son hypothèse a été confirmée quelques années plus tard lorsque C. J. Davisson et Lester Germer observèrent la *diffraction* (phénomène nettement ondulatoire) d'un faisceau d'*électrons* sur un bloc de nickel.

Depuis les travaux d'Einstein en 1905, on savait que la longueur d'onde des photons était reliée à leur quantité de mouvement par l'équation

$$\lambda = \frac{h}{p}$$

On obtient cette équation en combinant l'équation $E = hf$, qui donne l'énergie d'un photon à partir de sa fréquence (**section 5.1 : Les photons et l'effet photoélectrique**), et l'équation $E = pc$, qui s'applique à toutes les particules sans masse, dont les photons (**section 5.2 : L'effet Compton**) :

$$hf = pc \qquad \Rightarrow \qquad \frac{c}{f} = \frac{h}{p} \qquad \Rightarrow \qquad \lambda = \frac{h}{p}$$

RAPPEL : L'équation $E = pc$ découle de l'équation générale $E^2 = p^2c^2 + m^2c^4$ (**section 4.9 : La mécanique relativiste**) dans le cas particulier où $m = 0$.

L'idée révolutionnaire de de Broglie a été d'affirmer que l'équation $\lambda = h/p$ s'applique à toutes les particules (pas uniquement aux photons), et même aux objets composés de plusieurs particules! D'après de Broglie, on peut associer à toute particule ou objet qui possède une quantité de mouvement de module p une « onde quantique » dont la longueur d'onde est

$$\lambda = \frac{h}{p}$$ **Longueur d'onde de de Broglie**

où $h = 6{,}63 \times 10^{-34}$ J·s est la constante de Planck.

Pour un objet de masse m se déplaçant à une vitesse dont le module v est inférieur à $0{,}1\,c$, on peut calculer le module de la quantité de mouvement à partir de l'équation newtonienne (non relativiste)

$$p = mv$$

d'où

$$\lambda = \frac{h}{mv}$$

Ainsi, plus un objet de vitesse donnée possède une grande masse, plus sa longueur d'onde de de Broglie est petite. C'est pour cela que les effets « ondulatoires » associés à l'onde quantique sont virtuellement impossibles à observer avec des objets de la vie courante. Imaginons, par exemple, que l'on veuille mettre en évidence les propriétés ondulatoires d'un objet en le lançant à travers une ouverture et en observant la *diffraction* qui en résulte. Considérons, pour commencer, une balle de 0,1 kg lancée à 2 m/s:

$$\lambda = \frac{h}{mv} = \frac{\left(6{,}63 \times 10^{-34} \text{ J·s}\right)}{\left(0{,}1\,\text{kg}\right)\left(2\,\text{m/s}\right)} = 3{,}32 \times 10^{-33} \text{ m}$$

Dans le **chapitre 3: Optique ondulatoire**, nous avons vu que la diffraction est importante uniquement si l'ouverture par laquelle passe une onde est du même ordre de grandeur que sa longueur d'onde (ou plus étroite encore). Il est, bien sûr, impossible de construire une fente de diffraction de 10^{-33} m de largeur. De plus, même si on réussissait un tel exploit, la balle ne pourrait pas passer par la fente!

Comme deuxième essai, considérons un grain de poussière de 10^{-12} kg qui virevolte très lentement dans l'air: $v = 1$ mm/s $= 10^{-3}$ m/s. Dans ce cas,

$$\lambda = \frac{h}{mv} = \frac{\left(6{,}63 \times 10^{-34} \text{ J·s}\right)}{\left(10^{-12}\,\text{kg}\right)\left(10^{-3}\,\text{m/s}\right)} = 6{,}63 \times 10^{-19} \text{ m}$$

ce qui correspond à moins d'un dix millième de la taille d'un proton ou d'un neutron (environ 10^{-14} m). Une fente par laquelle pourrait passer le grain de poussière serait tellement plus large que cette longueur d'onde qu'il serait impossible d'observer le moindre effet ondulatoire.

Pour que la longueur d'onde de de Broglie donne lieu à des effets ondulatoires importants, il faut que la masse de l'objet soit de l'ordre de grandeur de celles des atomes ou des particules élémentaires. Par exemple, la longueur d'onde de de Broglie d'un électron $(m = 9{,}11 \times 10^{-31}$ kg) se déplaçant à 1500 m/s est

$$\lambda = \frac{h}{p} = \frac{\left(6{,}63 \times 10^{-34} \text{ J·s}\right)}{\left(9{,}11 \times 10^{-31}\,\text{kg}\right)\left(1500\,\text{m/s}\right)} = 4{,}85 \times 10^{-7}\,\text{m} = 485 \text{ nm}$$

Cette longueur d'onde équivaut à celle d'un photon de lumière bleue. Attention : cela ne veut pas dire que l'électron est *identique* à un photon de lumière bleue : en particulier, il possède une charge électrique et une masse ! En revanche, cela veut dire que des électrons lancés à 1500 m/s à travers une ou plusieurs fentes vont générer une figure de diffraction ou d'interférence similaire à celle qui serait formée dans le même montage par de la lumière bleue.

En particulier, il est possible de réaliser une expérience de Young en lançant des électrons sur un masque percé de deux fentes et en recueillant ceux qui ont réussi à traverser le masque sur un écran de l'autre côté. Lorsqu'on effectue l'expérience, on observe que chaque électron frappe l'écran à un endroit bien déterminé. Néanmoins, *l'ensemble* des impacts reproduit la figure d'interférence prévue par la théorie de l'interférence des ondes (schéma ci-contre).

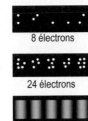

8 électrons

24 électrons

figure d'interférence pour l'expérience de Young avec de la lumière de même longueur d'onde

La figure d'interférence est difficile à discerner si l'on envoie seulement quelques électrons dans le montage. Toutefois, avec un grand nombre d'électrons, on constate que les impacts se concentrent nettement aux endroits où la théorie de l'interférence prévoit de l'interférence constructive. Il n'y a aucun impact aux endroits où la théorie prévoit de l'interférence destructive.

Si l'on effectue l'expérience de Young avec un faisceau de lumière extrêmement faible qui ne contient que quelques photons, on observe également que chaque photon laisse une trace bien localisée sur l'écran et que l'ensemble des traces reproduit la figure d'interférence prévue par la théorie. Ainsi, il n'existe aucune différence fondamentale entre l'expérience de Young effectuée avec des photons ou avec des électrons. L'expérience peut même être réalisée avec des noyaux atomiques et des molécules, ce qui confirme que tous les objets matériels possèdent des propriétés ondulatoires.

Dans l'expérience de Young, la figure d'interférence sur l'écran résulte de la superposition des ondes en provenance de chacune des fentes. Si l'on envoie plusieurs quantas en même temps dans le dispositif, il est tentant de supposer que la moitié des quantas (équipe « **A** ») passe par une des fentes pendant que l'autre moitié (équipe « **B** ») passe par l'autre fente. L'onde associée à l'équipe **A** interfère avec l'onde associée à l'équipe **B**, ce qui crée la figure d'interférence et « guide » les quantas vers les zones appropriées sur l'écran.

Si l'explication que l'on vient de donner était correcte, on ne devrait pas observer de figure d'interférence lorsqu'on envoie les quantas *un à la fois* dans le dispositif. En effet, le quanta solitaire doit passer par une *ou* l'autre des fentes : il n'y a qu'une seule onde à la fois dans le dispositif, donc aucune interférence possible.

L'expérience de Young a été réalisée dans sa version « un quanta à la fois ». À la fin de l'expérience, lorsqu'on fait la compilation de tous les points d'impact sur l'écran, on obtient *la même figure d'interférence* que si l'on avait envoyé tous les quantas en même temps dans le dispositif ! On est forcé de conclure que l'onde associée à *chaque* quanta qui traverse le dispositif passe *simultanément* par les *deux* fentes.

L'onde associée à chaque quanta crée des régions d'interférence constructive et des régions d'interférence destructive sur l'écran. Lorsque le quanta arrive sur l'écran, il doit laisser une trace à *un seul* endroit. Il « choisit » l'endroit en question en utilisant *sa propre onde* comme guide de probabilité : *plus l'onde quantique est intense à un endroit de l'écran, plus la probabilité que le quanta laisse une trace à cet endroit est grande.*

L'onde associée à un quanta est une **onde de probabilité**. En général, on ne peut pas prévoir ce que va « faire » un quanta dans une situation donnée : il y a un éventail de « comportements » possibles, et on peut seulement prévoir les probabilités associées à chacune des possibilités. Chaque fois qu'un quanta est forcé de « faire un choix » entre les différentes possibilités, un « coup de dé quantique » a lieu et une possibilité s'actualise au détriment des autres.

Einstein détestait cet aspect de la théorie quantique : « *Dieu ne joue pas aux dés* », disait-il. Dans les dernières décennies de sa vie, il imagina toute une série d'expériences « par la pensée » afin de prendre en défaut les prédictions probabilistes de la théorie. Certaines de ces expériences ont été réalisées concrètement après sa mort en 1955, et la théorie quantique a toujours eu raison.

Le principe d'incertitude de Heisenberg

Le principe d'incertitude a été énoncé par Werner Heisenberg en 1927. Il découle de la théorie générale de la mécanique quantique.

Nous donnerons un exemple de la signification du principe d'incertitude pour l'énergie et le temps à la fin de la section.

L'onde de probabilité fait en sorte que les caractéristiques d'un quanta (coordonnée x dans l'espace, coordonnée t dans le temps, quantité de mouvement p_x, énergie E) ne possèdent pas de valeurs précises : il faut plutôt parler d'*intervalles d'incertitude* Δx, Δt, Δp_x et ΔE. D'après le **principe d'incertitude de Heisenberg**, plus on contraint un quanta à occuper une position bien déterminée, plus sa quantité de mouvement est indéterminée, et vice versa. Le temps et l'énergie forment un autre couple d'incertitude :

$$\boxed{\Delta p_x \, \Delta x > h} \qquad \boxed{\Delta E \, \Delta t > h} \qquad \text{**Principe d'incertitude de Heisenberg**}$$

L'inégalité $\Delta p_x \, \Delta x > h$ met en relation la position selon l'axe x du quanta et la composante selon l'axe x de sa quantité de mouvement. Selon les deux autres axes, on peut écrire

$$\Delta p_y \, \Delta y > h \qquad \text{et} \qquad \Delta p_z \, \Delta z > h$$

La démonstration rigoureuse et générale des inégalités qui expriment le principe d'incertitude de Heisenberg dépasse les objectifs de cet exposé. Nous allons nous contenter de vérifier le bien-fondé de l'inégalité $\Delta p_y \, \Delta y > h$ dans le cas particulier où un quanta passe à travers une fente perpendiculaire à l'axe y (schéma ci-contre).

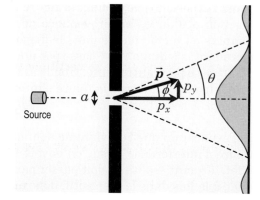

Si le quanta réussit à traverser la fente et finit par laisser une trace sur l'écran, on peut affirmer qu'au moment où il passe par la fente, sa position selon y est située « quelque part » dans la fente : ainsi, à cet instant, on connaît sa position selon y avec une incertitude

$$\Delta y = a \quad \textbf{(i)}$$

où a est la largeur de la fente. Comme la fente et la source qui a émis le quanta sont situées le long de l'axe x, on pourrait être tenté d'affirmer que l'on sait également que la vitesse du quanta au moment où il traverse la fente est orientée selon x. Toutefois, si c'était le cas, on saurait que la vitesse du quanta selon y est nulle et on pourrait affirmer *avec certitude* que sa quantité de mouvement selon y est nulle. L'*incertitude* Δp_y serait nulle, le produit $\Delta p_y \, \Delta y$ serait nul, donc inférieur à h, et le principe d'incertitude de Heisenberg serait violé !

En raison de la diffraction qui se produit lors du passage de la fente, on *ne peut pas* affirmer que la vitesse du quanta au moment où il traverse la fente est orientée selon x. À la fin de sa course, le quanta a 9 chances sur 10 de laisser une trace sur l'écran à l'intérieur du pic central de diffraction (en effet, l'aire sous la courbe comprise dans le pic central d'une figure de diffraction correspond à 90 % de l'aire totale). Par conséquent, tout ce qu'on peut affirmer, c'est que la quantité de mouvement du quanta a 9 chances sur 10 d'être orientée afin que celui-ci demeure dans le « cône » correspondant au pic central de diffraction.

Appelons ϕ l'angle entre la quantité de mouvement du quanta lors du passage de la fente et l'axe x (voir schéma de la page précédente). On peut écrire

$$\sin\phi = \frac{p_y}{p} \qquad \Rightarrow \qquad p_y = p\sin\phi$$

D'après la théorie de la diffraction (**section 3.5**), le premier minimum de diffraction ($m = 1$) se produit à la position angulaire

$$\delta = a\sin\theta = 1\times\lambda \qquad \Rightarrow \qquad \theta = \arcsin\left(\frac{\lambda}{a}\right)$$

L'angle ϕ a 9 chances sur 10 d'être situé dans le cône central de diffraction, c'est-à-dire entre

$$\theta = \arcsin\left(\frac{\lambda}{a}\right) \qquad \text{et} \qquad -\theta = -\arcsin\left(\frac{\lambda}{a}\right)$$

Ainsi, la quantité de mouvement selon y du quanta a 9 chances sur 10 de tomber dans l'intervalle entre

$$p_y = p\sin\left[\arcsin\left(\frac{\lambda}{a}\right)\right] = p\frac{\lambda}{a} \qquad \text{et} \qquad p_y = p\sin\left[-\arcsin\left(\frac{\lambda}{a}\right)\right] = -p\frac{\lambda}{a}$$

ce qui revient à dire que l'incertitude sur p_y est de l'ordre de

$$\Delta p_y = \frac{2p\lambda}{a}$$

Comme la longueur d'onde de de Broglie est $\lambda = h/p$,

$$\Delta p_y = \frac{2h}{a} \quad \textbf{(ii)}$$

En combinant les équations **(i)** et **(ii)**, on obtient

$$\Delta p_y \Delta y = \frac{2h}{a}a = 2h$$

ce qui concorde avec l'inégalité

$$\Delta p_y \Delta y > h$$

qui exprime le principe d'incertitude de Heisenberg.

Le terme « h » qui apparaît à droite de l'inégalité qui exprime le principe d'incertitude est approximatif : tout dépend de la manière exacte dont l'incertitude est définie. Ainsi, le fait que nous obtenons « $2h$ » plutôt que « h » est sans importance. Ce qui compte, c'est que l'ordre de grandeur du résultat soit bon.

L'étrange monde des quantas

Dans cette section et les trois sections précédentes, nous avons rencontré plusieurs situations où un quanta se comporte comme un « paquet d'énergie » localisé, c'est-à-dire une particule :

- lorsqu'un quanta de lumière (photon) déloge un électron d'une plaque de métal (effet photoélectrique) ;

- lorsqu'un photon perd une partie de son énergie en entrant en collision avec un électron dans une cible (effet Compton) ;

- lorsqu'un photon est absorbé ou émis par un corps noir (l'hypothèse de la quantification étant nécessaire pour expliquer la forme de cloche du spectre du corps noir) ;

- lorsqu'un quanta (que ce soit un photon, un électron, toute autre particule élémentaire, ou même un atome ou une molécule) laisse une trace localisée sur un écran après avoir traversé un masque percé d'une fente (diffraction) ou de deux fentes (expérience de Young).

Quand on observe un quanta, on le force à adopter une position précise : ainsi, il nous apparaît toujours comme une particule. Toutefois, *entre les instants où il est observé*, nous avons des preuves « indirectes » que le quanta évolue sous la forme d'une onde de probabilité délocalisée. Par exemple, lorsqu'on effectue une expérience de Young « un quanta à la fois », la probabilité qu'a le quanta d'apparaître en un point particulier de l'écran montre que, lors de la traversée des fentes, celui-ci existe sous la forme d'une onde de probabilité de longueur d'onde bien déterminée qui passe simultanément *par les deux fentes* et qui interfère *avec elle-même* pour créer une « figure de probabilité » sur l'écran. À la fin de son trajet, lorsque le quanta est forcé d'adopter une position précise, les choix qui s'offrent à lui sont déterminés par cette figure. Bien qu'il soit impossible de prévoir à quel endroit un quanta donné va apparaître, la *probabilité* qu'a le quanta d'apparaître en un point donné de l'écran est proportionnelle à l'intensité de la figure de probabilité à cet endroit. Ainsi, lorsqu'on envoie plusieurs quantas *un à la fois* dans le montage, l'*ensemble* des traces à la fin de l'expérience reproduit la figure prédite par la théorie de l'interférence des ondes.

On pourrait penser qu'un quanta existe *habituellement* sous la forme d'une particule localisée, et qu'il adopte un comportement ondulatoire délocalisé seulement lorsqu'on le force à faire quelque chose de « bizarre », comme passer par deux fentes simultanément. Toutefois, c'est plutôt le contraire. Par exemple, chaque atome de l'Univers doit sa stabilité au fait que les électrons qu'il contient existent sous la forme d'ondes de probabilité entourant le noyau. Comme nous l'avons mentionné au début de la **section 5.3 : Le spectre du corps noir**, les lois de l'électromagnétisme (équations de Maxwell) font en sorte qu'une particule chargée qui *accélère* perd continuellement de l'énergie en émettant de la lumière. Si un électron dans un atome se comportait comme une particule localisée et se déplaçait sur une orbite bien déterminée, il subirait une accélération centripète : ainsi, il émettrait continuellement de la lumière. La perte d'énergie qui en résulterait ferait en sorte qu'il serait entraîné le long d'une trajectoire en spirale et qu'il s'écraserait sur le noyau au bout d'une fraction de seconde ! Si les électrons n'existaient pas de manière « habituelle » sous la forme de « nuages de probabilité » dont la vitesse et la position ne sont pas bien déterminées, il n'y aurait pas d'atomes dans l'Univers, pas de chimie — et de ce fait, pas de chimistes.

Comme les quantas sont des ondes de probabilité, les phénomènes quantiques sont, à la base, probabilistes. Les phénomènes d'optique ondulatoire que nous avons analysés dans le **chapitre 3** en considérant la lumière comme une onde électromagnétique peuvent également être décrits en fonction de probabilités quantiques. Par exemple, dans la **section 3.10 : La polarisation**, nous avons vu que l'intensité I' de la lumière polarisée qui parvient à traverser un filtre polarisant est

$$I' = I\cos^2\theta$$

où I est l'intensité avant la traversée du filtre et θ est l'angle entre la polarisation de la lumière et l'axe de transmission du filtre. Si l'on envoie les photons polarisés *un à la fois* sur le filtre polarisant, on s'aperçoit qu'un photon donné est soit absorbé, soit transmis (si le photon était partiellement transmis, son énergie diminuerait et sa longueur d'onde augmenterait, ce qui n'est pas observé). D'après les lois de la mécanique quantique, la *probabilité* de transmission de chaque photon est $\cos^2\theta$, ce qui explique pourquoi, globalement, la fraction de la lumière transmise correspond à $\cos^2\theta$.

Si les phénomènes quantiques sont probabilistes, comment se fait-il qu'on puisse utiliser la physique « classique », non probabiliste, pour décrire le comportement des objets macroscopiques ? Tout simplement parce que la *moyenne* d'un grand nombre d'événements probabilistes peut être prévue avec une très petite incertitude. Les objets étudiés en physique classique sont, la plupart du temps, composés d'un très grand nombre de particules. Chacune d'entre elles a un comportement qui ne peut être prévu que de manière probabiliste et qui est caractérisé par une indétermination fondamentale (en raison du principe d'incertitude de Heisenberg), mais le comportement *global* de l'ensemble des particules peut être prévu avec une incertitude négligeable. (Comme analogie, on peut considérer une série de tirs à pile ou face : le résultat de chaque tir est imprévisible, mais si l'on effectue plusieurs milliards de tirs, on peut prévoir que le pourcentage de piles et le pourcentage de faces seront pratiquement identiques.) Une autre manière d'arriver à la même conclusion est de considérer le fait que la longueur d'onde de de Broglie d'un objet macroscopique est trop petite pour avoir un effet observable (comme nous l'avons vu au début de la section).

Les quantas ont des propriétés si différentes de celles des phénomènes de la vie courante qu'il est impossible de se faire une représentation mentale véritablement satisfaisante de leur nature. Même lorsqu'on pense cerner un quanta en observant une de ses propriétés (comme sa position ou son énergie), le principe d'incertitude de Heisenberg fait en sorte que d'autres propriétés demeurent nécessairement « floues ». Nous venons de voir que l'incertitude probabiliste des quantas rend possible la stabilité de l'atome. D'après les théories les plus récentes de la physique, elle rend également possible l'existence des interactions fondamentales (comme la force électromagnétique et l'interaction nucléaire forte) en permettant la création temporaire de *particules virtuelles* qui transmettent les forces entre les particules « ordinaires ». En effet, le principe d'incertitude de Heisenberg sous sa forme $\Delta E \Delta t > h$ permet à une particule d'apparaître « à partir de rien » tant que le produit de son énergie et de sa durée de vie est *inférieur* à h : dans ce cas, la violation temporaire du principe de conservation de l'énergie est « masquée » par le principe d'incertitude ! C'est ce qui permet aux particules chargées de s'attirer ou de se repousser en s'échangeant des *photons virtuels*, et aux particules dans le noyaux atomiques de maintenir leur cohésion et de s'attirer en s'échangeant des *gluons*. Les photons virtuels et les gluons se déplaçant à la vitesse de la lumière, plus les particules qui interagissent sont éloignées l'une de l'autre, plus le « prêt d'énergie » nécessaire à leur existence doit durer longtemps, et plus l'énergie des particules virtuelles doit être petite (le produit de l'énergie et de la durée devant demeurer inférieur à h). C'est ce qui explique pourquoi les forces diminuent avec la distance.

La polarisation de l'onde de probabilité d'un photon qui a réussi à traverser un filtre polarisant est « réalignée » sur l'axe de transmission du filtre. C'est pour cela qu'un second filtre dont l'axe de polarisation est parallèle au premier laisse passer 100 % des photons qui ont réussi à traverser le premier filtre.

D'après le modèle standard des particules élémentaires, les *bosons W* et *Z* sont les particules virtuelles responsables de l'interaction nucléaire faible. D'après certaines théories, des particules virtuelles appelées *gravitons* seraient responsables de la force gravitationnelle.

onde de probabilité : onde exprimant les différents « comportements » possibles d'un quanta ; plus l'onde associée à un comportement possible est intense, plus ce comportement a de chances de se réaliser lorsque le quanta est forcé de « faire un choix ».

principe d'incertitude de Heisenberg : plus on contraint un quanta à occuper une position bien déterminée, plus sa quantité de mouvement est indéterminée, et vice versa ; le temps et l'énergie forment un autre couple d'incertitude ; le principe a été énoncé en 1927 par le physicien allemand Werner Heisenberg.

QUESTIONS

Q1. Vrai ou faux ? L'équation $\lambda = h/p$, s'applique uniquement aux particules élémentaires : on ne peut pas l'appliquer aux objets macroscopiques.

Q2. Pourquoi la nature ondulatoire des objets passe-t-elle inaperçue dans la vie de tous les jours ?

Q3. Vrai ou faux ? Comme la masse d'un photon est nulle, il ne possède pas de quantité de mouvement.

Q4. Vrai ou faux ? Lorsqu'on réalise une expérience semblable à celle de Young avec des électrons, il est possible d'obtenir une figure d'interférence sur l'écran.

Q5. Dans l'expérience de Young avec des électrons, chaque électron laisse une trace localisée sur l'écran. Qu'est-ce qui permet alors d'affirmer qu'on est en présence d'un phénomène d'interférence ?

Q6. Vrai ou faux ? Dans l'expérience de Young avec des électrons, on doit envoyer au moins deux électrons à la fois dans le dispositif si l'on veut obtenir une figure d'interférence sur l'écran.

Q7. Dans l'expérience de Young avec des électrons, qu'est-ce qui permet d'affirmer que l'onde associée à *chaque* électron passe simultanément par les deux fentes ?

Q8. Expliquez, à l'aide d'un exemple concret faisant intervenir l'expérience de Young, ce qu'on veut dire lorsqu'on affirme que l'onde associée à un quanta est une onde de *probabilité*.

Q9. (a) Quel physicien a dit : « *Dieu ne joue pas aux dés* » ? **(b)** Expliquez ce que la phrase signifie.

Q10. D'après le principe d'incertitude de _____, plus on contraint un quanta à occuper une position bien déterminée, _____ la valeur de sa _____ est indéterminée.

Q11. Décrivez trois situations tirées de la présente section ou des trois sections précédentes où un quanta se comporte comme une particule.

Q12. Vrai ou faux ? Les quantas existent habituellement sous forme de particules localisées, et ils agissent comme des ondes non localisées uniquement dans des situations « spéciales » comme l'expérience de Young.

Q13. Pourquoi les lois de l'électromagnétisme sont-elles incompatibles avec l'hypothèse selon laquelle l'atome est constitué d'électrons localisés en orbite autour du noyau ?

Q14. Vrai ou faux ? En général, quand un photon parvient à traverser un filtre polarisant, une partie de l'énergie est absorbée et le photon transmis possède moins d'énergie que le photon d'origine.

Q15. Comme les phénomènes quantiques sont probabilistes, comment se fait-il qu'on puisse utiliser la physique classique, non probabiliste, pour décrire le comportement des objets macroscopiques ?

Q16. Expliquez en quoi le principe d'incertitude pour l'énergie et le temps joue un rôle dans la théorie qui explique la nature des forces fondamentales.

Q17. Dans la théorie selon laquelle les forces fondamentales sont transmises par des particules virtuelles, pourquoi les forces diminuent-elles avec la distance ?

Q18. Qu'est-ce qu'un *graviton* ?

EXERCICES

Pour les masses de l'électron et du proton, consultez la **section G3 : Les constantes universelles** de l'annexe mathématique.

SÉRIE PRINCIPALE

5.4.1 *La longueur d'onde d'un électron.* Quelle est la longueur d'onde de de Broglie d'un électron dont l'énergie cinétique est de 3×10^{-16} J ?

5.4.2 *Longueur d'onde et vitesse.* Quel est le module de la vitesse d'un proton qui possède une longueur d'onde de de Broglie égale à 1 nm ?

5.4.3 *L'incertitude dans l'atome.* Dans un atome d'hydrogène à l'état fondamental, l'incertitude sur la position de l'électron correspond approximativement à la taille de l'atome, soit 0,1 nm. Quelle est l'incertitude sur le module de la quantité de mouvement de l'électron ?

5.4.4 *Une énergie incertaine.* L'état excité d'un atome a une durée de 1 ns. Quelle est l'incertitude sur son énergie ?

Le spectre de l'hydrogène et le modèle de Bohr

Après l'étude de cette section, le lecteur pourra décrire le modèle atomique de Bohr
et expliquer comment il permet de prédire les longueurs d'onde dans le spectre de l'hydrogène.

APERÇU

Lorsqu'on fait passer un courant électrique à travers un tube rempli d'hydrogène, la lumière visible qui est émise est une superposition de quatre longueurs d'onde : 656,3 nm, 486,1 nm, 434,1 nm et 410,2 nm. On peut obtenir ces valeurs théoriquement en décrivant l'atome d'hydrogène à l'aide d'un modèle simplifié, le **modèle de Bohr**, qui a été proposé par Niels Bohr en 1913.

Dans le modèle de Bohr, l'unique électron de l'atome d'hydrogène tourne sur une orbite circulaire autour du noyau constitué d'un proton immobile. En raison des propriétés ondulatoires de l'électron, les seules orbites permises sont celles dont la circonférence est égale à un nombre entier de fois la longueur d'onde de de Broglie de l'électron :

$$2\pi r = n\lambda$$ **Quantification orbitale de l'atome d'hydrogène**

Dans cette équation, le paramètre n est appelé **nombre quantique principal** : $n = 1, 2, 3, 4...$

D'après la théorie présentée dans la **section 5.4**, la longueur d'onde de de Broglie de l'électron est

$$\lambda = \frac{h}{p} = \frac{h}{mv}$$

où $m = 9,11 \times 10^{-31}$ kg est sa masse, v est le module de sa vitesse orbitale et h est la constante de Planck.

En combinant la dynamique du mouvement circulaire (**section 2.7** du **tome A**) et la loi de Coulomb (**section 1.2** du **tome B**), on trouve que la vitesse orbitale de l'électron est

$$v = \sqrt{\frac{ke^2}{mr}}$$

où $k = 9 \times 10^9$ N·m²/C² est la constante de Coulomb et $e = 1,6 \times 10^{-19}$ C est la charge élémentaire.

En combinant les trois équations centrées qui précèdent afin de faire disparaître la vitesse v et la longueur d'onde λ, on obtient une équation qui donne le rayon des orbites permises :

$$r = n^2\left[\frac{1}{mk}\left(\frac{h}{2\pi e}\right)^2\right]$$

Dans l'équation qui précède, le terme entre crochets est le **rayon de Bohr** : il est égal à $5,29 \times 10^{-11}$ m et il correspond au rayon de l'atome d'hydrogène dans son état fondamental ($n = 1$).

L'énergie mécanique de l'atome d'hydrogène est

$$E = K + U = \tfrac{1}{2}mv^2 - \frac{ke^2}{r} = -\frac{ke^2}{2r}$$

(Cette énergie est négative, car l'atome est un système lié : il faut lui *donner* de l'énergie pour le dissocier.) En insérant dans cette équation l'expression du rayon des orbites permises, on obtient

$$E = -\frac{2m}{n^2}\left(\frac{\pi ke^2}{h}\right)^2$$

Or,

$$2m\left(\frac{\pi ke^2}{h}\right)^2 = 2,18 \times 10^{-18}\text{ J} = 13,6\text{ eV}$$

(Rappelons que 1 eV = $1,6 \times 10^{-19}$ J.) Ainsi,

$$E = \frac{(-13,6\text{ eV})}{n^2}$$ **Niveaux d'énergie de l'atome d'hydrogène**

Les énergies des trois premiers niveaux sont respectivement de −13,6 eV, de −3,40 eV et de −1,51 eV. (En raison des signes négatifs, le niveau $n = 1$ possède la plus petite énergie.)

La lumière émise par l'hydrogène dans un tube parcouru par un courant est produite lorsqu'un atome qui a été excité à un certain niveau se désexcite en revenant à un niveau inférieur. La désexcitation est accompagnée par l'émission d'un photon dont l'énergie $E = hf$ correspond à la différence d'énergie entre le niveau initial (i) et le niveau final (f) :

$$hf = E_i - E_f$$

Dans le spectre de l'hydrogène, la longueur d'onde de 656,3 nm correspond à une désexcitation du niveau 3 au niveau 2. Les trois autres longueurs d'onde dans la partie visible du spectre correspondent aux transitions $4 \to 2$, $5 \to 2$ et $6 \to 2$. Les transitions qui aboutissent au niveau fondamental ($n = 1$) émettent des photons ultraviolets.

En 1814, Joseph von Fraunhofer a découvert, en analysant la lumière du Soleil à l'aide d'un spectroscope, un grand nombre de *raies spectrales* correspondant à des longueurs d'onde où le spectre apparaît sombre. (Dans un spectroscope, la lumière passant par une mince fente est déviée différemment pour chaque longueur d'onde : dans le spectre qui en résulte, chaque longueur d'onde produit une « image » de la fente, et les longueurs d'onde manquantes apparaissent comme des « raies » sombres.) Dans les années qui suivirent, on réalisa que chaque élément chimique possède des longueurs d'onde caractéristiques. Si l'on fait passer de la lumière contenant toutes les longueurs d'onde à travers un tube de l'élément en phase gazeuse, il y a absorption aux longueurs d'onde caractéristiques (spectre d'absorption). En revanche, si l'on excite les atomes de l'élément (par exemple, en faisant passer un courant électrique à travers un tube rempli de l'élément en phase gazeuse), il y a émission aux longueurs d'onde caractéristiques (spectre d'émission). C'est grâce à l'analyse spectrale que les astronomes peuvent étudier la composition chimique des étoiles et de leurs atmosphères.

> Dans les spectres ci-contre, on a exagéré la largeur des raies spectrales pour mieux les distinguer.

L'élément chimique le plus simple, l'hydrogène, possède quatre raies spectrales dans la partie visible du spectre : à 410,2 nm, à 434,1 nm, à 486,1 nm et à 656,3 nm (schéma ci-contre). C'est en tentant d'expliquer ces raies que Niels Bohr, en 1913, a élaboré un modèle de l'atome d'hydrogène basé sur les propriétés quantiques de l'électron. Depuis, le modèle de Bohr a été remplacé par des modèles plus sophistiqués qui s'appuient sur la théorie complète de la mécanique quantique. Toutefois, celui-ci constitue une application intéressante des idées de base de la physique quantique, ce qui fait en sorte qu'il est encore pertinent de l'étudier aujourd'hui.

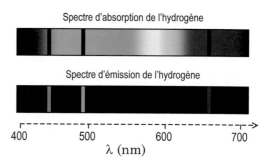

Pour élaborer son modèle, Bohr s'est basé sur la découverte du noyau atomique par Ernest Rutherford, en 1911. En bombardant une mince feuille d'or avec des particules alpha (dont on sait aujourd'hui qu'il s'agit de noyaux d'hélium composés de deux protons et de deux neutrons), Rutherford a mis en évidence le fait que la masse d'un atome est concentrée dans une petite région centrale chargée positivement. Grâce aux travaux de Rutherford, Bohr savait que l'atome d'hydrogène est constitué d'une particule de charge positive dont la masse est très grande (un proton) et d'une particule négative qui « tourne » autour (un électron).

> Dans le modèle de Bohr, l'électron est une particule localisée qui tourne sur une orbite précise autour du noyau. Or, comme nous l'avons mentionné à la fin de la **section 5.4**, l'électron devrait émettre de la lumière en raison des lois de l'électromagnétisme et s'écraser sur le noyau. Dans son modèle, Bohr fait l'hypothèse que, en raison des effets quantiques, un électron voyageant sur une orbite permise est « dispensé » des lois habituelles de l'électromagnétisme ! Le modèle de Bohr demeure « semi-classique ». Ce n'est qu'une fois les lois générales de la mécanique quantique établies (vers 1925) qu'on a élaboré des modèles purement quantiques où l'électron est un « nuage de probabilité ». Dans ces modèles, la notion d'orbites permises disparaît, mais les niveaux d'énergie déterminés par Bohr demeurent valables.

Dans le **modèle de Bohr**, l'électron voyage sur une orbite circulaire autour du proton immobile, un peu comme une planète autour de son étoile. Toutefois, il y a une différence importante entre l'électron et une planète. Selon sa vitesse, une planète peut se trouver sur une orbite circulaire stable à n'importe quelle distance de son étoile. En revanche, dans le modèle de Bohr, seules certaines orbites sont « permises ». Sur chaque orbite permise, l'électron a une énergie bien déterminée : pour changer d'orbite, un électron doit absorber ou émettre un photon dont l'énergie correspond à la *différence* d'énergie entre les orbites. Ainsi, un atome donné ne peut absorber ou émettre que certaines longueurs d'onde. (Comme les orbites permises dépendent de la charge électrique du noyau et de l'interaction entre les électrons, chaque élément possède ses orbites permises propres et ses longueurs d'onde caractéristiques propres.)

Pour reproduire les longueurs d'onde du spectre de l'hydrogène, Bohr a dû faire l'hypothèse que le *moment cinétique* orbital de l'électron ne pouvait prendre que certaines valeurs qui sont des multiples entiers de la constante de Planck divisée par 2π :

$$mvr = n\frac{h}{2\pi}$$

où m est la masse de l'électron, v est sa vitesse le long de son orbite, r est le rayon de son orbite et $n = 1, 2, 3\ldots$ est le **nombre quantique principal**, qui représente le « numéro » de l'orbite permise.

La longueur d'onde de de Broglie (notion qui est apparue en 1924, un peu plus de 10 ans après l'énoncé initial du modèle de Bohr) permet de « justifier » l'hypothèse de Bohr de manière intéressante. En effet, si l'on réécrit l'équation précédente sous la forme

$$2\pi r = n\left(\frac{h}{mv}\right)$$

on constate que le terme entre parenthèses correspond à la longueur d'onde de de Broglie de l'électron :

$$\lambda = \frac{h}{p} = \frac{h}{mv}$$

Comme $2\pi r$ correspond à la circonférence de l'orbite, l'hypothèse de Bohr revient à affirmer que les seules orbites permises sont celles dont la circonférence est égale à un nombre entier de fois la longueur d'onde de de Broglie de l'électron :

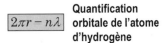
Quantification orbitale de l'atome d'hydrogène

Les schémas ci-contre donnent une interprétation graphique des orbites permises. Sur le schéma de gauche, nous avons dessiné une onde sur un cercle qui ne respecte pas l'équation ci-dessus (la circonférence correspond à 5,5 fois la longueur d'onde) : l'onde ne se referme pas exactement sur elle-même. Si l'on fait plusieurs tours du cercle avec l'onde, la superposition possède une amplitude nulle : comme l'onde s'« autodétruit », l'orbite est « interdite ». Sur le schéma de droite, la circonférence du cercle correspond à 5 fois la longueur d'onde. L'onde se referme exactement sur elle-même et se « renforce » : l'orbite est permise.

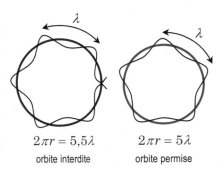

$2\pi r = 5{,}5\lambda$
orbite interdite

$2\pi r = 5\lambda$
orbite permise

Quelles sont les valeurs des rayons des orbites permises ? Si on isole r dans l'équation précédente, on obtient

$$r = \frac{n}{2\pi}\lambda = \frac{n}{2\pi}\left(\frac{h}{mv}\right) \quad \textbf{(i)}$$

Cette équation n'est pas très utile, car la vitesse v de l'électron sur une orbite donnée dépend du rayon r de l'orbite. Pour trouver la vitesse, on peut analyser l'orbite de l'électron à l'aide de la dynamique du mouvement circulaire (**section 2.7** du **tome A**).

Nous avons défini le moment cinétique dans le **tome A**, à la **section 4.9 : La conservation du moment cinétique**. Une particule de masse m voyageant avec une vitesse constante de module v sur un cercle de rayon r possède un moment cinétique $L = I\omega = (mr^2)(v/r) = mvr$.

Le paramètre n du modèle de Bohr continue de jouer un rôle dans le modèle le plus récent de l'atome, basé sur quatre nombres quantiques : n, ℓ (le nombre quantique orbital, qui détermine la forme des orbitales), m_ℓ (le nombre quantique magnétique orbital) et m_s (le nombre quantique magnétique du spin).

Attention : dans l'équation ci-contre, λ correspond à la longueur d'onde de de Broglie de l'électron, et non à la longueur d'onde des raies spectrales !

Il est inutile de tenir compte de la force gravitationnelle entre le proton et l'électron, car elle est complètement négligeable en comparaison avec la force électrique.

L'électron subit une seule force, la force électrique, orientée vers le centre de son orbite. Comme le proton et l'électron ont une charge, en valeur absolue, égale à la charge élémentaire ($e = 1{,}6 \times 10^{-19}$ C), le module de la force que subit l'électron, d'après la loi de Coulomb (**section 1.2** du **tome B**), est

$$F = \frac{k|q_1 q_2|}{r^2} = \frac{ke^2}{r^2}$$

où $k = 9 \times 10^9$ N·m^2/C^2 est la constante de Coulomb. Selon un axe r' dont le sens positif est orienté vers le centre de l'orbite, on peut écrire

$$\sum F_{r'} = ma_{r'} = ma_{\mathrm{C}} = \frac{mv^2}{r}$$

d'où

$$\frac{ke^2}{r^2} = \frac{mv^2}{r} \quad \Rightarrow \quad v^2 = \frac{ke^2}{mr} \quad \Rightarrow \quad v = \sqrt{\frac{ke^2}{mr}} \quad \textbf{(ii)}$$

En combinant les équations **(i)** et **(ii)** pour faire disparaître la vitesse, on obtient

$$r = \frac{n}{2\pi}\left(\frac{h}{m\sqrt{ke^2/mr}}\right) = \frac{nh}{2\pi m}\sqrt{\frac{mr}{ke^2}} = \frac{nh}{2\pi e}\sqrt{\frac{r}{mk}}$$

d'où

$$\sqrt{r} = \frac{nh}{2\pi e}\sqrt{\frac{1}{mk}} \quad \Rightarrow \quad r = \left(\frac{nh}{2\pi e}\right)^2 \frac{1}{mk}$$

On peut réécrire la dernière équation sous la forme

$$r = n^2 \left[\frac{1}{mk}\left(\frac{h}{2\pi e}\right)^2\right]$$

Le terme entre crochets est le **rayon de Bohr** :

Si l'on calcule le rayon de Bohr à partir des valeurs arrondies des constantes qu'on utilise habituellement dans cet ouvrage, on obtient $5{,}30 \times 10^{-11}$ m. Pour obtenir $5{,}29 \times 10^{-11}$ m, il faut utiliser les valeurs précises des constantes données dans la **section G3 : Les constantes universelles** de l'annexe générale.

$$\frac{1}{mk}\left(\frac{h}{2\pi e}\right)^2 = 5{,}29 \times 10^{-11}\,\mathrm{m}$$

Il correspond au rayon, dans le modèle de Bohr de l'atome d'hydrogène, de l'orbite de l'électron dans son état fondamental ($n = 1$).

Maintenant que nous connaissons les rayons des orbites permises, nous pouvons calculer l'énergie E que possède l'électron sur une orbite donnée. L'énergie cinétique de l'électron est

$$K = \tfrac{1}{2}mv^2 = \tfrac{1}{2}m\left(\frac{ke^2}{mr}\right) = \frac{ke^2}{2r}$$

(nous avons utilisé l'équation **(ii)** pour faire disparaître la vitesse). L'énergie potentielle électrique du système proton-électron, d'après la théorie de la **section 2.1** du **tome B**, est

$$U = -\frac{kq_1 q_2}{r} = -\frac{ke^2}{r}$$

L'énergie totale E est

$$E = K + U = \frac{ke^2}{2r} - \frac{ke^2}{r} = -\frac{ke^2}{2r}$$

(Cette énergie est négative, car l'atome est un système lié : il faut lui *donner* de l'énergie pour le dissocier.) En insérant dans cette équation l'expression du rayon des orbites permises, on obtient

$$E = -\frac{ke^2}{2}\frac{1}{n^2}\left[mk\left(\frac{2\pi e}{h}\right)^2\right] = -\frac{1}{n^2}\left[2m\left(\frac{\pi ke^2}{h}\right)^2\right]$$

Le terme entre crochets est l'énergie (en valeur absolue) de l'état fondamental ($n = 1$) :

$$2m\left(\frac{\pi ke^2}{h}\right)^2 = 2{,}18 \times 10^{-18} \text{ J} = 13{,}6 \text{ eV}$$

Les valeurs ci-contre ont été obtenues à partir des valeurs précises des constantes données dans la **section G3 : Les constantes universelles** de l'annexe générale. (Avec une précision de 5 chiffres significatifs, on obtient 13,605 eV.)

(Rappelons que 1 eV = 1,6 × 10⁻¹⁹ J.) Ainsi,

$$E = \frac{(-13{,}6 \text{ eV})}{n^2}$$ **Niveaux d'énergie de l'atome d'hydrogène**

Les énergies des trois premiers niveaux sont respectivement de –13,6 eV, de –3,40 eV et de –1,51 eV. En raison des signes négatifs, le niveau $n = 1$ possède la plus petite énergie, comme il se doit. L'énergie d'ionisation, c'est-à-dire l'énergie minimale pour ioniser un atome à partir de son état fondamental, correspond à l'énergie nécessaire pour passer du niveau $n = 1$ à un niveau n qui tend vers l'infini (pour lequel $E = 0$). Ainsi, l'énergie d'ionisation de l'atome d'hydrogène est de 13,6 eV.

L'équation des niveaux d'énergie de l'atome d'hydrogène permet de prédire les longueurs d'onde des raies spectrales. Prenons comme exemple la raie visible qui est habituellement la plus intense dans le spectre de l'hydrogène, appelée « raie Hα » (H-alpha), dont la longueur d'onde est de 656,3 nm. Un photon de cette longueur d'onde est émis lorsque l'électron d'un atome d'hydrogène excité passe du niveau $n = 3$ au niveau $n = 2$. L'énergie au niveau 3 est

$$E_3 = \frac{(-13{,}6 \text{ eV})}{3^2} = \frac{-13{,}6 \times (1{,}6 \times 10^{-19} \text{ J})}{9} = -2{,}418 \times 10^{-19} \text{ J}$$

et l'énergie au niveau 2 est

$$E_2 = \frac{(-13{,}6 \text{ eV})}{2^2} = \frac{-13{,}6 \times (1{,}6 \times 10^{-19} \text{ J})}{4} = -5{,}44 \times 10^{-19} \text{ J}$$

L'énergie $E = hf$ du photon émis correspond à l'énergie perdue par l'atome lorsque l'électron passe du niveau 3 au niveau 2 :

$$hf = |\Delta E| = E_3 - E_2 = (-2{,}418 \times 10^{-19} \text{ J}) - (-5{,}44 \times 10^{-19} \text{ J}) = 3{,}022 \times 10^{-19} \text{ J}$$

La fréquence du photon est

$$f = \frac{E_3 - E_2}{h} = \frac{(3{,}022 \times 10^{-19} \text{ J})}{(6{,}63 \times 10^{-34} \text{ J·s})} = 4{,}558 \times 10^{14} \text{ Hz}$$

et sa longueur d'onde est

$$\lambda = \frac{c}{f} = \frac{(3 \times 10^8 \text{ m/s})}{(4{,}558 \times 10^{14} \text{ Hz})} = 6{,}58 \times 10^{-7} \text{ m} = 658 \text{ nm}$$

Tout au long de la section, nous avons utilisé des valeurs approximatives pour les constantes universelles c, h, m, e et k : cela explique en partie pourquoi nous obtenons un résultat qui diffère de la valeur observée (656,3 nm) par environ 0,2 %.

Le schéma ci-dessous indique les 15 transitions possibles entre les niveaux 1 à 6 de l'atome d'hydrogène. Les longueurs d'onde dans la partie visible du spectre correspondent aux transitions $3 \to 2$, $4 \to 2$, $5 \to 2$ et $6 \to 2$. Les transitions qui aboutissent au niveau fondamental ($n = 1$) émettent des photons ultraviolets, tandis que celles qui aboutissent aux niveaux 3, 4 et 5 émettent des photons infrarouges.

Une partie de l'écart entre la valeur de λ obtenue et la valeur observée vient du fait qu'on a supposé que le proton est immobile au centre de l'atome, au lieu de considérer que l'électron tourne autour du centre de masse du système proton-électron.

La série de Balmer est nommée en l'honneur de Johann Jakob Balmer, qui a découvert, en 1885, une formule empirique permettant de calculer les longueurs d'onde des quatre raies spectrales de l'hydrogène dans la partie visible du spectre :

$$\lambda = (364{,}6 \text{ nm}) \frac{m^2}{m^2 - 4}$$

où $m = 3$, 4, 5 et 6.

En 1906, Theodore Lyman a observé des raies spectrales de l'hydrogène dans l'ultraviolet ; en 1908, Friedrich Paschen a fait de même dans l'infrarouge.

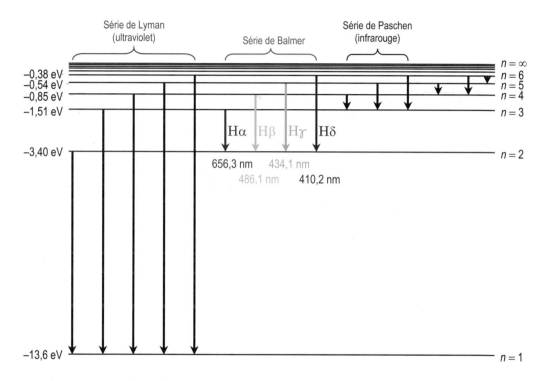

Le modèle de Bohr explique de manière quasi parfaite les longueurs d'onde des raies spectrales de l'hydrogène. Il s'applique également aux atomes ionisés qui possèdent un seul électron : par exemple, l'hélium ionisé une fois, ou le lithium ionisé deux fois (voir l'**exercice** $\boxed{5.5.5}$). Toutefois, le modèle est incapable de tenir compte de l'interaction complexe entre les électrons dans un atome qui possède plus d'un électron.

Comme nous l'avons mentionné au début de la section, le modèle de Bohr a été remplacé depuis par des modèles atomiques plus sophistiqués dans lesquels les électrons sont des « nuages de probabilité ». La notion semi-classique d'orbites permises a disparu, ce qui élimine le conflit avec les prédictions des lois de l'électromagnétisme concernant une particule chargée dont le mouvement est accéléré. En revanche, le nombre quantique principal n introduit par Bohr continue d'être utilisé pour décrire les niveaux d'énergie, et sa manière de déterminer la fréquence des raies spectrales à partir de la différence d'énergie entre les niveaux demeure valable.

modèle de Bohr : modèle de l'atome d'hydrogène, proposé par Niels Bohr, dans lequel l'électron ne peut tourner autour du proton que sur certaines orbites permises.

nombre quantique principal : (symbole : n) paramètre qui désigne les orbites permises dans le modèle de Bohr ; $n = 1$, 2, 3, ...

rayon de Bohr : rayon de l'orbite $n = 1$ du modèle de Bohr : $5{,}29 \times 10^{-11}$ m.

QUESTIONS

Q1. Expliquez comment procéder pour créer **(a)** un spectre d'émission ; **(b)** un spectre d'absorption.

Q2. Nommez une des utilités de l'analyse spectrale pour les astronomes.

Q3. Combien l'hydrogène possède-t-il de raies spectrales dans la partie visible du spectre ?

Q4. Quelle est la découverte de Rutherford dont Bohr s'est servie comme point de départ de son modèle ?

Q5. Quelle est la différence fondamentale entre les orbites possibles pour une planète autour d'une étoile et les orbites possibles pour un électron dans le modèle de Bohr ?

Q6. Considérez l'équation $2\pi r = n\lambda$. **(a)** À quoi correspond λ ? **(b)** Expliquez en mots et à l'aide de schémas ce que l'équation signifie.

Q7. Vrai ou faux ? Dans le modèle de Bohr, plus le numéro n de l'orbite est élevé, plus l'énergie est grande.

Q8. Expliquez comment on peut déterminer l'énergie nécessaire pour ioniser un atome d'hydrogène à partir de l'équation des niveaux d'énergie du modèle de Bohr.

Q9. Expliquez comment on peut déterminer les énergies des photons pouvant être émis ou absorbés par un atome d'hydrogène à partir de l'équation des niveaux d'énergie du modèle de Bohr.

Q10. À quelles transitions les quatre raies spectrales de l'hydrogène dans la partie visible du spectre correspondent-elles ?

Q11. Dites dans quelle partie du spectre aboutissent les transitions qui se terminent **(a)** au niveau $n = 1$; **(b)** au niveau $n = 3$.

DÉMONSTRATION

D1. (a) À partir de l'équation qui exprime la quantification orbitale de l'atome d'hydrogène dans le modèle de Bohr, $2\pi r = n\lambda$, obtenez une équation qui permet de calculer le rayon r de l'orbite d'un électron en fonction du nombre quantique principal, de la constante de Planck, de la masse de l'électron et du module de sa vitesse.

(b) Montrez que le module de la vitesse de l'électron sur son orbite est

$$v = \sqrt{\frac{ke^2}{mr}}$$

où k est la constante de Coulomb et e est la charge élémentaire. **(c)** En combinant les résultats obtenus en (a) et en (b), montrez que les rayons des orbites permises sont donnés par l'équation

$$r = n^2 \left[\frac{1}{mk} \left(\frac{h}{2\pi e} \right)^2 \right]$$

(d) Montrez que l'énergie totale $E = K + U$ de l'atome lorsque l'électron est sur une orbite de rayon r est

$$E = -\frac{ke^2}{2r}$$

(e) En combinant les résultats obtenus en (c) et en (d), montrez que les niveaux d'énergie sont donnés par l'équation

$$E = -\frac{1}{n^2} \left[2m \left(\frac{\pi ke^2}{h} \right)^2 \right]$$

EXERCICES

RÉCHAUFFEMENT

5.5.1 *L'ionisation de l'hydrogène déjà excité.* **(a)** Quelle énergie (en joules) doit-on fournir à l'atome d'hydrogène pour arracher un électron à partir du niveau d'énergie $n = 2$? **(b)** Quelle est la longueur d'onde du photon qui fournirait cette énergie ? **(c)** Dans quelle partie du spectre électromagnétique se situe ce photon ?

SÉRIE PRINCIPALE

5.5.2 *La raie Lyman alpha.* **(a)** Quelle est l'énergie (en joules) perdue par l'atome d'hydrogène lorsqu'un électron passe du niveau $n = 2$ au niveau $n = 1$? **(b)** Quelle est la longueur d'onde du photon alors émis ? **(c)** Dans quelle partie du spectre se situe-t-il ?

5.5.3 *Une raie infrarouge.* On observe qu'un photon infrarouge de 2633 nm est émis par un atome d'hydrogène. **(a)** Déterminez l'énergie de ce photon en joules et en électronvolts. **(b)** Pour que ce photon soit émis, l'électron est-il passé à un niveau d'énergie n plus grand ou plus petit ? **(c)** En vous référant au schéma des niveaux d'énergie de l'hydrogène à la fin de l'exposé de la section, déterminez quelle transition est responsable de l'émission de ce photon. (Il s'agit d'une des transitions entre les six premiers niveaux d'énergie.)

SÉRIE SUPPLÉMENTAIRE

5.5.4 *Les rayons des trois premières orbites.* Dans le modèle de Bohr, quels sont les rayons des trois premières orbites permises pour l'atome d'hydrogène ?

5.5.5 *Le modèle de Bohr généralisé.* Le modèle de Bohr s'applique également aux atomes ionisés qui ne possèdent qu'un seul électron. En reprenant l'analyse qui permet d'obtenir les équations décrivant l'atome d'hydrogène (*indice* : un seul des paramètres est modifié !), déterminez les équations qui permettent de calculer les rayons permis et les niveaux d'énergie **(a)** d'un atome d'hélium ionisé une fois ; **(b)** d'un atome de lithium ionisé deux fois.

Chambre centrale du National Ignition Facility, à Livermore,
en Californie. Une pastille d'hydrogène est placée à la pointe
du support au centre de l'image. Plusieurs lasers puissants
convergent sur la cible pour l'amener en une fraction de
seconde à une température suffisante pour induire la fusion

L'énergie nucléaire

Après l'étude de cette section, le lecteur pourra calculer l'énergie libérée
lors d'un processus nucléaire (désintégration radioactive ou réaction nucléaire).

APERÇU

Le **noyau** d'un atome est composé de **nucléons** : Z protons et N neutrons. Le nom des éléments chimiques est déterminé par le **numéro atomique** Z. Le **nombre de masse** A correspond au nombre de nucléons : $A = Z + N$.

L'**unité de masse atomique** (symbole : u) correspond, par définition, au douzième de la masse d'un atome neutre de carbone dont le noyau possède 6 protons et 6 neutrons :

$$1\,\text{u} = 1{,}660\ 539 \times 10^{-27}\,\text{kg}$$ **Unité de masse atomique**

Le proton et le neutron ont à peu près la même masse :

$$m_\text{p} = 1{,}672\ 622 \times 10^{-27}\,\text{kg} = 1{,}007\ 276\,\text{u}$$ **Masse du proton**

$$m_\text{n} = 1{,}674\ 927 \times 10^{-27}\,\text{kg} = 1{,}008\ 665\,\text{u}$$ **Masse du neutron**

Comme l'électron est 1836 fois plus léger que le proton,

$$m_\text{e} = 9{,}11 \times 10^{-31}\,\text{kg} = 0{,}000\ 549\,\text{u}$$ **Masse de l'électron**

la masse d'un noyau dont le nombre de masse est A est à peu près égale à A unités de masse atomique.

Un élément chimique peut exister sous la forme de différents **isotopes** qui se distinguent les uns des autres par la valeur de N. Pour désigner un isotope particulier, on utilise le nom chimique suivi du nombre de masse A. Par exemple, pour un noyau de carbone 14, $Z = 6$ protons et $N = 14 - 6 = 8$ neutrons. Symboliquement, on écrit ^A_Z[symbole chimique] : par exemple, $^{14}_{6}\text{C}$ pour le carbone 14. Comme le nom chimique indique la valeur de Z, on peut omettre l'indice Z et écrire ^{14}C.

La masse m d'un noyau qui possède Z protons et N neutrons est *inférieure* à la somme des masses des nucléons considérés individuellement : $(Zm_\text{p} + Nm_\text{n})$. Le **défaut de masse** est

$$\Delta m = (Zm_\text{p} + Nm_\text{n}) - m$$

L'**énergie de liaison** (symbole : E_L) est l'énergie qu'il faut fournir à un noyau pour le dissocier en ses constituants. En raison de l'équivalence masse-énergie (**section 4.9**), elle correspond au défaut de masse multiplié par le carré de la vitesse de la lumière ($c = 3 \times 10^8$ m/s) :

$$E_\text{L} = \Delta m\, c^2$$ **Relation entre l'énergie de liaison et le défaut de masse**

En physique nucléaire, on exprime souvent l'énergie en mégaélectronvolts (1 MeV = 10^6 eV = $1{,}6 \times 10^{-13}$ J) et la masse en MeV/c^2 :

$$1\,\text{MeV}/c^2 = 1{,}782\ 662 \times 10^{-30}\,\text{kg}$$ **Conversion MeV/c^2 ↔ kg**

$$1\,\text{u} = 931{,}5\,\text{MeV}/c^2$$ **Conversion u ↔ MeV/c^2**

L'**interaction nucléaire forte** fait en sorte que tous les nucléons s'attirent entre eux. Elle permet à environ 250 combinaisons de neutrons et de protons d'être stables. Il existe également des noyaux instables qui maintiennent leur cohésion pendant un certain temps avant de subir une **désintégration radioactive**. Dans le **processus α** (alpha), un noyau lourd expulse une **particule α** (noyau d'hélium 4 : 2 protons et 2 neutrons). Dans le **processus β⁻** (bêta moins), un neutron dans le noyau se transforme en proton, ce qui expulse un *antineutrino* de masse négligeable ($\overline{\nu}$) et un électron (e⁻). Dans le **processus β⁺** (bêta plus), un proton dans le noyau se transforme en neutron, ce qui expulse un *neutrino* de masse négligeable (ν) et un **positron** (e⁺), l'*antiparticule* de l'électron, possédant la même masse, mais une charge de signe inverse.

Dans une **réaction nucléaire**, deux noyaux (ou un noyau et un neutron) entrent en collision. Il y a **fusion nucléaire** lorsque la collision génère un noyau plus gros que les noyaux initiaux. Il y a **fission nucléaire** lorsque les noyaux issus de la collision sont plus petits que le plus gros noyau initial.

Dans tous les processus nucléaires (désintégration, fusion, fission), le nombre de nucléons et la charge électrique sont conservés. En général, la masse initiale des particules en présence, $\sum m_\text{i}$, n'est pas la même que la masse finale, $\sum m_\text{f}$. D'après l'équivalence masse-énergie qui découle de la relativité d'Einstein, l'énergie libérée (symbole : Q) est

$$Q = \left(\sum m_\text{i} - \sum m_\text{f}\right)c^2$$ **Énergie libérée par un processus nucléaire**

(Si la masse initiale est inférieure à la masse finale, la valeur de Q est négative : le processus doit *absorber* de l'énergie pour avoir lieu.) Les noyaux proches du fer ($Z = 26$) ont le plus grand **défaut de masse relatif** : $\Delta m/m \approx 0{,}945\ \%$. Par conséquent, toute réaction nucléaire dont les produits sont plus près du **pic du fer** que les noyaux d'origine libère de l'énergie.

Dans cette section, nous allons présenter les notions de base de la *physique nucléaire* — la physique des noyaux atomiques. Dans la **section 5.6 : La datation radioactive**, nous verrons qu'il est possible, dans certains cas, de déterminer l'âge d'un échantillon de matière en utilisant le fait que certains noyaux atomiques sont instables.

Chaque atome possède un **noyau** central dont le diamètre est de l'ordre d'un dix millième du diamètre de l'atome et qui contient presque toute sa masse. Le noyau est composé de protons, dont la charge électrique est positive, et de neutrons, électriquement neutres. Le nom chimique d'un atome est déterminé par son **numéro atomique** Z, c'est-à-dire le nombre de protons que contient son noyau. Le tableau ci-contre indique les noms chimiques correspondant à certaines valeurs de Z. Le nombre de neutrons que contient le noyau est dénoté par N. Le **nombre de masse** A correspond au nombre de **nucléons** (un terme générique qui désigne les protons et les neutrons) :

$$A = Z + N$$

En chimie et en physique nucléaire, il est d'usage d'utiliser l'**unité de masse atomique** (symbole : u) pour exprimer la masse :

Z	nom (symbole chimique)
1	hydrogène (H)
2	hélium (He)
6	carbone (C)
7	azote (N)
8	oxygène (O)
10	néon (Ne)
11	sodium (Na)
13	aluminium (Al)
14	silicium (Si)
18	argon (Ar)
19	potassium (K)
20	calcium (Ca)
26	fer (Fe)
28	nickel (Ni)
29	cuivre (Cu)
36	krypton (Kr)
47	argent (Ag)
56	baryum (Ba)
79	or (Au)
80	mercure (Hg)
82	plomb (Pb)
92	uranium (U)

$$\boxed{1 \text{ u} = 1{,}660\ 539 \times 10^{-27} \text{ kg}}$$ **Unité de masse atomique**

Par définition, la masse d'un atome neutre de carbone dont le noyau contient 6 protons et 6 neutrons est égale à 12 u. (L'atome neutre en question possède 6 électrons.)

Les protons et les neutrons ont à peu près la même masse :

$$\boxed{m_p = 1{,}672\ 622 \times 10^{-27} \text{ kg} = 1{,}007\ 276 \text{ u}}$$ **Masse du proton**

$$\boxed{m_n = 1{,}674\ 927 \times 10^{-27} \text{ kg} = 1{,}008\ 665 \text{ u}}$$ **Masse du neutron**

Ainsi, la masse d'un noyau dont le nombre de masse est A est à peu près égale à A unités de masse atomique. Les électrons qui tournent autour du noyau et qui « remplissent » la plus grande partie de son volume ont chacun une masse 1836 fois plus petite que celle d'un proton :

$$\boxed{m_e = 9{,}11 \times 10^{-31} \text{ kg} = 0{,}000\ 549 \text{ u}}$$ **Masse de l'électron**

Par conséquent, l'atome et son noyau ont à peu près la même masse.

Les atomes d'un élément chimique donné peuvent exister sous la forme de différents **isotopes**, qui se distinguent les uns des autres par la valeur de N. Pour désigner un isotope particulier, on utilise le nom chimique suivi du nombre de masse A. Par exemple, un noyau de carbone 14 comprend 6 protons (d'après le tableau ci-dessus) ; ainsi, il possède $14 - 6 = 8$ neutrons. Symboliquement, on utilise la notation

$$_Z^A[\text{symbole chimique}]$$

Par exemple, $_6^{14}\text{C}$ représente le carbone 14. Comme le nom chimique indique sans ambiguïté la valeur de Z, on peut omettre l'indice Z et écrire ^{14}C.

Dans la **section G6 : Les principaux isotopes des éléments** de l'annexe générale, on retrouve un tableau périodique qui indique le numéro atomique de chacun des éléments.

En physique nucléaire, on compare souvent des masses dont les valeurs sont extrêmement rapprochées. Par conséquent, il faut garder un plus grand nombre de chiffres significatifs (au moins 5) dans les calculs intermédiaires.

La force nucléaire

Comme nous l'avons vu au **tome B : Électricité et magnétisme**, des charges électriques de même signe se repoussent. Par conséquent, la force électrique entre les protons qui composent un noyau atomique est répulsive. Comme les neutrons ne possèdent pas de charge électrique, ils ne produisent ni ne subissent de force électrique. Mais alors, comment les noyaux font-ils pour ne pas éclater ?

C'est l'**interaction nucléaire forte** qui est responsable de la cohésion des noyaux atomiques. Elle se manifeste par une force *attractive* qui agit entre *tous* les nucléons. Cette force est beaucoup plus intense que la force de répulsion électrique, mais sa portée est extrêmement faible : environ 10^{-14} m, ce qui correspond à la taille des noyaux atomiques stables les plus gros.

Le noyau le plus simple est constitué d'un seul proton (hydrogène 1). Environ 250 combinaisons de neutrons et de protons correspondent à des noyaux stables : ces noyaux sont représentés par des carrés sur le schéma ci-dessous et le schéma de la page suivante. Il existe également quelques milliers de combinaisons qui correspondent à des noyaux *instables* pouvant maintenir leur cohésion pendant un certain temps avant de se désintégrer. À peine quelques centaines de noyaux instables ont une durée de vie moyenne supérieure à un jour : sur les schémas, ils sont représentés par des cercles gris pâle.

Les noyaux stables légers contiennent à peu près le même nombre de protons que de neutrons ($Z = N$) : par exemple, les noyaux de l'isotope le plus abondant du calcium, le calcium 40, contiennent 20 protons et 20 neutrons (voir schéma ci-dessous). En revanche, les noyaux stables les plus lourds contiennent plus de neutrons que de protons : le mercure 204 est le noyau stable qui possède le plus grand rapport N/Z : $204/80 = 1{,}55$. L'hydrogène 1 ($Z = 1$, $N = 0$) et l'hélium 3 ($Z = 2$, $N = 1$) sont les seuls noyaux stables qui possèdent plus de protons que de neutrons.

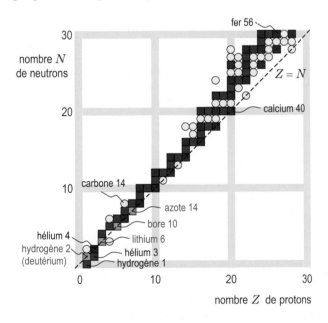

La majorité des noyaux stables possèdent un nombre pair de neutrons et un nombre pair de protons : ces noyaux sont représentés par des carrés rouges sur les schémas. Seuls quatre noyaux stables possèdent un nombre impair de neutrons et un nombre impair de protons : l'hydrogène 2, communément appelé *deutérium* ($Z = N = 1$), le lithium 6 ($Z = N = 3$), le bore 10 ($Z = N = 5$) et l'azote 14 ($Z = N = 7$). Ces noyaux sont représentés par des carrés verts.

Les noyaux stables sont représentés par des carrés et les noyaux instables dont la durée de vie moyenne est supérieure à 1 jour sont représentés par des cercles gris pâle.

Le plomb 208 ($Z = 82$, $N = 126$) est le plus gros noyau stable. Le bismuth 209 ($Z = 83$, $N = 126$) est instable, mais comme sa durée de vie moyenne est de l'ordre de 10^{20} années (plusieurs milliards de fois l'âge actuel de l'Univers), on peut le considérer, en pratique, comme stable.

L'étain ($Z = 50$) possède 10 isotopes stables. En revanche, tous les isotopes du technétium ($Z = 43$) et du prométhium ($Z = 61$) sont instables.

Dans la **section G6 : Les principaux isotopes des éléments** de l'annexe générale, on donne la masse des atomes neutres de 146 isotopes stables et de 70 isotopes instables.

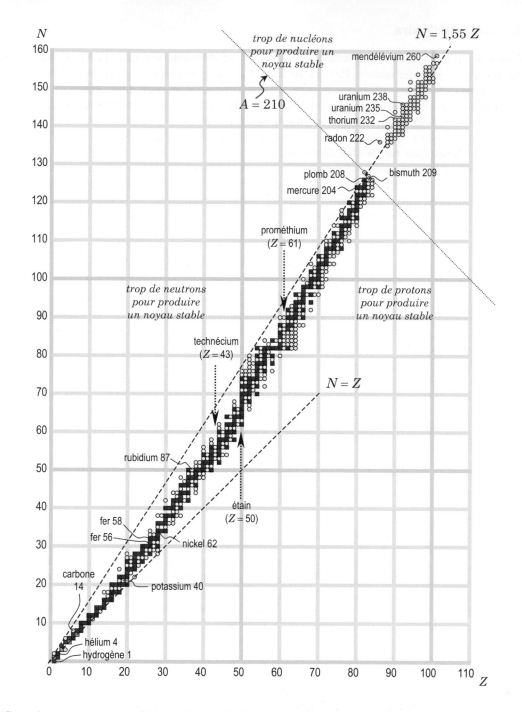

Certains noyaux instables (tels que le bismuth 209) ont une durée de vie moyenne beaucoup plus grande que l'âge actuel de l'Univers (environ 14 milliards d'années). Parmi les noyaux instables plus lourds que le bismuth, le thorium 232, l'uranium 235 et l'uranium 238 ont des durées de vies moyennes supérieures à un milliard d'années. Comme ils ont été créés lors des explosions de supernovas qui ont précédé la formation du système solaire, il y a 4,6 milliards d'années, on les retrouve encore en quantités appréciables dans la nature : le thorium est à peu près aussi abondant que le plomb.

Les noyaux instables qui se trouvent au sommet du graphique de N en fonction de Z sont générés en laboratoire par le bombardement de noyaux lourds avec d'autres noyaux lourds. Le mendélévium ($Z = 101$) est l'élément le plus lourd qui possède des isotopes dont la durée de vie moyenne dépasse un jour. En 2010, l'élément $Z = 112$ a été officiellement baptisé copernicium : les noyaux de copernicium 283 et 285 ont des durées de vie moyennes de quelques minutes.

Le défaut de masse

Lorsqu'un noyau se forme à partir de protons et de neutrons sous l'effet de la force nucléaire, l'énergie potentielle nucléaire diminue. Comme la force nucléaire est très intense, la diminution d'énergie potentielle est très importante, ce qui se traduit, en raison de l'équivalence masse énergie (**section 4.9 : La mécanique relativiste**), par une diminution de masse non négligeable. De fait, on observe que la masse des noyaux est sensiblement *inférieure* à la somme des masses des nucléons considérés individuellement.

Le **défaut de masse** d'un noyau (symbole : Δm) correspond à la différence entre la masse de ses constituants et la masse m du noyau. Pour un noyau qui possède Z protons et N neutrons,

$$\Delta m = (Zm_p + Nm_n) - m$$

Prenons l'exemple du noyau composé le plus abondant dans l'Univers, l'hélium 4 ($Z = N = 2$). La masse de ses constituants est

$$Zm_p + Nm_n = 2 \times (1,007\ 276\ \text{u}) + 2 \times (1,008\ 665\ \text{u}) = 4,031\ 882\ \text{u}$$

La masse d'un noyau d'hélium 4 est

$$m = 4,001\ 505\ \text{u}$$

Le défaut de masse est

$$\Delta m = (4,031\ 882\ \text{u}) - (4,001\ 505\ \text{u}) = 0,030\ 377\ \text{u}$$

L'énergie de liaison

Comme la masse d'un noyau est inférieure à la masse de ses constituants, il faut fournir l'équivalent en énergie du défaut de masse pour dissocier le noyau en ses constituants. On donne le nom d'**énergie de liaison** (symbole : E_L) à cette énergie :

$$\boxed{E_L = \Delta m\, c^2}$$ **Relation entre l'énergie de liaison et le défaut de masse**

où $c = 3 \times 10^8$ m/s est le module de la vitesse de la lumière dans le vide.

En physique nucléaire, on exprime souvent l'énergie en mégaélectronvolts (MeV). Dans le **tome B : Électricité et magnétisme**, nous avons vu qu'un électronvolt correspond à la charge élémentaire e multipliée par 1 V :

$$1\ \text{eV} = 1\ e \times 1\ \text{V} = (1,6 \times 10^{-19}\ \text{C}) \times (1\ \text{V}) = 1,6 \times 10^{-19}\ \text{J}$$

Comme le préfixe M (méga) représente un million (10^6),

$$1\ \text{MeV} = 1,6 \times 10^{-13}\ \text{J}$$

Le mégaélectronvolt est une unité d'énergie ; en le divisant par le carré de la vitesse de la lumière, on obtient une masse :

$$\frac{1\ \text{MeV}}{c^2} = \frac{(1,6 \times 10^{-13}\ \text{J})}{(3 \times 10^8\ \text{m/s})^2} = 1,78 \times 10^{-30}\ \text{kg}$$

En gardant plus de chiffres significatifs ($e = 1{,}602\,177 \times 10^{-19}$ C et $c = 299\,792\,458$ m/s), on obtient

$$\boxed{1 \text{ MeV}/c^2 = 1{,}782\,662 \times 10^{-30} \text{ kg}} \quad \textbf{Conversion MeV/}c^2 \leftrightarrow \textbf{kg}$$

Il est particulièrement utile de connaître le facteur de conversion pour passer des u aux MeV/c^2. Comme 1 u $= 1{,}660\,539 \times 10^{-27}$ kg,

$$\boxed{1 \text{ u} = 931{,}5 \text{ MeV}/c^2} \quad \textbf{Conversion u} \leftrightarrow \textbf{MeV/}c^2$$

Pour illustrer l'utilité de ces unités, considérons le défaut de masse du noyau d'hélium 4 :

$$\Delta m = 0{,}030\,377 \text{ u}$$

Pour déterminer l'énergie de liaison, il est utile de commencer par l'exprimer en MeV/c^2 :

$$\Delta m = 0{,}030\,377 \times \left(931{,}5 \text{ MeV}/c^2\right) = 28{,}3 \text{ MeV}/c^2$$

L'énergie de liaison est

$$E_\text{L} = \Delta m\, c^2 = 28{,}3 \frac{\text{MeV}}{c^2} \times c^2 = 28{,}3 \text{ MeV}$$

QI 1 **(a)** Exprimez le défaut de masse d'un noyau d'hélium 4 en kilogrammes. **(b)** Exprimez l'énergie de liaison d'un noyau d'hélium 4 en joules.

Le défaut de masse relatif

Comme le noyau d'hydrogène 1 est un proton solitaire, son défaut de masse est nul. Tous les noyaux *composés* ont un défaut de masse positif. En général, plus la masse d'un noyau est grande, plus son défaut de masse est important. Pour comparer l'importance des défauts de masse de différents noyaux, il est intéressant de calculer le **défaut de masse relatif**, c'est-à-dire le rapport entre le défaut de masse Δm d'un noyau et sa masse m. Par exemple, pour le noyau d'hélium 4,

$$\frac{\Delta m}{m} = \frac{\left(0{,}030\,377 \text{ u}\right)}{\left(4{,}001\,505 \text{ u}\right)} = 0{,}00759 = 0{,}759\,\%$$

Cela signifie que la masse du noyau d'hélium 4 est inférieure de 0,759 % à la masse de ses constituants.

Le graphique ci-contre représente les défauts de masse relatifs des isotopes principaux des différents éléments. Les noyaux de fer 56, de fer 58 et de nickel 62 ont un défaut de masse relatif de 0,945 % : nucléon pour nucléon, ces noyaux sont les plus liés et les plus stables de tous les noyaux atomiques. Comme nous allons le voir plus loin, cela confère aux éléments situés près du **pic du fer** une importance particulière du point de vue du bilan énergétique des réactions nucléaires.

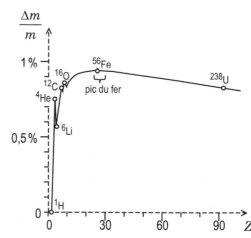

La radioactivité

En 1896, le physicien français Henri Becquerel a découvert que les composés à base d'uranium émettaient des « rayons » énergétiques capables d'exposer une pellicule photographique. En 1898, la physicienne polonaise Marie Curie donna le nom de *radioactivité* à ce phénomène. En notant l'effet d'un champ magnétique sur la trajectoire de ces rayons, on réalisa qu'il en existait trois types : les rayons α (alpha), chargés positivement, les rayons β (bêta), chargés négativement et les rayons γ (gamma), électriquement neutres.

Aujourd'hui, on sait que l'émission d'un « rayon » se produit lorsqu'un noyau instable se « transforme » en un noyau différent (qui peut être instable ou stable) : ce processus de transformation s'appelle **désintégration radioactive**. Un « rayon α » est un noyau d'hélium 4 (2 protons et 2 neutrons), un « rayon β » est un électron et un « rayon γ » est un photon (particule de lumière) très énergétique.

Considérons un noyau qui se trouve en dehors de la « zone de stabilité » du graphique de N en fonction de Z. Pour atteindre la zone de stabilité ou s'en rapprocher, il arrive souvent qu'il doive « perdre du poids » en se débarrassant de plusieurs nucléons. Dans de rares cas, on observe l'éjection d'un seul proton ou d'un seul neutron. La plupart du temps, on observe l'émission d'une **particule α**, c'est-à-dire un noyau d'hélium 4 (2 protons et 2 neutrons). Cela s'explique par le fait que le noyau d'hélium 4 est particulièrement bien « lié » pour sa taille (défaut de masse relatif de 0,759 %).

Le **processus α** permet à un noyau instable de réduire de 2 son nombre N de neutrons ainsi que son nombre Z de protons, ce qui le fait « reculer » de deux cases dans le tableau périodique des éléments. Un exemple de processus α est la transformation de l'uranium 238 ($Z = 92$, $N = 146$) en thorium 234 ($Z = 90$, $N = 144$) :

$$^{238}_{92}\text{U} \rightarrow \,^{234}_{90}\text{Th} + \,^{4}_{2}\text{He}$$

On remarque que le processus α préserve le nombre de masse A (238 = 234 + 4) ainsi que le nombre Z de protons (92 = 90 + 2). Sur le graphique de N en fonction de Z, un noyau qui subit un processus α se déplace de deux unités vers la gauche et de deux unités vers le bas (schéma ci-contre). Comme la zone de stabilité est incurvée vers le haut, le noyau résultant se retrouve souvent *au-dessus* de la zone de stabilité : il possède trop de neutrons pour être stable. (Une autre désintégration α ne ferait qu'exacerber cet excès de neutrons.)

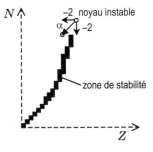

Le **processus β⁻** (bêta moins) permet à un noyau instable qui possède trop de neutrons d'atteindre la zone de stabilité ou de s'en rapprocher en transformant un neutron en proton :

$$\text{n} \rightarrow \text{p} + \text{e}^- + \overline{\nu}$$

Cette transformation est accompagnée par la création d'un électron (particule β⁻) et d'un antineutrino — une particule sans charge électrique dont la masse est négligeable. L'électron est représenté par la lettre « e » avec un exposant « − » (en raison de sa charge électrique négative). L'antineutrino est représenté par la lettre grecque ν (nu) ; la barre au-dessus signifie « anti ».

Le noyau de thorium 234 issu de la désintégration α de l'uranium 238 est lui-même un noyau instable. Le processus β⁻ le transforme en protactinium 234 ($Z = 91$, $N = 143$) :

$$^{234}_{90}\text{Th} \rightarrow \,^{234}_{91}\text{Pa} + \text{e}^- + \overline{\nu}$$

Lorsqu'un neutron se transforme en proton, le nombre de masse (ici, $A = 234$) ne change pas. Le nombre Z de protons augmente de 1 : cette augmentation de charge électrique de $+e$ (où $e = 1,6 \times 10^{-19}$ C est la charge élémentaire) est compensée par l'apparition d'une charge de $-e$ portée par l'électron qui vient d'être créé. La charge électrique totale est conservée, ce qui est *toujours* le cas.

Certains noyaux instables possèdent trop de protons. Le **processus β⁺** (bêta plus) permet à ces noyaux d'atteindre la zone de stabilité ou de s'en approcher en transformant un proton en neutron :

$$\text{p} \rightarrow \text{n} + \text{e}^+ + \nu$$

Cette transformation est accompagnée par la création d'un **positron** (symbole : e⁺) et d'un neutrino. Le positron est l'antiparticule de l'électron : il possède les mêmes propriétés qu'un électron, mais sa charge électrique est positive. Un exemple du processus β⁺ est la transformation du potassium 40 ($Z = 19$, $N = 21$) en argon 40 ($Z = 18$, $N = 22$) :

$$^{40}_{19}\text{K} \rightarrow \,^{40}_{18}\text{Ar} + \text{e}^+ + \nu$$

Lorsqu'un proton se transforme en neutron, le nombre de masse (ici, $A = 40$) ne change pas et le nombre Z de protons diminue de 1. La charge électrique $+e$ que possédait le proton est « emportée » par le positron qui vient d'être créé : la charge électrique totale est conservée.

Sur le schéma ci-contre, on a indiqué l'effet des processus α, β⁻ et β⁺ sur la position d'un noyau sur le graphique de N en fonction de Z. Les processus α et β modifient le nombre de protons et de neutrons dans le noyau : il s'agit d'une *transmutation*, c'est-à-dire de la transformation d'un élément chimique en un autre élément chimique.

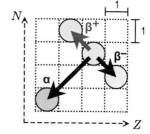

Il existe plusieurs autres modes de désintégration radioactive. Dans le processus de *fission spontanée*, un noyau instable se désintègre en deux fragments de masse comparable. Dans le processus de *capture électronique*, un électron en orbite autour d'un noyau instable est absorbé par un proton du noyau qui se transforme par le fait même en neutron : le résultat final est semblable au processus β⁺. Dans le processus *γ* (gamma), un noyau qui se trouve dans un état « excité » (le plus souvent, en raison d'une désintégration radioactive antérieure) revient à son état « de base » (fondamental) en émettant un rayon *γ* (photon très énergétique dans la partie gamma du spectre électromagnétique). Comme le processus *γ* ne modifie pas la position du noyau sur le graphique de N en fonction de Z, il *ne s'agit pas* d'une transmutation.

Tous les modes de désintégration radioactive ont la propriété de libérer de l'énergie. En effet, le défaut de masse relatif du noyau final est toujours plus grand que le défaut de masse relatif du noyau instable initial. Autrement dit, la masse du noyau final est plus *petite* que celle du noyau initial. D'après l'équivalence masse-énergie qui découle de la relativité d'Einstein, l'énergie libérée (symbole : Q) est

$$\boxed{Q = \left(\sum m_i - \sum m_f\right)c^2}$$ **Énergie libérée par un processus nucléaire**

où $\sum m_i$ et $\sum m_f$ représentent les masses en présence avant et après la réaction. Pour une désintégration radioactive, $\sum m_i$ correspond à la masse du noyau initial et $\sum m_f$ est la somme de la masse du noyau final et de toutes les autres particules créées lors de la désintégration.

Le plus souvent, l'énergie libérée par une désintégration radioactive se retrouve sous forme thermique : elle augmente la température du milieu dans lequel elle se produit. L'énergie thermique interne de la Terre est causée par la désintégration de l'uranium et du thorium qui s'y trouvent.

> **Situation 1 :** *Du sodium 22 au néon 22.* La masse d'un atome neutre de $^{22}_{11}\text{Na}$ (sodium 22) est égale à 21,994 436 u ; la masse d'un atome neutre de $^{22}_{10}\text{Ne}$ (néon 22) est égale à 21,991 383 u. On désire déterminer l'énergie libérée par la désintégration β^+ d'un noyau de sodium 22.

Le processus β^+ transforme un proton en neutron, ce qui crée un positron et un neutrino :

$$^{22}_{11}\text{Na} \rightarrow {}^{22}_{10}\text{Ne} + \text{e}^+ + \nu$$

Les masses en présence avant et après la désintégration sont

$$\sum m_i = m_{\text{Na}} \qquad \text{et} \qquad \sum m_f = m_{\text{Ne}} + m_{\text{e}^+}$$

où m_{Na} et m_{Ne} sont les masses des *noyaux* de sodium 22 et de néon 22, et m_{e^+} est la masse du positron (la même que celle de l'électron). Or, dans l'énoncé, on donne la masse des *atomes neutres* de sodium et de néon : en effet, les masses dont on dispose proviennent souvent de tables de données conçues pour servir d'abord et avant tout en chimie. C'est le cas des masses données dans la **section G6 : Les principaux isotopes des éléments** de l'annexe générale.

Comme la masse du neutrino est négligeable, on n'en tient pas compte.

Les électrons ont une masse beaucoup plus petite que les nucléons. Toutefois, lorsqu'on soustrait la masse finale de la masse initiale, le résultat que l'on obtient est du même ordre de grandeur que la masse de l'électron. Comme il n'y a pas le même nombre d'électrons dans les atomes neutres de sodium et de néon (11 versus 10), *il faut absolument tenir compte explicitement de la masse des électrons.*

Un atome neutre possède, bien sûr, le même nombre d'électrons que de protons.

La manière la plus simple de procéder consiste à soustraire la masse des électrons afin d'obtenir la masse des noyaux. Comme

$$m_\text{e} = 0,000\,549 \text{ u}$$

les masses des noyaux de sodium 22 et de néon 22 sont

$$m_{\text{Na}} = (21,994\,436 \text{ u}) - 11 \times (0,000\,549 \text{ u}) = 21,988\,397 \text{ u}$$

$$m_{\text{Ne}} = (21,991\,383 \text{ u}) - 10 \times (0,000\,549 \text{ u}) = 21,985\,893 \text{ u}$$

L'énergie libérée est

$$\begin{aligned} Q &= \left(\sum m_i - \sum m_f\right)c^2 \\ &= (m_{\text{Na}} - m_{\text{Ne}} - m_{\text{e}^+})c^2 \\ &= \left[(21,988\,397 \text{ u}) - (21,985\,893 \text{ u}) - (0,000\,549 \text{ u})\right] \times c^2 \\ &= (0,001\,955 \text{ u}) \times c^2 \\ &= 0,001\,955 \times 931,5 \frac{\text{MeV}}{c^2} \times c^2 \end{aligned}$$

Les c^2 se simplifient et on obtient $\boxed{Q = 1,82 \text{ MeV}}$.

Nous venons de montrer comment procéder lorsque les masses données dans l'énoncé correspondent aux masses des atomes neutres. Dans certains exercices à la fin de cette section, nous allons donner *directement* les masses des noyaux, ce qui facilite les calculs.

Les réactions nucléaires

Dans une **réaction nucléaire**, deux noyaux (ou un noyau et un neutron) entrent en collision. Il y a **fusion nucléaire** lorsque la collision génère un noyau plus gros que les noyaux initiaux. Il y a **fission nucléaire** lorsque les noyaux issus de la collision sont plus petits que le plus gros noyau initial. En général, les défauts de masse relatifs ne sont pas les mêmes pour les noyaux présents avant la réaction (réactifs) et après la réaction (produits) ; par conséquent, la masse des réactifs *n'est pas* égale à la masse des produits.

Les noyaux près du pic du fer ($Z \approx 26$) possèdent le plus grand défaut de masse relatif, c'est-à-dire la plus *petite* masse par nucléon. Lorsque les produits d'une réaction nucléaire sont plus près du pic du fer que les réactifs, la masse est plus petite après la réaction qu'avant. D'après l'équation

$$Q = \left(\sum m_\mathrm{i} - \sum m_\mathrm{f} \right) c^2$$

la valeur de Q est positive : la réaction libère de l'énergie.

Dans la **section 3.9 : La masse, l'énergie et l'entropie** du **tome A**, nous avons mentionné que la quasi-totalité de l'énergie nécessaire aux activités humaines provient, fondamentalement, de l'énergie contenue dans la lumière solaire. (Par exemple, l'énergie solaire captée par les végétaux des forêts préhistoriques est emmagasinée sous forme d'énergie chimique dans les vestiges fossilisés de ces forêts : le charbon, le pétrole et le gaz naturel.) Or, le Soleil (comme toutes les étoiles) tire son énergie de la fusion nucléaire ; ainsi, la vie telle que nous la connaissons doit son existence à la fusion nucléaire. La masse de la matière ordinaire dans l'Univers étant constituée aux trois quarts d'hydrogène, c'est la fusion de l'hydrogène ($Z = 1$) en hélium ($Z = 2$) qui est principalement responsable de l'énergie produite par les étoiles.

Pour que deux noyaux fusionnent, il faut qu'ils s'approchent suffisamment l'un de l'autre pour que l'interaction nucléaire forte (dont la portée est extrêmement courte, de l'ordre de 10^{-14} m) les unisse. Or, comme les noyaux sont chargés positivement, ils se repoussent en raison de la force électrique. Pour vaincre cette répulsion, il faut que les noyaux entrent en collision à très grande vitesse, ce qui nécessite, en pratique, des températures extrêmement élevées. Au centre des étoiles, la température est de plusieurs millions de kelvins, ce qui est suffisant pour permettre la fusion. Plus les noyaux à fusionner sont gros, plus la répulsion électrique est importante et plus la température requise pour la fusion est élevée. Au stade actuel de sa vie, le Soleil fusionne l'hydrogène en hélium dans son cœur ; dans cinq milliards d'années, la température en son centre aura suffisamment augmenté pour permettre la fusion de l'hélium en carbone.

Comme l'hydrogène est très abondant sur Terre (notamment, en tant que constituant de l'eau), la fusion contrôlée de l'hydrogène dans un réacteur fournirait une quantité d'énergie non polluante et pratiquement illimitée. Malheureusement, les températures nécessaires sont très difficiles à atteindre en laboratoire. Différentes approches sont à l'étude, comme le confinement de l'hydrogène chaud dans un champ magnétique (réacteurs de type « Tokamak »), ou le chauffage rapide de petites pastilles d'hydrogène solide à l'aide de lasers très puissants (photos en haut de la page suivante). L'énergie libérée par ces dispositifs expérimentaux dépasse parfois l'énergie nécessaire pour mettre en place la réaction, mais le gain d'énergie est si faible compte tenu du coût des installations qu'on est encore loin d'envisager la construction de réacteurs à fusion commerciaux.

Lorsque la masse des réactifs est inférieure à la masse des produits, on obtient une valeur négative de Q dans l'équation ci-contre. Cela signifie que la réaction doit *absorber* de l'énergie pour avoir lieu.

Dans le Soleil, la fusion de l'hydrogène en hélium se produit en plusieurs étapes. Voici les étapes du processus principal de réaction, appelé « chaîne proton-proton » (le noyau d'hydrogène 1 étant un simple proton) :

$${}^{1}_{1}\mathrm{H} + {}^{1}_{1}\mathrm{H} \rightarrow {}^{2}_{1}\mathrm{H} + e^{+} + \nu$$

$${}^{2}_{1}\mathrm{H} + {}^{1}_{1}\mathrm{H} \rightarrow {}^{3}_{2}\mathrm{He} + \gamma$$

$${}^{3}_{2}\mathrm{He} + {}^{3}_{2}\mathrm{He} \rightarrow {}^{4}_{2}\mathrm{He} + 2\,{}^{1}_{1}\mathrm{H}$$

(Le symbole γ représente un photon.)

Le noyau de deutérium (hydrogène 2, comportant 1 proton et 1 neutron) étant plus facile à fusionner que celui de l'hydrogène 1, les essais de fusion nucléaire portent sur la fusion du deutérium avec lui-même ou avec le tritium (hydrogène 3) :

$${}^{2}_{1}\mathrm{H} + {}^{2}_{1}\mathrm{H} \rightarrow {}^{3}_{1}\mathrm{H} + {}^{1}_{1}\mathrm{H}$$

$${}^{2}_{1}\mathrm{H} + {}^{2}_{1}\mathrm{H} \rightarrow {}^{3}_{2}\mathrm{He} + \mathrm{n}$$

$${}^{2}_{1}\mathrm{H} + {}^{3}_{1}\mathrm{H} \rightarrow {}^{4}_{2}\mathrm{He} + \mathrm{n}$$

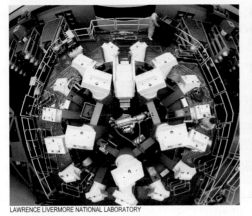

LAWRENCE LIVERMORE NATIONAL LABORATORY

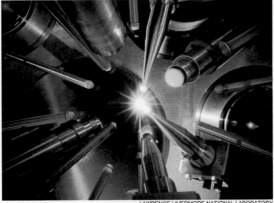

LAWRENCE LIVERMORE NATIONAL LABORATORY

Dans le laser OMEGA de l'Université de Rochester (dans l'État de New York), 60 rayons convergent pour chauffer très rapidement une petite pastille d'hydrogène et générer des réactions de fusion.

En revanche, des réacteurs commerciaux basés sur la fission de l'uranium (photo ci-contre) existent depuis le milieu des années 1950. L'uranium est naturellement radio-actif, mais pour en tirer une quantité importante d'énergie, il faut accélérer le processus en le bombardant de neutrons. Comme les neutrons sont électriquement neutres, il n'y a pas de répulsion électrique à vaincre, ce qui explique que la fission soit plus facile à induire que la fusion.

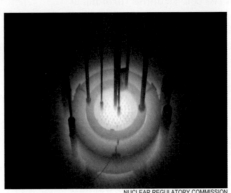

NUCLEAR REGULATORY COMMISSION

Certaines réactions ayant lieu dans les réacteurs à fission produisent des électrons très énergétiques. Lorsque ceux-ci pénètrent dans le réservoir d'eau qui entoure le réacteur, leur vitesse est supérieure à celle de la lumière dans l'eau ($c/1,33$), et ils émettent de la lumière par un processus connu sous le nom d'*effet Čerenkov*.

La fission d'un noyau d'uranium 235 génère plusieurs neutrons, ce qui rend possible l'existence d'une *réaction en chaîne*, la fission d'un noyau entraînant à son tour la fission d'autres noyaux. Si chaque fission induit plus d'une fission, le nombre de fissions augmente exponentiellement de manière très rapide et l'échantillon d'uranium explose : c'est ce qui se produit dans une bombe atomique. Dans un réacteur, la réaction est contrôlée. Par exemple, on peut disposer en alternance des tiges contenant de l'uranium 235 et des tiges faites d'un matériau qui absorbe les neutrons (comme le graphite) : en insérant ou en retirant les tiges absorbantes, on réussit à maintenir un taux de réaction constant.

Voici une des réactions possibles pour la fission de l'uranium 235 induite par un neutron :

$$\mathrm{n} + {}^{235}_{92}\mathrm{U}$$
$$\rightarrow {}^{144}_{55}\mathrm{Cs} + {}^{90}_{37}\mathrm{Rb} + 2\,\mathrm{n}$$

Un atome d'uranium 235 contient 92 protons et 143 neutrons, c'est-à-dire 1,55 neutron pour chaque proton. Sa fission génère quelques neutrons libres, mais les noyaux qui en résultent contiennent souvent plus de 1,5 neutron pour chaque proton. Or, dans le milieu du tableau périodique (pour Z allant de 30 à 60), les noyaux stables possèdent environ 1,4 neutron pour chaque proton. Ainsi, la plupart des noyaux issus de la désintégration de l'uranium sont eux-mêmes radioactifs. Comme ils contiennent trop de neutrons pour être stables, ils doivent subir plusieurs désintégrations β^- pour atteindre la zone de stabilité. Certains « déchets radioactifs » ont des durées de vie moyenne suffisamment longues pour demeurer dangereux pendant plusieurs années, voire plusieurs siècles. Il faut les entreposer à long terme de manière sécuritaire, ce qui augmente considérablement le coût et les impacts environnementaux associés aux réacteurs à fission.

Dans une centrale électrique nucléaire, l'énergie libérée par la fission sert à transformer de l'eau en vapeur, celle-ci faisant tourner les turbines qui génèrent de l'électricité par induction électromagnétique.

Réponse à la question instantanée

QI 1
(a) $\Delta m = 5,04 \times 10^{-29}\,\mathrm{kg}$;
(b) $E_\mathrm{L} = 4,54 \times 10^{-12}\,\mathrm{J}$

défaut de masse : (symbole : Δm) masse des constituants d'un noyau considérés séparément ($Zm_p + Nm_n$) moins la masse du noyau.

défaut de masse relatif : défaut de masse d'un noyau divisé par sa masse.

désintégration radioactive : transformation spontanée d'un noyau instable en un autre noyau qui peut être stable ou instable ; une désintégration radioactive libère de l'énergie.

énergie de liaison : (symbole : E_L) énergie qu'il faut fournir à un noyau pour le dissocier en ses constituants (protons et neutrons) ; en raison de l'équivalence masse-énergie, l'énergie de liaison correspond au défaut de masse multiplié par le carré de la vitesse de la lumière.

fission nucléaire : réaction nucléaire pour laquelle les noyaux issus de la collision sont plus petits que le plus gros noyau initial.

fusion nucléaire : réaction nucléaire qui génère un noyau plus gros que les noyaux initiaux.

interaction nucléaire forte : interaction fondamentale qui se manifeste par une force attractive très intense qui agit entre tous les nucléons, mais dont la portée est très faible (10^{-14} m) ; cette force maintient les noyaux ensemble malgré la force de répulsion électrique entre les protons.

isotope : les noyaux des isotopes d'un élément chimique ont le même nombre de protons, mais un nombre différent de neutrons.

nombre de masse : (symbole : A) somme du nombre de protons et du nombre de neutrons que contient un noyau ; la masse du noyau est approximativement égale à A fois l'unité de masse atomique (u).

noyau : partie centrale d'un atome, occupant un volume très petit, mais contenant la plus grande partie de sa masse.

nucléon : terme générique qui désigne les particules constituant le noyau atomique : protons et neutrons.

numéro atomique : (symbole : Z) nombre de protons que contient un noyau.

particule α : noyau d'hélium 4 (2 protons et 2 neutrons).

pic du fer : sommet du graphique du défaut de masse relatif en fonction de la masse ; correspond aux noyaux de fer 56, de fer 58 et de nickel 62 ; toute réaction nucléaire dont les produits sont plus près du pic du fer que les noyaux d'origine libère de l'énergie.

positron : (symbole : e^+) l'antiparticule de l'électron (e^-), possédant la même masse, mais la charge électrique inverse.

processus α : désintégration radioactive dans laquelle un noyau instable éjecte une particule α (noyau d'hélium 4).

processus β⁻ : désintégration radioactive dans laquelle un neutron se transforme en proton en éjectant un électron (particule β⁻) et un antineutrino.

processus β⁺ : désintégration radioactive dans laquelle un proton dans un noyau se transforme en neutron en éjectant un positron (particule β⁺) et un neutrino.

réaction nucléaire : collision entre deux noyaux ou entre un noyau et un neutron.

unité de masse atomique : (symbole : u) unité de masse couramment employée en chimie et en physique nucléaire ; par définition, la masse d'un atome neutre de carbone 12 (noyau de 6 protons et 6 neutrons entouré de 6 électrons) est égale à 12 u ; 1 u = 1,660 539 × 10^{-27} kg.

Questions

Q1. Le nom chimique d'un élément est déterminé par le nombre de _____ que contient son noyau.

Q2. Est-ce la masse du noyau de carbone 12 ou de l'atome neutre de carbone 12 qui correspond, par définition, à 12 u ?

Q3. Vrai ou faux ? Un proton et un neutron ont exactement la même masse.

Q4. Un électron possède une masse environ _____ fois plus petite que la masse d'un proton.

Q5. Pourquoi donne-t-on le nom « nombre de masse » au paramètre A ?

Q6. Les noyaux de tous les isotopes d'un même élément chimique contiennent le même nombre de _____.

Q7. Dans l'expression carbone 14, que signifie le « 14 » ?

Q8. Dans le symbole $^{14}_{6}\mathrm{C}$, pourquoi le 6 est-il redondant ?

Q9. Environ _____ combinaisons de protons et de neutrons correspondent à des noyaux stables.

Q10. Vrai ou faux ? Certains noyaux stables contiennent plusieurs protons et ne contiennent aucun neutron.

Q11. Vrai ou faux ? Un noyau qui comporte 50 protons et 50 neutrons est stable.

Q12. Vrai ou faux ? La plupart des noyaux stables possèdent un nombre impair de protons et un nombre impair de neutrons.

Q13. De quel élément chimique le noyau stable le plus lourd est-il un isotope ?

Q14. Vrai ou faux ? Certains éléments instables ont des durées de vie moyennes supérieures à l'âge actuel de l'Univers.

Q15. Nommez un élément plus lourd que le bismuth dont un ou plusieurs isotopes ont une durée de vie supérieure à 1 milliard d'années.

Q16. Vrai ou faux ? Pour certaines valeurs de Z inférieures à 82, il n'existe aucun isotope stable.

Q17. Sur le graphique de N en fonction de Z, les noyaux qui se situent au-dessus de la zone de stabilité ont trop de _____ pour être stables.

Q18. La masse d'un noyau est-elle inférieure ou supérieure à la masse de ses constituants considérés individuellement ?

Q19. Vrai ou faux ? **(a)** Le MeV est une unité d'énergie ; **(b)** le MeV/c^2 est une unité de masse.

Q20. Quel est le défaut de masse du noyau d'hydrogène 1 ?

Q21. Pour quelle valeur approximative de Z le défaut de masse relatif est-il le plus grand ?

Q22. Que vaut, approximativement, le plus grand défaut de masse relatif ?

Q23. Qui a inventé le terme « radioactivité » ?

Q24. Quelle lettre grecque utilise-t-on pour représenter un neutrino ?

Q25. Expliquez, à l'aide d'un graphique de N en fonction de Z, pourquoi une désintégration α est souvent suivie d'une désintégration β^-.

Q26. Dites en quoi les nombres N, Z et A sont modifiés lors d'une désintégration **(a)** α ; **(b)** β^- ; **(c)** β^+.

Q27. Représentez, sur un graphique de N en fonction de Z, l'effet d'une désintégration **(a)** α ; **(b)** β^- ; **(c)** β^+.

Q28. Vrai ou faux ? **(a)** Dans toute désintégration radioactive, le nombre de nucléons total des produits est égal au nombre de nucléons du noyau instable initial. **(b)** Dans toute désintégration radioactive, la charge électrique totale des produits est égale à la charge des protons du noyau instable initial.

Q29. **(a)** Qu'est-ce qu'une transmutation ? **(b)** Parmi les processus α, β et γ, lequel *n'est pas* une transmutation ?

Q30. Vrai ou faux ? **(a)** Toutes les désintégrations nucléaires libèrent de l'énergie. **(b)** Dans une désintégration radioactive, le défaut de masse du noyau initial est toujours plus grand que le défaut de masse du noyau final.

Q31. D'où vient l'énergie thermique interne de la Terre ?

Q32. Vrai ou faux ? Des réactions nucléaires ont lieu dans le centre de la Terre.

Q33. Vrai ou faux ? **(a)** Toutes les réactions de fusion libèrent de l'énergie. **(b)** Toutes les réactions de fission libèrent de l'énergie.

Q34. D'où vient l'énergie du Soleil ?

Q35. **(a)** Pourquoi la fusion nucléaire nécessite-t-elle de très hautes températures pour pouvoir se produire ? **(b)** Pourquoi la température nécessaire augmente-t-elle avec la taille des noyaux à fusionner ?

Q36. Vrai ou faux ? Il existe des réacteurs commerciaux qui produisent de l'électricité grâce à la fusion nucléaire.

Q37. Pourquoi la fission nucléaire est-elle plus facile à induire que la fusion nucléaire ?

Q38. Qu'est-ce qu'une réaction en chaîne ?

Q39. Vrai ou faux ? Dans un réacteur nucléaire fonctionnant à puissance constante, chaque fission induit plus d'une fission.

Q40. Dans un réacteur à fission nucléaire, quel est le rôle des tiges faites d'un matériau absorbant les neutrons ?

Q41. Vrai ou faux ? La plupart des noyaux issus de la fission de l'uranium sont eux-mêmes radioactifs.

Q42. **(a)** Les noyaux issus de la fission de l'uranium ont-ils trop de neutrons ou trop de protons pour être stables ? **(b)** Quel processus leur permet d'atteindre la zone de stabilité ?

E X E R C I C E S

Consultez au besoin la **section G6 : Les principaux isotopes des éléments** de l'annexe générale : on y trouve un tableau périodique ainsi que les masses des atomes neutres de plusieurs isotopes.

R É C H A U F F E M E N T

5.6.1 *Le noyau de fer 56.* Combien y a-t-il de protons et de neutrons dans le noyau de fer 56 ?

5.6.2 *Le noyau de fer 56, prise 2.* La masse d'un noyau de fer 56 est de 55,920 664 u. Calculez **(a)** le défaut de masse, **(b)** l'énergie de liaison et **(c)** le défaut de masse relatif.

S É R I E P R I N C I P A L E

5.6.3 *La désintégration de l'uranium 238.* La désintégration d'un noyau d'uranium 238 ($m = 238,000\ 276$ u) selon le processus α donne naissance à un noyau de thorium 234 ($m = 233,994\ 191$ u) et à une particule α ($m = 4,001\ 505$ u). Quelle est l'énergie libérée ?

5.6.4 *Changer l'azote en oxygène.* En 1919, Ernest Rutherford est parvenu à créer de l'oxygène en bombardant de l'azote avec des particules α selon la réaction nucléaire

$$^{14}_{7}\text{N} + ^{4}_{2}\text{He} \rightarrow ^{17}_{8}\text{O} + ^{1}_{1}\text{H}$$

Les masses des *atomes neutres* sont, dans l'ordre :

14,003 074 u ;   4,002 603 u ;   16,999 131 u ;   1,007 825 u

(a) Calculez l'énergie libérée par cette réaction. **(b)** Dans cette situation, il *n'est pas* obligatoire de commencer par soustraire la masse des électrons de la masse des atomes neutres pour trouver la masse des noyaux. Pourquoi ?

5.6.5 *Le neutron et le proton.* **(a)** Si l'on veut représenter un neutron à l'aide de la notation $^A_Z n$, quelles sont les valeurs de A et de Z? **(b)** Même question si on veut représenter un proton par $^A_Z p$.

5.6.6 *Possible ou impossible?* Dites si chacune des désintégrations radioactives ou réactions nucléaires suivantes est possible ou impossible. Lorsque le processus est impossible, dites pourquoi. (Inutile de vérifier les symboles des éléments dans un tableau périodique : ils sont corrects !)

(a) $^{12}_6C + ^{12}_6C \rightarrow ^{16}_8O + ^4_2He + ^4_2He$

(b) $^{13}_7N \rightarrow ^{13}_6C + e^+ + \nu$

(c) $n + ^{235}_{92}U \rightarrow ^{144}_{56}Ba + ^{91}_{36}Kr$

(d) $^{15}_8O \rightarrow ^{15}_7N + e^- + \overline{\nu}$

5.6.7 *Complétez les réactions.* Complétez les désintégrations radioactives ou réactions nucléaires suivantes.

(a) $^{16}_8O + ^{16}_8O \rightarrow$ ____ $+ ^4_2He$

(b) $^{137}_{55}Cs \rightarrow$ ____ $+ e^- + \overline{\nu}$

(c) $n + ^{235}_{92}U \rightarrow ^{144}_{56}Ba +$ ____ $+ 3n$

5.6.8 *Complétez le tableau.* Complétez le tableau ci-dessous. Toute l'information nécessaire se trouve dans l'aperçu de la section.

isotope	masse de l'atome neutre (u)	masse du noyau (u)
^1_1H		
^4_2He		4,001 505
$^{12}_6C$		
$^{14}_6C$	14,003 242	
$^{14}_7N$	14,003 074	
$^{16}_8O$	15,994 915	

5.6.9 *L'énergie libérée.* Calculez l'énergie libérée par chacune des désintégrations radioactives ou réactions nucléaires suivantes. (Si l'énergie est négative, la réaction *absorbe* de l'énergie.) La masse de l'antineutrino est négligeable.

(a) $^{12}_6C + ^{12}_6C \rightarrow ^{16}_8O + ^4_2He + ^4_2He$

(b) $n + ^{14}_7N \rightarrow ^{14}_6C + ^1_1H$

(c) $^{14}_6C \rightarrow ^{14}_7N + e^- + \overline{\nu}$

5.7

La datation radioactive

Après l'étude de cette section, le lecteur pourra utiliser
les techniques de datation radioactive afin de déterminer l'âge d'un échantillon.

APERÇU

Considérons un échantillon qui comporte initialement N_0 noyaux instables identiques. Ces noyaux sont caractérisés par une **constante de désintégration** (symbole : λ) qui représente la probabilité qu'un noyau donné se désintègre divisée par l'intervalle de temps. Dans le SI, λ correspond à la probabilité de désintégration *par seconde* et elle s'exprime en seconde à la moins un (s^{-1}).

Le nombre de noyaux non désintégrés décroît de manière exponentielle. Au bout d'un temps t, le nombre N de noyaux qui demeurent non désintégrés est

$$N = N_0 e^{-\lambda t}$$ **Loi de la désintégration radioactive**

Le **temps de demi-vie** (symbole : $T_{1/2}$) correspond au temps requis pour que la moitié des noyaux initialement présents soit désintégrée. Il est relié à la constante de désintégration par l'équation

$$T_{1/2} = \frac{\ln 2}{\lambda}$$ **Relation entre le temps de demi-vie et la constante de désintégration**

Plus le temps de demi-vie est long, plus la constante de désintégration est petite. Après une demi-vie, il reste la moitié des noyaux initialement présents ; après deux demi-vies, il en reste la moitié de la moitié, c'est-à-dire le quart (graphique ci-dessous).

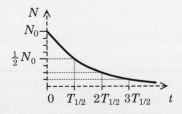

Le **taux de désintégration** (symbole : R) d'un échantillon correspond au nombre de désintégrations divisé par l'intervalle de temps. Dans le SI, il se mesure en **becquerels** (symbole : Bq) : 1 Bq correspond à une désintégration par seconde.

À chaque instant, le taux de désintégration est égal au produit de la constante de désintégration et du nombre de noyaux qui demeurent non désintégrés :

$$R = \lambda N$$ **Taux de désintégration**

Au fur et à mesure que le temps passe, le nombre de noyaux non désintégrés que contient un échantillon décroît. Les techniques de **datation radioactive** permettent de déterminer *l'âge* de l'échantillon en comparant la proportion de noyaux instables qu'il contient et la proportion qu'il contenait (par hypothèse) au moment de sa formation.

Le carbone 14 est un isotope radioactif qui sert à déterminer l'âge des vestiges d'origine biologique. Dans l'atmosphère, un atome de carbone sur $7,7 \times 10^{11}$ est du ^{14}C. (Cette proportion demeure relativement constante en raison de la création continuelle de ^{14}C par les rayons cosmiques, particules énergétiques en provenance de l'espace.) Chaque gramme de carbone d'un animal ou d'une plante qui vient de mourir contient $6,5 \times 10^{10}$ noyaux de ^{14}C. Lorsqu'une plante ou un animal meurt, il cesse d'échanger du ^{14}C avec l'environnement et la proportion de ^{14}C qu'il contient décroît exponentiellement avec une demi-vie de 5730 ans.

EXPOSÉ

Dans la **section 5.6 : L'énergie nucléaire**, nous avons vu qu'il existe des noyaux instables qui maintiennent leur cohésion pendant un certain temps avant de se désintégrer. Chaque noyau possède une certaine *probabilité* de se désintégrer par unité de temps, appelée **constante de désintégration** (symbole : λ). Dans cette section, nous allons commencer par montrer que l'existence d'une telle constante de désintégration implique que le nombre de noyaux instables dans un échantillon diminue avec le temps de manière exponentielle. Puis nous allons voir comment, dans certains cas, l'analyse de cette décroissance exponentielle permet de déterminer l'âge de l'échantillon.

Appelons N le nombre de noyaux de ^{87}Rb présents dans l'échantillon :

$$N = 1 \text{ mol} = 6{,}022 \times 10^{23}$$

Dans la **section 5.4 : L'onde de probabilité et le principe d'incertitude**, nous avons vu que les quantas existent sous forme d'ondes de probabilité. Le fait qu'un noyau instable ait une probabilité constante de se désintégrer chaque seconde découle de la nature probabiliste fondamentale des phénomènes quantiques.

Chaque seconde, un noyau de rubidium 87 a 1 chance sur $2{,}242 \times 10^{18}$ de se désintégrer, ce qui correspond à une constante de désintégration

$$\lambda = \frac{1}{2{,}242 \times 10^{18}} = 4{,}460 \times 10^{-19} \, \text{s}^{-1}$$

(la probabilité de se désintégrer est de $4{,}460 \times 10^{-19}$ _par seconde_). Appelons R le nombre de désintégrations par seconde (**taux de désintégration**). Il correspond à la probabilité de désintégration par seconde _multipliée_ par le nombre de noyaux :

$$\boxed{R = \lambda N} \quad \text{Taux de désintégration}$$

Ici,

$$R = \lambda N = \left(4{,}460 \times 10^{-19} \, \text{s}^{-1}\right) \times 6{,}022 \times 10^{23} = 2{,}686 \times 10^5 \, \text{s}^{-1}$$

Les taux de désintégration sont parfois exprimés en _curies_ (symbole : Ci), une ancienne unité nommée en l'honneur de Marie Curie, pionnière de l'étude de la radioactivité :
$1 \, \text{Ci} = 3{,}7 \times 10^{10} \, \text{Bq}$.

c'est-à-dire près de 269 000 désintégrations par seconde. En l'honneur d'Henri Becquerel, le physicien français qui a découvert la radioactivité en 1898, un **becquerel** (symbole : Bq) correspond à une désintégration par seconde. Ainsi, on peut écrire

$$R = 2{,}686 \times 10^5 \, \text{Bq}$$

En **(a)**, nous voulons déterminer le nombre de désintégrations en un jour. Sur ce bref laps de temps, la diminution du nombre de noyaux de ^{87}Rb est négligeable en comparaison avec le nombre de noyaux : par conséquent, on peut considérer que la valeur de R demeure constante. Ainsi, en un jour,

$$\Delta t = 24 \times 60 \times (60 \, \text{s}) = 86\,400 \, \text{s}$$

il y a

$$R\,\Delta t = \left(2{,}686 \times 10^5 \, \text{s}^{-1}\right)\left(86\,400 \, \text{s}\right) = \boxed{2{,}32 \times 10^{10} \, \text{désintégrations}}$$

QI 1 Si l'échantillon de la **situation 1** contenait 2 moles de rubidium 87 plutôt que 1 mole, dites la valeur de chacun des paramètres suivants serait plus grande, plus petite ou inchangée : **(a)** λ ; **(b)** R ; **(c)** le nombre de désintégrations en une journée.

En **(b)**, nous voulons déterminer combien de temps il faut pour qu'il ne reste plus que 0,6 mole de ^{87}Rb. Cela signifie que le nombre de désintégrations doit être égal à $(1 \text{ mol}) - (0{,}6 \text{ mol}) = 0{,}4 \text{ mol} = 2{,}409 \times 10^{23}$. _Si_ le taux de désintégration R demeurait constant, on pourrait déterminer le temps par simple règle de trois :

$$2{,}686 \times 10^5 \text{ désintégrations} \quad \Leftrightarrow \quad 1 \text{ s}$$
$$2{,}409 \times 10^{23} \text{ désintégrations} \quad \Leftrightarrow \quad 8{,}969 \times 10^{17} \text{ s}$$

Or, ce calcul est _incorrect_. En effet, pendant l'intervalle de temps qui nous intéresse, le nombre N de noyaux passe de 1 mol à 0,6 mol, ce qui fait varier le taux de désintégration $R = \lambda N$ de manière importante. On _ne peut pas_ supposer que R demeure constant. Pour obtenir une meilleure évaluation du temps, on pourrait prendre un N constant égal à 0,8 mol (la moyenne des valeurs initiale et finale), ce qui multiplierait le taux de désintégration par 0,8 et augmenterait le temps par un facteur $1/0{,}8 = 1{,}25$: on obtiendrait ainsi $1{,}25 \times \left(8{,}969 \times 10^{17} \text{ s}\right) = 1{,}121 \times 10^{18} \text{ s}$. Toutefois, _il ne s'agirait toujours pas_ d'une réponse exacte.

Pour calculer le temps de manière exacte, il faut utiliser le calcul différentiel et intégral. Appelons N_0 le nombre de noyaux à $t = 0$ et N le nombre de noyaux à un temps t ultérieur. Le taux de désintégration correspond à *moins* la dérivée du nombre de noyaux en fonction du temps (comme N diminue en fonction du temps, on met le signe moins pour avoir un taux de désintégration positif) :

$$R = -\frac{dN}{dt}$$

Comme $R = \lambda N$,

$$\lambda N = -\frac{dN}{dt}$$

ou encore

$$\frac{dN}{N} = -\lambda \, dt$$

Pour faire disparaître les éléments infinitésimaux dN et dt, nous pouvons intégrer de part et d'autre du signe d'égalité en prenant comme bornes d'intégration la situation initiale et une situation finale quelconque. Initialement, le temps est égal à 0 et le nombre de noyaux est égal à N_0. Pour un temps t quelconque, le nombre de noyaux est égal à N. Par conséquent, nous pouvons écrire

$$\int_{N_0}^{N} \frac{dN}{N} = -\lambda \int_{0}^{t} dt$$

(Nous avons mis la constante λ en évidence.) Il ne reste plus qu'à résoudre les intégrales :

$$\left[\ln N \right]_{N_0}^{N} = -\lambda \left[t \right]_{0}^{t}$$

$$\ln N - \ln N_0 = -\lambda(t - 0)$$

$$\ln\left(\frac{N}{N_0}\right) = -\lambda t$$

$$\frac{N}{N_0} = e^{-\lambda t}$$

Nous obtenons finalement

$$\boxed{N = N_0 e^{-\lambda t}}$$ **Loi de la désintégration radioactive**

D'après la loi de la désintégration radioactive, le nombre N de noyaux non désintégrés décroît de manière exponentielle (schéma ci-contre).

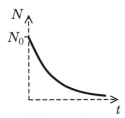

Dans la situation qui nous intéresse, nous cherchons le temps requis pour passer de $N_0 = 1$ mol à $N = 0,6$ mol. Pour gagner du temps, nous allons partir d'un des résultats intermédiaires de la démonstration que nous venons de faire :

$$\ln\left(\frac{N}{N_0}\right) = -\lambda t$$

$$\ln(0,6) = -\left(4,460 \times 10^{-19}\,\text{s}^{-1}\right) t$$

$$t = \frac{-0,5108}{-\left(4,460 \times 10^{-19}\,\text{s}^{-1}\right)} = 1,145 \times 10^{18}\,\text{s}$$

ce qui correspond à

$$\boxed{t = 36,3 \text{ milliards d'années}}$$

soit près de 8 fois l'âge actuel de la Terre (4,6 milliards d'années). Il est intéressant de noter que le temps exact est supérieur de 2 % au temps approximatif obtenu en prenant un taux de désintégration constant correspondant à $N = 0,8$ mol.

Comme il y a un très grand nombre de noyaux instables dans un échantillon typique et que leur nombre décroît de manière exponentielle, cela prendrait un temps énorme pour qu'il ne reste plus aucun noyau instable dans l'échantillon — habituellement, beaucoup plus que l'âge actuel de l'Univers.

Le temps de demi-vie

Il est pratique de décrire une décroissance exponentielle à l'aide du concept de *demi-vie*. Par définition, le **temps de demi-vie** (symbole : $T_{1/2}$) correspond au temps requis pour que la moitié des noyaux initialement présents soit désintégrée.

> **Situation 2 : *La demi-vie du rubidium 87.*** On désire déterminer le temps de demi-vie du ^{87}Rb, sachant que sa constante de désintégration est de $4,460 \times 10^{-19}$ s^{-1}.

Considérons la loi de la désintégration radioactive,

$$N = N_0 e^{-\lambda t}$$

Lorsque le temps écoulé est égal au temps de demi-vie,

$$t = T_{1/2}$$

le nombre de noyaux non désintégrés est égal à la moitié du nombre initial :

$$N = \frac{N_0}{2}$$

Par conséquent,

$$\frac{N_0}{2} = N_0 e^{-\lambda T_{1/2}} \quad \Rightarrow \quad e^{-\lambda T_{1/2}} = \frac{1}{2}$$

Appliquons une inversion multiplicative (c'est-à-dire l'opération « $1/x$ ») de part et d'autre du signe d'égalité :

$$\frac{1}{e^{-\lambda T_{1/2}}} = \frac{1}{\frac{1}{2}}$$

$$e^{\lambda T_{1/2}} = 2$$

Prenons le logarithme naturel (l'opération inverse de l'exponentielle) de chaque côté :

$$\ln(e^{\lambda T_{1/2}}) = \ln 2$$
$$\lambda T_{1/2} = \ln 2$$

Ainsi,

$$T_{1/2} = \frac{\ln 2}{\lambda}$$ **Relation entre le temps de demi-vie et la constante de désintégration**

Plus la constante de désintégration est grande, plus le temps de demi-vie est petit, ce qui est logique. Pour le rubidium 87, $\lambda = 4,460 \times 10^{-19}$ s^{-1}, d'où

$$T_{1/2} = \frac{0,6931}{\left(4,460 \times 10^{-19}\,\text{s}^{-1}\right)} = 1,554 \times 10^{18}\ \text{s}$$

ou encore

$$T_{1/2} = 49,2 \text{ milliards d'années}$$

Au fur et à mesure que le temps passe, le nombre de noyaux non désintégrés que contient un échantillon décroît. Après une demi-vie, il reste la moitié des noyaux initialement présents (graphique ci-contre) ; après deux demi-vies, il en reste la moitié de la moitié, c'est-à-dire le quart ; etc.

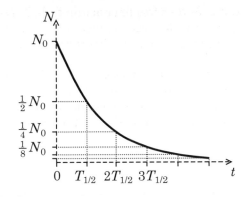

Dans la **section G6 : Les principaux isotopes des éléments** de l'annexe générale, on indique la demi-vie de 70 isotopes radioactifs.

L'horloge radioactive

Les techniques de **datation radioactive** permettent de déterminer l'âge d'un échantillon en comparant la proportion de noyaux instables qu'il contient et la proportion qu'il contenait (par hypothèse) au moment de sa formation. Les noyaux instables que contient un échantillon agissent, en quelque sorte, comme une *horloge radioactive*.

> **Situation 3 :** *L'horloge au rubidium 87.* Un échantillon de roche contient 30,1 moles de rubidium 87 ($T_{1/2} = 1,554 \times 10^{18}$ s) et 1,5 mole de strontium 87. On suppose qu'au moment de sa solidification, la roche contenait une quantité négligeable de strontium 87. On désire déterminer l'âge de la roche (le temps depuis lequel elle s'est solidifiée).

Par hypothèse, la mole et demie de strontium était, à l'origine, sous forme de rubidium. Par conséquent, il y avait initialement

$$N_0 = \left(30,1 \text{ mol}\right) + \left(1,5 \text{ mol}\right) = 31,6 \text{ mol}$$

de rubidium dans l'échantillon. Aujourd'hui, $N = 30,1 \text{ mol}$.

Calculons la constante de désintégration du rubidium 87 :

$$T_{1/2} = \frac{\ln 2}{\lambda} \quad \Rightarrow \quad \lambda = \frac{\ln 2}{T_{1/2}} = \frac{0,6931}{\left(1,554 \times 10^{18} \text{ s}\right)} = 4,460 \times 10^{-19} \text{ s}^{-1}$$

Il ne reste plus qu'à isoler le temps dans la loi de la désintégration radioactive :

$$N = N_0 e^{-\lambda t}$$

$$\ln\left(\frac{N}{N_0}\right) = \ln(e^{-\lambda t})$$

$$\ln\left(\frac{N}{N_0}\right) = -\lambda t$$

$$t = \frac{-\ln\left(\dfrac{N}{N_0}\right)}{\lambda} = \frac{-\ln\left(\dfrac{30,1}{31,6}\right)}{\left(4,460 \times 10^{-19} \text{ s}^{-1}\right)} = \frac{-(-0,04863)}{\left(4,460 \times 10^{-19} \text{ s}^{-1}\right)} = 1,090 \times 10^{17} \text{ s}$$

Si notre hypothèse de départ est correcte, la roche s'est solidifiée il y a

$$t = 3,46 \text{ milliards d'années}$$

QI 2 Si l'échantillon de la **situation 3** demeure intact, dans combien d'années contiendra-t-il deux fois plus de strontium-87, c'est-à-dire 3 moles ?

Lorsqu'on applique la méthode de datation radioactive à la désintégration de noyaux instables de type **A** (noyaux «parents») en noyaux stables de type **B** (noyaux «enfants»), le résultat que l'on obtient dépend de l'hypothèse que l'on a faite concernant la quantité de noyaux de type **B** initialement présents dans l'échantillon. Il existe différentes méthodes (notamment, la méthode dite des *isochrones*) qui permettent de déterminer cette quantité. Comme nous n'étudierons pas ces méthodes dans cet ouvrage, nous allons toujours indiquer quelle quantité de noyaux de type «enfant» se trouvait initialement dans l'échantillon.

La datation au carbone 14

Le carbone 14 est un isotope radioactif qui sert à déterminer l'âge des vestiges d'origine biologique. Dans le gaz carbonique de l'atmosphère terrestre, un atome de carbone sur $7,7 \times 10^{11}$ est du ^{14}C. Cette proportion demeure relativement constante en raison de la création continuelle de ^{14}C par les collisions entre l'azote de l'atmosphère (^{14}N) et les *rayons cosmiques*, particules hautement énergétiques en provenance du Soleil et du reste de l'Univers. Lorsqu'une plante ou un animal meurt, il cesse d'échanger du ^{14}C avec le reste de la biosphère, et la proportion de ^{14}C qu'il contient décroît exponentiellement avec une demi-vie de 5730 ans.

Pour déterminer à combien de temps remonte la mort, il faut comparer la proportion d'atomes de ^{14}C dans un gramme (1 g) de carbone provenant du spécimen à la proportion d'atomes de ^{14}C dans un gramme de carbone qui contient la même proportion de ^{14}C que l'atmosphère. La masse molaire du carbone est de 12,01 g/mol: cela correspond à la masse d'une mole d'atomes de carbone comportant la proportion usuelle d'isotopes, c'est-à-dire 99 % de ^{12}C et 1 % de ^{13}C. (Lorsqu'on calcule la masse molaire, la quantité de ^{14}C peut être négligée.) Par conséquent, dans 1 g de carbone, il y a

$$\frac{1}{12,01}\,\text{mol} = \frac{6,022 \times 10^{23}\ \text{noyaux}}{12,01} = 5,014 \times 10^{22}\ \text{noyaux}$$

Comme un noyau de carbone sur $7,7 \times 10^{11}$ est du carbone 14, il y a $6,5 \times 10^{10}$ noyaux de carbone 14 dans chaque gramme de carbone d'un animal ou d'une plante qui vient de mourir.

Situation 4: *L'homme de glace.* En 1991, dans les Alpes, près de la frontière entre l'Autriche et l'Italie, des randonneurs ont découvert le cadavre d'un homme: le haut de son corps émergeait d'une surface de glace en train de fondre! Le ^{14}C qui se trouve dans chaque gramme de carbone de son corps possède un taux de désintégration de 0,133 Bq. On désire déterminer depuis combien de siècles il est mort. On suppose qu'au moment de sa mort, la proportion de ^{14}C dans son corps était la même que dans l'environnement d'aujourd'hui: $6,5 \times 10^{10}$ noyaux de ^{14}C par gramme de carbone. La demi-vie du carbone ^{14}C est de 5730 ans.

Calculons, pour commencer, la constante de désintégration du ^{14}C. Le temps de demi-vie est

$$T_{1/2} = 5730\ \text{ans} = 5730 \times 365,25 \times 24 \times 60 \times (60\ \text{s}) = 1,808 \times 10^{11}\ \text{s}$$

Ainsi,

$$T_{1/2} = \frac{\ln 2}{\lambda} \qquad \Rightarrow \qquad \lambda = \frac{\ln 2}{T_{1/2}} = \frac{0,6931}{(1,808 \times 10^{11}\ \text{s})} = 3,834 \times 10^{-12}\ \text{s}^{-1}$$

D'après l'énoncé, chaque gramme de carbone dans le corps de l'homme de glace produit un taux de désintégration $R = 0,133\,\mathrm{Bq}$. Cela permet de calculer le nombre d'atomes de ^{14}C qu'il contient :

$$R = \lambda N \qquad \Rightarrow \qquad N = \frac{R}{\lambda} = \frac{(0,133\,\mathrm{s^{-1}})}{(3,834 \times 10^{-12}\,\mathrm{s^{-1}})} = 3,469 \times 10^{10}$$

Par hypothèse, au moment de la mort de l'homme de glace, il y avait

$$N_0 = 6,5 \times 10^{10}$$

atomes de ^{14}C dans le même gramme de carbone. Comme N correspond à 53 % de N_0, nous pouvons conclure que l'homme de glace est mort depuis *un peu moins* d'une demi-vie (environ 5000 ans). Pour calculer le temps avec précision, nous pouvons utiliser la loi de la désintégration radioactive :

$$N = N_0 e^{-\lambda t}$$

$$\ln\left(\frac{N}{N_0}\right) = \ln(e^{-\lambda t})$$

$$\ln\left(\frac{N}{N_0}\right) = -\lambda t$$

$$t = \frac{-\ln\left(\dfrac{N}{N_0}\right)}{\lambda} = \frac{\ln\left(\dfrac{3,469 \times 10^{10}}{6,5 \times 10^{10}}\right)}{(3,834 \times 10^{-12}\,\mathrm{s^{-1}})} = \frac{-(-0,6279)}{(3,834 \times 10^{-12}\,\mathrm{s^{-1}})} = 1,638 \times 10^{11}\,\mathrm{s} = 5190\ \mathrm{ans}$$

Ainsi, l'homme de glace est mort depuis

$$\boxed{t = 51,9 \text{ siècles}}$$

En comparant les âges obtenus par la datation au carbone 14 avec d'autres méthodes (en particulier, le décompte des cernes annuels qui se forment dans les troncs d'arbres), on s'est rendu compte que la concentration de ^{14}C a légèrement fluctué au cours des derniers millénaires. Pour obtenir les résultats les plus précis possible, il faudrait tenir compte de ces fluctuations, ce qui dépasse les objectifs de cet exposé.

Réponses aux questions instantanées

QI 1
(a) Inchangée ; (b) plus grande ; (c) plus grande

QI 2
Dans 3,63 milliards d'années

GLOSSAIRE

becquerel : (symbole : Bq) unité du taux de désintégration dans le SI, correspondant à 1 désintégration par seconde (1 Bq = 1 s^{-1}).

constante de désintégration : (symbole : λ) probabilité qu'un noyau se désintègre divisée par l'intervalle de temps ; dans le SI, elle s'exprime en s^{-1} (probabilité de désintégration par seconde).

datation radioactive : méthode de détermination de l'âge d'un échantillon à partir de la concentration de noyaux instables qu'il contient.

taux de désintégration : (symbole : R) le taux de désintégration d'un échantillon correspond au nombre de désintégrations divisé par l'intervalle de temps ; dans le SI, il s'exprime en becquerels (Bq).

temps de demi-vie : (symbole : $T_{1/2}$) temps requis pour que la moitié des noyaux initialement présents soit désintégrée ; chaque isotope radioactif possède un temps de demi-vie caractéristique.

QUESTIONS

Q1. Vrai ou faux ? **(a)** Le taux de désintégration dépend du type de noyaux instables présents dans l'échantillon, mais pas de leur nombre. **(b)** La constante de désintégration dépend du type de noyaux instables présents dans l'échantillon, mais pas de leur nombre.

Q2. Vrai ou faux ? Pour qu'il ne reste plus aucun noyau instable dans un échantillon, il faut attendre *deux* demi-vies.

Q3. Lorsqu'on applique la méthode de datation radioactive à la désintégration de noyaux instables de type **A** en noyaux stables de type **B**, il faut faire une hypothèse concernant la quantité de noyaux de type _____ initialement présents dans l'échantillon.

Q4. Pourquoi la méthode de datation au carbone 14 donne-t-elle le temps écoulé depuis la mort de la plante ou de l'animal, plutôt que le temps écoulé depuis sa naissance ?

DÉMONSTRATIONS

D1. (a) Expliquez la raison du signe négatif dans l'équation

$$\lambda N = -\frac{dN}{dt}$$

(b) Montrez comment obtenir la loi de la désintégration radioactive, $N = N_0 e^{-\lambda t}$ à partir de l'équation qui précède.

D2. À partir de la loi de la désintégration radioactive,

$$N = N_0 e^{-\lambda t}$$

démontrez la relation

$$T_{1/2} = \frac{\ln 2}{\lambda}$$

EXERCICES

Pour déterminer le nombre de noyaux de masse atomique A dans un échantillon dont la masse est connue, on peut supposer (avec une précision de 3 chiffres significatifs) que la masse de chaque noyau est égale à $A \times$ u.

RÉCHAUFFEMENT

5.7.1 *Retour sur la situation 1.* Dans la **situation 1** de l'exposé de la section, combien de temps cela prendrait-il pour qu'il ne reste plus qu'un million d'atomes de rubidium dans l'échantillon ?

5.7.2 *Une diminution d'un facteur 1000.* Après combien de demi-vies (à l'entier près) le nombre de noyaux non désintégrés est-il égal à 0,1 % du nombre initial de noyaux ?

5.7.3 *Retour sur la situation 3.* Reprenez la **situation 3** de l'exposé de la présente section en supposant qu'au moment de sa solidification, l'échantillon de roche contenait 0,6 mol de ^{87}Sr.

SÉRIE PRINCIPALE

5.7.4 *Le potassium 40.* Le potassium 40 a une demi-vie de 1,31 milliard d'années. Déterminez **(a)** la constante de désintégration et **(b)** le taux de désintégration, en curies, d'un échantillon qui contient 200 g de potassium 40. (Un curie, symbole : Ci, correspond à $3,7 \times 10^{10}$ Bq.)

5.7.5 *La proportion de carbone 14.* Si un atome de carbone sur 1000 milliards (10^{12}) était du ^{14}C, combien y aurait-il de noyaux de ^{14}C dans un gramme de carbone ? La masse molaire du carbone est de 12,01 g.

5.7.6 *Une vieille bûche.* Dans un site archéologique, on a trouvé une bûche à moitié brûlée qui contient 2,5 kg de carbone. Son taux de désintégration est de 160 Bq. Quel est l'âge approximatif du site ? (On suppose que la concentration de ^{14}C dans un être vivant est de $6,5 \times 10^{10}$ noyaux par gramme de carbone. La demi-vie du ^{14}C est de 5730 ans.)

5.7.7 *Les limites de la datation au carbone.* La méthode de datation au carbone 14 donne des résultats fiables lorsque le taux de désintégration d'un gramme de carbone est supérieur à deux désintégrations par *heure*. Quel est l'âge le plus grand que l'on peut mesurer à l'aide de cette méthode ? (On suppose que la concentration de ^{14}C dans un être vivant est de $6,5 \times 10^{10}$ noyaux par gramme de carbone. La demi-vie du ^{14}C est de 5730 ans.)

5.7.8 *Le rapport rubidium / strontium.* Un échantillon contient un nombre égal d'atomes de ^{87}Rb et de ^{87}Sr. Le rubidium se transforme en strontium, dont la demi-vie est de 49,2 milliards d'années. Calculez le temps qu'il faut attendre pour que l'échantillon contienne **(a)** 3 fois plus d'atomes de ^{87}Sr que de ^{87}Rb ; **(b)** 10 fois plus d'atomes de ^{87}Sr que de ^{87}Rb.

Synthèse du chapitre

Après l'étude de cette section, le lecteur pourra résoudre des problèmes de physique quantique et nucléaire en intégrant les différentes connaissances présentées dans ce chapitre.

FICHES DE SYNTHÈSE

Paramètres du chapitre

Paramètre	Symbole	Unité SI
travail d'extraction	ϕ (phi)	J
énergie de liaison	E_{L}	J
constante de désintégration	λ (lambda)	s^{-1}
taux de désintégration	R	Bq (becquerel) = s^{-1}
demi-vie	$T_{1/2}$	s

Propriétés des quantas

	Quanta de masse non nulle	Photon ($m = 0$)

ÉNERGIE

$$E^2 = p^2c^2 + m^2c^4$$

$\boxed{E = pc}$

$\boxed{E = hf}$ $\boxed{h = 6{,}63 \times 10^{-34}\ \mathrm{J \cdot s}}$

Constante de Planck

LONGUEUR D'ONDE

$\boxed{\lambda = \dfrac{h}{p}}$ **Longueur d'onde de de Broglie**

$p = \gamma mv \approx mv$ (quand $v \ll c$)

$\lambda = \dfrac{c}{f} = \dfrac{E/p}{f} = \dfrac{h}{p}$

λ est la longueur d'onde de l'**onde de probabilité** :
plus l'onde associée à une possibilité est intense,
plus la probabilité que cette possibilité s'actualise est grande.

Principe d'incertitude de Heisenberg

$\boxed{\Delta p\, \Delta x > h}$ $\boxed{\Delta E\, \Delta t > h}$

Effet photoélectrique

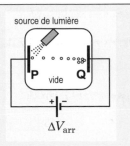

source de lumière

Un photon peut éjecter un électron si son énergie $E = hf$ est supérieure au **travail d'extraction** ϕ,

ce qui se produit pour $f > f_{\mathrm{s}}$, où $f_{\mathrm{s}} = \phi/h$ est la **fréquence de seuil**

(ce qui revient à dire que $\lambda < \lambda_{\mathrm{s}}$, où $\lambda_{\mathrm{s}} = c/f_{\mathrm{s}} = ch/\phi$ est la **longueur d'onde de seuil**).

L'énergie maximale d'un électron éjecté est $K_{\max} = hf - \phi$.

Le **potentiel d'arrêt** ΔV_{arr} nécessaire pour arrêter ces électrons est donné par $K_{\max} = e\, \Delta V_{\mathrm{arr}}$.

Effet Compton

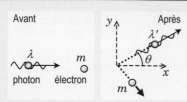

Avant / Après

photon électron

Un photon diffusé par un électron faiblement lié à son atome subit une collision ; sa longueur d'onde augmente d'une valeur qui dépend de l'angle de diffusion :

$$\lambda' - \lambda = \frac{h}{mc}(1 - \cos\theta)$$

La collision est élastique : l'énergie perdue par le photon est donnée à l'électron.

On obtient l'équation de l'effet Compton en combinant la conservation de l'énergie et la conservation de la quantité de mouvement selon x et y.

Spectre du corps noir

Planck a introduit la notion de quantification de l'énergie et la constante h pour obtenir l'équation théorique qui décrit le spectre en forme de cloche émis par un objet en raison de sa température (spectre du corps noir).

$$T(\text{K}) = T(°\text{C}) + 273{,}15$$

Loi de Stefan-Boltzmann : $I = \sigma T^4$ $\sigma = 5{,}67 \times 10^{-8}\ \text{W/(m}^2\cdot\text{K}^4)$

Loi de Wien : $\lambda_{\max} = \dfrac{(0{,}0029\ \text{m}\cdot\text{K})}{T}$

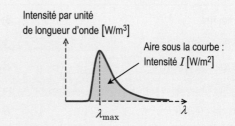

Intensité par unité de longueur d'onde [W/m³]

Aire sous la courbe : Intensité I [W/m²]

$\lambda_{\max}$ λ

Modèle de Bohr

Dans le **modèle de Bohr** de l'atome d'hydrogène, l'électron tourne autour du noyau (proton) sur une orbite circulaire dont la circonférence correspond à un multiple de la longueur d'onde de de Broglie de l'électron :

$$2\pi r = n\lambda$$

(le nombre quantique principal n correspond au numéro de l'orbite)

$2\pi r = 5\lambda$
5ᵉ orbite permise

$$E = \frac{(-13{,}6\ \text{eV})}{n^2}$$

Niveaux d'énergie de l'atome d'hydrogène

Le modèle de Bohr explique les raies spectrales de l'hydrogène : l'énergie du photon correspond à la différence entre les niveaux d'énergie de la transition.

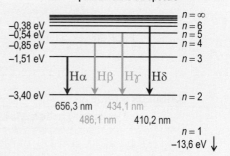

Raies spectrales de l'hydrogène dans la partie visible du spectre

-0,38 eV · $n = \infty$
-0,54 eV · $n = 6$
· $n = 5$
-0,85 eV · $n = 4$
-1,51 eV · $n = 3$

Hα Hβ Hγ Hδ

-3,40 eV · $n = 2$

656,3 nm   434,1 nm
486,1 nm   410,2 nm

$n = 1$
-13,6 eV ↓

Énergie nucléaire

Représentation *très* schématique d'un atome

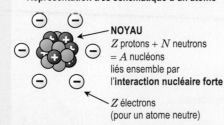

NOYAU
Z protons + N neutrons
= A nucléons
liés ensemble par
l'**interaction nucléaire forte**

Z électrons
(pour un atome neutre)

$1\ \text{u} = 1{,}660\ 539 \times 10^{-27}\ \text{kg}$ **Unité de masse atomique**

(1/12 de la masse d'un atome neutre de carbone 12)

$m_\text{p} = 1{,}672\ 622 \times 10^{-27}\ \text{kg} = 1{,}007\ 276\ \text{u}$ **Masse du proton**

$m_\text{n} = 1{,}674\ 927 \times 10^{-27}\ \text{kg} = 1{,}008\ 665\ \text{u}$ **Masse du neutron**

$m_\text{e} = 9{,}11 \times 10^{-31}\ \text{kg} = 0{,}000\ 549\ \text{u}$ **Masse de l'électron**

Masse des constituants du noyau (non liés) : $Zm_\text{p} + Nm_\text{n}$

Masse du noyau : m

Défaut de masse : $\Delta m = (Zm_\text{p} + Nm_\text{n}) - m$

Facteurs de conversion utiles

$1\ \text{MeV}/c^2 = 1{,}782\ 662 \times 10^{-30}\ \text{kg}$

$1\ \text{u} = 931{,}5\ \text{MeV}/c^2$

Énergie de liaison : $E_\text{L} = \Delta m\, c^2$

(énergie qu'il faudrait fournir au noyau pour le dissocier en ses constituants)

Dans tout processus nucléaire, la charge électrique totale et le nombre de nucléons (nombre de masse A) sont toujours conservés.

L'énergie libérée correspond à la diminution de la masse multipliée par c^2 :

$$Q = \left(\sum m_i - \sum m_f\right)c^2$$

(Si $m_f > m_i$, Q est négatif : le processus absorbe de l'énergie.)

DÉSINTÉGRATION RADIOACTIVE
(processus spontané libérant toujours de l'énergie)

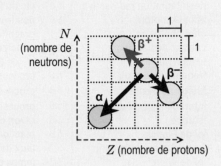

Processus α (alpha) : émission d'une **particule alpha**
(noyau d'hélium 4, contenant 2 protons et 2 neutrons)
Z diminue de 2, N diminue de 2

Processus β⁻ (bêta moins) : transformation d'un neutron en proton : $n \rightarrow p + e^- + \overline{\nu}$
Z augmente de 1, N diminue de 1

Processus β⁺ (bêta plus) : transformation d'un proton en neutron : $p \rightarrow n + e^+ + \nu$
Z diminue de 1, N augmente de 1

RÉACTION NUCLÉAIRE
(processus associé à une collision ; peut libérer ou absorber de l'énergie)

La **fusion nucléaire** génère un noyau plus gros que les noyaux initiaux.

La **fission nucléaire** génère des noyaux plus petits que le plus gros noyau initial.

Les noyaux près du **pic du fer** sont ceux qui ont le plus gros défaut de masse relatif (schéma ci-contre).

Les réactions nucléaires dont les produits sont plus près du pic du fer que les noyaux d'origine libèrent de l'énergie.

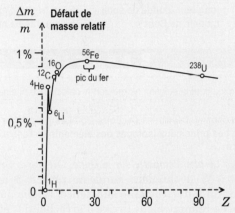

Nombre de noyaux radioactifs à $t = 0$: N_0

Probabilité de désintégration par seconde d'un noyau : **constante de désintégration** λ (unité : s^{-1})

Nombre de noyaux non désintégrés après un temps t : $\boxed{N = N_0 e^{-\lambda t}}$ **Loi de la désintégration radioactive**

Nombre de désintégrations par seconde dans l'échantillon : $\boxed{R = \lambda N}$ **Taux de désintégration**
(unité : Bq (**Becquerel**) = s^{-1})

Temps nécessaire à ce que la moitié des noyaux initialement présents se soit désintégrée : $\boxed{T_{1/2} = \dfrac{\ln 2}{\lambda}}$ **Temps de demi-vie**

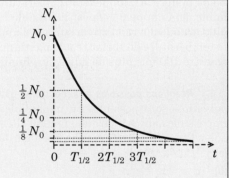

Exemple : DATATION AU CARBONE 14

- Dans un être vivant, chaque gramme de carbone contient $6{,}5 \times 10^{10}$ noyaux de carbone 14 (c'est-à-dire un atome de carbone sur $7{,}7 \times 10^{11}$), ce qui permet de déterminer N_0 pour un échantillon dont la quantité de carbone est connue.

- Après la mort, le carbone 14 se désintègre avec une demi-vie de 5730 ans. (On peut déterminer λ à partir de cette information.)

- En mesurant R, le taux de désintégration de l'échantillon, on détermine le nombre N de noyaux de carbone 14, puis on utilise la loi de la désintégration radioactive pour déterminer à combien de temps remonte la mort.

EXERCICES

○ Exercice dont la solution ne requiert ni calculatrice ni algèbre complexe.

Consultez au besoin les **sections G5 : Les propriétés des matériaux** et **G6 : Les principaux isotopes des éléments** de l'annexe générale.

○ **5.8.1** *Le bleu l'emporte sur le jaune.* On observe qu'une source de 10 W de lumière jaune ne réussit à arracher aucun électron à une certaine substance, tandis qu'une source de 2 W de lumière bleue arrive à arracher des électrons à cette même substance. Expliquez pourquoi.

○ **5.8.2** *Les géantes rouges.* Certaines étoiles appelées *géantes rouges* émettent une plus grande puissance lumineuse que le Soleil malgré le fait que leur température de surface est plus faible. **(a)** Comment cela est-il possible ? **(b)** Combien de fois plus grande devrait être la surface d'une géante rouge dont la température de surface est la moitié de celle du Soleil pour émettre 100 fois plus de puissance lumineuse que celui-ci ?

5.8.3 *Réactions possibles et impossibles.* Dites si les réactions suivantes sont possibles ou impossibles. Lorsqu'elles sont impossibles, dites pourquoi. Lorsqu'elles sont possibles, calculez l'énergie libérée ou absorbée par la réaction.
(a) $^{241}Pu \rightarrow {}^{242}Am + e^- + \bar{\nu}$;
(b) $^{3}H \rightarrow {}^{3}He + e^- + \bar{\nu}$;
(c) $^{23}Na \rightarrow {}^{22}Na + e^+ + \nu$;
(d) $^{238}U + neutron \rightarrow {}^{239}Np$.

5.8.4 *Le nombre de photons émis par une ampoule ordinaire.* Quel est le nombre de photons émis par seconde par une ampoule ordinaire qui consomme 100 W de puissance électrique ? (Pour répondre à la question, supposez que 5 % de la puissance électrique est convertie en lumière visible, et que celle-ci possède une longueur d'onde de 550 nm.)

5.8.5 *De l'aluminium éclairé dans l'ultraviolet.* On éclaire une plaque d'aluminium avec un laser émettant dans l'ultraviolet à la longueur d'onde de 266 nm. **(a)** Des électrons sont-ils éjectés ? Justifiez votre réponse. **(b)** Si vous avez répondu « oui » en (a), calculez l'énergie cinétique maximale des électrons éjectés. **(c)** Si l'on utilisait plutôt un laser de 262 nm pour éclairer la plaque, l'énergie des électrons éjectés serait-elle plus grande ou moins grande ?

5.8.6 *Le plus gros noyau stable.* Le plomb 208 est le plus gros noyau stable. Déterminez **(a)** la masse de son noyau ; **(b)** son défaut de masse relatif ; **(c)** son énergie de liaison, en MeV.

5.8.7 *La diffusion des rayons X.* Un photon de 0,162 nm est dévié de 30° par un électron faiblement lié à son noyau. **(a)** Par quel pourcentage la longueur d'onde du photon augmente-t-elle ? **(b)** Quelle quantité d'énergie est transférée à l'électron ? **(c)** Quel est le module de la quantité de mouvement de l'électron immédiatement après la collision ? **(d)** Quelle est la longueur d'onde de de Broglie associée à l'électron immédiatement après la collision ?

5.8.8 *L'accumulation de l'américium.* Le plutonium utilisé dans les réacteurs nucléaires est généralement un mélange de plusieurs isotopes du plutonium, dont le plutonium 241. Celui-ci se désintègre avec un temps de demi-vie de 14,3 ans en américium 241, qui s'accumule alors dans l'échantillon puisque sa demi-vie est beaucoup plus longue (432 ans). **(a)** Par quel processus se produit cette désintégration ? **(b)** Pour un échantillon qui contient initialement 20 g de plutonium 241 (et aucun américium 241), après combien de temps 10 % des noyaux de plutonium se sont-ils désintégrés en américium 241 ?

5.8.9 *Un photon virtuel dans un atome.* La force électrique entre deux particules chargées peut s'expliquer par l'échange de photons « virtuels » dont l'existence temporaire est permise en raison du « flou quantique » décrit par le principe d'incertitude de Heisenberg. **(a)** Calculez la durée de vie d'un photon virtuel qui a tout juste le temps de parcourir la distance typique de 0,1 nm séparant un électron d'un proton au sein d'un atome. **(b)** Quelle est l'énergie maximale que peut posséder le photon pour que la violation du principe de conservation de l'énergie qui résulte de sa création soit « masquée » par le principe d'incertitude de Heisenberg ?

5.8.10 *L'américium dans un détecteur de fumée.* Sur l'étiquette d'un détecteur de fumée (photo ci-contre), on peut lire « 0,9 microcurie d'américium 241 ». **(a)** Combien de noyaux d'américium contient l'appareil ? (*Rappel* : 1 Ci = 3,7 × 10¹⁰ Bq). **(b)** À quelle masse d'américium, en milligrammes, cela
STOCKXPERT

correspond-il ? **(c)** Calculez combien de désintégrations se produisent par jour dans l'appareil. **(d)** L'américium se désintègre en neptunium 237 par un processus α : quelle quantité d'énergie est libérée chaque jour par ces désintégrations ?

5.8.11 *La chaîne du plutonium 239.* Le plutonium 239 se désintègre selon un processus alpha. **(a)** Quel sera l'isotope issu de cette désintégration ? **(b)** Quelle est l'énergie libérée lors de ce processus ? **(c)** Il s'ensuit une série de désintégrations alpha et bêta dont le produit final est un des isotopes stables du plomb donné dans la **section G6** de l'annexe générale (Pb 206, 207 ou 208) : de quel isotope s'agit-il ? Justifiez votre réponse.

5.8.12 *Albert et Béatrice : la fin de l'histoire.* Dans le futur, des archéologues découvrent lors d'une fouille les squelettes enlacés d'Albert et de Béatrice. En analysant un échantillon de 2 g de carbone provenant de ces os, ils mesurent un taux de désintégration de 0,447 Bq dû au carbone 14. (On suppose que la concentration de ^{14}C dans un être vivant est de $6,5 \times 10^{10}$ noyaux par gramme de carbone.) Depuis combien de temps Albert et Béatrice sont-ils morts ?

ANNEXE GÉNÉRALE

G1
L'alphabet grec

Minuscules

alpha	α	nu	ν
bêta	β	xi	ξ
gamma	γ	omicron	o
delta	δ	pi	π
epsilon	ε	rhô	ρ
zêta	ζ	sigma	σ
êta	η	tau	τ
thêta	θ	upsilon	υ
iota	ι	phi	φ
kappa	κ	khi	χ
lambda	λ	psi	ψ
mu	μ	oméga	ω

Majuscules

Alpha	A	Nu	N
Bêta	B	Xi	Ξ
Gamma	Γ	Omicron	O
Delta	Δ	Pi	Π
Epsilon	E	Rhô	P
Zêta	Z	Sigma	Σ
Êta	H	Tau	T
Thêta	Θ	Upsilon	Y
Iota	I	Phi	Φ
Kappa	K	Khi	X
Lambda	Λ	Psi	Ψ
Mu	M	Oméga	Ω

Les lettres en gras sont utilisées dans cet ouvrage.

G2
Le système international d'unités

G2.1 Les préfixes du système international

d	**déci**	10^{-1}		da	déca	10^{1}
c	**centi**	10^{-2}		h	hecto	10^{2}
m	**milli**	10^{-3}		k	**kilo**	10^{3}
μ	**micro**	10^{-6}		M	**méga**	10^{6}
n	**nano**	10^{-9}		G	**giga**	10^{9}
p	**pico**	10^{-12}		T	**téra**	10^{12}
f	**femto**	10^{-15}		P	péta	10^{15}
a	atto	10^{-18}		E	exa	10^{18}
z	zepto	10^{-21}		Z	zetta	10^{21}
y	yocto	10^{-24}		Y	yotta	10^{24}

Les préfixes en gras sont utilisés dans cet ouvrage.

G2.2 Les unités fondamentales du système international

Unité et symbole	Quantité représentée
mètre (m)	longueur, distance
seconde (s)	temps, période
kilogramme (kg)	masse
kelvin (K)	température
ampère (A)	courant électrique

Le système international (SI) comporte deux autres unités fondamentales : la **mole** (mol), qui correspond au nombre d'atomes dans un échantillon de 12 g de carbone 12 (6 protons, 6 neutrons et 6 électrons par atome), et la **candela** (cd), une unité d'intensité lumineuse qui tient compte de la sensibilité de l'œil humain et dont l'usage est limité au génie de l'éclairage.

G2.3 Les unités dérivées du système international

Unité et symbole	Quantité représentée	Équivalence
hertz (Hz)	fréquence	$1\ \text{Hz} = 1\ \text{s}^{-1}$
newton (N)	force	$1\ \text{N} = 1\ \text{kg·m/s}^2$
pascal (Pa)	pression	$1\ \text{Pa} = 1\ \text{N/m}^2$
joule (J)	énergie	$1\ \text{J} = 1\ \text{N·m}$
watt (W)	puissance	$1\ \text{W} = 1\ \text{J/s}$
coulomb (C)	charge électrique	$1\ \text{C} = 1\ \text{A·s}$
volt (V)	potentiel électrique	$1\ \text{V} = 1\ \text{J/C}$
farad (F)	capacité	$1\ \text{F} = 1\ \text{C/V}$
ohm (Ω)	résistance	$1\ \Omega = 1\ \text{V/A}$
siemens (S)	conductance	$1\ \text{S} = 1\ \Omega^{-1}$
tesla (T)	champ magnétique	$1\ \text{T} = 1\ \text{N/(A·m)}$
weber (Wb)	flux magnétique	$1\ \text{Wb} = 1\ \text{T·m}^2$
henry (H)	inductance	$1\ \text{H} = 1\ \text{V·s/A}$
becquerel (Bq)	taux de désintégration	$1\ \text{Bq} = 1\ \text{s}^{-1}$

Dans le SI, les angles sont exprimés en **radians**. Comme un angle correspond au rapport de deux longueurs (la longueur d'un arc de cercle divisée par la longueur du rayon du cercle), le radian n'est pas une véritable unité physique.

Le **degré Celsius** (°C) est une unité de température qui possède la même échelle que le kelvin mais dont le zéro correspond à la température de liquéfaction de l'eau plutôt qu'au zéro absolu.

Le SI comporte d'autres unités dérivées qui ne seront pas utilisées dans cet ouvrage : le **stéradian** (sr), qui mesure les angles solides ; le **lumen** (1 lm = 1 cd·sr), qui mesure le flux lumineux ; le **lux** (1 lx = 1 lm/m²), qui mesure l'éclairement lumineux ; le **gray** et le **sievert** (1 Gy = 1 Sv = 1 J/kg), qui mesurent la dose de radiation ; et le **katal** (1 kat = 1 mol/s) qui mesure l'activité catalytique.

Unité	Quantité représentée	Introduite au
m (mètre)	position (x)	tome A, sect. 1.1
s (seconde)	temps (t)	tome A, sect. 1.1
m/s	vitesse ($\vec{v}$)	tome A, sect. 1.2
m/s^2	accélération ($\vec{a}$)	tome A, sect. 1.5
Hz (hertz)	fréquence (f)	tome A, sect. 1.12
rad (radian)	constante de phase (ϕ)	tome A, sect. 1.13
rad/s	fréquence angulaire (ω)	tome A, sect. 1.13
N (newton)	force ($\vec{F}$)	tome A, sect. 2.1
N/kg	champ gravitationnel ($\vec{g}$)	tome A, sect. 2.2
kg/m^3	masse volumique (ρ)	tome A, sect. 2.2
N/m	constante de rappel (k)	tome A, sect. 2.3
Pa (pascal)	pression (P)	tome A, sect. 2.11
J (joule)	énergie (E)	tome A, sect. 3.1
W (watt)	puissance (P)	tome A, sect. 3.7
K (kelvin)	température (T)	tome A, sect. 3.8
J/(K·kg)	capacité thermique (c)	tome A, sect. 3.8
J/K	enthalpie (L)	tome A, sect. 3.8
kg·m/s	quantité de mouvement ($\vec{p}$)	tome A, sect. 3.10
rad/s	vitesse angulaire ($\vec{\omega}$)	tome A, sect. 4.1
rad/s^2	accélération angulaire ($\vec{\alpha}$)	tome A, sect. 4.1
N·m	moment de force ($\vec{\tau}$)	tome A, sect. 4.2
kg·m^2/s	moment d'inertie (I)	tome A, sect. 4.4
kg·m^2	moment cinétique ($\vec{L}$)	tome A, sect. 4.9
C (coulomb)	charge électrique (q)	tome B, sect. 1.1
N/C	champ électrique ($\vec{E}$)	tome B, sect. 1.3
C·m	moment dipolaire électrique ($\vec{p}$)	tome B, sect. 1.6
C/m	densité de charge linéique (λ)	tome B, sect. 1.7
C/m^2	densité de charge surfacique (σ)	tome B, sect. 1.9
N·m^2/C	flux électrique (Φ_e)	tome B, sect. 1.11
V (volt)	potentiel électrique (V)	tome B, sect. 2.2
F (farad)	capacité (C)	tome B, sect. 2.8
J/m^3	densité d'énergie (u)	tome B, sect. 2.8
A (ampère)	courant électrique (I)	tome B, sect. 3.1
Ω (ohm)	résistance (R)	tome B, sect. 3.1
Ω·m	résistivité (ρ)	tome B, sect. 3.2
S (siemens)	conductance (G)	tome B, ex. 3.6.19
A/m^2	densité de courant ($\vec{J}$)	tome B, sect. 3.14
T (tesla)	champ magnétique ($\vec{B}$)	tome B, sect. 4.1
A·m^2	moment dipolaire magnétique ($\vec{\mu}$)	tome B, sect. 4.5
T·m	circulation magnétique (Γ)	tome B, sect. 4.10
Wb (weber)	flux magnétique (Φ_m)	tome B, sect. 5.2

H (henry)	inductance (L)	tome B, sect. 5.6
kg/m	masse linéique (μ)	tome C, sect. 1.8
rad/m	nombre d'onde (k)	tome C, sect. 1.9
W/m^2	intensité (I)	tome C, sect. 1.15
m^{-1} *	vergence (V)	tome C, sect. 2.9
Bq (becquerel)	taux de désintégration (R)	tome C, sect. 5.7

* L'unité m^{-1} correspond à la **dioptrie** (symbole : D), une unité utilisée par les optométristes qui ne fait pas partie du SI.

G3
Les constantes universelles

Constante universelle	Symbole	Valeur utilisée dans cet ouvrage [meilleure valeur *]
masse du proton	m_p	$1,67 \times 10^{-27}$ kg [$1,672\ 621\ 6 \times 10^{-27}$ kg]
masse du neutron	m_n	$1,67 \times 10^{-27}$ kg [$1,674\ 927\ 2 \times 10^{-27}$ kg]
masse de l'électron	m_e	$9,11 \times 10^{-31}$ kg [$9,109\ 382 \times 10^{-31}$ kg]
constante de la gravitation	G	$6,67 \times 10^{-11}$ N·m^2/kg^2 [$6,674\ 3 \times 10^{-11}$ N·m^2/kg^2]
vitesse de la lumière dans le vide	c	3×10^8 m/s [$299\ 792\ 458$ m/s] (exacte)
constante de Stefan-Boltzmann	σ	$5,67 \times 10^{-8}$ W/(m^2·K^4) [$5,670\ 40 \times 10^{-8}$ W/(m^2·K^4)]
charge élémentaire	e	$1,6 \times 10^{-19}$ C [$1,602\ 176\ 5 \times 10^{-19}$ C]
constante magnétique	μ_0	$4\pi \times 10^{-7}$ T·m / A [$4\pi \times 10^{-7}$ T·m / A] (exacte)
constante électrique	ε_0	$8,85 \times 10^{-12}$ C^2/(N·m^2) [$(c^2 \mu_0)^{-1} = 8,854... \times 10^{-12}$ C^2/(N·m^2)]
constante de Coulomb	k	9×10^9 N·m^2/C^2 [$(4\pi \varepsilon_0)^{-1} = 8,987... \times 10^9$ N·m^2/C^2]
constante de Planck	h	$6,63 \times 10^{-34}$ J·s [$6,626\ 069 \times 10^{-34}$ J·s]
nombre d'Avogadro	N_A	$6,02 \times 10^{23}$ [$6,022\ 136 \times 10^{23}$]
unité de masse atomique	u	$1,66 \times 10^{-27}$ kg [$1,660\ 539 \times 10^{-27}$ kg]
constante de Boltzmann	k	$1,38 \times 10^{-23}$ J / K [$1,380\ 65 \times 10^{-23}$ J / K]

* Le dernier chiffre est incertain.

G4

Données d'usage fréquent

accélération de chute libre près de la surface de la Terre	$9,8 \text{ m/s}^2$
vitesse du son dans l'air à 16 °C	340 m/s
pression atmosphérique au niveau de la mer	$101,3 \text{ kPa}$
rayon de la Terre	$6,38 \times 10^6 \text{ m} = 6380 \text{ km}$
masse de la Terre	$5,98 \times 10^{24} \text{ kg}$
distance Terre-Lune	$3,84 \times 10^8 \text{ m}$
rayon de la Lune	$1,74 \times 10^6 \text{ m}$
masse de la Lune	$7,35 \times 10^{22} \text{ kg}$
distance Terre-Soleil	$1,49 \times 10^{11} \text{ m}$
rayon du Soleil	$6,96 \times 10^8 \text{ m}$
masse du Soleil	$1,99 \times 10^{30} \text{ kg}$
masse volumique de l'eau	1000 kg/m^3
capacité thermique de l'eau entre 0 °C et 100 °C	$4,19 \text{ kJ/(kg·K)}$

G5

Les propriétés des matériaux

Densité (tome A, section 2.2)

Densité à une température de 20 °C et sous une pression de 101,3 kPa (eau = 1)

lithium	0,53	plomb	11,35
aluminium	2,70	uranium	18,95
fer	7,87	or	19,32
cuivre	8,96	osmium	22,61

La masse volumique de tous les éléments est indiquée dans la **section G6**.

Capacité thermique (tome A, section 3.8)

	c (J/(kg·K))
air à 101,3 kPa et à 25 °C	1012
cuivre à 25 °C	385
mercure à 25 °C	140
glace d'eau à 0 °C	2114
eau liquide entre 0 °C et 100 °C	4190
vapeur d'eau à 101,3 kPa et à 100 °C	2080

Enthalpies de changement de phase (tome A, section 3.8)

	Enthalpie de fusion L_f (kJ/kg)	Enthalpie de vaporisation L_v (kJ/kg)
hélium	5,2	21
mercure	11,8	272
aluminium	24,5	11390
hydrogène	58,6	452
cuivre	134	5065
eau	334	2260

Constante et rigidité diélectriques (tome B, section 2.8)

	Constante diélectrique κ	Rigidité diélectrique ($\times 10^6$ V/m)
vide	1	—
air	1,000 6	3
téflon	2	60
papier	3,5	15
verre	5	10
titanate de strontium	300	8

Densité des électrons libres (tome B, section 3.3)

	n ($\times 10^{28}$ m^{-3})		n ($\times 10^{28}$ m^{-3})
argent	5,86	plomb	13,2
cuivre	8,47	fer	17,0
zinc	13,2	aluminium	18,1

Résistivité (tome B, section 3.2)

Résistivité à 20 °C

	ρ (Ω·m)		ρ (Ω·m)
argent	$1,47 \times 10^{-8}$	tungstène	$5,60 \times 10^{-8}$
cuivre	$1,72 \times 10^{-8}$	platine	$1,06 \times 10^{-7}$
or	$2,44 \times 10^{-8}$	nichrome	$1,20 \times 10^{-6}$
aluminium	$2,75 \times 10^{-8}$		

Indice de réfraction (tome C, section 2.4)

	n		n
vide	1	verre crown	1,52
air	1,0003	verre flint	1,66
glace	1,31	saphir	1,77
eau	1,33	zircon	1,92
éthanol	1,36	zirconia cubique	2,17
plexiglas	1,49	diamant	2,42

Travail d'extraction (tome C, section 5.1)

	ϕ (eV)		ϕ (eV)
sodium	2,3	silicium	4,8
aluminium	4,3	carbone	5,0
argent	4,7	or	5,1
cuivre	4,7	nickel	5,1

TABLEAU PÉRIODIQUE

Groupe

| 1 | 2 | | | | | | | 3 | 4 | 5 | 6 | 7 | 8 | 9 | 10 | 11 | 12 | 13 | 14 | 15 | 16 | 17 | 18 |

H 1 ← symbole
← numéro atomique Z (nombre de protons)

Non-métaux

He 2

Azote

Li 3, Be 4

Sodium

Élément possédant des isotopes stables

B 5, C 6, N 7, O 8, F 9, Ne 10

Na 11, Mg 12

Élément ne possédant aucun isotope stable

Potassium

Élément ne possédant aucun isotope dont la demi-vie est supérieure à 1 jour

Al 13, Si 14, P 15, S 16, Cl 17, Ar 18

K 19, Ca 20

Éléments dont le symbole chimique et le nom français ne commencent pas par la même lettre

Sc 21, Ti 22, V 23, Cr 24, Mn 25, Fe 26, Co 27, Ni 28, Cu 29, Zn 30, Ga 31, Ge 32, As 33, Se 34, Br 35, Kr 36

Rb 37, Sr 38

Y 39, Zr 40, Nb 41, Mo 42, Tc 43, Ru 44, Rh 45, Pd 46, Ag 47, Cd 48, In 49, Sn 50, Sb 51, Te 52, I 53, Xe 54

Tungstène

Cs 55, Ba 56, La 57, Ce 58, Pr 59, Nd 60, Pm 61, Sm 62, Eu 63, Gd 64, Tb 65, Dy 66, Ho 67, Er 68, Tm 69, Yb 70, Lu 71, Hf 72, Ta 73, W 74, Re 75, Os 76, Ir 77, Pt 78, Au 79, Hg 80, Tl 81, Pb 82, Bi 83, Po 84, At 85, Rn 86

Fr 87, Ra 88, Ac 89, Th 90, Pa 91, U 92, Np 93, Pu 94, Am 95, Cm 96, Bk 97, Cf 98, Es 99, Fm 100, Md 101, No 102, Lr 103, Rf 104, Db 105, Sg 106, Bh 107, Hs 108, Mt 109, Ds 110, Rg 111, Cn 112

Or, Mercure, Étain, Antimoine

Nom (Symbole) Z
Masse molaire* — Masse volumique à 20°C et à 101,3 kPa

Masses des principaux isotopes stables**
Masses de certains isotopes radioactifs importants
[demi-vie]

Les masses données correspondent à celles des atomes neutres.

* Valeur moyenne dans l'environnement naturel terrestre (parmi les éléments qui n'ont pas d'isotopes stables, seuls le bismuth, le thorium, le protactinium et l'uranium existent en quantités suffisantes pour qu'on puisse calculer cette moyenne)

** En ordre décroissant d'abondance

Le nombre de masse A correspond au total des protons et des neutrons.

A

Actinium (Ac) $Z = 89$
10070 kg/m³
$A = 227$: 227,027 750 u
[21,8 ans]

Aluminium (Al) $Z = 13$
26,98 g/mol — 2698 kg/m³
$A = 27$: 26,981 539 u
$A = 26$: 25,986 892 u
[$7,17 \times 10^5$ ans]

B

Baryum (Ba) $Z = 56$
137,3 g/mol — 3594 kg/m³
$A = 138$: 137,905 247 u
$A = 137$: 136,905 827 u
$A = 136$: 135,904 576 u

Berkélium (Bk) $Z = 97$
14790 kg/m³
$A = 247$: 247,070 307 u
[$1,38 \times 10^3$ ans]

Américium (Am) $Z = 95$
13690 kg/m³
$A = 241$: 241,056 829 u
[432 ans]
$A = 243$: 243,061 381 u
[$7,37 \times 10^3$ ans]

Antimoine (Sb) $Z = 51$
121,8 g/mol — 6685 kg/m³
$A = 121$: 120,903 816 u
$A = 123$: 122,904 216 u

Argent (Ag) $Z = 47$
107,9 g/mol — 10490 kg/m³
$A = 107$: 106,905 092 u
$A = 109$: 108,904 752 u

Argon (Ar) $Z = 18$
39,95 g/mol — 1,66 kg/m³
$A = 40$: 39,962 383 u

Arsenic (As) $Z = 33$
74,92 g/mol — 5780 kg/m³
$A = 75$: 74,921 597 u

Astate (At) $Z = 85$

Azote (N) $Z = 7$
14,01 g/mol — 1,16 kg/m³
$A = 14$: 14,003 074 u

C

Cadmium (Cd) $Z = 48$
112,4 g/mol — 8690 kg/m³
$A = 112$: 111,902 758 u
$A = 111$: 110,904 178 u
$A = 110$: 109,903 002 u
$A = 114$: 113,903 358 u
[$> 6 \times 10^{18}$ ans]
$A = 113$: 112,904 402
[$7,7 \times 10^{15}$ ans]
$A = 116$: 115,904 756
[$3,1 \times 10^{19}$ ans]

Calcium (Ca) $Z = 20$
40,08 g/mol — 1540 kg/m³
$A = 40$: 39,962 591 u
$A = 48$: 47,952 534 u
[$4,3 \times 10^{19}$ ans]

Béryllium (Be) $Z = 4$
9,01 g/mol — 1850 kg/m³
$A = 9$: 9,012 182 u

Bismuth (Bi) $Z = 83$
209,0 g/mol — 9807 kg/m³
$A = 209$: 208,980 399 u
[$1,9 \times 10^{19}$ ans]
Cette demi-vie est si grande que le bismuth 209 est, en pratique, non radioactif

Bohrium (Bh) $Z = 107$

Bore (B) $Z = 5$
10,81 g/mol — 2340 kg/m³
$A = 11$: 11,009 305 u
$A = 10$: 10,012 937 u

Brome (Br) $Z = 35$
79,90 g/mol — 3122 kg/m³
$A = 79$: 78,918 337 u
$A = 81$: 80,916 291 u

Californium (Cf) $Z = 98$
15100 kg/m³
$A = 249$: 249,074 854 u
[351 ans]

Carbone (C) $Z = 6$
12,01 g/mol — 2267 kg/m³
$A = 12$: 12 u (exact)
$A = 13$: 13,003 355 u
$A = 14$: 14,003 242 u
[5730 ans]

Cérium (Ce) $Z = 58$
140,1 g/mol — 6770 kg/m³
$A = 140$: 139,905 438 u
$A = 142$: 141,909 241 u

Césium (Cs) $Z = 55$
132,9 g/mol — 1873 kg/m³
$A = 133$: 132,905 452 u
$A = 134$: 133,906 718 u
[2,06 ans]
$A = 135$: 134,905 977 u
[$2,3 \times 10^6$ ans]
$A = 137$: 136,907 089 u
[30,2 ans]

Chlore (Cl) $Z = 17$
35,45 g/mol — 3,0 kg/m³
$A = 35$: 34,968 853 u
$A = 37$: 36,965 903 u

Chrome (Cr) $Z = 24$
52,00 g/mol — 7150 kg/m³
$A = 52$: 51,940 508 u
$A = 53$: 52,940 649 u

Cobalt (Co) $Z = 27$
58,93 g/mol — 8850 kg/m³
$A = 59$: 58,933 195 u
$A = 60$: 59,933 817 u
[5,27 ans]

Copernicium (Cn) $Z = 112$

Cuivre (Cu) $Z = 29$
63,55 g/mol — 8960 kg/m³
$A = 63$: 62,929 598 u
$A = 65$: 64,927 790 u
$A = 64$: 63,929 764 u
[12,7 heures]

Curium (Cm) $Z = 96$
13510 kg/m³
$A = 245$: 245,065 491 u
[$8,5 \times 10^3$ ans]

D

Darmstadtium (Ds) $Z = 110$

Dubnium (Db) $Z = 105$

Dysprosium (Dy) $Z = 66$
162,5 g/mol — 8550 kg/m³
$A = 164$: 163,929 175 u
$A = 162$: 161,926 798 u
$A = 163$: 162,928 731 u

E

Einsteinium (Es) $Z = 99$
$A = 254$: 254,088 022 u
[276 jours]

Erbium (Er) $Z = 68$
167,3 g/mol — 9066 kg/m³
$A = 166$: 165,930 293 u
$A = 168$: 167,932 370 u
$A = 167$: 166,932 048 u

Étain (Sn) $Z = 50$
118,7 g/mol — 7287 kg/m³
$A = 120$: 119,902 194 u
$A = 118$: 117,901 603 u
$A = 116$: 115,901 741 u
$A = 126$: 125,907 653 u
[$2,3 \times 10^5$ ans]

F

Fer (Fe) $Z = 26$
55,85 g/mol — 7874 kg/m³
$A = 56$: 55,934 938 u

Fermium (Fm) $Z = 100$
$A = 257$: 257,095 105 u
[101 jours]

Fluor (F) $Z = 9$
19,00 g/mol — 1,58 kg/m³
$A = 19$: 18,998 403 u
$A = 18$: 18,000 938 u
[110 minutes]

Francium (Fr) $Z = 87$

G

Gadolinium (Gd) $Z = 64$
157,3 g/mol — 7895 kg/m³
$A = 158$: 157,924 104 u
$A = 156$: 155,922 123 u
$A = 157$: 156,923 960 u
$A = 153$: 152,921 749 u
[240 jours]

Gallium (Ga) $Z = 31$
69,72 g/mol — 5907 kg/m³
$A = 69$: 68,925 573 u
$A = 71$: 70,924 701 u

Germanium (Ge) $Z = 32$
72,64 g/mol — 5323 kg/m³
$A = 74$: 73,921 178 u
$A = 72$: 71,922 076 u
$A = 70$: 69,924 247 u

Europium (Eu) $Z = 63$
152,0 g/mol — 5243 kg/m³
$A = 153$: 152,921 230 u
$A = 151$: 150,919 850 u
[5×10^{18} ans]

H

Hafnium (Hf) $Z = 72$
178,5 g/mol   13310 kg/m^3
$A = 180$: 179,946 550 u
$A = 178$: 177,943 698 u
$A = 177$: 176,943 221 u

Hassium (Hs) $Z = 108$

Hélium (He) $Z = 2$
4,00 g/mol   0,166 kg/m^3
$A = 4$: 4,002 603 u
$A = 3$: 3,016 029 u

Holmium (Ho) $Z = 67$
164,9 g/mol   8795 kg/m^3
$A = 165$: 164,930 322 u

Hydrogène (H) $Z = 1$
1,01 g/mol   0,0838 kg/m^3
$A = 1$: 1,007 825 u
$A = 2$: 2,014 102 u
(deutérium)
$A = 3$: 3,016 049 u
(tritium) [12,32 ans]

I

Indium (In) $Z = 49$
114,8 g/mol   7310 kg/m^3
$A = 113$: 112,904 058 u
$A = 115$: 114,903 878 u
[$4,4 \times 10^{14}$ ans]

Iode (I) $Z = 53$
126,9 g/mol   4930 kg/m^3
$A = 127$: 126,904 473 u
$A = 123$: 122,905 589 u
[13,2 heures]
$A = 124$: 123,906 210 u
[4,2 jours]
$A = 125$: 124,904 630 u
[59,4 jours]
$A = 129$: 128,904 988 u
[$1,6 \times 10^7$ ans]
$A = 131$: 130,906 125 u
[8,0 jours]

Iridium (Ir) $Z = 77$
192,2 g/mol   22560 kg/m^3
$A = 193$: 192,962 926 u
$A = 191$: 190,960 594 u
$A = 192$: 191,962 605 u
[73,8 jours]

K

Krypton (Kr) $Z = 36$
83,80 g/mol   3,48 kg/m^3
$A = 84$: 83,911 507 u
$A = 86$: 85,910 611 u
$A = 85$: 84,912 527 u
[10,8 ans]

L

Lanthane (La) $Z = 57$
138,9 g/mol   6145 kg/m^3
$A = 139$: 138,906 353 u

Lawrencium (Lr)
$Z = 103$

(Li, Lu)

Lithium (Li) $Z = 3$
6,94 g/mol   534 kg/m^3
$A = 7$: 7,016 005 u
$A = 6$: 6,015 123 u

Lutécium (Lu) $Z = 71$
175,0 g/mol   9849 kg/m^3
$A = 175$: 174,940 772 u

M

Magnésium (Mg) $Z = 12$
24,31 g/mol   1738 kg/m^3
$A = 24$: 23,985 042 u
$A = 26$: 25,982 593 u
$A = 25$: 24,985 837 u

Manganèse (Mn) $Z = 25$
54,94 g/mol   7440 kg/m^3
$A = 55$: 54,938 045 u
$A = 53$: 52,941 290 u
[$3,74 \times 10^6$ ans]

Meitnerium (Mt) $Z = 109$

Mendélévium (Md)
$Z = 101$
$A = 258$: 258,098 431 u
[51,5 jours]

Mercure (Hg) $Z = 80$
200,6 g/mol   13534 kg/m^3
$A = 202$: 201,970 643 u
$A = 200$: 199,968 326 u
$A = 199$: 198,968 280 u

Molybdène (Mo) $Z = 42$
95,94 g/mol   10220 kg/m^3
$A = 98$: 97,905 408 u
$A = 96$: 95,904 680 u
$A = 95$: 94,905 842 u
$A = 99$: 98,907 712 u
[2,75 jours]

N

Néodyme (Nd) $Z = 60$
144,2 g/mol   7007 kg/m^3
$A = 142$: 141,907 723 u
$A = 146$: 145,913 117 u
$A = 144$: 143,910 087 u
[$2,3 \times 10^{15}$ ans]

Néon (Ne) $Z = 10$
20,18 g/mol   0,839 kg/m^3
$A = 20$: 19,992 436 u

Neptunium (Np) $Z = 93$
20450 kg/m^3
$A = 237$: 237,048 168 u
[$2,14 \times 10^6$ ans]

Nickel (Ni) $Z = 28$
58,69 g/mol   8912 kg/m^3
$A = 58$: 57,935 343 u
$A = 60$: 59,930 786 u
$A = 56$: 55,942 132 u
[6,1 jours]
$A = 59$: 58,934 346 u
[$7,6 \times 10^4$ ans]

(Nb, No)

Niobium (Nb) $Z = 41$
92,91 g/mol   8570 kg/m^3
$A = 93$: 92,906 378 u

Nobélium (No) $Z = 102$

O

Or (Au) $Z = 79$
197,0 g/mol   19320 kg/m^3
$A = 197$: 196,966 569 u

Osmium (Os) $Z = 76$
190,2 g/mol   22610 kg/m^3
$A = 192$: 191,961 481 u
$A = 190$: 189,958 447 u
$A = 189$: 188,958 147 u

Oxygène (O) $Z = 8$
16,00 g/mol   1,33 kg/m^3
$A = 16$: 15,994 915 u
$A = 15$: 15,003 066 u
[122 secondes]

P

Palladium (Pd) $Z = 46$
106,4 g/mol   12020 kg/m^3
$A = 106$: 105,903 486 u
$A = 108$: 107,903 892 u
$A = 105$: 104,905 085 u
$A = 103$: 102,906 087 u
[17,0 jours]
$A = 107$: 106,905 133 u
[$6,5 \times 10^6$ ans]

Phosphore (P) $Z = 15$
30,97 g/mol   1820 kg/m^3
$A = 31$: 30,973 762 u
$A = 32$: 31,973 907 u
[14,3 jours]
$A = 33$: 32,971 725 u
[25,3 jours]

Platine (Pt) $Z = 78$
195,1 g/mol   21460 kg/m^3
$A = 195$: 194,964 791 u
$A = 194$: 193,962 680 u
$A = 196$: 195,964 952 u

Plomb (Pb) $Z = 82$
207,2 g/mol   11340 kg/m^3
$A = 208$: 207,976 652 u
$A = 206$: 205,974 465 u
$A = 207$: 206,975 897 u

Plutonium (Pu) $Z = 94$
19400 kg/m^3
$A = 239$: 239,052 163 u
[$2,41 \times 10^4$ ans]
$A = 241$: 241,056 851 u
[14,3 ans]
$A = 244$: 244,064 204 u
[$8,0 \times 10^7$ ans]

Polonium (Po) $Z = 84$
9320 kg/m^3
$A = 209$: 208,982 430 u
[102 ans]
$A = 210$: 209,982 874 u
[138 jours]

R

Radium (Ra) $Z = 88$
5500 kg/m^3
$A = 226$: 226,025 410 u
[1600 ans]

Radon (Rn) $Z = 86$
9,3 kg/m^3
$A = 222$: 222,017 578 u
[3,82 jours]

Rhénium (Re) $Z = 75$
186,2 g/mol   21020 kg/m^3
$A = 185$: 184,952 955 u
$A = 187$: 186,955 753 u
[$4,1 \times 10^{10}$ ans]

Rhodium (Rh) $Z = 45$
102,9 g/mol   12410 kg/m^3
$A = 103$: 102,905 504 u

Roentgenium (Rg)
$Z = 111$

Rubidium (Rb) $Z = 37$
85,47 g/mol   1532 kg/m^3
$A = 85$: 84,911 790 u
$A = 87$: 86,909 181 u
[$4,92 \times 10^{10}$ ans]

Ruthénium (Ru) $Z = 44$
101,1 g/mol   12370 kg/m^3
$A = 102$: 101,904 349 u
$A = 104$: 103,905 433 u
$A = 101$: 100,905 582 u

Rutherfordium (Rf)
$Z = 104$

S

Samarium (Sm) $Z = 62$
150,4 g/mol   7520 kg/m^3
$A = 152$: 151,919 732 u
$A = 154$: 153,922 209 u
$A = 147$: 146,914 898 u
[$1,06 \times 10^{11}$ ans]

Scandium (Sc) $Z = 21$
44,96 g/mol   2990 kg/m^3
$A = 45$: 44,955 912 u

(K, Se, etc.)

Potassium (K) $Z = 19$
39,10 g/mol   862 kg/m^3
$A = 39$: 38,963 707 u
$A = 40$: 39,963 998 u
[$1,25 \times 10^9$ ans]

Praséodyme (Pr) $Z = 59$
140,9 g/mol   6773 kg/m^3
$A = 141$: 140,907 653 u

Prométhium (Pm) $Z = 61$
7260 kg/m^3
$A = 145$: 144,912 749 u
[17,7 ans]

Protactinium (Pa) $Z = 91$
231,0 g/mol   15370 kg/m^3
$A = 231$: 231,035 884 u
[$3,28 \times 10^4$ ans]

(Sg, Se, Si, Na, S, Sr)

Seaborgium (Sg)
$Z = 106$

Sélénium (Se) $Z = 34$
78,96 g/mol   4809 kg/m^3
$A = 80$: 79,916 521 u
$A = 78$: 77,917 309 u

Silicium (Si) $Z = 14$
28,09 g/mol   2330 kg/m^3
$A = 28$: 27,976 927 u

Sodium (Na) $Z = 11$
22,99 g/mol   971 kg/m^3
$A = 23$: 22,989 769 u
$A = 22$: 21,994 436 u
[2,60 ans]

Soufre (S) $Z = 16$
32,07 g/mol   2067 kg/m^3
$A = 32$: 31,972 071 u
$A = 33$: 32,971 459 u

Strontium (Sr) $Z = 38$
87,62 g/mol   2540 kg/m^3
$A = 88$: 87,905 612 u
$A = 87$: 86,908 877 u
$A = 90$: 89,907 738 u
[28,9 ans]

T

Tantale (Ta) $Z = 73$
180,9 g/mol   16650 kg/m^3
$A = 181$: 180,947 996 u

Technétium (Tc) $Z = 43$
11460 kg/m^3
$A = 98$: 97,907 215 u
[$4,2 \times 10^6$ ans]
$A = 99$: 98,906 255 u
[$2,1 \times 10^5$ ans]

Tellure (Te) $Z = 52$
127,6 g/mol   6232 kg/m^3
$A = 130$: 129,906 224 u
$A = 128$: 127,904 463 u
$A = 126$: 125,903 312 u

Terbium (Tb) $Z = 65$
158,9 g/mol   8229 kg/m^3
$A = 159$: 158,925 347 u

Thallium (Tl) $Z = 81$
204,4 g/mol   11850 kg/m^3
$A = 205$: 204,974 428 u
$A = 203$: 202,972 344 u

Thorium (Th) $Z = 90$
232,0 g/mol   11720 kg/m^3
$A = 232$: 232,038 055 u
[$1,4 \times 10^{10}$ ans]
$A = 229$: 229,031 762 u
[7340 ans]
$A = 230$: 230,033 134 u
[$7,54 \times 10^4$ ans]
$A = 231$: 231,036 304 u
[25,5 heures]

Thulium (Tm) $Z = 69$
168,9 g/mol   9320 kg/m^3
$A = 169$: 168,934 213 u

(Ti, W)

Titane (Ti) $Z = 22$
47,87 g/mol   4540 kg/m^3
$A = 48$: 47,947 946 u

Tungstène (W) $Z = 74$
183,8 g/mol   19250 kg/m^3
$A = 184$: 183,950 931 u
$A = 186$: 185,954 364 u
$A = 182$: 181,948 204 u

UV

Uranium (U) $Z = 92$
238,0 g/mol   18950 kg/m^3
$A = 235$: 235,043 930 u
[$7,04 \times 10^8$ ans]
$A = 238$: 238,050 788 u
[$4,46 \times 10^9$ ans]

Vanadium (V) $Z = 23$
50,94 g/mol   6110 kg/m^3
$A = 51$: 50,943 960 u

XYZ

Xénon (Xe) $Z = 54$
131,3 g/mol   5,49 kg/m^3
$A = 132$: 131,904 154 u
$A = 129$: 128,904 780 u
$A = 131$: 130,905 082 u
$A = 135$: 134,907 227 u
[9,14 heures]

Ytterbium (Yb) $Z = 70$
173,0 g/mol   6965 kg/m^3
$A = 174$: 173,938 862 u
$A = 172$: 171,936 382 u
$A = 173$: 172,938 211 u

Yttrium (Y) $Z = 39$
88,91 g/mol   4469 kg/m^3
$A = 89$: 88,905 849 u

Zinc (Zn) $Z = 30$
65,41 g/mol   7133 kg/m^3
$A = 64$: 63,929 145 u
$A = 66$: 65,926 033 u
$A = 68$: 67,924 844 u

Zirconium (Zr) $Z = 40$
91,22 g/mol   6506 kg/m^3
$A = 90$: 89,904 704 u
$A = 94$: 93,906 315 u
$A = 92$: 91,905 041 u
$A = 93$: 92,906 476 u
[$1,53 \times 10^6$ ans]

Unité de masse atomique : $1\ \mathrm{u} = 1,660\ 539 \times 10^{-27}\ \mathrm{kg}$

Masse du proton : $m_\mathrm{p} = 1,007\ 276\ \mathrm{u}$

Masse du neutron : $m_\mathrm{n} = 1,008\ 665\ \mathrm{u}$

Les masses des isotopes données sont celles des atomes neutres.
Pour obtenir la masse du noyau, il faut soustraire Z fois la masse d'un électron :
$$m_\mathrm{e} = 9,11 \times 10^{-31}\ \mathrm{kg} = 0,000\ 549\ \mathrm{u}$$

Le **nombre de chiffres significatifs** correspond au nombre de positions décimales qui sont occupées, sans tenir compte des zéros par lesquels commence une valeur plus petite que 1 et qui ne servent qu'à indiquer l'ordre de grandeur de la valeur. Par exemple, « 3,51 cm » possède 3 chiffres significatifs (CS) et « 0,0351 m » possède également 3 CS, ce qui est logique, puisque 3,51 cm = 0,0351 m !

Lorsqu'on doit exprimer un nombre entier qui se termine par une série de zéros, l'emploi de la *notation scientifique* (voir la **sous-section M2.3 : La notation scientifique** de l'annexe mathématique) permet d'éviter de donner l'impression que la valeur est plus précise qu'elle ne l'est réellement. Si on lit dans le journal que 15 000 spectateurs ont assisté au match de hockey de la veille, la valeur donnée n'est probablement pas précise à 5 chiffres significatifs : on ne serait pas surpris d'apprendre qu'il y avait précisément 14 865 spectateurs ou 15 310 spectateurs. Dans un texte scientifique, pour indiquer le nombre de spectateurs en donnant une idée juste de la précision de la mesure, on peut affirmer qu'il y a $1,5 \times 10^4$ spectateurs (si l'évaluation du nombre de spectateurs est précise à 2 CS), $1,50 \times 10^4$ spectateurs (si l'évaluation est précise à 3 CS), etc.

Si on veut indiquer la précision d'une mesure le plus clairement possible, il faut spécifier un intervalle d'incertitude. Par exemple, les valeurs 105 ± 8 cm et 105 ± 1 cm ont le même nombre de chiffres significatifs, mais la seconde valeur est 8 fois plus précise que la première. Les intervalles d'incertitude sont couramment employés en physique expérimentale. Toutefois, dans le cadre d'une étude théorique de la physique (comme c'est le cas dans cet ouvrage), on peut se contenter d'exprimer les réponses avec un nombre raisonnable de chiffres significatifs.

Le nombre de chiffres significatifs donne une *certaine* indication de la précision d'une valeur numérique. En général, un plus grand nombre de chiffres significatifs implique que la valeur numérique est connue avec une plus grande précision. Toutefois, il faut faire attention : par exemple, « 14 h » possède 2 CS, tandis que « 2 h p.m. » possède 1 CS ; pourtant, « 14 h » et « 2 h p.m. » signifient la même chose. De même, une température de 5 °C (1 CS) correspond à 278 K (3 CS), mais les deux valeurs signifient la même chose. Pour un nombre de CS donné, une valeur numérique qui commence par 9 est habituellement plus précise qu'une valeur qui commence par 1 : si l'on mesure la grandeur des enfants dans une classe de maternelle et que l'on obtient « 98 cm » pour un enfant et « 103 cm » pour un autre, les deux valeurs sont précises à environ 1 % (si l'incertitude est de l'ordre du centimètre), même si l'une possède 2 CS et l'autre 3 CS.

Différentes « règles » existent concernant le nombre de CS que l'on doit garder dans le résultat d'un calcul. Par exemple, voici une règle couramment employée :

> *Le nombre de chiffres significatifs d'une multiplication ou d'une division doit être égal au nombre de chiffres significatifs de la donnée qui en possède le moins.*

On peut qualifier cette règle de « pessimiste », car les valeurs que l'on obtient ainsi sont souvent trop arrondies. Considérons la question « Quel est le volume d'un bloc de bois de 0,6 m de largeur, de 0,6 m de longueur et de 0,4 m de hauteur ? » : comme les données possèdent un seul CS, la réponse, $(0,6 \text{ m}) \times (0,6 \text{ m}) \times (0,4 \text{ m}) = 0,144 \text{ m}^3$, doit être arrondie à 1 CS, ce qui donne $0,1 \text{ m}^3$. Or, un tel arrondissement diminue la réponse originale de près du tiers ! Certes, les données ne sont pas très précises, mais cela ne veut pas dire pour autant que $0,1 \text{ m}^3$ soit la meilleure réponse que l'on puisse donner : une réponse de $0,144 \text{ m}^3$ est sans doute trop précise, mais $0,14 \text{ m}^3$ semble être un compromis raisonnable. Si l'on mesurait le bloc avec plus de précision, on trouverait probablement un volume plus proche de $0,14 \text{ m}^3$ que de $0,1 \text{ m}^3$.

Les règles concernant les chiffres significatifs sont utiles comme guide, mais il faut savoir faire preuve de flexibilité et utiliser le « gros bon sens ». Par exemple, si l'on désire connaître la vitesse moyenne d'un randonneur qui parcourt 11 kilomètres en 7 heures, il est clair que la réponse de la calculatrice, 1,571 428 571 km/h, est beaucoup trop précise. En revanche, une réponse de 2 km/h semble trop arrondie ; une valeur de 1,6 km/h est un compromis raisonnable.

Dans cet ouvrage, on pourra toujours considérer que les données sont suffisamment précises pour que la réponse puisse être exprimée avec 3 CS. Toutefois, dans certains cas, il est correct de donner davantage de CS dans la réponse. Par exemple, considérons un problème d'effet Doppler (**section 1.13**) pour une onde sonore se déplaçant à 340 m/s (3 CS) : si l'on calcule le rapport de la fréquence émise par la source sur la fréquence perçue par un observateur qui s'en éloigne à 50 cm/s (2 CS), la réponse que l'on obtient, 1,00147, *ne doit pas* être arrondie à 2 ou 3 CS, car on ferait disparaître l'effet que l'on désire étudier ! Une réponse de 1,0015 (5 CS) ou même de 1,00147 (6 CS) est parfaitement appropriée. Encore une fois, c'est la règle du « gros bon sens » qui prime.

ANNEXE MATHÉMATIQUE

Relations mathématiques d'usage fréquent

Les numéros entre parenthèses font référence aux sections de l'annexe.

Solutions de l'équation quadratique (M2.6)

$$ax^2 + bx + c = 0 \;\Rightarrow\; x = \frac{-b \pm \sqrt{b^2 - 4ac}}{2a}$$

Identités logarithmiques (M3.3)

$$\log(x^n) = n \log x$$

$$\log(nm) = \log n + \log m$$

$$\log\left(\frac{n}{m}\right) = \log n - \log m$$

Géométrie du cercle (M4.3)

$$C = 2\pi r$$

$$A = \pi r^2$$

Géométrie de la sphère (M4.3)

$$A = 4\pi r^2$$

$$V = \frac{4}{3}\pi r^3$$

Identités trigonométriques (M5.6)

$$\sin(-\theta) = -\sin\theta$$

$$\cos(-\theta) = \cos\theta$$

$$\sin\theta = \cos(90° - \theta)$$

$$\cos\theta = \sin(90° - \theta)$$

$$\sin^2\theta + \cos^2\theta = 1$$

$$\sin(90° - \theta) = \sin(90° + \theta)$$

$$\sin(\alpha + \beta) = \sin\alpha\cos\beta + \cos\alpha\sin\beta$$

$$\sin 2\theta = 2\sin\theta\cos\theta$$

$$\sin\alpha + \sin\beta = 2\sin\left(\frac{\alpha+\beta}{2}\right)\cos\left(\frac{\alpha-\beta}{2}\right)$$

$$A\sin\theta + B\cos\theta = \sqrt{A^2 + B^2}\sin\left[\theta + \arctan\left(\frac{B}{A}\right)\right]$$

Lois des sinus et des cosinus (M5.7)

$$\frac{\sin\alpha}{A} = \frac{\sin\beta}{B} = \frac{\sin\gamma}{C}$$

$$C^2 = A^2 + B^2 - 2AB\cos\gamma$$

Approximations (M6)

$$(1+x)^n \approx 1 + nx \quad (x \ll 1)$$

$$\sin\theta \approx \tan\theta \approx \theta \quad (\theta \ll 1 \text{ rad})$$

Trigonométrie du triangle rectangle formé par un vecteur et ses composantes (M7.7 et M7.8)

$$\left|A_{\text{opp}}\right| = A\sin\phi$$

$$\left|A_{\text{adj}}\right| = A\cos\phi$$

$$\phi = \arctan\left|\frac{A_{\text{opp}}}{A_{\text{adj}}}\right|$$

$$A = \sqrt{A_{\text{adj}}^2 + A_{\text{opp}}^2}$$

Produit scalaire (M8)

$$\vec{A} \bullet \vec{B} = AB\cos\theta_{AB}$$

$$\vec{A} \bullet \vec{B} = A_x B_x + A_y B_y + A_z B_z$$

Produit vectoriel (M9)

$$\left\|\vec{A} \times \vec{B}\right\| = AB\sin\theta_{AB}$$

$$\vec{A} \times \vec{B} = (A_y B_z - A_z B_y)\vec{i} + (A_z B_x - A_x B_z)\vec{j} + (A_x B_y - A_y B_x)\vec{k}$$

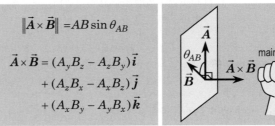

Règles de dérivation (M10.2)

$$\frac{\mathrm{d}}{\mathrm{d}x}x^A = A x^{A-1}$$

$$\frac{\mathrm{d}}{\mathrm{d}x}e^{Ax} = A e^{Ax}$$

$$\frac{\mathrm{d}}{\mathrm{d}x}\ln(Ax) = \frac{1}{x}$$

$$\frac{\mathrm{d}}{\mathrm{d}x}\sin(Ax) = A\cos(Ax)$$

$$\frac{\mathrm{d}}{\mathrm{d}x}\cos(Ax) = -A\sin(Ax)$$

Règles d'intégration (M11)

$$\int x^A \, \mathrm{d}x = \frac{x^{A+1}}{A+1} + C$$

$$\int e^{Ax} \, \mathrm{d}x = \frac{e^{Ax}}{A} + C$$

$$\int x^{-1} \, \mathrm{d}x = \ln|x| + C$$

$$\int \sin(Ax) \, \mathrm{d}x = -\frac{\cos(Ax)}{A} + C$$

$$\int \cos(Ax) \, \mathrm{d}x = \frac{\sin(Ax)}{A} + C$$

Règles supplémentaires (M10 et M11)

$$\frac{\mathrm{d}}{\mathrm{d}x}\tan(Ax) = A\sec^2(Ax)$$

$$\int \frac{\mathrm{d}x}{A^2 + x^2} = \frac{1}{A}\arctan\left(\frac{x}{A}\right) + C$$

$$\int \frac{\mathrm{d}x}{\sqrt{A^2 + x^2}} = \ln(x + \sqrt{A^2 + x^2}) + C$$

$$\int \frac{x \, \mathrm{d}x}{\sqrt{A^2 + x^2}} = \sqrt{A^2 + x^2} + C$$

$$\int \frac{\mathrm{d}x}{(A^2 + x^2)^{3/2}} = \frac{x}{A^2\sqrt{A^2 + x^2}} + C$$

$$\int \frac{x \, \mathrm{d}x}{(A^2 + x^2)^{3/2}} = \frac{-1}{\sqrt{A^2 + x^2}} + C$$

Les opérations de base

M1.1 L'addition, la soustraction, la multiplication et la division

Le tableau ci-dessous présente les symboles mathématiques de base.

+	addition	→	tend vers
−	soustraction	∝	est proportionnel à
±	plus ou moins	<	est plus petit que
∓	moins ou plus	<<	est beaucoup plus petit que
Δ	opérateur delta (variation)	≤	est plus petit ou égal à
Σ	opérateur sigma (somme)	>	est plus grand que
×	multiplication	>>	est beaucoup plus grand que
/	division	≥	est plus grand ou égal à
=	est égal à	| |	valeur absolue
≈	est approximativement égal à	√	racine carrée
≠	n'est pas égal à	∞	infini

L'**opérateur delta** (symbole : Δ, la lettre grecque delta majuscule) représente la *variation* d'une quantité, c'est-à-dire sa valeur finale moins sa valeur initiale :

$$\Delta x = x_{\text{final}} - x_{\text{initial}}$$

Opérateur delta (variation)

L'**opérateur sigma** (symbole : Σ, la lettre grecque sigma majuscule) est utilisé pour représenter une somme :

$$\sum x = x_1 + x_2 + x_3 + ...$$

Opérateur sigma (somme)

Lorsque le nombre de termes dans la somme est connu, on peut l'indiquer explicitement :

$$\sum_{i=1}^{n} x = x_1 + x_2 + x_3 + ... + x_n$$

La soustraction est l'opération inverse de l'addition. Cela signifie que

$$a + b - b = a$$

De même, la division est l'opération inverse de la multiplication :

$$a \times b / b = a$$

Lorsqu'on applique la même opération de part et d'autre du signe d'égalité, l'égalité est préservée. Ainsi, pour isoler x dans l'équation

$$x + a = b$$

on peut soustraire a de part et d'autre du signe d'égalité :

$$x + a - a = b - a$$

Les a se simplifient du côté gauche, ce qui donne

$$x = b - a$$

Le tableau ci-dessous présente d'autres exemples.

Pour isoler x dans ...	il faut ... de chaque côté du signe d'égalité	ce qui permet d'obtenir ...
$x + a = b$	soustraire a	$x = b - a$
$x - a = b$	additionner a	$x = b + a$
$ax = b$	diviser par a	$x = \dfrac{b}{a}$
$\dfrac{x}{a} = b$	multiplier par a	$x = ba$

Par définition, l'absence de symbole entre deux paramètres représente une multiplication :

$$ab = a \times b$$

Il est utile d'écrire explicitement le symbole × lorsque cela rend une équation plus claire ou plus élégante.

Lorsqu'on multiplie deux fractions, on peut multiplier les numérateurs entre eux et faire de même pour les dénominateurs :

$$\frac{a}{b} \times \frac{c}{d} = \frac{ac}{bd}$$

Lorsqu'on additionne deux fractions qui ont le même dénominateur, les numérateurs s'additionnent et le dénominateur demeure inchangé :

$$\frac{a}{c} + \frac{b}{c} = \frac{a+b}{c}$$

Lorsque les fractions à additionner n'ont pas le même dénominateur, il faut d'abord rendre les dénominateurs communs en multipliant chaque fraction par un facteur égal à 1 (ce qui ne modifie pas la valeur de la fraction) :

$$\frac{a}{b} + \frac{c}{d} = \left(\frac{a}{b} \times \frac{d}{d}\right) + \left(\frac{c}{d} \times \frac{b}{b}\right) = \frac{ad}{bd} + \frac{cb}{bd} = \frac{ad + cb}{bd}$$

Diviser par une fraction revient à multiplier par la fraction inverse :

$$\frac{a}{\left(\dfrac{b}{c}\right)} = a \times \frac{c}{b} = \frac{ac}{b}$$

M1.2 Les systèmes d'équations

Les règles de la sous-section précédente sont utiles lorsqu'on désire isoler un paramètre inconnu dans une équation dont les autres paramètres sont connus. Par exemple, si on a l'équation

$$a = bx + c$$

et que l'on connaît a, b et c, on peut déterminer x :

$$a - c = bx \qquad \Rightarrow \qquad x = \frac{a - c}{b}$$

Lorsqu'on a un système de *deux* équations, on peut déterminer *deux* paramètres inconnus. Par exemple, si on a le système d'équations

$$px + qy = r \text{ (i)} \qquad \text{et} \qquad sx = ty \text{ (ii)}$$

et que l'on connaît p, q, r, s et t, on peut déterminer x et y. On commence par isoler une des inconnues dans une des équations, puis on la remplace dans l'autre. Lorsqu'une équation est plus simple que l'autre, il est suggéré d'isoler une inconnue dans l'équation la plus simple et de la remplacer dans l'autre équation. Ici, comme l'équation **(ii)** est plus simple, on peut isoler x,

$$x = \frac{ty}{s} \qquad \text{(ii')}$$

puis insérer ce résultat dans l'équation **(i)** :

$$p\frac{ty}{s} + qy = r$$

Cela permet d'exprimer y en fonction des paramètres connus :

$$y\left(\frac{pt}{s} + q\right) = r \quad \Rightarrow \quad y = \frac{r}{\dfrac{pt}{s} + q}$$

En revenant à l'équation **(ii')**, on peut exprimer x en fonction des paramètres connus :

$$x - \frac{t}{s} \times \frac{r}{\dfrac{pt}{s} + q} = \frac{tr}{pt + qs}$$

Lorsqu'on a un système de *trois* équations, on peut déterminer *trois* paramètres inconnus. Encore une fois, il est suggéré de commencer par isoler les inconnues dans les équations les plus simples et de les remplacer dans l'équation la plus complexe. Lorsqu'une seule des inconnues apparaît dans les trois équations, il est pratique d'isoler les autres inconnues en fonction de cette inconnue.

Par exemple, si on a le système d'équations

$$x + 2y + z = 0 \text{ (i)} \qquad 3x - z = 2 \text{ (ii)} \qquad x + y = -1 \text{ (iii)}$$

l'équation **(ii)** donne

$$z = 3x - 2 \qquad \text{(ii')}$$

et l'équation **(iii)** donne

$$y = -1 - x \qquad \text{(iii')}$$

En insérant ces résultats dans **(i)**, on obtient

$$x + 2(-1 - x) + (3x - 2) = 0$$
$$x - 2 - 2x + 3x - 2 = 0$$
$$2x = 4$$
$$x = 2$$

En insérant ce résultat dans l'équation **(ii')**, on obtient

$$z = (3 \times 2) - 2 = 4$$

De même, par l'équation **(iii')**, on obtient

$$y = -1 - 2 = -3$$

M1.3 Le zéro et l'infini

Plus on divise x par une grande valeur, plus le résultat s'approche de zéro ; lorsqu'on divise x par une valeur infinie, qu'elle soit positive ou négative, on obtient un résultat nul,

$$\frac{x}{\pm\infty} = 0$$

sauf si x est également infini : dans ce cas, on obtient une indétermination du type ∞ / ∞.

Lorsqu'on soustrait x à une valeur infinie, le résultat est infini,

$$\infty - x = \infty$$

sauf si x est égal à l'infini : dans ce cas, on obtient une indétermination du type $\infty - \infty$. De même, lorsqu'on additionne x à une valeur infinie, le résultat est infini,

$$\infty + x = \infty$$

sauf si x est égal à moins l'infini : dans ce cas, on obtient une indétermination.

Plus on divise x par une petite valeur, plus le résultat s'approche de l'infini (ou de moins l'infini, selon les signes) ; lorsqu'on divise x par zéro, on obtient un résultat égal à plus ou moins l'infini,

$$\frac{x}{0} = \pm\infty$$

sauf si x est également égal à 0 : dans ce cas, on obtient une indétermination du type 0/0.

M2
Les exposants et la notation scientifique

M2.1 Les exposants

Lorsqu'une quantité est élevée à un exposant n entier et positif, cela signifie qu'elle est multipliée n fois par elle-même :

$$a^n = \underbrace{a \times a \times ... \times a}_{n \text{ fois}}$$

Les expressions « a élevé à l'exposant n », « a élevé à la puissance n » ou simplement « a à la n » sont équivalentes.

Lorsqu'on élève à la puissance n une quantité qui est déjà élevée à la puissance m, les exposants se multiplient :

$$\boxed{(a^m)^n = a^{mn}}$$ **Règle de multiplication des exposants**

En effet,

$$(a^m)^n = \underbrace{\underbrace{a \times a \times ... \times a}_{m \text{ fois}} \times ... \times \underbrace{a \times a \times ... \times a}_{m \text{ fois}}}_{n \text{ fois}}$$

$$= \underbrace{a \times a \times a \times a \times a \times a \times a \times a \times ... \times a}_{m \times n \text{ fois}} = a^{mn}$$

Par exemple,

$$(10^2)^4 = 100 \times 100 \times 100 \times 100 = 100\,000\,000 = 10^8$$

Lorsqu'on multiplie a^n par a^m, les exposants s'additionnent :

$$a^n \times a^m = a^{n+m}$$ **Règle d'addition des exposants**

En effet,

$$a^n \times a^m = \underbrace{a \times a \times \ldots \times a}_{n \text{ fois}} \times \underbrace{a \times a \times \ldots \times a}_{m \text{ fois}}$$

$$= \underbrace{a \times a \times a \times a \times a \times a \times \ldots \times a}_{n+m \text{ fois}} = a^{m+n}$$

Par exemple,

$$10^2 \times 10^4 = (10 \times 10) \times (10 \times 10 \times 10 \times 10) = 10^6$$

M2.2 Exposants nuls et négatifs

Par définition, lorsqu'on élève n'importe quel nombre non nul à la puissance 0, on obtient 1 (l'élément neutre de la multiplication) :

$$a^0 = 1$$

Considérons n, un exposant positif. D'après la règle d'addition des exposants,

$$a^n \times a^{-n} = a^{n-n} = a^0 = 1$$

Ainsi,

$$a^{-n} = \frac{1}{a^n}$$ **Règle d'inversion de l'exposant**

Par exemple,

$$10^{-2} = \frac{1}{10^2} = \frac{1}{100} = 0,01$$

M2.3 La notation scientifique

En combinant un signe + ou −, un nombre entre 1 et 10 et une puissance entière de 10, on peut exprimer n'importe quelle valeur numérique en **notation scientifique** :

$$5 \times 10^0 = 5$$
$$-2,5 \times 10^1 = -25$$
$$1 \times 10^4 = 10^4 = 10\,000$$
$$-3,78 \times 10^6 = -3\,780\,000$$
$$1 \times 10^{-1} = 10^{-1} = 0,1$$
$$-5,940\,6 \times 10^{-3} = -0,005\,940\,6$$
$$8,00 \times 10^{-5} = 0,000\,080\,0 = 0,000\,08$$

(Pour faciliter la lecture des nombres qui contiennent beaucoup de chiffres, il est suggéré de laisser un petit espace après chaque série de trois chiffres.) La notation scientifique permet d'écrire des valeurs numériques très grandes ou très petites sans avoir besoin d'utiliser un très grand nombre de zéros.

M2.4 Exposants non entiers et racine carrée

Un exposant n'est pas nécessairement un nombre entier. L'inverse de l'opération « élever à la puissance n » consiste à élever à la puissance $1/n$:

$$(a^n)^{1/n} = a^{n \times \frac{1}{n}} = a^1 = a$$

(On suppose, bien sûr, que n n'est pas égal à 0.)

Lorsqu'on élève un nombre à la puissance 1/2, on dit que l'on extrait sa *racine carrée*. Un nombre négatif ne possède pas de racine carrée réelle (on exclut les solutions imaginaires qui font intervenir la racine carrée de −1). Un nombre positif possède deux racines carrées, une négative et l'autre positive. Par exemple,

$$25^{1/2} = \pm 5$$

Par définition, le symbole $\sqrt{\ }$ représente la racine carrée positive. Par exemple,

$$\sqrt{25} = 5$$

En général, si $b^2 = a$, on peut écrire

$$a^{1/2} = \pm \sqrt{a} = \pm b$$

En physique, il arrive souvent que la solution négative de la racine carrée soit celle que l'on cherche : ainsi, il est important de ne pas oublier le ± chaque fois que l'on extrait une racine carrée et de choisir le bon signe en fonction du contexte.

M2.5 La multiplication des binômes

La multiplication de deux binômes (addition de deux termes) génère quatre termes :

$$(a + b)(c + d) = ac + ad + bc + bd$$

L'identité du **carré parfait**,

$$a^2 + 2ab + b^2 = (a + b)^2$$ **Carré parfait**

découle de la multiplication de deux binômes identiques :

$$(a + b)^2 = (a + b)(a + b) = aa + ab + ba + bb = a^2 + 2ab + b^2$$

L'identité de la **différence des carrés**,

$$a^2 - b^2 = (a + b)(a - b)$$ **Différence des carrés**

découle du cas particulier

$$(a + b)(a - b) = aa - ab + ba - bb = a^2 - b^2$$

M2.6 Les solutions de l'équation quadratique

Il arrive souvent que l'on doive résoudre une **équation quadratique** du type

$$ax^2 + bx + c = 0$$

c'est-à-dire déterminer la ou les valeurs de x qui satisfont l'équation (pour des valeurs connues des constantes a, b et c).

Lorsqu'une des constantes est nulle, l'équation est facile à résoudre. Lorsque $a = 0$, il y a une solution :

$$bx + c = 0 \quad \Rightarrow \quad x = -\frac{c}{b}$$

Lorsque $b = 0$, il y a deux solutions, l'une positive, l'autre négative :

$$ax^2 + c \Rightarrow x = \pm\sqrt{\frac{c}{a}}$$

Lorsque $c = 0$, il y a également deux solutions :

$$ax^2 + bx = 0 \Rightarrow x = 0 \text{ et } x = -\frac{b}{a}$$

La solution $x = 0$ est évidente ; on obtient l'autre solution en divisant l'équation par x de part et d'autre du signe d'égalité et en isolant x.

Lorsque les trois constantes sont non nulles, le nombre de solutions réelles dépend de la valeur du **déterminant** $b^2 - 4ac$.

Lorsque le déterminant $b^2 - 4ac$ est égal à zéro, une seule valeur de x satisfait l'équation. Pour la trouver, on peut commencer par isoler c,

$$b^2 - 4ac = 0 \Rightarrow b^2 = 4ac \Rightarrow c = \frac{b^2}{4a}$$

puis remplacer cette valeur dans l'équation quadratique :

$$ax^2 + bx + \frac{b^2}{4a} = 0$$

En multipliant par $4a$ de part et d'autre du signe d'égalité, on obtient un carré parfait qui se résout facilement :

$$ax^2 + bx + \frac{b^2}{4a} = 0$$
$$4a^2x^2 + 4abx + b^2 = 0$$
$$(2ax + b)^2 = 0$$
$$2ax + b = 0$$
$$x = -\frac{b}{2a}$$

Pour isoler x dans le cas général, on peut procéder de la même manière en multipliant par $4a$ de part et d'autre du signe d'égalité afin d'obtenir un carré parfait :

$$ax^2 + bx + c = 0$$
$$4a^2x^2 + 4abx + 4ac = 0$$
$$4a^2x^2 + 4abx = -4ac$$
$$4a^2x^2 + 4abx + b^2 = b^2 - 4ac$$
$$(2ax + b)^2 = b^2 - 4ac$$

Lorsque le déterminant $b^2 - 4ac$ est négatif, il n'y a pas de solution, car la parenthèse au carré ne peut pas être égale à un nombre négatif.

Lorsque le déterminant $b^2 - 4ac$ est positif, on peut poursuivre en extrayant la racine carrée de part et d'autre du signe d'égalité :

$$2ax + b = \pm\sqrt{b^2 - 4ac}$$
$$2ax = -b \pm \sqrt{b^2 - 4ac}$$

En divisant par $2a$ de part et d'autre du signe d'égalité, on obtient l'expression bien connue qui permet d'obtenir les solutions de l'équation quadratique :

$$\boxed{ax^2 + bx + c = 0 \Rightarrow x = \frac{-b \pm \sqrt{b^2 - 4ac}}{2a}}$$ **Solutions de l'équation quadratique**

En raison du $\pm$, deux valeurs de x satisfont l'équation quadratique.

M3
Les logarithmes

M3.1 Le logarithme en base 10

Par définition, le **logarithme en base 10** (abréviation : log) constitue l'*inverse* de l'opération « 10 à la » : si l'on prend une quantité x et qu'on applique successivement le logarithme en base 10 et l'opération « 10 à la » (peu importe l'ordre), on retrouve x :

$$\boxed{10^{\log x} = x \text{ et } \log(10^x) = x}$$ **Définition du logarithme en base 10**

(Il est uniquement possible de calculer le logarithme d'une quantité positive : ainsi, l'équation de gauche est applicable uniquement lorsque x est positif ; il n'y a pas de restriction concernant l'équation de droite.)

Pour isoler x dans l'équation

$$10^x = a$$

on peut prendre le logarithme en base 10 de part et d'autre du signe d'égalité :

$$\log(10^x) = \log a$$
$$x = \log a$$

Voici un exemple numérique (il faut utiliser une calculatrice à la dernière étape) :

$$10^x = 2 \Rightarrow x = \log 2 = 0,3010...$$

De même, pour isoler x dans l'équation

$$\log x = a$$

on peut appliquer l'opération « 10 à la » de part et d'autre du signe d'égalité :

$$10^{\log x} = 10^a$$
$$x = 10^a$$

Voici un exemple numérique :

$$\log x = -2,4 \Rightarrow x = 10^{-2,4} = 0,003\ 981...$$

M3.2 Le logarithme naturel

Le nombre

$$e = 2{,}718\,281\,828\,459\ldots$$

est la **base naturelle des logarithmes**. (Lorsqu'on élève e à la puissance x, on obtient une fonction $f(x)$ qui a la propriété remarquable d'être égale à sa propre dérivée : voir **section M10**.)

Par définition, le **logarithme naturel** (abréviation : ln) est l'inverse de l'opération « e à la ». Ainsi, lorsqu'on applique successivement le logarithme naturel et l'opération « e à la » (peu importe l'ordre), on retrouve la quantité de départ :

$$e^{\ln x} = x \quad \text{et} \quad \ln(e^x) = x$$

Définition du logarithme naturel

(L'équation de gauche est applicable uniquement lorsque x est positif.)

Voici deux exemples numériques :

$$e^x = 0{,}5 \;\Rightarrow\; \ln(e^x) = \ln(0{,}5) \;\Rightarrow\; x = \ln(0{,}5) = -0{,}6931\ldots$$

$$\ln x = 5 \;\Rightarrow\; e^{\ln x} = e^5 \;\Rightarrow\; x = e^5 = 148{,}4\ldots$$

M3.3 Les identités logarithmiques

Les identités suivantes peuvent être utiles lorsqu'on manipule des équations qui contiennent des logarithmes :

$$\log(x^n) = n \log x$$

Logarithme d'une puissance

$$\log(nm) = \log n + \log m$$

Logarithme d'un produit

D'après la deuxième identité,

$$\log\left(\frac{n}{m}\right) = \log(n \times m^{-1}) = \log n + \log(m^{-1})$$

Or, d'après la première identité,

$$\log(m^{-1}) = -\log m$$

On obtient ainsi une troisième identité :

$$\log\left(\frac{n}{m}\right) = \log n - \log m$$

Logarithme d'un quotient

Afin de démontrer ces identités, il suffit d'appliquer l'opération « 10 à la » de part et d'autre du signe d'égalité. Par exemple, pour la première identité, cela donne

$$10^{\log(x^n)} = 10^{n \log x}$$
$$x^n = 10^{(\log x)n}$$
$$x^n = (10^{(\log x)})^n$$
$$x^n = (x)^n$$

Comme l'équation finale est trivialement correcte, on peut conclure que l'équation de départ était correcte.

Les identités logarithmiques que l'on vient de présenter sont également vraies si on remplace les logarithmes en base 10 (log) par des logarithmes naturels (ln).

Le tableau ci-dessous présente différentes façons d'isoler x qui découlent des principes présentés dans les **sections M2** et **M3**.

Pour isoler x dans ...	il faut ... de chaque côté du signe d'égalité	ce qui permet d'obtenir ...
$x^n = a$	élever à la puissance $1/n$	$x = a^{1/n}$
$x^2 = a$	extraire la racine carrée	$x = \pm\sqrt{a}$
$10^x = a$	prendre le logarithme en base 10	$x = \log a$
$\log x = a$	appliquer l'opération « 10 à la »	$x = 10^a$
$e^x = a$	prendre le logarithme naturel	$x = \ln a$
$\ln x = a$	appliquer l'opération « e à la »	$x = e^a$
$a^x = b$	prendre le logarithme (en base 10 ou naturel) ; il faut également appliquer la règle de la puissance	$x = \dfrac{\log b}{\log a}$ ou $x = \dfrac{\ln b}{\ln a}$

M4
La géométrie de base

M4.1 Les angles

Un **angle** est une mesure de l'inclinaison d'un segment droit par rapport à un autre. Le **degré** (symbole : °) est défini de manière telle que deux segments qui se coupent à **angle droit**, comme au coin d'un carré, forment un angle de 90°. Sur le schéma ci-contre, on a indiqué deux manières de représenter un angle droit.

Un angle de 90° peut aussi être décrit comme un quart de tour : en effet, il faut faire tourner un segment d'un quart de tour pour qu'il forme un angle de 90° par rapport à son orientation d'origine. Un demi-tour correspond à 180° ; un tour complet correspond à 360°.

Pour désigner les angles, on utilise souvent des lettres grecques. Les plus utilisées sont θ (thêta), α (alpha), β (bêta) γ (gamma) et ϕ (phi). (L'alphabet grec est présenté dans la **section G1** de l'annexe générale.)

Pour mesurer des petits angles, on utilise parfois la **minute d'arc** (symbole : '), qui est au degré ce que la minute est à l'heure, ainsi que la **seconde d'arc** (symbole : ''), qui est au degré ce que la seconde est à l'heure :

$$1° = 60' = 3600''$$

En mathématiques, l'unité privilégiée pour mesurer les angles est le **radian** (symbole : rad). Par définition, la valeur d'un angle en radians correspond à la longueur de l'arc sous-tendu par l'angle divisée par le rayon du cercle (schéma ci-contre) :

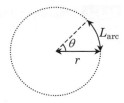

$$\theta = \frac{L_{arc}}{r}$$ **Définition d'un angle en radians**

Pour un tour complet, la longueur de l'arc est égale à $2\pi r$, la circonférence du cercle, ce qui donne un angle de

$$\theta = \frac{L_{arc}}{r} = \frac{2\pi r}{r} = 2\pi \text{ rad} \approx 6{,}28 \text{ rad}$$

Comme un tour est égal à 360°,

$$1 \text{ rad} = \frac{360°}{2\pi} = 57{,}3°$$

Le schéma ci-contre représente deux **angles complémentaires** dont la somme est égale à 90° (ou $\pi/2$ rad).

Le schéma ci-contre représente deux **angles supplémentaires** dont la somme est égale à 180° (ou π rad).

Lorsque deux droites parallèles sont coupées par une troisième droite, les **angles alternes-internes** (identifiés par α sur le schéma ci-contre) sont égaux (par symétrie).

Il est évident que deux **angles opposés par le sommet** (schéma ci-contre) sont égaux.

Sur le schéma ci-contre, deux « équerres » (angles droits) identiques sont inclinées l'une par rapport à l'autre : il est évident que l'angle α entre les deux branches « X » est égal à l'angle α entre les deux branches « Y ».

Ainsi, *lorsque deux équerres sont inclinées l'une par rapport à l'autre, il apparaît des angles égaux entre les côtés correspondants des équerres.* Le « **théorème des deux équerres** » permet de repérer rapidement les angles égaux dans plusieurs constructions géométriques qui font intervenir deux systèmes d'axes inclinés l'un par rapport à l'autre (schéma ci-contre).

M4.2 Les triangles et les quadrilatères

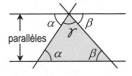

Le schéma ci-contre permet de démontrer que *la somme des angles internes d'un triangle est égale à 180°.* Sur le schéma, les deux angles alternes-internes α sont égaux et les deux angles alternes-internes β sont égaux. Comme la somme des trois angles dans le haut du schéma correspond à un demi-tour,

$$\alpha + \beta + \gamma = 180°$$

Un quadrilatère peut toujours être décomposé en deux triangles (schéma ci-contre) ; comme la somme des angles internes de chaque triangle est égale à 180°, *la somme des angles internes d'un quadrilatère est égale à 360°.*

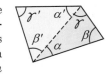

Les schémas ci-contre permettent de démontrer que l'aire d'un parallélogramme est égale à sa base multipliée par sa hauteur :

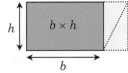

$$A = b \times h$$ **Aire d'un parallélogramme**

Les deux grands rectangles sont identiques ; le rectangle du haut est constitué de deux triangles identiques et d'un rectangle d'aire $b \times h$; le rectangle du bas est constitué des deux mêmes triangles et du parallélogramme.

On peut former deux triangles égaux en divisant le parallélogramme à l'aide d'une bissectrice (schéma ci-contre) : ainsi, l'aire de chacun des triangles est

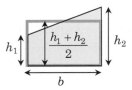

$$A = \frac{1}{2} b \times h$$ **Aire d'un triangle**

Un trapèze (schéma ci-contre) possède la même aire qu'un rectangle de même base dont la hauteur est égale à la moyenne des hauteurs de part et d'autre du trapèze :

$$A = b \times \frac{h_1 + h_2}{2}$$ **Aire d'un trapèze**

Un **triangle rectangle** est un triangle qui possède un angle droit (schéma ci-contre). D'après le **théorème de Pythagore**, le carré de la longueur de l'hypoténuse (le côté opposé à l'angle droit) est égal à la somme des carrés des longueurs des deux autres côtés :

$$c^2 = a^2 + b^2$$ **Théorème de Pythagore**

Les schémas ci-dessous permettent de démontrer le théorème de Pythagore : les deux grands carrés sont identiques ; le carré de gauche est constitué de quatre triangles identiques et de deux carrés d'aire a^2 et b^2 ; le carré de droite est constitué des quatre mêmes triangles et d'un carré d'aire c^2.

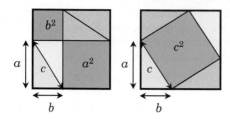

M4.3 Le cercle et la sphère

Par définition, le nombre

$$\pi = 3{,}141\,592\,653\ldots$$

correspond au rapport de la circonférence C d'un cercle sur son diamètre D. Comme le diamètre est égal à deux fois le rayon r,

$$\pi = \frac{C}{D} = \frac{C}{2r}$$

d'où

$$\boxed{C = 2\pi r} \quad \text{Circonférence d'un cercle}$$

L'aire d'un cercle de rayon r est

$$\boxed{A = \pi r^2} \quad \text{Aire d'un cercle}$$

La démonstration de cette équation dépasse les objectifs de cette annexe. Le schéma ci-dessous permet de comparer un cercle de rayon r et un rectangle dont l'aire est identique (base égale à πr et hauteur égale à r).

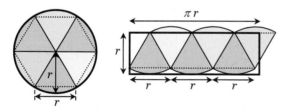

L'aire de la surface d'une sphère de rayon r est

$$\boxed{A = 4\pi r^2} \quad \text{Aire de la surface d'une sphère}$$

et le volume de la sphère est

$$\boxed{V = \frac{4}{3}\pi r^3} \quad \text{Volume d'une sphère}$$

La démonstration de ces équations dépasse les objectifs de cette annexe.

Il est intéressant de remarquer que la circonférence, étant une longueur, est proportionnelle au rayon r ; l'aire d'un cercle ou d'une sphère, étant une surface, est proportionnelle au carré de r ; le volume d'une sphère est proportionnel au cube de r.

M4.4 L'équation d'une droite

Sur un graphique de y en fonction de x, une droite (schéma ci-contre) est décrite par l'équation

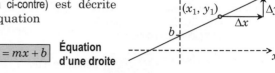

$$\boxed{y = mx + b} \quad \text{Équation d'une droite}$$

La valeur de b correspond à l'**ordonnée à l'origine** (la valeur de y lorsque $x = 0$). La valeur de m correspond à la **pente** de la droite :

$$\boxed{m = \frac{\Delta y}{\Delta x} = \frac{y_2 - y_1}{x_2 - x_1}} \quad \text{Pente d'une droite}$$

M5
Les fonctions trigonométriques

M5.1 La définition du sinus et du cosinus

Le **cercle trigonométrique** (schéma ci-dessous) est un cercle dont le rayon est égal à 1 et dont le centre coïncide avec l'origine d'un système d'axes xy (le plan xy est purement mathématique : les axes ne possèdent pas d'unité physique). Un segment part de l'origine **O** et rejoint le cercle au point **P** : il est incliné d'un angle θ mesuré dans le sens antihoraire à partir de la portion positive de l'axe x.

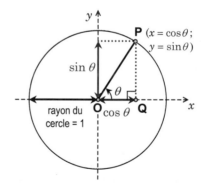

Par définition, $\sin\theta$ (le **sinus** de l'angle θ) correspond à la coordonnée y du point **P**, et $\cos\theta$ (le **cosinus** de l'angle θ) correspond à la coordonnée x :

$$\sin\theta = y$$

$$\cos\theta = x$$

En appliquant le théorème de Pythagore au triangle rectangle **OQP**, on peut écrire

$$(\overline{OQ})^2 + (\overline{QP})^2 = (\overline{OP})^2$$

ce qui donne une identité trigonométrique extrêmement utile :

$$\boxed{\sin^2\theta + \cos^2\theta = 1} \quad \text{Identité trigonométrique sinus carré + cosinus carré}$$

On peut obtenir le schéma ci-contre en modifiant le schéma précédent : au lieu d'être égal à 1, le segment **OP** possède une longueur quelconque r. Cela revient à multiplier toutes les dimensions du triangle **OQP** par r.

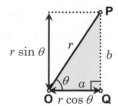

Le triangle **OQP** est un triangle rectangle (l'angle au sommet **Q** est de 90°). Le segment **OP**, de longueur r, est l'hypoténuse du triangle. La longueur du **côté adjacent** à l'angle θ (segment **OQ**) est

$$\boxed{a = r \cos \theta}$$ Longueur du côté adjacent à l'angle θ d'un triangle rectangle d'hypoténuse r

La longueur du **côté opposé** à l'angle θ (segment **QP**) est

$$\boxed{b = r \sin \theta}$$ Longueur du côté opposé à l'angle θ d'un triangle rectangle d'hypoténuse r

M5.2 Valeurs particulières du sinus et du cosinus

Les valeurs des sinus et des cosinus de certains angles (0, 30°, 45°, 60° et 90°) sont faciles à déterminer.

Lorsque $\theta = 0$ (point **A** sur le schéma ci-contre), le sinus est égal à 0 et le cosinus est égal à 1 :

$$\sin 0 = 0 \quad \text{et} \quad \cos 0 = 1$$

Lorsque $\theta = 90° = \pi/2$ rad (point **B**), le sinus est égal à 1 et le cosinus est égal à 0 :

$$\sin 90° = 1 \quad \text{et} \quad \cos 90° = 0$$

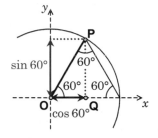

Pour $\theta = 60° = \pi/3$ rad, il est possible d'inscrire un triangle équilatéral dans le cercle trigonométrique (schéma ci-contre). Comme la base du triangle est égale au rayon du cercle, donc à 1, le cosinus de 60° est égal à une demie :

$$\cos 60° = \frac{1}{2}$$

Pour obtenir sin 60°, on peut appliquer le théorème de Pythagore au triangle **OQP** ou encore utiliser l'identité trigonométrique *sinus carré + cosinus carré* (voir **sous-section M5.1**) :

$$\sin^2 60° + \cos^2 60° = 1$$
$$\sin 60° = \sqrt{1 - (\cos 60°)^2} = \sqrt{1 - \left(\frac{1}{2}\right)^2} = \sqrt{\frac{3}{4}} = \frac{\sqrt{3}}{2} = 0,8660...$$

Le cosinus d'un angle est égal au sinus de son angle complémentaire et vice versa :

$$\boxed{\begin{array}{l} \sin \theta = \cos(90° - \theta) \\ \cos \theta = \sin(90° - \theta) \end{array}}$$ Sinus et cosinus des angles complémentaires

Par exemple,

$$\sin 30° = \cos 60° = \frac{1}{2} \quad \text{et} \quad \cos 30° = \sin 60° = \frac{\sqrt{3}}{2}$$

La complémentarité du sinus et du cosinus se démontre facilement à partir d'un triangle rectangle. Comme la somme des angles internes est égale à 180° et que l'angle droit est de 90°, la somme des deux autres angles est égale à 90° : ces angles sont complémentaires. Le côté opposé pour un des angles constitue le côté adjacent pour l'autre angle, et vice versa (schéma ci-contre). Ainsi, le sinus d'un des angles est égal au cosinus de l'autre angle, et vice versa.

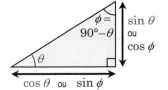

L'angle $\theta = 45° = \pi/2$ rad est son propre angle complémentaire : *son sinus est égal à son cosinus*. On peut déterminer le sinus et le cosinus de 45° à partir de l'identité trigonométrique sinus carré + cosinus carré :

$$\sin^2 45° + \cos^2 45° = 1$$
$$\sin^2 45° + \sin^2 45° = 1$$
$$2 \sin^2 45° = 1$$
$$\sin^2 45° = \frac{1}{2}$$
$$\sin 45° = \sqrt{\frac{1}{2}} = \sqrt{\frac{2}{4}} = \frac{\sqrt{2}}{2} = 0,7071... = \cos 45°$$

Il est pratique de mémoriser les valeurs particulières du sinus et du cosinus que l'on vient d'obtenir : ces valeurs sont reproduites dans le tableau ci-dessous.

θ	$\sin \theta$	$\cos \theta$
0	0	1
$30° = \dfrac{\pi}{6}$ rad	$\dfrac{1}{2}$	$\dfrac{\sqrt{3}}{2} = 0,8660...$
$45° = \dfrac{\pi}{4}$ rad	$\dfrac{\sqrt{2}}{2} = 0,7071...$	$\dfrac{\sqrt{2}}{2} = 0,7071...$
$60° = \dfrac{\pi}{3}$ rad	$\dfrac{\sqrt{3}}{2} = 0,8660...$	$\dfrac{1}{2}$
$90° = \dfrac{\pi}{2}$ rad	1	0

M5.3 Les signes du sinus et du cosinus

Comme le cosinus et le sinus correspondent aux coordonnées x et y d'un point sur le cercle trigonométrique, ils peuvent prendre n'importe quelle valeur entre -1 et $+1$ (schéma ci-dessous).

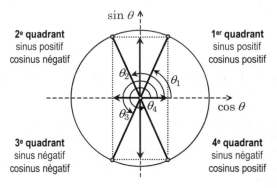

Pour $0 < \theta < 90°$ (**1er quadrant**), le sinus et le cosinus sont positifs ; pour $90° < \theta < 180°$ (**2e quadrant**), le sinus demeure positif, mais le cosinus devient négatif ; pour $180° < \theta < 270°$ (**3e quadrant**), le sinus et le cosinus sont négatifs ; pour $270° < \theta < 360°$ (**4e quadrant**), le cosinus est positif et le sinus est négatif.

Sur le schéma ci-dessous, on a représenté les graphiques de $\sin\theta$ et de $\cos\theta$ pour θ entre $-360°$ et $540°$ (entre -2π rad et 3π rad).

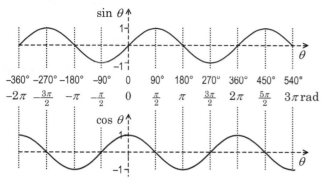

Tous les angles, qu'ils soient positifs ou négatifs, possèdent un angle équivalent entre 0 et 360° ; pour trouver cet angle, il faut additionner ou soustraire un multiple de 360° afin d'obtenir un angle entre 0 et 360°. Par exemple, 450° équivaut à 90° (c'est-à-dire 450° − 360°) ; −90° équivaut à 270° (c'est-à-dire −90° + 360°) ; 1000° équivaut à 280° (c'est-à-dire 1000° − 2 × 360°).

En radians, l'angle équivalent s'obtient en additionnant ou en soustrayant un multiple de 2π rad. Par exemple, 3π rad équivaut à π rad et $-3\pi/2$ rad équivaut à $\pi/2$ rad.

Une fonction $f(x)$ est **paire** lorsque la valeur de $f(-x)$ est égale à la valeur de $f(x)$. Le graphique ci-dessus permet de constater que le cosinus est une fonction paire :

$$\boxed{\cos(-\theta) = \cos\theta}$$ **Nature paire du cosinus**

Une fonction $f(x)$ est **impaire** lorsque la valeur de $f(-x)$ est égale à moins la valeur de $f(x)$. Le graphique ci-dessus permet de constater que le sinus est une fonction impaire :

$$\boxed{\sin(-\theta) = -\sin\theta}$$ **Nature impaire du sinus**

Le schéma ci-contre permet de confirmer la nature paire du cosinus et la nature impaire du sinus : on constate que

$$\cos(-30°) = \sqrt{3}/2 = \cos 30°$$

et

$$\sin(-30°) = -0,5 = -\sin 30°$$

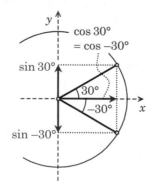

Sur le schéma ci-dessous, on a ajouté deux droites sur le cercle trigonométrique de la **sous-section M5.1**. La *droite sécante* part de l'origine selon un angle θ mesuré dans le sens antihoraire à partir de la portion positive de l'axe x : elle coupe le cercle au point **P**. La *droite tangente* est tangente au cercle à l'endroit où il coupe la portion positive de l'axe x. Le point **S** est à l'intersection des droites sécantes et tangentes.

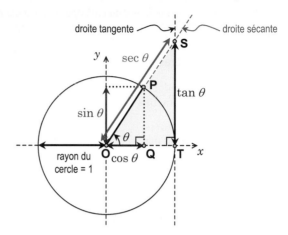

Par définition, $\sec\theta$ (la **sécante** de l'angle θ) est égale à $\overline{OS}$ (la distance, le long de la droite sécante, entre l'origine **O** et le point **S**). Le triangle **OTS** est rectangle : le segment **OS** est l'hypoténuse et le segment **OT** est le côté adjacent à l'angle θ. La définition du cosinus permet d'écrire

$$\overline{OT} = \overline{OS}\cos\theta$$

Comme le segment **OT** est un rayon du cercle trigonométrique, sa longueur est égale à 1. Ainsi,

$$1 = \overline{OS}\cos\theta \quad \Rightarrow \quad \overline{OS} = \frac{1}{\cos\theta}$$

Par conséquent, la sécante correspond à l'inverse du cosinus :

$$\boxed{\sec\theta = \frac{1}{\cos\theta}}$$ **Relation entre la sécante et le cosinus**

Par définition, $\tan\theta$ (la **tangente** de l'angle θ) est égale à $\overline{TS}$ (la distance, le long de la droite tangente, entre l'axe x et le point **S**). La définition du sinus appliquée au triangle rectangle **OTS** permet d'écrire

$$\overline{TS} = \overline{OS}\sin\theta = \left(\frac{1}{\cos\theta}\right)\sin\theta$$

Par conséquent, la tangente est égale au rapport du sinus sur le cosinus :

$$\boxed{\tan\theta = \frac{\sin\theta}{\cos\theta}}$$ **Relation entre la tangente, le sinus et le cosinus**

On définit également csc θ (la **cosécante** de l'angle θ) et cot θ (la **cotangente** de l'angle θ) :

$$\csc \theta = \frac{1}{\sin \theta}$$ **Relation entre la cosécante et le sinus**

$$\cot \theta = \frac{1}{\tan \theta}$$ **Relation entre la cotangente et la tangente**

M5.5   Les fonctions trigonométriques inverses

Considérons un point sur le cercle trigonométrique situé à la position angulaire θ mesurée dans le sens antihoraire à partir de l'axe des x positifs (schéma ci-dessous) : par définition, la coordonnée x de ce point correspond à $\cos\theta$ et la coordonnée y correspond à $\sin\theta$. Comme on peut le constater sur le schéma, l'angle $\alpha = \pi - \theta$ possède le même sinus que l'angle θ et l'angle $\beta = 2\pi - \theta$ possède le même cosinus que l'angle θ. (Dans cette section, tous les angles sont exprimés en radians.)

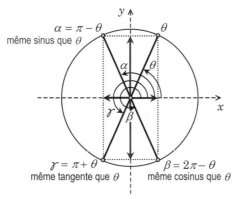

Lorsqu'on ajoute un multiple entier positif ou négatif de 2π rad à un angle, on revient à la même position sur le cercle trigonométrique. Ainsi, tous les angles

$$\theta + 2n\pi \qquad \text{et} \qquad (\pi - \theta) + 2n\pi$$

(où $n = \dots\,-2, -1, 0, 1, 2, 3\dots$) ont le même sinus que θ. De même, tous les angles

$$\theta + 2n\pi \qquad \text{et} \qquad (2\pi - \theta) + 2n\pi$$

ont le même cosinus que θ.

Lorsqu'on ajoute π rad à un angle, on inverse le signe de son sinus et de son cosinus ; mais comme $\tan\theta = \sin\theta / \cos\theta$, cela ne change pas le signe de la tangente. Ainsi, l'angle $\gamma = \pi + \theta$ possède la même tangente que l'angle θ. En fait, tous les angles

$$\theta + 2n\pi \qquad \text{et} \qquad (\pi + \theta) + 2n\pi$$

ont la même tangente que θ.

L'**arcsinus** est l'opération inverse du sinus : le sinus de l'arcsinus d'une certaine valeur y (comprise entre −1 et 1) redonne la valeur y :

$$\sin (\arcsin y) = y$$

Plus précisément, $\arcsin y$ est, par définition, un angle compris entre $-\pi/2$ rad et $\pi/2$ rad.

Pour trouver *toutes* les valeurs de θ qui satisfont l'équation

$$\sin \theta = y$$

on peut partir de la valeur $(\arcsin y)$ donnée par la calculatrice et ajouter ou retrancher un multiple de 2π rad (comme un tour sur le cercle trigonométrique correspond à 2π rad, cela ne change pas la position sur le cercle trigonométrique). Comme θ et $\pi - \theta$ ont le même sinus, on peut aussi partir de $\pi - (\arcsin y)$ et ajouter un multiple entier positif ou négatif de 2π rad. Par conséquent,

$$\sin \theta = y \;\Rightarrow\; \theta = \begin{cases} (\arcsin y) + 2n\pi \\ \pi - (\arcsin y) + 2n\pi \end{cases}$$ **Inversion d'un sinus**

Par exemple, pour déterminer les valeurs de θ qui satisfont l'équation

$$\sin \theta = 0{,}5$$

il faut partir du fait que

$$\arcsin(0{,}5) = \frac{\pi}{6}\,\text{rad}$$

(avec une calculatrice réglée en mode radians, on obtient l'équivalent décimal 0,5236 rad). D'après la définition du sinus sur le cercle trigonométrique, l'angle

$$\left(\pi - \frac{\pi}{6}\right)\text{rad} = \frac{5\pi}{6}\,\text{rad}$$

possède également un sinus égal à 0,5. À ces deux valeurs, on peut ajouter un multiple entier positif ou négatif de 2π ; ainsi, les solutions de l'équation $\sin\theta = 0{,}5$ sont

$$\theta = \begin{cases} \dfrac{\pi}{6} + 2n\pi = \dots \dfrac{-11\pi}{6}, \dfrac{\pi}{6}, \dfrac{13\pi}{6} \dots \\[2mm] \dfrac{5\pi}{6} + 2n\pi = \dots \dfrac{-7\pi}{6}, \dfrac{5\pi}{6}, \dfrac{17\pi}{6} \dots \end{cases}$$

Les six solutions correspondant à $n = -1$, $n = 0$ et $n = 1$ sont représentées sur le graphique ci-dessous.

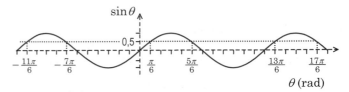

L'**arccosinus** est l'opération inverse du cosinus : pour x compris entre −1 et 1, $\arccos(x)$ est un angle compris entre 0 et π rad tel que

$$\cos (\arccos x) = x$$

Pour trouver *toutes* les valeurs de θ qui satisfont l'équation

$$\cos\theta = x$$

on peut partir de la valeur de $(\arccos x)$ donnée par la calculatrice ainsi que de $2\pi - (\arccos x)$, qui possède le même cosinus, et ajouter un multiple entier positif ou négatif de 2π rad :

$$\cos \theta = x \;\Rightarrow\; \theta = \begin{cases} (\arccos x) + 2n\pi \\ 2\pi - (\arccos x) + 2n\pi \end{cases}$$ **Inversion d'un cosinus**

L'arctangente est l'opération inverse de la tangente : arctan(z) est un angle compris entre $-\pi/2$ rad et $\pi/2$ rad tel que

$$\tan(\arctan z) = z$$

Pour trouver *toutes* les valeurs de θ qui satisfont l'équation

$$\tan\theta = z$$

on peut partir de la valeur de (arctan z) donnée par la calculatrice ainsi que de $\pi +$ (arctan z), qui possède la même tangente, et ajouter un multiple entier positif ou négatif de 2π rad :

$$\tan\theta = z \ \Rightarrow \ \theta = \begin{cases} (\arctan z) + 2n\pi \\ \pi + (\arctan z) + 2n\pi \end{cases}$$ **Inversion d'une tangente**

Dans les trois équations encadrées qui précèdent, l'angle θ est en radians, et n peut prendre n'importe quelle valeur entière positive ou négative :

$$n = \dots -2, -1, 0, 1, 2, 3\dots$$

Sur la plupart des calculatrices, les fonctions arcsinus, arccosinus et arctangente correspondent aux touches identifiées par $\boxed{\sin^{-1}}$, $\boxed{\cos^{-1}}$ et $\boxed{\tan^{-1}}$.

$\boxed{\textbf{M5.6}}$ Les identités trigonométriques

En appliquant le théorème de Pythagore au triangle qui sert à définir le sinus et le cosinus dans le cercle trigonométrique, on obtient l'identité trigonométrique la plus connue (voir **sous-section M5.1**) :

$$\boxed{\sin^2\theta + \cos^2\theta = 1}$$ **Identité trigonométrique sinus carré + cosinus carré (1)**

Un grand nombre d'identités trigonométriques peuvent être obtenues à partir de deux identités faisant intervenir le sinus d'une somme et le cosinus d'une somme :

$$\boxed{\sin(\alpha + \beta) = \sin\alpha\cos\beta + \cos\alpha\sin\beta}$$ **Sinus d'une somme (2)**

$$\boxed{\cos(\alpha + \beta) = \cos\alpha\cos\beta - \sin\alpha\sin\beta}$$ **Cosinus d'une somme (3)**

Le schéma ci-dessous permet de démontrer ces deux identités.

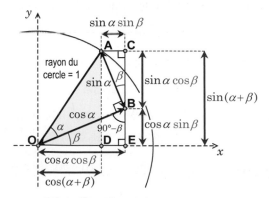

Le triangle **OBA** est un triangle rectangle : le segment **AB** est opposé à l'angle α, et le segment **OB** est adjacent à l'angle α.

Comme la longueur du segment **OA** (hypoténuse) est égale à 1, les longueurs des segments **AB** et **OB** sont

$$\overline{\textbf{AB}} = \overline{\textbf{OA}}\sin\alpha = \sin\alpha \qquad \text{et} \qquad \overline{\textbf{OB}} = \overline{\textbf{OA}}\cos\alpha = \cos\alpha$$

Le triangle **OEB** est un triangle rectangle : le segment **BE** est opposé à l'angle β, et le segment **OE** est adjacent à l'angle β. Comme la longueur du segment **OB** (hypoténuse) est égale à $\cos\alpha$, les longueurs des segments **BE** et **OE** sont

$$\overline{\textbf{BE}} = \overline{\textbf{OB}}\sin\beta = \cos\alpha\,\sin\beta$$

et

$$\overline{\textbf{OE}} = \overline{\textbf{OB}}\cos\beta = \cos\alpha\,\cos\beta$$

Comme le triangle **OBA** est un triangle rectangle, l'angle au sommet **B** du triangle **ACB** est égal à β. Le triangle **ACB** est un triangle rectangle : le segment **AC** est opposé à l'angle β, et le segment **BC** est adjacent à l'angle β. Comme la longueur du segment **AB** (hypoténuse) est égale à $\sin\alpha$, les longueurs des segments **AC** et **BC** sont

$$\overline{\textbf{AC}} = \overline{\textbf{AB}}\sin\beta = \sin\alpha\,\sin\beta$$

et

$$\overline{\textbf{BC}} = \overline{\textbf{AB}}\cos\beta = \sin\alpha\,\cos\beta$$

Comme l'hypoténuse du triangle rectangle **ODA** est égale à 1, la longueur du segment **AD** correspond à $\sin(\alpha + \beta)$. Or, d'après le schéma,

$$\overline{\textbf{AD}} = \overline{\textbf{CB}} + \overline{\textbf{BE}}$$

d'où

$$\sin(\alpha + \beta) = \sin\alpha\cos\beta + \cos\alpha\sin\beta \qquad \textbf{(2)}$$

La longueur du segment **OD** correspond à $\cos(\alpha + \beta)$. Or, d'après le schéma,

$$\overline{\textbf{OD}} = \overline{\textbf{OE}} - \overline{\textbf{AC}}$$

d'où

$$\cos(\alpha + \beta) = \cos\alpha\cos\beta - \sin\alpha\sin\beta \qquad \textbf{(3)}$$

ce qu'il fallait démontrer.

En posant $\alpha = \beta = \theta$ dans l'équation **(2)**, on obtient une identité trigonométrique très utile en physique :

$$\boxed{\sin 2\theta = 2\sin\theta\cos\theta}$$ **Sinus du double de l'angle (4)**

En posant $\alpha = \beta = \theta$ dans l'équation **(3)**, on obtient

$$\boxed{\cos 2\theta = \cos^2\theta - \sin^2\theta}$$ **Cosinus du double de l'angle (5)**

En divisant l'équation **(4)** par l'équation **(5)**, en mettant $\cos^2\theta$ en évidence au dénominateur, puis en simplifiant, on obtient

$$\boxed{\tan 2\theta = \frac{2\tan\theta}{1 - \tan^2\theta}}$$ **Tangente du double de l'angle (6)**

En remplaçant β par $-\beta$ dans les équations **(2)** et **(3)**, puis en utilisant les équations qui expriment la nature impaire du sinus et la nature paire du cosinus (voir **sous-section M5.3**),

$$\boxed{\sin(-\theta) = -\sin\theta}\ \text{Nature impaire du sinus (7)}$$

$$\boxed{\cos(-\theta) = \cos\theta}\ \text{Nature paire du cosinus (8)}$$

on obtient

$$\boxed{\sin(\alpha - \beta) = \sin\alpha\cos\beta - \cos\alpha\sin\beta}\ \begin{array}{l}\text{Sinus d'une}\\\text{différence (9)}\end{array}$$

$$\boxed{\cos(\alpha - \beta) = \cos\alpha\cos\beta + \sin\alpha\sin\beta}\ \begin{array}{l}\text{Cosinus d'une}\\\text{différence (10)}\end{array}$$

En posant $\alpha = 90°$ et $\beta = \theta$ dans les équations **(9)** et **(10)**, et en utilisant le fait que $\sin 90° = 1$ et $\cos 90° = 0$, on retrouve les équations qui expriment la complémentarité du sinus et du cosinus (voir **sous-section M5.2**) :

$$\boxed{\begin{array}{l}\sin(90° - \theta) = \cos\theta\\\cos(90° - \theta) = \sin\theta\end{array}}\ \begin{array}{l}\text{Sinus et cosinus des}\\\text{angles complémentaires (11)}\end{array}$$

Si on additionne ou soustrait un certain angle à 90° et que l'on prend le sinus, le résultat est le même :

$$\boxed{\sin(90° - \theta) = \sin(90° + \theta)}\ \begin{array}{l}\text{Symétrie du sinus}\\\text{autour de 90° (12)}\end{array}$$

Par l'équation **(11)**, le terme de gauche de l'équation **(12)** est égal à $\cos\theta$; en posant $\alpha = 90°$ et $\beta = \theta$ dans l'équation **(2)**, puis en utilisant le fait que $\sin 90° = 1$ et $\cos 90° = 0$, on montre que le terme de droite de l'équation **(12)** est égal à $\cos\theta$.

L'identité sinus carré + cosinus carré,

$$\sin^2\theta + \cos^2\theta = 1 \quad \textbf{(1)}$$

s'obtient à partir de l'équation **(10)** en posant $\alpha = \beta = \theta$ et en utilisant le fait que $\cos 0 = 1$. En divisant tous les termes de l'équation **(1)** par $\cos^2\theta$, on obtient

$$\boxed{\tan^2\theta + 1 = \sec^2\theta}\ \begin{array}{l}\text{Identité trigonométrique}\\\text{tangente carrée + 1 (13)}\end{array}$$

En divisant tous les termes de l'équation **(1)** par $\sin^2\theta$, on obtient

$$\boxed{1 + \cot^2\theta = \csc^2\theta}\ \begin{array}{l}\text{Identité trigonométrique}\\\text{1 + cotangente carrée (14)}\end{array}$$

Pour démontrer les identités **(15)** à **(17)**, on peut développer les termes à droite du signe d'égalité à l'aide des identités **(2)**, **(3)**, **(9)** et **(10)** : après simplification, on obtient le terme à gauche du signe d'égalité.

$$\boxed{\sin\alpha\sin\beta = \tfrac{1}{2}[\cos(\alpha - \beta) - \cos(\alpha + \beta)]}\ \begin{array}{l}\text{Produit de}\\\text{deux sinus (15)}\end{array}$$

$$\boxed{\cos\alpha\cos\beta = \tfrac{1}{2}[\cos(\alpha - \beta) + \cos(\alpha + \beta)]}\ \begin{array}{l}\text{Produit de}\\\text{deux cosinus (16)}\end{array}$$

$$\boxed{\sin\alpha\cos\beta = \tfrac{1}{2}[\sin(\alpha - \beta) + \sin(\alpha + \beta)]}\ \begin{array}{l}\text{Produit d'un sinus}\\\text{et d'un cosinus (17)}\end{array}$$

Pour démontrer les identités **(18)** à **(21)**, on peut développer le terme à droite du signe d'égalité à l'aide des identités **(15)** à **(17)** : après simplification, on obtient le terme à gauche du signe d'égalité.

$$\boxed{\sin\alpha + \sin\beta = 2\sin\left(\frac{\alpha + \beta}{2}\right)\cos\left(\frac{\alpha - \beta}{2}\right)}\ \begin{array}{l}\text{Addition de}\\\text{deux sinus (18)}\end{array}$$

$$\boxed{\sin\alpha - \sin\beta = 2\sin\left(\frac{\alpha - \beta}{2}\right)\cos\left(\frac{\alpha + \beta}{2}\right)}\ \begin{array}{l}\text{Soustraction de}\\\text{deux sinus (19)}\end{array}$$

$$\boxed{\cos\alpha + \cos\beta = 2\cos\left(\frac{\alpha + \beta}{2}\right)\cos\left(\frac{\alpha - \beta}{2}\right)}\ \begin{array}{l}\text{Addition de}\\\text{deux cosinus (20)}\end{array}$$

$$\boxed{\cos\alpha - \cos\beta = -2\sin\left(\frac{\alpha + \beta}{2}\right)\sin\left(\frac{\alpha - \beta}{2}\right)}\ \begin{array}{l}\text{Soustraction de}\\\text{deux cosinus (21)}\end{array}$$

L'identité **(18)** est très utile en physique. Il est possible de la démontrer directement à partir du schéma ci-dessous.

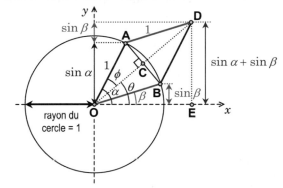

En raison de la symétrie du losange **OADB**, l'inclinaison θ du segment **OD** par rapport à l'axe x est égale à la moyenne des inclinaisons des segments **OA** et **OB**. Ainsi,

$$\theta = \frac{\alpha + \beta}{2}$$

D'après le schéma, l'angle ϕ est égal à la moitié de l'angle entre les segments **OA** et **OB** :

$$\phi = \frac{\alpha - \beta}{2}$$

Le triangle **OCA** est un triangle rectangle, et le segment **OC** est adjacent à l'angle ϕ. Comme la longueur du segment **OA** (hypoténuse) est égale à 1, la longueur du segment **OC** est

$$\overline{OC} = \overline{OA}\cos\phi = \cos\phi$$

Le segment **OD** est deux fois plus long que **OC** :

$$\overline{OD} = 2\overline{OC} = 2\cos\phi$$

Le triangle **OED** est un triangle rectangle ; le segment **OD** est l'hypoténuse, et le segment **ED** est opposé à l'angle θ. Ainsi,

$$\overline{ED} = \overline{OD}\sin\theta = 2\cos\phi\sin\theta = 2\cos\left(\frac{\alpha - \beta}{2}\right)\sin\left(\frac{\alpha + \beta}{2}\right)$$

(À la dernière étape, on a remplacé ϕ et θ par leurs équivalents en fonction de α et de β.)

D'après le schéma, la longueur du segment **ED** correspond à $\sin\alpha + \sin\beta$. Ainsi,

$$\sin\alpha + \sin\beta = 2\cos\left(\frac{\alpha-\beta}{2}\right)\sin\left(\frac{\alpha+\beta}{2}\right)$$

ce qu'il fallait démontrer.

Il est parfois utile d'exprimer l'addition d'un sinus et d'un cosinus sous la forme d'un seul sinus :

$$\boxed{A\sin\theta + B\cos\theta = \sqrt{A^2+B^2}\,\sin\left[\theta + \arctan\left(\frac{B}{A}\right)\right]}$$

Somme d'un sinus et d'un cosinus (22)

On peut démontrer cette identité en considérant la construction géométrique du schéma ci-dessous, qui permet d'écrire

$$A\sin\theta + B\cos\theta = C\sin(\theta+\alpha)$$

où

$$C = \sqrt{A^2+B^2}$$

et

$$\alpha = \arctan\left(\frac{B}{A}\right)$$

M5.7 Les lois des sinus et des cosinus

Dans le triangle quelconque du schéma ci-contre, l'angle α est opposé au côté A, l'angle β est opposé au côté B et l'angle γ est opposé au côté C. La **loi des sinus** et la **loi des cosinus** mettent en relation les longueurs des côtés et les angles internes :

$$\boxed{\frac{\sin\alpha}{A} = \frac{\sin\beta}{B} = \frac{\sin\gamma}{C}}$$ **Loi des sinus**

$$\boxed{C^2 = A^2 + B^2 - 2AB\cos\gamma}$$ **Loi des cosinus**

Ces lois sont particulièrement utiles lorsqu'on veut analyser un triangle qui n'est pas rectangle. Dans le cas d'un triangle rectangle, $\gamma = 90°$ et la loi des cosinus redonne le théorème de Pythagore.

Le schéma ci-contre permet de démontrer les lois des sinus et des cosinus. Le segment qui descend du sommet β et qui est perpendiculaire au côté B sépare le triangle d'origine en deux triangles rectangles. La longueur de ce segment est à la fois égale à $C\sin\alpha$ (triangle rectangle de gauche) et à $A\sin\gamma$ (triangle rectangle de droite) :

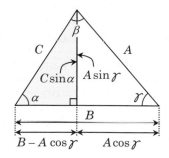

$$C\sin\alpha = A\sin\gamma \quad \Rightarrow \quad \frac{\sin\alpha}{A} = \frac{\sin\gamma}{C}$$

En séparant le triangle d'origine à l'aide d'un segment perpendiculaire à A et passant par le sommet α, on obtient

$$\frac{\sin\beta}{B} = \frac{\sin\gamma}{C}$$

ce qui complète la démonstration de la loi des sinus.

On peut obtenir la loi des cosinus en appliquant le théorème de Pythagore au triangle rectangle de gauche :

$$\begin{aligned}
C^2 &= (B - A\cos\gamma)^2 + (A\sin\gamma)^2 \\
&= B^2 - 2AB\cos\gamma + A^2\cos^2\gamma + A^2\sin^2\gamma \\
&= B^2 - 2AB\cos\gamma + A^2(\cos^2\gamma + \sin^2\gamma)
\end{aligned}$$

Par identité trigonométrique, le terme entre parenthèses est égal à 1, et on retrouve la loi des cosinus.

M6
Les approximations utiles

Les approximations présentées dans cette section permettent de simplifier une expression dans le cas particulier où la valeur d'un des paramètres est très petite.

M6.1 L'approximation du binôme

D'après l'**approximation du binôme**, lorsque x (en valeur absolue) est beaucoup plus petit que 1, le terme $(1 + x)$ élevé à la puissance n est approximativement égal à $1 + nx$:

$$\boxed{(1+x)^n \approx 1 + nx \quad (x \ll 1)}$$ **Approximation du binôme**

Par exemple, pour $x = -0,01$ et $n = 3$, le calcul direct donne

$$(1+x)^n = (1-0,01)^3 = 0,99^3 = 0,970\,299$$

et l'approximation du binôme donne

$$(1+x)^n \approx 1 + nx = 1 + (3 \times -0,01) = 0,97$$

L'approximation s'applique également pour des valeurs non entières ou négatives de l'exposant n. Par exemple, pour $x = 0,04$ et $n = -0,5$, le calcul direct donne

$$(1+x)^n = (1+0,04)^{-0,5} = 1,04^{-0,5} = 0,98058...$$

et l'approximation du binôme donne

$$(1+x)^n \approx 1 + nx = 1 + (-0,5 \times 0,04) = 0,98$$

La démonstration générale de l'approximation du binôme dépasse le niveau de cet ouvrage. Toutefois, lorsque n est un entier positif, l'approximation découle directement du développement de l'expression $(1+x)^n$:

$$\begin{aligned}
(1+x)^1 &= 1 + x \\
(1+x)^2 &= (1+x)(1+x) = 1 + 2x + x^2 \\
(1+x)^3 &= (1+x)^2(1+x) = 1 + 3x + 3x^2 + x^3 \\
(1+x)^4 &= (1+x)^3(1+x) = 1 + 4x + 6x^2 + 4x^3 + x^4 \\
(&...)
\end{aligned}$$

Lorsque la valeur absolue de x est beaucoup plus petite que 1, les puissances de x supérieures à 1 (x^2, x^3, x^4...) sont très proches de 0 (comparativement à x) et peuvent être négligées.

M6.2 Les approximations du petit angle

Lorsqu'un angle est beaucoup plus petit que 1 radian et qu'*il est exprimé en radians*, son sinus et sa tangente sont approximativement égaux à l'angle lui-même :

$$\boxed{\sin\theta \approx \tan\theta \approx \theta \quad (\theta \ll 1 \text{ rad})}$$ **Sinus et tangente d'un petit angle (θ en radians)**

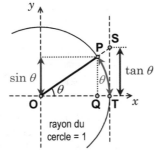

Le schéma ci-contre permet de justifier ces approximations. Comme le rayon du cercle trigonométrique est égal à 1, la longueur de l'arc **TP** est égale à la valeur, en radians, de l'angle θ (cela découle directement de la définition du radian donnée dans la **sous-section M4.1**). D'après les définitions du sinus et de la tangente (voir **section M5**), $\sin\theta$ correspond à la longueur du segment **QP**, et $\tan\theta$ correspond à la longueur du segment **TS**. Plus l'angle θ diminue, plus les segments **QP** et **TS** se rapprochent de l'arc **TP**. Lorsque θ est beaucoup plus petit que 1 radian, les segments **QP** et **TS** se confondent pratiquement avec l'arc **TP**.

D'après l'identité trigonométrique sinus carré + cosinus carré (voir **sous-section M5.1**),

$$\sin^2\theta + \cos^2\theta = 1 \quad \Rightarrow \quad \cos\theta = (1 - \sin^2\theta)^{1/2}$$

Lorsque θ est beaucoup plus petit que 1 radian, $\sin\theta \approx \theta$ et

$$\cos\theta \approx (1 - \theta^2)^{1/2}$$

Comme $\theta \ll 1$, on peut appliquer l'approximation du binôme (voir **sous-section M6.1**) et obtenir

$$\boxed{\cos\theta \approx 1 - \tfrac{1}{2}\theta^2 \quad (\theta \ll 1 \text{ rad})}$$ **Cosinus d'un petit angle (θ en radians)**

Lorsque θ est *extrêmement* petit, le terme $\theta^2/2$ est très proche de zéro et $\cos\theta$ est à peu près égal à 1.

Le tableau ci-dessous permet de juger de l'exactitude des approximations du petit angle pour $\theta = 0{,}1$ rad, $0{,}2$ rad et $0{,}3$ rad (approximativement 5,7°, 11,5° et 17,2°).

θ (rad)	$\sin\theta$	$\tan\theta$	$\cos\theta$	$1 - (\theta^2/2)$
0,1	0,09983...	0,10033...	0,99500...	0,995
0,2	0,19866...	0,20271...	0,98006...	0,98
0,3	0,29552...	0,30933...	0,95533...	0,955

M6.3 L'approximation du triangle isocèle mince

L'**approximation du triangle isocèle mince** permet de calculer l'angle sous-tendu par un segment de longueur A à une distance D beaucoup plus grande que A (schéma ci-dessous).

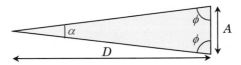

Comme $D \gg A$, l'angle α est beaucoup plus petit que 1 rad : les angles ϕ sont presque des angles droits, et la longueur des longs côtés du triangle est à peu près égale à D. En considérant le triangle comme un triangle rectangle, on peut écrire

$$\tan\alpha \approx \frac{A}{D}$$

Or, d'après l'approximation du petit angle pour la tangente,

$$\tan\alpha \approx \alpha$$

d'où

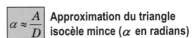

$$\boxed{\alpha \approx \frac{A}{D}}$$ **Approximation du triangle isocèle mince (α en radians)**

M7
Les vecteurs

M7.1 Les vecteurs et les scalaires

Un **vecteur** est une quantité qui possède un **module** (grandeur) et une orientation. Sur un schéma, on représente un vecteur par une flèche et on le désigne par une lettre surmontée d'une petite flèche : par exemple, $\vec{A}$ (schéma ci-contre).

Dans une situation en deux dimensions, un vecteur peut être décrit par son module et un angle mesuré à partir d'une orientation de référence. Par convention, le module du vecteur est représenté par la lettre qui symbolise le vecteur, sans la petite flèche (schéma ci-contre).

Dans la vie de tous les jours, les termes « orientation » et « direction » sont pratiquement interchangeables. En physique, une direction est un « axe sans flèche » : par exemple, on peut parler de la direction « horizontale », de la direction « verticale » ou de la direction « nord-sud ». Une orientation comporte une direction *et* un sens : par exemple, on peut parler de l'orientation « vers la droite », « vers le haut » ou « vers le sud ». Dire qu'un vecteur possède une orientation est une façon abrégée de dire qu'il possède une direction *et* un sens.

Dans les trois tomes de cet ouvrage, on utilise 21 paramètres physiques vectoriels (tableau en haut de la page suivante). La plupart sont introduits dans le **tome A : Mécanique** ; le champ magnétique, le champ électrique, la densité de courant, le moment dipolaire électrique et le moment dipolaire magnétique sont introduits dans le **tome B : Électricité et magnétisme**.

$\vec{a}$	accélération	$\vec{p}$	quantité de mouvement
$\vec{B}$	champ magnétique	$\vec{p}$	moment dipolaire électrique
$\vec{D}$	résistance de l'air (drag)	$\vec{r}$	position
$\vec{E}$	champ électrique	$\vec{s}$	déplacement
$\vec{F}$	force quelconque	$\vec{T}$	force de tension
$\vec{f}$	force de frottement	$\vec{v}$	vitesse
$\vec{g}$	champ gravitationnel	$\vec{\alpha}$	accélération angulaire
$\vec{J}$	impulsion	$\vec{\mu}$	moment dipolaire magnétique
$\vec{J}$	densité de courant	$\vec{\tau}$	moment de force
$\vec{L}$	moment cinétique	$\vec{\omega}$	vitesse angulaire
$\vec{n}$	force normale		

Il existe de nombreux paramètres physiques qui ne sont pas des vecteurs, mais plutôt des **scalaires**. Un paramètre scalaire est entièrement déterminé par une seule valeur numérique : la notion d'orientation n'a aucune signification pour un paramètre scalaire.

Parmi les scalaires couramment employés en physique, on retrouve le temps, la masse, l'énergie, la température et la charge électrique. Certains paramètres scalaires, comme la masse, sont toujours positifs ; d'autres, comme la charge électrique, peuvent être positifs ou négatifs. Un simple nombre (par exemple, 7, −117,3 ou π) est également un scalaire.

M7.2 L'addition graphique des vecteurs

Il arrive souvent que l'on doive additionner deux vecteurs. On peut obtenir graphiquement le **vecteur résultant** $\vec{C} = \vec{A} + \vec{B}$ en plaçant les vecteurs $\vec{A}$ et $\vec{B}$ afin que l'origine du vecteur $\vec{B}$ coïncide avec l'extrémité (la pointe de la flèche) du vecteur $\vec{A}$ (schéma ci-contre).

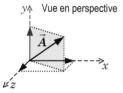

L'ordre d'addition des vecteurs n'a aucune importance : $\vec{C} = \vec{A} + \vec{B} = \vec{B} + \vec{A}$. Autrement dit, l'addition vectorielle est *commutative*. (Comparez le schéma ci-contre à celui au-dessus.)

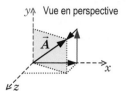

M7.3 Les composantes d'un vecteur

Dans une situation en deux dimensions, on peut décomposer un vecteur en deux **composantes** perpendiculaires entre elles. Le plus souvent, il s'agit des composantes selon les axes x et y (schéma ci-contre) ; les composantes correspondent aux *projections* du vecteur selon chacun des axes.

D'après la règle d'addition graphique des vecteurs, la somme vectorielle des composantes, peu importe l'ordre, redonne le vecteur (schéma ci-contre).

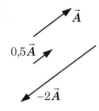

Dans une situation en trois dimensions, on peut décomposer un vecteur en trois composantes perpendiculaires entre elles. Le plus souvent, il s'agit des composantes selon les axes x, y et z (schéma ci-dessous, à gauche). Encore une fois, la somme vectorielle des composantes redonne le vecteur (schéma ci-dessous, à droite).

Par convention, les axes x, y et z doivent être orientés les uns par rapport aux autres, dans l'ordre, comme les trois premiers doigts de la main droite (pouce, index et majeur) lorsqu'on les replie comme sur le schéma ci-contre.

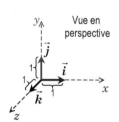

M7.4 La multiplication d'un vecteur par un scalaire

Lorsqu'on multiplie un vecteur par un scalaire, son module est multiplié par la valeur absolue du scalaire : lorsque le scalaire est positif, l'orientation du vecteur est inchangée ; lorsque le scalaire est négatif, l'orientation du vecteur est inversée (schéma ci-contre).

M7.5 Les vecteurs unitaires $\vec{i}$, $\vec{j}$ et $\vec{k}$

Un **vecteur unitaire** est un vecteur dont le module est égal à 1 (le nombre 1, sans unité physique). Les vecteurs unitaires $\vec{i}$, $\vec{j}$ et $\vec{k}$ sont orientés respectivement dans le sens positif des axes x, y et z (schéma ci-contre).

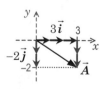

Les vecteurs unitaires permettent d'exprimer n'importe quel vecteur en fonction de ses composantes. Par exemple, le vecteur sur le schéma ci-contre peut s'écrire

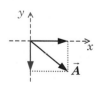

$$\vec{A} = 3\vec{i} - 2\vec{j}$$

Comme on peut le constater sur le schéma ci-contre, cette manière d'écrire le vecteur se justifie par les règles de la multiplication d'un vecteur par un scalaire (voir **sous-section M7.4**) et de l'addition graphique des vecteurs (voir **sous-section M7.2**).

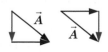

De même, le vecteur sur le schéma ci-contre peut s'écrire

$$\vec{B} = 8\vec{i} + 3\vec{j} + 2\vec{k}$$

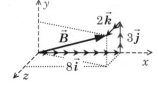

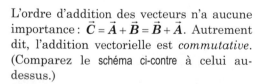

M7.6 La forme polaire et la forme cartésienne

En fonction de ses composantes, on peut exprimer le vecteur représenté sur le schéma ci-contre sous la forme

$$\vec{A} = 3\vec{i} - 4\vec{j}$$

ou encore

$$(A_x = 3 \; ; \; A_y = -4)$$

Lorsqu'un vecteur est exprimé en fonction de ses composantes, on dit qu'il est sous **forme cartésienne**, en hommage au mathématicien René Descartes (1596-1650).

On peut également exprimer le vecteur en fonction de son module et de son orientation : on dit alors qu'il est sous **forme polaire**. Par exemple, en prenant comme référence l'orientation des axes sur le schéma, on peut écrire

$$\vec{A} = 5 \text{ à } 36{,}9° \text{ à droite du bas}$$

ou

$$\vec{A} = 5 \text{ à } 53{,}1° \text{ en bas de la droite}$$

En se servant des points cardinaux sur le schéma, on peut écrire

$$\vec{A} = 5 \text{ à } 36{,}9° \text{ à l'est du sud}$$

ou

$$\vec{A} = 5 \text{ à } 53{,}1° \text{ au sud de l'est}$$

En physique, toutes ces manières d'exprimer le vecteur sont correctes. En mathématiques, lorsqu'on exprime l'orientation d'un vecteur dans le plan xy, on utilise habituellement la convention de la **sous-section M5.1** : la portion positive de l'axe x correspond à l'orientation 0 et la valeur de l'angle augmente lorsqu'on se déplace dans le sens antihoraire. Dans le cas à l'étude (schéma ci-contre), cela donne

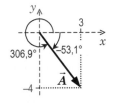

$$\vec{A} = 5 \text{ à } 306{,}9° \text{ (conventionnel)}$$

ou

$$\vec{A} = 5 \text{ à } -53{,}1° \text{ (conventionnel)}$$

L'indication « conventionnel » exprime le fait que l'angle a été mesuré selon la convention mathématique. En physique, il est peu pratique de toujours mesurer les angles dans le sens antihoraire à partir de la portion positive de l'axe x. Ainsi, dans cet ouvrage, la convention mathématique n'est pas utilisée de manière systématique.

Lorsqu'on exprime un vecteur, que ce soit sous la forme cartésienne ou la forme polaire, il est essentiel de ne pas être ambigu. Par exemple, si l'on indique qu'un objet possède une vitesse « $v_x = 3$ m/s ; $v_y = -4$ m/s », cela ne veut pas dire grand-chose tant que l'on n'a pas spécifié quels sont les axes x et y qui ont servi à déterminer ces composantes. Il *ne faut pas* tenir pour acquis que le sens positif de l'axe x est orienté vers la droite et que le sens positif de l'axe y est orienté vers le haut, car ce n'est pas nécessairement le cas. Et, *même lorsque c'est le cas*, il faut prendre la peine de le dire explicitement ou de l'indiquer sur le schéma qui représente la situation.

De même, si l'on indique qu'une particule possède une vitesse de 5 m/s à 36,9°, cela n'est pas clair tant qu'on n'a pas spécifié l'orientation de référence qui a servi à mesurer cet angle, *ainsi que la façon dont l'angle a été mesuré*. Par exemple, dire que la vitesse est à 36,9° par rapport au sud ne suffit pas : il faut spécifier si cet angle a été mesuré à partir du sud vers l'est, vers l'ouest, vers le haut ou vers le bas. Pour éviter toute ambiguïté, il est préférable d'indiquer l'angle en question sur le schéma qui représente la situation.

M7.7 De la forme polaire à la forme cartésienne

Dans une situation en deux dimensions, un vecteur et ses composantes forment un triangle rectangle (schéma ci-contre). Appelons ϕ (phi) l'angle qui sert à exprimer l'orientation du vecteur : A_{adj} est la composante du vecteur adjacente à ϕ et A_{opp} est la composante du vecteur opposée à ϕ. Les valeurs de A_{opp} et de A_{adj} peuvent être positives ou négatives, selon l'orientation des composantes par rapport aux sens positifs des axes. Par conséquent, les longueurs des côtés du triangle rectangle sont $\left|A_{opp}\right|$ et $\left|A_{adj}\right|$.

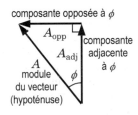

D'après la définition du sinus et du cosinus (voir **sous-section M5.1**),

$$\left|A_{opp}\right| = A \sin\phi \qquad \text{**Composante opposée**}$$

et

$$\left|A_{adj}\right| = A \cos\phi \qquad \text{**Composante adjacente**}$$

Ces équations permettent de transformer un vecteur de la forme polaire (on connaît A et ϕ) à la forme cartésienne (on cherche A_{opp} et A_{adj}). Les signes des composantes doivent être choisis en fonction de l'orientation du vecteur par rapport aux sens positifs des axes.

Lorsqu'on exprime l'orientation du vecteur selon la convention mathématique, on peut déterminer les composantes à partir de la définition du sinus et du cosinus sur le cercle trigonométrique (schéma ci-contre) :

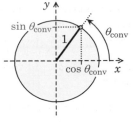

$$A_x = A \cos\theta_{conv} \qquad\qquad A_y = A \sin\theta_{conv}$$

Comme on l'a mentionné plus haut (voir **sous-section M7.6**), l'angle θ_{conv} est mesuré dans le sens antihoraire à partir de la portion positive de l'axe x. Ces équations ont l'avantage de donner directement le bon signe pour les composantes. Toutefois, comme les angles en physique ne sont pas systématiquement mesurés selon la convention mathématique, on emploie le plus souvent la méthode basée sur les associations *sinus ↔ côté opposé* et *cosinus ↔ côté adjacent*.

M7.8 De la forme cartésienne à la forme polaire

À partir des composantes, on peut déterminer l'angle ϕ entre le vecteur et la composante adjacente (schéma ci-contre) en appliquant la relation entre la tangente, le sinus et le cosinus (voir **sous-section M5.4**) :

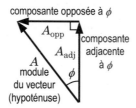

composante opposée à ϕ

composante adjacente à ϕ

A module du vecteur (hypoténuse)

$$\tan \phi = \frac{\sin \phi}{\cos \phi} = \frac{|A_{\text{opp}}|}{|A_{\text{adj}}|}$$

Pour isoler ϕ, il faut appliquer la fonction inverse de la fonction tangente, la fonction arctangente (tan⁻¹ sur la plupart des calculatrices — voir **sous-section M5.5**) :

$$\phi = \arctan \left| \frac{A_{\text{opp}}}{A_{\text{adj}}} \right|$$ **Angle entre le vecteur et la composante adjacente**

Comme les composantes et le vecteur forment un triangle rectangle, le module du vecteur est donné par le théorème de Pythagore (voir **sous-section M4.2**) :

$$A = \sqrt{A_{\text{adj}}^2 + A_{\text{opp}}^2}$$ **Module d'un vecteur (théorème de Pythagore)**

Ces équations permettent de transformer un vecteur de la forme cartésienne (on connaît A_{opp} et A_{adj}) à la forme polaire (on cherche A et ϕ). Lorsqu'on exprime la réponse finale, il ne faut pas oublier de mentionner dans quel sens et par rapport à quelle orientation de référence l'angle ϕ est mesuré.

M7.9 Le module d'un vecteur en trois dimensions

Le vecteur en trois dimensions

$$\vec{A} = A_x \vec{i} + A_y \vec{j} + A_z \vec{k}$$

(schéma ci-contre) possède un module qui est donné par une généralisation en trois dimensions du théorème de Pythagore :

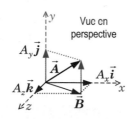

Vue en perspective

$$A = \sqrt{A_x^2 + A_y^2 + A_z^2}$$ **Module d'un vecteur en trois dimensions (théorème de Pythagore généralisé)**

On peut facilement démontrer le théorème de Pythagore en trois dimensions à partir du théorème en deux dimensions. Le vecteur $\vec{B}$ est la projection du vecteur $\vec{A}$ dans le plan xz (voir schéma). En appliquant une première fois le théorème de Pythagore en deux dimensions dans le plan xz, on peut écrire

$$B^2 = A_x^2 + A_z^2$$

En l'appliquant de nouveau dans le plan défini par les vecteurs $A_y \vec{j}$ et $\vec{B}$, on obtient

$$A = \sqrt{B^2 + A_y^2} = \sqrt{A_x^2 + A_y^2 + A_z^2}$$

M7.10 L'addition et la soustraction des vecteurs

Une fois que l'on sait comment passer de la forme polaire à la forme cartésienne (et vice versa), il devient possible d'additionner des vecteurs sans avoir recours à la méthode graphique qui consiste à placer l'origine d'un vecteur à la pointe de l'autre. En effet, si $\vec{C} = \vec{A} + \vec{B}$, les composantes de $\vec{C}$ sont égales à la somme des composantes de $\vec{A}$ et de $\vec{B}$ selon chacun des axes (schéma ci-contre) :

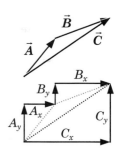

$$\vec{C} = (A_x \vec{i} + A_y \vec{j}) + (B_x \vec{i} + B_y \vec{j})$$
$$= (A_x \vec{i} + B_x \vec{i}) + (A_y \vec{j} + B_y \vec{j})$$
$$= (A_x + B_x) \vec{i} + (A_y + B_y) \vec{j}$$

d'où

$$C_x = A_x + B_x \qquad \text{et} \qquad C_y = A_y + B_y$$

(Pour une situation en trois dimensions, on aurait également $C_z = A_z + B_z$.)

Lorsqu'on désire déterminer un **vecteur résultant** (l'addition vectorielle de deux vecteurs ou davantage), il faut exprimer chacun des vecteurs sous la forme cartésienne et additionner les composantes selon chacun des axes. Si on désire exprimer le résultat sous la forme polaire, on peut transformer le vecteur résultant à la toute fin.

Pour soustraire deux vecteurs, la procédure est analogue : si $\vec{C} = \vec{A} - \vec{B}$, les composantes de $\vec{C}$ sont égales à la soustraction des composantes de $\vec{A}$ et de $\vec{B}$ selon chacun des axes :

$$C_x = A_x - B_x \qquad \text{et} \qquad C_y = A_y - B_y$$

(Pour une situation en trois dimensions, on aurait également $C_z = A_z - B_z$.)

M7.11 L'écriture des vecteurs

Un vecteur ne peut pas être égal à un scalaire. Ainsi, une équation qui comporte un vecteur d'un côté du signe d'égalité doit également en comporter un de l'autre côté.

La manière la plus claire d'illustrer les règles d'écriture des vecteurs est de prendre un vecteur particulier comme exemple. Le vecteur vitesse représenté sur le schéma ci-contre possède une composante horizontale de 8 m/s vers la gauche et une composante verticale de 6 m/s vers le haut : le module de la vitesse est de 10 m/s et l'angle entre la vitesse et l'horizontale est de 36,9°. Le sens positif de l'axe x est orienté vers la droite et le sens positif de l'axe y est orienté vers le haut.

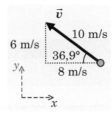

Le tableau ci-dessous présente certaines égalités qui font référence au vecteur vitesse que l'on vient de définir ; pour chaque égalité, on indique si la formulation respecte ou non les règles d'écriture des vecteurs.

$v = 10$	**Incorrect :** on a oublié d'indiquer les unités physiques de la vitesse.
$v = 10$ m/s	**Correct :** le symbole du vecteur sans la flèche représente le module du vecteur ; on n'a pas oublié d'indiquer l'unité physique (m/s).
$\vec{v} = 10$ m/s	**Incorrect :** le symbole du vecteur est à gauche du signe d'égalité, mais à droite, on donne seulement un module sans orientation.
$\vec{v} = 10$ m/s vers la gauche, à 36,9° au-dessus de l'horizontale	**Correct :** le symbole du vecteur est à gauche du signe d'égalité ; à droite, le vecteur est correctement exprimé sous la forme polaire.
$v_y = 6\vec{j}$ m/s	**Incorrect :** il faudrait enlever le $\vec{j}$; comme il n'y a pas de vecteur à gauche du signe d'égalité, il ne doit pas y en avoir à droite.
$v_x = -8$ m/s	**Correct :** v_x, la composante du vecteur selon l'axe x, est un scalaire négatif qui possède une unité physique (m/s).
$\vec{v} = -8\vec{i} + 6\vec{j}$	**Incorrect :** on a oublié d'indiquer les unités physiques de la vitesse.
$\vec{v} = (-8\vec{i} + 6\vec{j})$ m/s	**Correct :** le symbole du vecteur est à gauche du signe d'égalité ; à droite, le vecteur est correctement exprimé sous la forme cartésienne.
$v = v_x\vec{i} + v_y\vec{j}$	**Incorrect :** il faudrait mettre une flèche sur le v.

Le **produit scalaire** de deux vecteurs est égal au produit du module des vecteurs et du cosinus de l'angle θ entre les deux vecteurs. Le produit scalaire des vecteurs $\vec{A}$ et $\vec{B}$ est noté $\vec{A} \cdot \vec{B}$ (ce qui se prononce « A point B ») :

$$\vec{A} \cdot \vec{B} = AB \cos\theta_{AB}$$ **Produit scalaire**

Le produit scalaire de deux vecteurs *n'est pas* un vecteur : il s'agit d'un simple nombre, un *scalaire* (d'où le nom que l'on donne à cette opération). Lorsque θ est compris entre 0 et 90°, il s'agit d'un scalaire positif ; lorsque θ est compris entre 90° et 180°, il s'agit d'un scalaire négatif. Le produit scalaire de deux vecteurs perpendiculaires est nul, car cos 90° = 0.

Comme l'angle entre un vecteur unitaire et lui-même est égal à 0, le produit scalaire d'un vecteur unitaire par lui-même est égal à 1 : par exemple,

$$\vec{i} \cdot \vec{i} = 1 \times 1 \times \cos 0 = 1$$

Comme l'angle entre deux vecteurs unitaires différents est égal à 90°, le produit scalaire de deux vecteurs différents est égal à 0 : par exemple,

$$\vec{i} \cdot \vec{j} = 1 \times 1 \times \cos 90° = 0$$

Le produit scalaire de deux vecteurs $\vec{A}$ et $\vec{B}$ peut également être calculé à partir des composantes des vecteurs :

$$\vec{A} \cdot \vec{B} = A_x B_x + A_y B_y + A_z B_z$$ **Produit scalaire en fonction des composantes**

En effet,

$$\begin{aligned}
\vec{A} \cdot \vec{B} &= (A_x\vec{i} + A_y\vec{j} + A_z\vec{k}) \cdot (B_x\vec{i} + B_y\vec{j} + B_z\vec{k}) \\
&= A_x B_x (\vec{i} \cdot \vec{i}) + A_x B_y (\vec{i} \cdot \vec{j}) + A_x B_z (\vec{i} \cdot \vec{k}) \\
&\quad + A_y B_x (\vec{j} \cdot \vec{i}) + A_y B_y (\vec{j} \cdot \vec{j}) + A_y B_z (\vec{j} \cdot \vec{k}) \\
&\quad + A_z B_x (\vec{k} \cdot \vec{i}) + A_z B_y (\vec{k} \cdot \vec{j}) + A_z B_z (\vec{k} \cdot \vec{k}) \\
&= A_x B_x (1) + A_x B_y (0) + A_x B_z (0) \\
&\quad + A_y B_x (0) + A_y B_y (1) + A_y B_z (0) \\
&\quad + A_z B_x (0) + A_z B_y (0) + A_z B_z (1) \\
&= A_x B_x + A_y B_y + A_z B_z
\end{aligned}$$

Le **produit vectoriel** des vecteurs $\vec{A}$ et $\vec{B}$ est noté $\vec{A} \times \vec{B}$ (ce qui se prononce « A croix B ») : contrairement au produit scalaire, il s'agit d'un *vecteur*.

Le module de $\vec{A} \times \vec{B}$ (noté $\|\vec{A} \times \vec{B}\|$) est égal au produit des modules des vecteurs $\vec{A}$ et $\vec{B}$ et du sinus de l'angle θ_{AB} entre les deux vecteurs :

$$\boxed{\|\vec{A} \times \vec{B}\| = AB \sin \theta_{AB}}$$ **Module du produit vectoriel**

Par définition, la direction du vecteur $\vec{A} \times \vec{B}$ est perpendiculaire au plan défini par les vecteurs $\vec{A}$ et $\vec{B}$. Pour trouver son sens, on peut appliquer la **règle de la main droite** : on replie la main droite comme pour faire de l'auto-stop et on l'oriente pour que le sens d'enroulement des doigts aille du vecteur $\vec{A}$ au vecteur $\vec{B}$ en parcourant le plus petit angle possible (schémas ci-dessous). Le pouce pointe alors dans le sens de $\vec{A} \times \vec{B}$.

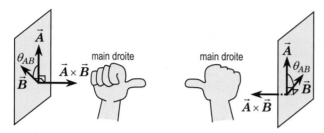

Le produit vectoriel d'un vecteur par lui-même est nul, car l'angle θ est égal à zéro. En particulier,

$$\vec{i} \times \vec{i} = 0 \qquad \vec{j} \times \vec{j} = 0 \qquad \vec{k} \times \vec{k} = 0$$

Lorsqu'on multiplie ensemble deux vecteurs unitaires $\vec{i}$, $\vec{j}$ et $\vec{k}$ *différents*, l'angle entre les vecteurs est égal à 90° : comme le module de chaque vecteur est égal à 1, le module du produit vectoriel est aussi égal à 1. En appliquant la règle de la main droite (et en se rappelant que les axes x, y et z doivent être orientés les uns par rapport aux autres, dans l'ordre, comme les trois premiers doigts de la main droite lorsqu'on les replie comme sur le schéma ci-contre), on obtient

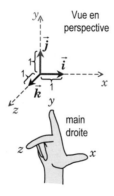

Vue en perspective

main droite

$$\vec{i} \times \vec{j} = \vec{k} \qquad \vec{j} \times \vec{k} = \vec{i} \qquad \vec{k} \times \vec{i} = \vec{j}$$
$$\vec{j} \times \vec{i} = -\vec{k} \qquad \vec{k} \times \vec{j} = -\vec{i} \qquad \vec{i} \times \vec{k} = -\vec{j}$$

(On remarque que le produit vectoriel n'est pas commutatif : en effet, $\vec{B} \times \vec{A} = -(\vec{A} \times \vec{B})$.) Ainsi,

$$\vec{A} \times \vec{B} = (A_x \vec{i} + A_y \vec{j} + A_z \vec{k}) \times (B_x \vec{i} + B_y \vec{j} + B_z \vec{k})$$
$$= A_x B_x (\vec{i} \times \vec{i}) + A_x B_y (\vec{i} \times \vec{j}) + A_x B_z (\vec{i} \times \vec{k})$$
$$+ A_y B_x (\vec{j} \times \vec{i}) + A_y B_y (\vec{j} \times \vec{j}) + A_y B_z (\vec{j} \times \vec{k})$$
$$+ A_z B_x (\vec{k} \times \vec{i}) + A_z B_y (\vec{k} \times \vec{j}) + A_z B_z (\vec{k} \times \vec{k})$$
$$= A_x B_x (0) + A_x B_y (\vec{k}) + A_x B_z (-\vec{j})$$
$$+ A_y B_x (-\vec{k}) + A_y B_y (0) + A_y B_z (\vec{i})$$
$$+ A_z B_x (\vec{j}) + A_z B_y (-\vec{i}) + A_z B_z (0)$$

ce qui donne finalement

$$\boxed{\begin{aligned} \vec{A} \times \vec{B} &= (A_y B_z - A_z B_y) \vec{i} \\ &+ (A_z B_x - A_x B_z) \vec{j} \\ &+ (A_x B_y - A_y B_x) \vec{k} \end{aligned}}$$ **Produit vectoriel en fonction des composantes**

M10
La dérivée

Dans cette section, on dérive par rapport à une variable quelconque x ; les équations obtenues peuvent être transposées à toute autre variable.

M10.1 La définition de la dérivée

La **dérivée** par rapport à x d'une fonction $y(x)$, notée

$$\frac{\mathrm{d}}{\mathrm{d}x} y(x) \qquad \frac{\mathrm{d}y(x)}{\mathrm{d}x} \qquad \text{ou} \qquad \frac{\mathrm{d}y}{\mathrm{d}x}$$

est elle-même une fonction qui correspond, à tout instant, à la pente du graphique $y(x)$. La dérivée de la fonction $y(x)$ pour une valeur particulière de x correspond à la pente de la droite tangente à la courbe pour la valeur de x en question. Pour l'évaluer, on peut déterminer la pente de la droite qui relie les points $(x \,;\, y(x))$ et $(x + \Delta x \,;\, y(x + \Delta x))$,

$$\frac{\Delta y}{\Delta x} = \frac{y(x + \Delta x) - y(x)}{(x + \Delta x) - x} = \frac{y(x + \Delta x) - y(x)}{\Delta x}$$

(schéma ci-contre, à gauche), puis faire tendre Δx vers zéro (schéma ci-contre, à droite) :

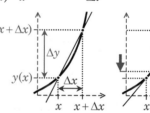

$$\frac{\mathrm{d}y}{\mathrm{d}x} = \lim_{\Delta x \to 0} \frac{\Delta y}{\Delta x} = \lim_{\Delta x \to 0} \frac{y(x + \Delta x) - y(x)}{\Delta x}$$

Par exemple, considérons la fonction

$$y(x) = x^3$$

Sa dérivée par rapport à x est

$$\frac{\mathrm{d}}{\mathrm{d}x} x^3 = \lim_{\Delta x \to 0} \frac{(x + \Delta x)^3 - x^3}{\Delta x}$$

En posant $\Delta x = \varepsilon$ (la lettre grecque epsilon) afin d'alléger l'écriture, on obtient

$$\begin{aligned} \frac{\mathrm{d}}{\mathrm{d}x} x^3 &= \lim_{\varepsilon \to 0} \frac{(x + \varepsilon)^3 - x^3}{\varepsilon} \\ &= \lim_{\varepsilon \to 0} \frac{(x^3 + 3x^2 \varepsilon + 3x\varepsilon^2 + \varepsilon^3) - x^3}{\varepsilon} \\ &= \lim_{\varepsilon \to 0} \frac{3x^2 \varepsilon + 3x\varepsilon^2 + \varepsilon^3}{\varepsilon} \\ &= \lim_{\varepsilon \to 0} (3x^2 + 3x\varepsilon + \varepsilon^2) \\ &= 3x^2 + 0 + 0 = 3x^2 \end{aligned}$$

Comme autre exemple, considérons la fonction

$$y(x) = \sin(x)$$

Sa dérivée par rapport à x est

$$\frac{d}{dx}\sin x = \lim_{\varepsilon \to 0}\frac{\sin(x+\varepsilon) - \sin x}{\varepsilon}$$

D'après l'identité du sinus d'une somme (équation **(2)** de la **sous-section M5.6**),

$$\sin(x+\varepsilon) = \sin x \cos \varepsilon + \cos x \sin \varepsilon$$

d'où

$$\begin{aligned}
\frac{d}{dx}\sin x &= \lim_{\varepsilon \to 0}\frac{\sin x \cos \varepsilon + \cos x \sin \varepsilon - \sin x}{\varepsilon}\\
&= \lim_{\varepsilon \to 0}\frac{\sin x (\cos \varepsilon - 1) + \cos x \sin \varepsilon}{\varepsilon}\\
&= \lim_{\varepsilon \to 0}\frac{\sin x (\cos \varepsilon - 1)}{\varepsilon} + \lim_{\varepsilon \to 0}\frac{\cos x \sin \varepsilon}{\varepsilon}\\
&= \sin x \left(\lim_{\varepsilon \to 0}\frac{\cos \varepsilon - 1}{\varepsilon}\right) + \cos x \left(\lim_{\varepsilon \to 0}\frac{\sin \varepsilon}{\varepsilon}\right)
\end{aligned}$$

D'après les approximations du petit angle (**sous-section M6.2**),

$$\cos \varepsilon \approx 1 - \tfrac{1}{2}\varepsilon^2 \quad (\varepsilon \ll 1) \qquad \text{et} \qquad \sin \varepsilon \approx \varepsilon \quad (\varepsilon \ll 1)$$

Ainsi,

$$\lim_{\varepsilon \to 0}\frac{\cos \varepsilon - 1}{\varepsilon} = \lim_{\varepsilon \to 0}\frac{1 - \tfrac{1}{2}\varepsilon^2 - 1}{\varepsilon} = \lim_{\varepsilon \to 0}\frac{-\tfrac{1}{2}\varepsilon^2}{\varepsilon} = \lim_{\varepsilon \to 0}\frac{-\varepsilon}{2} = 0$$

et

$$\lim_{\varepsilon \to 0}\frac{\sin \varepsilon}{\varepsilon} = \lim_{\varepsilon \to 0}\frac{\varepsilon}{\varepsilon} = \lim_{\varepsilon \to 0} 1 = 1$$

Finalement, on obtient

$$\frac{d}{dx}\sin x = \sin x \,(0) + \cos x \,(1) = \cos x$$

M10.2 Les règles de dérivation

Il existe plusieurs formules de dérivation qui permettent de dériver rapidement une fonction sans devoir repartir de la définition de base.

La dérivée d'une constante est égale à 0 :

$$\boxed{\frac{d}{dx} A = 0}$$ **Dérivée d'une constante**

Graphiquement, ce résultat correspond au fait qu'une constante est représentée par une droite de pente nulle sur un graphique en fonction du temps.

La dérivée d'une somme de fonctions est égale à la somme des dérivées de chacune des fonctions :

$$\boxed{\frac{d}{dx}[y(x) + z(x)] = \frac{d}{dx} y(x) + \frac{d}{dx} z(x)}$$ **Dérivée d'une somme de fonctions**

La dérivée d'une constante multipliée par une fonction est égale à la constante multipliée par la dérivée de la fonction.

Autrement dit, on peut mettre en évidence la constante devant la dérivée :

$$\boxed{\frac{d}{dx}[A y(x)] = A \frac{d}{dx} y(x)}$$ **Dérivée d'une constante multipliée par une fonction**

Quand on dérive la fonction x^A, l'exposant A devient un facteur multiplicatif et on soustrait 1 à l'exposant :

$$\boxed{\frac{d}{dx} x^A = A\, x^{A-1}}$$ **Dérivée d'une fonction de puissance**

(On peut se servir de cette formule pour obtenir $\frac{d}{dx} x^3 = 3x^2$, résultat démontré dans la **sous-section M10.1** à partir de la définition de la dérivée.)

La dérivée d'une fonction exponentielle est elle-même une fonction exponentielle. La constante A dans l'exposant se traduit par un facteur multiplicatif :

$$\boxed{\frac{d}{dx} e^{Ax} = A\, e^{Ax}}$$ **Dérivée d'une fonction exponentielle**

La dérivée d'une fonction logarithmique naturelle est

$$\boxed{\frac{d}{dx} \ln(Ax) = \frac{1}{x}}$$ **Dérivée d'une fonction logarithmique naturelle**

(La dérivée donne A/Ax et les A se simplifient.) Bien sûr, cette formule s'applique uniquement si $x \neq 0$.

Pour les dérivées des fonctions trigonométriques, la phase (le contenu de la parenthèse) doit nécessairement être exprimée en radians :

$$\boxed{\frac{d}{dx} \sin(Ax) = A \cos(Ax)}$$ **Dérivée d'une fonction sinus (phase en radians)**

$$\boxed{\frac{d}{dx} \cos(Ax) = -A \sin(Ax)}$$ **Dérivée d'une fonction cosinus (phase en radians)**

$$\boxed{\frac{d}{dx} \tan(Ax) = A \sec^2(Ax)}$$ **Dérivée d'une fonction tangente (phase en radians)**

En physique, les neuf règles de dérivation ci-dessus sont utilisées couramment : il est suggéré de les mémoriser.

Le tableau ci-contre présente les dérivées d'autres fonctions trigonométriques (les phases doivent être exprimées en radians) :

$$\frac{d}{dx} \csc(Ax) = -A \csc(Ax) \cot(Ax)$$

$$\frac{d}{dx} \sec(Ax) = A \sec(Ax) \tan(Ax)$$

$$\frac{d}{dx} \cot(Ax) = -A \csc^2(Ax)$$

$$\frac{d}{dx} \arcsin(Ax) = \frac{A}{\sqrt{1 - (Ax)^2}}$$

$$\frac{d}{dx} \arccos(Ax) = \frac{-A}{\sqrt{1 - (Ax)^2}}$$

$$\frac{d}{dx} \arctan(Ax) = \frac{A}{1 + (Ax)^2}$$

Une fonction composée est une fonction dont l'argument est également une fonction. La dérivée de la fonction composée $z[y(x)]$ est égale à la dérivée de z par rapport à y multipliée par la dérivée de y par rapport à x :

$$\frac{\mathrm{d}}{\mathrm{d}x}z[y(x)] = \frac{\mathrm{d}z}{\mathrm{d}y} \times \frac{\mathrm{d}y}{\mathrm{d}x}$$ **Dérivée d'une fonction composée**

Par exemple, la fonction $\sin(3x^2)$ est composée de la fonction $z(y) = \sin(y)$ et de la fonction $y(x) = 3x^2$. Sa dérivée par rapport à x est

$$\frac{\mathrm{d}}{\mathrm{d}x}\sin(3x^2) = \cos(3x^2) \times 6x$$

Les dérivées d'un produit ou d'un quotient de fonctions peuvent être obtenues à l'aide des formules suivantes :

$$\frac{\mathrm{d}}{\mathrm{d}x}[y(x) \times z(x)] = \left[y(x) \times \frac{\mathrm{d}}{\mathrm{d}x}z(x) \right] + \left[z(x) \times \frac{\mathrm{d}}{\mathrm{d}x}y(x) \right]$$ **Dérivée d'un produit**

$$\frac{\mathrm{d}}{\mathrm{d}x}\left[\frac{y(x)}{z(x)} \right] = \frac{\left[z(x) \times \frac{\mathrm{d}}{\mathrm{d}x}y(x) \right] - \left[y(x) \times \frac{\mathrm{d}}{\mathrm{d}x}z(x) \right]}{[z(x)]^2}$$ **Dérivée d'un quotient**

Bien sûr, la dernière formule s'applique uniquement si $z(x) \neq 0$.

M11
L'intégrale

Dans cette section, on intègre par rapport à une variable quelconque x ; les équations obtenues peuvent être transposées à toute autre variable.

L'**intégrale** est l'opération inverse de la dérivée. Si la fonction $z(x)$ est l'intégrale par rapport à x de la fonction $y(x)$,

$$z(x) = \int y(x)\, \mathrm{d}x$$

la dérivée par rapport à x de la fonction $z(x)$ redonne la fonction $y(x)$:

$$\frac{\mathrm{d}}{\mathrm{d}x}z(x) = y(x)$$

L'intégrale d'une somme de fonctions est égale à la somme des intégrales de chacune des fonctions :

$$\int [y(x) + z(x)]\, \mathrm{d}x = \int y(x)\, \mathrm{d}x + \int z(x)\, \mathrm{d}x$$ **Intégrale d'une somme de fonctions**

L'intégrale d'une constante multipliée par une fonction est égale à la constante multipliée par l'intégrale de la fonction. Autrement dit, on peut mettre en évidence la constante devant l'intégrale :

$$\int [A\, y(x)]\, \mathrm{d}x = A \int y(x)\, \mathrm{d}x$$ **Intégrale d'une constante multipliée par une fonction**

Quand on intègre la fonction x^A, on ajoute 1 à l'exposant, et on divise par cette nouvelle valeur d'exposant :

$$\int x^A\, \mathrm{d}x = \frac{x^{A+1}}{A+1} + C$$ **Intégrale d'une fonction de puissance ($A \neq -1$)**

où C est une constante d'intégration arbitraire. Lorsque l'exposant A est égal à 0, $x^A = x^0 = 1$ et on obtient

$$\int \mathrm{d}x = x + C$$ **Intégrale d'un élément infinitésimal**

Lorsque l'exposant A est égal à -1, la formule générale ne s'applique pas (si c'était le cas, il y aurait une division par zéro). Il faut appliquer la règle suivante :

$$\int x^{-1}\, \mathrm{d}x = \ln|x| + C$$ **Intégrale d'une fonction de puissance ($A = -1$)**

L'intégrale d'une fonction exponentielle est elle-même une fonction exponentielle :

$$\int e^{Ax}\, \mathrm{d}x = \frac{e^{Ax}}{A} + C$$ **Intégrale d'une fonction exponentielle**

Pour les intégrales des fonctions trigonométriques, la phase (le contenu de la parenthèse) doit *nécessairement* être exprimée en radians :

$$\int \sin(Ax)\, \mathrm{d}x = -\frac{\cos(Ax)}{A} + C$$ **Intégrale d'une fonction sinus (phase en radians)**

$$\int \cos(Ax)\, \mathrm{d}x = \frac{\sin(Ax)}{A} + C$$ **Intégrale d'une fonction cosinus (phase en radians)**

En physique, les huit règles d'intégration que l'on vient d'énumérer sont assez courantes : il est suggéré de les mémoriser.

Le tableau ci-dessous présente d'autres règles d'intégration.

$$\int \frac{\mathrm{d}x}{A^2 + x^2} = \frac{1}{A}\arctan\left(\frac{x}{A}\right) + C$$

$$\int \frac{\mathrm{d}x}{\sqrt{A^2 + x^2}} = \ln\left(x + \sqrt{A^2 + x^2}\right) + C$$

$$\int \frac{x\, \mathrm{d}x}{\sqrt{A^2 + x^2}} = \sqrt{A^2 + x^2} + C$$

$$\int \frac{\mathrm{d}x}{(A^2 + x^2)^{3/2}} = \frac{x}{A^2\sqrt{A^2 + x^2}} + C$$

$$\int \frac{x\, \mathrm{d}x}{(A^2 + x^2)^{3/2}} = \frac{-1}{\sqrt{A^2 + x^2}} + C$$

$$\int \tan(Ax)\, \mathrm{d}x = \frac{-\ln|\cos(Ax)|}{A} + C$$

$$\int \cot(Ax)\, \mathrm{d}x = \frac{\ln|\sin(Ax)|}{A} + C$$

En physique, on évalue souvent une intégrale entre deux bornes d'intégration. Considérons une fonction $y(x)$ et son **intégrale indéfinie** (sans bornes d'intégration),

$$z(x) = \int y(x)\, dx$$

L'**intégrale définie** (avec bornes) de la fonction $y(x)$ entre les bornes x_A et x_B est

$$\int_{x_A}^{x_B} y(x)\, dx = \left[z(x) \right]_{x_A}^{x_B} = z(x_B) - z(x_A)$$

Par exemple, considérons la fonction

$$y(x) = 3x$$

dont l'intégrale indéfinie est

$$z(x) = \frac{3x^2}{2} + C$$

Son intégrale définie entre les bornes x_A et x_B est

$$\int_{x_A}^{x_B} y(x)\, dx = \left[\frac{3x^2}{2} \right]_{x_A}^{x_B} = \frac{3x_B^2}{2} - \frac{3x_A^2}{2}$$

Lorsqu'on évalue une intégrale définie, il est inutile de tenir compte de la constante d'intégration C (on peut supposer qu'elle est nulle) : comme on soustrait les valeurs de $z(x)$ pour deux valeurs de x différentes, le résultat obtenu est le même peu importe la valeur de la constante d'intégration.

La valeur de l'intégrale définie correspond à l'aire sous la courbe de la fonction entre les bornes d'intégration (schéma ci-contre).

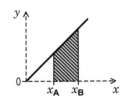

Note : nous ne donnons pas les réponses aux questions, car elles se trouvent facilement dans l'exposé de la section correspondante.

CHAPITRE 1 :
OSCILLATIONS ET ONDES MÉCANIQUES

1.1 Les oscillations

1.1.1 *Trouvez la différence.* (a) L'amplitude, plus grande pour la courbe en trait plein. (b) La fréquence angulaire, plus grande pour la courbe en pointillés.

1.1.2 *Des graphiques aux équations.* (a) $x = 0,3 \sin(1,57t)$; (b) $x = 0,3 \sin(1,57t + \pi/2)$; (c) $x = 0,3 \sin(1,57t + \pi)$; (d) $x = 0,3 \sin(1,57t + 3\pi/2)$

1.1.3 *La forme usuelle.* (a) $x = A \sin(\omega t + \pi)$; (b) $x = A \sin(\omega t + \pi/2)$; (c) $x = A \sin(\omega t + 3\pi/2)$

1.1.4 *La vitesse et l'accélération dans un MHS.* (a) $v_{\max} = 0,4$ m/s ; (b) $a_{\max} = 1,6$ m/s² ; (c) $a_x = -1,28$ m/s² ; (d) $v_x = 0,338$ m/s ; (e) $a_x = 0,859$ m/s²

1.1.5 *La comparaison des vitesses.* $v = 4$ m/s

1.1.6 *MHS ou pas ?* (a) Non ; (b) non ; (c) non

1.1.7 *De la position maximale à la position centrale.* (a) $T = 8$ s ; (b) $f = 0,125$ Hz ; (c) $\omega = 0,785$ rad/s

1.1.8 *La période d'un MHS.* $T = 0,942$ s

1.1.9 *De l'équation au graphique.*

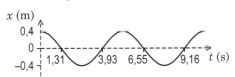

1.1.10 *Un MHS déphasé.*
B : ϕ est compris entre $\pi/2$ rad et π rad

1.1.11 *Le graphique et l'équation d'un MHS.*
(a)

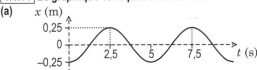

(b) $x = 0,25 \sin(1,26t + 3\pi/2)$ ou $x = -0,25 \cos(1,26t)$

1.1.12 *Sept instantanés d'un MHS.* $v = 2,62$ m/s

1.1.13 *La tour infernale.* (a) $A = 1,23$ m ; (b) $\theta = 0,177°$

1.1.14 *La vitesse et l'accélération dans un MHS, prise 2.*
(a) $v_{\max} = 1$ m/s ; (b) $a_{\max} = 2$ m/s² ; (c) $a_x = -0,32$ m/s² ; (d) $v_x = -1,00$ m/s ; (e) $a_x = 0,00885$ m/s²

1.1.15 *L'oscillation d'un haut-parleur.*
(a) $A = 0,01$ mm ; (b) $f = 955$ Hz

1.1.16 *Une pomme secouée.* (a) $a = 9,8$ m/s² ; (b) $\omega = 7$ rad/s

1.1.17 *Le jerk d'un MHS.* (a) m/s³ ; (b) $9,82$ m/s³

1.1.18 *Le retour du coefficient de frottement statique.* $\mu_s = \dfrac{4\pi^2 A}{gT^2}$

1.2 La dynamique du mouvement harmonique simple

1.2.1 *La période d'un système bloc-ressort.*
(a) Aucun changement ; (b) aucun changement ; (c) diminution ; (d) diminution

1.2.2 *Deux pendules.* $T = 16$ s

1.2.3 *Deux balançoires.* $\Delta t = 1,5$ s

1.2.4 *L'oscillation d'un système bloc-ressort.* (a) $\omega = 7,07$ rad/s ; (b) $f = 1,13$ Hz ; (c) $T = 0,889$ s ; (d) elles sont inchangées

1.2.5 *Trouvez la masse.* $m = 20,3$ kg

1.2.6 *Un pendule extraterrestre.* $g = 39,2$ N/kg

1.2.7 *La longueur de la corde.* $L = 15,9$ cm

1.2.8 *Deux oscillations horizontales côte à côte.*
(a) $x_1 = -0,0667$ m ; $v_1 = -1,49$ m/s ; $x_2 = 0,0408$ m ; $v_2 = -1,83$ m/s ; (b) les blocs s'approchent l'un de l'autre avec une vitesse relative dont le module est $0,336$ m/s

1.2.9 *Sur une autre planète.* $g = 16,8$ N/kg

1.2.10 *Un pendule de longueur variable.* (a) Elle augmente ; (b) essai 1 : $v = 0,473$ m/s ; essai 2 : $v = 0,546$ m/s

1.2.11 *Quels sont les MHS ?*
(a) Non ; (b) oui ; (c) non ; (d) oui ; (e) non

1.2.12 *Un pour cent plus lent.* $2\ \%$

1.2.13 *Un très long pendule.*
(a) $F = 17,1$ N ; (b) $v = 0,712$ m/s ; (c) $T = 26,2$ s

1.2.14 *Un arrêt en douceur.* (a) $a = 7,84$ m/s² ; (b) $k = 21,9$ N/m

1.2.15 *L'oscillation de l'eau dans un tube en U.*
(a) ρAx ; (b) $2\rho Axg$; (c) $\omega_0 = \sqrt{\dfrac{2g}{L}}$

1.3 Le pendule composé

1.3.1 *Un cerceau suspendu au bout du doigt.*
(a) $I = 0,243$ kg·m² ; (b) $T = 1,90$ s ; (c) DP $= 62,8$ cm ; (d) $v_{\max} = 51,8$ cm/s

1.3.2 *Un cerceau suspendu au bout du doigt, prise 2.* $r = 24,3$ cm

1.3.3 *Une tige lourde oscillant au bout d'une tige légère.*
DÉMONSTRATIONS

1.3.4 *Une tige lourde oscillant au bout d'une tige légère, prise 2.*
(a) $T = 2,09$ s ; (b) scier 16,4 cm ; (c) scier 10,0 cm

1.3.5 *L'oscillation d'une tige autour d'un point quelconque.*
(a) DÉMONSTRATION ; (b) $\omega_0 = \sqrt{3g/(2L)}$;
(c) $\omega_0 = 0$: il n'y a pas d'oscillation ; si on déplace la tige par rapport à sa position d'équilibre, elle demeure à cette nouvelle position ; si on fait tourner la tige dans un sens, le sens de rotation ne s'inversera jamais ;
(d) $r/L = 1/\sqrt{12} = 0,289$; (e) $\omega_{0(\max)} = 3^{1/4}\sqrt{g/L} = 1,32\sqrt{g/L}$

1.3.6 *Une horloge imprécise.*
(a) $L = 0,126$ m ; (b) l'horloge est en avance de 22 s

1.3.7 *Le pendule de torsion.*
(a) DÉMONSTRATION ; (b) 8,44 oscillations par minute

1.3.8 *La détermination du moment d'inertie d'un corps à l'aide d'un pendule de torsion.* $I = 0,300$ kg·m²

1.4.1 *La conservation de l'énergie.* (a) $K = 9$ J ; (b) $U_{\mathrm{r}} = 9$ J

1.4.2 *Les graphiques de l'énergie.*

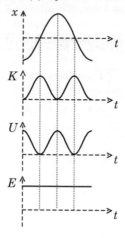

1.4.3 *L'énergie d'un système bloc-ressort.*
(a) $E = 9$ J ; (b) $U = 4$ J ; (c) $K = 8$ J

1.4.4 *L'énergie d'un système bloc-ressort, prise 2.*
(a) $x = \pm 12,6$ cm ; (b) $A = 17,9$ cm ; (c) $m = 317$ g

1.4.5 *L'énergie d'un pendule.* (a) $v = 0,122$ m/s ; (b) $\theta_{\max} = 8,34°$

1.4.6 *L'énergie d'un système bloc-ressort, prise 3.*
(a) $E = 0,658$ J ; (b) $A = 61,2$ cm ; (c) $x = \pm 38,3$ cm

1.4.7 *L'énergie d'un système bloc-ressort, prise 4.*
(a) $e = \pm 13,5$ cm ; (b) $v_x = \pm 23,5$ cm/s

1.4.8 *La vitesse à une certaine position.* $v_x = \pm 21,4$ cm/s

1.4.9 *La vitesse d'un pendule.* (a) $L = 11,8$ cm ; (b) $v = 15,2$ cm/s

1.4.10 *Béatrice et la plate-forme harmonique simple.*
P = plate-forme ; **B** = Béatrice ;
(a) $T_{\mathbf{P+B}} = 16,2$ s ; $A_{\mathbf{P+B}} = 3,10$ m ;
(b) avant : $E_{\mathbf{P}} = 36$ J et $E_{\mathbf{B}} = 50,4$ J ;
après : $E_{\mathbf{P+B}} = 86,4$ J ; énergie mécanique totale conservée

1.4.11 *Béatrice et la plate-forme harmonique simple, prise 2.*
P = plate-forme ; **B** = Béatrice ;
(a) $T_{\mathbf{P+B}} = 16,2$ s ; $A_{\mathbf{P+B}} = 2$ m ;
(b) avant : $E_{\mathbf{P}} = 36$ J et $E_{\mathbf{B}} = 0$ J ;
après : $E_{\mathbf{P+B}} = 36$ J ; énergie mécanique totale conservée

1.4.12 *La position pour une certaine vitesse.* $x = \pm 19,4$ cm

1.4.13 *Béatrice et la plate-forme harmonique simple, prise 3.*
P = plate-forme ; **B** = Béatrice ;
(a) $T_{\mathbf{P+B}} = 16,2$ s ; $A_{\mathbf{P+B}} = 1,29$ m ;
(b) avant : $E_{\mathbf{P}} = 36$ J et $E_{\mathbf{B}} = 0$ J ;
après : $E_{\mathbf{P+B}} = 15$ J ; lors de la collision parfaitement inélastique, une partie de l'énergie mécanique est transformée en énergie thermique ; cela correspond au travail fait par la force de frottement exercée par la plate-forme sur les pieds de Béatrice pour amener Béatrice du repos à la vitesse commune finale de la plate-forme et de Béatrice

1.4.14 *Le retour du pendule balistique.* $\Delta t = 0,710$ s

1.5.1 *De multiples solutions.*
(a) $-9,73$ rad ; $-5,98$ rad ; $-3,45$ rad ; $0,305$ rad ; $2,84$ rad ; $6,59$ rad ; $9,12$ rad

(b) $-9,12$ rad ; $-6,59$ rad ; $-2,84$ rad ; $-0,305$ rad ; $3,45$ rad ; $5,98$ rad ; $9,73$ rad

(c) $-7,55$ rad ; $-5,02$ rad ; $-1,27$ rad ; $1,27$ rad ; $5,02$ rad ; $7,55$ rad

(d) $-8,16$ rad ; $-4,41$ rad ; $-1,88$ rad ; $1,88$ rad ; $4,41$ rad ; $8,16$ rad

(e) $-9,13$ rad ; $-5,99$ rad ; $-2,85$ rad ; $0,291$ rad ; $3,43$ rad ; $6,57$ rad ; $9,72$ rad

(f) $-9,72$ rad ; $-6,57$ rad ; $-3,43$ rad ; $-0,291$ rad ; $2,85$ rad ; $5,99$ rad ; $9,13$ rad

1.5.2 *La constante de phase à partir du graphique.*
(a) $\phi = 0,412$ rad ; (b) $\phi = 2,73$ rad ; (c) $\phi = 3,55$ rad ;
(d) $\phi = 5,87$ rad

1.5.3 *L'équation à partir du graphique.*
(a) $T = 6$ s ; (b) $x = 0,4\sin(\frac{\pi}{3}t + \frac{2\pi}{3})$

1.5.4 *L'équation à partir du graphique, prise 2.*
(a) $T = 6$ s ; (b) $x = 0,4\sin(\frac{\pi}{3}t + \frac{5\pi}{3})$

1.5.5 *L'équation à partir de la position et de la vitesse au même instant.* $x = 0,500\sin(5t + 6,14)$

1.5.6 *Quand l'énergie cinétique est égale au double de l'énergie potentielle.* (a) 4 fois ; (b) $t = 0,425$ s ; $1,21$ s ; $2,43$ s ; $3,21$ s ;
(c) $t = 4,43$ s ; $5,21$ s ; $6,43$ s ; $7,21$ s

1.5.7 *L'instant qui correspond à une vitesse et une position données.* $t = 3,00$ s

1.5.8 *Un pendule revient à la verticale.* $0,1$ s supplémentaire

1.5.9 *Une scie sauteuse.* $\Delta t = 0,00295$ s

1.5.10 *Lorsque la conservation de l'énergie n'est d'aucun secours.*
$v_x = \pm 21,4$ cm/s

1.5.11 *Sous la forme conventionnelle.* (a) $x = 0,3\sin(2t + 13\pi/8)$;
(b) $x = 0,4\sin(1,5t + 11\pi/8)$; (c) $x = 0,2\sin(0,5t + \pi/8)$

1.5.12 *Trouvez les équations.*
(a) $x = 0,6\sin(1,31t + \pi/6)$; (b) $x = 0,6\sin(2,88t + \pi/6)$

1.5.13 *L'équation à partir de la vitesse et de l'accélération au même instant.* $x = 0,150\sin(4t + 0,862)$

1.5.14 *Lorsque la conservation de l'énergie n'est d'aucun secours, prise 2.* $x = \pm 19,4$ cm

1.5.15 *Les trois premiers instants.*
(a) $t = 2,25$ s ; $5,25$ s ; $8,25$ s ; (b) $t = 5,25$ s ; $11,25$ s ; $17,25$ s ;
(c) $t = 0,75$ s ; $6,75$ s ; $12,75$ s ; (d) $t = 3,75$ s ; $9,75$ s ; $15,75$ s ;
(e) $t = 0,25$ s ; $4,25$ s ; $6,25$ s ; (f) $t = 1,75$ s ; $5,75$ s ; $7,75$ s ;
(g) $t = 0$; $1,5$ s ; 3 s ; (h) $t = 0,25$ s ; $1,25$ s ; $3,25$ s

1.5.16 *Les trois premiers instants, prise 2.*
(a) $t = \pi/4$ s ; $3\pi/4$ s ; $5\pi/4$ s ;
(b) $t = 3\pi/4$ s ; $7\pi/4$ s ; $11\pi/4$ s ;
(c) $t = 0$; π s ; 2π s ; (d) $t = \pi/2$ s ; $3\pi/2$ s ; $5\pi/2$ s ;
(e) $t = 7\pi/12$ s ; $11\pi/12$ s ; $19\pi/12$ s ;
(f) $t = \pi/6$ s ; $5\pi/6$ s ; $7\pi/6$ s ; (g) $t = \pi/8$ s ; $3\pi/8$ s ; $5\pi/8$ s ;
(h) $t = \pi/12$ s ; $5\pi/12$ s ; $7\pi/12$ s

1.6 L'oscillation verticale d'un système bloc-ressort

1.6.1 *Trouvez la constante de rappel.* $k = 0,219$ N/m

1.6.2 *Trouvez le module du champ gravitationnel.* $g = 15,8$ N/kg

1.6.3 *Une chute sur un ressort.* **(a)** $v = 5,42$ m/s ;
(b) $T = 1,28$ s ; **(c)** $L = 2,09$ m ; **(d)** $A = 1,18$ m ;
(e) $L_{\min} = 0,912$ m ; $L_{\max} = 3,27$ m

1.6.4 *En revenant de Mars.* $\omega = 18,0$ rad/s

1.6.5 *Yolande au gymnase.* **(a)** $T = 3,09$ s ; **(b)** distance $= 6,25$ m

1.6.6 *Yolande au gymnase, prise 2.* Distance $= 6,5$ m
(l'ensemble constitué de Yolande et de Zoé demeure
immobile)

1.6.7 *Le pèse-pomme.* $m = 0,09$ kg

1.6.8 *Albert et le laser.* $\Delta t = 0,948$ s

1.6.9 *Un ressort-trampoline.* **(a)** $v = 3,96$ m/s ;

(b)

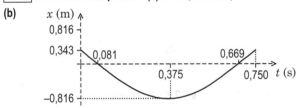

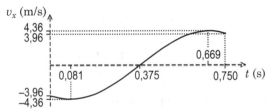

(c) $\Delta t = 1,56$ s

1.6.10 *Une union temporaire.* **(a)** Distance $= 0,461$ m ;
(b) $t = 0,428$ s ; **(c)** au point le plus bas de l'oscillation,
l'accélération du bloc **B** est maximale vers le haut ; la force
que la colle doit fournir pour que **C** suive **B** est également
maximale ; **(d)** distance $= 3,72$ m

1.7 Les oscillations amorties et forcées

1.7.1 *Le temps de retour à la position centrale de l'oscillation.*
(a) $\Delta t = 0,314$ s ; **(b)** $\Delta t = 0,321$ s ; **(c)** $\Delta t = 0,524$ s ;
(d) $b = 5$ kg/s

1.7.2 *Une oscillation deux fois plus lente en raison de
l'amortissement.* $b = \sqrt{3mk}$

1.7.3 *Lorsque l'amortissement vaut 80 % de sa valeur critique.*
$\omega'/\omega_0 = 0,6$

1.7.4 *L'amplitude diminue de moitié en une période.*
$b = 0,884$ kg/s

1.7.5 *L'amplitude diminue de moitié en une période, prise 2.*

$b = 2\ln 2 \sqrt{\dfrac{mk}{4\pi^2 + (\ln 2)^2}}$

1.7.6 *La vitesse au centre de l'oscillation.* **(a)** DÉMONSTRATION ;
(b) parce que l'équation générale pour v_x possède un terme
additionnel qui est nul uniquement lorsque $\sin(\omega't + \phi) = 0$,
ce qui se produit uniquement lorsque $x = 0$

1.7.7 *La vitesse au centre de l'oscillation, prise 2.* **(a)** $v = 1,00$ m/s ;
(b) $v = 0,711$ m/s ; **(c)** $v = 0,0739$ m/s

1.7.8 *Deux passages consécutifs par la position d'équilibre.*
(a) $v = 0,435$ m/s ; **(b)** $v = 0,0750$ m/s

1.8 Les ondes mécaniques progressives

1.8.1 *Trouvez l'erreur.* Un son, même très intense, ne crée
pas de vent : l'air ne se déplace pas avec l'onde sonore !

1.8.2 *Un peu de calcul mental.*
(a) $v = 3$ m/s ; **(b)** $f = 2$ Hz ; **(c)** $\lambda = 20$ m

1.8.3 *La masse d'une corde.* $m = 1,8$ kg

1.8.4 *La vitesse d'une onde sur une corde.*
(a) $v = 12,2$ m/s ; **(b)** $v = 15,7$ m/s

1.8.5 *Le décalage entre l'éclair et le tonnerre.*
(a) Distance $= 2,79$ km ; **(b)** $\Delta t = 9,3$ µs

1.8.6 *Le son du diapason.* **(a)** $\lambda = 0,773$ m ; **(b)** $f = 440$ Hz

1.8.7 *Le module de la tension dans une corde.* $F = 400$ N

1.8.8 *La longueur d'onde.* $\lambda = 0,289$ m

1.8.9 *L'onde créée par un oscillateur.* $\mu = 0,348$ kg/m

1.8.10 *L'onde créée par un oscillateur, prise 2.*
(a) $\lambda = 14,1$ cm ; **(b)** $f = 106$ Hz

1.8.11 *Un kilomètre en trois secondes.* $T = 278$ K $(= 5\ °C)$

1.8.12 *Plouf !* **(a)** $\Delta t = 2,56$ s ; **(b)** profondeur $= 22,7$ m

1.9 Les ondes sinusoïdales progressives

1.9.1 *Trois « photos » d'une onde sinusoïdale progressive.*
(a) $v = 5$ cm/s ; **(b)** $T = 16$ s ; **(c)** oui : comme l'onde se déplace
d'un quart de longueur d'onde en 4 s, ce temps correspond
au quart de la période

1.9.2 *Une onde sinusoïdale progressive.* **(a)** $\lambda = 3,14$ m ;
(b) $T = 0,785$ s ; **(c)** $f = 1,27$ Hz ; **(d)** $v = 4$ m/s

1.9.3 *La fonction à partir des paramètres.*
$y = 0,01 \sin(12,6x - 62,8t + 4,71)$

1.9.4 *La fonction d'une onde en mouvement.*
(a) Remplacer x par $(x - 3t)$; **(b)** $y = 0,02 \cos(3x - 9t + 5)$

1.9.5 *Du graphique à l'équation.*
(a) $y = 0,2 \sin(0,628x - 1,57t)$; **(b)** $T = 4$ s

1.9.6 *Du graphique à l'équation, prise 2.*
$y = 0,2 \sin(1,05x + 3,93t)$

1.9.7 *Le graphique d'une onde à partir de son équation.*

(a) 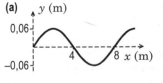 **(b)**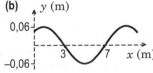

(c)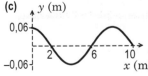

1.9.8 *Une onde à deux instants.*
(a) $y = 0,08 \sin\big((\pi/2)x - 3\pi t\big)$; **(b)** $y = 0,08 \sin\big((\pi/2)x + \pi t\big)$

1.9.9 *Des graphiques $y(x)$ aux graphiques $y(t)$.*

(a)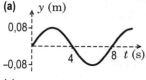

(b)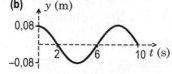

(c)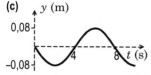

1.9.10 *La vitesse d'une particule sur une corde.*
(a) $v = 0$; **(b)** $v = 2$ m/s vers le bas ; **(c)** $v = 2$ m/s vers le haut

1.9.11 *La position et la vitesse d'une particule de la corde.*
(a) $y = -0,0254$ m ; $v_y = -0,100$ m/s ; $a_y = 1,00$ m/s^2 ;
(b) $v_{max} = 0,188$ m/s ; **(c)** $a_{max} = 1,18$ m/s^2

1.9.12 *La fonction à partir de deux graphiques $y(t)$.*
$y = 0,08 \sin((\pi/8)x - (\pi/4)t)$

1.9.13 *Le graphique d'une onde à partir de son équation, prise 2.*

(a)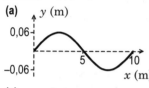

(b)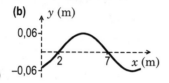

(c)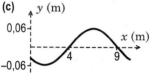

1.9.14 *La masse linéique d'une corde.* $\mu = 1,25$ kg/m

1.9.15 *La position et la vitesse d'une particule de la corde, prise 2.*
(a) $y = -0,0480$ m ; $v_y = -0,0419$ m/s ; $a_y = 0,432$ m/s^2 ;
(b) $v_{max} = 0,150$ m/s ; **(c)** $a_{max} = 0,450$ m/s^2

1.9.16 *La fonction d'une onde en mouvement, prise 2.*
(a) Remplacer x par $(x + 2t)$; **(b)** $y = \dfrac{0,3}{(x + 2t)^4 + 1}$

1.9.17 *Une onde à deux instants, prise 2.*
$y = 0,05 \sin((\pi/8)x + (3\pi/16)t + \pi/8)$

1.9.18 *La fonction à partir des paramètres, prise 2.*
$y = 0,03 \sin(2x + 12,6t + 0,73)$ *ou*
$y = 0,03 \sin(2x + 12,6t + 2,41)$

1.9.19 *La fonction à partir du graphique $y(x)$.*
(a) $v = 5$ m/s ; **(b)** $y = 0,05 \sin((\pi/5)x - \pi t + 6\pi/5)$

1.9.20 *La fonction à partir de deux graphiques $y(t)$, prise 2.*
$y = 0,04 \sin((\pi/24)x - (\pi/6)t + (\pi/3))$

1.9.21 *La plus grande vitesse possible dans le sens négatif.*
(a) $y = 0,04 \sin((11\pi/24)x + (\pi/6)t + 2\pi/3)$; **(b)** $v = 0,364$ m/s

1.10 La puissance d'une onde sinusoïdale progressive

1.10.1 *Puissance et amplitude.* Par un facteur 16

1.10.2 *La puissance d'une onde sur une corde.* $\overline{P} = 5,55$ W

1.10.3 *L'amplitude d'une onde sur une corde.* $A = 9,26$ mm

.11 La réflexion, la transmission et la superposition des ondes

1.11.1 *D'une corde légère à une corde lourde.*
(a) Inférieur ; **(b)** égale ; **(c)** inférieure

1.11.2 *La superposition des impulsions.*

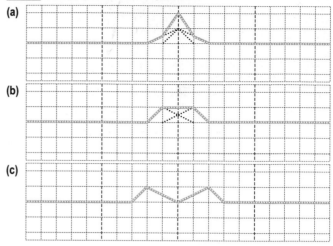

1.11.3 *La superposition des impulsions, prise 2.*

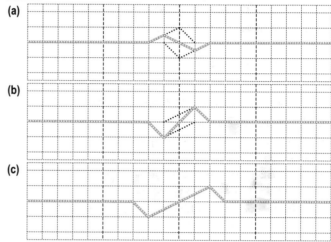

1.11.4 *La tension et la vitesse.* **(a)** $F = 120$ N ; **(b)** $v = 120$ m/s

1.11.5 *Avant et après.* **(a)** $v = 1$ m/s : sur le schéma, la crête de l'onde transmise est deux fois plus loin de la jonction que la crête de l'onde réfléchie ; puisque les deux ondes ont été créées en même temps, l'onde transmise se déplace, sur la corde de droite, deux fois plus vite que l'onde réfléchie sur la corde de gauche. **(b)** $\Delta t = 0,3$ s ; **(c)** $\mu = 10$ g/m

1.11.6 *D'une corde lourde à une corde légère.*
(a) Supérieur ; **(b)** égale ; **(c)** supérieur

1.11.7 *La répartition de l'énergie.* **(a)** $92,8\%$; **(b)** $7,2\%$

1.12 Les ondes stationnaires

1.12.1 *Les modes d'une corde fixée aux deux extrémités.*
(a) $\lambda = 6$ m ; distance entre deux nœuds : 3 m ;
(b) $\lambda = 3$ m ; distance entre deux nœuds : 1,5 m ;
(c) $\lambda = 1$ m ; distance entre deux nœuds : 0,5 m

1.12.2 *Les modes d'une corde fixée à une extrémité.*
(a) $\lambda = 4L$; **(b)** $\lambda = 4L/7$

1.12.3 *Les modes d'un tuyau.* **(a)** $\lambda_1 = 60$ cm et $\lambda_3 = 20$ cm ;
(b) $\lambda_1 = 120$ cm et $\lambda_3 = 24$ cm ; **(c)** $\lambda_1 = 60$ cm et $\lambda_3 = 20$ cm

1.12.4 *La longueur d'un tuyau ouvert-fermé.* $L = 28,4$ cm

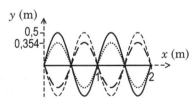

1.15.1 *Dix fois plus près.* 100

1.15.2 *Un son quatre fois moins intense.* $r = 200$ m

1.15.3 *Le seuil de la douleur.* $r = 3,99$ m

1.15.4 *La portée maximale d'un haut-parleur.* $r = 399$ km

1.15.5 *Des décibels aux watts par mètre carré, et vice versa.*
(a) $\beta = 77,0$ dB ; **(b)** $2,51 \times 10^{-6}$ W/m^2

1.15.6 *Dix haut-parleurs identiques.* $\beta = 50$ dB

1.15.7 *Un nombre négatif de décibels.* $I = 5,01 \times 10^{-13}$ W/m^2

1.15.8 *Combien de haut-parleurs ?* 4 haut-parleurs

1.15.9 *La diminution de l'intensité avec la distance.*
(a) $\beta = 109$ dB ; **(b)** $r = 2,82$ m

1.15.10 *Dix décibels de plus, deux fois plus loin.*
40 haut-parleurs

1.15.11 *Tous en chœur.* $\beta = 50,2$ dB

1.15.12 *Quand la musique s'arrête.*
(a) $P = 4,97 \times 10^{-4}$ W ; **(b)** $r = 6,29$ m

1.15.13 *La sensibilité et le rendement d'un haut-parleur.*
(a) 1,26 % ; **(b)** 109

1.15.14 *Un chanteur de plus.*
Le responsable entend 0,458 dB de *moins*

1.15.15 *L'intensité solaire.*
(a) $r = 1,75 \times 10^{12}$ m ; **(b)** $r = 5,54 \times 10^{12}$ m

1.15.16 *Un satellite solaire.* $P = 27,5$ kW

1.16 Synthèse du chapitre

1.16.1 *De quoi dépend la vitesse ?* **(a)** La vitesse demeure inchangée ; **(b)** la vitesse demeure inchangée

1.16.2 *Changement de mode.* Oui : le 4e mode

1.16.3 *La position des nœuds.* **(a)** $f = 850$ Hz ; **(b)** non : la longueur d'onde est égale à 40 cm, tandis que les longueurs d'onde des modes d'un tuyau de 50 cm ouvert à ses deux extrémités sont 100 cm ; 50 cm ; 33,3 cm ; etc. ; **(c)** il s'agit du 3e mode d'un tuyau ouvert à une extrémité et fermé à l'autre

1.16.4 *Deux secondes plus tard.*
(a) Le ressort est étiré de 4,31 cm ; **(b)** le bloc est en train de s'éloigner de sa position d'équilibre à 1,27 m/s.

1.16.5 *Le sonar.* $v = 35,7$ cm/s

1.16.6 *Une voiture volée.* $v = 35,0$ m/s

1.16.7 *L'ajout d'un haut-parleur.* $\beta = 67,4$ dB

1.16.8 *La représentation graphique d'une onde.*

(a)
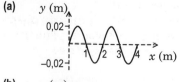
L'échelle verticale est exagérée par rapport à l'échelle horizontale.

(b)
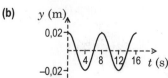

1.16.9 *Deux instruments désaccordés.*
(a) $F = 79,9$ N ; **(b)** $F = 76,8$ N

1.16.10 *La flûte de Béatrice.* **(a)** $\beta = 31,0$ dB ; **(b)** $\Delta t = 156$ s

1.16.11 *Les battements générés par deux cordes vibrantes.*
$f_b = 12,1$ Hz

1.16.12 *Un pendule à deux billes.* $T = 1,83$ s

1.16.13 *Attention à la vitre !* **(a)** $b = 7,92$ kg/s ; **(b)** $\Delta t = 0,463$ s ; **(c)** $v = 3,24$ m/s ; **(d)** $\Delta t = 0,280$ s

CHAPITRE 2 : OPTIQUE GÉOMÉTRIQUE

2.1 L'optique géométrique

2.1.1 *La taille angulaire de l'écran d'Albert.* $\alpha \approx 17°$

2.1.2 *La signification du grandissement linéaire.* **(a)** L'image est plus grande que l'objet ; **(b)** l'image est plus petite que l'objet ; **(c)** l'image est à l'endroit par rapport à l'objet ; **(d)** l'image est à l'envers par rapport à l'objet.

2.1.3 *Le pouvoir grossissant d'une loupe.*
(a) $\theta_0 = 1,15°$; **(b)** $g = 23,5$; **(c)** $G \approx 2,9$; **(c)** G

2.1.4 *Loin des yeux...* Distance ≈ 5 km

2.2 La réflexion et les miroirs plans

2.2.1 *L'angle de déviation.* **(a)** $\delta = 90°$ dans le sens horaire ; **(b)** $\delta = 90°$ dans le sens antihoraire ; **(c)** 180°

2.2.2 *Double réflexion.* **(a)** $\delta = 60°$ dans le sens horaire ; **(b)** $\delta = 120°$ dans le sens horaire ; **(c)** $\delta = 180°$; **(d)** vers la gauche, à 30° sous l'horizontale

2.2.3 *Double réflexion, prise 2.* **(a)** $\delta = 100°$ dans le sens horaire ; **(b)** $\delta = 80°$ dans le sens horaire ; **(c)** 180° ; **(d)** vers la gauche, à 30° sous l'horizontale

2.2.4 *Une double réflexion sur deux miroirs qui ne sont pas perpendiculaires.*
Vers la gauche, à 40° au-dessus de l'horizontale

2.2.5 *Localisez les images.*
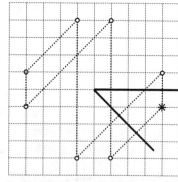

2.2.6 *Béatrice se regarde dans le miroir.* $\alpha \approx 16°$

2.3 Les miroirs sphériques

2.3.1 *Une image virtuelle.* **(a)** $q = -80$ cm ; **(b)** $f = 133$ cm

2.3.2 *Vérifiez les schémas à l'aide des équations.*
Vérifiez vos réponses à l'aide du schéma

2.3.3 *Le grandissement linéaire.* **(a)** $g = 2$; **(b)** $g = -2$

2.3.4 *Quand l'objet et l'image sont superposés.*
(a) Concave ; **(b)** $f = 10$ cm

2.3.5 *Une image quatre fois plus petite.*
(a) $R = 20$ cm ; **(b)** $R = -33,3$ cm

2.3.6 *Une image à l'endroit trois fois plus grande.*
(a) 10 cm ; **(b)** image virtuelle

2.3.7 *Une image une fois et demie plus grande.*
(a) $R = 300$ cm ; **(b)** $R = 60$ cm

2.3.8 *La position de l'image par le tracé de rayons et par les équations.*

(a)
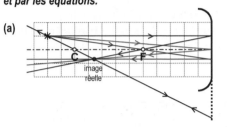
$q = 8,57$ cm ;
$y_i = -0,714$ mm

(b)
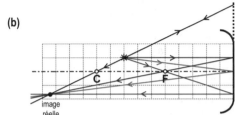
$q = 13,3$ cm ;
$y_i = -1,67$ mm

(c)
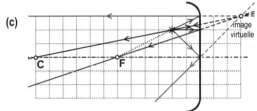
$q = -3$ cm ;
$y_i = 3$ mm

(d)
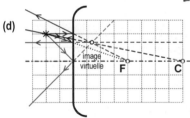
$q = -1,33$ cm ;
$y_i = 1,33$ mm

2.3.9 *La taille de l'image par le tracé de rayons et par les équations.*
(a) $g = -0,714$; **(b)** $g = -1,67$; **(c)** $g = 1,5$; **(d)** $g = 0,667$

2.3.10 *Une image projetée sur un écran.* **(a)** $p = 16$ cm ;
(b) 2,24 m ; **(c)** image à l'envers ; **(d)** $g = -15$

2.3.11 *L'image de la Lune.* $y_i = 15,0$ cm

2.3.12 *La distance entre l'image et l'objet.*
(a) 0 ; **(b)** 40 cm ; **(c)** 40 cm ; **(d)** 12,5 cm ; **(e)** 34,4 cm

2.3.13 *La distance entre l'objet et le miroir.*
$p = 6,98$ cm (image virtuelle) ; $p = 23$ cm (image réelle) ;
$p = 43$ cm (image réelle)

2.3.14 *Albert devant deux miroirs.* $\approx 1,33$ fois

2.4 La réfraction

2.4.1 *Un dioptre vertical.* **(a)** $\theta_1 = 25°$; **(b)** $\theta_1' = 25°$;
(c) $\theta_2 = 16,4°$; **(d)** $\delta = 8,6°$ dans le sens horaire

2.4.2 *Un dioptre vertical, prise 2.* **(a)** $\theta_1 = 25°$; **(b)** $\theta_1' = 25°$;
(c) $\theta_2 = 39,3°$; **(d)** $\delta = 14,3°$ dans le sens antihoraire

2.4.3 *L'angle critique.*
(a) $\theta_c = 41,8°$; **(b)** $\theta_c = 62,5°$; **(c)** il n'y a pas d'angle critique

2.4.4 *Un projecteur au fond d'un lac.*
(a) $0 < \phi < 41,2°$; **(b)** $R = 114$ m

2.4.5 *La vitesse de la lumière dans un prisme.* $v = 1,70 \times 10^8$ m/s

2.4.6 *La réflexion totale interne dans un prisme de glace.*
(a) $\theta = 57,8°$; **(b)** oui

2.4.7 *Deux dioptres parallèles.*

(a)
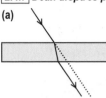
(b) 30° : par symétrie, la déviation au premier dioptre est l'inverse de la déviation au deuxième dioptre.

2.4.8 *Deux dioptres parallèles, prise 2.*
Déviation latérale = 1,55 mm

2.4.9 *La détermination expérimentale de l'indice de réfraction d'un prisme.* DÉMONSTRATION

2.4.10 *L'arc-en-ciel principal.* **(a)** Parce qu'il s'agit des deux angles de part et d'autre de la « base » d'un triangle isocèle ; **(b)** par la loi de la réflexion ; **(c)** $\alpha = 35,1°$; $\beta = 50°$; $\delta = 139,4°$; $\phi = 40,6°$; **(d)** pour $\theta = 60°$, $\phi = 42,4°$; pour $\theta = 70°$, $\phi = 39,6°$; donc, ϕ passe par un *maximum* pour $\theta \approx 60°$; **(e)** $\phi = 40,6°$ $(< 42,4°)$

2.4.11 *L'arc-en-ciel secondaire.* **(a)** Pour $\theta = 60°$, $\phi = 56,5°$; pour $\theta = 70°$, $\phi = 50,5°$; pour $\theta = 80°$, $\phi = 53,7°$; donc, ϕ passe par un *minimum* pour $\theta \approx 70°$;
(b) $\phi = 53,6°$; **(c)** plus loin du sol $(53,6° > 50,5°)$

2.5 Les dioptres sphériques

2.5.1 *Un dioptre plan.*
(a) $R = \infty$; **(b)** à 1,5 m sous la surface ; **(c)** $y_i = 30$ cm

2.5.2 *La position de l'image.*
(a) Image virtuelle, région II ; **(b)** image virtuelle, région I ;
(c) image virtuelle, région II ; **(d)** image virtuelle, région II ;
(e) image virtuelle, région II ; **(f)** image virtuelle, région III

2.5.3 *La position de l'image, prise 2.* **(a)** Image virtuelle, région I (si n est relativement petit) ou image réelle, région IV (si n est suffisamment grand) ; **(b)** mêmes réponses que (a).

2.5.4 *Un objet incrusté dans un bloc de verre.*
(a) 66,0 cm ; **(b)** $g = 0,9$

2.5.5 *En prison.* **(a)** 48,1 cm ; **(b)** 38,1 cm

2.5.6 *Un œuf en verre.*
(a) Sur l'axe optique, dans l'air, à 5 cm du dioptre dont le rayon de courbure est égal à 2 cm ; **(b)** $g = -0,667$

2.5.7 *Un œuf en verre, prise 2.*
(a) Sur l'axe optique, dans l'air, à 10 cm du dioptre dont le rayon de courbure est égal à 10 cm ; **(b)** $g = -2$

2.5.8 *Une sphère en verre sur le bord de la fenêtre.* **(a)** Réelle ; la distance entre l'objet et le premier dioptre tend vers l'infini ; l'image formée par le premier dioptre est à $q_1 = 3R$ de distance du premier dioptre et devient un objet virtuel à une distance $p_2 = -R$ du second dioptre ; l'image finale est réelle $(q_2 = R/2)$ et, comme les rayons se croisent, elle est inversée

(b)
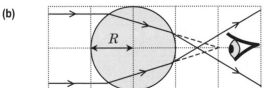

2.5.9 *Une illusion cocasse.* $q_i = -16,7$ cm (du même côté que le nez, mais plus loin de la vitre) ; $y_i = 4,17$ cm

2.5.10 *Un verre de trop ?* L'eau dans le verre forme un dioptre dont la section horizontale est un cercle ; vu de haut, le schéma est semblable à celui de la réponse de l'**exercice 2.5.8(b)** ou de la **situation 3** de la **section 2.5** : par conséquent, l'image d'un objet situé loin derrière le verre subit une inversion gauche-droite

2.6 Les lentilles minces

2.6.1 *Une image quatre fois plus petite.*
(a) $f = 10$ cm ; **(b)** $f = -16,7$ cm

2.6.2 *La distance entre l'image et l'objet.*
(a) 60 cm ; **(b)** 80 cm ; **(c)** 20 cm ; **(d)** 62,5 cm ; **(e)** 15,6 cm

2.6.3 *Un projecteur de données.* $f = 2,49$ cm

2.6.4 *Un tracé problématique.* Pour trouver la position de l'image d'un point donné de l'objet (par exemple, la pointe de la flèche), il faut faire partir au moins deux rayons de ce point et déterminer à quel endroit leurs portions réfractées se croisent ; ici, les quatre rayons partent de quatre points différents de l'objet : l'endroit où ils se croisent n'est l'image d'aucun de ces points !

2.6.5 *Une image projetée sur un écran.*
(a) $p = 16$ cm ; **(b)** 256 cm ; **(c)** image à l'envers ; **(d)** $g = -15$

2.6.6 *Une image deux fois plus grande.*
$p = 7,5$ cm et $p = 22,5$ cm

2.6.7 *La position de l'image par le tracé de rayons et par les équations.*
(a) $q = 8,57$ cm ; $y_i = -0,714$ cm

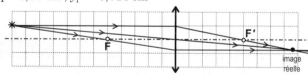

(b) $q = 13,3$ cm ; $y_i = -1,67$ cm

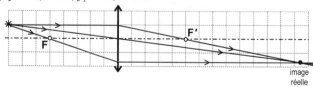

(c) $q = -3$ cm ; $y_i = 3$ cm

(d) $q = -1,33$ cm ; $y_i = 1,33$ cm

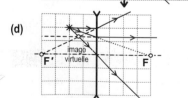

2.6.8 *La taille de l'image par le tracé de rayons et par les équations.*
(a) $g = -0,714$; **(b)** $g = -1,67$; **(c)** $g = 1,5$; **(d)** $g = 0,667$

2.6.9 *La loupe d'Albert.*
(a) $\alpha_o = 0,229°$; **(b)** $p = 10$ cm ; **(c)** $\alpha_i = 0,573°$; $G = 2,50$

2.6.10 *La loupe d'Albert, prise 2.* $G = 3,50$

2.6.11 *La mise au point d'un appareil photo.* $d = q = 5,17$ cm

2.6.12 *Quand l'objet et l'image sont superposés.* Oui : l'équation donne $f = \infty$, ce qui correspond à une lentille qui ne fait pas dévier les rayons ; une telle lentille n'est ni convergente, ni divergente : son centre a la même épaisseur que ses bords (*exemple* : les lentilles des lunettes de soleil qui ne corrigent pas la vue) ; quand on regarde à travers de telles lunettes, l'image est située à l'endroit où se trouve réellement l'objet

2.6.13 *La distance entre l'objet et la lentille.*
$p = 12,9$ cm (image virtuelle) ; $p = 20$ cm (image réelle) ; $p = 60$ cm (image réelle)

2.6.14 *La mise au point d'un appareil photo, prise 2.*
(a) $p = 5,98$ m ; **(b)** $d = q = 5,04$ cm ;
(c)

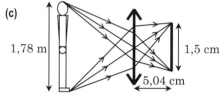

2.6.15 *Un œil vu à travers une loupe.* **(a)** $g = 1,82$; **(b)** $G = 1,64$

2.6.16 *Un œil deux fois plus petit.*
(a) Virtuelle ; **(b)** divergente ; **(c)** $f = -34,3$ cm

2.6.17 *Un explorateur perdu.* Une lentille convergente agit comme une loupe uniquement pour un objet plus près de la lentille que la distance focale : pour un objet plus lointain, l'image est inversée

2.7 La formule des opticiens

2.7.1 *Convergente ou divergente ?*
(a) Convergente ; **(b)** convergente

2.7.2 *Une lentille plan-convexe.* $R = 25$ cm

2.7.3 *Les lunettes de Soleil.*
(a) En forme de ménisque ; **(b)** $R = 50$ cm ; **(c)** $f = \infty$

2.7.4 *La détermination expérimentale de la distance focale d'une lentille divergente.*
(a) Du même côté ; **(b)** $R = 13,3$ cm ; **(c)** $f = -13,3$ cm

2.7.5 *Une lentille plus ou moins mince.*
(a) Distance $= 44,5$ cm ; **(b)** distance $= 40$ cm ; **(c)** non

2.8 Les systèmes de lentilles

2.8.1 *Systèmes de deux lentilles, par le tracé de rayons.*
(a) Image réelle de 4 cm de hauteur à 6 cm à droite de **B** ;

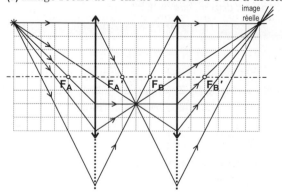

(b) image virtuelle de −1,33 cm de hauteur
à 1,33 cm à gauche de **B** ;

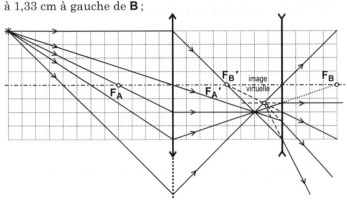

(c) image réelle de −2 cm de hauteur à 6 cm à droite de **B** ;

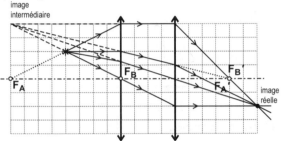

(d) image réelle de −2 cm de hauteur à 2 cm à droite de **B** ;

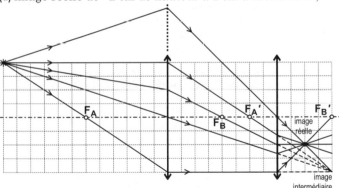

(e) image réelle de −2 cm de hauteur à 4 cm à droite de **B** ;

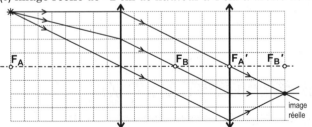

(f) image virtuelle de 3 cm de hauteur
à 12 cm à gauche de **B** (ou encore, à 8 cm à gauche de **A**) ;

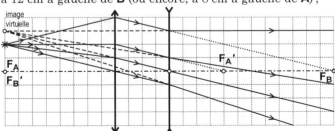

2.8.2 *Systèmes de deux lentilles, par les équations.*
Consultez les réponses **2.8.1 (a)** à **(d)**

2.8.3 *Un système lentille-miroir.* 26,7 cm à gauche de la lentille

2.8.4 *Un système lentille-miroir, prise 2.* **(a)** 33,3 cm à gauche de la lentille ; **(b)** 80 cm à droite de la lentille

2.8.5 *Le grandissement angulaire d'un système de deux lentilles.*
(a) $\alpha_i \approx -0,333$ rad ; **(b)** $\alpha_o \approx 0,2$ rad ; **(c)** $G \approx -5/3$

2.8.6 *Systèmes de deux lentilles, par les équations, prise 2.*
Consultez les réponses **2.8.1 (e)** et **(f)**

2.9 La correction de la vue

2.9.1 *La vision de Patrick.* **(a)** $A_{acc} = 5$ D ; **(b)** non

2.9.2 *La vision de Normand.*
(a) $A_{acc} = 2,5$ D ; **(b)** oui, il est presbyte

2.9.3 *Des lunettes pour Normand.*
(a) Convergentes ; **(b)** $V = 1,5$ D ; **(c)** $A_{acc} = 2,5$ D ;
(d) la vision est nette de 25 cm à 66,7 cm

2.9.4 *Des lunettes pour Roger.* **(a)** $A_{acc} = 9,33$ D ; **(b)** myopie ;
(c) $V = -0,667$ D ; **(d)** la vision est nette de 10,7 cm à l'infini

2.9.5 *Des lunettes pour Gérard.*
(a) $A_{acc} = 6,67$ D ; **(b)** hypermétropie ; **(c)** $V = 1,67$ D ;
(d) la vision est nette de 15 cm à l'infini

2.9.6 *Des lunettes pour Lucille.* **(a)** $A_{acc} = 2,17$ D ; **(b)** myopie et
presbytie ; **(c)** $V = -0,333$ D (myopie) et $V = 1,5$ D (presbytie) ;
(d) la vision est nette de 46,2 cm à l'infini ; **(e)** la vision est
nette de 25 cm à 54,6 cm.

2.9.7 *Marie-Hortense enlève ses lunettes.*
À 1,5 m devant son œil

2.9.8 *Les lunettes de Zébulon.* **(a)** Myopie ; **(b)** à 33,3 cm devant
son œil ; **(c)** à 14,3 cm devant son œil

2.9.9 *Archibald a besoin de nouvelles lunettes.* $V = 3,5$ D

2.10 La vergence des lentilles minces

2.10.1 *Une lentille plan-concave plongée dans l'eau.* $V = -1,65$ D

2.10.2 *La vergence d'une lentille plongée dans l'eau.*
(a) Oui ; **(b)** la vergence est plus grande dans l'air

2.10.3 *Une lentille plongée dans un liquide de même indice de
réfraction.* **(a)** La vergence devient nulle ; **(b)** les rayons ne
sont pas déviés

2.10.4 *Une cavité en forme de lentille.* **(a)** Virtuelle ;
(b) distance = 63,4 cm ($q = -63,4$ cm) ; **(c)** divergente

2.10.5 *Les lentilles siamoises.* $f = 10$ cm

2.10.6 *Match nul.* L'image est virtuelle et à la même position
que l'objet (50 cm à gauche de la lentille)

2.10.7 *La détermination expérimentale de la distance focale d'une
lentille divergente.* **(a)** $f_B = -37,5$ cm ; **(b)** non : une lentille
divergente ne peut pas former une image réelle d'un objet
réel

2.11 Le microscope composé et la lunette astronomique

2.11.1 *Trois rayons incidents.* Du sommet : comme le gratte-
ciel est lointain, les rayons parallèles proviennent tous du
même point du gratte-ciel

2.11.2 *Le microscope composé.* **(a)** $y_{i(interm.)} = -2$ cm ;
(b) $y_{i(final)} = -18$ cm ; **(c)** $\alpha_i = -14,0°$; **(d)** $G = -30,6$

2.11.3 *Albert observe la Lune.*
(a) $y_{\mathrm{i(interm.)}} = -2{,}72$ cm ; **(b)** distance $= 3{,}11$ m ;
(c) $y_{\mathrm{i(final)}} = -6{,}13$ cm ; $\alpha_\mathrm{i} = -13{,}8°$; **(d)** $G = -26{,}5$

2.11.4 *Une image finale à l'infini.*
(a) distance $= 20{,}5$ cm ; **(b)** $G = -86{,}4$

2.11.5 *Le grandissement d'une lunette astronomique.*
(a) Distance $= f_\mathrm{ob} + f_\mathrm{oc}$; **(b)** $\alpha_\mathrm{i} = -\arctan\left(\dfrac{f_\mathrm{ob}\tan\alpha_\mathrm{o}}{f_\mathrm{oc}}\right)$;

(c) $G = -\dfrac{\arctan\left(\dfrac{f_\mathrm{ob}\tan\alpha_\mathrm{o}}{f_\mathrm{oc}}\right)}{\alpha_\mathrm{o}}$; **(d)** $G = -\dfrac{f_\mathrm{ob}}{f_\mathrm{oc}}$

2.12 Le grandissement angulaire commercial

2.12.1 *Albert observe la Lune, prise 2.* **(a)** $G = -15$; **(b)** plus petit

2.12.2 *Une image finale à l'infini, prise 2.* **(a)** $G = -90$;
(b) l'équation du grandissement angulaire est basée sur l'approximation des petits angles (ce qui permet de laisser tomber l'arctangente) : ici, l'angle sous-tendu par l'image finale, 19,8°, *n'est pas* beaucoup plus petit que 1 rad.

2.12.3 *Une lunette astronomique.* **(a)** La lentille dont la distance focale est 5 cm ; **(b)** $G_{\mathrm{com}} = -6$; **(c)** distance $= 35$ cm

2.13 Synthèse du chapitre

2.13.1 *Les lentilles mystère.* **(a)** Divergente : les rayons déviés sont convergents, mais ils sont *moins* convergents que s'ils avaient continué tout droit ; **(b)** convergente : les rayons déviés sont divergents, mais ils sont *moins* divergents que s'ils avaient continué tout droit

2.13.2 *Tous chez l'optométriste !* **(a)** $A_{\mathrm{acc}} = 2$ D ; **(b)** $A_{\mathrm{acc}} = 2$ D ;
(c) $A_{\mathrm{acc}} = 10$ D ; **(d)** $A_{\mathrm{acc}} = 3$ D ; **(e)** Arthur et Bernard ;
(f) Denise ; **(g)** Camille ; **(h)** Arthur, Bernard et Denise ($A_{\mathrm{acc}} < 4$)

2.13.3 *Le rayon qui passe par le centre d'un dioptre.* Oui : d'après la loi de la réfraction, le rayon se rapproche ($n_2 > n_1$) ou s'éloigne ($n_2 < n_1$) de la perpendiculaire au dioptre, qui correspond ici à l'axe en pointillés sur le schéma

2.13.4 *L'indice de réfraction d'une lentille.* $n = 1{,}42$

2.13.5 *Une lentille collée à une sphère.* **(a)** À 70 cm à droite de la lentille (ou à 50 cm à droite du second dioptre de la sphère) ; **(b)** $f = -5$ cm (lentille divergente)

2.13.6 *Le grandissement angulaire d'un microscope.* **(a)** $\alpha_\mathrm{i} \approx 2{,}3°$; (l'image est à l'envers) ; **(b)** $\alpha_\mathrm{o} \approx 0{,}23°$; **(c)** $G \approx -10$

2.13.7 *La taille angulaire d'une sphère.* $\alpha = 0{,}001$ rad

2.13.8 *À travers la vitre.* $\Delta t = 2$ ps

2.13.9 *Où placer la lentille ?* **(a)** À 25,4 cm de l'ampoule ou à 94,6 de l'ampoule ; **(b)** impossible ; **(c)** impossible.

2.13.10 *L'indice de réfraction d'une sphère.* $n = 2$

2.13.11 *La lentille équivalente.* **(a)** $q = -60$ cm (image virtuelle) ;
(b) objet réel ; **(c)** $q = -21{,}4$ cm ; **(d)** image virtuelle ;
(e) $f = 50$ cm ; **(f)** $V = 2$ D

2.13.12 *Y a-t-il un problème ?*
Oui (elle est hypermétrope) ; $V = 1$ D

2.13.13 *Une image à mi-chemin entre deux lentilles.*
Distance $= 50$ cm

2.13.14 *Un tracé de rayons.* Pour trouver la position de l'image d'un point donné de l'objet (par exemple, la pointe de la flèche), il faut faire partir au moins deux rayons de ce point et déterminer à quel endroit leurs portions réfractées se croisent ; ici, les deux rayons partent de deux points différents de l'objet

2.13.15 *Un miroir au fond de l'aquarium.* À 37,6 cm sous la surface de l'eau, ce qui correspond à 7,6 cm sous le miroir

2.13.16
Les images symétriques dans une bulle de savon.
(a) Par réflexion ;

(b) schéma ci-contre

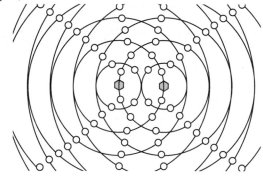

2.13.17 *Un grille-guimauve solaire.* À 25 cm devant le miroir

CHAPITRE 3 : OPTIQUE ONDULATOIRE

3.1 La nature ondulatoire de la lumière

3.1.1 *La fréquence de la lumière bleue.* $f = 6{,}98 \times 10^{14}$ Hz

3.1.2 *La position des nœuds et des ventres.*

3.1.3 *La longueur d'une onde radio.* $\lambda = 3{,}10$ m

3.1.4 *Interférence constructive et destructive.*
(a) $\lambda = 1{,}64$ m ; **(b)** $\lambda = 3{,}29$ m

3.1.5 *L'interférence en une dimension.* **(a)** $|\delta| = 20$ m ;
(b) $|\delta| = 20$ m ; **(c)** $|\delta| = 6$ m ; **(d)** $x = 0$ et $\pm 5{,}5$ m ;
(e) $x = \pm 2{,}75$ m et $\pm 8{,}25$ m

3.1.6 *L'interférence le long de la perpendiculaire passant par une source.* **(a)** $x = 75$ cm (et $x = 0$) ; **(b)** $x = 29{,}2$ cm et 187,5 cm

3.1.7 *L'interférence en une dimension, prise 2.*
(a) $x = 0$ et $(20 + 50m)$ cm, $m = 0, 1, 2, 3, \ldots$;
(b) $x = (50m)$ cm, $m = 0, 1, 2, 3, \ldots$

3.1.8 *L'interférence en une dimension, prise 3.*
(a) $x = (45 + 50m)$ cm, $m = 0, 1, 2, 3, \ldots$;
(b) $x = (25 + 50m)$ cm, $m = 0, 1, 2, 3, \ldots$

3.1.9 *Interférence constructive et destructive, prise 2.*
(a) $\lambda = 3{,}29$ m ; **(b)** $\lambda = 1{,}64$ m

3.1.10 *Interférence constructive et destructive, prise 3.*
(a) $\lambda = 9{,}86$ m ; **(b)** $\lambda = 2{,}47$ m

3.1.11 *Interférence constructive et destructive, prise 4.*
(a) $\lambda = 1{,}88$ m ; **(b)** $\lambda = 4{,}38$ m

3.2 L'expérience de Young

3.2.1 *L'expérience de Young avec un laser à l'hélium-néon.*
(a) $y = 2$ mm ; **(b)** $y = 1$ mm ; **(c)** $y = 8$ mm ; **(d)** $y = 7$ mm

3.2.2 *La détermination de la longueur d'onde.*
(a) $\lambda = 416$ nm ; **(b)** $\theta = 0,0596°$

3.2.3 *La position des zones brillantes.*
(a) $y = 1,2$ cm ; **(b)** $\Delta y = 0,4$ cm

3.2.4 *Une expérience de Young bichromatique.*
(a) $\Delta y = 1,67$ mm ; **(b)** $\Delta\theta = 0,0318°$

3.2.5 *La détermination de la longueur d'onde, prise 2.* $\lambda' = 631$ nm

3.2.6 *La superposition des spectres.* $y = 1,15$ cm

3.2.7 *En faisant varier la distance entre les fentes.*
(a) $d = 0,139$ mm ; **(b)** $d = 0,0694$ mm

3.3 L'intensité de la figure d'interférence

3.3.1 *Un système à cinq fentes.* **(a)** $I_{\max} = 25\,I_1$;
(b) $\overline{I} = 5I_1$; **(c)** 3 maximums secondaires

3.3.2 *L'intensité dans l'expérience de Young.*
(a) $y = 1,00$ cm ; **(b)** $I = 3,62\,I_1$; **(c)** $y = 0,230$ cm

3.3.3 *L'intensité du maximum central.*
(a) 8 fentes ; **(b)** $I_{\max} = 4$ W/m^2

3.3.4 *Le retrait d'une fente.* 5 fentes

3.4 Les réseaux

3.4.1 *Le nombre de fentes du réseau.* 5000 fentes

3.4.2 *Le chevauchement des spectres.* **(a)** $\theta = 6,89°$; $13,9°$;
$21,1°$; **(b)** $\theta = 12,1°$; $24,8°$; $39,1°$; **(c)** $m = 2$ et 3 :
la fin du 2e spectre chevauche le début du 3e spectre ;
(d) 9 spectres complets ; **(e)** 8 spectres incomplets

3.4.3 *Trois couleurs et un réseau.*
Violet : $\lambda \approx 415$ nm ; vert : $\lambda \approx 545$ nm ; rouge : $\lambda \approx 645$ nm

3.4.4 *Quinze maximums sur un écran.*
79,6 fentes par millimètre

3.4.5 *Le nombre de maximums sur un écran « infini ».*
(a) $\lambda = 600$ nm ; **(b)** $m = 11$; **(c)** 23 maximums

3.4.6 *Le nombre de maximums sur un écran fini.*
5 points lumineux

3.5 La diffraction

3.5.1 *La figure de diffraction d'une fente étroite.*
(a) $\theta = 1,21°$; **(b)** $0,007\%$; **(c)** $\theta = 2,42°$; **(d)** $\Delta y = 21,1$ cm

3.5.2 *La figure de diffraction d'une fente très étroite.*
(a) $\theta = 25,0°$; **(b)** 3% ; **(c)** $\theta = 57,6°$; **(d)** $\Delta y = 4,66$ m

3.5.3 *Lorsque le pic central prend tout l'écran.* $a = 633$ nm

3.5.4 *La limite de résolution de l'œil.*
(a) $\theta_{\lim} = 0,587'$; **(b)** distance $= 1,46$ m

3.5.5 *La largeur de la fente.* $a = 0,250$ mm

3.5.6 *Un espion en orbite.* **(a)** Distance $= 16,8$ cm ; **(b)** non

3.5.7 *Hubble observe la Lune.* Distance $= 78,1$ m

3.6 L'intensité de la figure de diffraction

3.6.1 *Une figure d'interférence et de diffraction.*
(a) $d = 0,228$ mm ; **(b)** $a = 0,0380$ mm ; **(c)** $d/a = 6$

3.6.2 *La diffraction avec une source lumineuse de longueur d'onde variable.* **(a)** S'amincir ; **(b)** $\lambda = 429$ nm

3.6.3 *Histoire de fourmis.* $I_1/I_3 = 6,77$

3.6.4 *Le graphique de l'intensité.*
$a = 0,0600$ mm ; $d = 0,180$ mm

3.6.5 *L'intensité du troisième maximum.* $I = 0,255\,I_0$

3.6.6 *La diffraction avec une source lumineuse de longueur d'onde variable, prise 2.* $I = 0,238\,I_0$

3.6.6 *D'un laser rouge à un laser vert.* $\lambda \approx 525$ nm

3.6.8 *Deux fentes qui se touchent.* DÉMONSTRATION

3.7 Les vecteurs de Fresnel

3.7.1 *Les minimums de l'interférence à cinq fentes.*

$\Delta\phi = 2\pi/5$ rad $= 72°$ $\Delta\phi = 4\pi/5$ rad $= 144°$

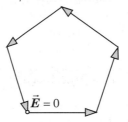

$\Delta\phi = 8\pi/5$ rad $= 288°$

$\Delta\phi = 6\pi/5$ rad $= 216°$

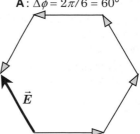
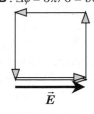

(b) de manière générale, un diagramme de Fresnel pour lequel $\Delta\phi = (\pi + \theta)$ rad correspond au diagramme pour lequel $\Delta\phi = (\pi - \theta)$ rad ayant subi une symétrie miroir par rapport au premier vecteur de Fresnel

3.7.2 *Quand cinq fentes en valent une.*

A : $\Delta\phi = 2\pi/6 = 60°$ **B** : $\Delta\phi = 3\pi/6 = 90°$

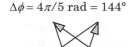
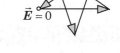

C : $\Delta\phi = 4\pi/6 = 120°$ **D** : $\Delta\phi = 6\pi/6 = 180°$

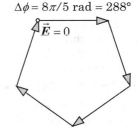
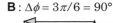

3.7.3 *L'intensité de la figure d'interférence de l'expérience de Young.* **(a)** Schéma ci-contre ;
(b) DÉMONSTRATION

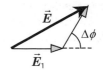

3.7.4 *Un diagramme de Fresnel pour analyser la diffraction.*

(a)

(b) $R = \dfrac{2}{\pi} E_0$; **(c)** $E = \dfrac{2\sqrt{2}}{\pi} E_0$;

(d) $I = \dfrac{8}{\pi^2} I_0 = 0{,}811\, I_0$

3.7.5 *Un diagramme de Fresnel pour analyser la diffraction, prise 2.*

(a)

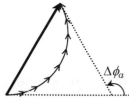

(b) $R = \dfrac{3}{2\pi} E_0$;

(c) $E = \dfrac{3\sqrt{3}}{2\pi} E_0$;

(d) $I = \dfrac{27}{4\pi^2} I_0 = 0{,}684\, I_0$

3.7.6 *Quand six fentes en valent une.*

$\Delta\phi_a = 2\pi/7 \text{ rad} = 51{,}4°$ $\qquad$ $\Delta\phi_a = 2\pi/5 \text{ rad} = 72°$

$\Delta\phi_a = 4\pi/7 \text{ rad}$ $\qquad$ $\Delta\phi_a = 4\pi/5 \text{ rad}$ $\qquad$ $\Delta\phi_a = 6\pi/7 \text{ rad}$
$= 102{,}8°$ $\qquad\qquad$ $= 144°$ $\qquad\qquad\quad$ $= 154{,}3°$

3.7.7 *L'intensité de la figure d'interférence pour quatre fentes.* DÉMONSTRATION

3.7.8 *L'intensité de la figure d'interférence pour un nombre impair de fentes.* **(a)** $I_3 = I_1[1 + 2\cos(\Delta\phi)]^2$; **(b)** DÉMONSTRATION ;
(c) $I_7 = I_1[1 + 2\cos(\Delta\phi) + 2\cos(2\Delta\phi) + 2\cos(3\Delta\phi)]^2$

3.8 L'interférence dans les pellicules minces

3.8.1 *Changement de milieu.*
(a) $\lambda = 500$ nm ; $f = 6 \times 10^{14}$ Hz ; $v = 3 \times 10^8$ m/s ;
(b) $\lambda = 333$ nm ; $f = 6 \times 10^{14}$ Hz ; $v = 2 \times 10^8$ m/s

3.8.2 *Les trois plus petites épaisseurs.* **(a)** $e = 263$ nm, 526 nm et 789 nm ; **(b)** $e = 84{,}6$ nm, 254 nm et 423 nm

3.8.3 *Les couleurs les plus et les moins réfléchies.*
(a) $\lambda = 479$ nm et 670 nm ; **(b)** $\lambda = 419$ nm et 559 nm

3.8.4 *Retour sur la situation 3.* Le nombre de franges augmente : comme l'indice de réfraction de l'huile est supérieur à celui de l'air, la longueur d'onde de la lumière dans la pellicule *diminue* ; pour une épaisseur donnée de la pellicule, la différence de marche $2e$ correspond à un nombre plus grand de longueurs d'onde ; ainsi, le numéro du maximum (ou du minimum) est plus grand

3.8.5 *La transmission maximale.* $e = 109$ nm

3.8.6 *Un peu d'huile entre deux blocs de verre.*
$\lambda = 421$ nm, 515 nm et 662 nm

3.8.7 *Une pellicule d'huile sur l'eau de la piscine.*
$e = 553$ nm et 1106 nm

3.8.8 *La couleur des bulles de savon.* $e = 377$ nm et 1130 nm

3.8.9 *Deux lamelles séparées par un fil.* $D = 3{,}63$ µm

3.8.10 *Deux lamelles séparées par un fil, prise 2.*
(a) Sombre ; **(b)** supérieur

3.8.11 *Une couche de glace d'épaisseur variable.*
Angle = $0{,}00918°$

3.9 L'interféromètre de Michelson

3.9.1 *Dix franges brillantes plus loin.* Distance = $2{,}5$ µm

3.9.2 *Trois quarts de frange.* $e = 396$ nm

3.9.3 *La détermination de l'indice de réfraction d'un gaz.*
$\ell_{\min} = 2{,}75$ mm

3.10 La polarisation

3.10.1 *Le pourcentage transmis.*
(a) $50\,\%$; **(b)** $6{,}70\,\%$; **(c)** $8{,}93\,\%$; **(d)** $0\,\%$; **(e)** $12{,}5\,\%$

3.10.2 *L'ajout d'un troisième polariseur.*
(a) $I'/I = 0{,}5$; **(b)** $I''/I = 0$; **(c)** $I''/I = 0{,}125$; **(d)** $I''/I = 0$

3.10.3 *Le sens a de l'importance.* **(a)** $1{,}51\,\%$; **(b)** $50\,\%$

3.10.4 *Diminuer la fraction de lumière transmise.* $\Delta\theta = 35{,}3°$

3.11 Synthèse du chapitre

3.11.1 *Réseaux comparés.* Le réseau **B** : pour générer des maximums plus espacés sur l'écran, la distance entre deux fentes adjacentes doit être plus petite, ce qui implique un plus grand nombre de fentes par millimètre

3.11.2 *Deux longueurs d'onde et demie.* Troisième minimum

3.11.3 *Un, deux ou trois polariseurs ?* **B**, car les deux polariseurs perpendiculaires ne laissent rien passer (en **A**, le polariseur laisse passer la moitié de la lumière non polarisée ; en **C**, la fraction de lumière transmise est $0{,}5 \times \cos^2(45°) \times \cos^2(45°) = 0{,}125$)

3.11.4 *Deux étoiles dans une autre galaxie.*
Distance = $2{,}03$ a.l. $= 1{,}92 \times 10^{16}$ m

3.11.5 *Interférence à 20 MHz.* **(a)** $\lambda = 15$ m ; moins énergétiques ; **(b)** non : la différence de marche en un point donné ne pouvant être supérieure à la distance entre les sources (2 m), il est impossible qu'elle atteigne $\lambda/2 = 7{,}5$ m ; **(c)** oui, l'interférence est constructive le long de la ligne dont les points sont à égale distance entre les deux sources ($\delta = 0$)

3.11.6 *Un masque mystère.*
Deux fentes très étroites espacées d'environ $0{,}12$ mm

3.11.7 *Un masque mystère, prise 2.*
Un réseau comportant environ 84 fentes par centimètre

3.11.8 *Un masque mystère, prise 3.*
Deux fentes d'environ 68 µm de largeur espacées d'environ $0{,}48$ mm (de centre à centre)

3.11.9 *Une tache d'huile sur le bitume.* **(a)** Réflexion dure dans les deux cas ; **(b)** forte réflexion ; **(c)** $e = 238$ nm ; 475 nm ; 713 nm ; **(d)** $e = 1{,}07$ µm ; $2{,}13$ µm ; $3{,}20$ µm

3.11.10 *Les spectres se chevauchent.* **(a)** 434 fentes/mm ; **(b)** la fin du 2e ordre ($37°$) chevauche le début du 3e ordre ($31°$)

3.11.11 *Trois polariseurs.*
(a) $I''/I = 0,350$; (b) $I''/I = 0,281$; (c) $I''/I = 0,0938$

3.11.12 *Des maximums rouges et verts.*
(a) $d = 0,280$ mm ; (b) $y = 3,75$ mm ; (c) $y = 1,50$ cm, ce qui correspond au 4e maximum vert et au 3e maximum rouge ;
(d) non, car il faudrait avoir $(m_{rouge} + \frac{1}{2})/(m_{vert} + \frac{1}{2}) = 3/4$ (le rapport des longueurs d'onde), ce qui est impossible pour des m entiers

3.11.13 *Diffraction sur tout l'écran.*
(a) $a = 1,14$ µm ; (b) $a < 630$ nm ; (c) 2 minimums (le premier minimum de chaque côté), car les deuxièmes minimums sont « à l'infini » de chaque côté

3.11.14 *Un coin d'air.* (a) Un minimum de réflexion ;
(b) $e = 295$ nm ; (c) $e = 2,80$ µm

3.11.15 *La position du premier minimum.* $\Delta\phi = 2\pi/N$

CHAPITRE 4 : RELATIVITÉ

4.2 La dilatation du temps

4.2.1 *Le facteur de Lorentz.* (a) $v = 0,99499\,c$; (b) $v = 0,99995\,c$

4.2.2 *Un muon frappe Toronto.* (a) $T_0 = 0,233$ µs ; (b) $T = 1,85$ µs

4.2.3 *Un retard d'une seconde par minute.* $v = 5,45 \times 10^7$ m/s

4.2.4 *Un an plus tard, temps de l'astronef.*
$D_T = 1,33$ a.l. $= 1,26 \times 10^{16}$ m

4.2.5 *Un voyage au centre de la Galaxie.* (a) $v = 0,999\,999\,334\,c$;
(b) $0,867\,c$; (c) $0,655\,c$; (d) impossible ($v > c$)

4.2.6 *Une autre relation utile lorsque la vitesse est petite.*
DÉMONSTRATION

4.2.7 *Un ralentissement d'une seconde sur une vie.* $v = 8,44$ km/s

4.2.8 *Montréal-Québec, version relativiste.*
(a) $\gamma = 1,000\,000\,000\,000\,004\,29$; (b) $\Delta t = 3,86 \times 10^{-11}$ s

4.3 La contraction des longueurs

4.3.1 *Un express Montréal-Québec.*
(a) $v = 9,90 \times 10^8$ km/h ; (b) $\Delta t = 0,909$ ms

4.3.2 *La longueur du Fomalhaut.* $L_F = 625$ m

4.3.3 *Un voyage vers Sirius.*
(a) $D_A = 5,22$ a.l. ; (b) $T_A = 6,53$ ans ; (c) $T_T = 10,9$ ans

4.3.4 *La longueur du Procyon.* (a) $L_P = 450$ m ; (b) $L_T = 360$ m

4.3.5 *Un muon longe la Tour CN.* $v = 2,63 \times 10^8$ m/s

4.3.6 *L'Aldébaran croise le Bételgeuse.* (a) $L_0 = 500$ m ;
(b) $v = 0,6c$; (c) $T_A = 2,22$ µs ; (d) $T_B = 2,78$ µs

4.3.7 *L'Aldébaran croise le Bételgeuse, prise 2.*
(a) $T_A = 5,56$ µs ; (b) $T_B = 5,44$ µs

4.3.8 *Un photon voyage dans un vaisseau en mouvement.*
(a) $T_R = 1$ µs ; (b) $T_T = 3$ µs ; (c) $D_T = 720$ m

4.3.9 *Un photon voyage dans un vaisseau en mouvement, prise 2.*
(a) $T_R = 1$ µs ; (b) $T_T = 0,333$ µs ; (c) $D_T = 80$ m

4.4 La relativité de la simultanéité

4.4.1 *L'invariance de la vitesse de la lumière.* (a) c ; (b) $1,6\,c$;
(c) 96 m ; (d) 0,2 µs ; (e) 0,16 µs ; (f) 0,24 µs ; (g) 0,4 µs ; (h) c

4.4.2 *Des touristes venus de loin.* (a) La caméra **B** ; (b) 25 µs ;
(c) la borne kilométrique 162,5

4.5 Les transformations de Lorentz

4.5.1 *Deux pétards explosent.* $x_B = 450$ m et $t_B = 0$
(d'après **B**, les deux pétards explosent simultanément)

4.5.2 *Une navette double un astronef.*
(a) $\Delta t_A = 1,19$ µs ; (b) $L_{0A} = 196$ m

4.5.3 *Des touristes venus de loin, prise 2.* (a) borne 102,5 km ;
(b) $t_T = 25$ ms ; (c) borne 327,5 km ; (d) $t_T = 1,275$ ms

4.5.4 *Deux explosions inversées.*
(a) $t_B = \dfrac{5}{3}\left(t_A - \dfrac{0,8\,x_A}{c}\right)$; (b) si $t_A < \dfrac{0,8\,x_A}{c}$;
(c) si $x_A < 0,8ct_A$, c'est-à-dire $t_A > \dfrac{x_A}{0,8\,c}$

4.6 L'addition relativiste des vitesses

4.6.1 *La combinaison relativiste des vitesses.*
(a) $v_{xAR} = 0,994\,c$; (b) $v_{xAR} = c$; (c) $v_{xAR} = -c$.

4.6.2 *Un proton fonce vers un électron.* $v_{EP} = 0,8c$

4.6.3 *La vitesse d'un vaisseau par rapport à l'autre.*
(a) $v_{QP} = 1,7c$; (b) $v_{QP} = 0,988c$

4.6.4 *La vitesse d'un vaisseau par rapport à l'autre, prise 2.*
(a) $v_{QP} = 0,1\,c$; (b) $v_{QP} = 0,357c$

4.6.5 *Un astronef lance un missile vers l'avant.* $v_{MT} = 0,909\,c$

4.6.6 *Un astronef lance un missile vers l'arrière.* $v_{MT} = 0,588\,c$

4.6.7 *Une poursuite relativiste.* $v_{GP} = 0,385c$

4.6.8 *La chasse au débris.*
(a) $\Delta t = 0,479$ s ; (b) $\Delta t = 0,344$ s ; (c) $\Delta t = 0,361$ s

4.7 L'effet Doppler lumineux

4.7.1 *La lumière émise par un astronef qui s'approche.*
$\lambda' = 454$ nm

4.7.2 *Deux fois la fréquence.* (a) $v = 0,6\,c$; (b) elle s'approche

4.7.3 *Le violet devient rouge.* (a) $v = 0,508\,c$; (b) elle s'éloigne

4.7.4 *La fréquence de la lumière réfléchie.* $\lambda'' = 269$ nm

4.7.5 *L'effet Doppler et le radar.* $v = 0,333c$

4.7.6 *Un radar de police.* $v = 134$ km/h

4.8 Les retards de vision et la relativité

4.8.1 *Tara observe Astérie.* (a) Il s'éloigne ; (b) $v = 0,923\,c$

4.8.2 *Tara observe Astérie, prise 2.*
(a) Il se rapproche ; (b) $v = 0,882\,c$

4.9 La mécanique relativiste

4.9.1 *La quantité de mouvement et l'énergie cinétique.*
(a) $p = 2,89 \times 10^{-19}$ kg·m/s ; (b) $K = 2,33 \times 10^{-11}$ J

4.9.2 *La quantité de mouvement et l'énergie cinétique, prise 2.*
(a) $p = 2,51 \times 10^{-19}$ kg·m/s ; (b) $K = 1,88 \times 10^{-11}$ J

4.9.3 *La force qui agit sur un électron.* $F = 1,05 \times 10^{-15}$ N

4.9.4 *La mécanique relativiste.*
(a) $v = 0,866\,c$; (b) $v = 0,707\,c$; (c) $v = 0,943\,c$

4.9.5 *Le travail relativiste.* (a) $W = 2,39 \times 10^{-11}$ J ;
(b) $W = 6,27 \times 10^{-11}$ J ; (c) W est infini (situation impossible)

4.9.6 *Le Soleil maigrit !* $4,28 \times 10^9$ kg

4.9.7 *La quantité de mouvement d'un photon bleu.*
$p = 1,44 \times 10^{-27}$ kg·m/s

4.10.1 *Le capitaine Zap recule dans le temps.* **(a)** $v = 71,3$ m/s ;
(b) vers **S**′ ; **(c)** −30 s (la rematérialisation se produit 30 s *avant* la dématérialisation !)

4.11 Synthèse du chapitre

4.11.1 *Le fusil et le laser.* **(a)** $v = 150$ m/s ; **(b)** $v = c$

4.11.2 *Le temps propre.*
(a) Dans **B** ; **(b)** dans **A** ; **(c)** ni dans l'un ni dans l'autre

4.11.3 *Quand un mètre ne mesure pas un mètre.*
(a) 1 m ; **(b)** 0,8 m ; **(c)** 0,8 m.

4.11.4 *Vie de pion.*
(a) $v = 0,995c$; **(b)** $L = 77,6$ m ; **(c)** $L = 7,76$ m

4.11.5 *Un ralentissement d'une seconde par année.*
$v = 7,55 \times 10^4$ m/s

4.11.6 *Le croisement de deux vaisseaux identiques.*
$v = 9,49 \times 10^7$ m/s

4.11.7 *Une simple réflexion.* 4 a.l.

4.11.8 *Face à face de particules.* $v = 0,627\,c$

4.11.9 *L'Aldébaran croise le Bételgeuse.*
(a) $L = 186$ m ; **(b)** $\Delta t = 0,666$ µs ; **(c)** $\Delta t = 2,82$ µs

4.11.10 *Un projectile frôle un vaisseau.* $\Delta t = 1,46$ µs

4.11.11 *Deux vaisseaux s'envoient des signaux.* $f' = 60$ GHz

4.11.12 *Un électron relativiste.*
(a) $E_0 = 0,511$ MeV ; **(b)** $E = 1,022$ MeV ; **(c)** $p = 0,885$ MeV/c

4.11.13 *Clin d'œil relativiste.*
(a) Non ; **(b)** oui, par un facteur $f'/f = 0,577$

4.11.14 *Deux satellites GPS.*
(a) 7,30 µs ; **(b)** 21,7 ns ; **(c)** 6,51 m

CHAPITRE 5 : PHYSIQUE QUANTIQUE ET NUCLÉAIRE

5.1 Les photons et l'effet photoélectrique

5.1.1 *L'effet photoélectrique pour l'aluminium.* $\phi = 4,30$ eV

5.1.2 *L'effet photoélectrique pour le silicium.*
(a) $f_s = 1,16 \times 10^{15}$ Hz ; **(b)** $\lambda_s = 259$ nm ; **(c)** $K_{\max} = 3,49$ eV

5.1.3 *L'effet photoélectrique pour le nickel.*
(a) $v_{\max} = 1,6 \times 10^6$ m/s ; **(b)** $\Delta V_{\mathrm{arr}} = 7,33$ V

5.1.4 *Le potentiel d'arrêt et la longueur d'onde.*
(a) $\Delta V_{\mathrm{arr}} = 0,394$ V ; **(b)** aucun photoélectron : la notion de potentiel d'arrêt ne s'applique pas

5.1.5 *Les photons du Soleil.* **(a)** $9,68 \times 10^{44}$; **(b)** $3,47 \times 10^{21}$

5.1.6 *L'effet photoélectrique pour le silicium, prise 2.* $7,54 \times 10^8$

5.1.7 *La sensibilité de l'œil.*
(a) $P = 9,95 \times 10^{-18}$ W ; **(b)** $I = 5,07 \times 10^{-13}$ W/m² ;
(c) distance = 822 a.l.

5.2.1 *L'effet de l'angle de déviation.* **(a)** $\theta = 180°$;
(b) $\Delta\lambda = 4,85 \times 10^{-12}$ nm ; **(c)** non : si la longueur d'onde diminuait, le photon gagnerait de l'énergie, ce qui est impossible ; aussi, dans l'équation de l'effet Compton, $1 - \cos\theta$ ne peut pas être négatif

5.2.2 *L'effet Compton avec des rayons X.*
(a) $\lambda' = 51,2$ pm ; **(b)** $\Delta K = 9,41 \times 10^{-17}$ J

5.2.3 *L'effet de la longueur d'onde initiale.*
L'augmentation de longueur d'onde est identique

5.2.4 *Avant et après la collision.* **(a)** $\theta = 45°$;
(b) $E_i = 3,560 \times 10^{-15}$ J ; **(c)** $E_f = 3,515 \times 10^{-15}$ J ;
(d) $p_f = 1,17 \times 10^{-23}$ kg·m/s ; **(e)** $v = 9,91 \times 10^6$ m/s, à 66,6° de la trajectoire que suivraient les photons s'ils n'étaient pas déviés

5.2.5 *La découverte de l'effet Compton.* **(a)** Non : à 90°, la théorie prévoit une augmentation de longueur d'onde de 2,43 pm ; **(b)** l'écart est nul (à 3 chiffres significatifs), donc de l'ordre de quelques dixièmes de pour cent ;
(c) $\lambda' = 70,8$ pm : dans l'équation de l'effet Compton, remplacer la masse m de l'électron par la masse d'un atome a pour résultat une variation de longueur d'onde pratiquement nulle

5.2.6 *L'effet Compton avec des rayons gamma.* **(a)** $\theta = 135°$;
(b) $p_i = 6,63 \times 10^{-23}$ kgm/s ; p_f $4,688 \times 10^{-23}$ kgm/s ;
(c) oui : avec les équations non relativistes, on obtient une vitesse de $0,12\,c$

5.3 Le spectre du corps noir

5.3.1 *Les kelvins et les degrés Celsius.* $\Delta T = 10$ K

5.3.2 *Le filament d'une ampoule.*
(a) $\lambda_{\max} = 967$ nm ; **(b)** $P = 288$ W

5.3.3 *La température des étoiles.* **(a)** $T = 9670$ K ;
(b) entre $T = 4140$ K et $T = 7250$ K (arrondi à 10 K près)

5.3.4 *Un gâteau qui brille (en infrarouge).* **(a)** $I = 457$ W/m² ;
(b) $P = 27,4$ W

5.3.5 *La luminosité d'une étoile.* $8,69 \times 10^{25}$ W

5.3.6 *Une étoile comparée au Soleil.*
(a) 0,25 fois la luminosité du Soleil ; **(b)** non

5.4 L'onde de probabilité et le principe d'incertitude

5.4.1 *La longueur d'onde d'un électron.* $\lambda = 2,84 \times 10^{-11}$ m

5.4.2 *Longueur d'onde et vitesse.* $v = 397$ m/s

5.4.3 *L'incertitude dans l'atome.* $\Delta p = 6,63 \times 10^{-24}$ kg·m/s

5.4.4 *Une énergie incertaine.* $\Delta E = 6,63 \times 10^{-25}$ J

5.5.1 *L'ionisation de l'hydrogène déjà excité.*
(a) $E = 5,44 \times 10^{-19}$ J ; **(b)** $\lambda = 366$ nm ; **(c)** ultraviolet

5.5.2 *La raie Lyman alpha.*
(a) $E = 1,63 \times 10^{-19}$ J ; **(b)** $\lambda = 122$ nm ; **(c)** ultraviolet

5.5.3 *Une raie infrarouge.* **(a)** $E = 7,56 \times 10^{-20}$ J $= 0,47$ eV ;
(b) plus petit ; **(c)** de $n = 6$ à $n = 4$

5.5.4 *Les rayons des trois premières orbites.*
$r_1 = 0,0529$ nm, $r_2 = 0,212$ nm et $r_3 = 0,476$ nm

5.5.5 *Le modèle de Bohr généralisé.*

(a) $r = \dfrac{n^2}{2}\left(5,29 \times 10^{-11}\ \text{m}\right)$; $E = 4 \times \dfrac{(-13,6\ \text{eV})}{n^2}$;

(b) $r = \dfrac{n^2}{3}\left(5,29 \times 10^{-11}\ \text{m}\right)$; $E = 9 \times \dfrac{(-13,6\ \text{eV})}{n^2}$

5.6.1 *Le noyau de fer 56.* 26 protons et 30 neutrons

5.6.2 *Le noyau de fer 56, prise 2.* **(a)** $\Delta m = 0,528\ 462$ u ;
(b) $E_{\text{L}} = 7,88 \times 10^{-11}$ J ; **(c)** $\Delta m / m = 0,00945 = 0,945$ %

5.6.3 *La désintégration de l'uranium 238.* $Q = 4,27$ MeV

5.6.4 *Changer l'azote en oxygène.* **(a)** $Q = -1,19$ MeV
(la réaction absorbe de l'énergie : le noyau d'hélium
incident doit posséder suffisamment d'énergie cinétique) ;
(b) comme les atomes neutres de part et d'autre de la
flèche comportent en tout 18 électrons, la soustraction
$\sum m_{\text{i}} - \sum m_{\text{f}}$ donne le même résultat, qu'on inclue ou pas
les électrons

5.6.5 *Le neutron et le proton.*
(a) $A = 1$ et $Z = 0$; **(b)** $A = 1$ et $Z = 1$

5.6.6 *Possible ou impossible ?* **(a)** Possible ; **(b)** possible ;
(c) impossible : le nombre de nucléons n'est pas conservé
$(1 + 235 \neq 144 + 91)$; **(d)** impossible : la charge électrique
n'est pas conservée $(+8e \neq +7e - e)$

5.6.7 *Complétez les réactions.*
(a) $^{28}_{14}\text{Si}$; **(b)** $^{137}_{56}\text{Ba}$; **(c)** $^{89}_{36}\text{Kr}$

5.6.8 *Complétez le tableau.*

isotope	masse de l'atome neutre (u)	masse du noyau (u)
$^{1}_{1}\text{H}$	**1,007 825**	**1,007 276** (proton)
$^{4}_{2}\text{He}$	**4,002 603**	4,001 505
$^{12}_{6}\text{C}$	**12** (par définition)	**11,996 706**
$^{14}_{6}\text{C}$	14,003 242	**13,999 948**
$^{14}_{7}\text{N}$	14,003 074	**13,999 231**
$^{16}_{8}\text{O}$	15,994 915	**15,990 523**

5.6.9 *L'énergie libérée.* **(a)** $Q = -0,113$ MeV (énergie
absorbée) ; **(b)** $Q = 0,626$ MeV ; **(c)** $Q = 0,156$ MeV

5.7.1 *Retour sur la situation 1.* $t = 2,91 \times 10^{12}$ ans

5.7.2 *Une diminution d'un facteur 1000.* 10 demi-vies

5.7.3 *Retour sur la situation 3.* $t = 2,09$ milliards d'années

5.7.4 *Le potassium 40.*
(a) $\lambda = 1,68 \times 10^{-17}$ s^{-1} ; **(b)** $R = 0,00136$ Ci

5.7.5 *La proportion de carbone 14.* $5,01 \times 10^{10}$ noyaux

5.7.6 *Une vieille bûche.* Environ 11 200 ans

5.7.7 *Les limites de la datation au carbone.*
Environ 50 millénaires

5.7.8 *Le rapport rubidium / strontium.* **(a)** 49,2 milliards
d'années ; **(b)** 121 milliards d'années

5.8.1 *Le bleu l'emporte sur le jaune.* Les photons jaunes sont
individuellement moins énergétiques ($E = hf$) que les
photons bleus, dont la fréquence est plus grande, et ne
réussissent donc pas à arracher un électron, peu importe
leur nombre

5.8.2 *Les géantes rouges.*
(a) Leur surface est beaucoup plus grande ; **(b)** 1600 fois

5.8.3 *Réactions possibles et impossibles.*
(a) Impossible : le nombre de nucléons (nombre de masse)
n'est pas conservé ; **(b)** possible : $Q = 0,0186$ MeV ;
(c) impossible : la charge n'est pas conservée ;
(d) impossible : la charge n'est pas conservée

5.8.4 *Le nombre de photons émis par une ampoule ordinaire.*
$1,38 \times 10^{19}$ photons/s

5.8.5 *De l'aluminium éclairé dans l'ultraviolet.*
(a) Oui, parce que 266 nm $< \lambda_{\text{s}} = 289$ nm pour l'aluminium ;
(b) $K_{\text{max}} = 5,97 \times 10^{-20}$ J $= 0,373$ eV ; **(c)** plus grande

5.8.6 *Le plus gros noyau stable.*
(a) $m = 207,931\ 634$ u ; **(b)** 0,845 % ; **(c)** $E_{\text{L}} = 1636$ MeV

5.8.7 *La diffusion des rayons X.*
(a) $\Delta\lambda/\lambda = 0,2$ % ; **(b)** énergie $= 2,46 \times 10^{-18}$ J ;
(c) $p = 2,12 \times 10^{-24}$ kg·m/s ; **(d)** $\lambda = 0,313$ nm

5.8.8 *L'accumulation de l'américium.*
(a) Processus β^- ; **(b)** 2,17 ans

5.8.9 *Un photon virtuel dans un atome.*
(a) $\Delta t = 3,33 \times 10^{-19}$ s ; **(b)** $E = 1,99 \times 10^{-15}$ J

5.8.10 *L'américium dans un détecteur de fumée.*
(a) $6,55 \times 10^{14}$ noyaux ; **(b)** $m = 0,000\ 262$ mg ;
(c) $2,88 \times 10^{9}$ désintégrations ; **(d)** énergie $= 2,60 \times 10^{-3}$ J

5.8.11 *La chaîne du plutonium 239.* **(a)** Uranium 235 ;
(b) $Q = 5,24$ MeV ; **(c)** plomb 207 ; chaque désintégration α
diminue A de 4, et chaque désintégration β laisse A
inchangé : $239 - 207 = 32 = 8 \times 4$, donc 8 désintégrations α

5.8.12 *Albert et Béatrice : la fin de l'histoire.* ≈ 900 ans